Exkursionsflora
von Deutschland

Gefäßpflanzen:
Grundband

Abkürzungen bei den ergänzenden Angaben in ( )

A	Hydrophyt
Adv.	zahlreiche, in den Tabellen nicht aufgeführte Adventivarten
AFR	Afrika
ALP	Alpen
alp	alpin
AM	Amerika
antarct	antarktische Zone
Ap	Apomixis
arct	arktische Zone
AS	Asien
AUST	Australien
austr	australe Zone
austrostrop	austrosubtropische Zone
Av	Ameisenausbreitung
b	boreale Zone
boreostrop	boreosubtropische Zone
C	Chamaephyt
CIRCPOL	zirkumpolar
dealp	dealpin
demo	demontan
euoz	euozeanisch
EUR	Europa
EURAS	Eurasien
Ev	Klettausbreitung
F	Strauch, Nanophanerophyt
G	Geophyt
GRÖNL	Grönland
H	Hemikryptophyt
Hv	Wasserausbreitung
Hybr.	zahlreiche, in den Tabellen nicht genannte Bastarde
Ib	Insektenbestäubung
K	Klasse
k	kontinental
KAUK	Kaukasus
lit	litoral
M	Baum, Makrophanerophyt
m	meridionale Zone
MAS	Mittelasien
mo	montan
Mv	Menschenausbreitung
O	Ordnung
OAFR	Ostafrika
OAM	Ostamerika
OAS	Ostasien
OEUR	Osteuropa
OSIB	Ostsibirien
oz	ozeanisch
perialp	perialpin
perimo	perimontan
S	Zwerg- od. Halbstrauch, Hemiphanerophyt
salp	subalpin
Sb	Selbstbestäubung
SIB	Sibirien
sm	submeridionale Zone
stemp	südtemperate Unterzone
strop	subtropische Zone
subk	subkontinental
suboz	subozeanisch
Sv	Selbstausbreitung
T	Therophyt
temp	temperate Zone
trop	tropische Zone
V	Verband
Vg	Verschiedengriffligkeit
Vm	Vormännlichkeit
VORDAS	Vorderasien
Vv	Verdauungsausbreitung
Vw	Vorweiblichkeit
WAM	Westamerika
WAS	Westasien
Wb	Windbestäubung
WEUR	Westeuropa
WSIB	Westsibirien
Wv	Windausbreitung
ZAM	Zentralamerika
ZAS	Zentralasien
ZEUR	Zentraleuropa
∇	Naturschutz

Erläuterungen zu den Verbreitungsangaben für Deutschland s. S. 46ff.
Erläuterungen zu den Arealdiagnosen s. S. 48ff.
Abkürzungen zu den pflanzensoziologischen Angaben s. S. 62ff.

Zeichen und Abkürzungen bei den Namen

*	Artengruppe (Aggregat = agg.)
**	Art mit mehreren Unterarten im Gebiet
(**)	Art mit mehreren Unterarten in D, aber nur eine im Gebiet
×	Bastard
em.	emendavit, verändert
p. p.	pro parte, zum Teil
ssp.	Unterart
s. l.	sensu lato, im weiten Sinn
s. str.	sensu stricto, im engen Sinn

Exkursionsflora von Deutschland

Band 2

Gefäßpflanzen: Grundband

Begründet von Prof. Dr. Werner Rothmaler †
Herausgegeben von Prof. Dr. Eckehart J. Jäger
und Dr. Klaus Werner

18., bearbeitete Auflage

Mit 992 Abbildungen

Spektrum Akademischer Verlag Heidelberg · Berlin

Anschriften der Herausgeber

Professor Dr. Eckehart J. Jäger,
Dr. Klaus Werner, beide
Institut für Geobotanik der
Martin-Luther-Universität Halle
Neuwerk 21, 06108 Halle (Saale)

Bearbeiter der Flora

Einleitung:
K. Werner (Halle): Bau der Pflanzen, Biologie der Pflanzen, Ordnung und Benennung der Pflanzen, Anleitung zum Bestimmen. – E. J. Jäger (Halle): Verbreitung der Pflanzen, Naturschutz. – F. Fukarek † (Greifswald): Vergesellschaftung der Pflanzen.

Bestimmungsschlüssel:
M. Bäßler (Berlin): *Paeoniaceae* bis *Primulaceae* (S. 195–261), *Grossulariaceae* bis *Loranthaceae* (S. 291–359) und *Orchidaceae* (S. 516–527). – U. Braun (Halle): *Huperziaceae* bis *Cupressaceae* (S. 106–130), früher bearbeitet von S. Rauschert † (Farnpflanzen) und P. Schmidt (Gymnospermen). – G. Stohr (Eberswalde): *Nymphaeaceae* bis *Plumbaginaceae* (S. 130–195), *Rosaceae* (S. 261–291), *Butomaceae* bis *Iridaceae* (S. 490–516), *Juncaceae* bis *Typhaceae* (S. 527–607). – K. Werner (Halle): Grundschlüssel (S. 72–105), *Oleaceae* bis *Asteraceae* (S. 359–490).

Angaben zu Standort und Vergesellschaftung:
E.-G. Mahn (Halle); bis zur 16. Aufl. für die Wald-, Strauch- und Wasserpflanzenvegetation F. Fukarek † (Greifswald).

Verbreitung im Gebiet und Gesamtverbreitung:
E. J. Jäger (Halle), z. T. unter Mitarbeit von D. Zühlke (Halle).

Autorennamen-Verzeichnis und Beratung bei Nomenklaturfragen:
U. Braun (Halle).

Abbildungen:
K. Werner (Halle). Die Zeichnungen wurden ausgeführt von Frau J. Marx, Frau G. Mörchen und Frau H. Zech, einige ältere von Frau L. Fukarek und Frau B. Stein.

Die Deutsche Bibliothek – CIP-Einheitsaufnahme

Exkursionsflora von Deutschland / begr. von Werner Rothmaler. Hrsg. von Eckehart J. Jäger und Klaus Werner. – Heidelberg ; Berlin : Spektrum, Akad. Verl.
ISBN 3-334-60831-X
ISBN 3-06-012557-0

Bd. 2. **Gefäßpflanzen.** – Grundband. – 18., bearb. Aufl.. – 2002
ISBN 3-8274-1359-1

Einbandgestaltung: prepress, Ulm
Satz: SatzReproService GmbH Jena, Talstraße 84, 07743 Jena
Druck und Verarbeitung: Clausen & Bosse, Leck

Inhalt

Foto auf dem Einband:
Die Wollkopf-Kratzdistel *(Cirsium eriophorum* (L.) SCOP.) bevorzugt in Deutschland trockenwarme Landschaften und basenreichen Boden. Aufn.: E. J. Jäger/Halle (Saale)

Vorwort zur 18. Auflage

Die rasche Folge der Auflagen der „Exkursionsflora" ermöglicht eine kontinuierliche Berücksichtigung der Veränderungen der deutschen Flora und neuer Forschungsergebnisse, sind doch allein in Sachsen seit der Publikation der Roten Liste Deutschlands (1996) etwa 50 Arten ausgestorben und viele andere dazugekommen. In der vorliegenden Auflage haben wir uns bemüht, neue Kartierungen auszuwerten, besonders den Florenatlas von Sachsen, die Bestandsanalyse von Sachsen-Anhalt und die neu erschienenen Bände der Flora von Baden-Württemberg. Berücksichtigt wurde auch die neue Fassung des Bundes-Naturschutzgesetzes und die Artenschutzverordnung vom Oktober 1999. Die Rechtschreibung konnten wir aus Zeitgründen nicht modernisieren, so wird man auf den „rauen Brennnesselstängel" noch etwas warten müssen.
Nötig war es aber, die wissenschaftlichen Namen an den eben erschienenen, völlig neu bearbeiteten Band 4 der Exkursionsflora anzugleichen, mit dem die Unterarten und die Kleinarten-Aggregate bestimmt werden können. Weil manche Aggregate in Band 2 bereits teilweise (aber eben nicht vollständig) aufgeschlüsselt sind, erforderte das in einigen Fällen Kompromißlösungen. Da keine völlige Umarbeitung der Schlüssel möglich war und da der Seitenumbruch im wesentlichen beibehalten werden sollte, haben wir auch die Umgrenzung der Familien und Gattungen und den Artenbestand gegenüber der vorigen Auflage nicht verändert. Wichtig war uns vor allem, daß die in Band 2 aufgeführten Aggregate und Arten alle in Band 4 gefunden werden können und umgekehrt. Die Nomenklatur folgt dabei bis auf begründete Ausnahmen der Standardliste von Wisskirchen und Haeupler (1998). In den Schlüsseln konnte eine ganze Reihe von Präzisierungen vorgenommen werden.
Bei allen diesen Verbesserungen halfen uns wieder die Hinweise vieler Benutzer der Flora. Besonders seien genannt Chr. Ahrns (Halle), S. Bräutigam (Görlitz), J. Dengler (Lüneburg), M. A. Fischer (Wien), K. F. Günther (Jena), R. Handt (Berlin), K. Helmecke (Erfurt), H. Henker (Neukloster), St. Jessen (Chemnitz), D. Korneck (Wachtberg), H. Korsch (Jena), M. Ristow (Potsdam), P. A. Schmidt (Dresden), W. Schnedler (Aßlar-Bechlingen) und R. Wisskirchen (Bochum). Ihnen allen und vielen Ungenannten gilt unser herzlicher Dank.
Dem Spektrum-Verlag, besonders Herrn Dr. U. S. Moltmann, danken wir für die Unterstützung und die rasche Drucklegung dieser bearbeiteten Neuauflage.
Unsere Leser bitten wir um Mithilfe bei der weiteren Verbesserung des Buches, damit der Text immer zuverlässiger und die Bestimmung immer sicherer wird.

Im Januar 2002 — Eckehart J. Jäger — Klaus Werner

Vorwort zur 16. Auflage

Endlich ist es jetzt möglich geworden, den Band 2 der Rothmaler-Flora gründlich zu bearbeiten! Das war nötig, weil sich eine große Zahl von Verbesserungen seit der 12. bearbeiteten Auflage angesammelt hatte und weil sich die Kenntnis über unsere Flora und die Verbreitung der Arten beträchtlich erweitert hat.
Die Einleitungskapitel enthalten u. a. eine neue Übersicht der Pflanzengesellschaften mit einem Register der dafür verwendeten Abkürzungen. Die Kapitel zur Taxonomie, zur Verbreitung in Deutschland und zum Naturschutz wurden neu geschrieben, die Erklärungen der Fachausdrücke ergänzt und präzisiert. Die Grundschlüssel wurden erneut überarbeitet, besonders derjenige für die Wasserpflanzen. In die an vielen Stellen verbesserten oder neu bearbeiteten Gattungs- und Artschlüssel sind etwa 100 Arten – meist unbeständig eingeschleppte – neu aufgenommen, wenige gestrichen worden. Viele Abbildungen konnten verbessert oder zusätzlich eingefügt werden. Für alle Arten der Flora wurden die soziologischen Angaben neu verfaßt und die Standortsangaben überarbeitet. Gänzlich neu sind auch alle Angaben zur Verbreitung in Deutschland, wobei jetzt die Verteilung und Häufigkeit in jedem Bundesland sowie die Ausbreitungs- oder Rückgangstendenz ersichtlich sind; die Statusangaben haben wir zu präzisieren versucht. Großer Wert wurde wieder auf korrekte wissenschaftliche Namen gelegt. Auch im Verzeichnis der Autorennamen gibt es Verbesserungen, und schließlich sind auf Wunsch vieler Benutzer die Register der deutschen und wissenschaftlichen Pflanzennamen vereinigt worden.
Wiederum haben uns viele Freunde und Benutzer der Flora, die wir nicht alle namentlich aufführen können, mit Korrekturen und kritischen Hinweisen unterstützt, wofür wir herzlich danken möchten. Für die Bearbeitung ganzer Gattungen und sonstige Hilfe danken wir besonders S. Bräutigam (Görlitz; *Hieracium*), P. Schmidt (Tharandt; *Thymus*) und H. Uhlich (Weixdorf; *Orobanche*) sowie für fruchtbringende Diskussionen und Ratschläge zu den Einleitungskapiteln und Schlüsselmerkmalen M. Fischer (Wien). Umfangreichere Beiträge lieferten weiterhin K. Adolphi (Roßbach/Wied), H. J. Conert (Frankfurt/M.), W. Fischer (Potsdam), K.-F. Günther (Jena), P. Gutte (Leipzig), R. Hand (Berlin), H. Henker (Neukloster), M. H. Hoffmann (Halle), H. Jage (Kemberg), D. Korneck (Aachen), H. Korsch (Halle), H.-D. Krausch (Potsdam), F. Mang (Hamburg), M. Ristow (Berlin), W. Schnedler (Aßlar-Bechlingen), H. Scholz (Berlin), H. Teppner (Graz). Einen großen Teil der schwierigen Schreibarbeiten erledigten Frau B. Müller und Frau K. Schmidt (Halle). Für die Ausführung der neu aufgenommenen und korrigierten Abbildungen danken wir Frau J. Marx und Frau H. Zech.
Dem Gustav Fischer Verlag, besonders der Leiterin des Jenaer Hauses, Frau Dr. Johanna Schlüter, danken wir für die sachkundige, engagierte Betreuung der Neuauflage.
Alle Benutzer der Exkursionsflora bitten wir auch diesmal, uns durch Hinweise auf Fehler und Lücken bei der Verbesserung zukünftiger Auflagen zu unterstützen.
Wir hoffen, daß diese neue Bearbeitung nicht nur dem Namen des Begründers des Werkes, Werner Rothmaler, Ehre macht, sondern vor allem den Erwerb der soliden Pflanzenkenntnis ermöglicht, die für die Pflege und Erhaltung unserer Flora und Vegetation unerläßlich ist.

Halle, im Frühjahr 1996 M. Bäßler E. J. Jäger K. Werner

Einleitung

Bau der Pflanzen

Hier werden die in den Bestimmungsschlüsseln verwendeten botanischen Fachausdrücke (Termini) erklärt. Sie dienen der exakten Beschreibung der Organe der Pflanzen, ihrer Abwandlungen und Eigenschaften. Die Terminologie ist streng zu trennen von der Nomenklatur, die sich mit der Namengebung der Pflanzensippen beschäftigt (s. S. 38).

Wurzel

Die (meist unterirdischen) Wurzeln dienen der Verankerung im Boden sowie der Wasser- und Nährstoffaufnahme. Sie tragen nie Blätter, Blattschuppen oder Blattnarben und sind daher auch nie durch Knoten gegliedert. Man unterscheidet:

Primärwurzel („Hauptwurzel"): die die Sproßachse unmittelbar nach unten fortsetzende, aus dem Keimwürzelchen entstandene Wurzel; sie wird, wenn sie kräftig ist und während des ganzen Lebens der Pflanze erhalten bleibt, auch als Pfahlwurzel bezeichnet

Seitenwurzeln: Verzweigungen der Hauptwurzel

Sproßbürtige Wurzeln: Wurzeln, die der Sproßachse seitlich entspringen

Wurzelknolle: Verdickung an sproßbürtigen Wurzeln, die der Reservestoffspeicherung dienen (Knabenkraut, Dahlie, Scharbockskraut)

Rübe: Verdickung der Primärwurzel einschließlich des untersten Sproßabschnittes; letzterer bildet den blättertragenden „Rübenkopf" (Möhre, Sellerie, Rettich, Beta-Rübe)

wurzellos: Wurzeln völlig fehlend (Zwergwasserlinse, Hornblatt, Wasserschlauch, Korallenwurz)

Sproßachse

Die Sproßachse bildet zusammen mit den Blättern den Sproß. Die Ansatzstellen der Blätter und Seitensprosse an der Sproßachse heißen Knoten (Nodi), auch wenn sie nicht knotig verdickt sind. Sie gliedern die Sproßachse in blattlose Stengelglieder (Internodien). Das unterste Stengelglied der Hauptachse zwischen Hauptwurzel und Keimblättern heißt Hypokotyl.

Beschaffenheit (Konsistenz) der Sproßachse

holzig: völlig verholzt, hart, kaum biegsam (Holzpflanzen s. S. 34)

krautig: nicht verholzt, meist weich und biegsam (Kräuter s. S. 34)

fleischig: krautig und sehr saftig, nicht welkend (Queller)

markig: im Inneren mit saftigem oder trockenem, weichem Markgewebe erfüllt

hohl: im Inneren mit einem einzigen durchgehenden oder an den Knoten unterbrochenen Hohlraum

gekammert: im Inneren mit mehreren Hohlräumen

Arten der Sproßachse und des Sprosses

Hauptachse: die sich unmittelbar aus der Sproßanlage des Keimlings entwickelnde Achse (Primärachse). Bei ausdauernden Kräutern (Stauden) werden oft auch die jährlich aus den unterirdischen Überdauerungsorganen hervorgehenden oberirdischen Triebe als Hauptachsen bezeichnet.

Seitenachsen: Verzweigungen der Hauptachse, die dann als Mutterachse bezeichnet wird. Die Seitenachsen können wieder verzweigt sein, d. h. ihrerseits Seitenachsen tragen, für die sie als Mutterachsen gelten. Seitenachsen entstehen bei Samenpflanzen normalerweise in der Achsel von Blättern.

Stengel: Hauptachse oder gestreckte grundständige Sproßachse der Kräuter (z. B. bei Stauden); meist krautig, zuweilen schwach verholzt

Halm: der hohle, nur an den Knoten mit Querwänden versehene Stengel der Süßgräser

Schaft: laubblattloser, aus einer Grundblattrosette entspringender, einen Blütenstand tragender Stengel (Primel); zuweilen mit wenigen Schuppenblättern

Stamm: Hauptachse oder grundständige Sproßachse der Gehölze; stets holzig

Ast: dickere Seitenachse der Gehölze. Oft werden auch die Seitenachsen der Kräuter als Äste bezeichnet (z. B. Rispenäste der Gräser).

Zweig: Seitensproß der Kräuter oder dünner Seitensproß der Gehölze

Knospe: der von Blattanlagen eingehüllte Sproßscheitel (Abb. **11**/2). Man unterscheidet die spitzenständige Endknospe (Terminalknospe) und die in den Blattachseln gebildeten Achselknospen (Seitenknospen). Mehrjährige Pflanzen besitzen Erneuerungsknospen, die der Überdauerung ungünstiger Jahreszeiten dienen (z. B. Winterknospen) und danach das Wachstum des Sproßsystems fortsetzen. Bei Gehölzen sind sie geschlossen (außen mit derben Knospenschuppen versehen) oder offen bzw. nackt (Knospenschuppen fehlen; Wolliger Schneeball). Ruhende (schlafende) Knospen sind noch entwicklungsfähige Achselknospen an mehrjährigen, oft sehr alten Sproßachsen.

Schößling (Wasserreis): Jungtrieb bei Gehölzen, der sich aus einer ruhenden Knospe – oft erst nach Störung des Spitzenwachstums – entwickelt, entweder in der Krone (Obstbäume) oder an der Stammbasis (Linde, Robinie, Brombeere) oder aus dem Stumpf gefällter Bäume (Stockausschlag: Esche, Eiche) oder aus einer Wurzel (Zitter-Pappel, Sanddorn). Schößlinge sind sehr raschwüchsig, haben stark verlängerte Internodien und meist übernormal große Blätter. Sie sind deshalb für die Bestimmung der Art nicht geeignet (vgl. aber Brombeere).

Wurzelsproß: aus einer Wurzel entspringender Sproß (Acker-Kratzdistel, Schlehe)

Langtrieb: Sproß mit langen Stengelgliedern, dessen Blätter daher entfernt stehen

Kurztrieb: kurzer Seitensproß mit verkürzten Stengelgliedern, dessen Blätter daher dicht gedrängt stehen (Abb. **11**/2).

Sproßdorn: stechend-spitzes Ende eines beblätterten Sprosses oder in einen Dorn umgewandelter blattloser Kurztrieb (beides beim Weißdorn) (Abb. **11**/1)

Sproßranke: zu einer Ranke umgebildete Sproßachse (Weinrebe)

Ausläufer: bodenanliegender (Erdbeere) oder unterirdischer (Quecke), waagerechter Seitensproß mit dünnen, langen Stengelgliedern, an dessen Ende und Knoten neue bewurzelte Pflanzen entstehen

Rhizom (Wurzelstock): unterirdischer oder an der Erdoberfläche wachsender, ausdauernder, bewurzelter Speichersproß. Entweder waagerecht wachsend (Schwertlilie) und dann bisweilen langgliedrig (Windröschen) oder senkrecht wachsend und kurzgliedrig (Ampfer, Primel). Von der Wurzel durch das Vorhandensein von Blättern (oft Schuppenblättern) oder Blattnarben unterschieden.

Sproßknolle: zu einem dicken, oft saftigen Speicherorgan umgewandelter Abschnitt der Sproßachse, meist blattlos oder nur mit dünnhäutigen Schuppenblättern, aber (im Unterschied zur Zwiebel) stets ohne Speicherblätter. Meist unterirdisch (Kartoffel, Krokus, Lerchensporn), selten auch oberirdisch (Kohlrabi).

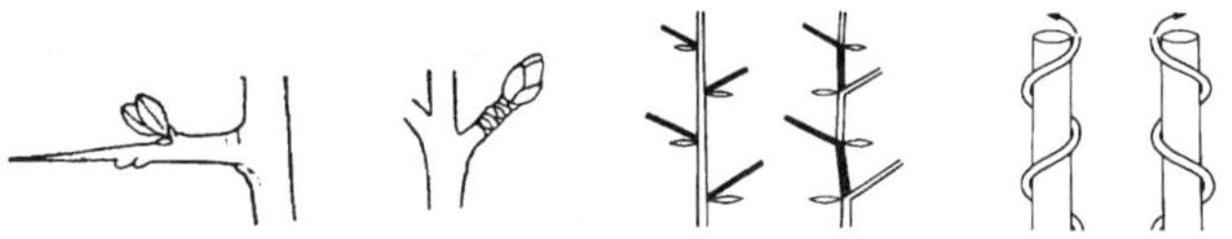

Zwiebel: knospenähnlicher Sproß mit stark verkürzter Achse (Zwiebelscheibe) und saftreichen, zu dicken Speicherorganen umgewandelten Niederblättern oder Blattbasen (Zwiebelschuppen); meist unterirdisch (Tulpe), aber auch als vegetative Vermehrungsorgane (Brutzwiebeln, Bulbillen) in den Achseln oberirdischer Blätter (Zwiebel-Zahnwurz) und in Blütenständen (Lauch)

Scheinachse (Sympodium): Sproßachse, die sich aus den jeweils unteren Sproßgliedern auseinander hervorgehender Seitensprosse zusammensetzt, die also – im Gegensatz zur echten Achse (Monopodium, Abb. **11**/3) – nicht in ihrer ganzen Länge von ein und demselben Vegetationspunkt erzeugt ist. Die „scheinbaren Seitenzweige" stellen die zur Seite gedrängten Spitzen der Mutterachsen dar (Abb. **11**/4), ihnen gegenüber stehen die Tragblätter der jeweils folgenden Stengelglieder.

Stellung und Anordnung von Sproßachsen und Sprossen

Die angeführten Begriffe werden sinngemäß z. T. auch zur Kennzeichnung der Stellung und Anordnung von Blättern, Blüten und Früchten verwendet. Vgl. S. 14.

aufrecht: sich vom Grund an ± senkrecht erhebend

anliegend: Seitenachsen der Mutterachse ± angedrückt

abstehend: Seitenachsen mit der Spitze der Mutterachse einen spitzen bis stumpfen Winkel bildend; und zwar
- aufrecht abstehend: weniger als 45°
- schräg abstehend: 45° und mehr
- waagerecht abstehend: etwa 90°
- abwärts abstehend (zurückgeschlagen): mehr als 90°

sparrig: Seitenachsen in verschiedenen Richtungen unregelmäßig abstehend

liegend (niedergestreckt): in ganzer Länge dem Boden aufliegend, aber nicht wurzelnd

kriechend: in ganzer Länge dem Boden aufliegend und stellenweise bewurzelt

aufsteigend (aufstrebend): aus kriechendem oder liegendem Grund sich allmählich bogig oder knickig aufrichtend

übergebogen: an der Spitze höchstens bis zur Waagerechten geneigt

nickend: an der Spitze bogig abwärtsgeneigt

hängend: infolge des Eigengewichtes als Ganzes abwärtsgerichtet

flutend: in fließendem Wasser am Boden wachsend und in Strömungsrichtung ausgestreckt

kletternd (klimmend): an fremden Stützen aufsteigend; dabei unterscheidet man folgende Formen:

Rankenpflanzen: mit „Ranken" kletternd. Ranken sind fadenförmige, aus Seitensprossen (Weinrebe), Blättern (Kürbis, Ranken-Platterbse), Blattstielen (Waldrebe) oder Blattfiedern (Erbse, Wicke) umgebildete Befestigungsorgane, die auf Berührungsreize mit Krümmungs- und Wickelbewegungen reagieren.

Windepflanzen: mit einer sich um die Stütze windenden Sproßachse (oft Hauptachse) kletternd, ohne Berührungsreizbarkeit. Bei linkswindenden Pflanzen (Abb. **11**/5) beschreibt die Sproßspitze beim Weiterwachsen ständig Linkskurven (die meisten Windepflanzen), bei den rechtswindenden (Abb. **11**/6) Rechtskurven (Hopfen, Geißblatt).

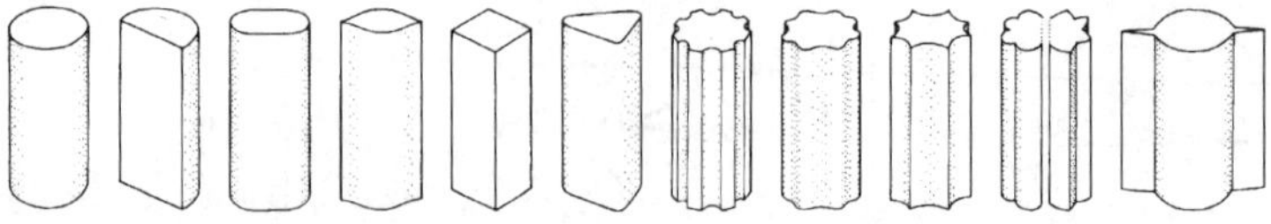

Spreizklimmer: mit hakigen Kletterhaaren (Hopfen, Kleb-Labkraut), Stacheln (Brombeere) oder sparrig abstehenden Ästen (Taubenkropf) kletternd.

Wurzelkletterer: mit Klettersprossen, die stark mit lichtscheuen Haftwurzeln besetzt sind, an senkrechten Flächen emporkletternd (Efeu).

allseitswendig: nach allen Seiten hin gerichtet

einseitswendig: allseitig entspringend, aber infolge von Dreh- oder Krümmungsbewegungen nach ein und derselben Seite hingewendet (Traube des Maiglöckchens und des Fingerhuts, Dolde der Schlüsselblume)

einseitig: auf einer Seite entspringend, einreihig oder in mehreren nebeneinanderliegenden Reihen

zweizeilig: in zwei gegenüberliegenden Reihen, aber an jedem Knoten einzeln

gegabelt (gablig): Verzweigung an der Spitze in 2 ± gleichwertige Seitensprosse (dichasial: Mistel oder dichotom: Bärlapp)

horstig (dichtrasig): Sprosse infolge starker basaler Verzweigung und aufrechten Wuchses dichtgedrängt beisammenstehend, ohne Ausläufer; Pflanze einen Horst bildend

lockerrasig: Sprosse infolge von Ausläufer- oder Kriechtriebbildung ± ausgedehnte Flächen bedeckend

Gestalt von Sproßachsen

Die angeführten Begriffe werden sinngemäß z. T. auch zur Kennzeichnung der Gestalt von Blättern, Früchten und Samen verwendet.

stielrund (zylindrisch): gestreckt und mit kreisförmigem Querschnitt (Abb. **12**/1)

halbstielrund (halbzylindrisch): mit halbkreisförmigem Querschnitt (Abb. **12**/2)

zusammengedrückt (abgeflacht): mit elliptischem Querschnitt (Kanten stumpf oder scharf) (Abb. **12**/3)

zweischneidig: stark zusammengedrückt mit 2 scharfen Längskanten (Abb. **12**/4)

kantig: mit eckigem Querschnitt (Abb. **12**/5)

stumpfkantig: mit gerundeten Kanten (Abb. **12**/6)

gerieft (gerillt): mit Längsrinnen (Abb. **12**/7)

gefurcht: mit am Grund abgerundeten Längsrinnen zwischen abgerundeten Längsleisten; im Querschnitt gebuchtet (Abb. **12**/8)

kantig gefurcht (scharfkantig): mit am Grund abgerundeten Längsrinnen zwischen scharfkantigen Längsleisten; im Querschnitt gezähnt (Abb. **12**/9)

gerippt: mit Längsleisten, die mit V-förmigen Rinnen aneinanderstoßen; im Querschnitt gekerbt oder gesägt (Abb. **12**/10)

geflügelt: mit (meist 2–4) dünnen und hohen, blattartigen Längsleisten (Flügelginster, Wald-Platterbse) (Abb. **12**/11)

knotig: stellenweise (meist dicht unter den Blattansatzstellen) verdickt. Bei den „knotigen Halmen" der Gräser sind jedoch nicht die Sproßachsen (Halme), sondern die Basen der Blattscheiden verdickt.

Oberfläche von Sproßachsen

Vergleiche den Abschnitt „Oberfläche von Sproßachsen, Blättern, ..." S. 21.

Blatt

Arten der Blätter

Laubblatt: das gewöhnliche, der Assimilation dienende Blatt, meist grün und mit flacher Spreite (meist kurz als „Blatt" bezeichnet) (Abb. **14**/1)

Niederblatt: einfach gestaltetes, schuppen- oder scheidenartiges (meist nur aus dem Blattgrund bestehendes), meist nicht grünes Blatt am Stengelgrund, an unterirdischen Sprossen (z. B. Rhizomen, Ausläufern oder Knollen), an den Winterknospen der Gehölze (Knospenschuppen) und an Zwiebeln (Zwiebelschuppen)

Hochblatt: Blatt unter einer Einzelblüte oder im Bereich des Blütenstandes, vom Laubblatt durch geringere Größe und einfacheren Bau oder abweichende Färbung unterschieden (z. B. Deck-, Hüll- und Spreublätter, Spelzen und Blütenscheiden)

Keimblätter (Kotyledonen): die ersten, von den folgenden abweichend gestalteten Blätter des Hauptsprosses, welche sich schon vor der Keimung am Keimling vorfinden. Bei Einkeimblättrigen 1, bei Zweikeimblättrigen normalerweise 2, bei Nacktsamern meist mehrere.

Vorblätter: die ersten, oft durch ihre besondere Form oder Stellung von den folgenden Blättern unterschiedenen Blätter an Seitenachsen, z. B. an Blütenstielen. Bei Einkeimblättrigen gewöhnlich 1, bei Zweikeimblättrigen gewöhnlich 2.

Tragblatt: Blatt, das eine Seitenachse in seiner Achsel trägt; entweder laubblattartig oder hochblattartig (Deckblatt)

Deckblatt (Braktee): Hochblatt, das eine (gestielte oder sitzende) Einzelblüte in seiner Achsel trägt

Hüllblätter: Hochblätter, die (meist zu mehreren) einen Blütenstand (z. B. Kopf, Dolde, Cyathium), seltener auch eine Einzelblüte (Küchenschelle, Jungfer im Grünen) kelchähnlich umgeben. Die Hüllblätter bilden in ihrer Gesamtheit eine Hülle (Involukrum). Umgibt die Hülle den Kelch einer Einzelblüte, so heißt sie Außenkelch (Malve, Skabiose).

Blütenscheide (Spatha): scheidenartige Hochblatthülle eines Blütenstandes; meist einblättrig (Aronstabgewächse), seltener aus zwei (Lauch) oder mehr Blättern (Mais)

Spreublätter: stark rückgebildete Deckblätter der Einzelblüten eines Kopfes; flach (Ferkelkraut), kahnförmig (Sonnenblume), borstenförmig (Spreuborsten: Flockenblume) oder haarförmig (Spreuhaare: Wermut) (vgl. aber „Spreuschuppen" S. 33)

Spelzen: die Hüll-, Deck- und Vorblätter im Ährchen der Süßgräser und Sauergräser

Schlauch: das zu einer ei- bis flaschenförmigen, den Fruchtknoten bzw. die Frucht umgebenden Hülle umgewandelte Deckblatt der ♀ Seggenblüte (= Vorblatt am Stiel des einblütigen Seggenährchens). – Beim Wasserschlauch (Utricularia) ein zu einer Fangblase umgestalteter Blattzipfel.

Blattdornen: in Dornen umgewandelte Blätter (Berberitze), Nebenblätter (Robinie) oder austretende Blattnerven (Disteln)

Blattranken: in Ranken umgewandelte Blätter (Kürbis), Blattstiele und -spindeln (Waldrebe) oder Blattfiedern (Erbse, Wicke)

(Nebenblätter: vgl. Teile der Blätter, S. 13)

Teile der Blätter

Blattspreite: der meist flach ausgebreitete obere Teil des Blattes

Blattstiel: der stielartige Träger der Spreite

Blattgrund: der unterste Teil des Blattes an seiner Anheftungsstelle

Blattscheide: der röhrig oder bauchig den Stengel umschließende Blattgrund (Gräser, Abb. **14**/2; viele Doldenblütler, z. B. Brustwurz)

Nebenblätter (Stipeln): zipfel- oder blattartige Ausgliederungen des Blattgrundes. Bei Zweikeimblättrigen paarig rechts und links der Basis des Blattstieles (Abb. **14**/1); entweder frei (Wicke) oder dem Blattstiel angewachsen (Rose). Bei Einkeimblättrigen einzeln als Axillarstipel scheinbar achselständig (Laichkraut, Abb. **496**/3)

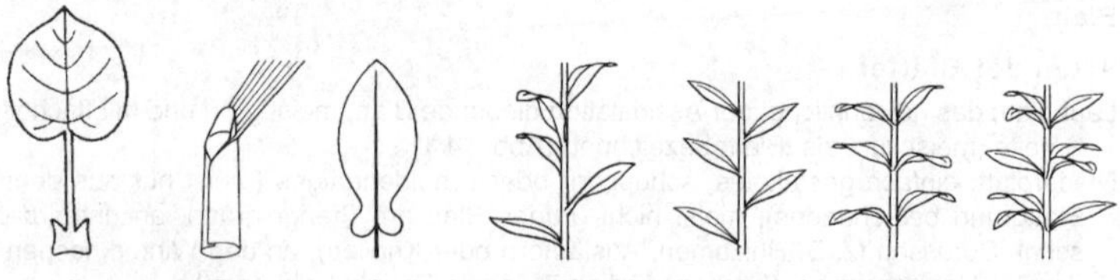

Blatthäutchen (Ligula): bei Blättern mit Blattscheide (besonders bei Süß- und Sauergräsern) ein Anhängsel an der Übergangsstelle von Scheide und Spreitenoberseite (Abb. **14**/2). Es erscheint meist als ein häutiger, farblos durchscheinender Fortsatz der Oberhaut auf der Innenseite der Scheide (vgl. auch S. 33).

Tute (Ochrea): häutige Scheide am Grund des Blattstiels, die den Stengel nach oben als geschlossene Röhre einschließt, aus 2 Nebenblättern (Knöterich, Ampfer, Abb. **192**/4) oder einer Axillarstipel (Teichfaden) durch Verwachsung entstanden

Öhrchen: krallenförmige oder lappige, stets von der Blattspitze weg gerichtete, oft den Stengel ± umfassende Anhängsel (Abb. **14**/3) verschiedenen Ursprungs: Spreitengrund (Hasenohr, Gerste), verbreiterter Blattstielgrund (Großes Mädesüß), grundständige Fiederabschnitte oder rückwärtsgerichtete Zipfel der Nebenblätter (Ackerbohne)

Spindel (Rhachis): die spreitenfreie Mittelrippe eines gefiederten Blattes

Blättchen: die völlig voneinander getrennten Spreitenabschnitte eines gefiederten oder gefingerten Blattes. (Ein Gesamtblatt darf, auch wenn es noch so klein ist, nie als Blättchen bezeichnet werden.)

Nebenblättchen (Stipellen): nebenblattähnliche Gebilde am Grund der Blättchenstiele eines Fiederblattes; an der Endfieder paarig, an den Seitenfiedern stets einzeln (Bohne)

Blattachsel: der obere, d. h. spitzenwärts gelegene Winkel, den ein Blatt mit der Sproßachse bildet, an der es sich befindet

Beschaffenheit (Konsistenz) und Dauer des Blattes

krautig: weich und leicht welkend

fleischig: saftig, dick, nicht welkend (Fetthenne)

ledrig: derb, saftarm, kaum welkend (Efeu)

häutig (trockenhäutig): sehr dünn, durchscheinend, ohne Blattgrün (Krone beim Wegerich)

starr (steif): unelastisch, wenig biegsam (Fichte)

sommergrün: im Herbst absterbend, nur eine Vegetationsperiode lebend

wintergrün: grün am Sproß überwinternd, aber kaum länger als ein Jahr lebend (Leberblümchen)

immergrün: grün am Sproß überwinternd und zwei oder mehrere Jahre lebend (Immergrün)

hinfällig: frühzeitig abfallend (Kelchblätter beim Mohn)

Stellung von Blättern an der Sproßachse

Die angeführten Begriffe werden z. T. auch für die Kennzeichnung der Stellung und Anordnung von Blüten und Früchten sowie von Sproßachsen verwendet. Vgl. S. 11.

grundständig: am Grund des Stengels entspringend

stengelständig: am gestreckten Stengel entspringend

wechselständig (schraubig): an jedem Knoten einzeln, d. h. in verschiedener Höhe an der Sproßachse entspringend (Abb. **14**/4) zweizeilig (distich): in 2 gegenüberliegenden Reihen wechselständig angeordnet (Süßgräser, Ulme) (Abb. **14**/5)

gegenständig: paarweise in gleicher Höhe an der Sproßachse gegenüberstehend, dem gleichen Knoten entspringend

kreuzgegenständig (dekussiert): je 2 aufeinanderfolgende Paare gegenständiger Blätter stehen rechtwinklig zueinander, so daß am Stengel 4 Blattreihen entstehen (Abb. **14**/6)

gepaart: paarweise in gleicher Höhe an der Sproßachse nebeneinanderstehend, 1 größeres und 1 kleineres (Tollkirsche)

quirlig (wirtelig): zu dreien oder mehreren an einem Knoten, d. h. in gleicher Höhe rings um die Sproßachse stehend (Wacholder 3, Einbeere 4, Tannenwedel zahlreiche Blätter) (Abb. **14**/7)

scheinquirlig: zu dreien oder mehreren infolge sehr starker Verkürzung der Stengelglieder in fast gleicher Höhe stehend, aber an verschiedenen, sehr dicht übereinanderliegenden Knoten entspringend (Busch-Windröschen, Türkenbund)

rosettig: zu mehreren bis vielen scheinquirlig am Grund des Stengels; die grundständigen Blätter bilden eine Rosette (Wegerich, Hirtentäschel)

dachzieglig: wechselständig dicht übereinander und sich mit den Rändern überdeckend, so daß die Sproßachse verdeckt wird (Hüllblätter der Kornblume, Fichtenzapfen)

einseitig: auf nur einer Seite (< 180° des Stengelumfangs) entspringend (Hüllkelch der Hundspetersilie)

gescheitelt: an waagerecht wachsenden Sprossen allseitig entspringend, aber zweireihig in die Horizontalebene gekrümmt (Tanne, Eibe)

Anheftung von Blättern an der Sproßachse

gestielt: mit Blattstiel (Abb. **15**/1)

sitzend (ungestielt): ohne Blattstiel (Abb. **15**/2)

stengelumfassend: Spreitengrund ganz oder fast ganz um den Stengel herumgreifend (Schlafmohn, Knotenfuß) (Abb. **15**/4)

halbstengelumfassend: Spreitengrund den Stengel beiderseits nur etwa bis zur Hälfte umgreifend (Waid) (Abb. **15**/3)

durchwachsen: Spreitengrund um den Stengel herum verwachsen, so daß dieser durch das Blatt hindurchgewachsen zu sein scheint (Rundblättriges Hasenohr) (Abb. **15**/5)

verwachsen: zwei oder mehrere Blätter sind im unteren Teil ± weit miteinander verschmolzen: zwei gegenständige Blätter (Jelängerjelieber) (Abb. **15**/6) oder mehrgliedrige Quirle (Schachtelhalm) oder die Blätter zweier dicht übereinanderstehender gleichartiger (Perigon der Traubenhyazinthe) oder ungleichartiger (Staubblätter und Perigon der Herbstzeitlose) Quirle

scheidig verwachsen: gegenständige (Nelke) (Abb. **15**/7) oder quirlige Blätter (Schachtelhalm) (Abb. **110**/7) sind zu einer stengelanliegenden Scheide verwachsen

herablaufend: unterer Spreitenteil so mit dem Stengel verwachsen, daß sich der Spreitenrand von der Anheftungsstelle am Stengel ± weit in Form zweier Säume (Flügel) hinabzieht (Beinwell) (Abb. **15**/8)

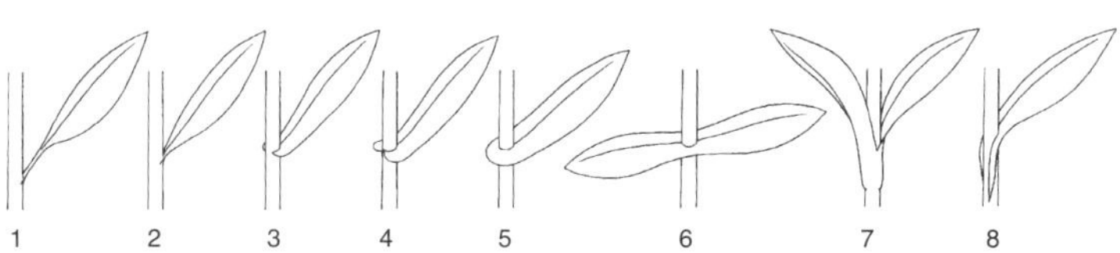

reitend: ungestielt und mit stark gefaltetem Grund den Stengel einschließend (Schwertlilie) (Abb. **16**/15)
hinfällig: frühzeitig abfallend (Kelchblätter des Mohns)

Nervatur

streifennervig: mit zahlreichen gleich starken Nerven, die vom Spreitengrund bis zur Blattspitze ohne Verzweigung nebeneinander verlaufen: parallelnervig (bei schmalen Blättern) oder bogennervig (bei breiteren Blättern) (Abb. **16**/1)
gitternervig: streifennervig mit feinen Quernerven zwischen den Längsnerven
netznervig: mit 1 oder mehreren Hauptnerven, von denen Seitennerven abgehen, die sich weiter verzweigen und zuletzt ein feines Nervennetz bilden (Abb. **16**/2)
fiedernervig: netznervig mit nur 1 Hauptnerv, von dem die Seitennerven zweireihig entspringen (Abb. **18**/8–12)
fingernervig (handnervig): netzartig mit mehreren Hauptnerven, die strahlenförmig vom Spreitengrund ausgehen (Abb. **18**/1–5)
fußnervig: ähnlich wie fingernervig, aber Nerven nicht von einem Punkt ausgehend, sondern jeweils der äußere Nerv nahe dem Grund des nach innen folgenden abzweigend (Abb. **19**/6)
gabelnervig: wiederholte Verzweigung der Nerven in jeweils 2 ± gleichwertige weiterführende Nerven (Ginkgo)

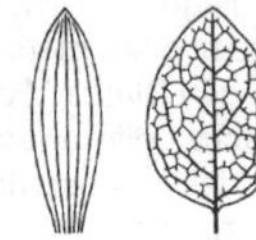
1 2

Gestalt von Blattspreiten

kreisrund: mit kreisförmigem Umriß (Abb. **16**/3)
rundlich: annähernd kreisrund, meist etwas länger als breit (Abb. **16**/4)
elliptisch (oval): 1,5–2,5mal so lang wie breit und in der Mitte am breitesten (Felsenbirne) (Abb. **16**/5)
eiförmig: 1,5–2,5mal so lang wie breit und unter der Mitte am breitesten (Längsschnitt eines Hühnereis) (Abb. **16**/6)
verkehrteiförmig: wie eiförmig, aber über der Mitte am breitesten (Aurikel) (Abb. **16**/7)
spatelförmig (spatlig): mit abgerundeter Spitze, im oberen Drittel am breitesten und nach dem Grund zu mit konkaven Rändern verschmälert (Gänseblümchen) (Abb. **16**/8)
lanzettlich: 3–8mal so lang wie breit, in der Mitte am breitesten, mit bogigen Rändern nach beiden Enden verschmälert (Abb. **16**/10)
eilanzettlich: wie lanzettlich, aber unter der Mitte am breitesten (Abb. **16**/9)
länglich: 3–8mal so lang wie breit und mit ± parallelen Rändern (Abb. **16**/11)
linealisch (lineal): mindestens 10mal so lang wie breit, mit ± parallelen Rändern (Gräser) (Abb. **16**/12)
nadelförmig: starr, schmal, gleich breit, meist mit derber Spitze (Glockenheide, Kiefer) (Abb. **16**/13)
pfriemlich: starr und sehr schmal, am Grund am breitesten und von da allmählich in eine feine Spitze verschmälert (Wacholder) (Abb. **16**/14)
borstenförmig (borstlich): sehr lang und schmal, gleichdick (etwa 0,8–1,5 mm), steif, bisweilen (Blauschwingel) oberseits mit Rinne (vgl. aber „borstig" S. 22!)

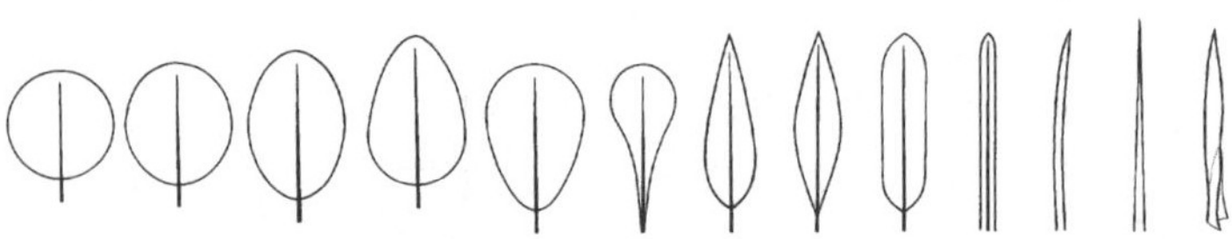
3 4 5 6 7 8 9 10 11 12 13 14 15

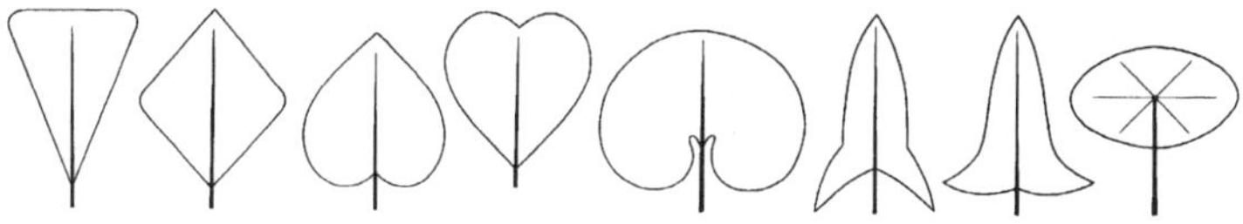

fadenförmig (fädlich): wie vorige, aber noch dünner (0,5–0,8 mm), nicht steif
haarförmig: wie vorige, aber unter 0,5 mm dick
binsenartig: sehr lang und schmal, im Querschnitt stielrund oder halbstielrund (Flatter-Binse)
röhrig: binsenartig und innen mit weiter Höhle (Schnittlauch)
schwertförmig: seitlich stark flachgedrückt, mit der Schneide dem Stengel zugewandt und mit stark gefaltetem Grund (reitendes Blatt) ihn einschließend (Schwertlilie, Simsenlilie, Gladiole, Kalmus) (Abb. **16**/15)
dreieckig: nahe dem Grund am breitesten und von da gegen die Spitze allmählich gradlinig verschmälert, etwa 1–3mal so lang wie breit
keilförmig: nahe der Spitze am breitesten und von da gegen den Grund allmählich gradlinig verschmälert, etwa 1–3mal so lang wie breit (Abb. **17**/1)
rautenförmig (rhombisch): von der Form eines auf der Spitze stehenden Vierecks (Wassernuß) (Abb. **17**/2)
herzförmig: am Grund mit spitzem Einschnitt, in der Herzbucht gestielt oder mit dieser ungestielt der Achse ansitzend, etwa 1–1,5mal so lang wie breit (Abb. **17**/3)
verkehrtherzförmig: an der Herzspitze gestielt oder mit dieser der Achse ansitzend, die Herzbucht an der Blattspitze befindlich (Abb. **17**/4)
nierenförmig: rundlich bis quer-elliptisch, am Grund mit tiefem, abgerundetem Einschnitt zwischen zwei breiten, abgerundeten Lappen (Haselwurz) (Abb. **17**/5)
pfeilförmig: dreieckig und am Grund mit zwei spitzen, rückwärtsgerichteten Seitenlappen (Ackerwinde) (Abb. **17**/6)
spießförmig: dreieckig und am Grund mit zwei spitzen, rechtwinklig abstehenden Seitenlappen (Kleiner Sauerampfer) (Abb. **17**/7)
geigenförmig: länglich oder elliptisch und etwa in der Mitte beiderseits mit einer bogigen Bucht (Österreichische Gemswurz)
schuppenförmig: kurz, breit und meist der Sproßachse ± anliegend (Lebensbaum, Heidekraut) (Abb. **128**/1)
schildförmig: etwa kreisrund und in der Mitte der Blattunterseite gestielt (Kapuzinerkresse, Wassernabel) (Abb. **17**/8)

Tiefe von Spreiteneinschnitten

einfaches Blatt: Spreite aus nur einer, wenigstens am Grund zusammenhängenden Fläche bestehend
ganz (unzerteilt): ohne tiefere Einschnitte, höchstens am Rand gesägt, gezähnt usw. (vgl. Spreitenrand, S. 20), nicht gleichbedeutend mit „ganzrandig" (Abb. **18**/1, **18**/8)
gelappt (-lappig): Einschnitte bis etwa $^1/_3$ (20–40%) der Spreitenhälfte reichend
gespalten (-spaltig): Einschnitte etwa bis zur Mitte (40–60%) der Spreitenhälfte reichend
geteilt (-teilig): Einschnitte bis etwa $^2/_3$ (60–80%) reichend
geschnitten (-schnittig): Einschnitte (fast) bis zum Grund (80–100%) reichend, Abschnitte stets mit ± breiter Basis ansitzend
zusammengesetztes Blatt: Spreite aus mehreren, völlig voneinander getrennten Teilen bestehend. Die selbständigen Spreitenteile heißen – auch wenn sie sehr groß sind – Blättchen

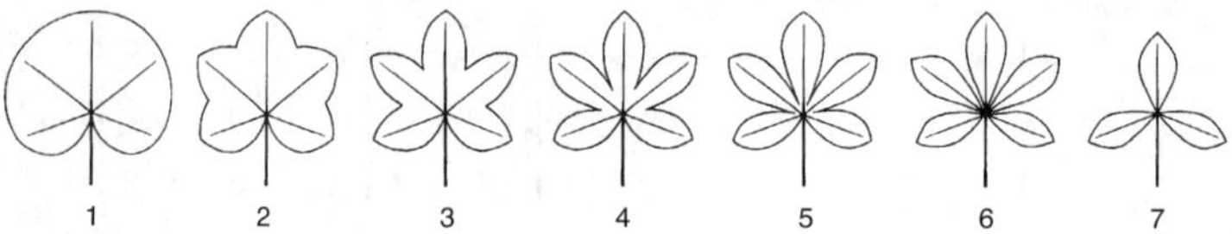

Anordnung von Spreitenabschnitten bzw. von Blättchen

handförmig (fingerförmig): um einen Punkt, das Ende des Blattstiels, strahlig angeordnet

handförmig gelappt (Frauenmantel); 3-, 4lappig usw. (Abb. **18**/2)
handförmig gespalten (Leberblümchen); 3-, 4spaltig usw. (Abb. **18**/3)
handförmig geteilt (Scharfer Hahnenfuß); 3-, 4teilig usw. (Abb. **18**/4)
handförmig geschnitten (Trollblume); 3-, 4schnittig usw. (Abb. **18**/5)
gefingert: mit handförmig angeordneten, völlig voneinander getrennten Blättchen (Lupine); 4zählig usw. (Abb. **18**/6)
dreizählig: mit 3 handförmig angeordneten Blättchen (Rot-Klee) (Abb. **18**/7)
doppelt dreizählig: mit Blättchen, die wiederum dreizählig sind (Grundblätter der Akelei)

fiederförmig (fiedrig): längs einer Mittelrippe zweireihig angeordnet

fiederlappig (Eiche) (Abb. **18**/9)
fiederspaltig (Elsbeere) (Abb. **18**/10)
fiederteilig (Frühlings-Geiskraut) (Abb. **18**/11)
fiederschnittig (Rainfarn) (Abb. **18**/12)
gefiedert: mit zweireihig an einer Mittelrippe (Spindel) angeordneten, völlig voneinander getrennten Blättchen (Fiedern). Die Spindel beginnt bei der untersten Fieder als Fortsetzung des Blattstiels. Unpaarig gefiederte Blätter schließen mit einem Endblättchen ab (Esche) (Abb. **18**/13), paarig gefiederte Blätter schließen mit einer Ranke oder kurzen Spitze ab (Erbse) (Abb. **18**/14). Paarig gefiederte Blätter haben nicht immer „Fiederpaare" (d. h. gegenständige Fiedern) und auch nicht immer eine gerade Fiederzahl.
dreizählig gefiedert: mit nur einem Fiederpaar und einem Endblättchen mit gegliedertem Stiel (Bohne)
unterbrochen fiederschnittig (bzw. unterbrochen gefiedert): mit größeren und kleineren Fiederabschnitten (bzw. Fiedern) in regelmäßigem oder unregelmäßigem Wechsel (Kartoffel, Gänse-Fingerkraut) (Abb. **19**/1)
doppelt und mehrfach gefiedert: mit Fiedern, die wiederum gefiedert sind (Königsfarn) (Abb. **19**/2). Die selbständigen Spreitenteile heißen Fiedern 2., 3. Ordnung usw. oder Fiederchen. Bei nicht völliger Trennung der Spreite liegen doppelt und mehrfach fiederteilige oder fiederschnittige Blätter vor (Hundskamille)
leierförmig: gefiedert oder fiederlappig bis fiederschnittig und mit vergrößertem Endabschnitt (Brunnenkresse, Mauerlattich) (Abb. **19**/3)

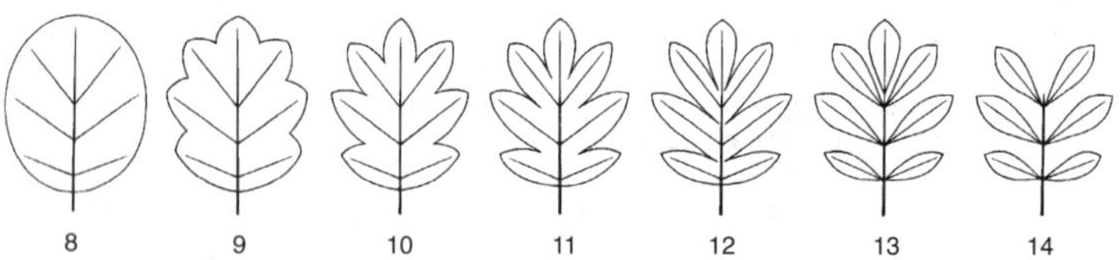

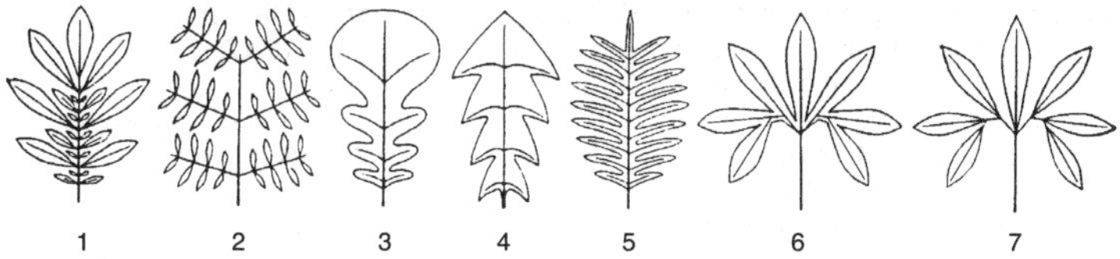

schrotsägeförmig: fiederlappig bis fiederteilig, mit dreieckigen, spitzen, nach dem Blattgrund zu gerichteten Abschnitten (Kuhblume) (Abb. **19**/4)
kammförmig: regelmäßig fiederteilig oder -schnittig mit zahlreichen, dichtstehenden, sehr schmalen Abschnitten (Wasserprimel) (Abb. **19**/5)

fußförmig: mit nahezu handförmig angeordneten Spreitenabschnitten oder Blättchen, die aber nicht genau von einem Punkt, sondern von einer verbreiterten Basis ausgehen, indem die äußeren nahe dem Grund der nach innen folgenden abzweigen (Nieswurz), z. B. fußförmig geschnitten (Abb. **19**/6) oder fußförmig zusammengesetzt (Abb. **19**/7)

buchtig: der Zusatz „buchtig" (z. B. buchtig fiederlappig: Eiche) gibt an, daß die Blattabschnitte durch abgerundete Einschnitte getrennt sind (vgl. aber „gebuchtet" S. 20)

Spreitengrund

keilig (keilförmig): allmählich mit gradlinigem Rand schmaler werdend (Abb. **19**/10)

verschmälert: mit bogigen, an der Basis konkaven, spitzwinklig zusammenstoßenden Spreitenrändern (Abb. **19**/11)

abgerundet: mit konvexen, nicht winklig zusammenstoßenden Spreitenrändern (Abb. **19**/9)

gestutzt: mit senkrecht auf die Mittelrippe treffenden, nicht bogigen Spreitenrändern (Abb. **19**/8)

herzförmig: mit spitzem Einschnitt zwischen zwei abgerundeten Seitenlappen (Abb. **17**/3)

nierenförmig: mit abgerundetem Einschnitt zwischen zwei abgerundeten Seitenlappen (Abb. **17**/5)

pfeilförmig: mit zwei spitzen, rückwärtsgerichteten Seitenlappen (Abb. **17**/6)

spießförmig: mit zwei spitzen, rechtwinklig abstehenden Seitenlappen (Abb. **17**/7)

Spreitenspitze

abgerundet: mit konvex-bogiger, nicht winkliger Spitze (Sand-Thymian) (Abb. **19**/13)

gestutzt: an der Spitze durch eine ± gerade Querlinie begrenzt (Abb. **19**/12)

stumpf: mit stumpfwinklig zusammenstoßenden Spreitenrändern (Abb. **19**/14)

spitz: mit spitzwinklig zusammenstoßenden, gradlinigen oder konvexen Spreitenrändern (Abb. **19**/15)

zugespitzt: mit spitzwinklig zusammenstoßenden, gegen die schmale Blattspitze zu konkaven Rändern (Abb. **19**/16)

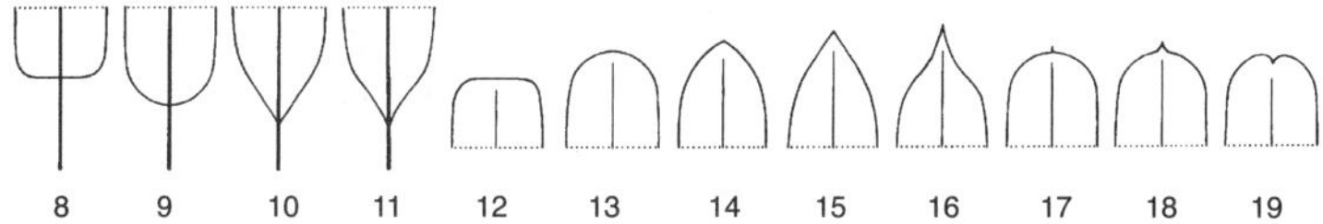

grannenspitzig (begrannt): mit langer Endborste (austretendem Mittelnerv)
stachelspitzig: mit sehr kurzer Endborste (Sichel-Luzerne) (Abb. **19**/17)
haarspitzig: mit endständigem Haar (Keulen-Bärlapp)
bespitzt (kleinspitzig, mit aufgesetzter Spitze): mit kleiner, vom sonst abgerundeten Spreitenende plötzlich abgesetzter, flächiger, nicht nur vom Nerv gebildeter Spitze (Hopfenklee) (Abb. **19**/18)
ausgerandet: mit kleiner Einbuchtung an der Spitze (Schwarz-Erle) (Abb. **19**/19)
kapuzenförmig: an der Verwachsungsstelle der Blattränder nach oben gewölbt und eine innen hohle Spitze bildend, wie ein einseitig aufgeschlitzter Handschuhfinger (Wald-Goldstern, Abb. **502**/5)

Spreitenrand

ganzrandig: ohne jeden Einschnitt (Tulpe) (Abb. **18**/8)
gesägt: mit spitzen Vorsprüngen (Sägezähnen) zwischen spitzen Buchten (Brennessel) (Abb. **20**/1); Sägezähne meist vorwärtsgerichtet
rückwärts gesägt: mit rückwärtsgerichteten Sägezähnen
doppelt gesägt: Sägezähne ihrerseits mit kleineren Sägezähnen besetzt (Abb. **20**/2)
gezähnt: mit spitzen Vorsprüngen (Zähnen) zwischen abgerundeten Buchten (Abb. **20**/3)
gezähnelt: mit sehr kleinen Zähnen
gefranst: mit sehr langen und schmalen Zähnen (Abb. **20**/4)
gekerbt: mit abgerundeten Vorsprüngen (Kerbzähnen) zwischen spitzen Buchten (Veilchen) (Abb. **20**/5)
gebuchtet: mit abgerundeten Vorsprüngen und abgerundeten Buchten (Abb. **20**/6) (vgl. aber „buchtig" S. 19)
geschweift (ausgeschweift): sehr flach gebuchtet, d. h. mit seichten, weitbogigen Vorsprüngen und ebensolchen Buchten (Rotbuche) (Abb. **20**/7)
ausgebissen: unregelmäßig gezähnt oder gebuchtet
wellig (gewellt): aus der Blattfläche heraus nach oben und unten gewölbt (Färber-Resede, Krummhals)
kraus: sehr stark und unregelmäßig wellig (Krauskohl, Krauser Ampfer)
gewimpert: mit randständigen Haaren (Abb. **20**/8)
vorwärts rauh: mit winzigen, rückwärtsgerichteten Stachelchen besetzt, daher beim Vorwärtsstreichen sich rauh anfühlend (Gegensatz: rückwärts rauh)

Spreitenquerschnitt

Vgl. auch die Bezeichnungen im Abschnitt „Gestalt von Sproßachsen" S. 12.
umgerollt (zurückgerollt): an den Rändern nach unten gerollt (Preiselbeere, Glockenheide) (Abb. **20**/9)
eingerollt: an den Rändern nach oben gerollt (Fettkraut) (Abb. **20**/10)
zusammengerollt: wie eine Papierrolle gerollt (Abb. **20**/11)
gefaltet (gefalzt): längs der Mittelrippe nach oben zusammengeklappt, mit V-förmigem Querschnitt (Abb. **20**/12)
rinnig: mit Rinne(n). Bei schmalen, einrinnigen Blättern: mit U- bis V-förmigem Querschnitt.

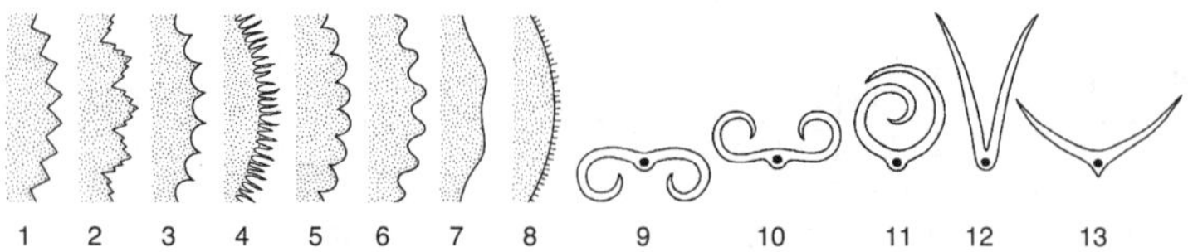

gekielt: mit deutlich hervortretender, erhabener, scharfkantiger Rippe auf flacher oder gewölbter Spreitenunterseite (Abb. **20**/13). Bei Borstblättern und bei den Grasspelzen Gegensatz zu „am Rücken abgerundet“ (die hervortretende Mittelrippe kann hier fehlen).

kahnförmig: gekielt mit stark nach oben gewölbten Spreitenhälften, mit U- bis V-förmigem Querschnitt und zusammengezogener Spitze

doppelrillig: mit zwei dicht neben der Mittelrippe verlaufenden Rillen auf der Oberseite eines sonst nicht oder seichter gerillten Blattes („Schienenblatt“, „Skispur-Blatt“) (Abb. **567**/6)

Anhangsgebilde an Sproßachsen und Blättern

Haare: nur aus der Oberhaut gebildete Auswüchse, ein- oder mehrzellig

Stacheln: nur aus Oberhaut und Rindengewebe bestehende, daher nie von Nerven (Gefäßbündeln) durchzogene, harte, starre, stechend-spitze Gebilde; an Stengeln und Blättern (Rose) oder an Früchten (Hundszunge)

Dornen: aus Oberhaut, Rindengewebe und dem Holzkörper bestehende, daher stets von Nerven (Gefäßbündeln) durchzogene, harte, starre, stechend-spitze Gebilde verschiedenen Ursprungs: umgewandelte blattlose Kurzsprosse (Gleditschie, Weißdorn), Spitzen beblätterter Seitensprosse (Schlehe, Weißdorn), umgewandelte Blätter (Berberitze) oder Nebenblätter (Robinie), Blattzipfel (Disteln) oder Kelchzipfel (Stechender Hohlzahn)

Drüsen: kleine, ein- oder mehrzellige, meist rundliche Gebilde, die bestimmte Stoffe (Zuckerlösung, Schleim, Harz, Öl, Salze usw.) ausscheiden

Nektarien: Drüsen, die zuckerhaltige Säfte ausscheiden (vgl. S. 29)

Oberfläche von Sproßachsen, Blättern, Blütenhüllen, Früchten und Samen

glatt: ohne Rauhigkeit und ohne Unebenheiten

runzlig: mit unebener Oberfläche (Früchte des Weichen Storchschnabels), bei Blättern infolge des eingesenkten Nervennetzes (Roter Fingerhut)

rauh: mit winzigen, erhabenen Stachelchen, welche durch Befühlen festgestellt werden (nicht gleichbedeutend mit „rauhhaarig“!)

vorwärts rauh: beim Vorwärtsstreichen sich rauh anfühlend infolge von rückwärtsgerichteten Stachelchen (Gegensatz: rückwärts rauh)

bereift: mit abwischbarem, hellem Wachsüberzug (Reif) bedeckt (Pflaumenfrucht, Kohlblätter)

bemehlt (bestäubt): wie mit Mehl überstäubt (Gänsefuß)

papillös: infolge von mikroskopisch kleinen Zellwandvorstülpungen (Papillen) bei Betrachtung mit bloßem Auge samtartig matt erscheinend

punktiert: mit sichtbaren (erhabenen, vertieften, abweichend gefärbten, durchscheinenden) Punkten (Blätter des Tüpfel-Hartheus)

schwielig: mit einer knotigen, knorplig-harten, meist nichtgrünen Vorwölbung (innere Perigonblätter einiger Ampfer-Arten)

kahl: ohne Haare

verkahlend: die Haare mit der Zeit verlierend (Hainbinse)

flaumhaarig (weichhaarig): mit ± zerstreut stehenden, zarten, weichen, kurzen Haaren

seidenhaarig: mit in einer Richtung anliegenden, feinen, weichen Haaren, die einen dichten, seidig glänzenden Überzug bilden (Erdbeere, Gänse-Fingerkraut)

spinnwebig: mit sehr langen, anliegenden, ineinandergeflochtenen, feinen, leicht abzureibenden Haaren (Filz-Klette)

flockig: mit weichen, dichtstehenden Haaren, die zu Wollflocken vereint abfallen

samthaarig: mit sehr dichtstehenden, sehr kurzen, abstehenden, weichen Haaren

filzig: mit dicht ineinandergeflochtenen, kurzen, weichen Haaren (Edelweiß)
wollig: mit dichtstehenden, langen, gebogenen bis gekräuselten, aber nicht ineinandergeflochtenen Haaren (Deutscher Ziest)
zottig: mit abstehenden, langen, weichen Haaren (Zottel-Wicke)
rauhhaarig: mit abstehenden, biegsamen, derben, aber nicht stechenden Haaren
steifhaarig (borstig): mit derben, stechenden, nicht biegsamen Haaren (Natternkopf) (vgl. aber „borstenförmig" oder „borstlich" S. 16)
gewimpert: mit randständigen, abstehenden Haaren (Hainsimse)
sternhaarig: mit sternförmig verzweigten Haaren oder mit von je einem Punkt ausgehenden Haarbüscheln (Sand-Fingerkraut, Berg-Steinkraut)
schildhaarig: mit strahlig-vielzelligen, in ihrer Mitte angehefteten Schüppchen (Sternhaare mit verwachsenen Strahlen) besetzt (Sanddorn, Ölweide)
schuppenhaarig (schuppig): mit vielzelligen, mit ihrem Rand angehefteten Schuppen besetzt
schülfrig: mit abwischbaren Schild- oder Schuppenhaaren besetzt
bärtig: mit begrenzten Haarfeldern oder Fransenreihen auf sonst kahlem Organ (Krone der Bärtigen Glockenblume)
achselbärtig: mit behaarten Stellen oder begrenzten Haarfeldern („Milbenhäuschen") in den Verzweigungswinkeln der Nerven auf der Unterseite fiedernerviger Blätter (Linde)
drüsenhaarig: mit Drüsenhaaren (gestielten Drüsen) besetzt (Kleb-Salbei)

Blütenstand

Der Blütenstand (Infloreszenz) ist ein mehrblütiges Sproßsystem, das durch das Fehlen von Laubblättern von der vegetativen Region der Pflanze abgegrenzt ist. Wenn Laubblätter in mehrblütigen Sproßsystemen vorhanden sind, ist dies in den Schlüsseln als „Blüten einzeln in den Blattachseln" bezeichnet. Blütenstände enthalten Hochblätter (Deck-, Hüll-, Spreu- und Vorblätter, Spelzen usw.) oder sie sind völlig blattlos. Die Hauptachse wird als Spindel bezeichnet.
Bei Hungerformen nicht selten auftretende einblütig gewordene Blütenstände sind von Einzelblüten am Vorhandensein eines Deckblattes an der Grenze zwischen Blütenstands- und Blütenstiel zu unterscheiden (Scheindolde der Spurre, Traube des Sibirischen Blausterns).

Blütenstandstypen

Traube: mit gestielten Einzelblüten, die längs einer Hauptachse (Traubenspindel) entspringen (Raps, Johannisbeere) (Abb. **22**/1)
Rispe: mit verzweigten, mehrblütigen Seitenachsen, die längs einer Hauptachse (Rispenspindel) entspringen (Flieder, Weinrebe) (Abb. **23**/2)
Schirmtraube: Traube, bei der die ungleich lang gestielten Blüten in einer Ebene oder einer nach oben gewölbten Fläche stehen (Abb. **22**/2, Schleifenblume, Dolden-Milchstern, Birne)

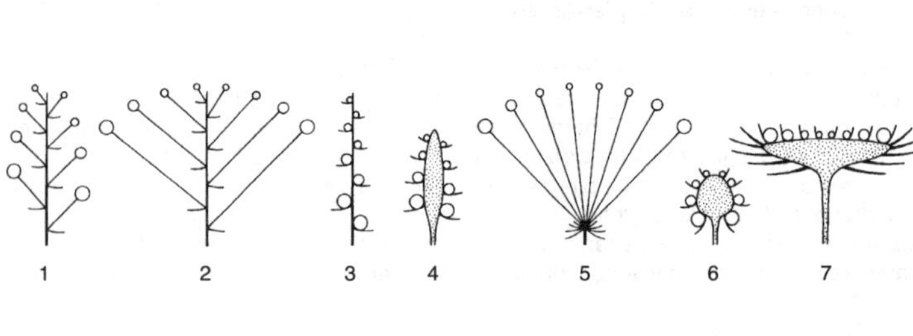

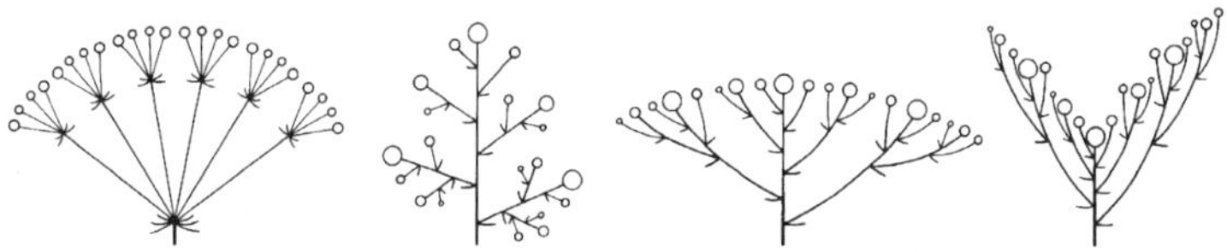

1 2 3 4

Schirmrispe: Rispe, bei der die Blüten in einer Ebene oder einer nach oben gewölbten Fläche stehen (Abb. **23**/3, Schwarzer Holunder, Schafgarbe, Schneeball). Schirmtraube und -rispe werden gemeinsam auch als Ebenstrauß (Corymbus) bezeichnet.

Trichterrispe (Spirre): Rispe oder Zyme, bei der die unteren Seitenäste so stark verlängert sind, daß die Blüten in ihrer Gesamtheit trichterförmig angeordnet sind, wobei die Spitze der Spindel sich an der tiefsten Stelle des Trichters befindet (Mädesüß, Glieder-Binse) (Abb. **23**/4)

Ähre: mit ungestielten Blüten, die längs einer Hauptachse (Ährenspindel) ansitzen (Wegerich) (Abb. **22**/3) (vgl. auch S. 33)

Kolben: Ähre mit dicker, fleischiger Spindel und dichtstehenden, sehr kleinen Blüten (Mais, Rohrkolben) (Abb. **22**/4)

Kätzchen: eingeschlechtige Ähre (oder meist ährige Thyrse) mit unscheinbaren Blüten an biegsamer Hauptachse, vielfach hängend (Ausnahme: Weide) und oft als Ganzes abfallend (Ausnahme: Birke), von walzlicher (Hasel), eiförmiger (Hopfen) oder kopfiger (Rotbuche) Form.

Zapfen: Ähre (oder Thyrse) mit zur Fruchtreife verholzender Spindel und verholzenden Deckblättern (Erle, Nadelhölzer)

Dolde: mit von einem Punkt entspringenden, unverzweigten, einblütigen Seitenachsen (Abb. **22**/5); endständig (Schlüsselblume), grundständig (Schaftlose Schlüsselblume) oder seitenständig (Apfel); meist flach oder halbkuglig

Doppeldolde: Dolde, bei der jede Seitenachse (Doldenstrahl) wiederum eine kleinere Dolde (Döldchen) trägt (Abb. **23**/1), nur bei den Doldengewächsen vorkommend. Die Hüllblätter der Dolde bilden eine Hülle, die der Döldchen ein Hüllchen.

Kopf (Köpfchen): mit ungestielten Blüten, die einer kegel- bis scheibenförmigen Blütenstandsachse sehr dicht gedrängt aufsitzen (Rot-Klee) (Abb. **22**/6). Häufig von einer Hülle aus Hochblättern (Hüllblättern, Involukrum) umgeben (Korbblütengewächse) und dann auch als Korb (Körbchen) bezeichnet (Abb. **22**/7). Zuweilen stehen an Stelle der Einzelblüten gestauchte Zymen (Skabiose). Das scheiben- oder kegelförmige Ende der Blütenstandsachse ist der Kopfboden (nicht: Blütenboden!). Auf ihm sitzende Deckblätter der Einzelblüten heißen Spreublätter. Die Blüten am Rand des Kopfes heißen Randblüten. Äußere Hüllblätter, die sich von den inneren scharf und ohne Übergang unterscheiden, bilden eine Außenhülle (Gewöhnliches Greiskraut).

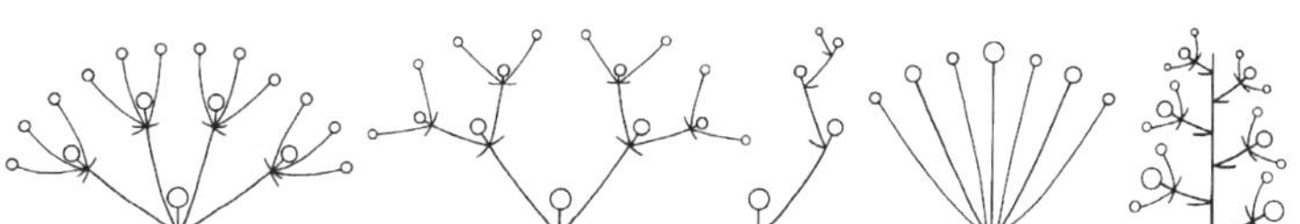

5 6 7 8 9

Zyme (zymöser Blütenstand): Blütenstand mit einer Endblüte (diese stets zuerst aufblühend!), unter der am obersten Knoten oder den dicht gedrängten oberen Knoten in Ein- oder Mehrzahl Seitenachsen entspringen, welche die Hauptachse übergipfeln und sich in gleicher Weise verzweigen. Hierher gehören Pleiochasium (mehr als 2 Seitenachsen, Abb. **23**/5, Wolfsmilch), Dichasium (2 Seitenachsen, Abb. **23**/6, Weiße Lichtnelke, Rapünzchen) und Monochasium (1 Seitenachse, Abb. **23**/7, Schwertlilie).

Wickel: trauben- oder ährenähnliches Monochasium mit einer Scheinachse (Sympodium, vgl. S. 11), an der die Blüten in zwei nebeneinanderliegenden Reihen angeordnet sind; sie stehen den Tragblättern (falls diese vorhanden) gegenüber und entspringen nicht aus ihren Achseln (Vergißmeinnicht, Bilsenkraut, Sonnentau). Wickeln sind im Knospenzustand bogig bis spiralig nach unten gekrümmt, wobei die zwei Knospenreihen auf der Oberseite liegen.

Doppelwickel: ein Dichasium, dessen zwei Seitenäste Wickeln sind (Abb. **382**/2, Boretschgewächse, Phazelie)

Scheinquirl: quirlähnlicher Teilblütenstand, der aus zwei gegenständigen Doppelwickeln (Halbquirlen) mit stark verkürzten Ästen besteht (Lippenblütler)

Büschel: Zyme (Kartäuser-Nelke) oder Traube (Feld-Ulme) mit sehr kurz gestielten Blüten

Knäuel: sitzende Zyme mit sitzenden Blüten; im Gegensatz zum Kopf nie endständig und nicht regelmäßig von außen nach innen aufblühend (Gänsefuß, Beta-Rübe, Königskerze)

Thyrse: ähriger oder traubiger Blütenstand, bei dem Zymen als Teilblütenstände an die Stelle der Einzelblüten treten (Abb. **23**/9, Roßkastanie, Lippenblütler, Braunwurz). – Eingeschlechtige, ährige Thyrsen mit unscheinbaren Blüten und biegsamer, oft hängender Hauptachse heißen Kätzchen (Birke).

Scheindolde: Blütenstand, der durch Achsenverkürzung aus einer Zyme oder Thyrse entstanden ist und einer Dolde sehr ähnlich sieht, aber im Gegensatz zu dieser nicht regelmäßig von außen nach innen aufblüht (Abb. **23**/8, Spurre, Lauch)

Scheinblüte (Pseudanthium): Blütenstand, der infolge starker Vereinfachung der gedrängt stehenden Blüten und durch Ausbildung einer kelchähnlichen Hochblatthülle (Involukrum) das Aussehen einer Einzelblüte hat. Hierher gehören namentlich der Kopf (Korb) und das Cyathium der Wolfsmilch (S. 245).

Blütenstände, die durch Veränderung der Länge oder Stellung ihrer Achsen das Aussehen eines anderen Blütenstandstyps angenommen haben, bezeichnet man als kopfig, ährig, traubig, doldig usw. (z. B. kopfige Dolde: Jasione; kopfige Traube: Gelb-Klee; kopfige Ähre: Braun-Klee) oder auch als Ährenrispe (= ährenähnliche Rispe: Lieschgras) usw.

Blüte

Die Blüte ist ein unverzweigter Kurzsproß mit begrenztem Wachstum, dessen Blätter direkt (Keimzellenbildung) oder indirekt (Schutzorgane, Schauorgane für bestäubende Tiere) im Dienst der geschlechtlichen Fortpflanzung stehen.

Zur Stellung und Anordnung von Blüten vgl. auch die Bezeichnungen in den entsprechenden Abschnitten bei Sproßachsen, S. 11, und bei Blättern, S. 14 f.

Symmetrie der Blüte

radiär (strahlig, aktinomorph): die Blüte läßt sich durch mindestens 3 Symmetrieebenen in je 2 spiegelbildlich gleiche Hälften teilen. Alle Kelch-, Kron- bzw. Perigonblätter sind jeweils untereinander gleich und umstehen allseitig die Blütenachse. Hierzu zählen auch Blüten mit schraubiger Anordnung der Blütenorgane.

disymmetrisch: mit 2 Symmetrieebenen (nur Herzblume, Kreuzblütler)

dorsiventral (zygomorph): mit nur einer Symmetrieebene. Meist liegt diese senkrecht zum Deckblatt, d. h. die rechte und die linke Blütenhälfte sind spiegelbildlich gleich (Lippen-, Zungen-, Schmetterlingsblüten), selten liegt sie quer (nur Lerchensporn und Erdrauch) oder schräg (Roßkastanie) zum Deckblatt.
asymmetrisch (unregelmäßig): ohne Symmetrieebene (Spornblume, Baldrian)

Teile der Blüte

Blütenboden, Blütenhülle, Staub- und Fruchtblätter sind die Teile der Blüte. Nicht als Blütenteile anzusehen sind dagegen der Blütenstiel als Träger der Blüte sowie dicht an die Einzelblüte herangerückte Hochblätter, die bisweilen Kelchblättern stark ähneln (Außenkelch des Heidekrauts, Grasspelzen, Vorblätter der Melde).

Blütenboden

Der Blütenboden (Blütenachse) ist der die Blütenhüll-, Staub- und Fruchtblätter tragende Sproßabschnitt. Er bildet die direkte Fortsetzung des Blütenstiels. Er ist kegelförmig gewölbt (Himbeere, Erdbeere), schwanzförmig verlängert (Mäuseschwänzchen), scheibenförmig flach (Tulpe) oder schüssel- bis krugförmig eingesenkt (Rose).
Achsenbecher (Hypanthium, Blütenbecher, „Blütenröhre“): schüssel- (Rote Johannisbeere), napf- (Kirsche), krug- (Rose) oder röhrenförmige (Nachtkerze) Ausbildung des Blütenbodens, meist unter Beteiligung der verwachsenen unteren Teile der Blütenhüllblätter und Staubblätter
Diskus: nektarbildender, glänzender, scheiben-, ring- oder lappenförmiger Wulst des Blütenbodens (Ahorn)

Blütenhülle (Perianth)

ungleichartige („doppelte“) Blütenhülle: Blütenhüllblätter von zweierlei Art; die äußeren, meist derberen und grünen, bilden den Kelch, die nach innen folgenden, meist zarteren und auffallend gefärbten, die Krone. Die einzelnen Blätter heißen Kelchblätter (Sepalen) bzw. Kronblätter (Petalen). Bisweilen sind auch Kelchblätter auffallend kronblattartig gefärbt (Heidekraut, Blutauge).
gleichartige („einfache“) Blütenhülle oder Perigon: Blütenhüllblätter (in 1 oder 2 Kreisen oder spiralig) entweder alle kelchblattartig (Binsen) oder alle kronblattartig (Tulpe), bisweilen die des äußeren und inneren Kreises in Größe und Form verschieden (Schneeglöckchen, Schwertlilie, Orchideen, Ampfer). Die einzelnen Blätter heißen Perigonblätter (Tepalen).
fehlende Blütenhülle: perianthlose Blüten werden als nackt bezeichnet

Gestalt und Oberfläche der Blütenhüllblätter

Vergleiche die Bezeichnungen in den Abschnitten „Gestalt von Blattspreiten“, S. 16, und „Oberfläche von Sproßachsen, Blättern, ...“ S. 21.

Sonderausbildungen der Blütenhüllblätter

Platte, Nagel: breiterer oberer Abschnitt (Platte) und ± deutlich davon abgesetzter, stielartig verschmälerter unterer Abschnitt (Nagel) von Kron- oder Perigonblättern bei vielen Pflanzen mit freiblättriger Blütenhülle; genageltes Blatt (Acker-Senf, Garten-Nelke) (Abb. **158**/2)
Röhre, Saum, Schlund: röhriger unterer Abschnitt (Röhre) und erweiterter oder ausgebreiteter, meist ± zerteilter oberer Abschnitt (Saum) von Kelch, Krone oder Perigon bei Pflanzen mit verwachsenblättriger Blütenhülle. Die Übergangsstelle vom Saum in die Röhre ist der Schlund.
Nebenkrone, Nebenperigon: freie oder miteinander verwachsene Läppchen an der Übergangsstelle von Platte und Nagel (Leimkraut: freiblättrige Nebenkrone, Abb.

158/2; Narzisse: kragen- oder becherförmiges, verwachsenblättriges Nebenperigon, Abb. **512**/1). – Die freien Nebenkronblätter einer verwachsenblättrigen Krone heißen auch Schlundschuppen (Ochsenzunge, Vergißmeinnicht, Mannsschild) (Abb. **383**/1).

Verwachsung der Blütenhüllblätter

freiblättrig: bis zum Grund völlig voneinander getrennt

verwachsenblättrig: zumindest am Grund miteinander verwachsen

zähnig (4-, 5zähnig usw.): fast völlig verwachsen, nur die Spitzen als kurze Zähne frei (Kelch der Nelke, Krone der Heidelbeere, Perigon der Traubenhyazinthe)

lappig (4-, 5lappig usw.): auf $^2/_3$ bis $^3/_4$ miteinander verwachsen (Krone der Preiselbeere)

spaltig (4-, 5spaltig usw.): etwa bis zur Hälfte miteinander verwachsen (Krone des Flieders)

teilig (4-, 5teilig usw.): nur am Grund (bis höchstens $^1/_3$) miteinander verwachsen (Krone des Gauchheils). Sehr tief geteilte Kronen können leicht für freiblättrig gehalten werden.

zweilippig: verschieden hoch verwachsen, die beiden seitlichen Einschnitte am tiefsten (Krone der Lippenblütler, Kelch des Salbeis)

Form der verwachsenblättrigen Blütenhülle

röhrig: eng zylindrisch und ohne deutliche Erweiterung in einen Saum, viel länger als breit (Kelch der Nelke) (Abb. **26**/1)

weitröhrig: röhrig, aber nur 2–3mal so lang wie breit (Kronröhre der Marien-Glockenblume)

keulenförmig (keulig): eng zylindrisch und mit wenig erweitertem, ebenfalls zylindrischem Saum (Krone des Beinwells) (Abb. **26**/2)

glockig: sich nach oben in glockenartig geschwungener Form erweiternd (Krone vieler Glockenblumen) (Abb. **26**/4)

trichterförmig: sich nach oben gleichmäßig erweiternd (Krone der Winde) (Abb. **26**/6)

becherförmig: trichterförmig, aber unten breitflächig abgestutzt, von der Form eines Kegelstumpfs (Kelch des Bilsenkrauts) (Abb. **26**/7)

schüsselförmig: flach konkav gewölbt, breiter als lang (Pfennigkraut)

napfförmig: halbkuglig, etwa so breit wie lang (Maiglöckchen) (Abb. **26**/5)

kuglig: annähernd kugelförmig (Krone der Heidelbeere)

aufgeblasen: annähernd kugelförmig und von zarter Konsistenz, einem Ballon ähnelnd (Kelch des Gewöhnlichen Leimkrauts) (Abb. **173**/1)

krugförmig: unten birnförmig erweitert, oben wieder verengt und oft mit kurz zylindrischem Mündungsstück (Krone der Schnee-Heide) (Abb. **26**/3)

radförmig: mit sehr kurzer Röhre und flach ausgebreitetem Saum (Ehrenpreis, Gauchheil) (Abb. **26**/8)

stieltellerförmig: mit enger, langer Röhre und flach ausgebreitetem Saum (Phlox, Flieder) (Abb. **26**/9)

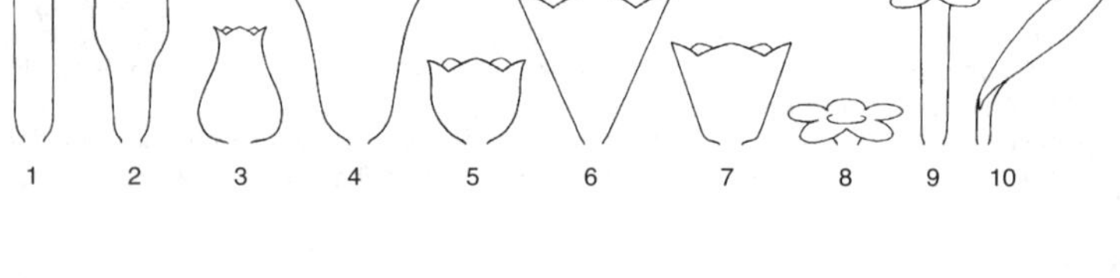

zungenförmig: mit kurzer Röhre und einseitig flach ausgebreitetem, linealischem bis rundlichem Saum (Löwenzahn) (Abb. **26**/10)
bauchig: einseitig erweiterte Röhre bei dorsiventralen Blüten (Fingerhut)
ausgesackt: einseitig mit kurzer, breiter Aufwölbung (Löwenmaul) (Abb. **392**/4)
gespornt: einseitig lang ausgezogen (Leinkraut) (s. S. 29)

Wichtige Sonderfälle der dorsiventralen Blüte

Schmetterlingsblüte: die meist freiblättrige Krone besteht aus einer aufwärtsgerichteten Fahne, zwei seitlichen, spiegelbildlich gleichen Flügeln und einem kahnförmigen Schiffchen (Kiel), das Fruchtknoten und Staubblätter einhüllt und durch Verbindung zweier Kronblätter entstanden ist (Abb. **300**/1, Schmetterlingsblütler). Beim Kreuzblümchen hingegen werden die Flügel von 2 Kelchblättern gebildet, und das Schiffchen entspricht nur 1 Kronblatt. Pollenübertragung mittels Insektenbauch.
Lippenblüte: die verwachsenblättrige Krone ist durch 2 seitliche, tiefe Einschnitte in zwei Hauptabschnitte (Ober- und Unterlippe) geteilt (Abb. **419**/4, Lippenblütler, Braunwurzgewächse, Heckenkirsche). Eine bisweilen auftretende blasige Aufwölbung der Unterlippe, die den Schlund verschließt oder verengt, wird als Gaumen bezeichnet (Abb. **392**/4, Löwenmaul, Wasserschlauch). Pollenübertragung mittels Insektenrücken.
Zungenblüte: einlippige Lippenblüte (Abb. **437**/2). Entweder ist die Oberlippe rückgebildet und die Unterlippe aus 3 Kronblättern gebildet (Korbblütler mit Zungen- und Röhrenblüten) oder die Hälften der tiefgeteilten Oberlippe sind der Unterlippe seitlich angegliedert, so daß letztere aus 5 Kronblättern besteht (Korbblütler ohne Röhrenblüten).
strahlende Randblüten: bei einigen Dolden, Schirmtrauben, Schirmrispen und Köpfen die Blüten des Blütenstandsrandes, bei denen die randwärts gerichteten Kronblätter oder Kronzipfel stark vergrößert sind (Breitsame, Schleifenblume, Kornblume) (Abb. **341**/1, **438**/3)

Andrözeum

Andrözeum: Gesamtheit der Staubblätter einer Blüte
Staubblatt: männliche Fortpflanzungszellen (Pollen) bildendes Blatt. Besteht bei den Bedecktsamern aus dem meist stielartigen Staubfaden (Filament), dem Staubbeutel (Anthere) und dem die beiden Staubbeutelhälften verbindenden, die Fortsetzung des Staubfadens bildenden Mittelband (Konnektiv) (Abb. **27**/1). Der Pollen (Blütenstaub) wird in Pollensäcken der Staubbeutel gebildet.

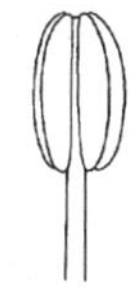
1

Staminodien: unfruchtbare (d. h. keinen Pollen erzeugende) Staubblätter, die keine oder nur verkümmerte Staubbeutel tragen. Sie können fadenförmig, linealisch oder kronblattartig sein.
Honigblätter: Nektar (nicht Honig!) absondernde, oft kronblattartige Staminodien zwischen der Blütenhülle und dem Staubblattkreis (Abb. **133**/1–3); sie sind röhrig (Nieswurz, Winterling), zweilippig (Schwarzkümmel), gespornt (Akelei) oder flach. Im letzteren Fall können sie Kronblättern sehr ähnlich sehen (Hahnenfuß, Scharbockskraut, Teichrose), aber unterscheiden sich von diesen durch die Nektarproduktion.

Gynözeum

Gynözeum: Gesamtheit der Fruchtblätter einer Blüte
Fruchtblatt: das die Samenanlagen mit den Eizellen tragende Blatt bei Bedecktsamern. Die Fruchtblätter verwachsen mit ihren Rändern zu einem geschlossenen, die Samenanlage(n) bedeckenden Gehäuse, dem Stempel.
Stempel: aus einem bis mehreren mit ihren Rändern verwachsenen Fruchtblättern gebildet. Besteht aus Fruchtknoten, Griffel, Narbe (Abb. **28**/1).

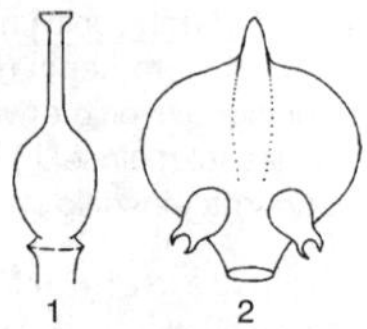

Fruchtknoten: unterer, verdickter Abschnitt des Stempels, enthält die Samenanlage(n)

Griffel: stielartiger Abschnitt zwischen Fruchtknoten und Narbe, bringt die Narbe in eine bestäubungsgünstige Lage. Ist der Fruchtknoten aus mehreren Fruchtblättern verwachsen, sind die Griffel entweder frei (Nelkengewächse) oder ± verwachsen; ist die Verwachsung vollständig, liegt nur ein Griffel vor, ist sie unvollständig, dann ist der Griffel in Griffeläste geteilt. Bei der Schwertlilie sind diese Griffeläste kronblattartig. Der Griffel kann sehr kurz sein oder völlig fehlen.

Narbe: oberer, meist klebriger und papillöser Abschnitt des Stempels, dient dem Auffangen und Keimen der Pollenkörner. Die Narbe ist ungeteilt (kopfig, fädig usw.) oder, je nach Tiefe der Teilung, 2- oder mehrlappig (Kreuzblütler) bis -spaltig (Krokus, Glockenblume). Erstrecken sich die Einschnitte bis zum Griffel, so liegen mehrere Narben vor. Fehlt der Griffel, dann ist die Narbe sitzend (Mohn).

Samenschuppe: das die Samenanlagen frei auf der Oberfläche tragende Organ bei zapfenbildenden Nadelhölzern (Abb. **28**/2)

Bau des Gynözeums

monomer: in jeder Blüte nur 1 Stempel, aus 1 Fruchtblatt gebildet (Erbse, Kirsche, Feld-Rittersporn)

chorikarp („apokarp"): in jeder Blüte 2 bis viele Stempel, jeder aus 1 Fruchtblatt gebildet (Hahnenfuß, Fingerkraut)

zönokarp: in jeder Blüte 1 Stempel, aus 2 bis vielen miteinander verwachsenen Fruchtblättern gebildet. Dabei ist der Fruchtknoten

synkarp: durch echte Scheidewände 2- bis mehrfächrig, indem die Fruchtblätter mit den Außenseiten ihrer bis zur Fruchtknotenmitte einwärtsgebogenen Randpartien flächig miteinander verwachsen (Tulpe)

parakarp: die Fruchtblätter sind nur an ihren Randlinien miteinander verwachsen, der Fruchtknoten ist daher gewöhnlich einfächrig (Veilchen). Seltener ist er durch falsche Scheidewände mehrfächrig; letztere entstehen nicht durch Einklappen der Fruchtblatträndern, sondern durch nachträgliches Heranwachsen innerer Wandschichten, oft durch starke Vergrößerung der Samenleisten (Plazenten) (Schote der Kreuzblütler).

Stellung des Fruchtknotens (Blütenlängsschnitt)

oberständig: der in Ein- oder Mehrzahl vorhandene Fruchtknoten steht auf einem kegel- bis scheibenförmigen Blütenboden höher als die Ansatzstelle der übrigen Blütenteile oder in gleicher Höhe; er ist in (nicht unter) der Blüte sichtbar (Abb. **28**/3), manchmal jedoch am Grund einer Kelch- oder Kronröhre (Primel, Lippenblütler). Blüten mit oberständigem Fruchtknoten heißen hypogyn.

mittelständig: der in Ein- oder Mehrzahl vorhandene Fruchtknoten steht frei in einem schüssel- bis krugförmigen Achsenbecher (s. S. 25), an dessen Rand die übrigen

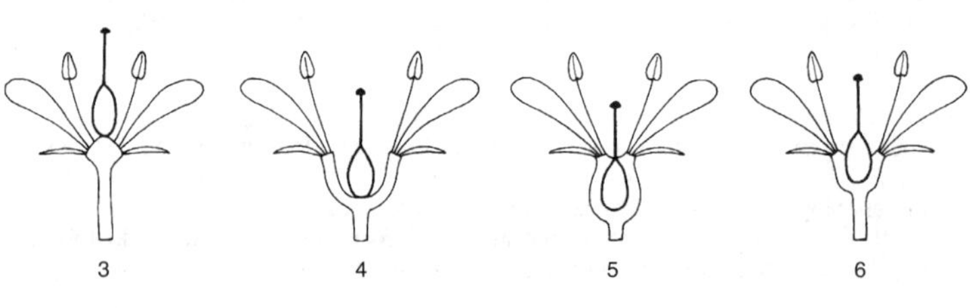

Blütenteile entspringen (Abb. **28**/4, Kirsche, Rose). Blüten mit mittelständigem Fruchtknoten heißen perigyn.

unterständig: der Fruchtknoten ist mit einem napf- oder krugförmigen Achsenbecher fest verwachsen, an dessen oberem Rand die übrigen Blütenteile entspringen; er ist daher als Verdickung unter (nicht innerhalb) der Blütenhülle sichtbar (Abb. **28**/5). Bei einem chorikarpen Gynözeum (Apfel, Seerose) sind in diesem Fall die getrennten Fruchtblätter durch Achsengewebe verbunden, und man spricht von einem einzigen Fruchtknoten. Blüten mit unterständigem Fruchtknoten heißen epigyn.

halbunterständig: der Fruchtknoten ist in seiner unteren Hälfte mit dem relativ kurzen Achsenbecher verwachsen, in der oberen dagegen frei (Abb. **28**/6, Körnchen-Steinbrech, Moschuskraut). Blüten mit halbunterständigem Fruchtknoten heißen ebenfalls perigyn.

Sonderbildungen an oder im Bereich von Blüten

Sporn: rückwärts über den Blütenboden hinausragendes, kegel- bis schlauchförmiges, meist nektarproduzierendes und -sammelndes Hohlanhängsel eines Kelch- (Springkraut, Abb. **324**/2), Kron- (Veilchen, Leinkraut, Lerchensporn, Abb. **392**/3, **148**/1), Honig- (Eisenhut, Akelei, Abb. **132**/2, 3) oder Perigonblattes (Rittersporn) oder des Blütenbodens selbst (Kapuzinerkresse). Die Blüte oder das Blütenhüllblatt heißt gespornt.

Nektarien: Drüsen, die einen zuckerhaltigen Saft (Nektar) ausscheiden; von sehr verschiedener Gestalt und an den verschiedensten Stellen der Pflanze (meist in der Blüte). Kronblattartige Staminodien (S. 27) mit Nektarien heißen Honigblätter (S. 27). Ring-, scheiben- oder lappenförmige Nektarien am Blütenboden werden als Diskus bezeichnet (S. 25). Außerhalb der Blüte befindliche Nektarien kommen an Blattstielen (Süß-Kirsche), auf der Unterseite von Nebenblättern (Zaun-Wicke) oder an einer Hochblatthülle (Wolfsmilch, Abb. **245**/2, 3) vor.

Griffelpolster (Stylopodium): bei den Doldengewächsen der podestartige, verdickte, drüsige Diskus, auf dem die beiden freien Griffel sitzen (Abb. **343**/2)

Gegliederte Blütenstiele: Blütenstiele mit Quergliederung; der über der Gliederungsstelle liegende Abschnitt ist kein Teil des Blütenstiels, sondern ein Verwachsungsprodukt der Perigonröhre mit einem Fruchtknotenstiel (Spargel, Graslilie, Abb. **502**/2).

Außenkelch: kelchähnliche Hülle außerhalb des eigentlichen Kelches. Entweder Hochblatthülle dicht unterhalb des Kelches einer Einzelblüte (Heidekraut, Malve, Nelke, Abb. **242**/3, **158**/4) oder paarweise miteinander verwachsene Nebenblätter der Kelchblätter (Erdbeere, Fingerkraut, Frauenmantel).

Schlauch: bei Seggen das zu einem ei- bis flaschenförmigen Gebilde umgewandelte Vorblatt am Stiel des einblütigen ♀ Ährchens (Abb. **536**/1); zugleich Deckblatt von dessen einziger Blüte. Der Schlauch hüllt die Frucht bis zur Reife ein und bildet mit ihr eine Scheinfrucht.

Spelzen: kahnförmige Hochblätter im Ährchen der Süß- und Sauergräser. Bei den Süßgräsern wird jede Einzelblüte von 2 Spelzen eingehüllt, die dem Deck- bzw. Vorblatt des Blütenstiels entsprechen (Deckspelze bzw. Vorspelze, Abb. **560**/1), bei den Sauergräsern dagegen nur von einer Spelze, dem Deckblatt. Blütenlose Spelzen am Ährchengrund heißen Hüllspelzen.

Geschlecht der Blüte

zwittrig (monoklin, ⚥): sowohl mit Staubblättern als auch mit Stempel(n)

eingeschlechtig (diklin): nur mit Staubblättern (männlich, ♂) oder nur mit Stempel(n) (weiblich, ♀)

geschlechtslos (steril): nur aus der Blütenhülle bestehend (Randblüten der Sonnenblume und des Gewöhnlichen Schneeballs, obere Blüten der Schopfigen Traubenhyazinthe)

Verteilung eingeschlechtiger Blüten

einhäusig (monözisch): auf derselben Pflanze ♂ und ♀ Blüten (Hasel, Mais, Kürbis)

unvollständig einhäusig: auf derselben Pflanze entweder ♂ und ⚥ Blüten (andromonözisch: Roßkastanie, Germer) oder ♀ und ⚥ Blüten (gynomonözisch: Gänseblümchen, Glaskraut) oder ♂, ♀ und ⚥ Blüten (trimonözisch: Kleiner Wiesenknopf, Spitz-Ahorn)

zweihäusig (diözisch): Pflanzen mit nur ♂ Blüten und Pflanzen mit nur ♀ Blüten vorkommend (Weide, Hopfen, Rote Lichtnelke)

unvollständig zweihäusig: entweder Pflanzen mit nur ♂ und nur ⚥ Blüten (androdiözisch: Silberwurz, Alpen-Küchenschelle) oder mit nur ♀ und nur ⚥ Blüten (gynodiözisch: Minze, Dost) oder mit nur ♂, nur ♀ und nur ⚥ Blüten (triözisch: Gewöhnliche Esche, Spargel, Gewöhnliches Leimkraut) vorkommend

Frucht

Die Frucht ist die Gesamtheit derjenigen aus einer Blüte hervorgehenden Organe, welche die (oder den) Samen bis zur Reife umschließen und dann deren Ausbreitung dienen, indem sie sie entweder ausstreuen oder mit ihnen von der Pflanze abgetrennt und verbreitet werden. Bei einem chorikarpen Gynözeum bezeichnet man die aus jedem Fruchtknoten hervorgehenden Einzelfrüchte als Früchtchen (auch wenn sie sehr groß sind).

Teile der Frucht

Fruchtwand (Perikarp): geht aus der Fruchtknotenwand hervor, trägt auf ihrer Innenseite an bestimmten, charakteristisch angeordneten Ansatzstellen, den Samenleisten (Plazenten), die oft ± gestielten Samen

Schnabel: der samenlose, verschmälerte obere Teil mancher Früchte (Storchschnabel, Löwenzahn, Kerbel, Seggen). Bei den Schoten bezeichnet man abweichend als Schnabel den bei der Reife nach dem Abfallen der Klappen am oberen Ende des Replums (s. S. 31) stehenbleibenden, sich nicht öffnenden Teil der Frucht, der außer dem Griffel oft auch noch Teile der Fruchtknotenwandung umfaßt und dann bisweilen einen (Acker-Senf) oder mehrere Samen enthält.

Pappus: der eine unterständige Frucht krönende, umgebildete Kelch, oft zur Blütezeit noch klein und unentwickelt. Meist als Haarkranz ausgebildet, seltener als Hautsaum (Rainfarn), becherförmig (Kugeldistel), schuppig (Wegwarte), widerhakig (Zweizahn), grannig (Skabiose), borstig (Skabiosen-Flockenblume) oder fiedrig (Baldrian).

Klappen (Valven): bei Streufrüchten die bei der Reife sich durch Längsrisse in der Fruchtwand ± weit voneinander trennenden Teile derselben, die halben oder ganzen Fruchtblättern oder paarweise verwachsenen Hälften benachbarter Fruchtblätter entsprechen. Beim Ampfer werden die 3 inneren Perigonblätter, welche an der Frucht erhalten bleiben und diese fest einhüllen, als Valven bezeichnet.

Fruchttypen

Einzelfrüchte: aus einem einzigen Fruchtknoten hervorgegangen

- Schließfrüchte: geschlossen abfallend, Fruchtwand sich bei der Reife nicht öffnend
  - Nuß: Fruchtwand trocken (holzig, ledrig oder häutig); meist einsamig (Hasel, Ulme). Bei einem chorikarpen Gynözeum nennt man die Einzelfrüchte Nüßchen (Hahnenfuß, Fingerkraut). Ist die Fruchtwand mit der Schale des einzigen Samens ± stark verwachsen, spricht man bei oberständigem Fruchtknoten von einer Karyopse (Süßgräser), bei unterständigem von einer Achäne (Korbblütengewächse).
  - Beere: Fruchtwand auch noch bei der Reife saftig oder doch wenigstens fleischig (Weinrebe, Gurke, Kürbis); selten unmittelbar vor der Reife noch trocken werdend (Spargel, Hühnerbiß); meist vielsamig

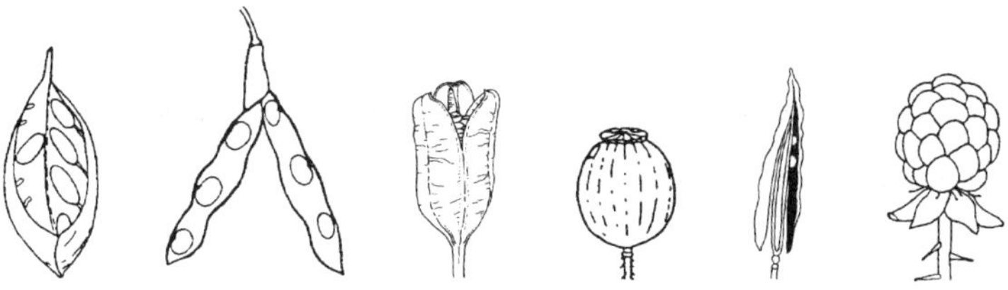

1 2 3 4 5 6

Steinfrucht: Fruchtwand in eine steinharte Innenschicht (Stein, Steinkern) und eine saftige oder doch wenigstens fleischige Außenschicht gegliedert (Kirsche, Walnuß)

Streufrüchte (Springfrüchte): Fruchtwand sich bei der Reife öffnend und die Samen entlassend

Balgfrucht: aus 1 Fruchtblatt gebildet und bei der Reife an nur 1 Längslinie (meist an der Bauchnaht) aufspringend (Feld-Rittersporn, Schwalbenwurz) (Abb. **31**/1)

Hülse: aus 1 Fruchtblatt gebildet und bei der Reife an 2 Längslinien, der Bauchnaht und der Mittelrippe („Rückennaht"), in 2 freie Klappen sich trennend (Erbse, Abb. **31**/2); ohne Scheidewand oder (Tragant, Spitzkiel) durch falsche Längsscheidewand zweifächrig

Kapsel: aus 2 oder mehreren Fruchtblättern gebildet; ungefächert oder durch echte oder falsche Scheidewände gefächert. Das Öffnen erfolgt auf verschiedene Weise: mit Klappen (Abb. **31**/3, Schwertlilie, sich an der Spitze trennende Klappen; Springkraut, sich völlig trennende Klappen; Hornkraut, Zähne oben; Sumpfporst, Zähne unten), Längsritzen (Sauerklee, Knabenkraut), Poren (Abb. **31**/4, Mohn, Löwenmaul, Glockenblume), Deckel (Abb. **256**/2, Gauchheil, Bilsenkraut) oder durch unregelmäßigen Zerfall (Siebenstern).

Schote: eine aus 2 oder meist 4 Fruchtblättern bestehende lange Kapsel (mindestens 3mal so lang wie breit), bei der zur Fruchtreife 2 samenlose Klappen von einem samentragenden, auf dem Fruchtstiel stehenbleibenden Plazentar-Rahmen (Replum) abfallen (Abb. **31**/5). Ohne Scheidewand (Schöllkraut, Lerchensporn) oder mit falscher Scheidewand (Kreuzblütengewächse; s. S. 28).

Schötchen: Schoten, die höchstens 3mal so lang wie breit sind. Abgeflachte Schötchen wenden der Mutterachse entweder die Breitseite (Fläche) zu und haben dann eine schmale Scheidewand (Hirtentäschel) oder die Schmalseite (Kante) und haben dann eine breite Scheidewand (Silberblatt).

Zerfallfrüchte: mehrfächrige Früchte, die bei der Reife in mehrere, meist einsamige und geschlossen bleibende Ausbreitungseinheiten (Teilfrüchte) zerfallen

Spaltfrucht: zerfällt bei der Reife durch Spaltung echter Scheidewände längs in mehrere Teilfrüchte, deren Wandung jeweils einem ganzen Fruchtblatt entspricht (Ahorn, Malve); oft bleibt zwischen ihnen ein stielartiger Fruchthalter (Karpophor) stehen (Storchschnabel, Doldengewächse, Abb. **324**/4, **338**/5)

Bruchfrucht: zerfällt bei der Reife durch Spaltung falscher Scheidewände in mehrere Teilfrüchte, deren Wandung daher jeweils nur Teilen eines oder mehrerer Fruchtblätter entspricht. Die Fruchtteile sind stets einsamig und bleiben geschlossen.

Gliederhülse: aus 1 Fruchtblatt gebildet und quer in Glieder zerfallend (Serradella, Kronwicke, Hufeisenklee) (Abb. **302**/1)

Gliederschote: aus 2 oder 4 Fruchtblättern gebildet und quer zerfallend (Hederich; 2 ungleiche Glieder bei Meersenf, Meerkohl und Windsbock) (Abb. **205**/1)

Klausenfrucht: durch Spaltung echter und falscher Scheidewände längs zerfallend, Zahl der aus 1 Fruchtknoten hervorgehenden Teilfrüchte (Klausen) daher stets ein Mehrfaches der Fruchtblätter (bei den einheimischen Arten stets 4, da zwei Fruchtblätter mit nur je 1 falschen Scheidewand: Lippenblütler, Boretschgewächse, Wasserstern) (Abb. **383**/4)

Sammelfrüchte: bei Blüten mit chorikarpem Gynözeum die durch Achsengewebe oder durch nachträgliche Verwachsung oder Verklebung zu einer Ausbreitungseinheit verbundenen Früchtchen einer Blüte. Man unterscheidet Sammelbalgfrüchte (Akelei, Trollblume), Sammelsteinfrüchte (Brombeere, Himbeere, Abb. **31**/6), Sammelnußfrüchte (Erdbeere mit fleischigem, aufgewölbtem Blütenboden, Rose mit fleischigem Achsenbecher, Abb. **272**/5, 6); bei den Apfelfrüchten sind die Früchtchen vollständig mit dem fleischigen Achsenbecher verbunden (Apfel, Weißdorn).

Fruchtstände: in einigen Fällen können auch ganze Fruchtstände (d. h. Blütenstände zur Zeit der Samenreife) zu einer einzelfruchtähnlichen Ausbreitungseinheit werden. So bildet der Nußfruchtstand der Linde zusammen mit dem flügligen, als Flugorgan dienenden Vorblatt eine Ausbreitungseinheit. Die Doppelbeere der Alpen-Heckenkirsche wird aus 2 Fruchtknoten zweier Blüten gebildet. Bei der Klette wird der ganze Kopf mit den widerhakigen Hüllblättern verbreitet. Auch die Maulbeere ist ein Fruchtstand, da sie sich aus den Nüssen vieler Blüten zusammensetzt, deren saftig werdende Blütenhüllen zu einem beerenartigen Gebilde verwachsen.

Gestalt von Früchten und Samen

Vergleiche auch die Bezeichnungen im Abschnitt „Gestalt von Sproßachsen" S. 12.

kuglig (kugelförmig): annähernd von der Form einer Kugel

halbkuglig: von der Form einer Halbkugel

ellipsoidisch: in der Mitte am breitesten, an beiden Enden abgerundet, im Längsschnitt elliptisch (Abb. **16**/5)

spindelförmig: in der Mitte am breitesten, nach beiden Enden spitz zulaufend, im Längsschnitt lanzettlich (Abb. **16**/10)

eiförmig: von der Form eines Hühnereis, unter der Mitte am breitesten (auch für flächige Organe gebraucht, Abb. **16**/6)

birnförmig: oben breit abgerundet, gegen den Grund verschmälert und abgerundet

verkehrtbirnförmig: wie birnförmig, aber unten am breitesten

keulenförmig (keulig): unten dünn zylindrisch, oben verdickt und abgerundet, schmaler als birnförmig

walzenförmig (walzig): kurz zylindrisch, mit kreisförmigem Querschnitt (vgl. stielrund, S. 12)

prismatisch: kurz und kantig, mit eckigem Querschnitt

kegelförmig (keglig, konisch): von einer kreisförmigen Grundfläche in eine Spitze zulaufend, im Längsschnitt dreieckig

kreiselförmig (verkehrtkegelförmig): ein auf der Spitze stehender Kegel

pyramidenförmig (pyramidal): von einer eckigen Grundfläche in eine Spitze zulaufend, kantig

scheibenförmig: mit kreisförmigem Umriß und flach, überall gleich hoch

linsenförmig: wie scheibenförmig, aber in der Mitte höher als am Rand, wie ein Diskus

Same

Der Same ist das aus einer Samenanlage hervorgegangene, von der Mutterpflanze abfallende Ruhestadium der Pflanze. Er enthält den Keimling (die Tochterpflanze) und oft ein ± umfangreiches Nährgewebe und wird von der Samenschale (Testa) umschlossen.

Die Samenanlagen sind bei den Bedecktsamern im Fruchtknoten eingeschlossen und werden frühestens zur Zeit der Reife als Samen frei. Bei den Nacktsamern liegen sie zur Blütezeit frei auf der Oberseite von Samen- oder Zapfenschuppen (Abb. **28**/2) und sind höchstens zur Zeit der Reife (Wacholder) in fruchtähnliche Gebilde eingeschlossen. Seltener (Eibe, Ginkgo) stehen die Samenanlagen einzeln am Ende von Sprossen.

Samennabel (Hilum): ein verschieden geformter weißlicher Fleck auf der Samenschale. Es ist die Ablösungsstelle von dem Samenstielchen (Funiculus), durch das der reifende Same ernährt wurde.

Elaiosom (Ölkörper): fleischiges, spezielle Nähr- und Lockstoffe enthaltendes Anhängsel an unterschiedlichen Stellen des Samens, das der Ameisenausbreitung dient (s. S. 36)

Samenmantel (Arillus): nachträglich um den reifenden Samen entstehende und ihn ganz oder fast ganz einhüllende becher- oder sackförmige Hülle (Seerose, Pfaffenhütchen, Eibe, Abb. **124**/2)

Besondere Bezeichnungen bei Gefäß-Sporenpflanzen

Spore: einzellige, derbwandige Verbreitungseinheit, aus welcher bei ihrer Keimung der Vorkeim hervorgeht. In einigen Gattungen (Moosfarn, Brachsenkraut, Kleefarn, Pillenfarn, Schwimmfarn, Algenfarn) werden große Megasporen und kleine Mikrosporen unterschieden, aus denen ♀ bzw. ♂ Vorkeime hervorgehen.

Sporangium (Sporenkapsel): ein sich bei der Sporenreife öffnender Sporenbehälter, gestielt oder ungestielt, einzelnstehend (Bärlapp, Moosfarn, Brachsenkraut) oder zu Gruppen (Sori) vereint. Sporangien mit Megasporen heißen Megasporangien, solche mit Mikrosporen Mikrosporangien.

Sorus (Mehrzahl: Sori; Sporangienhäufchen): Gruppe dicht beieinanderstehender Sporangien

Schleier (Indusium): zartes Häutchen, das einen Sorus bedeckt und bei der Sporenreife schrumpft oder verschwindet. Seine Form oder auch sein Fehlen (nackter Sorus) spielt bei der Bestimmung der Farngattungen und -familien eine wichtige Rolle.

Sporokarp (Sporenfrucht): kugliges, ei- oder bohnenförmiges Gebilde am Grund der Laubblätter, das mehrere Sporangien enthält und sich zur Zeit der Sporenreife öffnet. Die Sporokarpien sind beim Pillen- und Algenfarn mehrfächrig und aus einem Blattabschnitt gebildet, beim Schwimmfarn dagegen einfächrig und mit einer vom Schleier gebildeten Wandung.

Sporophyll: sporangientragendes Blatt, in Form und Größe den sporangienlosen Laubblättern (Trophophylle) meist gleich, in einigen Fällen jedoch von diesen stark abweichend (Straußenfarn, Rippenfarn, Bärlappe)

Sporophyllstand: die Gesamtheit der an der Sproßspitze ährenartig angeordneten Sporophylle

Sporangiophor: Sporangienträger von der Form eines einbeinigen Tischchens, an dessen Unterseite 5–12 Sporangien hängen (nur bei Schachtelhalm)

Ähre: ährenartiger Sporophyllstand (Moosfarn, Bärlapp), Sporangiophorstand (Schachtelhalm) oder sporangientragender Blattabschnitt (Natternzunge) (vgl. auch S. 23)

Vorkeim (Prothallium): kleines, nicht in Sproß und Wurzeln gegliedertes Pflänzchen, das aus der keimenden Spore hervorgeht und an welchem in besonderen Behältern die ♀ und ♂ Geschlechtszellen (Eizellen, Spermatozoide) entstehen

Blatthäutchen (Ligula): häutiges, farbloses Anhängsel am Grund der Blattoberseite bei Moosfarn und Brachsenkraut (vgl. auch S. 14)

Spreuschuppen: häutige, meist braune Schuppen an Blättern (besonders an deren Stielen) und Rhizomen der Farne (vgl. aber „Spreublätter“, S. 13)

Biologie der Pflanzen

Lebensdauer

Einjährige (annuelle) Pflanzen benötigen von der Keimung bis zur Blüte und Fruchtreife höchstens 12 Monate. Die Sommerannuellen (☉) überwintern als Same, keimen im Frühjahr und sterben im Sommer oder Herbst desselben Jahres ab. Die Winterannuellen oder Einjährig Überwinternden (①) keimen im Herbst, überwintern als Jungpflanze, blühen und fruchten im nächsten Jahr und sterben danach ab.

Zweijährige (bienne) Pflanzen (⊙) benötigen von der Keimung bis zur Blüte und Fruchtreife zwei Sommer und einen oder zwei Winter und sterben dann ab. Sie überwintern abwechselnd als Same bzw. Jungpflanze und als Rosette. Streng genommen sind nur relativ wenige Arten obligat zweijährig. Die meisten als ⊙ bezeichneten Pflanzen brauchen zur Blütenbildung außer einer Kälteperiode auch eine gewisse Mindestgröße (Erstarkung), die zwar gewöhnlich nach zwei, teilweise jedoch erst nach drei oder mehr Jahren erreicht wird.

Mehrjährige (plurienne) Pflanzen (⊗) benötigen zur vollständigen Entwicklung mehr als zwei Jahre, blühen und fruchten jedoch nur einmal im letzten Lebensjahr. Ein-, zwei- und mehrjährige Pflanzen werden zusammenfassend auch als hapaxanth bezeichnet.

Ausdauernde (perennierende) Pflanzen leben viele Jahre; sie blühen und fruchten in mehreren Lebensjahren (pollakanth). Hierzu gehören: Stauden (♃) mit krautigen oder nur geringfügig verholzten Stengeln und Holzgewächse (♄) mit verholzten Stämmen, Ästen und Zweigen.

Lebensformen

Unter dem Begriff Lebensformen faßt man Gruppen von Pflanzen zusammen, die durch bestimmte Anpassungsmerkmale, welche sie zur Überdauerung der ungünstigen Jahreszeit (bei uns des Winters) fähig machen, miteinander übereinstimmen. Nach Art und Lage der Überdauerungsorgane unterscheidet man:

Holzpflanzen (Gehölze, Phanerophyten) mit harten, verholzten Stämmen, Ästen und Zweigen, die den Winter oberirdisch überdauern und die im nächsten Frühjahr austreibenden Knospen tragen. Hierher gehören:

Makrophanerophyten (M) oder Bäume: Holzgewächse mit aufrechtem Stamm und einer aus Ästen und Zweigen bestehenden Krone

Nanophanerophyten (F) oder Sträucher: Holzgewächse ohne oberirdischen Stamm, mit starker basaler Verzweigung

Hemiphanerophyten (S): Zwergsträucher, blühend höchstens 50 cm hoch (Preiselbeere) und Halbsträucher, nur im unteren Teil verholzt und mit Erneuerungsknospen, der obere krautige Teil dagegen jährlich absterbend (Bittersüß)

Kräuter mit ± weichen, entweder markigen oder hohlen, nicht oder nur wenig verholzten Stengeln, deren über die Erdoberfläche emporragende Teile im Herbst oder Winter absterben; Überdauerungsorgane an bodennahen oder unterirdischen Teilen oder im Wasser untergetaucht oder ganz fehlend. Hierher gehören:

Chamaephyten (C): Überdauerungsorgane wenige cm über der Erdoberfläche liegend. Der Schutz der Knospen erfolgt durch Teile der Pflanze selbst, z. B. durch Polsterwuchs oder abgestorbene Blattscheiden, oder durch Schnee (Steinbrech-Arten, Blaukissen).

Hemikryptophyten (H): Überdauerungsorgane an der Erdoberfläche liegend. Ihr Schutz erfolgt durch eine Laubdecke oder durch abgestorbene Blattreste. Hierzu gehören vornehmlich Rosetten- (Gänseblümchen, Roter Fingerhut), Ausläufer- (Kriechender Hahnenfuß, Erdbeere) und Horstpflanzen (viele Gräser).

Geophyten (G): Überdauerungsorgane im Boden liegend und durch diesen geschützt: Rhizome (Windröschen, Weißwurz), Zwiebeln (Lilie, Tulpe), Knollen (Kartoffel, Lerchensporn), Wurzelsprosse (Acker-Kratzdistel, Ackerwinde).

Therophyten (T): sommerannuelle Kräuter ohne Überdauerungsorgane

Hydrophyten (A) oder Wasserpflanzen: Überdauerungsorgane untergetaucht oder fehlend. Die Tauchpflanzen erreichen die Wasseroberfläche nicht oder nur zur Blütezeit mit den Blüten (Wasserpest). Die Schwimmpflanzen schwimmen als Ganzes (Krebsschere) oder mit ihren großflächigen Blättern (Seerose) auf der Wasseroberfläche. Die Sumpfpflanzen stehen nur mit ihren unteren Sproßteilen im Wasser und erheben sich im Sommer mit den oberen Sproßteilen aufrecht über das Wasser.

Bestäubung

Bestäubung: Übertragung der Pollenkörner auf die Narbe bzw. – bei den Nacktsamern, denen Fruchtknoten und Narbe fehlen – unmittelbar auf die Samenanlagen

Befruchtung: Verschmelzung eines Kerns des Pollenkorns mit dem Kern der Eizelle

Fremdbestäubung (Allogamie): Bestäubung mit Pollen eines anderen Individuums (Xenogamie). Pollenüberträger sind Wind, Tiere oder Wasser.

Windbestäubung (Anemogamie, Wb): Bestäubung durch den Wind. Merkmale anemogamer Pflanzen: Blütenhülle unscheinbar oder fehlend. Nektar und Duftstoffe fehlend. Blüten (besonders ♂) in reichblütigen Blütenständen, Staubfäden lang, beweglich, Pollen reichlich, Narben groß, stark zerteilt.

Tierbestäubung (Zoogamie), bei uns fast nur Insektenbestäubung (Entomogamie, Ib): Bestäubung durch Tiere, meist Insekten. Merkmale zoogamer Pflanzen: Blütenhülle als Schauapparat groß und lebhaft gefärbt, Nektar und Duftstoffe vorhanden (Nektarblumen) oder fehlend (Pollenblumen), Staubfäden kürzer, Narbe wenig geteilt. Anpassung an bestimmte Tiere: Bienenblumen (Hornklee), Hummelblumen (Rot-Klee, Taubnessel), Wespenblumen (Braunwurz), Falterblumen (Nelke), Fliegenblumen (Efeu), Käferblumen (Seerose). Bei den Kesselfallenblumen gelangen kleine Insekten in eine kesselförmige Erweiterung der Blüte (Osterluzei, Frauenschuh) oder der Spatha (Aronstab) und werden dort durch Reusenhaare so lange am Austritt gehindert, bis die Bestäubung vollzogen ist.

Wasserbestäubung (Hydrogamie): bei Tauchpflanzen die Bestäubung an der Wasseroberfläche (Salde, Wasserschraube) oder unter Wasser (Nixkraut, Hornblatt, Seegras)

Selbstbestäubung (Autogamie, Sb): Bestäubung mit Pollen desselben Individuums, entweder innerhalb einer Blüte oder zwischen verschiedenen Blüten (Nachbarbestäubung, Geitonogamie). Bei einzelnen Arten (Selbstbestäuber: Erbse, Weizen) zur Regel geworden. Manche Pflanzen besitzen außer den auf Fremdbestäubung eingerichteten, offenen (chasmogamen) Blüten auch unscheinbare, geschlossen bleibende (kleistogame) Blüten, in denen regelmäßig Selbstbestäubung erfolgt (Veilchen, Stengelumfassende Taubnessel).

Vormännlichkeit (Proterandrie, Vm): Entleerung der Staubbeutel vor Beginn der Empfängnisfähigkeit der Narben derselben Blüte; Selbstbestäubung daher ausgeschlossen (Korbblütengewächse, Salbei, Glockenblume)

Vorweiblichkeit (Proterogynie, Vw): Reifung und Bestäubung der Narbe vor dem Öffnen der Staubbeutel derselben Blüte; Selbstbestäubung daher ausgeschlossen (Wegerich)

Verschiedengriffligkeit (Heterostylie, Vg): bei manchen Pflanzenarten besitzen die einen Individuen lange Griffel und kurze (bzw. tief angeheftete) Staubfäden, die anderen kurze Griffel und lange (bzw. hoch angeheftete) Staubfäden (Primel). Narben und Staubbeutel liegen bei beiden Blütentypen in zwei verschiedenen Etagen. Befruchtung erfolgt nur bei Bestäubung zwischen verschiedenen Blütentypen. Beim Blutweiderich mit 2 Staubblattkreisen treten 3 Blütentypen mit verschieden langen Griffeln und Staubfäden auf (Tristylie).

Apomixis (Ap): Samenbildung ohne Befruchtung. Bestäubung ist bei Apomikten meist nicht notwendig (Habichtskraut, Frauenmantel).

Ausbreitung der Samen, Früchte und Sporen

Die Ausbreitung der Samen, Früchte und Sporen erfolgt durch Wind, Wasser, Tiere oder durch den Menschen. Manche Pflanzen besitzen auch Einrichtungen zur Selbstausbreitung.

Windausbreitung (Anemochorie, Wv): Ausbreitung durch den Wind mit Hilfe von Flugeinrichtungen verschiedener Art. Diesen gemeinsam ist eine große Oberfläche, die das Schweben ermöglicht. Manche Samen oder Früchte tragen Haarschwänze, -kränze oder -schöpfe (Küchenschelle, Löwenzahn, Weide), andere flügelartige Anhängsel (Ahorn, Ulme). Auch staubfeine Samen (Orchideen, Sommerwurz) und Sporen können vom Wind über weite Strecken verbreitet werden. Auf versteiften Fruchtstielen stehende Streufrüchte werden vom Wind ausgeschüttelt (Mohn). Steppenläufer sind sparrig verzweigte, fast kuglige Pflanzen, die als Ganzes abbrechen und vom Wind verweht werden (Windsbock).

Wasserausbreitung (Hydrochorie, Hv): Ausbreitung durch Wasser. Die Samen oder Früchte weisen lufthaltige Räume auf, die das Schwimmen auf dem Wasser ermöglichen (Seerose, Wasser-Schwertlilie).

Tierausbreitung (Zoochorie): Ausbreitung durch Tiere.

Verdauungsausbreitung (Endozoochorie, Vv): Die Samen oder Früchte (meist Beeren oder Steinfrüchte) werden vom Tier gefressen und nach Passieren des Darms ohne Keimschädigung wieder ausgeschieden (Heidelbeere, Kirsche).

Ameisenausbreitung (Myrmekochorie, Av): Ausbreitung durch Ameisen, die die Samen wegen eines öl-, fett-, zucker- und eiweißreichen Anhängsels (Elaiosom), das ihnen als Nahrung dient, verschleppen (Veilchen, Schneeglöckchen). Oft erschlaffen die Fruchtstiele, so daß die Früchte unmittelbar dem Erdboden aufliegen.

Klett- und Klebausbreitung (Epizoochorie, Ev): Die Samen, Früchte oder Fruchtstände hängen sich mit Widerhaken, Borstenhaaren oder durch Schleim außen an Tieren fest und werden so über gewisse Strecken fortgetragen (Klette, Klebkraut, Lein). Bohrfrüchte bohren sich durch Drehbewegungen ins Fell der Tiere ein (Federgras).

Menschenausbreitung (Anthropochorie, Mv): Ausbreitung durch Einrichtungen des Menschen, wie Handel, Verkehr, Ackerbau usw. (Fuchsschwanz, Kornrade).

Selbstausbreitung (Autochorie, Sv): Reife Samen oder Früchte fallen entweder einfach zu Boden (Roßkastanie) oder werden von der Pflanze aktiv fortgeschleudert (Springkraut, Storchschnabel); Ursachen der Schleuderbewegung sind innere Spannungen oder Austrocknungsvorgänge. – Zur Selbstausbreitung im weiten Sinn gehört auch die vegetative Vermehrung durch sich von der Mutterpflanze loslösende Sproßteile (Ausläufer, Wurzelsprosse, Brutzwiebeln usw.).

Ordnung und Benennung der Pflanzen

Um die große Mannigfaltigkeit des Pflanzenreichs (heute sind etwa 500 000 Pflanzenarten bekannt) verständlich zu machen und übersichtlich darzustellen, ordnet man die Pflanzen in ein hierarchisches System aus Gruppen verschiedener, einander fortlaufend übergeordneter Rangstufen. Die wichtigsten sind die Art, Gattung, Familie, Ordnung, Klasse, Abteilung; dazwischen werden meist noch weitere Rangstufen eingefügt. Alle diese systematischen Einheiten werden ungeachtet ihrer Rangstufe als Sippen (Taxa, Einzahl: Taxon) bezeichnet.
Ursprünglich erfolgte die Einteilung willkürlich nach einem einzigen oder nur wenigen Merkmalen (etwa bei LINNAEUS hauptsächlich nach der Anzahl der Staubblätter); das Ergebnis sind künstliche Systeme. Durch Berücksichtigung aller bekannten Merkmale wurden natürliche Systeme geschaffen, die mit dem Fortschreiten der Wissenschaft eine vollkommenere Gestalt annahmen. Das Ziel der Systematik ist es, die in der Natur tatsächlich bestehenden verwandtschaftlichen (stammesgeschichtlichen) Beziehungen zu erforschen und diese in dem System zum Ausdruck zu bringen. Das stößt auf ganz erhebliche Schwierigkeiten, weil Verwandtschaft nicht unmittelbar erkennbar ist, sondern nur durch Indizien erschlossen werden kann. Die letzten Jahrzehnte haben uns durch die Anwendung neuer Untersuchungs- und Datenverarbeitungsmethoden eine Fülle bedeutsamer Erkenntnisse über den äußeren und inneren Bau der Organismen bis hin zur Analyse der Erbsubstanz (DNA) wie auch zu den Fortpflanzungs- und Vererbungsmechanismen sowie den geographischen und ökologischen Wechselbeziehungen der Pflanzen gebracht, die tiefere Einblicke in die Verwandtschaftsverhältnisse und Evolutionsprozesse gestatten. Die Bemühungen, diese Erkenntnisse nach dem neuesten Stand der Forschung darzustellen, führen zu ständigen Veränderungen und Umgruppierungen im natürlichen System (so wird z. B. die Familie der Liliengewächse heute zu Recht in zahlreiche kleinere Familien aufgegliedert). Derartige Änderungen müssen in einer Exkursionsflora nicht sofort berücksichtigt werden, denn sie sind für die Bestimmung der Pflanzen selbst ohne Bedeutung. Eine Übersicht über das dieser Flora zugrundegelegte System (nach TAKHTAJAN und CRONQUIST) findet sich anschließend (S. 41ff.).
Die Art ist die biologisch wichtigste Einheit im System. Sie ist eine Abstammungsgemeinschaft (Sippe) untereinander fertil kreuzbarer Individuen, die sich durch konstante erbliche Merkmale von anderen Abstammungsgemeinschaften unterscheiden, mit denen keine oder nur eine deutlich verringerte Kreuzungsmöglichkeit besteht. Sonderfälle treten dann auf, wenn die Kreuzbarkeit innerhalb der Sippe eingeschränkt ist (Selbstbestäubung) bzw. die sexuelle Fortpflanzung teilweise oder gänzlich fehlt (Apomixis, s. S. 36).
Zuweilen sind in unserem Buch nahverwandte, schwer unterscheidbare Arten zu Artengruppen (Aggregaten) zusammengefaßt. Das Aggregat (agg.) ist keine offizielle taxonomische Rangstufe, sondern eine unverbindliche Gruppierung „kritischer“ Arten (Kleinarten), die oft noch ungenügend erforscht sind. Die Artengruppen sind mit einem * vor dem Namen bezeichnet. Die dazu gehörenden Kleinarten können mit Band IV der „Exkursionsflora“ (Kritischer Band) bestimmt werden.

Arten, die eng miteinander verwandt sind und daher im allgemeinen viele Merkmale gemeinsam haben, werden zu einer Gattung zusammengefaßt, verwandte Gattungen zu einer Familie, verwandte Familien zu einer Ordnung usw. In den Bestimmungsschlüsseln werden nur die Arten, Gattungen und Familien berücksichtigt. Die höheren Rangstufen sind in der Systemübersicht (S. 41) aufgeführt.
Die Arten lassen sich weiter untergliedern in Unterarten, Varietäten und Formen. Unterarten sind auf dem Weg der Artbildung befindliche, aber noch nicht scharf gegeneinander abgrenzbare Sippen. Arten, von denen zwei oder mehr Unterarten im Gebiet der „Exkursionsflora" vorkommen, sind durch ** vor dem Namen gekennzeichnet. Die Unterarten können ebenfalls mit Band IV (Kritischer Band) bestimmt werden. Die Varietäten und Formen, die noch geringere erbliche Abweichungen darstellen als die Unterarten, sind nicht erwähnt. Sie besitzen keine eigenen Areale und sind für die Systematik von geringer Bedeutung, geben uns aber Hinweise auf die Variationsbreite innerhalb der betreffenden Arten und Unterarten.
Kreuzungsprodukte verschiedener Arten (meist der gleichen, seltener von unterschiedlichen Gattungen) werden als Bastarde (Hybriden) bezeichnet. In den vorliegenden Band sind nur solche Bastarde aufgenommen worden, die sich im Lauf der Zeit zu echten Arten entwickelt haben (hybridogene Arten). Bei denjenigen Gattungen, in denen Hybriden häufig sind, wird darauf hingewiesen (Hybr.). Von ihnen findet man im Kritischen Band die Namen.
Zur Benennung der Pflanzensippen (Nomenklatur) gebraucht man wissenschaftliche Namen, die ungeachtet ihrer Herkunft lateinische Form haben. Sie dienen der Erleichterung der internationalen Zusammenarbeit, da die Volksnamen in anderssprachigen Gebieten meist unbekannt sind. Jeder wissenschaftliche Artname, z. B. Vaccinium myrtillus, besteht aus zwei Wörtern (binäre Nomenklatur, 1753 von LINNAEUS eingeführt). Das erste ist der Gattungsname, das zweite das Artepitheton, d. h. der artbestimmende Zusatz zum Gattungsnamen. Der Gattungsname wird stets mit großem Anfangsbuchstaben geschrieben, für die Artepitheta wird einheitlich Kleinschreibung angewendet. Bastarde werden entweder durch die mit einem Malzeichen verbundenen Namen der Elternarten bezeichnet oder mit einem eigenen binären Namen benannt, wobei das Malzeichen vor dem Artepitheton steht (Pfeffer-Minze: Mentha aquatica × M. spicata = M. × piperita).
Jede Pflanzenart mit bestimmter Gattungszugehörigkeit und Umgrenzung hat nur einen einzigen korrekten wissenschaftlichen Namen. Entsprechendes gilt für die Gattung, Unterart usw. Sind für ein Taxon im Verlauf der Zeit oder in verschiedenen Ländern mehrere Namen in Gebrauch gekommen (Synonyme = gleichbedeutende Namen), so darf von diesen unter den obigen Voraussetzungen nur einer gebraucht werden. Durch internationale Nomenklaturregeln wird festgelegt, welcher Name unter mehreren vorhandenen der korrekte ist und deshalb beibehalten und einheitlich angewendet werden muß. Im allgemeinen ist dies der jeweils älteste Name der Sippe (Prioritätsgrundsatz). Das gilt für die Sippennamen aller Rangstufen bis zur Familie aufwärts. Familiennamen bestehen aus dem Wortstamm eines Gattungsnamens mit der Endung -aceae (Rosaceae, Solanaceae). Eine Ausnahme bilden wenige Familien, für die zwei Namen gebraucht werden dürfen (z. B. Brassicaceae oder Cruciferae, Poaceae oder Gramineae). Bei den Sippen, für die in anderen gebräuchlichen Büchern abweichende lateinische Namen verwendet werden, sind die wichtigsten dieser Synonyme in unserem Buch in eckigen Klammern angegeben. Da der korrekte Name nicht nur von der richtigen Anwendung der Nomenklaturregeln abhängt, sondern vor allem auch von der systematischen Bewertung einer Sippe, die sich mit den fortschreitenden Erkenntnissen der Verwandtschaftsforschung verändern kann (Änderung der Rangstufe, des Umfangs oder der systematischen Stellung eines Taxons), sind Namensänderungen nie ganz vermeidbar.
Hinter jedem wissenschaftlichen Pflanzennamen steht ein Personenname (bisweilen auch mehrere), oft in abgekürzter Form (z. B. ALL. für ALLIONI, L. für LINNAEUS, A. et GR. für

ASCHERSON und GRAEBNER, s. S. 608). Dies ist der Name des Autors (der Autoren), der als erster den betreffenden Pflanzennamen gültig veröffentlichte. Oft steht davor in Klammern noch ein weiterer Autorname. In diesem Fall hat bereits dieser „Klammerautor“ die Sippe benannt, die später von dem nachstehenden Autor entweder in eine andere Rangstufe (z. B. von der Unterart zur Art) oder in eine andere Gattung versetzt wurde. Die Autorennamen sind aus nomenklatorischen Gründen für den Systematiker wichtig, für die sonstigen Benutzer der Flora jedoch ohne Bedeutung. Bei ihrer Verwendung in Veröffentlichungen sollte das Buch zitiert werden, aus dem sie übernommen wurden.

Hinter dem Autornamen findet sich manchmal noch eine Abkürzung, welche sich auf die Umgrenzung der Sippe bezieht, die entweder im weiten Sinn (s. l. = sensu lato), d. h. unter Einschluß nahe verwandter Sippen, oder im engen Sinn (s. str. = sensu stricto), d. h. unter Ausschluß hinzugezogener Sippen, aufgefaßt wird. Im letzten Fall wird auch die Abkürzung p. p. (= pro parte, zum Teil) gebraucht. Eine ähnliche Bedeutung hat die Abkürzung em. (= emendavit, verändert) zwischen zwei Autornamen, die besagt, daß der zweite Autor die Umgrenzung der Sippe gegenüber dem ersten Autor verändert hat. Bei Synonymen bedeuten die Abkürzungen aut. (= autorum, der Autoren) und hort. (= hortorum, der Gärten, bzw. = hortulanorum, der Gärtner), daß der Name in verschiedenen botanischen Büchern oder der Gartenliteratur benutzt wird (oder wurde), aber irrtümlicherweise nicht für dieselbe Sippe, die der ursprüngliche Autor darunter verstanden hatte. Auch das Wort non (nicht) zwischen zwei Autornamen weist darauf hin, daß der erstgenannte Autor den Namen unkorrekt für eine andere Sippe verwendete als der zweitgenannte. Wenn die Namen zweier Autoren durch ex (nach) verbunden sind, ist nur der zweite wichtig, der erste darf sogar weggelassen werden.

Um die richtige Aussprache der wissenschaftlichen Pflanzennamen zu erleichtern, ist im vorliegenden Buch jeweils der betonte Vokal mit einem Akzent gekennzeichnet; bei betonten Doppellauten steht der Akzent über dem Verbindungsstrich. Die Betonungszeichen sind nicht Bestandteile des Namens.

Die deutschen Pflanzennamen sind in der Mehrzahl künstlich gebildet („Büchernamen“) und keine echten Volksnamen („Vernakularnamen“). Das liegt einerseits daran, daß für viele unscheinbare oder schwer unterscheidbare Arten überhaupt keine volkstümlichen Namen existieren, zum anderen haben sich die eigentlichen Volksnamen naturgemäß völlig unabhängig von der wissenschaftlichen Systematik entwickelt. Sie sind häufig vieldeutig und in einzelnen Landschaften des Gebietes unterschiedlich. Beispielsweise werden mit dem Namen „Butterblume“ zahlreiche gelbblühende Arten verschiedener Gattungen und Familien bezeichnet. Andererseits sind für ein und dieselbe Art in verschiedenen Landesteilen häufig unterschiedliche Namen gebräuchlich, so für die Art mit dem wissenschaftlichen Namen Vaccinium myrtillus Heidelbeere, Blaubeere, Schwarzbeere, Waldbeere, Bickbeere und weitere lokale mundartliche Bezeichnungen. Die Gattungszugehörigkeit ist bei vielen volkstümlichen Namen nicht erkennbar: Veilchen und Stiefmütterchen gehören zur Gattung Viola, Stachel- und Johannisbeere zur Gattung Ribes; mit Knabenkraut werden die Arten der Gattungen Orchis und Dactylorhiza bezeichnet, mit Enzian die von Gentiana und Gentianella; der Weiße Senf zählt zur Gattung Sinapis, der Schwarze Senf zu Brassica, Meersenf ist der Name der Gattung Cakile.

Im Gegensatz zu den wissenschaftlichen Pflanzennamen gibt es für die Bildung und Anwendung der deutschen Kunstnamen keine verbindlichen Regeln; wir richten uns nach dem üblichen Gebrauch. Gewöhnlich bestehen die deutschen Artnamen wie die lateinischen aus dem Gattungsnamen und einem die Art kennzeichnenden Zusatzwort. Ist dieses ein Substantiv, wird der Name mit Bindestrich geschrieben (Zwerg-Mehlbeere), ist es ein Adjektiv, in zwei Wörtern und stets mit großem Anfangsbuchstaben (Echte Mehlbeere). Aus einem Wort bestehende volkstümliche Artnamen werden ohne Bindestrich geschrieben (Eberesche, eine Art der Gattung Mehlbeere, im Gegensatz zu

Blumen-Esche, eine Art der Gattung Esche). Auch die deutschen Gattungsnamen bestehen aus einem einzigen Wort (Alpenveilchen, eine Gattung der Primelgewächse, im Gegensatz zu Berg-Veilchen, eine Art der Gattung Veilchen). Familiennamen sind an der Endung -gewächse zu erkennen (Rosengewächse, Kreuzblütengewächse), doch werden oft auch abweichende Formen verwendet (Kreuzblütler, Süßgräser).

Übersicht über das System

Abteilung Pteridóphyta – Gefäß-Sporenpflanzen

Klasse Lycopodiópsida (Lycópsida) – Bärlappe
Ordnung Lycopodiáles – Bärlappartige
Lycopodiáceae – Bärlappgewächse
Ordnung Selaginelláles – Moosfarnartige
Selaginelláceae – Moosfarngewächse
Ordnung Isoëtáles – Brachsenkrautartige
Isoëtáceae – Brachsenkrautgewächse

Klasse Equisetópsida (Sphenópsida) – Schachtelhalme
Ordnung Equisetáles – Schachtelhalmartige
Equisetáceae – Schachtelhalmgewächse

Klasse Polypodiópsida – Farne
Ordnung Ophioglossáles – Natternzungenartige
Ophioglossáceae – Natternzungengewächse
Ordnung Osmundáles – Rispenfarnartige
Osmundáceae – Rispenfarngewächse
Ordnung Polypodiáles – Tüpfelfarnartige
Hymenophylláceae – Hautfarngewächse
Crytogrammáceae – Rollfarngewächse
Dennstaedtiáceae – Adlerfarngewächse
Thelypteridáceae – Sumpffarngewächse
Aspleniáceae – Streifenfarngewächse
Woodsiáceae – Wimperfarngewächse
Dryopteridáceae – Wurmfarngewächse
Blechnáceae – Rippenfarngewächse
Polypodiáceae – Tüpfelfarngewächse
Ordnung Marsileáles – Kleefarnartige
Marsileáceae – Kleefarngewächse
Ordnung Salviniáles – Schwimmfarnartige
Salviniáceae – Schwimmfarngewächse
Azolláceae – Algenfarngewächse

Abteilung Spermatóphyta – Samenpflanzen

Unterabteilung Coniferophýtina (Gymnospérmae p. p.) – Gabel- und Nadelblättrige Nacktsamer

Klasse Ginkgoópsida – Ginkgoähnliche
Ordnung Ginkgoáles – Ginkgoartige
Ginkgoáceae – Ginkgogewächse

Klasse Pinópsida – Kiefernähnliche
Ordnung Taxáles – Eibenartige
Taxáceae – Eibengewächse
Ordnung Pináles – Kiefernartige
Pináceae – Kieferngewächse
Taxodiáceae – Sumpfzypressengewächse
Cupressáceae – Zypressengewächse

Unterabteilung Magnoliophýtina (Angiospérmae) – Bedecktsamer

Klasse Dicotyledóneae (Magnoliópsida) – Zweikeimblättrige

Unterklasse Magnolíidae – Magnolienähnliche
Ordnung Nymphaeáles – Seerosenartige
Nymphaeáceae – Seerosengewächse
Ceratophylláceae – Hornblattgewächse
Ordnung Ranunculáles (Ranáles) – Hahnenfußartige
Ranunculáceae – Hahnenfußgewächse
Berberidáceae – Berberitzengewächse
Ordnung Papaveráles (Rhoeadáles) – Mohnartige
Papaveráceae – Mohngewächse
Fumariáceae – Erdrauchgewächse
Ordnung Aristolochiáles – Osterluzeiartige
Aristolochiáceae – Osterluzeigewächse

Unterklasse Hamamelídidae – Hamamelisähnliche
Ordnung Hamamelidáles – Hamamelisartige
Platanáceae – Platanengewächse
Ordnung Fagáles – Buchenartige
Fagáceae – Buchengewächse
Betuláceae – Birkengewächse
Coryláceae – Haselgewächse
Ordnung Myricáles – Gagelartige
Myricáceae – Gagelgewächse
Ordnung Juglandáles – Walnußartige
Juglandáceae – Walnußgewächse
Ordnung Urticáles – Brennesselartige
Ulmáceae – Ulmengewächse
Moráceae – Maulbeergewächse
Cannabáceae – Hanfgewächse
Urticáceae – Brennesselgewächse

Unterklasse Caryophýllidae – Nelkenähnliche
Ordnung Caryophylláles – Nelkenartige
Phytolaccáceae – Kermesbeerengewächse
Caryophylláceae – Nelkengewächse

Amarantháceae – Amarantgewächse
Chenopodiáceae – Gänsefußgewächse
Portulacáceae – Portulakgewächse
Ordnung Polygonáles – Knöterichartige
Polygonáceae – Knöterichgewächse
Ordnung Plumbagináles – Bleiwurzartige
Plumbagináceae – Bleiwurzgewächse

Unterklasse Dilleníidae – Dillenienähnliche
Ordnung Paeoniáles – Pfingstrosenartige
Paeoniáceae – Pfingsrosengewächse
Ordnung Theáles (Guttiferáles) – Teestrauchartige
Hypericáceae – Hartheugewächse
Elatináceae – Tännelgewächse
Ordnung Violáles (Cistáles) – Veilchenartige
Cistáceae – Zistrosengewächse
Violáceae – Veilchengewächse
Ordnung Passifloráles (Cucurbitáles) – Passionsblumenartige
Cucurbitáceae – Kürbisgewächse
Ordnung Capparáles (Cruciáles) – Kapernstrauchartige
Brassicáceae od. Crucíferae – Kreuzblütengewächse
Resedáceae – Resedengewächse
Ordnung Tamaricáles – Tamariskenartige
Tamaricáceae – Tamariskengewächse
Ordnung Salicáles – Weidenartige
Salicáceae – Weidengewächse
Ordnung Malváles – Malvenartige
Malváceae – Malvengewächse
Tiliáceae – Lindengewächse
Ordnung Euphorbiáles – Wolfsmilchartige
Buxáceae – Buchsbaumgewächse
Euphorbiáceae – Wolfsmilchgewächse
Ordnung Thymelaeáles – Spatzenzungenartige
Thymelaeáceae – Spatzenzungengewächse
Elaeagnáceae – Ölweidengewächse
Ordnung Ericáles – Heidekrautartige
Pyroláceae – Wintergrüngewächse
Monotropáceae – Fichtenspargelgewächse
Ericáceae – Heidekrautgewächse
Empetráceae – Krähenbeerengewächse
Ordnung Primuláles – Primelartige
Primuláceae – Primelgewächse

Unterklasse Rósidae – Rosenähnliche
Ordnung Rosáles – Rosenartige
Rosáceae – Rosengewächse
Ordnung Grossulariáles (Cunoniáles) – Stachelbeerartige
Grossulariáceae – Stachelbeergewächse
Hydrangeáceae – Hortensiengewächse
Ordnung Saxifragáles – Steinbrechartige
Crassuláceae – Dickblattgewächse
Saxifragáceae – Steinbrechgewächse
Parnassiáceae – Herzblattgewächse
Droseráceae – Sonnentaugewächse
Ordnung Fabáles (Leguminósae) – Hülsenfrüchtler
Caesalpiniáceae – Johannisbrotgewächse
Fabáceae od. Papilionáceae – Schmetterlingsblütengewächse
Ordnung Rutáles – Rautenartige
Anacardiáceae – Sumachgewächse
Rutáceae – Rautengewächse
Simaroubáceae – Bittereschengewächse
Ordnung Sapindáles – Seifenbaumartige
Aceráceae – Ahorngewächse
Staphyleáceae – Pimpernußgewächse
Hippocastanáceae – Roßkastaniengewächse
Balsamináceae – Balsaminengewächse
Ordnung Geraniáles – Storchschnabelartige
Lináceae – Leingewächse
Oxalidáceae – Sauerkleegewächse
Geraniáceae – Storchschnabelgewächse
Tropaeoláceae – Kapuzinerkressengewächse
Ordnung Polygaláles – Kreuzblümchenartige
Polygaláceae – Kreuzblümchengewächse
Ordnung Myrtáles – Myrtenartige
Lythráceae – Blutweiderichgewächse
Onagráceae – Nachtkerzengewächse
Trapáceae – Wassernußgewächse
Ordnung Haloragáles (Hippuridáles) – Seebeerenartige
Haloragáceae – Seebeerengewächse
Hippuridáceae – Tannenwedelgewächse
Ordnung Cornáles – Hartriegelartige
Cornáceae – Hartriegelgewächse
Ordnung Apiáles (Araliáles) – Doldenblütlerartige
Araliáceae – Araliengewächse
Hydrocotyláceae – Wassernabelgewächse
Apiáceae od. Umbellíferae – Doldengewächse
Ordnung Celastráles – Baumwürgerartige
Aquifoliáceae – Stechpalmengewächse
Celastráceae – Baumwürgergewächse
Ordnung Rhamnáles – Kreuzdornartige
Rhamnáceae – Kreuzdorngewächse
Vitáceae – Weinrebengewächse
Ordnung Santaláles – Sandelartige
Santaláceae – Sandelgewächse
Lorantháceae – Mistelgewächse

Unterklasse Astéridae – Asternähnliche
Ordnung Oleáles (Ligustráles) – Ölbaumartige
Oleáceae – Ölbaumgewächse
Ordnung Gentianáles (Contórtae) – Enzianartige
Menyantháceae – Fieberkleegewächse
Gentianáceae – Enziangewächse
Apocynáceae – Hundsgiftgewächse
Asclepiadáceae – Seidenpflanzengewächse
Rubiáceae – Rötegewächse
Ordnung Dipsacáles – Kardenartige
Caprifoliáceae – Geißblattgewächse
Adoxáceae – Moschuskrautgewächse
Valerianáceae – Baldriangewächse
Dipsacáceae – Kardengewächse
Ordnung Polemoniáles – Himmelsleiterartige
Polemoniáceae – Himmelsleitergewächse
Convolvuláceae – Windengewächse
Cuscutáceae – Seidengewächse
Ordnung Boragináles – Boretschartige

Hydrophylláceae – Wasserblattgewächse
Boragináceae – Boretschgewächse
Ordnung Scrophulariáles (Solanáles) – Braunwurzartige
Solanáceae – Nachtschattengewächse
Buddlejáceae – Sommerfliedergewächse
Scrophulariáceae – Braunwurzgewächse
Orobancháceae – Sommerwurzgewächse
Globulariáceae – Kugelblumengewächse
Lentibulariáceae – Wasserschlauchgewächse
Plantagináceae – Wegerichgewächse
Ordnung Lamiáles – Lippenblütlerartige
Verbenáceae – Eisenkrautgewächse
Lamiáceae od. Labiátae – Lippenblütengewächse
Callitricháceae – Wassersterngewächse
Ordnung Campanuláles – Glockenblumenartige
Campanuláceae – Glockenblumengewächse
Lobeliáceae – Lobeliengewächse
Ordnung Asteráles – Asternartige
Asteráceae od. Compósitae – Korbblütengewächse

Klasse Monocotyledóneae (Liliópsida) – Einkeimblättrige

Unterklasse Alismátidae – Froschlöffelähnliche
Ordnung Alismatáles – Froschlöffelartige
Butomáceae – Schwanenblumengewächse
Alismatáceae – Froschlöffelgewächse
Ordnung Hydrocharitáles – Froschbißartige
Hydrocharitáceae – Froschbißgewächse
Ordnung Potamogetonáles – Laichkrautartige
Scheuchzeriáceae – Blasenbinsengewächse
Juncagináceae – Dreizackgewächse
Ruppiáceae – Saldengewächse
Zosteráceae – Seegrasgewächse
Zannichelliáceae Teichfadengewächse
Najadáceae – Nixkrautgewächse

Unterklasse Lilíidae – Lilienähnliche
Ordnung Liliáles – Lilienartige
Liliáceae – Liliengewächse
Amaryllidáceae – Amaryllisgewächse
Trilliáceae – Einbeerengewächse
Dioscoreáceae – Yamswurzelgewächse
Ordnung Iridáles – Schwertlilienartige
Iridáceae – Schwertliliengewächse
Ordnung Orchidáles – Orchideenartige
Orchidáceae – Knabenkrautgewächse (Orchideen)
Ordnung Juncáles – Binsenartige
Juncáceae – Binsengewächse
Ordnung Cyperáles – Riedgrasartige
Cyperáceae – Riedgrasgewächse
Ordnung Poáles (Gramináles) – Süßgrasartige
Poáceae od. Gramíneae – Süßgräser

Unterklasse Arécidae – Palmenähnliche
Ordnung Aráles – Aronstabartige
Aráceae – Aronstabgewächse
Lemnáceae – Wasserlinsengewächse
Ordnung Pandanáles – Schraubenbaumartige
Sparganiáceae – Igelkolbengewächse

Verbreitung der Pflanzen

Alle Pflanzenarten und in der Regel auch die Unterarten besiedeln ein bestimmtes, ihren Umweltansprüchen entsprechendes und für die Sippe charakteristisches Wohngebiet, das Areal, das von den Arealen anderer Sippen mit anderen Ansprüchen verschieden ist. Nur bei ganz wenigen Arten ist das Wohngebiet fast über die ganze Erde ausgedehnt (Kosmopoliten, z. B. Einjähriges Rispengras).
Eine Art kann innerhalb ihres Areals auf weiten Strecken fehlen, oder das Areal kann überhaupt aus getrennten Teilen bestehen (disjunktes Areal). Wenn eine Art außerhalb eines zusammenhängenden Areals noch in einem oder mehreren kleineren Fundgebieten vorkommt, bezeichnet man diese als Exklaven. Häufig sind Exklaven Reste einer ursprünglich weiteren, geschlossenen Verbreitung. Die Art ist dann an dieser Stelle als Relikt einer früheren geologischen Epoche erhalten geblieben. Exklaven können aber auch durch Ferntransport von Ausbreitungseinheiten entstehen.

Ursachen der Pflanzenverbreitung

Die Begrenzung der Pflanzenareale ergibt sich aus dem Zusammenwirken von inneren Faktoren (der Konstitution der Pflanzenart) und äußeren Faktoren. Bei den letzteren werden ökologische Faktoren (Wärme, Licht, Wasser, Boden, Konkurrenz anderer Pflanzenarten) und historische Faktoren (S. 45) unterschieden.
Klima. Die meisten im Gebiet auftretenden Arealgrenzen entsprechen irgendwelchen Klimalinien. Den Januar-Isothermen ähneln die Ostgrenzen frostempfindlicher Arten (z. B. Stechpalme, Glocken-Heide), andererseits die Westgrenzen von Arten, die zur Beendigung ihrer Winterruhe Kälteeinwirkung fordern (z. B. Leberblümchen, Frühlings-Platterbse). Parallel zu den Juli-Isothermen verlaufen die Nordgrenzen wärmeliebender Arten (z. B. Wassernuß). Die Länge der Vegetationsperiode, die bei jeder Art durch andere Temperaturen begrenzt wird, bestimmt bei vielen südlichen Arten die Nordostgrenze, die dann dem Verlauf der Frühjahrs- oder Herbstisothermen ähnelt (z. B. Flaum-Eiche). Die Länge der Vegetationsperiode ist neben den Sommertemperaturen auch der wichtigste Faktor für die Höhengrenzen in den Gebirgen.
Die Bedeutung des Wasserfaktors für die Pflanzenverbreitung geht beispielsweise aus der Konzentration von Steppenpflanzen auf die Trockengebiete hervor, andererseits aus der Tatsache, daß Arten des feuchten westeuropäischen Klimagebietes im Osten auf die niederschlagsreichen Gebirge beschränkt bleiben (Harz-Labkraut). Feinere Unterschiede in der Verbreitung können z. B. durch die unterschiedliche jahreszeitliche Verteilung der Niederschläge, aber auch durch die Überlagerung der verschiedenen Klimafaktoren erklärt werden.
Boden. Von den Eigenschaften der Ausgangsgesteine für die Bodenbildung ist für die Pflanzenverbreitung vor allem der Kalkgehalt wichtig. Bei den kalkliebenden (kalziphilen) Arten unterscheidet man die streng kalkgebundenen kalksteten (z. B. Bayerische Sterndolde) von den nicht streng auf Kalkböden beschränkten kalkholden Arten (z. B. Große Sterndolde). Kalkholde Arten besiedeln oft auch die basischen Vulkanite Basalt und Diabas. Aus den meisten Silikatgesteinen aber gehen saure Böden hervor. Viele Arten sind an solche kalkfreien Unterlagen gebunden, sie kommen über Kalk höch-

stens auf dicken Rohhumus- oder Torfdecken vor: kalkmeidende Arten (z. B. Rostblättrige Alpenrose, Scheidiges Wollgras und Echter Ehrenpreis). Einen Sonderfall bildet der Gips, der in seinen physikalischen Eigenschaften dem Kalk ähnelt, aber ein saures Verwitterungsprodukt liefern kann. Nicht zu verwechseln mit dem Kalkgehalt ist der Gehalt an Basen, d. h. an für die Pflanzen verfügbarem Kalzium, Kalium, Magnesium und Natrium. Kalkreiche Böden sind immer basenreich, aber basenreiche nicht immer kalkhaltig. Die basenholde Sprossende Felsennelke wächst vorwiegend auf kalkarmen Böden.

Der Nährstoffreichtum des Bodens wird durch den Gehalt an Stickstoff und verfügbarem Phosphor bestimmt. Arten, die an nährstoffreiches (eutrophes) Substrat gebunden sind, heißen anspruchsvoll, solche, die vorwiegend auf nährstoffarmen (oligotrophen, mageren) Unterlagen wachsen, nennt man anspruchslos. Die Bindung an oligotrophe, saure Böden oder Gewässer ist mit für die östliche Begrenzung mancher ozeanischer Arten im Gebiet verantwortlich (z. B. Gagelstrauch). Oligotroph sind z. B. Sandheiden, Heideseen und Hochmoore, aber auch viele Kalkflachmoore, in denen der Phosphor in einer für die Pflanzen nicht verfügbaren Form gebunden ist. Zwischen oligotrophen und eutrophen stehen die mesotrophen Böden, auf denen die mäßig anspruchsvollen Arten vorkommen. Nitrophile Arten, wie die Große Brennessel, bevorzugen stickstoffreiche Böden, solche Arten sind besonders häufig auf Müllplätzen und ähnlichen, als ruderal bezeichneten Stellen.

Nach der Feuchtigkeit unterscheidet man die Böden in der Reihenfolge trocken, frisch, feucht, naß (evtl. noch Zwischenstufen, z. B. frischfeucht). Zeitweilig feuchte, aber im Sommer stärker austrocknende Ton-, Lehm- oder auch Torfböden heißen wechselfeucht oder, wenn die trockene Zeit überwiegt, wechseltrocken. Sickerfeuchte Standorte werden von fließendem Grundwasser durchzogen, rieselfeuchte Böden werden oberflächlich überrieselt.

Konkurrenz. Konkurrenzfähige Pflanzen können andere Arten aus dem Bereich ihres optimalen Gedeihens verdrängen. Die Esche gedeiht am besten auf frischen Böden, sie wird aber durch die dort konkurrenzkräftigere Buche einerseits auf feuchte Auenstandorte, andererseits auf trockene Berghänge verdrängt. So wirkt auch das Klima nicht direkt, sondern über die Verschiebung des Gleichgewichts konkurrierender Arten begrenzend auf das Areal.

Die Einflüsse der Tier- und Pflanzenwelt (biotische Faktoren) und die Boden- und Klimabedingungen (abiotische Faktoren) bilden zusammen den Standort, der nicht mit dem Fundort, dem topographischen Punkt des Vorkommens, verwechselt werden darf (z. B. Standort: winterlindenreicher Traubeneichen-Hainbuchenwald auf frischtrockenem Lößboden über Porphyr; Fundort: „Bischofswiese“ 6 km WNW Halle/Saale).

Historische Faktoren. Neben den geschilderten ökologischen Faktoren sind für die Pflanzenverbreitung die historischen Faktoren wichtig, worunter wir die Ausbreitungs- und Entwicklungsgeschichte der Arten in ihrer Abhängigkeit von der geologisch-geographischen und klimatischen Entwicklung der Erdräume verstehen.

Das Eiszeitalter vernichtete in Mitteleuropa fast die gesamte Pflanzenwelt. Nur am Fuß der Mittelgebirge konnte sich eine Steppen-Tundren-Vegetation erhalten. Nach dem Rückgang der letzten Vereisung wanderten vor etwa 12 000 Jahren wieder Holzgewächse in das Gebiet ein, zuerst Birke, dann Kiefer und Haselnuß, dann Eiche und Hainbuche mit ihren Begleitarten. Reste der Kälteflora konnten sich im Alpenvorland, in den Mittelgebirgen und auf Hochmooren als Eiszeitrelikte (Glazialrelikte) erhalten. In warmtrockenen Perioden der Nacheiszeit drangen Steppenpflanzen nach Mitteleuropa vor. Diese wurden in der feuchtkühlen Periode seit etwa 2500 v. Chr. als Wärmezeitrelikte (xerotherme Relikte) auf wenige Trockenrasenstandorte zurückgedrängt, während nun die Rotbuche zum vorherrschenden Baum wurde.

Auch die Geschichte des Menschen hatte große Bedeutung für die Zusammensetzung unserer Pflanzenwelt. Mit der Einführung des Ackerbaus aus Vorderasien (etwa 4500 v.

Chr.) wurden auch viele Ackerunkräuter mit eingeschleppt; andere, meist stickstoffliebende Arten begleiten die menschlichen Wohnstätten und Müllplätze (Ruderalpflanzen). Man bezeichnet solche in vorgeschichtlicher oder frühgeschichtlicher Zeit eingeschleppte Arten als Archäophyten (A) im Gegensatz zu den Neophyten (N), die nach der Entdeckung Amerikas eingeschleppt wurden oder eingewandert sind, und bei denen man oft das Jahr des ersten Auftretens und die Ausbreitungsgeschichte im Gebiet kennt.

Auch heute werden ständig neue Arten durch Verkehr und Handel eingeschleppt. Viele davon breiten sich aber vom Einschleppungsort nicht weiter aus, verschwinden nach einigen Jahren oder überstehen nicht einmal den ersten Winter (Adventivpflanzen, Ephemerophyten). Von diesen Unbeständigen (U) wurden in der Exkursionsflora nur diejenigen aufgenommen, die immer wieder neu eingeschleppt werden und daher oft anzutreffen sind. Unbeständig kommen aber auch solche Pflanzen in manchen Bundesländern vor, die in anderen Teilen Deutschlands heimisch oder fest eingebürgert sind. Über den Status (eingeschleppt, heimisch) und die Grenzen des ursprünglichen Areals bestehen in vielen Fällen Unklarheiten. Oft ist man mangels Fossilbelegen auf das Vorkommen in naturnaher Vegetation als (unsicheres!) Kriterium für den Status „heimisch" angewiesen. – Auf das Auftreten seltenerer Adventivpflanzen ist bei den Gattungen oder Familien mit (Adv.) hingewiesen.

Durch den Einfluß des Menschen wurde die Flora unseres Landes insgesamt um etwa ein Viertel aller hier vorkommenden Gefäßpflanzenarten bereichert. Der natürliche Rückgang von Steppenarten wurde durch Zurückdrängen des Waldes aufgehalten, viele Pflanzen wurden bewußt oder unbewußt eingeführt, andere konnten in die vom Menschen geschaffenen Landschaften vorrücken, einige schließlich sind überhaupt erst in den vom Menschen geschaffenen Wiesen, Äckern und Ruderalflächen entstanden.

Seit der Mitte unseres Jahrhunderts hat mit der Einführung industrieller Methoden in der Landwirtschaft und dem zunehmenden Stickstoffeintrag aus der Luft eine ganz neue Entwicklungsphase für die Pflanzenwelt unseres Gebietes begonnen. Mit zunehmender Geschwindigkeit verarmt unsere Flora durch Verbauung und Zerstörung von Standorten, durch Melioration von Mooren, Eutrophierung von Gewässern und oligotrophen Böden, durch die Einstellung der unrentabel gewordenen Beweidung auf den Trockenrasen und durch Herbizideinsatz. Gerade die Glazialrelikte und xerothermen Relikte, aber auch viele Wiesen-, Sumpf- und Wasserpflanzen sind im Rückgang (↘) und einige Arten sind im Gebiet schon ganz ausgestorben (†, z. B. Kopf-Segge, Kleingrannige Segge, Grau-Heide, Riesen-Mannsschild, Schlitzblättriger Beifuß). Eine viel geringere Zahl von Arten, vor allem Eingeschleppte wie die Späte Traubenkirsche oder der Japanische Staudenknöterich, hat sich in den letzten Jahrzehnten stark ausgebreitet (↗). Manche von ihnen schränken die Vorkommen heimischer Arten ein. Ihre Ausbreitung geht aber meistens auf die Veränderung der Standorte und die Störung der heimischen Vegetation durch den Menschen zurück. Unter den heimischen Arten breiten sich gegenwärtig vor allem solche hochwüchsigen Stauden und Gehölze aus, die das erhöhte Stickstoff-Angebot nutzen können (Ahorn-Arten, Esche, Holunder, Wasserdost, Gold-Kälberkropf). Die Kontrolle der Arealveränderungen und die Erarbeitung der Grundlagen für wirksame Schutzmaßnahmen sind heute zu vordringlichen Aufgaben geobotanischer Forschung geworden.

Verbreitung in Deutschland

Die Verbreitung und die Häufigkeit der einzelnen Arten in Deutschland wird nach den Bundesländern angegeben, weil den Länderfloren, den Verbreitungskarten-Atlanten, den Roten Listen und anderen floristischen Publikationen ebenfalls die politischen

Grenzen zugrunde liegen. Die Bundesländer werden stets in folgender Reihenfolge von Süden nach Norden aufgeführt: Ba (Bayern), Bw (Baden-Württemberg), Rh (Rheinland-Pfalz und Saarland), We (Nordrhein-Westfalen), He (Hessen), Th (Thüringen), Sa (Sachsen), An (Sachsen-Anhalt), Br (Brandenburg und Berlin), Ns (Niedersachsen und Bremen), Me (Mecklenburg-Vorpommern) und Sh (Schleswig-Holstein und Hamburg). Mit Doppelpunkt werden an die Länderkürzel bisweilen einzelne Fundorte oder Fundgebiete angefügt.

Im Rahmen der Ländergrenzen kann eine Differenzierung nach Himmelsrichtungen oder Landschaften erfolgen. Wegen der unregelmäßigen Form der Bundesländer darf diese Gliederung nicht schematisch verstanden werden. In S-An (südliches Sachsen-Anhalt) wird beispielsweise auch das nördliche Harzvorland einbezogen, das sich pflanzengeographisch dem Süden anschließt, sich aber von der Altmark (N-An) stark unterscheidet. Süd-Niedersachsen umfaßt dagegen weniger als die Hälfte des Bundeslandes, nämlich nur das südliche Berg- und Hügelland. In Schleswig-Holstein verläuft die wichtige Grenze zwischen W-Sh und O-Sh eigentlich von NNW nach SSO. Bayern wird von den Pflanzenverbreitungsbildern differenziert in Südbayern (S-Ba: Alpen und obere Hochebene >500 m), Mittelbayern (M-Ba: untere Hochebene, Donaugebiet, südlicher Teil des Jura) und Nordbayern (N-Ba: Franken, Oberpfalz, Fichtelgebirge und nördlicher Jura). Auch Brandenburg wird in einen südlichen, mittleren und nördlichen Teil gegliedert. Unterschiedliche Verbreitungsbilder innerhalb der Länder sind oft durch die Bindung an bestimmte Höhenstufen bedingt. Manche Arten sind auf das warme Tief- und Hügelland beschränkt, andere sind an die Gebirge gebunden. Oft genannt werden die Alpen, der Schwarzwald (Schwarzw), der Bayerische Wald (Bayr-W, dabei Böhmerwald und Oberpfälzer Wald eingeschlossen), der Frankenjura (Ba: Jura), die Schwäbische Alb (Bw: Jura), der Thüringer Wald (Th-W) und das Erzgebirge (Erzg).

Durch das Gefälle der Wintertemperaturen wird unser Gebiet von West nach Ost differenziert. Die mittleren Januartemperaturen liegen in Nordwest-Niedersachsen und West-Westfalen über 1 °C; die 0° Januar-Isotherme verläuft von West-Mecklenburg über das nördliche und westliche Harzvorland nach West-Westfalen und von dort durch das untere Maintal zum Oberrhein. In Ost-Brandenburg liegen die mittleren Januartemperaturen unter –1 °C. Pflanzenvorkommen mit einer Bindung an hohe Sommertemperaturen häufen sich dagegen nicht nur in den Tälern von Oberrhein, unterer Mosel, Main, unterer Saale, mittlerer Elbe und Oder, sondern auch im mittleren Brandenburg.

In der Richtung von NW nach SO konzentrieren sich auch die Niederschläge zunehmend auf das Sommerhalbjahr, so daß in Westdeutschland der Winterniederschlag, östlich von Berlin und Eisenach der Sommerniederschlag überwiegt. Auch dieses Gefälle wird von der Pflanzenverbreitung empfindlich beantwortet. Eine auffällige Konzentration kontinentaler Florenelemente ist in den Trockengebieten zu verzeichnen, die unter 550 mm, im mittleren Deutschland sogar unter 500 mm Niederschlag im Jahr erhalten (Trockengebiete an Main und Oberrhein, mitteldeutsches Trockengebiet = MDt-Trockengeb, vgl. Karte auf hinterem Vorsatzblatt).

Durch ihre Bodenbedingungen unterscheiden sich die diluvialen Sandgebiete in Nordost-Sachsen, im nördlichen Sachsen-Anhalt, Brandenburg, SW-Mecklenburg, Nord-Niedersachsen und West-Schleswig-Holstein von den südlichen Berg- und Hügelländern und den reicheren Moränengebieten in Ost-Schleswig-Holstein und Mittel-Mecklenburg. Manche Pflanzen wachsen wegen ihrer Bindung an bestimmte Böden nur an den Küsten und den Binnenland-Salzstellen, andere nur auf Mooren oder in den Kalkgebieten (Alpen, Jura, Muschelkalkgebiete in der Pfalz, in Hessen, im Thüringer Becken und in Südost-Niedersachsen sowie mesozoische Ablagerungen vom nördlichen Harzvorland bis Teutoburger Wald). Mit Ausnahme des Jura sind die Mittelgebirge dagegen weitgehend aus saurem Gestein aufgebaut (Silikatgebirge).

Angaben zur Häufigkeit

Mit den 4 in der Exkursionsflora verwendeten Häufigkeitsstufen (gemein, verbreitet, zerstreut und selten) wird die Dichte der Vorkommen angegeben, also nicht die Individuenzahl. Für die letztere gibt es bisher nur für einen Teil der Arten und einzelne Bundesländer genaue Angaben. Die Dichte der Vorkommen kann dagegen aufgrund von Gitternetz-Kartierungen zuverlässig angegeben werden. Für die westlichen Bundesländer liegt ein Atlas im Meßtischblatt-Raster vor (Kartierflächen von etwa 11 × 11 km), für Bayern, Baden-Württemberg, die Pfalz, die östlichen Bundesländer und die Rote-Liste-Arten Niedersachsens im Meßtischblattquadranten-Raster (etwa 5,5 × 5,5 km), für das Saarland, Schleswig-Holstein, Sachsen, Südthüringen und mehrere kleinere Gebiete in noch detaillierterer Darstellung. Auf dieser Grundlage erfolgte die Abschätzung der Dichte der Vorkommen. Es bedeutet: s (selten): in weniger als 5% der Meßtischblatt-Kartierflächen vorkommend; z (zerstreut): in 5–40% der Kartierflächen; v (verbreitet): in 40–80% der Kartierflächen und g (gemein): in über 80% dieser Flächen. Bei Angabe von Länderteilen beziehen sich diese Relativwerte auf die betreffenden Gebiete. Weil ständig Pflanzen an manchen Stellen erlöschen, an anderen neu auftreten oder neu gefunden werden, können diese Angaben nur Richtwerte sein.
Die Bundesländer-Kürzel werden in den Verbreitungsangaben nach der Häufigkeit gruppiert, beginnend mit der höchsten Häufigkeitsstufe. Die Häufigkeitsgruppen werden durch Komma getrennt, die Länder innerhalb der Gruppen nicht. Entweder werden alle Bundesländer oder auch ihre Teile einzeln aufgeführt, oder die Angabe gilt für alle Bundesländer (alle Bdl), wobei Abweichungen in einzelnen Teilgebieten genannt werden. Nach den spontanen Vorkommen folgen alle alteingebürgerten (A), dann alle neueingebürgerten (N), darauf die unbeständigen (U, vgl. S. 46). Die Angabe einzelner Fundorte ist bei den unbeständigen Vorkommen nicht sinnvoll. Nach dem Zeichen für „ausgestorben" (†, seit mehreren Jahrzehnten nicht mehr beobachtet) werden schließlich alle Länder zusammengefaßt, in denen die Art ausgestorben oder erloschen ist. Dabei werden nur manchmal ehemalige Fundorte angegeben. Die in Deutschland ganz ausgestorbenen Arten († am Anfang der Verbreitungsangabe) werden in der Exkursionsflora noch mit geführt. So kann das Ausmaß des Rückgangs richtig beurteilt werden, andererseits sind evtl. Wiederfunde möglich. Stärkerer Rückgang der Vorkommen wird am Ende der Aufzählung mit ↘, deutliche Ausbreitung mit ↗ vermerkt. Wenn nicht anders angegeben, beziehen sich diese Zeichen auf das ganze Gebiet. Bei den zurückgehenden Arten werden in den Ländern, in denen sie noch vorkommen, nur die aktuellen Fundorte angegeben.
In die Flora wurden auch einige Kulturpflanzen aufgenommen, die nicht verwildern. Besonders betrifft das Park- und Forstgehölze, bei denen im Gelände nicht leicht zu erkennen ist, daß ihr Vorkommen auf Anpflanzung zurückgeht.

Gesamtareale

Bei der Charakterisierung der Gesamtareale wurden die zonale Bindung, die Ozeanitätsbindung und die Höhenstufenbindung der Arten in einer Formel (Arealdiagnose) berücksichtigt.
Zonalität. Die Pflanzenareale erstrecken sich über eine oder mehrere Florenzonen. Die Grenzen dieser Florenzonen sind aus Abb. **49** ersichtlich. Die arktische Florenzone (arct) umfaßt das Tundrengebiet nördlich der polaren Waldgrenze, die boreale (b) das Gebiet der nördlichenTaiga-Nadelwälder. In der temperaten, d. h. gemäßigten Zone (temp), in welcher auch das Gebiet der Exkursionsflora liegt, herrschen sommergrüne Laubwälder, die z. T. mit Nadelwäldern gemischt sind. Zur genaueren Erfassung der Grenzen im Gebiet wurde sie in Europa in die nördliche (ntemp) und südliche (stemp) temperate Zone untergliedert. Die submeridionale Zone (sm) enthält sommergrüne

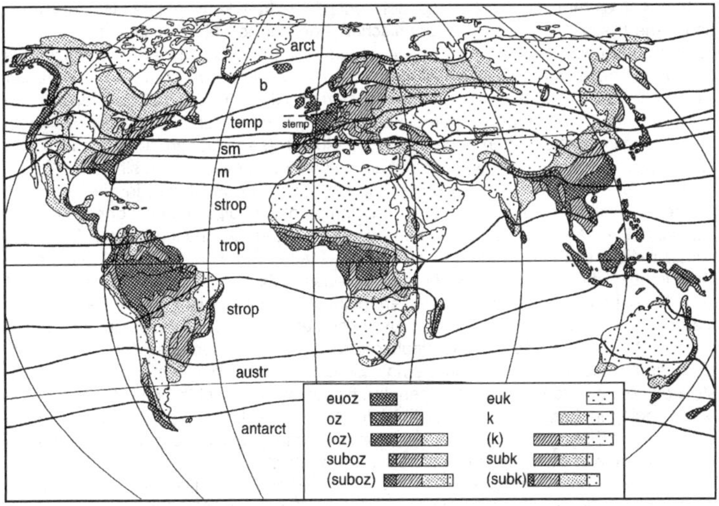

Florenzonen und pflanzengeographische Ozeanitätsgliederung der Erde

Trockenwälder und Steppen. In der meridionalen Zone (m) treten immergrüne Laub- und Nadelwälder, Steppen und Wüsten auf. Nach Süden schließen sich die wintertrockene nördliche (boreostrop) und südliche (austrostrop) subtropische Zone (strop) mit Savannen und Trockenwäldern und die immerfeuchte tropische Zone (trop) mit immergrünen Feucht-Laubwäldern an. Die australe Zone (austr) kann mit der meridionalen bis temperaten Zone verglichen werden, die antarktische (antarct) Zone entspricht weitgehend den borealen bis arktischen Breiten.

Ozeanität. Nur wenige, meist nördliche Arten sind in der Lage, innerhalb ihrer zonalen Grenzen den gesamten Erdkreis zu besiedeln. In der Regel sind auch solche zirkumpolaren Arten (CIRCPOL) entweder an ozeanische oder kontinentale Gebiete gebunden. Auf die Gebiete mit extremem Seeklima sind die euozeanischen [euoz] Areale beschränkt, weiter ins Binnenland reichen die ozeanischen [oz] Arten. Bei beiden Gruppen können die Ostgrenzen durch das Gebiet laufen, auch in den Exklaven kontinentalen Klimas fehlen diese Arten. Viele weitverbreitete Arten erreichen erst im Innern der Kontinente ihre Ozeanitätsgrenzen und verhalten sich daher auch in unserem Gebiet nicht ausgesprochen ozeanisch. Bei den letzteren wurde in der Verbreitungsangabe der Ozeanitätsindex in Klammern gesetzt [(oz)], wie auch bei den Kontinentsangaben die Einklammerung der Angaben eine Einschränkung bedeutet. Die subozeanischen Arten [suboz] fehlen sowohl in den kontinentalen als auch in den extrem ozeanischen Gebieten. Deswegen können sie sich im ozeanischen Gebiet unserer Flora bereits wie östliche Elemente verhalten. Extrem kontinentale Wüsten- oder Steppenpflanzen [euk] fehlen in unserem Gebiet. Die kontinentalen [k] Arten sind auf Gebiete mit Festlandsklima beschränkt, sie kommen im Geltungsbereich der „Exkursionsflora" fast nur in den Trockengebieten vor und erreichen hier ihre Westgrenze. Die weit verbreitet kontinentalen Arten [(k)] dagegen reichen weiter in Gebiete mit Seeklima, fehlen aber doch im extrem ozeanischen Gebiet und erreichen die Arealwestgrenze meist in unserem Gebiet. Die subkontinentalen Pflanzen [subk, bei weiterer Verbreitung (subk)] weichen nicht nur im extrem ozeanischen, sondern auch im extrem kontinentalen Gebiet zurück und nähern sich damit den subozeanischen Arten. Eine objektive Grenze zwischen ozeanischen und kontinentalen Arealen gibt es nicht. In England werden Pflanzen als kontinental bezeichnet, die auf den Südosten des Landes beschränkt sind. Darunter sind mehrere mit Ostgrenzen in Polen, die daher von den polnischen Botanikern zu den ozeanischen Florenelementen gerechnet werden. Wegen ihrer Salztoleranz besiedeln manche kontinentalen Arten noch die Meeresküsten (k+lit), es gibt aber auch ozeanische Sippen, die in ihrer Verbreitung auf den Litoralbereich beschränkt sind (oz/lit).

Höhenstufen. Nach ihrer Höhenverbreitung kann eine Art als planar (in der Tiefebene verbreitet), kollin (in der Hügelstufe), montan (mo), subalpin (salp) oder alpin (alp) bezeichnet werden. Als montan wird in unserem Gebiet die Buchen-Fichten-Stufe, als subalpin die Krummholz-Stufe und als alpin die Matten-Stufe oberhalb des Krummholz-Gürtels bezeichnet. Bei der Angabe der Höhenstufenbindung wurde der Schwerpunkt der Höhenverbreitung genannt, bisweilen reicht die Höhenausdehnung des Areals über die genannte Höhenstufe hinaus. Ein Areal von der alpinen Stufe bis in die darunterliegenden Stufen eines Gebirges ist dealpin (dealp), von der montanen bis in die darunterliegenden Stufen ist demontan (demo). Ein um ein Gebirge mit einer alpinen Höhenstufe gelegenes Areal ist perialpin (perialp), wobei eine unterschiedliche Höhenausdehnung vorliegen kann. Gebirgsbenachbarte Areale werden als perimontan (perimo) bezeichnet. Eine Einklammerung der Höhenstufenbezeichnungen bedeutet, daß die Bindung an die betreffende Höhenstufe nur schwach ist.

Beschränkung auf Kontinente. Die Bindung der Pflanzenarten an die verschiedenen Kontinente, Teilkontinente oder Inseln: Europa (EUR), Asien (AS), Sibirien (SIB), Afrika (AFR), Amerika (AM), Grönland (GRÖNL), Australien (AUST) ist meist florengeschichtlich begründet. Europa umfaßt im pflanzengeographischen Sinn auch Nordwestafrika und die meernahen Gegenden Vorderasiens. Diese Gebiete werden deshalb nicht gesondert aufgeführt. Die pflanzengeographische Grenze zwischen dem westlichen und östlichen Eurasien verläuft vom Jenissei über die westliche Mongolei, den Tienschan und Westpamir zum Westhimalaja. Zu Westeurasien gehört Mittelasien (MAS), zu Osteurasien Zentralasien (ZAS: Tibet, Zentral- und Ostmongolei). Die Alpen (ALP) oder der Kaukasus (KAUK) wurden nur dann in der Arealdiagnose genannt, wenn das Areal wirklich auf diese Gebirge beschränkt ist.

Wenn das Verbreitungsgebiet einer Pflanzenart nach irgendeiner Richtung nicht oder wenig über unser Gebiet hinausreicht, spiegelt sich der Charakter des Gesamtareals gewöhnlich deutlich in der Lokalverbreitung wider: Kontinentale Arten bevorzugen Trockengebiete, südliche warme, sonnenexponierte Hänge im Kalkhügelland, vorwiegend boreal verbreitete Pflanzen kalte Moore, Schluchten und Gebirge.

Arealdiagnosen. Aus der Zonalitäts-, Ozeanitäts- und Höhenstufenbindung und aus der Beschränkung auf einzelne Kontinente ergibt sich die Arealdiagnose, z. B. für den Rippenfarn m/mo-b·ozEUR+OAS+WAM, d. h., der Rippenfarn besiedelt von den Gebirgen der meridionalen Zone bis in die Ebenen der borealen Zone Europas, Ostasiens und Westamerikas die Ozeanitätsstufen 1–2 (vgl. Abb. **49**). Die Zonen-, Ozeanitäts- und Höhenstufenangaben beziehen sich dabei auf alle angegebenen Kontinente beziehungsweise Teilkontinente. Disjunkte Arealteile wurden in den Arealdiagnosen durch + getrennt.

Diese Arealdiagnosen entsprechen in vereinfachter Form denen bei Meusel, Jäger, Weinert: Vergleichende Chorologie der zentraleuropäischen Flora, Jena 1965ff.; sie gestatten eine kurze, genaue und vergleichbare Charakterisierung aller Areale.

Vergesellschaftung der Pflanzen

In der Natur wachsen Pflanzen nicht einzeln, isoliert voneinander, sondern in Pflanzengemeinschaften (Pflanzengesellschaften). Allenfalls bei einer Neubesiedlung von bisher pflanzenleeren Standorten, bei Pionierstadien, tritt zeitweise ein Einzelwuchs auf. Sonst wachsen Pflanzenindividuen normalerweise in Pflanzengesellschaften und stehen sowohl untereinander als auch zu den Umweltfaktoren in engen Wechselbeziehungen. Pflanzengesellschaften bilden mit Tier- und Mikrobengemeinschaften, mit Klima- und Bodenfaktoren offene Systeme, die als Ökosysteme bezeichnet werden. Da die Pflanzengesellschaften als wesentliche Komponenten (Primärproduzenten) solcher struktureller und funktioneller Beziehungsgefüge die Umweltfaktoren in ihrer Wirkung auf die Pflanzen ausgezeichnet widerspiegeln, können sie als Indikatoren für Klima- und Bodenfaktorenkomplexe sowie für Standorts- und Umweltveränderungen dienen (Bioindikation).

In der Pflanzensoziologie hat sich eine hierarchische Gliederung der Pflanzengesellschaften als günstig erwiesen. Die Basis dieser Hierarchie bildet die Assoziation, die bestimmte kennzeichnende Arten (Kennarten, Charakterarten) oder eine bestimmte Artengruppenkombination aufweist. Floristisch ähnliche Assoziationen werden zu einem Verband (V), floristisch ähnliche Verbände zu einer Ordnung (O) und floristisch ähnliche Ordnungen zu einer Klasse (K) zusammengefaßt. Die Klassen sind die für praktische Arbeiten höchsten Einheiten des pflanzensoziologischen Systems, die kaum oder keine floristischen Gemeinsamkeiten mit anderen Klassen aufweisen.

Die genannten pflanzensoziologischen Einheiten (Rangstufen, Kategorien) können weiter untergliedert werden (Subassoziation, Assoziationsgruppe, Unterverband usw.); darauf wird in der folgenden Aufstellung verzichtet, wie auch Assoziationen nicht angeführt werden.

Die Hierarchie der pflanzensoziologischen Einheiten stellt zugleich eine ökologische Abstufung dar. Die genauesten ökologischen Interpretationen ermöglichen die Subassoziationen, etwas geringere die Assoziationen; eingeschränkt sind sie bereits beim Verband. Die Ordnungen und besonders die Klassen lassen nur recht allgemeine ökologische Aussagen zu.

Die Kennzeichnung der Einheiten erfolgt durch bestimmte Endungen, die an den Wortstamm des/der Gattungsnamen(s) angehängt werden. Als rangkennzeichnende Endungen sind festgelegt:

Assoziation:	-etum
Verband:	-ion (nach i im Wortstamm: -on)
Ordnung:	-etalia
Klasse:	-etea

Zum Beispiel Alnus glutinosa (Schwarz-Erle): Der Wortstamm des Gattungsnamens ist „Aln“, daher heißt der Verband Alnion glutinosae, die Ordnung Alnetalia glutinosae und die Klasse Alnetea glutinosae. Das Artepitheton glutinosa wird bei den Einheiten Verband, Ordnung und Klasse in den Genitiv gebracht.

Die pflanzensoziologische Nomenklatur ist nur insofern an die botanisch-taxonomische Nomenklatur gekoppelt, als die wissenschaftlichen Namen von Gattungen und Arten als Grundlage für die Benennung von Pflanzengesellschaften dienen; sonst ist sie jedoch unabhängig und hat ihre eigenen Regeln. Sie muß deshalb Namensänderungen aus taxonomischen oder sippennomenklatorischen Gründen (z. B. auf Grund von Gattungsaufspaltungen oder -zusammenlegungen oder wegen neuer Erkenntnisse über die Priorität eines Namens) keineswegs zwangsmäßig folgen. So heißen die Waldmeister-Buchenwälder nach wie vor „Asperulo-Fagion", obwohl der Waldmeister, früher Asperula odorata benannt, längst als Galium odoratum die zutreffende Gattungs-Einordnung erfuhr. Der Name „Caricetalia fuscae" beruht auf dem unkorrekten Namen Carex fusca, der durch Carex nigra zu ersetzen ist. Solche Unterschiede zwischen botanisch-taxonomischer und pflanzensoziologischer Nomenklatur sind daher verständlich und nicht als Fehler zu betrachten.

Die Anordnung bzw. Abfolge der Klassen wird im pflanzensoziologischen System unterschiedlich gehandhabt. Sie kann vorgenommen werden nach dem Prinzip der „soziologischen Progression" (nach Braun-Blanquet), einem Verfahren, das für den Nichtfachmann wenig durchsichtig und schwer nachvollziehbar ist. Wir ziehen es daher vor, Klassen, die gewisse ökologische Ähnlichkeiten aufweisen, jeweils zu einer Gruppe zusammenzufassen (Gruppen A bis L) und hoffen, so eine bessere Übersichtlichkeit zu erreichen:

A. Süßwasser-, Quellfluren- und Röhrichtgesellschaften
B. Ufer-, Sumpf- und Moorgesellschaften
C. Salzwasser-, Küstenspülsaum- und Salzbodengesellschaften
D. Fels- und Gesteinsschutt- (Pionier-) Gesellschaften
E. Dünen-, Trockenrasen-, Magerrasen- und Wiesen-Gesellschaften
F. Alpine Rasengesellschaften
G. Segetal- und Ruderalgesellschaften
H. Saumgesellschaften und Schlagfluren
I. Hochstaudenfluren und Weidengebüsche
K. Nadelwald-Gesellschaften
L. Laubwald-Gesellschaften und Gebüsche.

Übersicht der wichtigsten Pflanzengesellschaften

A. Süßwasser-, Quellfluren- und Röhrichtgesellschaften

1. K Lemnetea W. KOCH et TX. 1954 – Wasserschweber-Ges. **K Lemn.**
   - O Lemnetalia W. KOCH et TX. 1954 – Wasserlinsen-Ges. **O Lemn.**
     - V Lemnion minoris W. KOCH et TX. 1954 – Wasserlinsendecken **V Lemn. min.**
     - V Lemnion trisulcae DEN HARTOG et SEGAL 1964 em. TX. et SCHWABE 1972 – Untergetauchte Wasserlinsen-Ges. **V Lemn. tris.**
     - V Hydrocharition RÜBEL 1933 – Froschbiß-Krebsscheren-Ges. **V Hydroch.**
2. K Potametea TX. et PRSG. 1942 – Süßwasser-Ges. **K Potam.**
   - O Potametalia W. KOCH 1926 – Laichkraut-Ges. **O Potam.**
     - V Potamion W. KOCH 1926 – Untergetauchte Laichkraut-Ges. **V Potam.**
     - V Nymphaeion OBERD. 1957 – Schwimmblatt-Ges. **V Nymph.**
     - V Ranunculion fluitantis NEUHÄUSL 1959 – Fließwasser-Ges. **V Ranunc. fluit.**
3. K Utricularietea intermedio-minoris DEN HARTOG et SEGAL 1964 – Wasserschlauch-Moortümpel-Ges. **K Utric.**
   - O Utricularietalia intermedio-minoris PIETSCH 1965 – Wasserschlauch-Moortümpel-Ges. **O Utric.**
     - V Sphagno-Utricularion TH. MÜLLER et GÖRS 1960 – Torfmoos-Moortümpel-Ges. **V Sphagno-Utric.**
4. K Littorelletea BR.-BL. et TX. 1943 – Strandlings-Flachwasserrasen **K Litt.**
   - O Littorelletalia W. KOCH 1926 – Strandlings-Ges. **O Litt.**
     - V Deschampsion litoralis OBERD. et DIERSSEN 1975 – Strandschmielen-Uferrasen **V Desch. lit.**
     - V Littorellion W. KOCH 1926 – Strandlings-Ges. **V Litt.**
     - V Isoëtion lacustris NORDH. 1937 – Brachsenkrautrasen **V Isoët.**
     - V Eleocharition acicularis PIETSCH 1966 em. DIERSSEN 1975 – Nadelsimsen-Flachwasserrasen **V Eleoch. acic.**
5. K Montio-Cardaminetea BR.-BL. et TX. 1943 – Quellfluren **K Mont.-Card.**
   - O Montio-Cardaminetalia PAWLOWSKI 1928 – Quellfluren **O Mont. Card.**
     - V Cardamino-Montion BR.-BL. 1925 – Kalkarme Quellfluren **V Card.-Mont.**
     - V Cratoneurion W. KOCH 1928 – Kalk-Quellfluren **V Craton.**
6. K Phragmitetea TX. et PRSG. 1942 – Röhrichte und Großseggensümpfe **K Phragm.**
   - O Phragmitetalia W. KOCH 1926 – Röhrichte und Großseggensümpfe **O Phragm.**
     - V Phragmition W. KOCH 1926 – See- und Teichröhrichte **V Phragm.**
     - V Magnocaricion W. KOCH 1926 – Großseggenriede **V Magnocar.**
   - O Nasturtio-Glyceretalia PIGN. 1953 – Bachröhrichte **O Nast.-Glyc.**
     - V Glycerio (fluitantis)-Sparganion BR.-BL. et SISSINGH 1942 – Bachröhrichte **V Glyc.-Sparg.**

B. Ufer-, Sumpf- und Moorgesellschaften

7. K Isoëto-Nanojuncetea BR.-BL. et TX. 1943 – Zwergbinsen-Ges. **K Isoëto-Nanojunc.**
O Cyperetalia fusci PIETSCH (1961) 1963 – Wechselnasse Zwergpflanzenfluren **O Cyp. fusci**
V Nanocyperion W. KOCH 1926 – Zwergriedgras-Ges. **V Nanocyp.**
8. K Scheuchzerio-Caricetea fuscae NORDH. 1936 – Kleinseggensümpfe **K Scheuchz.-Car.**
O Scheuchzerietalia palustris NORDH. 1936 – Moorschlenken- und Schwingrasen-Ges. **O Scheuchz.**
V Rhynchosporion albae W. KOCH 1926 – Moorschlenken-Ges. **V Rhynch. alb.**
V Caricion lasiocarpae VANDEN BERGH. 1949 – Zwischenmoor-Seggenrasen **V Car. lasioc.**
O Caricetalia fuscae W. KOCH 1926 em. NORDH. 1936 – Braunseggensümpfe **O Car. fusc.**
V Caricion fuscae W. KOCH 1926 em. KLIKA 1934 – Braunseggensümpfe **V Car. fusc.**
O Tofieldietalia PREISING apud OBERD. 1949 – Kalksümpfe und Kalk-Rieselfluren **O Tofield.**
V Caricion davallianae KLIKA 1934 – Kalkflachmoor-Ges. **V Car. davall.**
V Caricion bicolori-atrofuscae NORDH. 1937 – Alpine Rieselfluren **V Car. bic.-atrof.**
9. K Oxycocco-Sphagnetea BR.-BL. et TX. 1943 – Feuchtheiden und Hochmoor-Ges. **K Oxyc.-Sphagn.**
O Sphagno-Ericetalia BR.-BL. 1948 em. MOORE 1968 – Heidemoore **O Sphagn.-Eric.**
V Ericion tetralicis SCHWICK. 1933 – Feuchtheiden **V Eric. tetr.**
O Sphagnetalia magellanici PAWLOWSKI 1928 em. MOORE 1968 – Hochmoor-Torfmoos-Ges. **O Sphagn. magell.**
V Sphagnion magellanici FLÖSSNER et UHLIG 1933 – Hochmoor-Bult-Ges. **V Sphagn. magell.**

C. Salzwasser-, Küstenspülsaum- und Salzbodengesellschaften

10. K Zosteretea marinae PIGN. 1953 – Seegraswiesen **K Zost.**
O Zosteretalia marinae BEGUINOT 1941 em. TX. et OBERD. 1958 – Seegraswiesen **O Zost.**
V Zosterion marinae W. CHRISTIANSEN 1934 – Seegraswiesen **V Zost.**
11. K Ruppietea J. TX. 1960 – Meersalden-Ges. **K Rupp.**
O Ruppietalia maritimae J. TX. 1960 – Meersalden-Ges. **O Rupp.**
V Ruppion maritimae BR.-BL. 1931 – Meersalden-Ges. **V Rupp.**
12. K Spartinetea TX. 1961 – Salzschlickgras-Ges. **K Spart.**
O Spartinetalia CONARD 1935 – Salzschlickgras-Ges. **O Spart.**
V Spartinion CONARD 1935 – Salzschlickgras-Ges. **V Spart.**
13. K Thero-Salicornietea BR.-BL. et TX. 1943 em. TX. 1955 – Quellerfluren **K Th.-Salicorn.**
O Thero-Salicornietalia BR.-BL. 1930 em. TX. 1955 – Quellerfluren **O Th.-Salicorn.**
V Salicornion strictae BR.-BL. 1933 em. TX. 1955 – Queller-Watt-Ges. **V Salicorn.**
V Suaedion BR.-BL. 1931 – Strandsode-Ges. **V Suaed.**

14. K Bolboschoenetea TX. et HULB. 1971 – Brackwasser-Röhrichte **K Bolb.**
O Bolboschoenetalia HEJNY 1962 – Brackwasser-Röhrichte **O Bolb.**
V Bolboschoenion (Scirpion) maritimi DAHL et HADAČ 1941 **V Bolb.**
15. K Cakiletea maritimae TX. et PRSG. 1950 – Meersenf-Spülsaum-Ges. **K Cak.**
O Cakiletalia maritimae TX. apud OBERD. 1949 – Meersenf-Spülsaum-Ges. **O Cak.**
V Salsolo-Honckenyion peploidis TX. 1950 – Salzkraut-Spülsaum-Ges. **V Sals.-Honck.**
V Atriplicion littoralis (NORDH. 1940) TX. 1950 – Strandmelden-Spülsaum-Ges. **V Atr. litt.**
16. K Asteretea tripolii WESTH. et BEEFT. 1962 – Salzmarschen und Salzwiesen **K Aster. trip.**
O Glauco-Puccinellietalia WESTH. et BEEFT. 1962 – Salzmarschen **O Glauco-Pucc.**
V Puccinellion maritimae W. CHRISTIANSEN 1927 em. TX. 1937 – Andel-Salzrasen **V Pucc. mar.**
V Armerion maritimae BR.-BL. et DE LEEUW 1936 – Salzwiesen **V Armer. marit.**
V Puccinellio (distantis)-Spergularion salinae BEEFT. 1965 – Salzschwaden-Salzsparkrasen **V Pucc.-Sperg.**
17. K Saginetea maritimae TX. et WESTH. 1963 – Strandmastkraut-Ges. **K Sagin. mar.**
O Saginetalia maritimae TX. et WESTH. 1963 – Strandmastkraut-Ges. **O Sagin. mar.**
V Saginion maritimae TX. et WESTH. 1963 – Strandmastkraut-Ges. **V Sagin. mar.**

D. Fels- und Gesteinsschutt-(Pionier-)Gesellschaften

18. K Asplenietea trichomanis (BR.-BL. 1934) OBERD. 1977 – Felsspalten- und Mauerfugen-Ges. **K Aspl. trich.**
O Potentilletalia caulescentis BR.-BL. 1926 – Kalkfelsspalten- und Mauerfugen-Ges. **O Potent. caul.**
V Potentillion caulescentis BR.-BL. 1926 – Kalkfelsspalten- und Mauerfugen-Ges. **V Potent. caul.**
V Cystopteridion J. L. RICH. 1972 – Ges. feuchter Kalksteinfugen **V Cystopt.**
O Androsacetalia vandellii BR.-BL. 1926 – Silikatfelsspalten-Ges. **O Andros. vand.**
V Androsacion vandellii BR.-BL. 1926 – Besonnte Silikatfelsspalten-Ges. **V Andros. vand.**
V Asplenion serpentini BR.-BL. et TX. 1943 – Serpentinfarn-Felsspalten-Ges. **V Aspl. serp.**
19. K Parietarietea judaicae RIV.-MART. 1955 em. OBERD. 1969 – Glaskraut-Mauer-Ges. **K Pariet.**
O Parietarietalia judaicae RIV.-MART. 1960 – Nitrophile Mauerfugen-Ges. **O Pariet.**
V Centrantho-Parietarion (judaicae) RIV.-MART. 1960 – Nitrophile Mauerfugen-Ges. **V Cent.-Pariet.**
20. K Violetea calaminariae BR.-BL. et TX. 1943 – Schwermetallpflanzen-Ges. **K Viol. calamin.**
O Violetalia calaminariae BR.-BL. et TX. 1943 – Schwermetallpflanzen-Ges. **O Viol. calamin.**
V Thlaspion calaminariae ERNST 1965 – Galmeipflanzen-Ges. **V Thlasp. calamin.**
V Armerion halleri ERNST 1965 – Kupferböden-Ges. **V Armer. hall.**

21. K Thlaspietea rotundifolii BR.-BL. 1947 – Steinschutt- und Geröll-Ges. **K Thlasp. rot.**
O Androsacetalia alpinae BR.-BL. 1926 – Alpine und subalpine Silikatschutt-Ges. **O Androsac. alp.**
V Androsacion alpinae BR.-BL. 1926 – Alpine und subalpine Silikatschutt-Ges. **V Androsac. alp.**
O Drabetalia hoppeanae ZOLLITSCH 1966 – Alpine Schieferschutt-Ges. **O Drab. hopp.**
V Drabion hoppeanae ZOLLITSCH 1966 – Alpine Schieferschutt-Ges. **V Drab. hopp.**
O Thlaspietalia rotundifolii BR.-BL. 1926 – Kalkschutt-Ges. **O Thlasp. rot.**
V Thlaspion rotundifolii BR.-BL. 1926 – Alpine Kalkschutt-Ges. **V Thlasp. rot.**
V Petasition paradoxi ZOLLITSCH 1966 – Feinschutt-Ges. **V Petasit. parad.**
O Epilobietalia fleischeri MOOR 1958 – Alpine Flußalluvionen-Ges. **O Epil. fleisch.**
V Epilobion fleischeri BR.-BL. 1931 – Alpine Flußalluvionen-Ges. **V Epil. fleisch.**
O Stipetalia calamagrostis OBERD. et SEIBERT 1977 – Rauhgras-Kalkschutt-Ges. **O Stip. calam.**
V Stipion calamagrostis JENNY-LIPS 1930 – Rauhgras-Kalkschutthalden-Ges. **V Stip. calam.**
O Galeopsietalia segetum OBERD. et SEIBERT 1977 – Submontane Silikatschutt-Ges. **O Galeops. seget.**
V Galeopsion segetum OBERD. 1957 – Submontane Silikatschutt-Ges. **V Galeops. seget.**

E. Dünen-, Trockenrasen-, Magerrasen- und Wiesen-Gesellschaften

22. K Honckenyo-Elymetea TX. 1966 – Salzmieren-Strandroggen-Ges. **K Honck.-Elym.**
O Honckenyo-Elymetalia TX. 1966 – Salzmieren-Strandroggen-Ges. **O Honck.-Elym.**
V Honckenyo-Elymion TX. 1966 em. GÉHU et TX. 1975 – Salzmieren-Strandroggen-Ges. **V Honck.-Elym.**
V Honckenyo-Crambion J. M. et J. GÉHU 1969 – Salzmieren-Meerkohl-Ges. **V Honck.-Cramb.**

23. K Ammophiletea BR.-BL. et TX. 1943 – Vordünen- und Weißdünen-Ges. **K Ammoph.**
O Ammophiletalia BR.-BL. 1933 – Vordünen- und Weißdünen-Ges. **O Ammoph.**
V Agropyrion junciformis GÉHU 1975 – Vordünen-Ges. **V Agrop. junc.**
V Ammophilion arenariae (BR.-BL. 1933) TX. 1955 – Weißdünen-Ges. **V Ammoph.**

24. K Koelerio-Corynephoretea KLIKA et NOVAK 1941 – Saure Pionier-Sandtrockenrasen **K Koel.-Coryneph.**
O Corynephoretalia canescentis KLIKA 1934 – Pionier-Sandtrockenrasen **O Coryneph.**
V Corynephorion canescentis KLIKA 1931 – Pionier-Sandtrockenrasen **V Coryneph.**
V Koelerion albescentis TX. 1937 – Küsten-Pionier-Sandtrockenrasen **V Koel. albesc.**
V Sileno conicae-Cerastion semidecandri KORN. 1974 – Pionier-Sandtrockenrasen **V Sileno-Cerast.**

25. K Sedo-Scleranthetea BR.-BL. 1955 – Felsfluren, Silikat- und gefestigte Sandtrockenrasen **K Sedo-Scler.**
O Festuco-Sedetalia TX. 1950 em. KRAUSCH 1961 – Sandtrockenrasen **O Fest.-Sedet.**
V Thero-Airion TX. 1951 – Pionier-Sandtrockenfluren **V Thero-Air.**
V Koelerion glaucae (VOLK 1931) KLIKA 1935 – Kontinentale Kalk-Sandtrockenrasen **V Koel. glauc.**
V Armerion elongatae KRAUSCH (1959) 1962 – Grasnelken-Sandtrockenrasen **V Armer. elong.**
O Sedo-Scleranthetalia BR.-BL. 1955 – Silikat-Felsgrus- und Felsband-Ges. **O Sedo-Scler.**
V Sedo-Scleranthion BR.-BL. 1955 – Alpin-subalpine Felsgrus-Ges. **V Sedo-Scler.**
O Alysso-Sedetalia MORAVEC 1967 – Felsgrus- und Felsband-Ges. basenreicher Gesteine **O Alysso-Sed.**
V Alysso-Sedion albi OBERD. et TH. MÜLLER 1961 – Kalk-Felsgrus-Ges. **V Alysso-Sed.**
V Seslerio-Festucion pallescentis KLIKA 1931 em. KORN. 1974 – Subkontinentale Felsband-Ges. **V Sesl.-Fest.**

26. K Festuco-Brometea BR.-BL. et TX. 1943 – Basiphile Trocken- und Halbtrockenrasen-Ges. **K Fest.-Brom.**
O Festucetalia valesiacae BR.-BL. et TX. 1943 – Kontinentale Trocken- und Halbtrockenrasen **O Fest. val.**
V Festucion valesiacae KLIKA 1931 – Kontinentale Trockenrasen **V Fest. val.**
V Cirsio-Brachypodion pinnati HADAČ et KLIKA 1944 – Kontinentale Halbtrockenrasen **V Cirs.-Brach.**
O Brometalia erecti BR.-BL. 1936 – Submediterrane Kalktrocken- und Halbtrockenrasen **O Brom. erect.**
V Koelerio-Phleion phleoidis KORN. 1974 – Nordmitteleuropäische Halbtrockenrasen **V Koel.-Phleion**
V Xerobromion BR.-BL. et MOOR 1938 em. MORAVEC 1967 – Submediterrane Kalk-Trockenrasen **V Xerobrom.**
V Mesobromion BR.-BL. et MOOR 1938 em. OBERD. 1957 – Submediterrane Kalk-Halbtrockenrasen **V Mesobrom.**

27. K Molinio-Arrhenatheretea TX. 1937 – Europäische Grünland-Ges. **K Mol.-Arrh.**
O Arrhenatheretalia PAWLOWSKI 1928 – Nährstoffreiche Fettwiesen und -weiden **O Arrh.**
V Cynosurion cristati TX. 1947 – Fettweiden **V Cynos.**
V Arrhenatherion elatioris (BR.-BL. 1925) W. KOCH 1926 – Tal-Fettwiesen **V Arrh.**
V Polygono-Trisetion BR.-BL. et TX. 1947 – Gebirgs-Fettwiesen **V Triset.**
V Poion alpinae (GAMS 1936) OBERD. 1950 – Alpine Milchkraut-Fettweiden **V Poion alp.**
O Molinietalia W. KOCH 1926 – Feuchtwiesen **O Mol.**
V Juncion acutiflori BR.-BL. 1947 – Waldbinsen-Ges. **V Junc. acutifl.**
V Calthion TX. 1937 – Eutrophe Feuchtwiesen **V Calth.**
V Filipendulion ulmariae (DUVIGN. 1946) SEGAL 1966 – Nasse Staudenfluren **V Filip.**
V Molinion caeruleae W. KOCH 1926 – Wechselfeuchte Pfeifengraswiesen **V Mol.**
V Cnidion dubii BALAT.-TUL. 1966 – Subkontinentale Brenndoldenwiesen **V Cnid.**

28. K Nardo-Callunetea PRSG. 1949 – Magerrasen und Zwergstrauchheiden **K Nard.-Call.**
O Nardetalia OBERD. 1949 em. PRSG. 1949 – Magerrasen **O Nard.**
V Nardion BR.-BL. 1926 – Alpin-subalpine Magerrasen **V Nard.**
V Violion caninae SCHWICK. 1944 – Tieflagen-Borstgrasrasen **V Viol. can.**
V Juncion squarrosi OBERD. 1957 em. 1978 – Binsen-Borstgrasrasen **V Junc. squarr.**
O Calluno-Ulicetalia (QUANTIN 1935) TX. 1937 – Atlantische Zwergstrauchheiden **O Call.-Ulic.**
V Empetrion nigri BÖCHER 1943 – Krähenbeerheiden **V Empetr.**
V Genisto-Callunion DUVIGN. 1949 – Ginster-Sandheiden **V Genisto-Call.**
V Sarothamnion TX. apud PRSG. 1949 – Besenginsterheiden **V Saroth.**

F. Alpine Rasengesellschaften

29. K Elyno-Seslerietea BR.-BL. 1948 – Alpine Kalksteinrasen **K Elyn.-Sesl.**
O Seslerietalia variae BR.-BL. 1926 – Alpine Blaugrasrasen **O Sesl.**
V Caricion ferrugineae BR.-BL. 1931 – Alpine Rostseggenrasen **V Car. ferr.**
V Seslerion variae BR.-BL. 1926 – Alpine Blaugrasrasen **V Sesl.**
O Elynetalia OBERD. 1957 – Alpine Nacktriedrasen **O Elyn.**
V Elynion GAMS 1936 Alpine Nacktriedrasen **V Elyn.**
30. K Salicetea herbaceae BR.-BL. 1947 – Schneeboden-Ges. **K Salic. herb.**
O Arabidetalia caeruleae BR.-BL. 1926 – Kalk-Schneeboden-Ges. **O Arab. caer.**
V Arabidion caeruleae BR.-BL. 1926 – Kalk-Schneeboden-Ges. **V Arab. caer.**
O Salicetalia herbaceae BR.-BL. 1926 – Silikat-Schneeboden-Ges. **O Salic. herb.**
V Salicion herbaceae BR.-BL. (1924) 1926 – Silikat-Schneeboden-Ges. **V Salic. herb.**
31. K Juncetea trifidi HADAČ 1944 – Arktisch-alpine Silikatgesteinsrasen **K Junc. trif.**
O Caricetalia curvulae BR.-BL. 1926 – Arktisch-alpine Silikatgesteinsrasen **O Car. curv.**
V Caricion curvulae BR.-BL. 1925 – Arktisch-alpine Silikatgesteinsrasen **V Car. curv.**

G. Segetal- und Ruderalgesellschaften

32. K Secalietea BR.-BL. 1951 – Halmfrucht-Ges. **K Secal.**
O Aperetalia (TX. 1950) J. et R. TX. 1960 – Azidiphile Halmfrucht-Ges. **O Aper.**
V Arnoseridion MAL.-BEL., J. et R. TX. 1960 – Oligotrophe Lammkraut-Ges. **V Arnos.**
V Aphanion J. et R. TX. 1960 – Mesotrophe Ackerfrauenmantel-Ges. **V Aphan.**
O Secalietalia BR.-BL. 1931 em. 1936 – Basiphile Halmfrucht-Ges. **O Secal.**
V Caucalidion lappulae TX. 1950 – Kalkäcker-Ges. **V Caucal.**
V Lolio remoti-Linion TX. 1950 – Leinäcker-Ges. **V Lolio-Lin.**
33. K Chenopodietea BR.-BL. 1931 – Hackfruchtäcker- und Ruderal-Ges. **K Chen.**
O Polygono-Chenopodietalia J. TX. 1961 – Intensiv-Hackfrucht- und Garten-Ges. **O Polyg.-Chen.**
V Panico-Setarion SISSINGH 1950 – Oligotrophe Hackfrucht-Ges. **V Pan.-Set.**

V Spergulo-Oxalidion GÖRS apud OBERD. 1967 – Mesotrophe Hackfrucht- und Garten-Ges. **V Sperg.-Oxal.**
V Fumario-Euphorbion TH. MÜLLER ex GÖRS 1966 – Basiphile Intensiv-Hackfrucht- und Garten-Ges. **V Fum.-Euph.**
O Eragrostietalia J. TX. 1961 – Wärmeliebende Liebesgras-Ges. **O Eragrost.**
V Eragrostion TX. apud SLAVN. 1944 – Liebesgras-Ges. **V Eragrost.**
O Sisymbrietalia TX. 1962 – Kurzlebige Ruderal-Ges. **O Sisymbr.**
V Sisymbrion TX., LOHM. et PRSG. 1950 – Kurzlebige Ruderal-Ges. **V Sisymbr.**
34. K Bidentetea tripartitae TX., LOHM. et PRSG. 1950 – Zweizahn-Ufer-Ges. **K Bid.**
O Bidentetalia tripartitae BR.-BL. et TX. 1943 – Schlammufer-Ges. **O Bid.**
V Bidention tripartitae NORDH. 1940 em. TX. 1960 – Schlammufer-Ges. **V Bid.**
V Chenopodion rubri TX. 1960 – Fluß-Meldefluren **V Chen. rub.**
35. K Artemisieta LOHM., PRSG. et TX. 1950 – Ausdauernde Ruderal-Ges. **K Artem.**
O Convolvuletalia TX. 1950 em. OBERD. 1967 – Schleier-Ges. **O Convolv.**
V Convolvulion TX. (1947) 1950 – Schleier- und Flußspülsaum-Ges. **V Convolv.**
V Alliarion OBERD. (1957) 1962 – Wald-Ruderal-Ges. **V Alliar.**
O Artemisietalia LOHM. apud TX. 1947 – Beifuß- und Klettenfluren **O Artem.**
V Arction lappae TX. 1937 em. SISSINGH 1946 – Kletten-Ges. **V Arct.**
V Rumicion alpini KLIKA et HADAČ 1944 – Alpine Lägerfluren **V Rum. alp.**
O Onopordetalia BR.-BL. et TX. 1943 – Ruderale Schutt- und Wegrandfluren **O Onop.**
V Onopordion acanthii BR.-BL. 1926 – Eselsdistel-Ges. **V Onop.**
V Dauco-Melilotion GÖRS 1966 – Steinkleefluren **V Dauco-Mel.**
O Agropyretalia repentis OBERD., TH. MÜLLER et GÖRS in OBERD. et al. 1967 – Quecken-Pionierfluren **O Agrop.**
V Convolvulo-Agropyrion repentis GÖRS 1966 – Quecken-Halbtrockenrasen **V Conv.-Agrop.**
V Artemisio absinthii-Agropyrion intermedii TH. MÜLLER et GÖRS 1966 – Wermut-Quecken-Ges. **V Art.-Agrop.**
36. K Plantaginetea majoris TX. et PRSG. 1950 – Tritt- und Flutrasen **K Plant.**
O Plantaginetalia majoris TX. (1947) 1950 – Trittpflanzen-Ges. **O Plant.**
V Polygonion avicularis BR.-BL. 1931 – Vogelknöterich-Trittrasen **V Polyg. avic.**
O Agrostietalia stoloniferae OBERD. 1967 – Straußgras-Flutrasen **O Agrost. stol.**
V Agropyro-Rumicion NORDH. 1940 – Flutrasen **V Agrop.-Rum.**

H. Saumgesellschaften und Schlagfluren

37. K Trifolio-Geranietea TH. MÜLLER 1961 – Saum-Ges. **K Trif.-Ger.**
O Origanetalia TH. MÜLLER 1961 – Saum-Ges. **O Orig.**
V Geranion sanguinei TX. 1960 – Xerophile Saum-Ges. **V Ger. sang.**
V Trifolion medii TH. MÜLLER 1961 – Mesophile Saum-Ges. **V Trif. med.**
38. K Epilobietea angustifolii TX. et PRSG. 1950 – Schlagfluren und Vorwald-Ges. **K Epil. ang.**
O Atropetalia VLIEGER 1937 – Schlagfluren **O Atrop.**
V Epilobion angustifolii (RÜBEL 1933) SOO 1933 – Weidenröschen-Schlagfluren **V Epil. ang.**
V Atropion BR.-BL. 1930 em. OBERD. 1957 – Tollkirschen-Schlagfluren **V Atrop.**
V Sambuco-Salicion capreae TX. 1950 – Vorwald-Gehölze **V Samb.-Salic.**

I. Hochstaudenfluren und Weidengebüsche

39. K Betulo-Adenostyletea BR.-BL. et TX. 1943 – Hochmontan-subalpine Hochstaudenfluren und Gebüsche **K Bet.-Adenost.**
O Adenostyletalia BR.-BL. 1931 – Hochstaudenfluren **O Adenost.**
V Adenostylion alliariae BR.-BL. 1925 – Hochstaudenfluren **V Adenost.**
40. K Salicetea purpureae MOOR 1958 – Weidengebüsche und Weidenwälder **K Salic. purp.**
O Salicetalia purpureae MOOR 1958 – Weidengebüsche und Weidenwälder **O Salic. purp.**
V Salicion eleagni AICH. 1933 – Gebirgs-Weidengebüsche **V Salic. eleag.**
V Salicion albae SOO 1930 em. MOOR 1958 – Tiefland-Weidengebüsche und -wälder **V Salic. alb.**

K. Nadelwald-Gesellschaften

41. K Erico-Pinetea HORVAT 1959 – Schneeheide-Kiefernwälder **K Eric.-Pin.**
O Erico-Pinetalia HORVAT 1959 – Schneeheide-Kiefernwälder **O Eric.-Pin.**
V Erico-Pinion BR.-BL. 1939 – Schneeheide-Kiefernwälder **V Eric.-Pin.**
42. K Vaccinio-Piceetea BR.-BL. 1939 – Eurosibirische Nadelwälder, Birkenbrüche und subalpine Zwergstrauchgebüsche **K Vacc.-Pic.**
O Vaccinio-Piceetalia BR.-BL. 1939 – Eurosibirische Nadelwälder, Birkenbrüche und subalpine Zwergstrauchgebüsche **O Vacc.-Pic.**
V Rhododendro ferruginei-Vaccinion BR.-BL. 1926 – Alpin-subalpine Zwergstrauchheiden **V Rhod.-Vacc.**
V Vaccinio-Piceion BR.-BL. 1938 – Sauerhumus-Fichtenwälder **V Vacc.-Pic.**
V Dicrano-Pinion MATUSZK. 1962 – Nordische Kiefernwälder **V Dicr.-Pin.**
V Ledo-Pinion TX. 1955 – Kiefern-Bruch- und Hochmoor-Wälder **V Ledo-Pin.**
V Betulion pubescentis LOHM. et TX. 1955 – Subatlantische Birkenbrüche **V Bet. pub.**
43. K Pulsatillo-Pinetea OBERD. 1967 – Kiefern-Trockenwälder **K Puls.-Pin.**
O Pulsatillo-Pinetalia OBERD. in TH. MÜLLER 1966 – Kiefern-Trockenwälder **O Puls.-Pin.**
V Cytiso ruthenici-Pinion KRAUSCH 1962 – Kiefern-Trockenwälder **V Cytis.-Pin.**

L. Laubwald-Gesellschaften und Gebüsche

44. K Alnetea glutinosae BR.-BL. et TX. 1943 – Bruchwälder und -gebüsche **K Aln.**
O Salicetalia auritae DOING 1962 em. WESTH. 1968 – Flachmoor-Gebüsche **O Salic. aur.**
V Frangulo-Salicion cinereae TH. MÜLLER et GÖRS 1958 – Flachmoor-Gebüsche **V Frang.-Salic.**
O Alnetalia glutinosae TX. 1937 – Erlenbrüche **O Aln.**
45. K Quercetea robori-petraeae BR.-BL. et TX. 1943 – Eichen-Birkenwälder **K Querc. rob.-petr.**
O Quercetalia robori-petraeae TX. 1941 – Eichen-Birkenwälder **O Querc. rob.-petr.**
V Quercion robori-petraeae (MALCUIT 1929) BR.-BL. 1932 – Eichen-Birkenwälder **V Querc. rob.-petr.**
46. K Querco-Fagetea BR.-BL. et VLIEGER 1937 – Europäische Fallaubwälder und -gebüsche **K Querc.-Fag.**

O Prunetalia TX. 1952 – Hecken und Gebüsche **O Prun.**

V Salicion arenariae TX. 1952 – Dünenweidengebüsche **V Salic. aren.**

V Rubo-Prunion spinosae (DOING 1962) TH. MÜLLER 1967 – Schlehengebüsche **V Rubo-Prun.**

V Prunion fruticosae TX. 1952 – Steppenkirschen-Trockengebüsche **V Prun. frut.**

V Berberidion BR.-BL. 1950 – Wärmeliebende Gebüsche **V Berb.**

O Quercetalia pubescentis BR.-BL. 1931 – Wärmeliebende Eichenmischwälder **O Querc. pub.**

V Quercion pubescenti-petraeae BR.-BL. 1931 – Wärmeliebende Eichenmischwälder **V Querc. pub.**

V Potentillo albae-Quercion petraeae JAKUCS 1969 – Subkontinentale Eichen-Trockenwälder **V Pot.-Querc.**

O Fagetalia sylvaticae PAWLOWSKI 1928 – Buchen- und Edellaubmischwälder **O Fag.**

V Luzulo-Fagion LOHM. et TX. 1954 – Bodensaure Hainsimsen-Buchenwälder **V Luz.-Fag.**

V Asperulo-Fagion KNAPP 1942 em. TX. 1955 – Waldmeister-Buchenwälder **V Asper.-Fag.**

V Cephalanthero-Fagion TX. 1955 – Wärmeliebende Orchideen-Buchenwälder **V Cephal.-Fag.**

V Galio rotundifolii-Abietion OBERD. 1962 – Buchen-Tannenwälder **V Gal.-Abiet.**

V Carpinion betuli (ISSLER 1931) OBERD. 1953 – Eichen-Hainbuchenwälder **V Carp.**

V Tilio-Acerion KLIKA 1955 – Edellaubholz-Mischwälder **V Til.-Acer.**

V Alno-Ulmion BR.-BL. et TX. 1943 – Hartholz-Auenwälder **V Alno-Ulm.**

Register der Abkürzungen der Pflanzengesellschaften

Angegeben sind nach der Abkürzung der wissenschaftliche Name der Pflanzengesellschaft und die Nummer der Klasse (K), unter der diese in der Übersicht S. 53ff. zu finden ist.

Adenost.	–	O Adenostyletalia 39. K
		V Adenostylion alliariae 39. K
Agrop.	–	O Agropyretalia repentis 35. K
Agrop. junc.	–	V Agropyrion junceiformis 23. K
Agrop.-Rum.	–	V Agropyro-Rumicion 36. K
Agrost. stol.	–	O Agrostietalia stoloniferae 36. K
Alliar.	–	V Alliarion 35. K
Aln.	–	K Alnetea glutinosae 44. K
		O Alnetalia glutinosae 44. K
		V Alnion glutinosae 44. K
Alno-Ulm.	–	V Alno-Ulmion 46. K
Alysso-Sed.	–	O Alysso-Sedetalia 25. K
		V Alysso-Sedion 25. K
Ammoph.	–	K Ammophiletea 23. K
		O Ammophiletalia 23. K
		V Ammophilion arenariae 23. K
Andros. alp.	–	O Androsacetalia alpinae 21. K
		V Androsacion alpinae 21. K
Andros. vand.	–	O Androsacetalia vandellii 18. K
		V Androsacion vandellii 18. K
Aper.	–	O Aperetalia 32. K
Aphan.	–	V Aphanion 32. K
Arab. caer.	–	O Arabidetalia caeruleae 30. K
		V Arabidion caeruleae 30. K
Arct.	–	V Arction lappae 35. K
Armer. elong.	–	V Armerion elongatae 25. K
Armer. hall.	–	V Armerion halleri 20. K
Armer. marit.	–	V Armerion maritimae 16. K
Arnos.	–	V Arnoseridion 32. K
Arrh.	–	O Arrhenatheretalia 27. K
		V Arrhenatherion elatioris 27. K
Art.-Agrop.	–	V Artemisio absinthii-Agropyrion intermedii 35. K
Artem.	–	K Artemisietea 35. K
		O Artemisietalia 35. K
Asper.-Fag.	–	V Asperulo-Fagion 26. K
Aspl. serp.	–	V Asplenion serpentini 18. K
Aspl. trich.	–	K Asplenietea trichomanis 18. K
Aster. trip.	–	K Asteretea tripolii 16. K
Atr. litt.	–	V Atriplicion littoralis 15. K
Atrop.	–	O Atropetalia 38. K
		V Atropion 38. K
Berb.	–	V Berberidion 46. K
Bet.-Adenost.	–	K Betulo-Adenostyletea 39. K
Bet. pub.	–	V Betulion pubescentis 42. K
Bid.	–	K Bidentetea tripartitae 34. K
		O Bidentetalia tripartitae 34. K
		V Bidention tripartitae 34. K

Bolb.	–	K Bolboschoenetea 14. K
		O Bolboschoenetalia 14. K
		V Bolboschoenion maritimi 14. K
Brom. erect.	–	O Brometalia erecti 26. K
Cak.	–	K Cakiletea maritimae 15. K
		O Cakiletalia maritimae 15. K
Call.-Ulic.	–	O Calluno-Ulicetalia 28. K
Calth.	–	V Calthion 27. K
Car. bic.-atrof.	–	V Caricion bicolori-atrofuscae 8. K
Car. curv.	–	O Caricetalia curvulae 31. K
		V Caricion curvulae 31. K
Car. davall.	–	V Caricion davallianae 8. K
Car. ferr.	–	V Caricion ferrugineae 29. K
Car. fusc.	–	O Caricetalia fuscae 8. K
		V Caricion fuscae 8. K
Car. lasioc.	–	V Caricion lasiocarpae 8. K
Card.-Mont.	–	V Cardamino-Montion 5. K
Carp.	–	V Carpinion betuli 46. K
Caucal.	–	V Caucalidion lappulae 32. K
Cent.-Pariet.	–	V Centrantho-Parietarion 19. K
Cephal.-Fag.	–	V Cephalanthero-Fagion 46. K
Chen.	–	K Chenopodietea 33. K
Chen. rub.	–	V Chenopodion rubri 34. K
Cirs.-Brach.	–	V Cirsio-Brachypodion 26. K
Cnid.	–	V Cnidion dubii 27. K
Convolv.	–	O Convolvuletalia 35. K
		V Convolvulion 35. K
Conv.-Agrop.	–	V Convolvulo-Agropyrion repentis 35. K
Coryneph.	–	O Corynephoretalia canescentis 24. K
		V Corynephorion canescentis 24. K
Craton.	–	V Cratoneurion 5. K
Cynos.	–	V Cynosurion cristati 27. K.
Cyp. fusc.	–	O Cyperetalia fusci 7. K
Cystopt.	–	V Cystopteridion 18. K
Cytis.-Pin.	–	V Cytiso ruthenici-Pinion 43. K
Dauco-Mel.	–	V Dauco-Melilotion 35. K
Desch. lit.	–	V Deschampsion litoralis 4. K
Dicr.-Pin.	–	V Dicrano-Pinion 42. K
Drab. hopp.	–	O Drabetalia hoppeanae 21. K
		V Drabion hoppeanae 21. K
Eleoch. acic.	–	V Eleocharition acicularis 4. K
Elyn.	–	O Elynetalia 29. K
		V Elynion 29. K
Elyn.-Sesl.	–	K Elyno-Seslerietea 29. K
Empetr.	–	V Empetrion nigri 28. K
Epil. ang.	–	K Epilobietea angustifolii 38. K
		V Epilobion angustifolii 38. K
Epil. fleisch.	–	O Epilobietalia fleischeri 21. K
		V Epilobion fleischeri 21. K
Eragrost.	–	O Eragrostietalia 33. K
		V Eragrostion 33. K
Eric.-Pin.	–	K Erico-Pinetea 41. K
		O Erico-Pinetalia 41. K
		V Erico-Pinion 41. K
Eric. tetr.	–	V Ericion tetralicis 9. K
Fag.	–	O Fagetalia sylvaticae 46. K
Fest.-Brom.	–	K Festuco-Brometea 26. K
Fest.-Sedet.	–	O Festuco-Sedetalia 25. K
Fest. val.	–	O Festucetalia valesiacae 26. K
		V Festucion valesiacae 26. K
Filip.	–	V Filipendulion ulmariae 27. K
Frang.-Salic.	–	V Frangulo-Salicion cinereae 44. K
Fum.-Euph.	–	V Fumario-Euphorbion 33. K
Gal.-Abiet.	–	V Galio rotundifolii-Abietion 46. K

Galeops. seget.	–	O Galeopsietalia segetum 21. K
		V Galeopsion segetum 21. K
Genisto-Call.	–	V Genisto-Callunion 28. K
Ger. sang.	–	V Geranion sanguinei 37. K
Glauco-Pucc.	–	O Glauco-Puccinellietalia 16. K
Glyc.-Sparg.	–	V Glycerio-Sparganion 6. K
Honck.-Cramb.	–	V Honckenyo-Crambion 22. K
Honck.-Elym.	–	K Honckenyo-Elymetea 22. K
		O Honckenyo-Elymetalia 22. K
		V Honckenyo-Elymion 22. K
Hydroch.	–	V Hydrocharition 1. K
Isoët.	–	V Isoëtion lacustris 4. K
Isoëto-Nanojunc.	–	K Isoëto-Nanojuncetea 7. K
Junc. acutifl.	–	V Juncion acutiflorae 27. K
Junc. squarr.	–	V Juncion squarrosi 31. K
Junc. trif.	–	K Juncetea trifidi 31. K
Koel. albesc.	–	V Koelerion albescentis 24. K
Koel.-Coryneph.	–	K Koelerio-Corynephoretea 24. K
Koel. glauc.	–	V Koelerion glaucae 25. K
Koel.-Phleion	–	V Koelerio-Phleion phleoidis 26. K
Ledo-Pin.	–	V Ledo-Pinion 42. K
Lemn.	–	K Lemnetea 1. K
		O Lemnetalia 1. K
Lemn. min.	–	V Lemnion minoris 1. K
Lemn. tris.	–	V Lemnion trisulcae 1. K
Litt.	–	K Littorelletea 4. K
		O Littorelletalia 4. K
		V Littorellion 4. K
Lolio-Lin.	–	V Lolio remoti-Linion 32. K
Luz.-Fag.	–	V Luzulo-Fagion 46. K
Magnocar.	–	V Magnocaricion 6. K
Mesobrom.	–	V Mesobromion 26. K
Mol.	–	O Molinietalia 27. K
		V Molinion caeruleae 27. K
Mol.-Arrh.	–	K Molinio-Arrhenatheretea 27. K
Mont.-Card.	–	K Montio-Cardaminetea 5. K
		O Montio-Cardaminetalia 5. K
Nanocyp.	–	V Nanocyperion 7. K
Nard.	–	O Nardetalia 28. K
		V Nardion 28. K
Nardo-Call.	–	K Nardo-Callunetea 28. K
Nast.-Glyc.	–	O Nasturtio-Glyceretalia 6. K
Nymph.	–	V Nymphaeion 2. K
Onop.	–	O Onopordetalia 35. K
		V Onopordion acanthii 35. K
Orig.	–	O Origanetalia 37. K
Oxyc.-Sphagn.	–	K Oxycocco-Sphagnetea 9. K
Pan.-Set.	–	V Panico-Setarion 33. K
Pariet.	–	K Parietarietea judaicae 19. K
		O Parietarietalia judaicae 19. K
Petasit. parad.	–	V Petasition paradoxi 21. K
Phragm.	–	K Phragmitetea 6. K
		O Phragmitetalia 6. K
		V Phragmition 6. K
Plant.	–	K Plantaginetea majoris 36. K
		O Plantaginetalia majoris 36. K
Poion alp.	–	V Poion alpinae 27. K
Polyg. avic.	–	V Polygonion avicularis 36. K
Polyg.-Chen.	–	O Polygono-Chenopodietalia 33. K
Potam.	–	K Potamogetonetea 2. K
		O Potamogetonetalia 2. K
		V Potamogetion 2. K
Pot.-Querc.	–	V Potentillo albae-Quercion petraeae 46. K
Potent. caul.	–	O Potentilletalia caulescentis 18. K
		V Potentillion caulescentis 18. K

Prun.	–	O Prunetalia 46. K
Prun. frut.	–	V Prunion fruticosae 46. K
Pucc. mar.	–	V Puccinellion maritimae 16. K
Pucc.-Sperg.	–	V Puccinelio-Spergularion salinae 16. K
Puls.-Pin.	–	K Pulsatillo-Pinetea 43. K
		O Pulsatillo-Pinetalia 43. K
Querco-Fag.	–	K Querco-Fagetea 46. K
Querc. pub.	–	O Quercetalia pubescentis 46. K
		V Quercion pubescenti-petraeae 46. K
Querc. rob.-petr.	–	K Quercetea robori-petraeae 45. K
		O Quercetalia robori-petraeae 45. K
		V Quercion robori-petraeae 45. K
Ranunc. fluit.	–	V Ranunculion fluitantis 2. K
Rhod.-Vacc.	–	V Rhododendro ferruginei-Vaccinion 42. K
Rhynch. alb.	–	V Rhynchosporion albae 8. K
Rubo-Prun.	–	V Rubo-Prunion spinosae 46. K
Rum. alp.	–	V Rumicion alpinae 35. K
Rupp.	–	K Ruppietea maritimae 11. K
		O Ruppietalia maritimae 11. K
		V Ruppion maritimae 11. K
Sagin. mar.	–	K Saginetea maritimae 17. K
		O Saginetalia maritimae 17. K
		V Saginion maritimae 17. K
Salic. alb.	–	V Salicion albae 40. K
Salic. aren.	–	V Salicion arenariae 46. K
Salic. aur.	–	O Salicetalia auritae 44. K
Salic. eleag.	–	V Salicion eleagni 40. K
Salic. herb.	–	K Salicetea herbaceae 30. K
		O Salicetalia herbaceae 30. K
		V Salicion herbaceae 30. K
Salic. purp.	–	K Salicetea purpureae 40. K
		O Salicetalia purpureae 40. K
Salicorn.	–	V Salicornion strictae 13. K
Sals.-Honck.	–	V Salsolo-Honckenyion peploidis 15. K
Samb.-Salic.	–	V Sambuco-Salicion capreae 38. K
Saroth.	–	V Sarothamnion 28. K
Scheuchz.	–	O Scheuchzerietalia palustris 8. K
Scheuchz.-Car.	–	K Scheuchzerio-Caricetea fuscae 8. K
Secal.	–	K Secalietea 32. K
		O Secalietalia 32. K
Sedo-Scler.	–	K Sedo-Scleranthetea 25. K
		O Sedo-Scleranthetalia 25. K
		V Sedo-Scleranthion 25. K
Sesl.	–	O Seslerietalia variae 29. K
		V Seslerion variae 29. K
Sesl.-Fest.	–	V Seslerio-Festucion pallescentis 25. K
Sileno-Cerast.	–	V Sileno conicae-Cerastion semidecandri 24. K
Sisymbr.	–	O Sisymbrietalia 33. K
		V Sisymbrion 33. K
Spart.	–	K Spartinetea 12. K
		O Spartinetalia 12. K
		V Spartinion 12. K
Sperg.-Oxal.	–	V Spergulo-Oxalidion 33. K
Sphagn. magell.	–	O Sphagnetalia magellanici 9. K
		V Sphagnion magellanici 9. K
Sphagn.-Eric.	–	O Sphagno-Ericetalia 9. K
Sphagno-Utric.	–	V Sphagno-Utricularion 3. K
Stip. calam.	–	O Stipetalia calamagrostis 21. K
		V Stipion calamagrostis 21. K
Suaed.	–	V Suaedion 13. K
Th.-Salicorn.	–	K Thero-Salicornietea 13. K
		O Thero-Salicornietalia 13. K
Thero-Air.	–	V Thero-Airion 25. K
Thlasp. calam.	–	V Thlaspion calaminariae 20. K

Thlasp. rot.	–	K Thlaspietea rotundifolii 21. K
		O Thlaspietalia rotundifolii 21. K
		V Thlaspion rotundifolii 21. K
Til.-Acer.	–	V Tilio-Acerion 46. K
Tofield.	–	O Tofieldietalia 8. K
Trif.-Ger.	–	K Trifolio-Geranietea 37. K
Trif. med.	–	V Trifolion medii 37. K
Triset.	–	V Polygono-Trisetion 27. K
Utric.	–	K Utricularietea intermedio-minoris 3. K
		O Utricularietalia intermedio-minoris 3. K
Vacc.-Pic.	–	K Vaccinio-Piceetea 42. K
		O Vaccinio-Piceetalia 42. K
		V Vaccinio-Piceion 42. K
Viol. calamin.	–	K Violetea calaminariae 20. K
		O Violetaria calaminariae 20. K
Viol. can.	–	V Violion caninae 28. K
Xerobrom.	–	V Xerobromion 26. K
Zost.	–	K Zosteretea marinae 10. K
		O Zosteretalia marinae 10. K
		V Zosterion marinae 10. K

Naturschutz

Die Zahl der vom Menschen ausgerotteten Arten war in den vergangenen Jahrhunderten zunächst gering und der Rückgang unauffällig. Erst in der zweiten Hälfte des 19. Jahrhunderts fiel das Seltenerwerden mancher attraktiven Pflanzenart auf, und erst in der Naturschutzverordnung von 1936 wurde begonnen, solche Arten unter gesetzlichen Schutz zu stellen. Verboten wurde das Abpflücken oder Ausgraben, weil man zunächst darin die Hauptursache des Verschwindens sah. Die Liste der geschützten Pflanzen wurde mehrmals überarbeitet. Jetzt gilt für ganz Deutschland die Bundesartenschutzverordnung vom 14. 10. 1999 (Bundesgesetzblatt 1999 Teil I Nr. 47, ausgegeben am 21. 10. 1999) in Verbindung mit der Verordnung der EWG Nr. 3626/82. In der Bundes-Artenschutzverordnung ist der größte Teil der in Deutschland geschützten Arten genannt, aber nicht alle. Im Bundesnaturschutzgesetz ist in § 20a Art. 7 und 8 festgelegt, daß außerdem alle CITES A- und B-Arten und alle FFH-Arten geschützt sind (CITES = **C**onvention of **I**nternational **T**rade in **E**ndangered **S**pecies of Wild Fauna and Flora, Washingtoner Artenschutz-Abkommen; FFH = **F**lora-**F**auna-**H**abitat-Richtlinie des Council of the European Communities von 1992). Auch diese Arten sind in der Exkursionsflora entsprechend gekennzeichnet. Die durch diese Gesetze besonders geschützten Pflanzen, die nicht ausgegraben, beschädigt oder gehandelt werden dürfen, sind in der Flora mit ∇ gekennzeichnet. Zusätzlich können in die Naturschutzgesetze der einzelnen Bundesländer weitere Arten aufgenommen werden.

Die allermeisten der in Deutschland ausgestorbenen Pflanzenarten standen aber nie unter Naturschutz. Viel bedrohlicher als der direkte Zugriff des Menschen und die kommerzielle Nutzung, auf die sich die Artenschutzverordnung vor allem bezieht, ist nämlich die Veränderung der Standorte durch Eutrophierung, Melioration, Bodenversiegelung, Änderung der Bewirtschaftungsform usw. Seit der Mitte des 20. Jahrhunderts ist mit der Entwicklung der industriellen Landwirtschaft, der Industrie, des Tourismus und des Verkehrs die Zahl der ausgestorbenen, vom Aussterben bedrohten oder gefährdeten Pflanzenarten sehr rasch angestiegen. In Deutschland sind 32%, in den einzelnen Bundesländern 30–50% aller Gefäßpflanzenarten gefährdet, 64% der Sippen sind in mindestens einem Bundesland gefährdet. Ausgestorben sind in Deutschland etwa 50 Arten (1,6% der Flora, † am Anfang der Verbreitungsangabe). In den einzelnen Ländern erreicht dieser Prozentsatz bis 9% († vor den Abkürzungen der betreffenden Länder). Unter den gefährdeten Arten sind wirtschaftlich interessante wie Heilpflanzen oder Verwandte von Kulturpflanzen, die für Einkreuzungen erwünschter Gene wichtig sind. Mit den aussterbenden Pflanzen erlöschen auch viele von ihnen abhängige Tierarten. Solche Nahrungsspezialisten sind z. B. viele Schmetterlinge, wie die Moor- und Enzian-Bläulinge, die von Enzianarten leben. Der Rückgang der Artenmannigfaltigkeit bedeutet nicht zuletzt eine Verminderung von Erlebniswerten und Lebensqualität.

Die Aufgabe des Naturschutzes ist es daher, in der Kulturlandschaft die gesamte Vielfalt an Lebewesen und Lebensgemeinschaften zu erhalten. Die gefährdeten und vom Aussterben bedrohten Pflanzenarten werden in den Roten Listen der Bundesrepublik und der einzelnen Länder erfaßt. Diese Listen sollen als Grundlage für Planungen und gezielte Schutzmaßnahmen dienen. Die Arten werden in die Kategorien 0 (ausgestorben oder verschollen), 1 (vom Aussterben bedroht), 2 (stark gefährdet), 3 (gefährdet), G (Gefährdung anzunehmen), R (extrem selten) und 4 (wegen Seltenheit potentiell gefährdet, in den Roten Listen der Länder) eingestuft. Sie genießen damit aber keinen gesetzlichen Schutz.

Der Artenschutz erfolgt am wirksamsten in einem System gut ausgewählter, ausreichend großer Schutzgebiete, die das Überdauern lebensfähiger Populationen gewährleisten. Artenschutz ist also in erster Linie Biotopschutz. Deshalb wird im Bundesnaturschutzgesetz unter Artenschutz auch der Schutz, die Pflege, die Entwicklung und die Wiederherstellung der Biotope wildlebender Tier- und Pflanzenarten verstanden. Eine große Zahl von Biotopen darf nicht zerstört oder nachhaltig beeinträchtigt werden, z. B. Moore, naturnahe Bachläufe, Zwergstrauchheiden, Trockenrasen, Bruch-, Sumpf- und Auwälder, Fels- und Steilküsten, Salzwiesen und alpine Rasen.

Unter den gefährdeten Pflanzen sind viele Arten, die ihre Existenz im Gebiet dem Menschen verdanken (Epökophyten) und wieder verschwinden, wenn sein Einfluß sich ändert, wenn also z. B. Halbtrockenrasen nicht mehr beweidet und entbuscht werden oder Wiesen nicht mehr durch Heunutzung ohne Düngung verhagern. Eine Erhaltung dieser Arten in unbeeinflußten Naturschutzgebieten ist nicht möglich. Vielmehr sind Pflegemaßnahmen erforderlich, deren Erfolg ständig kontrolliert werden muß. Etwa 200 Arten der deutschen Flora können in Naturschutzgebieten auch dann nicht erhalten werden, wenn diese zielgerichtet gepflegt werden. Dazu gehören besonders die Ackerunkräuter und Ruderalpflanzen, für die Feldflorareservate oder Schutzäcker eingerichtet werden können.

Abgesehen von eingeschleppten Arten stehen fast alle in der Exkursionsflora mit „s" (selten) gekennzeichneten Vorkommen in den Roten Listen der betreffenden Bundesländer in der Kategorie 1, 2 oder 4. Auch die meisten der noch zerstreut (z) vorkommenden, aber deutlich zurückgehenden (↘) Arten wurden als gefährdet in die Roten Listen aufgenommen. In vielen Fällen ändert sich die Zahl der Vorkommen und damit der Gefährdungsgrad in wenigen Jahren. Die Zweihäusige Segge war im Atlas der Farn- und Blütenpflanzen der Bundesrepublik Deutschland 1989 für Niedersachsen noch von 66 Meßtischblättern angegeben worden. Die Nachsuche in den Jahren 1982–1992 ergab dort Vorkommen nur noch in 3 Meßtischblattquadranten! Verantwortung tragen die einzelnen Länder aber auch für solche Arten, von denen sie ausreichend große Populationen beherbergen, die aber anderswo selten und im Rückgang begriffen sind, z. B. der Stengellose Tragant und der Zwerg-Lerchensporn.

Jeder an der biologischen Mannigfaltigkeit Interessierte kann zur Erhaltung unserer Pflanzenwelt beitragen. Dazu hilft die aufmerksame Beobachtung von Ausbreitung und Rückgang einzelner Arten im Gelände, die Mitarbeit bei der Kartierung, aber auch die Erforschung der Lebensgeschichte und Lebensbedingungen der Pflanzen als Grundlage für Schutzprogramme, die Beschreibung wertvoller, schutzwürdiger Biotope und schließlich die Verbreitung von Kenntnissen, Interesse und Verständnis bei anderen Menschen.

Anleitung zum Bestimmen

Das Bestimmen einer unbekannten Pflanze erfolgt mit Hilfe der in unserem Buch vorhandenen Bestimmungstabellen. Außerdem benötigt man eine Lupe mit 6–10facher Vergrößerung, eine spitze Pinzette und zwei Präpariernadeln, um auch kleine Blüten zergliedern zu können, sowie Rasierklingen zur Anfertigung von Längsschnitten durch die Blüte oder von Querschnitten durch den Fruchtknoten, um die Stellung der Blütenteile bzw. eine Fächerung des Fruchtknotens zu erkennen.
Jede Pflanzenart besitzt eine Anzahl von charakteristischen Merkmalen, die in dieser Kombination nur bei ihr vorkommen und nach denen sie daher bestimmt werden kann. Sicher ist eine Bestimmung immer erst dann, wenn die ganze Merkmalskombination auf sie zutrifft, d. h. wenn die Pflanze mit allen in Beschreibung und Tabellen für sie angegebenen Merkmalen übereinstimmt.
Die Bestimmungstabellen unseres Buches haben die Form von dichotomen (zweigabligen) Schlüsseln. In einem solchen Schlüssel stehen immer 2 Merkmale (oder 2 Merkmalsgruppen) als Gegensätze beieinander. Jedes solches Merkmalspaar ist durch die gleiche fettgedruckte Zahl am linken Zeilenrand als zusammengehörig erkennbar. Das Bestimmen erfolgt in der Weise, daß man jeweils prüft, welcher von beiden Gegensätzen auf die zu bestimmende Pflanze zutrifft. Die Zahl am rechten Ende der Zeile mit den zutreffenden Merkmalen weist auf ein weiteres Fragenpaar hin. Dieses sucht man in derselben Tabelle weiter unten auf und setzt hier in gleicher Weise die Bestimmung fort, bis man auf einen Familien- oder Gattungsnamen mit Seitenzahl stößt. An der so angegebenen Stelle wird in einer neuen Tabelle, wieder mit Fragenpaar 1 beginnend, weiter bestimmt. So gelangt man schließlich zum Artnamen, dem Ziel der Bestimmungsarbeit.
Beim Bestimmen beginnt man stets mit der Übersichtstabelle (S. 72), in der man feststellt, in welcher der 6 Haupttabellen weiterbestimmt werden muß (Tab. I bis VI). Drei Sondertabellen erleichtern das Bestimmen von Gehölzen (Tab. VII, S. 92), Tauch- und Schwimmpflanzen (Tab. VIII, S. 99) sowie von Pflanzen, die zur Blütezeit oder stets ohne entfaltete, grüne Laubblätter sind (Tab. IX, S. 104). Alle diese Pflanzen können jedoch auch mit den Haupttabellen I–VI bestimmt werden.
Eine in Klammern hinter der Zahl am linken Zeilenrand beigefügte Rücklaufzahl gibt das Fragenpaar an, von dem man gekommen ist. Sie steht nur dann und immer dann, wenn man nicht von der unmittelbar vorausgehenden Frage kam. Diese Zahlen ermöglichen uns, rascher den Rückweg zu finden, falls wir beim Bestimmen fehlgegangen sind. Sie erlauben auch, die vermutete Zugehörigkeit einer Pflanze zu einer gegebenen Art durch Rückwärtsverfolgen der Merkmalsangaben rasch auf ihre Richtigkeit zu überprüfen. Ferner können wir, wenn unsere Vermutung zwei Arten in Frage kommen läßt, schnell die Hauptunterscheidungsmerkmale zwischen diesen zwei Arten ermitteln, indem wir mit Hilfe der Rücklaufzahlen beide Bestimmungswege bis zur Gabelungsstelle zurückverfolgen.

Wichtige praktische Hinweise zum Gebrauch der Bestimmungstabellen

1. Wer die Bestimmungstabellen ohne botanische Vorkenntnisse zur Hand nimmt, studiere zunächst den Abschnitt „Bau der Pflanzen“ (S. 9ff.), in dem die verwendeten

botanischen Fachausdrücke erklärt sind. Je besser man sich dort auskennt, um so schneller wird man Fachausdrücke, über deren Bedeutung man sich orientieren will, auffinden.

2. Der Anfänger übe sich zunächst im Bestimmen bekannter Arten. Kommt er nicht zum Ziel, so suche er, vom bekannten Ziel rückwärtsgehend, das Fragenpaar, bei dem er vom richtigen Wege abwich. Das ist ein gutes Mittel, sich die richtige Anwendung der botanischen Fachausdrücke selbständig anzueignen.

3. Beim Bestimmen lese man stets beide gegensätzlichen Fragen, ehe man sich entscheidet, auch dann, wenn die Merkmale der ersten Frage bereits zuzutreffen scheinen. Die Gegenfrage stellt den Unterschied oft klarer heraus. Es sollten auch stets die Abbildungen verglichen werden, auf die mit einer fettgedruckten Seitenzahl und nach Schrägstrich der Abbildungsnummer auf dieser Seite verwiesen wird.

4. Falls nicht nur nach einem Einzelmerkmal, sondern nach einer Merkmalskombination gefragt ist, lese man alle angeführten Merkmale vollständig durch. Zu einer sicheren Bestimmen genügt es nicht, daß ein einziges Merkmal oder ein Teil der angegebenen Merkmale zutrifft. Die ganze Merkmalskombination muß auf die vorliegende Pflanze passen.

5. Auf Ausnahmen wird im allgemeinen mit der Formulierung „wenn ..., dann ...“ hingewiesen. Die auf „dann“ folgenden Merkmale treffen nur auf die Ausnahme zu, jedoch nicht auf alle unter dieser Nummer verschlüsselten Sippen. Bei dem Gegensatz kommen sie in dieser Kombination nicht vor.

6. Wenn keine der beiden Merkmalskombinationen vollständig zutrifft, so hat dies eine der folgenden Ursachen:
   a) Man hat sich schon bei einer früheren Frage geirrt und befindet sich bereits auf falschem Weg. Man beginne mit dem Bestimmen noch einmal von vorn!
   b) Das vorliegende Exemplar zeigt nicht alle zum Bestimmen notwendigen Merkmale in genügender Deutlichkeit. Oder man hat ein untypisches Exemplar vor sich, das infolge extremer Wuchsbedingungen, Herbizideinwirkung oder Beschädigung durch Fraß bzw. Mahd die angegebenen Größenwerte über- bzw. unterschreitet oder sonstige Bildungsabweichungen zeigt. Man untersuche daher weitere Exemplare derselben Art!
   c) Die vorliegende Pflanze ist ein Bastard, der Merkmale beider Eltern in sich vereinigt. Man versuche, die Elternarten aufzufinden!
   d) Die Pflanze ist in den Bestimmungstabellen nicht enthalten, weil sie in Deutschland nicht vorkommt oder nur selten und vorübergehend infolge Verschleppung auftritt. Auch von den zahlreichen Zierpflanzen konnten nur die häufigsten in unser Buch aufgenommen werden. Man benutze zur Bestimmung Spezialliteratur!

7. Ist man sich nicht klar, welchen Weg man gehen soll, entweder weil nach Merkmalen gefragt wird, die das unvollständig vorliegende Material nicht zeigt (reife Früchte, Ausläufer, Grundblätter usw.), oder weil beide gegensätzliche Fragen teilweise zutreffen, so gehe man beide Wege. Den richtigen Weg erkennt man daran, daß sich der andere als sicher falsch erweist. Sicher falsch ist ein Weg dann, wenn jede der in diese Gruppe gehörigen Arten auf Grund eines oder mehrerer eindeutig nichtzutreffender Merkmale ausscheidet. Bei dieser Methode verfolge man am besten zuerst denjenigen Weg, der zur artenärmeren Gruppe führt, da dies der kürzere und daher weniger arbeitsaufwendige Weg ist. – Manchmal kommt man auch auf beiden Wegen zum Ziel, wenn nämlich die betreffende Art an zwei Stellen in die Tabellen aufgenommen werden mußte, weil ihre eindeutige Zuordnung zu nur einer der beiden Fragen nicht möglich ist.

8. Man beachte auch die Angaben zur Höhe und Verbreitung der Art (s. S. 71). Wenn die zu bestimmende Pflanze in erheblichem Maß von diesen Daten abweicht, ist die betreffende Art aller Wahrscheinlichkeit nach auszuschließen.

Beispiel zum Gebrauch der Bestimmungstabellen

Versuchen wir einmal die Bestimmung des allgemein bekannten Kleinen Schneeglöckchens. – Wir beginnen mit der Übersichtstabelle auf S. 72. Das erste Fragenpaar **1** und **1*** läßt uns für **1*** entscheiden, da unsere Pflanze Blüten und Samen besitzt. Die am Ende dieser Frage stehende **2** weist auf das Fragenpaar **2** und **2*** hin, bei dem die Bestimmung fortzuführen ist. Für uns trifft hier wieder die zweite Frage **(2*)** zu, denn die Blüte besitzt einen Fruchtknoten, in den die Samenanlagen eingeschlossen sind. Beim Fragenpaar **3** und **3***, zu dem wir von **2*** aus geführt werden, entscheiden wir uns für die erste Frage; also für **3**, da die Blätter streifennervig sind und die Blütenteile in dreizähligen Quirlen stehen und da die Hauptwurzel durch ein Büschel sproßbürtiger Wurzeln ersetzt ist. Dabei werden wir auf Tabelle III (S. 75) verwiesen. In Tab. III beginnen wir wieder mit den Fragen **1** und **1*** und entscheiden uns für **1***, da die Pflanze grundständig beblättert ist, der Stengel unter der Blüte nur ein Hochblatt trägt und auch die übrigen unter **1** genannten Merkmale wie auch die Abbildung 3 auf Seite 512 nicht zutreffen. Wir werden auf das Fragenpaar **2** verwiesen, wählen dort **2*** (Landpflanze) und gelangen zu Fragenpaar **19**. Da der Stengel einblütig ist, kommen wir über **19*** (Blüten nicht in Kolben) und **22*** (Blüten nicht in Köpfen) zu Fragenpaar **23**. Die Blütenhülle ist ein kronartiges Perigon, deshalb treffen **23*** und **25*** zu, und wir gelangen zu Fragenpaar **27**. Wir entscheiden uns für **27*** (Blüten an oberirdischen Sprossen) und werden über **29** (Fruchtknoten unterständig), **30*** (Perigon radiär) und **31*** (Blüten zwittrig) zu **32** (Staubblätter 6, Narbe 1) geleitet. Hier finden wir, daß die Pflanze zur Familie der Amaryllisgewächse (S. 512) gehört. Wir benutzen nun die Tabelle S. 512, nach der die Gattungen dieser Familie bestimmt werden. Beim Fragenpaar **1** entscheiden wir uns für **1***, da die Blütenhüllblätter nicht verwachsen sind und eine Nebenkrone fehlt. Wir gelangen zu **2**, wo die Merkmale von **2*** zutreffen, die Pflanze stimmt mit Abb. **512**/2 überein, sie gehört demnach zur Gattung Schneeglöckchen. Wir werden auf Seite 512 verwiesen, stellen fest, daß es in dieser Gattung bei uns nur eine Art gibt und erreichen das Ergebnis Kleines Schneeglöckchen.

Angaben bei den Arten (vgl. hintere Vorsatzblätter)

Am Ende jeder Artbeschreibung steht die durchschnittliche Höhe der ausgewachsenen Pflanze in Metern (0,03–0,15 = 3–15 cm hoch). Bei liegenden oder kriechenden Pflanzen bezieht sich die Angabe auf die Länge (meist mit lg bezeichnet). Manchmal sind seltener auftretende Werte in Klammern hinzugefügt, es werden jedoch keine Extremwerte (größte jemals gemessene Höhe) angeführt. Dahinter stehen die gebräuchlichen Zeichen für die Lebensdauer (S. 34 und vorderer Vorsatz) und die Zahlen der Monate, in denen die Pflanze blüht bzw. reife Sporen trägt. Es folgen die Charakterisierung der Standorte und darauf Angaben zur Häufigkeit und geographischen Verbreitung in den einzelnen Bundesländern sowie zur Rückgangs- oder Ausbreitungstendenz (S. 46). In der anschließenden Klammer findet man als erstes die Arealdiagnose, die über die Gesamtverbreitung der Art Auskunft gibt (S. 48). Darauf folgen Angaben über Lebensform, Bestäubungsverhältnisse und Samenausbreitung (S. 34ff.) sowie über die Pflanzengesellschaften, in denen die Art bevorzugt auftritt (S. 51, Register S. 62). Manchmal folgen weitere Bemerkungen über Nutzung, Giftigkeit, Eltern von Bastarden usw. Nach der Bundes-Artenschutzverordnung besonders geschützte Pflanzen sind durch das Symbol ∇ gekennzeichnet (S. 67). In den Klammern hinter der Familienbeschreibung findet sich als erstes die ungefähre Zahl der zu dieser Familie gehörenden Arten. Diese Zahl kann in verschiedenen Büchern je nach der angenommenen Umgrenzung der Familie und Arten sehr stark schwanken. In eckigen Klammern stehen Synonyme (S. 38).

Tabellen zum Bestimmen

Tabelle zum Bestimmen der Hauptgruppen

Beachte auch die Sondertabellen VII–IX zur Bestimmung von

a) HolzPfl (vgl. S. 34) **Tab. VII** S. 92
b) Tauch- u. SchwimmPfl (vgl. S. 35) **Tab. VIII** S. 99
c) Pfl zur Blütezeit od. stets ohne grüne Bl **Tab. IX** S. 104

Diese Pfl können jedoch auch mit den Tabellen I–VI bestimmt werden.

1 Pfl ohne B u. Sa. Vermehrung durch staubfeine Sporen. Stets Kräuter (Farne, Bärlappe, Schachtelhalme – SporenPfl). **Tab. I** S. 72
1* Pfl mit Sa, die in B, Zapfen (Nadelhölzer) od. einzeln an Sproßachsen (Eibe, Ginkgo) erzeugt werden (SamenPfl) **2**
2 SaAnlagen nicht in FrKn eingeschlossen („nackt"), oft (Nadelhölzer) auf der OSeite von Sa- od. Zapfenschuppen, die zu Zapfen angeordnet sind, selten einzeln an Sproßachsen. Stets Gehölze. Bl nadel- od. schuppenfg, selten (Ginkgo) br u. 2lappig (Abb. **124**/1), meist immergrün (Nacktsamige Pfl). **Tab. II** S. 75
2* SaAnlagen in FrKn eingeschlossen („bedeckt"). Kräuter od. Gehölze; wenn Gehölze mit nadelfg Bl, dann ohne Zapfen (Bedecktsamige Pfl) **3**
3 Bl fast stets streifennervig, stets einfach u. ungeteilt. BHülle fast stets 3- od. 6zählig od. (Gräser u. Sauergräser) B nackt u. von 1 od. 2 Spelzen eingehüllt. StaubBl meist 6 od. 3. Keimling stets mit 1 KeimBl. Hauptwurzel kurzlebig, früh durch Büschel sproßbürtiger Wurzeln ersetzt. Nur Kräuter (Einkeimblättrige Pfl). **Tab. III** S. 75
3* Bl fieder- od. fingernervig, selten streifennervig. BHülle oft 4- od. 5zählig, selten 3- od. mehrzählig. StaubBl sehr selten 6 od. 3. Fast stets 2 gegenständige KeimBl. Hauptwurzel oft bleibend (Zweikeimblättrige Pfl) **4**
4 BHülle fehlend od. gleichartig (Perigon), d. h. nicht in K u. Kr gegliedert (aber bisweilen aus 2 kelchartigen od. aus 2 kronartigen Quirlen bestehend) (Zweikeimblättrige Pfl mit gleichartiger od. fehlender BHülle). **Tab. IV** S. 78
4* BHülle ungleichartig, in K u. Kr gegliedert **5**
5 Kr freiblättrig, aus 2–∞ völlig voneinander getrennten Bl bestehend, die einzeln abzupfbar sind (Zweikeimblättrige Pfl mit freien KrBl). **Tab. V** S. 83
5* Sämtliche KrBl wenigstens an ihrem Grund miteinander verwachsen, beim Herauszupfen die Kr sich als Ganzes loslösend od. zerreißend (Zweikeimblättrige Pfl mit verwachsenen KrBl). **Tab. VI** S. 89

Tabelle I · Pflanzen ohne Blüten (Sporenpflanzen)

Zu den Sporenpflanzen gehören Algen, Pilze, Flechten, Moose und Gefäß-Sporenpflanzen. Nur die zuletzt genannte Gruppe ist mit Hilfe der folgenden Tabelle zu bestimmen.

1 Stg gegliedert, quirlig verzweigt od. einfach. Bl quirlig, zu gezähnten, stengelumfassenden Scheiden verwachsen (Abb. **110**/3–7). **Schachtelhalm** – Equisétum S. 109
1* Stg nicht gegliedert, ohne gezähnte Scheiden **2**
2 SchwimmPfl **3**

2* LandPfl od. bodenwurzelnde WasserPfl **5**
3 Pfl linsenfg, < 1 cm, od. gestielt lanzettlich (Abb. **603**/5). B sehr selten (keine SporenPfl!). [**Wasserlinsengewächse** – Lemnáceae S. 604]
3* Pfl anders gestaltet **4**
4 Pfl wurzellos, wenig verzweigt (Abb. **123**/1). Bl in 3zähligen Quirlen, je 2 Bl elliptisch u. zweizeilig gestellt (SchwimmBl), das dritte Bl untergetaucht, zerschlitzt, wurzelähnlich. **Schwimmfarn** – Salvínia S. 123
4* Pfl bewurzelt, reich verzweigt (Abb. **123**/2). Bl wechselständig, schuppenfg, gefaltet, dachzieglig. **Algenfarn** – Azólla S. 123
5 **(2)** Pfl mit dicht beblättertem Stg. Bl < 1 cm lg, ungestielt, lineal-lanzettlich od. schuppenfg. Sporangien einzeln in den Achseln von StgBl, die meist eine endständige Ähre bilden **6**
5* Alle Bl grundständig, > 3 cm lg, breitflächig u. gestielt, meist gefiedert, selten binsenartig od. fädlich **7**
6 Bl > 3 mm lg (zuweilen in ihrem unteren Teil dem Sproß angewachsen, dann kürzer erscheinend u. der Sproß scheinbar flachgedrückt, Abb. **107**/4, 5), derb, ohne Ligula (s. S. 33). Sporangien in den Achseln von LaubBl (Abb. **107**/1) od. in ± scharf abgesetzten Ähren (Abb. **107**/2, 3). Alle Sporen gleich, staubfein. **Bärlappgewächse** – Lycopodiáceae S. 106
6* Bl 1–3 mm lg, sehr zart, am Grund mit Ligula. Die undeutlich abgesetzten Ähren tragen im unteren Teil ♀ Sporangien mit wenigen großen Sporen, im oberen Teil ♂ Sporangien mit ∞ kleinen Sporen. Pfl moosähnlich (Abb. **108**/2). **Moosfarn** – Selaginélla S. 108
7 **(5)** Bl fädlich od. binsenartig, 3–12 cm lg. SumpfPfl od. bodenwurzelnde TauchPfl . **8**
7* Bl mit flacher, meist gefiederter od. fiederteiliger Spreite **9**
8 Stg kurz knollig, mit einer Rosette dicker, nie eingerollter Bl (Abb. **108**/1). Bl z. T. am scheidigen Grund oberseits je 1 Sporangium tragend. **Brachsenkraut** – Isóëtes S. 108
8* Stg dünn, kriechend, mit fädlichen, jung uhrfederartig eingerollten Bl (Abb. **123**/3). Sporangien in kugligen Sporokarpien am Grund der Bl. **Pillenfarn** – Pilulária S. 122
9 **(7)** Bl 4zählig, glückskleeähnlich. **Kleefarn** – Marsílea S. 122
9* Bl nicht 4zählig **10**
10 Bl mit eifg, ganzrandigem unfruchtbarem Abschnitt u. lg gestieltem, ährenartigem, sporentragendem Abschnitt (Abb. **116**/1). Sporentragender Abschnitt oft fehlend. **Natternzunge** – Ophioglóssum S. 112
10* Bl od. unfruchtbarer Abschnitt gefiedert od. fiederteilig, selten (Abb. **116**/5) ungeteilt u. mit herzfg Grund **11**
11 Sporangien mit lg gestieltem, rispenartigem BlAbschnitt (Abb. **116**/2), darunter ein gefiederter od. fiederteiliger, sehr selten 3teiliger bis ungeteilter unfruchtbarer BlAbschnitt **12**
11* Sporangien in Häufchen (Sori) auf der USeite (selten am Rand) flächiger (zuweilen randlich zurückgerollter) BlSpreiten. Sporentragende Bl den unfruchtbaren Bl gleichend, seltener als Ganzes umgestaltet. Nie an demselben Bl verschieden gestaltete sporentragende u. unfruchtbare Abschnitte **13**
12 Pfl 5–30 cm hoch, oberirdisch nur aus 1 GabelBl bestehend; sporentragender Gabelast rispenartig verzweigt (Abb. **116**/2), stets vorhanden. **Rautenfarn** – Botrýchium S. 112
12* Pfl 50–180 cm hoch. Bl doppelt gefiedert; sporentragender Abschnitt endständig, rispenartig, oft fehlend. **Rispenfarn** – Osmúnda S. 113
13 **(11)** Pfl sehr zart, wurzellos, mit fädlichen, oberirdischen, kriechenden Rhizomen. Spreiten 2–6 cm lg, fiederteilig (Abb. **116**/3). Sori gestielt, mit becherfg Schleier. **Hautfarn** – Hymenophýllum S. 113
13* Pfl kräftiger, mit Wurzeln u. unterirdischem Rhizom. Sori ungestielt auf der BlUSeite, wenn randständig, dann vom umgerollten Rand der Fiederchen bedeckt **14**
14 Spreite ungeteilt, lanzettlich, ganzrandig, mit herzfg Grund (Abb. **116**/5) **Hirschzunge** – Phyllítis S. 115

14* Spreite 1- bis mehrfach gefiedert od. fiederteilig **15**

15 Sporentragende Bl von den unfruchtbaren Bl auffallend verschieden gestaltet **16**

15* Sporentragende u. unfruchtbare Bl nicht od. (bei Thelýpteris palústris u. Dryópteris cristáta) wenig verschieden **18**

16 Alle Bl 2–4fach gefiedert. Abschnitte der sporentragenden Bl eingerollt, die der unfruchtbaren Bl flach. Geröllhalden der Gebirge. **Rollfarn** – Cryptográmma S. 113

16* Unfruchtbare Bl 1–2fach gefiedert od. fiederteilig, sporentragende Bl einfach gefiedert od. einfach fiederteilig **17**

17 Alle Bl fiederschnittig; Abschnitte ganzrandig. Unfruchtbare Bl (Abb. **117**/4) bodennah ausgebreitet, sporentragende Bl aufrecht u. mit schmaleren Fiederabschnitten. **Rippenfarn** – Bléchnum S. 122

17* Alle Bl gefiedert. Fiedern der unfruchtbaren Bl fiederteilig, ihre beiden ersten Fiederchen die BlSpindel ober- bzw. unterseits bedeckend. Unfruchtbare Bl einen Trichter bildend, grün. Sporentragende Bl (oft fehlend) in der Trichtermitte, straußenfederähnlich, ihre Fiedern mit zurückgerollten Rändern, bei der Sporenreife dunkelbraun. **Straußenfarn** – Matteúccia S. 118

18 **(15)** Bl tief einfach fiederteilig od. -schnittig, alle Abschnitte ganzrandig od. gezähnelt u. mit br Grund der BlSpindel ansitzend (Abb. **116**/6, **117**/5) **19**

18* Bl 2–3fach gefiedert od. gabelteilig, seltener einfach gefiedert u. dann Abschnitte gestielt od. (wenigstens beim untersten Fiederpaar) am Grund verschmälert, gezähnt bis fiederteilig **20**

19 Bl unterseits dicht braun spreuschuppig (Abb. **116**/6). Bl rosettig. **Milzfarn** – Céterach S. 115

19* Bl unterseits kahl (Abb. **117**/5). Sori kreisrund, schleierlos. Pfl mit kriechendem Rhizom, Bl einzelnstehend. **Tüpfelfarn** – Polypódium S. 122

20 **(18)** Bl sehr groß (50–200 cm), am weithin kriechenden, unterirdischen Rhizom einzelnstehend; Spreite br 3eckig, 2–4fach gefiedert, meist bogig übergeneigt. Sori randständig, vom zurückgerollten Rand der Fiederchen völlig überdeckt (Abb. **117**/6). **Adlerfarn** – Pterídium S. 113

20* Sori nicht randständig (höchstens randnah), nicht vom Spreitenrand bedeckt (wenn teilweise bedeckt, dann Bl einfach gefiedert mit fiederteiligen Fiedern, Abb. **117**/7) . . . **21**

21 Schleier in ∞ lg, haarfg Fransen aufgelöst, die die Sori spinnwebartig bedecken (Abb. **117**/8). BlStiel unter der Mitte mit feinem Ringwulst, an dem das Bl zuletzt abbricht. Bl <20 cm lang. **Wimperfarn** – Wóodsia S. 118

21* Schleier höchstens kurzfransig, bisweilen fehlend. BlStiel ohne Ringwulst **22**

22 Sori linealisch od. länglich; Schleier ebenso, die Sori einseitig von der dem BlRand zugewandten Längsseite her bedeckend (Abb. **117**/9) **23**

22* Sori kreisrund; Schleier kreisrund (Abb. **117**/11), oval (Abb. **117**/10), nierenfg (Abb. **120**/1, 2) od. fehlend **24**

23 Sori u. Schleier linealisch. Bl < 12 cm br u. 5–25(–40) cm lg. **Streifenfarn** – Asplénium S. 115

23* Sori u. Schleier länglich, die unteren haken- bis kommafg, die oberen fast gerade. Bl >15 cm br u. (30–)50–150 cm lg, 2–3fach gefiedert. **Frauenfarn** – Athýrium S. 118

24 **(22)** Schleier oval, nur an seinem der Fiederchenbasis zugewandten Rand angewachsen, später zurückgeschlagen u. von den Sporangien verdeckt (Abb. **117**/10). Bl zart, 10–40(–50) cm lg, 2–4fach gefiedert, Abschnitte nie mit Dornspitzchen. **Blasenfarn** – Cystópteris S. 119

24* Schleier kreisrund, nierenfg od. fehlend. Bl meist > 50 cm lg **25**

25 Schleier kreisrund, schildfg, in seiner Mitte angeheftet (Abb. **117**/11). Fiedern an ihrem Grund unsymmetrisch, d. h. jeweils auf der der BlSpitze zugewandten Seite mit vergrößertem Basalfiederchen od. Basallappen. BlStiel am Grund mit 5–8 Leitbündeln (Querschnitt!). **Schildfarn** – Polýstichum S. 120

25* Schleier nierenfg u. in der Nierenbucht angeheftet (Abb. **120**/1, 2) od. fehlend **26**

26 Schleier groß, nierenfg, bis zur Sporenreife bleibend, bei deren Beginn meist schrumpfend. Sori groß. BlStiel am Grund mit 5–8 Leitbündeln. **Wurmfarn** – Dryópteris S. 120
26* Schleier fehlend od. sehr klein u. lange vor der Sporenreife abfallend. Sori klein. Fiederabschnitte nie mit Dornspitzchen. BlStiel am Grund mit 2 Leitbündeln **27**
27 Bl einfach gefiedert; wenn fiederteilig, dann wenigstens das unterste Fiederpaar mit verschmälertem Grund od. kurz gestielt. Fiedern fiederspaltig bis fiederteilig, mit ganzrandigen Abschnitten (Abb. **116**/4). **Sumpffarngewächse** – Thelypteridáceae S. 114
27* Bl (wenigstens am Grund) doppelt gefiedert. Fiederchen fiederspaltig bis fiederteilig **28**
28 Spreite br 3eckig, das unterste Fiederpaar deutlich größer als die folgenden. **Eichenfarn** – Gymnocárpium S. 119
28* Spreite lanzettlich, das unterste Fiederpaar kleiner als die folgenden. **Frauenfarn** – Athýrium S. 118

Tabelle II · Nacktsamige Pflanzen

1 Bl 6–8 cm br, fächerfg, 2lappig bis 2spaltig (Abb. **124**/1). **Ginkgo** – Gínkgo S. 124
1* Bl nadel- od. schuppenfg **2**
2 Bl alle od. z. T. schuppenfg, der Sproßachse ± angedrückt (Abb. **128**/1). **Zypressengewächse** – Cupressáceae S. 128
2* Bl alle nadelfg (Nadeln), von der Sproßachse ± abstehend **3**
3 Nadeln zu 3 quirlig (Abb. **128**/6) od. gegenständig, derb u. immergrün. **Zypressengewächse** – Cupressáceae S. 128
3* Nadeln wechselständig od. zu 2–∞ gebüschelt, wenn gegenständig, dann weich u. sommergrün **4**
4 Nadeln weich, sommergrün **5**
4* Nadeln derb, immergrün **6**
5 Nadeln einzeln zerstreut an diesjährigen Langtrieben u. büschlig gehäuft an gestauchten Kurztrieben (Abb. **124**/4), im Herbst einzeln abfallend. **Lärche** – Lárix S. 126
5* Nadeln einzeln, 2reihig an einjährigen, gestreckten Kurztrieben, im Herbst mit diesen als Ganzes abfallend. **Sumpfzypressengewächse** – Taxodiáceae S. 128
6 **(4)** Grund der Nadeln als grüne Leisten am Zweig herablaufend, stets einzeln (Abb. **124**/3). Pfl 2häusig. Sa von einem fleischigen, zur Reife roten Becher umgeben (Abb. **124**/2). **Eibe** – Táxus S. 124
6* Nadeln nicht als grüne Leisten herablaufend, einzeln (Abb. **125**/1–4) od. zu 2–5 gebüschelt (Abb. **124**/5). Pfl 1häusig. Sa in holzigen Zapfen. **Kieferngewächse** – Pináceae S. 124

Tabelle III · Einkeimblättrige Pflanzen

In die Tabelle sind auch einige Zweikeimblättrige Pflanzen aufgenommen, ihre Namen sind in eckige Klammern eingeschlossen.

1 Stg nur mit 1 BlQuirl aus 4 (5) Bl u. 1 endständigen B (Abb. **512**/3). KBl u. KrBl je 4 (5). StaubBl 8 (10). **Einbeere** – Páris S. 513
1* Stg nicht mit 1 BlQuirl (höchstens mit 1 BlPaar) **2**
2 Schwimm- od. TauchPfl od. quirlig beblätterte SumpfPfl **3**
2* LandPfl od. nicht quirlig beblätterte SumpfPfl **19**
3 Sprosse blattartig, <1 cm lg, entweder linsenfg u. schwimmend od. gestielt lanzettlich, kreuzweise verbunden u. meist untergetaucht (Abb. **603**/5). B sehr selten, winzig. **Wasserlinsengewächse** – Lemnáceae S. 604
3* Sprosse deutlich in Stg u. Bl gegliedert **4**
4 BHülle deutlich in 3 grüne KBl u. 3 weiße od. rosa KrBl geschieden. KrBl 2,5–30 mm lg. Bl rosettig od. wechselständig **5**

4* BHülle fehlend od. unscheinbar, <2 mm lg (wenn mit K u. Kr, dann Bl gegenständig od. quirlig) 6
5 Pfl im Boden wurzelnd. B ⚥. KrBl 2,5–10 mm lg. FrKn 8–∞, oberständig **Froschlöffelgewächse** – Alismatáceae S. 491
5* Pfl zur BZeit frei schwimmend, 2häusig. KrBl 10–30 mm lg. FrKn 1, unterständig. Griffel 6, mit je 2 Narben. **Froschbißgewächse** – Hydrocharitáceae S. 492
6 **(4)** Bl grund- od. wechselständig (höchstens die obersten 2 gegenständig) **7**
6* Bl quirlig od. (fast) gegenständig (zumindest am blühenden Stg) **12**
7 Bl rosettig, linealisch bandfg, stumpf. **Wasserschraube** – Vallisnéria S. 493
7* Bl am Stg verteilt, meist 2zeilig **8**
8 B in kugligen, 1geschlechtigen Köpfen, die oberen ♂, die unteren ♀, igelähnlich (Abb. **603**/4). **Igelkolben** – Spargánium S. 606
8* B in Ähren (falls diese kuglig, dann ⚥) **9**
9 Ähre untergetaucht, zur BZeit völlig in eine BlScheide eingeschlossen (Abb. **499**/2). Grasähnliche, untergetauchte MeeresPfl. **Seegras** – Zostéra S. 499
9* Ähre zur BZeit das Wasser überragend **10**
10 Ähre nur mit 2 B, die auf entgegengesetzten Seiten der Achse stehen (Abb. **499**/1). Frchen 4(–10), an einem meist stark verlängerten Stiel. Salz- od. Brackwasser. **Salde** – Rúppia S. 499
10* Ähre meist mit ∞ B (selten 3–5), B allseitswendig. Fr sitzend. Süß- od. seltener Brackwasser **11**
11 PerigonBl, StaubBl u. FrKn je 4 (Abb. **495**/2). Bl mit achselständigem od. am oberen Scheidenende befindlichem NebenBl (Abb. **496**/1, 3). Ähren meist >5 mm lg. **Laichkraut** – Potamogéton S. 495
11* Perigon fehlend, durch 1 Spelze ersetzt. StaubBl 3. FrKn 1, mit 2 Narben. Bl ohne NebenBl. Ähren bis 5 mm lg, sehr lg gestielt (Abb. **541**/7). **Tauchsimse** – Scirpidiélla S. 542
12 **(6)** Bl am Grund mit Scheide od. mit röhriger Tute (NebenBlScheide) **13**
12* Bl ohne Scheide od. Tute **14**
13 Bl fädlich, ganzrandig, mit Tute. FrKn ± 4 (Abb. **499**/3). **Teichfaden** – Zannichéllia S. 500
13* Bl linealisch bis länglich, scharf stachelspitzig gezähnt, mit kurzer Scheide. FrKn 1. **Nixkraut** – Nájas S. 500
14 **(12)** Bl (fast) gegenständig, Pfl zuweilen mit SchwimmBlRosette **15**
14* Bl quirlig (höchstens die untersten an Seitenzweigen gegenständig) **17**
15 Bl scheingegenständig (paarweise genähert) in 2 Zeilen, mit br Grund halbstengelumfassend, >4 mm br. B in armblütigen, aus dem Wasser ragenden Ähren. **Fischkraut** – Groenlándia S. 495
15* Bl gegenständig, mit verschmälertem Grund sitzend od. gestielt, die untergetauchten <3 mm br. B zu 1–2 achselständig. (Zweikeimblättrige Pfl!) **16**
16 Bl mit kleinen NebenBl. B ⚥. KBl u. KrBl je 3 od. 4. StaubBl 3, 6 od. 8. Fr eine fast kuglige Kapsel. [**Tännel** – Elatíne S. 197]
16* Bl ohne NebenBl. B 1geschlechtig. BHülle fehlend, oft durch 2 sichelfg VorBl ersetzt. StaubBl 1. Fr 4teilig (Klausen), mit 4 ± scharfen Kanten. [**Wasserstern** – Callítriche S. 432]
17 **(14)** Pfl völlig untergetaucht. Bl fein gesägt od. gezähnt (Lupe!), zu (2–)3–6 quirlig. B 1geschlechtig. **Froschbißgewächse** – Hydrocharitáceae S. 492
17* Stg meist teilweise aus dem Wasser ragend. Bl völlig ganzrandig, zumindest die untergetauchten zu (6–)8–18 quirlig. B ⚥. (Zweikeimblättrige Pfl!) **18**
18 ÜberwasserBl (falls vorhanden) eifg, zu 3 quirlig (Abb. **196**/3). Stg radial großräumig gekammert. KBl u. KrBl je 4. StaubBl 8. Griffel 4. [**Quirl-Tännel** – Elatíne alsinástrum S. 197]
18* ÜberwasserBl kaum breiter als die untergetauchten, wie diese in vielzähligen Quirlen (Abb. **336**/3). Stg unregelmäßig engröhrig gekammert. BHülle ein unscheinbarer Saum. StaubBl 1. Narbe 1. [**Tannenwedel** – Hippúris S. 336]

19 **(2)** B (zumindest die ♀) in Kolben **20**
19* B nicht in Kolben **22**
20 ♂ B in endständiger Rispe, ♀ B in dicken, achselständigen Kolben. Stg 2–6 cm ∅, 1–3 m hoch. Bl lanzettlich, 4–12 cm br. **Mais** – Zéa S. 603
20* Alle B in Kolben **21**
21 Bl grundständig, herzfg, pfeilfg od. schwertfg. Kolben endständig, von einer Scheide (Spatha) umgeben (Abb. **603**/2, 3) od. scheinbar seitenständig (Abb. **603**/1). **Aronstabgewächse** – Aráceae S. 603
21* Bl am Stg verteilt, linealisch. Kolben endständig, ohne Spatha; oberer Abschnitt ♂ u. unterer ♀. **Rohrkolben** – Týpha S. 606
22 **(19)** B in kugligen, 1geschlechtigen Köpfen, die oberen ♂, die unteren ♀, igelähnlich (Abb. **603**/4). **Igelkolben** – Spargánium S. 606
22* B nicht in 1geschlechtigen Köpfen (aber zuweilen in Köpfen mit ⚥ B) **23**
23 BHülle fehlend od. aus Borsten od. Haaren bestehend. B von 1 od. 2 kahnfg, oft trockenhäutigen HochBl (Spelzen) eingehüllt, zu kleinen Ährchen vereinigt, diese meist wiederum zu BStänden zusammengesetzt. Bl grasartig od. borstenfg **24**
23* BHülle vorhanden (zuweilen unscheinbar od. hinfällig u. dann B in einfachen Trauben), wenn spelzenartig trockenhäutig u. Bl grasartig od. borstenfg, dann PerigonBl 6, in 2 Kreisen (Abb. **532**/1–7) **25**
24 Stg 3kantig od. rund, markig. Bl 3zeilig od. grundständig. BlScheiden geschlossen, am Grund nicht knotig verdickt. Jede B mit 1 DeckBl (Deckspelze; Abb. **536**/1–3). **Riedgrasgewächse** – Cyperáceae S. 535
24* Stg rund od. 2seitig abgeflacht, stets hohl. Bl 2zeilig. BlScheiden offen od. seltener geschlossen, am Grund stets mit knotiger Verdickung. Jede B von meist 2 Spelzen (Deckspelze u. Vorspelze) eingeschlossen u. das ganze Ährchen von meist 2 Hüllspelzen umgeben (Abb. **561**/1, 2). **Süßgräser** – Poáceae S. 560
25 **(23)** BHülle deutlich in grünen K u. weiße, rosa od. gelbe Kr gegliedert. FrKn 3–∞ **26**
25* BHülle ein kron- od. kelchartiges od. trockenhäutiges Perigon. PerigonBl 6 od. seltener 4, oft unterschiedlich gestaltet. FrKn 1–6 . . . . **27**
26 BStg unbeblättert. Alle Bl grundständig, krautig, flach. KBl u. KrBl stets 3. **Froschlöffelgewächse** – Alismatáceae S. 491
26* Stg beblättert. Bl dickfleischig, flach od. stielrund. KBl u. KrBl 3 od. meist 6. [**Dickblattgewächse** – Crassuláceae S. 292]
27 **(25)** B auf einer unterirdischen Knolle sitzend, daher FrKn zur BZeit unter der Erdoberfläche **28**
27* B an oberirdischen Sprossen **29**
28 Pfl zur BZeit (Herbst) ohne LaubBl. Fr eine Kapsel, im nächsten Frühjahr mit den LaubBl aus dem Boden kommend. **Zeitlose** – Cólchicum S. 503
28* Pfl auch zur BZeit (Frühjahr) mit LaubBl. **Krokus** – Crócus S. 514
29 **(27)** FrKn unterständig. Wenn nur ♂ B, dann Pfl windend, mit herzfg Bl **30**
29* FrKn oberständig. Wenn nur ♂ B, dann Pfl nicht windend, mit nadelfg Kurztrieben . . **33**
30 Perigon dorsiventral, oft gespornt. StaubBl 1 (selten 2), mit dem Griffel u. der großen Narbe zu einem „Säulchen" verwachsen. FrKn meist gedreht. Sa staubfein. **Knabenkrautgewächse** – Orchidáceae S. 516
30* Perigon radiär, seltener dorsiventral u. dann 3 Narben. StaubBl 3 od. 6. Sa größer **31**
31 Pfl 2häusig. Stg windend. Bl herzfg. Rote Beeren. **Schmerwurz** – Támus S. 513
31* B ⚥. Pfl nicht windend. Bl linealisch od. schwertfg. Kapseln **32**
32 StaubBl 6. Narbe einfach od. 3lappig. Bl grundständig. **Amaryllisgewächse** – Amaryllidáceae S. 512
32* StaubBl 3. Narben 3, Griffeläste oft kronblattartig verbreitert. Bl 2zeilig, reitend. **Schwertliliengewächse** – Iridáceae S. 514

33 **(29)** Perigon kronartig, meist ansehnlich, weiß od. farbig (selten grünlich od. bräunlich); wenn dünnhäutig, dann Pfl mit Lauchgeruch **34**
33* Perigon kelchartig, meist trockenhäutig od. dünnhäutig, meist braun od. grün (selten weiß). Pfl ohne Lauchgeruch. Bl gras- od. binsenartig od. linealisch u. fleischig **35**
34 StaubBl 9. FrKn 6. BalgFrchen. B doldig. Bl grundständig, linealisch, 3kantig. **Schwanenblume** – Bútomus S. 490
34* StaubBl 6, seltener 4. FrKn 1. Kapseln od. Beeren. PerigonBl frei od. verwachsen. **Liliengewächse** – Liliáceae S. 501
35 **(33)** B in Rispen (oft Spirren) od. Zymen, zuweilen kopfig gedrängt. Kapseln. **Binsengewächse** – Juncáceae S. 527
35* B in einer Traube. SpaltFr od. SammelbalgFr **36**
36 Alle Bl grundständig. Traube reichblütig, gestreckt. B ohne DeckBl. Perigon hinfällig. FrBl völlig verwachsen. **Dreizack** – Triglóchin S. 495
36* Stg geblättert. Traube 3–10blütig. B mit DeckBl. Perigon bleibend. FrBl nur am Grund verwachsen. **Blasenbinse** – Scheuchzéria S. 494

Tabelle IV · Zweikeimblättrige Pflanzen mit gleichartiger oder fehlender Blütenhülle

In der Tabelle sind auch Pfl mit ungleichartiger BHülle verschlüsselt, bei denen entweder der K od. die Kr sehr unscheinbar od. hinfällig sind, so daß sie leicht übersehen werden können (deshalb steht neben BHülle bzw. Perigon manchmal auch K od. Kr).

1 Pfl auf Ästen von Bäumen od. Sträuchern schmarotzend, grün. Stg gegliedert, gegabelt, zerbrechlich. Bl gegenständig. Weiße bis gelbliche Beeren. **Mistelgewächse** – Lorantháceae S. 359
1* Pfl nicht auf Gehölzen schmarotzend **2**
2 HolzPfl (Bäume, Sträucher, Zwergsträucher od. holzige KletterPfl) **3**
2* Kräuter **25**
3 Bl gegenständig **4**
3* Bl wechselständig **9**
4 Bl ungeteilt **5**
4* Bl gefiedert od. handfg gelappt bis geteilt **7**
5 Bl immergrün, ledrig, ganzrandig. Griffel 3. Kapseln. **Buchsbaum** – Búxus S. 244
5* Bl sommergrün. Griffel 1 od. 2. SteinFr **6**
6 Bl ganzrandig. B in Dolden od. Schirmrispen. Griffel 1. **Hartriegel** – Córnus S. 336
6* Bl gesägt. B einzeln od. gebüschelt achselständig. Griffel 2spaltig. **Kreuzdorn** – Rhámnus S. 357
7 **(4)** Pfl kletternd. StaubBl u. FrKn ∞. TeilFr geschwänzte Nüßchen. **Waldrebe** – Clématis S. 137
7* Aufrechte Bäume od. Sträucher. StaubBl 2–10. FrKn 1, höchstens 2teilig. Fr geflügelt **8**
8 Fr 2flüglige SpaltFr. Bl handfg gelappt bis geteilt, seltener gefiedert od. 3zählig. BHülle 5- od. 10zählig. StaubBl 4–10. Griffel 2spaltig. **Ahorn** – Ácer S. 321
8* Fr 1samige, 1flüglige Nüsse. Bl gefiedert. BHülle fehlend. StaubBl 2. Griffel u. Narbe 1. **Esche** – Fráxinus S. 360
9 **(3)** Alle B od. wenigstens die ♂ in 1geschlechtigen, walzlichen, eifg od. kugligen, meist hängenden od. seltener aufrechten Kätzchen (od. dichten Ähren) **10**
9* B nicht in Kätzchen, aber oft gebüschelt **17**
10 Bl unpaarig gefiedert. ♂ B in ∞blütigen Kätzchen. ♀ B zu 1–3 endständig. **Walnuß** – Júglans S. 154
10* Bl einfach **11**
11 Bl fingernervig, gelappt. Kätzchen kuglig, an lg Stielen hängend (Abb. **152**/1). **Platane** – Plátanus S. 150

11* Bl fiedernervig, ungeteilt od. fiederfg gelappt bis geteilt **12**
12 ♀ B zu 1–5 in einen bleibenden Hüllbecher (Cupula) eingeschlossen, dieser zur FrZeit verholzt u. stachlig od. schuppig. ♂ B in walzlichen od. fast kugligen Kätzchen.
Buchengewächse – Fagáceae S. 150
12* ♀ u. ♂ Kätzchen ∞blütig, wenn ♀ wenigblütig, dann zur BZeit in Knospen eingeschlossen, aus denen nur die roten Narben herausragen (Abb. **153**/2). FrHülle fehlend od. krautig **13**
13 ♀ Kätzchen eifg, zur SaReife einen himbeerähnlichen FrStand bildend. BHülle 4blättrig, zur FrZeit saftig. Pfl mit Milchsaft. **Maulbeere** – Mórus S. 155
13* Keine himbeerähnlichen FrStände. Pfl ohne Milchsaft **14**
14 Pfl 1häusig. Fr 1samige Nüsse. Narben fadenfg. ♂ Kätzchen meist hängend **15**
14* Pfl 2häusig. Fr Kapseln od. steinfruchtähnlich. Kätzchen oft aufrecht **16**
15 Nüsse geflügelt, ohne Hülle. Staubbeutel kahl. **Birkengewächse** – Betuláceae S. 151
15* Nüsse mit 3teiliger od. becherfg Hülle (Abb. **153**/3). Staubbeutel an der Spitze mit Haarbüschel. **Haselgewächse** – Coryláceae S. 153
16 **(14)** Bl mit gelben Harzdrüsenpunkten, stark aromatisch duftend. Staubfäden kürzer als die Staubbeutel. Narben fadenfg. Fr steinfruchtähnlich. Sa ohne Haarschopf.
Gagel – Myríca S. 154
16* Bl ohne gelbe Drüsenpunkte. Staubfäden (viel) länger als die Staubbeutel. Narben kurz, meist 2spaltig (Abb. **232**/1–5). Kapseln. Sa mit Haarschopf.
Weidengewächse – Salicáceae S. 231
17 **(9)** Pfl 2–15 m hoch windend. Bl herzfg **18**
17* Pfl nicht windend **19**
18 B einzeln, dorsiventral, U-fg gekrümmt, 3–5 cm lg.
Pfeifenwinde – Aristolochía macrophýlla S. 150
18* B in Rispen, radiär, <1 cm lg. **Silberregen** – Fallópia baldschuánica S. 191
19 **(17)** Pfl liegend od. kletternd **20**
19* Pfl aufrecht **21**
20 Bl immergrün, ganzrandig. B in Dolden. Wurzelkletterer. **Efeu** – Hédera S. 337
20* Bl sommergrün, fein gesägt. B in achselständigen Büscheln. Liegender Spalierstrauch.
Zwerg-Kreuzdorn – Rhámnus púmila S. 357
21 **(19)** Bl handfg gelappt bis gespalten. K grünlich, goldgelb od rot; Kr viel kleiner, unscheinbar. FrKn unterständig. Beeren. **Johannisbeere** – Ríbes S. 291
21* Bl ungeteilt od. gefiedert. FrKn ober- od. mittelständig **22**
22 Bl einfach, scharf gesägt, am Grund ± asymmetrisch. Flügelnuß (Abb. **155**/1, 2).
Ulme – Úlmus S. 154
22* Bl gefiedert od. einfach u. dann ganzrandig, symmetrisch. Fr nicht geflügelt **23**
23 Junge Zweige, Bl u. B von silbrigen od. rostfarbenen Schildhaaren schülfrig. Bl linealisch bis elliptisch. **Ölweidengewächse** – Elaeagnáceae S. 249
23* Pfl ohne Schildhaare. Bl grün **24**
24 Bl einfach, lanzettlich bis keilfg. BHülle 8–20 mm lg, röhrig-stieltellerfg, 4zipflig. Griffel 1. B in Büscheln od. kurzen Trauben. **Seidelbast** – Dáphne S. 248
24* Bl gefiedert od. einfach u. dann br verkehrteifg bis elliptisch, lg gestielt. BHülle bis 3 mm lg, 5teilig. Griffel 3. B in Rispen. **Sumachgewächse** – Anacardiáceae S. 319
25 **(2)** Tauch- od. SchwimmPfl **26**
25* Land- od. SumpfPfl **33**
26 B 2–5 cm groß, gelb. Bl 5–30 cm br, rundlich-herzfg, ganzrandig, grundständig, lg gestielt, schwimmend (Abb. **130**/3). **Mummel** – Núphar S. 130
26* B viel kleiner. Bl anders gestaltet, schmaler **27**
27 Bl gabelteilig od. kammfg fiederschnittig, untergetaucht **28**
27* Bl ungeteilt **29**
28 Bl gabelteilig, hornartig hart (Abb. **130**/4, 5). B einzeln achselständig, untergetaucht.
Hornblatt – Ceratophýllum S. 131

28* Bl kammfg fiederschnittig, krautig weich. B in Ähren od. Quirlen, zur BZeit aufgetaucht. **Tausendblatt** – Myriophýllum S. 335
29 **(27)** Bl zu 6–15 quirlig, schmal linealisch (Abb. **336**/3). B einzeln achselständig. **Tannenwedel** – Hippúris S. 336
29* Bl gegen- od. wechselständig **30**
30 B einzeln achselständig. Alle Bl gegenständig **31**
30* B in Ähren. Höchstens die oberen Bl gegenständig **32**
31 BHülle 4teilig, grüngelb. StaubBl 4. Griffel 2. Porenkapseln. **Heusenkraut** – Ludwígia S. 331
31* BHülle fehlend, aber oft durch 2 sichelfg, weißliche VorBl ersetzt. ♂ B mit 4teiligem FrKn. Fr in 4 TeilFr (Klausen) zerfallend. **Wasserstern** – Callítriche S. 432
32 **(30)** Perigon 5spaltig, rosenrot. StaubBl 5. **Wasser-Knöterich** – Polýgonum amphíbium S. 193
32* Perigon 4blättrig, grün od. bräunlich. StaubBl 4 (Abb. **495**/2). (Einkeimblättrige Pfl!). [**Laichkrautgewächse** – Potamogetonáceae S. 495]
33 **(25)** Pfl dickfleischig, gegliedert. Bl gegenständig, jedoch mit dem Stg weitgehend verwachsen, so daß sie nur am oberen Ende jedes StgGliedes als 2 Höcker sichtbar sind u. der Stg blattlos erscheint (Abb. **185**/5). **Queller** – Salicórnia S. 186
33* Pfl nicht dickfleischig. Bl deutlich ausgebildet, frei **34**
34 Stg kriechend, an der Spitze mit 2 scheingegenständigen Bl u. dazwischen 1 kurz gestielten B. BHülle braunpurpurn, 3spaltig. Bl lg gestielt, nierenfg, dunkelgrün, glänzend. **Haselwurz** – Ásarum S. 150
34* Pfl anders gestaltet **35**
35 Stg in ganzer Länge liegend od. kriechend. B unscheinbar. BHülle 0,5–3 mm lg . . . **36**
35* Stg aufrecht od. aufsteigend od. BHülle >3 mm lg **45**
36 Bl schildfg (Abb. **17**/8), lg gestielt. **Wassernabel** – Hydrocótyle S. 337
36* Bl nicht schildfg **37**
37 Bl gefiedert od. fiederteilig. B in Dolden od. Trauben **38**
37* Bl ungeteilt. B nicht in Dolden od. Trauben **39**
38 B in end- u. seitenständigen blattlosen Trauben. FrKn oberständig. **Krähenfuß** – Corónopus S. 227
38* B in 2–6strahligen Doppeldolden. FrKn unterständig. **Scheiberich** – Ápium S. 347
39 **(37)** Bl wechselständig (höchstens die alleruntersten gegenständig) **40**
39* Bl gegenständig (höchstens an der StgSpitze wechselständig) **42**
40 Bl mit weißhäutigen Neben Bl od. mit stengelumfassender Tute (Abb. **192**/3, 4). . . . **41**
40* Bl ohne NebenBl od. Tute **85**
41 Bl mit 2 weißhäutigen NebenBl. B in büschligen Rispen. Stg zart, blaugrün. **Hirschsprung** – Corrigíola S. 174
41* Bl mit Tute. B zu 1–5 achselständig. Stg derb, grün od. oft rötlich. **Knöterich** – Polýgonum S. 192
42 **(39)** Pfl mit Milchsaft. BlSpreite am Grund auffallend unsymmetrisch. ScheinB (Cyathien) einzeln. **Wolfsmilch** – Euphórbia S. 245
42* Pfl ohne Milchsaft. BlSpreite am Grund symmetrisch **43**
43 B in dichten, sitzenden Knäueln od. einzeln lg gestielt in den BlAchseln. BHüllBl 5 od. 4, frei. **Nelkengewächse** – Caryophylláceae S. 157
43* B einzeln in den BlAchseln sitzend. BHülle 4- od. 12spaltig **44**
44 BHülle glockig, 12zähnig. StaubBl meist 6. Bl verkehrteifg od. spatelfg. **Sumpfquendel** – Péplis S. 330
44* BHülle 4zipflig. StaubBl 4. Bl eifg bis elliptisch. **Heusenkraut** – Ludwígia S. 331
45 **(35)** B mit 2–∞ FrKn. StaubBl 5–∞ **46**
45* B mit 1 FrKn od. nur ♂ B vorhanden **47**
46 Bl ungeteilt, eifg-lanzettlich bis br elliptisch, 10–30 cm lg. StaubBl (meist) 8. FrKn 8. Beeren. Pfl 0,50–2 m hoch. B unscheinbar, grünlichweiß bis purpurn, in seitlichen, scheinbar blattgegenständigen Trauben. **Kermesbeere** – Phytolácca S. 157

46* Bl meist handfg od. fiederfg zusammengesetzt od. geteilt, wenn ungeteilt, dann herz-nierenfg od. linealisch. StaubBl fast stets ∞, wenn <10, dann Pfl höchstens 10 cm hoch. FrKn meist ∞, seltener 1–5. Balgkapseln od. Nüßchen, wenn Beeren, dann Bl doppelt zusammengesetzt. **Hahnenfußgewächse** – Ranunculáceae S. 131

47 **(45)** Pfl mit ⚥ ScheinB (Cyathien). Jedes Cyathium mit glockenfg Hüllbecher; dieser zwischen seinen Zipfeln mit 4–5 bohnenfg od. mondfg Drüsen (Abb. **245**/2, 3). Cyathien in einer doldenartigen Zyme angeordnet (Abb. **245**/1). Pfl mit Milchsaft. **Wolfsmilch** – Euphórbia S. 245

47* BStand u. B anders **48**

48 Bl quirlig **49**

48* Bl grund-, gegen- od. wechselständig **52**

49 Stg mit 1 BlQuirl aus 4(–5) Bl u. 1 endständigen B (Abb. **512**/3). BHüllBl 8, grünlich. (Einkeimblättrige Pfl!). [**Einbeere** – Páris S. 513]

49* Stg mit ∞ BlQuirlen u. B **50**

50 Stg dick, engröhrig gekammert, mit dichtstehenden Quirlen (Abb. **336**/3). B einzeln achselständig, unscheinbar. SumpfPfl. **Tannenwedel** – Hippúris S. 336

50* Stg dünn, nicht gekammert, mit lockerstehenden Quirlen. B in Thyrsen, Zymen od. Köpfen **51**

51 BHülle (K) freiblättrig, 5zählig (Kr unscheinbar). StaubBl (3–)5. **Nagelkraut** – Polycárpon S. 175

51* BHülle (Kr) verwachsenblättrig, 4zipflig (K rückgebildet). StaubBl stets 4. **Rötegewächse** – Rubiáceae S. 366

52 **(48)** B in Köpfen **53**

52* B (bei 1geschlechtigen B zumindest die ♂) nicht in Köpfen **58**

53 Köpfe (Körbchen) von einer Hülle aus meist ∞, dicht anliegenden HochBl umgeben. Bei Pfl mit 1geschlechtigen Köpfen die ♀ oft nur 1–2blütig u. ihre HüllBl verwachsen (Abb. **438**/1, 2). Staubbeutel 5, fast stets zu einer Röhre vereinigt (Abb. **437**/1). Kr röhrig od. zungenfg (Abb. **437**/2, 3). Griffel 1 mit 2 Narben. **Korbblütengewächse** – Asteráceae S. 437

53* Köpfe nicht von dicht anliegenden (aber zuweilen von locker abstehenden) HochBl umgeben. Staubbeutel fast stets frei. Kr nie zungenfg **54**

54 Bl gegenständig **55**

54* Bl wechselständig **56**

55 Bl 3zählig od. doppelt 3zählig. Stg nur mit 1 BlPaar u. 1 endständigen Köpfchen aus 5(–9) B (Abb. **374**/1). GipfelB 4zählig, SeitenB 5zählig. **Moschuskraut** – Adóxa S. 373

55* Bl ungeteilt od leierfg fiederteilig. Stg mit mehreren Bl. BHülle trichterfg, 5spaltig. **Baldrian** – Valeriána S. 375

56 **(54)** Pfl nicht distelartig. Köpfe grün, rötlich od. braun, lg gestielt, ohne HochBlHülle. GrundBl gefiedert. **Wiesenknopf** – Sanguisórba S. 265

56* Pfl distelartig. Köpfe bläulich, graugrün od. weißlich **57**

57 Köpfe mit dorniger HochBlHülle. Pfl kahl. Bl sehr steif, derbdornig. **Mannstreu** – Erýngium S. 343

57* Köpfe ohne HochBlHülle, kuglig. Bl unterseits wie der Stg weißlich wollig-filzig, fiederteilig. **Kugeldistel** – Echínops S. 468

58 **(52)** B in flacher, beblätterter, grünlichgelber Schirmrispe. Bl nierenfg od. halbkreisfg, ± gekerbt. BHülle 3–6 mm br, 4blättrig, gelb. StaubBl 8. FrKn halbunterständig. **Milzkraut** – Chrysosplénium S. 298

58* B nicht in gelblicher Schirmrispe **59**

59 Alle Bl gegenständig **60**

59* Zumindest die oberen Bl wechselständig od. alle Bl grundständig **66**

60 B einzeln achselständig, sitzend, rosa **61**

60* B in BStänden od. einzeln achselständig u. dann aber deutlich gestielt, oft 1geschlechtig **62**

61 Bl länglich-lanzettlich bis elliptisch. BHülle 3–4 mm lg, 5spaltig. **Milchkraut** – Glaux S. 257
61* Bl verkehrteifg bis spatelfg. BHülle 1,5–2 mm lg, 12zähnig. **Sumpfquendel** – Péplis S. 330
62 **(60)** BHülle trichterfg od. stieltellerfg, 5spaltig, weiß, bläulich, rosa od. rot. FrKn unterständig. StaubBl 3 od 1. **Baldriangewächse** – Valerianáceae S. 373
62* BHüllBl 3–5, meist frei, unscheinbar, grün. FrKn ober- od. mittelständig. StaubBl 4–12, selten 1–3 . . . . . **63**
63 B ⚥. Bl < 2 cm lg, linealisch bis elliptisch, ganzrandig. **Nelkengewächse** – Caryophylláceae S. 157
63* B 1geschlechtig, 1- od. 2häusig. Bl meist > 2 cm lg, gesägt od. gekerbt **64**
64 Wenigstens die unteren Bl gefingert od. gelappt bis gespalten. **Hanfgewächse** – Cannabáceae S. 155
64* Auch untere Bl nur gesägt od. gekerbt **65**
65 Pfl mit Brennhaaren. StaubBl 4. Narbe 1, pinselfg. **Brennessel** – Urtíca S. 156
65* Pfl ohne Brennhaare. StaubBl 9–12. Narben 2. **Bingelkraut** – Mercuriális S. 248
66 **(59)** B in endständigem Kolben; dieser von einer Scheide (Spatha) umgeben (Abb. **603**/3). Alle Bl grundständig, pfeil- bis spießfg. (Einkeimblättrige Pfl!). [**Aronstab** – Árum S. 604]
66* B nicht in Kolben. Bl meist wechselständig **67**
67 B in Dolden od. Doppeldolden **68**
67* B nicht in Dolden **69**
68 Pfl mit orangegelbem Milchsaft. KrBl 4. StaubBl ∞. FrKn oberständig. Schoten. **Schöllkraut** – Chelidónium S. 146
68* Pfl ohne Milchsaft. KrBl u. StaubBl je 5. FrKn unterständig. SpaltFr. **Doldengewächse** – Apiáceae S. 337
69 **(67)** BHülle dorsiventral od. disymmetrisch u. dann herzfg **70**
69* BHülle radiär **73**
70 BHülle ungespornt, gekrümmt röhrig, mit schiefer Öffnung (Abb. **148**/5). FrKn unterständig. **Osterluzei** – Aristolochía S. 150
70* BHülle mit Sporn od Aussackung (Abb. **148**/4) od. herzfg. FrKn oberständig **71**
71 Bl ungeteilt. KBl 3, wie die KrBl gefärbt, eins viel größer u. gespornt (Abb. **324**/2). KrBl 5, zu 2+2+1 verwachsen. StaubBl 5. **Springkraut** – Impátiens S. 323
71* Bl zusammengesetzt od. tief geteilt **72**
72 Perigon blau (selten bei einzelnen Pfl rosa od. weiß), gespornt (Abb. **132**/2). StaubBl ∞. BalgFr. **Rittersporn** – Consólida S. 135
72* Kr rosa, violett, gelb od. weiß, herzfg od. gespornt bis ausgesackt (Abb. **148**/1, 4). KBl 2, meist schon vor dem Aufblühen abfallend. StaubBl 6, zu 2 Dreierbündeln verwachsen. Nüsse od. Schoten. **Erdrauchgewächse** – Fumariáceae S. 147
73 **(69)** KrBl 4, mindestens 1 cm lg. KBl 2, beim Aufblühen abfallend. Pfl mit Milchsaft. StaubBl ∞. **Mohngewächse** – Papaveráceae S. 145
73* BHülle < 1 cm lg, meist unscheinbar. Pfl ohne Milchsaft **74**
74 Bl mit häutiger, stengelumfassender Tute (Abb. **192**/3, 4) od. mit 2 am BlStiel angewachsenen NebenBl **75**
74* Bl weder mit Tute noch mit NebenBl **76**
75 Bl mit Tute, ungeteilt od. schwach fiederfg gelappt. PerigonBl 4–6, oft ungleich lg. StaubBl 4–9. **Knöterichgewächse** – Polygonáceae S. 187
75* Bl mit 2 NebenBl, handfg gelappt bis geteilt. BHüllBl 8 (4 kleine äußere u. 4 größere innere). StaubBl 1 od. 4. **Rosengewächse** – Rosáceae S. 261
76 **(74)** StaubBl ∞. Bl groß, doppelt 3zählig bis doppelt gefiedert. Beeren. **Christophskraut** – Actǽa S. 133
76* StauBl 1–10 od. fehlend. Bl einfach, aber zuweilen gelappt **77**
77 FrKn unterständig od. nur ♂ B u. dann Pfl windend **78**

77* FrKn oberständig (bei Béta halbunterständig), wenn nur ♂ B, dann Pfl nicht windend . **79**
78 Bl schmal linealisch. B ⚥. PerigonBl u. StaubBl je (4) 5. Stg aufrecht. **Leinblatt** – Thesíum S. 358
78* Bl herzfg. Pfl 2häusig. PerigonBl u. StaubBl je 6. Stg windend. (Einkeimblättrige Pfl!). [**Schmerwurz** – Támus S. 513]
79 **(77)** Stg nur mit 2(–3) herz-eifg LaubBl. Perigon 4teilig, weiß. StaubBl 4. Beeren. (Einkeimblättrige Pfl!). [**Schattenblume** – Maiánthemum S. 507]
79* Stg mit ∞ LaubBl **80**
80 Griffel 10. StaubBl (meist) 10. Fr saftig, beerenartig, dunkelrot bis schwarz. B in seitlichen, scheinbar blattgegenständigen Trauben. **Kermesbeere** – Phytolácca S. 157
80* Griffel 1–5. StaubBl 1–8. Fr trocken. B einzeln achselständig, in Knäueln od. in end- u. achselständigen Trauben **81**
81 B in blattlosen Trauben. KBl 4. StaubBl 6, 4 od. 2. Schötchen. **Kreuzblütengewächse** – Brassicáceae S. 203
81* B nicht in blattlosen Trauben. Nüsse oder Kapseln **82**
82 B einzeln achselständig, sitzend, ohne VorBl. Bl länglich-lanzettlich bis elliptisch, die unteren kreuzgegenständig. BHülle 3–4 mm lg, glockig, 5spaltig, rosa. StaubBl 5. Griffel 1. **Milchkraut** – Glaux S. 257
82* B in Knäueln od. einzeln achselständig u. dann zu Ähren od. Rispen vereinigt od. von 2 VorBl umgeben od. Bl linealisch bis pfriemlich **83**
83 StaubBl 8. B ∞, zu 1–4 achselständig, von 2 VorBl umgeben. BHülle krugfg, 4zipflig, behaart. Griffel 1. **Spatzenzunge** – Thymeläea S. 249
83* StaubBl 1–5. B oft 1geschlechtig **84**
84 Griffel 1, Narbe 1, langhaarig, pinselfg. Perigon 4zähnig od. 4teilig. StaubBl 4. B in achselständigen Knäueln. **Glaskraut** – Parietária S. 156
84* Griffel od. zumindest Narben 2–5, nicht pinselfg. PerigonBl 0–5, frei od. verwachsen. StaubBl 1–5. B einzeln od in Knäueln achselständig, meist zu ähren- od. rispenfg BStänden vereinigt **85**
85 **(40, 84)** PerigonBl trockenhäutig, meist frei, oft stachelspitzig. B mit 3 VorBl. Bl stets flach, lanzettlich od. breiter, fast stets ganzrandig, Spitze oft ausgerandet u. fast stets mit Stachelspitze. **Amarantgewächse** – Amaranthácea S. 175
85* PerigonBl meist krautig, ± verwachsen, meist stumpf. B ohne od. mit 2 VorBl. Bl entweder linealisch bis pfriemlich u. dann oft stachelspitzig od. breiter u. dann oft gezähnt bis gelappt u. nie ausgerandet od. stachelspitzig. **Gänsefußgewächse** – Chenopodiáceae S. 177

Tabelle V · Zweikeimblättrige Pflanzen mit freien Kronblättern

1 Tauch- od. SchwimmPfl **2**
1* Land- od. SumpfPfl **10**
2 Bl quirlig od. gegenständig, meist untergetaucht. B unscheinbar **3**
2* Bl rosettig, grund- od. wechselständig, meist zumindest einige schwimmend. B weiß od. gelb **6**
3 Pfl wurzellos, frei schwimmend. Bl dicht quirlig, mit je 4–7 lg Borsten u. linsengroßer, aufgetriebener Spreite (Ab. **299**/2). **Waserfalle** – Aldrovánda S. 299
3* Pfl wurzelnd. Bl anders gestaltet **4**
4 StgBl kammfg gefiedert, zu 4–6 quirlig. B in auftauchenden Ähren. **Tausendblatt** – Myriophýllum S. 335
4* Bl ungeteilt, gegenständig od. quirlig. B einzeln achselständig **5**
5 Bl linealisch, gegenständig. StaubBl 4. FrKn 4. **Wasser-Dickblatt** – Crássula aquática S. 295
5* Bl länglich bis oval od. eifg, wenn linealisch, dann quirlig. StaubBl 3, 6 od 8. FrKn 1, mit 3 od. 4 Griffeln. **Tännel** – Elatíne S. 197

6 **(2)** Pfl 2–8 cm hoch, meist untergetaucht. Bl lineal-pfriemlich, grundständig. Traube mit 2–8 kleinen B. KBl u. KrBl je 4. **Pfriemenkresse** – Subulária S. 227

6* Pfl viel größer. Bl viel breiter, höchstens mit linealischen Zipfeln. B einzeln od. zu 2–3 doldig **7**

7 SchwimmBl rautenfg (Abb. **336**/1), rosettig. KrBl 4. **Wassernuß** – Trápa S. 335

7* SchwimmBl ± rundlich, mit herz- bis nierenfg Grund, od. fehlend **8**

8 SchwimmBl handfg gelappt bis geteilt (Abb. **140**/1, 2) od. fehlend. Untergetauchte Bl wiederholt gegabelt, mit fädlichen Zipfeln (Abb. **138**/3). KrBl 5. StaubBl u. FrKn ∞. **Wasserhahnenfuß** – Ranúnculus S. 138

8* SchwimmBl ungeteilt, untergetauchte Bl gleich od. fehlend. FrKn 1 . . . . **9**

9 Pfl im Boden wurzelnd. B ⚥. KrBl u. StaubBl ∞. **Seerosengewächse** – Nymphaeáceae S. 130

9* Pfl frei schwimmend. B 1geschlechtig. KrBl 3. StaubBl 9. (Einkeimblättrige Pfl!). [**Froschbiß** – Hydrócharis S. 494]

10 **(1)** HolzPfl (Bäume, Sträucher, Zwergsträucher od. holzige KletterPfl) **11**

10* Kräuter **40**

11 Bl gegenständig (zumindest die unteren) **12**

11* Bl wechselständig **21**

12 Bl ungeteilt **13**

12* Bl gefiedert, gefingert od. handfg gelappt bis geteilt. FrKn oberständig **17**

13 StaubBl 10 od. mehr **14**

13* StaubBl 4 od. 5 od. nur ♀ B **15**

14 Zwergsträucher, bis 30 cm hoch. Bl 1–3 cm lg, ganzrandig. FrKn oberständig. **Sonnenröschen** – Heliánthemum S. 197

14* Sträucher, > 50 cm hoch. Bl 4–15 cm lg, gesägt. FrKn unterständig. **Hortensiengewächse** – Hydrangeáceae S. 292

15 **(13)** StaubBl vor den KrBl stehend. Griffel 2–5spaltig. FrKn mittelständig. SteinFr. Bl gesägt. **Kreuzdorn** – Rhámnus S. 357

15* StaubBl mit den KrBl abwechselnd. Griffel 1, ungeteilt **16**

16 Bl ganzrandig. B in Dolden od. Schirmrispen. FrKn unterständig. Beeren **Hartriegel** – Córnus S. 336

16* Bl gesägt. B in achselständigen Zymen. FrKn oberständig. Rote Kapseln. **Pfaffenhütchen** – Euónymus S. 356

17 **(12)** Bl einfach, handfg gelappt bis geteilt. KBl u. KrBl je 5, wenig verschieden. 2flüglige SpaltFr. **Ahorn** – Ácer S. 321

17* Bl zusammengesetzt **18**

18 Bl gefingert. B dorsiventral, groß, in aufrechten Rispen. StaubBl meist 7. **Roßkastanie** – Ǽsculus S. 322

18* Bl unpaarig gefiedert. B. radiär **19**

19 StaubBl u. FrKn ∞. Geschwänzte Nüßchen. Pfl kletternd. **Alpenrebe** – Clématis alpína S. 137

19* StaubBl 2 od. 5. FrKn 1. Pfl nicht kletternd **20**

20 Baum. KBl u. KrBl je 4. StaubBl 2. Griffel 1. Geflügelte Nüsse. **Blumen-Esche** – Fráxinus órnus S. 360

20* Strauch. KBl, KrBl u. StaubBl je 5. Griffel 2–3. Häutige, aufgeblasene Kapseln (Abb. **324**/1). **Pimpernuß** – Staphyléa S. 322

21 **(11)** SchmetterlingsB (s. S. 27 u. Abb. **300**/1) od. selten nur 1 KrBl vorhanden. StaubBl 10, ihre Staubfäden alle röhrig verwachsen od 1 frei. Hülsen. **Schmetterlingsblütengewächse** – Fabáceae S. 300

21* Keine SchmetterlingsB, Kr fast stets radiär. KrBl mindestens 3 . . . . **22**

22 StaubBl ∞ **23**

22* StaubBl 3–10 od. nur ♀ B **27**

23 FrKn od. Griffel 2–∞ **24**

23* FrKn u. Griffel 1 25
24 B >5 cm br. NebenBl u. Stacheln fehlend. **Pfingstrose** – Paeónia S. 195
24* B kleiner, wenn >5 cm, dann Bl mit NebenBl u. Stg mit Stacheln. **Rosengewächse** – Rosáceae S. 261
25 **(23)** Bis 20 cm hoher Zwergstrauch. Bl nadelfg. Kr goldgelb. **Nadelröschen** – Fumána S. 198
25* Bäume od. >30 cm hohe Sträucher. Bl nicht nadelfg 26
26 BStandsstiel etwa zur Hälfte einem großen, flügelartigen VorBl angewachsen. Kr grünlichgelb. Nüsse. Bl herzfg. **Linde** – Tília S. 244
26* BStand ohne flügelartiges VorBl. Kr weiß od. rosa. SteinFr. **Rosengewächse** – Rosáceae S. 261
27 **(22)** Bl nadelfg od. schuppenfg 28
27* Bl flächig, wenn linealisch, dann B in Dolden 29
28 Bl nadelfg. B unscheinbar, einzeln achselständig. KBl, KrBl u. StaubBl je 3. Schwarze SteinFr. **Krähenbeere** – Émpetrums S. 255
28* Bl schuppenfg. B rosa od. weiß, in dichten Trauben. KBl u. KrBl je 5. StaubBl 10, verwachsen. Kapseln. **Rispelstrauch** – Myricária S. 231
29 **(27)** Pfl liegend od. kriechend, bis 20 cm hoch, od. kletternd 30
29* Bäume od. aufrechte, >30 cm hohe Sträucher od. Halbsträucher 32
30 Pfl mit verzweigten Ranken kletternd. Bl gelappt od. gefingert, Rand gezähnt. B in Rispen. **Weinrebengewächse** – Vitáceae S. 357
30* Pfl ohne Ranken. Bl ganz od. gelappt u. dann ganzrandig. B in Dolden od. doldigen Büscheln 31
31 Pfl mit Haftwurzeln kletternd od. kriechend. Bl immergrün, ganzrandig. **Efeu** – Hédera S. 337
31* Spalierstrauch mit knorrigem, liegendem Stamm. Bl sommergrün, fein gesägt. **Zwerg-Kreuzdorn** – Rhámnus púmila S. 357
32 **(29)** KBl, KrBl u. StaubBl je 6. B in Trauben. **Berberitzengewächse** – Berberidáceae S. 145
32* KBl u. KrBl je 4 od. 5. StaubBl selten 6 33
33 Bl ungeteilt 34
33* Bl gefiedert od. handfg gelappt bis gespalten 36
34 B in endständigen Dolden. Bl linealisch bis eifg, unterseits rostrot filzig. KrBl weiß. StaubBl 5–8 od meist 10. **Porst** – Lédum S. 253
34* B nicht in Dolden. Bl kahl. KrBl unscheinbar, grünlich. StaubBl 5 35
35 Bl elliptisch, spitz. B zu 1 od. wenigen achselständig. Griffel 1, ungeteilt. SteinFr. **Faulbaum** – Frángula S. 357
35* Bl verkehrteifg, abgerundet. B in lockeren Rispen. Griffel 3. Nüsse. **Perückenstrauch** – Cótinus S. 320
36 **(33)** Bl gelappt bis gespalten. B mit grünlichem, goldgelbem od. rotem K u. viel kleinerer Kr. FrKn unterständig. Beeren. **Johannisbeere** – Ríbes S. 291
36* Bl gefiedert. FrKn oberständig od. schwach mittelständig 37
37 Bl 2–3fach gefiedert od. fiederschnittig, blaugrün. KBl u. KrBl je 4, nur bei der ZentralB 5. Halbstrauch. **Raute** – Rúta S. 320
37* Bl einfach od. höchstens doppelt gefiedert. KBl u. KrBl aller B je 5 38
38 Äste mit kräftigen Dornen. Bl teils einfach, teils doppelt gefiedert. StaubBl 6–10. Hülse 20–40 cm lg. **Gleditschie** – Gledítsia S. 300
38* Pfl dornenlos. Bl einfach gefiedert 39
39 FrKn 1, mit 3 Griffeln. StaubBl 5. Trockene SteinFr. **Sumach** – Rhus S. 320
39* FrKn (3–)5–6, frei, aber Griffel verbunden. StaubBl 5 od. 10. Geflügelte Nüßchen. Bl bis 1 m lg. **Götterbaum** – Ailánthus S. 321
40 **(10)** FrKn deutlich unterständig 41

40* FrKn ober- od. mittelständig, zuweilen halbunterständig, selten nur ♂ B. **46**
41 B in Dolden, Doppeldolden, Köpfen od. in kurzen, dichten Ähren **42**
41* B einzeln od. in Trauben, armblütigen Schirmtrauben, Rispen od. in langen, lockeren Ähren **44**
42 Bl gegenständig. Dolden von 4 großen, weißen HochBl umgeben (Abb. **336**/2). B 4zählig. Rote SteinFr. **Schwedischer Hartriegel** – Córnus suécica S. 337
42* Bl wechselständig. B 5zählig **43**
43 Griffel 1. KrBl linealisch (Abb. **432**/3, 4). Bl ungeteilt. B in Köpfen od. dichten Ähren. Kapseln. **Glockenblumengewächse** – Campanuláceae S. 432
43* Griffel 2. KrBl breiter. Bl zusammengesetzt od. tief geteilt, selten ungeteilt. B in Doppeldolden, Dolden od. selten in Köpfen. SpaltFr (Abb. **338**/5). **Doldengewächse** – Apiáceae S. 337
44 **(41)** Zumindest GrundBl unterbrochen gefiedert. K am Grund mit ∞ hakig-stachligen Borsten od. von einer 6–10spaltigen Hülle umgeben. **Rosengewächse** – Rosáceae S. 261
44* Bl ganz od. gelappt bis geteilt. K nicht mit hakigen Borsten u. nicht von HüllBl umgeben **45**
45 KBl u. KrBl je 5. StaubBl 10. Griffel 2. **Steinbrech** – Saxífraga S. 296
45* KBl u. KrBl je 2 od. 4. StaubBl 2 od. 8. Griffel 1. **Nachtkerzengewächse** – Onagráceae S. 331
46 **(40)** FrKn 2–∞. Wenn nur ♂ B, dann Bl wechselständig **47**
46* FrKn 1, zuweilen tief 4–5lappig, aber dann nur 1 Griffel. Wenn nur ♂ B, dann Bl gegenständig **50**
47 Bl dickfleischig, flach bis stielrund, stets ungeteilt, meist ganzrandig, ohne NebenBl. K 3–20teilig. KrBl ebenso viele. StaubBl ebenso viele od. doppelt so viele. **Dickblattgewächse** – Crassuláceae S. 292
47* Bl krautig bis ledrig, nicht saftig-fleischig, oft zusammengesetzt od. geteilt. StaubBl ∞, selten 5–10 . . . . **48**
48 KBl 5 od. 8–10, am Rand einer Achsenverbreiterung od. eines Achsenbechers sitzend, daher scheinbar verwachsen, oft 2reihig (mit AußenK). KrBl 4–9. Bl am Grund mit 2 NebenBl (wenn diese fehlend, dann Pfl 2häusig). **Rosengewächse** – Rosáceae S. 261
48* KBl 3–5, deutlich frei. KrBl 5–∞. FrKn oberständig. NebenBl fehlend **49**
49 B 7–13 cm br. Kr rot. FrKn 2–3. **Pfingstrose** – Paeónia S. 195
49* B kleiner, wenn bis 8 cm br, dann gelb. FrKn ∞. **Hahnenfußgewächse** – Ranunculáceae S. 131
50 **(46)** KrBl ungleich. B dorsiventral od. disymmetrisch **51**
50* KrBl gleich. B radiär **59**
51 B am Grund mit Sporn(en) od. Aussackung **52**
51* B am Grund weder mit Sporn(en) noch mit Aussackung **55**
52 Bl zusammengesetzt od. tief geteilt. KBl 2, hinfällig. KrBl 4. StaubBl zu 2 Dreierbündeln verwachsen. **Erdrauchgewächse** – Fumariáceae S. 147
52* Bl ungeteilt. KBl 3 od. 5. KrBl 5 . . . . **53**
53 Bl schildfg. StaubBl 8. Stg kletternd od liegend. **Kapuzinerkresse** – Tropaéolum S. 328
53* Bl nicht schildfg. StaubBl 5 . . . . **54**
54 KBl 5, grün, am Grund mit Anhängsel (Abb. **198**/2). KrBl alle frei, das untere gespornt. **Veilchen** – Víola S. 198
54* KBl 3, kronartig gefärbt, 1 viel größer u. gespornt (Abb. **324**/2). KrBl zu 2+2+1 verwachsen. **Springkraut** – Impátiens S. 323
55 **(51)** KBl zu einer 5zähnigen od. 2lippigen Röhre verwachsen. SchmetterlingsB (Abb. **300**/1). StaubBl 10, ihre Staubfäden alle röhrig verwachsen od. meist 1 frei. Bl meist zusammengesetzt. **Schmetterlingsblütengewächse** – Fabáceae S. 300
55* KBl frei od. nur am Grund verwachsen **56**

56 K aus 3 kleinen, grünen Bl u. seitlichen größeren, kronartig gefärbten Bl bestehend. KrBl mit den 8 StaubBl zu einer Röhre („Schiffchen") mit fransigem Anhängsel verbunden (Abb. **329**/3). **Kreuzblümchen** – Polýgala S. 329
56* KBl 4–6, ± gleich. Kr anders gestaltet. StaubBl frei **57**
57 StaubBl 6 (2 kürzere u. 4 längere). KBl u. KrBl je 4. Schötchen. **Kreuzblütengewächse** – Brassicáceae S. 203
57* StaubBl 10–30. Kapseln **58**
58 KrBl 25–35 mm lg, ungeteilt, rosa, selten weiß (Abb. **320**/1). StaubBl 10. **Diptam** – Dictámnus S. 320
58* KrBl bis 5 mm lg, z.T. unregelmäßig zerschlitzt, gelblich. StaubBl 10–30. **Resede** – Reséda S. 231
59 **(50)** StaubBl mindestens 12 .... **60**
59* StaubBl 1–10 od. nur ♀ B **66**
60 K 2(–1)blättrig od. 2teilig **61**
60* K 4–5blättrig od. 4–12zähnig **62**
61 Bl gefiedert, fiederteilig od. grob gezähnt. B gestielt. KrBl 4. Pfl meist mit Milchsaft. **Mohngewächse** – Papaveráceae S. 145
61* Bl ungeteilt, ganzrandig, fleischig. B sitzend. KrBl 5. Pfl liegend, ohne Milchsaft. **Portulak** – Portuláca S. 186
62 **(60)** Bl zusammengesetzt od. gelappt bis geteilt **63**
62* Bl ungeteilt. Kapseln **64**
63 Bl 3zählig bis doppelt gefiedert. KBl u. KrBl je 4, hinfällig. Beeren. **Christophskraut** – Actǽa S. 133
63* Bl handfg gelappt bis geteilt. K 5spaltig, meist mit 3–∞blättrigem AußenK. KrBl 5. Staubfäden röhrig verwachsen (Abb. **242**/1). Vielteilige SpaltFr, selten Kapseln. **Malvengewächse** – Malváceae S. 241
64 **(62)** K röhrig, (8–)12zähnig. KrBl 6, purpurrot. StaubBl 12 (6 lange u. 6 kurze). B quirlig, in dichten Ähren. **Gewöhnlicher Blutweiderich** – Lýthrum salicária S. 331
64* KBl 5, frei, oft ungleich groß. KrBl 5, meist gelb. StaubBl ∞ **65**
65 KBl gleich. Griffel 3–5. StaubBl am Grund in 3–5 Bündel verwachsen. **Johanniskraut** – Hypéricum S. 195
65* KBl ungleich, die 2 äußeren bedeutend kleiner als die 3 inneren. Griffel 1 od. Narbe sitzend. StaubBl frei. **Zistrosengewächse** – Cistáceae S. 197
66 **(59)** Griffel u. Narbe 1 (Narbe zuweilen 2lappig) **67**
66* Griffel 2–8 od. 1 Griffel mit 3–5 Narben. Zuweilen nur ♂ B **74**
67 Pfl wachsgelb, ohne Blattgrün, fleischig. Bl schuppenfg. B in anfangs nickender Traube, 5- od. 4zählig. **Fichtenspargel** – Monótropa S. 251
67* Pfl mit grünen Bl **68**
68 B 7(5–9)zählig, dünn gestielt. Obere Bl scheinquirlig genähert, darunter einige bedeutend kleinere. **Siebenstern** – Trientális S. 257
68* B nicht 7zählig. Bl gleichmäßig am Stg verteilt od. grundständig **69**
69 StaubBl 8 od. 10 .... **70**
69* StaubBl 1–6 .... **71**
70 Bl 1–3fach gefiedert. Pfl > 30 cm hoch, stark duftend. **Rautengewächse** – Rutáceae S. 320
70* Bl ungeteilt, immergrün. **Wintergrüngewächse** – Pyroláceae S. 249
71 **(69)** K röhrig od. glockig, 12zähnig. KrBl 6. StaubBl (2–)6. B einzeln achselständig. **Blutweiderichgewächse** – Lythráceae S. 330
71* KBl u. KrBl je 4. B in Trauben, Rispen od. achselständigen Knäueln **72**
72 Stg mit nur einem doppelt 3zähligen Bl. KBl von 4–6 AußenKBl umgeben, rot (Abb. **145**/1). StaubBl 4. **Sockenblume** – Epimédium S. 145
72* Stg mit mehreren Bl od. alle Bl grundständig **73**

73 FrKn oberständig. StaubBl 6 (2 kürzere u. 4 längere), selten nur 4 od. 2.
Kreuzblütengewächse – Brassicáceae S. 203

73* FrKn mittelständig. K aus 4 kleineren äußeren u. 4 größeren, gelbgrünen inneren Bl bestehend. Kr fehlend. StaubBl 4 od. 1. Bl handfg gelappt bis geteilt.
Rosengewächse – Rosáceae S. 261

74 **(66)** Bl handfg gespalten bis gefingert od. gefiedert. Griffel od. Narben 5 . . . . **75**

74* Bl ungeteilt, wenn gelappt bis gespalten, dann Griffel 2 . . . . **76**

75 Bl 3zählig, kleeähnlich. Blchen verkehrtherzfg, ganzrandig. Kapseln.
Sauerklee – Óxalis S. 325

75* Bl gefiedert od handfg gespalten bis gefingert, wenn 3zählig, dann Blchen geteilt. 5teilige, geschnäbelte SpaltFr. **Storchschnabelgewächse** – Geraniáceae S. 326

76 **(74)** Stg nur mit 1 BlQuirl aus 4(–5) Bl u. 1 endständigen B (Abb. **512**/3). KBl u. KrBl je 4. StaubBl 8. (Einkeimblättrige Pfl!). [**Einbeere** – Páris S. 513]

76* Stg mit ∞ Bl od. mit grundständigen Bl **77**

77 Bl grundständig, Stg höchstens mit 1 Bl od. 1 verwachsenen BlPaar **78**

77* StgBl ∞, quirlig, gegen- od. wechselständig **81**

78 Stg über den GrundBl mit 1 herzfg Bl od. 1 rundlich-trichterfg verwachsenen BlPaar **79**

78* Stg blattlos **80**

79 B 20–30 mm br, einzeln endständig (Abb. **299**/1). Grundständige Bl herzfg.
Herzblatt – Parnássia S. 298

79* B 5–8 mm br, in traubenähnlichen Wickeln. Grundständige Bl rhombisch bis br oval.
Claytonie – Claytónia S. 187

80 (**78**) B in Köpfen mit HochBlHülle (Abb. **194**/1). Kr rosa. Bl ohne Stieldrüsen.
Grasnelke – Arméria S. 194

80* B in traubenähnlichen Wickeln. Kr weiß. Bl mit lg gestielten Drüsen (Abb. **299**/3).
Sonnentau – Drósera S. 299

81 **(77)** Bl wechselständig. KrBl 5 . . . . **82**

81* Bl gegenständig od. quirlig **85**

82 B etwa 1 mm groß, weiß, in kleinen, büschligen Rispen. Pfl blaugrün. Stg zart, meist liegend. **Hirschsprung** – Corrigíola S. 174

82* B größer **83**

83 B sitzend, einzeln od. zu wenigen geknäuelt. K 2spaltig. Kr goldgelb. StaubBl 7–15. Bl spatelfg, fleischig. **Portulak** – Portuláca S. 186

83* B gestielt, in lockeren Trauben, Rispen od. Zymen, seltener einzeln. K 5blättrig . . . **84**

84 StaubBl 10. Griffel 2. Bl oft gelappt bis gespalten. **Steinbrech** – Saxífraga S. 296

84* StaubBl u. Griffel je 5. Bl ungeteilt. **Lein** – Línum S. 323

85 **(81)** KBl 2–3 od. 4 u. dann Bl quirlig. KrBl 3 od. 4. StaubBl 3, 6 od. 8. B 1–3 mm br, einzeln achselständig, sitzend od. kurz gestielt. Kleine Schlammkräuter.
Tännel – Elatíne S. 197

85* KBl 5 (oft verwachsen) od. 4 u. dann Bl gegenständig. KrBl 5 od. 4. StaubBl 1–11, meist 4, 5 od. 10. B meist in BStänden, einzeln endständig od. seltener in achselständigen Knäueln **86**

86 Griffel 2. Kr rot, violett od. blau. KBl frei, aber zuweilen einem Achsenbecher aufsitzend. StaubBl 10. Stg dicht beblättert, 1–6blütig. Alpine Polster- od. KriechPfl.
Steinbrech – Saxífraga S. 296

86* Griffel 2–5. Kr häufig weiß, wenn rot u. Griffel 2, dann KBl röhrig od. glockig verwachsen. Zuweilen nur ♂ B **87**

87 KBl, KrBl, StaubBl u. Griffel gleichzählig, entweder je 4 u. dann KBl 2- od. 3zähnig od. je 5 u. dann KrBl weiß mit gelbem Grund. **Leingewächse** – Lináceae S. 323

87* BOrgane selten gleichzählig. KBl frei, 4 od. 5, ungeteilt, od. verwachsen mit 5zähnigem Saum. KrBl ohne gelben Fleck. StaubBl 1–11. B zuweilen 1geschlechtig.
Nelkengewächse – Caryophylláceae S. 157

Tabelle VI · Zweikeimblättrige Pflanzen mit verwachsenen Kronblättern

1 Pfl schmarotzend, ohne Blattgrün; bleich, gelblich, rötlich, bläulich od. braun **2**
1* Pfl mit grünen Bl **4**
2 Stg fädig, windend, blattlos. B radiär, meist in dichten Knäueln (Abb. **382**/1). **Seide** – Cuscúta S. 380
2* Stg kräftig, nicht windend, mit SchuppenBl. B 2lippig, in Ähren od. Trauben **3**
3 Stg aufrecht. B allseitswendig, aufrecht bis abstehend. **Sommerwurz** – Orobánche S. 408
3* Stg übergebogen. B einseitswendig, nickend. **Schuppenwurz** – Lathrǽa S. 408
4 **(1)** FrKn unter- od. halbunterständig. Zuweilen Pfl nur mit ♂ B **5**
4* FrKn oberständig (oft in die KRöhre eingeschlossen). B meist ⚥, nie 2häusig **17**
5 Stg niederliegend od. kletternd, mit lg Ranken neben den Bl. Bl fingernervig, meist gelappt bis geteilt. B 1geschlechtig. **Kürbisgewächse** – Cucurbitáceae S. 202
5* Pfl ohne Ranken **6**
6 Bl quirlig. K 4–6spaltig od. rückgebildet. Kr (3–)4spaltig. **Rötegewächse** – Rubiáceae S. 366
6* Bl grund-, gegen- od. wechselständig **7**
7 B in Köpfen. Kräuter **8**
7* B nicht in Köpfen, wenn kopfig gedrängt, dann holzige KletterPfl od. Stg gablig verzweigt **11**
8 Stg außer den grundständigen Bl nur mit 2 gegenständigen, 3zähligen Bl u. 1 endständigen Köpfchen aus 5(–9) B (Abb. **373**/1). GipfelB 4zählig, SeitenBl 5zählig. **Moschuskraut** – Adóxa S. 373
8* Pfl anders gestaltet **9**
9 StaubBl 4. Kr 4- od. 5spaltig (Abb. **376**/2–4). Bl gegenständig. **Kardengewächse** – Dipsacáceae S. 376
9* StaubBl 5 od. fehlend. Bl meist wechsel- od. grundständig, selten gegenständig ... **10**
10 KrBl nur in ihrem oberen Teil miteinander verbunden, Kr daher schneebesenähnlich (Abb. **432**/3). Staubbeutel frei. **Teufelskralle** – Phytéuma S. 433
10* KrBl im unteren Teil verwachsen; Kr röhrig-5zähnig od. zungenfg (Abb. **437**/2, 3). Staubbeutel fast stets zu einer Röhre verklebt. **Korbblütengewächse** – Asteráceae S. 437
11 **(7)** Bl gegenständig **12**
11* Bl grund- od. wechselständig **14**
12 StaubBl 5, mit dem vergrößerten Narbenkopf verwachsen, jedes mit 1 nebenkronartigen Anhängsel (Abb. **365**/3, 4). Fr aus 2 vielsamigen BalgFrchen bestehend. **Schwalbenwurz** – Vincetóxicum S. 366
12* StaubBl frei. SchließFr **13**
13 StaubBl 5 od. 4. Meist Sträucher, wenn krautig, dann Stg kriechend (Abb. **371**/1) od. Bl mit NebenBl (Abb. **371**/2). SteinFr od. Beeren. **Geißblattgewächse** – Caprifoliáceae S. 371
13* StaubBl 3, 1 od. fehlend. Aufrechte Kräuter ohne NebenBl. Nüsse. **Baldriangewächse** – Valerianáceae S. 373
14 **(11)** Kr 2lippig, 5zipflig, die 2 oberen Zipfel kleiner als die 3 unteren. **Lobelie** – Lobélia S. 437
14* Kr radiär **15**
15 Kriechende Zwergsträucher. StaubBl 8. K- u. KrZipfel je 4. Beeren. **Heidekrautgewächse** – Ericáceae S. 251
15* Kräuter. StaubBl 5. K- u. KrZipfel je 5. Kapseln **16**
16 Griffel mit 2–5 Narben. Kapsel 2–5fächrig. Kr blau bis violett, selten weiß od. gelb. **Glockenblumengewächse** – Campanuláceae S. 432

16* Griffel mit 1 kopfigen Narbe. Kapsel 1fächrig. B klein. Kr weiß. **Salzbunge** – Sámolus S. 261
17 **(4)** Grundständige Bl gestielt, rhombisch bis br oval, etwas fleischig. Stg meist ∞, jeweils mit 1 rundlich-trichterfg verwachsenen BlPaar. B 5–8 mm br, in traubenähnlichen Wickeln. **Claytonie** – Claytónia S. 187
17* Pfl anders gestaltet. StgBl entweder mehrere od. fehlend **18**
18 Bl gegenständig od. quirlig **19**
18* Bl grund- od. wechselständig, zuweilen gepaart (d. h. nebeneinander 1 kleineres u. 1 größeres) **31**
19 StaubBl 3. Griffel 3. Kr bis 1,6 mm lg, 5zipflig, an einer Seite bis zum Grund aufgeschlitzt, weiß. **Quellkraut** – Móntia S. 187
19* StaubBl 2 od 4–10. Griffel 1, höchstens Narbe 2–3spaltig. Kr größer, wenn <2 mm, dann 4zipflig, nicht aufgeschlitzt **20**
20 B ± dorsiventral. KrZipfel zumindest in der Größe ungleich. StaubBl 4 od. 2 . . . . . . **21**
20* B radiär. KrZipfel völlig gleich **23**
21 FrKn ungeteilt. Fr eine Kapsel. Kr 2lippig od. radfg-4zipflig. **Braunwurzgewächse** – Scrophulariáceae S. 392
21* FrKn 4lappig bis tief 4teilig (beim Blick in den K ein Kreuz sichtbar). Fr reif in 4 TeilFr (Klausen) zerfallend **22**
22 B in sehr schmalen, lg Ähren, auf gleicher Höhe nur je 2 B. Kr 5zipflig, undeutlich 2lippig, blaßlila (Abb. **417**/2). **Eisenkraut** – Verbéna S. 417
22* B in Thyrsen, wenn scheinbar ährig, dann auf gleicher Höhe mehrere B (Scheinquirle). Kr meist deutlich 2lippig, seltener 1lippig od. 4zipflig. **Lippenblütengewächse** – Lamiáceae S. 417
23 **(20)** Zwergsträucher od. Sträucher **24**
23* Kräuter **26**
24 StaubBl 5, 8 od. 10. Meist <1 m hohe Zwergsträucher. **Heidekrautgewächse** – Ericáceae S. 251
24* StaubBl 2 od 4. Mindestens 1 m hohe Sträucher **25**
25 StaubBl 2. Bl kahl. **Ölbaumgewächse** – Oleáceae S. 359
25* StaubBl 4. Bl unterseits weißfilzig. **Sommerflieder** – Buddléja S. 392
26 **(23)** B unscheinbar, in dichten kopfigen Ähren. Kr etwa 2 mm br, trockenhäutig, 4zipflig. StaubBl 4, weit aus der KrRöhre herausragend. **Sand-Wegerich** – Plantágo arenária S. 415
26* B ansehnlich, nicht in dichten Ähren. Kr >3 mm br, weiß od. farbig **27**
27 StaubBl 5, mit dem vergrößerten Narbenkopf verwachsen od. diesem fest anliegend. Fr aus 2 vielsamigen BalgFrchen bestehend **28**
27* StaubBl 4–8, nicht mit der Narbe verbunden. Fr eine einzelne Kapsel **29**
28 Stg aufrecht, an der Spitze oft windend. Bl sommergrün. B in achselständigen Zymen, gelblichweiß (Abb. **365**/3, 4). **Schwalbenwurz** – Vincetóxicum S. 366
28* Stg kriechend od. bogig, nur blühende Zweige aufrecht. Bl immergrün. B einzeln, blau, selten weiß. **Immergrün** – Vínca S. 366
29 **(27)** StaubBl vor (über) den KrZipfeln stehend. Narbe 1, kopfig. Sa an zentralem Säulchen. **Primelgewächse** – Primuláceae S. 256
29* StaubBl mit den KrZipfeln abwechselnd. Narbe 2–3spaltig bis undeutlich 2lappig. Sa wandständig **30**
30 Alle Bl gegenständig. Narbe 2spaltig bis undeutlich 2lappig. **Enziangewächse** – Gentianáceae S. 361
30* Obere Bl wechselständig. Narbe 3spaltig. **Himmelsleitergewächse** – Polemoniáceae S. 378
31 **(18)** SchmetterlingsB (s. S. 27). StaubBl unter sich u. mit der Kr verwachsen, völlig in die Kr eingeschlossen **32**
31* Keine SchmetterlingsB. StaubBl nicht miteinander verwachsen, aber meist in die KrRöhre eingefügt **33**

32 Bl 3zählig. **Klee** – Trifólium S. 306
32* Bl ungeteilt. **Kreuzblümchen** – Polýgala S. 329
33 **(31)** StaubBl 6–10 . . . . **34**
33* StaubBl 2–5, selten B 1geschlechtig **35**
34 Holzgewächse. K- u. KrZipfel je 5. StaubBl 10. **Heidekrautgewächse** – Ericáceae S. 251
34* Kräuter. B 7(5–9)zählig. Obere Bl scheinquirlig genähert. **Siebenstern** – Trientális S. 257
35 **(33)** StaubBl 2 od. 4, selten 0 . . . . **36**
35* StaubBl 5 . . . . **43**
36 B dorsiventral. KrZipfel zumindest in der Größe ungleich **37**
36* B radiär. KrZipfel völlig gleich. StaubBl 4 . . . . **39**
37 B in Köpfen. Kr blau. StaubBl 4. **Kugelblume** – Globulária S. 413
37* B nicht in Köpfen **38**
38 LandPfl mit beblättertem Stg. **Braunwurzgewächse** – Scrophulariáceae S. 392
38* LandPfl mit nur grundständigen, klebrigen Bl od. WasserPfl mit fein zerteilten Bl. B gespornt. **Wasserschlauchgewächse** – Lentibulariáceae S. 413
39 **(36)** Holzgewächse. Bl ledrig, dornig gezähnt. Rote SteinFr. **Stechpalme** – Ílex S. 356
39* Kräuter. Bl nicht dornig. Kapseln od. Nüsse **40**
40 Bl wechselständig. B einzeln achselständig. **Zwerggauchheil** – Centúnculus S. 258
40* Alle Bl grundständig **41**
41 B in gestielten Ähren od. Köpfen, ⚥. LandPfl. **Wegerich** – Plantágo S. 415
41* B grundständig, gestielt. Sumpf- od. WasserPfl **42**
42 Bl lg gestielt, schmal spatelfg. B ⚥ (Abb. **397**/3). **Schlammling** – Limosélla S. 398
42* Bl ungestielt, linealisch bis pfriemlich. B 1geschlechtig, ♂ lg gestielt, ♀ am Grund dieses Stiels (Abb. **417**/1). **Strandling** – Littorélla S. 416
43 **(35)** Bl grundständig **44**
43* Bl wechselständig **45**
44 Griffel 5. K trockenhäutig. Nüsse. **Bleiwurzgewächse** – Plumbagináceae S. 194
44* Griffel 1. K krautig. Kapseln. **Primelgewächse** – Primuláceae S. 256
45 **(43)** SumpfPfl mit 3zähligen Bl od. WasserPfl mit einfachen, rundlichen Bl. **Fieberkleegewächse** – Menyantháceae S. 360
45* LandPfl, selten SumpfPfl. Bl gefiedert od. einfach, zuweilen am Spreitengrund mit 2 deutlich kleineren Zipfeln **46**
46 Narben 2 od. 3 . . . . **47**
46* Narbe 1, aber zuweilen etwas 2lappig **49**
47 Stg windend od. liegend. B einzeln achselständig, groß, trichterfg. **Windengewächse** – Convolvuláceae S. 379
47* Stg aufrecht, nicht windend. B in Rispen, Köpfen od. Wickeln **48**
48 Kr stieltellerfg od. fast radfg. Narben 3. **Himmelsleitergewächse** – Polemoniáceae S. 378
48* Kr trichterfg. Griffel 2spaltig. B in eingerollten Wickeln. **Phazelie** – Phacélia S. 381
49 **(46)** FrKn tief (2- od.)4teilig, selten zur BZeit ungeteilt. Fr reif in (2 od.) 4 TeilFr (Klausen) zerfallend. B in Wickeln. Pfl meist rauhhaarig, selten völlig kahl. **Boretschgewächse** – Boragináceae S. 381
49* FrKn ungeteilt. Kapseln od. Beeren **50**
50 Staubfäden (wenigstens einige in jeder B) in ganzer Länge weiß- od. violett-wollig. Kr radfg, schwach dorsiventral, mit ganz kurzer, weiter Röhre (Abb. **392**/1). **Königskerze** – Verbáscum S. 394
50* Staubfäden ohne Wolle, höchstens am Grund zottig. Kr trichter- bis radfg od. glockig. **Nachtschattengewächse** – Solanáceae S. 389

Tabelle VII · Bäume und Sträucher

Mit der Tabelle können HolzPfl im nichtblühenden Zustand bestimmt werden, bei blühenden Bäumen u. Sträuchern siehe auch die Tabellen II, IV–VI od. IX.

1 Alle Bl nadel- od. schuppenfg od. verdornt **2**
1* Bl weder nadel- noch schuppenfg od. dornfg (wenn BlDornen vorhanden, dann daneben auch normale Bl) **13**
2 Pfl stark dornig; BlStiele, NebenBl u. Kurztriebe zu grünen, stechenden Dornen umgewandelt. BlSpreite fehlend. **Stechginster** – Úlex S. 303
2* Pfl dornenlos. Bl nadel- od. schuppenfg **3**
3 Bl schuppenfg **4**
3* Bl nadelfg **6**
4 Bl wechselständig, sommergrün. **Rispelstrauch** – Myricária S. 231
4* Bl gegenständig. 4zeilig, immergrün **5**
5 Bl am Grund mit 2 abwärts gerichteten, spornartigen Anhängseln (Abb. **252**/2). K u. Kr lilarosa. Zwergstrauch, < 1 m. **Heidekraut** – Callúna S. 254
5* Bl am Grund ohne Anhängsel (Abb. **128**/5). B in Zapfen. Sträucher od. Bäume. **Zypressengewächse** – Cupressáceae S. 128
6 **(3)** Nadeln gegenständig od. zu 3–4 quirlig **7**
6* Nadeln wechselständig od. an Kurztrieben gebüschelt **9**
7 Nadeln gegenständig, weich u. sommergrün, mit den verlängerten Kurztrieben im Herbst abfallend. **Urweltmammutbaum** – Metasequóia S. 128
7* Nadeln meist quirlig (wenn gegenständig, dann daneben auch quirlig), derb u. immergrün **8**
8 Nacktsamige Nadelgehölze, meist > 0,5 m. Nadeln scharf zugespitzt u. stechend (Abb. **128**/6). Samen in Beerenzapfen. B 1geschlechtig. Pfl 1- od. 2häusig. **Wacholder** – Juníperus S. 129
8* Bedecktsamige Zwergsträucher, < 0,5 m. Nadeln stumpf od. spitz, nicht stechend. Kapseln. B ⚥. **Heidekrautgewächse** – Ericáceae S. 251
9 **(6)** Zwergsträucher bis 0,5 m **10**
9* Bäume od. höhere Sträucher **11**
10 Immergrüner Zwergstrauch. BlRand zurückgerollt. Bl unterseits mit weißer Längsfurche, nicht stachelspitzig. Beerenartige SteinFr. **Krähenbeere** – Émpetrum S. 255
10* Sommergrüner Zwerghalbstrauch. Bl ± stielrund, unterseits ohne weiße Längsfurche, stachelspitzig. Kapseln. **Nadelröschen** – Fumána S. 198
11 **(9)** Nadeln weich u. sommergrün, 2zeilig, im Herbst mit den Kurztrieben abfallend. **Sumpfzypresse** – Taxódium S. 128
11* Nadeln derb u. immergrün od. wenn sommergrün, dann an Kurztrieben gebüschelt u. ohne diese abfallend **12**
12 Nadeln unter dem stielartigen Grund als grüne Leisten am Zweig herablaufend (Abb. **124**/3). Pfl 2häusig. Sa einzeln, mit fleischiger, napfartiger, bei Reife roter Hülle (Arillus, Abb. **124**/2). **Eibe** – Táxus S. 124
12* Nadelgrund nicht als grüne Leiste am Zweig herablaufend. Pfl 1häusig. Sa in Zapfen. **Kieferngewächse** – Pináceae S. 124
13 **(1)** Bl gegenständig, quirlig od. scheinquirlig genähert **14**
13* Bl wechselständig od. an Kurztrieben gebüschelt **43**
14 Alle Bl einfach; ungeteilt od. gelappt od. tief eingeschnitten **15**
14* Alle od. wenigstens ein Teil der Bl zusammengesetzt; gefiedert od. 3–7zählig gefingert **37**
15 Bl völlig ganzrandig (SchößlingsBl ausgenommen) **16**
15* Bl gesägt, gezähnt, gekerbt od. tiefer eingeschnitten **25**
16 Auf anderen Holzgewächsen schmarotzende Halbsträucher. **Mistelgewächse** – Lorantháceae S. 359

16* Im Erdboden wurzelnde Holzgewächse **17**
17 Halbsträucher mit mindestens z. T. niederliegenden od. kriechenden Sprossen ... **18**
17* Aufrechte od. kletternde Sträucher **20**
18 BlStiele gegenüberstehender Bl am Grund nicht durch eine Querlinie verbunden. Kr gelb, selten weiß, radiär. **Sonnenröschen** – Heliánthemum S. 197
18* BlStiele gegenüberstehender Bl am Grund durch eine Querlinie verbunden. Kr von verschiedener Farbe, wenn gelb od. weiß, dann dorsiventral **19**
19 Bl immergrün, ledrig, 2–8 cm lg, völlig kahl. Kr radiär. **Immergrün** – Vínca S. 366
19* Bl sommer- bis immergrün, entweder höchstens 1 cm lg od. länger, dann aber stark behaart. Kr dorsiventral. **Lippenblütengewächse** – Lamiáceae S. 417
20 **(17)** Sproßachse windend. **Geißblatt** – Lonícera S. 372
20* Sproßachsen nicht windend, aufrecht **21**
21 Bl 1–3(–6) cm lg, immergrün, ledrig **22**
21* Bl meist größer, sommergrün, krautig weich (selten auch wintergrün u. derber – vgl. Liguster, S. 360) **23**
22 Bl gegenständig u. zu 3 quirlig, 2–6 cm lg. B rötlich. **Berglorbeer** – Kálmia S. 253
22* Bl gegenständig, 1–3 cm lg. B unscheinbar, grünlich. **Buchsbaum** – Búxus S. 244
23 **(21)** Seitennerven von der Mittelrippe auffallend bogig zur BlSpitze verlaufend. **Hartriegel** – Córnus S. 336
23* Seitennerven nach dem BlRand zu verlaufend **24**
24 Ansatzstellen der Stiele jedes BlPaares durch eine Querlinie am Zweig verbunden (Abb. **369**/4). **Geißblattgewächse** – Caprifoliáceae S. 371
24* BlStiele nicht durch eine Querlinie verbunden. **Ölbaumgewächse** – Oleáceae S. 359
25 **(15)** Bl gesägt, gezähnt od. gekerbt, nie tiefer eingeschnitten **26**
25* Bl (wenigstens z. T.) gelappt bis geteilt **35**
26 Bl zu 3–6 scheinquirlig genähert. **Winterlieb** – Chimáphila S. 250
26* Bl gegenständig **27**
27 Zwerghalbsträucher, bis 0,60 m **28**
27* Höhere Sträucher **29**
28 Sprosse als fadenförmige Kriechtriebe dem Boden aufliegend. B zu 2 (Abb. **371**/1). **Moosglöckchen** – Linnǽa S. 372
28* Sprosse kräftiger, aufrecht, aufsteigend od. niederliegend od. als unterirdische Kriechtriebe. B scheinquirlig, meist in dichten BStänden. **Lippenblütengewächse** – Lamiáceae S. 417
29 **(27)** Ansatzstellen der Stiele jedes BlPaares durch eine Querlinie am Zweig verbunden (Abb. **369**/4). Bl zumindest ober- od. unterseits behaart (filzig, sternhaarig od. auch nur auf den Nerven) **30**
29* BlStiele gegenüberliegender Bl nicht durch Querlinie verbunden. Bl kahl **32**
30 BlUSeite ± weißfilzig. Triebe anfangs ± 4kantig. Kr fliederfarben. **Sommerflieder** – Buddléja S. 392
30* BlUSeite nicht weiß-, höchstens fast graufilzig. Triebe rund od. mit Längskanten. Kr andersfarbig **31**
31 Zweige mit deutlichen Längskanten od. -linien, die von den Bl nach unten verlaufen. **Geißblattgewächse** – Caprifoliáceae S. 371
31* Zweige ohne Längskanten od. -linien. **Hortensiengewächse** – Hydrangeáceae S. 292
32 **(29)** Seitennerven auffallend bogig auf die BlSpitze zu verlaufend. Zweige wenigstens z. T. verdornend. **Kreuzdorn** – Rhámnus S. 357
32* Seitennerven nach dem BlRand hin verlaufend. Pfl dornenlos **33**
33 Zweige rund, ohne Warzen od. Korkleisten. **Purpur-Weide** – Sálix purpúrea S. 235
33* Zweige ± 4kantig od. dicht warzig od. mit Korkleisten **34**
34 Zweige zwischen den Knoten hohl od. mit quergefächertem Mark. Bl im unteren Drittel ganzrandig. **Forsythie** – Forsýthia S. 360
34* Zweige mit vollem Mark. Bl ringsum fein gesägt. **Pfaffenhütchen** – Euónymus S. 356

35 **(25)** Bl nur an Langtrieben teilweise gelappt, sonst ungeteilt u. ganzrandig. **Schneebeere** – Symphoricárpus S. 372
35* Alle Bl gelappt (wenn wenig gelappt, dann BlRand gezähnt) **36**
36 BlStiel mit Drüsenhöckern (Abb. **371**/3). **Gewöhnlicher Schneeball** – Vibúrnum ópulus S. 372
36* BlStiel ohne Drüsenhöcker. **Ahorn** – Ácer S. 321
37 **(14)** Bl 5–7zählig gefingert. **Roßkastanie** – Aésculus S. 322
37* Bl 3zählig od. gefiedert **38**
38 Bl 3zählig (selten) u. einfach am gleichen Strauch. **Forsythie** – Forsýthia S. 360
38* Bl stets 3zählig od. gefiedert **39**
39 Windender od. kletternder Strauch. BlchenStiel mindestens halb so lg wie die Blchen. **Waldrebe** – Clématis S. 137
39* Bäume od. aufrechte Sträucher. Blchen kürzer gestielt od. sitzend **40**
40 Seitennerven der oft gelappten Blchen bis in die BlZähne reichend. **Eschen-Ahorn** – Ácer negúndo S. 321
40* Seitennerven den BlRand nicht erreichend. Blchen ungelappt **41**
41 Bäume. Markraum in Jungtrieben eng (nicht weiter als die Hälfte des Zweig∅). (5–)7–11(–13) Blchen. **Esche** – Fráxinus S. 360
41* Sträucher (selten baumartig). Markraum der Jungtriebe sehr weit (fast den Zweig ausfüllend). (3–)5–7 Blchen **42**
42 Jungtriebe glatt. Blchen am Grund mit kleinen linealen NebenBlchen. Fr groß, häutig, aufgeblasen (Abb. **324**/1). **Pimpernuß** – Staphyléa S. 322
42* Jungtriebe durch Korkporen höckrig. Blchen ohne NebenBlchen. SteinFr beerenartig. **Holunder** – Sambúcus S. 371
43 **(13)** Bl zusammengesetzt od. 2–3fach fiederschnittig **44**
43* Bl einfach, aber zuweilen tief geteilt **59**
44 Bl gefingert, 3–7zählig **45**
44* Bl gefiedert, stets mehr als 3 Blchen **49**
45 Blchen ganzrandig **46**
45* Blchen gesägt, gezähnt od. gelappt **47**
46 Mittleres Blchen 3zähliger Bl 2–3mal größer als seitliche Blchen. Kletternder Halbstrauch. **Bittersüßer Nachtschatten** – Solánum dulcamára S. 391
46* Mittleres Blchen 3zähliger Bl nicht od. kaum größer als seitliche. Aufrechte od. aufsteigende Sträucher. **Schmetterlingsblütengewächse** – Fabáceae S. 300
47 **(45)** Bl bis 2,5 cm lg, 3zählig, z. T. auch einfach. **Hauhechel** – Onónis S. 304
47* Bl größer, 3–7zählig **48**
48 Sproßachsen u. BlStiele mit Stacheln. Aufrechte bis kriechende Sträucher. Bl behaart (zumindest zerstreut auf USeite). **Brombeere** – Rúbus S. 276
48* Pfl ohne Stacheln. Mit Ranken klimmende Sträucher. Bl kahl. **Wilder Wein** – Parthenocíssus S. 357
49 **(44)** Bl 2–3fach gefiedert od. fiederschnittig. Halbsträucher **50**
49* Bl einfach od. selten doppelt gefiedert u. dann dorniger Zierbaum **51**
50 Bl u. Stg kahl, blaugrün. BlAbschnitte spatelfg bis verkehrteifg, Endzipfel größer, bis 13 mm br. B 14–20 mm br, in schirmfg Zymen. **Raute** – Rúta S. 320
50* Bl u. Stg zerstreut behaart od. grau- bis weißfilzig. BlAbschnitte linealisch bis elliptisch, Endzipfel nicht größer. B in 2–5 mm br Köpfen, diese zu Rispen vereinigt. **Beifuß** – Artemísia S. 462
51 **(49)** Blchen deutlich u. ringsum gesägt od. gezähnt **52**
51* Blchen ± ganzrandig, höchstens am Grund mit 1–3 großen Zähnen **55**
52 Bl immergrün, ledrig, dornig gezähnt. **Mahonie** – Mahónia S. 145
52* Bl nicht ledrig u. nicht dornig gezähnt **53**
53 Bl mit Milchsaft. Zweige dicht braunzottig. **Sumach** – Rhus S. 320
53* Bl ohne Milchsaft. Zweige kahl od. anders behaart **54**

54 Mark junger Zweige voll. Bl <30 cm lg. **Rosengewächse** – Rosáceae S. 261

54* Mark junger Zweige quer gefächert. Bl bis 60 cm lg. **Schwarze Walnuß** – Júglans nígra S. 154

55 **(51)** Blchen am Grund mit 1–3 großen, unterseits drüsigen Zähnen (Abb. **320**/2). **Götterbaum** – Ailánthus S. 321

55* Blchen ganzrandig od. höchstens undeutlich gezähnt od. gekerbt, aber am Grund ohne große Zähne ... **56**

56 Blchen im Mittel >8 cm lg. NebenBl fehlend. **Echte Walnuß** – Júglans régia S. 154

56* Blchen kleiner. NebenBl vorhanden, zuweilen verwachsen od. dornig od. häutig ... **57**

57 Oberes BlchenPaar an der BlSpindel mit grünem Saum herablaufend. NebenBl tütenfg. FrKn ∞. Strauch, bis 1 m Höhe. **Strauch-Fingerkraut** – Potentílla fruticósa S. 266

57* Blchen alle frei. NebenBl nicht tütenfg. FrKn 1. Sträucher od. Bäume, >1 m hoch ... **58**

58 Bl paarig, teils einfach, teils doppelt gefiedert. Stamm u. Äste mit kräftigen, oft geteilten Dornen. Hülse 20–40 cm lg. B radiär, unscheinbar. **Gleditschie** – Gledítsia S. 300

58* Bl unpaarig, stets einfach gefiedert, wenn paarig gefiedert, dann Pfl dornenlos. Hülse <10 cm lg. SchmetterlingsB. **Schmetterlingsblütengewächse** – Fabáceae S. 300

59 **(43)** Bl gelappt od. fiederspaltig bis -teilig ... **60**

59* Bl ganzrandig, gesägt, gezähnt od. gekerbt ... **73**

60 Stg kletternd, kriechend od. rankend ... **61**

60* Bäume od. aufrechte Sträucher ... **62**

61 Pfl mit verzweigten Ranken, die den Bl gegenüberstehen. Bl sommergrün. BlLappen gezähnt. B in Rispen. **Weinrebengewächse** – Vitáceae S. 357

61* Pfl mit Haftwurzeln kletternd od. kriechend. Bl immergrün. BlLappen ganzrandig. B in Dolden. **Efeu** – Hédera S. 337

62 **(60)** Bl 2lappig bis 2spaltig, gabelnervig (Abb. **124**/1). **Ginkgo** – Gínkgo S. 124

62* Bl von anderer Form, fieder- od. netznervig ... **63**

63 Pfl mit Milchsaft. FrStände himbeerähnlich. **Maulbeere** – Mórus S. 155

63* Pfl ohne Milchsaft ... **64**

64 Bl nur an Langtrieben zuweilen gelappt, sonst ungeteilt u. ganzrandig. **Schneebeere** – Symphoricárpus S. 372

64* Bl stets gelappt bis geteilt, wenn daneben auch ungeteilte Bl, dann diese gebuchtet **65**

65 Bl 10–20 cm br, handfg 3–7lappig. Borke jährlich in großen Platten abblätternd. Zweige am Grund der BlStiele mit zweigumfassender Ringlinie. **Platane** – Plátanus S. 150

65* Bl deutlich kleiner od. fiederfg gelappt bis geteilt. Borke nicht in großen Platten abblätternd. Zweige ohne Ringlinien ... **66**

66 Spreiten am Grund mit 3–5 etwa gleich kräftigen, fingerfg von der Spitze des BlStiels ausgehenden Nerven ... **67**

66* Spreiten mit nur einem vom BlStiel ausgehenden kräftigen Hauptnerv (Mittelrippe), fiedernervig ... **68**

67 Bäume. BlLappen ganzrandig. BlUSeite weiß od. grau. **Pappel** – Pópulus S. 232

67* Sträucher. BlLappen meist deutlich gezähnt. BlUSeite weder weiß noch grau. **Johannisbeere** – Ríbes S. 291

68 **(66)** Zweige mit verdornten Kurztrieben (Abb. **11**/1). **Weißdorn** – Cratǽgus S. 287

68* Pfl ohne Dornen ... **69**

69 BlEinschnitte an ihrem Grund (BlBuchten) abgerundet. BlLappen meist abgerundet, selten zugespitzt, entweder ganzrandig od. mit wenigen, in lange, haarfg Grannen auslaufenden Zähnen. **Eiche** – Quércus S. 151

69* BlBuchten spitz. BlLappen ringsum od. wenigstens an der Spitze gezähnt od. gesägt, aber Zähne ohne haarfg Grannen ... **70**

70 BlStiel >1,5 cm lg ... **71**

70* BlStiel <1,5 cm lg ... **72**

71 BlUSeite weiß-, grau- od. gelbgraufilzig, wenn ± kahl, dann Bl tief gelappt u. 3–5 Seitennervenpaare. Knospen sitzend. **Mehlbeere, Elsbeere** – Sórbus S. 285

71* BlUSeite graugrün bis grün, dicht behaart bis ± kahl, Bl schwach gelappt, >7 Seitennervenpaare. Knospen gestielt (Abb. **152**/8). **Grau-Erle** – Álnus incána S. 153
72 **(70)** Bl <6 cm lg u. br. Strauch <2 m Höhe. **Spierstrauch** – Spiraea S. 264
72* Bl 5–10 cm lg u. br. Strauch >2 m. **Hasel** – Córylus S. 153
73 **(59)** Bl gesägt, gezähnt od. gekerbt, selten z. T. ganzrandig **74**
73* Bl völlig ganzrandig **104**
74 LaubBl dornig gewimpert, gebüschelt an Kurztrieben. Jeder Kurztrieb in der Achsel eines verzweigten od. einfachen Dorns (umgewandeltes LangtriebBl). **Berberitze** – Bérberis S. 145
74* LaubBl nicht gebüschelt in der Achsel von Dornen **75**
75 Spreiten am Grund mit 3–5 etwa gleich kräftigen, fingerfg von der BlStielspitze ausgehenden Nerven **76**
75* Spreiten mit nur 1 vom BlStiel ausgehenden Hauptnerv, von dem oberhalb des Spreitengrundes die Seitennerven abzweigen **83**
76 Bl etwa 1 cm lg, fast kreisrund. **Zwerg-Birke** – Bétula nána S. 152
76* Bl größer **77**
77 BlStiel im Mittel mindestens 3 cm lg **78**
77* BlStiel <3 cm lg **80**
78 Spreitengrund herzfg, etwas unsymmetrisch, von der Spitze des BlStiels 4–5 kräftige Nerven fingerfg ausgehend. **Linde** – Tília S. 244
78* Spreitengrund keilfg, gestutzt, abgerundet od. schwach herzfg, symmetrisch, von der Spitze des BlStiels nur 3 kräftige Nerven ausgehend **79**
79 Seitennerven deutlich in die BlZähne verlaufend. **Birke** – Bétula S. 152
79* Seitennerven nicht in die BlZähne verlaufend. **Pappel** – Pópulus S. 232
80 **(77)** Seitennerven deutlich in die BlZähne verlaufend. **Hasel** – Córylus S. 153
80* Seitennerven vor dem BlRand bogig verbunden, höchstens die oberen in die BlZähne verlaufend **81**
81 Bl bis 4 cm lg u. 2,5 cm br. **Spierstrauch** – Spiraea S. 264
81* Bl größer **82**
82 Pfl mit Milchsaft. Spreitengrund herzfg. Bl z. T. gelappt. **Maulbeere** – Mórus S. 155
82* Pfl ohne Milchsaft. Spreitengrund nicht herzfg. Bl nie gelappt. **Rosengewächse** – Rosáceae S. 261
83 **(75)** Dornige Sträucher od. Bäume. **Rosengewächse** – Rosáceae S. 261
83* Pfl dornenlos **84**
84 Bl ganzrandig od. geschweift, Rand zottig gewimpert u. oft etwas wellig. **Buche** – Fágus S. 150
84* Bl deutlich gesägt, gezähnt od. gekerbt, wenn auch nicht immer der ganze BlRand, od. nur sehr fein gesägt, Rand nicht zottig gewimpert **85**
85 Seitennerven alle od. wenigstens die oberen in die BlZähne verlaufend **86**
85* Seitennerven sich vor dem BlRand verlierend od. bogig in die nächstoberen einmündend **94**
86 BlUSeite weiß- od. graufilzig. **Rosengewächse** – Rosáceae S. 261
86* BlUSeite grün od. grau, kahl od. behaart, aber nicht filzig **87**
87 BlUSeite mit gelben, aromatisch duftenden Drüsenpunkten. **Gagel** – Myríca S. 154
87* Bl nicht gelbdrüsig **88**
88 Spalierstrauch, 5–20 cm hoch. **Zwerg-Kreuzdorn** – Rhámnus púmila S. 357
88* Höhere Sträucher od. Bäume **89**
89 Bl mit >10 Paar kräftigen Seitennerven u. gleich vielen BlZähnen. Fr stark dornig. **Kastanie** – Castánea S. 158
89* Bl mit höchstens 10 Paar Seitennerven, wenn mehr, dann Anzahl der BlZähne wesentlich größer als Anzahl der Seitennerven. Fr nicht dornig **90**
90 Bl am Grund auffällig unsymmetrisch, dadurch Spreite ungleichhälftig. **Ulme** – Úlmus S. 154

90* BlSpreite am Grund nicht od. kaum unsymmetrisch **91**
91 Zweige 2zeilig beblättert (höchstens an kräftigen Sprossen spiralig). **Haselgewächse** – Coryláceae S. 153
91* Zweige spiralig beblättert **92**
92 BlStiel <8 mm lg. **Birke** – Bétula S. 152
92* BlStiel mindestens 1 cm lg **93**
93 Nur die oberen Seitennerven in die BlZähne verlaufend. B nicht in Kätzchen. **Felsenbirne** – Amelánchier S. 287
93* Alle Seitennerven (höchstens mit Ausnahme des unteren Paares) in die BlZähne verlaufend. B in Kätzchen. **Birkengewächse** – Betuláceae S. 151
94 **(85)** Zwergsträucher, <1 m hoch **95**
94* Höhere Sträucher od. Bäume **97**
95 Bl >3 cm lg. B weiß. SteinFr. **Strauch-Kirsche** – Cérasus fruticósa S. 290
95* Bl <3 cm lg. B nicht weiß. Keine SteinFr **96**
96 Pfl bis 80 cm hoch. Zweige grün, scharfkantig. **Heidelbeere** – Vaccínium myrtíllus S. 254
96* Pfl 1–4 cm hoch. Zweige nicht scharfkantig. B in Kätzchen. **Kraut-Weide** – Sálix herbácea S. 233
97 **(94)** Bl nur an der Spitze gesägt, unterseits wie die Zweige mit goldglänzenden, stark duftenden Harzdrüsenpunkten. **Gagel** – Myríca S. 154
97* Bl ohne solche Drüsenpunkte **98**
98 Jede Knospe mit nur einer einzigen kappenfg Knospenschuppe. B in Kätzchen. **Weide** – Sálix S. 232
98* Jede Knospe mit mehreren Knospenschuppen **99**
99 Bl immergrün, ledrig, dornig gezähnt. **Stechpalme** – Ílex S. 356
99* Bl sommergrün, weich, nicht dornig gezähnt **100**
100 Zweige zumindest z. T. verdornend od. mit dornartigen Enden. **Rosengewächse** – Rosáceae S. 261
100* Pfl dornenlos **101**
101 Bl ganzrandig od. geschweift, am Rand gewimpert u. oft etwas wellig. **Buche** – Fágus S. 150
101* Bl ringsum od. im oberen Drittel dicht gezähnt od. gesägt **102**
102 BlStiel <2 cm lg. **Rosengewächse** – Rosáceae S. 261
102* BlStiel mindestens 2 cm lg **103**
103 Bl im Mittel >5 cm br. BlStiel 2–12 cm lg, seitlich stark zusammengedrückt, wenn rund, dann BlUSeite weißlich. B in Kätzchen. **Pappel** – Pópulus S. 232
103* Bl <5 cm br, wenn breiter, dann BlStiel <2 cm lg. BlStiel rundlich. BlUSeite grün. B nicht in Kätzchen. **Rosengewächse** – Rosáceae S. 261
104 **(73)** Bl wenigstens unterseits von silbrigen od. rostbraunen, abwischbaren Schildhaaren schülfrig. **Ölweidengewächse** – Eleagnáceae S. 249
104* Bl kahl od. behaart, aber nicht durch Schildhaare schülfrig **105**
105 Pfl dornig **106**
105* Pfl nicht dornig **107**
106 Zwergsträucher. Zweige aufrecht od. aufsteigend. Bl <2 cm lg. Kr gelb, SchmetterlingsB. **Ginster** – Genísta S. 303
106* Höhere Sträucher. Zweige bogig überhängend. Bl größer. Kr purpurviolett, radiär. **Bocksdorn** – Lýcium S. 390
107 **(105)** Windende od. kletternde (u. kriechende) Sträucher u. Halbsträucher **108**
107* Weder windende noch kletternde Bäume u. Sträucher **111**
108 Bl immergrün, ledrig, kahl, 3–5eckig od. rhombisch bis eifg. z. T. auch gelappt. B in Dolden. **Efeu** – Hédera S. 337
108* Bl sommergrün, weich, eifg-lanzettlich od. herzfg. B nicht in Dolden **109**
109 Bl eifg-lanzettlich, am Spreitengrund oft mit 1 od. 2 Zipfeln. Kr violett. Beeren rot, länglich. **Bittersüßer Nachtschatten** – Solánum dulcamára S. 391

109* Bl herzfg **110**

110 NebenBl am Grund des BlStiels zu röhriger Scheide (Tute) verwachsen. B radiär, <1 cm lg, in großen Rispen. **Silberregen** – Fallópia baldschuánica S. 191

110* Bl ohne Tute. B dorsiventral, U-fg gekrümmt, 3–5 cm lg, einzeln. **Pfeifenwinde** – Aristolochía macrophýlla S. 150

111 **(107)** Bl mit Dornspitze od. kleinem, aufgesetztem Stachelspitzchen, immergrün. . **112**

111* Bl ohne Dornspitze u. ohne Stachelspitzchen, spitz od. stumpf **113**

112 Sträucher od. Bäume. Bl >2 cm lg, mit Dornspitze u. meist auch am Rand dornig gezähnt. **Stechpalme** – Ílex S. 356

112* Zwergstrauch, bis 20 cm hoch. Bl <2 cm lg, lanzettlich, ganzrandig, mit aufgesetztem Stachelspitzchen. **Zwergbuchs** – Polýgala chamaebúxus S. 329

113 **(111)** BlUSeite u. Zweige mit gelben Harzdrüsenpunkten. Pfl aromatisch duftend. **Gagel** – Myríca S. 154

113* Bl u. Zweige ohne gelbe Drüsen **114**

114 Niedrige Sträucher, bis 1(–1,50) m hoch **115**

114* Bäume od. höhere Sträucher **119**

115 Zweige grün, kantig od. geflügelt. **Schmetterlingsblütengewächse** – Fabáceae S. 300

115* Zweige deutlich holzig, nicht kantig **116**

116 Jede Knospe mit nur 1 kappenfg Knospenschuppe. B in Kätzchen. **Weide**– Sálix S. 232

116* Jede Knospe mit mehreren Knospenschuppen. B nicht in Kätzchen **117**

117 Bl mit je 2 NebenBl. **Zwergmispel** – Cotoneáster S. 289

117* Bl ohne NebenBl **118**

118 Bl 3–8 cm lg, wenn kürzer, dann an Zweigenden gedrängt, stets kahl, Rand nie umgerollt. **Seidelbast** – Dáphne S. 248

118* Bl kürzer, wenn >3 cm lg, dann behaart od. drüsig od. Rand umgerollt, am Stg ± gleichmäßig verteilt. **Heidekrautgewächse** – Ericáceae S. 251

119 **(114)** Bl behaart od. zumindest am Rand zottig gewimpert **120**

119* Bl kahl (nur bei **124*** anfangs auf den Nerven der BlUSeite behaart) **122**

120 Bl nur am Rand zottig gewimpert, sonst kahl od. höchstens unterseits Nerven behaart. **Buche** – Fágus S. 150

120* Bl wenigstens unterseits seidenhaarig od. filzig **121**

121 Jede Knospe mit nur 1 kappenfg Kospenschuppe. Bl unter- od. beiderseits weiß behaart, filzig od. seidig. **Weide** – Sálix S. 232

121* Jede Knospe mit mehreren Knospenschuppen. Bl unterseits weichhaarig, grau- od. weißfilzig, aber nie seidenhaarig. **Rosengewächse** – Rosáceae S. 261

122 **(119)** Bl lanzettlich bis eifg-lanzettlich **123**

122* Bl rundlich od. elliptisch **124**

123 Zweige aufrecht, nicht dornig. **Weide** – Sálix S. 232

123* Zweige bogig überhängend, ± dornig. **Bocksdorn** – Lýcium S. 390

124 **(122)** Bl rundlich, sehr stumpf. Seitennerven vor dem Rand verzweigt, nicht mit den benachbarten Nerven verbunden. **Perückenstrauch** – Cótinus S. 320

124* Bl elliptisch, spitz. Seitennerven am Rand bogig verbunden. **Faulbaum** – Frángula S. 357

Tabelle VIII · Tauch- und Schwimmpflanzen

Mit der Tabelle können Wasserpflanzen (ausgenommen die meisten Sumpfpflanzen, bei denen im Sommer die oberen Sproßteile aufrecht über das Wasser ragen) auch im nichtblühenden Zustand bestimmt werden.

1 Sprosse blattartig, linsenfg u. schwimmend, <1 cm (zuweilen nur stecknadelkopfgroß) od. gestielt lanzettlich, kreuzweise verbunden u. meist untergetaucht (Abb. **603**/5). B sehr selten, winzig. **Wasserlinsengewächse** – Lemnáceae S. 604

1* Pfl anders gestaltet. Stg mindestens 2 cm l **2**

2 Stg mit quirligen Ästen od. astlos u. dann mit vielzähnigen Scheiden. Pfl im Boden verankert, aufrecht, blütenlos **3**

2* Stg nicht mit quirligen Ästen (höchstens mit quirligen BStielen od. Bl) u. ohne vielzähnige Scheiden (höchstens mit ungezähnten Scheiden in den BlAchseln od. mit scheidigem BlGrund) **4**

3 Stg glatt, zäh, leicht in die einzelnen StgGlieder zerreißbar. Bl zu vielzähnigen, den Stg dicht umschließenden Scheiden verwachsen. Pfl über das Wasser ragend. Stg an der Spitze zuweilen mit Sporangiophor-Ähre (Abb. **110**/1). **Teich-Schachtelhalm** – Equisétum fluviátile S. 109

3* Stg u. Äste oft rauh, spröde, leicht brechend, blattlos, ohne Scheiden (Abb. **99**/1). Pfl stets untergetaucht. Astglieder zuweilen mit mohnkorngroßen Geschlechtsorganen (keine Gefäßpflanze!). [**Armleuchteralgen** – Charáceae]

1

4 **(2)** BlSpreite bauchig aufgetrieben, linsengroß, längs der Mittelrippe auf Reiz zusammenklappend. BlStiel flach, nach vorn keilig verbreitert, am vorderen Ende mit 4–6 Borsten (Abb. **299**/2). Pfl wurzellos, frei schwimmend. Bl dicht quirlig. B sehr selten. **Wasserfalle** – Aldrovánda S. 299

4* Pfl anders gestaltet **5**

5 Bl in viele fadenfg od. borstenfg Zipfel zerschlitzt, alle gleichgestaltet, stets untergetaucht **6**

5* Wenigstens die schwimmenden Bl nicht fein zerschlitzt, ungeteilt od. (bei Scheiberich) mit br Abschnitten gefiedert **10**

6 Bl wechselständig, ihre Zipfel z. T. mit 0,5–2 mm großen Bläschen besetzt (Abb. **414**/4). B in Trauben, gelb, 2lippig, gespornt (Abb. **414**/1–3). **Wasserschlauch** – Utriculária S. 414

6* Bl ohne Bläschen. B radiär **7**

7 Alle Bl quirlig. Pfl 1häusig **8**

7* Bl wechselständig, die oberen oft rosettig genähert. B ⚥ **9**

8 Bl wiederholt gabelteilig, hornartig hart (Abb. **130**/4, 5). B achselständig, unscheinbar, untergetaucht. Pfl wurzellos. **Hornblatt** – Ceratophýllum S. 131

8* Bl kammfg fiederschnittig, krautig weich. B quirlig, in auftauchenden Ähren. **Tausendblatt** – Myriophýllum S. 335

9 **(7)** Bl wiederholt gabelteilig (Abb. **138**/3). B weiß, einzeln. **Wasserhahnenfuß** – Ranúnculus S. 138

9* Bl kammfg fiederteilig. B rosa, in quirliger Traube. **Wasserprimel** – Hottónia S. 260

10 **(5)** Bl 4zählig, glückskleeähnlich. **Kleefarn** – Marsílea S. 122

10* Bl nicht 4zählig **11**

11 Bl rosettig, br linealisch, 3kantig, steif, 1–3 cm br, dornig gesägt. Rosette zur BZeit frei schwimmend u. halb aus dem Wasser ragend, sonst auch untergetaucht. **Krebsschere** – Stratiótes S. 494

11* RosettenBl fehlend od. nicht dornig gesägt **12**

12 Wenigstens die oberen Bl auf dem Wasser schwimmend. Höchstens B od. BStand aus dem Wasser herausragend **13**

12* Pfl ohne SchwimmBl, völlig untergetaucht. Höchstens BStand od. seltener oberer StgTeil aus dem Wasser herausragend **31**

13 Bl in 3zähligen Quirlen, davon je 2 elliptisch u. scheinbar gegenständig, schwimmend („Schwimmblätter"), das dritte untergetaucht u. wurzelähnlich zerschlitzt (Abb. **123**/1). SchwimmBl oberseits mit behaarten Warzen. Pfl frei schwimmend. **Schwimmfarn** – Salvínia S. 123

13* Pfl anders gestaltet **14**

14 Bl klein, schuppenartig, gefaltet, 2zeilig. Pfl blütenlos, frei schwimmend, reich verzweigt, bis 2,5 cm lg (Abb. **123**/2). **Algenfarn** – Azólla S. 123

14* Pfl anders gestaltet **15**

15 SchwimmBl gelappt od. zusammengesetzt. B weiß **16**

15* SchwimmBl weder gelappt noch zusammengesetzt, höchstens gezähnt od. gekerbt **17**

16 SchwimmBl rundlich, handfg gelappt bis geteilt (Abb. **140**/1, 2). B einzeln. StaubBl u. FrKn ∞. **Wasserhahnenfuß** – Ranúnculus S. 138

16* SchwimmBl gefiedert. B klein, in gablig paarigen Döldchen. StaubBl 5. FrKn 1. **Scheiberich** – Ápium S. 347

17 **(15)** Bl schildfg (Abb. **17**/8), lg gestielt. Spreite kreisrund, flach gekerbt, 1–3 mm ∅. Stg kriechend od. flutend. Unfruchtbar. **Wassernabel** – Hydrocótyle S. 337

17* Bl nicht schildfg **18**

18 Bl ungestielt, am Grund mit Scheide, fadenfg od. linealisch-bandfg, mindestens 20mal so lg wie br **19**

18* Bl gestielt od. am Grund stielartig verschmälert, lanzettlich bis rundlich, höchstens 10mal so lg wie br **21**

19 Bl fadenfg, 3–30 cm lg u. 0,2–1 mm br, undeutlich querfächrig. Stg mit achselständigen BlBüscheln. B in 2–6blütigen Köpfen, diese in lockeren Spirren angeordnet u. mit BlBüscheln. **Zwiebel-Binse** – Júncus bulbósus S. 532

19* Bl linealisch-bandfg, (10–)40–250 cm lg u. 1–15(–20) mm br, nicht querfächrig. Stg u. BStand ohne BlBüschel **20**

20 Bl an der Grenze zwischen Scheide u. Spreite mit Blatthäutchen (Ligula). Spreite flach, oberseits gerieft od. mit Doppelrille (Abb. **567**/6). B zu von Spelzen umhüllten Ährchen u. diese zu rispigen GesamtBStänden vereinigt. **Süßgräser** – Poáceae S. 560

20* Bl ohne BlHäutchen. Spreite im oberen Teil flach, gegen den Grund unterseits gewölbt od. gekielt, ± 3kantig. B in 1geschlechtigen, kugligen Köpfen, diese zu Ähren od. Trauben vereinigt. **Igelkolben** – Spargánium S. 606

21 **(18)** Spreite der SchwimmBl am Grund tief herzfg od. pfeilfg, selten bei einigen Bl abgerundet. Bl stets rosettig **22**

21* Spreite der SchwimmBl am Grund verschmälert, gestutzt od. abgerundet, selten bei einigen Bl sehr flach herzfg u. dann Bl stengelständig **26**

22 SchwimmBl mit pfeilfg Grund, br elliptisch bis länglich. B 1häusig, in quirligen Rispen. KrBl 3, weiß mit purpurnem Grund. **Pfeilkraut** – Sagittária S. 492

22* SchwimmBl mit herzfg Grund **23**

23 Pfl frei schwimmend. Rosetten an dünnen Ausläufern. BlSpreite kreisrund, 2,3–5(–7,5) cm ∅. B 2häusig, einzeln. KrBl 3, weiß mit gelbem Grund. **Froschbiß** – Hydrócharis S. 494

23* Pfl im Boden wurzelnd. Bl grundständig. B ⚥ **24**

24 SchwimmBl bogennervig, mit 3–15 gleich dicken Nerven, elliptisch bis br eifg, 3–9 cm lg u. 2–7 cm br, die ersten mit abgerundetem Grund. B 5–7 mm ∅, in quirligen Rispen. KrBl 3, weiß. **Herzlöffel** – Caldésia S. 492

24* Bl fieder- od. fingernervig, br eifg bis rundlich, alle mit herzfg Grund. B 2–15 cm ∅. . **25**

25 Bl fiedernervig (Abb. **130**/1–3), USeite ohne Drüsenpunkte, (4–)12–40 cm lg u. (3,5–)

10–35 cm br. B lg gestielt, dem am Boden kriechenden dicken Rhizom entspringend. BHülle freiblättrig, weiß od. gelb. StaubBl ∞.
Seerosengewächse – Nymphaeáceae S. 130

25* Bl fingernervig, USeite drüsig punktiert, 7–13(–20) cm lg u. 6–10(–18) cm br. B am flutenden Stg zu mehreren achselständig. KrBl 5, verwachsen, gelb. StaubBl 5.
Seekanne – Nymphoídes S. 361

26 **(21)** SchwimmBl rautenfg, gezähnt, mit spindelfg aufgeblasenem Stiel (Abb. **336**/1), rosettig an der Spitze des fadenfg Stg. KrBl 4, weiß. **Wassernuß** – Trápa S. 335

26* SchwimmBl nicht rautenfg, ganzrandig **27**

27 Bl am Grund mit 1 großen, achselständigen NebenBl (Abb. **496**/3) od. mit röhriger Scheide (Tute, Abb. **192**/3), an gestrecktem Stg wechselständig, obere oft gegenständig bis quirlig genähert. B in Ähren **28**

27* Bl ohne NebenBl od. Tute. B einzeln od. in quirligen Rispen od. Dolden **29**

28 Bl fiedernervig, am Grund mit Tute. PerigonBl 5, rosa.
Wasser-Knöterich – Polýgonum amphíbium S. 193

28* Bl streifennervig, mit achselständigem NebenBl. PerigonBl 4, grün bis bräunlich (Abb. **495**/2). **Laichkraut** – Potamogéton S. 495

29 **(27)** SchwimmBl an gestrecktem Stg gegenständig, obere meist rosettig gedrängt, 0,5–2(–3) cm lg, spatelfg, allmählich in den sehr kurzen Stiel verschmälert (Abb. **432**/2). B unscheinbar, achselständig. **Wasserstern** – Callítriche S. 432

29* SchwimmBl grundständig, mit Stiel >4 cm lg, Stiel stets länger als die Spreite, nur zuweilen an flutendem Stg auch kürzere SchwimmBl **30**

30 SchwimmBl mit Stiel (4–)10–20 cm lg; Spreite schmal spatelfg mit abgerundeter Spitze, allmählich in den lg Stiel verschmälert (Abb. **397**/3). B achselständig, untergetaucht, geschlossen bleibend. **Schlammling** – Limosélla S. 398

30* Grundständige SchwimmBl mit Stiel meist >20 cm lg; Spreite schmal elliptisch bis rundlich od. lanzettlich u. dann spitz, deutlich vom Stiel abgesetzt. B in auftauchenden Rispen od. Dolden od. am flutenden Stg achselständig, schwimmend. KrBl 3, weiß od. rosa. **Froschlöffelgewächse** – Alismatáceae S. 491

31 **(12)** Nichtblühende Stg binsenblattartig od. fadenfg, wie die blühenden stielrund od. schwach kantig, jeder am Grund von spreitenlosen od. seltener spreitentragenden BlScheiden umschlossen (wenn diese fehlend, dann Stg höchstens 0,5 mm dick), büschlig od. einzeln am kriechenden Rhizom, oft auftauchend. B in Ähren, oft fehlend **32**

31* Pfl mit wohlentwickelten LaubBl, diese am Grund nicht von Scheiden umschlossen (aber Rosetten oft von kurzen NiederBl umgeben u. dann Bl flach) **33**

32 Nichtblühende Stg binsenblattartig, derb, 50–400 cm lg u. 3–15 mm (am Grund bis 30 mm) dick. Grundscheiden 4–5(–10), oft mit Spreitenrest. Ähren in büschligen Spirren scheinbar seitenständig. **Teichsimse** – Schoenopléctus S. 539

32* Nichtblühende Stengel ± fadenfg, zart, 2–30(–50) cm lg u. 0,2–1,3 mm dick. Grundscheiden 2, röhrig, dem Stg dicht anliegend, stets spreitenlos. Ähren einzeln endständig. **Sumpfsimse** – Eleócharis S. 540

33 **(31)** Bl alle grundständig, rosettig, nie fadenfg. Stg höchstens mit SchuppenBl **34**

33* Stg in ganzer Länge mit LaubBl **46**

34 Bl gestielt, Spreite eifg bis rund, mit herzfg Grund, 3–40 cm lg u. br, zart häutig, am Rand wellig-kraus, hellgrün. Pfl mit dickem Rhizom. **Teichrose** – Núphar S. 130

34* Bl ungestielt, linealisch bis pfriemlich **35**

35 Bl pfriemlich, binsenartig od. lineal-länglich, 1–20(–30) cm lg u. 0,3–4(–5) mm br, im Querschnitt rund, halbrund, br elliptisch od. schwach 3–4kantig, höchstens gegen die Spitze flach u. dann <10 cm lg **36**

35* Bl linealisch-bandfg, (3–)10–100(–270) cm lg u. (1,2–)2–15(–30) mm br, flach, höchstens in der unteren Hälfte 3kantig u. dann >20 cm lg **39**

36 Pfl mit dicker Rhizomknolle (Abb. **108**/1). Bl binsenartig-pfriemlich, deutlich quergefächert, im Querschnitt 4eckig od. 3eckig-halbrund, mit 4 Luftkanälen. SporenPfl. Je 1 Sporangium auf der OSeite des stark verbreiterten BlGrundes. **Brachsenkraut** – Isóëtes S. 108

36* Pfl ohne Knolle. Bl nicht quergefächert, am Grund nicht auffällig verbreitert. SamenPfl **37**

37 Bl lineal-länglich, dicklich, im Querschnitt halbrundlich, mit 2 Luftkanälen, gegen die ± zurückgebogene, stumpf abgerundete Spitze abgeflacht. Pfl mit Milchsaft. B in meist auftauchenden Trauben. Kr 2lippig, weiß, Röhre bläulich. **Lobelie** – Lobélia S. 437

37* Bl linealisch-pfriemlich, spitz, im Querschnitt br elliptisch bis rundlich, ohne Luftkanäle. Pfl ohne Milchsaft. B unscheinbar, oft untergetaucht od. fehlend **38**

38 Pfl ohne Ausläufer. Bl ohne Scheide. B ⚥, in grundständigen, 2–8blütigen Trauben. **Pfriemenkresse** – Subulária S. 227

38* Pfl mit dünnen Ausläufern. BlGrund scheidig. B 1geschlechtig, ♂ lg gestielt, ♀ am Grund dieses Stiels (Abb. **417**/1). **Strandling** – Littorélla S. 416

39 **(35)** Bl im oberen Teil allmählich in die scharfe Spitze verschmälert. Untergetauchte Pfl meist unfruchtbar **40**

39* Bl parallelrandig bis zur stumpf abgerundeten Spitze **43**

40 Bl in der unteren Hälfte verdickt, deutlich 3kantig. Rhizom kurz, Ausläufer fehlend. Auftauchende Pfl mit endständiger Dolde. Kr rötlichweiß. **Schwanenblume** – Bútomus S. 490

40* Bl bis zum Grund flach **41**

41 Bl 2zeilig, 25–160(–240) cm lg u. (1,5–)3–10 mm br, am Grund mit 10–30(–45) cm lg Scheide. Rosette an verlängertem Rhizom, dieses kräftig, braun od. rotbraun, mit NiederBl. **Gewöhnliche Teichsimse** – Schoenopléctus lacústris S. 539

41* Bl schraubig, 5–30(–55) cm lg u. 1–5(–7) mm br, am Grund kurz scheidig. Rosetten einzeln od. mit dünnen Ausläufern, an deren Knoten weitere Rosetten sitzen **42**

42 Ausläufer stets vorhanden. Wenn an flutendem Stg einzelne B, dann auch mit SchwimmBl. **Froschkraut** – Lurónium S. 492

42* Ausläufer meist fehlend. Wenn mit auftauchenden BDolden, dann meist einige Bl mit schmal lanzettlicher Spreite. **Igelschlauch** – Baldéllia S. 492

43 **(39)** Pfl mit kurzem, gestauchtem Rhizom, ohne Ausläufer. Bl mit ∞ Längsnerven; Mittelnerv kräftiger als die oft knickigen Seitennerven; Quernerven zart. B in auftauchender, seltener untergetauchter Rispe od. fehlend. **Grasblättriger Froschlöffel** – Alísma gramíneum S. 491

43* Pfl mit gestreckten Ausläufern od. dünnem, ausläuferartigem Rhizom **44**

44 Bl am Grund gekielt, schwach 3kantig, fein gitternervig, Längsnerven ∞, Mittelnerv hervortretend, die seitlichen so dick wie die Quernerven. Meist unfruchtbar, wenn mit B in auftauchenden, 1geschlechtigen Köpfen, dann auch mit auftauchenden Bl. **Einfacher Igelkolben** – Spargánium emérsum S. 606

44* Bl völlig flach, Längsnerven (3–)5(–9), Quernerven feiner od. kaum sichtbar **45**

45 Bl völlig ganzrandig; Seitennerven so dick wie der Mittelnerv, dicht unter der Spitze in den Rand verlaufend. Meist unfruchtbar, selten mit untergetauchter od. auftauchender Traube mit 1geschlechtigen B. **Pfeilkraut** – Sagittária S. 492

45* Bl gegen die Spitze fein gesägt (Lupe!); Seitennerven dicht unter der Spitze in den dickeren Mittelnerv einmündend. Pfl 2häusig, im Gebiet nur mit ♂ B, diese anfangs in grundständigem BStand, später frei auf dem Wasser schwimmend. **Wasserschraube** – Vallisnéria S. 493

46 **(33)** Bl fadenfg, anfangs uhrfederartig eingerollt, einzeln an dem lg kriechenden Stg. B fehlend. Am Grund der Bl kuglige Sporokarpien (Abb. **123**/3). **Pillenfarn** – Pilulária S. 122

46* Bl nicht uhrfederartig eingerollt, wenn fadenfg od. pfriemlich, dann mit Scheide od. Tute **47**

47 Bl mit scheidigem Grund od. in der Achsel mit großem, scheidigem NebenBl (Abb. **496**/3) od. mit röhriger Tute, oft wechselständig **48**
47* Bl sitzend od. kurz gestielt, ohne Scheide od. Tute, höchstens mit winzigen NebenBl, gegenständig od. quirlig **57**
48 BlSpreite am Grund der Scheide (achselständiges NebenBl od. Tute) abgehend . . **49**
48* BlSpreite am oberen Ende der Scheide (scheidiger BlGrund) abgehend **50**
49 Bl mit röhriger, dem Stg eng anliegender Tute. B zu 1–2 achselständig, untergetaucht (Abb. **499**/3). **Teichfaden** – Zannichéllia S. 500
49* Bl mit achselständigem, meist etwas abstehendem NebenBl (Abb. **496**/3). B in auftauchenden Ähren od. Köpfen (Abb. **495**/2). **Laichkraut** – Potamogéton S. 495
50 **(48)** Bl scharf stachelspitzig gezähnt (Abb. **499**/4), 1–2(–4) cm lg, mit kurzer Scheide. B einzeln achselständig. **Nixkraut** – Nájas S. 500
50* Bl ganzrandig, >2 cm lg. B in Ähren, Rispen od. Köpfen **51**
51 Bl linealisch-bandfg, 1–10 mm br **52**
51* Bl fadenfg bis borstenfg, 0,2–1 mm br **54**
52 Bl an der Grenze zwischen Scheide u. Spreite mit BlHäutchen (Ligula), Spreite 6–10 cm lg. Meist unfruchtbar, selten mit rispigem BStand aus kleinen Ährchen. **Weißes Straußgras** – Agróstis stolonífera S. 591
52* Bl ohne BlHäutchen, Spreite (4–)10–100(–200) cm lg **53**
53 Untergetauchte MeeresPfl. Bl mit (1)3–7(9) Hauptnerven, dazwischen feine Längsnerven, Quernerven sehr undeutlich. B in Ähren, diese in die BlScheiden eingeschlossen (Abb. **499**/2). **Seegras** – Zostéra S. 499
53* Pfl der Binnengewässer. Bl oft auftauchend, fein gitternervig, mit 7–∞ Längsnerven, Mittelnerv hervortretend od. alle sowie die Quernerven gleich dick. B in auftauchenden, 1geschlechtigen, kugligen Köpfen. **Igelkolben** – Spargánium S. 606
54 **(51)** Bl am oberen Scheidenende mit 1 od. 2 schüppchenartigen Anhängsel(n) (Abb. **496**/1) **55**
54* BlScheide ohne Anhängsel **56**
55 Scheidenende mit 1 Anhängsel (Blatthäutchen). B in unterbrochener Ähre. Frchen sitzend. **Laichkraut** – Potamogéton S. 495
55* Scheidenende mit 2 Anhängseln. B in 2blütigen Ähren (Abb. **499**/1), zunächst in die BlScheide eingeschlossen. Frchen lg gestielt. SalzwasserPfl. **Salde** – Rúppia S. 499
56 **(54)** Stg meist mit achselständigen BlBüscheln. Bl undeutlich querfächrig. B in 2–6blütigen Köpfen, diese in lockeren Spirren angeordnet, oft mit Laubtrieben, Pfl aber meist unfruchtbar. **Zwiebel-Binse** – Júncus bulbósus S. 532
56* Stg mit einzelnstehenden, nicht querfächrigen Bl. B in 3–5 mm lg, sehr lg gestielten achselständigen Ähren (Abb. **541**/7). **Tauchsimse** – Scirpidiélla S. 542
57 **(47)** Bl quirlig (höchstens die ersten an Seitenzweigen gegenständig) **58**
57* Bl (fast) gegenständig **60**
58 Pfl völlig untergetaucht. Bl fein gesägt od. gezähnt (Lupe!), zu (2–)3–6 quirlig. B 1geschlechtig. **Froschbißgewächse** – Hydrocharitáceae S. 492
58* Stg meist teilweise aus dem Wasser ragend. Bl völlig ganzrandig, zumindest die untergetauchten zu (6–)8–19 quirlig. B ⚥ **59**
59 ÜberwasserBl (falls vorhanden) eifg, zu 3 quirlig (Abb. **196**/3). Stg radial großräumig gekammert. KBl u. KrBl je 4. StaubBl 8. **Quirl-Tännel** – Elatíne alsinástrum S. 197
59* ÜberwasserBl kaum breiter als die untergetauchten, wie diese in vielzähligen Quirlen (Abb. **336**/3). Stg unregelmäßig engröhrig gekammert. BHülle ein unscheinbarer Saum. StaubBl 1. **Tannenwedel** – Hippúris S. 336
60 **(57)** Bl scheingegenständig (paarweise genähert), mit br Grund halbstengelumfassend, besonders an der Spitze fein gesägt. B in armblütigen, auftauchenden Ähren. **Fischkraut** – Groenlándia S. 495
60* Bl gegenständig, mit verschmälertem (selten auch schwach verbreitertem) Grund

sitzend od. gestielt, ganzrandig. B zu 1–2 (selten in armblütigen Wickeln) achselständig **61**

61 Pfl 2–5 cm hoch. Bl linealisch, fleischig, 2–4 mm lg u. 0,3–1 mm br. KBl, KrBl, StaubBl u. FrKn je 4. **Wasser-Dickblatt** – Crássula aquática S. 295

61* Pfl meist >5 cm hoch. Bl elliptisch bis spatelfg, >1 mm br, seltener schmaler u. linealisch, aber dann >7 mm lg. FrKn 1 .... **62**

62 Bl 1,5–5 cm lg u. 5–20 mm br, kurz gestielt. BHülle 4teilig. StaubBl 4. FrKn unterständig. **Heusenkraut** – Ludwígia S. 331

62* Bl 0,3–1,5(–3) cm lg u. 0,5–3(–6) mm br. FrKn oberständig **63**

63 Bl mit kleinen häutigen NebenBl. KBl u. KrBl je 3 od. 4. StaubBl 3, 6 od. 8. **Tännel** – Elatíne S. 197

63* Bl ohne NebenBl **64**

64 BlStiele am Grund schwach verbreitert u. die gegenüberstehenden ± verwachsen. Bl länglich-lanzettlich bis spatelfg, spitz. B ⚥. Kr 5zipflig, weiß. StaubBl 3. Kapseln. **Quellkraut** – Móntia S. 187

64* Bl od. BlStiele mit verschmälertem Grund angeheftet, die gegenüberstehenden nicht verwachsen. BlSpitze meist ausgerandet, bei den linealischen UnterwasserBl 2spitzig. B 1geschlechtig. BHülle fehlend, oft durch 2 sichelfg VorBl ersetzt. StaubBl 1. Fr 4teilig (Klausen). **Wasserstern** – Callítriche S. 432

Tabelle IX · Pflanzen zur Blütezeit ohne grüne Blätter

1 HolzPfl **2**

1* Kräuter **13**

2 Alle B od. wenigstens die ♂ in 1geschlechtigen, walzlichen bis eifg Kätzchen od. dichten Ähren **3**

2* B nicht in Kätzchen od. dichten Ähren **6**

3 ♂ B in ∞blütigen, hängenden, walzlichen Kätzchen. ♀ B in sehr wenigblütigen Kätzchen, diese zur BZeit in Knospen eingeschlossen, aus welchen nur die roten Narben herausragen (Abb. **153**/2). **Hasel** – Córylus S. 153

3* ♂ u. ♀ Kätzchen ∞blütig **4**

4 Pfl 1häusig. ♂ Kätzchen hängend, walzlich. ♀ Kätzchen kurz, eifg bis länglich, bei der Reife verholzend. Narben fadenfg. **Erle** – Álnus S. 152

4* Pfl 2häusig. Kätzchen oft aufrecht **5**

5 Staubbeutel fast sitzend, Narben fadenfg. Kätzchen bis 1 cm lg. Bl unterseits wie die Zweige mit goldglänzenden Harzdrüsenpunkten, stark duftend. **Gagel** – Myríca S. 154

5* Staubbeutel gestielt. Narben meist kurz, meist gespalten (Abb. **232**/1–5). Kätzchen meist >1 cm lg. Pfl ohne Drüsenpunkte. **Weidengewächse** – Salicáceae S. 231

6 **(2)** Stark dorniger Strauch **7**

6* Pfl dornenlos **8**

7 B weiß, radiär. **Schwarzdorn** – Prúnus spinósa S. 290

7* Gelbe SchmetterlingsB. **Stechginster** – Úlex S. 303

8 **(6)** Bl, Seitenzweige u. Knospen gegenständig **9**

8* Bl, Seitenzweige u. Knospen wechselständig **11**

9 StaubBl 2. BHülle fehlend od. Kr >1 cm lg, 4teilig, gelb. **Ölbaumgewächse** – Oleáceae S. 359

9* StaubBl 4–6. BHülle stets vorhanden, bis 5 mm lg **10**

10 B ⚥, in Dolden mit 4blättriger HochBlHülle. KBl 4, winzig. KrBl 4, goldgelb. StaubBl 4. Bl ungeteilt. **Kornelkirsche** – Córnus mas S. 337

10* B 1geschlechtig, in Büscheln od. hängenden Trauben. KBl 5, grünlich od. rötlichgelb. KrBl fehlend. StaubBl 5 (4–6). Bl gefiedert od. gelappt. **Ahorn** – Ácer S. 321

11 **(8)** BHülle doppelt. StaubBl 20–∞. **Rosengewächse** – Rosáceae S. 261

11* BHülle einfach. StaubBl höchstens 8 .... **12**

12 K langröhrig, rosa. Kr fehlend. StaubBl 8. Niedriger Strauch. **Gewöhnlicher Seidelbast** – Dáphne mezéreum S. 248
12* Perigon unscheinbar, glockig, bräunlichrot. StaubBl 3–8. Bäume. **Ulme** – Úlmus S. 154
13 **(1)** Stg windend, gelblich bis rötlich. B klein, geknäuelt (Abb. **382**/1). Wurzel- u. blattloser Vollschmarotzer. **Seide** – Cuscúta S. 380
13* Stg nicht windend **14**
14 Äste mit nadelähnlichen, büschlig gehäuften, grünen Kurztrieben. **Spargel** – Aspáragus S. 507
14* Äste ohne nadelähnliche Kurztriebe **15**
15 Stg gegliedert, jedes Glied am Grund von 1 gezähnten Scheide (verwachsener BlQuirl) umgeben (Abb. **109**/3–7). **Schachtelhalm** – Equisétum S. 109
15* Pfl anders gestaltet **16**
16 Stg mit dickem, weißem Mark, am Grund mit gelben bis braunen Scheiden. Bl nur scheinbar fehlend, da den Halmen völlig gleichgestaltet („blütenlose Halme"). BStand scheinbar seitlich aus dem Stg hervorkommend, indem ein stengelgleiches Bl den Stg gradlinig fortsetzt (Abb. **529**/1). **Binse** – Júncus S. 528
16* Stg nicht mit weißem Mark, am Grund ohne Scheiden **17**
17 Stg u. LaubBl zur BZeit (Herbst) fehlend, erst im nächsten Frühjahr erscheinend. Perigon groß, lila-rosa, mit lg Röhre bis in die Erde hineinreichend. **Zeitlose** – Cólchicum S. 503
17* Stg auch zur BZeit vorhanden **18**
18 Bl scheinbar fehlend. Stg dickfleischig, sehr saftig, gegliedert (Abb. **185**/5). B sehr unscheinbar. SalzPfl. **Queller** – Salicórnia S. 186
18* Bl schuppenfg, wechselständig. Stg ungegliedert **19**
19 B in Köpfen mit HochBlHülle. Frühjahrsblüher, im Sommer mit grundständigen großen, grünen LaubBl **20**
19* B nicht in Köpfen. Auch nach der BZeit keine LaubBl **21**
20 B goldgelb. Stg 1köpfig. **Huflattich** – Tussilágo S. 446
20* B rötlich od. weißlich. Stg ∞köpfig. **Pestwurz** – Petasítes S. 446
21 **(19)** BHülle radiär, freiblättrig. StaubBl 8 od. 10. Pfl wachsgelb. StgSpitze zur BZeit nickend. **Fichtenspargel** – Monótropa S. 251
21* BHülle dorsiventral. StaubBl 4 od 1 . . . . **22**
22 FrKn unterständig. StaubBl 1. Perigon freiblättrig, 1lippig. **Knabenkrautgewächse** – Orchidáceae S. 516
22* FrKn oberständig. StaubBl 4 (2 lange u. 2 kurze). Kr verwachsenblättrig, 2lippig . . . **23**
23 Sprosse übergebogen. B in einseitswendiger Traube. Pfl rosa bis weißlich. BZeit 3–4. **Schuppenwurz** – Lathrǽa S. 408
23* Stg gerade aufrecht. B in allseitswendiger, aufrechter Ähre. Pfl gelblich, bräunlich od. violett. BZeit 5–8. **Sommerwurz** – Orobánche S. 408

Abteilung **Gefäß-Sporenpflanzen** – Pteridóphyta

Klasse **Bärlappe** – Lycopodiópsida [Lycópsida]

Familie **Bärlappgewächse** – Lycopodiáceae P. B. ex MIRBEL

Pfl gablig verzweigt, Äste gleich od. ungleich lg. Bl wechselständig, klein, ungeteilt, ohne NebenBl. Sporangien einzeln, am Grund der OSeite von Bl. Sporen gleichartig. Vorkeim 2geschlechtig, oft mehrjährig u. unterirdisch (380 Arten – Wv – kalkmeidend – ∇).

1 Stg gablig verzweigt, aufsteigend, alle Triebe gleich lg (Abb. **107**/1). Sporangien in den Achseln von LaubBl, nicht in deutlich abgesetzten Ähren. **Teufelsklaue** – Hupérzia S. 106

1* Stg kriechend, Seitenäste kürzer, aufrecht. Sporangien in den Achseln besonders gestalteter Bl, die ± scharf abgegrenzte, endständige Ähren bilden **2**

2 Bl gegenständig, 4reihig, schuppenfg. Zweige abgeflacht (Abb. **107**/4, 5). **Flachbärlapp** – Diphasiástrum S. 107

2* Bl wechselständig. Zweige nicht abgeflacht **3**

3 Stg 20–400 cm lg kriechend, mit mehreren aufrechten Zweigen. Ähre deutlich vom sterilen Sproß abgesetzt (Abb. **107**/2). **Bärlapp** – Lycopódium S. 106

3* Stg 2–10 cm lg kriechend, meist nur 1 aufrechter Zweig. Ähre undeutlich vom sterilen Sproß abgesetzt (Abb. **107**/3). **Moorbärlapp** – Lycopodiélla S. 106

Teufelsklaue – Hupérzia BERNH.

Stg mehrfach gablig, einen dichten Busch bildend (Abb. **107**/1). 0,05–0,30. ♃ 7–10. Berg-NadelW, kalkmeidende BuchenW, (sub)alp. Blockmeerspalten u. Matten; v S-Ba, z, bes. Bergland, M- u. N-Ba Bw Rh S- u. O-We He Th Sa S-Ns, s W-An: bes. Harz Br N-Ns Me Sh, ↘ (austr-arct·(oz)CIRCPOL – C – Wv – O Vacc.-Pic., V Luz.-Fag., V Rhod.-Vacc. – ∇). [Lycopódium selágo L.]

Tannen-T. – H. selágo (L.) SCHRANK et C. F. P. MARTIUS

Bärlapp – Lycopódium L. em. ROTHM.

1 BlSpitzen mit lg, weißem Haar. Ähren zu 1–3 auf lg, lockerblättrigem Stiel (Abb. **107**/2). Stg 0,50–4 m kriechend. 0,05–0,30. ♃ 7–8. Heiden, Nadelholzforsten; v M-Ba S-Th S-Br, z S- u. N-Ba Bw Rh We He N-Th Sa An: bes. Harz N-Br Ns Me Sh, ↘ (m-b·(oz)CIRCPOL – C – O Call.-Ulic., O Vacc.-Pic., V Genisto-Call. – ∇). **(**) Keulen-B.** – L. clavátum L.

1* BlSpitze ohne Haar. Ähren einzeln, ungestielt. Stg 0,20–3 m kriechend. 0,10–0,30. ♃ 8–9. Frische Berg-NadelW, MoorW, kalkmeidende BuchenW; v S-Ba, z M- u. N-Ba u. übrige Bdl, ↘ (sm/mo-arct·(suboz)CIRCPOL – C – O Vacc.-Pic., V Luz.-Fag. – ∇). **(**) Sprossender B.** – L. annótinum L.

Moorbärlapp – Lycopodiélla HOLUB [Lepidótis P. B. ex MIRBEL]

Kriechende Stg 2–10 cm lg. Ähre 4–8 cm lg, breiter als der Stg (Abb. **107**/3). 0,02–0,10. ♃ 8–10. Nackte Torfböden von Hoch- und Zwischenmooren, feuchte, schlammig-humose Dünensenken u. Feuchtheiden; z S-Ba W- u. N-We S-Br N-Ns Sh, s M- u. N-

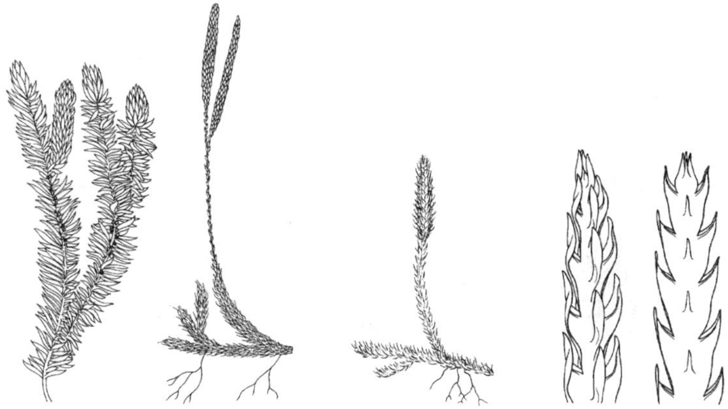

Ba Bw Rh He S- u. O-Th O-Sa An N-Br S-Ns Me, ↘ (sm/m·ozCIRCPOL – C, H – O Sphagn.-Eric., Rhynch. alb. – ∇). [Lycopódium inundátum L., Lepidótis inundáta (L.) BÖRNER] **Gewöhnlicher M.** – L. inundáta (L.) HOLUB

Flachbärlapp – Diphasiástrum HOLUB [Diphásium C. PRESL em. ROTHM.]

1 Bl der SproßUSeite gestielt, gekniet (Abb. **107**/4); ihre Spreite eilanzettlich. SeitenBl stark nach der SproßUSeite umgebogen. Achselflügel nicht od. nur wenig breiter als die zwischen ihnen sichtbare Mittelrippe, nach unten umgebogen. Ähren ungestielt (d. h. dichtbeblätterten Vorjahrestrieben einzeln aufsitzend), 8–16 mm lg. 0,02–0,30 lg, 0,03–0,10 hoch. ♃ 8–9. Kurzrasige Gebirgswiesen und Zwergstrauchheiden, kalkmeidend; s Ba: Alpen, Bayr-W, Jura, Neumarkt/Opf., Rhön, Fichtelg, Haßberge W-Bw: Schwarzw Rh Dollberg, Leiwen SO-We N-He Th: Th-W SW-Sa W-An u. SO-Ns: Oberharz, ↘ (sm/alp-arct·(oz)CIRCPOL – C – V Nard., O Vacc.-Pic. – ∇). [Lycopódium alpínum L., Diphásium alpínum (L.) ROTHM.] **Alpen-F.** – D. alpínum (L.) HOLUB

1* Bl der SproßUSeite ungestielt u. ungekniet, ihre Spreite am Grund am breitesten (Abb. **107**/5). SeitenBl nicht od. wenig nach unten umgebogen. Achselflügel meist deutlich breiter als die Sproßmittelrippe (Sproßachse daher flach), nicht od. kaum umgebogen. Ähren 15–30 mm lg, ungestielt od. gestielt. 0,10–0,40 lg, 0,05–0,20 hoch. ♃ 8–9. Trockene Kiefern-, seltener FichtenW; z Ba Th S- u. O-Sa An Br S- u. O-Ns S-Me, s Bw Rh We He, † Sh, ↘ (trop/mo-b·(k)CIRCPOL – C – O Vacc.-Pic., K Puls.-Pin. – ∇). [Lycopódium complanátum agg.] * **Gewöhnlicher F.** – D. complanátum agg.

Familie **Moosfarngewächse** – Selaginelláceae METT.

Moosähnliche Pfl. Bl wechsel- od. kreuzgegenständig, klein, 1nervig, mit farblosem BlHäutchen (Ligula) am Grund der OSeite. Sporangien 1geschlechtig, in den Achseln besonderer Sporophylle, die zu endständigen, ährenähnlichen Sporophyllständen vereint sind. Zweierlei Sporen (große ♀ u. kleine ♂). Vorkeim 1geschlechtig, kurzlebig, winzig, in der Spore eingeschlossen bleibend (700 Arten – Wv).

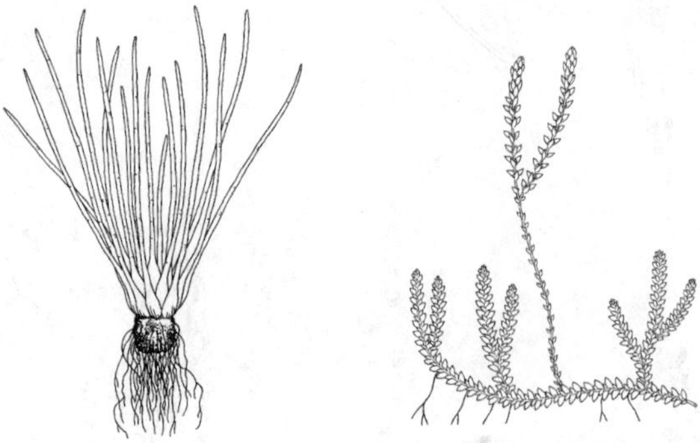

1 2

Moosfarn – Selaginélla P. B.

1 Bl wimprig gezähnt, wechselständig. Stg bis 10 cm kriechend. Höhe 0,03–0,12. ♃ 7–8. Subalp. u. alp. Magerrasen, Quellmoore u. kalkreiche, rieselnasse Stellen; S-Ba: v Alpen, z Vorland an Lech u. Isar, s SW-Bw: Feldberg, † W-An, ↘ (sm/alp-arct·(oz)CIRC-POL – C – O Tofield., V Nard.). [S. spinulósa A. BR.]
Dorniger M. – S. selaginoídes (L.) P. B.

1* Bl ganzrandig, 4reihig, die seitlichen abstehend, obere der SproßOSeite anliegend (Abb. **108**/2). Stg bis 20 cm kriechend. Höhe 0,02–0,08. ♃ 6–7. Halbtrockenrasen, schattige Felsen u. Mauern, kalkhold; z S- u. M-Ba: Alpen u. Flüsse im Vorland bis zur Donau, s SO-Bw: Argen Sa: Lengefeld, † N-Ba S-Th, ↘ (sm/mo-temp/mo·suboz EUR+OAS – C – V Mesobrom., V Car. davall., V Mol.). [Lycopodioídes helvética (L.) O. KUNTZE]
Schweizer M. – S. helvética (L.) SPRING

Familie **Brachsenkrautgewächse** – Isoëtáceae RCHB.

Untergetauchte Kräuter. Sproßachse mit sekundärem Dickenwachstum, stark verkürzt. Bl rosettig, binsenfg (Abb. **108**/1). Sporangien am scheidigen Grund der Bl auf deren OSeite in eine Grube eingesenkt. Zweierlei Sporen (große ♀ u. kleine ♂). Vorkeim 1geschlechtig, kurzlebig, in der Spore bleibend (150 Arten – Hv).

Brachsenkraut – Isóëtes L.

1 Bl sehr steif, dunkelgrün, kurz zugespitzt, 2–3 mm br, kaum durchscheinend, ♀ Sporen 0,5–0,7 mm ⌀, mit sehr niedrigen, stumpfen, z. T. netzig verbundenen Höckern. 0,08–0,25(–0,40). ♃ 7–9. Sandige Ufer nährstoffarmer Seen, bis 2 m Tiefe; s SW-Bw: Feldsee, Titisee N-Ns: Oldenburg, Beverstedt O-Sh, † S-Ba N-Me, ↘ (temp-b·ozEUR+(OAS)+OAM – A – V Isoët., V Litt. – ∇).
Gewöhnliches B. – I. lacústris L.

1* Bl ziemlich schlaff, beim Herausziehen aus dem Wasser bündelweise aneinanderhaftend, hellgrün, vom Grund an allmählich in eine feine Spitze verschmälert, 2 mm br, durchscheinend. ♀ Sporen 0,45–0,55 mm ⌀, von dünnen, spitzen od. gestutzten, leicht abbrechenden Stacheln dicht besetzt, igelartig. 0,05–0,15(–0,20). ♃ 7–9. Sehr nährstoffarme Seen, auf sandigem Grund, bis 2 m Tiefe; s SW-Bw: Feldsee, Titisee, † SW-Sh, ↘ (temp-arct·(oz)CIRCPOL – A – V Isoët. – ∇). [I. tenélla LÉMAN ex DESV., I. setácea aut.]
Igelsporiges B. – I. echinóspora DURIEU

Klasse **Schachtelhalme** – Equisetópsida [Sphenópsida]

Familie **Schachtelhalmgewächse** – Equisetáceae MICHX. ex DC.

Ausdauernde Kräuter. Oberirdische Stg gegliedert, hohl, oft quirlig verzweigt. Bl schuppenfg, quirlig, zu gezähnten Scheiden verwachsen. ♂ u. ♀ Sporen gleich. Sporangien an der USeite schildfg Träger (Sporangiophore) in endständigen Sporangiophorständen („Ähren"). Vorkeim grün, 1geschlechtig, elchgeweihähnlich gelappt, oberirdisch (15 Arten – Wv).

Schachtelhalm – Equisétum L.

Tabelle A Ährentragende Sprosse

1 Ährentragende Sprosse bräunlich bis weißlich, astlos, höchstens nach der Sporenreife ergrünend u. durch Astbildung den unfruchtbaren Sprossen gleich werdend **2**

1* Ährentragende Sprosse grün, quirlästig od. unverzweigt, den stets gleichzeitig vorhandenen unfruchtbaren Sprossen von Anfang an gleich gestaltet **5**

2 Ährentragende Sprosse 5–15 mm ∅ u. 20–50 cm hoch, nach der Sporenreife absterbend, ihre Scheiden mit (15–)20–40 Zähnen. Ähren 4–8 cm lg, mit hohler Achse. Grüne, unfruchtbare Sprosse zur Zeit der Sporenreife fehlend. 0,50–2,00. ♃ 4–5. QuellmoorW, Flachmoore, Bachsäume, kalkhold; v S-Ba, z Bw Rh We He S- u. O-Th Sa S-Ns O-Sh, s Br Me N-Ns, † An (m-temp·ozEUR+WAM – G – V Craton., V Filip., V Car. davall.). [E. máximum LAMK. p. p.] **Riesen-Sch.** – E. telmatéia EHRH.

2* Ährentragende Sprosse 3–5 mm ∅, ihre Scheiden mit 3–20 Zähnen. Ähren 1–4 cm lg, mit markiger Achse **3**

3 Stg 10–18rippig, Scheidenzähne zu 3–6 häutigen Lappen verwachsen (Abb. **110**/5). Quirlästige, grüne, unfruchtbare Sprosse gleichzeitig mit den ährentragenden erscheinend; letztere nach der Sporenreife ergrünend u. durch Astbildung den unfruchtbaren Sprossen gleich werdend. 0,15–0,50. ♃ 4–5. Feuchte Wälder, Bergwiesen, feuchte Gebirgsäcker, kalkmeidend; alle Bdl v, aber NW-We NW-Br NW-Ns u. Trockengebiete z (sm/mo-bCIRCPOL – G – K Vacc.-Pic., V Alno-Ulm.). **Wald-Sch.** – E. sylváticum L.

3* Anzahl der Scheidenzähne gleich der Anzahl der StgRippen (nur bisweilen einzelne Zähne zusammenhängend) **4**

4 StgScheiden mit 10–20 gelblichen Zähnen. Quirlästige, grüne, unfruchtbare Sprosse gleichzeitig mit den ährentragenden Sprossen erscheinend; letztere nach der Sporenreife ergrünend u. durch Astbildung den unfruchtbaren gleich werdend. 0,15–0,50. ♃ 5–6. Frische bis feuchte, anspruchsvolle LaubW u. Gebüsche; z He Th Sa Br Me Sh, s SO-Ba: Inn, Endorf S-Bw: Wutach, Wangen N- u. W-We An Ns, ↘ (sm/mo-b·(k)CIRCPOL – G – V Alno-Ulm., V Carp.). **Wiesen-Sch.** – E. praténse EHRH.

4* StgScheiden mit (6–)10–12(–18) dunkelbraunen Zähnen. Ährentragende Sprosse 5–25 cm hoch, nach der Sporenreife absterbend. Quirlästige, grüne, unfruchtbare Sprosse zur Zeit der Sporenreife stets fehlend. 0,15–0,50. ♃ 3–4. Frische bis feuchte, meist nährstoffreichere Standorte, Rohbodenpionier, Tiefenfeuchtezeiger, Ruderalstellen (Wegränder, Dämme), Äcker, Wiesen, Wälder; alle Bdl g (m-arctCIRCPOL – G – K Artem., K Chen., K Secal., V Alno-Ulm.). **Acker-Sch.** – E. arvénse L.

5 **(1)** Ähre stumpf (Abb. **110**/1). Stg meist quirlig verzweigt **6**

5* Ähre spitz (Abb. **110**/2). Stg (außer bei Ästigem Schachtelhalm) unverzweigt **8**

6 Stg ungefurcht, nur weißlich gestreift, glatt, mit sehr weiter Zentralhöhle. StgScheiden mit 15–30 Zähnen. 0,50–1,50. ♃ 5–6. Meso- u. oligotrophe Teiche, Röhrichte u. Großseggensümpfe, Gräben; alle Bdl v, aber Trockengebiete z (sm-bCIRCPOL – A – Wv, Hv – O Phragm., K Scheuchz.-Car.). [E. limósum L. em. ROTH, E. heleócharis EHRH.] **Teich-Sch.** – E. fluviátile L. em. EHRH.

6* Stg gefurcht, ± rauh, Zentralhöhle mäßig weit, $^1/_6(-^1/_2)$ des Stg∅, Nebenhöhlen (fast) ebenso groß, ringfg angeordnet. StgScheiden mit 4–12(–16) Zähnen **7**

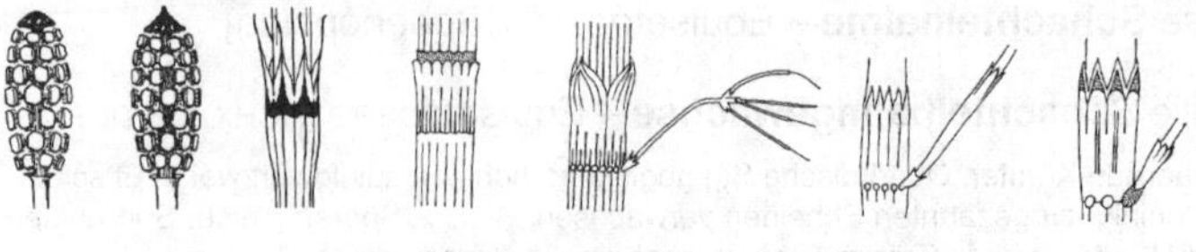

1 2 3 4 5 6 7

7 Stg∅ 1–3 mm, mit (4–)8–10(–12) Rippen. Alle StgScheiden anliegend, mit 4–12 Zähnen. Zentralhöhle $^1/_6$ des Stg∅. Sporen mit 4 lg, bandfg Anhängseln. 0,10–0,50(–1,00). ♃ 6–9. Nährstoffreiche Feucht- u. Moorwiesen, am Rand von Großseggenrieden; g Me, übrige Bdl v, nur NW-We u. NW-Ns z (m-b·(suboz)CIRCPOL – G – O Mol., V Magnocar., K Scheuchz.-Car. – für Vieh giftig). **Sumpf-Sch., Duwock** – E. palústre L.

7* Stg∅ 3–5 mm, mit (6–)12–14(–16) Rippen. Obere StgScheiden glockenfg abstehend, StgScheiden mit 6–16 Zähnen. Zentralhöhle $^1/_6$–$^1/_2$ des Stg∅. Ähren selten vorhanden, stets geschlossen bleibend. Sporen ohne Anhängsel, taub. 0,20–1,00. ♃ 6–7. Nasse Sandfelder, Feuchtwiesen, Wassergräben, Ufer; z W-Bw W- u. M-Sa Sh, s Ba? Rh We He Th O-An SW-Br Ns Me, Verbreitung ungenügend bekannt (sm-bCIRCPOL – G – entstanden aus E. arvénse × fluviátile). **Ufer-Sch.** – E. × litoråle KÜHLEW. ex RUPR.

8 **(5)** Stg quirlästig, sommergrün, mit rundrückigen Rippen. StgScheiden nach oben deutlich trichterfg erweitert, ihre Zähne mit stehenbleibendem, schwarzbraunem, weißrandigem Grundteil u. pfriemlicher, weißer, zuletzt gekräuselter u. meist abfallender Spitze. 0,30–1,00. ♃ 5–7. Offene, kalkhaltige Auen-Halbtrockenrasen, konkurrenzarme Ausstiche; z S- u. M-Ba: Bodensee, Donau u. südliche Zuflüsse, Jura östlich Neumarkt S- u. W-Bw: Bodensee, Rheintal O-Rh u. W-We: Rhein S-He, s Th: Zechau O-An M- u. NW-Me: ob noch?, † Sa (austr-stropAFR-m-stemp·(k)EURAS – G – V Mesobrom.).
Ästiger Sch. – E. ramosíssimum DESF.

8* Stg nicht ästig, nur am Grund meist mit SeitenStg, wintergrün, mit 2kantigen Rippen **9**

9 Stg kräftig, 40–150 cm hoch u. bis 6 mm dick. Rippen 15–25, zwischen den beiden Rückenkanten flach od. kaum rinnig. Zentralhöhle etwa $^2/_3$ des Stg∅. Scheidenzähne früh hinfällig; Scheidenröhre dann nur noch seicht u. stumpf gekerbt, oben u. unten mit schwarzer Querbinde (Abb. **110**/4). 0,40–1,50. ♃ 6–8. Anspruchsvolle LaubW, Gebüsche, WSchläge u. -säume; v SW-Ba NW-Me O-Sh, z O- u. N-Ba Bw Rh We He Sa An Br Ns S- u. O-Me W-Sh, s Th (m/mo-b·(suboz)CIRCPOL – S – V Alno-Ulm., V Carp.).
Winter-Sch. – E. hyemále L.

9* Stg schmächtiger, bis 50 cm hoch u. bis 3 mm ∅. Rippen 4–14, am Rücken deutlich längsrinnig. Zentralhöhle $^1/_4$–$^1/_3$ des Stg∅. Scheidenzähne wenigstens in ihrer unteren Hälfte bleibend **10**

10 Scheiden nach oben etwas glockig erweitert, oben mit schwarzer Querbinde; ihre Zähne kurz, aus breiterem, ganz weißem od. doch br hellhautrandigem Grund plötzlich in eine kurze, pfriemliche Spitze verschmälert (Abb. **110**/3). StgGlieder 1–2 mm dick u. 1–3 cm lg. 0,10–0,30. ♃ 4–9. Nasse, kalkhaltige Flachmoore, humose Sand- u. Tonböden; z S-Ba: Alpen u. Vorland S- u. W-Bw, s M- u. N-Ba O-Bw Th An Br NW-Ns: Borkum, (N) z Br, s NW-Sa N- u. M-Me Sh, † Rh He, ↘ (sm/mo-arctCIRCPOL – S – O Tofield. u. a.). **Bunter Sch.** – E. variegátum SCHLEICHER ex WEBER et MOHR

10* Scheiden eng anliegend; ihre Zähne lg pfriemlich, vom Grund aus allmählich verschmälert, mit schmalem Hautrand. StgGlieder 2–3 mm dick, 2–5 cm lg. 0,20–0,50. ♃ 7–8. Wechselfeuchte Sumpfwiesen; s SW-Ba: Sonthofen W-Bw u. O-Rh: Rhein, † He, ↘ (temp-bEUR+AM – S – O Mol.). [E. hyemále × variegátum]
Rauhzähniger Sch. – E. × trachýodon (A. BR.) KOCH

Tabelle B Ährenlose Sprosse

1 Stg unverzweigt, höchstens am Grund mit SeitenStg **2**
1* Stg ± reich quirlig verzweigt **3**
2 Stg ohne vorspringende Rippen, nur weißlich gestreift, glatt; Zentralhöhle wenigstens $^4/_5$ des Stg∅. Scheiden wie lackiert glänzend, mit 15–30 schwarzen, sehr schmal weißhautrandigen Zähnen. Oberirdische Sprosse sommergrün. **Teich-Sch.**
2* Stg mit deutlichen, rauhen, 2kantigen Rippen. Zentralhöhle $^1/_4$–$^2/_3$ des Stg∅. Oberirdische Sprosse meist überwinternd. **Tab. A,** Nr. **9**
3 **(1)** Äste zierlich, wiederum regelmäßig quirlig verzweigt, meist bogig überhängend. Scheidenzähne 5–18, gruppenweise zu 3–4(–6) stumpfen Lappen verwachsen; Anzahl der Lappen daher geringer als die Rippenzahl des Stg (Abb. **110**/5). **Wald-Sch.**
3* Äste unverzweigt od. nur mit wenigen Ästchen. Scheidenzähne nicht (od. selten nur vereinzelt) gruppenweise verbunden; Anzahl der Zähne daher gleich der Rippenzahl des Stg **4**
4 Stg grün, ohne vorspringende Rippen, nur weißlich gestreift, glatt, mit sehr weiter Zentralhöhle (wenigstens $^4/_5$ des Stg∅). Scheiden stark glänzend, mit 15–30 schwarzen Zähnen. Äste spärlich, bisweilen fehlend. **Teich-Sch.**
4* Stg mit enger Zentralhöhle (höchstens $^2/_3$ des Stg∅), meist deutlich gerippt (wenn undeutlich gerippt, dann elfenbeinfarben) **5**
5 Stg bis fast zur Spitze elfenbeinweiß; undeutlich 20–40rippig, 50–200 cm hoch u. 10–12 mm ∅. **Riesen-Sch.**
5* Stg grün, deutlich 4–15(–25)rippig, dünner **6**
6 Pfl grau- bis blaugrün. Scheidenzähne mit schwarzbraunem, weißrandigem Grundteil u. pfriemlicher, weißer, zuletzt gekräuselter u. meist abfallender Spitze. Äste hohl, 5–9rippig, ihr unterstes Glied höchstens $^1/_2$ so lg wie die zugehörige StgScheide. **Ästiger Sch.**
6* Pfl grasgrün. Scheidenzähne grün, mit bleibender, schwarzer od. grüner Spitze. Äste meist 3–5rippig **7**
7 Äste zierlich, 3(–5)rippig, nicht hohl. Zähne der StgScheiden 10–20, so lg wie die Scheidenröhre. Zentralhöhle > $^1/_2$ des Stg∅. **Wiesen-Sch.**
7* Äste kräftiger, 4–5(–7)rippig. Zähne der StgScheiden 4–12(–18), etwa $^1/_2$–$^2/_3$ so lg wie die Scheidenröhre. Zentralhöhle < $^1/_2$ des Stg∅ **8**
8 Mittlere StgScheiden trichterfg, obere glockenfg abstehend. Scheidenzähne 6–16. Unterstes Astglied der unteren Äste kürzer, das der oberen etwas länger als die zugehörige StgScheide. **Ufer-Sch.**
8* Alle StgScheiden anliegend **9**
9 Unterstes Astglied so lg wie die zugehörige StgScheide od. meist länger (nur am StgGrund zuweilen etwas kürzer) (Abb. **110**/6). Asthülle (die etwa 1 mm lg Scheide am Astgrund) gelblich. Zähne der StgScheiden (6–)10–12(–18), sehr schmal weißrandig; Zähne der Astscheiden 4(–6), abstehend, schmal, 2–4mal so lg wie br, zugespitzt. Äste nicht hohl. Zentralhöhle des Stg eng, etwa $^1/_5$ des Stg∅, die Seitenhöhlen noch enger. Stg 15–50 cm hoch. **Acker-Sch.**
9* Unterstes Astglied stets deutlich kürzer als die StgScheide (Abb. **110**/7). Asthülle schwarz. Zähne der StgScheiden (4–)7–8(–10), br weißrandig. Zähne der Astscheiden 5(–7), an der Spitze nicht abstehend, etwa so lg wie br, spitz, aber nicht zugespitzt. Äste hohl. Zentralhöhle etwa $^1/_3$ des Stg∅, die Seitenhöhlen etwa gleich weit. **Sumpf-Sch.**

Klasse **Farne** – Polypodiópsida

Familie **Natternzungengewächse** – Ophioglossáceae (R. BR.) C. AGARDH

Sproßachse kurz, unterirdisch, jährlich meist nur 1 Bl hervorbringend, das gewöhnlich in 1 unfruchtbaren Abschnitt und 1 sporentragenden Abschnitt gegliedert ist. Alle Sporen gleichartig. Sporangien mit mehrschichtiger Wand, ähren- od. rispenähnlich angeordnet. Schleier fehlend. Vorkeim unterirdisch, in Symbiose mit Pilzen (Mykorrhiza) (75 Arten – G – Wv).

1 Unfruchtbarer BlAbschnitt fiederteilig od. 2–4fach gefiedert, selten 3teilig; der sporentragende rispenähnlich (Abb. **116**/2), stets vorhanden. **Rautenfarn** – Botrýchium S. 112

1* Unfruchtbarer BlAbschnitt eifg, ganzrandig; der sporentragende (oft fehlend) ährenähnlich (Abb. **116**/1). **Natternzunge** – Ophioglóssum S. 112

Rautenfarn – Botrýchium SW.

1 Unfruchtbarer BlAbschnitt meist länger als br, stets kahl, 1–2fach fiederteilig (Abb. **116**/2), sehr selten ungeteilt 2

1* Unfruchtbarer BlAbschnitt breiter als lg, wenigstens jung behaart, 3–4fach gefiedert 4

2 BlStiel kürzer als der sporentragende BlAbschnitt; unfruchtbarer BlAbschnitt daher scheinbar unter der Mitte der Pfl entspringend, gestielt, ungeteilt, 3teilig od. 2(–4)paarig gefiedert. 0,02–0,08(–0,15). ♃ 5–6. Frische, bodensaure Magerrasen u. Heiden; s SO-We: Senne, † W-Bw O-Th NO-An: Burg W-Br W-Me NW-Ns, ↘ (temp-b·subozEUR+AM – G – K Nardo-Call. – ∇). **Einfacher R.** – B. símplex E. HITCHC.

2* Unfruchtbarer BlAbschnitt scheinbar in od. über der Mitte der Pfl entspringend 3

3 Unfruchtbarer BlAbschnitt scheinbar in der Mitte der Pfl entspringend. Fiedern halbmondfg od. keilfg (Abb. **116**/2). 0,05–0,30. ♃ 5–8. Bodensaure Magerrasen u. Wegränder, konkurrenzarme Stellen; s im NW, sonst alle Bdl z, im S bes. Bergland, ↘ (austr+m/mo-arct·(oz)CIRCPOL – G – O Nard., K Sedo-Scler., V Mesobrom. – ∇). **Mond-R., Mondraute** – B. lunária (L.) SW.

3* Unfruchtbarer BlAbschnitt scheinbar weit über der Mitte der Pfl entspringend. Fiedern fiederspaltig bis fiederteilig. 0,10–0,20. ♃ 6–7. Bodensaure Magerrasen, lichte Wälder; z Br, s SW- u. M-Ba: Allgäu, Jura S-Bw: bes. Schwarzw S-Rh SO-We He N-Th O-Sa An O-Ns: Göttingen, Bergen, † Me SO-Sh, ↘ (austrAM+sm/mo-b·subozEUR+AM – G – O Nard., K Sedo-Scler. – ∇). [B. ramósum (ROTH) ASCHERS. p. p., B. rutáceum WILLD. non SW.] **Ästiger R.** – B. matricariifólium (RETZ.) A. BR. ex KOCH

4 **(1)** Unfruchtbarer BlAbschnitt lg gestielt, dickfleischig. Fiedern 3. Ordnung ganzrandig od. gekerbt. Gemeinsamer BlStiel 1–4 cm lg. 0,10–0,25. ♃ 7–9. Frische bis wechselfeuchte bodensaure Magerrasen, lichte Wälder; s O-Ba: Bayr-W M-Br: Berlin, † NO-Bw Th Sa N-Ns Me Sh, ↘ (sm/mo-b·subozCIRCPOL – G – O Nard. – ∇). [B. rutáceum SW. non WILLD., B. rutaefólium A. BR.] **Vielteiliger R.** – B. multífidum (S. G. GMELIN) RUPR.

4* Unfruchtbarer BlAbschnitt fast sitzend, dünnhäutig. Fiedern 3. Ordnung eingeschnitten bis fiederspaltig. Gemeinsamer BlStiel 20–40 cm lg. 0,10–0,80. ♃ 6–9. Mäßig saure Bergheiden u. Magerrasen; s S-Ba: Garmisch, Ramsau, ↘ (strop/moAM+m-b·suboz CIRCPOL – G – O Nard. – ∇). **(**) Virginischer R.** – B. virginiánum (L.) SW.

Natternzunge – Ophioglóssum L.

Unfruchtbarer BlAbschnitt eifg, gelbgrün, ganzrandig (Abb. **116**/1). Sporentragender, ährenartiger BlAbschnitt oft fehlend. 0,05–0,30. ♃ 6–7. Basische bis saure Magerwiesen u. Magerrasen, am Rand von Röhrichten, salzertragend; v S- u. O-Br, z NW-Br u. übrige Bdl, ↘ (m/mo-b·(oz)CIRCPOL – G, Wurzelsprosse – V Mol., V Armer. marit.). **Gewöhnliche N.** – O. vulgátum L.

Familie **Rispenfarngewächse** – Osmundáceae GÉRARDIN et DESV.

Ausdauernd, mit unterirdischem Stamm. Bl rosettig, gefiedert, spreuschuppenlos. Sporangien mit 1schichtiger Wand, ohne deutlichen Ring, an besonderen BlAbschnitten knäuelig gehäuft. Sporen gleichartig. Vorkeim unterirdisch, mehrjährig (22 Arten – G – Wv).

Rispenfarn – Osmúnda L.

Bl doppelt gefiedert, 50–150 cm lg. ♃ 6–7. Bruch- u. MoorW, Sumpfgebüsche, WSäume, kalkmeidend; v N-Ns Sh, z We N-Sa Br Me, s W-Bw Rh He An S-Ns, (N) s N-Ba S-Sa, † Th, ↘ (austr-trop/mo-temp·ozCIRCPOL – H – V Aln., V Querc. rob.-petr. – ∇).
Königs-R., Königsfarn – O. regális L.

Familie **Hautfarngewächse** – Hymenophylláceae LINK

Kleine, sehr zarte, meist epiphytische Farne. BlSpreite nur aus 1 Zellschicht. Sori einzeln an den BlRändern, mit röhrigem od. 2klappigem Schleier. Sporangien sitzend. Wand 1schichtig. Sporen gleichartig. Vorkeim oberirdisch, grün, fädig od. 1schichtig-bandfg (600 Arten – H – Wv).

Hautfarn – Hymenophýllum SM.

Spreite doppelt fiederteilig. Zipfel schmal linealisch, gesägt, durchscheinend, 1nervig (Abb. **116**/3). 0,03–0,07. ♃ 8. Schattige, feuchte Sandsteinfelsen; s W-Rh: Bollendorf, † SO-Sa: Elbsandsteingebirge, ↘ (austr-trop/moAFR+AM+m/mo-temp·euozEUR – H – ∇).
Englischer H. – H. tunbrigénse (L.) SM.

Familie **Rollfarngewächse** – Cryptogrammáceae PICHI-SERMOLLI

Ausdauernd. Rhizom mit netzfg Gefäßbündelkörper. BlStiel mit 1 Gefäßbündel. Sori randnah, vom zurückgerollten, häutigen BlRand überdeckt. Sporangien mit 1schichtiger Wand. Sporen gleichartig. Vorkeim oberirdisch, grün, herzfg-thallös (2 Arten – Wv).

Rollfarn – Cryptográmma R. BR. ex RICHARDSON

Bl zart, gelbgrün, im Umriß eifg. 0,15–0,30. ♃ 8–9. Subalp. Geröllhalden aus Urgestein, kalkmeidend; s O-Ba: Bayr-W SW-Bw: S-Schwarzw W-We: Hohes Venn, † SO-Ns: Goslar (m/alp-b·(oz)EURAS+WAM – H – V Andros. alp., V Andros. vand. – ∇). [Allosórus críspus (L.) RÖHL.]
Krauser R. – C. críspa (L.) R. BR. ex HOOKER

Familie **Adlerfarngewächse** – Dennstaedtiáceae LOTSY

Ausdauernd. Rhizom schuppenfg od. behaart, mit röhrigem Gefäßbündelkörper. Sori randständig, vom zurückgerollten BlRand u. einem Schleier bedeckt (Abb. **117**/6). Sporangien mit 1schichtiger Wand. Sporen gleichartig. Vorkeim oberirdisch, grün, herzfg-thallös (370 Arten – Wv).

Adlerfarn – Pterídium GLED. ex SCOP.

Spreiten br dreieckig, 2–4fach gefiedert, übergebogen. Bl 0,50–2,00 lg. ♃ 7–9. Bodensaure, feuchte bis frische Eichen-BirkenW, MoorW, Kiefernforsten, Gebüsche, WSchläge u. -Säume; alle Bdl v, aber Kalk- u. Trockengebiete z (austr-b·(oz)CIRCPOL – G – V Querc. rob.-petr., V Luz.-Fag., V Rubo-Prun.). [Ptéris aquilína L.]
Adlerfarn – P. aquilínum (L.) KUHN

Familie **Sumpffarngewächse** – Thelypteridáceae PICHI-SERMOLLI

Ausdauernd. Rhizom behaart od. mit behaarten Spreuschuppen, mit netzfg Gefäßbündelkörper. BlStiele mit 3–7 Gefäßbündeln. Sori randnah. Sporangien mit 1schichtiger Wand. Sporen gleichartig, bohnenfg. Vorkeim oberirdisch, grün, herzfg-thallös (900 Arten – Wv).

1 Spreite lanzettlich, nach dem Grund zu verschmälert (unterste Fiedern nur 1–2 cm lg). Schleier früh abfallend. **Bergfarn** – Lástrea S. 114
1* Spreite nach dem Grund zu nicht od. kaum verschmälert **2**
2 Spreite $1^{1}/_{2}$–2mal so lg wie br. Bl behaart. Das unterste Fiederpaar rückwärtsgerichtet, mit verschmälertem Grund (Abb. **116**/4). Schleier fehlend. WaldPfl. **Buchenfarn** – Phegópteris S. 114
2* Spreite 3–4mal so lg wie br. Bl nur anfangs spärlich behaart, dann kahl. Schleier lange vor der Sporenreife abfallend. SumpfPfl. **Sumpffarn** – Thelýpteris S. 114

Bergfarn – Lástrea BORY s. str. [Oreópteris HOLUB]

BlUSeite mit goldgelben Drüsen. 0,50–1,00. ♃ 7–8. BergW, BruchW, an Wald-Gräben u. -Hängen, Hochstaudenfluren, kalkmeidend; v S- u. M-Ba S-Ns, z, bes. Bergland, N-Ba Bw Rh We He Th Sa An außer Trockengebiet N-Ns, s S-Br N-Me: Rügen Sh, im N ↘ (sm/mo-b·ozEUR+OAS–WAM – H – V Querc. rob.-petr., V Luz.-Fag., V Aln., O Adenost.). [Dryópteris montána (VOGLER) O. KUNTZE, D. oreópteris (EHRH.) MAXON, Thelýpteris limbospérma (ALL.) H. P. FUCHS, Oreópteris limbospérma (ALL.) HOLUB] **Bergfarn** – L. limbospérma (ALL.) HEYWOOD

Buchenfarn – Phegópteris (C. PRESL) FÉE

Bl behaart. Unterstes Fiederpaar meist abwärtsgerichtet, frei, die übrigen Fiederpaare am Grund br verbunden (Abb. **116**/4). 0,15–0,30. ♃ 7–8. Farnreiche Buchen-, Tannen- u. Fichten-MischW, Hochstaudenfluren, kalkmeidend; v, im S bes. Bergland, S-, M- u. NO-Ba Bw Rh We S-Th S-Sa, z NW-Ba He N-Th N-Sa S- u. M-An Br Ns Me Sh, im NW ↘ (sm/mo-b·(oz)CIRCPOL – G – O Fag., V Vacc.-Pic., O Adenost.). [Ph. polypodioídes FÉE, Dryópteris phegópteris (L.) C. CHR., Lástrea phegópteris (L.) BORY, Thelýpteris phegópteris (L.) SLOSSON] **Buchenfarn** – Ph. connéctilis (MICHX.) WATT.

Sumpffarn – Thelýpteris SCHMIDEL

Spreiten hellgrün. Fiederchen der sporentragenden Bl mit zurückgerolltem Rand (Abb. **117**/7). 0,30–0,80. ♃ 7–9. Erlenbrüche, Sumpfgebüsche, Schilf- u. Großseggensümpfe; v Br Me Sh, z S- u. M-Ba S- u. W-Bw We S-He N- u. O-Sa N- u. O-An S-Ns, s N-Ba NO-Bw Rh N-He Th SW-Sa SW-An (austr-trop/mo-b·(oz)CIRCPOL – G – V Aln., V Magnocar.). [Dryópteris thelýpteris (L.) A. GRAY, Lástrea thelýpteris (L.) BORY, Th. thelýpterioídes aut.] **Sumpffarn** – Th. palústris SCHOTT

Familie **Streifenfarngewächse** – Aspleniáceae METT. ex FRANK

Ausdauernd, meist Epiphyten od. FelsPfl. Rhizom mit netzfg Gefäßbündelkörper. BlStiel mit 2 Gefäßbündeln, die oft zu 1 ×-fg Strang zusammenfließen. Sori auf den BlAdern, mit Schleier. Sporangien 1schichtig. Sporen gleichartig, bohnenfg. Vorkeim oberirdisch, grün, thallös (720 Arten – Wv).

1 Bl ungeteilt, lanzettlich, groß (Abb. **116**/5). **Hirschzunge** – Phyllítis S. 115
1* Bl fiederteilig od. gefiedert **2**
2 Bl fiederteilig, unterseits dicht schuppig (Abb. **116**/6). **Milzfarn** – Céterach S. 115
2* Bl 1- bis mehrfach gefiedert od. gabelteilig. **Streifenfarn** – Asplénium S. 115

Hirschzunge – Phyllítis HILL [Scolopéndrium ADANS.]

Bl lanzettlich mit herzfg Grund. Sori linealisch (Abb. **116**/5). 0,15–0,50. ♃ 7–8. Luftfeuchte Schlucht- u. HangW, Felsspaltenges., kalkhold; z Ba: Alpen, Vorland, Jura Bw Rh We S-Ns, s He S- u. W-Th SW-An, (N) s O-Br N-Ns S- u. W-Sh, † S-Sa: jetzt nur (N) (m/mo-temp·ozEUR+OAS+(OAM) – H – V Til.-Acer., V Cystopt. – ∇). [Asplénium scolopéndrium L., Scolopéndrium officinárum SW.]

(**) **Hirschzunge** – Ph. scolopéndrium (L.) NEWMAN

Milzfarn – Céterach WILLD.

Bl lanzettlich, fiederteilig (Abb. **116**/6). 0,05–0,20. ♃ 6–8. Lichtreiche, warme Felsen u. Mauern; z N- u. NW-Ba: Jura, Main Bw Rh He, s S- u. O-We S-Th SO- u. W-Ns: Werlte, Nordhorn, Göttingen, (N) s S-Sa S-Br S-An: Merseburg, ↘, heute meist an Sekundärstandorten (m-temp·(oz)EUR–WAS – H – K Aspl. trich. – ∇). [Asplénium céterach L.]

(**) **Milzfarn** – C. officinárum WILLD.

Streifenfarn – Asplénium L.

1 BlStiel kürzer als die Spreite **2**
1* BlStiel wenigstens so lg wie die Spreite **7**
2 Bl doppelt gefiedert, ± lanzettlich **3**
2* Bl einfach gefiedert, linealisch. Fiedern rundlich od. elliptisch (Abb. **117**/1) **5**
3 BlStiel grün, nur am Grund schwarz. Spreite schmal lanzettlich, nach unten verschmälert. 0,05–0,20. ♃ 7–9. Feuchte, schattige, kalkhaltige Mauern u. Felsen; s W-Ba: Weißenburg O-Bw: Überkingen N-Th: Kyffhäuser, (U) s NO-Rh: Bad Ems, Saarland We: Wuppertal, † He: Marburg, ↘ (sm-stemp·ozEUR – H – O Potent. caul. – ∇). [A. hálleri (ROTH) DC.] **Jura-S., Fluhfarn** – A. fontánum (L.) BERNH.
3* BlStiel bis fast zur Spindel od. ganz braun. Spreite br lanzettlich, nach unten wenig od. kaum verschmälert **4**
4 Unteres Fiederpaar meist rechtwinklig abstehend, oft verkrümmt, gelegentlich so lg wie das folgende, Abschnitte letzter Ordnung länglich, regelmäßig gezähnt, ohne geschweifte Buchten. Sori näher zum BlRand. 0,15–0,40. ♃ 4–7. Feuchte, schattige Sandsteinfelsen u. Mauern; s W-Bw: NW-Schwarzw: Battert SO-Rh: Annweiler, Schönau (m-temp·ozEUR – H – V Andros. vand. – ∇). [A. obovátum subsp. lanceolátum (FIORI) P. SILVA] **Lanzett-S.** – A. billótii F. W. SCHULTZ
4* Unteres Fiederpaar oft abwärts gerichtet, Abschnitte letzter Ordnung rundlich, mit scharfen, oben locker gestellten Zähnen u. oft etwas geschweiften Buchten. Sori näher an der Mittelrippe. 0,10–0,40. ♃ 6–9. Silikatfelsen, Mauern; s NO-Rh: Bad Ems (sm/mo-stemp/mo·ozEUR – H – V Andros. vand. – ∇). **Französischer S.** – A. foreziénse MAGNIER
5 **(2)** BlStiel u. BlSpindel schmal geflügelt, bis (fast) zur Spitze glänzend rotbraun bis schwarzbraun. 0,05–0,30. ♃ 7–8. Kalkarme bis kalkreiche Felsen u. Mauern; v, bes. Bergland, Ba Bw Rh We He S-Th S-Sa S-Ns, z N-Th N-Sa An Br, s N-Ns Me Sh, im N (N) ↘ (austr-trop/mo-b·(oz)CIRCPOL – H – K Aspl. trich.).
** **Braunstieliger S.** – A. trichómanes L.
5* BlStiel u. BlSpindel ungeflügelt, diese ganz od. wenigstens im oberen Teil grün **6**
6 BlStiel nur am Grund braun, sonst wie die ganze BlSpindel grün. Fiedern flach, in der Ebene der BlFläche ausgebreitet. 0,05–0,20. ♃ 7–8. Feuchte, schattige Kalkfelsen u. Mauern; v S-Ba: Alpen u. Vorland, z M- u. NO-Ba: bes. Jura Bw S-We S-Th S-Sa SO-Ns, s Rh W-He N-Th S-An: Harz, (N) S- u. O-Br Me, ↘ (m/mo-arct·(oz)CIRCPOL – H – V Potent. caul.). [A. trichómanes-ramósum L.] **Grünstieliger S.** – A. víride HUDS.
6* Ganzer BlStiel u. größter Teil der BlSpindel rotbraun. Fiedern gewölbt, ihre Fläche oft senkrecht zur BlFläche gestellt. 0,05–0,20. ♃ 7–8. Serpentinfelsen; s O-Ba: Fichtelgebirge, Frankenwald, Oberpfälzer Wald SW-Sa: Hohenstein, Zöblitz (temp/mo-b·suboz EUR – H – V Aspl. serp. – ∇). (**) **Braungrüner Serpentin-S.** – A. adulterínum MILDE
7 **(1)** Bl 3teilig od. ungleich gabelteilig, nicht deutlich gefiedert **8**

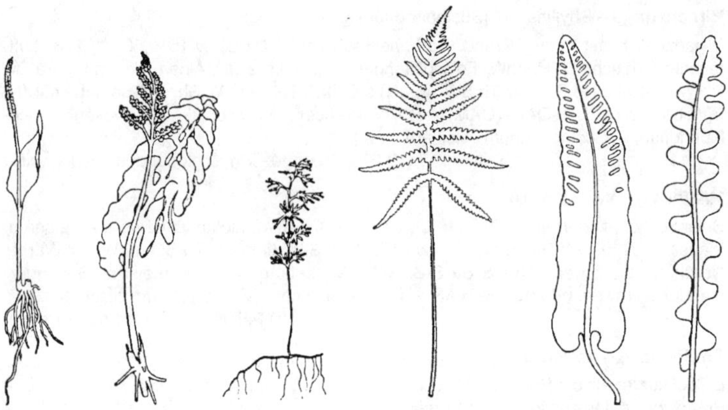

7* Bl (1–)2–4fach gefiedert **9**

8 Bl ungleich gabelteilig, mit 2–4 schmalen Fiedern (Abb. **117**/2), kahl. 0,08–0,15. ♃ 7–8. Trockene, sonnige Silikatfelsen u. Mauern, kalkmeidend; v Rh, z W-Bw: bes. Schwarzw Ba: Allgäu, Bayr-W, Fichtelgebirge, unterer Main, Rhön, W-Jura We He Th Sa S-An, s O-Bw SO-Ns: Harz, (U) s Br, † Me S-Sh, ↘ (m/mo-b·subozEUR–WAS+WAM – H – O Andros. vand.). **Nördlicher S.** – A. septentrionále (L.) HOFFM.

8* Bl 3teilig, mit länglich-eifg Abschnitten, beiderseits behaart. 0,02–0,10. ♃ 7–8. Kalk- u. Dolomitfelsen; s SO-Ba: Reichenhall (sm/mo·subozEUR – H – V Potent. caul.). **(**) Dolomit-S.** – A. seelósii LEYBOLD

9 **(7)** Bl 1- od. am Grund 2fach gefiedert. Fiedern lanzettlich, mit keilfg Basis. BlStiel bis zur Mitte dunkelrotbraun. 0,05–0,20. ♃ 7–9. Urgesteinfelsen od. mörtelfreie Silikatgesteinmauern, kalkmeidend; z N- u. O-Ba SW-Bw: Schwarzw Rh He S-Th, s S-We S-Sa N-Th SW-An u. SO-Ns: Harz, ↘ (m/mo-b·subozEUR – H – O Andros. vand. – Bastard aus Nördlichem S. u. Braunstieligem S.). [A. germánicum aut., A. breýnii KOCH] **Deutscher S.** – A. × alternifólium WULFEN

9* Bl 2–4fach gefiedert. BlStiel fleischfarbig, braun od. grün **10**

10 BlStiel grün, nur am Grund braun, 1 mm dick. Spreite im Umriß meist stumpf **11**

10* BlStiel braun, unterseits grün (selten beidseitig grün), 2 mm dick. Spreite im Umriß lg zugespitzt **12**

11 Bl 3–4fach gefiedert, ihre Endabschnitte lineal-keilfg, ganzrandig. 0,10–0,25. ♃ 7–9. Frische, kalkhaltige Felsen u. Geröll; s SO-Ba: Ruhpolding, Chiemgau (sm/mo-stemp/mo·subozEUR – H – V Cystopt., O Thlasp. rot. – ∇). **Zerschlitzter S.** – A. físsum KIT. ex WILLD.

11* Bl 2–3fach gefiedert, ihre Endabschnitte eifg, gekerbt (Abb. **117**/3). 0,03–0,15. ♃ 7–9. Lichte, mäßig trockene Felsen od. Mörtelfugen von Mauern; v Ba Bw Rh We He Th Sa S-An S-Ns, z N-An Br N-Ns Me Sh (m/mo-b·(oz)EURAS – H – O Potent. caul.). **(**) Mauer-S., Mauerraute** – A. rúta-murária L.

12 **(10)** Bl glänzend, ledrig; meist überwinternd. BlStiel oberseits wenigstens an seinem Grund schwarzpurpurn od. dunkelbraun. Spreite dunkelgrün, 2–3fach gefiedert. Untere Fiedern meist aufwärtsgekrümmt. Letzte Fiederabschnitte am Grund abgerundet, eifg bis rundlich, scharf gezähnt. 0,15–0,45. ♃ 7–8. Urgesteinfelsen u. Mauern, kalkmeidend; z NW-Ba Bw SW-Rh We He W- u. S-Th, s O- u. SW-Ba: Passau, Allgäu SW-Sa SO-Ns, † An, ↘ (austr-trop/moAFR–AUST–m-temp·ozEUR–WAS+(WAM) – H – V Andros. vand.). **Schwarzstieliger S.** – A. adiántum-nígrum L.

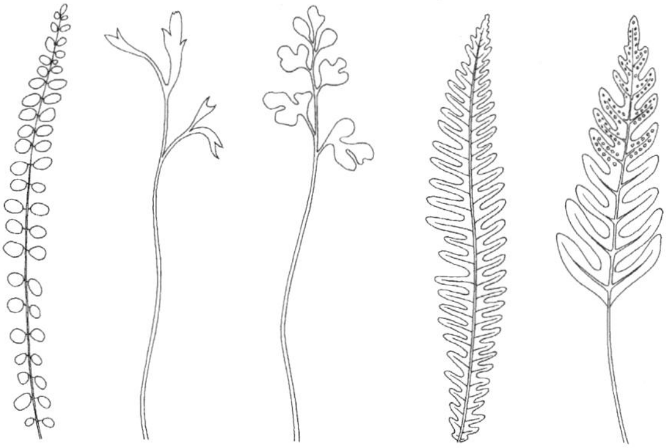

1 2 3 4 5

12* Bl glanzlos, weich; meist nicht überwinternd. BlStiel oberseits (od. beiderseits) grün. Spreite hellgrün, 3–4fach gefiedert. Fiedern meist gerade abstehend. Letzte Fiederabschnitte rhombisch od. fächerfg, am Grund keilig, vorn meist gestutzt, stumpf gezähnt. 0,15–0,45. ♃ 7–8. Serpentinfelsen; s SO-Ba: Fichtelgebirge, Frankenwald, Oberpfälzer Wald Sa: Muldegebiet, Olbernhau, Zöblitz, † O-Th: Greiz (sm-stemp·subozEUR – H – V Aspl. serp. – ∇). [A. serpentíni TAUSCH, A. fórsteri SADLER]

Keilblättriger Serpentin-S. – A. cuneifólium VIV.

Familie **Wimperfarngewächse** – Woodsiáceae (DIELS) HERTER

Ausdauernd. Rhizom mit netzfg Gefäßbündelkörper u. mit Spreuschuppen. BlStiel mit 2 Gefäßbündeln, die sich oberwärts zu 1 U-fg Bündel vereinigen. Sori frei, unsymmetrisch. Sporen gleichartig, bohnenfg. Vorkeim oberirdisch, grün, herzfg-thallös (650 Arten – Wv).

1 Sporentragende Bl von den unfruchtbaren Bl auffallend verschieden, letztere einen deutlichen Trichter bildend, grün; die beiden untersten Fiederchen jeder Fieder (besonders der unteren Fiedern) die BlSpindel oberseits od. unterseits bedeckend. Sporentragende Bl (oft fehlend) in der Trichtermitte, kürzer, straußenfederähnlich, bei der Sporenreife dunkelbraun. **Straußenfarn** – Mattéuccia S. 118

1* Alle Bl gleichgestaltet. Untere Fiederchen nie die BlSpindel bedeckend **2**

2 Schleier in ∞, braune, lg haarfg Fransen aufgelöst, die die Sori spinnwebenartig bedecken (Abb. **117**/8). BlStiel unter der Mitte durch feinen Ringwulst gegliedert.

Wimperfarn – Wóodsia S. 118

2* Schleier am Rand höchstens kurzfransig. BlStiel ungegliedert **3**

3 BlSpreite 30–150 cm lg. Sori kommafg u. von einem seitlichen Schleier bedeckt (Abb. **117**/9), seltener kreisrund u. dann mit verkümmertem Schleier.

Frauenfarn – Athýrium S. 118

6 7 8 9 10 11

3* BlSpreite höchstens 50 cm lg. Sori rundlich. Schleier oval, nur an seinem der Fiederchenbasis zugewandten Rand angewachsen, später zurückgeschlagen u. von den Sporangien verdeckt (Abb. **117**/10). **Blasenfarn** – Cystópteris S. 119

Straußenfarn – Mattéuccia TOD. [Struthiópteris WILLD.]

Unfruchtbare Bl hellgrün; sporentragende Bl bei der Sporenreife dunkelbraun, straußenfederähnlich. 0,30–1,50. ♃ 7–8. AuenW, am Rand von Gebirgsbächen auf sickernassen, nährstoffreichen, sandig-kiesigen Schwemmböden; z O-Ba S-We S-, M- u. O-Th Sa SO-Ns, s S- u. W-Ba Bw Rh He Sa?, (N) z We Sa Ns, s An Br N- u. W-Ns Sh. ZierPfl (sm/mo-b·subozCIRCPOL – H, C – V Aln., V Til.-Acer. – ∇). [Struthiópteris filicástrum ALL., S. germánica WILLD., Onocléa struthiópteris (L.) ROTH]
Straußenfarn – M. struthiópteris (L.) TOD.

Wimperfarn – Wóodsia R. BR.

1 Fiedern u. BlSpindel mit sehr zerstreuten, weißen, mehrzelligen Haaren u. 1zelligen Drüsen, nicht spreuschuppig. BlStiel strohgelb bis gelbgrün, nur am schwarzbraunen Grund spreuschuppig. 0,05–0,12. ♃ 7–8. Trockene bis mäßig frische, leicht schattige Kalkfelsen; s SW- u. SO-Ba: Oberstdorf, Steinernes Meer (sm/alp-temp/alpALP – H – V Cystopt. – ∇). [W. glabélla aut. non R. BR.] **Zierlicher W.** – W. pulchélla BERTOL.

1* BlStiel, -Spindel u. SpreitenUSeite zerstreut mit braunen u. weißen Haaren besetzt, drüsenlos, spreuschuppig. BlStiel u. -Spindel rotbraun bis schwarzpurpurn **2**

2 Fiedern stumpflich bis spitz, die der Spreitenmitte 2–2,5mal so lg wie br, die längsten jederseits mit 4–8 länglichen, deutlich gekerbten Abschnitten. Haare am Spreitenrand u. Spreuschuppen an den Fiedern ∞. Spindel haarig u. dicht schuppig. 0,10–0,20. ♃ 7–8. Trockene Silikatfelsspalten u. -schutthalden, kalkmeidend; s Ba: Allgäu, Frankenwald, Klardorf, Rhön Bw: S-Schwarzw He: Rhön, Burghasungen Th: obere Saale W-An: Harz, † S-Sa: Rochsburg, Lausitz Ns: Bodenwerder, ↘ (sm/alp-arct·(subk)CIRCPOL – H – V Andros. vand. – ∇). **Rostroter W.** – W. ilvénsis (L.) R. BR.

2* Fiedern sehr stumpf, die der Spreitenmitte 1–1,5mal so lg wie br, jederseits mit 1–2(–4) verkehrteifg, ganzrandigen od. geschweiften Abschnitten, Haare u. Spreuschuppen zerstreut. 0,05–0,15. ♃ 7–8. Trockene Urgesteinfelsen; s SW-Ba: Allgäu (sm/alp-arct·(subk)CIRCPOL – H – V Andros. vand. – ∇). [W. hyperboréa (LILJEBLAD) R. BR.]
Alpen-W. – W. alpína (BOLTON) S. F. GRAY

Frauenfarn – Athýrium ROTH

1 Sori länglich, die unteren hakenfg, die oberen fast gerade, bis zur Sporenreife vom Schleier bedeckt, der Mittelrippe näher als dem Rand (Abb. **117**/9). Fiederchen 2,5–5mal so lg wie br, allmählich in eine Spitze verschmälert, die meisten sich nicht od. nur am Grund berührend. BlSpindel grün, bisweilen rosa überlaufen, wie die Rippen der Fiedern u. Fiederchen unterseits mit ∞ Keulenhaaren (Lupe!), daher im frischen Zustand (bes. in der Jugend) etwas mehlig aussehend. 0,30–1,00. ♃ 7–8. Frischfeuchte Laub- u. NadelmischW, Bulten von ErlenbruchW, Hochstaudenfluren, WSäume; g Ba Bw We He Me, übrige Bdl v, aber Trockengebiete z (strop/mo-b·(oz)CIRCPOL – H – O Fag., K Aln., O Vacc.-Pic., auch O Adenost.). **Gewöhnlicher F.** – A. fílix-fémina (L.) ROTH

1* Sori fast kreisrund, den verkümmerten wenigzelligen Schleier lange vor der Sporenreife verlierend, dem Rand näher als der Mittelrippe. Fiederchen 1,5–2mal so lg wie br, im Umriß mit stumpfer Spitze, kürzer gezähnt, die meisten sich berührend od. etwas überdeckend. BlSpindel grünlich, zuletzt strohgelb, stets ohne Keulenhaare. 0,50–1,50. ♃ 7–8. Hochstaudenfluren, staudenreiche BergmischW; z S-Ba: Alpen O-Ba: Bayr-W, s S-Bw: Allgäu, S- u. N-Schwarzw S-Th: Th-W SW-Sa: Erzg W-An u. SO-Ns: Harz (sm/mo-arct·(oz)CIRCPOL – H – O Vacc.-Pic., V Til.-Acer., O Adenost.). [A. alpéstre (HOPPE) RYLANDS] **Gebirgs-F.** – A. distentifólium TAUSCH ex OPIZ

Blasenfarn – Cystópteris BERNH.

1 Rhizom kurz. Bl rosettig. Spreite etwa so lg wie der BlStiel, lanzettlich bis schmal eifg, 2–3mal so lg wie br. Unterste Fiedern kaum länger als die folgenden **2**

1* Rhizom lg kriechend. Bl einzelnstehend. Spreite kürzer als der BlStiel, 3eckig od. br eifg, etwa so lg wie br. Unterste Fiedern deutlich länger als die folgenden **3**

2 Letzte Spreitenabschnitte eifg-lanzettlich, gezähnt, nicht ausgerandet; die letzten Nervenäste in deren Spitzen u. Zähne auslaufend. 0,10–0,50. ♃ 7–9. Sickerfeuchte, schattige, kalkhaltige Felsen u. Mauern, in Brunnen; Edellaubholz- u. SchluchtW; v, bes. Gebirge, Ba Bw Rh S- u. O-We He S-Th S-Sa SW-An S-Ns, z NW-We N-Th N-Sa N- u. O-An Br, s NO-Ns Me Sh (austr-trop/mo-arct·(oz)CIRCPOL – H – O Potent. caul., V Til.-Acer.). [incl. C. dickieána R. SIM] **Zerbrechlicher B.** – C. frágilis (L.) BERNH.

2* Letzte Spreitenabschnitte linealisch, ganzrandig, nur an der Spitze ausgerandet od. 2zähnig; die letzten Nervenäste in den Ausrandungen auslaufend. 0,08–0,40. ♃ 7–9. Kalkfelsen, Geröll; z S-Ba: Alpen, s O-Ba: Arber? (sm/alp-b/demo·subozEUR – H – V Thlasp. rot.). [C. régia aut., C. críspa aut.] **Alpen-B.** – C. alpína (LAMK.) DESV.

3 Unterste Fiedern sehr ungleichhälftig, ihr unterstes Fiederchen länger als die folgenden. BlSpindel fein drüsig u. feinhaarig. Schleier kahl. 0,15–0,45. ♃ 7–8. Feuchte, schattige Kalkfelsen u. Kalk-Steinschutt; v S-Ba: Alpen, s Bw: W-Jura: Ortenberg, Plattenberg (sm/alp-b·subozCIRCPOL – H – V Petasit. parad. – ∇). **Berg-B.** – C. montána (LAMK.) DESV.

3* Unterste Fiedern fast gleichhälftig, ihr unterstes Fiederchen kürzer als die folgenden. BlSpindel kahl. Schleier dicht drüsig. 0,20–0,40. ♃ 7–9. Schutt- u. Felsspaltenges., Hangschutt, kalkstet; s SO-Ba: Berchtesgaden: Vorderbrand, Göll (temp/mo-b·(k) EURAS – H – O Thlasp. rot. – ∇). **Sudeten-B.** – C. sudética A. BR. et MILDE

Familie **Wurmfarngewächse** – Dryopteridáceae CHING

Ausdauernd. Rhizom mit netzfg Gefäßbündelkörper u. kahlen Spreuschuppen. BlStiele mit 3–7 Gefäßbündeln. BlHaare mehrzellig. Sori frei. Sporangien einzeln. Sporen gleichartig, bohnenfg. Vorkeim oberirdisch, grün, herzfg-thallös (870 Arten – Wv).

1 Spreite 3eckig, etwa so lg wie br (10–25 cm), unterstes Fiederpaar viel größer als die übrigen. Spreuschuppen nur am Grund des BlStiels. Schleier fehlend.
Eichenfarn – Gymnocárpium S. 119

1* Spreute lanzettlich, größer. Gesamter BlStiel u. -Spindel mit Spreuschuppen. Schleier nierenfg od. schildfg **2**

2 Schleier schildfg, in seiner Mittel angeheftet (Abb. **117**/11). Fiedern an ihrem Grund deutlich unsymmetrisch, auf der nach der BlSpitze zugewandten Seite mit vergrößertem Basalfiederchen od. Basallappen. **Schildfarn** – Polýstichum S. 120

2* Schleier nierenfg, in seiner Bucht angeheftet (Abb. **120**/1, 2). Fiederngrund nicht od. kaum unsymmetrisch. **Wurmfarn** – Dryópteris S. 120

Eichenfarn, Ruprechtsfarn – Gymnocárpium NEWMAN

1 Bl völlig kahl. BlStiel 2–3mal so lg wie die Spreite. Jede der beiden untersten Fiedern fast so groß wie die restliche Spreite. 0,10–0,40. ♃ 7–8. Farnreiche HangW, reichere, frische Laub- u. NadelmischW, Hochstaudenfluren; v Ba Bw Rh S- u. O-We He S-Th S-Sa SW-An S-Ns, z N-Th N-Sa N- u. O-An Br NO-Ns Me Sh, s NW-We NW-Ns (m/mo-arct·(suboz) CIRCPOL – G – K Carp.-Fag., O Fag., O Vacc.-Pic., O Adenost.). [Dryópteris linnaeána C. CHR., Lástrea dryópteris (L.) BORY ex NEWMAN] **Eichenfarn** – G. dryópteris (L.) NEWMAN

1* Bl unterseits kurz drüsig. BlStiel 1,5mal so lg wie die Spreite, wie die BlSpindel dicht drüsig (Lupe!). Jede der beiden untersten Fiedern kleiner als der Rest der Spreite. 0,10–0,40. ♃ 7–8. Schattige, kalkreiche Steinschuttfluren, kalkhaltige Felsen u. Mauern; z Ba u. Bw: Alpen, Vorland, Jura S- u. O-We He Th Sa SW-An S- u. O-Br SO-Ns, s Rh, (N U) s O-Sh, † Me (m/mo-b·(subk)CIRCPOL – G – O Thlasp. rot.). [Dryópteris

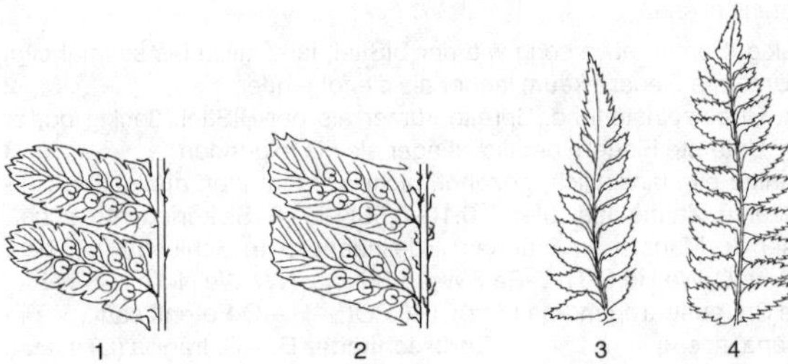

1 2 3 4

robertiána (HOFFM.) C. CHR., Lástrea obtusifólia aut. non (SCHRANK) JANCHEN, L. calcária (SM.) BORY] **Ruprechtsfarn** – G. robertiánum (HOFFM.) NEWMAN

Schildfarn – Polýstichum ROTH

1 Bl einfach gefiedert, kurz gestielt. Fiedern sichelfg, dornig gezähnt, derb ledrig. 0,10–0,50. ♃ 7–9. Alp. Steinschuttfluren, Blockhalden, Felsspalten, kalkliebend; v S-Ba: Alpen, z Vorland, z S- u. M-Bw, s M- u. NO-Ba Rh O-We He S- u. O-Th W-An: Harz, (N) s SO-Ns, † S-Sa Br, ↘ (m/mo-arct·(oz)CIRCPOL – H – V Petasit. parad. – ∇). [Aspídium lonchítis (L.) SW.] **Lanzen-Sch.** – P. lonchítis (L.) ROTH

1* Bl 2–3fach gefiedert, lg gestielt 2

2 Bl weich, hellgrün, sommergrün, beiderseits spreuhaarig. Untere Fiedern stumpflich, obere kurz zugespitzt. Schleier zart, hinfällig. 0,50–0,60. ♃ 7–8. Frische Hang- u. SchluchtW, anspruchsvoll; s SW- u. SO-Ba: Allgäu, Ruhpolding SW-Bw: S-Schwarzw He: Meißner, † SO-Sa, ↘ (sm/mo-b·(oz)CIRCPOL – H – V Til.-Acer. – ∇). **Weicher Sch.** – P. bra͞unii (SPENNER) FÉE

2* Bl derb, auf der Fläche nicht od. kaum behaart. Fiedern zugespitzt 3

3 Spreite am Grund deutlich verschmälert; ledrig derb, überwinternd; dunkelgrün, oberseits etwas glänzend. BlStiel etwa $^1/_5$ so lg wie die Spreite, wie die Spindel locker spreuschuppig. Fiederchen vorwärtsgerichtet, sitzend od. sehr kurz u. br gestielt, herablaufend, das unterste nach der BlSpitze zu gerichtete Fiederchen jeder Fieder deutlich größer als die folgenden, Zähne allmählich in eine kurze Dornspitze verschmälert (Abb. **120**/3). Sori auf den BlNerven. 0,60–1,00. ♃ 8–9. Frische Schlucht- u. Buchen-HangW, anspruchsvoll; v S-Ba: Alpen u. Vorland Bw Rh, z M- u. N-Ba S- u. O-We He Th S-Sa SW-An S-Ns, s SO-An Me: Rügen N-Sh, † SO-Br, im N ↘ (m/mo-temp·ozEUR–OAS–(WAM) – H – V Til.-Acer., V Asper.-Fag. – ∇). [P. lobátum (HUDS.) CHEVALL.] **Dorniger Sch.** – P. aculeátum (L.) ROTH

3* Spreite am Grund nicht od. nur wenig verschmälert; weich, meist nicht überwinternd; gelbgrün, glanzlos. BlStiel $^1/_4$–$^1/_2$ so lg wie die Spreite, wie die Spindel dicht spreuschuppig. Fiederchen fast rechtwinklig abstehend (Abb. **120**/4), stets deutlich kurz u. schmal gestielt; Zähne plötzlich in eine lange Granne zusammengezogen. Unterste Fiederchen kaum größer als die folgenden. Sori kleiner, an der Spitze der BlNerven. 0,60–1,00. ♃ 8–9. Farnreiche LaubmischW, WHänge, anspruchsvoll; z W-Bw: W-Schwarzw Rh: Saar, Mosel, Ahr, Rhein, s NW-Ba: Obernburg SW-We: Süderbergland S-He (m/mo-temp·ozEUR – H – O Fag. – ∇). [P. anguláre (KIT. ex WILLD.) C. PRESL, P. aculeátum aut.] **Grannen-Sch.** – P. setíferum (FORSKÅL) WOYNAR

Wurmfarn – Dryópteris ADANS.

1 Bl einfach gefiedert mit tief fiederteiligen bis fiederschnittigen Fiedern, od. 2fach gefiedert mit ungeteilten Fiederchen. Spreite nach dem Grund hin deutlich verschmälert . 2

1* Bl 2fach gefiedert mit fiederspaltigen Fiederchen, od. 3–4fach gefiedert. Spreitengrund nicht od. kaum verschmälert 4

2 Sporentragende Bl steif aufrecht, etwa doppelt so lg u. br wie die schräg ausgebreiteten unfruchtbaren Bl, mit 10–20 Fiederpaaren. Fiedern der Spreitenmitte 2–3mal so lg wie br, jederseits mit 5–8 fast bis zum Mittelnerv geteilten Abschnitten. Unterste Fiedern deutlich gestielt, aus herzfg Grund dreieckig. Obere sporentragende Fiedern senkrecht zur BlFläche gedreht, oft ihre USeite nach oben wendend. BlStiel 1,5–2 mm ∅, spärlich spreuschuppig, länger als die Spreite. 0,30–0,80. ♃ 7–9. Erlen- u. Birkenbrüche, Weidensümpfe, Moorränder, kalkmeidend; z S-Ba: Alpenvorland SO-Bw: Oberschwaben, Seißen Br N-Ns Me Sh, s M- u. NO-Ba W-Bw: Baar, Seersheim O-Rh S- u. O-We He N-Th N-Sa An S-Ns, ↘ (sm/mo-b·subozEUR–WSIB+OAM – H – V Aln., V Bet. pub., V Mol. – ∇). **Kamm-W., Kammfarn** – D. cristáta (L.) A. GRAY

2* Sporentragende u. unfruchtbare Bl völlig gleich, mit 20–35 Fiederpaaren. Fiedern der Spreitenmitte 4–6mal so lg wie br, jederseits mit 10–20 fast bis zum Mittelnerv geteilten Abschnitten. Unterste Fiedern höchstens sehr kurz gestielt. BlStiel 3–4 mm ∅, dicht spreuschuppig, kürzer als die Spreite **3**

3 Mittelrippe der Fiedern am Grund mit schwarzviolettem Farbring (dieser beim Trocknen verschwindend!). BlStiel $^1/_5$–$^1/_6$ so lg wie die oberseits glänzende, meist überwinternde Spreite. BlStiel, BlSpindel u. Fiedermittelrippe dicht spreuschuppig. Schuppen kastanien- bis blaßbraun, bis 3 cm lg, stets abstehend. Fiederchen vorn meist schief gestutzt, nur hier fein gezähnt, ihre parallelen Seitenränder (fast) ganzrandig (Abb. **120**/2). Schleier meist derb, am Rand nach unten u. innen umgebogen, nicht einschrumpfend, überwinternd. 1,00–1,60. ♃ 7–9. Farnreiche BergmischW, WHänge; z S-Ba Bw Rh S-We He S- u. O-Th SO-Ns, s M- u. NW-Ba O-Sa SW-An, Verbreitung ungenügend bekannt (m/mo-temp·ozEUR – H – Ap – O Fag.). [D. paleácea aut., D. pseūdomas (WOLLASTON) HOLUB et POUZAR]
Spreuschuppiger W. – D. affínis (LOWE) FRASER-JENKINS

3* Farbring fehlend. BlStiel $^1/_4$–$^1/_2$ so lg wie die glanzlose, sommergrüne Spreite, am Grund dicht, oberwärts wie die Spindel nur locker spreuschuppig. Schuppen gelbbraun, glanzlos, bis 2 cm lg, im Herbst anliegend. Fiederchen vorn abgerundet bis spitzlich, ringsum gezähnt bis gelappt (Abb. **120**/1). (0,15–)0,30–1,20(–1,50). ♃ 7–9. Anspruchsvolle MischW, Nadelholzforsten, frische, etwas wasserzügige LaubmischW, Hochstaudengebüsche; g Ba Bw Rh He Sa Me Sh, v We Th An Br Ns, z MDt-Trockengeb (austr-trop/mo-m/mo-b·(oz)CIRCPOL – H – O Fag.). **Gewöhnlicher W.** – D. fílix-mas (L.) SCHOTT

4 (**1**) Bl doppelt gefiedert mit fiederspaltigen Fiederchen. Fiedern symmetrisch: Fiederchen beiderseits der Fiederspindel gleich groß. Spreite schmal lanzettlich, beiderseits dicht gelbdrüsig. 0,15–0,45. ♃ 7–8. Alp. Kalkgeröllfluren; z S-Ba: Alpen (sm/mo-temp/mo·ozEUR – H – V Petasit. parad.). [D. rígida (SW.) UNDERW. non A. GRAY]
Starrer W. – D. villárii (BELLARDI) WOYNAR ex SCH. et THELL.

4* Bl 2–3(–4)fach gefiedert. Fiedern mit deutlich unsymmetrischem Grund: die nach dem Blattgrund zu gerichteten Fiederchen viel länger als die ihnen gegenüberstehenden . **5**

5 Pfl drüsenlos, selten im oberen Teil der Spindel mit einzelnen Drüsen. BlStiel spärlich spreuschuppig. Spreuschuppen br oval, stumpf od. plötzlich in eine kurze Spitze zusammengezogen, meist blaßbraun. Spreite meist hellgrün, doppelt fiederteilig, lanzettlich od. eilanzettlich, 2,5–4mal so lg wie br. Unterste Fiedern meist ohne Sori. Schleier drüsenlos. Sporen dunkelbraun. 0,15–0,60. ♃ 7–8. Bodensaure LaubmischW, Nadelholzforsten, Erlenbrüche u. Schlaggebüsche; g Ba Bw We He Ns Me, v Rh Th Sa An Br Sh, z MDt-Trockengeb (sm/mo-b·(oz)CIRCPOL – H – O Fag., K Querc. rob.-petr., K Aln.). [D. spinulósa (O. F. MÜLLER) O. KUNTZE, incl. D. remóta (A. BR. ex DÖLL) DRUCE]
Dorniger W., Leiter-Dornfarn – D. carthusiána (VILL.) H. P. FUCHS

5* BlStiel, BlSpindel, SpreitenUSeite u. Schleier gelbdrüsig. BlStiel bes. an seinem Grund dicht spreuschuppig. Spreuschuppen schmal, lg zugespitzt, mit lg, dunklem Mittelstreif (dieser meist bis zur Schuppenspitze reichend). Spreite 2–3(–4)fach fiederteilig, br 3eckig bis oval, 1–2mal so lg wie br, meist dunkelgrün. Meist auch die untersten Fiedern mit Sori. 0,20–1,00. ♃ 7–9. Frische, mäßig nährstoffreiche Laub- u.

NadelholzmischW, Erlen- u. BirkenbruchW; v Ba Bw Rh S- u. O-We He Th Sa Ns W-Me Sh, z NW-We An Br O-Me (sm/mo-arct·(oz) CIRCPOL – H – V Vacc.-Pic., V Dicr.-Pin., V Bet. pub., K Aln., K Querc. rob.-petr., O Fag.). [D. austríaca aut., incl. D. expánsa (C. PRESL) FRASER-JENKINS et JERMY]
Breitblättriger W., Breitblättriger Dornfarn – D. dilatáta (HOFFM.) A. GRAY

Familie **Rippenfarngewächse** – Blechnáceae (C. PRESL) COPEL.

Ausdauernd. Rhizom mit netzfg Gefäßbündelkörper u. mit Spreuschuppen. Bl oft zweigestaltig. BlStiel mit 2 Gefäßbündeln. Sori jeder Fieder zusammenfließend (einen „Coenosorus“ bildend). Schleier vorhanden, sich nach der Mittelrippe zu öffnend. Sporangienwand 1schichtig. Sporen gleichartig, bohnenfg. Vorkeim oberirdisch, grün, thallös (240 Arten – Wv).

Rippenfarn – Bléchnum L.

Unfruchtbare Bl kammfg fiederschnittig, niederliegend, wintergrün (Abb. **117**/4), sporentragende Bl mit viel schmaleren Fiedern, aufrecht. 0,15–0,50. ♃ 7–9. Standörtlich ärmere Buchen-, Eichen-Birken-, Bruch-, Fichten- u. TannenW, kalkmeidend; v im Bergland von Ba Bw Rh We He Th Sa An, sonst in diesen Bdl z, v Sh, z S-Br Ns, s N-Br Me, ↘ (m/mo-b·ozEUR+OAS+WAM – H – V Vacc.-Pic., V Querc. rob.-petr., V Luz.-Fag., V Aln.). **Rippenfarn** – B. spícant (L.) ROTH

Familie **Tüpfelfarngewächse** – Polypodiáceae BERCHT. et J. PRESL s. str.

Ausdauernd. Rhizom dorsiventral, auf der OSeite mit 2 Reihen abgegliederter Bl, mit schildfg Spreuschuppen. Sori frei, kreisrund, schleierlos. Sporangienwand 1schichtig. Sporen gleichartig, bohnenfg. Vorkeim oberirdisch, grün, herzfg-thallös (650 Arten – Wv).

Tüpfelfarn – Polypódium L.

Spreite im Umriß länglich-lanzettlich, am Grund nicht od. wenig verschmälert (Abb. **117**/5). 0,10–0,50. ♃ 8–9. Schattige Mauern u. Felsen, azidophile EichenW, Dünen-KiefernW, kalkmeidend; v Ba Bw Rh We He S-Th S-Sa Br Ns Me Sh, z N-Th N-Sa An: bes. Harz (austrAFR?+m/mo-b·(oz)EUR-WAS – H – V Querc. rob.-petr., K Aspl. trich.). [incl. P. interjéctum SHIVAS] **Gewöhnlicher T., Engelsüß** – P. vulgáre L.

Familie **Kleefarngewächse** – Marsileáceae MIRBEL

Bodenwurzelnde SumpfPfl. Bl wechselständig. Sporangien 1geschlechtig, in kugligen, gemischtgeschlechtigen Sporokarpien am Grund der Bl, mit kleinen ♂ od. großen ♀ Sporen. Wand des Sporokarps von 1 BlFieder gebildet. Vorkeim winzig, in der Spore eingeschlossen od. nur wenig herausragend (72 Arten – A – Wv).

1 Bl 4zählig, glückskleeähnlich. Blchen in der Knospe gefaltet. Sporokarpien bohnenfg, am BlStiel nahe dem Grund. **Kleefarn** – Marsílea S. 122

1* Bl binsenartig, in der Knospe spiralig gerollt (Abb. **123**/3). Sporokarpien kuglig, am BlGrund. **Pillenfarn** – Pilulária S. 122

Kleefarn – Marsílea L.

Stg kriechend. Bl glückskleeähnlich. 0,05–0,15. ♃ 9–10. Nährstoffreiche, nasse, sandig-tonige Schlammböden in Kiesgruben u. Tümpeln; † Ba Bw Rh He, jetzt nur (N 1980?) SW-We: Wahner Heide (sm-stemp·(oz)EUR+WAS – A – V Nanocyp. – ∇).
Vierblättriger K. – M. quadrifólia L.

Pillenfarn – Pilulária L.

Stg kriechend. Bl fädlich (Abb. **123**/3). 0,05–0,10. ♃ 7–9. Mesotrophe, nasse Schlammböden an Teichrändern od. abgelassenen Teichen, Gräben; z S-Br Ns, s N-Ba N- u. W-

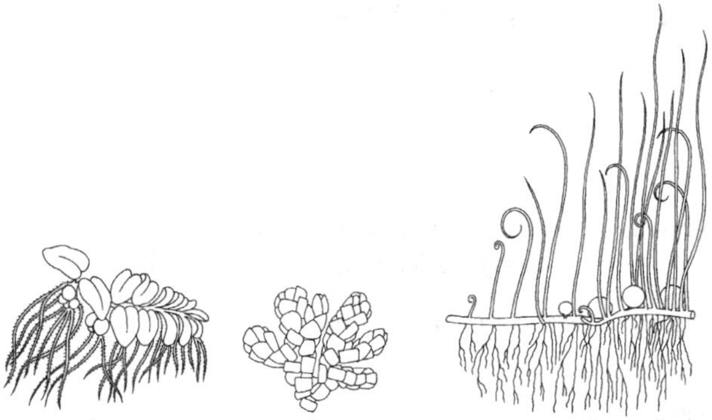

1 2 3

Bw: Rhein, Gleichen O-Rh N- u. W-We He SO-Th N-Sa NW-An NO-Br W-Me Sh, ↘ (sm-temp·ozEUR – A – V Litt.). **Pillenfarn** – P. globulífera L.

Familie **Schwimmfarngewächse** – Salviniáceae LESTIB.

Wenig verzweigte SchwimmPfl ohne Wurzeln. Bl in 3zähligen Quirlen, davon je 2 elliptisch (SchwimmBl), 1 untergetaucht u. wurzelähnlich zerschlitzt (WasserBl). Kuglige Sporokarpe am Grund der WasserBl, 1geschlechtig, mit vom Schleier gebildeter Wandung, mit kleinen ♂ u. großen ♀ Sporen. Vorkeim winzig (12 Arten – A – Hv).

Schwimmfarn – Salvínia SÉGUIER

SchwimmBl elliptisch, 2zeilig (Abb. **123**/1), oberseits mit büschlig behaarten Wärzchen. 0,05–0,10. ☉ 8–10. Ruhige, windgeschützte, nährstoffreiche, warme Altwässer; z O-An: Elbe, Havel Br, s W-Bw u. Rh: Karlsruhe bis Mannheim N-Sa, (N) s M- u. N-Ba, (U) s Sa: Elbe Ns Me Sh, † S-He, ↘ (stropOAS-m-temp·subozEURAS – A – V Lemn. min. – AquariumPfl – ∇). **Gewöhnlicher Sch.** – S. nátans (L.) ALL.

Familie **Algenfarngewächse** – Azolláceae WETTST.

Moosähnliche, reichverzweigte SchwimmPfl mit Wurzeln (Abb. **123**/2). Bl 2reihig, jedes Bl in 2 Lappen geteilt; Oberlappen schwimmend, Unterlappen kleiner, untergetaucht. Sporokarpe 1geschlechtig, zu 2 od. 4 an den Unterlappen. Vorkeim 1geschlechtig, reduziert (6 Arten – A – Hv).

Algenfarn – Azólla LAMK.

1 Pfl blaugrün (im Herbst oft rötlich), 1–3(19) cm lg, im Umriß länglich, fiedrig verzweigt. BlOberlappen stumpf, mit br Hautrand u. 1zelligen Haaren, bis 2,5 mm lg u. 0,9–1,4 mm br. ☉ ♃ 8–10. Ruhige, nährstoffreiche, warme Altwässer; (N 1870, meist U) s Ba NW-Bw, O-Rh u. S-He: Rhein S-We An Br: Bernau, † Ns (strop-temp·(oz)WAM – V Hydroch.). **Großer A.** – A. filiculoídes LAMK.

1* Pfl bleichgrün, 0,7–1,5 cm, im Umriß fast kreisrund, gablig verzweigt. BlOberlappen spitzlich, mit sehr schmalem Hautrand u. 2zelligen Haaren, 0,5 mm lg. ☉ ♃ 8–10. Wasserlinsendecken in ruhigen, warmen Altwässern, (N 1872, U) s Me, † Ba? Bw? We? He? M-An: ob noch? Ns?, oft mit A. filiculoídes verwechselt (strop-stemp·ozOAM – V Lemn. min.). [A. caroliniána aut. non WILLD.] **Kleiner A.** – A. mexicána C. PRESL

Abteilung **Samenpflanzen** – Spermatóphyta

Unterabteilung **Gabel- und Nadelblättrige Nacktsamer** – Coniferophýtina [Gymnospérmae p. p.]

Familie **Ginkgogewächse** – Ginkgoáceae ENGLER

(nur 1 Art)

Ginkgo – Gínkgo L.

Zweihäusiger Baum. Bl sommergrün, wechselständig, 6–8 cm br, fächerfg, gabelnervig, meist 2lappig bis 2spaltig (Abb. **124**/1). Je 2 SaAnlagen am Ende einfacher, selten verzweigter SaAnlagenträger. Pollensackgruppen traubig angeordnet. Befruchtung durch Spermatozoide. Sa steinfruchtähnlich. Bis 30,00. ♄ 5. Park- u. Straßenbaum, mäßig anspruchsvoll, rauchhart (m-sm·ozOAS – M – Wb – Vv – ArzneiPfl).
Ginkgo – G. bíloba L.

Familie **Eibengewächse** – Taxáceae S. F. GRAY

Zweihäusige Bäume. Bl nadelfg (Nadeln), ohne Harzgänge. StaubBl kätzchenartig angeordnet, schildfg. SaAnlagen einzeln endständig. Sa von einem fleischigen SaMantel (Arillus) umgeben (Abb. **124**/2) (16 Arten – M, F – Wb – Vv).

Eibe – Táxus L.

Nadeln flach, oberseits dunkelgrün, mit erhabenem Mittelnerv, unterseits hellgrün; an Seitenzweigen gescheitelt (Abb. **124**/3). Bis 15,00. ♄ 3–5. Buchen-HangW, anspruchsvolle LaubW, kalkhold; v S-Ba: Alpen, z Vorland, z M- u. N-Ba: Jura, Bayr-W, Frankenwald S- u. O-Bw: Alpenvorland, Jura, S-Schwarzw NO-He Th SW-An W-Me bis Rügen, s O-Rh O-We S-Sa SO-Ns, (N) z auch NW-Bw W-Rh N-Sa O-An Br N-Ns. Ziergehölz (m/mo-temp·ozEUR – V Cephal.-Fag., V Til.-Acer., V Querc. pub. – ∇ – giftig, nur SaMantel giftfrei). **Gewöhnliche Eibe** – T. baccáta L.

Familie **Kieferngewächse** – Pináceae LINDL.

Bäume. Bl nadelfg (Nadeln), wechselständig od. büschlig, an Lang- od. Kurztrieben. StaubBl kätzchenartig angeordnet. SaAnlagen stets zu je 2 auf der OSeite von SaSchuppen (Abb. **28**/2), welche in der Achsel von schraubig angeordneten Deck-

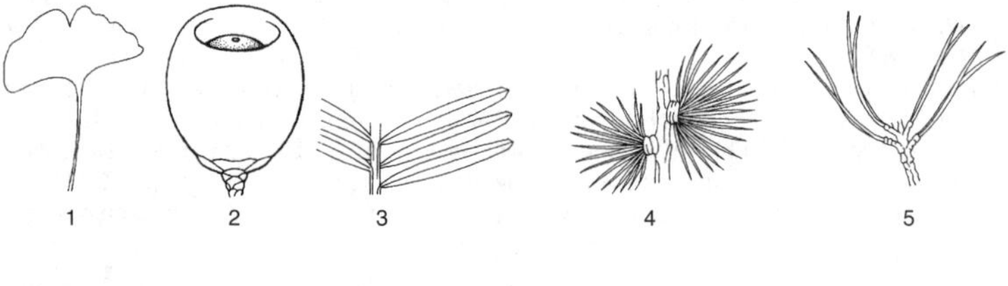

1 2 3 4 5

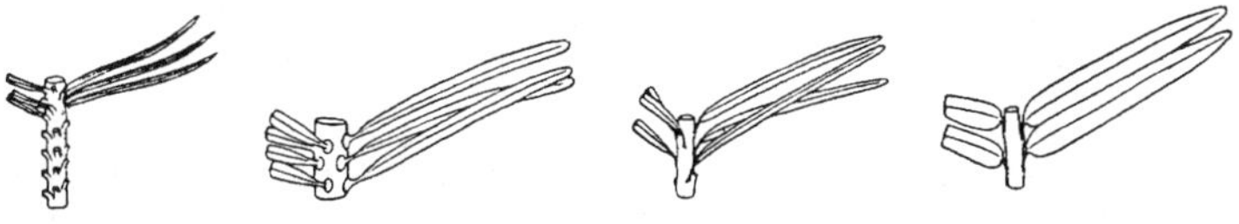

schuppen sitzen, die zu großen Zapfen vereinigt sind. Sa nußartig, meist 1seitig geflügelt. Pollenkörner meist mit 2 Luftsäcken (220 Arten – M, F – Wb – Wv – viele Forst- u. Zierbäume).

1 Nadeln weich, sommergrün, an Kurztrieben in reichblättrigen Büscheln (Abb. **124**/4), an diesjährigen Langtrieben einzeln. **Lärche** – Lárix S. 126
1* Nadeln derb, immergrün, einzeln od. an Kurztrieben zu 2–5 .... **2**
2 Nadeln zu 2–5, am Grund von einer gemeinsamen häutigen Scheide umgeben (Abb. **124**/5), die schon im 1. Jahr abfallen kann. **Kiefer** – Pínus S. 126
2* Nadeln einzeln **3**
3 Nadeln 4kantig od. flach, mit rindenfarbigem Stielchen, das am Zweig herabläuft u. beim Abfallen der Nadel zurückbleibt; entnadelte Zweige daher gefurcht u. raspelartig rauh (Abb. **125**/1). Zapfen hängend, als Ganzes abfallend. **Fichte** – Pícea S. 126
3* Nadeln stets flach, ohne rindenfarbiges, am Zweig herablaufendes Stielchen **4**
4 Nadeln mit scheibenartig verbreitertem, grünem Stiel am Zweig aufsitzend, beim Abfallen eine runde Narbe zurücklassend (Abb. **125**/2); entnadelte Zweige glatt. Zapfen aufrecht, ihre Schuppen bei der Reife einzeln abfallend. **Tanne** – Ábies S. 125
4* Nadeln nicht mit scheibenfg verbreitertem Stiel **5**
5 Nadeln 5–20 mm lg, am Rand fein gezähnt (Lupe!). Nadelstiel dem Zweig anliegend od. parallel zu ihm verlaufend (Abb. **125**/4). Deckschuppen im Zapfen eingeschlossen. **Hemlocktanne** – Tsúga S. 125
5* Nadeln 18–30 mm lg, am Rand glatt. Nadelstiel im spitzen Winkel vom Zweig abstehend (Abb. **125**/3). Deckschuppen aus dem Zapfen herausragend, 2spaltig mit grannig verlängerter Mittelrippe. **Douglasie** – Pseudotsúga S. 125

Hemlocktanne, Schierlingstanne – Tsúga CARRIÈRE

Nadeln oberseits dunkelgrün, unterseits mit 2 weißen Längsstreifen; am Grund breiter als in oberer Hälfte. Zapfen 15–25 mm lg. 10,00–30,00. ♄ 4–5. BuchenmischW des östl. N-Amerika. Anspruchsvoller Zier- u. Forstbaum (m/mo-temp·(oz)OAM – M). [T. americána (MILL.) FARW.] **Kanadische H.** – T. canadénsis (L.) CARRIÈRE

Douglasie – Pseudotsúga CARRIÈRE

Nadeln oberseits lebhaft grün bis blaugrau, unterseits mit weißlichen Längsstreifen. Zapfen 5–10 cm lg. Bis 90,00. ♄ 4–5. Küsten- u. Gebirgs-NadelW des westl. N-Amerika. Mäßig anspruchsvoller Zier- u. Forstbaum, (N?) Bw Sa (strop/mo-temp·(oz)WAM – M). [P. douglásii (SABINE ex D. DON) CARRIÈRE, P. taxifólia (POIRET) BRITTON] **Douglasie** – P. menziésii (MIRBEL) FRANCO

Tanne – Ábies MILL.

1 Nadeln spitz od. abgerundet, beiderseits ± gleichfarbig graugrün bis blaugrau, da auch oberseits mit weißen Linien (Lupe!), stets >4 cm lg, meist sichelfg aufwärtsgebogen. Bis 35,00. ♄ 5. Gebirgs-NadelW des westl. N-Amerika. Anspruchsvoller Zier- u. Forstbaum (m/mo-sm/mo·(suboz)WAM – M). **Kolorado-T., Grau-T.** – A. cóncolor (GORD. et GLEND.) LINDL. ex HILDEBRAND

1* Nadeln der Seitenzweige an der Spitze gekerbt od. ausgerandet, alle od. zumindest ein Teil der Nadeln < 4 cm lg, oberseits glänzend dunkelgrün, ohne weiße Linien, unterseits mit 2 weißen Streifen **2**

2 Nadeln unterschiedlicher Länge am Zweig, 2–5,5 cm lg, größere Nadeln stets >3 cm lg; deutlich gescheitelt, ± in einer Ebene ausgebreitet, Knospen harzig. Deckschuppen im Zapfen eingeschlossen. Rinde dunkelbraun. 30,00–70,00. ♄ 5. Küsten-NadelW des westl. N-Amerika. Anspruchsvoller Forstbaum (sm-temp·ozWAM – M). [A. excélsior FRANCO] **Küsten-T., Riesen-T.** – A. grándis (DOUGL. ex D. DON) LINDL.

2* Nadeln 1–3 cm lg, ± gescheitelt od. ungescheitelt, Knospen nicht harzig. Deckschuppen aus dem Zapfen herausragend. Rinde weißlich bis dunkelgrau **3**

3 Nadeln waagerechter Zweige deutlich gescheitelt. Jungtriebe stets behaart. Rinde weißlich. Krone älterer Bäume oben storchennestartig abgeflacht. Bis 50,00. ♄ 5–6. Berg-MischW; v S-, M- u. NO-Ba Bw S-Th S-Sa, s S-Rh? NO-Sa SO-Br, (N) v Rh He, z We An Br Ns Me, ↘ (m/mo-temp/demo·subozEUR – M – V Gal.-Abiet., V Luz.-Fag., O Vacc.-Pic.). **Edel-T., Weiß-T.** – A. álba MILL.

3* Nadeln nicht od. undeutlich gescheitelt, oft dicht gedrängt auf der ZweigOSeite. Jungtriebe behaart od. kahl. Rinde dunkelgrau. Untere Äste bleibend, daher Krone weit herabreichend. Bis 30,00. ♄ 5. Berg-MischW des Kaukasus. Mäßig anspruchsvoller Zier- u. Forstbaum (sm/mo·subozVORDAS – M). **Nordmann-T.** – A. nordmanniána (STEVEN) SPACH

Fichte – Pícea A. DIETRICH

1 Nadeln ± flach, oberseits glänzend dunkelgrün, unterseits mit 2 weißen Streifen **2**

1* Nadeln 4kantig (Querschnitt!), allseits gleichfarbig **3**

2 Zweige behaart. Nadeln 1,5–2 mm br, vorn ± stumpf od. bespitzt. Krone schmal kegelfg. Bis 30,00. ♄ 5. GebirgsW Serbiens. Mäßig anspruchsvoller Forst- u. Zierbaum (sm/mo·(oz)OEUR – M). **Serbische F., Omorika-F.** – P. omórika (PANČIĆ) PURKYNĚ

2* Zweige kahl. Nadeln etwa 1 mm br, lg u. scharf zugespitzt, stechend. Krone br kegelfg. Bis 60,00. ♄ 5. Küsten-NadelW des westl. N-Amerika. Forstbaum (sm-b·euozWAM – M). [P. falcáta (RAFIN.) VALCK.-SURINGAR] **Sitka-F.** – P. sitchénsis (BONG.) CARRIÈRE

3 **(1)** Nadeln mattgrün, graugrün od. silberweiß, hart, stechend, vom Zweig allseitig abstehend. Bis 35,00. ♄ 4–6. Gebirgs-NadelW des westl. N-Amerika. Zier- u. Forstbaum, Naturverjüngung selten (m/mo-sm/mo·subkWAM – M). **Stech-F., Blau-F.** – P. púngens ENGELM.

3* Nadeln grün, fest, biegsam, auf der USeite der Zweige gescheitelt. Bis 50,00. ♄ 4–6. Berg-NadelW, LaubmischW, Nadelholzforsten; v Ba Bw S-Th S-Sa, z NO-Sa W-An: Harz S-Br SO-Ns, (N) alle Bdl z, aber im N nur bei Pflege fruchtend. Forstbaum (sm/mo-b·(subk)EUR – M – K Vacc.-Pic., V Luz.-Fag., V Alno-Ulm.). [P. excélsa (LAMK.) LINK] **Gewöhnliche F.** – P. ábies (L.) KARSTEN

Lärche – Lárix MILL.

1 Rinde rotbraun, Jungtriebe rötlich, ± blauweiß bereift. Nadeln blaugrün. SaSchuppen am Rand zurückgeschlagen. Bis 30,00. ♄ 4–5. Hochgebirgs-NadelW Japans. Mäßig anspruchsvoller Forstbaum, auch (N) z Ba (sm/mo·(subk)OAS – M). [L. leptólepis (SIEB. et ZUCC.) SIEB. ex GORD.] **Japanische L.** – L. kǣmpferi (LAMB.) CARRIÈRE

1* Rinde grau bis braun, Jungtriebe gelblich, unbereift. Nadeln hellgrün. SaSchuppen eng anliegend, rund od. ausgerandet. Rand nicht umgeschlagen. Bis 35,00. ♄ 3–6. Hochgebirgs-NadelW u. -gehölze; v S-Ba: Alpen, sonst (N) z, im N (U) s. Forst- u. Zierbaum (sm/mo-temp/mo·subkEUR – M – O Vacc.-Pic., V Rhod.-Vacc.). [L. europǣa DC.] **Europäische L.** – L. decídua MILL.

Kiefer – Pínus L.

1 Nadeln zu 5 an Kurztrieben gebündelt **2**

1* Nadeln zu 2 od. 3 an Kurztrieben gebündelt **3**

2 Rinde grau. Junge Zweige bis 3 mm ∅, grünlich, anfangs fein behaart. Nadeln weich, bis 0,5 mm br. Zapfen hängend, schlank, 9–20 cm lg. 20,00–40,00. ħ 4–5. Bodensaure NadelW N-Amerikas. Kalkmeidender Forstbaum, (N) SO-Sa: Elbsandsteing, sonst (U) (sm/mo-temp·(oz)OAM – M). **Weymouth-K., Strobe** – P. stróbus L.

2* Rinde braun. Junge Zweige dicker, anfangs rostgelb, im 2. Jahr grauchschwarz filzig behaart. Nadeln steif, 1,5 mm br. Zapfen aufrecht, eifg, 5–8 cm lg. 10,00–25,00. ħ 6–7. Hochgebirgs-NadelW u. -gehölze; s S-Ba: Alpen ((sm/mo)-b·(k)EURAS – M – K Vacc.-Pic., V Rhod.-Vacc.). **(**) Zirbel-K., Arve** – P. cémbra L.

3 **(1)** Nadeln zu 3, im Mittel 7–8 cm lg, am Rand sehr rauh, jung hellgrün bis gelbgrün. Jungtriebe hellgrün, später orangebraun. Stamm meist mit Büscheln junger Triebe. Bis 15,00. 5–6. NadelW des östl. N-Amerika. Zier- u. Forstbaum (sm/temp·ozOAM – M, F). **Pech-K.** – P. rígida MILL.

3* Nadeln zu 2 . . . . **4**

4 Nadeln 8–15 cm lg, dunkelgrün. Zapfen 4–8 cm lg. Stamm schwarzgrau. 10,00–30,00. ħ 5–6. Zierbaum, Forstbaum in Kalk-TrockenW u. -gehölzen, auch (N) Th S-An (m/mo-sm/mo·suboz-EUR – M). [P. nígricans HOST, P. austríaca HÖSS] **(**) Schwarz-K.** – P. nígra ARNOLD

4* Nadeln 2–8 cm lg. Zapfen 2–5 cm, bei Gewöhnlicher Kiefer bis 7 cm lg **5**

5 Jahrestriebe 1gliedrig, Seitentriebe u. Zapfen nur am Ende des Langtriebes. Zapfen symmetrisch od. unsymmetrisch, bei SaReife im 2.–3. Jahr sich öffnend, dann abfallend. Nadeln blau- od. graugrün, um ihre Achse gedreht od. dunkelgrün, nicht gedreht. Nadelscheiden grau bis schwärzlich, 5–12 mm lg **6**

5* Ein Teil der Jahrestriebe, zumindest an Haupttrieben, durch Seitenzweige u. seitenständige Zapfen mehrgliedrig. Zapfen unsymmetrisch, mehrere Jahre geschlossen od. nach SaAusfall am Baum verbleibend. Nadeln um ihre Achse gedreht, nicht blau- od. graugrün. Nadelscheiden zumindest am Grund bräunlich, 1–6 mm lg **7**

6 Nadeln blau- od. graugrün, zugespitzt, gedreht u. oft gekrümmt, lockerstehend. Knospen zylindrisch, kaum harzig. Zapfen hängend, 3–12 mm lg gestielt, matt, ± symmetrisch, unbedornt, unbereift. Jungtriebe grünlichgelb. Bis 40,00. ħ 5–6. Kont. NadelW, bodensaure LaubmischW, bewaldete Torfmoos-Moore, Nadelholzforsten; g Ba Br, v Bw Th Sa An Me, z Rh He We S-Ns O-Sh, (N) v in allen Bdl. Forstbaum (sm/mo-b·(k)EURAS – M – V Dicr.-Pin., V Eric.-Pin., V Ledo-Pin., V Cytis.-Pin., V Querc. rob.-petr.). **** Gewöhnliche K., Wald-K., Föhre** – P. sylvéstris L.

6* Nadeln dunkel- od. hellgrün, spitz, gerade od. dem Zweig zugebogen, dichtstehend. Knospen eifg, stark harzig. Zapfen aufrecht od. abstehend, ± sitzend, glänzend, unsymmetrisch od. symmetrisch u. dann bedornt od. bereift. Strauch od. kleiner Baum mit bis zur Spitze dunkelgrauer Rinde. 1,00–15,00. ħ 5–7. Hochgebirgs-Gehölze, NadelW, Hochmoore; v Ba: Alpen, Vorland, Bayr-W, Fichtelgebirge, z Bw: Alpenvorland, Schwarzw S-Sa: Erzg, s Ba: N-Jura, † SO-Th, (N) s Th: Th-W SO-Sa W-An SO-Ns Me, ↘. Ziergehölz (sm/salp-temp/demo·subozEUR – F, M – V Rhod.-Vacc., V Eric.-Pin., V Sphagn. magell.). [P. montána agg.] *** Berg-K., Latsche** – P. múgo agg.

7 **(5)** Nadeln 2–4(–5) cm lg, hin- u. hergekrümmt, im 2. Jahr im Bündel spreizend, hell- bis gelbgrün. Knospen hellbraun. Zapfen vorwärtsgerichtet, unbedornt. Jungtriebe grüngelb, im 2. Jahr rotbraun, nie bereift. Bis 20,00. ħ 5. Anspruchsloser Zier- u. Forstbaum (temp-b·(k)AM – M, F). [P. divaricáta (AIT.) DUM.-COURSET] **Banks-K.** – P. banksiána LAMB.

7* Nadeln 3–8 cm lg, nicht wellig gekrümmt, dunkel- od. gelbgrün. Knospen rot- bis dunkelbraun. Zapfen rückwärtsgerichtet, bedornt. Jungtriebe grün, im 2. Jahr gelbbraun, mitunter bereift. Bis 25,00. ħ 4–6. NadelW des westl. N-Amerika. Forstbaum (sm/mo-b·(oz)WAM – M). **Dreh-K., Murray-K.** – P. contórta DOUGL. ex LOUD.

Familie **Sumpfzypressengewächse** – Taxodiáceae WARMING

Bäume. Bl schuppenfg od. nadelfg, meist wechselständig, seltener 2zeilig. ♀ Zapfen holzig, mit ∞ Deckschuppen. Deck- u. SaSchuppe zur „Zapfenschuppe" ± verwachsen, oberseits mit 2–9 SaAnlagen. Sa meist schmal geflügelt. Pollen ohne Luftsäcke (16 Arten – M – Wb).

1 Nadeln u. langtriebartige Kurztriebe gegenständig.
Urweltmammutbaum – Metasequóia S. 128

1* Nadeln u. langtriebartige Kurztriebe wechselständig, 2zeilig.
Sumpfzypresse – Taxódium S. 128

Urweltmammutbaum, Metasequoia – Metasequóia HU et CHENG

Nadeln gegenständig, hellgrün, krautig-weich, mit Kurztrieben im Herbst abfallend. Bis 35,00 (in China). ♄ 5. GebirgsW Zentralchinas. Zierbaum (m/mo·(oz)OAS). [Sequóia glyptostroboídes (HU et CHENG) WEIDE]
Urweltmammutbaum, Chinesisches Rotholz – M. glyptostroboídes HU et CHENG

Sumpfzypresse – Taxódium L. C. RICHARD ex H. B. K.

Nadeln 2zeilig, hellgrün, krautig-weich, mit den Kurztrieben abfallend. Bis 50,00. ♄ 5. Flußbegleitende NiederungsW des südöstl. N-Amerika. Zierbaum (m-sm·(oz)AM).
Sumpfzypresse – T. dístichum (L.) L. C. RICHARD ex H. B. K.

Familie **Zypressengewächse** – Cupressáceae L. C. RICHARD ex BARTL.

Bäume od. Sträucher. Bl gegenständig od. quirlig, meist schuppen-, selten nadelfg. Zapfen klein, holzig od. beerenartig. Deck- u. SaSchuppe zur „Zapfenschuppe" verwachsen, Zapfenschuppen gegenständig od. quirlig. Sa geflügelt od. ungeflügelt. SaAnlagen 1 bis ∞. Pollen ohne Luftsäcke (125 Arten – M, F – Wb – Wv, selten Vv – viele Zierbäume u. -sträucher).

1 Bl aller od. einiger Zweige nadelfg. Schuppenblättrige Zweige rundlich od. 4kantig, ihre Schuppen alle gleich. Zapfen beerenartig. **Wacholder** – Juníperus S. 129

1* Bl alle schuppenfg (nur bei JungPfl u. manchen Zierformen nadelfg), die kantenständigen Schuppen anders geformt als die flächenständigen (Abb. **128**/5). Beblätterte Zweige abgeflacht 2

2 Zapfen kuglig, mit schildfg Schuppen, deren Ränder aneinanderliegen, reif auseinanderklaffend (Abb. **128**/2). Gipfeltrieb meist überhängend. Bl unterseits oft mit weißen Flecken od. Linien. **Scheinzypresse** – Chamaecýparis S. 129

2* Zapfen eifg od. länglich, mit ledrigen, gegenständig angeordneten Schuppen, deren Ränder sich dachziegelartig überlappen (Abb. **128**/3, 4). Gipfeltrieb meist aufrecht. Bl unterseits meist ohne weiße Linien od. Flecken. **Lebensbaum** – Thúja S. 128

Lebensbaum – Thúja L.

1 Bl auf der USeite der Zweige mit grauweißen Flecken. Bis 60,00. ♄ 4. Küsten-NadelW des westl. N-Amerika. Zier- u. Forstbaum (temp/mo-b·(oz)WAM – M, F). [Th. gigantéa NUTT.] **Riesen-L.** – Th. plicáta DONN ex D. DON

1 2 3 4 5 6

1* Bl sämtlich grün, ohne grauweiße Flecken 2
2 Zweige oberseits dunkel-, unterseits blaßgrün. Zapfenschuppen ohne Dorn (Abb. **128**/4). Flächenständige Schuppenblätter mit länglichem Drüsenhöcker (Abb. **128**/5). Äste waagerecht od. schräg verzweigt. Bis 20,00. ♄ 3–4. NadelW N-Amerikas. Ziergehölz (sm/mo-b·(suboz)OAM – M, F). **Abendländischer L.** – Th. occidentális L.
2* Zweige beiderseits gleichfarbig. Zapfenschuppen mit je 1 zurückgekrümmten Dorn (Abb. **128**/3). Flächenständige SchuppenBl mit Mittelfurche. Äste senkrecht verzweigt. 5,00–10,00. ♄ 4. LaubmischW O-Asiens. Ziergehölz, auch Mauern, (N) Rh (sm·(suboz)OAS – M, F). [Bióta orientális (L.) ENDL., Platýcladus orientális (L.) FRANCO] **Morgenländischer L.** – Th. orientális L.

Scheinzypresse, Weißzeder – Chamaecýparis SPACH

1 Bl auf der USeite der Zweige grün, ohne weiße Linien od. Flecken, zerrieben unangenehm riechend. Zapfen 8–10 mm ∅, mit 4–6 Schuppen. 20,00–40,00. ♄ 3–4. Gebirgs-NadelW des westl. N-Amerika. Ziergehölz (temp/mo-b·ozWAM – M, F). **Nutka-Sch.** – Ch. nootkaténsis (D. DON) SPACH
1* Bl auf der USeite der Zweige mit weißen Linien od. Flecken. Zapfen 6–8 mm ∅, mit 8–12 Schuppen 2
2 SchuppenBl unterseits mit länglichen weißen Flecken, zugespitzt. Kanten- u. Flächenschuppen gleich groß. Zapfen 6 mm ∅, mit 8–12 Schuppen. Bis 20,00. ♄ 3–4. LaubmischW O-Asiens. Zierbaum (sm·ozOAS – M, F). **Erbsenfrüchtige Sch.** – Ch. pisífera (SIEB. et ZUCC.) SIEB. et ZUCC.
2* SchuppenBl unterseits mit teilweise undeutlichen od. verschwommenen weißen Linien, stumpflich. Kantenschuppen größer als Flächenschuppen. Zapfen 8 mm ∅, mit 8 Schuppen. 20,00–30,00. ♄ 3–4. Küsten-NadelW des westl. N-Amerika. Zier- u. Forstbaum (sm·euozWAM – M, F). **Lawson-Sch.** – Ch. lawsoniána (A. MURRAY) PARL.

Wacholder – Juníperus L.

1 Bl alle nadelfg, stets in 3blättrigen Quirlen (Abb. **128**/6) 2
1* Bl alle od. teilweise schuppenfg; NadelBl gegenständig od. quirlig 3
2 Aufrechter, meist säulenfg Strauch. Nadeln 10–15 mm lg, 1,5 mm br, abstehend, starr. Nadelquirle entfernt. 1,00–5,00(–12,00). ♄ 4–5. Gebüsche, Kiefern- u. Eichen-TrockenW, Heiden, Ödlandrasen; v Ba Bw: bes. Jura, S-Schwarzw Rh He S-Th O-Br NO-Ns, z We N-Th S- u. O-Sa An W-Br S- u. W-Ns Me Sh, ↘, früher durch Beweidung gefördert (m/mo-arct·(k)CIRCPOL – F, M – Vv – O Prun., V Dicr.-Pin., V Eric.-Pin., V Querc. pub., V Mesobrom. – Beerenzapfen liefern Wacholdersaft). **Gewöhnlicher W.** – J. commúnis L.
2* Niedriger, aufsteigender Strauch od. niederliegender Spalierstrauch. Nadeln 4–8 mm lg, bis 3 mm br, ± anliegend, nicht starr, kahnfg gebogen. Nadelquirle genähert. 0,20–0,80. ♄ 7–8. Alp. Gebüsche u. Heiden, Ödlandrasen; v S-Ba: Alpen (m/salp-arct·(k)EURAS – F – Vv – K Lois.-Vacc.). [J. nána WILLD., J. commúnis ssp. alpína (NEILR.) ČELAK.] **Zwerg-W.** – J. sibírica BURGSD.
3 **(1)** NadelBl meist zu 3 quirlig, aber an gleicher Pfl auch gegenständig, 8–12 mm lg. SchuppenBl ± stumpf. Nadeln oberseits mit 2 weißen Streifen. Zapfen 6–8 mm ∅. Bis 10,00. ♄ 3–4. Ziergehölz (m-sm·subozOAS – F, M). **Chinesischer W.** – J. chinénsis L.
3* NadelBl gegenständig, höchstens an Haupttrieben auch zu 3 quirlig, bis 6 mm lg. SchuppenBl spitz od. zugespitzt (zumindest an Haupttrieben). Zapfen 3–7 mm ∅ . . . 4
4 Stamm liegend od. aufsteigend. Zweige beim Zerreiben stark unangenehm riechend. SchuppenBl spitz, 1–3 mm lg, NadelBl 4 mm lg. Beerenzapfen hängend, 5–7 mm ∅. 0,20–2,00(–4,00). ♄ 4–5. Alp. Gebüsche, Kiefern-TrockenW, Trockenrasen; s SW- u. SO-Ba: Ammergau, Chiemseer Alpen. Zierstrauch (m/salp-stemp/mo·subkEUR–WAS – F – O Eric.-Pin., K Elyn.-Sesl.). **Sadebaum, Stink-W.** – J. sabína L.

4* Stamm meist aufrecht. Zweige fast geruchlos. SchuppenBl vorn scharf zugespitzt, 1 mm lg. NadelBl 5–6 mm lg. Beerenzapfen aufrecht, ∅ 3–6 mm. Bis 12,00. ♄ 4–5. Pioniergehölze des östl. N-Amerika. Ziergehölz (m-temp·(subk)OAM – M – liefert Bleistiftholz). **Virginischer W.** – J. virginiána L.

Unterabteilung **Bedecktsamer** – Magnoliophýtina [Angiospérmae]

Klasse **Zweikeimblättrige** – Dicotyledóneae [Magnoliópsida]

Familie **Seerosengewächse** – Nymphaeáceae SALISB.

WasserPfl mit großen, ganzrandigen SchwimmBl u. dicken, stärkereichen Rhizomen. B einzeln, lg gestielt. BOrgane spiralig. BHüllBl u. Staub-Bl 3 bis meist ∞, ineinander übergehend. Griffel u. Narbe 1. Narben oft strahlig, verwachsen. FrBl 1–∞, frei (chorikarp), aber oft unterständig u. mit der Achse verwachsen. SammelFr beeren- od. kapselartig (75 Arten – A – Ib: Fliegen, Käfer – Hv – ∇).

1 BHülle doppelt, 4 grüne KBl, 15–25 weiße KrBl. NebenBl vorhanden. Seitennerven der Bl gegen den Rand miteinander verbunden (Abb. **130**/1). **Seerose** – Nymphǣa S. 130

1* BHülle einfach, 5 gelbe PerigonBl. Außerdem etwa 13 gelbe, viel kleinere HonigBl, die außen Nektar absondern. NebenBl fehlend. Seitennerven nicht miteinander verbunden (Abb. **130**/3). **Teichrose** – Núphar S. 130

Seerose – Nymphǣa L.

1 Basallappen der SchwimmBl mit ± geradem Hauptnerv (Abb. **130**/1). BGrund (KBl-Grund) schwach 4kantig. Staubfäden der inneren StaubBl linealisch. Narbenscheibe flach, (10–)14–24strahlig, wenig schmaler als die Fr. 0,50–2,50. ♃ 6–8. Meso- bis eutrophe, stehende od. langsam fließende Gewässer, Teiche, Seen, Altwässer; v W- u. N-We Sa O-Br Ns Me Sh, z Ba Bw Rh SO-We He Th An W-Br, s Bergland; auch ZierPfl (m-b·(oz)EUR – V Nymph. – ∇). **Weiße S.** – N. álba L.

1* Basallappen der SchwimmBl mit bogigem Hauptnerv (Abb. **130**/2). BGrund deutlich 4kantig. Staubfäden der inneren StaubBl lanzettlich. Narbenscheibe deutlich konkav, 6–14strahlig, viel schmaler als die Fr. 0,50–1,60. ♃ 6–8. Mesotrophe Teiche u. Seen, Moorseen; z NO-Ba O-Th SW-Sa, s NO-Bw S-Br NO-Ns, † S-Ba O-Bw S-Rh, ↘ (sm-b·subkEUR–WSIB – V Nymph. – ∇). **Kleine S.** – N. cándida C. PRESL

Teichrose, Mummel – Núphar SM.

1 B 4–5 cm br, stark riechend. Narbenscheibe ganzrandig, in der Mitte trichterfg vertieft. 0,50–2,50. ♃ 6–8. Meso- bis eutrophe, stehende od. langsam fließende Gewässer, Teiche, Seen; v NW-We N-Sa O-An Ns Br Me Sh, z Ba Bw Rh S- u. O-We He Th S-Sa

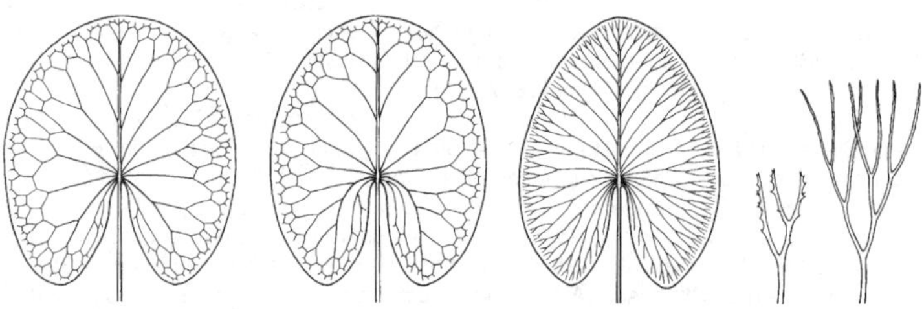

1 2 3 4 5

W-An, s Bergland (m-b·(suboz)EUR–SIB – V Nymph. – ▽).

Große T. – N. lútea (L.) SIBTH. et SM.

1* B 2–3 cm br, schwach riechend. Narbenscheibe sternfg, flach. 0,70–1,50. ♃ 7–8. Oligotrophe Teiche, Moor- u. Gebirgsseen; s S-Ba u. S-Bw: Alpen u. Vorland, S-Schwarzw N- u. W-Me, † N-An S-Ns, ↘ (sm/mo-b·(k)EURAS – V Nymph. – ▽).

Zwerg-T. – N. púmila (TIMM) DC.

Familie **Hornblattgewächse** – Ceratophylláceae S. F. GRAY

Untergetauchte, einhäusige, wurzellose WasserPfl mit quirligen, gabelteiligen, hornartig knorpligen Bl. Spaltöffnungen fehlen. BHüllBl 8–15, am Grund verwachsen. StaubBl meist 10–20. FrKn 1fächrig, mit langem Griffel u. seitlicher Narbe. Fr eine 1samige Nuß (2 Arten – A – Wasserbestäubung – Ev, Hv, Sv: Teilung).

Hornblatt – Ceratophýllum L.

1 Bl dunkelgrün, 1–2mal gabelteilig, mit 2–4 linealischen, starren, dicht stachlig gezähnten Zipfeln (Abb. **130**/4). Fr am Grund meist mit 2 Stacheln. 0,30–0,80. ♃ 6–9. Eutrophe, stehende u. langsam fließende Gewässer, Teiche, Seebuchten, Altwässer; v W-We N-Sa Br Me, z O-We S-Sa u. alle übrigen Bdl, s Bergland u. Hochebene (austr-bCIRCPOL – O Potam.). ** **Gewöhnliches H.** – C. demérsum L.

1* Bl hellgrün, (2–)3–4mal gabelteilig, mit 5–8 borstlichen, weichen, kaum stachlig gezähnten Zipfeln (Abb. **130**/5). Fr. stachellos. 0,30–0,80. ♃ 6–8. Eutrophe, stehende Gewässer; v Me, z Th N- u. W-Sa An Br Ns Sh, s N-Ba: Jura Bw: Rhein, Neckargebiet Rh We He, ↗ (tropOAS+m-temp·(suboz)EUR–WAS – V Potam., V Nymph.).

Zartes H. – C. submérsum L.

Familie **Hahnenfußgewächse** – Ranunculáceae JUSS.

Kräuter, selten Sträucher, Lianen u. WasserPfl. Bl meist wechsel- od. grundständig, oft handförmig geteilt od. zusammengesetzt. NebenBl klein od. fehlend. BTeile spiralig od. nur z. T. in Kreisen. BHülle meist einfach, zuweilen kronartig, 4- bis ∞blättrig, zwischen ihr u. den oft ∞ StaubBl oft verschieden geformte, nektarabsondernde BlOrgane (Honigblätter, Abb. **133**/1–3). FrKn ∞ (chorikarp) bis 1, oberständig. Meist BalgFrchen od. Nüßchen, seltener scheidewandspaltige Kapseln od. mehrsamige Beeren (1750 Arten – Ib, Sb – Wv, Ev, Hv, Sv – viele Zier- u. GiftPfl).

1 B dorsiventral 2

1* B radiär 4

2 Perigon nicht gespornt. Oberes PerigonBl helmartig (Abb. **132**/1), die 2 lg gestielten, gespornt-kapuzenfg HonigBl einschließend. **Eisenhut** – Aconítum S. 134

2* 1 PerigonBl lg gespornt, den (die) HonigBlSporn(e) umhüllend (Abb. **132**/2) 3

3 FrKn 1. HonigBl 1 (aus 2 verwachsen), gespornt. ⊙. **Rittersporn** – Consólida S. 135

3* FrKn 3–5. HonigBl 4, die 2 oberen gespornt. ♃. **Rittersporn** – Delphínium S. 135

4 **(1)** B mit 5 gespornten HonigBl, die mit 5 spornlosen PerigonBl wechseln (Abb. **132**/3). **Akelei** – Aquilégia S. 134

4* B ungespornt 5

5 WasserPfl. B weiß. **Hahnenfuß** – Ranúnculus S. 138

5* LandPfl od. gelbblühende SumpfPfl 6

6 Stg auch über dem Grund mit Bl 7

6* Stg nur am Grund beblättert 19

7 Dicht unter dem Perigon (Abb. **132**/4) od. etwas entfernt davon ein 3blättriger, zuweilen durch Verwachsung trichterfg Scheinquirl. Alle übrigen Bl grundständig 8

7* Bl nicht so angeordnet 11

8 Bl des Scheinquirls ungeteilt, dicht unter dem blauen Perigon, kelchblattartig. GrundBl 3lappig. **Leberblümchen** – Hepática S. 136

8* Bl des Scheinquirls 3zählig od. handfg geteilt **9**

9 Scheinquirl dicht unter dem gelben Perigon (Abb. **132**/4). HonigBl röhrig. Frchen mehrsamig. **Winterling** – Eránthis S. 133

9* Scheinquirl vom Perigon entfernt. HonigBl fehlend. Frchen 1samig **10**

10 Griffel, auch nach der BZeit kurz, kahl. Frchen daher kurz geschnäbelt. Perigon weiß, zuweilen rötlich überlaufen, od. dottergelb. **Windröschen** – Anemóne S. 136

10* Griffel lg, abstehend behaart, sich nach der BZeit stark verlängernd. Frchen daher lg fedrig geschnäbelt (Abb. **132**/6). Perigon weiß od. violett, bei AlpenPfl selten schwefelgelb. **Küchenschelle** – Pulsatílla S. 136

11 **(7)** Bl gegenständig, gefiedert. B nie gelb. **Waldrebe** – Clématis S. 137

11* Bl nicht gegenständig od. wenn gegenständig, dann B gelb **12**

12 StaubBl weit länger als die oft schon beim Aufblühen abfallende BHülle. Reichblütige Trauben od. Rispen **13**

12* Höchstens einige StaubBl die Hülle überragend **14**

13 FrKn 1. Fr eine Beere. B weiß, in Trauben. Insektenbestäubung. **Christophskraut** – Actǽa S. 133

13* FrKn >1. Fr aus mehreren Nüßchen bestehend. B grünlich, gelblich od. hellviolett, in Rispen. Windbestäubung. **Wiesenraute** – Thalíctrum S. 137

14 **(12)** B ohne HonigBl od. HonigBl flach, kronblattartig u. größer als die kelchblattartigen PerigonBl **15**

14* B mit HonigBl, diese von den kronblattartigen PerigonBl verschieden (Abb. **133**/1–3). Frchen stets mehrsamig **17**

15 BHülle einfach, gelb. HonigBl fehlend. BalgFrchen. Bl herzfg bis nierenfg. **Dotterblume** – Cáltha S. 134

15* B mit K u. Kr od. mit kelchblattartigen PerigonBl u. kronblattartigen HonigBl. 1samige Nüßchen **16**

16 Bl 2–3fach fiederteilig, mit fädlich-linealischen Zipfeln. KBl 5. KrBl 5 od. mehr. HonigBl fehlend. **Adonisröschen** – Adónis S. 144

16* Bl nicht mit fädlich-linealischen Zipfeln. HonigBl vorhanden, kronblattartig, flach, oberseits am Grund mit 1 kleinen Nektartasche, größer als die kelchblattartigen PerigonBl. **Hahnenfuß** – Ranúnculus S. 138

17 **(14)** B gelb. BHüllBl kuglig zusammenneigend (Abb. **132**/5). HonigBl linealisch (Abb. **133**/1). **Trollblume** – Tróllius S. 134

17* B nicht gelb **18**

18 Bl 2–3fach fiederteilig, mit haarfg Zipfeln. B bläulich. HonigBl gestielt, 2lippig, mit 2teiliger, behaarter Unterlippe (Abb. **133**/2). ☉. **Schwarzkümmel** – Nigélla S. 134

18* Bl fußfg geschnitten, mit br Zipfeln. B grünlich. HonigBl röhrig (Abb. **133**/3). ♃. **Nieswurz** – Helléborus S. 133

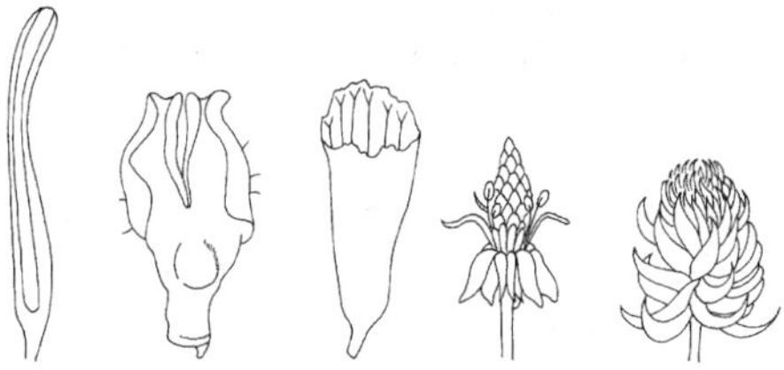

1 2 3 4 5

19 **(6)** B blau (selten weiß od. rosa). Bl 3lappig. **Leberblümchen** – Hepática S. 136
19* B nicht blau. Bl nicht 3lappig **20**
20 Bl ungeteilt, schmal linealisch. B grünlich. BBoden walzig verlängert (Abb. **133**/4). SammelFr mäuseschwanzähnlich. **Mäuseschwänzchen** – Myosúrus S. 144
20* Bl geteilt od. zusammengesetzt **21**
21 Pfl 15–30 cm hoch. Bl >15 cm lg, fußfg geschnitten, Zipfel verkehrteilanzettlich, vorn gezähnt. B weiß od. rötlich. HonigBl röhrig (Abb. **133**/3). Frchen 2–7, mehrsamig. ♃. **Nieswurz** – Helléborus S. 133
21* Pfl bis 10 cm hoch. Bl <5 cm lg, gablig geschnitten, Zipfel linealisch, ganzrandig. B gelb. HonigBl flach. Frchen ∞, 1samig (Abb. **133**/5). ⊙. **Hornköpfchen** – Ceratocéphala S. 144

Nieswurz – Helléborus L.
(Ib: Bienen, Vw – Av – ∇ – giftig!)

1 B weiß od. rötlich, später grünlich. LaubBl grundständig. 0,15–0,30. ♃ (12)–3–5. Warme subalp. BuchenW u. Kiefern-TrockenW, kalkhold; z SO-Ba: Berchtesgadener Alpen, s SW-Ba: Allgäu. ZierPfl (sm/mo-stemp/mo·subozEUR – H – V Cephal.-Fag., V Querc. pub., V Eric.-Pin. – ∇). **Schwarze N., Schneerose, Christrose** – H. níger L.
1* B grün oder gelbgrün, zuweilen am Rand rötlich **2**
2 Stg dicht beblättert. BHülle glockenfg, gelbgrün, am Rand rötlich. 0,30–0,80. ♃ 3–5. Warme, mäßig, trockne Eichen- u. BuchenW, kalkliebend; v O-Bw, z NW-Ba W-Bw Rh, s S-We S-He S- u. W-Th, (N) s S- u. M-Ba O-Th M-Sa S-An Br: Berlin S-Ns Me (m/mo-temp·ozEUR – C – V Cephal.-Fag., V Querc. pub. – ∇). **Stinkende N.** – H. fóetidus L.
2* Stg bis zur Verzweigung blattlos. LaubBl grundständig. BHülle ± rein grün, flach ausgebreitet. 0,15–0,40. ♃ 3–4. Lichte Wälder, Gebüsche, kalkliebend; z S-Ba Rh We W-Th S-Ns, s W-Ba S- u. O-Bw He O-Th, (N) s Ba N-Rh Sa An Me (sm/mo-temp·ozEUR – C – O Fag. – ∇). ** **Grüne N.** – H. víridis L.

Winterling, Winterstern – Eránthis SALISB.

GrundBl erst nach der BZeit erscheinend, herzfg-rundlich, 5- bis 7teilig. 0,05–0,15. ♃ 2–4. Feuchte, edellaubholzreiche Wälder SO-Europas; in Weinbergen u. Gebüschen; (N) s, z. B. Ba: Bamberg, Starnberg Bw: Binzen, Ulm, Calw We Th: Jena, Erfurt Sa S-An: Ostrau Br: Berlin, Schulzendorf, Freienwalde, Wriezen Ns Me: Rügen, Bützow Sh. ZierPfl (sm·subozEUR – G – Ib, Sb). **Winterling** – E. hyemális (L.) SALISB.

Christophskraut – Actǽa L.

Bl doppelt 3zählig bis gefiedert. B weißlich, in ∞blütigen, gedrängten Trauben. 0,30–0,60. ♃ 5–6. Schlucht- u. HangW, krautreiche Buchen- u. TannenW, Gebüsche u. Hochstaudenfluren, kalkhold; v Ba Bw Rh He Th S-Sa SW-An S-Ns, z S- u. O-We N-Br

Me O-Sh, s N-Sa N- u. O-An NO-Ns (sm/mo-b·subozEUR+WSIB – G – Ib, Vw – Vv – V Asper.-Fag., V Til.-Acer., V Berb., V Adenost. – giftig!). **Christophskraut** – A. spicáta L.

Akelei – Aquilégia L.
(H – Ib, Vm, Sb – Sv – ∇)

1 Stg meist unverzweigt, 1–3blütig. Sporn höchstens schwach gebogen. 0,15–0,40. ♃ 6–7. Kalkreiche subalp. Steinschutthalden; s S-Ba: Mangfall-Gebirge, Berchtesgadener Alpen (sm/salp-temp/salp·subozALP – O Thlasp. rot. – ∇).
Einseles A. – A. einseleána F. W. SCHULTZ

1* Stg meist verzweigt, 3–10blütig. Sporn hakig (Abb. **132**/3) 2

2 B braunviolett, sehr selten weiß. StaubBl weit aus der B ragend. 0,30–0,70. ♃ 6–7. Wärmeliebende NadelW, Gebüsche, WSäume, Moorwiesen, kalkhold; z S- u. M-Ba: Alpen, Vorland bis Donau, Jura SO-Bw: Alpenvorland, Jura, Hochrhein (sm/salp-temp/dealp·subozEUR – V Eric.-Pin., V Cephal.-Fag., V Mol. – ∇).
Schwarzviolette A. – A. atráta KOCH

2* B blauviolett, sehr selten rosa od. weiß. StaubBl kaum aus der B ragend. 0,40–0,80. ♃ 5–7. Wärmeliebende LaubW, Gebüsche, WSäume, Trockenrasen, Wiesen, Halden, kalkhold; v Ba Bw Rh Th SW-An SO-Ns, z We He S-Sa, s O-Me, (A) z N-Sa N- u. O-An Br N-Ns Me, s S-Sh. ZierPfl (m/mo-temp·subozEUR – O Querc. pub., V Cephal.-Frag., V Ger. sang., V Mesobrom., O Arrh., O Thlasp. – ∇). **Gewöhnliche A.** – A. vulgáris L.

Dotterblume – Cáltha L.

Stg dick, hohl, aufsteigend. Bl herz-eifg bis nierenfg, gekerbt, dunkelgrün, glänzend. 0,15–0,30. ♃ 4–6. Nährstoffreiche Sumpfwiesen, Quellen, Bäche, Gräben, AuenW; alle Bdl g, aber MDt-Trockengeb z (m/mo-arctCIRCPOL – H – Ib – Hv – V Calth., O Phragm., V Aln., V Alno-Ulm., O Mont.-Card. – giftig!). **Sumpf-D.** – C. palústris L.

Trollblume – Tróllius L

Bl meist handfg geteilt, mit 3spaltigen, gesägten Zipfeln. 0,30–0,60. ♃ 5–6. Feuchte bis nasse Flachmoor- u. Quellwiesen, im Gebirge auch in ärmeren Fettwiesen u. Staudenfluren; v S-Ba Bw: bes. Bergland S-Th, z M- u. N-Ba He Sa An NO-Br Me, s NO-Rh SO-We N-Th W-Br SO-Ns, † Sh, ↘ (sm/mo-b·(subk)EUR – H – Ib, Sb – O Mol., V Triset., V Adenost. – für Vieh giftig! – ∇). **Trollblume, Kugelranunkel** – T. europǽus L.

Schwarzkümmel – Nigélla L.
(T – Ib: Bienen, Vm – Wv)

1 B von grüner, vielzipfliger HochBlHülle umgeben (Abb. **135**/1), hellblau bis weiß. 0,15–0,30. ⊙ 6–8. ZierPfl, auch Schutt; (U) s, z. B. Sa An (m-sm·(oz)EUR).
Damaszener Sch., Jungfer im Grünen, Braut in Haaren – N. damascéna L.

1* B ohne HochBlHülle, bläulichweiß 2

2 Staubbeutel stachelspitzig (Abb. **135**/2). PerigonBl zugespitzt, mit langem Nagel. Kapsel bis zur Mitte verwachsen, glatt. Stg fast kahl. 0,10–0,30. ⊙ 7–9. Nährstoffreiche Äcker u. Brachäcker, kalkstet; (A) s M- u. NW-Ba NO-Bw O-Rh S- u. O-He Th S-An Sa O- u. N-Br SO-Me, † S-We SO-Ns, ↘ (m-temp·(subk)EUR – V Caucal., V Conv.-Agrop.). **Acker-Sch.** – N. arvénsis L.

2* Staubbeutel ohne Stachelspitze. PerigonBl stumpf, mit kürzerem Nagel. Kapsel bis zur Spitze verwachsen, drüsig rauh. Stg rauhhaarig. 0,20–0,40. ⊙ 6–7. ZierPfl (m-smEUR–WAS – GewürzPfl). **Echter Sch.** – N. satíva L.

Eisenhut, Sturmhut – Aconítum L.
(G – Ib: Hummeln, Vm – Sv – giftig! – ∇)

1 B hellgelb. 0,50–1,50. ♃ 6–8. Mont. edellaubholzreiche Wälder u. subalp. Gebüsche, kalkhold; v Ba u. Bw: bes. Alpen, Vorland, Schwarzw, Jura, z Rh S-We He Th S- u.

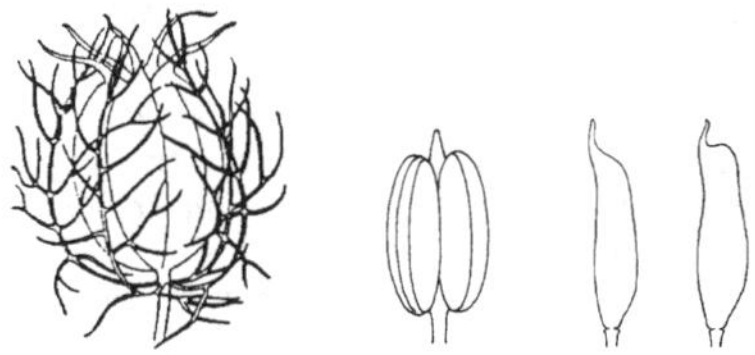

1 2 3 4

W-An S-Ns, s SW-Sa W-Br (sm/mo-temp/demo·subozEUR – V Til.-Acer., V Alno-Ulm., V Adenost. – ▽). [A. vulpária RCHB. ex SPRENG.] **Gelber E.** – A. lycóctonum L.

1* B blau od. violett, oft weiß gescheckt 2

2 Stg im oberen Teil wie die BStiele drüsig, klebrig flaumig. Helm (oberes PerigonBl) etwa so hoch wie br. 0,60–1,50. ♃ 7–9. Subalp. Hochstaudenfluren, Schlucht- u. GrauerlenW; z SW-Ba: Allgäu, Nesselwang, Füssen (sm/salp-temp/salp·subozEUR – V Til.-Acer., V Adenost. – ▽). [A. variegátum ssp. paniculátum (ARCANG.) GREUTER et BURDET] **Rispen-E.** – A. paniculátum LAMK.

2* Stg u. BStiele ohne Drüsen, kahl od. behaart 3

3 Helm deutlich höher als br (Abb. **132**/1). B blau u. weiß gescheckt. Stiel der kapuzenfg HonigBl gerade. Jüngere Frchen parallel. 0,75–1,50. ♃ 7–9. GrauerlenW, AuenW, SchluchtW, subalp. Hochstaudenfluren, kalkhold; z Ba: bes. Bergland Bw: Bodensee, Iller, Jura O-He S-Sa, s S-Th SW-An,↘. ZierPfl (sm/mo-temp/demo·subozEUR – V Alno-Ulm., V Til.-Acer., V Berb., V Adenost. – ▽). ** **Bunter E.** – A. variegátum L.

3* Helm meist breiter als hoch. B dunkelviolett. Stiel der kapuzenfg HonigBl bogig. Jüngere Frchen voneinander spreizend. 0,50–1,50. ♃ 6–8. Subalp. bis mont. Hochstaudenfluren, Lägerfluren, Bachsäume, Gebüsche u. GrauerlenW, kalkhold; z Ba: Alpen, Vorland, Donau, Jura, Bayr-W, Rhön Bw: S-Schwarzw, W-Jura, Odenwald, Bodensee Rh He, (N?) s S- u. O-We W-Th: Rhön Sa: Oberwiesenthal, (N) z S-Sa, s W-An NO-Br Ns Me Sh. ZierPfl (sm/salp-temp/mo·ozEUR – V Adenost., V Rum. alp., V Filip., V Alno-Ulm., V Salic. eleagn. – ▽). ** **Blauer E.** – A. napéllus L.

Rittersporn – Delphínium L.

HonigBl 4, frei. Bl handfg geteilt, mit br Zipfeln, 0,80–2,00. ♃ 6–7. ZierPfl, auch (N) s S-Ba, (U) An (sm-b·(k)EUR-SIB – H – Ib: Hummeln – ▽). **Hoher R.** – D. elátum L.

Rittersporn – Consólida (DC.) S. F. GRAY
(Ib: Hummeln, Vm – Sv)

1 Traube 5–8blütig. B leuchtend blau. Fr kahl. 0,20–0,40. ⊙ ① 5–8. Nährstoffreiche Äcker, Wegränder, Schuttplätze, kalkhold; (A) v (außer Bergland) Ba Bw Th S-An SO-Ns N- u. O-Me, z Rh We He Sa N-An Br SW- u. NO-Me SO-Sh, s N-Ns (sm-temp·(subk)EUR–WAS – T – V Caucal., V Aphan.). [Delphínium consólida L.] **Feld-R.** – C. regális S. F. GRAY

1* Traube 8–20blütig. Fr weichhaarig 2

2 VorBl mit ihrer Spitze den BGrund nicht erreichend. B blauviolett, selten hellblau, weiß od. rot. Sporn 13–18 mm lg. Fr allmählich in den Griffel zugespitzt (Abb. **135**/3). Sa schwarz. 0,30–1,00. ⊙ 6–8. ZierPfl, auch auf Schutt; (N U) s M- u. N-Ba Rh S-An Sa Ns Me (m-sm(oz)EUR – T). [C. ambígua (L.) P. W. BALL et HEYWOOD, Delphínium ajácis L. em. GAY] **Garten-R.** – C. ajácis (L.) SCHUR

2* VorBl den BGrund erreichend od. überragend. B rotviolett. Sporn 8–12 mm lg. Fr sehr plötzlich in den Griffel zugespitzt (Abb. **135**/4). Sa rötlichbraun. 0,30–0,70. ⊙ 6–8. Lehmige bis tonige Äcker, Umschlagplätze, kalkhold; (N) s z. B. Ba Rh Th, (N U) s N-Sa An Br Me, ↗? (m-sm·subkOEUR–WAS – T – V Caucal.). [C. orientális aut., Delphínium orientále aut. D. hispánicum COSTA] **Orientalischer R.** – C. hispánica (COSTA) GREUTER et BURDET

Windröschen, Anemone – Anemóne L.
(Ib: Pollenblume, Sb)

1 B gelb, außen behaart. Die 3 StgBl fast quirlständig, fast sitzend, wie die GrundBl 3teilig, eingeschnitten gezähnt. 0,10–0,20. ♃ 4–5. Feuchte, edellaubholzreiche LaubmischW; v Ba Bw Rh S- u. O-We He Th S-An SO-Ns Me O-Sh, z Sa N-An Br NO-Ns (sm/mo-temp·subozEUR – G – Av – V Alno-Ulm., O Fag.). **Gelbes W.** – A. ranunculoídes L.

1* B weiß, zuweilen rötlichpurpurn überlaufen 2

2 Die 3 StgBl fast quirlständig, sitzend. B zu 3–8 in endständigen Dolden. BHülle u. Fr kahl. 0,20–0,40. ♃ 5–7. Alp. Matten, Bergwiesen, subalp. Staudenfluren; z Ba: Alpen, Andechs Bw: Jura, ↘ (sm/salp-arct·(k)EUR–SIB+WAM – G – Vm – O Sesl., V Elyn. – giftig! – ∇). **Narzissen-W., Berghähnlein** – A. narcissiflóra L.

2* Die 3 StgBl fast quirlständig, gestielt. B einzeln 3

3 BHülle kahl, 1,5–4 cm br. Alle Bl 3teilig, Abschnitte 2–3spaltig. 0,10–0,25. ♃ 3–5. Krautreiche Wälder, Gebüsche, mont. Magerrasen u. Wiesen, mäßig anspruchsvoll; alle Bdl g, aber MDt-Trockengeb u. M-Br z (sm/mo-b·(oz)EUR+OAS – G – Av – K Querc.-Fag., O Arrh., O Prun., O Rub.-Samb., O Nard., V Triset.). **Busch-W.** – A. nemorósa L.

3* BHülle außen seidenhaarig, 4–7 cm br. Alle Bl handfg 5teilig. 0,15–0,35. ♃ 4–6. Wärmeliebende WSäume, Gebüsche u. Wälder, kalkstet; z N- u. M-Ba Bw O-Rh He Th An Br SO-Ns, s O-We Sa, † SO-Me (sm-b·(k)EUR–SIB – H – Wv, Sv: Wurzelsprosse – V Querc. pub., V Eric.-Pin., V Cytis.-Pin., V Ger. sang. – ∇). **Großes W.** – A. sylvéstris L.

Leberblümchen – Hepática MILL.

Perigon blau, dicht unter ihm eine 3blättrige, kelchartige HochBlHülle. Bl 3lappig. 0,05–0,15. ♃ 3–4. Östl. krautreiche LaubW, im W kalkhold; v Ba Th S- u. W-An N- u. O-Me, z O-Bw O-We He Sa Br O-Ns, s W-Bw O-Rh N- u. O-An O-Sh, im N ↘ (sm/mo-temp·subozEUR+OAS – H – Ib – Av – K Querco-Fag. – früher ArzneiPfl – ∇). [Anemóne hepática L., H. tríloba GILIB.] **Leberblümchen** – H. nóbilis SCHREBER

Küchenschelle, Kuhschelle – Pulsatílla MILL.
(H – Ib: Bienen, Hummeln, Vw – Wv, Ev – ZierPfl – ∇)

1 StgBl kurz gestielt, den GrundBl ähnlich, aber kleiner. B ± aufrecht, ausgebreitet, weiß od. gelb, nie violett 2

1* StgBl sitzend. B (wenigstens außen) violett 3

2 Endabschnitte der LaubBl nicht bis zur Mittelrippe eingeschnitten,. Zipfel oft zurückgerollt. B (3–)4–6 cm br. PerigonBl 1–2 cm br, weiß od. gelb. 0,20–0,45. ♃ 5–8. Nährstoffreiche alp. Matten u. Bergwiesen; v S-Ba: Alpen (sm/alp-temp/salp·ozEUR – O Sesl. – ∇). ** **Alpen-K.** – P. alpína (L.) DELARBRE

2* Endabschnitte der LaubBl bis zur Mittelrippe eingeschnitten, Zipfel nicht zurückgerollt. B 2,5–4,5(–5) cm br. PerigonBl 0,5–1 cm br, stets weiß. 0,15–0,30. ♃ 5–8. Mont. Magerrasen u. Heiden, kalkmeidend; s W-An: Brocken, † SO-Ns: Oberharz (temp/salp·subozEUR – V Nard. – ∇). [P. álba RCHB.] **Brocken-K., Brockenanemone** – P. micrántha (DC.) SWEET

3 **(1)** Pfl dicht bronzefarben behaart. BHülle innen gelblichweiß, außen violett.. 0,05–0,30. ♃ 4–6. Silikatmagerrasen, lichte KiefernW, kalkmeidend; s Ba: Allgäu, Wolfratshausen, Niederbayern, Lauf, Jura, Bayr-W, † Rh Th Sa An Br Ns Me, ↘ (sm/salp-b·(subk)EUR – K Junc. trif., O Nard., V Cytis.-Pin. – ∇). **Frühlings-K.** – P. vernális (L.) MILL.

3* Pfl nicht bronzefarben behaart 4

4 B nickend. BHülle wenig länger als die StaubBl, purpurn od. schwarzviolett, innen selten gelblichweiß. 0,10–0,50. ♃ 4–5. Kont. Sand- u. Silikattrockenrasen, trockne KiefernW, kalkhold; z S-An Me, s N-Th N-Sa N-An Br NO-Ns SO-Sh, ↘ (temp·(subk)EUR – V Fest. val., V Cytis.-Pin. – ∇). ** **Wiesen-K.** – P. praténsis (L.) MILL.

4* B aufrecht. BHülle viel länger als die StaubBl 5

5 GrundBl 2–3fach fiederspaltig mit schmalen Zipfeln. B glockig, hellviolett. 0,05–0,50. ♃ 4–5. Kalk-, Sand- u. Silikatxerothermrasen, trockne Heiden u. KiefernW; v Ba: bes. Jura u. NW (f Alpen), z Bw Rh He Th An, s S- u. O-We NW-Sa: Wurzen Br NO-Ns Me N-Sh: Tarp, ↘ (temp·(subk)EUR – K Fest.-Brom., O Sedo-Scler., V Genisto-Call., V Eric.-Pin., V Cytis.-Pin. – ∇). [Anemóne pulsatílla agg.]
*** Gewöhnliche K.** – P. vulgáris agg.

5* GrundBl 3zählig, mit 3teiligen Blchen. B sternfg ausgebreitet, violett. 0,10–0,35. ♃ 4–5. Sandtrocken- u. Halbtrockenrasen, trockne KiefernW; s S- u. M-Ba: Garchinger Heide, Neustadt/Donau, † O-Br SO-Me (sm-b·subkEUR–WSIB – O Fest.-Sedet., V Cytis.-Pin. – ∇). **Finger-K., Stern-K.** – P. pátens (L.) MILL.

Waldrebe – Clématis L.
(Ib: Pollenblumen – Wv, Ev)

1 Stg aufrecht, krautig. B weißlich. 0,50–1,50. ♃ 6–7. WSäume, Gebüsche, wärmeliebende EichenW, kalkhold; s M- u. NW-Ba N-Th: Burgwenden Sa, An u. NW-Br: Elbe, † He Ns Me (sm-temp·(suboz)EUR – H – Vm – V Ger. sang., V Berb., V Querc. pub.).
Aufrechte W. – C. récta L.

1* Pfl kletternd, strauchig 2

2 B weiß, in Rispen. BHüllBl bis 1,5 cm lg, beiderseits zottig. FrGriffel bärtig. 1,00–5,00(–15,00). ♄ 6–8. Gebüsche, AuenW, kalkhold; v Ba Bw Rh We He Th S-An Br S-Ns, (N) v Sa, z N-An N-Ns Me S- u. O-Sh, s Silikatgebirge (m-stemp·(oz)EUR – F – Wv – V Alno-Ulm., O Prun. – giftig!). **Gewöhnliche W.** – C. vitálba L.

2* B blau, violett od. rot, einzeln. BHüllBl 4–6 cm lg, kahl od. nur unterseits behaart . . . 3

3 BHülle blau, dunkelviolett od. rot. Frchen mit kurzem, gebogenem, kahlem Griffelrest. 2,00–3,00. ♄ 6–8. LaubW (besonders AuenW) SOEuropas. ZierPfl (m-sm·subozEUR – F – auch Hybr. kultiviert). **Italienische W.** – C. viticélla L.

3* BHülle blau, außerdem ein Kranz von 10–12 kleinen, kronblattartigen, weißen HonigBl. Frchen durch den abstehend behaarten Griffel lg geschwänzt. 1,00–2,00. ♄ 5–7. Alp. Gebüsche u. NadelW; v S-Ba: Alpen, s obere Hochebene (sm/salp-b·(k)CIRCPOL – F – V Rhod.-Vacc., V Eric.-Pin. – ∇). [Atrágene alpína L.]
Alpen-W., Alpenrebe – C. alpína (L.) MILL.

Wiesenraute – Thalíctrum L.
(H – Wb, Ib: Pollenblumen, Vw, Sb – Wv)

1 Staubfäden oben verdickt, violett. Frchen gestielt, hängend, glatt, 3kantig geflügelt. 0,40–1,20. ♃ 5–7. AuenW, Staudenwiesen u. subalp. Hochstaudenfluren; v S-, M- u. O-Ba S- u. O-Bw O-Th S- u. M-Sa, s S-An Br, (N) s N-An Me, ↘ (sm/mo-temp·suboz EUR – V Alno-Ulm., O Mol., V Adenost.). **Akelei-W.** – Th. aquilegiifólium L.

1* Staubfäden oben kaum verdickt, gelblich od. grünlich. Frchen sitzend, längsrippig, ungeflügelt 2

2 B mit den StaubBl überhängend, einzeln, in lockeren Rispen 3

2* B wie die StaubBl aufrecht, an den Zweigenden der Rispen dicht gedrängt 4

3 FiederBlchen rundlich od. rundlich-keilfg, etwa so lg wie br. B gelblich. 0,30–1,00. ♃ 5–8. Trockengebüsche, lichte EichenW u. ihre Säume, waldnahe Xerothermrasen; v M- u. N-Th S-An NO- u. M-Br, z Ba Bw: bes. Jura Rh We: Rhein He S-Th Sa: bes. Elbe N-An S- u. W-Br Me, s Ns: O u. Inseln O-Sh, ↘ (austrAFR-m/mo-b·(k)EURAS – V Ger. sang., V Pot.-Querc., O Sesl.). **** Kleine W.** – Th. mínus L.

3* FiederBlchen länglich bis fast linealisch, deutlich länger als br. B grünlich. 0,30–0,70. ♃ 6–7. Moorwiesen, Kalkmagerrasen, Gebüschsäume; s Ba S-Bw S-An Th M-Br: ob noch? SO-Ns, † Rh He Sa Sh, ↘ (sm/mo-b·(k)EURAS – V Mol., V Mesobrom, V Ger. sang.). **** Einfache W.** – Th. símplex L.

4 **(2)** Blchen länglich-keilfg od. linealisch, meist ungeteilt. Bl stets ohne NebenBlchen. Wurzelstock nicht kriechend, ohne Ausläufer. 0,60–1,20. ♃ 6–7. Nasse, nährstoffreiche Flachmoorwiesen, AuenW, StromtalPfl; z SO-Ba NW- u. O-Sa O- u. N-An, s N-Th M- u. O-Br O-Ns, † Me (sm-temp·(suboz)EUR – V Filip., V Mol., V Alno-Ulm.). [Th. angustifólium JACQ.] **Glanz-W.** – Th. lúcidum L.

4* Blchen der unteren Bl verkehrteifg, vorn 3spaltig. Untere Fiedern meist mit kleinen, häutigen NebenBlchen (Abb. **138**/1). Wurzelstock kriechend, meist mit Ausläufern . . **5**

5 Rispe länglich-eifg, ± zusammengezogen. Stg nicht glänzend. Obere Blchen länglich-lanzettlich. 0,40–1,00. ♃ 6–7. Feuchte, ± nährstoffreiche Flachmoore, Staudenfluren; v M-Br N-Me, z Ba u. Bw: Donau, Main u. Nebenflüsse, Bodensee, Rhein Rh We S- u. W-He Th An S- u. N-Br Ns S-Me Sh, s NW-Sa, ↘ (m-b·(suboz)EUR–SIB – V Mol., V Filip.). **Gelbe W.** – Th. flávum L.

5* Rispe weit ausladend, br eifg. Stg glänzend. Obere Blchen linealisch. 0,50–1,90. ♃ 7–8. Staudenröhrichte, Auengebüsche; s Rh He? sehr zweifelhafte Art, eventuell wie in Ba falsche Angabe (sm-stemp·subozEUR – V Filip., O Phragm.). [Th. exaltátum aut.] **Hohe W.**– Th. morisónii C. C. GMELIN

Hahnenfuß, Wasserhahnenfuß – Ranúnculus L.
(Ib, Sb – meist giftig!)

1 Kronblattartige HonigBl (weiterhin als KrBl bezeichnet) 8 od. mehr. Kelchblattartige PerigonBl (weiterhin als KBl bezeichnet) 3(–5). Bl rundlich-herzfg, stark glänzend. 0,05–0,20. ♃ 3–5. Edellaubholzreiche Wälder, Gebüsche, frische WSäume u. Auenwiesen; alle Bdl g, aber W-Br N-An N-Ns u. Bergland v (m/mo-temp·(oz)EUR – H – Ib – Av, Sv: Brutknöllchen – O Fag., V Arrh.). [Ficária vérna HUDS.] **(**) Scharbockskraut** – R. ficária L.

1* KrBl u. KBl je 5 . . . . **2**

2 KrBl weiß od. rötlich, höchstens am Grund gelb **3**

2* KrBl gelb **28**

3 LandPfl, zuweilen an zeitweise überschwemmten Gewässerrändern **4**

3* WasserPfl. KrBl oft mit gelbem Nagel **16**

4 LandPfl **5**

4* Pfl der schlammigen, zeitweise überschwemmten Uferzone, meist niederliegend u. rasenfg, klein, meist <10 cm hoch (Landformen von WasserPfl) **9**

5 Pfl 20–120 cm hoch, mehrblütig. Bl handfg gelappt bis gefingert. KrBl rein weiß . . . **6**

5* Pfl 5–15 cm hoch, meist 1–2blütig. Nur Alpen **7**

6 Stg mit gespreizten Ästen. Mittellappen der GrundBl in einen Stiel verschmälert (Abb. **138**/2). Abschnitte aller StgBl ziemlich br u. bis zur Spitze gesägt. BStiele oberwärts während der BZeit auffallend flaumig, 1–3mal so lg wie das TragBl. StaubBl so lg wie

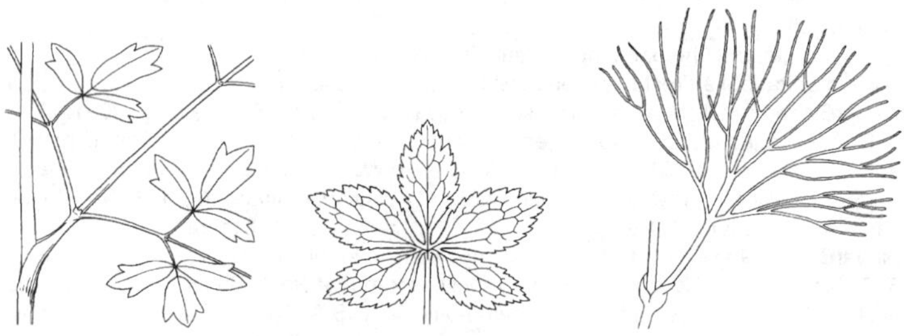

1 2 3

die Griffel. Reife Nüßchen 2–3 mm lg u. 2 mm br. (0,05–)0,20–0,50(–1,50). ♃ 5–7. Staudenreiche GebirgsW, SchluchtW, Gebüsche, Säume, Wiesen; z Ba: Alpen, Vorland, Bayr-W Bw: Schwarzw We: Ebbegebirge He, (N) s Me (sm/salp-temp/mo·ozEUR – H – Vm – V Alno-Ulm., V Til.-Acer., V Calth., V Adenost., V Salic. herb.).
Eisenhut-H. – R. aconitifólius L.

6* Stg mit aufrechten Ästen. Bl nicht bis zum Spreitengrund geteilt. Mittellappen mit den Seitenlappen br verbunden. Abschnitte der oberen StgBl schmal, die der obersten meist ganzrandig. BStiele kahl, 4–5mal so lg wie das TragBl. StaubBl länger als die Griffel, die FrKn verdeckend. Reife Nüßchen 3–4 mm lg u. 3 mm br. 0,40–1,20. ♃ 5–7. Hochstaudenfluren, anspruchsvolle subalp. LaubW; z Bergland von Ba Bw Rh S-We Th Sa An SO-Ns, s He (sm/mo-temp/demo+b·subozEUR – H – V Til.-Acer., V Adenost.). **Platanen-H.** – R. platanifólius L.

7 **(5)** GrundBl ungeteilt, ganzrandig, br eifg od. eifg-lanzettlich, am Rand wie die KBl zottig behaart. 0,04–0,10. ♃ 6–8. Feuchter, kalkreicher alp. Steinschutt; s S-Ba: Alpen: Karwendel (sm/alp-stemp/alp·ozEUR – H – V Thlasp. rot.).
(**) Herzblättriger H. – R. parnassifólius L.

7* GrundBl handfg gelappt od. geteilt **8**

8 KBl rostbraun, zottig behaart, bis zur FrReife bleibend. KrBl weiß, rosarot od. rotviolett. 0,05–0,15. ♃ 7–8. Offne, oft durchrieselte, kalkarme Steinschuttfluren; s SW-Ba: S- u. O-Allgäu (sm/alp-arct·ozEUR+OSIB+GRÖNL – H – O Andros. alp.). [Oxýgraphis gélidus (HFFG.) O. SCHWARZ] **Gletscher-H.** – R. glaciális L.

8* KBl kahl, hinfällig. KrBl reinweiß. 0,05–0,15. ♃ 6–9. Nasse, nährstoffreiche, kalkhaltige Schneetälchen u. -runsen; v S-Ba: Alpen (sm/alp-temp/alp·subozEUR – H – V Arab. caer.). **Alpen-H.** – R. alpéstris L.

9 **(4)** BlSpreite flächig ausgebildet, handfg gelappt od. 3–5teilig **10**

9* BlSpreite der unteren od. aller Bl stärker zerteilt, mit linealischen od. fadenfg Zipfeln („Haarblätter“, Abb. **138**/3) **11**

10 Bl 3–5lappig od. nur gekerbt. BlAbschnitte ganzrandig. **Efeu-W.** (s. **18**)

10* Bl 3–5teilig. BlAbschnitte gelappt bis gekerbt. **Dreiteiliger W.** (s. **19***)

11 **(9)** Obere Bl wie die unteren stark zerteilt, als HaarBl ausgebildet. Alle BlAbschnitte u. Zipfel fadenfg od. linealisch **12**

11* Oberste Bl mit flächiger, 3–5lappiger od. -teiliger Spreite od. stärker geteilt, mit nach vorn mitunter nur wenig verbreiterten, sich gabelnden Abschnitten **13**

12 Bl fast sitzend, Spreite kürzer als die StgGlieder. **Spreizender W.** (s. **23**)

12* Bl deutlich gestielt, länger als die StgGlieder. **Haarblättriger W.** (s. **25**)

13 **(11)** Oberste Bl 3–5lappig, höchstens bis $^2/_3$ der Fläche eingeschnitten. BlAbschnitte gekerbt. ÜbergangsBl auch tiefer eingeschnitten. **Gewöhnlicher W.** (s. **21**)

13* Oberste Bl tiefer eingeschnitten **14**

14 Bl mehrfach gablig verzweigt. Zipfel der mittleren u. unteren Bl ± vorwärtsgerichtet, auseinanderstrebend od. fast parallel, abgeflacht od. wenigstens in den Gabelungen schmal keilfg verbreitert u. dort oft breiter als die Zipfel. Pfl hellgrün. KBl abstehend, nicht blauspitzig. KrBl ohne gelben Fleck, mit birnfg Nektargrube (Abb. **140**/5).
Flutender W. – (s. **27**)

14* Mittlere u. untere Bl mehrfach fiederteilig, die unteren Zipfel der äußeren BlAbschnitte ± rückwärts gerichtet od. hand- bis fußfg od. gablig geteilt u. die Gabelungen nicht flächig verbreitert, etwa so br wie die Zipfel. Pfl grün. Nektargrube der KrBl halbmondfg (Abb. **140**/3) **15**

15 Oberste Bl bis zu $^2/_3$ der Spreitenfläche od. fast bis zum Grund geteilt. BlAbschnitte tief gekerbt, Zipfel bis doppelt so lg wie br. KBl zurückgeschlagen, zuweilen blauspitzig. KrBl ohne gelben Fleck. **Reinweißer W.** (s. **22***)

15* Oberste Bl bis zum Grund geteilt. BlAbschnitte ± tief eingeschnitten, Zipfel mehrmals so lg wie br. KBl ausgebreitet od. zurückgeschlagen, meist blauspitzig. KrBl am Nagel gelb. **Brackwasser-H.** (s. **19**)

16 **(3)** Gelappte bis geteilte Bl („Schwimmblätter", Abb. **140**/1, 2) vorhanden. Untergetauchte, haarfg zerschlitzte Bl („Haarblätter", Abb. **138**/3) vorhanden od. fehlend .. **17**
16* SchwimmBl fehlend **23**
17 HaarBl fehlend, selten an einigen Pfl vorhanden **18**
17* HaarBl vorhanden. BBoden zur FrZeit (FrBoden) stets behaart **20**
18 BBoden zur FrZeit (FrBoden) kahl. HaarBl stets fehlend. SchwimmBl nierenfg od. fast kreisrund, mit 3(–5) seichten, halbkreisfg bis dreieckigen Lappen, diese am Grund am breitesten (Abb. **140**/1). KrBl 1,2–4,2 mm lg, sich bei voll geöffneter B nicht berührend. KBl 1–3 mm lg. StaubBl (4–)7–11. FrBl kahl, (9–)18–24(–42). 0,10–0,60. ☉ ♃ 5–9. Seichte Bäche, nasse Sandböden, Quellfluren; z N-Ns W-Sh, s Rh We He W-Th NW-An S-Ns NO-Sh, † Ba Br Me, ↘ (sm-temp-euozEUR+OAM – A – V Card.-Mont.). [Batráchium hederáceum (L.) S. F. GRAY] **Efeu-W.** – R. hederáceus L.
18* FrBoden behaart. HaarBl an manchen Pfl vorhanden. SchwimmBl 3(–5)teilig (Abb. **140**/2). Abschnitte am Grund verschmälert **19**
19 KrBl 6–10 mm lg, sich berührend. FrBoden eifg. StaubBl 10–20. FrBl (20–)30–60. 0,10–1,50. ☉ ♃ 5–9. Schwach brackige Gewässer; v W-Sh: Küste, z Küsten von Ns O-Sh Me, † An, ↘ (m-temp·litEUR – A – V Rupp.). [R. obtusiflórus aut., Batráchium baudótii (GODR.) F. W. SCHULTZ, B. marínum FRIES] **Brackwasser-H.** – R. baudótii GODR.
19* KrBl 1,3–4,5 mm lg, sich bei voll geöffneter B nicht berührend. FrBoden kugelfg. StaubBl 1–10. FrBl 5–25. 0,10–0,80. ☉ ♃ 3–5. Stehende od. langsam fließende Gewässer, auch an zeitweise trockenfallenden Rändern; † Sh (sm-temp·euozEUR – A – V Nymph., V Nanocyp.). [R. lutárius (REVEL) BOUVET, Batráchium tripartítum (DC.) S. F. GRAY] **Dreiteiliger W.** – R. tripartítus DC.
20 **(17)** KrBl 1,3–4,5 mm lg, sich bei voll geöffneter B nicht berührend. **Dreiteiliger W.** (s. **19***)
20* KrBl >5 mm lg, sich berührend **21**
21 FrKn u. unreife Nüßchen (bisweilen nur spärlich) behaart, beim Reifen ± verkahlend. SchwimmBl 3–5(–7)spaltig. FrBoden kugelfg. StaubBl (10–)15–30(–40). FrBl (20–)30–40(–80). 0,10–2,00. ☉ ♃ 5–9. Stehende od. langsam (selten ± rasch) fließende, eutrophe Gewässer, Gräben, Tümpel; v Ba Rh We S- u. O-Sa N-An S-Br Ns Me Sh, z Bw Th NW-Sa S-An N- u. M-Br, ↘ (austrAM-m-temp·oz(WAM)–EURAS – A – O Potam.). [Batráchium aquátile (L.) DUM.], incl. R. peltátus SCHRANK u. R. penicillátus (DUMORT.) BAB.] **Gewöhnlicher W.** – R. aquátilis L.
21* FrKn u. unreife Nüßchen völlig kahl. SchwimmBl 3teilig **22**
22 HaarBl steif, außerhalb des Wassers gespreizt bleibend. Reife Nüßchen deutlich geflügelt (Abb. **142**/6). FrBoden eifg. KrBl 6–10 mm lg, am Nagel gelb. Salz- u. Brackwasser. **Brackwasser-H.** (s. **19**)
22* HaarBl zart, außerhalb des Wassers zusammenfallend. Reife Nüßchen nicht geflügelt. FrBoden kugelfg. KrBl 7–15 mm lg, reinweiß, am Nagel nicht gelb. 0,10–0,80. ☉ ♃ 3–6. Nährstoffarme, langsam fließende Gewässer, zuweilen trockenfallend; s N-We NW-Ns SO-Br?, ↘ (sm-temp·euozEUR – A – V Litt.) [Batráchium ololéucon (LLOYD) VAN DEN BOSCH] **Reinweißer W.** – R. ololéucos LLOYD
23 **(16)** BlZipfel in 1 Ebene. Bl im Umriß kreisrund, außerhalb des Wassers gespreizt bleibend. KBl bis 6 mm lg. KrBl bis 10 mm lg, sich deckend, mit mondfg Nektargrube (Abb. **140**/3). StaubBl (5–)20–25. FrBl (30–)40–50(–60), behaart. FrBoden behaart.

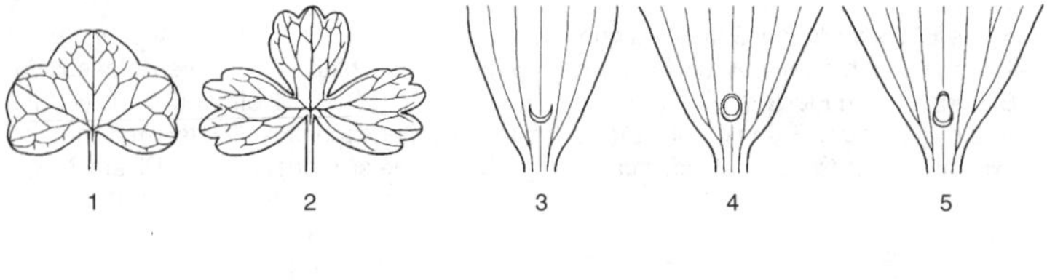
1 2 3 4 5

0,05–3,00. ⊙ ♃ 5–8. Eutrophe, stehende u. langsam fließende Gewässer; v S- u. M-Ba (f Alpen), z N-Ba Bw N-We Th Sa An Br Ns Me Sh, s Rh S-We He, ↘ (sm-b·(subk)EURAS – A – V Nymph., V Nanocyp.). [R. divaricátus aut.]

Spreizender W. – R. circinátus SIBTH.

23* BlZipfel nicht in 1 Ebene **24**

24 Reife Nüßchen geflügelt (Abb. **142**/6). KBl meist blauspitzig. FrBl ganz kahl.

Brackwasser-H. (s. **19**)

24* Reife Nüßchen nicht geflügelt. KBl nie blauspitzig **25**

25 KrBl 3–5,5 mm lg, sich bei voll geöffneter B nicht deckend, mit mondfg Nektargrube (Abb. **140**/3). KBl 2–3,5 mm lg. StaubBl 9–15. FrBl 15–32. Unreife Nüßchen ± behaart. FrBoden kugelfg, behaart. BlStiel bis 4 cm lg. 0,05–0,80. ⊙ ♃ 5–9. Meso- bis eutrophe, stehende u. fließende Gewässer; v S- u. M-Ba (f Alpen), z N-Ba Bw N-We Th Sa An Br S-Ns Me Sh, s Rh S-We He, f Silikatgebirge (austrAFR+m-bCIRCPOL – A – V Ranunc. fluit.). [R. fláccidus PERS., R. paucistamíneus aut. non TAUSCH, R. drouétii F. W. SCHULTZ ex GODR.]

** **Haarblättriger W.** – R. trichophýllus CHAIX

25* KrBl über 5 mm lg, sich randlich deckend, mit kreisrunder (Abb. **140**/4) od. länglich-birnfg Nektargrube (Abb. **140**/5) **26**

26 Ausgewachsene HaarBl kürzer als die StgGlieder, mit spreizenden Zipfeln. Pfl stehender, seltener fließender Gewässer. **Gewöhnlicher W.** (s. **21**)

26* Ausgewachsene HaarBl 8–25 cm lg, wenigstens so lg wie die StgGlieder, mit fast parallelen Zipfeln. Nektargrube der KrBl länglich-birnfg. Pfl rasch fließender Gewässer **27**

27 FrBoden (fast) kahl. KrBl 7–13 mm lg. StaubBl höchstens so lg wie die FrKn. Pfl nie mit SchwimmBl. 0,50–6,00. ♃ 6–8. Rasch fließende, sauerstoffreiche, kühle, meso- bis eutrophe Gewässer; z Ba Bw Rh S- u. O-We He Th An Sa Br O-Ns S- u. W-Me, s M-Me O-Sh, ↘ (sm-temp·ozEUR – A – V Ranunc. fluit.). [Batráchium flúitans (LAMK.) WIMMER]

Flutender W. – R. flúitans LAMK.

27* FrBoden deutlich behaart. KrBl (5–)10–15(–20) mm lg. StaubBl die FrKn überragend. Selten auch SchwimmBl vorhanden. [Kleinart: R. penicillátus (DUM.) BAB.]

Gewöhnlicher W. (s. **21**)

28 **(2)** Alle Bl ungeteilt, ganzrandig od. schwach gezähnt **29**

28* Wenigstens die mittleren u. oberen Bl geteilt **31**

29 B 20–40 mm br. Stg aufrecht, dick, hohl. Bl lanzettlich. 0,50–1,50. ♃ 6–8. Röhrichte, Großseggenrieder, Ufer, Gräben; v Me Sh Br, z Ba Bw We An N-Ns, s Rh He Th Sa S-Ns, ↘ (sm-bEUR–WSIB – A, H – Vw – Hv – V Phragm., V Magnocar. – ∇).

Zungen-H. – R. língua L.

29* B 5–20 mm br. Pfl bis 50 cm hoch **30**

30 Stg fädlich, kriechend, an jedem Knoten wurzelnd, mit bogigen StgGliedern. B einzeln, 5–10 mm br. Alle Bl gestielt, lineal-lanzettlich. Nüßchen 1–1,5 mm lg, Schnabel gebogen, etwa $^1/_4$ so lg wie das übrige Nüßchen. 0,05–0,30. ♃ 6–8. Offne, zeitweise überschwemmte Ufer; s S-Ba SO-Bw: Bodensee S-Sa? Br? SW-Me SO-Sh, † Ns An: ob je?, ↘ (temp/mo-arct·(k)CIRCPOL – H – V Desch. litt.). **Ufer-H.** – R. réptans L.

30* Pfl aufrecht; wenn kriechend, dann Stg nur an einigen (meist den unteren) Knoten wurzelnd u. mit geraden StgGliedern. B 1–∞, 8–20 mm br. Untere Bl elliptisch, gestielt, obere lanzettlich, sitzend. Nüßchen 1,5–2 mm lg, Schnabel gerade, kurz ($^1/_8$ des übrigen Nüßchens), stumpf. 0,05–0,50. ♃ 5–9. Arme Sumpfwiesen, Quellen, Gräben; alle Bdl v, aber Trockengebiete u. Alpen z (m/mo-b·(oz)EUR–WSIB – H – V Car. fusc., V Litt., V Calth., V Magnocar.). **Brennender H.** – R. flámmula L.

31 **(28)** Bl blaugrün bereift, kahl, dicklich. GrundBl meist 2, lg gestielt, nierenfg, am Rand kerbig gezähnt, vorn eingeschnitten. 0,05–0,15. ♃ 6–8. Durchsickerte, bewegte Kalk- u. Dolomit-Schuttböden, Steinschutthalden; s S-Ba: Ammergebirge, Soiernspitze, Torrener Joch (sm/alp-temp/alp·subozEUR – H – O Thlasp. rot., V Sesl.).

Nierenblättriger-H. – R. hýbridus BIRIA

31* Bl nicht blaugrün bereift. Pfl meist >15 cm hoch **32**
32 KBl zurückgeschlagen **33**
32* KBl aufrecht od. waagerecht abstehend **36**
33 BStiele nicht gefurcht. B 2–3,5 cm br. Pfl seidig-weißfilzig. Bl lanzettlich od. 3teilig mit lineal-lanzettlichen Zipfeln. Pfl oft nichtblühend u. nur ungeteilte GrundBl entwickelnd. 0,30–0,50. ♃ 5–6. Reichere, oft ruderal beeinflußte, kont. Sand- u. Silikattrockenrasen, trockne Wiesen; s M-An: Trockengebiet S-Br Sa: Elbtal, ↘ (sm-stemp·subkEUR – G – V Fest. val., V Arrh.). **Illyrischer H.** – R. illýricus L.
33* BStiele gefurcht. B bis 2 cm br. Pfl nie seidig-weißfilzig **34**
34 Stg am Grund knollig. Pfl unterwärts abstehend, oberwärts anliegend behaart. 0,15–0,35. ♃ 5–7. Trockne Wiesen u. Halbtrockenrasen, Böschungen; v Ba Bw Rh We He Th Sa An S- u. O-Br S-Ns Me O-Sh, z NW-Br N-Ns W-Sh, s Bergland (m/mo-temp·(oz)EUR – G – Vm – V Arrh., V Mesobrom., V Cirs.-Brach., O Mol. – giftig!). **Knolliger H.** – R. bulbósus L.
34* Stg am Grund nicht verdickt. Pfl kahl od. abstehend behaart **35**
35 B klein,4–10 mm br, blaßgelb. KrBl etwa so lg wie KBl. FrKn ∞, auf walzigem BBoden. Stg hohl, kahl od. oberwärts behaart. 0,20–0,60. ⊙ 6–10. Lückig bewachsene, schlammige Gräben, Teichränder, Wegmulden, Sumpfwiesen; g Me Sh, v Ba We Sa An Br Ns, z Bw Rh He Th, s Bergland (m-bCIRCPOL – T – Hv – O Bid. – giftig!). **Gift-H.** – R. scelerátus L.
35* B 12–20 mm br. KrBl doppelt so lg wie KBl. FrKn auf halbkugligem BBoden. Pfl abstehend behaart. 0,10–0,30. ⊙ ① 5–8. Krumenfeuchte, lehmige Äcker, feuchte Wegränder, Ufer, Gräben, kalkmeidend, salzertragend; z N-Ba Rh SW-We He W-Sa An Br, (A) z Me Sh: bes. Küste, s S- u. M-Ba N- u. W-Bw N- u. O-We Th O-Sa N-Ns, ↘ (m-temp·suboz EUR – T, H – Vm – O Aper., V Nanocyp., V Agrop.-Rum., V Cynos.). **Rauher H., Sardinischer H.** – R. sardóus CRANTZ
36 **(32)** BStiele längs gefurcht **37**
36* BStiele nicht gefurcht **39**
37 Pfl mit kriechenden Ausläufern, liegend. Bl 3zählig. 0,15–0,40. ♃ 5–8. Feuchte, z. T. periodisch überschwemmte, lehmige bis tonige Standorte: Äcker, Gärten, Wiesen, Gräben, Ufer, Gebüsche, Wälder; alle Bdl g (m/mo-bEURAS – H – Vm – Sv: Ausläufer – K Secal., K Chen., K Bid., K Mol.-Arrh., V Agrop.-Rum., V Calth., V Alno-Ulm.). **Kriechender H.** – R. répens L.
37* Pfl ohne Ausläufer. Stg aufrecht, selten liegend u. an den Knoten wurzelnd **38**
38 GrundBl 5teilig; Abschnitte tief 3spaltig; Zipfel linealisch bis lineal-lanzettlich, gezähnt (Abb. **142**/3). KrBl 7–14 mm lg. FrSchnabel meist etwa $^1/_2$ mm lg, gekrümmt (Abb. **142**/1). Stg am Grund abstehend, oben anliegend behaart. 0,30–0,60. ♃ 5–7. Wärmeliebende EichenW, Gebüsche, WSäume, Auenwiesen; z Sa: bes. SW An Th, s W-Ba N-Bw Br N-Ns Me Sh (m/mo-b·(suboz)EUR–WSIB – H – Wv – O Querc. pub., V Ger. sang., V Mol.). [incl. R. polyanthemophýllus W. KOCH et H. HESS ***Vielblütiger H.** – R. polyánthemos L.
38* GrundBl 3teilig; Abschnitte br verkehrteifg, gelappt u. gezähnt (Abb. **142**/4). KrBl 15–20 mm lg. FrSchnabel 1,5 mm lg, an der Spitze eingerollt (Abb. **142**/2). 0,20–0,80. ♃ 5–7. Bergwiesen, Trockenrasen, krautreiche LaubW, mäßig anspruchsvoll; v Ba, z Bw Rh S-

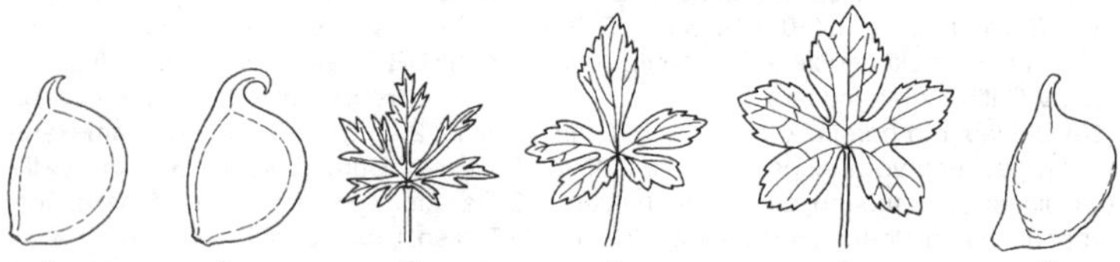

1 2 3 4 5 6

u. O-We He Th Sa: bes. SW S- u. M-An Ns Sh, s S-Br (sm/mo-temp·subozEUR – H – Wv – V Carp., V Cephal.-Fag., V Alno-Ulm., V Mesobrom., V Mol., O Arrh.). [R. breynínus aut. non CRANTZ, R. tuberósus LAPEYR., incl. R. polyanthemoídes BOR. u. R. sérpens SCHRANK] **Hain-H.** – R. nemorósus DC.

39 **(36)** B 4–10 mm br, hellgelb. Frchen sehr stachlig. Bl 3zählig bis 3teilig, mit 3spaltigen od. 3teiligen Abschnitten. 0,20–0,60. ⊙ 5–7. Nährstoffreiche, lehmige bis tonige Äcker, basenhold; (A) z Ba (s Alpen u. Vorland) Bw We He Th, s Rh Sa An Br Ns Me Sh, ↘ (m-temp·(oz)EUR–WAS – T – Vm – Ev – V Aphan., V Caucal.). **Acker-H.** – R. arvénsis L.

39* B größer, goldgelb. Frchen nicht stachlig **40**

40 Frchen behaart. StgBl sitzend, handfg geteilt, mit linealischen Zipfeln, von den ungeteilten bis breitzipfligen GrundBl deutlich verschieden. 0,15–0,45. ♃ 4–5. Edellaubholzreiche Wälder, Wiesen; alle Bdl v, aber S-Ba S-Bw We: Sauerland M- u. N-Br W-Ns z, Alpen s (sm/mo-arct·(oz)EUR–WSIB – H – Vm, Ap – Sv – V Carp., V Alno-Ulm., K Mol.-Arrh.). * **Goldschopf-H.** – R. auricomus agg.

40* Frchen kahl, aber bisweilen BBoden behaart **41**

41 BBoden (wenigstens oberwärts) behaart. Stg 1–3(–8)blütig, meist <15 cm. StgBl sitzend, tief 3–7spaltig. GebirgsPfl **42**

41* BBoden kahl. Stg in der Regel ∞blütig, meist >30 cm. StgBl gestielt, wenigstens die unteren den GrundBl ähnlich **45**

42 Rhizom oben dicht mit bis 4 mm lg Haaren besetzt. BBoden überall behaart. GrundBl anliegend behaart, mit scharf zugespitzten Zähnen; noch gefaltete junge Spreiten nach unten geknickt. StgBl klein, bis 2 cm lg, mit 3–5 kurzen, linealischen Zipfeln. KrBl meist ausgerandet. Nüßchen 35–70. 0,05–0,30. ♃ 5–7. Sonnige, sickerfrische alp. u. subalp. Steinrasen; s SW-Ba: Alpen, Hochebene Bw: W-Jura (m/alp-temp/salp·subozEUR – V Thlasp. rot., V Mesobrom.). [R. oreóphilus M. BIEB.] **Gebirgs-H.** – R. breynínus CRANTZ

42* Rhizom kahl. BBoden nur oberwärts behaart. Junge Spreiten aufrecht. KrBl abgerundet. Nüßchen 25–50 . . . . **43**

43 StgBlZipfel schmal lanzettlich, meist >7(6–15)mal so lg wie br. GrundBl kahl, am Rand spärlich gewimpert, fast bis zum Grund geteilt. Schnabel der Frchen sehr kurz, anliegend. KrBl 5–12 mm lg. 0,05–0,20. ♃ 4–7. Alp. u. subalp. Steinrasen, lichte KiefernW auf Kalk; s O-Bw: M-Jura, ↘ (sm/alp-stemp/dealp·subozEUR – H – O Sesl., V Mol., V Viol. can.). **Kärntner H.** – R. carinthíacus HOPPE

43* StgBlZipfel <7mal so lg wie br od. GrundBl völlig kahl od. behaart. Schnabel der Frchen etwas abstehend, 1/6–1/3 so lg wie die Frchen **44**

44 StgBlZipfel in od. etwas über der Mitte am breitesten, elliptisch bis lineal-lanzettlich. GrundBl dunkelgrün, meist glänzend, die ersten kahl, 1/2–4/5 eingeschnitten, die späteren seidig od. abstehend behaart, z. T. tiefer (fast bis zum Grund) geteilt. Frchen besonders am Rücken gekielt, sein Schnabel br ansetzend. 0,05–0,30. ♃ 4–8(–9). Subalp. u. alp. Moorwiesen, Weiden; v Ba: Alpen, Hochebene, s Bw: Westallgäuer Hügelland, Feldberg (temp/dealp·subozEUR – H – Ap – V Poion alp., V Triset., K Thlasp. rot., V Eric.-Pin.). **Berg-H.** – R. montánus WILLD.

44* StgBlZipfel im untersten Drittel am breitesten, schmal bis br lanzettlich. GrundBl matt, dicht seidenhaarig, fast bis zum Grund od. nur bis zur Mitte geteilt. Frchen am Rücken u. Bauch gekielt, sein Schnabel deutlich abgesetzt. 0,05–0,20. ♃ 5–8.Subalp. u. alp. feuchte u. kalkarme Wiesen, Weiden; s SW-Ba: Allgäu (sm/salp-stemp/salp·subozALP – H – V Nard., V Car. curv., V Poion alp.). [R. grenieriánus JORDAN] **Grenier-H.** – R. villársii DC.

45 **(41)** FrSchnabel kurz. Pfl anliegend behaart. Zipfel der GrundBl lineal-lanzettlich, im Herbst auch breiter, selten länglich-verkehrteifg. 0,30–1,00. ♃ 5–9. Frische bis feuchte Wiesen, Weiden, Wegränder; alle Bdl g (m/mo-arct·(oz)EUR–WSIB – H – Vm – K Mol.-Arrh. – giftig!). [R. ácer L.] ** **Scharfer H.** – R. ácris L.

45* FrSchnabel lg, zuletzt eingerollt. Pfl abstehend rauhhaarig. Zipfel der GrundBl br eifg (Abb. **142**/5). 0,30–0,70. ♃ 5–7. Edellaubholzreiche Wälder; v Ba O-Bw Th S- u. W-Sa

S- u. W-An S-Ns Me O-Sh, z W-Bw O-We N-An Br NO-Ns, s O-Rh NO-Sa W-Sh (sm/mo-temp/demo·subozEUR – H – Vm – Wv – O Fag.). **Wolliger H.** – R. lanuginósus L.

Hornköpfchen – Ceratocéphala MOENCH [Ceratocéphalus PERS.]

1 Pfl grauwollig. FrSchnabel spitz, stark sichelfg gekrümmt (Abb. **133**/5). B 10–15 mm br. 0,03–0,10. ☉ 3–5. Ruderalstellen (Schutt, Umschlagplätze); (A) † SW-Ba O-Bw M- u. O-Th An (m-sm·kEUR–WAS – T – Ib, Sb – Ev). [Ranúnculus falcátus L.] **Sichelfrüchtiges H.** – C. falcáta (L.) PERS.

1* Pfl dünn spinnwebig behaart. FrSchnabel spitz, fast gerade. B 5–10 mm br. 0,02–0,10. ☉ 3–5. Äcker, Weinberge, Ruderalstellen; (N U) s Bw: Stuttgart, Mannheim (m-sm·kEUR–WAS – T). [Ranúnculus testiculátus CRANTZ] **Geradfrüchtiges H.** – C. testiculáta (CRANTZ) ROTH

Mäuseschwänzchen – Myosúrus L.

Frchen ∞, eine bis 6 cm lg, mäuseschwanzähnliche SammelFr bildend. 0,02–0,10. ☉ 4–6. Krumenfeuchte, nährstoffreichere Äcker, feuchte Wegränder, Ufer, kalkmeidend; (A) v N-Sa S-An S-Br NW-Me Sh, z M- u. N-Ba N-Bw Rh N- u. W-We He Th N-An M- u. N-Br Ns S- u. O Me, s S-Bw S-Sa, ↘ (m/mo-b·(subk)EUR–WAS+AM – T – Ib, Sb – Wv – V Aphan., V Nanocyp., V Agrop.-Rum.). **Mäuseschwänzchen** – M. mínimus L.

Adonisröschen – Adónis L.
(Ib: Pollenblume, Vw, Sb)

1 KrBl 10–20, goldgelb. B 4–8 cm br. 0,10–0,40. ♃ 4–5. Kont. Halbtrocken- u. Trockenrasen, lichte Eichen- u. KiefernW, kalkhold; z Th S- u. M-An: Trockengebiet, s Ba: Franken, Garchinger Heide Rh: Rhein Br: Oder SO-Ns: Nordharzvorland, † S-He?, ↘ (sm-temp·(k)EUR–WSIB – H – Av – V Fest. val., V Cirs.-Brach., V Cytis.-Pin., V Pot.-Querc. – sehr giftig! – ∇). **Frühlings-A.** – A. vernális L.

1* KrBl 5–8, rot od. blaßgelb, am Grund oft schwarz. B bis 3 cm br. ☉ **2**

2 KBl höchstens halb so lg wie die KrBl, der Kr angedrückt. KrBl blutrot, selten gelb. Nüßchen lockerstehend, FrBoden daher sichtbar. Nüßchen an der (der Achse zugewandten) Bauchkante unmittelbar unterm Schnabel mit 1 stumpfen Zahn; Rückenkante abgerundet, ohne Zahn (Abb. **144**/1). Schnabel an der Spitze schwarz. 0,20–0,50. ☉ 5–7. Skelettreiche Kalkäcker; (A) z M- u. NW-Ba O-Bw, s S-An S- u. O-Ba W-Bw Rh S- u. O-We Th, (U) s Br Me, † He Ns, ↘ (m-temp·(subk)EUR–VORDAS – T – V Caucal.). ** **Flammen-A.** – A. flámmea JACQ.

2* KBl mindestens $^2/_3$ so lg wie die KrBl **3**

3 KBl der Kr angedrückt. KrBl orangerot, seltener gelb. Nüßchen sehr dichtstehend, außer 1 stumpfen Zahn auf der Bauchseite unterm Schnabel noch mit je 1 spitzen Bauch- u. Rückenzahn im unteren Drittel (Abb. **144**/2). Schnabel rein grün. 0,20–0,60. ☉ 5–7. Lehmig-tonige, meist skelettreichere Äcker, kalkstet; (A) v M- u. NW-Ba Th S- u. M-An, z Bw: nördlich von Hegau u. Jura, s S- u. O-Ba Rh S- u. O-We He Sa Br SO-Ns Me, ↘ (m/mo-stemp·(k)EUR–WAS – T – V Caucal.). ** **Sommer-A.** – A. aestivális L.

3* KBl zurückgeschlagen, bald abfallend. KrBl dunkel blutrot. Nüßchen auf dem Rücken abgerundet, ohne Zahn. Schnabel an der Spitze grün. 0,25–0,60. ☉ 6–9. Früher ZierPfl, auch (N) s (m-stemp·(oz)EUR – T). [A. autumnális L.] ** **Herbst-A.** – A. ánnua L. em. HUDS.

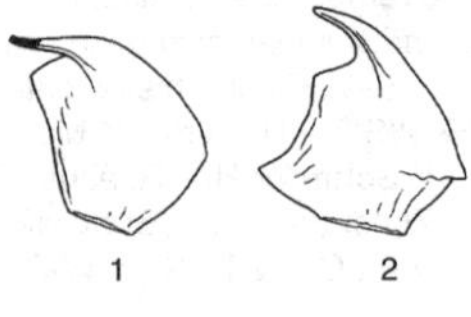

Familie **Berberitzengewächse** – Berberidáceae JUSS.

Stauden od. Sträucher mit wechselständigen Bl, oft ohne NebenBl. B ⚥, radiär. BOrgane quirlig, frei, (2–)3(–4)zählig. HonigBl meist vorhanden, kronblattartig. StaubBl 4–18, z. T. reizbar. FrBl 2–3, verwachsen, nur 1 fruchtbar. Griffel 1, kurz od. fehlend. Narbe kopfig od. gelappt. Kapseln, Beeren (570 Arten – F, G – Ib, Sb – Vv)

1 B 4zählig. Innere KrBl (HonigBl) gespornt. Fr eine Kapsel. Stauden. **Sockenblume** – Epimédium S. 145

1* B 3zählig, gelb, in Trauben. KrBl flach. Fr eine Beere. Sträucher **2**

2 KrBl (HonigBl) am Grund mit 2 Nektarhöckern. Bl einfach, ungeteilt, büschlig. LangtriebBl verdornt. Beeren rot. **Berberitze** – Bérberis S. 145

2* KrBl ohne Nektarhöcker. Bl gefiedert, einzeln an Langtrieben stehend. Beeren blauschwarz, bereift. **Mahonie** – Mahónia S. 145

Sockenblume – Epimédium L.

Blchen gesägt, Zahnspitzen gewimpert. KBl 4–6, grünlichrot. Äußere KrBl 4, blutrot. Innere KrBl 4, gelb, gespornt (Abb. **145**/1). 0,20–0,30. ♃ 3–5. ZierPfl, auch schattige Parkanlagen; (N) s, z. B. SW-Ba: Allgäu Sa An Me (sm/demo·subozEUR – G – Vm). **Alpen-S.** – E. alpínum L.

Berberitze – Bérberis L.

Langtriebe mit großen, meist 3teiligen Dornen, in deren Achseln Kurztriebe mit verkehrteifg, stechend gewimperten Bl stehen. Bis 3,00. ♄ 4–6. Wärmeliebende Gebüsche u. Wälder; v Ba S-An, z Bw Rh S- u. O-We He Th, (N) z Sa N-An Br S-Ns Me, s NW-We N-Ns SO-Sh. Zierstrauch (m/mo-temp·subozEUR – F – V Berb. – Zwischenwirt des Getreideschwarzrostes – Staubfäden durch Berührung reizbar). **Sauerdorn, Berberitze** – B. vulgáris L.

Mahonie – Mahónia NUTT.

Bl ledrig, immergrün, gefiedert. Blchen buchtig, dornig gezähnt. 0,50–1,50. ♄ 4–6. Zierstrauch, auch (N) z Ba außer Alpen Bw Rh We Th Sa An Br Ns, s W- u. S-Me, ↗ (smtemp·ozWAM – F – meist Hybriden mit M. répens (LINDL.) G. DON – Zweige für Kranzbinderei – Beeren roh schwach giftig). **Mahonie** – M. aquifólium (PURSH) NUTT.

Familie **Mohngewächse** – Papaveráceae JUSS.

Kräuter mit Milchsaft, selten Sträucher od. Bäume. Bl wechselständig. B radiär. KBl 2 (3), hinfällig. KrBl 4 (6–12), ohne Sporn. StaubBl 4 od. ∞. FrKn oberständig, 1–∞fächrig. FrBl 2–∞. SaAnlagen ∞. Fr eine mit Poren od. Klappen sich öffnende Kapsel (210 Arten – Ib, – Wv, Av, Ev).

1 KBl 2, mützenfg verwachsen, beim Aufblühen sich abhebend. Narbe fädlich. Milchsaft wäßrig, farblos. **Kappenmohn** – Eschschólzia S. 146

1* KBl 2, frei. Milchsaft weiß od. orangegelb **2**

2 Narbe scheibenfg, 4–20strahlig. ∞samige Kapseln (Abb. **145**/2–4). Milchsaft weiß, selten gelb werdend. **Mohn** – Papáver S. 146

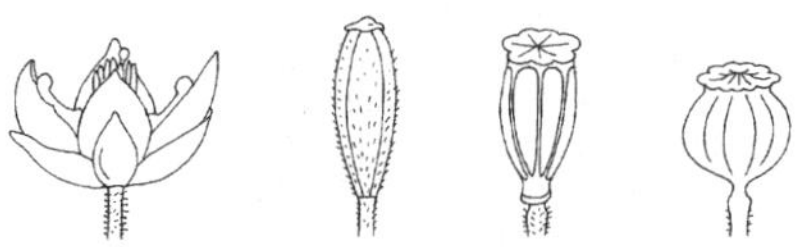

1 2 3 4

2* Narbe 2lappig. Schoten 3
3 B 1–2 cm br, in Dolden. Milchsaft orangegelb. Schoten ohne Scheidewand.
Schöllkraut – Chelidónium S. 146
3* B 2–4 cm br, einzeln endständig. Milchsaft weiß. Schoten mit Scheidewand.
Hornmohn – Gláucium S. 146

Kappenmohn – Eschschólzia CHAM.

Bl blaugrün, fiederschnittig, mit linealischen Zipfeln. Kr gelb, rot od. weiß. 0,30–0,50. ⊙ ♃? 6–10. ZierPfl, auch Schutt; (N U) s z. B. Rh He Sa An Br Me (m-sm·(oz)WAM – T, H – SchleuderFr – V Sisymbr.). **Kalifornischer K., Schlafmützchen** – E. califórnica CHAM.

Schöllkraut – Chelidónium L.

Bl unterseits blaugrün, fiederschnittig, mit eifg bis br elliptischen Zipfeln. B gelb. 0,30–0,70. ♃ 4–10. Nitrophile Säume, Gebüsche, Robinienforste, an Mauern, Wegen; alle Bdl g, nur NW-Ns v, NW-Sh u. Gebirge z (m/mo-bEURAS – H – Ib, Sb – Av – V Arct., O Prun., V Cent.-Pariet. – giftig!). **Schöllkraut** – Ch. május L.

Hornmohn – Gláucium MILL.

1 Stg fast kahl. Schote warzig. Kr rein gelb. 0,30–0,70. ⊙ ♃ 6–7. Ruderalstellen (bes. Schutt), ruderal beeinflußte Xerothermrasen, Küstenspülsäume, salztolerant; (N) s M-Th S-An, (U) s W-Sa SW-Br W-Sh, † N-Ba (m-temp·subk+litEUR–WAS – H – O Onop., O Cak.). [G. lúteum SCOP.] **Gelber H.** – G. flávum CRANTZ
1* Stg behaart. Schote steifhaarig. Kr orangegelb bis rot. 0,15–0,50. ⊙ 6–8. Ruderalstellen (bes. Schutt), Kalkäcker; (A?) s N-Th S-An, (N U) s W-Ba We Br Ns NW-Me (m-sm·subk EUR–WAS – T – V Sisymbr., V Caucal.). **Roter H.** – G. corniculátum (L.) RUDOLPH

Mohn – Papáver L.
(Ib: Pollenblumen – Wv)

1 AlpenPfl, ♃. Stg unverzweigt, blattlos, borstig behaart, einblütig. Kr weiß, sehr selten gelb. Bl einfach bis doppelt fiederschnittig, in grundständiger Rosette. 0,05–0,20. ♃ 7–8. Frische alp. Kalkschotterhalden; s S-Ba: Alpen (temp/alp·subozEUR – H – V Thlasp. rot. – ∇). [P. alpínum ssp. séndtneri (KERNER ex HAYEK) SCHINZ et KELLER]
Sendtners Alpen-M. – P. séndtneri KERNER ex HAYEK
1* Pfl der Ebene, ⊙. Stg meist verzweigt u. stets beblättert. Kr rot (nur bei KulturPfl violett bis weiß) 2
2 Bl stengelumfassend, ungeteilt, kahl, blaugrün. Kr violett bis weiß. 0,40–1,50. ⊙ 6–8. Zier- u. NutzPfl, nährstoffreiche Ruderalstandorte, Küstendünen (Schutt); (N) s Rh u. Küsten, (U) alle Bdl z (seit Bronzezeit bei uns kultiviert – T – V Sisymbr. – Öl- u. Arznei-Pfl – giftig!). ** **Schlaf-M.** – P. somníferum L.
2* Bl nicht stengelumfassend, fiederteilig. Kr meist rot 3
3 Staubfäden nach oben keulig verbreitert. Kapsel borstig 4
3* Staubfäden nicht verdickt, linealisch. Kapsel kahl 5
4 Kapsel lg keulenfg, mehrmals länger als br (Abb. **145**/2). 0,15–0,30. ⊙ ① 5–7. Sandige bis lehmige, nicht zu nährstoffarme Äcker, trockne Wegränder; (A) v M- u. N-Ba Rh W- u. N-We He O-Th Sa An Br S- u. O-Ns Me Sh, z Bw W-Th, s S-Ba SO-We NW-Ns (m-temp·ozEUR – T, H – V Aphan., V Caucal.). **Sand-M.** – P. argemóne L.
4* Kapsel kurz kreiselfg, höchstens doppelt so lg wie br. 0,20–0,50. ⊙ ① 5–7. Nährstoffreiche Äcker, Schutt; (A) z S-An, s O-Rh N-Th, (U) s Ba Bw We SW-Sa Br Ns Me, † He (m-temp·(oz)EUR–WAS – T, H – Ib, kleistogam – V Aphan., K Chen.).
Krummborstiger M. – P. hýbridum L.
5 **(3)** Kapsel br eifg, mit abgerundetem Grund (Abb. **145**/4). Narbenstrahlen 8–12. BStiele meist mit abstehenden Haaren. 0,30–0,90. ⊙ ① 5–7. Nährstoffreiche, lehmige Äcker, Ruderalstellen (Schutt, Wegränder), kalkhold; (A) v (Bergland z) Ba Bw Rh We He Th

W-Sa An Br S-Ns Me, z O-Sa N-Ns Sh (m-temp·(oz)EUR – T, H – V Caucal., V Fum.-Euph., V Aphan., V Sisymbr. – giftig!). **Klatsch-M.** – P. rhoéas L.

5* Kapsel keulenfg, am Grund allmählich verschmälert (Abb. **145**/3). Narbenstrahlen meist 5–8. BStiele stets anliegend behaart **6**

6 Milch an der Luft weiß bleibend. Staubbeutel bläulich. Freie Lappen der Narbenscheibe sich nicht berührend. 0,30–0,60. ⊙ ① 5–7. Nährstoffreiche Äcker, trockne bis mäßig trockne Ruderalstellen (Wegränder, Schutt, Steinbrüche); (A), auch (N) v M- u. N-Ba Rh We He Th Sa An Br S- u. O-Ns Me Sh, z S-Ba Bw NW-Ns (strop/moAFR-m-temp·(oz)EUR – T, H – V Aphan., V Caucal., V Sisymbr. – giftig!). **Saat-M.** – P. dúbium L.

6* Milch an der Luft rasch gelb werdend. Staubbeutel gelblichbraun. Freie Lappen der Narbenscheibe sich berührend od. sogar etwas deckend. 0,30–0,70. ⊙ ♃ 5–7. Ruderalstellen, steinige Äcker; (A) z M- u. NW-Ba O-Bw We S-He? S- u. W-Th S-Ns, s M-Th, † S-An? (sm-temp·ozEUR – T, H – V Sisymbr.). **Gelbmilchender M.** – P. lecóqii LAMOTTE

Familie **Erdrauchgewächse** – Fumariáceae DC.

Kräuter mit wäßrigem Saft. Bl wechselständig, meist geteilt, ohne NebenBl. B in Trauben, disymmetrisch od. quer-dorsiventral. KBl 2, hinfällig. KrBl 2+2, von den äußeren 1 od. 2 gespornt, die inneren an der Spitze zusammenhängend. StaubBl 6, zu je 3 in 2 Bündel verwachsen; in jedem Bündel der mittlere Staubbeutel mit 2 Pollensäcken, die beiden seitlichen mit 1 Pollensack. Fr eine scheidewandlose Schote od. Nuß (450 Arten – Ib – Av).

1 Pfl niederliegend, klimmend od. kletternd **2**

1* Pfl aufrecht **3**

2 Bl teilweise zu Ranken umgebildet. B gelblich u. weiß. **Lerchensporn** – Ceratocápnos S. 147

2* Bl nicht zu Ranken umgebildet, aber BlStiele oft rankend. **Erdrauch** – Fumária S. 148

3 Kr herzfg. B hängend, in einseitswendigen Trauben. **Herzblume** – Lamprocápnos S. 147

3* Kr quer-dorsiventral. B in allseitswendigen Trauben **4**

4 Stg einfach, mit einer endständigen BTraube u. 2–3 voll entwickelten Bl, einer unterirdischen Knolle entspringend. B rot od. weiß. Mehrsamige Schoten. ♃. **Lerchensporn** – Corýdalis S. 147

4* Stg verzweigt, mit end- u. seitenständigen BTrauben, mehrblättrig, ohne unterirdische Knolle **5**

5 B rot, meist an der Spitze dunkler, der untere Teil zuweilen weißlich. Einsamige, kuglige Nüsse. ⊙. **Erdrauch** – Fumária S. 148

5* B gelb od. gelblichweiß. Mehrsamige Schoten. ♃. **Lerchensporn** – Pseudofumária S. 148

Herzblume – Lamprocápnos ENDL. [Dicéntra BORKH. ex BERNH., Diélytra CHAM. et SCHLDL.]

Bl doppelt 3zählig. B herzfg, hängend, in lg Trauben. 0,50–0,80. ♃ 5–6. ZierPfl (sm-temp·subozOAS – H). **Zweifarbige H., Tränendes Herz** – L. spectábilis (L.) FUKUHARA

Lerchensporn – Ceratocápnos DURIEU

Pfl kletternd. Bl in Ranken endend. Stg 50–100 cm lg, sehr zart. B klein. Kr gelblichweiß. ⊙ 6–9. WSäume, Gebüsche, bodensaure EichenW, Kiefernforste, kalkmeidend; v W-Ns, z O-Ns W-Me, s W- u. N-We O-Me O-Sh, (N) z N-An, s Rh He O-Th NW-Sa O-Br, ↗ (sm-temp·euozEUR – T – V Querc. rob.-petr., V Epil. ang.). [Corýdalis claviculáta (L.) DC.] **Ranken-L.** – C. claviculáta (L.) LIDÉN

Lerchensporn – Corýdalis DC.
(G – Ib: Bienen – Av)

1 TragBl der B eifg, ganzrandig **2**

1* TragBl der B keilfg, handfg gespalten (Abb. **148**/1). Stg mit 1 NiederBl **3**

2 Traube mit (4–)6–20 B, stets aufrecht. B 18–28 mm lg. Stg ohne NiederBl. Knolle hohl. 0,10–0,35. ♃ 3–5. Edellaubholzreiche Wälder, Gebüsche, auch in Gärten u. Weinbergen; v M- u. N-Ba: bes. Jura O-Bw Rh O-We He Th S-An W-Sa S-Ns, z S-Ba W-Bw W-We SO-Sa N-An NO-Br N- u. O-Me O-Sh, s S- u. W-Br N-Ns SW-Me (sm/mo-temp·subozEUR – O Fag.). [C. bulbósa (L.) PERS. non (L.) DC.]
Hohler L., Hohlwurz – C. cáva SCHWEIGGER et KOERTE

2* Traube mit 1–5(–8) B, wenigstens zur FrZeit überhängend. B 10–15 mm lg. Stg mit bleichem, schuppenfg NiederBl. Knolle voll. 0,10–0,20. ♃ 3–4. Edellaubholz- u. krautreiche Wälder, Gebüsche, Hochstaudenfluren; v Th S-An NW-Me O-Sh, z M- u. N-Ba SO-Bw He Sa Br S-Ns S- u. O-Me, s S-Ba Rh O-We N-An N-Ns W-Sh (sm/mo-b·subozEUR – V Til.-Acer., V Asper.-Fag., V Adenost.). [C. fabácea (RETZ.) PERS.]
Mittlerer L. – C. intermédia (L.) MÉRAT

3 **(1)** Traube mit (3–)4–12 B, stets aufrecht. B 16–20 mm lg, ihr Stiel halb so lg wie der am Ende abwärtsgekrümmte Sporn. Schote so lg wie ihr Stiel. Knolle meist mit 2 Stg. 0,10–0,20. ♃ 4–5. Edellaubholzreiche Wälder, Gebüsche; v Rh He, z NW-Ba W-Bw We, s O-Bw W-Th Sa S-Ns, (N) s O-Th An Br N-Ns W-Me S-Sh (m/mo-b·subozEUR – O Fag., V Rub.-Prun.). [C. bulbósa (L.) DC.] **Finger-L.** – C. sólida (L.) CLAIRV.

3* Traube mit 1–6(–10) B, zur FrZeit überhängend. B 12–15 mm lg, ihr Stiel kaum 1/4 so lg wie der gerade Sporn. Schote (2–)3mal so lg wie ihr Stiel. Knolle stets mit 1 Stg. 0,05–0,20. ♃ 3–4. Edellaubholzreiche Wälder, bes. Feldulmen-HangW; z An: Saale- u. Elbegebiet, s N-Th O-Br NO-Me: Rügen, Hiddensee, Usedom (sm-temp·(subk)EUR – V Carp., V Alno-Ulm.). **Zwerg-L.** – C. púmila (HOST) RCHB.

Lerchensporn – Pseudofumária MED.
(H – Ib – Av)

1 Bl oberseits hellgrün, unterseits blaugrün. BlStiel nicht geflügelt. Kr goldgelb. Sa glänzend. 0,10–0,20(–0,40). ♃ 5–10. ZierPfl, auch frische Mauerspalten; (N 17. Jh) z W-Ba Bw Rh We He Th Sa An S-Ns Br, s O-Ba N-Ns Me S-Sh (sm/mo·subozEUR – V Cent.-Pariet., V Potent. caul., K Thlasp. rot.). [Corydalis lútea (L.) DC.]
Gelber L. – P. lútea (L.) BORKH.

1* Bl blaugrün bereift. BlStiel geflügelt. Kr gelblichweiß bis weißlich, an der Spitze gelb. Sa matt. 0,10–0,40. ♃ 6–10. ZierPfl, auch (N) s, z. B. NW-Ba Bw S- u- M-Sa (sm/mo·subozEUR – K Thlasp.rot.). [Corýdalis ochroleūca KOCH] **Blaßgelber L.** – P. álba (MILL.) LIDÉN

Erdrauch – Fumária L.
(T – Ib: Bienen – Av – Adv.)

1 Stg lg kriechend od. klimmend. BlStiele oft rankend. Reife Fr glatt **2**

1* Stg aufrecht od. aufsteigend, nicht klimmend. BlStiele nicht (bisweilen jedoch BlSpindel) rankend. Reife Fr rauh **3**

2 B 10–15 mm lg, in reichblütigen lockeren Trauben. Kr vor Bestäubung weiß, dann rosa, an der Spitze dunkel purpurrot. FrStiele stark herabgekrümmt. 0,30–1,00. ⊙ 5–9. Frische Ruderalstellen (Schutt), Gärten, Heckensäume; (N U) s Ba Bw: Tauber, Rhein Rh We Th M- u. O-Sa S-An SW-Br N-Me: Häfen (m-temp·ozEUR – K Chen., V Alliar.).
Ranken-E. – F. capreoláta L.

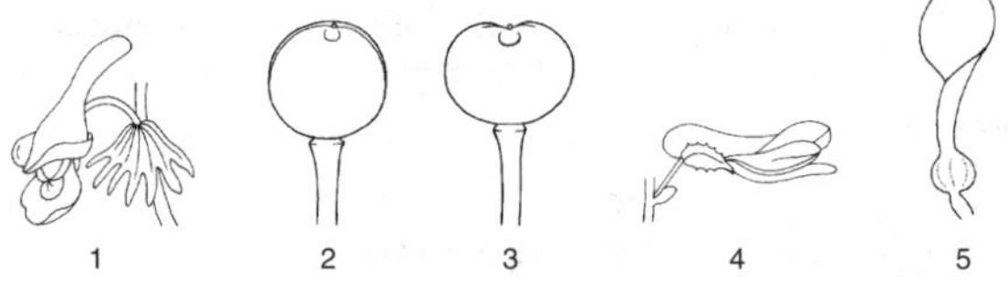

1 2 3 4 5

2* B 5–7 mm lg, in wenigblütigen lockeren Trauben. Kr purpurn, an der Spitze fast schwarz. FrStiele abstehend. 0,30–0,60. ⊙ 6–9. Ruderalstellen; (N U) s We Sh (m-temp·euozEUR). ** **Mauer-E.** – F. murális SONDER ex KOCH

3 **(1)** Die leicht abfallenden KBl 1,5–3,5 mm lg u. 1–1,5 mm br. Kr (5–)7–9 mm lg, purpurrot **4**

3* Die leicht abfallenden KBl höchstens 1 mm lg u. bis 0,75 mm br. Kr 5–6 mm lg, oft blaßrosa **5**

4 KBl etwa halb so lg wie die Kr ohne Sporn, mindestens so br wie die Kr, 2–2,5 mm lg u. etwa 1,5 mm br. Nuß trocken fast glatt, gekielt, gestutzt od. meist kurz bespitzt, fast kuglig (Abb. **148**/2). Traube 12–15blütig. Kr 7 mm lg. BlZipfel 1–2 mm br. 0,15–0,45. ⊙ 6–9. Äcker, Ruderalstellen; (A) z S- u. O-Sa, s SO-Th, (U) s S-An Br Ns Me (m-temp·subk EUR). **Schnabel-E.** – F. rostelláta KNAF

4* KBl etwa 1/3 so lg wie die Kr ohne Sporn, schmaler als die Kr (Abb. **148**/4), (1,5–)2–3,5 mm lg u. 1–1,5 mm br. Nuß trocken runzlig, deutlich gekielt, an der Spitze mit flachem Grübchen, breiter als lg (Abb. **148**/3), selten bespitzt u. kugelfg. Traube (10–)20–40-blütig. Kr (5–)8–9 mm lg. BlZipfel 2–3 mm br. 0,15–0,30. ⊙ 5–10. Nährstoffreiche, lehmige Äcker, Gärten, Weinberge, basenhold; (A) alle Bdl g, aber hohes Bergland z (m-b·(oz)EUR – V Caucal., V Aphan., V Fum.-Euph.). ** **Gewöhnlicher E.** – F. officinális L.

5 **(3)** KrBl weiß, an der Spitze dunkelpurpurn. FrStiele dick, etwa so lg wie die Nüsse, höchstens so lg wie ihr DeckBl. Nüsse ringsum deutlich gekielt. BlAbschnitte rinnig. 0,15–0,30. ⊙ 6–9. Nährstoffreiche Äcker, Gärten, Ruderalstellen; (A) s W-Ba: W-Jura, Unterfranken Rh: Mosel, Saar, Nahe He: Wetterau S-An: Eisleben, Mücheln, (U) s Me, † Bw Th Sa (m-stemp·(oz)EUR–WAS – T – V Caucal., O Polyg.-Chen.). [F. tenuifólia G. M. SCH.] **Kleinblütiger E.** – F. parviflóra LAMK.

5* KrBl rosa, mit dunklerer Spitze. FrStiele 1,5–2mal so lg wie ihr DeckBl. Nüsse undeutlich gekielt. BlZipfel flach **6**

6 FrStiele 4 mm lg, etwa 3mal so lg wie ihr DeckBl. KrBl tiefrosa, das obere abgerundet, seine Flügel aufwärts zurückgeschlagen. Nüsse mit stumpfem Spitzchen. Trauben 12–20blütig. 0,15–0,30. ⊙ 6–9. Nährstoffreiche Äcker, Weinberge, Gärten, Trockengebüsche; (A) z M- u. NW-Ba, s SO-Ba: Trostberg Bw Rh S-He Th NW-Sa An (m-sm·subkEUR–WAS – O Polyg.-Chen., V Alliar.). [F. wirtgénii aut. non KOCH] **Schleicher-E.** – F. schleícheri SOY.-WILL.

6* FrStiele <3 mm lg, höchstens 2mal so lg wie ihr DeckBl. KrBl blaßrosa, das obere ausgerandet, seine Flügel abstehend. Nüsse stumpf od. bespitzt. Trauben 6–12(–15)blütig. 0,10–0,20. ⊙ 6–9. Lehmige bis tonige, oft skelettreiche Äcker, Weinberge, Gärten, mäßig trockne Ruderalstellen, Heckensäume; (A) v W-Ba N- u. O-Bw Th SW-An, z SW-Bw Rh S- u. O-We He N-Sa Br S-Ns, s O-Ba O- u. N-An SO- u. N-Me, ↘ (m-temp·(subk)EUR–WAS – V Caucal., V Fum.-Euph., V Alliar.). ** **Vaillant-E.** – F. vaillántii LOISEL.

Familie **Osterluzeigewächse** – Aristolochiáceae JUSS.

Stauden od. windende HolzPfl. Bl meist ungeteilt, ohne NebenBl. B ⚥. BHülle einfach, 3zählig, verwachsenblättrig, kronartig. StaubBl 6–12 od. ∞. FrKn unterständig, 4–6fächrig. Griffel 4 od. 6, oft zu einer Griffelsäule verwachsen, mit scheibenfg, 6strahliger Narbe. SaAnlagen ∞. Kapseln (475 Arten – Ib, Sb – Av, Wv).

1 B radiär, braunpurpurn. StaubBl 12. Stg an der Spitze mit 2 nierenfg, immergrünen LaubBl. **Haselwurz** – Ásarum S. 150

1* B dorsiventral, mit gebogener, am Grund bauchiger Röhre (Abb. **148**/5), gelblich- od. bräunlichgrün, achselständig. StaubBl 6. Bl rundlich bis eifg, sommergrün. **Osterluzei** – Aristolochía S. 150

Haselwurz – Ásarum L.

Stg kurz. Bl lg gestielt, ledrig, glänzend, dunkelgrün. B einzeln, kurz gestielt, zwischen den Bl verborgen. 0,05–0,10. ♃ 3–5. Subkont. LaubW u. Gebüsche, kalkhold; v Ba Bw Th S-Sa S- u. W-An SO-Ns, z Rh He, s S- u. O-We, (N) s N-Sa O-An Br S-Me (sm/mo-temp·subozEUR+(SIB) – H – Sb, Vw – Av – O Fag. – giftig!).
** **Haselwurz** – A. europaéum L.

Osterluzei – Aristolochía L.
(lb: Kesselfallenblumen, Vw – Wv)

1 B grünlichgelb, büschlig. Stg krautig, aufrecht. 0,30–0,70. ♃ 5–6. Weinberge, Gebüsche u. ihre Säume, feuchte Wälder, im N auch Straßenränder; (A) z M- u. NW-Ba Bw Rh We He Th An SW- u. M-Br, s Sa O- u. N-Br, (N?) s Ns Me SO-Sh, ↘ (m-stemp·(oz)EUR – H – Sv: Wurzelsprosse – V Fum.-Euph., V Ger. sang., V Berb., O Prun., V Alno-Ulm.). **Osterluzei** – A. clematítis L.

1* B bräunlichgrün, saxophonartig, zu 1–2. Stg windend. 3,00–6,00. ♄ 6–8. ZierPfl (m-sm·ozOAM – F). [A. sípho L'HÉR., A. dúrior aut.] **Pfeifenwinde** – A. macrophýlla LAMK.

Familie **Platanengewächse** – Platanáceae LESTIB. ex DUM.

Einhäusige Bäume. Borke jährlich in Platten abblätternd. Bl wechselständig, handfg gelappt. BlStiel am Grund die Achselknospe kapuzenfg völlig einschließend. B in dichten, kugligen, eingeschlechtigen Köpfen, 3–4zählig. BHülle stark rückgebildet, meist frei. Kr der ♀ B meist fehlend. StaubBl 3–4(–7). FrKn 3–4, frei, oben nicht vollständig geschlossen. Griffel lang, fädlich, an der Innenseite mit Narbe. SaAnlage meist 1. Nüsse am Grund langhaarig (8 Arten – M – Wb – Wv).

Platane – Plátanus L.

Bl handfg gelappt. B in kugligen, hängenden Köpfen (Abb. **152**/1). 6,00–40,00. ♄ 5. Zierbaum, s Sämlinge in Städten u. Auen, z. B. S-An (Bastard aus P. occidentális L. (boreostrop/ mo-stempOAM) u. P. orientális L. (mOEUR–WAS)?). [P. × acerifólia (AIT.) WILLD., P. × hybrida BROT.] **Bastard-P.** – P. × hispánica MUENCHH.

Familie **Buchengewächse** – Fagáceae DUM.

Einhäusige, selten zweihäusige Bäume. Bl wechselständig, einfach, ganzrandig bis fiederteilig. NebenBl hinfällig. ♂ BStände kätzchenartig. BHülle gleichartig, unscheinbar. PerigonBl meist 6. StaubBl 4–∞. FrKn unterständig, 3- od. 6fächrig. Griffel u. Narben 3 od. 6. Fr einzeln od. zu 2–5, von einem gemeinsamen, ringfg od. becherfg, später ledrigen od. verholzten Achsenbecher (FrBecher, Cupula) umgeben. 1samige Nüsse (700 Arten – M, F – Wb – Sv u. Verschleppung durch Vögel u. Nagetiere).

1 ♂ B in fast kugligen, lg gestielten Kätzchen. Nüsse 3kantig. Bl fast ganzrandig od. geschweift. **Buche** – Fágus S. 150

1* ♂ B in verlängerten Kätzchen. Nüsse nicht 3kantig. Bl gelappt od. dornig gezähnt . . **2**

2 Bl länglich-lanzettlich, dornig gezähnt. ♂ Kätzchen aufrecht. FrBecher mehrere Nüsse umschließend, stachlig. **Kastanie** – Castánea S. 151

2* Bl gelappt. ♂ Kätzchen hängend. FrBecher 1 Nuß umschließend. **Eiche** – Quércus S. 151

Buche – Fágus L.

Rinde glatt, grau. Stamm im Querschnitt rundlich (vgl. Hainbuche, S. 153). Bl lg gewimpert. Bis 40,00. ♄ 4–5. Mesophile LaubmischW, Schlag- u. Mantelgebüsche; alle Bdl g, aber W-Sh u. MDt-Trockengeb v (m/mo-temp·ozEUR – M – V Asper.-Fag., V Luz.-Fag., V Cephal.-Fag., V Querc. rob.-petr.). **Gewöhnliche B., Rotbuche** – F. sylvática L.

Kastanie– Castánea MILL.

Bl länglich-lanzettlich, bis 25 cm lg, derb, dornig gezähnt. FrBecher stachlig. Bis 30,00. ♄ 6. Mesophile LaubW sommerwarmer Gebiete; (A) v Rh W-Bw, z W-We S-He, (N U) z Ba O-Bw O-We M- u. N-He N-Sa SW- u. N-Ns, s Th S-Sa An Br Me. KulturPfl, Zierbaum (m/mo-sm·ozEUR – M – Ib – K Querc.-Fag.). **Eß-K.** – C. satíva MILL.

Eiche – Quércus L.
(NutzPfl: Holz, Gerbstoffe, Kork, Galläpfel – Hybr.)

1 BlZipfel zugespitzt. Fr im 2. Jahr reifend **2**

1* Blzipfel abgerundet. Fr im 1. Jahr reifend **4**

2 Junge Bl beiderseits graufilzig, ältere wenigstens unterseits an den Nerven behaart, jederseits mit 6–8 3eckigen, meist ungezähnten Lappen. Fr 3–4 cm lg. Bis 35,00. ♄ 4. EichenW; (N) s M-Ba SW-Bw, (U) Rh Th An Sa. Zier- u. Parkbaum (m/mo-sm·suboz EUR – M). **Zerr-E.** – Qu. cérris L.

2* Bl stets kahl, jederseits mit 2–6 gezähnten Lappen **3**

3 Bl 15–20 cm lg, jederseits mit 4–6 breiten Lappen u. schmalen Buchten. Fr bis 2,5 cm lg. Bis 25,00. ♄ 5. (N) z O-Sa: Elbstandsteingeb, (N U) v, z. B. Bw Sa Br Me. Zier- u. Forstbaum (m-temp·(oz)OAM – M). **Rot-E.** – Qu. rúbra L.

3* Bl 8–12 cm lg, jederseits mit 2–4 fast waagerecht abstehenden, schmalen Lappen u. breiten Buchten. Fr etwa 1,5 cm lg. Bis 25,00. ♄ 5. Hartholzauen des östl. N-Amerika. Zierbaum (sm-stemp·(oz)OAM – M). **Sumpf-E.** – Qu. palústris MUENCHH.

4 **(1)** Junge Äste u. BlKnospen sternhaarig filzig. Bl unterseits weichhaarig. 3,00–20,00. ♄ 5. Eichen-TrockenW u. Gebüsche; s Bw: Oberrhein, Mittlerer Jura, Klettgau Th: Arnstadt, Kahla, Jena NO-Br: Gartz?; außerdem Bastarde mit **5** u. **5*** in NW-Ba Bw Rh SW- u. O-He Th O-Br (m/mo-(temp)·subozEUR – M, F – V Querc. pub.). [Qu. lanuginósa (LAMK.) THUILL. non LAMK.] **Flaum-E.** – Qu. pubéscens WILLD.

4* Junge Äste u. BlKnospen kahl **5**

5 BlStiel 1–3 cm lg. Spreitengrund keilfg bis herzfg, flach. Größte Lappen in der Mitte der Spreite. BlUSeite ± sternhaarig. FrStiel <1 cm lg. Stamm gewöhnlich bis zum Wipfel durchgehend. Bis 35,00. ♄ 5. Planar-submont. LaubmischW u. Gebüsche; alle Bdl v, aber Alpenvorland, NW-Ns u. NO-Sh s, Alpen f (sm/mo-temp·ozEUR – M – V Querc. rob.-petr., V Carp., V Pot.-Querc.). [Qu. séssilis EHRH., Qu. sessiliflóra SALISB.] **Trauben-E.** – Qu. petrǽa LIEBL.

5* BlStiel sehr kurz, 2–8 mm lg. Spreitengrund herzfg, oft umgebogen (geöhrt). Größte Lappen über der Mitte der Spreite. BlUSeite kahl. Fr Stiel 3–8 cm lg. Stamm gewöhnlich am Beginn der Krone sich verzweigend. Bis 40,00. ♄ 5. Planar-mont. LaubmischW, AuenW, Eichen-BirkenW, KiefernmischW; alle Bdl g, aber W-Sh u. Bergland v (sm/mo-temp·(oz) EUR – M – V Querc. rob.-petr., V Carp., V Eric.-Pin., V Dicr.-Pin.). [Qu. pedunculáta EHRH.]. **Stiel-E.** – Qu. róbur L.

Familie **Birkengewächse** – Betuláceae S. F. GRAY

Bäume od. Sträucher u. Zwergsträucher mit wechselständigen, einfachen Bl, einhäusig. B eingeschlechtig, in walzigen Kätzchen. ♂ B mit unscheinbarem, meist 4blättrigem Perigon, zu mehreren in der Achsel jedes TragBl. StaubBl (1–)2–6. Staubbeutel an der Spitze ohne Haarbüschel. FrKn unterständig, am Grund 2fächrig. Griffel meist 2. ♀ B ohne BHülle. Fr eine geflügelte Nuß, ohne Hülle (60 Arten – M, F – Wb – Wv).

1 StaubBl 2spaltig (Abb. **152**/2). TragBl der ♀ B 3lappig bis 3spaltig, bei der Reife mit der geflügelten Fr abfallend (Abb. **152**/4, 6). Kätzchen zugleich mit Entfaltung der Bl stäubend. **Birke** – Bétula S. 152

1* StaubBl nicht gespalten. TragBl der ♀ B 4–5lappig, nach der Reife verholzend, nicht abfallend. Kätzchen vor od. zugleich mit Entfaltung der Bl stäubend. **Erle** – Álnus S. 152

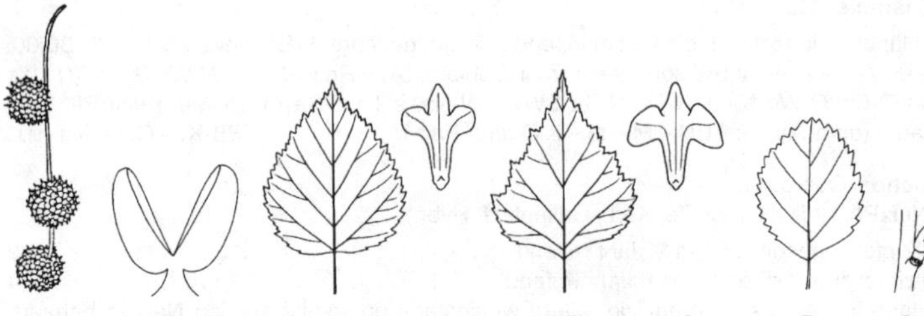

Birke – Bétula L.
(Zierbäume – Hybr.)

1 Bl spitz od. zugespitzt, >3,5 cm lg. ♂ Kätzchen hängend. Rinde weiß, gelblich oder bräunlich. Meist Bäume 2

1* Bl stumpf, rundlich od. rundlich-eifg, <3,5 cm lg. ♂ Kätzchen aufrecht. Rinde graubraun. Sträucher 3

2 Junge Bl u. Zweige weichhaarig. Bl eifg od. rauten-eifg, mit abgerundeten Seitenecken, kurz zugespitzt (Abb. **152**/3), auch später unterseits in den Nervenwinkeln meist bärtig. Seitenlappen der TragBl der ♀ B deutlich aufwärtsgebogen (Abb. **152**/4). Bis 25,00. ♄ 4–5. Moor- u. BruchW, Weidensümpfe, Schlag- u. Vorwaldgehölze, bodensaure EichenW; g Ns Me, v Ba We Sa N- u. O-An Br Sh, z Bw Rh He Th S-An (sm-bEUR–SIB – M – V Bet. pub., V Ledo-Pin., V Aln.). ** **Moor-B.** – B. pubéscens EHRH.

2* Bl u. Zweige stets kahl. Bl 3eckig-rautenfg, mit kaum abgerundeten Seitenecken, lg zugespitzt (Abb. **152**/5). Zweige anfangs mit harzigen Wärzchen, später meist hängend. Seitenlappen der TragBl der ♀ B deutlich abwärtsgebogen (Abb. **152**/6). Bis 25,00. ♄ 4–5. Schlag- u. VorWGehölze, bodensaure EichenW; alle Bdl g (sm-bEUR–WSIB – M – V Querc. rob.-petr., V Luz.-Fag.). [B. verrucósa EHRH.]
Gewöhnliche B., Hänge-B. – B. péndula ROTH

3 **(1)** Bl länger als br, ungleich gesägt (Abb. **152**/7). 0,50–2,00. ♄ 4–5. Nasse, z. T. kalkreiche, mesotrophe Flach- u. Zwischenmoore; z S-Ba: Hochebene, s Bw: Baar, Bodenseegebiet NO-Me SO-Sh: Lauenburg, † Br, ↘ (temp-b·kEUR–SIB – F – O Car. fusc., V Mol. – ∇). **Niedrige B.** – B. húmilis SCHRANK

3* Bl breiter als lg, fast kreisrund, stumpf gekerbt. 0,30–0,80. ♄ 4–6. Offne Hochmoore, Kiefernmoore; s S-Ba: obere Hochebene W-An: Hochharz O-Ns: Hochharz, Bodenteich, (N) s O-Ba: Bayr-W: Weiden Sa: Kleiner Kranichsee, Georgenfelder Moor, Pfahlbergmoor, früher eingebürgert NO-Br: Chorin, † Me: Federow (temp/mo-arct·subk EUR–WSIB – F – V Sphagn. magell., V Vacc.-Pic. – ∇). **Zwerg-B.** – B. nana L.

Erle – Álnus MILL.
(Symbiose mit stickstoffbindenden Strahlenpilzen in Wurzelknöllchen – Ziersträucher – Adv.)

1 Knospen ungestielt, spitzlich. Fr br geflügelt. Bl spitz, beiderseits grün. ♂ Kätzchen bei Entfaltung der Bl stäubend. 2,00–4,00. ♄ 4–6. Hochgebirgsgebüsche, mont. Waldmäntel; v S-Ba: Alpen, z SW-Ba: westliche Hochebene Bw: Alpenvorland, Schwarzw, (N) z S- u. O-Sa, s W-An (sm/salp-temp/demo·subozEUR – F, M – V Adenost.). [Alnus víridis (CHAIX) DC., Duschékia víridis (CHAIX) OPIZ] **Grün-E.** – A. alnobétula (EHRH.) C. KOCH

1* Knospen gestielt, stumpf (Abb. **152**/8). Fr nicht od. schmal geflügelt. ♂ Kätzchen vor Entfaltung der Bl stäubend 2

2 Bl mit 5–8 Seitennervenpaaren, rundlich, sehr stumpf od. ausgerandet, schwach ungleich gesägt, kahl, jung klebrig. ♀ Kätzchen gestielt. Bis 20,00. ħ 3–4. Bruch- u. NiederungsW, Weidengebüsche; alle Bdl g, aber MDt-Trockengeb v (m/mo-b·(oz)EUR–(WSIB) – F, M – K Aln., bes. V Aln.). **Schwarz-E.** – A. glutinósa (L.) GAERTN.

2* Bl mit 8–12 Seitennervenpaaren, eifg-elliptisch, zugespitzt, scharf doppelt gesägt, unterseits graugrün, behaart. ♀ Kätzchen sitzend. 3,00–25,00. ħ 2–4. Gebirgs-AuenW u. -gebüsche; v S- u. M-Ba Bw: O-Schwarzw, Alpenvorland, Jura, Neckar, (N?) v N-Ba He SO-Ns: Harz, (N) v übriges Bw Rh We Sa Br N- u. W-Ns Me S-Sh, z Th An, s N-Sh (sm/mo-b·subozEUR–(WSIB) – F, M – V Alno-Ulm.). **Grau-E.** – A. incána (L.) MOENCH

Familie **Haselgewächse** – Coryláceae MIRBEL

Einhäusige Bäume od. Sträucher mit wechselständigen, einfachen Bl. ♂ B ohne BHülle, einzeln in den Achseln der TragBl walziger Kätzchen. ♀ B mit unscheinbarem Perigon, in lockeren od. knospenfg Kätzchen. Staubbeutel an der Spitze mit Haarbüschel. FrKn unterständig, am Grund 2fächrig. Griffel meist 2. Fr mit VorBl-Hülle (48 Arten – M, F – Wb – Wv u. Verschleppung durch Vögel u. Nagetiere).

1 Bl länglich-eifg, längs der Seitennerven gefaltet, am Grund schief abgerundet bis schwach herzfg, oberseits kahl, unterseits nur auf den Nerven u. in den Nervenwinkeln spärlich behaart, zur BZeit sich entfaltend. ♀ Kätzchen ∞blütig, nicht in Knospen eingeschlossen. FrHülle 3teilig (Abb. **153**/1). **Hainbuche** – Cárpinus S. 153

1* Bl rundlich-verkehrteifg, nicht gefaltet, am Grund herzfg, vorn schwach eckig gelappt, oberseits zerstreut behaart, unterseits flaumhaarig, erst nach der BZeit sich entfaltend. ♀ Kätzchen wenigblütig, zur BZeit in Knospen eingeschlossen, aus denen die roten, fadenfg Narben herausragen (Abb. **153**/2). FrHülle becherfg, zerschlitzt (Abb. **153**/3). **Hasel** – Córylus S. 153

Hainbuche – Cárpinus L.

Stamm mit glatter, grauer Rinde u. Längswülsten, dadurch im Querschnitt unregelmäßig ausgebuchtet (vgl. Buche, S. 150). Bl doppelt gesägt. Bis 20,00. ħ 4–5. Anspruchsvolle LaubW, Gebüsche u. Schlaggehölze; g Bw Rh We He Me, übrige Bdl v, aber Bergland u. NW-Sh z (sm/mo-temp·subozEUR – M – V Carp., V Asper.-Fag., V Querc. pub., O Prun. – HeckenPfl). **Hainbuche, Weißbuche** – C. bétulus L.

Hasel – Córylus L.

1 FrHülle glockenfg, offen (Abb. **153**/3). Staubbeutel gelb. 2,00–6,00. ħ 2–4. Gebüsche u. LaubW, mäßig anspruchsvoll; alle Bdl g, aber N-An W-Br NW-Ns NW-Sh v (m/mo-b·(oz)EUR – F – K Querc.-Fag. – Zier- u. NutzPfl). **Gewöhnliche H.** – C. avellána L.

1* FrHülle walzig-röhrig, die Nuß einschließend. Staubbeutel meist rot. Pfl nicht selten mit tief- bis schwarzroten Bl. 3,00–5,00. ħ 2–4. Gebüsche u. LaubW SO-Europas. Zierstrauch (sm·subozEUR). **Lamberts-H., Große H.** – C. máxima MILL.

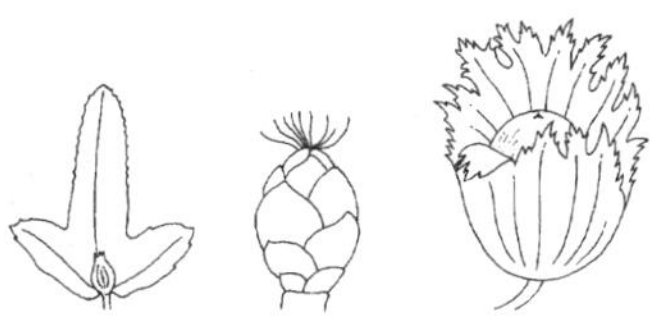

1 2 3

Familie **Gagelgewächse** – Myricáceae BLUME

Aromatisch riechende, dicht mit Harzdrüsen besetzte Bäume od. Sträucher. Bl wechselständig, meist einfach, mit Drüsenhaaren. NebenBl meist fehlend. Pfl zweihäusig. B nackt, in Ähren. StaubBl meist 4–8. FrKn oberständig, 1fächrig, mit 1 grundständigen SaAnlage. Griffel sehr kurz, mit 2 fadenfg Narben. SteinFr (55 Arten).

Gagel – Myríca L. [Gále ADANS.]

Bl lanzettlich, am Grund keilfg, kurz gestielt, vorn etwas gesägt. B vor den Bl erscheinend. 0,50–2,50. ♄ 4–5. Feuchte Gebüsche, Weidensümpfe, Feuchtheiden; v W- u. N-We N-Ns Sh, z N-Me: Küstengebiet, s NW-An S- u. W-Br SW-Me, (N?) s S-Ns, (N) s SW-Sa (sm/mo-b·ozEUR+OAS+AM – F – Wb – V Frang.-Salic., V Eric. tetr.). [Gále palústris (LAMK.) CHEVALL.] **Gagel, Gagelstrauch** – M. gále L.

Familie **Walnußgewächse** – Juglandáceae A. RICHARD ex KUNTH

Einhäusige Bäume. Bl wechselständig, unpaarig gefiedert, ohne NebenBl. ♂ B in hängenden Kätzchen, am vorjährigen Holz. StaubBl 2–∞. ♀ B zu 2–3 am Ende diesjähriger Triebe. FrKn unterständig, 1fächrig, mit 1 grundständigen SaAnlage. Narben 2. SteinFr mit grünlicher, aufspringender, fasriger Außenschale, Nüsse. Sa durch unvollständige Scheidewände tief 2- od. 4lappig (59 Arten – M – Wb – Vv – NutzPfl: Holz, Gerb- u. Farbstoffe, Früchte).

Walnuß – Júglans L.

1 Bl mit 7–9 Fiedern. FrSchale glatt. Bis 25,00. ♄ 5. Edellaubholzreiche Wälder SO-Europas. KulturPfl; auch (A) s, z. B. Ba Bw Rh He, (N U) s Sa W-An Br: Berlin Ns (m/mo-sm·subozOEUR–WAS – M – O Frax.). **Echte W.** – J. régia L.

1* Bl mit 10–23 Fiedern. FrSchale rauh. 15,00–30,00. ♄ 5. HartholzauenW des östl. N-Amerika. Park- u. Alleebaum (m-temp·subozOAM – M). **Schwarze W.** – J. nígra L.

Familie **Ulmengewächse** – Ulmáceae MIRBEL

Bäume. Bl ungeteilt, meist wechselständig, 2zeilig, oft am Grund unsymmetrisch. NebenBl hinfällig. B ⚥ od. eingeschlechtig, einzeln od. in büschligen Scheindolden. Perigon 4–5blättrig. StaubBl 4–5(–10), vor den PerigonBl stehend. FrKn oberständig, 2blättrig, 1–2fächrig, mit 1 hängenden SaAnlage. Fr eine SteinFr od 1samige, br geflügelte Nuß (175 Arten – M, F – Wb, Wv).

Ulme, Rüster – Úlmus L.

1 B u. Fr lg gestielt, hängend. StaubBl 6–8. Flügel der Fr zottig gewimpert. Bl jederseits mit 12–19 meist unverzweigten Seitennerven, am Grund stark asymmetrisch, unterseits kraushaarig. Junge Zweige dicht behaart, gelblich punktiert. Bis 35,00. ♄ 3–4. Planar-koll. edellaubholzreiche LaubW, BruchW; v (Bergland s) Br Sa An, z M- u. NW-Ba Bw: Rhein, Neckar, O-Jura Rh W- u. NO-We He O-Ns Me O-Sh, s Th W-Ns W-Sh, f Bergland (sm-b·(suboz)EUR – M – V Alno-Ulm., V Til.-Acer.). [U. effúsa WILLD.] **Flatter-U.** – U. lǣvis PALLAS

1* B u. Fr fast sitzend. StaubBl 3–7. Fr kahl. BlHaare (fast) gerade 2

2 Junge PflTeile ± rotdrüsig. Bl jederseits mit 8–14 Seitennerven, unterseits meist nur in den Nervenwinkeln bärtig, kurz zugespitzt, etwa in der Mitte am breitesten. BlStiel 8–15 mm lg, länger als die Knospen. Narben weiß. Sa nahe der Umrandung der Fr (Abb. **155**/1). 1,00–40,00. ♄ 3–4. Planar-koll. Auen- u. EdellaubholzW, Gebüsche; v M-Ba Rh S-He Sa: bes. Elbe u. NW An, z S- u. N-Ba Bw We: bes. Rhein N-He Th M- u. N-Br O-

Ns Me, s S-Br W-Ns u. Bergland (m-temp·(suboz)EUR – F, M – V Alno-Ulm., V Carp., O Querc. pub., O Prun. – ältere Bäume, auch der anderen Arten, durch das Ulmensterben, verursacht von dem Pilz Ceratocýstis úlmi, stark gefährdet). [U. carpinifólia GLED., U. campéstris L. em. HUDS.] **Feld-U.** – U. mínor MILL. em. RICHENS

2* Junge PflTeile nicht rotdrüsig. Bl jederseits mit 12–20 Seitennerven, unterseits behaart, lg zugespitzt, im oberen Drittel am breitesten, die großen SchattenBl oft dreispitzig. BlStiel 3–7 mm lg, kürzer als die Knospen. Narben rot. Sa in der Mitte der Fr (Abb. **155**/2). Bis 30,00. ♄ 3–4. Balt.-mont. EdellaubholzW u. Gebüsche, anspruchsvoll; v Ba Bw Rh S- u. O-We He Th Sa SW-An S-Ns Me SO-Sh, z O- u. N-An Br N- u. W-Sh, s u. z. T. (N) NW-We NW-Ns (m/mo-b·(oz)EUR – M – V Til.-Acer., V Alno-Ulm., V Asper.-Fag., V Prun.). [U. scábra MILL., U. montána STOKES] **(**) Berg-U.** – U. glábra HUDS. em. MOSS

Familie **Maulbeergewächse** – Moráceae LINK

Bäume u. Sträucher, selten Kräuter, mit Milchsaft, ein- od. zweihäusig. Bl wechselständig, ungeteilt od. gelappt, mit zuweilen paarweise verwachsenen NebenBl. B eingeschlechtig, auf der kolben-, kugel-, scheiben-, becher- od. hohlkugelfg BStandsachse sitzend od. in diese eingesenkt. BHülle gleichartig, oft fleischig werdend od. fehlend. PerigonBl meist 4, oft ± verwachsen. StaubBl ebensoviele wie PerigonBl od. nur 3–1. FrKn 2blättrig, meist 1fächrig, ober- od. ± unterständig. Griffel 1–2. SaAnlage 1. Fr 1samige Nüsse od. SteinFr, bisweilen zu beerenartigen FrStänden (Scheinbeeren) vereinigt (1100 Arten – M, F – Wb – Vv – viele Nutz- u. ZierPfl).

Maulbeere – Mórus L.

1 Bl oberseits glatt, dünn. ♀ BHülle am Rand kahl. Scheinbeeren weißlich. 1,00–10,00. ♄ 5. KulturPfl, Zierbaum (sm·subozOAS – F, M – SeidenraupenfutterPfl). **Weiße M.** – M. álba L.

1* Bl oberseits rauh, derb. ♀ BHülle am Rand rauhhaarig. Scheinbeeren schwarzrot, 1,00–15,00. ♄ 5. Zierbaum (m-sm·(suboz)WAS – M, F). **Schwarze M.** – M. nígra L.

Familie **Hanfgewächse** – Cannabáceae ENDL.

Zweihäusige Kräuter od. Lianen ohne Milchsaft. Bl gegenständig, handfg geteilt od. gelappt, mit freien NebenBl. ♀ B in Kätzchen, ♂ B rispig. BHülle gleichartig, 5zählig od. fehlend. StaubBl 5. FrKn 2blättrig, 1fächrig, mit 1 kurzen Griffel u. 2 fädigen Narben. SaAnlage 1. Nüsse (4 Arten – H, T – Wb – Wv).

1 Stg windend. Bl gelappt. **Hopfen** – Húmulus S. 155

1* Stg aufrecht. Bl gefingert. **Hanf** – Cánnabis S. 156

Hopfen – Húmulus L.

Stg rechtswindend, mit Kletterhaken. Pfl zweihäusig. ♀ BStände eifg, ährige Kätzchen (Hopfen„dolden"), ♂ rispig. 2,00–6,00. ♃ 7–8. Auen- u. NiederungsW, Gebüsche, Schleierges.; g An Br Me, übrige Bdl v, Bergland z (m-temp·(oz)EUR–WAS – H – V Alno-Ulm., V Aln., O Prun. – ♀ Pfl seit 8. Jh. KulturPfl: Bierwürze).

Gewöhnlicher H. – H. lúpulus L.

1 2 3 4

Hanf – Cánnabis L.

Stg kurzhaarig. Blchen lanzettlich, gesägt. 0,30–2,00. ☉ 7–8. KulturPfl, auch Ruderalstellen, Äcker; (A U) alle Bdl s (strop-sm·(k)AS–OEUR – T – V Sisymbr.).
** **Hanf** – C. satíva L.

Familie **Brennesselgewächse** – Urticáceae JUSS.

Kräuter, selten Bäume, Sträucher od. Lianen, oft mit Brennhaaren. Bl meist ungeteilt, meist mit NebenBl. B in rispigen, ährigen od. kopfigen Thyrsen, meist eingeschlechtig. Perigon 4–5zählig. StaubBl meist 4 od. 5, vor den PerigonBl, in der Knospe nach innen gebogen, dann elastisch zurückschnellend. FrKn oberständig, scheinbar 1blättrig, 1fächrig. Griffel 1, zuweilen sehr kurz, mit meist pinselfg Narben. SaAnlage 1, grundständig (1050 Arten – Wb, – Wv – viele FaserPfl).

1 Bl gegenständig, gesägt. Pfl mit Brennhaaren. **Brennessel** – Urtíca S. 156
1* Bl wechselständig, ganzrandig. Pfl ohne Brennhaare, kurzhaarig.
Glaskraut – Parietária S. 156

Brennessel – Urtíca L.

1 ♀ BStände gestielt, kuglig. 0,30–0,90. ☉ 6–10. Stickstoffreiche Schuttstellen; (N U) s M- u. N-Th S-An M- u. O-Br Me, † Sa: Elbe (m-sm·(oz)EUR – T – V Sisymbr.).
Pillen-B. – U. pilulífera L.
1* Alle BStände rispig 2
2 BStände meist kürzer als der BlStiel. Bl eifg od. elliptisch, eingeschnitten gesägt, stumpflich, BlSpreite höchstens 5 cm lg (Abb. **155**/3). Pfl 1häusig. 0,10–0,60. ☉ 6–9. Frische stickstoffreiche Ruderalstellen, Gärten, Äcker (Hackkulturen); (A) g Br Me Sh, übrige Bdl v, aber S-Bw u. Bergland z, Alpen s (austr+m-bCIRCPOL – T – K Chen.).
Kleine B. – U. úrens L.
2* BStände meist länger als BlStiel. Bl länglich-eifg, grob gesägt, lg zugespitzt, am Grund herzfg, BlSpreite 5–15 cm lg (Abb. **155**/4). ♃ 3
3 Pfl 2häusig, neben Brennhaaren auch von kurzen Haaren grau. Stg stets aufrecht, stark kantig, etwa 3–5 mm ∅. BlStiele flaumhaarig, meist <$^1/_3$ so lg wie die Spreite. Bl oberseits dunkelgrün, matt od. kaum glänzend, behaart. NebenBl linealisch-pfriemlich, auch die oberen frei. ♂ BStände meist länger als der BStiel. Perigon der ♂ B bis zur Mitte gespalten, Zipfel am Grund am breitesten. 0,30–1,50. ♃ 7–10. Stickstoffreiche Staudenges., Gebüsche, AuenW, ErlenW; alle Bdl g (m-bCIRCPOL – H – V Alno-Ulm., K Aln., V Salic. alb., V Arct.). ** **Große B.** – U. dio͡ica L.
3* Pfl 1häusig, obere BStände ♀, untere ♂. Außer Brennhaaren nur zerstreut Borstenhaare. Stg am Grund liegend u. reichlich wurzelnd, kaum kantig, etwa 5–8 mm ∅. BlStiele nur mit Brennhaaren, mindestens halb so lg wie die Spreite. Bl oberseits hellgrün u. stark glänzend. NebenBl br eifg, am Grund bis 15 mm br, die der oberen Bl bis zur Mitte paarweise verwachsen. ♂ BStände meist kürzer als der BlStiel. Perigon der ♂ B bis $^2/_3$ geteilt, Zipfel in der Mitte am breitesten. 0,60–2,00. ♃ 7–8. Kont. Staudenges., AuenW u. Auengebüsche, Röhrichte; s N-An: Schollener See, Havelberg M- u. W-Br: Havelgebiet, Müggelsee, Baruth Me (sm-stemp·subkEUR – H – V Phragm., V Magnocar., V Alno-Ulm.). [U. radícans BOLLA, U. bóllae KANITZ]
Röhricht-B., Ukrainische B. – U. kioviénsis ROGOW.

Glaskraut – Parietária L.

1 Pfl ☉, aufrecht. Reife Nüsse braun. BStand locker. 0,20–0,80. ☉ 5–11. Frische Ruderalstellen (an Mauern, Schutt, Trümmer), Gärten, Parkanlagen; (N U 1861) s Sa: Elbe, Leipzig O-An: Dessau M-Br: Berlin, Potsdam NW-Me: Warnemünde (m-tempAM – T – V Arct., V Sisymbr., V Alliar.). **Pennsylvanisches G.** – P. pensylvánica MÜHLENB. ex WILLD.

1* Pfl ♃. Reife Nüsse schwarz. BStand dichter **2**

2 Stg aufrecht, einfach od. schwach verzweigt. Bl eifg-lanzettlich, lg zugespitzt, 3–12 cm lg. BHülle der ⚥ B auch zur FrZeit glockig, bis 3 mm lg, die der ♀ B 2,75–3 mm lg, die DeckBl weit überragend. Nüsse 1,5–1,8 mm lg. 0,30–1,00. ♃ 6–10. Frische Ruderalstellen, Mauern, AuenWSäume u. -verlichtungen; (A) z Th M- u. N-Sa An Br, s M- u. N-Ba Bw S-Rh W- u. N-We He Ns N- u. O-Me O-Sh (m-temp·subozEUR – H – Av – V Arct., V Alliar., V Alno-Ulm.). [P. erécta MERT. et KOCH] **Aufrechtes G.** – P. officinális L.

2* Stg aufsteigend od. liegend, reich verzweigt. Bl eifg-rundlich, zugespitzt, 2–5 cm lg. BHülle der ⚥ B zur FrZeit 3–3,5 mm lg, röhrig, die der ♀ B zur FrZeit 2–2,5 mm lg, die DeckBl kaum überragend. Nüsse 1–1,2 mm lg. 0,05–0,40. ♃ 6–10. Durchsickerte, stickstoffreiche Mauerfugen u. Mauerbasen, wärmeliebend; (A) z Rh: bes. Rhein u. Mosel W-We: bes. Rhein, s N- u. O-Bw: Rhein, Neckar, Donau, (N) s M- u. NW-Ba He Ns: Göttingen, Braunschweig, Borkum, † Sa An (m-temp·ozEUR – H – Av – O Pariet.). [P. ramiflóra MOENCH, P. diffúsa MERT. et KOCH, P. punctáta WILLD.]
Ausgebreitetes G. – P. judáica L.

Familie **Kermesbeerengewächse** – Phytolaccáceae R. BR.

Kräuter, Sträucher, Bäume. Bl wechselständig, ganzrandig, ohne NebenBl. BStände Ähren od. Trauben, durch Übergipflung der Seitenäste auch scheinbar seitenständig, den Bl gegenüberstehend. B meist unscheinbar, mit einfacher Hülle, 4–5zählig, radiär. StaubBl 4–∞. FrKn meist oberständig, 3–∞, chorikarp od. synkarp. Griffel so viele wie FrKn oder fehlend. 1 grundständige SaAnlage. Beeren, Nüsse od. Kapseln (65 Arten – Ib – Zier- u. NutzPfl).

Kermesbeere – Phytolácca L.

1 StaubBl 10. FrBl 10, bis auf die Griffel zu 1 FrKn verwachsen. Stg oft rötlich überlaufen. Bl 10–26(–40) cm lg, eifg-lanzettlich, am Stg etwas herablaufend. Trauben zur FrZeit übergebogen. Perianth grünlichweiß, rötlich werdend. Fr eine Beere mit 10 Längsfurchen, rötlichschwarz, zuletzt schwarz, selten weiß. 1,00–3,00. ♃ 6–9. Kultur- u. ZierPfl, auch Ruderalstellen; (N 17. Jh.) s M- u. N-Ba Bw Rh We, (U) s Sa An Br Sh (m-sm·ozAM – G – Vv – Fr früher zum Färben von Wein u. Süßwaren, in der Heimat auch GemüsePfl – alle PflTeile roh schwach giftig). [Ph. decándra L.] **Amerikanische K.** – Ph. americána L.

1* StaubBl 8(–9). FrKn 8, frei. Stg grün. Bl 10–40 cm lg, eifg-elliptisch bis fast rundlich. Trauben aufrecht . Perianth grünlichweiß. SammelFr beerenartig, schwarz. 1,00–2,00. ♃ 7–9. Kultur- u. ZierPfl, auch frische Ruderalstellen, Gehölzsäume, Weinberge; (N 19. Jh.) s Bw Rh We He Th Sa An Ns Me (m-sm·ozOAS – G – Vv – V Arct., V Alliar. – in der Heimat GemüsePfl – oft mit **1** verwechselt).
Asiatische K. – Ph. esculénta VAN HOUTTE

Familie **Nelkengewächse** – Caryophylláceae JUSS.

Kräuter, selten Sträucher. Bl fast stets gegenständig, ungeteilt, meist ganzrandig u. schmal. BStände Thyrsen, Dichasien od. Zymen in rispiger, traubiger bis kopfiger Anordnung. B radiär, 5-, selten 4zählig, meist mit K u. Kr. KBl frei od. verwachsen. KrBl 5, selten 4 od. fehlend, frei, oft genagelt, zuweilen mit NebenKr. StaubBl 5–10, selten weniger. Griffel 2–5. FrKn oberständig, 1- od mehrfächrig. SaAnlagen ∞–1. Kapseln, Nüsse od. selten Beeren (2300 Arten – Ib, Vm, Sb u. Kleistogamie – viele ZierPfl).

1 KBl 5 röhrig verwachsen., KrBl stets vorhanden. NebenBl fehlend **2**

1* KBl 4 od. 5, frei. Kr bisweilen fehlend u. dann oft KBl am Grund becherfg verwachsen (Abb. **167**/1–3) **11**

2 K mit erhabenen Längsrippen. Griffel 3–5 . . . . **3**

2* K ohne erhabene Längsrippen. Griffel 2 . . . . **7**

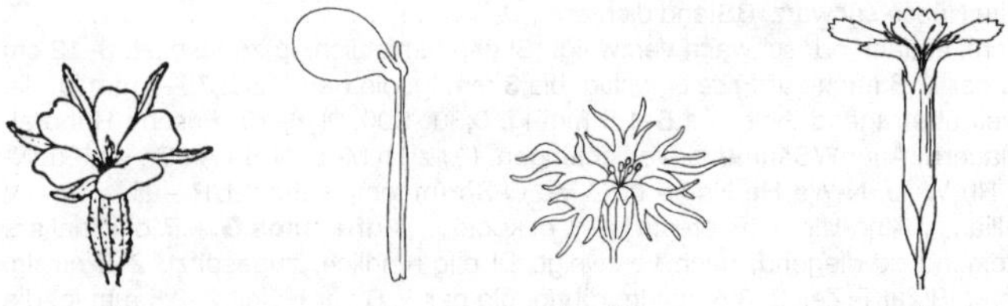

1 2 3 4

3 KZipfel die purpurne Kr weit überragend. NebenKr fehlend (Abb. **158**/1). **Rade** – Agrostémma S. 173
3* K kürzer als die Kr, diese oft mit NebenKr (Abb. **158**/2) **4**
4 Pfl klimmend, Stg stark knotig. Fr eine kuglige, zuletzt schwarz u. brüchig-trockenhäutig werdende Beere. K weitglockig. **Hühnerbiß** – Cucúbalus S. 170
4* Pfl nicht klimmend. Fr eine Kapsel **5**
5 KrBl tief 4teilig (Abb. **158**/3), rot. Griffel 5. Reife Kapsel sich mit 5 Zähnen öffnend. **Lichtnelke** – Lýchnis S. 173
5* KrBl ungeteilt od. 2spaltig, seltener 4zähnig **6**
6 Stg unter jedem Knoten mit dunklem, stark klebrigem Ring od. Pfl weißfilzig. Kr intensiv rot. KrBl abgerundet od. schwach ausgerandet. Griffel 5. Reife Kapsel sich mit 5 Zähnen öffnend. **Lichtnelke** – Lýchnis S. 173
6* Pfl weder klebrig geringelt noch weißfilzig (wenn Stg klebrig, dann B gelbgrün). Griffel 3 od. 5 od. in ♂ B bei 2häusigen Pfl fehlend. Kapselzähne doppelt so viele wie Griffel. **Leimkraut** – Siléne S. 170
7 **(2)** K am Grund von schuppenartigen HochBl (AußenK) umgeben (Abb. **158**/4) od. B in wenigblütigen, von gemeinsamer HochBlHülle umgebenen Köpfen **8**
7* K am Grund ohne HochBl, nie in Köpfen mit gemeinsamer Hülle **9**
8 KBl durch weißliche, trockenhäutige Streifen verbunden. **Nelkenköpfchen** – Petrorhágia S. 169
8* K ohne trockenhäutige Streifen, gleichmäßig grün od. rot. **Nelke** – Diánthus S. 169
9 **(7)** K abwechselnd mit grünen u. trockenhäutigen Längsstreifen. KrBl allmählich in den Nagel verschmälert. **Gipskraut** – Gypsóphila S. 167
9* K ohne trockenhäutige Streifen. KrBl plötzlich in einen lg Nagel verschmälert **10**
10 K walzig, ungeflügelt. KrBl mit NebenKr. **Seifenkraut** – Saponária S. 168
10* K bauchig, scharf geflügelt (Abb. **158**/5). NebenKr fehlend. **Kuhnelke** – Vaccária S. 168
11 **(1)** B zu mehreren am liegenden Stg in den BlAchseln sitzend. Kr winzig od. fehlend. Fr eine 1samige Nuß. Bl elliptisch bis eifg **12**
11* B nicht zu mehreren in den BlAchseln sitzend **13**

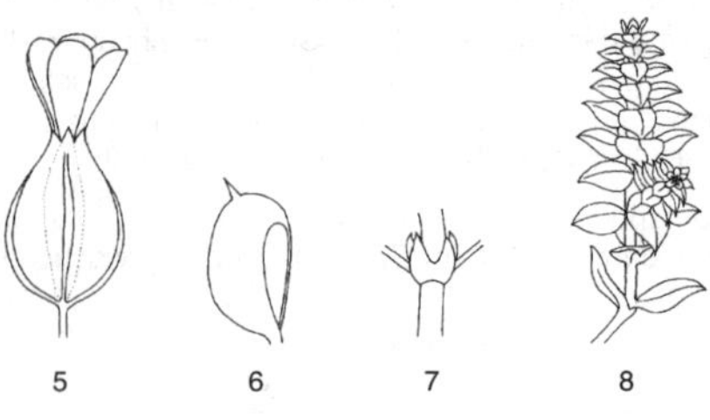

5 6 7 8

12 KBl knorplig verdickt, grannig zugespitzt, weiß (Abb. **158**/6). **Knorpelmiere** – Illécebrum S. 174

12* KBl flach, stumpf. **Bruchkraut** – Herniária S. 175

13 **(11)** Bl wechselständig, linealisch. B stecknadelkopfgroß, weiß, fast stets geschlossen. Fr eine 1samige Nuß. Stg fädlich, liegend. **Hirschsprung** – Corrigíola S. 174

13* Bl gegenständig od. scheinquirlig **14**

14 B ohne Kr. KZipfel 5, grün, mit weißem Rand. B in Knäueln. Fr eine vom KBecher eingehüllte Nuß. Bl linealisch-pfriemlich, gegenständig. **Knäuel** – Scleránthus S. 167

14* B mit K u. Kr, wenn Kr fehlend, dann Bl eifg (Sternmiere, S. 160) od. KZipfel 4 (Mastkraut, S. 164). Fr eine Kapsel **15**

15 KrBl ungeteilt od. schwach ausgerandet, weiß od. rötlich **16**

15* KrBl 2spaltig bis tief 2teilig, weiß **29**

16 Bl scheinquirlig od. gegenständig u. mit stark verkürzten, büschlig beblätterten Achselsprossen **17**

16* Bl gegenständig, ohne BlBüschel in den Achseln **18**

17 Bl zu 6–∞ büschlig, linealisch-pfriemlich, 10–30 mm lg. Griffel 5. Reife Kapsel 5klappig aufspringend. **Spergel** – Spérgula S. 173

17* Bl zu 4(–6) scheinquirlig, fast rundlich, 2–12 mm lg. Griffel 3. Reife Kapsel 3klappig aufspringend. **Nagelkraut** – Polycárpon S. 175

18 **(16)** Bl am Grund mit häutigen, silberglänzenden NebenBl (Abb. **158**/7). Griffel 3. Reife Kapsel 3klappig aufspringend. **Schuppenmiere** – Sperguléria S. 174

18* Bl ohne NebenBl **19**

19 B in Scheindolden (gestauchte Dichasien); bei Hungerformen Scheindolden 1–2blütig. BStiele nach dem Verblühen bis zum Beginn der FrReife herabgeschlagen. KrBl vorn gezähnelt. **Spurre** – Holósteum S. 163

19* B nicht in Scheindolden. KrBl ausgerandet od. abgerundet u. ganzrandig, nicht gezähnt, bisweilen fehlend **20**

20 Bl dickfleischig, eifg, dichtstehend, deutlich 4zeilig (Abb. **158**/8). MeeresstrandPfl. **Salzmiere** – Honckénya S. 166

20* Bl nicht dickfleischig **21**

21 Griffel 4 od. 5 . . . . **22**

21* Griffel 3, selten 2 . . . . **23**

22 KBl lg zugespitzt. Griffel vor den KBl stehend. KBl, KrBl u. StaubBl 4. Reife Kapsel 8zähnig aufspringend. Bl lanzettlich. **Weißmiere** – Mœ́nchia S. 163

22* KBl stumpf od kurz stachelspitzig. Griffel mit den KBl abwechselnd. B 4- od. 5zählig. Reife Kapsel 4- od. 5zähnig aufspringend. Bl linealisch od. fädlich. **Mastkraut** – Sagína S. 164

23 **(21)** Bl linealisch-pfriemlich, am Grund (etwas) scheidenfg verbreitert. **Miere** – Minuártia S. 165

23* Bl linealisch, fädlich, lanzettlich bis eifg od. elliptisch, am Grund nicht verbreitert . . . **24**

24 Bl linealisch bis fädlich, auf der ganzen Länge gleich br **25**

24* Bl lanzettlich bis eifg od. verkehrteilanzettlich bis spatelfg, nach oben u. unten (zuweilen plötzlich) verschmälert **27**

25 Bl stumpf. KBl u. KrBl 5, gleich lg od. KrBl doppelt so lg wie KBl. **Miere** – Minuártia S. 165

25* Bl spitz od. stumpflich u. mit aufgesetzter Stachelspitze **26**

26 KrBl 5, doppelt so lg wie die KBl. Klappen der reifen Kapsel 3(–4), so viele wie Griffel. **Miere** – Minuártia S. 165

26* KrBl 4–5, so lg wie die KBl od. kürzer. Klappen od. Kapselzähne 4 od. 6, doppelt so viele wie Griffel. **Nabelmiere** – Moehríngia S. 164

27 **(24)** Bl sitzend, dicht dachzieglig den Stg verdeckend, stumpf bis stachelspitzig, od. locker, den Stg nicht verdeckend u. untere stumpf. KrBl wie KBl 4–5, so lg wie die KBl od. wenig kürzer. Klappen der reifen Kapsel 3(–4), so viele wie Griffel. **Miere** – Minuártia S. 165

27* Wenigstens die untersten Bl ± (zuweilen nur sehr kurz) gestielt, spitz bis zugespitzt. KBl 5. KrBl 5, höchstens halb od. doppelt so lg wie die KBl. Klappen od. Kapselzähne 4 od. 6, doppelt so viele wie Griffel **28**

28 Sa mit weißlichem Anhängsel, glänzend. Bl 0,5–3 cm lg. K etwa doppelt so lg wie die Kr. **Nabelmiere** – Moehríngia S. 164

28* Sa ohne Anhängsel, matt. Bl 0,2–0,5 cm lg. **Sandkraut** – Arenária S. 164

29 **(15)** Griffel 5, od. (bei Viermännigem Hornkraut, S. 162) an den meisten B 4 . . . . . . **30**

29* Griffel 3 (zuweilen an einzelnen B 4 od. 5) **31**

30 KrBl höchstens bis zur Mitte gespalten. Kapselzähne doppelt so viele wie Griffel. Spreitengrund nie herzfg. **Hornkraut** – Cerástium S. 161

30* KrBl fast bis zum Grund 2teilig. Kapsel 5klappig aufspringend. Klappen 2zähnig. Spreitengrund herzfg. **Wasserdarm** – Myosóton S. 161

31 **(29)** Kapsel walzig, 6zähnig sich öffnend. KrBl ausgerandet, nicht od. höchstens bis zur Mitte 2spaltig. Ganze Pfl drüsig-weichhaarig od Pfl fast kahl, nur BStiele schwach drüsig u. dann Pfl 5–15 cm hoch. Bl 1–2,5 mm br. **Hornkraut** – Cerástium S. 161

31* Kapsel kuglig bis eifg, 6klappig sich öffnend. KrBl fast bis zum Grund 2teilig, scheinbar 10 od. bis zur Mitte gespalten od. fehlend. Pfl kahl od. schwach behaart, aber nicht drüsig; wenn (bei Hain-S.) Stg oberwärts u. BStiele drüsig, dann Pfl 20–50 cm hoch u. Bl 16–40 mm br. **Sternmiere** – Stellária S. 160

Sternmiere – Stellária L.
(Ib, Sb, Vm – Wv)

1 Stg stielrund. Untere Bl gestielt, eifg bis herzfg **2**

1* Stg unten 4kantig. Alle Bl sitzend, linealisch bis lanzettlich **5**

2 Stg oberwärts ringsum weichhaarig. Kr doppelt so lg wie der K. Bl herz-eifg, gewimpert. 0,20–0,50. ♃ 5–9. Frische Waldsäume, edellaubholzreiche Wälder, subalp. Hochstaudengebüsche; v bes. Bergland Ba Bw Rh S- u. O-We He S-Th S-Sa SW-An S-Ns Me O-Sh, z N-Th N-Sa N- u. O-An Br NO-Ns W-Sh (sm/mo-b·subozEUR – H – V Alno-Ulm., V Carp., V Asper.-Fag., V Adenost.). ** **Hain-St.** – S. némorum L.

2* Stg 1reihig behaart. Kr höchstens etwas länger als der K, bisweilen fehlend. Bl eifg, meist kahl **3**

3 StaubBl (2–)10(–11), mit vor dem Aufspringen purpurroten Staubbeuteln. Kr mindestens so lg wie der K. KBl 5–6,5 mm lg. Sa 1,3–1,7 mm, dunkel rotbraun, mit 4 Reihen hoher, spitzkegliger Warzen. BStiele kahl od. ringsum weichhaarig. 0,20–0,80. ① ♃ 4–7. Feuchte, ruderal beeinflußte Hecken u. Waldsäume; v NW-Me, z Ba Rh We He Sa An Ns? S- u. O-Me Sh, s Bw O-Th NO-Br, Verbreitung ungenau bekannt (m-temp·oz EUR – H – Vm – V Alliar., O Bident., O Polyg.-Chen.).
Auenwald-St. – S. neglécta WEIHE

3* StaubBl (0–)1–5(–10). Kr meist etwas kürzer als der K, bisweilen fehlend. KBl 2–5 mm lg. Sa 0,5–1,4 mm, mit br, stumpfen Warzen. BStiele 1reihig behaart **4**

4 KBl 3–5 mm lg, br lanzettlich. Kr so lg wie der K od. meist etwas kürzer (selten völlig kronblattlose Formen). StaubBl (0–)3–5(–10); Staubbeutel meist rotviolett. Fr 6 mm lg. Sa 0,8–1,3 mm, dunkel rötlichbraun. 0,03–0,40. ⊙ ① 1–12. Frische, nährstoff- u. meist stickstoffreiche Äcker, Gärten, Weinberge, Ruderalstellen (Wegränder, Schutt), Forste, Ufer; (A?) alle Bdl g (austr-arctCIRCPOL – T, H – K Secal., K Chen., V Chen. rub.).
Vogel-St., Vogelmiere – S. média (L.) VILL.

4* KBl 2–3,5 mm lg, schmal lanzettlich. Kr fehlend. StaubBl 1–3(–5). Staubbeutel grauviolett. Fr 3–4 mm lg. Sa 0,5–0,8 mm, gelblichbraun. 0,05–0,30. ① 3–5. Trockne, sandige Ruderalstellen (Wegränder, Schutt); (A) v S-He Br, z Ba Rh We Th Sa An Ns? Me Sh, s W-Bw N-He, Verbreitung ungenau bekannt (m-temp·(oz)EUR – T, H – Sb – V Sisymbr.). **Bleiche St.** – S. pállida (DUM.) CREPIN

5 **(1)** KrBl bis zur Mitte 2paltig. Bl steif, lineal-lanzettlich. 0,15–0,30. ♃ 4–5. Planar-submont. LaubW, Gebüsche, Schlag- u. Saumges., mäßig anspruchsvoll; g O-Sh, v M- u.

N-Ba N-Bw Rh We He Th Sa An Ns Me W-Sh, z S-Ba: Hochebene S-Bw Br (sm/mo-b·(oz)EUR–(WSIB) – C – O Fag., bes. V Carp., O Prun.). **Echte St.** – S. holóstea L.

5* KrBl fast bis auf den Grund geteilt **6**

6 Stg oberwärts rauh. Bl lanzettlich-linealisch, am Rand rauh. 0,10–0,25. ♃ 6–8. Frische NadelW, Forste u. WSchläge im natürlichen Verbreitungsgebiet der Fichte; s SW-, M- u. O-Ba: Wertachgebiet, Lauf, Oberpfalz Sa: Vogtland, Rietschen S- u. O-Br, † Th (sm/mo-b·(k)CIRCPOL – H – V Vacc.-Pic.). [S. diffúsa SCHLDL., S. friesiána SER.] **Langblättrige St.** – S. longifólia MUHL. ex WILLD.

6* Stg glatt. Bl kahl od. am Grund gewimpert **7**

7 K frisch undeutlich nervig. DeckBl krautig. Bl kahl, saftig grün, etwas fleischig, länglich-lanzettlich. 0,03–0,15(–0,30). ♃ 7–8. Nasse, mesotrophe Flach- u. Zwischenmoore; s M-Ba: Jura: Oberwiesenacker, † Bw We An Br Ns Me Sh, ↘ (sm/mo-arct·(k)CIRCPOL – H – V Car. lasioc., V Car. davall.). **Dickblättrige St.** – S. crassifólia EHRH.

7* K stets deutlich 3nervig. DeckBl trockenhäutig **8**

8 KrBl viel kürzer als der am Grund trichterfg verschmälerte K. Bl bläulichgrün, saftig, länglich-lanzettlich, in der Mitte am breitesten, am Grund gewimpert. 0,10–0,40. ♃ 5–7. Quellfluren, Waldwegmulden; v Ba Bw Rh We He S-Th Sa S- u. O-Ns Me Sh, z N-Th An Br NW-Ns (trop/mo-b·(oz)EUR+OAM+OAS – H – V Card.-Mont., V Alno-Ulm., V Nanocyp.). [S. uliginósa MURRAY] **Quell-St.** – S. alsíne GRIMM

8* KrBl mindestens so lg wie der am Grund abgerundete K. Bl lineal-lanzettlich, am Grund am breitesten **9**

9 DeckBl u. BlGrund gewimpert. Stg schlaff. Bl dünn, grün. 0,10–0,50. ♃ 5–7. Arme Flachmoorwiesen, saure Magerrasen, Wegränder; alle Bdl g, aber MDt-Trockengeb u. N-An v (m-bEUR–WAS–SIB – H – V Mol., O Arrh., V Nard.). **Gras-St.** – S. gramínea L.

9* DeckBl u. Bl kahl. Stg aufrecht. Bl etwas fleischig, blaugrün. 0,10–0,45. ♃ 5–7. Feuchte bis nasse, mesotrophe, kalkarme Großseggen- u. Flachmoorwiesen; v Br N-Ns Me Sh, z M- u. N-Ba Rh We An S-Sa, s SW-Ba Bw Th N-Sa S-Ns, ↘ (m/mo-b·(k)CIRCPOL – H – V Car. fusc., O Mol., V Magnocar.). [S. gláuca WITH.] **Graugrüne St.** – S. palústris HOFFM.

Wasserdarm – Myosóton MOENCH [Maláchium FRIES]

Stg liegend od. klimmend, schlaff. Bl herzfg-länglich. 0,15–1,20. ♃ 6–9. Nasse, nährstoffreiche Lehm- u. Schlammböden in Auen, an Ufern, Gräben, feuchte Gebüsche; alle Bdl v, aber Bergland, NO-Ns u. SW-Sh z, NW-Ns u. NW-Sh s (sm-temp·(oz) EURAS – G – Ib, Vm – Wv – V Alno-Ulm., O Bid., O Convolv.). [Maláchium aquáticum (L.) FRIES, Stellária aquática (L.) SCOP.] **Gewöhnlicher W.** – M. aquáticum (L.) MOENCH

Hornkraut – Cerástium L.
(Ib, Sb – Wv, Hv)

1 Griffel 3, selten in einzelnen B 4 od. 5 . . . . **2**

1* Griffel 4 od. 5 . . . . **3**

2 DeckBl u. K kahl. B 12–18 mm br. FrStiele herabgebogen. 0,05–0,15. ♃ 7–8. Schneetälchen, alp. Quellfluren; z S-Ba: Alpen, bes. Allgäu (m/alp-arctEURAS–(OAM) – C – Ib: Fliegen – V Salic. herb.). [C. trígynum VILL.] **Dreigriffliges H.** – C. cerastoídes (L.) BRITTON

2* DeckBl u. K wie die ganze Pfl drüsig-flaumig. B etwa 9 mm br. FrStiele aufrecht. 0,06–0,30. ① 4–6. Nasse, nährstoffreiche, oft salzhaltige Sand-, Schlick- u. Tonböden an Ufern u. Wegen; z O-An: Elbe, s S-He: Rhein N-Sa: Elbe Br: Elbe, Oder NO-Ns u. SW-Me: Elbe, (N U) s N-Th, † NW-Bw u. SO-Rh: Rhein (sm-temp·subkEUR – H – V Agrop.-Rum.). [C. anómalum W. et K.] **Drüsiges H.** – C. dúbium (BAST.) GUÉPIN

3 **(1)** KrBl etwa so lg wie der K, <8 mm lg **4**

3* KrBl etwa doppelt so lg wie der K, >8 mm lg **12**

4 Alle DeckBl krautig, ohne Hautrand, bes. an der Spitze abstehend behaart **5**

4* DeckBl, wenigstens die oberen, am Rand ± br trockenhäutig, an der Spitze ganz kahl **7**

5 KBl, KrBl u. Griffel 4, selten 3 od. 5. Deck- u. KBl kurz behaart. Pfl stark drüsig. 0,04–0,15. ⊙ ① 3–6. Kalkhaltige Dünen; s NW-Ns u. W-Sh: Nordseeinseln (m-temp·ozlitEUR – T, H – Sb – V Koel. albesc.). [C. tetrándrum CURTIS]
(**) **Viermänniges H.** – C. diffúsum PERS.

5* KBl, KrBl u. Griffel 5. Deck- u. KBl an der Spitze mit längeren Haaren **6**

6 Pfl gelbgrün. BStand gedrängt. FrStiel höchstens so lg wie der K. StaubBl kahl. 0,02–0,45. ⊙ ① 3–9. Frische bis feuchte, nährstoffreiche Äcker, Ruderalstellen (Wegränder, Schutt); (A?) v Ba N-Bw Rh We He S-Th Sa S- u. M-An S-Ns, z S-Bw N-Th N-An, (A) v O-Ns W-Me O-Sh, z Br NW-Ns O-Me W-Sh (m-b·(oz)EUR+(WAS) – T, H – O Polyg.-Chen., O Aper., V Nanocyp., V Agrop.-Rum.). [C. viscósum aut.]
Knäuel-H. – C. glomerátum THUILL.

6* Pfl graugrün. BStand locker. FrStiel 2–3mal so lg wie der K. StaubBl am Grund behaart. 0,10–0,20. ⊙ 4–6. Lückige Xerothermrasen, Ephemerenfluren, trockne Ruderalstellen; (A?) z M- u. N-Ba Bw außer Bergland Rh W-He S-An bis Magdeburg, s SW-Ba: Bodensee We Th Sa: SW u. Elbe NO- u. W-Br S-Ns N- u. O-Me O-Sh (m-temp·subozEUR – T – V Alysso-Sed., V Thero-Air.). ** **Kleinblütiges H.** – C. brachypétalum PER.

7 **(4)** Pfl ⊙, nie mit kurzen, nichtblühenden Trieben in den BlAchseln, meist gelbgrün. KBl 3–5 mm lg, drüsig. StaubBl 5–10. BZeit 3–5, Pfl danach absterbend. Stg vom Grund an aufrecht **8**

7* Pfl ♃, am Grund meist mit nichtblühenden Trieben in den BlAchseln, dunkelgrün. KBl nicht drüsig. StaubBl stets 10. BZeit 4–10. Pfl ganzjährig grün. StGrund liegend ... **10**

8 Unterstes DeckBlPaar des BStandes br hautrandig, mit nur kleinem grünem Mittelfeld, ebenso die KBl. KrBl ausgerandet. Kapsel 4,5–6,5 mm lg. Sa gelblichbraun. FrStiel nach dem Verblühen bis zum Beginn der Reife abwärtsgerichtet, am Grund gekrümmt. StaubBl 5. 0,03–0,20. ⊙ ① 3–5. Lückige Xerothermrasen, Ephemerenfluren, Äcker, trockne Wegränder; v M- u. N-Ba Rh N-Sa An Br Ns Me Sh, z Bw: bes. Rhein, Main, Neckar We SW-He Th S-Sa, s S-Ba: Hochebene N-He (sm-temp·(oz)EUR – T, H – O Fest.-Sedet., K Fest.-Brom., V Aphan.). **Fünfmänniges H.** – C. semidecándrum L.

8* Unterstes DeckBlPaar ganz krautig od. höchstens im vorderen Achtel schmal hautrandig. KBl bis $^1/_4$ hautrandig. KrBl auf $^1/_5$–$^1/_4$ zweilappig. Sa dunkler. FrStiel aufrecht, zuweilen abstehend bis schwach abwärtsgerichtet, unter der 6–8 mm lg Kapsel stumpfwinklig gekrümmt **9**

9 Unterstes DeckBlPaar ganz krautig, beiderseits behaart; obere DeckBl u. K schmal hautrandig. KrBl 3mal so lg wie br. StaubBl fast stets 5. Pfl dunkelgrün; StgGrund oft rot überlaufen. 0,03–0,15. ⊙ 3–5. Lückige Xerothermrasen, Ephemerenfluren, trockne Wegränder, Äcker; z Rh We He Th S-An, s Ba außer Alpen Bw Sa S- u. M-Br S- u. O-Ns Me Sh? (m-temp·subozEUR – T – O Fest.-Sedet., O Sed.-Scler., K Fest.-Brom.). [C. obscúrum CHAUB., C. glutinósum aut.] **Dunkles Zwerg-H.** – C. púmilum CURTIS

9* Alle DeckBl u. KBl vorn mit sehr schmalem Hautrand, oberseits zuweilen kahl. KrBl $2^1/_2$mal so lg wie br. StaubBl (5–)6–10. Pfl meist gelbgrün. 0,03–0,15. ⊙ 3–5. Lückige Xerothermrasen, Ephemerenfluren, trockne Wegränder; z Ba außer Alpen u. Vorland Bw: bes. Tiefland Rh S-We He Th Sa S-An S- u. O-Ns, s N-An Br Me, † Sh (m-temp·subozEUR – T – O Fest.-Sedet., O Sed.-Scler., K Fest.-Brom.). [C. pállens F. W. SCHULTZ] **Bleiches Zwerg-H.** – C. glutinósum FRIES

10 **(7)** KBl u. KrBl (3–)5–6(–7) mm lg. Kapsel 7–12 mm lg. Sa 0,4–0,8 mm. Untere DeckBl oft ohne Hautrand. Bl 10–25 mm lg u. 3–10 mm br. 0,05–0,50. ♃ 3–6. Frische Wiesen u. Weiden, Wegränder, Äcker; alle Bdl g (antarct-trop/mo-arctCIRPOL – C – K Mol.-Arrh., O Aper.). [C. caespitósum GILIB., C. triviále LINK, C. vulgátum aut., C. fontánum ssp. vulgáre (HARTMAN) GREUTER et BURDET]
Gewöhnliches H. – C. holosteoídes FRIES em. HYL.

10* KBl u. KrBl 6–9 mm lg. Kapsel 12–18 mm lg. Sa 0,7–1,2 mm. Alle DeckBl hautrandig, bei Großfrüchtigem H. (s. **11**) DeckBl der endständigen B meist krautig **11**

11 Bl groß, 30–60 mm lg u. 12–25 mm br, dünn, etwas durchscheinend. Pfl dicht drüsenhaarig. KrBl am Nagel mit bis 0,4 mm lg Wimpern od. kahl, kürzer bis wenig länger als die KBl. 0,10–0,60. ♃ 4–6. Feuchte Wälder, Erlenbrüche, Bachufer, nitrophile Saumges.; s N-Ba: Main S-Th Sa An Br Me, Verbreitung ungenau bekannt (temp·subozEUR? – C – V Alno-Ulm., V Aln., V Alliar.). [C. macrocárpum aut.]
Großfrüchtiges H. – C. lucórum (SCHUR) MÖSCHL

11* Bl klein, 10–25 mm lg u. 5–15 mm br, dicker, nicht durchscheinend. Pfl dicht abstehend behaart, drüsenlos od. selten mit einzelnen Drüsenhaaren. KrBl meist ungewimpert, selten mit 0,2 mm lg Wimpern, meist deutlich länger als die KBl. 0,20–0,40. ♃ 4–6. Saure Magerwiesen u. -weiden; z S-Ba: Allgäu, Ammergebirge, Wettersteingebirge, Berchtesgadener Alpen (sm/alp-arct·ozEUR–GRÖNL – C – V Poion alp., V Nard.).
Quellen-H. – C. fontánum BAUMG.

12 **(3)** DeckBl ganz krautig, den StgBl ähnlich. Stg 1–3blütig. Nichtblühende Triebe nicht rosettig **13**

12* Wenigstens die oberen DeckBl mit Hautrand **14**

13 Pfl lockerrasig, mit wenigen nichtblühenden Trieben. Bl 10–35 mm lg u. 4–10 mm br, mit br Grund sitzend, in od. unter der Mitte am breitesten, zugespitzt, weich. Pfl kurz borstig, nicht zottig. 0,03–0,10. ♃ 7–8. Frische, kalkreiche alp. Geröllhalden; z SW-Ba: O-Allgäu, Wettersteingebirge, Karwendel: Dammkar (sm/alp-temp/alp·subozEUR – C – V Thlasp. rot.). **Breitblättriges H.** – C. latifólium L.

13* Pfl dichtrasig, mit zahlreichen nichtblühenden Trieben. Bl 4–14(–18) mm lg u. 2–5 mm br, in einen Stiel verschmälert, über der Mitte am breitesten, stumpflich, starr. Pfl durch lg Gliederhaare zottig. 0,02–0,08. ♃ 7–8. Frische, meist kalkarme Steinschuttfluren; z SO-Ba: Berchtesgadener Alpen (temp/alp·subozEUR – C – K Thlasp. rot.).
Einblütiges H. – C. uniflórum CLAIRV.

14 **(12)** Bl eifg bis länglich-lanzettlich. Nichtblühende Triebe rosettig. Pfl von lg weichen Haaren graugrün. 0,06–0,20. ♃ 7–8. Mäßig trockne, nährstoffarme alp. Steinrasen, Felsen; s SW-Ba: Allgäu SO-Ba?, † M-Ba: untere Hochebene (sm/alp-arct·ozEUR+OAM – C – V Elyn.). ** **Alpen-H.** – C. alpínum L.

14* Bl länglich-lanzettlich bis linealisch, in den Achseln meist Knospen od. kurze beblätterte Triebe tragend **15**

15 Pfl dicht weißfilzig. 0,15–0,30. ♃ 5–7. ZierPfl, auch Ruderalstellen (Schutt, Wegränder); (N 16. Jh., meist U) z Ba Bw Rh We He Th Sa An Br S-Ns Me (m-sm·subozEUR – C).
Filziges H. – C. tomentósum L.

15* Pfl nicht weißfilzig, aber grauhaarig u. drüsig. 0,05–0,30. ♃ 4–7. Ruderal beeinflußte, lückige Xerothermrasen, bes. Sandtrockenrasen, Ruderalstellen (Wegränder, Böschungen, Mauern); alle Bdl v, aber Alpen, Vorland u. Schwarzw z (m/mo-b·(suboz)CIRCPOL – C – O Fest.-Sedet., O Alysso-Sed., O Agrop.). ** **Acker-H.** – C. arvénse L.

Weißmiere – Mœ̄nchia EHRH.

Stg aufrecht, 1–2blütig. KBl, KrBl u. StaubBl 4. 0,03–0,10. ⊙ 4–5. Sandtrockenrasen, sandige Brachen, kalkmeidend; s Rh: Hunsrück N-He S-Br, † Ba Bw We Th Sa An Ns, ↘ (m/mo-temp·ozEUR – H – Ib, Vw – V Thero-Air.). **Aufrechte W.** – M. erécta (L.) G. M. SCH.

Spurre – Holósteum L.

Bl bläulichgrün. FrStiele anfangs zurückgeschlagen, zur Reife wieder aufrecht. 0,05–0,25. ⊙ ① 3–5. Lückige Xerothermrasen, Ephemerenfluren, Dünen, Dämme; v Flach- u. Hügelland von M- u. N-Ba Rh Th An O-Br NW-Me, z Bw W- u. N-We He Sa W-Br O-Ns S- u. O-Me, s S-Ba: obere Hochebene W-Ns O-Sh (m-temp·(subk) EUR–WAS – T, H – Ib, Sb, Vm – Wv – K Sedo-Scler., K Fest.-Brom., O Aper.).
(**) **Dolden-S.** – H. umbellátum L.

Nabelmiere – Moehríngia L.

1 Bl eifg od. br lanzettlich, spitz, 3(–5)nervig. KrBl kürzer als die KBl, weiß. 0,10–0,30. ① ♃ 5–7. Frische WSchläge u. WSäume, Gebüsche, LaubW u. Nadelholzforste, mäßig anspruchsvoll; g Ba We He Br Me, v Bw Rh Th Sa An S- u. O-Ns Sh, z NW-Ns (m/mo-b·(oz)EUR–(WAS) – H – Sb, Vm – Av – V Alliar., K Querc.-Fag., V Querc. rob.-petr., O Vacc.-Pic.). **Dreinervige N.** – M. trinérvia (L.) CLAIRV.

1* Bl fadenfg od. linealisch. KrBl länger als die KBl 2

2 B 4zählig. StaubBl 8. Bl schmal linealisch bis fädlich, bis 35 mm lg, nicht fleischig. 0,05–0,20. ♃ 5–9. Subalp. Steinschutt- u. Felsspaltenges., kalkstet; v S-Ba u. SO-Bw: Alpen, s Vorland (sm/alp-temp/dealp·ozEUR – H – Av – V Cystopt., O Thlasp. rot.). **Moos-N.** – M. muscósa L.

2* B 5zählig. StaubBl 10. Bl linealisch, bis 10 mm lg, etwas fleischig. 0,05–0,20. ♃ 6–8. Offne, bewegte alp. Kalkschuttfluren; z S-Ba: Alpen, s Vorland (sm/alp-temp/ alp·sub-ozEUR – H – O Thlasp. rot., V Arab. caer.). **Wimper-N.** – M. ciliáta (SCOP.) DALLA TORRE

Sandkraut – Arenária L.

1 KrBl kürzer als der K. Stg einzeln, nicht rasig. B ∞. Bl eifg, mit Ausnahme der untersten ungestielt. ⊙ ⊙ 2

1* KrBl länger als der K. Stg dichtrasig. B zu 1–2, end- od. seitenständig. Bl gestielt. ♃ 3

2 Pfl graugrün. B 5–8 mm br. KBl eifg bis eilanzettlich, 3–4,5 mm lg, ihr Hautrand halb so br wie der krautige Mittelteil. FrStand locker trugdoldig. FrStiele aufrecht. Kapsel br eifg, am Grund bauchig, 1½mal so lg wie br, meist etwas länger als der K (Abb. **164**/1), derbwandig. 0,03–0,30. ⊙ ⊙ 5–9. Lückige Xerothermrasen, Äcker, trockne Wegränder, Mauern; g Br Me S- u. O-Ns, übrige Bdl v, aber NW-Ns u. Bergland z (m-bEUR–WAS – T, H – K Fest.-Brom., K Sedo-Scler., K Secal., K Chen.). ** **Quendel-S.** – A. serpyllifólia L.

2* Pfl gelbgrün, zart, dünnstengelig. B 3–5 mm br. KBl lanzettlich, 1,8–3 mm lg, ihr Hautrand so br wie der Mittelstreif. FrStand mit wickelartigen Ästen. FrStiele oft an der Spitze gebogen. Kapsel schmal kegelfg, am Grund kaum bauchig, doppelt so lg wie br, höchstens so lg wie der K (Abb. **164**/2), dünnwandig. 0,05–0,15. ⊙ ⊙ 5–9. Lückige Xerothermrasen; s NW-Ba: Main Bw: Rhein, Neckar Rh S-He N- u. O-Th Sa: Meißen S-An Br, (N) s We SO-Ns Me (m-temp·(oz)EUR – T, H – K Fest.-Brom., K Sedo-Scler.). [A. serpyllifólia ssp. tenúior (MERT. et KOCH) ARCANG.] **Dünnstengliges S.** – A. leptóclados (RCHB.) GUSS.

3 **(1)** Bl br lanzettlich bis länglich-eifg, spitz, von unten mindestens bis über die Mitte od. ganz (zuweilen nur spärlich) gewimpert, sehr kurz gestielt. B einzeln. KrBl >2mal so lg wie der K. 0,03–0,10. ♃ 7–8. Frische, lückige alp. Steinrasen, Flußkies; z SW-Ba: Allgäu (sm/alp-arct·ozEUR – H – V Elyn., V Sesl., V Thlasp. rot.). **(**) Wimper-S.** – A. ciliáta L.

3* Bl br eifg bis rundlich, stumpf, nur am Stiel gewimpert. B einzeln od. zu 2. KrBl wenig länger als der K. 0,05–0,20. ♃ 7–9. Alp. Schneetälchen, kalkmeidend; s Allgäu, ob auch im Gebiet? (sm/alp-temp/alp·subozEUR – H – K Salic. herb.). **Zweiblütiges S.** – A. biflóra L.

Mastkraut, Knebel – Sagína L.
(Sb, Ib – Wv)

1 KrBl 4, oft hinfällig, kürzer als der 4blättrige K 2

1* KrBl u. KBl 5 5

2 Die 2 äußeren KBl spitz od. kapuzenfg zusammengezogen u. mit aufgesetzter kleiner, gekrümmter Stachelspitze. Bl mit lg Stachelspitze 3

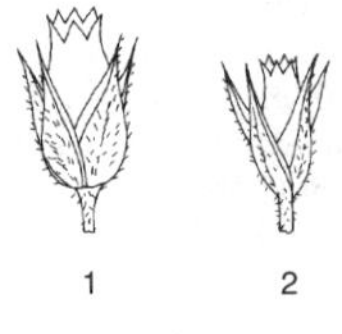

1 2

2* Alle KBl gleichgestaltet, stumpf, ohne Stachelspitze. Bl sehr kurz stachelspitzig **4**

3 KBl an der reifen Fr sternfg abstehend, deutlich kürzer als die br eifg Kapsel, die beiden äußeren kapuzenfg, mit aufgesetzter Stachelspitze. Pfl hellgrün. 0,03–0,15. ⊙ 5–9. Krumenfeuchte Äcker, Ruderalstellen (Wege, Pflasterspalten), Gräben, kalkmeidend; (A) z Bw Rh We He NW-Sa S-Ns, s M- u. NW-Ba Th S- u. O-Sa S- u. M-An W- u. M-Br W-Me S- u. O-Sh, ↘ (m-temp·(oz)EUR – T – V Nanocyp., V Polyg. avic., V Thero-Air.). [S. apétala ssp. erécta (HORNEM.) F. HERMANN, S. apétala aut.]
Aufrechtes M. – S. micropétala RAUSCHERT

3* KBl der reifen Fr anliegend, fast so lg wie die schmal eifg Kapsel, die 2 äußeren spitz. Pfl dunkelgrün. 0,03–0,10. ⊙ 4–7. Ruderal beeinflußte Sandtrockenrasen, sandige Äcker u. Brachen, Trittstellen, kalkmeidend; (A) z Bw Rh W-We Ns, s M- u. N-Ba O-We? He Th Sa S-An Br Me S-Sh, ↘ (m-temp·ozEUR – T – V Thero-Air., V Nanocyp., V Polyg. avic.). [S. ciliáta FRIES] **Wimper-M.** – S. apétala ARD.

4 **(2)** Pfl meist liegend, wurzelnd, mit zentraler BlRosette. BStiele nach der BZeit abwärtsgebogen. 0,02–0,15. ♃ 5–9. Krumenfeuchte, saure Äcker, feuchte Trittstellen, kalkmeidend; g We He Sa Me Sh, v Ba Bw Rh Th An Br Ns, z Alpen, Vorland, MDt-Trockengeb (m/mo-b·(oz)EUR–WAS+AM – C – V Nanocyp., V Polyg. avic., O Aper.).
Liegendes M. – S. procúmbens L.

4* Pfl meist aufrecht, ohne zentrale BlRosette. BStiele nie abwärts gebogen. 0,05–0,07. ⊙ 5–8. Wechselhaline, wechselfeuchte, sandige Stellen am Grund von Ameisenhügeln in Salzwiesen; v Küsten von Ns u. W-Sh: bes. Inseln, z Küsten von O-Sh u. Me, † M-An: Schönebeck (m-b·litEUR – T – O Sagin. mar.). **Strand-M.** – S. marítima G. DON

5 **(1)** Kr doppelt so lg wie der K. Stg mit nichtblühenden Kurztrieben in den BlAchseln. 0,05–0,15. ♃ 6–8. Flachmoore, Grabenränder, offne Stellen an Wegen; z Br Me Sh, s Ba O-Bw S-Rh We N-An Ns: bes. Küste, † Rh He Th Sa, ↘ (temp-arct·(oz)EUR–SIB+OAM – H – V Agrop.-Rum., V Nanocyp.). **Knotiges M.** – S. nodósa (L.) FENZL

5* Kr etwa so lg wie der K **6**

6 LaubBl gewimpert, ihre Stachelspitze so lg wie die BlBreite. Reife Kapsel wenig länger als der oft drüsige K. 0,03–0,10. ♃ 6–8. Offne Stein- u. Sandböden; s NW- u. SO-Sh, (N U) s W-Sa Me, † Ba Th (jetzt N U) Ns, ↘. ZierPfl (sm-b·ozEUR – C – „Sternmoos").
Pfriemen-M. – S. subuláta (SW.) C. PRESL

6* LaubBl kahl, ihre Stachelspitze halb so lg wie die BlBreite. Kapsel bis doppelt so lg wie der meist kahle K **7**

7 KBl 2,8–3 mm lg. StaubBl 10, selten 5. Kapseln stets gut entwickelt, 3,5–5 mm lg. RosettenBl bis 2 cm lg. 0,02–0,07. ♃ 6–8. Frische, kalkarme subalp. bis alp., betretene Magerrasen, Schneetälchen, Quellfluren; z S-Ba: Alpen u. Vorland, s O-Ba: Bayr-W SW-Bw: Feldberg SW-Sa: Oberwiesenthal (m/alp-arct·(oz)CIRCPOL – H – V Polyg. avic., K Salic. herb., V Card.-Mont., V Nard.). [S. linnéi C. PRESL]
Alpen-M. – S. saginoídes (L.) KARSTEN

7* KBl 1,5–2,5 mm lg. StaubBl 4 od. 5. Kapsel meist verkümmert, ohne entwickelte Sa. RosettenBl bis 3 cm lg. 0,03–0,15. ♃ 6–8. Bergwiesen; s SW-Sa: Aschberg b. Klingenthal (temp+b·ozEUR – Bastard **4** × **7**). [S. scótica (DRUCE) DRUCE]
Norman-M. – S. × normaniána LAGERH.

Miere – Minuártia L. [Alsíne L. em. GAERTN.]

1 Bl rundlich, eifg od. lanzettlich. Niedrige AlpenPfl **2**

1* Bl linealisch od. pfriemlich **3**

2 Bl oberseits rinnig. KBl u. KrBl 4. StaubBl 8. Pfl dicht polsterfg, mit säulenfg Stämmchen. 0,02–0,05. ♃ 7–8. Kalk-Felsspalten; z SO-Ba: Berchtesgadener Alpen, ↘ (sm/alp-temp/alp·subozEUR – C – V Potent. caul.). [M. aretioídes (SOMMERAUER ex GAY) SCH. et THELL.] **(**) Polster-M.** – M. cherlerioídes (HOPPE) BECHERER

2* Bl oberseits flach. KBl u. KrBl 5. StaubBl 10. Pfl kriechend, rasig. Stg verholzend.

0,04–0,15. ♃ 7–8. Kalk-Felsspalten; z SW-Ba: Allgäu (sm/alp-temp/alp·subozEUR – C – V Potent. caul.). **Felsen-M.** – M. rupéstris (SCOP.) SCH. et THELL.

3 **(1)** KrBl fehlend, sehr selten fädlich. B grünlich, einzeln, sitzend od. kurz gestielt. Bl linealisch-pfriemlich, am Grund verwachsen. Pfl dicht polsterfg. 0,04–0,08. ♃ 7–8. Arme, lückige alp. Steinrasen, Felshänge; z S-Ba: Alpen (sm/alp-temp/alp+b/alp·ozEUR – C – Ib: Fliegen – O Car. curv., V Elyn.). [Cherléria sedoídes L.] **Zwerg-M.** – M. sedoídes (L.) HIERN

3* KrBl stets vorhanden 4

4 KBl weiß, trockenhäutig od. knorplig, mit 1–2 schmalen, grünen Rückenstreifen . . . 5

4* KBl ganz grün od. nur am Rand trockenhäutig 6

5 KrBl viel kürzer als die ungleichen, knorpligen KBl. B büschlig gehäuft. Stg einzeln. 0,08–0,35. ⊙ ⊙ 7–8. Felsfluren, reichere Sandtrockenrasen (Binnendünen), kalkhold; s M-Ba: untere Hochebene, Jura SW-Bw: südliches Oberrheingebiet SO-Rh: Pfalz, † SW-He: Rhein (sm-stemp·subozEUR – T, H – V Xerobrom., V Alysso-Sed.). [M. fasciculáta aut., M. fastigiáta (SM.) RCHB.] **Büschel-M.** – M. rúbra (SCOP.) MCNEILL

5* KrBl etwas länger als die KBl. Stg ∞. 0,05–0,20. ♃ 5–8. Kalk- u. Silikatfelsfluren; s M-Ba: Altmühl, Naab, Donau, † SW-Bw: Kaiserstuhl, ↘ (sm-temp·subkEUR – C – V Sesl.-Fest., V Xerobrom.). [Alsíne setácea (THUILL.) MERT. et KOCH] **(**) Borsten-M.** – M. setácea (THUILL.) HAYEK

6 **(4)** KBl länger als die KrBl. ⊙ od. ① 7

6* KBl nicht länger als die KrBl. ♃ 8

7 KBl schmal lanzettlich, 2–2,5(–3) mm lg, so lg od. etwas länger als die Kapsel, ihre Nerven fast parallel. Kr deutlich kürzer als der K. Kapsel 2(–3) mm lg. Sa 0,25–0,35 mm br. Stg oberwärts meist drüsig. 0,03–0,10. ⊙ 5–7. Lückige Xerothermrasen, sandige Äcker, trockne Wegränder; s N-Rh u. S-We: Rhein An S- u. M-Br, † Ba He Th Sa Ns Me Sh, ↘ (sm-temp·(subk)EUR – T – O Fest.-Sedet., K Secal.). **Klebrige M.** – M. viscósa (SCHREBER) SCH. et THELL.

7* KBl ei-lanzettlich, (2,8–)3–4 mm lg, etwas kürzer als die Kapsel, ihre Seitennerven gebogen. Kr wenig kürzer als der K. Kapsel 3,8–4,8 mm lg. Sa 0,4–0,5 mm br. Pfl meist kahl. 0,07–0,20. ⊙ 5–7. Lückige Xerothermrasen, Äcker, trockne Wegränder, kalkhold; z Bw Rh, s M- u. NW-Ba S- u. O-We He NW-Th: Nordhausen S-Br, (N) s S-Ba, (U) NW-Me, † Sa W-An SO-Ns, ↘ (m-temp·(oz)EUR–(WAS) – T – O Brom. erect., V Alysso-Sed.). [M. tenuifólia (L.) HIERN] **** Schmalblättrige M.** – M. hýbrida (VILL.) SCHISCHKIN

8 **(6)** Bl nervenlos od. 1nervig. B meist zu 3. BStiele auffallend verlängert, 15–35 mm lg. 0,05–0,20. ♃ 6–8. Nasse Hoch- u. Zwischenmoore; † S-Ba: Hochebene SO-Bw (sm/mo-arct·(k)CIRCPOL – C – O Scheuchz.). **Steife M.** – M. strícta (SW.) HIERN

8* Bl wenigstens am Grund unterseits 3nervig 9

9 Kr u. Kapsel fast doppelt so lg wie der K. Stg meist 2blütig. 0,08–0,20. ♃ 6–8. Subalp.-alp. Felsen, Kalkschuttfluren u. -felsspalten; s S-Ba: Wettersteingebirge, Karwendel (sm/alp-temp/alp·subozEUR – C – O Thlasp. rot., V Potent. caul.). [Alsíne austríaca (JACQ.) WAHLENB.] **Österreichische M.** – M. austríaca (JACQ.) HAYEK

9* Kr u. Kapsel so lg wie der K od. wenig länger. Stg meist mehr als 3blütig. 0,05–0,15. ♃ 5–8. Alp. Steinrasen u. Matten, koll. bis mont. Schotterrasen (Kalkfelsfluren, schwermetallhaltige Bergbauhalden); z Ba: Alpen, Jura An: Harz, Mansfelder Land, Könnern, s N-Th: Bottendorf We: Blankenrode, Aachen S-Ns: Osnabrück, Harz (m/alp-arct·(k)CIRCPOL – C – V Sesl., V Elyn., K Viol. calamin.). [Alsíne vérna (L.) WAHLENB.] **** Frühlings-M.** – M. vérna (L.) HIERN

Salzmiere – Honckénya EHRH.

Bl eifg, kahl, gelbgrün. Kr weiß. 0,10–0,30. ♃ 6–7. Unverfestigte Vordünen u. Spülsäume; v Küsten von Ns Me Sh, ↘ (sm-arct·litCIRCPOL – H – Wb, Sb, – V Sals.-Honck.). [Alsíne peploídes (L.) WAHLENB.] **Salzmiere** – H. peploídes (L.) EHRH.

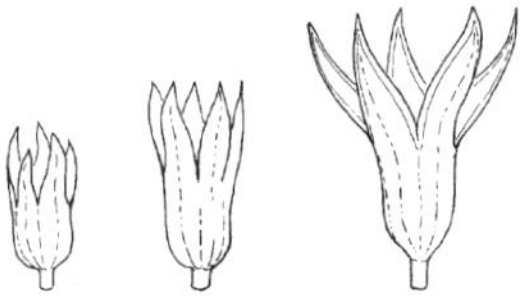

Knäuel – Sclеránthus L.
(Ib, Sb – Ev)

1 KZipfel stumpf, br weißhäutig berandet. Pfl am Grund verholzt, mit abgestorbenen BlResten. 0,05–0,20. ♃ 5–9. Bodensaure Silikatfelsfluren u. Sandtrockenrasen; v O-Sa Rh N-We Br W-Me Sh, z M- u. N-Ba He S- u. M-Th W-Sa An N- u. W-Ns O-Me, s W- u. N-Bw (sm/mo-temp·subozEUR – H – K Sedo-Scler.).
Ausdauernder K. – S. perénnis L.

1* KZipfel spitz, mit schmalem, nach vorn verschmälertem Hautrand. ⊙ 2

2 KZipfel auffallend ungleich lg. Reife Fr 1,5–3 mm lg, mit einwärtsgebogenen PerigonBl (Abb. **167**/1). Pfl auffallend gelbgrün, zart. StgGlieder nur 2–5 mm lg, meist kürzer als die 4–6(–10) mm lg, oft zurückgekrümmten Bl. BStand aus scheinbar wirtligen, sitzenden, gehäuften Knäueln bestehend. StaubBl 2–5. 0,03–0,10. ⊙ 4–5. Lückige Xerothermrasen; s He: Wetterau N-Th: Kyffhäuser, Südharz W-An: Tröbsdorf, Westerhausen, Welbsleben, Hundisburg (m-stemp·subozEUR – T – V Alysso-Sed., V Thero-Air.). [S. ánnuus ssp. collínus HORNUNG ex OPIZ] **Quirl-K.** – S. verticillátus TAUSCH

2* KZipfel ± gleich lg. Reife Fr 2,2–5,3 mm lg. Pfl meist größer. StgGlieder länger. Bl 6–20 mm lg 3

3 Reife Fr 2,2–3(–3,8) mm lg, am Grund meist abgerundet, mit gerade vorgestreckten, seltener schwach spreizenden KZipfeln (Abb. **167**/2). StgGlieder <1 cm lg, kürzer als die 6–9 mm lg Bl. BStand dichter, meist aus sitzenden, gehäuften Knäueln. 0,03–0,15. ⊙ 4–7. Silikatfelsfluren, Sandtrockenrasen, kalkmeidend; z M- u. N-Ba Rh We He Sa An Ns Me Sh, s S-Ba: Hochebene Bw Th Br, Verbreitung ungenau bekannt (m-b·(oz)EUR? – T – K Sedo-Scler., V Thero-Air.). [S. alpéstris HAYEK] **Triften-K.** – S. polycárpos L.

3* Reife Fr (3,2–)4–5,3 mm lg, am Grund meist spitzkeglig, mit meist deutlich spreizenden KZipfeln (Abb. **167**/3). StgGlieder 1–5 cm lg, meist bedeutend länger als die >1 cm lg Bl. BStand meist ausgebreitet. 0,05–0,20. ⊙ 4–10. Sandige bis lehmige, (krumen)saure Äcker; (A?) g O-Sa N-An Br Me Sh, v M- u. N-Ba Bw Rh We He Th W-Sa S-An, z S-Ba außer Alpen (m-temp·(oz)EUR – T – O Aper., V Sperg.-Oxal., V Pan.-Set.).
Einjähriger K. – S. ánnuus L.

Gipskraut – Gypsóphila L.
(Ib, Vm – Wv – Adv.)

1 Untere Bl höchstens 1 cm br, linealisch bis schmal lanzettlich, 1nervig, höchstens am Grund mit undeutlichen Seitennerven 2

1* Wenigstens die größeren unteren Bl breiter als 1 cm, eifg bis lanzettlich, 3- bis mehrnervig 5

2 Pfl aus kriechendem Grund niederliegend bis aufsteigend, kahl, blaugrün. BStiele doppelt so lg wie der K od. länger. StaubBl kürzer als die Kr. BStand locker. KrBl weiß bis blaß rosa, mehr als doppelt so lg wie der K. 0,08–0,25. ♃ 5–8. Wechselfrische alp. Schuttfluren, Schotter der Alpenflüsse, dealp. Halbtrockenrasen, kalkstet; z S-Ba, s M-Ba: Lech, SO-Bw: mittl. Illertal SO-Ns: Bad Sachsa, Walkenried (sm/dealp-stemp/dealp·subozEUR – C – K Thlasp. rot., O Sesl., V Mesobrom.).
Kriechendes G. – G. répens L.

2* Pfl aufrecht, später sich mitunter niederlegend u. dann Stg unten kurzhaarig, od aufsteigend u. dann im BStand drüsig behaart. KrBl höchstens doppelt so lg wie der K **3**

3 BStiel mehrmals länger als der K. KrBl schwach ausgerandet, rosa, dunkler gestreift. StaubBl kürzer als die Kr. 0,04–0,25(–0,40). ⊙ 6–10. Krumenfeuchte, saure Äcker, Ufer, Gräben, kalkmeidend; (A) z M- u. N-Ba N- u. W-Bw Rh He Th N-Sa SO-An SW-Br, s S-Ba SO-Bw NO- u. SW-We S-Sa N- u. W-An N- u. O-Br O-Ns, (N U) s Me, † Sh, ↘ (sm-b·(suboz)EURAS – T – V Aphan., O Cyp. fusci). **Acker-G.** – G. murális L.

3* BStiel höchstens 1,5mal so lg wie der K. KrBl abgerundet. StaubBl länger als die Kr. Pfl ♃ **4**

4 B an den Zweigenden in schirmfg Thyrsen gedrängt. BStandsachsen drüsenhaarig. KrBl weiß od. rosa, 1,5mal so lg wie der K. Bl 1nervig, 1–5 mm br. Pfl am Grund mit nichtblühenden Trieben. 0,20–0,50. ♃ 6–9. Kont. Gipsfelsfluren u. -trockenrasen, reichere Sandtrockenrasen, lichte KiefernW, kalkhold; z N-Th O-Br, s O-Rh: N-Rheinhessen NO-Sa SW-An W-Br, ↘ (sm-b·(subk)EUR – C – V Sesl.-Fest., V Koel. glauc., V Fest. val., V Xerobrom., V Cytis.-Pin. – ∇). **(**) Ebensträußiges G.** – G. fastigiáta L.

4* B in reichverzweigten Rispen, nur Endverzweigungen teilweise dichasial. Stg unten kurzhaarig, im BStand kahl. KrBl weiß, selten hellrosa, etwa doppelt so lg wie der K. Bl 2,5–10 mm br, zuweilen undeutlich 3nervig. Nichtblühende Triebe fehlen. 0,60–1,00. ♃ 6–9. ZierPfl, auch Sandtrockenrasen, Schutt; (N U) s Bw He Th N-Sa An O-Br NW-Me (sm-temp·kEUR–WSIB – C – O Fest.-Sedet.).
Schleierkraut, Rispiges G. – G. paniculáta L.

5 **(1)** Pfl blaugrün, vorwiegend im oberen Teil verzweigt, mit aufrecht abstehenden Ästen. Stg unten kahl, im BStand u. besonders BStiele u. K drüsenhaarig. Bl lanzettlich, 5–10mal so lg wie br, lg zugespitzt, kahl. B etwa 10 mm ∅. KrBl deutlich ausgerandet, unterseits hellrosa bis -lila, oberseits fast weiß. 0,50–1,80. ♃ 6–9. (Mäßig) frische Ruderalstellen (Schuttplätze, Kippen- u. Haldengelände, Wegränder, Bahngelände); (N 1870) z S-An, s Th N-Sa M-Br: Berlin, (U) s S-Br Me (sm·eukOEUR–WAS – C – V Dauco-Mel.). [G. acutifólia aut. non STEVEN ex SPRENG.]
Schwarzwurzelblättriges G. – G. scorzonerifólia SER. em. SCHISCHKIN

5* Pfl gelblichgrün, von unten an reich verzweigt, mit ± spreizenden Ästen. Stg unten dicht drüsenhaarig, selten kahl, im BStand wie die BStiele u. K völlig kahl. Bl eifg bis länglich-lanzettlich, 2–4(–5)mal so lg wie br, vorn stumpf, mit aufgesetztem Spitzchen, besonders am Rand u. unterseits auf dem Mittelnerv drüsenhaarig. B etwa 9 mm ∅. KrBl abgerundet, selten schwach ausgerandet, unterseits kräftig purpurlila, oberseits heller. 0,30–0,80(–1,10). ♃ 6–9. (Mäßig) frische Ruderalstellen (Wegränder, Schuttplätze, Halden- u. Bahngelände, feuchte Salzwiesen); (N 1925) z SO-An, s Th M-Br Ns, (U) s NW-Sa (m-sm·eukOEUR–WAS – C – V Dauco-Mel., O Glauco-Pucc.).
Durchwachsenblättriges G. – G. perfoliáta L.

Seifenkraut – Saponária L.

1 Stg aufrecht, feinflaumig. B büschlig gehäuft, oft gefüllt, blaßrosa bis weiß. 0,30–0,80. ♃ 6–9. Mäßig trockne bis frische Ruderalstellen, besonders in Auenlandschaften (Ufer, Bahndämme, Schuttplätze, Wegränder, früher auch kultiviert); (A) alle Bdl v, aber Gebirge z (sm-temp·(oz)EUR–(WSIB) – H – Ib: Nachtfalter – V Dauco-Mel., V Convolv., V Arct., V Conv.-Agrop.). **Echtes S.** – S. officinális L.

1* Stg meist liegend od. aufsteigend, kurz drüsenhaarig. B in lockeren Zymen, lebhaft rot. 0,10–0,30. ♃ 4–10. Subalp. trockne Kalkschuttfluren u. KiefernW, Ufergeröll; (N) s S-Sa, (U) s Bw Th An, † Ba (m/salp-stemp/demo·ozEUR – H – Ib – K Thlasp. rot., O Eric.-Pin.). **Rotes S.** – S. ocymoídes L.

Kuhnelke – Vaccária N. M. WOLF

Pfl kahl, oberwärts ästig. Bl lanzettlich, blaugrün. Kr rosa. 0,30–0,60. ⊙ 6–8. Trockne, steinige Äcker, Schutt, kalkstet; (A) s N- u. O-Bw Th Sa Br Sh, (N U) s Ns Me, † Ba

Rh We He An, ↘ (m-temp·(k)EUR–WAS – T – Ib – Wv – V Caucal.). [V. pyramidáta MED.] **Saat-K.** – V. hispánica (MILL.) RAUSCHERT

Nelkenköpfchen, Felsennelke – Petrorhágia (SER. ex DC.) LINK [Túnica aut.]

1 Stg aufrecht, meist einfach, kahl. Bl linealisch, am Grund verwachsen, obere schuppenfg. B in endständigen, (1- bis) wenigblütigen Köpfen mit gemeinsamer HochBlHülle. Kr rosa. 0,15–0,45. ☉ 6–10. Lückige, oft ruderal beeinflußte Silikat- u. reichere Sandtrockenrasen; (A?) v Rh S- u. W-He NO-Br, z N-Ba Bw SW-We NO-He Th An W- u. S-Br O-Ns Me, s S-Ba N- u. O-We Sa SW-Ns O-Sh, ↘ (m/mo-temp·(oz)EUR – T – Sb, Ib – Wv – K Fest.-Brom., O Fest.-Sedet.). [Kohlráuschia prolífera (L.) KUNTH, Diánthus prolífer L., Túnica prolífera (L.) SCOP.] **Sprossendes N.** – P. prolífera (L.) P. W. BALL et HEYWOOD

1* Pfl dichtrasig. Bl sehr schmal. B einzeln, lg gestielt, mit AußenK. KrBl hellila bis sattrosa, mit 3 dunkleren Adern. 0,10–0,35. ♃ 6–9. Felsfluren, Trockenrasen, kalkhold; z S- u. M-Ba außer Alpen, (N U) s N-Ba Rh He: Frankfurt NO-Sa S-An Me, (N) † Bw Th, ↘ (m/mo-sm·subozEUR – C – O Alysso-Sed.). [Túnica saxífraga (L.) SCOP.] **Felsennelke** – P. saxífraga (L.) LINK

Nelke – Diánthus L.
(Ib: Falter, Vm – Wv)

1 KrBl an der Spitze gezähnt od. ganzrandig 2
1* KrBl mindestens bis zur Mitte zerschlitzt 10
2 B einzeln, zu 2 od. in lockeren BStänden. EinzelB nie sitzend, stets länger gestielt . 3
2* B in kopfigen BStänden od. büschlig gehäuft. EinzelB sitzend od. sehr kurz gestielt 7
3 Bl u. Stg kurzhaarig. 2 HochBl am KGrund. Kr purpurn, mit weißen Punkten u. dunklem Ring. 0,15–0,40. ♃ 6–9. Bodensaure Sandtrockenrasen u. Silikatmagerrasen; v N- u. M-Ba Rh He S-Th Sa An Br, z S-Ba außer Alpen Bw We N-Th Br Ns Sh, (A) z Me (sm/mo-b·subozEUR–(WSIB) – H, C – V Armer. elong., V Viol. can. – ▽). **Heide-N.** – D. deltoídes L.
3* Stg kahl. 2–6 HochBl am KGrund 4
4 KrBl am Schlund nicht bärtig u. nicht punktiert 5
4* KrBl am Schlund behaart od. rot punktiert, hellpurpurn 6
5 Bl am Rand glatt od. nur an ihrem Grund rauh, 2–10 mm br. B in lockeren BStänden, verschiedenfarbig. 4–6 HochBl am KGrund. 0,40–0,80. ♃ 7–8. ZierPfl, zuweilen verwildert (m·ozEUR – H). **Garten-N., Edel-N.** – D. caryophýllus L.
5* Bl am ganzen Rand rauh, 1–2 mm br. KrBl rosarot bis hellpurpurn. 2 od. 4 HochBl am KGrund. 0,05–0,40. ♃ 6–8. Subalp.-alp. Felsfluren, lückige Matten, basenhold; s SW-Ba: Allgäu, Wettersteingebirge (sm/mo-temp/mo·subozEUR – C – V Sedo-Scler., K Fest.-Brom. – ▽). **Stein-N.** – D. sylvéstris WULFEN
6 **(4)** Bl blaugrün, stumpflich. B einzeln. Kr am Schlund behaart. 0,10–0,25. ♃ 5–6. Xerotherme Kalk- u. Silikatfelsspalten, Felsfluren; z M- u. N-Ba: Jura, Fichtelgebirge S-Bw: Jura, Bodensee S- u. W-Th, s S-Ba: obere Hochebene N-Rh N-He N-Th M-Sa: Elbtal SW-An M- u. O-Br S-Ns: Süntel, ↘ (temp·subozEUR – C – V Sesl.-Fest. – ▽). [D. cǽsius SM.] **Pfingst-N.** – D. gratianopolitánus VILL.
6* Bl graugrün, spitz. B zu 2. KrBl hellpurpurn, am Grund der Platte mit dunkelroten Punkten. 0,25–0,50. ♃ 6–8. Magerrasen, Magerwiesen, WSäume, lichte Gebüsche u. LaubW, kalkmeidend; z M- u. NO-Ba, s S-Ba S-Bw: Jura, Schwarzw SO-Th Sa: bes. O-Erzg SO-An S-Br: Prösen, ob noch?, ↘ (temp·subozEUR – H – V Viol. can., V Mol., V Trif. med., O Brom. – ▽). [D. sylváticus HOPPE] (**) **Busch-N.** – D. seguiéri VILL.
7 **(2)** HochBl (am KGrund), Stg u. Bl rauhhaarig. B klein, purpurn, dunkler punktiert. 0,30–0,60. ☉ 6–8. Säume trockner Wälder, Gebüsche, Magerrasen, kalkmeidend; v W-Ba außer Alpen N-Bw Rh S-He, z O-Ba S-Bw We N-He Th W-Sa S-An S-Ns, s O-Sa

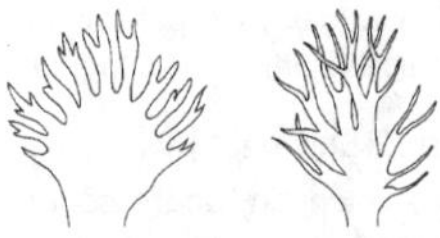

1 2

N-An Br N-Ns Me: SO u. Küste Sh, ↘ (sm-temp·(oz)EUR – H – V Trif. med., V Saroth., O Fest.-Sedet. – ∇). **Rauhe N.** – D. arméria L.

7* HochBl, Stg u. Bl kahl od. nur am Rand rauh **8**

8 Bl 5–18 mm br. Kr rot, rosa, weiß od. gestreift. 0,30–0,70. ♃ 6–9. ZierPfl, auch (N U) s, z. B. Ba Bw He Sa Me (sm/mo·subozEUR – C). **Bart-N.** – D. barbátus L.

8* Bl 2–4 mm br **9**

9 HochBl trockenhäutig, braun. BlScheiden etwa 4mal so lg wie die BlBreite. Bl linealisch. Kr purpurn. 0,15–0,45. ♃ 6–9. Kalk- u. Silikat-Xerothermrasen; v Ba außer Alpen u. Bayr-W Bw N- u. W-Rh Th An Br, z SW-Rh He Sa: bes. Elbe W-Ns Me, s W-We O-Ns W- u. S-Sh (sm/mo-temp·subozEUR – C – K Fest.-Brom. – ∇). **(**) Kartäuser-N.** – D. carthusianórum L.

9* HochBl krautig od. nur am Rand trockenhäutig. BlScheiden etwa so lg wie die BlBreite. **Busch-N.** – (s. **6***)

10 **(1)** KrBl höchstens bis zur Mitte fingerfg eingeschnitten, mit eifg Mittelfeld (Abb. **170**/1). Bl blaugrün. Kr rosa od. weiß. 0,15–0,30. ♃ 6–8. ZierPfl, auch (N U) s (sm/mo·temp/mo·subozEUR – H). **(**) Feder-N.** – D. plumárius L.

10* KrBl bis über die Mitte fiedrig eingeschnitten, mit länglichem Mittelfeld (Abb. **170**/2). Bl grasgrün **11**

11 Stg meist 1blütig. Bl linealisch, etwa 1 mm br. Kr weiß. 0,20–0,45. ♃ 6–9. Kont., reichere Sandtrockenrasen, lichte KiefernW; z O-Br, s O-Me, ↘ (temp-b·(subk)EUR – H – V Koel. glauc., V Cytis.-Pin. – ∇). **(**) Sand-N.** – D. arenárius L.

11* Stg 2–∞blütig. Bl lineal-lanzettlich, 3–5 mm br. Kr purpurn. 0,30–0,60. ♃ 6–9. Wechseltrockne bis -feuchte Wiesen, lichte LaubW; v W-Ba, z SO- u. M-Ba Bw: bes. Tief- u. Hügelland Th S-An Br Me, s NO-Ba Rh SW-We He: Meißner, Vogelsberg, Rhön, Untermain Sa N-An SO-Ns Sh, ↘ (m/mo-b·(k)EURAS – H – V Mol., V Pot.-Querc., V Querc. rob.-petr. – ∇). **** Pracht-N.** – D. supérbus L.

Hühnerbiß, Taubenkropf – Cucúbalus L.

Kr grünlichweiß. Stg sehr ästig, klimmend, wie die Bl kurzflaumig. 0,60–1,50. ♃ 7–9. Schleierges. der AuenW-Gebüsche; z mittl. u. unterer Rhein Donau Main Elbe Saale: M- u. N-Ba Sa O-An, s N-Bw N-Rh N-We: O-Ruhrgebiet S-He N- u. O-Th W-An S- u. W-Br SO-Ns Me, ↘ (m/mo-temp·subozEURAS – H – Ib – Vv – V Salic. alb., O Convolv.). **Hühnerbiß, Taubenkropf** – C. báccifer L.

Leimkraut, Lichtnelke – Siléne L.
(Ib – Wv – Adv.)

1 Pfl bis 3 cm hoch, dicht polsterfg. Stg sehr kurz, 1blütig. Kr leuchtendrot. 0,01–0,03. ♃ 6–9. Frische, kalkhaltige alp. Steinrasen; z S-Ba: Alpen (sm/alp-arct·(oz)CIRCPOL – C – Triözie – K Elyn.-Sesl., V Car. curv.). (**) **Stengelloses L.** – S. acaúlis (L.) JACQ.

1* Pfl höher. Stg mehrblütig **2**

2 Pfl 2häusig (selten bei Ohrlöffel-L. die ♂ Pfl mit einzelnen ⚥ B). Griffel 5 od. 3 u. dann B gelbrün **3**

2* Meist alle B ⚥, wenn Pfl 2häusig, dann B weiß u. K aufgeblasen, 20nervig. Griffel stets 3 . . . . **5**

3 Griffel 3. K kahl, 4–5 mm lg. KrBl ungeteilt, gelbgrün, ohne NebenKrBl. 0,20–0,60. ♃ 5–8. Kalk- u. Silikatfelsfluren, Silikat- u. reichere Sandtrockenrasen, trockne KiefernW; z M- u. NW-Ba NW-Bw: Rhein SO-Rh N-Th An Br, s SO-Bw: Hegau S-He NW-Sa: nur (N) Leipzig N-Ns: Wendland, Ostfriesische Inseln Me NW- u. SO-Sh (m-temp·(k)EUR–WSIB – H – K Fest.-Brom., O Fest.-Sedet., V Koel. albesc., V Cytis.-Pin.). **Ohrlöffel-L.** – S. otítes (L.) WIB.

3* Griffel 5. K behaart, 10–25 mm lg. KrBl 2spaltig, weiß od. rot, mit NebenKrBl **4**

4 Kr weiß, selten hellrosa, 25–30 mm br. KRöhre 10–20 mm lg. KZähne schmal dreieckig. B sich erst nachmittags od. abends öffnend, duftend. 0,30–1,00. ♃ 6–9. Mäßig trockne bis frische Ruderalstellen (Schutt, Wegränder), Äcker (besonders mehrjährige Kulturen), Gebüschsäume; g Sa An Br Me Sh, übrige Bdl v (m/mo·bEURAS – H – Ib: Nachtfalter – V Arct., O Onop., K Secal.). [Melándrium álbum (MILL.) GARCKE, M. dióícum (L.) COSS. et GERM., S. álba (MILL.) E. H. L. KRAUSE, S. praténsis (RAFN) GODR.] **(**) Weiße Lichtnelke, Weiße Nachtnelke** – S. latifólia POIRET

4* Kr rot, 18–25 mm br. KRöhre 10–15 mm lg. KZähne br dreieckig. B am Tag geöffnet, geruchlos. 0,30–0,90. ♃ 4–9. Wiesen, feuchte WSchläge, WSäume u. Hochstaudenfluren, Gebüsche, edellaubholzreiche Wälder; g S-Ba Bw We He, v N-Ba Rh S-Th S- u. W-Sa An Ns Me Sh, z N-Th NO-Sa Br (sm/mo-bEUR–WSIB – H – Ib: Tagfalter – V Alno-Ulm., V Filip., K Mol.-Arrh., O Adenost.). [Melándrium rúbrum (WEIGEL) GARCKE, M. silvéstre (SCHKUHR) RÖHL., M. dióícum (L.) SIMK.] **Rote Lichtnelke** – S. dióíca (L.) CLAIRV.

5 **(2)** K 20- od. 30nervig, d. h. in jeden Zahn verlaufen 3 od. 5 Nerven u. in jede Bucht 1 Nerv **6**

5* K 10nervig, d. h. in jeden Zahn u. in jede Bucht verläuft je 1 Nerv **7**

6 K 20nervig, deutlich aufgeblasen, stark netzadrig (Abb. **173**/1), wie die ganze Pfl kahl. Kr weißlich. 0,15–0,50. ♃ 6–9. Steinschuttfluren, Schwermetallhalden, gestörte Halbtrockenrasen, mäßig frische Ruderalstellen (Wegränder, Bahnanlagen), Gebüschsäume; alle Bdl v, aber W-Ns z (m/mo-bEURAS – C – Ib, Sb – V Mesobrom., K Viol. calamin., V Ger. sang., V Dauco-Mel.). [S. cucúbalus WIB., S. infláta (SALISB.) SM.] **** Gewöhnliches L., Taubenkropf-L.** – S. vulgáris (MOENCH) GARCKE

6* K 30nervig, nicht netzadrig, kegelfg, zuletzt schwach aufgeblasen, wie die ganze Pfl drüsenhaarig. Kr hellpurpurn. 0,10–0,40. ⊙ 6–7. Reichere (teils ruderal beeinflußte) Sandtrockenrasen; s W-Ba NW-Bw O-Rh S-He, (N) z Br Me, s Sh, (N U) s Sa: Elbe SW-An N-Ns, † We, ↘ (m-temp·subozEUR–(WAS) – T – Ib, Sb – O Fest.-Sedet.). **Kegel-L.** – S. cónica L.

7 **(5)** NebenKr fehlend **8**

7* NebenKr vorhanden **10**

8 Pfl nicht drüsig-klebrig, oft völlig kahl. Bl am Rand mit feinen Zähnchen (Lupe!). B weiß od. grünlichweiß, beim Aufblühen auf senkrechten Stielen nickend, in aufrechten Scheinbtrauben. 0,30–0,60. ♃ 7–9. Grundwassernahe, reichere Sandtrockenrasen (Flußterrassen); z O-Br, (N U) s M-Br Me (sm-b·subkEUR – H – V Armer. elong.). **Tataren-L.** – S. tatárica (L.) PERS.

8* Ganze Pfl drüsig-klebrig od. Stg klebrig beringelt. Bl ohne Zähnchen **9**

9 Ganze Pfl klebrig-zottig. B groß, rein weiß. Bl am Rand wellig. 0,30–0,70. ⊛ ♃ 5–7. Arme Sandtrockenrasen (Dünen), kalkmeidend; s Me: Rügen, (U) s An S-Br (m-temp·k+(lit) EUR–WAS – H – V Coryneph., V Ammoph.). [Melándrium viscósum (L.) ČELAK.] **Klebriges L.** – S. viscósa (L.) PERS.

9* Pfl flaumig-kurzhaarig. Stg klebrig beringelt. KrBl oberseits weiß, unterseits mit hellvioletten, grauen od. grünen Adern. 0,60–1,00. ⊙ 5–7. Saumges., Zweizahnfluren; (N) s SO-Sa: Elbe, (U) s O-We He Me (m-sm·subozEUR – H – O Orig., V Bid.). [S. itálica ssp. nemorális (W. et K.) NYMAN] **Hain-L.** – S. nemorális W. et K.

10 **(7)** Kr gelblichgrün. Pfl kahl. Bl am Rand nicht feinzähnig, obere hochblattartige Bl schmal hautrandig. 0,30–0,60. ♃ 6–8. Kont. reichere Sandtrockenrasen, lichte Sand-

KiefernW; z O-Br, s W-Br, † Th: ob je? Sa SO-Me, ↘ (sm-temp·kEUR–WSIB – H – V Koel. glauc., V Cytis.-Pin.). **Grünblütiges L.** – S. chlorántha (WILLD.) EHRH.

10* Kr weiß, rosa od. rot ... **11**

11 K 3–7 mm lg, kurz kreiselfg ... **12**

11* K >7 mm lg ... **13**

12 Bl 10–50mal so lg wie br. KrBl 4zähnig, weiß. Sa 1 mm, am Rand mit strahlig abstehenden Schuppen (Abb. **173**/2). Stg klebrig beringelt. 0,05–0,20. ♃ 6–9. Subalp.-alp. kalkhaltige Quellfluren, überrieselte Felsen usw.; z S-Ba: Alpen, s obere Hochebene (m/alp-temp/salp·subozEUR – C – Wv – V Craton.). [Heliospérma quadridentátum (MURRAY) SCH. et THELL., Siléne quadrífida JACQ. non L.] **Vierzähniges L., Strahlensame** – S. pusílla W. et K.

12* Bl 2–10mal so lg wie br. KrBl verkehrtherzfg, weiß bis rosa. Sa 0,5 mm, am Rand ohne Schuppen. Stg nicht klebrig, wie die Bl bläulichgrün. 0,10–0,25. ♃ 7–8. Mont. bis subalp. Silikatfelsfluren, kalkmeidend; z SW-Bw: S-Schwarzw, s SW-Ba: Allgäu (m/alp-b·ozEUR – H – V Sedo-Scler., V Andros. vand.). **Felsen-L.** – S. rupéstris L.

13 **(11)** KrBl tief 2spaltig, weiß od. sehr blaß rosa ... **14**

13* KrBl abgerundet bis kurz 2lappig, rosa od. rot, selten weiß ... **16**

14 Pfl ♃, mit nichtblühenden BlRosetten. B in rispigen, vor dem Aufblühen einseitig überhängenden Thyrsen, nur nachts geöffnet. 0,30–0,50. ♃ 5–8. Silikatfelsfluren, Trockengebüsche, TrockenW u. ihre Säume, kalkmeidend; v Ba Bw Rh He Th O-Sa S-An O-Br, z We W-Sa W-Br O-Ns Me: bes. Landrücken Sh, s N-An (sm/mo-temp·(suboz) EUR–WSIB – H – Ib: Nachtfalter – O Sedo-Scler., K Trif.-Ger., V Querc. rob.-petr.). **Nickendes L.** – S. nútans L.

14* Pfl ⊙ od. ⚇, ohne nichtblühende BlRosetten ... **15**

15 BStand wiederholt gegabelt, mit einer EinzelB in jeder Gabelung; die Gabeläste sind reichblütige, einseitswendige Wickel (Abb. **173**/4). KRöhre 11–15 mm lg. Kr weiß. 0,30–0,70. ⊙ ⚇ 6–8. Ruderalstellen (Schutt, Wegränder), nährstoffreichere Äcker (Klee, Luzerne); (N) z W-Ba: bes. Donau, Main, Lech We W- u. S-He N-Th S-Br, s O-Ba: Donau, Naab S-Th N-Br Me: Landrücken, (U) z Bw Rh S-An Sa, (U) s He N-An SO-Ns, † Sh (m-temp·subkEUR – T, H – Ib, Sb – K Secal., K Chen.). **Gabel-L.** – S. dichótoma EHRH.

15* BStand ein ziemlich armblütiges Dichasium. KRöhre 20 mm lg. Kr blaßrosa. 0,15–0,40. ⊙ ⚇ 6–9. Nährstoffreiche Äcker, mäßig trockne Ruderalstellen (Schutt), kalkhold; (A) v Ba O-Bw Th S-An, z W-Bw Rh He Sa N-An Br Ns Me: bes. Landrücken, s We Sh, ↘ (m-b·subozEUR–WAS – T, H – Ib: Nachtfalter, Sb – V Caucal., V Fum.-Euph.). [Melándrium noctiflórum (L.) FRIES] **Acker-L.** – S. noctiflóra L.

16 **(13)** B in traubenähnlichen, meist einseitswendigen Wickeln, kurz gestielt (Abb. **173**/5). Stg behaart, oberwärts drüsig. K rauhhaarig. 0,10–0,45. ⊙ 6–8. Mäßig frische Ruderalstellen (Schutt, Wegränder, Umschlagplätze), nährstoffreichere Äcker, Weinberge; (N U) s S-Ba NO-Bw Rh We He Th N-Sa Br Ns Me Sh, † An (m-sm·(oz)EUR – T – K Secal., K Chen.). **Französisches L.** – S. gállica L.

16* B in dichten Scheindolden od. armblütigen Dichasien (Abb. **173**/3) ... **17**

17 Reichblütige, dichte Scheindolden. BStiele viel kürzer als der K. Pfl völlig kahl. Platte der Kr 5–7 mm lg. 0,15–0,60. ⊙ ⊗ 6–9. Bodensaure Silikattrockenrasen, mäßig frische Gebüschsäume; z N- u. O-Rh, s He: Rhön, Herborn Br, (U) s Bw SW-We N- u. O-Sa An N- u. O-Ns NW-Me, † Sh, ↘. ZierPfl (m-temp·subozEUR – T, H – O Fest.-Sedet., V Trif. med.). **Nelken-L.** – S. arméria L.

17* Armblütige Dichasien. Stg wenigstens am Grund behaart. Platte der Kr 2–5 mm lg. Ehemals Unkräuter in Leinfeldern ... **18**

18 Stg nur am Grund behaart, sonst kahl. BStiele viel länger als der K. KrBl rosa, meist 2lappig. K zwischen den hervortretenden rötlichen Rippen aderlos, mit spitzen, br weißrandigen Zähnen. 0,10–0,70. ⊙ ① 6–7. Leinäcker; (A) † NW-Bw Me (m-sm·suboz EUR – T, H – O Aper.). **Kreta-L.** – S. crética L.

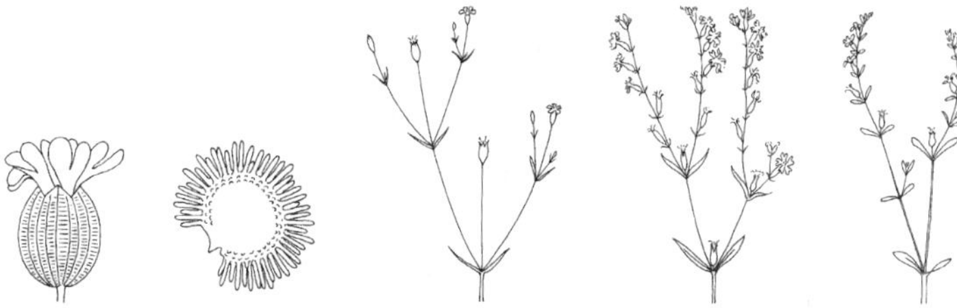

18* Stg kurzflaumig. BStiele meist kürzer als der K. KrBl rosa, mit 3 purpurroten Streifen, schwach ausgerandet. K zwischen den Rippen adrig, grünlichweiß, stumpfzähnig. 0,30–0,60. ☉ 6–9. Leinäcker; (A, im Leinbau entstanden) † Ba Bw Rh Ns Me (sm-temp·subozEUR – T – O Aper.). **Flachs-L.** – S. linícola C. C. GMELIN

Lichtnelke – Lýchnis L.

1 Stg unter den Knoten stark klebrig. KrBl gestutzt od. schwach ausgerandet. BStand traubig-rispig, fast quirlig. 0,30–0,60. ♃ 5–7. Bodensaure Felsfluren u. Trockenrasen, TrockenW, -gebüsche u. ihre Säume, kalkmeidend; v Rh S-Th Sa, z Ba Bw N-Th S-An Br Me Sh, s We He N-An NO-Ns, ↘ (sm/mo-b·subozEUR–(WSIB) – H – Ib: Tagfalter – O Sedo-Scler., O Brom. erect., V Ger. sang., V Querc. rob.-petr.). [Viscária vulgáris BERNH., V. viscósa ASCHERS.] **Pechnelke** – L. viscária L.

1* Stg nicht klebrig **2**

2 KrBl tief 4spaltig (Abb. **158**/3), fleischfarben. Pfl etwas rauhhaarig. 0,30–0,80. ♃ 5–7. Feuchte bis nasse Moorwiesen, Fettwiesen; alle Bdl v, aber MDt-Trockengeb z, ↘ (sm/mo-b·(oz)EUR–WSIB – H – Ib: Falter – Wv – O Mol., V Calth.). **Kuckucks-L.** – L. flos-cucúli L.

2* KrBl ungeteilt od. ausgerandet, dunkelrot. Pfl weißfilzig. 0,40–0,90. ♃ 6–8. ZierPfl, auch Ruderalstellen (Schutt); (N) z Sa, (N U) s An Br Me (m/mo-sm·subozEUR+WAS – H). **Vexiernelke, Kronen-L.** – L. coronária (L.) DESR.

Rade – Agrostémma L.

Pfl zottig graufilzig. Kr trübpurpurn. 0,50–1,00. ☉ ① 6–7. Nährstoffreichere Äcker, vor allem in Wintergetreide; (A), heute meist (U), alle Bdl s, ↘ (m-bEURAS – T, H – Ib: Falter, Sb – Mv – K Secal. – Sa giftig!). **Korn-R.** – A. githágo L.

Spergel, Spark – Spérgula L.
(T – Ib, Sb – Wv)

1 Bl unterseits mit Längsfurche. Sa mit schmalem Hautrand. 0,10–0,50. ☉ 6–10. Sandige bis lehmige, meist stärker saure Äcker, sandige Wegraine; (A) alle Bdl v, aber Hegau, Jura u. MDt-Trockengeb z. KulturPfl (m-b·(oz)EUR–WAS – O Aper., V Sperg.-Oxal., V Pan.-Set. – FutterPfl). ** **Acker-S.** – S. arvénsis L.

1* Bl unterseits ohne Längsfurche. Sa mit br, strahlig gerieftem, ringfg Hautrand **2**

2 KrBl br oval, stumpf, sich berührend od. randlich deckend. StaubBl (6–)10. SaRand bräunlich, halb so br wie der ∅ des übrigen Sa. 0,05–0,25. ☉ ① 4–6. Arme, bodensaure Sandtrockenrasen (besonders Binnendünen), sandige Brachen, trockne KiefernW, kalkmeidend; v N-An Br N-Ns SW-Me, z M- u. N-Ba W- u. N-We S-He S-Th N-Sa S-An N- u. O-Me Sh, s NW-Bw Rh SO-We N-Th S-Sa S-Ns, ↘ (sm/mo-temp·subozEUR – T, H – V Coryneph., V Thero-Air., V Cytis.-Pin.). [S. vernális WILLD. p. p., S. pentándra aut.] **Frühlings-S.** – S. morisónii BOR.

2* KrBl lanzettlich, spitzlich, sich nicht berührend. StaubBl meist 5. SaRand weißlich, so br wie der übrige Sa. 0,05–0,20. ⊙ 4–5. Bodensaure Silikatfelsfluren u. Sandtrockenrasen; z An, s N-Ba N- u. O-Rh W- u. M-He N-Th M- u. O-Sa Me, † Br Sh, ↘ (m/mo-temp·subozEUR – K Sedo-Scler.). **Fünfmänniger S.** – S. pentándra L.

Schuppenmiere, Spärkling – Spergulária (PERS.) J. et C. PRESL
(Ib, Sb – Wv, Ev)

1 Stg aufrecht. KBl weiß, trockenhäutig, mit grünem Rückennerv. Kr weiß. 0,03–0,10. ⊙ 6–7. Krumenfeuchte, sandig-lehmige bis tonige, saure Äcker; (N U) s Me, † Ba Bw Rh We He Th An Br Ns, ↘ (sm-temp·ozEUR – T – V Nanocyp.). [Délia segetális (L.) DUM.] **Saat-Sch.** – S. segetális (L.) G. DON fil.

1* Stg liegend od. aufsteigend. KBl grün, nur am Rand trockenhäutig. Kr rosa 2

2 B 8–12 mm br. KrBl blaßrosa, allmählich zum Grund hin weiß. StaubBl (7–)10. Kapsel 6–12 mm lg, etwa doppelt so lg wie der K. Alle Sa mit br, weißem Hautsaum. 0,05–0,40. ♃ 7–9. Nasse, stark salzhaltige Schlick- u. Sandböden; v Küsten: Ns Me Sh, s Binnenland: N-Th S-An N-Me Sh, † Rh We (m-b·k+litEUR–WAS – H – O Glauco-Pucc.). [S. marginàta (DC.) KITTEL, S. marítima (ALL.) CHIOV.] **Flügelsamige Sch.** – S. média (L.) C. PRESL

2* B 6–8 mm br, tiefrosa. Kapsel 4–6 mm lg, so lg wie der K od. wenig länger. Alle Sa od. doch die meisten ohne Hautsaum 3

3 Sa am Rand mit ∞ Stacheln, auf den Flächen mit spitzen Wärzchen. Untere Bl stumpf, obere stachelspitzig. NebenBl sehr klein. 0,04–0,10. ♃ 6–10. Feuchte, zeitweise überschwemmte, sandige Ufer; z Elbe: An Ns Me S-Sh, s NW-Sa: Elbe NO-Br: Oder, (N) NW-Me: Rostock (temp·subozEUR – H – V Nanocyp., V Chen. rub.). **Igelsamige Sch.** – S. echinospérma (ČELAK.) A. et GR.

3* Sa fein runzlig, nicht bestachelt 4

4 Bl stachelspitzig. NebenBl silberweiß, glänzend. Kapsel so lg wie der K. Kr rosenrot. StaubBl 10. 0,04–0,25. ⊙ ① ♃ 5–9. Krumenfeuchte, saure Äcker, Trittstellen (feuchte Wege, Pflasterfugen, Straßenränder), Ufer, kalkmeidend; (A?) alle Bdl v, aber Alpen u. Vorland, Jura, O-Bw, MDt-Trockengeb u. Oderbruch z (austr+m-bCIRCPOL – T, H – K Plant., O Aper., V Sperg.-Oxal., V Nanocyp.). [S. campéstris (L.) ASCHERS.] **Rote Sch.** – S. rúbra (L.) J. et C. PRESL

4* Bl stumpflich, fleischig. NebenBl wenig glänzend. Kapsel wenig länger als der K. Kr tiefrosa, am Grund plötzlich weiß. StaubBl 2–5(–9). 0,05–0,20. ⊙ ① 5–9. Offne, salzhaltige Böden, Straßenränder; v Küsten: Ns Me Sh, z Binnenland: He NW-Th An O-Ns N-Me, s SW-Bw N- u. O-Rh SW- u. NO-We Sa? Br SO-Me Sh, † Ba, ↘ (m-b·k+litCIRCPOL – T, H – O Glauco-Pucc.). [S. marína (L.) BESSER] **Salz-Sch.** – S. salína J. et C. PRESL

Hirschsprung – Corrigíola L.

Stg reich verzweigt mit liegenden Ästen. Bl lineal-lanzettlich. B weiß. 0,07–0,50 lg. ⊙ 7–10. Offne Pionierfluren an Ufern, krumenfeuchte Äcker, kalkmeidend; z We Sa: NO u. Elbe N- u. O-An: bes. Elbe Br Ns: bes. Elbe, Weser, Aller, s SW-Bw: mittl. Schwarzw N- u. O-Rh He: Edersee SW-Me: Elbe S-Sh, † Ba Th, ↘ (m-temp·ozEUR – T – V Chen. rub., V Nanocyp.). **Hirschsprung** – C. litorális L.

Knorpelmiere – Illécebrum L.

Stg liegend, fadenfg. Bl verkehrteifg, kahl. B weiß. 0,05–0,25 lg. ⊙ 7–9. Krumenfeuchte, saure Sandäcker, feuchte, sandige Wegränder, Ufer, kalkmeidend; (A?) z N-We O-An S-Br Ns, s NO-Ba S-We N-Sa NW-An NW-Br W-Me S-Sh, † Bw Rh S-He Th, ↘ (m-temp·ozEUR – T – kleistogam – V Arnos., V Nanocyp.). **Quirlige K.** – I. verticillátum L.

Bruchkraut – Herniária L.
(Ib, Sb)

1 Pfl frisch- bis gelbgrün. Stg kahl od. sehr kurz kraushaarig. Bl kahl od. nur am Grund kurz gewimpert bis spärlich kurzhaarig. NebenBl dreieckig, so lg wie br, etwa $^1/_2$ mm lg. BHülle kahl bis kurz gewimpert od. mit sehr kurzen, spärlichen Haaren, kürzer als die reife Kapsel. 0,05–0,30 lg. ⊙ ♃ 6–10. Ruderal beeinflußte Sandtrockenrasen, sandige Trittstellen (Wege, Dämme, Pflasterfugen), kalkmeidend; (A) v Rh We He Sa An Br O-Ns Sh, z Ba außer Alpen Bw Th W-Ns Me (m-temp·(subk)EUR–WAS – T, H – V Armer. elong., V Polyg. avic.). **(**) Kahles B.** – H. glábra L.

1* Pfl infolge dichter Behaarung graugrün. NebenBl winzig, breiter als lg, kürzer als $^1/_2$ mm. BHülle dicht borstig, mindestens so lg wie die reife Kapsel. 0,05–0,20 lg. ⊙ ♃ 7–9(–10). Saure Sandtrockenrasen, sandige Äcker, Bahnanlagen, kalkmeidend; (N) z Bw N- u. O-Rh, s O- u. NW-Ba N- u. W-We S-He N-Th Sa An W-Ns, (U) s S-Ba Br NW-Me, ↘ (m-sm·(k)EUR–WAS – T, H – O Fest.-Sedet.). **Behaartes B.** – H. hirsúta L.

Nagelkraut – Polycárpon LOEFL. ex L.

Pfl kahl, vielstenglig. B in reichverzweigten Dichasien. 0,05–0,15. ⊙ 7–9. Trockne, sandige Trittstellen (Wegränder, Pflasterfugen), kalkmeidend; (N) s SO-Rh, (U) s SW-We Ns Me, † Bw Th An, ↘ (m-sm·(oz)EUR – T – V Polyg. avic.).
Vierblättriger N. – P. tetraphýllum (L.) L.

Familie **Amarantgewächse** – Amarantháceae JUSS.

Meist Kräuter. Bl ganzrandig, ohne NebenBl. B klein, unscheinbar, einzeln in den Achseln von meist häutigen TragBl od. in oft knäueligen TeilBStände, diese zu kopfigen od. verlängerten Ähren od. Trauben vereinigt. BHülle gleichartig, meist radiär, aus 3–5 meist trockenhäutigen, oft lebhaft gefärbten PerigonBl bestehend. StaubBl (1–)3–5. Zwischen den Staubfäden oft kronblattartige Zipfel. FrKn oberständig, 2–3blättrig, 1fächrig. Griffel meist 1, mit 2–3 Narben. SaAnlagen 1(–∞). Meist 1samige Nüsse od. Deckelkapseln (750 Arten – T – Ib, Wb – Wv, Ev – Adv.).

1 B in dichten, achselständigen Knäueln od. in dichten Ährenrispen. Griffel 2–3.
Amarant – Amaránthus S. 175

1* B in federbuschartigen, verkehrtpyramidenfg od. in zusammengedrückten, verbreiterten BStänden. Griffel 1. **Brandschopf** – Celósia S. 175

Brandschopf – Celósia L.

BStand gelb od. rot, pyramidenfg-rispig od. zusammengedrückt hahnenkammfg verbreitert. 0,40–0,50. ⊙ 7–9. ZierPfl (trop-stropCIRCPOL).
Silber-B., Hahnenkamm – C. argéntea L.

Amarant, Fuchsschwanz – Amaránthus L.

1 BStand endständig, vom Grund an hängend, dunkelpurpurn, seltener auch anders gefärbt. 0,30–1,20. ⊙ 7–9. ZierPfl, auch an Ruderalstellen (Müll); (N U) s, z. B. Ba Bw We Sa An Br Me (trop-stropSAM). **Garten-F.** – A. caudátus L.

1* BStände achselständig od. verlängert u. endständig, aufrecht, grün (wenn rot, dann höchstens von der Mitte an nickend) **2**

2 PerigonBl (2–)3. Stg niederliegend bis aufsteigend **3**

2* PerigonBl (4–)5, bei Bouchons A., **12**, an einigen B nicht selten auch 3. Stg aufrecht od. niederliegend bis aufsteigend **7**

3 Fr eine Deckelkapsel. VorBl $^3/_4$–2mal so lg wie das Perigon **4**

3* Fr eine (bisweilen unregelmäßig aufreißende) Nuß. VorBl $^1/_3$–$^1/_2$ so lg wie das Perigon **5**

4 VorBl doppelt so lg wie das Perigon, mit derber Dornspitze. Bl länglich-spatelfg, stumpf od ausgerandet, mit Stachelspitzchen, am Rand wellig. Stg weißlich. 0,10–0,50. ⊙ 7–10. Trockne Ruderalstellen (Müll, Wegränder, Bahnanlagen); (N 1880) z Rh N- u. W-We S-He N-Th Sa An Br Me, s N-He S-Th Ns, (U) z Ba N- u. W-Bw, s SO-Bw Sh (stropmAM – K Chen.). **Weißer A.** – A. álbus L.

4* VorBl etwa 3/4 so lg wie das Perigon, mit kurzem Stachelspitzchen. Bl spitz, schmutziggrün od. rötlich. Stg grün od. rötlich. 0,15–0,70. ⊙ 7–9. Nährstoffreiche Hackkulturen (Äcker, Gärten, Weinberge), Ruderalstellen (Wegränder, Umschlagplätze); (N 1826) s N- u. O-Rh S-He N-Sa Br: Berlin N-Ns: Bremen SW-Sh, (U) s S- u. M-Ba SW-Bw We S-An Me, ↘ (m-smEUR–WAS – K Chen.). [A. angustifólius LAMK., A. sylvéstris VILL.] **Griechischer A.** – A. graecízans L.

5 **(3)** Stg oberwärts dicht flaumhaarig. Bl mit stumpflicher Spitze. PerigonBl 2(–3). Sa viel kleiner als die aufgeblasene Fr. 0,20–0,40. ⊙ ♃ 6–10. Trockne Ruderalstellen (Trittstellen, Bahnanlagen, Wollabfälle); (N 1889 U) s M-Ba Bw We M- u. NW-Sa An Br: Berlin, Potsdam, Prenzlau M- u. NW-Me (austr-stropAM – O Plant.). **Herabgebogener A.** – A. defléxus L.

5* Stg völlig kahl. Bl gestutzt bis ausgerandet **6**

6 Pfl dunkelgrün bis bläulich- od. rötlichgrün. Stg aufsteigend. Bl anfangs meist rötlich, oft mit hellem od. dunklem Fleck u. welligem Rand, stachelspitzig. PerigonBl 3(–5). Sa die zusammengedrückte Fr fast ausfüllend, (1,0–)1,1–1,5 mm lg. 0,20–0,70. ⊙ 6–10. Nährstoffreiche Hackkulturen (Äcker, Gärten, Weinberge), mäßig trockne Ruderalstellen (Wegränder, Schutt); (A) z bes. Tief- u. Hügelland Bw O-Rh W-We S-He Sa An Br NO-Ns: Elbe, (U) z S- u. M-Ba, s N-Ba W-Rh NO-We N-He Th W- u. S-Ns Me S-Sh, ↘ (austr-temp·(oz)CIRCPOL – K Chen.). [A. ascéndens LOISEL., A. lívidus L., Albérsia blítum (L.) KUNTH] **Aufsteigender A.** – A. blítum L.

6* Pfl meist hellgrün ohne Rotfärbung. Bl ungefleckt. PerigonBl 2–3. Sa (0,7–)0,8–1,1 mm lg. 0,20–0,70. ⊙ 6–10. Feuchte bis nasse, sandige Flußufer, Ruderalstellen, Äcker; (A) z Bw, (N 1889 U) s Rh We He Sa? An Br Ns SW-Me Sh (m-sm·ozEUR – V Nanocyp., V Chen. rub.). **Ufer-A.** – A. emarginátus MOQ. ex ULINE et W. L. BRAY

7 **(2)** Alle B in achselständigen Knäueln. Stg liegend od. aufsteigend **8**

7* BStand endständig, daneben mitunter achselständige BKnäuel vorhanden **10**

8 Fr eine glatte Deckelkapsel. Stg liegend, weißlich, kahl od. oberwärts flaumig. Bl 15–20 mm lg, länglich-lanzettlich, stumpf, mit schmalem Hautrand, unterseits mit hervorspringenden, weißlichen Nerven. ♂ B meist 4zählig, ♀ 4–5zählig. 0,15–0,50. ⊙ 7–9. Trockne Ruderalstellen (Umschlagplätze, Wollabfälle, Schutt); (N 1893) z NW-Bw O-Rh W-We S-An Br, s N-Th N-Sa N-An S-Sh, (U) z N-Ns, s Ba S-Bw NO-We SW-He Me (m-stemp·(k)WAM – K Chen.). **Westamerikanischer A.** – A. blitoídes S. WATSON

8* Fr eine faltig-runzlige Nuß. Bl 5–15 od. 30–50 mm lg, mit ± krausem Rand **9**

9 Stg dicht weichhaarig. Bl 5–15 mm lg, am Rand stark wellig-kraus. ♀ PerigonBl verkehrteifg bis spatelfg, allmählich in einen Nagel verschmälert, an der Spitze etwas gegen die Fr gebogen. 0,10–0,40. ⊙ 7–9. Ruderalstellen (Hafenanlagen, Wollabfälle); (N 1873 U) s Bw NW-Sa O-An SO-Br Me (austr-austrostropAM). **Krauser A.** – A. críspus (LESP. et THÉV.) N. TERRACC.

9* Stg spärlich behaart. Bl 30–50 mm lg, am Rand fein gekräuselt. PerigonBl der ♀ B plötzlich in einen Nagel verschmälert, im vorderen Teil rückwärts gebogen. 0,20–0,70. ⊙ 7–10. Ruderalstellen (Hafenanlagen, Wollabfälle); (N 1895 U) s SW-Ba Bw We Sa: Leipzig S-An Me (austr-austrostropAM). [A. vulgatíssimus aut.] **Standley-A.** – A. standleyánus PARODI ex COVAS

10 **(7)** PerigonBl der ♀ B verkehrtdreieckig, nach vorn verbreitert, ausgerandet, mit Stachelspitze, zurückgebogen, nach unten plötzlich in einen Nagel verschmälert, länger als die VorBl. Bl am Rand fein gekräuselt. **Standley-A.** (s. **9***)

10* PerigonBl auf der ganzen Länge gleich br od. nach vorn verschmälert, stumpf bis zugespitzt, mit od. ohne Stachelspitze, nicht zurückgebogen **11**

11 Stg liegend bis aufsteigend. Bl anfangs meist rötlich, oft mit hellem od. dunklem Fleck u. welligem Rand. VorBl kürzer als die Perigonzipfel. **Aufsteigender A.** (s. **6**)

11* Stg aufrecht. Bl meist ungefleckt, am Rand nicht wellig. VorBl 1,5–2mal so lg wie das Perigon **12**

12 Fr eine Nuß. VorBl pfriemlich-lanzettlich, lg grannig. PerigonBl ungleich lg, die inneren kürzer als die Fr. 0,20–1,00. ⊙ 6–10. (Mäßig) trockne Ruderalstellen (Schutt, Bahnanlagen); (N 1932) z W-Bw Sa O-An: mittleres Elbtal, s SW-Ba O-Bw Rh We He O-Th S- u. M-Br Ns Me: Elbe, ↗ (mAM? – K Chen.). **Bouchon-A.** – A. bouchónii THELL.

12* Fr eine mit kreisfg Querriß sich öffnende Deckelkapsel **13**

13 PerigonBl der ♀ B nach oben verbreitert, ± spatelfg, ausgerandet od. gestutzt, zuweilen mit Stachelspitzchen. Pfl blaßgrün. Stg dicht flaumig-zottig. Bl rhombisch-eifg. BStand dicht ährig. VorBl 3–6 mm lg, derb, stechend. 0,15–1,00. ⊙ 7–9. Trockne bis frische Ruderalstellen (Wegränder, Müll), nährstoffreiche Hackfruchtäcker; (N 1815) v bes. Tief- u. Hügelland Ba Bw SO-Rh S-He N-Th N-Sa An Br Me, z N- u. W-Rh We N-He S-Th S-Sa Ns Sh, ↗ (m-sm·subozOAM – K Chen., K Bid.). **Zurückgebogener A.** – A. retrofléxus L.

13* PerigonBl der ♂ u. ♀ B lanzettlich, schmal eifg od. elliptisch, spitz **14**

14 Längere VorBl der meisten ♀ B etwa doppelt so lg wie das Perigon, (2–)4–6 mm lg, mit sehr lg Stachelspitze. Bl rhombisch-eifg. BStand ziemlich locker, langästig, hellgrün. 0,20–1,00. ⊙ 7–9. Mäßig trockne Ruderalstellen (Müll, Umschlagplätze), Äcker; (N 1891) z Ba Bw: bes. Rhein u. Neckar Rh W-We S- u. M-He N-Sa An Br Me NO-Ns u. S-Sh: Elbe, s Th, (U) s O-We S- u. W-Ns, ↗ (trop-mAM – K Chen., K Bid.). [A. hýbridus L. em. AELLEN, A. chloróstachys aut. p. p.] **Grünähriger A.** – A. powéllii S. WATSON

14* Längere VorBl der meisten ♀ B 1–1,5mal so lg wie das Perigon, 2–4 mm lg, mit kurzer Stachelspitze. BStand kurzästig, dichter, dunkelgrün. 0,20–1,00. ⊙ 7–10. Ruderalstellen; (N 1950 U) s, z. B. Mannheim, Hamburg, Gießen, Leipzig (trop-stropAM?). [A. pátulus BERTOL.] **Ausgebreiteter A.** – A.chloróstachys WILLD.

Familie **Gänsefußgewächse** – Chenopodiáceae VENT.

Kräuter, seltener Sträucher od. kleine Bäume. Bl wechselständig, die unteren oft, selten alle gegenständig. B klein, unscheinbar, radiär, meist in knäueligen Thyrsen ohne TragBl. Perigon 1–5blättrig, nur am Grund verwachsen, grünlich od. rötlich od. fehlend. StaubBl 1–5. FrKn oberständig, 2(–5)blättrig, 1fächrig, mit 1 basalen SaAnlage. Griffel od. Narben 2(–5). Nüsse, seltener Deckelkapseln (1300 Arten – Wb, Iv – Wv, Mv – vorwiegend salz- od. stickstoffliebend, daher viele Strand- u. RuderalPfl – Adv.).

1 Stg gegliedert, an den Knoten eingeschnürt, scheinbar blattlos, fleischig (Abb. **185**/5). **Queller** – Salicórnia S. 186

1* Stg nicht gegliedert, deutlich beblättert **2**

2 Bl ungestielt, linealisch bis pfriemlich od. mit stechender Spitze, oft fleischig od. halbstielrund **3**

2* Bl gestielt od. am Grund verschmälert, nicht stechend, flach, bisweilen etwas fleischig . **8**

3 Bl stachelspitzig. B einzeln (selten bis 3) achselständig, meist ährig **4**

3* Bl nicht stachelspitzig, stumpf bis spitz, meist fleischig. B einzeln od. in armblütigen Knäueln, achselständig, wenn BKnäuel in Ähren, siehe Melde (**11***) **6**

4 Bl am Grund etwas verschmälert od. gleich breit u. dann halbstielrund. VorBl fehlend. Perigon fehlend od. aus 1(–3) durchsichtigen Schüppchen bestehend. StaubBl. 1–5. **Wanzensame** – Corispérmum S. 185

4* Bl mit verbreitertem Grund sitzend, dreikantig, flach od. stielrund u. dann am Grund hautrandig. VorBl 2. PerigonBl 5 . . . . **5**

5 Perigonzipfel am Rücken mit Querkiel. StaubBl (3–)5. **Salzkraut** – Sálsola S. 186

5* Perigonzipfel am Rücken ohne Querkiel. StaubBl 3. **Knorpelkraut** – Polycnémum S. 178

6 (3) Pfl kahl, blaugrün. Perigon ohne Anhängsel. **Sode** – Suǽda S. 186
6* Pfl behaart, selten kahl. Perigon mit Anhängsel 7
7 Perigonzipfel zur FrZeit mit flügelartigen Anhängseln (Abb. **185**/1, 2). **Radmelde** – Kóchia S. 185
7* Perigonzipfel zur FrZeit auf dem Rücken mit braunem, stumpfem Höcker. **Dornmelde** – Bássia S. 185
8 (2) B ⚥ 9
8* B eingeschlechtig (selten mit einigen ⚥ gemischt) 10
9 Perigon krugfg, 5spaltig, am Grund mit dem FrKn verwachsen, dieser daher halbunterständig. Deckelkapsel. GrundBl rosettig, groß. Meist KulturPfl. **Rübe** – Béta S. 178
9* Perigon 3–5blättrig, frei od. am Grund ± verwachsen. FrKn frei, oberständig. Nuß mit häutiger FrSchale. Untere Bl fast nie rosettig, meist gegenständig. **Gänsefuß** – Chenopódium S. 178
10 (8) Wenigstens einige mittlere StgBl pfeilfg, Zipfel am Grund abwärtsgerichtet. Pfl 2häusig. Narben 4–5, lg fadenfg. KulturPfl. **Spinat** – Spinácia S. 182
10* Mittlere StgBl nicht pfeilfg, zuweilen spießfg, am Grund mit seitwärts od. vorwärtsgerichteten od. abgerundeten Zipfeln. Pfl 1häusig (nur ausnahmsweise einzelne Pfl 2häusig). Narben 2 11
11 FrHülle verhärtet, 2–3lappig (Abb. **183**/1, 2). Bl verkehrteifg bis elliptisch, stumpf, ganzrandig. Ganze Pfl durch Blasenhaare grauweißlich bestäubt. **Salzmelde** – Halimióne S. 182
11* FrHülle krautig, dreieckig, rhombisch od. rundlich, gezähnt od. ganzrandig. Bl meist dreieckig, rhombisch, spießfg od. lanzettlich, ± spitz, meist gezähnt bis gelappt, seltener ganzrandig u. dann höchstens anfangs schwach grauweißlich bestäubt. **Melde** – Átriplex S. 183

Knorpelkraut – Polycnémum L.

1 B 2–2,5 mm lg, ihre 2 VorBl 3–5 mm lg. Untere Bl (6–)10–20 mm lg. Sa 1,5–2 mm. 0,10–0,20. ☉ 7–10. Extensiv genutzte Äcker, trockne Ruderalstellen; (A) s N-Ba Rh, (U) s N-Th NW-Sa, † Bw An Ns, ↘ (sm-temp·subkEUR+(WAS) – T – Wb – V Caucal., V Sisymbr.). **Großes K.** – P. május A. BR.
1* B 1–1,7 mm lg, ihre VorBl etwa ebenso lg. Untere Bl 3–8(–12) mm lg. Sa 1–1,5 mm . 2
2 TragBl der obersten B 3–5mal so lg wie das 1–1,5 mm lg Perigon. Stg relativ kräftig. 0,05–0,30. ☉ 7–10. Extensiv genutzte Äcker, Sandtrockenrasen; (A) s M-Ba He N-Sa M-Br: Berlin, (U) s Me, † Bw Rh We Th An Ns, ↘ (m-temp·(k)EUR–WAS – T – V Caucal., O Fest.-Sedet.). **Acker-K.** – P. arvénse L.
2* TragBl der obersten B 2–3mal so lg wie das 1,5–1,7 mm lg Perigon. Stg dünner, zuweilen in der BRegion hin- u. hergebogen. 0,05–0,15. ☉ 7–10. Felsfluren, extensiv genutzte Äcker, Brachen, basenhold; (A?) † Ba Rh (sm-subkEUR – T – O Fest.-Sedet., K Secal.). **Warzen-K.** – P. verrucósum A. F. LANG

Rübe – Béta L.

GrundBl rosettig, lg gestielt. B zu 2–4 in Knäueln, diese in rispigen, beblätterten BStänden. 0,50–1,50. ☉ 7–9. WildPfl an stickstoffreichen Küsten-Spülsäumen; s Sh: Helgoland, (N U) s Sh: Ostseeküste, sonst KulturPfl (m-temp·subk+litEUR–(WAS) – H – Wb – K Cak. – Gemüse- u. FutterPfl: Mangold, Runkelrübe, Rote Rübe, Zuckerrübe). ** **Beta-R., Mangold** – B. vulgáris L.

Gänsefuß – Chenopódium L.
(Wb, Vw – Wv, Mv, Hv – Adv.)

1 Pfl mit gelben Drüsenhaaren, nie bemehlt, aromatisch riechend 2
1* Pfl nie drüsig; entweder kahl od. durch Blasenhaare „mehlig bestäubt“, meist geruchlos, selten stinkend 5

2 B in achselständigen, dichten Knäueln **3**

2* B in achselständigen, lockeren Dichasien **4**

3 Knäuel 2–3 mm br, wenigblütig, in pyramidal-rispigem BStand in den Achseln von HochBl. Bl lanzettlich. Stg u. Äste aufrecht. Pfl sehr stark aromatisch. 0,25–0,80. ⊙ ♃ 6–9. KulturPfl, auch frische Ruderalstellen (Schutt, Wollabfälle) u. Ufer; (N 18. Jh.? U) s Ba Bw We Sa S-An Me (austr-mAM – T, C – V Sisymbr. – TeePfl).
Mexikanischer Tee – Ch. ambrosioídes L.

3* Knäuel 3–5 mm br, reichblütig, in den Achseln von LaubBl. Stg unten reich verzweigt, mit liegenden Ästen. Pfl schwach aromatisch. 0,20–0,80. ⊙ 6–9. Trockne Ruderalstellen (Bahnanlagen, Wollabfälle, Schuttplätze); (N 1890) z SW-He, s N-Rh: Rhein, (U) s Ba NW-Bw We: Rhein, Ems O-Th NW- u. O-Sa S-An Me (austrAUST – T – V Sisymbr.). [Ch. carinátum aut.] **Australischer G.** – Ch. pumílio R. BR.

4 **(2)** Perigonzipfel auf dem Rücken ohne Höcker, zugespitzt od. spitz, am ganzen Rand schmal hautrandig. 0,30–0,70. ⊙ 7–8. Trockne Ruderalstellen (Schutt, Müllplätze, Wegränder); (N 19. Jh. U) z Br, s M- u. N-Ba NW-Bw W- u. S-Rh W-We S-He Th N-Sa An N-Ns Me, in Großstädten z. T. eingebürgert, z. B. Berlin (m-sm·(k)EURAS – T – V Sisymbr.). **Klebriger G.** – Ch. bótrys L.

4* Perigonzipfel auf dem Rücken kammartig-höckrig, stumpflich, oberwärts br hautrandig (Abb. **179**/1). 0,30–0,90. ⊙ 7–9. Umschlagplätze, Wollabfälle; (N 1907) s Bw He An: Dessau, (U) s Me, † Th (austr-boreostrop/moAFR – T).
Schrader-G. – Ch. schraderiánum SCHULT.

5 **(1)** BKnäuel kuglig. FrKnäuel fleischig, zur Reife scharlachrot, himbeerähnlich **6**

5* BKnäuel nicht kuglig. FrKnäuel nicht fleischig, grünlich bleibend (bei Rotem G., **13**, oft rot) **7**

6 Knäuel zum größten Teil in der Achsel je eines TragBl. Bl tief gezähnt. Sa am Rand abgerundet bis rinnig. 0,15–0,70. ⊙ 6–8. Mäßig trockne bis frische Ruderalstellen (Schutt, Wegränder); (N) s Br O-Rh N- u. O-Th An, (U) s Ba: Allgäu, Main S-We: Rhein, Sauerland S- u. O-Sa N-Ns Me, † Bw He, ↘. Alte KulturPfl (m-temp·kEUR–WAS – T – Ib – Vv, Ev – K Chen. – früher GemüsePfl). [Blítum virgátum L.]
Durchblätterter Erdbeerspinat – Ch. foliósum ASCHERS.

6* Nur die untersten Knäuel mit TragBl. Bl schwach gezähnt bis ganzrandig. Sa am Rand deutlich gekielt. 0,20–0,60. ⊙ 6–8. Frische Ruderalstellen (Schutt, Wegränder); (N U) s Ba Bw We He Th N- u. W-Sa An W- u. S-Br Ns Me, ↘. Alte KulturPfl (m/mo-sm/mo·kAM – T – Ib – Vv, Ev – K Chen. – früher GemüsePfl, auch ZierPfl). [Blítum capitátum L.]
Kopfiger Erdbeerspinat – Ch. capitátum (L.) ASCHERS.

7 **(5)** Bl sehr groß, dreieckig bis spießfg, (fast) ganzrandig (Abb. **179**/2), lg gestielt. Pfl ♃, mit rübenähnlichem Rhizom. 0,20–0,60. ♃ 6–9. Frische, stickstoffreichere Ruderalstellen (bes. in Dörfern, an Straßen- u. Wegrändern, Dungplätze); (A, im S heimisch?) v Ba Bw M- u. N-He Th Sa S-An, z Rh S- u. O-We S-He N-An Br S-Ns Me, s N-Ns Sh, ↘ (sm/mo-temp·ozEUR – C – O Artem. – früher GemüsePfl).
Guter Heinrich – Ch. bónus-henrícus L.

7* Bl nie spießfg, meist buchtig gezähnt bis 3lappig (wenn ganzrandig, dann klein od. schmal!). Pfl ⊙, mit Faserwurzel **8**

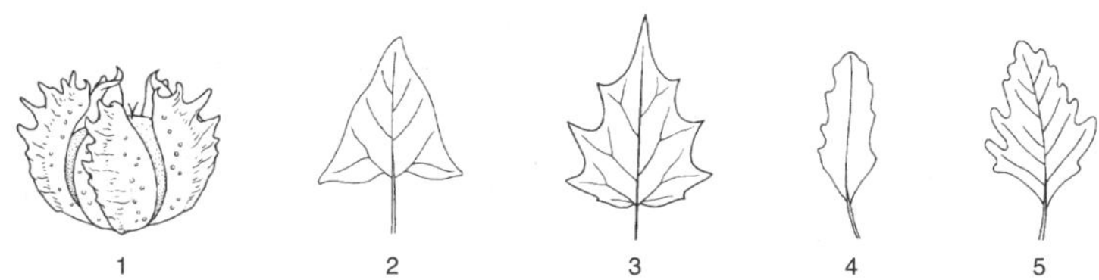

1 2 3 4 5

8 Größere StgBl am Grund ± herzfg, grob buchtig gezähnt, lg zugespitzt (Abb. **179**/3). Pfl nicht mehlig bestäubt. 0,30–0,80. ☉ 6–9. Stickstoffreiche Äcker (bes. Hackkulturen) u. Gärten, frische Ruderalstellen (Schutt, Dungplätze), kalkhold; (A) v M- u. N-Ba NW-Bw Rh SW-He N-Th N-Sa An Br Me, z O- u. S-Bw N- u. O-He S-Th S-Sa O-Ns, s S-Ba We W-Ns Sh (m/mo-temp·(k)EURAS – T – K Chen., V Caucal.). **Stechapfelblättriger G.** – Ch. hýbridum L.

8* Alle StgBl am Grund ± keilfg verschmälert **9**

9 BStandsachsen u. PerigonBl kahl (zuweilen bei Straßen-G., **12**, anfangs etwas mehlig, dann aber die reife Fr im Perigon sichtbar) **10**

9* BStandsachsen u. PerigonBl mehlig (zuweilen verkahlend). Reife Fr im Perigon eingeschlossen (nicht sichtbar) **14**

10 Bl auffallend 2farbig, unterseits stark weißlich bemehlt, oberseits rein grün, höchstens 4 cm lg u. 2 cm br, länglich, buchtig gelappt (Abb. **179**/4). 0,10–0,50. ☉ 7–10. Frische bis feuchte Ruderalstellen (Wegränder, Müll, Dungplätze), überdüngte Äcker, Küstenspülsäume, salzertragend; v S-An Me, z Ba Rh W- u. N-We He Th Sa N-An Br N- u. O-Ns Sh, s SO-We SW-Ns, (A?) z Bw (m-temp·(k)EURAS – T – V Chen. rub., K Chen., V Atr. litt.). **Graugrüner G.** – Ch. glaúcum L.

10* Bl beiderseits gleichfarbig grün u. unbemehlt **11**

11 Bl ganzrandig, eifg od. elliptisch, lg gestielt. Stg 4kantig, oft rot überlaufen, liegend bis aufsteigend. Reife Nuß 1 mm br, im offenen Perigon sichtbar. 0,15–0,60. ☉ 7–9. Frische bis feuchte Ruderalstellen (Wegränder, Schutt), Ufer, feuchte Äcker, Weinberge, kalkmeidend; alle Bdl v, aber Sauerland, N-Sh, N-Th u. N-Br z (sm-temp·subozEUR –WSIB – T – O Polyg.-Chen., V Chen. rub.). **Vielsamiger G.** – Ch. polyspérmum L.

11* Bl meist buchtig gezähnt bis gelappt (wenn ganzrandig, dann deutlich 3eckig). Stg gefurcht, aber nicht 4kantig **12**

12 Alle B mit 5 Perigonzipfeln u. 5 StaubBl. Pfl steif aufrecht. BStand mit gedrängten, steif aufrechten, fast blattlosen Ästen. Reife Nuß im Perigon sichtbar. Sa schwarz. 0,30–1,00. ☉ 7–8. Mäßig trockne bis frische, stickstoffreiche Ruderalstellen (Schutt, Wegränder), Ufer; (A), im N jetzt nur (U) s Ba N-Th Sa An Br Me Sh, † Bw Rh We He Ns, ↘ (m-b·(k)EURAS – T – O Sisymbr., O Onop., V Bid.). **Straßen-G.** – Ch. úrbicum L.

12* Nur die EndB jedes Knäuels 5zählig, die übrigen mit 2–4 Perigonzipfeln u. 2–3 StaubBl. Äste nicht steif aufrecht. Reife Fr ins Perigon eingehüllt, nicht sichtbar. Sa rotbraun . **13**

13 PerigonBl der SeitenB jedes Knäuels höchstens bis zur Mitte verwachsen, meist fast bis zum Grund getrennt, mit nicht od. schwach hervortretendem Mittelnerv. Bl tief buchtig gezähnt (Abb. **179**/5). Pfl meist aufrecht. 0,05–0,80. ☉ 7–9. Frische bis feuchte, meist stickstoffreiche Ruderalstellen (Schutt, Wegränder, Dungplätze), Äcker, Küstenspülsäume, salzertragend; v O-Ns Me Sh, z M- u. N-Ba Bw O- u. S-Rh We He Th Sa: bes. W u. Elbe An Br W-Ns, s S-Ba: Hochebene NW-Rh, (m/mo-bCIRCPOL – T – V Chen. rub., V Sisymbr., V Atr. litt.). **Roter G.** – Ch. rúbrum L.

13* PerigonBl der SeitenB jedes Knäuels bis fast zur Spitze verwachsen, die Fr sackartig einschließend, wenigstens in der Jugend am Rücken oberwärts deutlich gekielt. Bl ganzrandig od. seicht gezähnt, durch 2 Spießecken br 3eckig, ziemlich dick (Abb. **181**/1). Pfl meist liegend bis aufsteigend, seltener aufrecht. 0,05–0,30. ☉ 8–10. Salzhaltige Sandböden der Küste, Salzstellen des Binnenlandes; s N-Th S-An W-Br Ns? N-Me Sh, (U) s NW-Sa (m-stemp·(k)+litEURAS – T – K Cak., V Chen. rub.). [Ch. crassifólium HORNEM., Ch. chenopodioídes (L.) AELLEN]
Dickblättriger G. – Ch. botryódes SM.

14 **(9)** Alle Bl ganzrandig, rautenfg, klein, höchstens 3 cm lg. Pfl beim Reiben sehr stark nach Heringslake (Trimethylamin) stinkend. Stg liegend bis aufsteigend. 0,15–0,40. ☉ 6–9. Trockne, stickstoffreiche Ruderalstellen (Wegränder, Hühnerhöfe, Schutt) u. Äcker (bes. Hackkulturen); (A) s Ba Bw Rh We S-He N- u. O-Th W-Sa An Br Ns, (U) s Me, † Sh, ↘ (m-temp·subozEUR+(WAS) – T – V Sisymbr., V Fum.-Euph.).
Stink-G. – Ch. vulvária L.

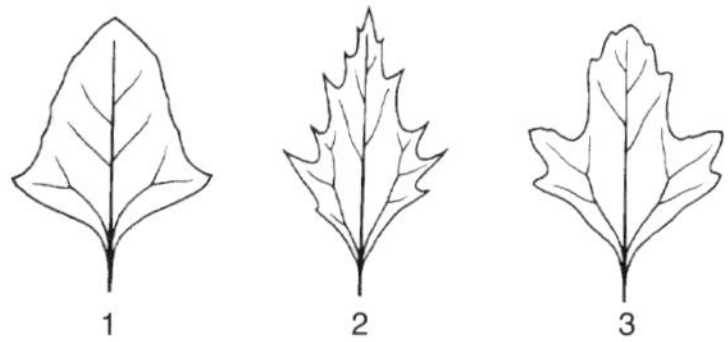

14* Wenigstens die unteren Bl buchtig gezähnt bis gelappt (wenn ganzrandig, dann Pfl geruchlos u. aufrecht) **15**

15 Bl nur unterseits etwas bemehlt, oberseits stets kahl u. ± glänzend, eifg-rhombisch bis länglich, meist reich u. tief gezähnt (Abb. **181**/2). Pfl stinkend. B in (fast) blattlosen Zymen, die seitenständigen Zymen alle mit je 1 TragBl u. kürzer als dieses. Sa matt, am Rand scharf gekielt, quer abgeflacht. 0,15–0,60. ⊙ 7–9. Trockne bis mäßig trockne, stickstoffreiche Ruderalstellen (Schutt, Wegränder); (A?) z Sa An Br, s Ba N-Bw Rh O- u. S-We He: ob noch? N-Th Ns Me, † Sh, ↘ (m-temp·subkEUR–WAS – T – V Sisymbr.). **Mauer-G.** – Ch. murále L.

15* Bl (wenigstens anfangs) beiderseits bemehlt, matt. Pfl (außer Bocks-G., **16**) geruchlos. GesamtBStand langästig, oberwärts tragblattlos. Sa glänzend, stumpfrandig, längs abgeflacht **16**

16 Pfl stark nach Heringslake stinkend, stark bemehlt. Spreite der unteren Bl deutlich 3lappig, mit fast rechteckigem Mittellappen; Spitze der Seitenlappen etwa in der Mitte der Spreitenlänge, vorwärtsgerichtet, Lappen ± gezähnt (Abb. **181**/3). SaSchale bienenwabenartig grubig, dazwischen radiale Rillen (Abb. **181**/8). 0,20–1,00. ⊙ 8–10. Trockne bis mäßig trockne Ruderalstellen (Umschlagplätze, Wollabfälle); (N U) s Ba Bw He Sa Me (austr-stropAM – T – K Chen.). **Bocks-G.** – Ch. hircínum SCHRADER

16* Pfl (fast) geruchlos **17**

17 Mittlere Bl mindestens so br wie lg, klein (1,5–3 cm lg), meist 3lappig, mit kurzen, stumpfen, zuweilen undeutlichen Seitenlappen u. einem fast halbkreisfg Mittellappen (Abb. **181**/4). Stg auch im Herbst rein grün, nie ± rötlich. Äste fast waagerecht abstehend, die unteren sehr lg, Pfl daher fast halbkuglig. Perigonzipfel auf dem Rücken gekielt. SaSchale radial gerillt, papillös (Abb. **181**/7). 0,30–1,00. ⊙ 7–9. Trockne bis mäßig trockne Ruderalstellen (Schutt, Wegränder); (A?) z Rh S-An, s We W-He Th M- u. NW-Sa N-An Br, (N) s Ba Bw, (U) s Ns Me Sh, ↘ (austrAFR-m-temp·(oz)EUR–(WAS) – T – V Sisymbr.). **Schneeballblättriger G.** – Ch. opulifólium SCHRADER ex KOCH et ZIZ

17* Mittlere Bl länger als br, meist größer **18**

18 Bl lineal-lanzettlich bis linealisch, kurz gestielt (Stiel bis 1 cm), außer dem Mittelnerv nur mit 2 lg, seitlichen Basalnerven, ganzrandig, nur die unteren unter der Mitte beiderseits mit einem stumpfen, lappenartigen Zahn. SaOberfläche flach hüglig. 0,50–1,00. ⊙ 8–10. Ruderalstellen, bes. Umschlagplätze (Bahnhöfe, Häfen), Müllplätze; (N U) s Ba NW-Sa Me: Rostock, † He (m-b·kAM – T – K Chen.). [Ch. desiccátum aut., Ch. leptophýllum aut.] **Schmalblättriger G.** – Ch. pratericola RYDB.

18* Bl breiter, länger gestielt, meist buchtig gezähnt bis gelappt, mehrnervig **19**

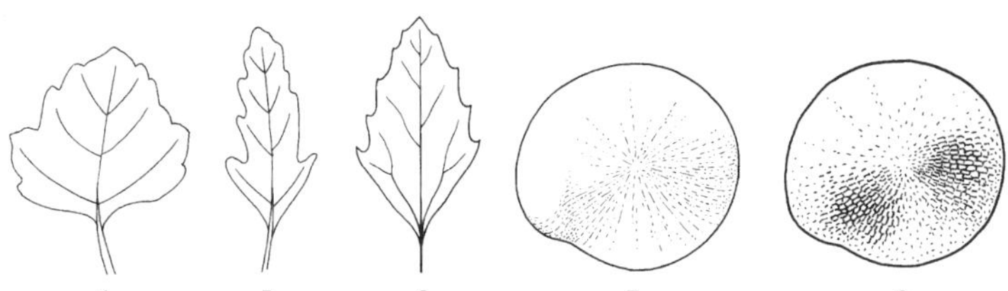

19 SaSchale mit tiefen, scharfkantigen, direkt aneinanderschließenden, bienenwabenartigen Gruben (Abb. **181**/8) **20**

19* SaSchale glatt, flach gefeldert od. mit sehr flachen, unregelmäßig angeordneten Vertiefungen (Abb. **181**/7) **21**

20 Untere Bl im Umriß lanzettlich, deutlich 3lappig, mit tiefstehenden Seitenlappen u. schmalem, langem, parallelrandigem Mittellappen (Abb. **181**/5). Sa 1–1,2 mm. 0,30–0,90. ☉ 6–9. Frische Ruderalstellen (Wegränder, Müll), Ufer, nährstoffreiche Äcker (bes. Hackkulturen) u. Gärten; (A?) v SW-He S-An, z Ba Bw Rh u. We: bes. Rhein N- u. O-He N- u. O-Th Sa N-An Br N- u. O-Ns, (N U) z Me, s S-Sh, ↗ (m-temp·(k)EURAS – T – K Chen., V Chen. rub.). [Ch. serótinum aut. non L.] **Feigenblättriger G.** – Ch. ficifólium SM.

20* Untere Bl im Umriß br eifg bis rhombisch, undeutlich 3lappig, Seitenlappen etwa in der Spreitenmitte; Mittellappen br, vom Grund aus verschmälert (Abb. **181**/6). Sa 1,4 mm. 0,50–1,50. ☉ 7–9. Mäßig trockne Ruderalstellen (bes. Bahnhöfe, Häfen), (N 1890 U) s NW-Sa An Me (m-stemp·kAM – T – K Chen.). [Ch. zscháckei J. MURR.] **Berlandier-G.** – Ch. berlandiéri MOQ.

21 **(19)** Stg nie mit roten Tönen (höchstens Astwinkel rotfleckig). Pfl hellgrün od. hellgraugrün, wenig bemehlt, später meist kahl. Größere StgBl stets eifg-rhombisch mit 2 scharfen, vorwärtsgerichteten Zähnen. Sa mit flachgrubigen Netzfeldern. 0,30–1,00. ☉ 6–8. Mäßig trockne bis frische Ruderalstellen (Schutt, Wegränder); (A?) z Ns Me, s Rh O-Th He Sa O-An Sh, (N U) s Ba Bw Br (temp-b·subkEUR – T – K Chen.). [Ch. víride aut.] **Grüner G.** – Ch. suécicum J. MURR

21* Stg meist rot gestreift od. (bes. im Herbst) rot überlaufen. Pfl (nach Abreiben des Mehls) dunkelgrün. Sa mit völlig ebenen Netzfeldern **22**

22 Stg grün gestreift, oft ± rot überlaufen. Untere u. mittlere Bl sehr vielgestaltig, meist eifg-rhombisch bis lanzettlich, nicht parallelrandig, oft spitz, meist deutlich gezähnt, nicht rotrandig. GesamtBStand br pyramidal. Perigon weißlichgrün, bemehlt. 0,20–1,50. ☉ 7–10. Trockne bis frische Ruderalstellen (Schutt, Wegränder), Äcker, Gärten; (A?) alle Bdl g (austr-bCIRCPOL – T – K Chen., K Secal.) **Weißer G.** – Ch. álbum L.

22* Stg stets rot gestreift. Untere u. mittlere Bl länglich, fast parallelrandig, stumpf, kaum gezähnt, bald rotrandig werdend. Untere Äste fast liegend, obere steif aufrecht, BStand daher schmal pyramidal. Perigon dunkel olivgrün, schwach bemehlt, verkahlend. 0,20–1,00. ☉ 8–10. Trockne Ruderalstellen (Schutt, Trümmer); (N 1860) z Bw Rh We S-He N- u. O-Sa An Br Me Sh, s N-He N- u. O-Th SW-Sa Ns, (N U) s Ba (austr-temp·(k)CIRCPOL? – T – V Sisymbr.). [Ch. álbum ssp. striátum (KRAŠAN) J. MURR] **Gestreifter G.** – Ch. stríctum ROTH

Spinat – Spinácia L.

Bl lg gestielt, 3eckig-pfeilfg od. länglich-eifg. B in Knäueln, ♀ Knäuel achselständig, ♂ in unbeblätterten Scheinähren. 0,30–0,45. ☉ ① 6–9. KulturPfl (m-sm·subkVORDAS – T, H – Wb). **Spinat** – S. olerácea L.

Salzmelde, Keilmelde – Halimióne AELLEN

1 FrHülle lg gestielt, dreilappig, mit sehr kleinem Mittellappen (Abb. **183**/1). Stg aufrecht od. aufsteigend, krautig. Bl wechselständig, untere gegenständig. 0,10–0,30. ☉ 7–10. Feuchte, salzhaltige Böden, Spätstadien von Queller- u. Andelrasen; s Küsten: NW-Ns: Mellum, Baltrum, Norderney, Memmert, Borkum W- u. SO-Sh, s Binnenland: N-Th M-An N-Me, ↘ (m-temp·k+litEUR–WAS – T – Wb – O Pucc. mar.). [Obióne pedunculáta (L.) MOQ.] **Stielfrüchtige S.** – H. pedunculáta (L.) AELLEN

1* FrHülle ungestielt, mit 3 fast gleichgroßen Lappen (Abb. **183**/2). Stg liegend od. aufsteigend, am Grund holzig. Bl gegenständig, untere büschlig. 0,30–0,80. ♃ 7–9. Salzwiesen, bes. Strandbeifußwiesen; z Küsten von Ns W-Sh, ↘ (m-temp·litEUR – C – Wb – V Pucc. mar., V Armer. marit.). [Obióne portulacoídes (L.) MOQ.] **Strand-S.** – H. portulacoídes (L.) AELLEN

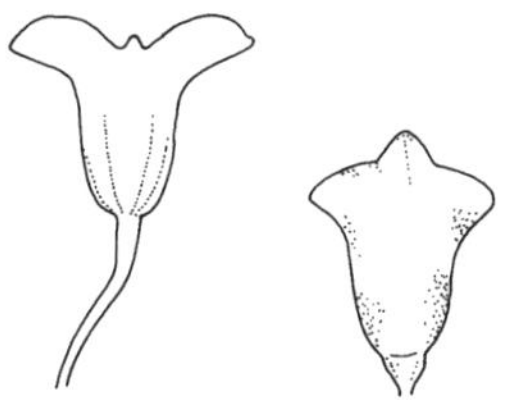

1 2

Melde – Átriplex L.
(T – Sb, Ib – Wv, Mv, Hv – Adv.)

1 Die 2 VorBl (FrHülle) nur am Grund verbunden, krautig. od häutig, grün **2**
1* VorBl bis zur Mitte od. höher hinauf verwachsen, zur FrReife wenigstens am Grund knorplig, weißlich. Pfl weißschülfrig **10**
2 ♀ B zweigestaltig: die einen mit 2 großen, herzfg od. fast kreisrunden, ganzrandigen, auf der Fläche stachellosen VorBl, ohne BHülle u. mit vertikal abgeflachtem Sa (Sa entweder 2 mm br, schwarz, od. 5 mm br, gelbbraun), die anderen vorblattlos, mit 4 od. 5 PerigonBl u. horizontal abgeflachtem, 2 mm großem Sa. Bl sehr groß, br dreieckig . . **3**
2* Alle ♀ B gleichartig, mit 2 VorBl u. vertikal abgeflachtem Sa, ohne BHülle **4**
3 Bl oberseits stark glänzend u. dunkelgrün, wenigstens die oberen unterseits mehlig. VorBl rundlich-eifg bis herzfg (Abb. **183**/3). Fr 3–3,5 mm lg, ihr Stiel innerhalb der VorBl viel kürzer. 0,60–1,50. ⊙ 7–9. Trockne bis frische Ruderalstellen (Straßenränder, Schutt, Müll), Ufer; (A) v Th Sa An Br, (N) v Me, z Ba N-Bw O-Rh W-We: bes. Rhein He O-Ns, s SO-Bw W-Rh O-We W-Ns, (U) s S-Sh, ↗ (m-temp·(k)EUR–WAS – V Sisymbr., V Chen. rub. – leicht mit Verschiedensamiger M., s. **7**, zu verwechseln, aber die 3 Hauptnerven der VorBl sich in deren unterem Viertel zum fruchttragenden Strang vereinigend, Abb. **183**/3). [A. acumináta W. et K., A. nítens SCHKUHR]
Glanz-M. – A. sagittáta BORKH.
3* Bl beiderseits (fast) gleichfarbig, anfangs mehlig, später ± verkahlend, glanzlos. Pfl oft rot überlaufen. VorBl fast kreisrund (Abb. **183**/4). Fr 3,5–4,5 mm lg, ihr Stiel innerhalb der VorBl ebenso lg. 0,30–1,50. ⊙ 7–9. Alte GemüsePfl, auch trockne bis frische Ruderalstellen; (U) s in allen Bdl (m-bEUR – K Chen.). **Garten-M.** – A. horténsis L.
4 **(2)** Bl schmal lanzettlich, ganzrandig od. scharf gezähnt, ohne deutliche Seitennerven. 0,30–0,80. ⊙ 7–9. Salzhaltige, stickstoffreiche Spülsäume; v Küsten von Ns, Me u. Sh, (N U) s Th SO-An SO-Br u. Binnenland von Sh (m-b·k+litEURAS – V Atr. litt.).
Strand-M. – A. littorális L.
4* Untere Bl eilanzettlich bis rhombisch-eifg od. spießfg, mit deutlichen Seitennerven . . **5**
5 VorBl tief eingeschnitten, mit lg, pfriemlichen Zähnen (Abb. **183**/5). Pfl (fast) unbemehlt. 0,30–1,00. ⊙ 6–9. Salzhaltige, stickstoffreiche Spülsäume; z Küste: Me, (N U) s Binnenland: Br: bes. Berlin, † O-Sh, ↘ (temp·litEUR – V Atr. litt.).
Pfeilblatt-M. – A. calothéca (RAFN) FRIES

3 4 5 6 7

1 2 3 4 5

5* VorBl ganzrandig od. klein gezähnt **6**

6 Untere Bl br dreieckig (Abb. **184**/1) **7**

6* Untere Bl dreieckig-lanzettlich, eilanzettlich od. rhombisch-lanzettlich, am Grund meist spießfg (Abb. **184**/2). VorBl nicht netzadrig **9**

7 VorBl stark netzadrig, rundlich-herzfg, stets glatt u. ungezähnt. Größte Bl mit Stiel etwa 15 cm lg u. br. 0,30–1,50. ⊙ 7–9. Ruderalstellen, Straßenränder; (N 1934) z N-Bw, s SW-Bw u. O-Rh: bes. Rhein He O-We N-Th SW- u. NO-An SW-Br Ns: Bremen Sh: Hamburg, Friedrichskoog, (U) s NW-Sa Me, ↗ (m-sm·kEURAS – K Chen. – leicht zu verwechseln mit Glanz-M., s. **3**, aber die 3 Hauptnerven der VorBl sich an deren Grund vereinigend, Fr daher zwischen den VorBl ungestielt, Abb. **183**/6). [A. heterospérma BUNGE] **Verschiedensamige M.** – A. micrántha LEDEB.

7* VorBl ± dreieckig, am Grund gestutzt bis br keilfg, nicht netzadrig, klein gezähnt od. ganzrandig, weichstachlig od. glatt. Größte Bl etwa 10 cm lg u. 7 cm br **8**

8 VorBl alle ungestielt, 2–6 mm lg, dreieckig bis dreieckig-eifg, gezähnt. Pfl aufrecht od. niederliegend. Untere Bl spießfg, am Grund schwach herzfg. 0,30–1,00. ⊙ 7–9. Frische bis feuchte Ruderalstellen (Müll), Ufer, Spülsäume der Küsten; alle Bdl v, aber S-Ba S-Bw SO-We z (m-bEUR-MAS+AM – V Atr. litt., O Glauco-Pucc., V Chen. rub.). [A. latifólia WAHLENB., A. trianguláris WILLD., A. hastáta aut.) ** **Spieß-M.** – A. prostráta BOUCHER ex DC.

8* Wenigstens einige VorBl deutlich gestielt, 5–25 mm lg, ganzrandig, Stiele bis zu 30 mm lg. Untere Bl dreieckig-spießfg, am Grund schwach keilfg. 0,20–0,90. ⊙ 7–9. Salzmarschen in der äußeren Wasserzone, oft überflutet; z Ns: Küste u. Inseln, s Me: Küste W-Sh: nur Inseln, bisher verkannt (temp-arct·litEUR? – T– O Cak.). **Langstielige M.** – A. lóngipes DREJER

9 **(6)** Äste meist starr aufrecht. Scheinähren an der Spitze nickend. VorBl mit gerundeten Seitenrändern, (fast) ganzrandig, u. auf der Fläche körnig, 2–14 mm lg (Abb. **183**/7). Unter Bl meist vielzähnig. 0,30–1,20. ⊙ 7–9. Trockne Ruderalstellen; (N) v W-Sa S-An, z SO-Rh Th O-Sa N-An Br Me, s SW-Rh S-He, (N U) s Ba N-Bw We N-He Ns, ↗ (sm-temp·subkEUR+(WAS) – V Sisymbr.). **Langblättrige M.** – A. oblongifólia W. et K.

9* Wenigstens die unteren Äste weit abstehend bis liegend. Scheinähren meist aufrecht. VorBl mit spießfg Seitenecken (Abb. **184**/5), sonst gezähnelt od. ganzrandig, auf der Fläche weichstachlig od. glatt, 2–6 mm lg. Bl mit 2 größeren Zähnen, kleinere Zähne fehlend od. nur wenige. 0,30–0,80. ⊙ 7–10. Nährstoffreiche Äcker, Gärten, frische Ruderalstellen (Wegränder, Schutt, Müll); (A?) alle Bdl g, aber S- u. O-Ba S-Bw NO-Ns v, NW-Ns z (m-bEUR–SIB+AM – K Chen., K Secal., V Chen. rub.). **Spreizästige M.** – A. pátula L.

10 **(1)** VorBlHülle nur am Grund knorplig. Scheinähren fast bis zur Spitze beblättert. Untere Bl 3eckig-spießfg, obere spießfg. 0,30–0,60. ⊙ 6–9. Brackwasserröhrichte, Küstenspülsäume; s Küsten: Ns: Baltrum, Cuxhaven, Unterems W-Me Sh, s Binnenland: SW-Sa (temp-b·litEUR+OAM – V Atr. litt.). [A. babingtónii WOODS] **Kahle M.** – A. glabriúscula EDMONDSTON

10* VorBlHülle wenigstens bis zur Mitte knorplig **11**

11 Stg liegend. Untere Bl buchtig gezähnt bis fast 3lappig, obere lanzettlich-spießfg. VorBl br rautenfg, spießfg, meist gezähnt. 0,30–0,60. ⊙ 7–9. Salzhaltige, stickstoffreiche Spülsäume; s Küste von W-Sh mit Inseln, Helgoland, (N) † Ns (temp·litEUR – V Sals.-Honck.). [A. marítima L., A. sabulósa ROUY] **Gelappte M.** – A. laciniáta L.

11* Stg aufrecht od. aufsteigend 12

12 Scheinähren höchstens am Grund beblättert. Alle Bl unregelmäßig buchtig gelappt, kraus gewellt (Abb. **184**/3). 0,30–1,00. ⊙ 7–9. Trockne bis mäßig frische Ruderalstellen (Straßenränder, Schutt, Bahn- u. Hafengelände); (N) z S-An, s Rh NW-Th NW-Sa N-An Br, (U) s Ba Bw We He S- u. O-Sa Ns Me, ↗ (m-temp·kEUR–ZAS – V Sisymbr.). **Tataren-M.** – A. tatárica L.

11* Scheinähren bis fast zur Spitze beblättert. Bl regelmäßig buchtig gezähnt, nicht kraus (Abb. **184**/4). 0,25–0,80. ⊙ 7–9. Trockne bis mäßig frische Ruderalstellen (Wegränder, Schutt); (A?) z N-Th S-An, s SW-Th Sa N-An Br, (N) s Rh, (U) s Ba Bw We SW- u. NO-NO-He Ns Me Sh, ↘ (m-temp·subkEUR–WAS – V Sisymbr.). **Rosen-M.** – A. rósea L.

Radmelde – Kóchia ROTH [Bássia ALL. p.p.]

1 Stg liegend od. aufsteigend. BHülle zur FrZeit mit trockenhäutigen Anhängseln, diese deutlich voneinander getrennt (Abb. **185**/1). Bl fädlich-pfriemlich, 0,5 mm br. 0,10–0,40. ⊙ 8–10. Reichere, meist ruderal beeinflußte Sandtrockenrasen; s N-Bw: bes. Neckarmündung SO-Rh: Rhein S-He, ↘ (m-stemp·(k)EUR–WAS – T – Wb – V Koel. glauc., V Sisymbr.). [K. arenária (MAERKLIN) ROTH] **Sand-R.** – K. laniflóra (S. G. GMELIN) BORBÁS

1* Stg aufrecht. Anhängsel der FrHülle krautig, sehr kurz, nicht deutlich voneinander getrennt (Abb. **185**/2). Bl lineal-lanzettlich bis schmal eifg, >4 mm br. 0,30–1,30. ⊙ 7–9. ZierPfl, auch trockne Ruderalstellen (Bahnanlagen); (N) z N-Th S-An NW-Sa Me, (U) s Ba Bw Rh We He S-Th O- u. S-Sa N-An Br Ns, ↗ (strop-stemp·(k)OEUR–AS – T – Wb – V Sisymbr.). ** **Besen-R., Sommerzypresse** – K. scopária (L.) SCHRADER

Dornmelde – Bássia ALL. s. str.

Pfl rauhhaarig, selten kahl. Bl halbstielrund. B zu 1–2 achselständig. 0,05–0,30. ⊙ 8–9. Salzhaltige, stickstoffreiche Spülsäume; s Küste von Sh, (U) s W-Me (sm-temp·subk+litEUR–WAS – T – Wb – V Salicorn.). **Rauhhaarige D.** – B. hirsúta (L.) ASCHERS.

Wanzensame – Corispérmum L.

1 FrFlügel mindestens $^1/_3$ so br wie der Sa, dünnhäutig, gezähnelt bis gekerbt, an beiden Enden ausgerandet (Abb. **185**/3). Perigon meist fehlend. 0,30–0,40. ⊙ 7–9. Trockne, sandige Ruderalstellen (Binnendünen); (N 1836) s NW-Bw: Neckarmündung, (U) s Br: Berlin Me (sm-stemp·subkEUR – T – Wb, Wv – V Sisymbr.). **Marschall-W.** – C. marschállii STEVEN

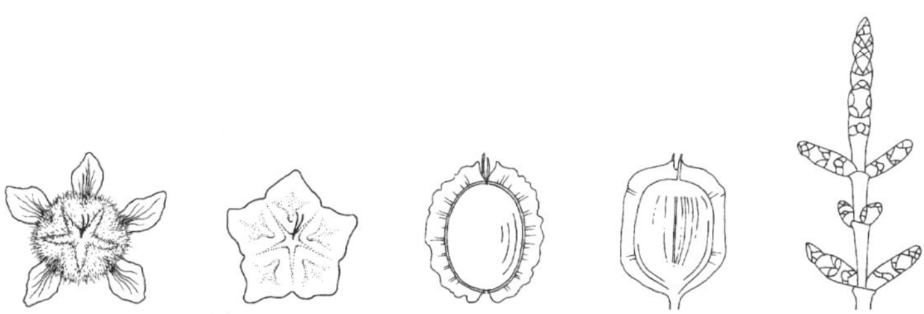

1 2 3 4 5

1* FrFlügel schmal, höchstens 1/4 so br wie der Sa, höchstens am Rand durchscheinend dünnhäutig, ± ganzrandig (Abb. **185**/4). Perigon 1blättrig. 0,10–0,60. ⊙ 6–9. Trockne, sandige bis kiesige Ruderalstellen (Dünen, Bahn- u. Hafenanlagen); (N 1849) z W-We u. SW-He: bes. Rhein N-Th Sa An Br Ns Me, s M-Ba NW-Bw: Neckarmündung O-Rh: Rhein NO-We Sh (sm-temp·(subk)EUR – T – V Sisymbr. – formenreich). [C. hyssopifólium aut. non L.] **Schmalflügliger W.** – C. leptópterum (ASCHERS.) ILJIN

Queller – Salicórnia L.

Stg meist stark verzweigt, dickfleischig, blattlos (Abb. **185**/5). 0,05–0,30. ⊙ 8–10. Erstbesiedler des stark salzigen, tonigen Watts, Binnensalzstellen; Küsten: g Ns u. W-Sh, z O-Sh u. Me, Binnenland: z S-An SO-Ns, s N-Th NW-An, (N) s O-He, † NW-Ba W-Br, im Binnenland z. T. ↘, aber in An Ns ↗ (m-b·k+litEURAS+OAM – T – Wb – O Th.-Salicorn.). * **Gemeiner Qu.** – S. europaēa agg.

Salzkraut – Sálsola L.

Pfl graugrün, kahl od. kurzhaarig, vom Grund an verzweigt. 0,15–0,60. ⊙ 7–9. Salzhaltige, stickstoffreiche Spülsäume der Küsten, im Binnenland an Ruderalstellen (Bahnanlagen); Küsten: v Ns Me Sh, (N) im Binnenland: v S-An W-Me, z N- u. O-Rh W-We S- u. M-He Th Sa N-An Br: bes. S u. Berlin O-Me, s NW- u. SO-Bw NO-We N-Ns, ↗ (m-temp·k+litEURAS+(WAM) – T – Wb, Ib – Wv – V Sals.-Honck.). ** **Kali-S.** – S. káli L.

Sode – Suaēda FORSKÅL ex J. F. GMELIN

Pfl kahl, blaugrün, oft rot überlaufen. Bl linealisch, fleischig. B zu 2–3 achselständig. 0,10–0,35. ⊙ 7–9. Quellerfluren u. Andelwiesen auf nassen, salzreichen Schlickböden; z Küsten: Ns Me Sh, s Binnenland: N-Th M-An W-Me, (N) s NW-Sa S-Sh: Hamburg (austr+m-temp·k+litCIRCPOL – T – Sb – V Suaed., V Pucc. mar.). (**) **Strand-S.** – S. marítima (L.) DUM.

Familie **Portulakgewächse** – Portulacáceae JUSS.

Meist Kräuter. Bl ungeteilt, meist fleischig, oft mit häutigen NebenBl. B ⚥, meist radiär u. wenig auffällig. BHülle gleichartig. PerigonBl meist weiß, gelb od. rot, meist 4–5, frei od. am Grund verwachsen, hinfällig. StaubBl 3–15. FrKn ober- bis halbunterständig, 2–8blättrig, später 1fächrig. SaAnlagen meist 2–∞. Griffel 2–8. Kapseln (380 Arten – Ib, Kleistogamie – Sv, Av – Adv.).

1 Bl grundständig, rosettig, lg gestielt. Stg unter dem BStand mit 2 laubblattartigen, miteinander zu einem flachen Trichter verwachsenen TragBl. BHülle unscheinbar, weiß. **Claytonie** – Claytónia S. 187

1* GrundBl fehlend, StgBl ∞, nicht miteinander verwachsen, sitzend od. in einen undeutlichen Stiel verschmälert **2**

2 Bl wechselständig, nur an den Triebenden gedrängt u. fast gegenständig, an der Spitze stumpf, br abgerundet bis ausgerandet, zum Grund allmählich keilfg verschmälert. BHülle ansehnlich, gelb. Kelchähnliche HochBlHülle aus 2 verwachsenen Bl bestehend. StaubBl 7–15. **Portulak** – Portuláca S. 186

2* Bl alle gegenständig, länglich, meist beiderseits verschmälert od. spatelfg. BHülle unscheinbar, weiß. HochBlHülle aus 2 freien Bl bestehend. StaubBl 3. **Quellkraut** – Móntia S. 187

Portulak – Portuláca L.

Pfl niederliegend bis aufsteigend od. aufrecht. Stg oft rot überlaufen, wie die Bl fleischig. FrKn halbunterständig. 0,10–0,30. ⊙ 6–9. Trockne, sandige Ruderalstellen

(Wegränder, Pflasterfugen), nährstoffreiche Hackkulturen (Gärten, Weinberge); (A), im N (U), z bes. Tief- u. Hügelland W-Ba Bw S-Rh S-He Sa: bes. Elbe S-An Br, s O-Ba N-Rh W- u. N-We N-He N- u. O-Th N-An Ns Me S-Sh. Selten auch KulturPfl (austr-temp·(oz)CIRCPOL – T – Sb, auch Kleistogamie – Av – V Eragrost., V Polyg. avic., V Sisymbr. – SalatPfl). **** Gemüse-P.** – P. olerácea L.

Quellkraut – Móntia L.

Pfl nicht od. nur etwas fleischig, niederliegend bis aufsteigend od. flutend. FrKn oberständig. 0,02–0,50. ⊙ ① ♃ 6–8. Feuchte Äcker (Naßstellen), Gräben, Bäche, Quellfluren, kalkmeidend; z M- u. N-Ba: bes. Bayr-W, Rhön W-Bw: bes. Schwarzw Rh We He Th: bes. Bergland Sa An: N, O u. Harz S-Br Ns W-Me Sh, s N-Br O-Me, ↘ (antarct-trop/mo-arct·ozCIRCPOL – T, G – Sb – Ev, Sv – V Nanocyp., V Card.-Mont.).
**** Bach-Qu.** – M. fontána L.

Claytonie – Claytónia L.

Pfl aufrecht, etwas fleischig. Die verwachsenen TragBl der BStände oft unsymmetrisch 2spitzig. BHüllBl am Grund etwas verwachsen. StaubBl 3–5. FrKn oberständig. 0,07–0,20(–0,35). ⊙ ① 4–6. Grünanlagen, Friedhöfe, Ruderalstellen (Wege, Mauern); (N 1851) z N- u. W-We An Br Ns Sh, s SO-We He O-Th Me, (U) s N-Ba Bw Rh Sa, ↗. Früher KulturPfl (strop-temp·(oz)WAM – T, H – Sv, Av – V Alliar. – früher GemüsePfl). [Móntia perfoliáta (DONN ex WILLD.) HOWELL]
Tellerkraut, Kubaspinat – C. perfoliáta DONN ex WILLD.

Familie **Knöterichgewächse** – Polygonáceae JUSS.

Kräuter, selten Gehölze. Stg knotig gegliedert (daher „Knöterich"). Bl wechselständig, ihre NebenBl oft zu einer röhrigen, stengelumfassenden Scheide (Tute, Ochrea) verwachsen. B meist radiär, in Thyrsen. BHülle gleichartig. PerigonBl 3–6, frei od. verwachsen, innere zur FrReife sich vergrößernd (Valven). StaubBl (2–)5–9(–∞). FrKn 1, oberständig, meist 3blättrig, 1fächrig. SaAnlage 1, grundständig. Griffel 2–3(–4). Fr eine 2–3kantige, zuweilen geflügelte Nuß (1150 Arten – Wb, Ib, Sb – Wv, Ev, Hv, Mv).

1 Pfl strauchig, windend, mit bis 15 m lg Trieben. Bl herzfg. B weiß, in Rispen.
Aubert-Windenknöterich – Fallópia baldschuánica S. 191
1* Kräuter (zuweilen windend) 2
2 PerigonBl 4. StaubBl 4. Narben 2 (Abb. **188**/1). **Säuerling** – Oxýria S. 191
2* PerigonBl 5 od. 6. StaubBl 5–9 3
3 StaubBl 9. Bl sehr groß, br herzfg. KulturPfl. **Rhabarber** – Rhéum S. 191
3* StaubBl 5–8 4
4 PerigonBl 6, an der Fr die 3 inneren viel größer als die 3 äußeren. StaubBl 6. Narben 3 (Abb. **188**/2). **Ampfer** – Rúmex S. 188
4* PerigonBl 5, an der Fr gleich groß od. die äußeren größer. StaubBl 5–8. 5
5 Äußere PerigonBl zur FrZeit gekielt od. geflügelt (Abb. **191**/1, 2). Pfl >1 m(–4 m) od. WindePfl. 6
5* Äußere PerigonBl zur FrZeit weder gekielt noch geflügelt. Pfl bis 1 m. 7
6 Aufrechte Rhizomstauden. Narben 3, gefranst, auf 3 lg Griffelästen.
Staudenknöterich – Reynoūtria S. 192
6* Einjährige WindePfl Narbe kopfig, fast sitzend. **Windenknöterich** – Fallópia S. 191
7 **(5)** Bl 3eckig-herzfg, etwa so lg wie br. Fr wenigstens doppelt so lg wie das Perigon.
Buchweizen – Fagopýrum S. 194
7* Bl deutlich länger als br, nie 3eckig od. herzfg. Fr in das Perigon eingeschlossen od. weniger als zur Hälfte herausragend. **Knöterich** – Polýgonum S. 192

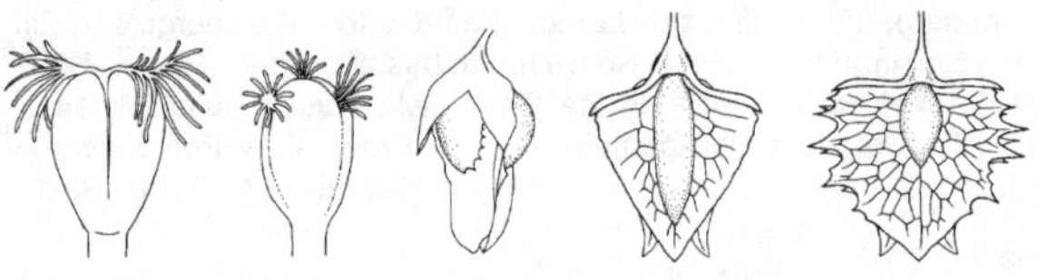

1 2 3 4 5

Ampfer, Sauerampfer – Rúmex L.
(Wb, Sb – Wv, z. T. Ev, Hv – Hybr. – Adv.)

1 Bl am Grund keilfg verschmälert, abgerundet od. herzfg, nie pfeil- od. spießfg. Alle od. doch die meisten B ⚥ (Ampfer) **2**

1* Bl pfeilfg od. spießfg (zuweilen ohne Spießecken), sauer schmeckend. B eingeschlechtig (Sauerampfer) **16**

2 Alle 3 Valven (innere PerigonBl) od. wenigstend eine mit Schwiele, ganzrandig od. gezähnt (Abb. **188**/3–5) **3**

2* Valven sämtlich ohne Schwiele, (fast) ganzrandig (Abb. **189**/3) **14**

3 Valven ganzrandig, selten mit 0,5(–1) mm lg Zähnen **4**

3* Valven mit mindestens 1 mm lg Zähnen **11**

4 GrundBl fehlend. BlAchseln mit beblätterten Seitentrieben, die später als der Hauptsproß blühen u. diesen zuletzt übergipfeln. Untere StgBl lineal-lanzettlich, 12–15 cm lg. Valven 3eckig. 0,30–1,00. ♃ 6–9. Flußufer, feuchte Ruderalstellen; (N 1935) s N- u. O-Rh Br: Berlin S-Sh: Elbe, (U) s Bw: Stuttgart He Sa N- u. O-Ns NW-Me: Warnemünde, ↗ (m-tempAM – H – V Agrop. Rum.). [R. trianguliválvis (DANSER) RECH. fil.]
Weidenblatt-A. – R. salicifólius WEINM.

4* GrundBl vorhanden. Stg ohne spätblühende Achselsprosse **5**

5 Valven schmal länglich, 2–3 mm lg, kaum breiter als die Schwiele (Abb. **188**/3). Scheinwirtel voneinander entfernt **6**

5* Valven rundlich bis eifg, 3,5–8 mm lg, (außer bei Stumpfblättrigem A., s. **13***) mindestens doppelt so br wie die Schwiele (Abb. **188**/4, 5). Scheinwirtel meist genähert . . **7**

6 Alle Valven mit Schwiele (Abb. **188**/3). FrStiele so lg wie die Valven od. kaum länger. BStand (fast) bis zur Spitze beblättert. 0,30–0,80. ♃ 7–8. Feuchte, nährstoffreiche Unkrautfluren an Ufern, Gräben, Wiesen; alle Bdl v, aber Bergland von Ba, Bw u. We sowie N-Ns u. W-Sh z (m-temp·(oz)EUR–WAS – H – V Agrop.-Rum., V Bid.).
Knäuel-A. – R. conglomerátus MURRAY

6* Nur eine Valve mit Schwiele. FrStiel stets deutlich länger als die Valven. BStand nur am Grund beblättert. 0,50–0,80. ♃ 6–8. AuenW, feuchte Waldwege in BuchenmischW; v W-Ba N-Bw Rh We He O-Ns Me Sh, z O-Ba außer Alpen S-Bw Th Sa An Br W-Ns (sm/mo-temp·ozEUR – H – V Alno-Ulm., O Fag., V Alliar.). [R. nemorósus SCHRADER ex WILLD.] **Blut-A., Hain-A.** – R. sanguíneus L.

7 **(5)** Spreiten der GrundBl meist 50–80 cm lg, am Grund verschmälert, mit in der Spreitenmitte rechtwinklig abzweigenden Seitennerven. Valven 3eckig, mit gestutztem bis keilfg Grund. Schwiele 2–3mal so lg wie br. FrStiel oben br kreiselfg (Abb. **188**/4). 1,00–2,00. ♃ 7–8. Verlandungsbereich von Seen, Altwässern, Gräben, an eutrophen Standorten; g Br Me Sh, v W- u. N-We O- u. N-An N-Ns, z M- u. N-Ba Bw Rh Th Sa SW-An S-Ns, s SO-Ba: Hochebene He (sm-temp·(oz)EUR – H, A – Hv, Wv – O Phragm.). **Hoher A., Fluß-A.** – R. hydrolápathum HUDS.

7* Spreiten der GrundBl bis 40 cm lg, Nerven in der Spreitenmitte spitzwinklig abzweigend. Valven br eifg, mit herzfg Grund. FrStiel oben schmal kreiselfg. LandPfl **8**

8 Valven kaum breiter als die größte Schwiele. Alle 3 Valven mit Schwiele. Bl eifg bis lanzettlich, GrundBl mit herzfg Grund u. abgerundeter Spitze.
Stumpfblättriger A. (s. **13***)

8* Valven deutlich breiter als die Schwiele. 1 od. 3 Valven mit Schwiele. GrundBl mit keilfg od. gestutztem Grund, vorn allmählich in eine stumpfliche Spitze verschmälert **9**

9 Spreiten der GrundBl 3(–4)mal so lg wie br, hellgrün, am Rand flach od. wellig. Schwielen klein, spät entwickelt, lange weich bleibend. Meist nur 1 Valve mit Schwiele. 0,80–1,50. ♃ 7–8. KulturPfl, auch frische bis feuchte Ruderalstellen; (N U) s, z. B. M- u. N-Ba Bw Rh Th Sa An Ns Me (m/mo-sm·subkEUR – H – V Arct. – GemüsePfl).
Garten-A., Ewiger Spinat – R. patiéntia L.

9* Spreiten der GrundBl 4–8mal so lg wie br, am Rand ± wellig-kraus, seltener flach. Schwielen groß, früh sich entwickelnd u. verhärtend. Meist alle 3 Valven mit Schwiele **10**

10 Valven (fast) ganzrandig, 1 od. alle mit Schwiele. BlRand stark kraus. FrStiele 2–2,5mal so lg wie die Valven. Nuß 1,5–1,8 mm br. 0,30–1,50. ♃ 6–8. Frische bis (stau-)feuchte Ruderalstellen (Gräben, Anger, Wegränder), feuchte Äcker, (tritt)gestörte Wiesen u. Weiden; alle Bdl g, aber S-Ba v (m/mo-b·(oz)EUR–WAS – H – V Agrop.-Rum., K Secal., O Polyg.-Chen., K Mol.-Arrh.). **Krauser A.** – R. críspus L.

10* Valven mit ∞, 0,5(–1) mm lg, deutlichen Zähnen, alle mit Schwiele (Abb. **188**/5). BlRand schwach kraus od. flach. FrStiele 1,5–2mal so lg wie die Valven. Nuß 1,2–1,3 mm br. 0,60–1,00. ♃ 7–8. Frische bis feuchte, oft salzhaltige Ruderalstellen; (N) z SW-Me: Elbe, (N?) s He NW-Sa S-An Br: SW u. Berlin, ↗ (m-temp·kEURAS – H – O Agrost. stol., V Chen. rub. – leicht zu verwechseln mit dem häufigen, weitgehend sterilen Bastard zwischen **10** u. **13***). [R. odontocárpus SÁNDOR ex BORBÁS]
Schmalblättriger A. – R. stenophýllus LEDEB.

11 **(3)** Untere Bl mit verschmälertem Grund. Valven jederseits mit 2(–3) lg, borstlichen Zähnen. ⊙ od. ① **12**

11* Untere Bl mit herzfg Grund. Valven jederseits mit 3–8 Zähnen, diese höchstens so lg wie die Valven. ♃ **13**

12 FrStiele dünn fadenfg, biegsam. Valven reif 2,5–3(–3,5) mm lg, eifg-3eckig, spitz, goldbraun, ihre Zähne länger als ihr größter ⌀ (Abb. **189**/1); Schwiele schmal lanzettlich, vorn spitz. Staubbeutel 0,4–0,6 mm lg. Pfl zur FrZeit goldgelb bis bräunlich. BStand meist dicht. 0,10–0,60. ⊙ 7–9. An nährstoffreichen, oft salzhaltigen Teichen, Viehtränken, Gräben Bach- u. Flußufern, auf ± offnen Schlammböden; v N-Sa Br Me Sh, z M- u. N-Ba Bw Rh: bes. Rhein, Mosel N- u. W-We He Th An Ns, s SO-Ba: Hochebene SO-We S-Sa, ↘ (m-temp·(k)+litEURAS – T – Hv, Ev, Wv – V Bid.).
Strand-A. – R. marítimus L.

12* FrStiele dick, steif. Valven reif 3–4 mm lg, schmal zungenfg, stumpflich, dunkelrotbraun; ihre Zähne etwa so lg wie ihr größter ⌀ (Abb **189**/2); Schwiele eifg, vorn stumpf. Staubbeutel 0,9–1,3 mm lg. Pfl zur FrZeit bräunlich- od. rötlichgrün. BStand lockerer, mit entfernten Quirlen. 0,10–0,80. ① 7–9. Nährstoffreiche, offne Schlammböden von Teichen, Bach- u. Flußufern; z M- u. N-Ba W-Bw u. O-Rh: Rhein W-We An Br Ns Me, s NO-Bw NW-Rh NO-We S-He Th N- u. M-Sa, ↘ (m-temp·(oz)EUR–WAS – H – Hv, Ev, Wv – V Bid.). **Sumpf-A.** – R. palústris SM.

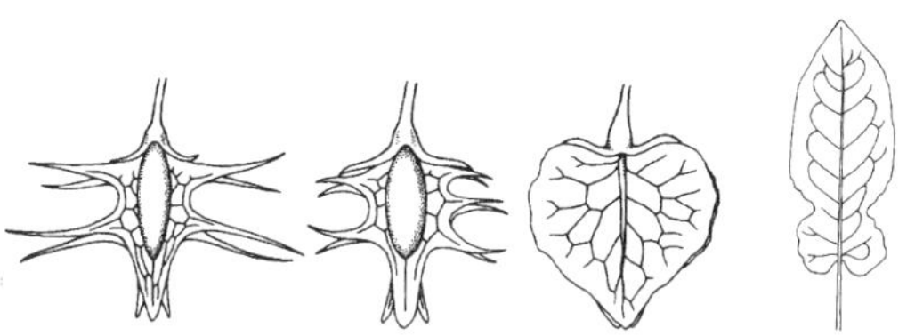

1 2 3 4

13 **(11)** Äste sparrig abstehend, zuletzt ineinander verflochten. Spreite der unteren Bl oft geigenfg eingeschnürt (Abb. **189**/4), meist 10 cm lg. BStand bis zur Spitze beblättert. 0,15–0,60. ♃ 5–7. (Wechsel-)trockne Ruderalstellen (Wegränder, Schutt, Häfen); (A) † Bw, (N U) s He Me (m-sm·(oz)EUR – H – Ev, Wv – V Sisymbr.). **(**) Schöner A.** – R. púlcher L.

13* Äste aufrecht abstehend, nicht verflochten. Spreiten mit abgerundeter Spitze, nicht geigenfg, meist >10 cm lg. BStand in der oberen Hälfte blattlos. 0,50–1,20. ♃ 7–8. Frische Ruderalstellen (Wegränder, Schutt, Gräben), überdüngte, (tritt)gestörte Wiesen u. Weiden, Schlagflächen; alle Bdl g, ↗ (m-temp·(oz)EUR – H – Wv, Ev – K Artem., V Agrop.-Rum.). **** Stumpfblättriger A.** – R. obtusifólius L.

14 **(2)** GrundBl mit verschmälertem Grund, 3–4mal so lg wie br. 0,60–1,50. ♃ 7–8. Frische, stickstoffreiche Ruderalstellen (Wegränder, Schutt); (N) s We S-Th: Th-W S-Sa: Erzg N-Sh, (N U) s Br: Berlin Ns NW-Me SW-Sh, ↘ (sm/mo-arctCIRCPOL – H – V Arct., V Agrop.-Rum.). [R. doméstícus HARTMAN] **Gemüse-A.** – R. longifólius DC.

14* GrundBl mit tief herzfg Grund, höchstens doppelt so lg wie br **15**

15 GrundBl 1–1,5mal so lg wie br, mit abgerundeter Spitze. Valven 4,5–5 mm lg u. 3,5–5 mm br (Abb. **189**/3). FrStiele deutlich gegliedert. 0,50–1,50. ♃ 6–8. Mont. bis subalp. Lägerfluren; z S-Ba: Alpen, s obere Hochebene, Passau S-Bw: S-Schwarzw, Adelegg (sm/salp-temp/salp·subozEUR – H – V Rum. alp.). **Alpen-A.** – R. alpínus L.

15* GrundBl 1,5–2mal so lg wie br, vorn spitzlich. Valven 5–9 mm lg u. 5–7 mm br. FrStiele (fast) ungegeliedert. 0,80–1,70. ♃ 7–8. Uferröhrichte, feuchte bis nasse Hochstaudenfluren; v NO- u. SW-Ba außer Alpen, z NW- u. M-Ba S-Bw He Th Sa An SO-Ns, s N-Bw Rh We: Ruhrgebiet Br Me, † S-Sh: Hamburg, Trischen, ↘ (sm/mo-b·(k)EURAS – H, A – Hv, Wv – V Magnocar., V Filip.). **Wasser-A.** – R. aquáticus L.

16 **(1)** BHüllBl aufrecht, schwielenlos. Bl spießfg od. in den Stiel verschmälert **17**

16* Äußere BHüllBl zur FrZeit dem BStiel anliegend, wenigstens eines der inneren (Valven) am Grund mit einer kleinen Schwiele. Bl pfeilfg B (außer 21*) 2häusig **18**

17 Bl rundlich, spießfg, blaugrün. BStiele gegliedert. 0,20–0,40. ♃ 5–8. Steinschutt- u. Geröllfluren, Mauern; z S-Ba Bw: bes. Jura Rh S- u. W-We SW-He, s M-Ba, (N U) s N- u. O-He Th O-Sa: Elbe S-An SO-Ns: Harz (m/alp-temp/dealp·ozEUR – H – K Thlasp. rot. – GemüsePfl). [Acetósa scutáta (L.) MILL.] **Schild-S.** – R. scutátus L.

17* Bl viel länger als br, lanzettlich od. linealisch, zuweilen ohne Spießecken, grasgrün. BStiele ungegliedert. B 2häusig. 0,10–0,30. ♃ 5–7. Bodensaure Sand- u. Silikattrockenrasen, -felsfluren, Magerrasen, Äcker, sandige Schläge, Heiden, kalkmeidend; alle Bdl g, aber S-Ba u. O-Bw v, Thüringer Becken z (m-arct·(oz)CIRCPOL – H, G – Sv: Wurzelsprosse – K Sedo-Scler., O Aper., O Polyg.-Chen., K Nardo-Call., V Polyg. avic., V Epil. ang.). [Acetosélla vulgáris (KOCH) FOURR.] ****Kleiner S.** – R. acetosélla L.

18 **(16)** Stg unbeblättert od. nur 1–2blättrig. Bl dicklich, fast nervenlos. 0,10–0,20. ♃ 7–9. Nährstoffreiche, kalkhaltige Schneetälchen; s SW-Ba: Allgäu (sm/alp-temp/alp·suboz EUR – C – V Arab. caer.). [Acetósa nivális (HEGETSCHW.) HOLUB] **Schnee-S.** – R. nivális HEGETSCHW.

18* Stg beblättert. Bl netzadrig od. 5–7nervig **19**

19 BStand locker, seine Äste einfach od. selten nur wenig verzweigt. Bl 2–4mal so lg wie br **20**

19* BStand dicht, seine Äste wiederholt u. reich verzweigt **21**

20 Tuten fransig zerschlitzt od. gezähnt. Bl dicklich, 2–4(–6)mal so lg wie br. Valven zur Reife 3–3,5 mm ∅. Reife Nuß schwarzbraun, glänzend, 1,8–2,2 mm lg. Pfl mit Rhizom. 0,30–1,00. ♃ 5–7. Frische, nährstoffreiche Wiesen, Weiden, Wegraine; alle Bdl g, aber Thüringer Becken v (m-arct·CIRCPOL – H – K Mol.-Arrh. – in großen Mengen giftig!). [Acetósa praténsis MILL.] **Wiesen-S.** – R. acetósa L.

20* Tuten (fast) ganzrandig, später bisweilen einreißend. Bl dünnhäutig, die unteren kaum 2mal so lg wie br. Valven zur Reife 3,5–4,5 mm ∅. Reife Nuß gelbbraun, kaum glänzend, 2,3–3,0 mm lg. Pfl mit Pfahlwurzel. 0,30–1,00. ♃ 6–8. Hochstaudenfluren, Bergwiesen, anspruchsvolle subalp. LaubW; z S- u. M-Ba: Alpen, Bayr-W SW-Bw: Schwarzw, s Th: Th-W Sa: Erzg An: Oberharz Ns: Harz? (sm/salp-arct·(suboz)EURAS – H – V Til.-Acer., V Adenost., V Triset., V Poion alp.). [R. alpéstris aut., Acetósa arifólia (ALL.) SCHUR] **Gebirgs-S.** – R. arifólius ALL.

21 **(19)** StgBl 3–6mal so lg wie br, die oberen sehr schmal, mit abstehenden Basallappen. 0,30–1,20. ♃ 7–8 (2–6 Wochen später als Wiesen-S.). Trockne bis mäßig trockne Ruderalstellen (Bahnanlagen, Wegränder), gestörte Wiesen; v N-Sa N- u. O-An, z bes. Stromtäler M- u. N-Ba N- u. W-Bw N- u. O-Rh SW-He N- u. O-Th S-Sa SW-An O-Ns, (N) v Br Me O-Sh, z W-We NW-Sh, s NO-We N-He W-Ns, ↗ (sm-b·(k)EURAS – H – V Dauco-Mel., V Arrh., O Agrop.). [Acetósa thyrsiflóra (FINGERH.) A. et D. LÖVE] **Rispen-S., Bahndamm-S.** – R. thyrsiflórus FINGERH.

21* StgBl 2–4mal so lg wie br, mit zum BlGrund hin gerichteten Basallappen. 0,60–1,20. ♃ 5–7. KulturPfl, auch (N U) s, z. B. He (Heimat unbekannt – H – GemüsePfl). [R. ambíguus GREN.] **Garten-S.** – R. rugósus CAMPD.

Säuerling – Oxýria HILL

Stg meist nur am Grund beblättert. GrundBl nierenfg, lg gestielt. 0,05–0,15. ♃ 6–8. Feuchte, kalkarme Geröllrasen; s Ba: Allgäu, Bayerische Alpen: Rote Wand, (N) s N-Ba He Ns (m/alp-arctCIRCPOL – H – Wb – Wv – V Andros. alp.). **Alpen-S.** – O. dígyna (L.) HILL

Rhabarber – Rhéum L.

Bl mit dicken Stielen u. großen Tuten, meist grundständig. B in Rispen. 1,00–3,00. ♃ 5–6. KulturPfl, auch Ruderalstellen (Schutt); (N U) s? (sm/mo·kOAS – G – Ib – Wv – mehrere Arten als Gemüse-, Arznei- u. ZierPfl). **Gewöhnlicher Rh.** – Rh. rhabárbarum L.

Windenknöterich – Fallópia ADANS. [Bilderdýkia DUM.]

1 Pfl strauchig, windend. Bl herzfg. B grünlichweiß, in Rispen. 2,00–15,00. ♄ 7–10. ZierPfl, auch an Zäunen, Straßenböschungen; (N U) s M- u. N-Ba Bw Rh We He Sa An Ns Me (m/mo-sm/mo·subozOAS). [Polýgonum aubértii LOUIS HENRY, F. aubértii (LOUIS HENRY) HOLUB] **Aubert-W., Silberregen** – F. baldschuánica (REGEL) HOLUB

1* Pfl krautig, windend 2

2 Stg kantig, körnig rauh. FrStiele 1–3 mm lg, über der Mitte gegliedert, aufrecht. Perigon dicht drüsig punktiert. Äußere PerigonBl stumpf gekielt bis sehr schmal geflügelt (Abb. **191**/1). Nuß feinkörnig, matt, 4–5 mm. 0,15–1,20 lg. ⊙ 7–10. Äcker, Gärten, Ruderalstellen; (A) alle Bdl g, aber Alpen u. Schwarzw v (austr+m-bCIRCPOL – T – Av – K Secal., K Chen.). [Polýgonum convólvulus L.] **Gewöhnlicher W.** – F. convólvulus (L.) A. LÖVE

2* Stg fast stielrund, kahl. FrStiele 5–8 mm lg, in od. unter der Mitte gegliedert, herabgebogen. Perigon kahl. Äußere PerigonBl br geflügelt, Flügel am FrStiel herablaufend (Abb. **191**/2). Nuß glatt, glänzend, 2,5–3 mm. 0,50–3,00 lg. ⊙ 7–9. Frische, nährstoffreichere Hecken, Gebüsche, Waldsäume; v Rh N- u. W-We S-He Sa außer Erzg An Br

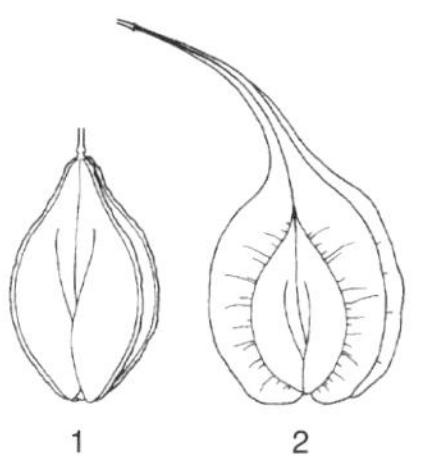

1 2

O-Ns Me SO-Sh, z M- u. N-Ba N- u. W-Bw N-He Th W-Ns N- u. W-Sh, s SO-Bw SO-We (m/mo-temp·subozEURAS – T – Av – O Convolv., V Arct., O Prun.). [Polýgonum dumetórum L.] **Hecken-W.** – F. dumetórum (L.) HOLUB

Staudenknöterich – Reynoūtria HOUTT. [Pleurópterus TURCZ.]

1 BlSpreite meist <20 cm lg, am Grund gestutzt, zugespitzt. 1,00–2,00. ♃ 7–9. ZierPfl, auch Ufer, frische bis feuchte Säume reicherer Gebüsche u. Wälder, feuchte Ruderalstellen (Müll); (N 1872) v Ba W-Bw Rh We S-He Sa Ns W-Me, z O-Bw N-He Th An Br O-Me Sh, ↗ (sm·ozOAS – G – V Arct., O Convolv.). [Polýgonum cuspidátum SIEB. et ZUCC., Fallópia japónica (HOUTT.) RONSE DECR.] **Japanischer S.** – R. japónica HOUTT.

1* BlSpreite meist >20 cm lg, am Grund schwach herzfg, spitz. 2,00–4,00. ♃ 7–9. ZierPfl, auch Ufer, frische bis feuchte Säume reicherer Gebüsche u. Wälder, feuchte Ruderalstellen (Müll); (N 1917) v Sa, z Ba Bw Rh We He An Br Ns Me S-Sh, s Th N-Sh, ↗ (temp·ozOAS – G – V Arct., O Convolv.). [Polýgonum sachalinénse FRIEDR. SCHMIDT, Fallópia sachalinénsis (FRIEDR. SCHMIDT) RONSE DECR.] **Sachalin-S.** – R. sachalinénsis (FRIEDR. SCHMIDT) NAKAI

Knöterich – Polýgonum L.
(Sb, Ib – Adv.)

1 B in Scheinähren an der Spitze der Stg u. Äste 2
1* B einzeln od. in kleinen Büscheln achselständig. Tuten gewimpert 10
2 Scheinähren dicht, gedrungen, walzig; B sich z. T. verdeckend (Abb. **192**/1) 3
2* Scheinähren locker, schlank, dünn, jede EinzelB sichtbar (Abb. **192**/2) 8
3 Stg einfach, mit einer einzigen, endständigen Scheinähre 4
3* Stg ästig od. doch am Grund verzweigt 5
4 Scheinähre dick walzig, ohne Brutknospen. Perigon rötlich. Bl länglich-eifg, etwas wellig, unterseits bläulichgrün. BlStiel geflügelt. 0,30–1,00. ♃ 5–7. Feuchte, nährstoffreichere Wiesen, Hochstaudenfluren; g S- u. M-Ba S-Bw S-We S-Sa, v bes. Bergland N-Ba N-Bw Rh He S-Th, z N-We N-Th N-Sa An O-Ns Sh, s Br W-Ns Me (m/mo-arct·(k)EURAS+(WAM) – H – Vm – V Calth., V Triset., V Adenost.). [Bistórta májor S. F. GRAY, B. officinális DELARBRE] **Wiesen-K.** – P. bistórta L.
4* Scheinähre dünner, unterwärts mit Brutknospen. Perigon weißlich. Bl lanzettlich, mit umgerolltem Rand. BlStiel ungeflügelt. 0,05–0,25. ♃ 5–7. Alp. Blaugrashalden, Magerrasen u. -weiden; z S-Ba: Alpen u. Vorland, s M-Ba: westliche Hochebene, Donau SO-Bw: Jura, ↘ (m/alp-arctCIRCPOL – H – Wv, Vv, Sv: Brutknöllchen – V Car. curv., V Elyn., V Sesl., V Nard.). [Bistórta vivípara (L.) DELARBRE] **Knöllchen-K.** – P. vivíparum L.
5 **(3)** Spreite mit abgerundetem bis herzfg, nie verschmälertem Grund. BlStiel über der Mitte der Tute abzweigend (Abb. **192**/3). StaubBl meist 5. B oft 1geschlechtig. Perigon stets rosa, drüsenlos. Pfl ♃, mit kriechendem Rhizom (2 auffallend verschiedene, nicht erbliche Formen: Wasserform mit sehr lg gestielten, länglich-eifg, am Grund gestutzten

1 2 3 4 5 6

bis herzfg, kahlen SchwimmBl; Landform aufrecht, mit länglich-lanzettlichen, am Grund abgerundeten, behaarten Bl). 0,30–0,75 (Wasserform 0,60–3,00). ♃ 6–9. Stehende Gewässer, Ufer, Naßwiesen, nährstoffreiche, nasse Äcker, Ruderalstellen (Schutt); g Me, übrige Bdl v, aber Bergland z (m/mo-bCIRCPOL – H, A – Hv – V Nymph., K Phragm., V Agrop.-Rum. O Polyg.-Chen.). [Persicária amphíbia (L.) DELARBRE]
Wasser-K. – P. amphíbium L.

5* Spreite mit ± verschmälertem Grund. BlStiel unter der Mitte der Tute abzweigend (Abb. **192**/4). StaubBl 6(–8). B stets ⚥. Perigon rosa, weiß od. grünlich. Pfl ☉, faserwurzlig 6

6 Ähren- u. BStiele, Perigon u. Bl stets drüsenlos. Tute am Rand mit 1–2 mm lg Borstenhaaren (Abb. **192**/4), auf der Fläche anliegend kurzhaarig, dem Stg eng anliegend. Perigon rosa, sehr selten rein weiß, stets ohne erhabene Nerven. Nuß linsenfg (beiderseits flach od. plankonvex) od. stumpf 3kantig. 0,10–0,80. ☉ 7–10. Nährstoffreichere Äcker, Gärten, Ruderalstellen (Schutt, Gräben); alle Bdl g, aber N-Th v, Alpen z (austr-temp·(oz)CIRCPOL – T – Kleistogamie – O Polyg.-Chen., K Secal., O Bid., V Sisymbr.). [Persicária maculósa S. F. GRAY] **Floh-K.** – P. persicária L.

6* Ährenstiele u. Perigon mit ± zahlreichen Drüsen, oft auch die BStiele u. BlUSeiten. Tute am Rand kahl od. sehr kurz (höchstens 0,6 mm) gewimpert (Lupe!), auf der Fläche kahl od. spinnwebig, dem Stg locker anliegend. Perigon rosa od. grünlichweiß, zur FrReife mit stark hervortretenden Nerven. Nuß bikonkav 7

7 Stg aufrecht, selten liegend, einfach od. ± verzweigt. Bl 4–8mal so lg wie br, unter der Mitte am breitesten. BlUSeite kahl, filzig od. rauhhaarig, mit od. ohne Drüsen. Nuß 2–3 mm lg. 0,20–0,80. ☉ 7–10. Nährstoffreichere Äcker, Gräben, Ufer; alle Bdl g, aber Alpen S-Bw SO-We v, N-Rh N-He z (austr-bCIRCPOL – T – O Polyg.-Chen., K Secal., O Bid. – sehr formenreiche Art). [Persicária lapathifólia (L.) DELARBRE, Polýgonum nodósum PERS., Polýgonum tomentósum SCHRANK] ** **Ampfer-K.** – P. lapathifólium L.

7* Stg stets liegend, reich verzweigt, mit kurzen StgGliedern. Bl br elliptisch, mit Ausnahme der obersten höchstens doppelt so lg wie br, etwa in der Mitte am breitesten. BlUSeite grau spinnwebig-filzig, stets mit farblosen Drüsen. Nuß 2 mm lg. 0,30–1,00. ☉ 7–10. Rohbodenpionier an feuchten, nährstoffreichen, oft kiesig-sandigen Flußufern; StromtalPfl, z M- u. N-Ba W-We, s N-Bw Rh: Pfalz, Rhein O-We: Weser He Th Sa An Br? O-Ns Me S-Sh (temp·subozEUR – T – V Chen. rub.). [P. danubiále KERNER, Persicária lapathifólia ssp. brittíngeri (OPIZ) SOJÁK] **Donau-K.** – P. brittíngeri OPIZ

8 **(2)** Tuten fast kahl. Perigon auffallend drüsig punktiert. Bl lanzettlich, pfefferartig scharf. 0,25–0,60. ☉ 7–9. Gräben, Ufer, feuchte Waldwege, krumenfeuchte, saure Äcker, kalkmeidend; alle Bdl g, aber N-He u. N-Br v, Alpen, W-Jura, Rheinhessen, W-Eifel u. MDt-Trockengeb z (tropOAS-m-bEURAS – T – Kleistogamie – O Bid., O Aper., O Polyg.-Chen. – giftig!). [Persicária hydrópiper (L.) DELARBRE]
Pfeffer-K., Wasserpfeffer – P. hydrópiper L.

8* Tuten anliegend kurzhaarig. Perigon drüsenlos od. sehr schwach drüsig punktiert. Bl schmaler, nicht scharf schmeckend 9

9 Bl meist > 10 mm br, (schmal) lanzettlich, von der Mitte nach beiden Enden gleichmäßig verschmälert (Abb. **192**/5). BStand oft etwas überhängend. FrPerigon (2,5–)3–4,5 mm lg. StaubBl meist 6. Nuß 2,5–4 mm lg, 3seitig, selten linsenfg flach. 0,10–0,60. ☉ 7–10. Gräben, Ufer, feuchte Waldwege; v S- u. M-Ba N- u. W-Bw S-Rh W- u. N-We S-He Me, z N-Ba SO-Bw N-Rh SO-We N-He Th Sa An Br Ns Sh (sm-temp·(oz)EUR – T – O Bid.). [Persicária laxiflóra (WEIHE) OPIZ, P. mítis (SCHRANK) ASSENOV, P. dúbia (A. BR.) FOURR.] **Milder K.** – P. míte SCHRANK

9* Bl meist < 8 mm br, lineal-lanzettlich, in der unteren Hälfte fast parallelrandig, am Grund abgerundet (Abb. **192**/6) od. schmal eilanzettlich, im unteren Drittel am breitesten. BStand fast stets aufrecht. FrPerigon 2–2,5 mm lg. StaubBl meist 5. Nuß 1,5–2 mm lg, linsenfg flach, selten einzelne 3kantig. 0,10–0,40. ☉ 7–10. Gräben, Ufer, feuchte Waldwege, kalkmeidend; v Sh, z Ba außer Alpen Bw S-Rh N- u. W-We He Th N-Sa An Br Ns

Me, s N-Rh SO-We S-Sa u. Bergland (austr-b·(oz)EURAS – T – V Bid.). [Persicária mínor (HUDS.) OPIZ] **Kleiner K.** – P. mínus HUDS.

10 **(1)** Nuß 2–3 mm lg, kaum länger als das Perigon, matt od. glänzend, gerieft od. glatt. Stg liegend bis aufsteigend od. aufrecht. 0,05–0,50. ⊙ 5–11. Frische Ruderalstellen (bes. Trittstellen, Schutt), Äcker, Gärten; alle Bdl g (austr+m-bCIRCPOL – T – V Polyg. avic., K Secal., K Chen.). * **Vogel-K.** – P. aviculáre agg.

10* Nuß 3–6,5 mm lg, zur Reife das Perigon deutlich überragend, glänzend, glatt. Stg stets in ganzer Länge liegend. 0,10–1,00 lg. ⊙ ⊙ 7–9. Küsten-Spülsäume; s Sh: Helgoland, St. Peter, Neuwerk, Angeln, Fehmarn, † Me (temp·suboz-litEUR+(OAM) – T, H – O Cak.). ** **Strand-K.** – P. oxyspérmum MEYER et BUNGE ex LEDEB.

Buchweizen – Fagopýrum MILL.
(T – Ib – Mv)

1 B weiß od. rosa. Kanten der Fr scharf, ganzrandig. Stg meist rot. 0,15–0,60. ⊙ 7–10. Alte KulturPfl, auch Ruderalstellen (Schutt, Müll, Wegränder), kalkmeidend; (N U) z Ba, s Bw Rh We He Th Sa An Br Me (m-sm·suboz?OAS – K Chen. – MehlFr-, Bienenfutter-Pfl). [F. sagittátum GILIB.] **Echter B.** – F. esculéntum MOENCH

1* B grünlich. Kanten der Fr stumpflich, ausgeschweift gezähnt. Stg meist grün. 0,30–0,70. ⊙ 7–9. Unkraut in Buchweizenfeldern, kalkmeidend; (A U) z Sa, s Ba Rh He Th N- u. O-An Br Ns Me Sh, † Bw We, ↘ (m-sm·subozOAS – O Polyg.-Chen.). **Tataren-B.** – F. tatáricum (L.) GAERTN.

Familie **Bleiwurzgewächse** – Plumbagináceae JUSS.

Stauden, Sträucher, Halbsträucher u. Lianen. Bl ungeteilt, ganzrandig, meist rosettig, ohne NebenBl. BStände ährige, traubige, kopfige od. rispige Thyrsen. B ⚥, radiär, 5zählig. BHülle ungleichartig. KBl oft zu einer Röhre verwachsen, meist trockenhäutig u. bleibend, oft gefärbt. KrBl meist ± verwachsen, gedreht. StaubBl 5. FrKn oberständig, 5blättrig, 1fächrig, mit 1 grundständigen SaAnlage. Griffel 1–5. Narben 5. Vom K umschlossene Nüsse (730 Arten – Ib – Wv – salzliebend – viele ZierPfl).

1 Stg verzweigt, mit HochBl. Bl verkehrteifg. BStände doldenrispig. **Strandflieder** – Limónium S. 194

1* Stg einfach, blattlos. Bl grasähnlich. BStände kopfig, von mehreren HochBl umgeben (Abb. **194**/1). **Grasnelke** – Arméria S. 194

Strandflieder, Strandnelke – Limónium MILL.

Bl verkehrteifg, ganzrandig, kahl. Kr blauviolett. 0,20–0,50. ♃ 8–9. Salzwiesen; v N-Ns u. W-Sh: Küsten, z N-Me: Wismarbucht, Rügen SO-Sh: Fehmarn, Großenbrode, Heiligenhafen, Hohwacht, ↘ (m-temp·litEUR – H – Ib, Sb, Vg – V Pucc. mar., V Armer. marit. – ∇). [Státice limónium L.] **(**) Gewöhnlicher S.** – L. vulgáre MILL.

Grasnelke – Arméria WILLD.
(H – Ib, Vg)

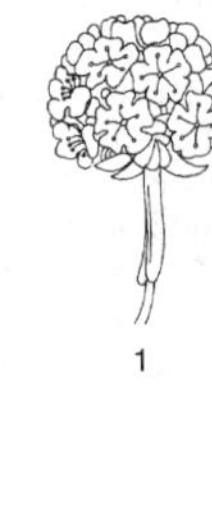

1

1 Bl lanzettlich, >3 mm br, 3–7nervig. Äußere HüllBl den BKopf meist seitlich überragend, lg zugespitzt, innere mit kurzer Spitze, stumpf. Kr rosa. 0,20–0,50. ♃ 6–7. Sandtrockenrasen, trockne Wiesen, kalkmeidend; † O-Rh: Mainz, (U) † S-Rh (m-stemp·ozEUR – O Fest.-Sedet., V Arrh. – ∇). [A. plantagínea WILLD., A. pseudarméria aut., A. alliácea aut.] **Wegerich-G.** – A. arenária (PERS.) SCHULT.

1* Bl linealisch, 1–3 mm br, 1(–3) nervig, oft behaart. Äußere HüllBl den Kopf meist nicht überragend (Abb. **194**/1); HüllBl stumpf od. kurz zugespitzt. Kr rosa od. purpurn. 0,05–0,50. ♃ 5–11. Graudünen, bodensaure Sand- u. Silikattrockenrasen, Silikat- u. Serpentinfelsfluren, Schwermetallhalden, Salzwiesen, trockne Wälder; g Br, v N-Sa N- u. O-An Me Sh: bes. Küsten, z M- u. N-Ba S-He S-Sa SW-An Ns: O u. Küste, s SW-Ba: Benninger Ried N-Bw: Main, Mannheim, Rastatt, Frauental SW-Rh: Saarland S- u. O-We N-He Th (antarctAM+sm-arct·(oz)CIRCPOL – Ib, Vg – V Armer. elong., V Armer. marit. O Viol. calamin. – ▽). [A. vulgáris aut.]

** **Gewöhnliche G.** – A. marítima (MILL.) WILLD.

Familie **Pfingstrosengewächse** – Paeoniáceae RUDOLPHI

Kräuter od. Sträucher. Bl wechselständig, ohne NebenBl. B ⚥, radiär, groß, endständig, meist einzeln. KBl meist 5, frei, grün od. in die 5–10 freien KrBl übergehend. StaubBl ∞. FrKn oberständig, FrBl 5 od. 3–2, frei, mit kurzem Griffel u. br Narbe. SaAnlagen ∞. BalgFr (34 Arten – Ib, Vw – Av – viele ZierPfl).

Pfingstrose – Paeónia L.

1 Staude. Kr purpurrot. 0,50–0,90. ♃ 5–6. ZierPfl, in W-Rh u. O-Th aus früherer Kultur an Kalksüdhängen erhalten (sm·ozEUR – G – ArzneiPfl – ▽).
Garten-P., Stauden-P. – P. officinális L.

1* Strauch. Kr weiß bis rosarot. 0,50–1,50. ♄ 5–6. ZierPfl (m-sm·subozOAS – F). [P. moūtan SIMS] **Strauch-P.** – P. suffruticósa ANDREWS

Familie **Hartheugewächse** – Hypericáceae JUSS.

Kräuter od. Sträucher. Bl gegenständig od. quirlig, ungeteilt, oft von Öldrüsen durchscheinend punktiert, ohne NebenBl. B ⚥, radiär, einzeln od. in Zymen. KBl 5, frei. KrBl 5, in der Knospe gedreht. StaubBl ∞, zu 2–5 über den KrBl stehenden Bündeln verwachsen. FrKn oberständig, 3- od. 5fächrig od. unvollständig gefächert. Griffel 3 od. 5. Vielsamige Kapseln (451 Arten – H – Ib: Pollenblumen, Sb – Wv).

Hartheu, Johanniskraut – Hypéricum L.

1 Stg liegend od. aufsteigend, am Grund oft wurzelnd 2
1* Stg aufrecht 3
2 Pfl behaart. Stg stielrund. KBl eifg, am Rand rotdrüsig gefranst. 0,10–0,30. ♃ 8–9. Nasse, nährstoffarme Heidetümpel, Schlenkenränder; s N- u. W-We, W-Ns, † NW-Ba S-He NO-Sa SO-Br (m-temp·euozEUR – V Litt. – ▽). **Sumpf-H.** – H. elódes L.
2* Pfl kahl. Stg fadenfg, fast 2kantig. KBl ungleich groß, länglich, ganzrandig, mit schwarzen Drüsenpunkten. 0,05–0,15. ☉ ⊙ ♃ 6–10. Krumenfeuchte, sandige bis lehmige Äcker, feuchte Wege, Waldschläge, Ufer, lückige Magerrasen, kalkmeidend; v M- u. N-Ba N- u. W-Bw Rh We S-Th Sa S-Br S-Ns Sh, z S-Ba SO-Bw He N-Th An M- u. N-Br N-Ns Me (m-temp·ozEUR – T, H – K Isoëto-Nanojunc., O Aper., K Plant.).
Liegendes H. – H. humifúsum L.
3 (1) Stg u. Bl weichhaarig. Stg stielrund. B in langer Rispe. Kr hellgelb. 0,40–1,00. ♃ 7–8. Waldschläge u. Waldsäume, EichenmischW, anspruchsvoll; v Ba N-Bw Rh S- u. O-We Th S-An S-Ns, z S-Bw He S- u. W-Sa, s NW-We N-An W-Br NO-Ns O-Sh, † Me (m/mo-temp·(suboz)EUR–WAS – V Atrop., V Carp.). **Behaartes H.** – H. hirsútum L.
3* Stg u. Bl kahl 4
4 KBl ganzrandig, höchstens mit vereinzelten Drüsen 5
4* KBl drüsig gesägt od drüsig gewimpert 7
5 Stg 2kantig, markig. Bl oval bis fast linealisch, durchscheinend punktiert. KBl lanzettlich, sehr spitz, doppelt so lg wie der FrKn. 0,15–0,80. ♃ 6–8. Xerothermrasen, Silikatmagerrasen, Heiden, frische bis trockene Ruderalstellen (Wegränder, Böschungen,

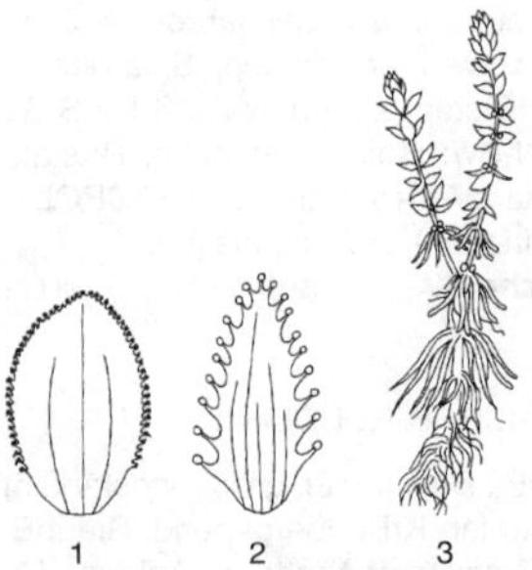

Brachen), Gebüsche, Waldränder u. -auflichtungen; alle Bdl g (m-b·(suboz)EUR–WAS – K Fest.-Brom., O Fest.-Sedet., K Nardo-Call., K Trif.-Ger., V Epil. ang., O Prun.).
Tüpfel-H. – H. perforátum L.

5* Stg 4kantig od. 4flüglig, hohl. KBl etwa so lg wie der FrKn 6

6 Stg 4 flüglig. Bl dicht durchscheinend punktiert (Lupe!). KBl schmal lanzettlich, zugespitzt. Kr hellgelb. 0,30–0,60. ♃ 7–8. Nasse, zeitweise überflutete Ufer, Gräben, Bäche, Staudenfluren, Röhrichte; alle Bdl v, aber NW-Ns u. Bergland z (m/mo-temp·ozEUR – V Filip., V Glyc.-Sparg.). [H. acútum MOENCH] **Flügel-H.** – H. tetrápterum FRIES

6* Stg 4kantig. Bl wenig oder nicht durchscheinend punktiert. KBl eifg bis länglich, stumpf od. mit buchtig gezähnter Spitze. Kr goldgelb. 0,20–0,60. ♃ 7–8. Silikat-Magerrasen, Wiesen, Staudenfluren, kalkmeidend; v Ba Bw Rh O-We He S-Th S-Sa O-Ns Me Sh, z W-We N-Th N-Sa An: bes. Harz, Dübener Heide Br W-Ns (sm/mo-b·(oz)EUR–WAS – O Nard., V Filip.). [H. quadrángulum aut., H. dúbium LEERS]
** **Kanten-H.** – H. maculátum CRANTZ

7 **(4)** Bl am Rand ohne schwarze Drüsenpunkte, herz-eifg, vorn abgerundet, unterseits graugrün. KBl verkehrteifg, sehr stumpf, mit kurz gestielten od. sitzenden schwarzen Drüsen (Abb. **196**/1). 0,30–0,60. ♃ 7–9. Nährstoffärmere Eichen-Birken- u. Eichen-BuchenW, Besenginstergebüsche, kalkmeidend; v W-Ba N- u. W-Bw Rh S- u. O-We, z He Th Sh, s SO-Bw: Bodensee Sa W-An Br SW-Me, ↘ (sm-temp·euozEUR – V Querc. rob.-petr., V Luz.-Fag., V Saroth.). **Schönes H.** – H. púlchrum L.

7* Bl am Rand mit schwarzen Drüsenpunkten, eifg od. lanzettlich, spitz od. stumpf. KBl spitz, mit gestielten Drüsen (Abb. **196**/2) 8

8 Bl kürzer als die StgGlieder, eifg, am Rand flach. Stg stielrund. BStand wenigblütig, fast kopfig. 0,30–0,60. ♃ 6–8. Säume, Gebüsche, wärmeliebende LaubW; v M- u. N-Ba Bw Rh Th, z S-Ba We He Sa S-An M- u. N-Br Me Sh, s N-An S-Br S- u. O-Ns, ↘ (sm-temp·subozEUR – O Querc. pub., V Carp., O Orig.). **Berg-H.** – H. montánum L.

8* Bl wenigstens so lg wie die StgGlieder, länglich-lanzettlich, am Rand umgerollt. Stg wenigstens oben 2kantig. BStand vielblütig, locker. 0,15–0,30. ♃ 6–7. Kont. Trocken- u. Halbtrockenrasen, Trockengebüschsäume, kalkstet; z N-Th, s SO-Rh: Rheinhessen S-An (sm-temp·subkEUR–WAS – V Fest. val., V Cirs.-Brach., V Ger. sang. – ∇).
Zierliches H. – H. élegans STEPH. ex WILLD.

Familie **Tännelgewächse** – Elatináceae DUM.

Kräuter, SchlammPfl, Halbsträucher. Bl gegenständig od. quirlig, ungeteilt, mit NebenBl. B ⚥, radiär, 2–5zählig, klein, achselständig, einzeln od. in Zymen. KBl 2–5, frei od. am Grund verwachsen. KrBl 2–5, frei. StaubBl so viele od. doppelt so viele wie KrBl. FrKn oberständig, 3–5fächrig. Griffel 2–5, frei. Kapseln (34 Arten – T – Ib, Sb: Kleistogamie – Ev: Wasservögel – kalkmeidend).

Tännel – Elatíne L.

1 Stg aufsteigend od. aufrecht, unverzweigt od. am Grund ästig, Bl quirlständig, ungestielt (Abb. **196**/3). B grünlich. 0,02–0,50. ⊙ ⊙ ♃ 7–8. Nasse, zeitweise überschwemmte, nährstoffreiche, sandige od. schlammige Ufer, Teichränder; s SW-Bw: Rhein Br NO-Ns: Elbe M- u. SO-Me, † SW- u. N-Ba O-Rh O-We S-He O-Th Sa An S-Sh, ↘ (m-temp·(subk)EUR–WAS – V Nanocyp.). **Quirl-T.** – E. alsinástrum L.

1* Stg liegend od. kriechend, ästig. Bl gegenständig, gestielt. B rötlichweiß 2

2 KrBl 4. StaubBl 8. B sitzend. BlStiel meist länger als die Spreite. 0,02–0,12. ⊙ 6–9. Nährstoffreiche, offene Schlammufer; z NO-Sa, s SW-, M- u. NW-Ba NO-Bw: Holzweiher O-Rh W-We O-He O-Th W-Sa SO- u. M-An: Elbe S-Br N-Ns NW- u. SO-Me Sh, ↘ (sm-b·suboz EUR–(WAS) – O Litt., O Cyp. fusci). **Wasserpfeffer-T.** – E. hydrópiper L. em. OEDER

2* KrBl 3. StaubBl 3 od. 6. BlStiel kürzer als die Spreite 3

3 B sitzend. StaubBl 3. K 2teilig. 0,02–0,18. ⊙ 6–9. Nasse, zeitweise überschwemmte, nährstoffreiche Schlammufer; s M- u. N-Ba S- u. O-Bw NO-Rh NW-We O-He S-Th S- u. O-Sa S-An S- u. O-Br NO-Ns, ↘ (m-b·subozCIRCPOL – O Cyp. fusci). **Dreimänniges T.** – E. triándra SCHKUHR

3* B 0,5–5 mm lg gestielt. StaubBl 6. K 3teilig. 0,02–0,20. ⊙ 6–8. Nasse, zeitweise überschwemmte, nährstoffreiche Schlammufer; z Ba außer Alpen N-Sa, s Bw: Hattenburg, Rot, Stödtlen, Ellwangen Rh S-We O-He S-Th SO-An: Elbe S-Br NW-Ns: Debstedt, Geeste, † Me, ↘ (sm-temp·ozEUR – V Eleoch. acic., O Cyp. fusci, O Litt.). **Sechsmänniges T.** – E. hexándra (LAPIERRE) DC.

Familie **Zistrosengewächse** – Cistáceae JUSS.

Sträucher od. Kräuter. Bl gegen-, seltener wechselständig, ungeteilt, mit od. ohne NebenBl. B ⚥, radiär, einzeln, in Trauben od. traubenähnlichen Zymen. KBl 5, oft 2 kleine u. 3 große, frei. KrBl 5, in kleistogamen B zuweilen 0. StaubBl ∞. FrKn oberständig, 3–5blättrig, 1fächrig od. durch vorspringende Plazenten gefächert. Griffel 1 od. fehlend. SaAnlagen ∞. Vielsamige Kapseln (175 Arten – Ib: Pollenblumen, Vw – Wv).

1 Bl nadelfg, wechselständig. B einzeln. **Nadelröschen** – Fumána S. 198

1* Bl nicht nadelfg, wenigstens die unteren gegenständig. B in Trauben 2

2 Bl mit 3 Längsnerven, ungestielt. BStand ohne VorBl. Griffel fast fehlend. Stg krautig. ⊙. **Sandröschen** – Tuberária S. 198

2* Bl fiedernervig, untere kurz gestielt. BStand mit VorBl. Griffel deutlich. Halbsträucher. **Sonnenröschen** – Heliánthemum S. 197

Sonnenröschen – Heliánthemum MILL.

1 Bl mit NebenBl (Abb. **198**/1). Kr gelb od. weiß 2

1* Bl ohne NebenBl. Kr gelb 3

2 Bl oberseits grün. NebenBl lanzettlich, länger als der BlStiel. Kr gelb, selten gelblichweiß. 0,10–0,20. ♄ 6–10. Xerothermrasen, Hochgebirgsmatten, frische Silikatmagerrasen, Säume, Trockengebüsche u. -wälder; v Ba Bw Rh He S-Th S-An, z S- u. O-We N-Th Sa N-An Br W- u. S-Me, s S-Sh, ↘ (m/mo-temp·subozEUR – S – K Fest.-Brom., O Sesl., V Viol. can., V Ger. sang., V Eric.-Pin.). [H. chamaecístus MILL., H. vulgáre GAERTN.] ** **Gewöhnliches S.** – H. nummulárium (L.) MILL.

2* Bl oberseits graufilzig. NebenBl pfriemlich bis fädlich, untere so lg wie der BlStiel, obere länger. Kr weiß. 0,10–0,30. ♄ 5–7. Submed. Kalkfelsfluren, Kalktrocken- u. -halbtrockenrasen; s NW-Ba: Main, Fränkische Saale Rh: Rheinhessen S-An: Karsdorf, Steigra, † Th: Arnstadt, ↘ (m-stemp·ozEUR – S – O Brom. erect., V Sesl.-Fest. – ∇). **Apenninen-S.** – H. apennínum (L.) MILL.

3 **(1)** Bl wenigstens unterseits weiß- od. graufilzig. Nichtblühende Triebe aufsteigend, ohne BlRosette. 0,10–0,20. ♄ 5–6. Kalkfelsfluren u. -trockenrasen (bes. submed.),

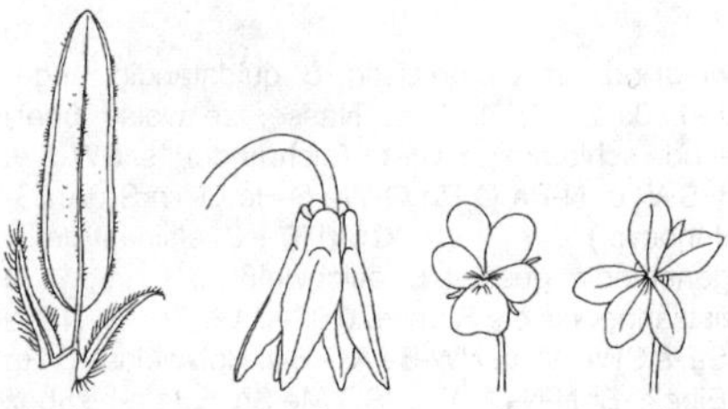

trockne KiefernW, kalkstet; s NW-Ba: Karlstadt, Gemünden S-Bw: Böllat, Küssaburg, Schafberg M- u. N-Th S-An, ↘ (m-temp·subozEUR – S – V Xerobrom., V Eric.-Pin., V Sesl.-Fest. – ∇). **Graues S.** – H. cánum (L.) BAUMG.

3* Bl beiderseits grün, anliegend behaart od. kahl. Nichtblühende Triebe meist mit BlRosette abschließend. 0,03–0,12. ♄ 6–8. Frische, kalkreiche, alp. Matten; v S-Ba: Alpen (sm/alp-temp/alp·subozEUR – S – V Sesl.). [H. oelándicum (L.) DC. ssp. alpéstre (JACQ.) BREISTR.] **Alpen-S.** – H. alpéstre (JACQ.) DC.

Nadelröschen, Heideröschen – Fumána (DUNAL) SPACH

Bl nadelfg. Kr goldgelb. 0,10–0,20. ♄ 6–10. Kalkfelsfluren u. -trockenrasen (bes. submed.), reiche Sandtrockenrasen, kalkstet; s M- u. N-Ba: Augsburg, Dingolfing, Pegnitz, Jura W-Bw u. S-He: Rhein S-Rh We: Höxter N- u. W-Th S-An (m-stemp·subozEUR – S – V Xerobrom., V Sesl.-Fest., V Koel. glauc.). [Heliánthemum fumána L.] **Gewöhnliches N., Zwerg-Sonnenröschen** – F. procúmbens (DUNAL) GR. et GODR.

Sandröschen – Tuberária (DUNAL) SPACH

Pfl behaart. KrBl gelb, am Grund oft schwarzbraun gefleckt, hinfällig. 0,07–0,30. ⊙ 6–9. Sandtrockenrasen, lichte KiefernW, Brachen, kalkmeidend; s S-Br NW-Ns: Norderney, † Rh He Sa O-An (m-temp·ozEUR – T – V Thero-Air., V Cytis.-Pin.). [Heliánthemum guttátum (L.) MILL.] **Geflecktes S.** – T. guttáta (L.) FOURR.

Familie **Veilchengewächse** – Violáceae BATSCH

Kräuter, Sträucher od. Bäume. Bl wechselständig, meist ungeteilt, mit NebenBl. B ⚥, dorsiventral mit Sporn od. radiär, 5zählig, einzeln od. in Trauben, Ähren od. Rispen. KBl 5, frei, beim Veilchen mit Anhängseln (Abb. **198**/2). KrBl 5, frei, das untere abweichend gestaltet u. am Grund gespornt od. alle untereinander gleich. StaubBl 5. FrKn oberständig, 3blättrig, 1fächrig. Griffel 1, oft s-förmig gebogen. Narben sehr verschieden gestaltet. 3klappige, vielsamige Kapseln (800 Arten – Ib, Sb: Kleistogamie – Sv, Av – viele ZierPfl – Hybr.).

Veilchen, Stiefmütterchen – Víola L.

1 Seitliche KrBl ± aufwärtsgerichtet, den Rand der oberen deckend (Abb. **198**/3). KrBl gelb, weiß, violett od. bunt, stets wenigstens das unterste am Grund gelb **2**

1* Seitliche KrBl deutlich abwärtsgerichtet, den Rand der oberen nicht deckend (Abb. **198**/4). KrBl nie gelb **8**

2 BlSpreiten breiter als lg, nierenfg. NebenBl meist ganzrandig. Griffel winklig gebogen, mit gestutzter, flacher Narbe. Kr gelb, bräunlich gestreift. 0,08–0,15. ♃ 5–8. Subalp. Hochstaudenfluren, sickerfeuchter Steinschutt, auch hochmontane BuchenW; v S-Ba

u. SO-Bw: Alpen, z Vorland, s SO-We: Ramsbek W-Th: Eisenach O-Sa: Elbsandsteingebirge, (N) s O-Th: Geunitz (m/salp-arct·subozEURAS+(WAM) – H – Vv: Wiederkäuer – K Bet.-Adenost., O Fag.). **Zweiblütiges V.** – V. biflóra L.

2* BlSpreiten länger als br. Griffel fast gerade, mit kugliger, ausgehöhlter Narbe (Abb. **200**/6, 7) **3**

3 NebenBl ganzrandig od. 3spaltig. Sporn 8–15 mm lg, etwa so lg wie die KrBl. Kr etwa 3 cm lg. KrBl meist violett, unteres am Grund gelb. Bl grundständig. 0,04–0,10. ♃ 6–7. Alp. Matten, Schneerunsen, Felsschutt; s SW-Ba: Allgäu (sm/alp-temp/alp·subozEUR – H – V Thlasp. rot., V Arab. caer. – ∇). **Sporn-St.** – V. calcaráta L.

3* NebenBl fiederspaltig. Sporn höchstens ½ so lg wie die KrBl **4**

4 NebenBl fast fingerfg geteilt, mit ganzrandigem, linealischem, die Seitenzipfel kaum überragendem Endabschnitt. Kr gelb, zuweilen violett od. bunt. 0,10–0,20. ♃ 6–8. Xerothermrasen u. Magerwiesen auf zinkreichen Böden, bes. Bergbauhalden, basenhold; s SW-We: Aachen (temp·subozEUR – H – V Thlasp. calamin. – ∇).
*** Galmei-St.** – V. calaminária agg.

4* NebenBl fiederspaltig, mit längerem, meist gekerbtem Endzipfel **5**

5 B meist > 3 cm br. 0,10–0,30. ⊙♃ 4–10. ZierPfl, auch (NU) s (Bastardart, wahrscheinlich Gelbes St. × Wildes St.). [V. horténsis aut.] **Garten-St.** – V. × wittrockiána GAMS

5* B < 2,5(–3,5) cm br. Wildwachsende Pfl **6**

6 Mittellappen der NebenBl nicht blattähnlich, meist lanzettlich, ganzrandig. Kr länger als der K, überwiegend blauviolett (bei bes. großblütigen ausdauernden Formen höherer Bergwiesen rein gelb). Sporn 1,5–2mal so lg wie die KAnhängsel. Die 2 auf dem unteren KrBl vor dem Sporneingang befindlichen Haarleisten vorn in eine ringfg Öse endend. Lippe des Narbenkopfs groß (Abb. **200**/7). 0,10–0,40. ⊙ ♃ 4–9. Submont. bis alp. Felsfluren u. Wiesen, Sandtrockenrasen, extensiv genutzte Sand- u. mont. Silikatäcker, Weiß- u. Graudünen der Küste, kalkmeidend; g Sh, v Sa O-An Br Me, z bes. Bergland Ba S-Bw Rh We He Th W-An Ns (m/mo-b·(oz)EUR – T, H – V Triset., V Ammoph., V Armer. elong., V Koel. glauc., O Coryneph., O Aper. – formenreiche Art).
**** Wildes St.** – V. trícolor L.

6* Mittellappen der NebenBl blattähnlich, meist eilanzettlich bis eifg, gekerbt-gesägt. Kr etwa so lg wie der K od. kürzer **7**

7 Kr 10–15(–26) mm lg, etwa so lg wie der K, cremefarben, höchstens 1 od. 3 obere KrBl etwas violett. Sporn etwa so lg wie die KAnhängsel, zuweilen violett. Die beiden auf dem unteren KrBl vor dem Sporneingang befindlichen Haarleisten vorn schwalbenschwanzähnlich spreizend. Lippe des Narbenkopfs klein (Abb. **200**/6). Pfl meist niederliegend od. aufsteigend, meist stark verzweigt, spärlich behaart. 0,05–0,20. ⊙ 4–10. Äcker, frische bis mäßig trockene Ruderalstellen (Wegränder, Schutt); (A) alle Bdl g, aber S- u. O-Bw N-Ns u. Erzg v, Alpen z (m-b·(oz)EUR–WAS – T – K Secal., O Polyg.-Chen.). **** Feld-St.** – V. arvénsis MURRAY

7* Kr 5–6 mm lg, kürzer als der K, cremefarben. Sporn länger als die KAnhängsel, violett überlaufen. Pfl aufrecht, unverzweigt, dicht behaart. 0,02–0,10. ⊙ 4–7. Kont. Trockenrasen, Ruderalstellen (Schutt, Umschlagplätze), Äcker; s M-Th: Schwellenburg, (U) s NW-Bw SO-Rh He? (m-stemp·(suboz)EUR – T – Sb – V Fest. val., K Secal.).
Kleines St., Steppen-St. – V. kitaibeliána SCHULT.

8 **(1)** Stg. u. BlStiele 1reihig behaart. Bl br herzfg. NebenBl ganzrandig. Grundständige B blaßlila, duftend, stengelständige kronlos u. kleistogam. 0,10–0,30. ♃ 4–6. Warme krautreiche LaubmischW u. Gebüsche, kalkhold; z Ba u. Bw: bes. Kalkgebiete Th SW-An SO-Ns, s Rh S- u. O-We He O-Sa: Radebeul O-Br M- u. N-Me, ↘ (sm-b·suboz EURAS – H – V Querc. pub., V Carp.). **Wunder-V.** – V. mirábilis L.

8* Stg u. BlStiele ringsum behaart od. kahl **9**

9 Pfl mit aufrechten oberirdischen Stg. B in den Achseln von StgBl. KBl spitz **10**

9* Pfl ohne aufrechte oberirdische Stg, höchstens mit Ausläufern. B in den Achseln von GrundBl. KBl stumpf **18**

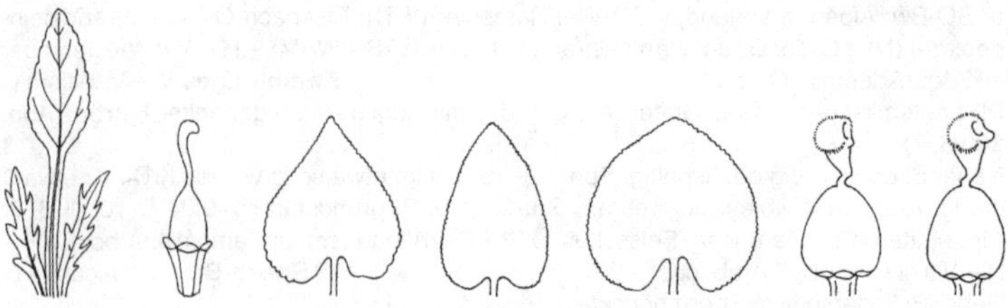

1 2 3 4 5 6 7

10 StgGrund mit lg gestielten Bl. Bl br eifg od. rundlich, am Grund deutlich herzfg **11**

10* StgGrund ohne lg gestielte Bl. Bl eifg od. länglich-eifg, am Grund seicht herzfg, gestutzt od. verschmälert **13**

11 Bl u. Stg meist flaumig behaart. Bl rundlich-herzfg, bis 2 cm lg, graugrün, schwach gekerbt od. ganzrandig. NebenBl spitz gezähnt. 0,03–0,08. ♃ 5–6. Kiefern-TrockenW, Trocken- u. Halbtrockenrasen, kalkhold; z Ba: Alpen, Hochebene, Jura S- u. M-An S- u. O-Br, s W-Bw: Mannheim bis Walldorf, Ummendorf O-Rh S-He N-Th N-An, † We Sa Me, ↘ (m/mo-b·(k)EURAS – H – V Eric.-Pin., V Cytis.-Pin., K Fest.-Brom., O Sesl.). [V. arenária DC.] **Sand-V.** – V. rupéstris F. W. SCHMIDT

11* Bl u. Stg kahl. Bl br herzfg (Abb. **200**/3), meist > 2 cm lg, deutlich gekerbt. NebenBl ± kammartig gefranst **12**

12 KAnhängsel groß ($^1/_4$–$^1/_3$ der KBl), 2–3 mm lg, zur FrZeit noch größer, oft ausgerandet. Kr hell blauviolett, 14–22 mm. KrBl br, sich meist überdeckend. Sporn weißlich, seltener blaßviolett, dick, unterseits gefurcht u. an der Spitze ausgerandet. 0,10–0,40. ♃ 4–6. Eichen-BirkenW, Eichen-HainbuchenW, BuchenW, ärmere subkont. Eichen-TrockenW, Gebüsche, Magerrasen, mäßig anspruchsvoll; alle Bdl v, aber NW-We, W-Ns u. westliches Alpenvorland z (m/mo-b·(oz)EUR – H – V Carp., V Asper.-Fag., V Pot.-Querc., O Prun.). **Hain-V.** – V. riviniána RCHB.

12* KAnhängsel klein, nicht länger als 1 mm, nicht ausgerandet, zur FrZeit undeutlich. Kr rötlichviolett, 12–15 mm, KrBl schmäler, sich nicht überdeckend. Sporn dunkelviolett, schmächtig, ungefurcht, mit abgerundeter Spitze. 0,10–0,25. ♃ 3–5. Krautreiche LaubW, anspruchsvoll; alle Bdl v, aber W-Ns u. W-Sh z (m/mo-temp·ozEUR – H – O Fag.). [V. sylvéstris LAMK. em. RCHB.] **Wald-V.** – V. reichenbachiána JORDAN ex BOR.

13 **(10)** Sporn 5–8 mm lg, 1–3mal so lg wie die KAnhängsel, weißlich. NebenBl (wenigstens die der untersten Bl) kürzer als der halbe BlStiel. Bl meist br lanzettlich, mit herzfg Grund **14**

13* Sporn 2–3 mm lg, die KAnhängsel kaum überragend, grünlichgelb. NebenBl $^1/_2$ so lg bis ebenso lg wie der BlStiel. Bl eilanzettlich, mit gestutztem od. keilfg Grund. Sumpf-Pfl **16**

14 Sporn 2–3mal so lg wie die KAnhängsel, bis 8 mm lg, deutlich aufwärtsgebogen, ausgerandet. NebenBl 10–15 mm lg, gefranst, die der mittleren StgBl $^1/_3$–$^1/_2$ so lg wie die BlStiele. Stg aufrecht. Kr blaßblau. 0,05–0,20. ♃ 5–6. Torfige Böden; s S-Bw: Eriskirch, ob noch? O-Th: Rottenbach?, † Ba? Rh, ↘ (sm-stemp·subozEUR? – H – V Mol.). [V. canína L. ssp. schúltzii (BILLOT) DÖLL] **Schultz-V.** – V. schúltzii BILLOT

14* Sporn 1–2mal so lg wie die KAnhängsel **15**

15 Stg liegend od. aufsteigend. Bl vorn mit konvexen Rändern, stumpf, ziemlich derb. NebenBl mehrmals kürzer als der BlStiel, die der mittleren StgBl 5 mm lg, die der oberen 8–10 mm lg (etwa $^1/_4$ des BlStiels). Kr meist tiefblau, im Umriß quadratisch, 7–18 mm. Sporn gelblich, meist gerade. 0,05–0,15. ♃ 5–6. Magerrasen, Heiden, Sandfluren, bodensaure Wälder u. Gebüsche, kalkmeidend; v Ba Bw Rh He S-Th Sa An Br: bes.

SO O-Ns Me Sh, z Bw We N-Th W-Ns, ↘ (sm/mo-b·(oz)EUR–WAS – H – V Viol. can., V Mesobrom., V Mol., V Querc. rob.-petr.). **Hunds-V.** – V. canína L.

15* Stg aufrecht. Bl vorn mit geraden od. konkaven Rändern, zugespitzt, dünner, heller. NebenBl der oberen StgBl 20 mm lg, meist länger als der BlStiel. Kr blaßblau, im Umriß rechteckig, 15–22 mm lg. Sporn weiß, oft etwas aufwärtsgebogen. 0,10–0,40. ♃ 5–6. Wechselfeuchte Wiesen, lichte Wälder; z W-Ba: Voralpen, Hochebene, Jura We, s SO-Bw: Alpenvorland Rh? O-Th? Sa (sm/mo-b·(suboz)GRÖNL–EURAS – H – V Mol., V Carp.). [V. canína L. ssp. montána (L.) HARTMAN] **Berg-V.** – V. montána L.

16 **(13)** Pfl oberwärts ziemlich dicht flaumhaarig; hochwüchsig, 20–50 cm. B groß, hellblau mit weißem Grund; gesporntes KrBl 2–2,5 cm lg. BlSpreiten am Grund gestutzt bis seicht herzfg. NebenBl der mittleren StgBl so lg wie der BlStiel, die der oberen länger als dieser. 0.20–0,50. ♃ 5–7. Feuchte, zeitweise nasse, basen- u. kalkreiche Aueböden, StromtalPfl; s Ba: Hochebene, Donau Main Bw: Rhein, Radolfzell, Crailsheim O-Rh S-He S- u. M-An: bes. Saale u. Elbe, † NO-Th NW-Sa Br Me, ↘ (m-temp·subk EUR–WAS – H – V Cnid., V Mol.). [V. erécta aut.] **Hohes V.** – V. elátior FRIES

16* Pfl kahl od. nur mit spärlichen, sehr kurzen Haaren; niedriger, zierlicher 10–20(–30) cm. Gesporntes KrBl bis 1,7 cm lg **17**

17 NebenBl der mittleren StgBl etwa so lg wie der BlStiel. Spreite am Grund keilfg in den Stiel verschmälert (Abb. **200**/1). Kr hellviolett, dunkel geadert. Pfl frischgrün, völlig kahl. 0,10–0,15(–0,30). ♃ 5–6. Wechselfeuchte Wiesen; s M- u. NW-Ba: Donau, Main NW-Bw u. O-Rh: Rhein S-He N-Th NW-Sa An: Elbe, Saale, Unstrut, Bode, S-Br?, ↘ (m-temp·subkEUR–WAS – H – V Cnid.). **Zwerg-V., Niedriges V.** – V. púmila CHAIX

17* NebenBl der mittleren StgBl etwa ½ so lg wie der BlStiel. Spreite am Grund gestutzt bis schwach herzfg. Kr milchweiß, lila geadert. Pfl bleich gelbgrün, sehr spärlich kurzhaarig. 0,10–0,20. ♃ 6–7. Nasse Moorwiesen, Gräben, Teichränder; z An: bes. Elbe Br, s M- u. N-Ba: Donaugebiet, Jura, Main, Erlangen, O-Rh u. SW-He: Rhein N-Sa N-Ns Me, † Bw We Th Sh, ↘ (sm-temp·(suboz)EUR–WAS – H – V Cnid., V Mol.). [V. persicifólia aut., V. láctea aut. non SM.] **Gräben-V., Milchweißes V.** – V. stagnína KIT. ex SCHULT.

18 **(9)** Narbe gestutzt, gerade. FrStiele aufrecht, an der Spitze oft hakig. Bl vorn abgerundet, selten kurz zugespitzt **19**

18* Narbe hakig umgebogen, schnabelfg (Abb. **200**/2) FrStiele niederliegend, gerade. Bl deutlich zugespitzt **21**

19 Bl herzfg. NebenBl bis zur Mitte dem BlStiel angewachsen, drüsig gezähnelt. BlStiel geflügelt. 0,10–0,15. ♃ 3–4. Moorwiesen, Brüche; s O-Sa: Kreba, † An Br?, ↘ (temp·(suboz)EUR – H). **Moor-V.** – V. uliginósa BESSER

19* Bl nierenfg. NebenBl fast frei, fransig-gezähnelt od. ganzrandig. BlStiel höchstens oberwärts geflügelt **20**

20 Bl 3–4(–6), glänzend, beiderseits kahl, mit nicht od. kaum geflügelten Stielen. VorBl unter, in od. wenig über der Mitte des BStiels. B 1–1,5 cm groß. Sporn 1½mal so lg wie die KAnhängsel. 0,05–0,12. ♃ 5–6. Staunasse, saure, nährstoffarme Flachmoore, Gräben, WWege, auch Erlenbrüche; v S- u. NO-Ba Rh We S-Th: bes. Th-W, Holzland Sa Br Ns Me Sh, z M- u. NW-Ba Bw: bes. Schwarzw, Alpenvorland, O-Jura, Odenwald He An: bes. Harz, Dübener Heide, s N-Th, ↘ (m/mo-arct·(oz)EUR–(OAM) – H – O Car. fusc., V Junc. acutifl., V Junc. squarr., V Aln.). **Sumpf-V.** – V. palústris L.

20* Bl 2, meist nur oberseits kahl, grob gerippt, mit geflügelten Stielen. VorBl im oberen Drittel des BStiels. B 1,5–2 cm groß. Sporn 2–3mal so lg wie die KAnhängsel. 0,08–0,15. ♃ 5–6. Nasse, nährstoffärmere Zwischenmoore; s N-Br Me, † Sa: Lausitz Sh, ↘ (temp-b·(k)EURAS–WAM – H – V Erioph. grac.). **Torf-V.** – V. epipsíla LEDEB.

21 **(18)** Pfl ohne Ausläufer **22**

21* Pfl mit ober- od. unterirdischen Ausläufern. B wohlriechend **25**

22 BlSpreite am Grund gestutzt, selten durch eine seichte, offene Bucht undeutlich herzfg, etwa 2mal so lg wie br. BlStiel oberwärts geflügelt. Fransen der NebenBl etwa ½ so lg wie die Breite der NebenBl. B stark duftend. Kr satt rotviolett. KrBl nicht ausgerandet.

Sporn blaßviolett, 2–4 mm lg, dick, aufwärtsgebogen. 0,05–0,10. ♃ 4–5. Felsfluren, Trockenrasen, kalkmeidend; † N-Th: Kyffhäuser, ob je? (sm-stemp·subkEUR).
Steppen-V. – V. ambígua W. et K.

22* BlSpreite ± herzfg. BlStiel nicht geflügelt **23**

23 KBl u. Fr kahl. NebenBl lanzettlich, gefranst, Fransen kürzer als die halbe Breite der NebenBl. BlSpreite br eifg, etwa so lg wie br, am Grund schwach herzfg. 2 VorBl in od. über der Mitte des BStiels. B duftend, lila bis hellviolett, am Grund weiß. Sporn weißlich. 0,05–0,10. ♃ 4–5. Subalp. Hochstaudenfluren; s SW-Ba: Allgäu: Unterer Gottesacker (sm/salp-stemp/salp·subozEUR – H – V Adenost., V Rum. alp.).
Pyrenäen-V. – V. pyrenáica RAMOND ex DC.

23* KBl u. Fr behaart **24**

24 NebenBl ganzrandig od. gefranst, Fransen viel kürzer als die Breite der NebenBl. BlSpreite 1½–2mal so lg wie br, am Grund schwach herzfg, mit seichter, br Bucht (Abb. **200**/4) bis deutlich herzfg, grasgrün. 2 VorBl unter der Mitte des BStieles. KrBl alle ausgerandet. Sporn rötlichviolett. B geruchlos. 0,05–0,10. ♃ 4–5. TrockenW, -gebüsche u. ihre Säume, Halbtrockenrasen, wechseltrockene Moorwiesen, kalkhold; v Ba Bw Rh He Th S-An, S-Ns, z S- u. O-We N- u. O-Sa N-An Br: bes. NO Me, s NW-We N-Ns SO-Sh u. Silikatgebirge (sm/mo-temp·(suboz)EUR–WAS – H – O Orig., V Berb., O Querc. pub., V Eric.-Pin., V Cephal.-Fag., V Mesobrom., V Cirs.-Brach.). **Rauhhaar-V.** – V. hírta L.

24* NebenBl reich gefranst, Fransen etwa so lg wie die Breite der NebenBl. BlSpreite 1–1½mal so lg wie br, deutlich herzfg, mit enger, tiefer Bucht (Abb. **200**/5), gelblichgrün. 2 VorBl in od. über der Mitte des BStieles. Nur das unterste KrBl ausgerandet, Sporn weißlich. B duftend. 0,06–0,12. ♃ 4–5. Säume, sonnige Gebüsche, Waldränder von Eichen- u. Kiefern-TrockenW, kalkhold; z S-Ba: Jura, s S-Bw: Alpenvorland, Hegau, Hochrhein Rh: ob noch? S- u. N-He Th SW-An, S-Ns, † Sa, ↘ (m-temp·subkEURAS – H – V Cytis.-Pin., O Querc. pub., V Berb., V Ger. sang.). **Hügel-V.** – V. collína BESSER

25 **(21)** VorBl weit unter der Mitte des BStiels sitzend. NebenBl lanzettlich, lg zugespitzt, gefranst. Ausläufer nur bis 10 cm lg. KrBl blauviolett od. blau, im unteren Drittel weiß. 0,06–0,20. ♃ 3–4. ZierPfl, auch (N) s S- u. M-Ba O-Th Sa S-An Br (m-temp·subkEUR–WAS – H). [V. beraúdii BOR., V. cyánea ČELAK., V. sepíncola JORD.]
Blau-V. – V. suávis M. BIEB.

25* VorBl in od. über der Mitte des BStiels **26**

26 NebenBl lineal-lanzettlich, 2 mm br, lg gefranst. Ausläufer nicht wurzelnd, vorn aufsteigend, meist im ersten Jahr blühend. Kr weiß, Sporn grünlich. 0,05–0,10. ♃ 3–4. Säume; s Ba: Hochebene Bw: Bodenseegebiet, Oberrhein bis Rastatt SW-Rh: Saarland (m/mo-stemp·subozEUR – H – V Alliar.). ** **Weißes V.** – V. álba BESSER

26* NebenBl eifg, 3–4 mm br, ganzrandig od. kurz gefranst. Ausläufer wurzelnd, erst im zweiten Jahr blühend. Kr dunkelviolett, selten weiß od. rosa, Sporn gleichfarbig. 0,05–0,10. ♃ 3–4. Säume, Gebüsche, FeldulmenW, anspruchsvoll; (A) alle Bdl v, aber NW-Ns, N-Sh u. Bergland z (m-temp·(oz)EUR – H – Sv: Ausläufer – O Prun., V Carp.).
März-V. – V. odoráta L.

Familie **Kürbisgewächse** – Cucurbitáceae JUSS.

1- od. 2häusige Kräuter, meist mit Ranken kletternd, selten Halbsträucher od. kleine Bäume. Bl wechselständig, fingernervig, meist handfg gelappt, ohne NebenBl. B meist 1geschlechtig, radiär. KBl u. KrBl (3–)5(–6), am Grund verwachsen. StaubBl 5, ihre oft gewundenen Staubbeutel mit nur 1 Staubbeutelhälfte, alle od. gruppenweise (2+2+1) verbunden, daher oft scheinbar 3. FrKn unterständig, 3(–5)blättrig, 1- od. 3fächrig. Griffel 1. Narben 3. Beeren (775 Arten – Ib: meist Bienen – Vv).

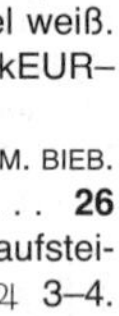
1

1 Ranken einfach. Staubbeutel gruppenweise (2+2+1) verbunden, StaubBl daher scheinbar 3 . . . . **2**

1* Ranken ästig. Staubbeutel alle miteinander verbunden (Abb. **202/1**) **3**
2 Kr grünlichweiß, bis 12 mm br. Beere kuglig, erbsengroß, ihre Fächer 2samig.
Zaunrübe – Bryónia S. 203
2* Kr gelb, groß. Beere meist länglich, viel größer, ihre Fächer ∞samig.
Gurke – Cúcumis S. 203
3 **(1)** Kr 5spaltig, gelb. Staubfäden nicht verwachsen. ♂ B einzeln. Beere sehr groß, 3–5fächrig, nicht stachlig. **Kürbis** – Cucúrbita S. 203
3* Kr 6spaltig, weiß. Staubfäden verwachsen. ♂ B traubig. Beere 3–5 cm lg u. 3–4 cm dick, 2fächrig, stachlig. **Stachelgurke** – Echinocýstis S. 203

Zaunrübe – Bryónia L.
(H – Ib: Bienen – Vv – giftig!)

1 Pfl meist 1häusig. BlLappen scharf gezähnt, der mittlere viel länger als die seitlichen. ♀ B ohne StaubBlReste, 9–10 mm lg, ihr K etwa so lg wie die Kr. Narbe kahl. Reife Beere schwarz. 2,00–4,00. ♃ 6–7. Ruderale Säume u. Schleierges., anspruchsvoll; (A) v An Br, z Th Sa Me, s M- u. N-Ba NO-Bw NO-He O-Ns S- u. W-Sh, f Bergland, im W ↘ (m-stemp·(suboz)EUR–WAS – V Arct. – alte Arznei- u. ZierPfl). **Weiße Z.** – B. álba L.
1* Pfl stets 2häusig. BlLappen ganzrandig od. mit wenigen großen, stumpflichen Zähnen, der mittlere kaum länger als die seitlichen. ♀ B im Schlund mit verkümmerten, dicht behaarten StaubBl, 6 mm lang, ihr K etwa $^1/_2$ so lg wie die Kr. Narbe rauhhaarig. Reife Beere rot. 2,00–4,00. ♃ 6–9. Ruderale Säume u. Schleierges., anspruchsvoll; v Bw außer Bergland Rh W-We S- u. M-He, z Ba außer Alpen O-We N-He O-Ns, (A N) z Th Sa An Br Me Sh, s W-Ns (m-stemp·(oz)EUR–WAS – V Arct.). [B. crética L. ssp. dioíca (JACQ.) TUTIN] **Rotbeerige Z.** – B. dioíca JACQ.

Gurke – Cúcumis L.
(T – Ib, 1häusig)

Stg rauhhaarig. Bl herzfg, spitz 5eckig. Fr walzlich. Kr goldgelb. 0,50–3,00. ⊙ 6–9. KulturPfl (boreostropIND – auch Ap). **Gurke** – C. satívus L.

Kürbis – Cucúrbita L.
(T – Ib: Bienen, 1häusig – Pfl mit den größten Fr)

1 FrStiele stumpf 5kantig gerippt. FrFleisch fasrig. Sa 7–15 mm lg. Bl fast immer deutlich gelappt. Stg rankend od. kurz aufrecht. 3,00–8,00. ⊙ 6–8. KulturPfl (boreostropAM – Gemüse-, Öl- u. ZierPfl). **Garten-K.** – C. pépo L.
1* FrStiele stielrund. FrFleisch kaum fasrig. Sa 20–30 mm lg. Bl wenig gelappt. Stg fast stets rankend. 4,00–10,00. ⊙ 6–9. KulturPfl (austrostropAM – GemüsePfl).
Riesen-K. – C. máxima DUCHESNE

Stachelgurke, Igelgurke – Echinocýstis TORR. et GRAY

Pfl kletternd, 1häusig. Bl 5lappig. Fr stachlig. 1,00–6,00. ⊙ 6–8. ZierPfl, auch nasse, nährstoffreiche Staudensäume von Flußufern, Ufergebüsch; (N 1906) s O-Th S-An, (U) s S-Ba M- u. NW-Bw: Neckar Rh u. S-He: Rhein We S-Th Sa N-An Br Me (m-tempOAM – T – V Conv.). [E. echináta (MÜHLENB. ex WILLD.) BRITTON, STERNS et POGGENB.]
Gelappte S. – E. lobáta (MICHX.) TORR. et GRAY

Familie **Kreuzblütengewächse** – Brassicáceae BURNETT od. Crucíferae JUSS.

Kräuter, sehr selten Gehölze. Bl wechselständig, ohne NebenBl. B ⚥, radiär od. disymmetrisch, in Trauben, selten in Schirmtrauben. KBl 4. KrBl 4, frei. StaubBl meist 6 (2 äußere kurze u. 4 innere lange), selten 4 od. 2. FrKn oberständig, sehr selten mittel-

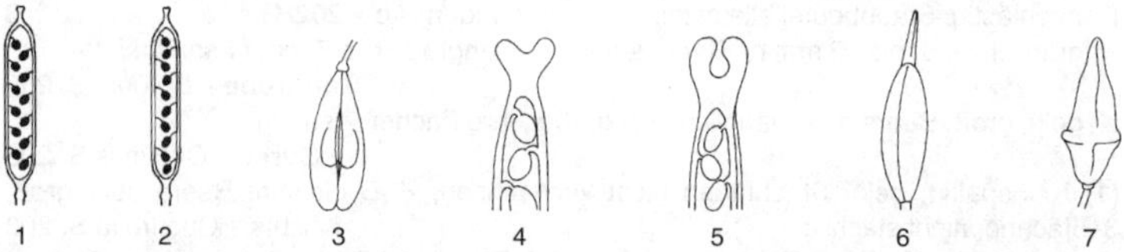

ständig, 4blättrig; die 2 medianen FrBl sehr schmal, fertil, das Replum (Plazentarrahmen) u. die Narbenlappen ausbildend (Abb. **204**/1), die 2 transversalen br, steril, zur FrReife als Klappen sich vom Replum lösend (Abb. 31/5). Fr eine 2klappig aufspringende Schote (od. Schötchen), meist durch eine falsche Scheidewand 2fächrig, seltener eine Nuß, Gliederschote, Gliederschötchen od. Beere (3250 Arten – Ib, Sb – Sv, Wv, Ev – reich an Senfölen – viele Nutz- u. ZierPfl, nitratliebend – Adv.).

1 Fr > 3mal so lg wie br (Schoten, Gliederschoten, Flügelnüsse).
Tabelle A: Schotenfrüchtige Kreuzblütengewächse S. 204

1* Fr höchstens 3mal so lg wie br (Schötchen, Gliederschötchen, Nüsse, SpaltFr, Beeren).
Tabelle B: Schötchenfrüchtige Kreuzblütengewächse S. 207

Tabelle A Schotenfrüchtige Kreuzblütengewächse

1 StgBl zu 3(–4) quirlig genähert, dreizählig gefingert. Kr gelblichweiß.
Quirl-Zahnwurz – Dentária enneaphýllos S. 214

1* StgBl nicht quirlig genähert **2**

2 Kr gelb od. gelblich, selten etwas bräunlich **3**

2* Kr weiß, rosa, blau od. violett **30**

3 Bl (zuweilen nur die oberen) mit herzfg od. pfeilfg Spreitengrund ± stengelumfassend od. am BlStielgrund geöhrt **4**

3* Obere Bl sitzend od. gestielt, nicht stengelumfassend, ohne Öhrchen am BlStielgrund **10**

4 Fr eine hängende, 1(–2)samige, schwarz werdende Flügelnuß (Abb. **204**/3). Pfl oberwärts kahl. **Waid** – Ísatis S. 212

4* Fr nicht hängend, eine Schote od. Gliederschote **5**

5 Kr hell gelblichweiß. StgBl ganzrandig od. ungleichmäßig gezähnt **6**

5* Kr intensiv gelb; wenn blaßgelb, dann obere StgBl tief fiederspaltig **8**

6 StgBl ungleichmäßig gezähnt, sternhaarig. Schoten lg, nach 1 Seite bogig überhängend. **Turm-Gänsekresse** – Árabis turríta S. 219

6* StgBl ganzrandig u. völlig kahl. Schoten nicht einseitswendig **7**

7 Alle Bl sehr stumpf, kahl, ganzrandig. Schoten aufrecht abstehend. Sa in jedem Fach 1reihig (Abb. **204**/2). **Ackerkohl** – Coríngia S. 227

7* Bl ± spitz; GrundBl behaart u. meist buchtig; StgBl kahl u. ganzrandig. Schoten der Traubenspindel anliegend. Sa in jedem Fach 2reihig (Abb. **204**/1).
Turmkraut – Árabis glábra S. 218

8 **(5)** Obere StgBl eifg, blaugrün, ganzrandig, selten etwas gezähnt. KulturPfl.
Kohl – Ba

8* Obere StgBl gefiedert od. leierfg-fiederteilig. WildPfl **9**

9 FrKlappen durch den starken Mittelnerv fast gekielt. Sa in jedem Fach 1reihig (Abb. **204**/2). **Winterkresse** – Barbaréa S. 216

9* FrKlappen (fast) nervenlos, am Rücken gewölbt. Sa in jedem Fach 2reihig (Abb. **204**/1). Schote höchstens 2 cm lg. **Sumpfkresse** – Roríppa S. 217

10 **(3)** Narbe tief 2spaltig (Abb. **204**/4) **11**

10* Narbe kopfig, scheibenfg od. am Scheitel ± ausgerandet **12**

1 2 3 4 5

11 Schote mit lg, schwertfg Schnabel[1]) (Abb. **204**/6). KrBl gelblich, violett netzadrig. Bl leierfg-fiederteilig. **Rauke** – Erúca S. 229

11* Schote mit 2–3 mm lg Schnabel. KrBl goldgelb. Bl ungeteilt, ganzrandig. **Goldlack** – Cheiránthus S. 214

12 **(10)** Fr eine perlschnurartig eingeschnürte Gliederschote, ihr samenloses Endglied viel länger als das oberste SaGlied (Abb. **205**/1). KBl aufrecht anliegend. KrBl meist dunkler geadert. **Hederich** – Ráphanus raphanístrum S. 230

12* Fr eine Schote, sich klappig öffnend, nicht perlschnurartig. KrBl nicht dunkler geadert **13**

13 Alle Bl (auch die unteren) ungeteilt, höchstens grob gezähnt, gesägt od. gekerbt . . **14**

13* Wenigstens die unteren Bl 3zählig, gefiedert, gefingert, fiederspaltig od. buchtig gelappt **17**

14 Alle Bl eifg bis br lanzettlich, 2–3 cm br, gezähnt, spitz, wenigstens unterseits dicht weichhaarig. Stg bis oben ± kurzhaarig. **Steife Rauke** – Sisýmbrium strictíssimum S. 211

14* Wenigstens die oberen Bl lanzettlich bis linealisch; wenn breiter, dann Pfl oberwärts völlig kahl **15**

15 Stg u. Bl von 2–4schenkligen, sitzenden, anliegenden Haaren grauhaarig od. rauh. LaubBl ganzrandig od. entfernt gezähnt. **Schöterich** – Erýsimum S. 213

15* Pfl am Grund von spärlichen, stets unverzweigten Haaren abstehend borstig, oberwärts (fast) kahl. Untere Bl meist gebuchtet **16**

16 Stg fast nur am Grund beblättert, 10–50 cm hoch. Sa in jedem Fach 2reihig, eifg (Abb. **204**/1). **Doppelsame** – Diplotáxis S. 228

16* Stg auch oben beblättert, bis 1 m hoch. Sa in jedem Fach 1reihig, fast kuglig (Abb. **204**/2). **Kohl** – Brássica S.228

17 **(13)** Bl 2–3fach fiederschnittig, mit linealen Zipfeln, durch Sternhaare graugrün. B sehr klein. **Besenrauke** – Descuraínia S. 212

17* Bl einfach fiederteilig bis -schnittig (zuweilen mit fiederspaltigen Fiederabschnitten), leierfg od. buchtig gelappt **18**

18 Schoten der Traubenspindel dicht anliegend, 1–2,5 cm lg **19**

18* Schoten der Traubenspindel nicht anliegend **21**

19 Schoten pfriemlich-kegelfg. Sa eifg. KrBl 2–3 mm lg. **Wege-Rauke** – Sisýmbrium officinále S. 211

---

[1]) Bei einer Schote versteht man unter dem Schnabel den beim Ablösen der Klappen zur FrReife auf dem samentragenden Rahmen (Replum) stehenbleibenden, sich nicht öffnenden, oberen Schotenabschnitt, der außer dem Griffel oft auch Teile des FrKn umfaßt u. dann nicht selten 1 od. mehrere Sa enthält (vgl. S. 30).

19* Schoten linealisch. Sa meist kuglig. KrBl 6–9 mm lg **20**

20 Schoten (10–)15–25 mm lg u. 1,5–2 mm br. FrKlappen durch den stark vorspringenden Mittelnerv scharf gekielt. FrSchnabel[1]) 2–3 mm lg, dünn, stets samenlos. FrStiele an der Spitze kaum verdickt. KrBl 7–9 mm lg. Bl grasgrün.
Schwarzer Senf – Brássica nígra S. 228

20* Schoten 8–12(–17) mm lg u. 1–1,4 mm br, ihre FrKlappen zur Reife ohne äußerlich sichtbaren Mittelnerv. FrSchnabel 4–7 mm lg, meist 1samig, bauchig. FrStiele zur Reife stark keulig verdickt (Abb. **205**/2). KrBl 6–7 mm lg. Bl graugrün.
Bastardsenf – Hirschféldia S. 230

21 **(18)** FrSchnabel[1]) 6–25 mm lg, mit od. ohne Sa. Sa (fast) kuglig **22**

21* FrSchnabel fehlend od. höchstens 4 mm lg, schmal zylindrisch, samenlos (nur bei Stumpfkantiger Hundsrauke, S. 229, dicker u. meist 1samig) **24**

22 Schnabel 6–12 mm lg, höchstens $^1/_4$ so lg wie die Klappen, stets samenlos, schmal kegelfg, nicht abgeflacht. **Sareptasenf** – Brássica júncea S. 228

22* Schnabel 10–25 mm lg. $^1/_4$ so lg bis länger als die Klappen, abgeflacht, wenn kegelfg, dann mit 1(–2) Sa (Abb. **205**/4) **23**

23 KBl aufrecht, röhrig anliegend. Schote mit 15–50 Sa. Schnabel schwertfg abgeflacht.
Schnabelsenf – Coíncya S. 229

23* KBl zur BZeit waagerecht abstehend. Schote mit 4–8 Sa (Abb. **205**/3); wenn 8–13samig, dann Schnabel kegelfg (Abb. **205**/4). **Senf** – Sinápis S. 229

24 **(21)** Stg blattlos od. nur mit wenigen grundnahen Bl. Die meisten Bl rosettig. Sa in jedem Fach deutlich 2reihig, eifg (Abb. **204**/1). **Doppelsame** – Diplotáxis S. 228

24* Stg auch oberwärts ± reich beblättert **25**

25 Reife Schoten 5–12 mm lg (nur bei Wilder Sumpfkresse, S. 218, 8–20 mm lg, dann aber Pfl mit Ausläufern u. Schnabel nur 0,5 mm lg). Sumpf- u. UferPfl.
Sumpfkresse – Rorípp a S. 217

25* Reife Schoten 20–100 mm lg (nur bei Langtraubigem Kohl, S. 228, vereinzelt bis nur 15 mm, dann aber hochwüchsige Pfl trockener Standorte ohne Ausläufer u. mit 4–6 mm lg Schnabel) **26**

26 Sa kuglig. Schoten 15–25 mm lg u. 1,5–2,5 mm br, im K 0,5–3 mm lg gestielt (Abb. **205**/5). **Langtraubiger Kohl** – Brássica elongáta S. 228

26* Sa eifg. Schoten 25–100 mm lg, wenn kürzer (bis 20 mm), dann nur 0,5–1,5 mm br u. im K ungestielt **27**

27 Am Grund der Traube 1 od. mehrere B mit buchtigem TragBl.
Hundsrauke – Erucástrum S. 229

27* Alle B ohne TragBl **28**

28 Schnabel 3–4 mm lg, 1samig. **Hundsrauke** – Erucástrum S. 229

28* Schnabel < 3 mm lg, stets samenlos **29**

29 Sa in jedem Fach deutlich 2reihig (Abb. **204**/1). Schoten 25–35 mm lg u. 2 mm br. Schnabel 2–2,5 mm lg. Pfl ♃, am Grund verholzend.
Schmalblättriger Doppelsame – Diplotáxis tenuifólia S. 228

29* Sa in jedem Fach 1reihig (Abb. **204**/2). Schoten oft länger, aber nur 0,7–1,5(–1,8) mm br. Schnabel meist 0,5 mm lg, selten bis 3 mm lg. Pfl meist ⨀. **Rauke** – Sisýmbrium S. 211

30 **(2)** Fr eine dicke, 2gliedrige Gliederschote (Abb. **204**/7), 1–2 cm lg u. 4–6 mm br. Oberes Schotenglied 2schneidig zusammengedrückt. Kr lilarosa, selten weiß. Kahle StrandPfl mit dicklichen, ungeteilten bis doppelt fiederspaltigen Bl.
Meersenf – Cákile S. 230

30* Fr u. Pfl anders gestaltet **31**

31 Alle Bl ungeteilt, höchstens gezähnt od. gesägt **32**

31* Wenigstens die unteren Bl gefiedert, gefingert, fiederspaltig od. buchtig **41**

---

[1]) Vgl. Fußnote S. 205

32 Alle Bl gestielt od. sitzend, nicht stengelumfassend **33**
32* Obere Bl mit herzfg od. pfeilfg Grund ± stengelumfassend **38**
33 Bl gestielt, ihre Spreite am Grund herz- od. nierenfg. Pfl nach Knoblauch riechend. Kr weiß. **Lauchhederich** – Alliária S. 210
33* BlSpreite am Grund nicht herz- od. nierenfg **34**
34 Narbe aus 2 bogig zusammenneigenden (Abb. **204**/5) od. flach aneinanderliegenden Lappen bestehend. ZierPfl **35**
34* Narbe einfach, stumpf od. seicht ausgerandet **36**
35 Narbenlappen auf dem Rücken mit einem bogig nach innen gekrümmten Anhängsel (Abb. **204**/5). Bl grau. **Levkoje** – Matthíola S. 214
35* Narbenlappen flach, einander anliegend. Bl grün. **Nachtviole** – Hésperis S. 213
36 **(34)** FrKlappen nervenlos od. nur am Grund mit schwachem Nervenansatz. Bl etwas fleischig. Bis 12 cm hohe AlpenPfl. **Alpen-Schaumkraut** – Cardámine alpína S. 215
36* FrKlappen deutlich 1nervig **37**
37 FrKlappen gewölbt, gekielt. StgBl sitzend, ganzrandig od. gezähnt. **Schmalwand** – Arabidópsis S. 212
37* FrKlappen flach. Schoten parallel zur Scheidewand flachgedrückt. StgBl kurz gestielt. **Schaumkresse** – Cardaminópsis S. 218
38 **(32)** Bl sehr stumpf, kahl. Sa in jedem Fach 1reihig (Abb. **204**/2). **Ackerkohl** – Conríngia S. 227
38* Bl ± spitz **39**
39 Sa in jedem Fach 2reihig (Abb. **204**/1). Schoten dem Stg dicht angedrückt. **Turmkraut** – Árabis glábra S. 218
39* Sa in jedem Fach 1reihig (Abb. **204**/2). Schoten aufrecht abstehend **40**
40 GrundBl ungeteilt, allmählich in den kurzen BlStiel zusammengezogen. **Gänsekresse** – Árabis S. 218
40* GrundBl meist leierfg geteilt, plötzlich in den lg Stiel zusammengezogen. **Schaumkresse** – Cardaminópsis S. 218
41 **(31)** Bl aus völlig getrennten Blchen zusammengesetzt **42**
41* Bl nicht aus getrennten Blchen zusammengesetzt **44**
42 Schoten stielrund, mit gewölbten Klappen, 8–20(–25) mm lg. Kr rein weiß, Staubbeutel gelb. Stg hohl. WasserPfl. **Brunnenkresse** – Nastúrtium S. 216
42* Schoten zusammengedrückt, mit flachen Klappen, oft länger. Stg (außer bei Wiesen-Schaumkraut, S. 215) markig. LandPfl **43**
43 Schoten lanzettlich-linealisch, in den FrGriffel allmählich verschmälert. BlAchseln häufig mit Zwiebeln. Rhizom fleischig, mit zahnartigen NiederBlSchuppen. Pfl nie mit GrundBlRosette. **Zahnwurz** – Dentária S. 214
43* Schoten schmal lanzettlich, in den FrGriffel meist ziemlich plötzlich verschmälert. BlAchseln nie mit Zwiebeln. Rhizom fehlend od. dünn u. ohne NiederBlSchuppen. GrundBl oft rosettig. **Schaumkraut** – Cardámine S. 215
44 **(41)** Traube bis zur Spitze beblättert. **Niedrige Rauke** – Sisýmbrium supínum S. 211
44* Traube blattlos **45**
45 KrBl 14–20 mm lg. Fr perlschnurartig eingeschnürt (Abb. **205**/1). **Hederich** – Ráphanus raphanístrum S. 230
45* KrBl 4–8(–9) mm lg. Fr nicht perlschnurartig **46**
46 Schoten kaum flachgedrückt, 0,7–1 mm br. GrundBl gezähnt bis fiederspaltig. **Schwedische Schmalwand** – Arabidópsis suécica S. 212
46* Schoten stark flachgedrückt, 1–1,5 mm br. GrundBl leierfg fiederteilig. **Schaumkresse** – Cardaminópsis S. 218

Tabelle B Schötchenfrüchtige Kreuzblütengewächse

1 KrBl fehlend **2**
1* KrBl vorhanden **4**

2 Alle Bl gefiedert. Stg niederliegend-aufsteigend. Trauben kurz, blattgegenständig. Fr eine 2knotige SpaltFr (Abb. **224**/6). StaubBl 2, selten 4.
Zweiknotiger Krähenfuß – Corónopus dídymus S. 227

2* StgBl ungeteilt. Stg aufrecht. Trauben lg, end- u. seitenständig. Fr ein flachgedrücktes Schötchen. StaubBl 6, 4 od. 2 . . . . **3**

3 Schötchen rund, eifg bis verkehrteifg, an der Spitze geflügelt (Abb. **224**/4), 2samig. StaubBl 4 od. 2. **Kresse** – Lepídium S. 226

3* Schötchen verkehrtdreieckig bis verkehrtherzfg, nicht geflügelt, mehrsamig (Abb. **209**/3). StaubBl 6. **Hirtentäschel** – Capsélla S. 223

4 **(1)** KrBl sehr ungleich, die 2 von der Traubenachse abgewandten bedeutend größer **5**

4* KrBl (fast) gleich groß **6**

5 Bl rosettig, meist leierfg fiederschnittig. Stg blattlos od. höchstens mit 1–2 kleinen Bl. StaubBl am Grund mit einer weißen Schuppe. **Bauernsenf** – Teesdália S. 224

5* Bl am Stg verteilt, ungeteilt. StaubBl am Grund ohne Schuppe.
Schleifenblume – Ibéris S. 225

6 **(4)** Kr rötlich, violett od. weiß **7**

6* Kr gelb od. gelblichweiß **38**

7 KrBl 2spaltig **8**

7* KrBl ungeteilt, höchstens etwas ausgerandet **9**

8 Stg blattlos, 3–15 cm hoch. Frühjahrsblüher. **Hungerblümchen** – Eróphila S. 221

8* Stg beblättert, 30–70 cm hoch. Sommer- od. Herbstblüher.
Graukresse – Bertéroa S. 221

9 **(7)** Bl ganzrandig, gezähnt od. gesägt, nie tief eingeschnitten **10**

9* Bl alle od. doch die unteren od. mittleren fiederspaltig bis -schnittig od. vorn 3–5spaltig **27**

10 Kr rötlich od. violett **11**

10* Kr weiß **15**

11 Schötchen sehr groß, bis 3 cm br (Abb. **221**/1, 2). Bl gestielt. Pfl 30–140 cm hoch.
Silberblatt – Lunária S. 220

11* Schötchen viel kleiner. Bl sitzend od. in den BlStiel verschmälert. Pfl 6–25 cm hoch . **12**

12 Obere Bl stengelumfassend. **Hellerkraut** – Thláspi S. 224

12* Obere Bl nicht stengelumfassend **13**

13 Bl kahl, bläulich bereift, ganzrandig. Zweierlei Fr: zweiklappig aufspringende, br geflügelte, oben ausgerandete Schötchen (Abb. **209**/1) auf bogig abstehendem Stiel u. Nüsse auf geradem aufrechtem Stiel. AlpenPfl.
Steintäschel – Aethionéma S. 225

13* Bl behaart **14**

14 Bl gezähnt, mit Sternhaaren. Kr blau bis rot. FrFächer mehrsamig.
Blaukissen – Aubriéta S. 220

14* Bl ganzrandig, mit 2teiligen, anliegenden Haaren. Kr rosa. FrFächer 1samig.
Silberkraut – Lobulária S. 221

15 **(10)** Stg nur am Grund beblättert od. mit nur 1–4 Bl **16**

15* Stg auch über dem Grund beblättert **17**

16 Bl linealisch-pfriemlich, ganzrandig. WasserPfl, meist untergetaucht. ⊙ ⊙.
Pfriemenkresse – Subulária S. 227

16* Bl lanzettlich od. verkehrteifg. LandPfl. Nur Alpen. ♃. **Felsenblümchen** – Drába S. 221

17 **(15)** Stg u. Bl kahl (höchstens StgGrund etwas behaart bei Lauch-Hellerkraut, S. 224) **18**

17* Stg u. Bl ± behaart **22**

18 Fr ein an der Spitze deutlich ausgerandetes u. wenigstens oberwärts geflügeltes Schötchen (Abb. **224**/1, 2). **Hellerkraut** – Thláspi S. 224

18* Fr nicht od. schwach ausgerandet u. nicht geflügelt **19**

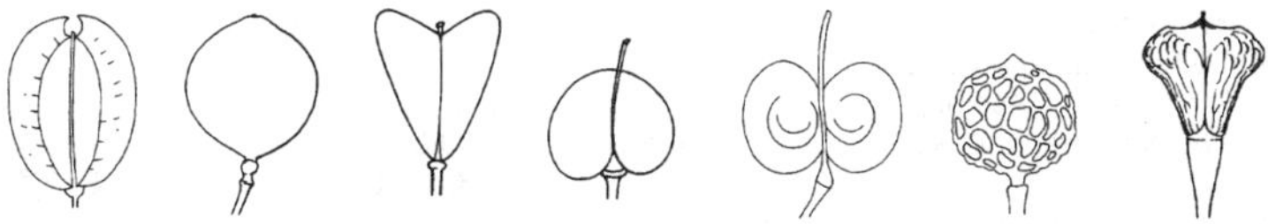

1 2 3 4 5 6 7

19 StgBl am Grund herz- od. pfeilfg. Schötchen fast kuglig.
Löffelkraut – Cochleária S. 222

19* StgBl mit verschmälertem Grund **20**

20 **(30)** Fr ein 2gliedriges Gliederschötchen; oberes Glied 1samig, kuglig; unteres Glied samenlos, stielartig (Abb. **209**/2). Bl blaugrün, bereift, fleischig. MeerstrandPfl.
Meerkohl – Crámbe S. 230

20* Fr ein 2- od. mehrsamiges Schötchen **21**

21 Schötchen deutlich abgeflacht, weichhaarig, 2samig.
Breitblättrige Kresse – Lepídium latifólium S. 226

21* Schötchen fast kuglig, mehrsamig, kahl. **Meerrettich** – Armorácia S. 218

22 **(17)** Schötchen fast kuglig. Fächer 8–10samig. **Kugelschötchen** – Kérnera S. 223

22* Schötchen ± abgeflacht **23**

23 Fr mit br Scheidewand **24**

23* Fr mit schmaler Scheidewand od. eine Nuß **25**

24 FrFächer 1samig. ZierPfl. **Silberkraut** – Lobulária S. 221

24* FrFächer mehrsamig. **Felsenblümchen** – Drába S. 221

25 **(23)** FrFächer mehrsamig. Schötchen verkehrtdreieckig bis verkehrtherzfg, nicht geflügelt (Abb. **209**/3). **Hirtentäschel** – Capsélla S. 223

25* FrFächer 1samig **26**

26 Fr ein rundliches bis eifg Schötchen (Abb. **224**/3). **Kresse** – Lepídium S. 226

26* Fr eine herzfg Nuß (Abb. **209**/4). **Pfeilkresse** – Cardária S. 226

27 **(9)** Fr eine nierenfg Nuß od. eine 2knotige SpaltFr (Abb. **224**/5, 6).
Krähenfuß – Corónopus S. 227

27* Fr weder nierenfg noch 2knotig **28**

28 Fr kuglig od. kegelfg **29**

28* Fr abgeflacht **32**

29 Fr eine schwammige, kegelfg, lg zugespitzte Beere, 2–9 cm lg u. 10–15 mm br.
Rettich – Ráphanus satívus S. 230

29* Fr ein Schötchen od. Gliederschötchen, 4–8 mm br **30**

30 Untere Bl sehr groß, über 30 cm lg, lg gestielt. Fr fast kuglig **20**

30* Bl höchstens 10 cm lg **31**

31 Fr eine eifg od. verkehrtbirnfg, 1fächrige, 1samige, runzlige Nuß. ⊙.
Wendich – Calepína S. 212

31* Fr ein fast kugelrundes Schötchen. Fächer 4–6samig. ♃.
Kugelschötchen – Kérnera S. 223

32 **(28)** B lila bis purpurrosa od. rötlich **33**

32* B weiß **34**

33 B lila bis purpurrosa. Bl keilfg, vorn 3–5spaltig, gewimpert. Schötchen elliptisch, 2-(od. 4-)samig, nicht geflügelt. 2–8 cm hohe, polsterfg AlpenPfl.
Steinschmückel – Petrocállis S. 222

33* B rötlich. Bl doppelt bis einfach fiederschnittig, kahl. Schötchen br elliptisch, 2samig, oberwärts br geflügelt. 20–40 cm hohe KulturPfl.
Garten-Kresse – Lepídium satívum S. 226

34 **(32)** Stg unbeblättert. RosettenBl fiederteilig bis fiederschnittig. 5–12 cm hohe AlpenPfl.
Gemskresse – Pritzelágo S. 224

34* Stg beblättert **35**
35 FrFächer 1samig (Abb. **224**/3). **Kresse** – Lepídium S. 226
35* FrFächer 2- bis ∞samig **36**
36 Schötchen verkehrtdreieckig bis verkehrtherzfg (Abb. **209**/3).
Hirtentäschel – Capsélla S. 223
36* Schötchen verkehrteifg, elliptisch od. lanzettlich **37**
37 Schötchen ∞samig. Obere Bl fiederspaltig bis ungeteilt. SalzPfl.
Salztäschel – Hymenólobus S. 223
37* Schötchen 4samig. Alle Bl fiederschnittig. TrockenrasenPfl.
Steppenkresse – Hornúngia S. 224
38 **(6)** Fr eine aus 2 kreisfg Fächern bestehende, brillenähnliche SpaltFr (Abb. **209**/5).
Brillenschötchen – Biscutélla S. 225
38* Fr nicht brillenähnlich **39**
39 Alle Bl ungeteilt, höchstens gesägt od. gezähnt **40**
39* Wenigstens die unteren Bl fiederteilig bis gefiedert **45**
40 Stg unbeblättert. GrundBl in dichter Rosette. **Felsenblümchen** – Drába S. 221
40* Stg beblättert (vgl. auch Österreichische Sumpfkresse, S. 217) **41**
41 StgBl am Grund verschmälert, spatelfg bis linealisch, dicht sternhaarig grau. Schötchen rundlich bis eifg. **Steinkraut** – Alýssum S. 220
41* StgBl am Grund pfeilfg stengelumfassend **42**
42 Fr eine keilfg, hängende, zur Reife schwarz werdende Flügelnuß (Abb. **204**/3). Bl kahl.
Waid – Ísatis S. 212
42* Fr kuglig bis birnfg, nicht hängend **43**
43 Fr ein ∞samiges Schötchen mit 2 erhabenen Längsleisten.
Leindotter – Camélina S. 223
43* Fr eine 1samige Nuß ohne erhabene Längsleisten **44**
44 Pfl von Gabelhaaren rauh. Nuß kugelrund, kurz bespitzt (Abb. **209**/6). Kr intensiv gelb.
Finkensame – Néslia S. 223
44* Pfl völlig kahl. Nuß birnfg, mit 1 unteren, 1samigen u. 2 oberen, leeren Fächern (Abb. **209**/7). Kr hellgelb. **Hohldotter** – Mýagrum S. 212
45 **(39)** Fr ein ∞samiges Schötchen **46**
45* Fr höchstens 4samig **47**
46 StgBl, wenigstens die oberen, am Grund pfeilfg. Schötchen abgeflacht, im Umriß birnfg. **Leindotter** – Camélina S. 223
46* StgBl am Grund nicht pfeilfg, oft herzfg od. mit Öhrchen. Schötchen kuglig bis länglich, nicht abgeflacht. **Sumpfkresse** – Roríppa S. 217
47 **(45)** Bl sehr verschieden: die oberen ganzrandig, mit herzfg Grund stengelumfassend, die unteren doppelt fiederschnittig.
Durchwachsenblättrige Kresse – Lepídum perfoliátum S. 226
47* Obere Bl nicht stengelumfassend, meist gezähnt bis gelappt. Untere Bl fiederlappig bis fiederteilig od. leierfg **48**
48 Fr eine schiefeifg od. eine vierkantige u. zackig-geflügelte Nuß (Abb. **211**/1, 2). Stg von drüsigen Höckern rauh. **Zackenschote** – Búnias S. 213
48* Fr ein 2gliedriges Gliederschötchen, das untere Glied walzig, das obere kuglig, geschnäbelt (Abb. **211**/3, 4). Stg ohne drüsige Höcker, aber unterwärts ± borstig.
Windsbock – Rapístrum S. 230

Lauchhederich, Knoblauchsrauke – Alliária HEIST. ex FABR.

GrundBl herzfg bis nierenfg, buchtig gekerbt, beim Zerreiben nach Knoblauch riechend. Kr weiß. 0,20–1,00. ① 4–6. Nitrophile Säume, Gebüsche, UlmenW; alle Bdl v, aber S- u. O-Ba, N-Ns u. W-Sh z (m/mo-temp·(oz)EUR–WAS – H – Ib, Sb – Wv – V Alliar., V Alno-Ulm.). [A. officinális ANDRZ.]

Lauchhederich, Knoblauchsrauke – A. petioláta (M. BIEB.) CAVARA et GRANDE

Rauke – Sisýmbrium L.
(Ib: Fliegen, Bienen, Sb – Sv, Wv – Adv.)

1 Traube bis zur Spitze beblättert. Kr weiß. Sa 2reihig (Abb. **204**/1). Schoten 1,5–3 cm lg, ihre Stiele 2–4 mm lg. 0,05–0,25. ⊙ 7–8. Nährstoffreiche, kiesig-schlammige Seeufer; (N) † O-Rh W-We SW-Sh, (U) s Me (temp·subozEUR – T). [Bráya supína (L.) KOCH]
Niedrige R. – S. supínum L.

1* Traube blattlos. Kr gelb. Sa 1reihig (Abb. **204**/2) 2

2 Bl ungeteilt, lanzettlich, gezähnt. 0,50–1,00. ♃ 6–7. Frische Saum- u. Schleierges., besonders in AuenW, kalkhold; z M- u. N-Ba Bw, s S-He M- u. N-Th Sa: Elbe bis Meißen An SO-Ns, (N) s Sa: bes. Leipzig (sm-temp·subozEUR – H – V Arct.).
Steife R. – S. strictíssimum L.

2* Wenigstens die unteren Bl tief gelappt bis fiederschnitt 3

3 Schoten dem Stg dicht angedrückt, (0,7–)1–2 cm lg, vom Grund bis zur Spitze verschmälert. 0,30–0,60. ⊙ ① 5–10. Stickstoffreichere Äcker (bes. Hackkulturen), Gärten, frische bis mäßig trockene Ruderalstellen, Ufer, basenhold; (A) alle Bdl g, nur höhere Gebirge z (m-b·(suboz)EUR–SIB – T, H – V Caucal., V Fum.-Euph., V Sisymbr., V Arct., V Polyg. avic.). **Wege-R.** – S. officinále (L.) SCOP.

3* Schoten ± abstehend, linealisch, (1–)1,5–10 cm lg 4

4 FrStiele dünner als die (1–)1,5–6 cm lg Schoten 5

4* FrStiele etwa so dick wie die 5–10 cm lg Schoten 8

5 KBl 4–4,5 mm lg, 2 davon unter der Spitze gehörnt (Abb. **211**/5). KrBl 7–9 mm lg. Pfl blaugrün, mit Ausläuferwurzeln. 0,30–0,75. ♃ 5–8. Trockene, sandige bis kiesige Ruderalstellen (Umschlagplätze, Wegränder, Böschungen); (N 1880) s NW-Bw: Rhein We Th: Jena, Schwarza NW- u. O-Sa S-An Br W-Ns W-Me (sm·kOEUR – G – Sv: Wurzelsprosse – V Sisymbr., V Dauco-Mel.). **Wolga-R.** – S. volgénse M. BIEB. ex E. FOURN.

5* KBl 2–4 mm lg, nicht (od. bei Lösels R., s. **7**, zuweilen) gehörnt. ⊙ ⊙ 6

6 KBl 2–2,5 mm lg. KrBl 3–4 mm lg, blaßgelb. Junge Schoten die B überragend. 0,10–0,50. ⊙ ① 5–8. Trockene Ruderalstellen (Wegränder, Schutt, Umschlagplätze); (N 1700 U) s M-Ba We Sa S-An S- u. M-Br Ns Me, † Bw S-Th? (trop/ moOAFR+ m-sm·(oz)EUR–WAS – T, H – V Sisymbr.). **Glanz-R.** – S. írio L.

6* KBl 3–4 mm lg. KrBl 5–7 mm lg, goldgelb. Junge Schoten die B nicht od. kaum überragend 7

7 Stg unten abwärtsgerichtet rauhhaarig. KrBl 5,5–6 mm lg. Griffel bis ½ mm lg. 0,30–1,80. ⊙ ① 5–8. Mäßig trockene bis trockene, steinige bis lehmige Ruderalstellen (Wegränder, Schutt, Müll, Umschlagplätze); (N 18. Jh.) v Sa An Br, z M-Ba: Mittelfranken S- u. W-He Th Me Ns, s Bw Rh W- u. N-We S-Sh, ↗ (m-temp·(k)EUR–WAS – H – V Sisymbr.). **Lösel-R.** – S. loesélii L.

7* Stg fast kahl, mit einzelnen, meist aufwärtsgekrümmten Börstchen. KrBl 4–7 mm lg. Griffel 1–3 mm lg. 0,30–0,60. ⊙ 5–6. Mäßig trockene, kiesige bis steinige Ruderalstellen (Wegränder, Böschungen, an Mauern und Felsen), kalkhold; s M- u. NW-Ba Bw: Jura, Donau W-Rh: Mosel, (N) s Bw O-Rh We: Rhein? He NO-Th S-An S-Ns: Süntel (m-stemp·subozEUR – H – V Sisymbr., V Arct.). [S. eckartsbergénse WILLD.]
(**) Österreichische R. – S. austríacum JACQ.

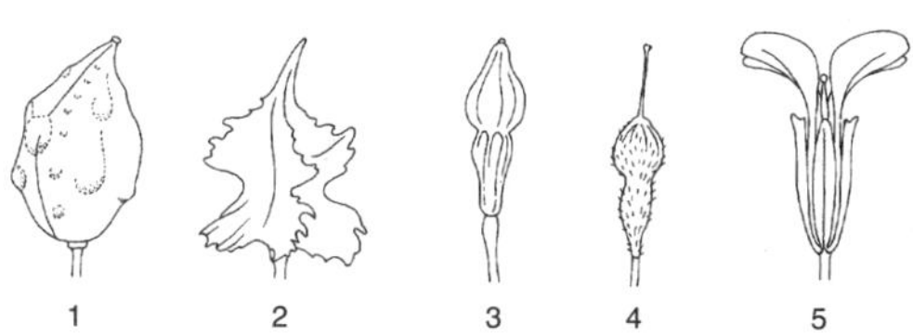

8 (4) Pfl grün. Stg am Grund bis 3 mm lg borstig. Obere Bl meist sitzend, fiederschnittig mit schmal linealen Abschnitten. KBl zur BZeit abstehend, 2 davon unter der Spitze gehörnt (Abb. **211**/5). 0,30–0,60. ⊙ ① 5–7. Trockene bis mäßig trockene, sandige bis kiesige, oft verdichtete Ruderalstellen (Wegränder, Schutt, Bauplätze); v W- u. N-We Sa An Br O-Ns W-Me, z Ba Rh He Th W-Ns O-Me Sh, s Bw SO-We, ↗ (m-temp·(k)EUR–WAS – T, H – V Sisymbr.). [S. pannónicum JACQ., S. sinapístrum CRANTZ]
Hohe R., Ungarische R. – S. altíssimum L.

8* Pfl grauhaarig. Stg bis oben 1 mm lg weichhaarig. Obere Bl gestielt, 3teilig-spießfg bis ungeteilt. KBl aufrecht, nicht gehörnt. 0,40–0,60. ① 6–7. Trockene Ruderalstellen (Wegränder, Schutt, Umschlagplätze); (N 1808 U) s M- u. NW-Ba Bw Rh We Th Sa S-An Br Ns Me (m-sm·subkEUR–(WAS) – H – V Sisymbr.). [S. colúmnae JACQ.]
Orientalische R. – S. orientále L.

Besenrauke – Descurạ́inia WEBB et BERTH.

Bl graugrün, 2–3fach fiederschnittig mit linealischen Zipfeln. Kr blaßgelb. 0,20 bis 0,70(–1,50). ⊙ 5–9. Nährstoffreiche, meist kalkhaltige Äcker, trockene bis mäßig frische Ruderalstellen (Wegränder, Müll, Schutt, Uferböschungen); (A) g An Br Me, v M- u. N-Ba Th O-Ns, z S-Ba Bw Rh We He Sa W-Ns Sh, s Bergland (m-b·(k)EURAS – T – Ib, Sb – Wv – V Caucal., V Fum.-Euph., V Sisymbr., V Onop.). [Sisýmbrium sóphia L.] **Gewöhnliche B., Sophienrauke** – D. sóphia (L.) WEBB ex PRANTL

Schmalwand – Arabidópsis HEYNH.

1 GrundBl ganzrandig bis gezähnt. StgBl meist ganzrandig. KrBl 2–4(–4,5) mm lg. Schote 5–20(–30) mm lg u. 0,5–0,8 mm br. 0,05–0,30. ⊙ ① 4–5. Lückige Xerothermrasen, Ephemerenfluren, nährstoffärmere Äcker, sandige Ruderalstellen (bes. Wegränder), kalkmeidend; (A) alle Bdl v, aber MDt-Trockengeb z, Alpen, Vorland, Schwäbische Alp s (trop/moOAFR+m-b·(oz)EUR–WAS – H, T – Ib, Sb – Wv – K Fest.-Brom., K Sedo-Scler., O Aper.). [Stenophrágma thaliánum (L.) ČELAK.]
Acker-Sch. – A. thaliána (L.) HEYNH.

1* GrundBl gezähnt bis fiederspaltig. StBl meist gezähnt. KrBl 4–6(–8) mm lg. Schote 20–30 mm lg u. 0,7–1 mm br. 0,10–0,30. ⊙ ⊙ 5–6. Sandige Magerrasen; (N U) † Br: Nauen Me: Warnemünde Sh (b·(subk)EUR – Artwert problematisch! – sehr ähnlich Sand-Schaumkresse, S. 218). [Cardaminópsis suécica (FRIES) HIITONEN ex HYL., Hylándra suécica (FRIES) A. LÖVE] **Schwedische Sch.** – A. suécica (FRIES) NORRLIN

Waid – Ísatis L.

Pfl oberwärts bläulichgrün, bereift. StgBl am Grund herzfg bis pfeilfg, sitzend, kahl. 0,40–1,20. ⊙ ♃ 5–7. Ehemalige KulturPfl, auch ruderalbeeinflußte Kalkfelsfluren u. -trockenrasen, trockene Ruderalstellen (Wegränder, Steinbrüche, Bahnanlagen), kalkstet; (A) v Rh, z M- u. N-Ba Bw W- u. S-We S-He Th S-An, s N-He Sa: bes. Elbe, (N) s N-Me: Rügen, (N U) s SW-Ba O-Br NW- u. SO-Ns, ↘ (m-temp·(k+lit)EUR – H – Ib – Wv, Mv – O Brom. erect., V Dauco-Mel., V Conv.-Agrop., K Thlasp. rot. – alte FärbePfl).
Färber-W. – I. tinctória L.

Hohldotter – Mýagrum L.

Pfl kahl, blaugrün, bereift, beim Zerreiben unangenehm riechend. StgBl mit herzfg bis pfeilfg Grund. 0,20–0,50. ① 5–7. Kalkhaltige Äcker, Ruderalstellen (Umschlagplätze); (N 1791) s N- u. M-Bw S-Th, (U) s S-Ba W-Sa N-An Ns, † Rh, ↘ (m-sm·subozEUR – H – Wv, Hv – V Caucal., V Sisymbr.). **Hohldotter** – M. perfoliátum L.

Wendich, Calepine – Calepína ADANS.

RosettenBl gezähnt bis leierfg fiederteilig. Obere StgBl ungeteilt, pfeilfg stengelumfassend. KrBl klein, weiß. 0,20–0,50. ⊙ ① 5–6. Trockene Ruderalstellen (Schutt,

Umschlagplätze, Wegränder, Brachen), Weinberge; (N) s N- u. O-Rh: Rhein von Mainz bis Linz, untere Mosel, Pfalz, (U) s An Ns Me, † Bw We (m-temp·(suboz)EUR–WAS – T, H – K Chen.). [C. corvíni (ALL.) DESV.] **Wendich, Calepine** – C. irreguláris (ASSO) THELL.

Zackenschote – Búnias L.

1 RosettenBl länglich, buchtig fiederteilig, selten ungeteilt. Nuß schief eifg, ungeflügelt, 1–2fächrig, warzig (Abb. **211**/1). 0,25–1,20. ⊙ ♃ 5–8. Skelettreiche Kalkäcker, ruderal beeinflußte Xerothermrasen, mäßig trockene bis frische Ruderalstellen (Wegränder, Schutt, Bahnanlagen), Uferböschungen, kalkhold; (N 18. Jh.) v Th S-An, z M- u. N-Ba Bw We He Sa Br S-Ns Me, s S-Ba: Hochebene N-Ns S- u. O-Sh, ↗ (sm-b·(suboz)EUR–WAS – H – Ib, Sb – Wv, Ev, Sv: Wurzelsprosse – V Caucal., V Arct., O Onop.). **Orientalische Z.** – B. orientális L.

1* RosettenBl leierfg, schrotsägefg fiederteilig, Nuß elliptisch, 4kantig, an den Kanten zackig geflügelt, 4fächrig (Abb. **211**/2). 0,15–0,50. ⊙ 5–7. Ruderalstellen (Schutt); (N 19. Jh) s W- u. S-Ba S-Sa Ns, (U) s Bw Me, † S-An (m-sm·subozEUR – H – V Sisymbr.). **Echte Z.** – B. erucágo L.

Nachtviole – Hésperis L.

Bl eifg bis lanzettlich, gezähnt. B violett, wohlriechend. 0,40–1,00. ⊙ 5–7. ZierPfl (bes. in Bauerngärten), auch Auenwälder, feuchte Gebüsche u. Ruderalstellen (Wegränder, Zäune); (A) v W-Ba Bw Rh He S-Sa SW-An Me, z O-Ba S- u. O-We Th N-Sa N- u. O-An Br Ns, s NW-We Sh, ↗ (sm·subkEUR – H – Ib, Sb – Wv – V Alno-Ulm., V Convolv., V Filip.). **(**) Gewöhnliche N.** – H. matronális L.

Schöterich, Schotendotter – Erýsimum L.
(Ib: Bienen, Sb – Sv, Wv – Adv.)

1 Reife Schoten 2–3mal so lg wie ihre Stiele, 1,2–3 cm lg. FrStiele aufrecht abstehend. BStiel viel länger als der K. KrBl 4–5 mm lg. BlHaare meist 3schenklig. 0,15–0,60. ⊙ ① 5–9. Feuchte, nährstoffreiche Äcker, Gärten, feuchte Ruderalstellen (Wegränder, Schutt), Ufer; g Br W-Me, v O-Me u. übrige Bdl, aber S-Ba, Schwarzw u. Bayr-W z (m-bEURAS – T, H – K Chen., O Aper., V Convolv., V Bid.). **Acker-Sch.** – E. cheiranthoídes L.

1* Reife Schoten mindestens 5mal so lg wie ihre Stiele, 2–10 cm lg. BStiel höchstens so lg wie der K. KrBl 6–18 mm lg **2**

2 FrStiele fast waagerecht abstehend, etwa ebenso dick wie die Fr. KrBl 6–10 mm lg. BlHaare 2(–3)schenklig. Untere Bl buchtig gezähnt bis fiederteilig, ihre Abschnitte dreieckig, die oberen Bl ganzrandig. 0,15–0,35. ⊙ 5–7. Trockene Ruderalstellen (Wegränder, Schutt, Umschlagplätze); s M- u. NW-Ba Th, (N U) s Bw NO-He N- u. O-Sa S-An S-Br W- u. S-Ns W- u. S-Me, ↘ (m-temp·subkEUR–WAS – T – V Sisymbr.). **Spreiz-Sch.** – E. repándum L.

2* FrStiele schräg abstehend bis angedrückt, meist dünner als die Fr **3**

3 StgBl meist mit 2-, selten 3- od. 4schenkligen Haaren **4**

3* StgBl meist mit 3- od. 4schenkligen Haaren **5**

4 Bl ganzrandig. B 3–6 mm lg gestielt. KrBl 8–10 mm lg. Schoten abstehend, mit der Traubenachse einen Winkel von 30–50° bildend. 0,30–0,90(–1,20) ⊙ 5–7. Ruderalstellen (Wegränder, an Mauern); (N U) s M-Sa: Elbe Br SO-Ns: Alfeld S-Sh: Hamburg (sm·kEUR–WAS – H). [E. canéscens ROTH] **Grauer Sch.** – E. diffúsum EHRH.

4* Untere StgBl buchtig gezähnt, die oberen ganzrandig. B 1–3 mm lg gestielt. KrBl 10–18 mm lg. Schoten aufrecht od. aufrecht abstehend, mit der Traubenachse einen Winkel von 10–30° bildend. 0,15–0,60. ⊙ ⊗ 4–7. Kont. Kalk- u. Silikatfelsfluren u. -trockenrasen; z M- u. N-Ba: Jura Bw: Hegau, Jura Rh Th S-An, s S-He? (N U) s Br?, † Sa, ↘ (sm-temp·(subk)EUR – H – V Sesl.-Fest., V Fest. val., V Art.-Agrop. – für Gänse giftig!). **Bleicher Sch., Gänsesterbe** – E. crepidifólium RCHB.

5 **(3)** KrBl 13–16(–20) mm lg. BStiele kürzer als der K. Kanten der Fr verkahlend. Untere StgBl geschweift-gezähnt, die oberen ebenso bis fast ganzrandig. 0,20–0,90. ⊙ 6–7. Kalkfelsfluren, -trocken- u. -halbtrockenrasen; z M- u. N-Ba Th, s S-Ba: München O-Bw N-Rh S-He: ob noch? S-Sa: Elbe, (N) s S-An S-Br, ↘ (sm-temp·(subk)EUR – H – V Sesl.-Fest., V Fest. val., V Xerobrom.). [E. hieraciifólium L., E. pannónicum CRANTZ] **Duft-Sch.** – E. odorátum EHRH.

5* KrBl 6,5–10(–13) mm lg. BStiele etwa so lg wie der K. Kanten der Fr nicht verkahlend **6**

6 KrBl auf der Außenseite behaart, 8–10(–13) mm lg. Schoten aufrecht abstehend, mit der Traubenachse einen Winkel von 30° bildend, 3–5,5 cm lg. Bl buchtig gezähnt bis ganzrandig. 0,40–1,00. ⊙ 5–9. Feuchte Gebüschsäume, Flußufer (StromtalPfl); z M- u. N-Ba Rh: Rhein Th N-Sa O- u. S-An S- u. O-Ns, s S-Ba N-Bw W-We S- u. M-He Br Me Sh, ↘ (sm-b·(k)EURAS – H – O Convolv., V Arct.). [E. hieraciifólium aut. non L., E. stríctum G. M. SCH.] **Ruten-Sch.** – E. virgátum ROTH

6* KrBl auf der Außenseite kahl, 6,5–8(–8,5) mm lg. Schoten aufrecht, mit der Traubenachse einen Winkel von höchstens 10° bildend, 2,3–3(–3,9) cm lg. Bl ganzrandig od. undeutlich gezähnt. 0,15–0,60. ⊙ 6–9. Ruderal beeinflußte Xerothermrasen, Trockengebüschsäume; s N-Th Sa S-An, s NO-An, (N U) s Ba W-Me, ↘ (sm-temp·(k)EUR–SIB – H – K Fest.-Brom., V Ger. sang., V Sisymbr.). [E. dúrum J. et C. PRESL] **Harter Sch.** – E. marschalliánum ANDRZ. ex DC.

Levkoje – Matthíola AIT. fil.

Pfl graufilzig. Bl schmal lanzettlich. Kr verschiedenfarbig, oft gefüllt. 0,20–0,80. ⊙ 4–10. ZierPfl, gelegentlich verwildert, Ruderalstellen (Schutt, Mauern) (m-sm·(oz)EUR – T – Sb, Ib). **Garten-L.** – M. incána (L.) AIT. fil.

Goldlack – Cheiránthus L.

Bl lanzettlich. Kr gelb bis braun; B wohlriechend. 0,20–0,60. ♃ 5–6. ZierPfl, auch trockene bis mäßig frische Ruderalstellen (Stadtmauern, Burganlagen); (A) z N- u. W-Bw Rh W-We S-He, (U) s M- u. N-Ba O-We N-He Sa N-Th An Br Me (m-sm·subozEUR – C – Ib, Sb – V Cent.-Pariet.). [Erýsimum chēīri (L.) CRANTZ] **Goldlack** – Ch. chēīri L.

Zahnwurz – Dentária L.
(Ib, Sb – Sv: Blattknospen)

1 Kr gelblichweiß. 3 Bl quirlig genähert, 3zählig. 0,20–0,30. ♃ 4–6. Krautreiche BergmischW u. subalp. Hochstaudenfluren, anspruchsvoll; v SO-Ba: Mittel- u. Ostalpen u. Vorland, z M- u. O-Ba: Jura, Bayr-W, Fichtelgebirge, s SW-Ba: Eglofstal NO-Bw: Laufen S-Sa, ↘ (sm/mo-stemp/demo·subozEUR – G – V Asper.-Fag., V Adenost.). [Cardámine enneaphýllos (L.) CRANTZ] **Weiße Z., Quirl-Z.** – D. enneaphýllos L.

1* B purpurn, rosenrot, blaßrosa, lila od. weiß **2**

2 BlAchseln mit kleinen, bräunlichvioletten Zwiebeln. Untere Bl gefiedert, mit 2–3 Fiederpaaren. Kr hellviolett, rosa od. weiß. 0,30–0,60. ♃ 5–6. Balt.-mont. Buchen- u. Ahorn-MischW, anspruchsvoll; v N-Rh He O-Sh, z Ba Bw: bes. Jura S-Rh S- u. O-We W- u. S-Th S-Sa SW-An O-Ns S-Me, s NO-Th M- u. N-Br NO-Me W-Sh (sm/mo-temp·subozEUR – G – Sv: Brutzwiebeln – V Asper.-Fag., V Til.-Acer.). [Cardámine bulbífera (L.) CRANTZ] **Zwiebel-Z.** – D. bulbífera L.

2* BlAchseln ohne Zwiebeln **3**

3 Bl gefingert, die unteren 5zählig, das oberste meist 3zählig. Kr rosenrot od. violett. 0,25–0,50. ♃ 4–6. Krautreiche Buchen- u. Ahorn-MischW, subalp. Hochstaudenfluren; z SO-Ba: Alpen, Vorland S-Bw: bes. Bodensee, SW-Alb, Neckar, s SW-Ba: Alpenvorland (sm/mo-temp/mo·ozEUR – G – V Til.-Acer., V Asper.-Fag., V Adenost.). [D. digitáta LAMK., Cardámine pentaphýllos (L.) CRANTZ em. R. BR.] **Finger-Z.** – D. pentaphýllos L.

3* Bl gefiedert, mit 2–4 Fiederpaaren. Kr weiß od. blaßlila. 0,30–0,60. ♃ 4–5. Frische, krautreiche BergmischW; z SW-Bw: Schienerberg u. Wutach-Klettgau bis Kaiserstuhl (sm/mo-temp/mo·ozEUR – G – V Asper.-Fag.). [Cardámine heptaphýllos (VILL.) O. E. SCHULZ, D. pinnáta LAMK.] **Fieder-Z.** – D. heptaphýllos VILL.

Schaumkraut – Cardámine L.

1 Alle Bl ungeteilt. StgBl ausgeschweift gezähnt od. seicht gelappt, häufig ganzrandig, am Grund des BlStiels ohne stengelumfassende Öhrchen. 0,02–0,12. ♃ 7–8. Feuchte, mäßig nährstoffreiche, kalkarme alp. Schneeböden u. Schneetälchen; s SW-Ba: Allgäu, Wettersteingebirge, ↘ (sm/alp-temp/alp·subozEUR – H – Vm – Wv – V Salic. herb.). **Alpen-Sch.** – C. alpína WILLD.

1* Wenigstens die oberen Bl geteilt **2**

2 Ältere GrundBl ungeteilt, jüngere 3teilig. StgBl 2–3paarig fiederschnittig. BlStiel am Grund geöhrt. 0,02–0,15. ♃ 5–8. Silikatfelsspalten, alp., sickerfrische kalkarme Steinschuttfluren; s SW- u. O-Ba: Allgäu, Bayr-W (sm/alp-temp/alp·ozEUR – H, G – Wv – V Andros. alp., V Andros. vand.). **Reseden-Sch.** – C. resedifólia L.

2* Alle GrundBl geteilt **3**

3 Bl 3zählig, lg gestielt. Blchen rautenfg-rundlich, ausgeschweift gekerbt, wintergrün. Stg 0–2blättrig. 0,20–0,30. ♃ 4–6. Krautreiche mont. Buchen- u. Fichten-MischW; z S-Ba: Alpen u. Vorland, s obere Hochebene, Passau (sm/mo-temp/mo·subozEUR – G – V Asper.-Fag., V Alno-Ulm.). **Kleeblatt-Sch.** – C. trifólia L.

3* Bl fiederschnittig bis gefiedert **4**

4 KrBl verkehrteifg, 7–12 mm lg, ausgebreitet, meist 3mal so lg wie der K, lila od. weiß. ♃ **5**

4* KrBl länglich, 2–5 mm lg, aufrecht, 2mal so lg wie der K, weiß, zuweilen fehlend. ⊙ bis ⊙ **6**

5 Stg markig, gefurcht. Staubbeutel violett. Kr weiß. 0,10–0,60. ♃ 4–6. Sickerfeuchte, nährstoffreiche Quellfluren u. Erlenbrüche; v Ba Bw Rh We He S-Th Sa O-Br S- u. O-Ns Me Sh, z N-Th An W-Br NW-Ns (sm/mo-b·(suboz)EUR–(WSIB) – H – K Card.-Mont., V Aln.). **(**) Bitteres Sch.** – C. amára L.

5* Stg hohl, rund. Staubbeutel gelb. Kr blaßlila od. weiß. 0,10–0,60. ♃ 4–6. Nasse bis frische Wiesen, Flachmoore, Großseggenrieder, AuenW; alle Bdl g, aber N-An u. NW-Br v, Thüringer Becken z, ↘ (sm/mo-arctCIRCPOL – H – K Mol.-Arrh., O Phragm., V Alno-Ulm.). **** Wiesen-Sch.** – C. praténsis L.

6 (4) BlStiel am Grund mit 2 pfeilfg Öhrchen (Abb. **216**/1). Kr oft fehlend. Blchen der unteren Bl eifg, 3–5spaltig. 0,10–0,85. ① 5–7. Edellaubholzreiche Wälder, frische WSäume; v Bw Rh He S-Th, z Ba: bes. Alpen, Jura S-We N-Th Sa An: bes. Harz O- u. S-Br S-Ns, s N-We NO-Ns Me S-Sh, ↗ (m/mo-temp·(suboz)EURAS – H – Sv: SchleuderFr – V Alliar., V Til.-Acer., V Alno-Ulm.). **Spring-Sch.** – C. impátiens L.

6* BlStiel am Grund ohne Öhrchen **7**

7 GrundBl mit keilfg EndBlchen, hinfällig. Blchen der unteren Bl länglich, ganzrandig, meist sitzend. Stg stets kahl. 0,05–0,25. ① 5–7. Zeitweise überschwemmte Flußufer, feuchte Schwemmsandböden; z NO-An, s NO-Sa Br NO-Ns: Elbe Me, (N U) s NO-Ba, ↘ (m-temp·(suboz)CIRCPOL – H – V Agrop.-Rum.). **Kleinblütiges Sch.** – C. parviflóra L.

7* GrundBl mit rundlichem EndBlchen, in bleibender Rosette. Blchen der unteren Bl rundlich bis verkehrteifg, gestielt **8**

8 Stg kahl od. zerstreut behaart, 2–4blättrig. RosettenBl ∞, mit 1–3 Paar Blchen. BStiele 1,5–2 mm lg. StaubBl meist 4. Schoten mit den dicken, 5–8 mm lg Stielen keinen Winkel bildend, die Knospen überragend, 0,07–0,30. ⊙ ① 3–6. Hecken- u. Gebüschsäume, Weinberge, Gärten, Äcker, frische Ruderalstellen (Wegränder, Dämme), kalkmeidend; v W- u. N-Bw Rh S- u. O-We Sh, z Ba SO-Bw NW-We He Th Sa S-An Ns Me, s N-An Br: bes. Berlin, ↗ (m/mo-temp·(oz)EUR–WAS – H, T – Sb – Sv – V Alliar., O Polyg.-Chen.). **Viermänniges Sch.** – C. hirsúta L.

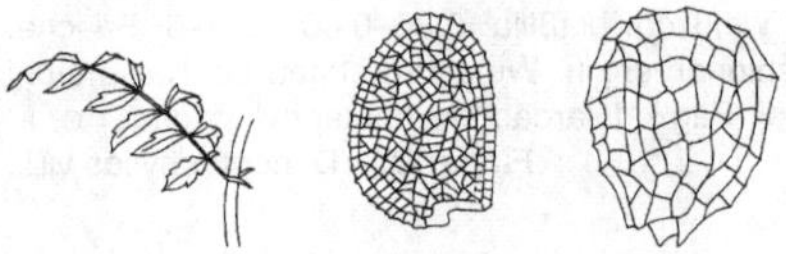

1 2 3

8* Stg unterwärts reich behaart, 4–10blättrig. RosettenBl wenige, mit 3–6 Paar Blchen. BStiele (2–)3–4 mm lg. StaubBl (4–)6. Schoten mit den dünnen, 7–13 mm lg Stielen einen Winkel bildend, der Traubenspindel parallel, die Knospen kaum überragend. 0,10–0,50. ⊙ ⊙ 4–10. Quellfluren, nasse Waldwege, Bach-EschenW; v Bw Rh S-We He S-Th Sh, z Ba N-We N-Th S-Sa SW-An: bes. Harz O-Br Ns Me, s N-Sa N- u. O-An W-Br (m/mo-temp·ozEUR+OAS – H, T – Sb – Sv – V Card.-Mont.). [C. sylvática LINK]
Wald-Sch. – C. flexuósa WITH.

Brunnenkresse – Nastúrtium AIT. fil.

1 Schoten dick, 10–18 mm lg u. 2–2,5 mm br. Sa in jedem Fach deutlich 2reihig, jederseits mit 25–50 großen erhabenen Netzmaschen (Abb. **216**/3). FrStiele relativ dick, (5–)8–12(–16) mm lg, gerade od. kaum gebogen. Bl im Herbst grün bleibend. 0,20–0,80. ♃ 5–10. Bäche, Gräben, Quellen mit ± rasch fließendem, klarem Wasser; v M-Ba, z N- u. S-Ba Bw Rh We He Th NW-Sa An S-Ns Sh: Elbe, s O- u. S-Sa Br N-Ns Me. Auch KulturPfl (austr-trop/mo-temp·(oz)CIRCPOL – A – V Glyc.-Sparg., V Ranunc. fluit. – SalatPfl). [Roríppa nastúrtium-aquáticum (L.) HAYEK]
Gewöhnliche B. – N. officinále AIT. fil.

1* Schoten dünn, (14–)16–24 mm lg u. 1,2–2 mm br. Sa in jedem Fach ± 1reihig, jederseits mit über 100 kleinen erhabenen Netzmaschen (Abb. **216**/2). FrStiele dünner, (6–)11–20 mm lg, oft gebogen. Bl im Herbst purpurn bis bronzefarben. 0,20–0,80. ♃ 5–10. Bäche, Gräben, schnell fließende Gewässer; v Me Sh, z S- u. M-Ba SO-Bw Rh We N- u. O-Br Ns, s NW-Ba He W-Th Sa N- u. O-An SW-Br (temp·ozEUR – V Glyc.-Sparg.). [N. uniseriátum HOWARD et MANTON, Roríppa microphýlla (BOENN. ex RCHB.) HYL.]
Einreihige B., Braune B. – N. microphýllum BOENN. ex RCHB.

Winterkresse, Barbarakraut – Barbaréa AIT. fil. [Cámpe DULAC]
(H – Ib, Sb – Wv)

1 Oberste Bl ungeteilt, buchtig gezähnt **2**

1* Alle Bl fiederspaltig bis fiederteilig **3**

2 GrundBl mit 2–5 Paar Seitenzipfeln u. rundlichem, am Grund oft herzfg Endzipfel; dieser kürzer als der Rest des Bl u. so br wie od. schmaler als das oberste Seitenzipfelpaar. KrBl fast doppelt so lg wie der K, 5–7 mm lg. B 7–9 mm br. BKnospen kahl. Schoten aufrecht abstehend, auf dünnen, 4–6 mm lg Stielen, FrGriffel 2–3 mm lg. 0,30–0,90. ⊙ 5–7. Frische bis feuchte Ruderalstellen (Wegränder, Kiesgruben, Uferböschungen, Ackerränder); v Ba Bw Rh We He Th Sa S-An O-Ns Me Sh, z N-An Br W-Ns (m/mo-b·(oz)EUR – V Convolv., V Agrop.-Rum., V Bid.). [Cámpe barbaréa (L.) W. F. WIGHT ex PIPER]
** **Echte W.** – B. vulgáris AIT. fil.

2* GrundBl mit 1–2 Paar Seitenzipfeln u. eilänglichem, am Grund nie herzfg Endzipfel; dieser länger als der Rest des Bl u. breiter als das oberste Seitenzipfelpaar. KrBl 1½mal so lg wie der K, 3,5–6 mm lg. B 5–6 mm br. BKnospen an der Spitze weichhaarig. Schoten der Spindel angedrückt, auf dicken, 3–5 mm lg Stielen, FrGriffel 0,5–1,5 mm lg. 0,60–1,00. ⊙ 4–6. Spülsäume von Flüssen u. Bächen, Flußufer-Staudenfluren, feuchte Wege u. Schuttplätze; z Ba außer Alpen NW-Bw Rh W-We N-Sa O-An Br N-Ns Me Sh, s O-Bw O-We He: ob noch? Th S-Sa W-An SO-Ns: Herzberg, ↘ (sm-b·(k)EUR–WAS – V Convolv., V Agrop.-Rum.). **Steife W.** – B. stricta ANDRZ.

3 **(1)** GrundBl mit 3–5 Paar Seitenzipfeln u. großem Endzipfel. Schoten 1,5–3 cm lg, gerade. 0,20–0,60. ⊙ 4–5. Frische Ruderalstellen (Schutt, Wegränder), Ufer, Gärten, Äcker; (N 1865) v Rh, z Bw S-We He: bes. westlicher Taunus, s N-We S-Th An Br Me, (U) z SW-Ba: Allgäu, obere Hochebene Sh, (U) s NW-Ba: Aschaffenburg W-Sa Ns (m-temp·ozEUR – V Sisymbr., O Polyg.-Chen., V Agrop.-Rum., V Alliar., V Arct.).
Mittlere W. – B. intermédia BOR.

3* GrundBl mit 6–10 Paar Seitenzipfeln u. kleinem Endzipfel. Schoten 3–7 cm lg, leicht gekrümmt. 0,20–0,70. ⊙ 4–6. Frische Ruderalstellen (Wegränder, Schutt, Gräben); (N 1849) s O-Th NO- u. SW-Sa? An, (U) s W-Bw: Oberrheintal We Br: Berlin Me (m-temp·ozEUR – V Sisymbr., V Arct. – alte Salat- u. ÖlPfl). [B. prǣcox (SM.) R. BR.]
Frühe W. – B. vérna (MILL.) ASCHERS.

Sumpfkresse – Roríppa SCOP.
(H – Ib, Sb – Hv, Ev: Wasservögel, Sv: BlKnospen – Hybr.)

1 Kr höchstens so lg wie der K, blaßgelb. Fr 5–12 mm lg u. 1,7–3 mm br, etwas kürzer bis doppelt so lg wie ihr Stiel, schwach gebogen. Untere Bl leierfg fiederspaltig, jederseits mit 3–6 unregelmäßig gezähnten Abschnitten. Pfl ohne Ausläufer. 0,10 bis 0,80. ① ⊙ 6–9. Feuchte bis nasse, nährstoffreiche Äcker u. Ruderalstellen (Gräben, Wegränder, Seeufer); g Me Sh, übrige Bdl v, aber W-Jura, Schwarzw, Eifel N-He u. MDt-Trockengeb z (m-bCIRCPOL – H, T – O Bid., V Agrop.-Rum, O Secal., V Fum.-Euph.). [R. islándica aut.] **Gewöhnliche S.** – R. palústris (L.) BESSER

1* Kr länger als der K, goldgelb. Pfl mit Ausläuferwurzeln, Ausläufern od. wenigstens die unteren StgGlieder wurzelnd **2**

2 Fr fast kuglig, 2–3 mm, ihr Stiel 7–15 mm lg. Kr 3–4 mm lg. Alle Bl ungeteilt, unregelmäßig gezähnt, elliptisch, die unteren kurz gestielt, die oberen mit herzfg Grund halbstengelumfassend, geöhrt. 0,40–1,00. ♃ 6–8. Nährstoffreiche, zeitweise überflutete Ufersäume von Flüssen, in Gräben, an Wegen; urspr. an Neiße, Oder, Elbe, sonst (N) z NW-Ba N- u. W-Bw Rh: Rhein, Kaiserslautern W-We He: Rhein, Wetterau, mittleres Fuldatal Sa An: Elbe, Mulde, s S- u. M-Ba: Isar, Inn, Amper, Passau SO-Bw O-We O-Th Br: Oder, Spree, Elbe NO-Ns: Elbe, Weser, Bergen-Hohne Me S-Sh, ↗ (sm-temp·subkEUR–WAS – Sv: Wurzelausläufer – V Convolv., V Agrop.-Rum., V Arrh.). [Nastúrtium austríacum CRANTZ] **Österreichische S.** – R. austríaca (CRANTZ) BESSER

2* Fr eifg-elliptisch bis linealisch. Bl fiederspaltig bis fiederschnittig; wenn StgBl ungeteilt, dann mit verschmälertem Grund sitzend **3**

3 StgBl meist ungeteilt, elliptisch bis lanzettlich, ganzrandig od. gezähnt, mit verschmälertem Grund sitzend. GrundBl meist fiederlappig bis fiedeschnittig. Fr eifg-elliptisch, 3–6 mm lg u. 1,8–3mm br, gerade, ihr Stiel waagerecht abstehend od. herabgeschlagen, 2–3mal so lang wie die Fr. 0,40–1,20. ♃ 5–8. Teichränder, Tümpel, Altwässer, Gräben mit stehendem, eutrophem Wasser, auf zeitweise trockenfallenden Schlammböden; g Me, v N- u. W-We O-An Br N-Ns Sh, z bes. Flußtäler M- u. N-Ba Rh SO-We He Th N-Sa, s SW-Ba S-Sa W-An S-Ns (sm-b·(k)EUR–SIB – V Phragm., V Agrop.-Rum.). [Nastúrtium amphíbium (L.) R. BR.]
Wasser-S., Wasserkresse – R. amphíbia (L.) BESSER

3* StBl fiederspaltig bis fiederschnittig, die untersten bisweilen gefiedert **4**

4 Pfl zur BZeit mit BlRosette. StgBl sitzend, mit schmalen Öhrchen stengelumfassend, fiederschnittig mit linealen Abschnitten. Fr elliptisch, 2,5 bis 6 mm lg, so lg wie od. etwas kürzer als ihr Stiel. 0,05–0,40. ♃ 5–8. Fettwiesen u. -weiden, Dämme, Wege; s SW-Bw: Rhein u. Nebentäler An: Elbe von Dessau bis Magdeburg, (N U) s O-Sa Me, ↘ (sm-temp·ozEUR – O Arrh.). [R. stylósa (PERS.) MANSF. et ROTHM.]
Pyrenäen-S. – R. pyrenáica (L.) RCHB.

4* BlRosette zur BZeit verwelkt. StgBl ungeöhrt, seltener mit schwachen Öhrchen, ihre Abschnitte breiter. Fr schmal elliptisch bis linealisch, 5–20 mm lg **5**

5 Fruchtbare Schoten 5–7(–10) mm lg u. 1,2–2,5 mm br, schmal elliptisch bis lineal-lanzettlich, ihre Stiele meist herabgeschlagen; FrGriffel 1–2,5 mm lg. Obere Bl ± sitzend, fiederspaltig, 2,5–4mal so lg wie br. 0,30–1,00. ♃ 5–9. Nährstoffreiche, kalkhaltige, eutrophe Schlickböden an Ufern mit stark schwankendem Wasserstand; z We Sa An: Elbe, Mulde Me Sh, s Ba: Main, Regnitz, Donau, Iller, Isar, Inn S-Bw S-Rh S-He O-Th Br O-Ns (temp·subozEUR – V Magnocar. – wohl aus Wasser-S. × Wilde S. entstanden?). [R. prostráta aut.] **Niederliegende S.** – R. × ánceps (WAHLENB.) RCHB.

5* Fruchtbare Schoten 8–20 mm lg u. 1–1,2 mm br, schmal linealisch, ihre Stiele waagerecht bis aufsteigend, ihr FrGriffel 0,5–1 mm lg. Obere Bl gestielt, fiederteilig bis fiederschnittig, etwa doppelt so lg wie br. 0,20–0,60. ♃ 5–9. Feuchte bis nasse, nährstoffreiche Äcker u. Ruderalstellen (Gräben, Wegränder, Seeufer); alle Bdl v, aber SO-Bw Th-W N-Br NW-Ns z (sm-temp·(oz)EUR – Sv: Wurzelsprosse – O Bid., V Agrop.-Rum., O Secal., V Fum.-Euph.). [Nastúrtium sylvéstre (L.) R. BR.] **Wilde S.** – R. sylvéstris (L.) BESSER

Meerrettich – Armorácia G. M. SCH.

GrundBl bis 1 m lg, gekerbt, untere StgBl oft fiederschnittig. 0,60–1,25. ♃ 5–7. KulturPfl, auch frische, meist stickstoffreiche Ruderalstellen (Wegränder, Gräben, Schutt); (N) g Me, v M- u. N-Ba N- u. W-Bw Rh We He Th Sa An Br O-Ns, z S-Ba SO-Bw W-Ns S-Sh, s N-Sh (m-sm·subkEUR – G – Ib, Sb – Wv – V Arct., V Convolv. – GewürzPfl). [A. lapathifólia USTERI, A. satíva BERNH.] **Meerrettich** – A. rusticána G. M. SCH.

Schaumkresse – Cardaminópsis (C. A. MEYER) HAYEK
(H – Ib, Sb – Wv)

1 GrundBl länglich, ganzrandig od. unregelmäßig grob gesägt bis buchtig. Alle StgBl lineal-länglich, ganzrandig, kahl. 0,10–0,25. ♃ 5–7. Felsfluren u. -spalten (basische Gesteine), kalkhold; z N-Ba: Jura, s NW-Th: S-Harz SO-Ns: Walkenried (temp/demo+b·ozEUR – V Sesl.-Fest., V Potent. caul.). [C. híspida (MYGIND) HAYEK, Árabis petrǣa (L.) LAMK.] **Felsen-Sch.** – C. petrǣa (L.) HIITONEN

1* GrundBl verkehrteilänglich, leierfg fiederteilig. StgBl sehr selten ganzrandig, wenigstens untere gezähnt od. fiederspaltig **2**

2 Pfl ohne Ausläufer. StgBl lanzettlich. BStiele 3–5 mm lg. KrBl mit 1 Paar Zähnchen am Nagel (bei der sehr ähnlichen Schwedischen Schmalwand, S. 212, ungezähnt), 6–8(–9) mm lg, weiß od. hellpurpurn. Schoten deutlich abgeflacht. 0,15–0,40. ⊙♃ 4–8. Felsfluren u. Sandtrockenrasen, entwässerte Wiesen, Ruderalstellen (Bahnanlagen); v Rh S-Th S- u. O-Sa Br N- u. O-Me, z S- u. M-Ba S-Bw We He N-Th NW-Sa An Ns SW-Me Sh, s N-Ba N-Bw, im NW (N 1890) (sm/mo-b·subozEUR – O Fest.-Sedet., K Mol.-Arrh., V Sisymbr., V Cystopt., V Petasit. parad.). [Árabis arenósa (L.) SCOP.]
** **Sand-Sch.** – C. arenósa (L.) HAYEK

2* Pfl mit Ausläufern. StgBl eifg. BStiele 5–12 mm lg. 0,15–0,50. ♃ 4–6. Feuchte, kalkarme Wiesen, Ufer, Felsen; z Ba: Bayr-W, Fichtelgebirge W- u. S-Sa S-An: Elbe, Mulde, Harz u. Vorland SO-Ns, s NO-Rh SO-We N-He O- u. N-Th NO-Sa, (N) s N-Ns: Nordenham (sm/salp-stemp/demo·subozEUR – Sv: Ausläufer – O Arrh., K Viol. calamin.). [Árabis hálleri L.] **Haller-Sch.** – C. hálleri (L.) HAYEK

Gänsekresse – Árabis L.
(Ib, Sb – Wv)

1 Schoten 4kantig, dem Stg angedrückt. Klappen gewölbt, mit starkem Mittelnerv. Sa in jedem Fach 2reihig (Abb. **204**/1). GrundBl buchtig gezähnt bis leierfg, von Sternhaaren rauh. StgBl stengelumfassend, ganzrandig, kahl, bläulichgrün, bereift. Kr gelblichweiß. 0,60–1,20. ① ⊙ 5–7. Gebüsche, WSäume und WSchläge; v Ba Rh Br Me O-Sh, z Bw He Th Sa An S- u. O-Ns W-Sh, s We NW-Ns, ↘, in Me u. N-Ns (A) (m/mo-b·ozCIRCPOL – H – Ib, Sb – O Prun., V Alliar.). [Turrítis glábra L.]
Kahle G., Turmkraut – A. glábra (L.) BERNH.

1* Schoten zusammengedrückt. Klappen flach, mit schwachem Mittelnerv. Sa in jedem Fach 1reihig (Abb. **204**/2). Pfl ± behaart od. ganz kahl **2**

2 Kr gelblichweiß. Fr bogig überhängend. Stg u. Bl rauh. GrundBl elliptisch, in den BlStiel verschmälert. StgBl länglich, mit herzfg geöhrtem Grund stengelumfassend. 0,10–0,70. ⊙ ♃ 4–6. Wärmeliebende Säume, Gebüsche u. Wälder; z Rh, s N- u. SW-Ba: Alpen, Oberfranken S-Bw: Höllental, W-Jura, Hohentwiel (m/mo-temp/demo·subozEUR – H – O Querc. pub., V Berb., O Orig.). **Turm-G.** – A. turríta L.

2* Kr weiß od. bläulich. Fr aufrecht od. aufrecht abstehend **3**

3 Bl u. Stg völlig kahl, ganzrandig, blau bereift. 0,30–1,00. ♃ 5–7. Wärmeliebende Säume, Gebüsche u. Wälder, kalkstet; z M- u. NW-Ba O-Bw: Jura, Main, Tauber Rh N- u. W-He Th, s SW-We S-An, (N U) s Ns NW-Me, ↘ (sm/mo-stemp/demo·subozEUR – H – V Ger. sang., V Berb., O Querc. pub.). [A. brassicifórmis WALLR., A. brássica (LEERS) RAUSCHERT] **Wenigblütige G., Kohlkresse** – A. pauciflóra (GRIMM) GARCKE

3* Bl u. Stg behaart, wenn fast kahl, dann Bl glänzend grün **4**

4 Kr bläulich. GrundBl in den lg, am Grund verbreiterten Stiel keilfg verschmälert, vorn 3–7zähnig. B in nickender, 2–8blütiger Traube. 0,02–0,12. ♃ 7–8. Alp., nährstoffreiche, meist kalkhaltige Schneeböden u. feuchte Felsschuttfluren; s S-Ba: Alpen (sm/alp-temp/alp·subozEUR – H – V Arab. caer.). **Blaue G., Blaukresse** – A. caerúlea ALL.

4* Kr weiß **5**

5 StgBl mit abgerundetem od. verschmälertem Grund sitzend **6**

5* StgBl mit herz- od. pfeilfg Grund stengelumfassend (bei Rauhhaariger G., s. **10**, zuweilen abgerundet) **8**

6 Sa ungeflügelt. Bl matt. KrBl 4–5 mm lg. B in dichter Schirmtraube. KBl gegen die Spitze meist mit violettem Fleck. 0,08–0,20. ⊙ 5–7. Sickerfrische, meist kalkhaltige, subalp. u. alp. Steinrasen u. Schutthalden; v S-Ba: Alpen, s obere Hochebene, s SO-Bw (sm/salp-temp/salp·subozEUR – C – O Sesl.). [A. corymbiflóra VEST] **Dolden-G.** – A. ciliáta CLAIRV.

6* Sa geflügelt. Bl glänzend. KrBl 5–8 mm lg **7**

7 Stg außer den GrundBl mit 2–6 StgBl. 0,05–0,15. ♃ 6–8. Kalkfelsspalten, Steinschutt; v Ba: Alpen, s Vorland: Icking, ↘ (sm/alp-temp/alp·subozEUR – C – V Thlasp. rot.). [A. púmila JACQ.] ** **Zwerg-G.** – A. bellidifolia CRANTZ

7* Stg außer den GrundBl mit 7–12 StgBl. 0,15–0,30. ♃ 5–8. Alp. u. subalp. kalkhaltige Quellfluren, Ufer, Rinnsale; z Ba: Alpen, s Vorland (sm/salp-temp/salp·subozEUR – C – Vw – V Craton.). [A. bellidifólia JACQ. non CRANTZ, A. jacquínii G. BECK] **(**) Glanz-G.** – A. soyéri REUTER et HUET

8 **(5)** Reife Schoten aufrecht, dem Stg angedrückt. Stg aufrecht, dicht beblättert. GrundBl rosettig (Artengruppe Behaarte G. – A. hirsúta agg.) **9**

8* Reife Schoten abstehend **11**

9 Stg am Grund abstehend behaart, mit ∞ ungeteilten (sehr selten daneben einzelnen 2–3spaltigen) Haaren. KrBl 5–6,5 mm lg. Schoten 25–50 mm lg u. 0,8–1,1 mm br, ihre Stiele 4–6 mm lg. FrKlappen mit deutlichem Mittelnerv. StgBl 15–30, am Grund mit spreizenden, spitzen Öhrchen, behaart. 0,35–0,80. ⊙ 5–7. Halbtrockenrasen, Gebüschsäume; z Ns, s NW- u. S-Ba Bw We He? NW-Th S-Sa: Elbe, † S-An (m/mo-temp·(oz) EUR – H – V Mesobrom., O Orig.). **Pfeilblättrige G.** – A. sagittáta (BERTOL.) DC.

9* Stg am Grund mit 2–4spaltigen (selten daneben auch ungeteilten) Haaren. KrBl 4–5,5 mm lg **10**

10 Stg am Grund mit abstehenden, ungeteilten od. 2spaltigen Haaren, oben meist mit 2–4spaltigen Haaren. StgBl 10–25(–30), mit abgerundetem od. schwach herzfg Grund. Schoten 15–35 mm lg u. 1–2 mm br; Klappen mit deutlichem Mittelnerv. Griffel 0,5 mm lg, kegelfg. Sa ringsum geflügelt. 0,10–0,80. ⊙ ♃ 5–7. Lückige, oft ruderal beeinflußte Xerothermrasen, trockene Ruderalstellen, trockene Wiesen, lichte KiefernW; v Ba außer Bayr-W Bw: bes. Jura Rh Th SW-An S-Ns, z We He Sa N- u. O-An Br NO-Ns Me, s Sh (m/mo-b·(oz)CIRCPOL – H – K Fest.-Brom., V Arrh., O Orig., K Thlasp. rot.). **Behaarte G.** – A. hirsúta (L.) SCOP.

10* Stg am Grund mit anliegenden, 2–4spaltigen Haaren, oben kahl. StgBl 20–90, herzfg mit angedrückten Öhrchen. Schoten 30–50 mm lg, 0,6–0,9 mm br; Klappen fast nervenlos. Griffel 1 mm lg, zylindrisch. Sa nur an der Spitze geflügelt. 0,50–0,80. ⊙ 5–7. Feuchte, nährstoffreiche Wiesen, lichte AuenW; s Ba Bw Rh He O-An Br, † Th NW-Sa (sm-temp·(suboz)EUR–WSIB – H – V Cnid., V Mol., V Alno-Ulm.). [A. gerárdii aut., A. planisíliqua aut.] **Gerard-G.** – A. nemorénsis (WOLF ex HOFFM.) KOCH

11 **(8)** Pfl ⊙, ohne nichtblühende Triebe. KrBl <6 mm lg. 0,10–0,40. ⊙ 4–5. Felsfluren, Trockenrasen, Wegböschungen, Heckensäume, kalkhold; z M-Ba: Jura, Augsburg, Uffenheim SO-Rh, s SW-Bw: Kaiserstuhl N-Th An, † Br, ↘ (m-temp·(subk)EUR–WAS – T – V Xerobrom., V Alysso-Sed., V Fest. val.). [A récta VILL.] **Öhrchen-G.** – A. auriculáta LAMK.

11* Pfl ♃, mit nichtblühenden BlRosetten. KrBl >8 mm lg **12**

12 KrBl 8–10 mm lg, allmählich in den Nagel verschmälert. KBl 3–4 mm lg. Pfl rauhhaarig. 0,05–0,40. ♃ 3–10. Feuchte, sickerfrische, meist kalkhaltige Felsschuttfluren, Schneeböden; v S-Ba: Alpen, z obere Hochebene N-Ba: Jura, s O- u. S-Bw SO-We: Brilon NW-Th: Ellrich, (N U) SW-Br, † SO-Ns?, ↘ (sm/alp-temp/dealp+arct·(oz)EUR–OAM – C – K Thlasp. rot., V Potent. caul.). **Alpen-G.** – A. alpína L.

12* KrBl 9–18 mm lg, plötzlich in den Nagel zusammengezogen. KBl 4–6 mm lg. Pfl grau- bis weißfilzig. 0,15–0,30. ♃ 3–4. ZierPfl, auch (N) z Sa, s Bw Rh An Me(sm/alp·suboz OEUR – C). [A. álbida STEVEN ex JACQ. fil.] **Garten-G.** – A. caucásica WILLD.

Blaukissen, Aubrietie – Aubriéta ADANS. [Aubriétia DC.]

Pfl lockerrasig, grau behaart. KrBl 12–20 mm lg. 0,10–0,20. ♃ 4–5. ZierPfl, auch (N) s, z. B. Rh (m·subozOEUR – C – Ib). **Griechisches B.** – A. deltoídea (L.) DC.

Silberblatt, Mondviole – Lunária L.
(Ib: Falter, Bienen, Sb – Wv)

1 Fr elliptisch bis br lanzettlich, an beiden Enden spitz (Abb. **221**/1). Alle Bl gestielt. 0,30–1,40. ♃ 5–7. Mont. Schlucht- u. HangW, anspruchsvoll; z Ba: Alpen u. Mittelgebirge Bw: bes. Bergland Rh S- u. O-We He Th S- u. M-Sa SW-An: Harz, um Naumburg SO-Ns, s N-Sa, (N U) s Br (sm/mo-temp/demo·subozEUR – H – V Til.-Acer – ∇). **Ausdauerndes S.** – L. redivíva L.

1* Fr elliptisch bis fast kreisrund, an beiden Enden abgerundet (Abb. **221**/2). Obere Bl sitzend. 0,30–1,00. ① ⊙ 4–6. ZierPfl (Bauerngärten), auch frische Ruderalstellen, RobinienW; (N U) s bis z in allen Bdl (m-sm·subozEUR – C – V Arct.). **Einjähriges S.** – L. ánnua L.

Steinkraut – Alýssum L.
(Ib: Fliegen, Bienen, Sb – Wv)

1 Fr kahl. Stg am Grund holzig. 0,15–0,35. ♃ 4–5. Kont. Kalk- u. Silikatfelsfluren (Felsbänder); (N?) s N-Ba: Jura M-Sa: Elbe, Wechselburg, (N U) s M-Ba N- u. O-Rh He Th Sa An M- u. O-Br, s Me. ZierPfl (m/mo-stemp·(suboz)EUR – C – V Sesl.-Fest. – ∇). [Aurínia saxátilis (L.) DESV.] **Felsen-St.** – A. saxátile L.

1* Fr behaart **2**

2 KrBl an der Spitze abgerundet, 2–3,5 mm lg. B in Schirmrispen. 0,25–0,70. ♃ 5–6. SteingartenPfl, auch (N) s, z.B. M-Ba Bw N-Th An (sm·subkOEUR–(WAS) – H). **Mauer-St.** – A. muràle W. et K.

2* KrBl an der Spitze ausgerandet, 3–6mm lg. B in Trauben **3**

3 Pfl ①. K zur FrReife noch vorhanden. KrBl 3–4 mm lg, blaßgelb, weiß verbleichend. 0,07–0,30. ① 4–9. Lückige, oft ruderal beeinflußte Xerothermrasen, sandige Brachen, kalkhold; v M- u. N-Ba O-Bw Th S-An NO-Br Me: bes. Landrücken, z SW-Ba W-Bw Rh He W- u. S-Br SO-Ns, s S- u. O-We Sa N-An NO-Ns S-Sh, im NW ↘, im N (N) (m/mo-temp·subozEUR – H – K Sedo-Scler., K Fest.-Brom.). [A. calýcinum L.] **Kelch-St.** – A. alyssoídes (L.) L.

3* Pfl ♃. K zur FrZeit abgefallen. KrBl 3,5–6 mm lg, meist goldgelb. 0,10–0,20. ♃ 3–5. Felsfluren, Trocken- u. Sandtrockenrasen, kalkhold; z M- u. NW-Ba: bes. S-Jura, Main SW-He N- u. O-Th S-An, s Bw: bes. Jura Rh S-We N- u. O-He M-Sa Br (m/mo-temp·suboz EUR – C – V Sesl.-Fest., V Fest. val., V Koel. glauc. – ∇). ** **Berg-St.** – A. montánum L.

Silberkraut – Lobulária DESV.

Stg ästig. Bl ganzrandig. Kr weiß, selten violett. 0,10–0,25. ♃ 6–10. ZierPfl, auch (N U) s, z. B. Ba Bw We He Sa An Br Me (m-sm·oz litEUR – C – Ib – Wv). [Alýssum marítimum (L.) LAMK.] **Strand-S.** – L. marítima (L.) DESV.

Graukresse – Bertéroa DC.

Pfl von Sternhaaren graugrün. Fr elliptisch. Kr weiß. 0,30–0,65. ⊙ ① ⚇ 6–10. Trockene Ruderalstellen (Wegränder, Schutt, Umschlagplätze), ruderal beeinflußte Sandtrockenrasen; (N 18. Jh.) g O-An Br Me, v N- u. W-We S-He N-Sa W-An O-Ns Sh, z M- u. N-Ba NW-Bw Rh N-He Th S-Sa W-Ns, s S-Ba: Hochebene O- u. S-Bw SO-We (sm-temp·(k)EUR–WAS – H, T – Ib: Bienen, Sb – Wv – V Dauco-Mel., O Fest.-Sedet., O Agrop.). [Farsétia incána (L.) R. BR.] **Graukresse** – B. incána (L.) DC.

Hungerblümchen – Eróphila DC.

Bl rosettig, Stg blattlos. Kr weiß. 0,03–0,15. ⊙ ① 3–5. Lückige Xerothermrasen, Ephemerenfluren, sandige Äcker u. Ruderalstellen; g An Br Me, übrige Bdl v, aber Alpen, Schwarzw u. Sauerland z (m-temp·(oz)EUR–WAS – T, H – Ib, Sb – Wv – K Fest.-Brom., O Fest.-Sedet., O Aper.). * **Frühlings-H.** – E. vérna agg.

Felsenblümchen – Drába L.
(Ib, Sb – Wv)

1 Kr gelb **2**
1* Kr weiß. Bl weich **4**
2 Stg beblättert, im unteren Teil mit verzweigten u. einfachen Haaren. Bl weich, am Rand und auf der Fläche behaart. KrBl 1,5–2 mm lg, ausgerandet, hellgelb, weiß verblassend. Schötchen (4–)5–7 mm lg, viel kürzer als ihr Stiel, mit kurzen, einfachen Haaren od. kahl. 0,10–0,20 (–0,40). ⊙ 5–6. Lückige Xerothermrasen; (N) s, z.B. M-Ba Br (sm-b·kCIRCPOL – T – K Sedo-Scler.?). **Hain-F.** – D. nemorósa L.
2* Stg unbeblättert, meist kahl. Bl starr, am Rand von steifen Borsten kammfg gewimpert, auf der Fläche kahl **3**
3 StaubBl halb so lg wie die Kr. B in 2–5blütiger Schirmtraube. KrBl 4–6 mm lg, hellgelb. Griffel bis 1 mm lg. Fr 4–5 mm lg. 0,05–0,15. ♃ 6–7. Frische, alp. Kalkfelsen, Felsspalten, Steinschutt; s SO-Ba: Berchtesgadener Alpen, ↘ (sm/alp-temp/alp·subozEUR – C – V Potent. caul. – ∇). **Sauter-F.** – D. sauteri HOPPE
3* StaubBl so lg wie die Kr. B in fast kopfiger, meist vielblütiger Schirmtraube. KrBl 5–8 mm lg, goldgelb. Griffel 1,5–4 mm lg. Fr 6–13 mm lg. 0,03–0,10. ♃ 4–8. Kalkreiche, sonnige Felsen, alp. Steinrasen; z Ba: Alpen, Jura SO-Bw: Jura, ↘ (sm/alp-temp/dealp·subozEUR – C – V Potent. caul., K Thlasp. rot. – ∇). **Immergrünes F.** – D. aïzoídes L.
4 **(1)** StgBl >4. Untere Bl rosettig. 0,10–0,30. ① 5–6. Reichere Sandtrockenrasen, mäßig trockene bis trockene Ruderalstellen (Wegränder, an Mauern), Trockengebüschsäume;

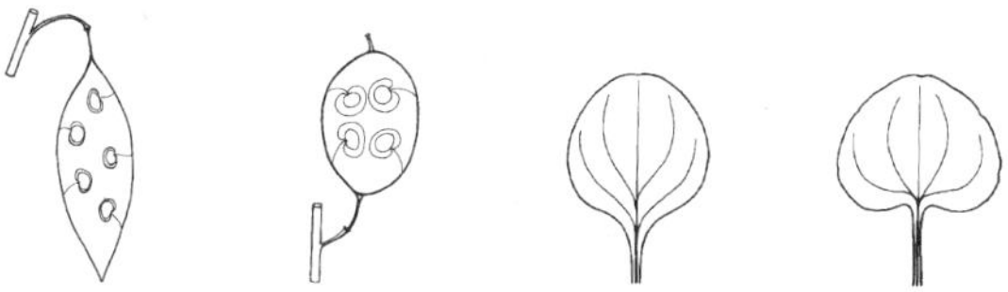

1 2 3 4

v Rh, z W-He: bes. Westtaunus, s O-Ba: Passau W-Bw: Rheingebiet W-We S-An: Elbe, Harz, (N U) s Th NW- u. SO-Ns SO-Sh Me, † Sa (m/mo-temp·ozEUR – H – V Alysso-Sed., V Alliar., V Ger. sang.). **Mauer-F.** – D. murális L.

4* StgBl an blühenden Trieben höchstens 4, an nichtblühenden Trieben oben rosettig gehäuft. AlpenPfl, ♃ 5

5 Fr mit einfachen u. gegabelten Haaren dicht besetzt. Stg dicht sternhaarig. Bl ganzrandig od. 1–2zähnig, mit Sternhaaren u. einfachen Haaren am BlGrund. KrBl 3–5 mm lg. 0,03–0,12. ♃ 6–8. Sonnige, alp. Kalk-Felsspalten; z S-Ba: Alpen (sm/alp-temp/alp·suboz EUR – C – V Potent. caul. – ∇). **Filz-F.** – D. tomentósa CLAIRV.

5* Fr kahl od. nur am Rand locker behaart 6

6 Bl am Rand von einfachen u. gegabelten Haaren gewimpert, auf der Fläche kahl od. gewimpert, ohne Sternhaare. KrBl 2–3,5 mm lg. 0,01–0,08. ♃ 6–8. Frische, kalkarme Steinschuttrasen; s SW-Ba: Allgäu, ↘ (sm/alp-arct·(k)CIRCPOL – C – V Drab. hopp., V Elyn. – ∇). [D. wahlenbérgii HARTMAN] **Fladnitzer F.** – D. fladnizénsis WULFEN

6* Bl von Sternhaaren rauh, am Rand mit vereinzelten einfachen Haaren 7

7 Fr Stiele u. Stg wenigstens im oberen Teil kahl. Fr 3–8 mm lg. KrBl 2–3 mm lg. 0,03–0,05. ♃ 5–7. Frische, lückige, alp. Matten; s SW-Ba: Allgäu, ↘ (sm/alp-temp/alp·subozEUR – C – V Elyn. – ∇). [D. johánnis HOST, D. carinthíaca HOPPE]. **Kärntner F.** – D. siliquósa M. BIEB.

7* FrStiele u. Stg meist locker sternhaarig. Fr 6–14 mm lg. KrBl 3–5 mm lg. 0,03–0,14. ♃ 5–7. Exponierte, oft kalkarme, alp. Felsen, Felsspalten; s SW-Ba: Allgäu (temp/alp·(subk)EUR – C – K Aspl. trich. – ∇). [D. frígida SAUTER] **Frost-F.** – D. dúbia SUTER

Steinschmückel – Petrocállis R. BR.

Pfl dichtrasig bis polsterfg. Bl in dichter Rosette, 3–5spaltig. Kr lila. 0,02–0,08. ♃ 6–7. Sonnige Felsspalten u. Steinrasen auf Kalk u. Dolomit; s Ba: Alpen, ↘ (sm/alp-temp/alp·subozEUR – C – V Potent. caul., V Thlasp. rot., V Sesl. – ∇). **Pyrenäen-St.** – P. pyrenáica (L.) R. BR.

Löffelkraut – Cochleária L.

1 Obere Bl gestielt, efeuähnlich 3–7lappig. B 3–5 mm br. Sa 1 mm lg. 0,10–0,20. ⊙ ⚇ 5–6. Wechselhaline, sandige Stellen des Strandes u. der Salzwiesen, Küsten, verschleppt an Autobahnen; z Küste: Ns Sh NW-Me, s NO-Me: Hiddensee, (N) z We Ns, s Th An (temp·oz litEUR – T, H – V Sagin. mar. – ∇). **Dänisches L.** – C. dánica L.

1* Obere Bl sitzend, herzfg stengelumfassend. B 8–10 mm br. Sa 1,5–2 mm lg 2

2 Fr br eifg bis kuglig, 4–7 mm, an beiden Enden abgerundet, FrStiele fast waagerecht (60–90°). Obere Fr ebenso lg, untere halb so lg wie ihre Stiele. Sa 1,5 mm lg. GrundBl nierenfg. 0,20–0,50. ⚇♃ 5–6. Salzwiesen, salzbeeinflußte Röhrichte, Küsten; z Küsten u. Binnensalzstellen von Sh, s N-Ns: Jadebusen, Mellum, Unterelbe, Ostemündung Me: Wismar, Sülten, (N U) s Bw, † We He, ↘ (temp·litEUR–arct·litCIRCPOL – H – K Aster. trip. – Antiskorbutikum – ∇). **Gebräuchliches L.** – C. officinális L.

2* Fr rautenfg-elliptisch, beidendig verschmälert, so lg wie ihr Stiel od. länger 3

3 Spreiten der GrundBl mit abgerundetem bis br keilfg Grund (Abb. **221**/3). Fr 8–15 mm lg. 0,20–0,30. ⚇♃ 5–7. Strandwiesen, salzbeeinflußte Röhrichte, Küsten; v Küste und Binnensalzstellen von Ns, z Küsten und Binnensalzstellen von Sh u. W-Me (temp·euozlit EUR – H – ∇). **Englisches L.** – C. ánglica L.

3* Spreiten der GrundBl nierenfg (Abb. **221**/4). Fr 4–7 mm lg. FrStiele schräg abstehend (45–60°). Obere Fr länger als ihr Stiel, untere etwa so lg. Sa etwa 2 mm lg. 0,15–0,30. ♃ 5–6. Sickernasse, kalkhaltige Quellfluren, auf salzfreiem Boden; z Ba Alpenvorland, untere Hochebene, Jura, Rhön, s O-Bw: SO u. Jagst We: Brilon He: Rhön, ↘ (sm/mo-temp/demo·subozEUR – H – V Craton. – ∇). **Pyrenäen-L.** – C. pyrenáica DC.

Kugelschötchen – Kérnera MED.

GrundBl rosettig, spatelfg-verkehrteifg, behaart. Kr weiß. Fr fast kuglig. 0,10–0,30. ♃ 6–8. Sonnige Kalk- u. Dolomit-Felsspalten, Kalksteinschutt, Flußalluvionen; v Ba: Alpen, s obere Hochebene an Isar u. Lech, Jura: Uffenheim, Bw: Jura (sm/alp-temp/dealp· ozEUR – C – Vw – Ib, Sb – V Potent. caul., K Thlasp. rot.).

Felsen-K. – K. saxátilis (L.) SWEET

Leindotter – Camélina CRANTZ

1 Stg im unteren Teil u. Bl dicht kurz sternhaarig u. von lg verzweigten u. einfachen Haaren ± zottig. Sa 0,9–1,4 mm lg. Fr 2–3 mm dick, br birnfg. FrKlappen ohne Griffel 4,5–7 mm lg, mit kaum hervortretendem Mittelnerv, bald verholzend. KrBl 2,5–4 mm lg. Bl ganzrandig od. entfernt gezähnt. 0,30–0,70. ⊙ 5–7. Nährstoffreiche Äcker, mäßig trockne Ruderalstellen (Wegränder, Schutt); (A) z M- u. NW-Ba SO-Rh Th S-An S- u. O-Br S-Ns, s Bw N-Rh SW-We He N-An NW-Br NO-Ns, (N) s Me, (U) s Sa, † Sh, ↘ (m-temp·(k)EUR–WAS – T, H – V Caucal., V Sisymbr.).

** **Kleinfrüchtiger L.** – C. microcárpa ANDRZ. ex DC.

1* Stg im unteren Teil u. Bl ± locker kurz sternhaarig u. höchstens mit einzelnen lg einfachen Haaren. Sa (1,5–)1,6–2,7(–2,9) mm lg. FrKlappen ohne Griffel 6,5–10 mm lg, mit deutlich hervortretendem Mittelnerv 2

2 Sa (1,5–)1,6–2,0(–2,1) mm lg. Fr 3–4 mm dick, schmal birnfg, an der Spitze abgerundet, bald verholzend. KrBl 4–5 mm lg. Bl ganzrandig od. entfernt gezähnt. 0,30–0,70(–1,00). ⊙ ① 5–8. Äcker, trockne Ruderalstellen; (A) z M- u. NW-Ba S-An, (U) s S-Ba Rh W-We? He Sa N-An Br Sh Me, † Bw Th Ns, ↘, oft mit **1** verwechselt. Ehemals KulturPfl (m-b·(subk)EURAS – T, H – O Aper.).

Saat-L. – C. satíva (L.) CRANTZ

2* Sa (1,8–)2–2,7(–2,9) mm lg. Fr 4–4,5 mm dick, br verkehrteifg bis fast kuglig, an der Spitze gestutzt, lange weich bleibend. KrBl 4,5–6 mm lg. Bl gebuchtet bis fiederteilig, selten ganzrandig. 0,15–0,60(–1,00). ⊙ 5–8. Saure, sandige Leinäcker; (A, im Leinbau entstanden) † alle Bdl (temp·(subk)EUR – T – O Aper.). [C. dentáta (WILLD.) PERS.]

Gezähnter L. – C. alýssum (MILL.) THELL.

Finkensame – Néslia DESV. [Vogélia MED.]

Pfl rauhhaarig. StgBl mit pfeilfg Grund. Kr goldgelb. Fr kuglig. 0,15–0,80. ⊙ 5–7. Lehmige bis tonige Äcker, mäßig trockne Ruderalstellen (Wegränder), kalkhold; (A) v M- u. N-Ba, z S-Ba O-Bw: bes. Jura, N-Th S-An SO-Br, s W-Bw NO- u. SW-We He S-Th Sa N-An N- u. W-Br O-Ns Me S-Sh, ↘ (sm-b·(suboz)EURAS – T – Sb – Mv – V Caucal., V Sisymbr.). [Vogélia paniculáta (L.) HORNEM.]

** **Finkensame** – N. paniculáta (L.) DESV.

Hirtentäschel – Capsélla MED.

RosettenBl ungeteilt bis fiederteilig. StgBl ungeteilt, stengelumfassend, pfeilfg geöhrt. 0,02–0,70. ⊙ ⊙1–12. Frische Ruderalstellen (Wegränder, Schutt, Brachen), nährstoffreiche Äcker und Gärten; alle Bdl g, im N (A?) (austr+m-bCIRCPOL – T – Ib, Sb – Mv, Wv – K Chen., K Secal., V Polyg. avic.).

* **Gewöhnliches H.** – C. búrsa-pastóris (L.) MED.

Salztäschel – Hymenólobus NUTT. ex TORR. et GRAY

Rosetten- u. StgBl ungeteilt bis fiederschnittig. Kr weiß. Fr elliptisch. 0,05–0,15. ⊙ 4–5. Lehmige bis tonige, feuchte bis wechselfeuchte Salzstellen; s An: Löderburg, Osterweddingen, Dodendorf, Sülldorf, Hecklingen, Staßfurt, Bernburg, Roßleben Th: Roßleben, (N) s He, ↘ (aust+m-temp·(k)AUSTR+EUR–WAS+AM – T – Ib – K Th.-Salicorn.). [Capsélla procúmbens (L.) FRIES]

Salztäschel, Salzkresse – H. procúmbens (L.) NUTT. ex TORR. et GRAY

Gemskresse – Pritzelágo KUNTZE [Hutchínsia aut., Noccǽa aut.]

KrBl etwa doppelt so lg wie der K. Bl rosettig, gestielt, die untersten ungeteilt od. 3teilig, die folgenden 1–4paarig fiederschnittig. 0,05–0,12. ♃ 5–8. Sickerfeuchte Kalkschuttfluren; S-Ba: v Alpen, z obere Hochebene an Lech, Isar, Inn u. Traun SO-Bw (sm/alp-temp/alp·ozEUR – C – Ib, Sb – Wv – V Thlasp. rot., V Arab. caer., V Epil. fleisch.). [Hutchínsia alpina (L.) R. BR.] **(**) Alpen-G.** – P. alpína (L.) KUNTZE

Steppenkresse – Hornúngia RCHB.

Bl fiederschnittig. Fr elliptisch. Kr klein, weiß. 0,02–0,15. ① 3–5. Submed. Kalkfels- u. Ephemerenfluren, kalkstet; s NW-Ba: Main bei Würzburg SO-Rh N-Th: Harzrand, Kyffhäuser, Sachsenburg S-An: Saale-Unstrut-Gebiet, Quenstedt SO-Ns: Süntel, (N) s NW-Ns: Oldenburg, ↘ (m-temp·ozEUR – H – Sb – V Xerobrom, V Alysso-Sed.). [Hutchínsia petrǽa (L.) R. BR.] **Zwerg-St.** – H. petrǽa (L.) RCHB.

Bauernsenf – Teesdália R. BR.

Bl meist leierfg fiederschnittig, rosettig. Fr löffelfg gebogen, schmal geflügelt. 0,08–0,15. ① 4–5. Arme Sandtrockenrasen, mineralarme Sandäcker, kalkmeidend; v Rh NO-Sa N- u. O-An N-Ns Br Me Sh, z M- u. N-Ba W-Bw W- u. N-We W- u. S-He W- u. S-Sa, s NO-He Th SW-An S-Ns, ↘ (sm-temp·ozEUR – H – Ib, Sb – Wv – V Corynoph., V Thero-Air., V Arnos.). **Bauernsenf** – T. nudicáulis (L.) R. BR.

Hellerkraut – Thláspi L.
(Ib, Sb – Wv)

1 Stg kantig. Pfl beim Zerreiben mit Lauchgeruch 2
1* Stg stielrund. Pfl ohne Lauchgeruch 3
2 Pfl völlig kahl. KrBl 3–4 mm lg. Fr fast kreisrund, 10–18 mm, ringsum br geflügelt, oben mit schmaler, tiefer, U-fg Ausrandung (Abb. **224**/1). In jedem Fach 5–8 bogig gerunzelte Sa. 0,10–0,50. ⊙ ① 4–9. Nährstoffreiche, lehmige Äcker, frische Ruderalstellen, basenhold; (A) g Rh He Sa Me, übrige Bdl v, aber Alpen, Schwarzw, Th-W u. NW-Ns z (m/mo-bCIRCPOL – T, H – O Polyg.-Chen., V Caucal., V Aphan.).
Acker-H. – Th. arvénse L.
2* Stg am Grund zerstreut langhaarig. KrBl 2,5–3 mm lg. Fr verkehrteifg bis keilfg, 6–10 mm lg, am Grund fast ungeflügelt, oberwärts schmal geflügelt, mit seichter, V-fg Ausrandung (Abb. **224**/2). In jedem Fach 3–4(–5) grubige Sa. 0,20–0,60. ⊙ 4–6. Nährstoffreiche Äcker; (N U) s S- u. NW-Bw Rh, † Ba (sm·ozEUR – T – V Fum.-Euph.).
Lauch-H. – Th. alliáceum L.
3 **(1)** Kr hellviolett. FrTraube kurz, fast schirmtraubig. Fr an der Spitze abgerundet, kaum geflügelt. GrundBl rundlich-eifg, dicklich, bläulichgrün. 0,05–0,12. ♃ 6–9. Frische, alp. Steinschuttfluren, kalkliebend; z S-Ba: Alpen (temp/alp·subozEUR – C – V Thlasp. rot.). [Th. rotundifólium (L.) GAUDIN, Noccǽa rotundifólia (L.) MOENCH]
(**) Rundblättriges H. – Th. cepaeifólium (WULFEN) KOCH
3* Kr weiß. FrTraube verlängert. Fr deutlich ausgerandet, keilfg od. rundlich-verkehrtherzfg, wenigstens vorn br geflügelt 4
4 FrGriffel kurz, von den Flügeln weit überragt. Nichtblühende BlRosetten fehlend. 0,07–0,20. ⊙ ① 3–6. Fels- u. Ephemerenfluren, Trockenrasen, extensiv genutzte

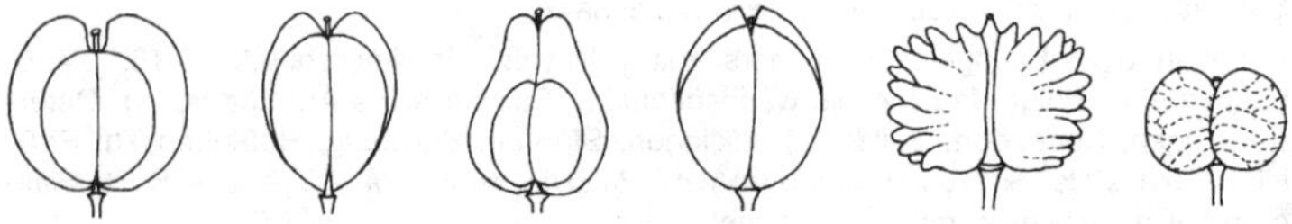

1 2 3 4 5 6

Kalkäcker, Weinberge, kalkhold; v W-Ba O-Bw Rh Th, z O-Ba SW-We He SW-An S-Ns, s O-We M- u. W-Sa O-An NO-Br: Tantow, (N) s NO-Ns: Schnega, Nienhagen SO-NW-Me (m/mo-temp·(suboz)EUR–WAS – T – V Alysso-Sed., V Caucal., V Fum.-Euph.). [Microthláspi perfoliátum (L.) F. K. MEYER]

Durchwachsenblättriges H. – Th. perfoliátum L.

4* FrGriffel von den Flügeln nicht überragt. Nichtblühende BlRosetten vorhanden **5**

5 Staubbeutel rötlich-dunkelblau. KBl 1,4–2,2 mm lg. KrB 2–4 mm lg. FrFächer 2–6samig. 0,10–0,30. ⊙ ⊚ 4–6. Frische, nährstoffreiche, kalkarme Berg- u. Stromtalwiesen, Xerothermrasen auf zinkreichen Böden (bes. Bergbauhalden); v S- u. M-Sa, z O- u. S-Ba: Alpen, obere Hochebene, Oberpfalz, Bayr-W bis Th-W SW-Bw: S-Schwarzw Rh S-We S- u. O-Th N-Sa S-An: Elbe, Mulde, Selke, Ballenstedt, s SO-Bw: Isny N-We W-He S-Br: Lausitz Ns: Osnabrück, (N) s M-Br: Berlin Me (sm/salp-temp/demo·ozEUR – C – V Triset., V Arrh., V Thlasp. calam.). [Th. alpéstre ssp. sylvéstre (JORDAN) HOOKER, Th. sylvéstre JORDAN, Noccǽa caeruléscens (J. et C. PRESL) F. K. MEYER, Th. calamináre (LEJ.) LEJ. et COURT.]

** **Gebirgs-H.** – Th. caeruléscens J. et C. PRESL

5* Staubbeutel gelb. KBl 2–3 mm lg. KrBl 5–8 mm lg. FrFächer 1(–2)samig. 0,10–0,20. ♃ 4–5. TrockenW, wärmeliebende Gebüsche, Säume, Trockenrasen, kalkhold; z M- u. N-Ba: Donau, Jura, Unterfranken, Windsheim S-Bw: bes. Jura, s SW-Ba: Irsee N-Bw M- u. O-Th S-An: Naumburg (sm/mo-stemp·subozEUR – C – Ib – Wv – V Querc. pub., V Eric.-Pin., V Berb., V Ger. sang., V Mesobrom.). [Noccǽa montána (L.) F. K. MEYER]

Berg-H. – Th. montánum L.

Steintäschel – Aethionéma R. BR. [Aëthionéma THELL.]

Bl bläulich bereift. B fleischrot od. weiß. KBl weiß od. rötlich hautrandig. Fr von zweierlei Art: zweiklappig aufspringende, br geflügelte, oben ausgerandete Schötchen auf bogig abstehendem Stiel (Abb. **209**/1) u. Nüsse auf geradem, aufrechtem Stiel. 0,05–0,20. ♃ ⊚ 4–6. Sonnige, lückige Steinschutt- u. Flußgeröllfluren, kalkreiche Felsen; z S-Ba: Bayerische Alpen, Hochebene an der Isar, ↘ (m/alp-stemp/demo·(oz)EUR – C – V Epil. fleisch., V Stip. calam., K Thlasp. rot.). **Steintäschel** – Ae. saxátile (L.) R. BR.

Schleifenblume – Ibéris L.
(T – Ib, Sb – Wv)

1 Bl länglich-keilfg, stumpf, beiderseits 2–3zähnig. FrStand locker. B weiß, seltener blaßviolett. 0,10–0,30. ⊙ ① 5–8. Lehmige, oft skelettreiche Äcker, Schutt, Flußkies, kalkstet; (A) s M-Ba: Saal, (N U) s Bw Sa SO-An Me, † Rh He. ZierPfl (sm-temp·ozEUR – V Caucal., V Sisymbr.). **Bittere Sch.** – I. amára L.

1* Bl lanzettlich, spitz, ganzrandig. B rosa bis purpurn **2**

2 FrStand sehr dicht schirmtraubig. Fr vom Grund an geflügelt. 2 KBl am Grund gesackt. 0,15–0,40. ⊙ 6–8. ZierPfl, auch verwildert (Schutt); (N U) z Ba, s Bw We He Sa An Br Ns Me (m-sm·subozEUR). **Doldige Sch.** – I. umbelláta L.

2* FrStand kurztraubig. Fr am Grund ungeflügelt. KBl nicht gesackt. 0,30–0,60. ⊙ 6–7. Weinberge, Felsen; (A?) SO-Rh: Boppard (sm/mo·subozEUR – T – V Stip. calam. – endemische Unterart). [I. intermédia GUERSENT] **(**) Mittlere Sch.** – I. linifólia L.

Brillenschötchen – Biscutélla L.

GrundBl ganzrandig bis gezähnt, kahl od. behaart. SpaltFr brillenfg (Abb. **209**/5). Kr hellgelb. 0,15–0,30. ♃ 5–7. Alp. bis subalp. Steinschuttfluren, in Tieflagen in Felsfluren u. Sandtrockenrasen, Quellmoore; S-Ba: v Alpen, z obere Hochebene, z M-Ba: Isar, Lech, Jura, s S-Bw: Donau, Schmeie, Lauchert Rh: Rhein u. Seitentäler SW-He NW-Th: Harz Sa: Elbe An: Elbe, Saale Br: Elbe Ns: Süntel, ↘ (sm/alp-temp/dealp·sub-ozEUR – H – Ib – Wv – O Sesl., V Potent. caul., V Andros. vand., V Thlasp. rot., V Sesl.-Fest., V Xerobrom., V Eric.-Pin. – ∇). ** **Glattes B.** – B. laevigáta L.

Pfeilkresse – Cardária DESV.

Obere StgBl mit herz- bis pfeilfg Grund stengelumfassend. Kr weiß. 0,20–0,50. ♃ 5–7. Trockne Ruderalstellen (Wegränder, Schutt, Bahnanlagen), lehmige Äcker, Weinberge, basenhold; (N 1728) v NW-Ba SO-Rh SW-We S-He Th W-Sa S-An, z O-, M- u. S-Ba Bw: bes. Flach- u. Hügelland N- u. W-Rh N-We N-He M- u. O-Sa N-An Br Ns: S, Küste, Unterlauf von Ems, Weser u. Elbe Me Sh, ↗ (m-temp·(k)EUR–WAS – G – Sv: Wurzelsprosse – V Sisymbr., O Onop., V Caucal., V Conv.-Agrop.). [Lepídium drába L.] **Pfeilkresse, Türkenkresse** – C. drába (L.) DESV.

Kresse – Lepídium L.
(Ib, Sb – Wv, Mv – Adv.)

1 KrBl blaßgelb. Untere StgBl doppelt fiederschnittig mit fast linealischen Abschnitten; obere eifg bis rundlich, völlig ganzrandig, mit tief herzfg Grund stengelumfassend. 0,20–0,40. ⊙ ⊙ 5–6. Nährstoffreiche, z. T. salzige Lehm- u. Tonböden, Wege, Ufer, Äcker; (N 1858 U) s NW-Ba Rh We He Sa S-An Br Ns Me, † Bw Th (m-sm·kEUR–WAS – T, H – V Polyg. avic., V Agrop.-Rum., V Sisymbr.).
Durchwachsenblättrige K. – L. perfoliátum L.

1* KrBl weiß od. fehlend 2

2 Obere StgBl mit pfeilfg Grund stengelumfassend. Fr 5–6 mm lg, ihr br Flügel dem Griffel angewachsen (Abb. **224**/3) 3

2* Obere StgBl nicht stengelumfassend, kurz gestielt od. sitzend 4

3 Pfl 1stenglig. Fr dicht mit schuppigen Bläschen bedeckt. Freier Griffelteil 0,5 mm lg, die Ausrandung des Flügels etwas überragend. 0,20–0,60. ① ⊙ 5–6. Trockne bis mäßig trockne Ruderalstellen (Wegränder, Schutt), Hackfruchtäcker, ruderal beeinflußte Trockenrasen; (A) v N-Ba N-Bw Rh He Th Sa An S-Br, z S-Ba S-Bw We N-Br Ns Me Sh (sm-temp·(oz)EUR – H – V Sisymbr., O Polyg.-Chen.).
Feld-K. – L. campéstre (L.) R. BR.

3* Pfl ∞stenglig. Fr kahl od. mit einzelnen Schüppchen. Freier Griffelteil >1 mm lg, die Ausrandung deutlich überragend. 0,15–0,45. ♃ 5–6. Frische Ruderalstellen, nährstoffreiche Äcker, Ufer; (N) s SW-Bw: Denzlingen SO-Rh SO-We: Sauerland He Ns: Mittellandkanal, Nordseeinseln, (U) s SO-Ba: Straßkirchen Sa Br Me Sh (sm-temp·euozEUR – H – K Chen.). [L. smíthii HOOKER] **Verschiedenblättrige K.** – L. heterophýllum BENTHAM

4 **(2)** Fr 5–6 mm lg u. 3–4 mm br, oberwärts br geflügelt, viel länger als ihr steil aufrechter Stiel. Pfl kahl. Stg bereift. 0,20–0,40. ⊙ ⊙ 5–7. KulturPfl, auch (N U) s, z.B. Ba Bw We He Th Sa An Br Ns Me (strop/mo-mOAFR–WAS – T, H – V Sisymbr. – SalatPfl).
Garten-K. – L. satívum L.

4* Fr bis 4 mm lg, kürzer als ihr Stiel, nicht od. schmal geflügelt 5

5 Fr nicht geflügelt, spitz od. abgerundet, nicht od. schwach ausgerandet. StaubBl 6. ♃ 6

5* Fr oberwärts schmal geflügelt, deutlich ausgerandet, Griffel die Ausrandung nicht überragend (Abb. **224**/4). StaubBl 2 od. 4. ⊙ ⊙ 7

6 Fr eifg, spitz, kahl. KBl von der Mitte an schmal weiß berandet. GrundBl lanzettlich-spatelfg, kerbig gezähnt od. am Grund ± fiederspaltig; mittlere StgBl lineal-lanzettlich, etwa 1–4 cm lg u. 1–5 mm br. 0,40–0,70. ♃ 6–8. Trockne Ruderalstellen (Wegränder, Bahnanlagen); z Rh: bes. Rhein, Nahe, s NW-Bw: Rhein, Neckar, Oberrimsingen W-We: bes. Rhein SW-He: Rhein, (N U) s M-Ba S-An Me (m-sm·(oz)EUR – H – V Sisymbr.).
Grasblättrige K. – L. graminifólium L.

6* Fr br elliptisch od. fast kreisrund, weichhaarig. KBl fast vom Grund an br weiß berandet. GrundBl meist eifg, ungeteilt, mittlere u. obere StgBl eifg bis eifg-lanzettlich, 5–10 cm lg u. 1–2 cm br. Pfl scharf schmeckend. 0,50–1,00. ♃ 5–7. Frische bis wechselfrische, z. T. salzhaltige Sand- bis Tonböden, Ruderalstellen, Dünen; s O- u. NW-Sh: Küste, (N) z An: bes. Saale W-Rh: Mosel, s S-He Th M- u. N-Sa, (U) s Ba Bw O-Rh: Bingen NW-We Br N-Ns Me, ↗ (m-temp·(k+lit)EUR–ZAS – H – Sv: Wurzelausläufer – V Agrop.-Rum., V Sisymbr. – früher KüchenPfl). **Breitblättrige K., Pfefferkraut** – L. latifólium L.

7 **(5)** KrBl länger als der K. GrundBl leierfg fiederteilig, borstig. StgBl länglich-lanzettlich, scharf gezähnt. 0,30–0,50. ⊙ ⊙ 5–8. Mäßig trockne, lehmige bis sandig-kiesige Ruderalstellen (Wegränder, Schutt, Umschlagplätze), Gärten; (N 1786) v W-Bw S-Br, z Ba O-Bw Rh SW-We S-He NO-Sa N- u. W-Me, s N-We N-He Th: Harzvorland, Kahla N- u. O-An N-Br Ns S-Sh, (N U) s W- u. S-Sa, ↗ (trop/mo-tempAM – T, H – V Sisymbr., V Dauco-Mel., V Polyg. avic.). **Virginische K.** – L. virgínicum L.

7* KrBl kürzer als der K od. fehlend **8**

8 Fr eifg, 2–2,5 mm lg u. 1,5–2 mm br, ihr Stiel $1^1/_2$–2mal so lg wie die Fr (Abb. **224**/4). Pfl stinkend. Traube ziemlich locker. Kr fehlend. Obere Bl ganzrandig. 0,10–0,30. ⊙ ⊙ 5–10. Trockne, stickstoffreichere Ruderalstellen (bes. Trittstellen, Bahnanlagen); (A) g An, v NW-Ba N-Bw Rh SW-We S-He Th Sa Br S-Ns Me, z O- u. S-Ba S-Bw N- u. O-We N-He N-Ns: bes. Elbe, Weser Sh (m-b·(k)EURAS – T, H – V Polyg. avic., V Sisymbr.). **Schutt-K.** – L. ruderále L.

8* Fr rund od. verkehrteifg, > 2,5 mm lg, ihr Stiel etwa so lg wie die Fr od. wenig länger. Pfl nicht stinkend. Traube dicht. Kr verkümmert **9**

9 Obere StgBl linealisch-lanzettlich, entfernt gezähnt, mit Seitennerven, am Grund lg gewimpert. FrStiele 4–5,5 mm lg, schräg aufwärtsgerichtet. Fr br verkehrteifg, 2,5–4 mm lg u. 2,5–3 mm br. 0,20–0,40. ⊙ ⊙ 5–7. Trockne, sandige Ruderalstellen (Schutt, Umschlagplätze); (N 1879) v Br, z NO-Sa N- u. O-An Me, s Ba Bw O- u. S-Rh W- u. S-We He N- u. O-Th W- u. S-Sa N- u. O-Ns, (U) s S-Sh (m-b·(k)AM – T, H – V Sisymbr., V Polyg. avic., V Onop.). [L. apétalum aut.] **Dichtblütige K.** – L. densiflórum SCHRADER

9* Obere StgBl linealisch, ganzrandig, 1nervig, am Rand ringsum papillös. FrStiele 3 mm lg, fast waagerecht abstehend. Fr kreisrund, 3 mm. 0,20–0,40. ⊙ ⊙5–7. Trockne, sandige Ruderalstellen, Umschlagplätze; (N 1900 U) s Ba: Regnitz, Pegnitz Bw Rh We He? Th? Sa SO-An Br Me (m-tempAM? – T, H – V Dauco-Mel., V Sisymbr.). **Verkannte K.** – L. negléctum THELL.

Krähenfuß – Corónopus ZINN
(T – Ib, Sb – Ev)

1 BStiele kürzer als B u. Fr. Kr weiß, länger als der K. StaubBl 6. Fr eine nierenfg, scharf gezähnte Nuß (Abb. **224**/5). 0,05–0,30. ⊙ 5–8. Frische bis feuchte Ruderalstellen (bes. Trittstellen), Äcker, basenhold, salzertragend; v S-An, z NW-Ba N-Bw: bes. Neckar SW-We NW-Sa M- u. N-Th SO-Ns, s M-Ba S-Bw S-Rh N-We He M-Sa N-An Br NW-Ns Me Sh, ↘ (m-temp·(oz)EUR – V Polyg. avic., V Caucal.). **Gewöhnlicher K.** – C. squamátus (FORSKÅL) ASCHERS.

1* BStiele länger als B u. Fr. Kr gelblich, kürzer als der K od. fehlend. StaubBl 2, seltener 4. Fr eine 2knotige, glatte SpaltFr (Abb. **224**/6). 0,10–0,30. ⊙ 6–8. Frische Ruderalstellen (bes. Trittstellen), Gärten; (N 1808) z S- u. W-Bw: Rhein, Neckar, Enz, Bodensee, s We Th Br, (U) z Ns: bes. Elbe, s N- u. SW-Ba O-Rh He Sa S-An Me S-Sh (austr-trop/moAM – T – V Polyg. avic.). **Zweiknotiger K.** – C. dídymus (L.) SM.

Pfriemenkresse – Subulária L.

Stg einfach, mit 2–8blütiger Traube. Fr elliptisch, 2–5 mm lg. Bl 10–20, sämtlich grundständig. Pfl meist untergetaucht. 0,02–0,08. ⊙ ⊙ 6–7. Flache, zeitweise überschwemmte Ufer oligotropher (dystropher) Seen; † Ba Bw Ns Sh (temp-b·(oz)CIRCPOL – T, A – Ib, Sv – V Litt., V Isoët.). **Pfriemenkresse** – S. aquática L.

Ackerkohl – Conríngia HEIST. ex FABR.

Pfl kahl. Bl bereift, ganzrandig. Kr gelblich- od. grünlichweiß. 0,10–0,50. ⊙ 5–7. Lehmige bis tonige, oft sehr skelettreiche u. extensiv genutzte Kalkäcker, Brachen; (A) z N-Ba Th S-An, s M-Ba O-Bw O-He S- u. M-Br Ns: Hannover, Dahlenrode, Göttingen, (U) s Sa Me Sh, † Rh, ↘ (m-temp·(subk)EUR–WAS – T – Ib – Mv – V Caucal.). [Erýsimum orientále (L.) R. BR.] **Ackerkohl** – C. orientális (L.) DUM.

Doppelsame, Rampe, Doppelrauke – Diplotáxis DC.
(Ib, Sb – Wv, Mv – Adv.)

1 KrBl 3–4 mm lg, wenig länger als der K, blaßgelb, keilig in den Nagel verschmälert. BStiele kaum so lg wie der K. Kurze StaubBl steril od. fehlend. Stg nur am Grund beblättert. 0,10–0,20. ⊙ ① 6–9. Mäßig frische Ruderalstellen, nährstoffreiche Hackkulturen (Weinberge, Gärten); (N 1813 U) s Ba Bw Rh, † He (m-temp·ozEUR – T, H – V Fum.-Euph.). **Ruten-D.** – D. vimínea (L.) DC.

1* KrBl 5–15 mm lg, plötzlich in den Nagel verschmälert. BStiele 2–3mal so lg wie der K. Staubbeutel alle fruchtbar 2

2 Pfl ♃. KrBl 8–15 mm lg, schwefelgelb, unterseits deutlich heller. KBl 4–7 mm lg. Schote im K mit 1–3 mm lg Stiel. FrStiel etwa so lg wie die reife Fr. Stg reichblättrig, ohne Rosette. Abschnitte der unteren StgBl schmal, >3mal so lg wie br. 0,30–0,80. ♃ 5–10. Trockne bis mäßig trockne Ruderalstellen (Wegränder, Schutt, Bahnanlagen, Brachen); (N 1768) v SO-Rh W-We SW-He N-Sa S-An M- u. S-Br, z Bw N- u. W-Rh: bes. Rhein O-We N- u. O-He N-Th S-Sa N-An N-Br Ns: bes. Elbe, Weser Me, s S-Th Sh, (U) z W-, M- u. S-Ba, ↗ (m-temp·(oz)EUR – C – V Sisymbr., O Onop., V Conv.-Agrop.). **Schmalblättriger D.** – D. tenuifólia (L) DC.

2* Pfl ⊙ od. ⊙. KrBl 5–8 mm lg, beiderseits hell schwefelgelb. KBl 3–4 mm lg. Schote im Kelch ohne Stiel. FrStiel $^1/_3$–$^1/_2$mal so lg wie die reife Fr. Stg wenigblättrig, mit Grundrosette. Abschnitte aller StgBl br dreieckig, bis 2mal so lg wie br. 0,15–0,60. ⊙ ⊙ 6–9. Trockne bis mäßig trockne Ruderalstellen (Wegränder, Schutt, an Mauern), Hackkulturen (Weinberge, Äcker), basenhold; (N 18. Jh) v Sh, z NW-Ba NW- Bw: bes. Tiefland Rh N- u. W-We S-He Sa S-An Br Ns Me, s O-Ba O- u. S-Bw: bes. Tiefland SO-We N-He Th N-An (sm-temp·(oz)EUR – T, H – V Sisymbr., V Dauco-Mel., V Fum.-Euph., V Eragrost.). **Mauer-D.** – D. murális (L.) DC.

Kohl – Bríssica L.
(Ib, Sb – Wv, Mv, Sv – Adv.)

1 Obere StgBl gestielt od. wenigstens stielartig verschmälert 2

1* Obere StgBl am Grund abgerundet bis tief herzfg stengelumfassend, sitzend 4

2 Fr u. FrStiele dem Stg dicht angedrückt. Fr 10–20 mm lg, 4kantig. KrBl gelb. 0,50–1,00. ⊙ 6–9. Feuchte, periodisch überschwemmte Ufer, Schutt, Äcker; (N 16. Jh) z bes. an Flüssen: NW-Ba N-Bw Rh W-We S-He Th An N-Ns, s westliches M-Ba SW-Bw O-We N-He Sa NW-, M- u. SO-Br, (U) s S-Ns Me S- u. W-Sh, im O ↗ (m-temp·(suboz) EUR–(WAS) – T – V Convolv., V Chen. rub. – früher KulturPfl). **Senf-K., Schwarzer Senf** – B. nígra (L.) KOCH

2* Fr dem Stg nicht dicht angedrückt 3

3 Fr im K meist deutlich gestielt, ihr Schnabel 1–2,5 mm lg (Abb. **205**/5), 0,50–1,00. ⊙ ♃ 6–9. Trockne bis mäßig trockne, teils sandig-kiesige Ruderalstellen (Umschlagplätze, Wegränder), Brachen, Ufer; (N 1885) z S-An, s M- u. O-Th, (U) s W-Bw We He Sa Br Ns W-Me (m/mo-sm·subkEUR–WAS – H – K Chen., O Agrop.). **Langtraubiger K.** – B. elongáta EHRH.

3* Fr im K nicht gestielt, ihr Schnabel meist länger (5–12 mm). 0,60–1,00. ⊙ 6–9. Trockne bis mäßig trockne Ruderalstellen (Umschlagplätze); (N 1870 U) z NW-Me, s Ba Bw Rh? We He N-Th Sa N- u. O-An O- u. S-Br Ns Me (m-sm·kAS – T – V Sisymbr. – KulturPfl). **Ruten-K., Sareptasenf** – B. júncea (L.) CZERN.

4 **(1)** Kr schwefelgelb. KBl u. StaubBl sämtlich aufrecht. Obere StgBl am Grund abgerundet od. verschmälert. 0,40–1,20. ♃ 5–9. s Sh: Helgoland, sonst KulturPfl (⊙ ⊙), auch (N U) s, z. B. Ba Bw Rh Sa Br (m-temp·oz litEUR – C – V Sisymbr. – GemüsePfl: Blattkohl, Krauskohl, Rosenkohl, Brokkoli, Markstammkohl, Blumenkohl, Kohlrabi, Wirsing, Weiß- u. Rotkohl). **(**) Gemüse-K.** – B. olerácea L.

4* Kr goldgelb. KBl u. kürzere StaubBl ± abstehend. Obere StgBl mit herzfg Grund 5

5 Bl alle bläulich bereift, die unteren schwach behaart, die oberen meist ganz kahl u. halbstengelumfassend. KBl aufrecht abstehend. KrBl 11–14 mm lg, doppelt so lg wie die KBl, lg genagelt (Platte 2–3mal so lg wie der Nagel). 1,00–1,40. ⨀ ① ⊙ 4–9. KulturPfl, auch frische Ruderalstellen (Wegränder, Schutt); (N U) z in allen Bdl (T, H – V Sisymbr. – alte Öl- u. GemüsePfl – wahrscheinlich entstanden aus B. oleràcea × rápa).
** **Raps, Kohlrübe, Schnittkohl** – B. nápus L.

5* RosettenBl grasgrün. StgBl schwach bläulich bereift. Alle Bl ganz stengelumfassend u. meist stark behaart. KBl fast waagerecht abstehend. KrBl 6–10 mm lg, etwa 1,5mal so lg wie die KBl, kurz genagelt (Platte 5–6mal so lg wie der Nagel). 0,40–0,80. ⨀ ① ⊙ 4–9. KulturPfl, auch Ruderalstellen, Äcker; (N U) z Ba Bw Rh, s Sa An (m-sm·ozEUR – T, H – O Polyg.-Chen. – Öl- u. GemüsePfl). [B. campéstris L.]
** **Rübsen, Stoppelrübe, Wasserrübe** – B. rápa L.

Senf – Sinápis L.
(T – Ib, Sb – Wv)

1 Bl ungleich grob gezähnt, untere fast leierfg. Fr kahl od. nur wenig behaart (Abb. **205**/4), mit 8–13 schwarzen Sa. 0,30–0,60. ⨀ 6–10. Nährstoffreiche, lehmige Äcker, mäßig trockne bis mäßig feuchte Ruderalstellen (Wegränder, Schutt, Brachen), basenhold; (A) alle Bdl v, aber N-Ns z (m-temp·(oz)EUR–WAS – V Caucal., V Aphan., V Fum.-Euph., V Sisymbr.). **Acker-S.** – S. arvénsis L.

1* Bl leierfg fiederspaltig. Fr meist steifborstig (Abb. **205**/3), mit 4–8 gelblichen Sa. 0,30–0,60. ⨀ 6–7. KulturPfl, auch mäßig trockne bis frische Ruderalstellen (Wegränder, Schutt); (N U) z Ba Bw Rh Sa S-An, s N-An u. übrige Bdl (m-sm·(oz)EUR – V Sisymbr. – Öl-, Gewürz- u. FutterPfl). **Weißer S.** – S. álba L.

Rauke – Erúca MILL.

Pfl beim Zerreiben eigenartig unangenehm riechend. Stg aufrecht, kantig gestreift. Bl leierfg fiederteilig. 0,05–0,40. ⨀ ⊙5–6. Frische bis mäßig trockne Ruderalstellen (Wegränder, Schutt), Gärten, in Trifolium resupinatum-Saaten; (A, jetzt U) z Ba Me, übrige Bdl wohl s (m-sm·(oz)EUR–WAS – T, H – Ib: Bienen, Sb – V Sisymbr. – ehemalige KulturPfl: Öl-, Senf- u. GemüsePfl). [E. vesicária (L.) CAV. em. THELL.] **Öl-R., Ruke** – E. satíva MILL.

Hundsrauke – Erucástrum C. PRESL

1 B ohne HochBl. KBl waagerecht abstehend. KrBl 8–12 mm, lebhaft gelb. Fr im K 0,5 bis 1 mm lg gestielt. FrSchnabel fast stets 1samig, lanzettlich-kegelfg. 0,40–0,80. ⊙ ♃ 5–8. Sandig-kiesige Fluß- u. Seeuferspülsäume, frische bis feuchte Ruderalstellen (an Mauern, Schutt, Bahnanlagen); z S-Bw: Rhein, Bodensee, s SW-Ba: Bodensee, (N) s Ba: Pegnitz, Donau, Allgäu M-Bw S-We? He Th, (U) s Me, † An (sm-temp·ozEUR – H – Ib: Bienen – V Convolv., V Agrop.-Rum.). [E. obtusángulum (SCHLEICHER) RCHB.]
Stumpfkantige H. – E. nasturtiifólium (POIRET) O. E. SCHULZ

1* Untere B mit HochBl. KBl fast aufrecht. KrBl 7–8 mm lg, weißlichgelb, grünlich geadert. Fr im K nicht od. kaum gestielt, ihr FrSchnabel fast stets samenlos, linealisch-walzig. 0,30–0,60. ⨀ ⊙ 5–10. Mäßig trockne bis frische Ruderalstellen (Wegränder, Schutt, Bahnanlagen), nährstoffreiche Äcker, Brachen, Ufer; (A), im N u. O (N) v S-Ba außer Alpen SO-Rh, z Bw N- u. W-Rh N- u. W-We S-He S-An S-Ns, s N-Ba N-He Th, (U) s N-Sa N-An Br N-Ns: Bremen, Brake Me S-Sh (sm-temp·subozEUR – T, H – Ib – Wv – V Fum.-Euph., V Sisymbr., V Caucal.). [E. pollíchii C. SCHIMPER et SPENNER]
Französische H. – E. gállicum (WILLD.) O.E. SCHULZ

Schnabelsenf, Lacksenf – Coíncya ROUY [Brassicélla FOURR. ex D. E. SCHULZ, Rhynchosinápis HAYEK]

Stg unterwärts wie die BlStiele abstehend steifhaarig. Zähne u. Lappen der BlAbschnitte mit stumpfem Knorpelspitzchen. 0,50–0,60. ⨀ ♃ 6–10. Felsen, trockne bis mäßig frische, sandige Ruderalstellen (Bahnanlagen, Kiesplätze), sandige Äcker, Sandtrockenrasen, kalkmeidend; (A?) z W-Bw: Rhein, Schwarzw Rh: Rhein u. Seitentäler, s SW-He, (N) s Me (U) s Ba SW-We Sa Ns Me (m/alp-temp·ozEUR – T, H – Ib: Falter – V Dauco-Mel., V Pan.-Set., O Fest.-Sedet.). [Rhynchosinápis cheiránthos (VILL.) DANDY, C. cheiránthos (VILL.) GREUTER et BURDET, C. monénsis ssp. recurváta (ALL.) LEADLAY] **Schnabelsenf, Lacksenf** – C. monénsis (L.) GREUTER et BURDET

Bastardsenf, Grausenf – Hirschféldia MOENCH

Bl meist dicht grauhaarig, leierfg fiederschnittig. BStand später stark verlängert. FrStiele keulig. 0,20–1,00. ⊙ ① 5–10. Trockne Ruderalstellen (Wegränder, Schutt), nährstoffreiche Äcker (bes. Klee); (N 1850) z Sa, (U) s N- u. W-Ba N- u. W-Bw S-Rh W- u. N-We He O-Th O-An SO- u. M-Br Ns: bes. Bremen Me Sh: bes. Hamburg, ↗ (m-temp·(oz)EUR–WAS – T, H – Ib: Bienen – V Sisymbr.). [Erucástrum incánum (L.) KOCH]
Grauer B., Grausenf – H. incána (L.) LAGREZE-FOSSAT

Meersenf – Cákile MILL.

Fr 2gliedrig (Abb. **204**/7). Bl fleischig. Kr hell lilarosa. 0,15–0,30. ⊙ 7–10. Salzhaltige, stickstoffreiche Spülsäume,Vordünen, Küsten; z Küste: Ns Me Sh, (N U) s Binnenland: Sh (m-b·litEUR–WAS – T – Ib, Sb – Hv – O Cak.).
** **Europäischer M.** – C. marítima SCOP.

Windsbock – Rapístrum CRANTZ

1 Untere Bl fiederteilig. Kr gelb. Griffel zur FrZeit kurz kegelfg, kaum halb so lg wie das kahle, gerippte obere FrGlied (Abb. **211**/3). BStiele länger als der K. 0,30–1,00. ♃ 6–8. Trockne Ruderalstellen (Wegränder, Schutt, Umschlagplätze), ruderal beeinflußte Trocken- u. Halbtrockenrasen, extensiv genutzte Kalkäcker, kalkstet; z N-Th S-An, (N U) s N-Ba S- u. W-Bw O-Rh W-We Sa S- u. W-Br Ns Me, ↘ (sm-stemp·subkEUR – H – Ib – Wv: Steppenläufer – V Sisymbr., O Agrop., V Caucal., K Fest.-Brom.).
Ausdauernder W., Stauden-W. – R. perénne (L.) ALL.

1* Untere Bl leierfg fiederschnittig. Kr zitronengelb. Griffel zur FrZeit fadenfg, fast so lg od. länger als das gerippte u. höckrige obere Glied der oft kurzborstigen Fr (Abb. **211**/4). BStiele höchstens so lg wie der K. 0,25–0,60. ⊙ ⊙ 6–10. Lehmige Äcker (bes. Klee u. Luzerne), mäßig trockne Ruderalstellen (Umschlagplätze), kalkhold; (A) z O-Rh, (N), meist (U) z W-Bw We Sa, s Ba O-Bw W-Rh He Th An Br Ns Me S-Sh? (m-stemp·(oz)EUR–VORDAS – T, H – Ib, Sb – K Secal., V Sisymbr.).
Runzliger W. – R. rugósum (L.) ALL.

Meerkohl – Crámbe L.

Fr 2gliedrig, das untere Glied stielfg (Abb. **209**/2). Bl kahl, blaugrün, fleischig. Kr weiß. 0,30–0,75. ♃ 5–7. Steinige bis sandige, salzhaltige, stickstoffreiche Stellen; z O-Sh: Küste, s N-Me: Küste östlich bis Rügen, † Ns, ↘ (sm+temp·litEUR – H – Ib, Sb – Hv, Wv – V Atr. litt. – ∇). **Echter M.** – C. marítima L.

Rettich, Hederich – Ráphanus L.
(T – Ib, Sb – Wv, Mv)

1 Fr eine perlschnurfg eingeschnürte Gliederschote (Abb. **205**/1). Kr hellgelb, seltener weiß mit violetten Adern. 0,30–0,60. ⊙ 6–10. Sandige bis lehmige Acker, mäßig frische bis frische Ruderalstellen (Wegränder, Schutt), kalkmeidend; (A) g Ba Bw Rh Sa Br Ns Me, übrige Bdl v (m-b·(oz)EUR – O Aper., O Polyg.-Chen.).
(**) Acker-R., Hederich – R. raphanístrum L.

1* Fr eine nicht eingeschnürte, schwammige Beere. Kr violett od. weiß, dunkel geadert. 0,30–1,00. ⊙ ⊙ 5–6. KulturPfl, auch (N U) s in allen Bdl (m·(suboz)VORDAS – T, H – GemüsePfl). **Garten-R., Ölrettich, Radieschen** – R. satívus L.

Familie **Resedengewächse** – Resedáceae DC. ex S. F. GRAY

Kräuter, selten Halbsträucher od. Sträucher. Bl wechselständig, ungeteilt od. fiederteilig, mit NebenBl. B ⚥, dorsiventral, in Trauben. KBl 4–7. KrBl 4–7, frei, oft zerschlitzt. StaubBl 7–40. FrKn oberständig, 3–6blättrig, 1fächrig, zwischen den Narbenlappen oft offen, ohne Griffel. Narben so viele wie FrBl. Kapseln, die sich durch Spreizung der Narbenlappen öffnen, Beeren (80 Arten – Ib, Sb – Av, Wv, Mv).

Resede, Wau – Reséda L.

1 K u. Kr 5teilig, weiß. B wohlriechend. Alle Bl tief fiederteilig. 0,30–0,80. ⊙ ♃ 6–9. ZierPfl, auch (N) s (m-sm·(oz)EUR – T, H). **Weiße R.** – R. álba L.

1* Kr gelb od. gelblich-grün **2**

2 K u. Kr 4teilig, blaßgelb. Stg steif aufrecht, mit ungeteilten Bl. 0,40–1,20. ⚇ 6–9. Trockne bis mäßig trockne Ruderalstellen (Schutt, Wegränder, Umschlagplätze), Felsschotterfluren; (A) v Rh We N- u. W-He Th S-An S-Ns, z M- u. NW-Ba Bw SO-He Sa N-An Br N-Ns Me Sh (m-temp·(oz)EUR–WAS – H – V Onop., V Arct., V Stip. calam. – alte FärbePfl). **Färber-R.** – R. lutéola L.

2* KBl u. KrBl je 6. Pfl bis 0,60 m **3**

3 Bl alle ungeteilt od. nur die oberen 3spaltig. Kr gelblich-grün, B wohlriechend. 0,15–0,30. ⊙ 7–9. ZierPfl, auch (N U) s (m·(oz)AFR – T – V Sisymbr.). **Garten-R.** – R. odoráta L.

3* Bl alle unregelmäßig fiederteilig. Kr hellgelb, B geruchlos. 0,20–0,60. ① ⚇ ⊛ 5–9. Trockne Ruderalstellen (Wegränder, Schutt, Steinbrüche), extensiv genutzte Kalkäcker; (A), im N (N) v Ba Bw Rh We S-He Th An S- u. O-Br S-Ns, z N-He Sa NW-Br N-Ns Me Sh (m-temp·(oz)EUR – H – O Onop., V Conv.-Agrop., V Caucal.). **Gelbe R.** – R. lútea L.

Familie **Tamariskengewächse** – Tamaricáceae LINK

Bäume od. Sträucher. Bl wechselständig, klein, nadel- od. schuppenfg, ohne NebenBl. B ⚥, radiär, 4–5(–6)zählig, einzeln od. in Ähren od. Trauben. KBl u. KrBl je 4–5(–6), frei. StaubBl so viele od. doppelt so viele wie KrBl. FrKn oberständig, 2–5blättrig, 1fächrig. Griffel frei od. am Grund vereint od. Narben fast sitzend. Kapseln. Sa mit lg Haaren (78 Arten – Ib – Wv – viele Steppen-, Wüsten- u. SalzPfl).

Rispelstrauch – Myricária DESV.

Bl schuppenfg, 2–3 mm lg, graugrün. B hellrosa od. weiß, in dichten Trauben. 0,60–2,00. ♄ 6–8. PionierPfl nasser Schotteralluvionen; z S-Ba: Alpentäler u. obere Hochebene an Iller, Lech, Loisach, Isar, Inn, Alz, s untere Hochebene bei Dingolfing SO-Bw: Obereschach, Baindt u. Oberbalzheim, † Rh, ↘ (m/alp-b/perialp·(k)EUR–ZAS – F – V Salic. eleag.). **Rispelstrauch, Deutsche Tamariske** – M. germánica (L.) DESV.

Familie **Weidengewächse** – Salicáceae MIRBEL

Zweihäusige Bäume, Sträucher od. Zwergsträucher. Bl wechselständig, ungeteilt, mit oft früh abfallenden NebenBl. B 1geschlechtig, ohne BHülle, in Kätzchen, oft vor den Bl erscheinend, einzeln in den Achseln schuppenartiger DeckBl. StaubBl 2–∞. FrKn oberständig, 2blättrig, 1fächrig. SaAnlagen ∞. Griffel 1, selten 2, kurz. Narben 2, oft 2spaltig. Kapseln. Sa mit grundständigem Haarschopf (435 Arten – Ib, Wb – Wv).

1 Größere Knospen mehrschuppig. Kätzchen schlaff herabhängend. DeckBl der B geschlitzt od. gezähnt (Abb. **232**/1, 2). StaubBl 5–30. FrKn in einem Nektarbecher. Bl dreieckig bis herz- od. eifg. (Wb). **Pappel** – Pópulus S. 232

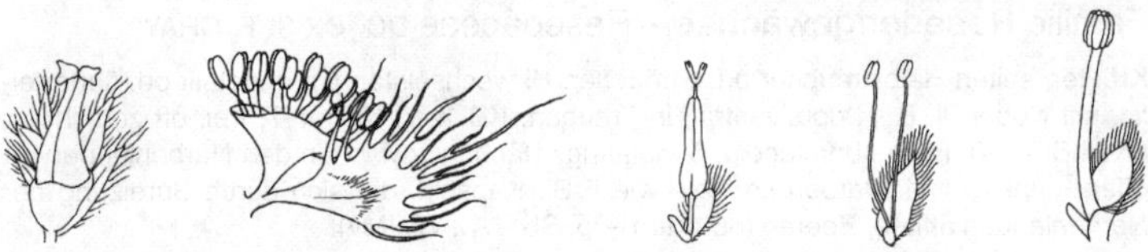

1* Knospen stets einschuppig. Kätzchen aufrecht od. abstehend. DeckBl der B ganzrandig (Abb. **232**/3–5). StaubBl 2, seltener 3 od. 5, sehr selten mehr. FrKn am Grund mit 1–2 kleinen Nektarschuppen. Bl lanzettlich bis rundlich. (Ib). **Weide** – Sálix S. 232

Pappel – Pópulus L.
(M – Wb – Wv, Sv: Wurzelsprosse – schnellwüchsige Forst- u. Zierbäume)

1 Jüngere Zweige, Knospen u. USeite der Bl weißfilzig. BlSpreite eifg, 3–5lappig. DeckBl gezähnt, zottig gewimpert (Abb. **232**/1). StaubBl 5–10. 15,00–30,00. ♄ 3–4. AuenW u. -gehölze, Schuttplätze, kalkhold; wild z M-Ba: Donau W-Bw, Rh u. SW-He: Rhein Br: Oder, (N) v M- u. N-Br, z Ba Bw Rh We He Th Sa An S-Br Ns Me S- u. W-Sh (m-temp·(k)EUR–WAS – V Alno-Ulm.). **Silber-P.** – P. álba L.

1* Alle Bl kahl od. fast kahl **2**

2 BlSpreite fast kreisrund, breiter als lg, 3–8 cm lg, stumpf buchtig gezähnt. Knospen fast kahl, zuweilen ± klebrig. DeckBl zottig gewimpert (Abb. **232**/1). StaubBl 6–12(–15). 10,00–25,00. ♄ 3–4. VorW, Gebüsche, Schläge, bodensaure EichenW; alle Bdl g, aber MDt-Trockengeb v (m/mo-b·(subk)EURAS – O Prun., V Querc. rob.-petr.).
Zitter-P., Espe, Aspe – P. trémula L.

2* BlSpreite 3eckig-eifg bis rhombisch, lg zugespitzt, 7–10 cm lg, am Rand kahl, stumpf gezähnt, am Grund ohne Drüsen. DeckBl kahl (Abb. **232**/2). StaubBl 15–30. Zweige rund, bleigrau bis braunorange. Bei der Pyramidenpappel (Kulturform) die Äste steil aufrecht. 15,00–25,00. ♄ 4. AuenW u. -gehölze; wild nur an Oder, Elbe, Saale, Weser, Donau, Iller, Main, Rhein, ↘, (N) z Ba Bw Rh Br, s We He Th Sa An Ns Me Sh (m-temp·subkEUR–WAS – V Salic. alb., V Alno-Ulm. – meist Bastarde mit anderen Arten kultiviert: Kanadische P., P. × canadénsis MOENCH). ** **Schwarz-P.** – P. nígra L.

Weide – Sálix L.
(Ib – Wv – Hybr).

Wegen der Zweihäusigkeit u. der meist vorlaufenden (vor den Bl erscheinenden) B ist je nach den vorliegenden Stücken eine der 3 Bestimmungstabellen zu benutzen.

Tabelle A ♀ Zweige . . . . S. 232
Tabelle B ♂ Zweige . . . . S. 236
Tabelle C Blütenlose, beblätterte Zweige . . . . S. 238

Tabelle A ♀ Zweige

1 DeckBl der B 1farbig gelbgrün od. gelb, selten rot **2**

1* DeckBl der B 2farbig, am Grund hellgrün od. rot, im oberen Teil dunkelbraun od. schwarz **11**

2 Hohe Sträucher od. Bäume mit kahlen FrKn **3**

2* Sträucher bis 1,50 m hoch, meist kriechende Zwergsträucher der Alpen **7**

3 DeckBl bis zur FrReife bleibend. FrKn zur BZeit 0,5–2 mm lg gestielt **4**

3* DeckBl vor der FrReife abfallend. FrKn meist weniger als 0,5 mm lg gestielt **5**

4 DeckBl zur BZeit den FrKn bedeckend, nur Griffel u. Narben herausragend, kahl od. am Rand gewimpert. Griffel 0,5 mm lg. Narben fadenfg, aufrecht, fast so lg wie der Griffel.

FrKn 0,5 mm lg gestielt. Kätzchen sitzend od. bis 0,5 cm lg gestielt, schmal walzig, gekrümmt. Bl anfangs beiderseits weißfilzig. 3,00–6,00. ♄ 4–5. Schotter- und Kiesalluvionen, kalkhold; v S-Ba, z M-Ba S- u. W-Bw: bes. Rhein, Wutach, Donau, Iller, (N) s N-Ba He? O-Th W-Sa An Br Me (m/mo-temp/mo·ozEUR – F, M – V Salic. eleag.).
Lavendel-W. – S. eleágnos SCOP.

4* DeckBl zur BZeit bis zur Hälfte des FrKn reichend, an der Spitze kahl, am Grund dicht kraushaarig. Griffel fehlend od. bis 0,2 mm lg. Narben sehr kurz, waagerecht abstehend. FrKn 0,5–2 mm lg gestielt. Kätzchen 0,5–1 cm lg gestielt, dünn, nach der BZeit sehr locker. Zweige mit gelbgrüner od. brauner, im Alter grauer u. sich in Fetzen ablösender Rinde; neue Rinde zimtbraun. 1,50–4,00. ♄ 4–5. Weichholzauen; v Ba Bw Rh He SO-Ns Sh, z We: bes. NO u. Rhein Th Sa An: bes. Elbe Br N- u. W-Ns Me. KulturPfl (m/mo-b·(subk)EURAS – F, M – V Salic. alb. – Flechtweide). [S. amygdálina L.]
** **Mandel-W.** – S. triándra L.

5 **(3)** Kätzchen 2–4 cm lg gestielt, dick. DeckBl an der Spitze kahl, am Grund behaart. FrKn 0,4–0,7 mm lg gestielt. Griffel 0,5–1 mm lg. Zweige dunkel rotbraun. 4,00–12,00. ♄ 5–6. Weidensümpfe, Erlenbrüche, Weichholzauen, subalp. Hochstaudengebüsche; v Br N-Ns Me Sh, z S-Bw N-We N- u. O-Sa N- u. O-An S-Ns, s N-He M- u. N-Th SW-Sa SW-An, (N) z Ba. Zierstrauch (sm/mo-b·(k)EURAS – F, M – V Frang.-Salic., V Salic. alb., V Alno-Ulm.). **Lorbeer-W.** – S. pentándra L.

5* Kätzchen 0,5–1,5 cm lg gestielt, dünn. Griffel höchstens 0,5 mm lg **6**

6 DeckBl außen von der Spitze bis zum Grund lg zottig. FrKn 0,3 mm lg gestielt. Junge Bl kahl. Zweige sehr leicht abbrechend, gelb od. braun. 4,00–15,00. ♄ 4–5. Weichholzauen, Erlen-Ufergehölze, Weidensümpfe; alle Bdl v, aber S-Ba, SO-Bw u. N-Sh z. KulturPfl (m/mo-temp·(oz)EUR–(WAS) – M – O Salic. purp., O Salic. aur.).
Bruch-W. – S. frágilis L.

6* DeckBl außen an der Spitze kahl, am Grund zottig. FrKn sitzend od. 0,2 mm lg gestielt. Bl jung beiderseits seidenhaarig, später besonders oberseits ± verkahlend. Zweige aufrecht od. abstehend, jung olivbraun (Silber-W.) od. hängend, dünn, jung gelb (Trauer-W.[1])). 6,00–25,00. ♄ 4–5. Weichholzauen, Erlen-Ufergehölze, Weidengebüsche; alle Bdl v, aber Bayr-W, SO-Bw, Schwarzw, Sauerland Th-W Erzg z. KulturPfl (m-temp·subkEUR–WAS – M – V Salic. alb.). **Silber-W.** – S. álba L.

7 **(2)** FrKn behaart, sitzend. DeckBl rot, ± weiß wollig. Bl fast kreisrund od. elliptisch, 5–15 mm lg gestielt. Pfl niederliegend mit sparrigen Ästen. 0,10–0,20. ♄ 7–8. Alp., feuchte, kalkreiche Felshänge, Geröll, Schneetälchen; z Ba: Alpen (sm/alp-arctCIRCPOL – S – V Arab. caer., O Sesl.). **Netz-W.** – S. reticuláta L.

7* FrKn kahl, deutlich gestielt. DeckBl gelbgrün bis gelb, ± kahl **8**

8 Bis 1,50 m hoher Strauch der subalp. Stufe. Kätzchen lg zylindrisch, bis 7 cm lg u. 1 cm br, dichtblütig, zuletzt ± hängend. 0,30–1,50. ♄ 5–6. Subalp. Hochstaudengebüsche; v Ba: Alpen (sm/salp-temp/salp·subozEUR – F – O Adenost.).
Kahle-W. – S. glábra SCOP.

8* Kriechende Zwergsträucher der alp. Stufe. Kätzchen klein, rundlich bis eifg, wenigblütig **9**

9 Holziger Erdstamm unter Moos u. Steinen kriechend, oberirdisch nur krautige Sprosse. Bl fast kreisrund, gesägt-gezähnt, 1–2 cm lg. Kätzchen 0,4–1 cm lg, 4–12blütig. 0,02–0,10. ♄ 6–8. Alp., feuchte kalkarme Schneeböden u. Schneetälchen; z Ba: Alpen (sm/alp-arct·(oz)EUR–OAM – S – V Salic. herb., V Car. curv.).
Kraut-W. – S. herbácea L.

9* Kriechender Strauch mit oberirdischen, wurzelnden, holzigen Sprossen. Bl verkehrteifg, ganzrandig **10**

---

[1]) Trauerweiden sind häufig kultivierte Zierbäume und durch Kreuzung von Silber-W. oder Bruch-W. mit Chinesischer Hänge-W., S. babylónica L. (Heimat Ostasien) entstanden.

10 Polster sehr dicht, Äste dem Boden angepreßt. Bl 4–10 mm lg u. 2–4 mm br, fast dachzieglig. Kätzchen kuglig, 5 mm lg, 3–8blütig, nach den Bl erscheinend. 0,10–0,20. ♄ 7–8. Frische, steinige Matten; z Ba: Alpen, oft mit **10*** verwechselt (sm/alp-temp/alp·subozALP – S – O Sesl., O Drab. hopp.).
Quendelblättrige W. – S. serpyllifólia SCOP.

10* Polster lockerer, mit liegenden, bis 30 cm lg Ästen. Bl 8–20 mm lg u. 5–8 mm br. Kätzchen 2 cm lg u. 1 cm br, mit >10 B, mit den Bl erscheinend. 0,10–0,30. ♄ 7–8. Alp., feuchte Schneeböden; z Ba: Alpen (sm/alp-temp/alp·subozEUR – S – V Arab. caer.).
Stumpfblättrige W. – S. retúsa L.

11 **(1)** DeckBl am Grund rot, im oberen Teil schwarz (trocken einfarbig schwarz) **12**

11* DeckBl am Grund gelbgrün bis gelb, im oberen Teil braun bis schwarz (trocken manchmal einfarbig braun) **13**

12 Bl am Rand dicht drüsig gesägt, oberseits dichter als unterseits behaart od. verkahlend, meist nur die Mittelrippe unterseits behaart bleibend. 0,05–0,30. ♄ 6–7. Subalp. Feuchtgebüsche, Sümpfe; s S-Ba: Bayerische Alpen: Wendelstein? Benediktenwand? Das Vorkommen der Art scheint nicht gesichert (sm/salp-stemp/salp·ozEUR – S – O Adenost., O Car. fusc.). **Matten-W.** – S. breviserráta FLOD.

12* Bl ganzrandig, selten am Rand mit einzelnen Drüsen, jung beiderseits dicht seidenhaarig, meist nur am Rand gewimpert bleibend. 0,05–0,30. ♄ 6–7. Subalp. Kriechgebüsche; † SO-Ba (sm/salp-stemp/salp·subozEUR – S). **Alpen-W.** – S. alpína SCOP.

13 **(11)** Griffel so lg wie die Narben od. länger (vgl. auch Grau-W., s. **28**) **14**

13* Griffel sehr kurz. FrKn filzig behaart **23**

14 Zweige meist hechtblau bereift. FrKn kurz gestielt, kahl **15**

14* Zweige nicht hechtblau bereift **16**

15 Äste dick, Zweige rot od. bräunlich, leicht abbrechend, zuweilen anfangs behaart. Kätzchen groß, meist genähert, vorlaufend. 3,00–20,00. ♄ 3–4. Balt.-mont. Gebüsche u. subalp. Hochstaudengebüsche; v S-Ba, z M-Ba S-Bw: bes. SO, Bodensee, Rhein, s NO-Me: Küste westlich bis Rügen O-Sh: Küste, ob wild?, ↘, (N) z Ns: bes. W u. Küste W-Sh, s NW-Sa An M- u. O-Br Me, † Rh. Ziergehölz (sm/mo-b·subozEUR – M, F – V Salic. eleag., V Salic. aren.). **Reif-W.** – S. daphnoídes VILL.

15* Äste dünn, Zweige violett bis rotbraun, zäh und biegsam, von Anfang an kahl. Kätzchen dünner u. kleiner, entfernter stehend. 3,00–10,00. ♄ 3–4. Ziergehölz, auch Bahndämme, Ufer, Dünen; (N) z Bw Rh We He Br Ns Me Sh, s N-Th SW-Sa An (sm/mo-temp·subkOEUR – F, M – Bodenfestiger). **Spitzblättrige W.** – S. acutifólia WILLD.

16 **(14)** FrKn sitzend, höchstens zur Reife kurz gestielt **17**

16* FrKn gestielt, Stiel mindestens $^1/_4$ so lg wie der FrKn **19**

17 Niedrige Alpensträucher (30–100 cm) mit dünnen, kahlen Ästen, nur die jüngsten Triebe seidig od. kurz grauhaarig. Kätzchen etwa gleichzeitig mit den Bl erscheinend. 0,30–1,00. ♄ 6–7. Subalp. Weidengebüsche; v Ba: Alpen (sm/salp-temp/salp·subozEUR – F, S – O Adenost.). [S. arbúscula aut. non L.]
Bäumchen-W. – S. waldsteiniána WILLD.

17* Hohe Sträucher od. Bäume (3–5 m) mit wenigstens anfangs graufilzigen Zweigen u. vorlaufenden Kätzchen **18**

18 Zweige rutenfg, schlank, anfangs kurz grauhaarig, später kahl. Holz unter der Rinde zwischen den Knospenansätzen glatt. Kätzchen etwa 1 cm br, über 3 cm lg, dichtblütig. 3,00–5,00. ♄ 3–4. Tieflands-Weichholzauen; alle Bdl v, aber Bergland, S-Th u. NW-Ns z. KulturPfl (sm-b·(k)EURAS – F, M – V Salic. alb. – Flechtweide).
Korb-W. – S. viminális L.

18* Zweige dick, schmutzigbraun, dicht grau- bis schwarzfilzig. Holz unter der Rinde mit Striemen[1]). Kätzchen größer u. dicker, etwas lockerblütig. 3,00–5,00. ♄ 3–4. Tieflands-

[1]) Striemen findet man (bei Filzast-W., Zweifarben-W., Grau-W., Ohr-W.) als scharf hervortretende, bis $^1/_2$ mm br Längsleisten auf dem Holz, wenn man frischen Zweigen die Rinde abzieht.

Weichholzauen; s Ns u. Sh: Elbe von Lauenburg bis Glückstadt, auch (N) z Ns Me Sh, s Th Sa An Br u. von Imkern gepflanzt (sm-b·kEURAS – F – O Salic. purp. – Bastard, möglicherweise aus Kreuzungen von Sal-W. × Grau-W. × Korb-W. entstanden).
Filzast-W. – S. dasýclados WIMMER

19 **(16)** Bis 50 cm hoher Zwergstrauch. Bl ganzrandig, elliptisch, 10–18 mm br. Zweige kahl, rotbraun, jüngste kurzhaarig. Kätzchen bis 3 cm lg, lg gestielt, ziemlich lockerblütig, gleichzeitig mit den Bl erscheinend. FrKnStiel wenigstens so lg wie der FrKn. 0,20–0,50. ♄ 4–5. Weiden-Birkengebüsche auf sauren Torfböden, auch in Zwischenmooren; s S-Ba: Alpen u. Vorland NO-Ba: Fichtelgebirge, ↘ (sm-b·kEUR–SIB – S – V Frang.-Salic.). **Heidelbeer-W.** – S. myrtilloídes L.

19* Meist > 50 cm hohe Sträucher od. Bäume. Bl breiter, meist gesägt od. gezähnt, od. schmal linealisch **20**

20 FrKn weißfilzig. Klappen der aufgesprungenen Fr sichelfg. Zweige kahl, glänzend, braun, Triebspitzen grauhaarig. 0,60–1,00. ♄ 6–7. Subalp. Hochstaudengebüsche; † W-An: Brocken SO-Ns (sm/mo-arct·subozEUR–WAS – F). [S. phylicifólia L. em. SM.]
Zweifarben-W. – S. bícolor EHRH. ex WILLD.

20* FrKn kahl **21**

21 Zweige kahl. Kätzchen gleichzeitig mit den Bl, dichtblütig, 3–5 cm lg, 0,5–1,5 cm lg gestielt. FrKn seitlich zusammengedrückt. 0,50–1,00. ♄ 5–6. Alp. Hochstaudenfluren; z Ba: Alpen, s NW-Sh: Amrum, † N-Th, ↘ (sm/alp-arct·(k)EURAS – F – O Adenost.).
Spieß-W. – S. hastáta L.

21* Zweige wenigstens anfangs behaart. Kätzchen gleichzeitig mit den Bl od. kurz vorlaufend **22**

22 Kätzchen 2–3 cm lg, 0,5–1 cm lg gestielt. Griffel 0,5–1 mm lg, mit 4 Narbenästen. Bl beim Trocknen schwarz werdend. 1,50–4,00. ♄ 4–5. Gebirgs-Weidengebüsche u. GrauerlenW, Auenwaldmäntel; v S-Ba S-Bw, z M-Ba, s NO-Ba: Oberpfalz SO-Rh Sa Br Me S-Sh: Elbe, (N) s NO-Th, † An Ns, ↘, auch KulturPfl (temp-arct·subk EUR–WSIB – F, M – V Berb., V Alno-Ulm., V Aln., V Frang.-Salic.). [S. nígricans SM.]
Schwarz-W. – S. myrsinifólia SALISB.

22* Kätzchen 2,5–4,5 cm lg, 0,4–1,5 cm lg gestielt. Griffel 0,3–0,6 mm lg, mit 2 Narbenästen. Bl beim Trocknen nicht schwarz werdend. 0,30–2,00. ♄ 4–5. Als Korbweide z. B. in O- u. S-Br kultiviert, auch (N) s (temp-b·(suboz)OAM). [S. cordáta MÜHLENB. non MICHX., S. rígida MÜHLENB.] **Herzblättrige W.** – S. eriocéphala MICHX.

23 **(13)** FrKn kurz, eifg, sitzend. Klappen der aufgesprungenen Fr an der Spitze etwas sichelfg zurückgebogen. Kätzchen vorlaufend, schlank, sehr dichtblütig, z. T. gegenständig. Narben ganz od. fast sitzend. 0,50–5,00. ♄ 3–4. Auengebüsche, Weidensümpfe; g S- u. M-Ba, v N-Ba Bw Rh We He S-Th O-Ns, z N-Th Sa An Br W-Ns Me S-Sh, (N) z N-Sh (m-temp·subozEURAS – F – O Salic. purp., V Salic. eleag., V Berb.).
Purpur-W. – S. purpúrea L.

23* FrKn lg gestielt. Klappen der aufgesprungenen Fr spiralig zurückgerollt **24**

24 Bis 1,00 m hohe Sträucher mit dünnen, braunen od. gelben Ästen. Kätzchen meist vorlaufend **25**

24* Höhere, aufrechte Sträucher od. Bäume. Kätzchen (außer bei Großblättriger W., s. **27***) immer vorlaufend **26**

25 FrKnStiel höchstens $^1/_2$ so lg wie der FrKn. Kätzchen 1(–2) cm lg, ± rundlich, dicht, später locker. FrKn seidig-filzig, selten kahl. Strauch mit unterirdisch kriechendem Stamm u. liegenden od. bogig aufsteigenden Ästen. NebenBl schmal lanzettlich, meist nicht entwickelt. 0,20–1,00. ♄ 4–5. Moorwiesen, feuchte Magerrasen, Feuchtheiden, feuchte Dünentäler; v S- u. O-Ba N-We O-Sa Br N-Ns Me Sh, z M- u. NW-Ba SO-Bw Rh S-We W-Sa An außer Trockengeb O-Sh, s N- u. W-Bw He Th S-Ns (sm/mo-bEURAS – S, F – V Mol., V Salic. aren., V Eric. tetr., V Frang.-Salic.). ** **Kriech-W.** – S. répens L.

25* FrKnStiel so lg wie der FrKn od. länger. Kätzchen 1,5–3 cm lg, dünn zylindrisch, locker. FrKn weißgrau-filzig. Ohne kriechenden Erdstamm. NebenBl stark entwickelt, rautenfg

bis halbnierenfg. 0,20–0,70. ♄ 4–5. Magerrasen, Feuchtwiesen, Moorgebüsche; s Ba: W-Jura: Alerheim Bw: Jura: Albstadt, Heuberg, Irndorfer Hardt (sm/mo-b·(k)EURAS – F – V Viol. can., V Mol.). [S. depréssa aut. non L., S. lívida WAHLENB.]
Bleiche W. – S. starkeána WILLD.

26 **(24)** Holz glatt, ohne Striemen[1]). Zweige kahl, nur anfangs weißhaarig **27**

26* Holz mit ∞ Striemen. Sträucher mit vorlaufenden Kätzchen **28**

27 Knospen gelbbraun bis braun, kahl. Kätzchen vorlaufend, dick, 4–10 cm lg, durch die lg behaarten DeckBl vor dem Aufblühen in einen dichten weißen Haarfilz gehüllt, erst sitzend, dann kurz gestielt. FrKnStiel $^2/_3$ so lg wie der FrKn. Narben aufrecht, aneinanderliegend. 3,00–9,00. ♄ 3–4. Schlag-, Schutt- u. Vorwaldgehölze; alle Bdl g, aber N-An, M-Br u. NW-Ns v (sm-b·(oz)EURAS – F, M – V Samb.-Salic.). **Sal-W.** – S. cáprea L.

27* Knospen rotbraun, schwach behaart, später kahl. Kätzchen meist gleichzeitig mit den Bl, bis 3 cm lg, locker, mit weniger dicht behaarten DeckBl, bis 2 cm lg gestielt; wenn vorlaufend, dann fast sitzend. FrKnStiel so lg wie der FrKn, oft länger. Narben spreizend. 2,00–9,00. ♄ 4–5. Subalp. Gebüsche u. LaubW; S-Ba: v Alpen, z Vorland, s O-Ba: Bayr-W S-Bw: Hochschwarzw, Westallgäuer Hügelland, Adelegg (sm/alp-temp/dealp·subozEUR – F, M – V Adenost.). [S. grandifólia SER.]
Großblättrige W. – S. appendiculáta VILL.

28 **(26)** Äste kräftig, dicht grau- bis schwarzfilzig wie die Knospen. Kätzchen 4–9 cm lg. DeckBl stumpf bis abgerundet. Griffel bis 1 mm lg. Narben spreizend. 1,50–4,00. ♄ 3–4. Weidensümpfe, Faulbaumgebüsche, BruchW; g NO-Sa Br Me Sh, v Ba Bw Rh We He S-Th NW-Sa An Ns, z N-Th S-Sa (m-b·(subk)EUR–WAS – F – V Frang.-Salic., V Salic. alb., V Aln.). ** **Grau-W., Asch-W.** – S. cinérea L.

28* Äste sparrig, dünn, kurzzweigig, kahl. Knospen kahl. Kätzchen etwa 2 cm lg. DeckBl stumpf od. spitz. Griffel fehlend. Narben sehr kurz, kopfig. 0,50–2,00. ♄ 4–5. Weidensümpfe, lichte BruchW; alle Bdl v, aber Trockengebiete s (sm/mo-b·(oz)EUR – F – O Salic. aur. – oft verwechselt mit dem Bastard **28*** × **28**). **Ohr-W.** – S. auríta L.

Tabelle B ♂ Zweige

1 DeckBl der B 1farbig, gelb, gelbgrün, hellbraun od. rötlich. Kätzchen u. Bl meist gleichzeitig erscheinend **2**

1* DeckBl der B (meist deutlich) 2farbig, am Grund gelb, gelbgrün od. purpurn, oberwärts meist dunkelbraun od. schwarz **11**

2 B mit mindestens 3 StaubBl **3**

2* B mit 2 StaubBl (Abb. **232**/4) **4**

3 B mit (4–)5(–12) StaubBl. Kätzchen dick walzig, etwa 3mal so lg wie br, dichtblütig.
Lorbeer-W. S. 233, **5**

3* B mit 3 StaubBl. Kätzchen schlank zylindrisch, etwa 8mal so lg wie br, lockerblütig.
Mandel-W. S. 233, **4***

4 **(2)** Hohe Bäume mit peitschenartig hängenden, lg, dünnen, jung gelben Zweigen.
Trauer-W. S. 233, **6***

4* Zweige aufrecht od. abstehend od. bodenanliegend **5**

5 Bäume od. hohe Sträucher **6**

5* Alpensträucher, < 1,50 m hoch **7**

6 DeckBl außen an der Spitze u. meist bis zum Grund zottig. Junge Bl völlig kahl.
Bruch-W. S. 233, **6**

6* DeckBl außen an der Spitze u. auf dem Rücken ± kahl, am Grund kraushaarig. Junge Bl beiderseits seidenhaarig. **Silber-W.** S. 233, **6***

7 **(5)** Kätzchen dicht- u. ∞blütig, zylindrisch. Staubfäden wenigstens am Grund behaart. Sträucher der subalp. Stufe **8**

---

[1]) Siehe Fußnote S. 234

7* Kätzchen wenig- u. lockerblütig, kopfig od. kurz zylindrisch. Staubfäden kahl. DeckBl gelb. Liegende Zwergsträucher der alp. Stufe **9**

8 0,30–1,50m hoher Strauch mit verkehrteifg, ± scharf gesägten Bl. Kätzchen 3–5 cm lg, 1 cm br. DeckBl gelb od. gelbgrün. **Kahle W.** S.233, **8**

8* Liegender, 0,10–0,20 m hoher Strauch mit elliptischen, ganzrandigen, durch das stark eingesenkte Nervennetz runzligen Bl. Kätzchen 1,5–3,5 cm lg, 0,3 cm br. DeckBl rötlich. **Netz-W.** S. 233, **7**

9 **(7)** Strauch mit unter Moos u. Steinen kriechendem Erdstamm, der nur krautige Zweige über die Erde entsendet. Bl fast kreisrund, etwa 2 cm br. Kätzchen 5–6 mm lg. **Kraut-W.** S. 233, **9**

9* Kriechender Strauch mit wurzelnden Ästen. Bl verkehrteifg, 0,4–2 cm lg. Kätzchen 5–20 mm lg. **10**

10 Polster sehr dicht; Äste dem Boden angepreßt. Bl 4–10 mm lg u. 2–4 mm br, fast dachzieglig, ihr Stiel 0,5 mm lg. Kätzchen kuglig, 5 mm, 3–8blütig, nach den Bl erscheinend. **Quendelblättrige W.** S. 234, **10**

10* Polster lockerer; Äste liegend, bis 30 cm lg. Bl 8–20 mm lg u. 5–8 mm br, ihr Stiel 1 mm lg. Kätzchen 2 cm lg u. 1 cm br, mindestens 10blütig, mit den Bl erscheinend. **Stumpfblättrige W.** S. 234, **10***

11 **(1)** Staubfäden ± verwachsen **12**

11* Staubfäden vollständig getrennt **14**

12 Staubfäden bis zu den Staubbeuteln verwachsen (Abb. **232**/5). Staubbeutel anfangs purpurn, beim Stäuben gelb, dann schwärzlich. DeckBl lg grauhaarig, oberwärts dunkelrot bis schwarz. **Purpur-W.** S. 235, **23**

12* Staubfäden nur am Grund od. bis zur Mitte verwachsen **13**

13 Staubfäden am Grund behaart. DeckBl kahl od. am Rand gewimpert, oberwärts nur schwach rötlich. **Lavendel-W.** S. 233, **4**

13* Staubfäden kahl. DeckBl dicht langhaarig. **Herzblättrige W.** S. 235, **22***

14 **(11)** Staubbeutel anfangs purpurn od. rötlich, dann gelb, zuletzt meist schwärzlich. Niedrige, bis 1 m hohe Sträucher **15**

14* Staubbeutel immer gelb **19**

15 0,20–1,00 m hoher, allgemein verbreiteter Strauch. Bl (bes. unterseits) dicht seidig behaart. Kätzchen meist kurz vorlaufend; dicht-, später etwas lockerblütig; bis 1,5 cm lg. DeckBl an der Spitze schwarzbraun od. schwarzpurpurn, seidig behaart u. lg bärtig. **Kriech-W.** S. 235, **25**

15* 0,05–1,00 m hohe Sträucher des Hochgebirges od. 30–50 cm hoher Strauch bayerischer Torfmoore. Kätzchen gleichzeitig **16**

16 BlRand gesägt **17**

16* Bl ganzrandig **18**

17 Dichter, oft buschiger, 0,30–1,00 m hoher Strauch. Bl kahl, entfernt (oft gelbdrüsig) gesägt, die unteren kleineren Bl fast ganzrandig. Kätzchen 2–3,5 cm lg u. 12–14 mm br, dichtblütig. TragBl an der Spitze dunkelbraun, ± seidig behaart u. bärtig. **Bäumchen-W.** S. 234, **17**

17* Sparrig-ästiger, niederliegender, 5–30 cm hoher Strauch. Zweige bogig aufwärts gerichtet, nicht wurzelnd. BlRand dicht drüsig gesägt. Kätzchen 1–2,5 cm lg u. 5–10 mm br. DeckBl purpurn, an der Spitze schwarz u. oft verkahlend. **Matten-W.** S. 234, **12**

18 **(16)** Strauch mit unterirdisch kriechendem Erdstamm, aus dem dünne, schlanke Äste aufsteigen. 30–50 cm hoch, in bayerischen Torfmooren. Bl kahl, nur jung etwas seidenhaarig. Kätzchen 1–2,5 cm lg u. ca. 8 mm br. DeckBl gelb od. gelbgrün, an der Spitze rötlich, spärlich behaart. **Heidelbeer-W.** S. 235, **19**

18* Strauch mit niederliegenden bis bogig aufwärts gerichteten, wurzelnden Zweigen. 5–30 cm hoch. Bl kahl. Kätzchen 1–2 cm lg u. ca. 8 mm br. DeckBl lg seidig behaart, purpurn, an der Spitze schwarz. Im Gebiet erloschen. **Alpen-W.** S. 234, **12***

19 **(14)** Staubfäden am Grund behaart **20**

19* Staubfäden völlig kahl **23**
20 Holz ohne Striemen[1]). Kätzchen kurz vorlaufend od. gleichzeitig **21**
20* Holz mit Striemen. Kätzchen deutlich vorlaufend **22**
21 Zweige dicht grau behaart, selten kahl. Kätzchen sitzend od. auf bis 0,5 cm lg, mit kleinen, lanzettlichen Bl besetzten Stielen. Staubfäden am Grund dicht behaart. **Schwarz-W.** S. 235, **22**
21* Zweige kahl, nur junge Triebe grau behaart. Kätzchen vorlaufend, sitzend, von schuppenfg Bl gestützt; wenn gleichzeitig, dann auf bis 2 cm lg, mit 4–6 bis 3 cm lg, eifg Bl besetzten Stielen. Staubfäden am Grund dünn u. lg behaart. **Großblättrige W.** S. 236, **27***
22 **(20)** Staubfäden bis $^1/_3$ der Länge behaart, 2–3mal so lg wie die DeckBl. Kätzchen groß, 2–5 cm lg. Äste kräftig, dicht graufilzig. **Grau-W.** S. 236, **28**
22* Staubfäden nur am Grund schwach behaart, etwa 4mal so lg wie die DeckBl. Kätzchen klein, 1–3 cm lg. Äste sparrig, dünn, kahl. **Ohr-W.** S. 236, **28***
23 **(19)** Kätzchen lange (nur bei Bleicher W., s. **28***, mitunter kurz) vorlaufend. **24**
23* Kätzchen kurz vorlaufend od. gleichzeitig. Zweige kahl, glänzend, jung ± grauhaarig. Seltene GebirgsPfl **29**
24 Äste meist hechtblau bereift (an jüngeren Zweigen erscheint der Reif beim Trocknen). Rinde innen zitronengelb **25**
24* Äste nicht hechtblau bereift. Rinde innen grün **26**
25 Kätzchen bis 6 cm lg, vor dem Aufblühen mit dichtem, weißem Haarpelz. Zweige leicht abbrechend. **Reif-W.** S. 234, **15**
25* Kätzchen kleiner, Zweige zäh und biegsam. **Spitzblättrige W.** S. 234, **15***
26 **(24)** Holz mit Striemen[1]). Zweige dicht grau- bis schwarzfilzig. Kätzchen groß, zottig. **Filzast-W.** S. 235, **18***
26* Holz ohne Striemen. Zweige kahl od. kurzsamtig **27**
27 Zweige rutenfg schlank, gelbgrün od. grünlichbraun, kurz grauhaarig, später kahl. Kätzchen walzig, 1–1,5 cm br. **Korb-W.** S. 234, **18**
27* Zweige glänzend braun od. gelblich, kahl, nur anfangs weißlich kurzhaarig **28**
28 Kätzchen eifg-walzig, 2–2,5 cm br, dichtblütig, vor dem Aufblühen in einen dichten, weißen Haarpelz gehüllt. DeckBl dunkelbraun, nur am Grund heller, lanzettlich, spitz, dicht behaart u. lg bebärtet. **Sal-W.** S. 236, **27**
28* Kätzchen dünn zylindrisch, bis 1 cm br, lockerblütig. DeckBl elliptisch, stumpf, spärlich behaart u. dünn bebärtet, gelbbraun, nur an der Spitze dunkler. **Bleiche W.,** S. 236, **25***
29 **(23)** DeckBl kraus bebärtet. Kätzchen wollig-zottig. Kätzchenstiele weißzottig, mit meist feindrüsig gesägten Bl. **Spieß-W.** S. 235, **21**
29* DeckBl dünn u. lg seidenhaarig. Kätzchenstiele kurz grauhaarig, mit meist ganzrandigen Bl. Im Gebiet erloschen. **Zweifarben-W.** S. 235, **20**

Tabelle C Blütenlose, beblätterte Zweige

1 Niedrige Sträucher mit unterirdisch kriechendem Erdstamm u. liegenden od. aufrechten Ästen od. liegende, spalierartig verzweigte Sträucher (Erdweiden). Bl 1–3(–5) cm lg (vgl. auch Bäumchen-W., s. **20**) **2**
1* Meist höhere Sträucher od. Bäume; wenn niedrige Sträucher, dann aufrecht u. mit abstehenden, verzweigten Ästen **9**
2 Sträucher mit unterirdisch kriechendem Erdstamm **3**
2* Spalierartig liegende od. niederliegend-aufsteigende, 5–30 cm hohe Sträucher der alp. Stufe mit kahlen Zweigen **5**
3 Die sich über die Erde erhebenden Zweige nur 2–10 cm hoch u. krautig. Bl 1–2 cm lg, fast kreisrund, kahl, gesägt-gezähnt, beiderseits grün, glänzend. HochalpenPfl. **Kraut-W.** S. 233, **9**

---

[1]) Siehe Fußnote S. 234

3* Höhere Sträucher tieferer Lagen. Bl meist elliptisch od. lanzettlich, selten rundlich, fast stets ganzrandig. Zweige holzig 4
4 Bl 1,5–3,5 cm lg, ± elliptisch, kahl, nur anfangs sehr schwach seidenhaarig u. violett überlaufen. **Heidelbeer-W.** S. 235, **19**
4* Bl 1–5 cm lg, elliptisch bis lineal-lanzettlich, unterseits od. beiderseits dicht seidig silbrig behaart. **Kriech-W.** S. 235, **25**
5 **(2)** Spalierartig liegende Sträucher, Äste dem Boden ± dicht angedrückt 6
5* Niederliegende Sträucher, Zweige bogig aufwärts gerichtet. Bl jung behaart, später kahl, beim Trocknen schwarz werdend. BlStiel 1–3 mm lg 8
6 Äste sehr sparrig, gelbbraun, zäh. Bl 15–30 mm lg, fast kreisrund od. elliptisch, ganzrandig, oberseits kahl, unterseits dünn seidig behaart, durch das stark vertiefte Adernetz runzlig. BlStiel 5–15 mm lg. **Netz-W.** S. 233, **7**
6* Äste wurzelnd, braun, leicht abbrechend, ältere mit weißer Haut. Bl 4–20 mm lg, verkehrteifg, ganzrandig u. kahl, zuweilen zum Grund hin behaart u. seicht gezähnelt, Nerven oberseits schwach hervortretend. BlStiel 0,5–1 mm lg 7
7 Polster sehr dicht; Äste dem Boden angepreßt. Bl 4–10 mm lg u. 2–4 mm br, fast dachzieglig. **Quendelblättrige W.** S. 234, **10**
7* Polster lockerer; Äste liegend, bis 30 cm lg. Bl 8–20 mm lg u. 5–8 mm br. **Stumpfblättrige W.** S. 234, **10***
8 **(5)** Bl am Rand dicht drüsig gesägt, 10–30 mm lg u. 6–18 mm br, verkehrteifg od. elliptisch, lebhaft grün u. vor allem unterseits glänzend. **Matten-W.** S. 234, **12**
8* Bl ganzrandig, selten am Rand mit einzelnen Drüsen, 10–35 mm lg u. 6–18 mm br, verkehrteifg, lebhaft grün u. beiderseits glänzend. Im Gebiet erloschen. **Alpen-W.** S. 234, **12***
9 **(1)** Hohe Bäume mit lg, hängenden, dünnen, jung gelben Zweigen. Bl unterseits ± seidig behaart. **Trauer-W.** S. 233, **6***
9* Bäume oder Sträucher mit aufrechten od. abstehenden Ästen 10
10 Ausgewachsene Bl beiderseits kahl 11
10* Ausgewachsene Bl wenigstens unterseits seidig, filzig od. rauhhaarig (vgl. auch Schwarz-W., s. **19**) 23
11 Bl 5–10(–15) cm lg und 1,2–2(–4) cm br, beim Ausbruch rötlich, ihre Spreite am Grund herzfg od. gestutzt bis keilfg, länglich-lanzettlich bis länglich-eifg od. länglich-verkehrteifg, unterseits blaugrün, oberseits oft mit behaartem Mittelnerv, am Rand drüsig gesägt. NebenBl 5–9(–20) mm lg, am Rand drüsig gesägt od. drüsig gezähnt. **Herzblättrige W.** S. 235, **22***
11* BlSpreite am Grund nie herzfg 12
12 Bl schmal verkehrteilanzettlich, meist deutlich über der Mitte am breitesten u. klein gesägt, unten lg verschmälert u. ganzrandig (Abb. **239**/1), oberseits dunkelgrün, unterseits blaugrün. NebenBl meist fehlend. **Purpur-W.** S. 235, **23**
12* Bl anders gestaltet 13
13 Äste hechtblau bereift od. Reif beim Trocknen hervortretend. Rinde innen zitronengelb. Bl ringsum scharf gesägt, oberseits glänzend, unterseits blau- bis graugrün 14
13* Äste nicht bereift. Rinde innen hellgrün bis schmutziggrün 15

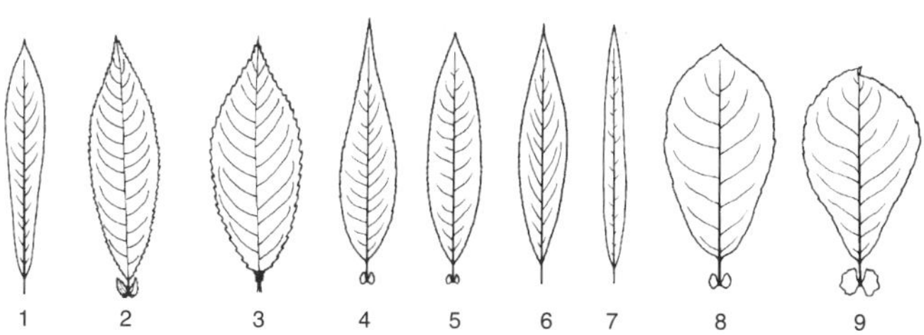

14 Bl länglich-lanzettlich, oft kurz zugespitzt, 6–10 mm lg gestielt (Abb. **239**/2). NebenBl halbherzfg. Zweige leicht abbrechend. **Reif-W.** S. 234, **15**

14* Bl lineal-lanzettlich, oft lg zugespitzt, bis 15 mm lg gestielt. NebenBl lanzettlich. Zweige zäh u. biegsam. **Spitzblättrige W.** S. 234, **15***

15 **(13)** Hohe Sträucher od. Bäume. Bl bis 16 cm lg, lanzettlich bis eifg-elliptisch, jung oft klebrig, oberseits glänzend **16**

15* Sträucher, selten Bäume. Bl verkehrteifg od. rundlich bis br lanzettlich, jung meist behaart **18**

16 Bl eifg-elliptisch, am Rand fein u. dicht drüsig gesägt (Abb. **239**/3), oberseits stark glänzend, unterseits stets mattgrün. BlStiel am oberen Ende mit 2–5 Paar stark balsamisch duftenden Drüsen. NebenBl klein, meist fehlend. **Lorbeer-W.** S. 233, **5**

16* Bl lanzettlich, grob knorplig gesägt, mit Drüsen, die oft mehr im inneren Winkel der Sägezähne liegen. BlStiel sparsam drüsig. NebenBl oft vorhanden, halbherzfg od. nierenfg **17**

17 Mindestens 4 m hoher Baum. Bl mit lg ausgezogener Spitze, völlig kahl, aber klebrig (Abb. **239**/4). Zähne des BlRandes ziemlich entfernt. Rinde alter Stämme dickborkig. **Bruch-W.** S. 233, **6**

17* Strauch, selten bis 4 m hoher Baum. Bl spitz od. zugespitzt, jung wie die Sproßspitzen mitunter seidig behaart (Abb. **239**/5). Zähne des BlRandes weniger entfernt, ihre Drüsen meist tief in den Winkel gerückt. Rinde alter Stämme sich in Fetzen ablösend, neue Rinde zimtbraun. **Mandel-W.** S. 233, **4***

18 **(15)** Bl auch anfangs kahl, br verkehrteifg, 4–9 cm lg, dicht klein gesägt bis ausgebissen-gezähnt, oberseits dunkelgrün, stark glänzend, unterseits heller bis weißlich, jüngere beim Trocknen schwarz werdend. **Kahle W.** S. 233, **8**

18* Bl jung behaart, später wenigstens oberseits verkahlend **19**

19 Bl beim Trocknen u. Welken schwarz werdend, auffallend dunkelgrün, unterseits heller, ± blaugrün, Spitzen grün. Mittelrippe oberseits stets, wenn auch schwach, behaart bleibend wie oft die BlUSeite. Zweige schwarzbraun, seltener heller od. grünlich, meist grau behaart. **Schwarz-W.** S. 235, **22**

19* Bl beim Trocknen meist grün bleibend, oberseits sattgrün. Zweige immer kahl, nur jüngste Triebe seidig od. weißlich behaart **20**

20 Adernetz der Bl oberseits hervortretend od. kaum wahrnehmbar, nur in der Durchsicht zu erkennen. Dichter, bäumchenartiger od. liegender Strauch der Hochalpen mit br lanzettlichen bis verkehrteifg, entfernt (oft gelbdrüsig) gesägten bis ganzrandigen Bl. **Bäumchen-W.** S. 234, **17**

20* Adernetz, besonders unterseits, deutlich hervortretend. Bl oberseits sattgrün glänzend **21**

21 Bl unterseits bis zur Spitze blaugrün od. weißlich, elliptisch bis verkehrteifg, entfernt u. fein gesägt bis fast ganzrandig. NebenBl meist hinfällig. Im Gebiet erloschen. **Zweifarben-W.** S. 235, **20**

21* Bl beiderseits grün, unterseits heller oder matt. NebenBl meist stark entwickelt **22**

22 Bl 4–8 cm lg, verkehrteifg bis länglich, vorn ganzrandig, sonst klein u. unregelmäßig gesägt. NebenBl groß, schief eifg, gesägt, spitz. Nur Alpen. **Spieß-W.** S. 235, **21**

22* Bl 3(–6) cm lg, beim Ausbruch rötlich, rundlich bis verkehrteifg, wellig ausgebissen bis kerbig gesägt, zum Grund zu ganzrandig. NebenBl nierenfg, grob drüsig gezähnt. . . . . **Bleiche W.** S. 236, **25***

23 **(10)** Bl linealisch od. lanzettlich, unter od. in der Mitte am breitesten. NebenBl, wenn vorhanden, lanzettlich **24**

23* Bl verkehrteifg od. elliptisch bis rundlich-eifg, unterseits nie seidenhaarig. NebenBl halbherzfg od. nierenfg **27**

24 Holz mit Striemen[1]). Bl 2–5 cm br, fast ganzrandig od. etwas ausgeschweift, anfangs

[1]) Siehe Fußnote S. 234

beiderseits dicht weißfilzig, später ± verkahlend, oberseits trübgrün, unterseits graublau. Alle Zweige mit NebenBl. **Filzast-W.** S. 235, **18***

24* Holz ohne Striemen. Bl bis 1,5 cm br, seltener breiter. NebenBl nur an Wasserreisern **25**

25 Bl jung dicht weißfilzig, später oberseits kahl, unterseits meist schneeweißfilzig, lineal-lanzettlich, am Rand zurückgerollt, nach der Spitze zu feindrüsig gesägt. Zweige brüchig. **Lavendel-W.** S. 233, **4**

25* Bl jung dicht seidig behaart, ausgewachsen beiderseits od. nur unterseits seidenhaarig. Zweige zäh, nicht brüchig **26**

26 Hoher Baum, selten Strauch; Zweige olivbraun. Bl lanzettlich, mit dicht u. scharf kleindrüsig gesägtem Rand (Abb. **239**/6). Mittelrippe u. Seitennerven beiderseits deutlich hervortretend. Haare der Mittelrippe parallel. **Silber-W.** S. 233, **6***

26* Hoher Strauch, selten Baum; Zweige grün bis braun. Bl schmal lanzettlich, fast ganzrandig (Abb. **239**/7), am Rand schwach zurückgerollt. Mittelrippe u. Seitennerven beiderseits schwach hervortretend. Haare kurz, den Seitennerven parallel. **Korb-W.** S. 234, **18**

27 **(23)** Holz ohne Striemen[1]). Knospen kahl, nur anfangs schwach behaart. Zweige kahl, jung weißhaarig. Bl bis über 12 cm lg, oberseits kahl, glänzend dunkelgrün, unterseits hell- od. blaugrün **28**

27* Holz mit Striemen. Stark verästelte Sträucher. Bl oberseits trübgrün, mit kurzen, gekrümmten Haaren od. kahl, glanzlos, unterseits graugrün bis blaugrau, schmutzigfilzig **29**

28 Baum od. hoher, starkästiger Strauch. Bl 3–9 cm lg, rundlich-eifg bis elliptisch, unregelmäßig gezähnt od. ganzrandig, unter od. in der Mitte am breitesten (nur bei Bastarden mit den folgenden auch über der Mitte), oberseits anfangs kurzhaarig, dann kahl, unterseits weiß- bis blaugrün, dicht weißfilzig. BlStiel 5–15 mm lg. NebenBl schwach entwickelt. **Sal-W.** S. 236, **27**

28* Höherer Strauch od. kleiner Baum der süddeutschen Gebirge. Bl 5–15 cm lg, länglich-verkehrteifg, über der Mitte am breitesten, anfangs filzig-seidig, dann verkahlend, auch unterseits oft nur die Rippe behaart bleibend. BlStiel 5–10 mm lg. NebenBl an den Langtrieben stark entwickelt. **Großblättrige W.** S. 236, **27***

29 **(27)** 1,5–4 m hoher Strauch mit dicken, grau- bis schwarzfilzigen Zweigen u. großen, filzigen Knospen. Bl 5–10 cm lg, länglich-verkehrteifg, mit flachem, unregelmäßig gekerbtem od. gezähntem Rand, flacher Spitze u. wenig eingesenktem Nervennetz (Abb. **239**/8). NebenBl schwach entwickelt, 3–5 mm lg. **Grau-W.** S. 236, **28**

29* Meist nicht über 2 m hoher, sparriger Strauch mit ∞ dünnen, kahlen Zweigen u. kleinen, kahlen Knospen. Bl 2–5 cm lg, verkehrteifg, mit welligem, ausgebissen-gesägtem Rand, kurzer, gefalteter Spitze u. stark eingesenktem Nervennetz; Bl dadurch runzlig (Abb. **239**/9). NebenBl stark entwickelt, nierenfg. **Ohr-W.** S. 236, **28***

Familie **Malvengewächse** – Malváceae JUSS.

Kräuter, Sträucher od. Bäume, oft mit Schleimzellen u. Sternhaaren. Bl wechselständig, fingernervig u handfg gelappt od. ungeteilt, NebenBl hinfällig. B ⚥, radiär, K u. Kr 5zählig, einzeln od. in Trauben o. Rispen, meist achselständig, seltener endständig. B meist mit AußenK. KBl frei od. verwachsen. KrBl frei, in der Knospe gedreht. StaubBl ∞, zu einer Röhre verbunden (Abb. **242**/1). Staubbeutel mit nur 1 Staubbeutelhälfte. FrKn oberständig, 5–∞blättrig, 2–∞fächrig, jedes Fach mit 1–∞ SaAnlagen. Kapseln od. SpaltFr (1800 Arten – Ib, Vm, Sb – ArzneiPfl – Adv.).

1 Fr eine mehrsamige Kapsel. AußenK vielteilig. **Stundenblume** – Hibíscus S. 242

1* Fr aus einem Kranz von TeilFr bestehend, bei der Reife in diese zerfallend **2**

---

[1]) Siehe Fußnote S. 234

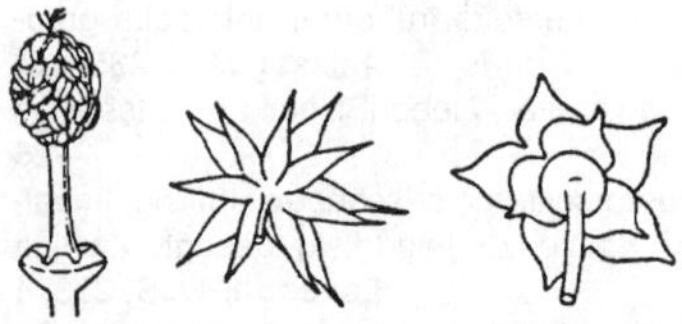

1 2 3

2 TeilFr mehrsamig. AußenK fehlend. **Samtpappel** – Abutílon S. 242
2* TeilFr einsamig. AußenK 3–9blättrig 3
3 AußenK 6–9blättrig (Abb. **242**/2) 4
3* AußenK 3blättrig od. 3spaltig (Abb. **242**/3) 5
4 Pfl 1,00–3,00 m hoch. B 6–7(–10) cm br. **Stockrose** – Álcea S. 242
4* Pfl 0,15–1,20 m hoch. B 2,5–4(–5) cm br. **Eibisch** – Althǣa S. 242
5 **(3)** AußenKBl frei, am Grund mit dem K verwachsen. **Malve** – Málva S. 243
5* AußenKBl zu einer 3spaltigen Hülle verwachsen (Abb. **242**/3), nicht mit dem K verwachsen. **Lavatere** – Lavátera S. 243

Stundenblume, Eibisch – Hibíscus L.

Kr hellgelb, am Grund violett. Staubfäden blutrot. Pfl steifhaarig u. von Sternhaaren filzig. 0,15–0,60. ⊙ 7–8. ZierPfl, auch Hackkulturen, Ruderalstellen; (N 1885 U) s in allen Bdl (austrAFR-m-sm·(subk)EUR–WAS – T – V Eragrost., V Sisymbr.).
Gelbe St., Stundeneibisch – H. triónum L.

Samtpappel – Abutílon MILL.

KrBl 6–15 mm lg, gelb. TeilFr 9–15, schwarz, behaart, länger als der am Grund verwachsene K. BlSpreite 5–23 cm lg, rundlich-herzfg, zugespitzt, lg gestielt, gekerbt. Pfl von einfachen u. Sternhaaren ± dicht samthaarig. 0,20–1,50. ⊙ 7–8. Feuchte Ruderalstellen (Schutt, Gräben), begüllte Mais- u. Rübenäcker; (A u. N U) s M- u. N-Ba Bw Rh We He O-Th O- u. NW-Sa An Br Ns Me, ↗, ständig mit Futtergetreide neu eingeschleppt (m-smAs – T – FaserPfl, früher HeilPfl). **Samtpappel** – A. theophrásti MED.

Stockrose – Álcea L.

Kr verschiedenfarbig. BStand lg, ährenähnlich. Bl 5–7eckig od. -lappig. 1,00–3,00. ⊙ ♃ 6–10. ZierPfl, auch (N U) s, z. B. M-Br Me (wohl Kulturhybride, Heimat der Eltern: m-sm·subozOEUR–WAS – H – Arznei- u. FärbePfl). [Althǣa rósea (L.) CAV.]
Stockrose, Rosenpappel – A. rósea L.

Eibisch – Althǣa L.

1 Stg u. Bl samtig-filzig. B in den BlAchseln büschlig gehäuft, 3–5 cm br. Bl schwach 3–5lappig. 0,60–1,20. ♃ 7–9. Nasse, nährstoffreiche, salzhaltige Böden, Salzröhrichte, Salzweiden, Gräben, Gebüsche; z S- u. M-An, s NW-Ba O-Rh: Rhein S-He N-Th W-Br NO-Ns Me u. O-Sh: Küste, (N) s We Sa SW-Ns, (U) s Bw NO- u. M-Ba, ↘ (m-temp·(k)+litEUR–WAS – H – O Glauco-Pucc., O Convolv., O Mol. – ArzneiPfl – ∇).
Echter E. – A. officinális L.

1* Stg u. Bl rauhhaarig. B einzeln in den BlAchseln, 2,5 cm br. Obere Bl handfg gespalten, untere 5lappig. 0,15–0,50. ⊙ 7–8. Lehmige bis tonige Äcker, mäßig trockne Ruderalstellen (Schutt), kalkhold; (A) z Bw: bes. Main-, Tauber- u. Neckargebiet, M- u. N-Th, s N-Ba S- u. W-Rh SW-We S-He, † S-An, auch (N U), ↘ (m-sm·(suboz)EUR–(WAS) – T – V Caucal., V Fum.-Euph., V Sisymbr.). **Rauhhaar-E.** – A. hirsúta L.

Lavatere, Strauchpappel – Lavátera L.

Pfl von Sternhaaren filzig. Untere Bl 5eckig, obere 3–5lappig. Kr hellrosa, dunkel geadert, 5–8 cm br. 0,50–1,25. ♃ 7–8. Nährstoffreiche, oft salzhaltige Ufer, Salzwiesen, Gebüsche, Schuttunkrautfluren; z M- u. N-Th u. S-An: MDt-Trockengeb, (N) s S- u. M-Ba: Starnberger See, Regensburg, (U) s N-Ba Bw Rh We NW-Sa S-Ns Me, ↘. Auch ZierPfl (m-temp·(k)EUR–WAS – H – V Arct., O Orig.).
Thüringer L. – L. thuringíaca L.

Malve – Málva L.

1 StgBl handfg geteilt od. gespalten. B einzeln in den BlAchseln od. nur die obersten gehäuft 2
1* StgBl gelappt. B in den BlAchseln büschlig gehäuft 3
2 AußenKBl eifg bis lanzettlich, am Grund verbreitert, 3–5 mm lg. Reife TeilFr (fast) kahl, an den Seiten stark runzlig. Stg oberwärts wie Bl u. K anliegend sternhaarig. 0,40–1,25. ♃ 6–10. Frische Ruderalstellen (Wegränder, Böschungen, Wälle), kalkhold; (A) v M- u. N-Ba Bw: bes. Jura, Rhein u. Neckargebiet S-Br Me, z S-Ba: obere Hochebene Rh N- u. W-We S-He Th Sa An N-Br S-Ns O-Sh, s SO-We N-He N-Ns W-Sh (m-temp·sub-ozEUR – H – O Onop., V Arct.). **Siegmarswurz** – M. álcea L.
2* AußenKBl lanzettlich bis linealisch, am Grund verschmälert, 6 mm lg. Reife TeilFr am Rücken stark behaart, auf den Seiten nicht runzlig. Stg u. Bl mit abstehenden, einfachen Haaren, nur der K auch sternhaarig. 0,20–0,80. ♃ 6–10. Frische Wiesen u. Weiden, Halbtrockenrasen, Säume; (A?) v M- u. N-Ba Bw Rh S- u. O-We He S-Th S-Sa SW-An S-Ns, z S-Ba NW-We N-Th N-Sa N- u. O-An Br, (N) v Sh, z N-Ns Me (m-temp·ozEUR – H – V Arrh., V Mesobrom., O Orig.). **Moschus-M.** – M. moscháta L.
3 **(1)** BStiele sehr kurz, zur FrZeit höchstens doppelt so lg wie der K. Stg steif aufrecht. Kr blaßrosa, bis 2mal so lg wie der K. 0,80–1,50. ⊙ ① 7–9. KulturPfl, auch (N U) s, z. B. Bw Rh We He Sa Br Me (strop/mo-m·ozAFR–EURAS – T, H – Futter- u. ArzneiPfl).
Quirl-M. – M. verticilláta L.
3* BStiele, wenigstens zur FrZeit, mehrmals länger als der K. Stg aufsteigend od. liegend 4
4 KrBl 15–30 mm lg, 3–4mal so lg wie der K, tief ausgerandet, purpurn mit dunkleren Längsstreifen. FrStiele aufrecht od. abstehend. 0,30–1,00. ♃ 6–10. Mäßig trockne, meist stickstoffreichere Ruderalstellen (Wegränder, Schutt, an Mauern); (A) v M-Ba Bw Rh W- u. N-We S-He Th S-An NO-Br S-Ns Me Sh, z S- u. N-Ba SO-We N-He Sa N-An S- u. W-Br N-Ns (m-temp·(oz)EUR–WAS – H – V Arct., O Onop., V Sisymbr. – ArzneiPfl). **Wilde M., Roßpappel, Große Käsepappel** – M. sylvéstris L.
4* KrBl 4–12 mm lg. FrStiele abwärts gebogen 5
5 KrBl 5–12 mm lg, etwa doppelt so lg wie der K, tief ausgerandet, rosa bis weiß. KZipfel flach. TeilFr glatt, am Rand abgerundet. 0,15–0,50. ⊙ ⊙ 6–10. Mäßig frische bis frische, stickstoffreiche Ruderalstellen (Wegränder, Dungstellen, an Mauern), Hackäcker, Gärten; (A) g An Br Me, übrige Bdl v, Bergland u. NW-Ns z (m-temp·(k)EUR–WAS – T, H – V Sisymbr., V Arct., V Fum.-Euph. – ArzneiPfl).
Weg-M., Kleine Käsepappel – M. neglécta WALLR.
5* KrBl 4–5 mm lg, so lg wie der K, schwach ausgerandet, weißlich. KZipfel am Rand kraus. TeilFr runzlig, scharf berandet. 0,08–0,30. ⊙① 6–9. Trockne bis mäßig trockne, oft lückige Ruderalstellen (Wegränder, Schutt, Trittstellen), Weinberge, salztolerant; (A) z N-Th S-An O-Br N-Ns Me S-Sh, s Ba: W u. Passau N-Bw O-Rh He S-Th N-An W-Br, (U) s We Sa S-Ns, ↘ (m-temp·(k)EUR–WAS – T, H – V Sisymbr., V Polyg. avic., O Polyg.-Chen.). [M. boreális WALLMANN]
Nordische M., Kleinblütige M. – M. pusílla SM.

Familie **Lindengewächse** – Tiliáceae JUSS.

Bäume, Sträucher, selten Kräuter. Bl wechselständig, ungeteilt od. gelappt, NebenBl hinfällig. B ⚥, radiär. KBl 5, frei od. verwachsen. KrBl 5, frei, seltener fehlend. StaubBl ∞, frei, Staubbeutel mit 2 Staubbeutelhälften. FrKn oberständig, 2–∞blättrig, 1–∞fächrig, jedes Fach mit 1–∞ SaAnlagen. Griffel 1. Narbenlappen so viele wie FrFächer. Kapseln, Nüsse (680 Arten – Ib – meist Wv).

Linde – Tília L.
(M – Ib: Bienen, Vm – Wv – ArzneiPfl – Zierbäume – Hybr.)

1 Bl unterseits filzig, grau od. weiß, ihre Zähne mit Grannenspitze. Junge Triebe grün- bis graufilzig. Bis 30,00. ♄ 7–8. TrockenW SO-Europas. Zierbaum (m/mo-sm·subozEUR). [T. argéntea DESF.] **Silber-L.** – T. tomentósa MOENCH

1* Bl unterseits kurzhaarig od. kahl, grün od. bläulichgrün 2

2 Triebe behaart. Bl oberseits kurzhaarig, unterseits in den Nervenwinkeln weißbärtig. BStand 2–5blütig. Fr stark 5kantig, holzig. Bis 30,00. ♄ 6. SchluchtW u. andere EdellaubholzW, sehr anspruchsvoll; v Ba Bw Rh He Th Sa An S-Ns S- u. O-Me, z S- u. O-We Br NO-Ns, (N) z NW-We NW-Ns NW-Me, s Sh (sm/mo-temp/demo·ozEUR – V Til.-Acer., V Asper.-Fag. – vgl. **3**). [T. grandifólia EHRH. ex HOFFM.] ** **Sommer-L.** – T. platyphýllos SCOP.

2* Triebe kahl. Bl oberseits kahl, unterseits in den Nervenwinkeln gelblich- od. rostrotbärtig. Fr schwach kantig, ledrig 3

3 Bl oberseits matt dunkelgrün, unterseits blaugrün. BlZähne spitz, jedoch ohne Grannenspitze. Junge Zweige u. Knospen olivgrün bis rötlich. BStand 4–15blütig. Narbenlappen später abstehend. Bis 25,00. ♄ 6–7. Wärmere LaubmischW, mäßig anspruchsvoll; alle Bdl v, aber Bergland u. N-Sh z, in W-Ns u. NW-We nur (N) (sm/mo-temp·subozEUR–(WAS) – V Carp., V Til.-Acer., O Querc. pub. – der Bastard Sommer-L. × Winter-L.: Holländische L., T. × vulgáris HAYNE wird oft gepflanzt und tritt auch häufig in den Berührungsgebieten beider Arten auf). [T. parvifólia EHRH. ex HOFFM.] **Winter-L.** – T. cordáta MILL.

3* Bl oberseits glänzend, beiderseits dunkelgrün. BlZähne mit Grannenspitze. Junge Zweige u. Knospen gelbgrün, im Winter hellgelb bis korallenrot. BStand 3–7blütig. Narbenlappen aufrecht. Bis 30,00. ♄ 7. Zierbaum (sm·subozOEUR). **Krim-L.** – T. euchlóra C. KOCH

Familie **Buchsbaumgewächse** – Buxáceae DUM.

Einhäusige Sträucher od. kleine Bäume, selten Kräuter, immergrün. Bl gegenständig, seltener wechselständig, ungeteilt, ohne NebenBl. B 1geschlechtig, radiär. KBl 4 od. fehlend. KrBl fehlend. StaubBl 4, über den KBl stehend, od. 6–∞. FrKn oberständig, (2–)3(–4)blättrig, (2–)3(–4)fächrig, jedes Fach mit 1–2 SaAnlagen. Griffel frei. Kapseln, SteinFr (70 Arten).

Buchsbaum – Búxus L.

Bl gegenständig, eifg, ledrig. B gelblichweiß (♂) od. hellgrün (♀), geknäuelt. 0,30–4,00. ♄ 3–4. Wärmeliebende LaubW, Gebüsche, kalkhold; z Rh: Mosel, s SW-Bw: Grenzach. Zierstrauch (m/mo-stemp·ozEUR – F – Ib – V Querc. pub., V Cephal.-Fag., V Berb. – ∇). **Buchsbaum** – B. sempérvirens L.

Familie **Wolfsmilchgewächse** – Euphorbiáceae JUSS.

Ein- od. zweihäusige Kräuter, Sträucher od. Bäume, mit od. ohne Milchsaft. Bl meist wechselständig u. ungeteilt, meist mit NebenBl. B 1geschlechtig, radiär. BHülle oft fehlend. StaubBl 1–∞. FrKn oberständig, meist 3blättrig, 3fächrig, mit 1–2 SaAnlagen in jedem Fach. Fr meist in 3 TeilFr (Kokken) zerfallend (8100 Arten – Ib, Sb – Sv, Av).

1 Pfl 1häusig, mit Milchsaft und ⚥ ScheinB (Cyathien). Jede ScheinB mit glockenfg Hüllbecher (Abb. **245**/2, 3); dieser zwischen seinen 5 Zipfeln mit 4–5 bohnenfg od. mondfg Drüsenanhängseln, in seinem Inneren mit 10–20 ♂ B aus je 1 StaubBl u. mit 1 nur aus 1 FrKn bestehenden, gestielten ♀ GipfelB. Cyathien zu einer doldenähnlichen Zyme angeordnet; diese mit HüllBl am Grund u. HüllchenBl an den Verzweigungen (Abb. **245**/1). **Wolfsmilch** – Euphórbia S. 245

1* Pfl 2häusig, seltener 1häusig, ohne Milchsaft. B mit 9–12 StaubBl od. 2 Narben. **Bingelkraut** – Mercuriális S. 248

Wolfsmilch – Euphórbia L.
(Ib: Fliegen – Sv, Av – Adv. – Milchsaft, außer bei Süßer W., **11**, giftig!)

1 StgBl gegenständig **2**

1* StgBl wechselständig, ohne NebenBl **5**

2 StgBl gekreuzt gegenständig, länglich-linealisch, dunkelgrün, ohne NebenBl. Stg aufrecht. Scheindolde 2- bis 4strahlig. Drüsen des Hüllbechers kurz 2hörnig. 0,20–1,00. ⊙ 6–8. Alte KulturPfl, auch frische Ruderalstellen (Schutt), Gärten; (A) z W-Bw W-Ba Rh We, (U) z He Th Sa S-An SO-Bw, s O-Ba N-An Br Ns Me (m-sm·(suboz)EUR–WAS – S – früher ArzneiPfl, heute nur ZierPfl u. angeblich gegen Wühlmäuse). **Spring-W.** – E. láthyrus L.

2* StgBl gegenständig, aber nicht gekreuzt gegenständig, klein, am Grund asymmetrisch, mit NebenBl. Stg liegend. (Chamaesýce GRAY) **3**

3 Pfl kahl, bläulichgrün, später rot überlaufen. Sa glatt. ScheinB einzeln. 0,05–0,15 lg. ⊙ 6–9. Trockne, sandige bis steinige Ruderalstellen (Wegränder, Schutt, Pflasterfugen), Gärten; (N U) s W-Ba Bw: Freiberg, Kirchzarten, Schwäbisch-Gmünd S-Rh He NW-Sa S-An S- u. M-Br Ns Me, † Th (m-temp·(subk)OEUR–AS – T – O Polyg.-Chen., V Polyg. avic., V Sisymbr.). **Niederliegende W.** – E. humifúsa WILLD.

3* Stg u. Bl behaart. Sa runzlig **4**

4 Fr abstehend behaart, selten kahl. Sa 1–1,5 mm lg. StgBl 3–7 mm lg u. 2,5–4,5 mm br, etwa so lg wie die StgGlieder, nicht gefleckt. 0,10–0,20 lg. ⊙ 6–9. Mäßig trockne Ruderalstellen (Schutt, Umschlagplätze); (N U) s Bw? (m-sm·(oz)EUR–WAS – T – V Eragrost.). **Zwerg-W.** – E. chamaesýce L.

4* Fr anliegend behaart. Sa 0,8 mm lg. StgBl 4–7 mm lg u. 1–2 mm br, länger als die StgGlieder, oberseits mit einem länglichen od. runden purpurnen Fleck auf der Mittelrippe. 0,05–0,10 lg. ⊙ 6–9. Trockne, sandige Ruderalstellen (Trittstellen, Pflasterfugen); (N 1794) z Bw, (U) s M-Ba He An (m-sm·ozEUR – T – O Plant., V Eragrost., V Sisymbr.). **Gefleckte W.** – E. maculáta L.

5 **(1)** Drüsen des Hüllbechers rundlich od. oval (Abb. **245**/2) **6**

5* Drüsen des Hüllbechers 2hörnig (Abb. **245**/3) **14**

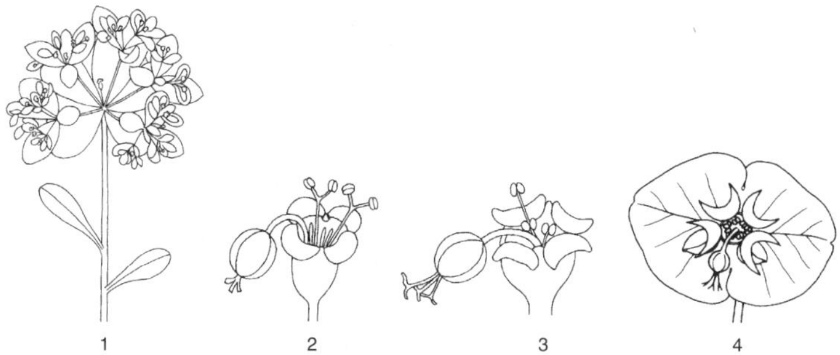

6 Fr glatt, höchstens fein punktiert od. behaart **7**

6* Fr warzig **9**

7 Scheindolde meist 5strahlig (Abb. **245**/1). StgBl keilfg-verkehrteifg, vorn klein gesägt. 0,10–0,30. ⊙ 6–9. Lehmige Äcker, Gärten, Weinberge, mäßig trockne bis frische Ruderalstellen (Wegränder), basenhold; (A) alle Bdl g, nur Schwarzw, N-An u. N-Ns v, Alpen z (m-b·(oz)EUR–WAS – T – O Polyg.-Chen., V Caucal., V Aphan.). **Sonnenwend-W.** – E. helioscópia L.

7* Scheindolde vielstrahlig. ♃ **8**

8 Bl schmal elliptisch, stumpf, 10–20 mm br, unterseits weichhaarig. 0,50–0,80. ♃ 5–6. Nasse Staudenfluren, Sumpfwiesen; s O-Ba: Passau (m-temp·subozEUR – H – V Filip.). **Wollige W.** – E. villósa W. et K. ex WILLD.

8* Bl lanzettlich, stachelspitzig, 4–6 mm br, kahl, blaugrün. 0,15–0,60. ♃ 6. Kont. Kalk- u. Sandtrockenrasen, kalkstet; z W-Bw: Rhein O-Rh: Rhein, Mosel W-We: Rhein, Aa, Lippe S-An: Saalegebiet, s NW-Ba S-He NW-Th SW-Ns: Osnabrück, (U) s Br: SO-Berlin, † Sa, ↘ (m-temp·(k)EUR–WAS – H – V Fest. val., V Sesl.-Fest., V Koel. glauc.). [E. gerardiána JACQ.] **Steppen-W.** – E. seguieriána NECKER

9 **(6)** Scheindolde vielstrahlig. Bl sitzend, länglich-lanzettlich, fast ganzrandig. Stg dick, bis 15 mm ∅. 0,50–1,50. ♃ 5–6. Staudenfluren u. Moorwiesen auf nährstoffreichen Schlickböden, StromtalPfl; z meist an Flüssen: M-Ba: Isar, Donau, Wörnitz W-Bw: Rhein W-We, SO-Rh u. SW-He: Rhein An: bes. Elbe, Saale, Bode, Elster Br Ns: Aller, Hadeln, Bremen, Unterweser, Elbe, s NW-Ba N-Th: Unstrut NW-Sa: Elster, Elbe N- u. W-Me: Elbe, Neustadt-Glewe, Graal, Anklam, Krummin S-Sh: Elbe, ↘ (sm-temp·subkEUR – H – V Filip., O Mol., V Magnocar. – ∇). **Sumpf-W.** – E. palústris L.

9* Scheindolde 3–5strahlig **10**

10 Warzen der Fr fadenfg, an der Spitze rot. Drüsen des Hüllbechers gelb. HüllBl hellgelb, später orange. Bl vorn abgerundet. 0,30–0,50. ♃ 5–6. Warme Trockensäume u. -gebüsche, kalkhold; s M-Ba: wild †, jetzt nur (N) s. ZierPfl (sm-stemp·(suboz)EUR – H – V Ger. sang., V Querc. pub.). [E. polychróma KERNER] **Vielfarbige W.** – E. epithymoídes L.

10* Warzen der Fr halbkuglig od. kurz walzig **11**

11 Bl in einen kurzen Stiel verschmälert. Drüsen des Hüllbechers anfangs gelbgrün, später braunrot. Scheindolden meist 5strahlig; Strahlen meist nur 1mal 2teilig. Fr meist behaart. 0,20–0,50. ♃ 5. Krautreiche LaubW, kalkhold; v NO- u. SW-Bw Sa, z S-, M- u. NW-Ba SO- u. NW-Bw Rh S-We S-He S- u. O-Th S-An, s W-He: Westerwald NW-Th SW-Br (sm-stemp·ozEUR – G – O Fag.). ** **Süße W.** – E. dúlcis L.

11* Bl sitzend. Drüsen des Hüllbechers gelb. Scheindolde 3–5strahlig, Strahlen zunächst 3-, dann 2teilig. Fr kahl **12**

12 Bl mit verschmälertem Grund sitzend od. undeutlich gestielt. HüllchenBl br elliptisch, kurz gestielt. 0,30–0,50. ♃ 5–6. Submed. Halbtrockenrasen, kalkstet; z S-, M- u. NW-Ba Bw: bes. Jura SW-Th (sm-stemp·ozEUR – H – V Mesobrom.). [E. brittíngeri OPIZ ex SAMP.] **Warzen-W.** – E. verrucósa L.

12* Obere Bl mit herzfg Grund sitzend. HüllchenBl 3eckig, sitzend. ⊙ **13**

13 Kapsel 3–4 mm br, mit halbkugligen Warzen. Scheindolde meist 5strahlig. Bl hellgrün, unterseits meist zerstreut behaart. 0,25–0,60. ⊙ 7–8. Lehmige bis tonige Äcker, Gärten, frische Ruderalstellen (Wegränder), kalkhold; (A) z M- u. NW-Ba Bw Rh Th, s S-Ba SW- u. NO-We He S-An SO-Ns, (U) NW-Sa, ↘ (m-temp·subozEUR – T – V Caucal., O Polyg.-Chen., V Sisymbr., V Agrop.-Rum.). **(**) Breitblättrige W.** – E. platyphýllos L.

13* Kapsel 2 mm br, mit kurzwalzigen Warzen. Scheindolde meist 3strahlig. Bl dunkler grün, meist kahl. 0,15–0,45. ⊙ 6–9. Säume, ruderale Staudenfluren, lichte AuenW, anspruchsvoll; z S-, M- u. NW-Ba Bw Rh SW-We SW-He, s O-He, † Th Sa (sm-temp·subozEUR – T – V Alliar., V Alno-Ulm.). [E. serruláta THUILL.] **Steife W.** – E. stricta L.

14 **(5)** HüllchenBl paarweise verwachsen (Abb. **245**/4). Bl weichhaarig. Kapsel kahl, fein punktiert, 3furchig. 0,30–0,60. ♃ 4–5. Krautreiche LaubW, bes. BuchenW, AuenW,

kalkhold; z SO- u. W-Ba S- u. O-Bw W-Rh SW-We W-Th SO-Ns, s O-Rh NO-We He (m/mo-temp·ozEUR – C – O Asper.-Fag., V Carp., V Alno-Ulm.).
Mandel-W. – E. amygdaloídes L.

14* HüllchenBl frei **15**

15 Scheindolde vielstrahlig. Kapsel fein punktiert-rauh. Sa glatt. ♃ **16**

15* Scheindolde 3(–5)strahlig, Strahlen mehrmals 2teilig. Kapsel glatt. Sa höckrig od. grubig. ⊙ **20**

16 Bl fein bewimpert u. drüsig behaart, lanzettlich. Fr undeutlich runzlig. 0,30–0,70. ♃ 5–6. Trockengebüschsäume, Halbtrockenrasen; s M-Ba: Regensburg, (N) s Nürnberg (sm·subkEUR – H – O Orig., V Mesobrom.). **Weidenblatt-W.** – E. salicifólia HOST

16* Bl kahl. Fr fein punktiert **17**

17 Bl in od. unter der Mitte am breitesten **18**

17* Bl meist über der Mitte am breitesten od. linealisch **19**

18 Bl stark glänzend, 5–11 cm lg u. 10–25(–30) mm br; untere Seitennerven im Winkel von 45–80° vom Hauptnerv abgehend. HüllchenBl so br wie lg. 0,40–1,30. ♃ 5–7. Feuchte, nährstoffreiche Ufer, Auengebüsche, Gräben, Wiesen; s S- u. O-Ba: Isarmündung, Valley SO-Rh: Rhein O-Br: bes. Odergebiet, (N) s NW-Me: Schwerin, Wismar, ↘ (sm-temp·subkEUR – H – V Filip., V Mol., V Convolv. – ∇). **Glanz-W.** – E. lúcida W. et K.

18* Bl glanzlos, 6–8(–10) cm lg u. 3–10 mm br; Seitennerven sehr spitzwinklig vom Hauptnerv abgehend. HüllchenBl breiter als lg. 0,60–0,80. ♃ 5–7. Mäßig trockne bis frische Ruderalstellen (Hafen- u. Bahnanlagen, Wegränder), Ufer; (N 1834) z NW-Sa S-An Br O-Ns Me, s SW-, M- u. N-Ba Bw Rh We He Th N-An NW-Ns (sm-temp·subk EUR–WAS – H – V Sisymbr., O Onop.). **Ruten-W.** – E. virgáta W. et K.

19 **(17)** Bl schmal lanzettlich od. lineal-lanzettlich, über der Mitte od. seltener in der Mitte am breitesten, 3–6(–8) cm lg u. 3–7(–10) mm br. HüllchenBl grün od. gelbgrün. 0,30–0,60. ♃ 5–7. Frische bis mäßig trockne Ruderalstellen, trockne Wiesen, extensiv genutzte Äcker, Ufer; v bes. Stromtäler u. Trockengebiete: SW-He S- u. O-An NO-Ns, z M- u. N-Ba Rh u. We: bes. Rhein Th Sa NW-An Br S- u. W-Ns Me Sh, s S-Ba NW-Bw O-He (sm-b·(k)EURAS – H – Sv: Wurzelsprosse – O Onop., V Arct., V Arrh., V Convolv., V Agrop.-Rum.). **Esels-W.** – E. esúla L.

19* Bl schmal linealisch, 1–3 cm lg u. 1–3 mm br, die der Seitenäste fast fadenfg. HüllchenBl gelb, zuletzt rot. 0,15–0,30. ♃ 4–5. Xerothermrasen, trockne Heiden, trockne Ruderalstellen (Wegränder, Böschungen), Trockengebüsche, Trockenwälder u. ihre Säume; g Ba Bw Rh S-He Th An Br, v We N-He Sa S- u. O-Ns, (N) v Me, z NW-Ns Sh (sm-temp·subozEUR – H – Sv: Wurzelsprosse – K Fest.-Brom., K Sed.-Scler., O Agrop., V Genisto-Call., V Viol. can., V Querc. rob.-petr., V Eric.-Pin.).
Zypressen-W. – E. cyparíssias L.

20 **(15)** Bl verkehrteifg, vorn stumpf. HüllBl eifg, kurz stachelspitzig. Kapsel an den 3 Kielen schmal doppelt geflügelt. 0,10–0,30. ⊙ 7–10. Sandige bis lehmige, stickstoffreichere Äcker, Gärten, Weinberge, mäßig trockne bis frische Ruderalstellen; (A) alle Bdl v, aber höheres Bergland z (austr-(strop)-m-temp·(oz)CIRCPOL – T – V Fum.-Euph., V Caucal., V Sisymbr.). **Garten-W.** – E. péplus L.

20* Bl lanzettlich od. linealisch, spitz. Kapseln ungeflügelt **21**

21 Bl lanzettlich, 3–6 mm br, blaugrün. HüllBl verkehrteilanzettlich, stachelspitzig, so lg wie br. 0,10–0,40. ⊙ 6–10. Lehmige Äcker, Ruderalstellen, basenhold; (A) s N-Th, (U) s NW-Ba W-Me, † Bw Rh He An, ↘ (m-temp·(suboz)EUR–WAS – T – V Caucal.).
Sichel-W. – E. falcáta L.

21* Bl linealisch, 1–3 mm br **22**

22 HüllBl mit herzfg Grund sitzend, eifg-lanzettlich, länger als br. 0,06–0,20. ⊙ 6–10. Lehmige bis tonige Äcker, mäßig trockne Ruderalstellen (Schutt, Wegränder, Brachen), kalkhold; (A) v M- u. N-Ba Bw Rh SW- u. NO-We He Th S-An S-Ns, z S-Ba NW- u. SO-We N-An S- u. O-Br Me: bes. Landrücken, s Sa W-Br N-Ns Sh (m-temp·ozEUR – T – V Caucal., V Fum.-Euph.). **Kleine W.** – E. exígua L.

22* HüllBl nieren- bis fast rautenfg, stumpf, breiter als lg. 0,10–0,30. ⊙ 6–7. Mäßig trockne Ruderalstellen (Schutt), Äcker; (N) s, z. B. He (m-sm·ozEUR – T – K Secal.). **Saat-W.** – E. segetális L.

Bingelkraut – Mercuriális L.
(Wb, Ib – Sv, Av)

1 Stg ästig, in der ganzen Länge beblättert. ♀ B fast sitzend. Pfl meist 2häusig, seltener 1häusig. 0,20–0,50. ⊙ 6–10. Lehmige, stickstoffreiche Äcker (bes. Hackkulturen), Gärten, Weinberge, frische bis mäßig trockne Ruderalstellen (Wegränder, Schutt), basenhold; (A) v NW-Ba Rh W-We S-He N-Th S-An SO-Ns, z M-Ba Bw: bes. Main-, Rhein- u. Neckargebiet O-We N-He S-Th Sa N-An, (N) s Br N-Ns Me S-Sh, (U) s SW-Ba N-Sh (m-temp·(oz)EUR – T – V Fum.-Euph., V Caucal., O Polyg.-Chen., V Sisymbr.). **Einjähriges B.** – M. ánnua L.

1* Stg einfach. ♀ B gestielt. Pfl 2häusig **2**

2 Bl deutlich gestielt. Unterer Teil des Stg nur mit SchuppenBl. 0,15–0,30. ♃ 4–5. Krautreiche LaubW, AuenW, frische Säume, Gebüsche, kalkhold; v Ba Bw Rh S- u. O-We He Th S-Sa SW-An S-Ns Me O-Sh, z NW-We N-Sa N- u. O-An Br N-Ns W-Sh (m/mo-temp·(oz)EUR – G – Sv: Ausläufer – V Asper.-Fag., V Carp., V Alno-Ulm.). **Ausdauerndes B., Wald-B.** – M. perénnis L.

2* Bl sitzend od. BlStiel höchstens 2 mm lg. Unterer Teil des Stg mit kleinen LaubBl. 0,15–0,40. ♃ 4–5. Wärmeliebende Wälder u. Gebüsche, kalkstet; z M-Ba: Donau, Altmühl, Naab, Regen (sm-stemp·subozEUR – C – Sv: Ausläufer – V Pot.-Querc., V Cephal.-Fag.). **Eiblatt-B.** – M. ováta STERNB. et HOPPE

Familie **Spatzenzungengewächse** – Thymelaeáceae JUSS.

Bäume od. Sträucher, selten Kräuter. Bl meist wechselständig, ungeteilt, ohne NebenBl. B meist ⚥, radiär, 4–5zählig, mit einem schüssel- bis röhrenfg, ± gefärbten Achsenbecher, einzeln od. in Köpfen, Ähren od. Trauben. K 4–5zipflig, oft gefärbt wie der Achsenbecher. Kr meist fehlend. StaubBl 8, in 2 Kreisen, dem Achsenbecher angeheftet. FrKn oberständig, 2blättrig, 1fächrig mit 1 SaAnlage, 1 FrBl ist stark reduziert. Griffel 1. SteinFr, Nüsse, Beeren od. Kapseln (750 Arten – Ib).

1 Sträucher od. Zwergsträucher. BHülle auffällig, nach der BZeit abfallend. Fr eine SteinFr. **Seidelbast** – Dáphne S. 248

1* Pfl ⊙. BHülle unscheinbar, bis zur FrZeit bleibend. Fr eine Nuß. **Spatzenzunge** – Thymeláea S. 249

Seidelbast – Dáphne L.
(Ib: Falter – Vv: Vögel – giftig! – ∇)

1 B gelblichgrün, in meist 5blütigen, achselständigen, nickenden Trauben. Bl derb, immergrün. Fr schwarz. 0,40–1,20. ♄ 2–4. Wärmeliebende LaubW u. Gebüsche, kalkhold; s SW-Bw: Dinkelberg N-Rh: Brohl, Ockenfels, ↘ (m/mo-temp·ozEUR – F – V Querc. pub., V Cephal.-Fag., V Carp., V Til.-Acer. – ∇). **Lorbeer-S.** – D. lauréola L.

1* B rot, selten weiß **2**

2 B vor den Bl erscheinend, seitenständig, meist zu 3 über den Narben vorjähriger Bl, dunkelrosa, selten weiß. Bl sommergrün. Fr rot. 0,40–1,20. ♄ 3–4. Krautreiche LaubW, Gebüsche u. subalp. Hochstaudenfluren, kalkhold; v Ba Bw Rh O- u. S-We He Th S-Sa SW-An S-Ns, z N-Sa, s NW-We N- u. O-An O-Br, (N) s W- u. M-Br N-Ns Me Sh (m/mo-b·subozEUR–WSIB – F – V Carp., V Asper.-Fag., V Cephal.-Fag., V Alno-Ulm., V Adenost. – ∇). **Gewöhnlicher S., Kellerhals** – D. mezéreum L.

2* B an beblätterten Zweigen. BStände endständig. Pfl < 40 cm hoch **3**

3 B einfarbig dunkelrosa, außen behaart. Bl gleichmäßig an den Zweigen verteilt. FrKn behaart. 0,10–0,40. ♄ 5–8. KieferntrockenW, Felsbänder, kalkhold; z Ba: Lech, Isar, Donau, Oberpfalz, s S-Bw: bes. Donaualb, Baar, Hegau S-Rh: Eppenbrunn, † He, ↘ (sm/mo-stemp/demo·subozEUR – S – O Eric.-Pin., K Fest.-Brom. – ∇).
Rosmarin-S., Heideröschen. Reckhölderle – D. cneórum L.

3* B hellrosa, längsgestreift, kahl. Bl an den Zweigenden rosettig gehäuft. FrKn kahl. 0,10–0,35. ♄ 5–7. Subalp. Gebüsche u. Rasen, kalkhold; v S-Ba: Bayerische Alpen u. Allgäu (sm/salp-temp/salp·subozALP – S – V Eric.-Pin., V Rhod.-Vacc., O Sesl. – ∇).
Gestreifter S., Steinröschen. Alpenflieder – D. striáta TRATT.

Spatzenzunge – Thymelǣa MILL. em. ENDL.

Bl lanzettlich bis linealisch. B klein, einzeln od. zu 2–4 achselständig. 0,15–0,40. ☉ 7. Nährstoffreiche Äcker, Brachen, kalkhold; s M- u. NW-Ba Bw: Tauber-Gebiet, Bauland, O-Jura, † Rh We He Th An Br, ↘ (m-temp·(subk)EUR–WAS – T – Ib – V Caucal. – giftig!). **Acker-S.** – T. passerína (L.) COSS. et GERM.

Familie **Ölweidengewächse** – Elaeagnáceae JUSS.

Sträucher, selten Bäume. Bl wechselständig od. selten gegenständig, ungeteilt, dicht mit Schildhaaren besetzt, ohne NebenBl. B ⚥ od. 1geschlechtig, radiär, 4zählig, einzeln od. in Ähren od. Trauben, mit einem gut entwickelten Achsenbecher. KBl 2 od. 4. KrBl 0. StaubBl so viele od. doppelt so viele wie KBl, dem Achsenbecher angeheftet. FrKn oberständig, 1blättrig, 1samig. Griffel 1, lang. Fr eine Nuß, vom fleischigen Achsenbecher ganz od. teilweise umschlossen u. daher steinfruchtähnlich (45 Arten – F – Wb, Ib – Vv).

1 Pfl 2häusig. B klein, bräunlich, ♂ mit tief 2teiliger Hülle, ♀ röhrig. Bl 3–7 mm br, oberseits fast kahl, unterseits silberweiß. **Sanddorn** – Hippóphaë S. 249

1* B ⚥, glockig-trichterfg, innen gelb, wohlriechend. Bl 8–45 mm br, beiderseits silberschülfrig. **Ölweide** – Elaeágnus S. 249

Sanddorn – Hippóphaë L.

Pfl dornig. ScheinFr orangerot, selten gelb. Bis 5,00. ♄ 3–5. Gebüsche in Schotterauen, lehmige Hänge der Ostseeküste, auch KieferntrockenW, kalkhold; z S- u. M-Ba SO- u. W-Bw NW-Ns u. Me: Küste O-Sh: Küste, Untertrave, (N) z alle Bdl. Zierstrauch (m/mo-temp·subk+litEURAS – F – Wb – Vv, Sv: Wurzelsprosse – V Salic. aren., V Berb., V Eric.-Pin. – angebaut als Pioniergehölz – Beeren reich an Vitamin C).
** **Sanddorn** – H. rhamnoídes L.

Ölweide – Elaeágnus L.

1 Junge Zweige silberweiß schülfrig. Bl 8–25 mm br. B aufrecht. ScheinFr hellgelb. 3,00–10,00. ♄ 5–6. Zierstrauch, auch (N) s, z. B. Br: bes. Berlin Me: Küste (m-sm·kAS – F – Ib). **Schmalblättrige Ö.** – E. angustifólia L.

1* Junge Zweige rostfarben schülfrig. Bl bis 45 mm br. B abwärtsgebogen. ScheinFr silbrig. 1,50–4,00. ♄ 5–6. Zierstrauch (temp/mo-b·kAM – F – Sv: Wurzelsprosse). [E. argéntea PURSH non MOENCH] **Silber-Ö.** – E. commutáta BERNH. ex RYDB.

Familie **Wintergrüngewächse** – Pyroláceae DUM.

Kräuter, Halbsträucher. Bl wechselständig, ungeteilt, ohne NebenBl. B ⚥, radiär, 4–5zählig, einzeln od. meist in Trauben. KBl frei od. am Grund verwachsen. KrBl frei.

StaubBl 8 od. 10, die äußeren über den KrBl stehend, frei. Staubbeutel öffnen sich mit Poren. Pollen fast stets in Tetraden. FrKn oberständig, 4–5blättrig, 4–5fächrig. Griffel 1. Vielsamige Kapseln mit sehr kleinen Sa (42 Arten – Ib, Sb – Wv, Sv: Wurzelsprosse).

1 B in Schirmtrauben. Griffel kurz, dick. Narbe schildfg. Bl lanzettlich, scharf gesägt. **Winterlieb** – Chimáphila S. 250
1* B in verlängerten Trauben od. einzeln. Griffel lg. Bl eifg od. rundlich, ganzrandig od. fein gekerbt **2**
2 B einzeln, groß, 13–20 mm im ∅. Kr flach ausgebreitet. Kapsel aufrecht. **Moosauge** – Móneses S. 250
2* B in Trauben. Kr glockig bis halbkuglig. Kapsel nickend **3**
3 Traube einseitswendig, zur BZeit nickend. Bl eifg, spitz. **Birngrün** – Orthília S. 250
3* Traube allseitswendig, nicht nickend. Bl rundlich, stumpf. **Wintergrün** – Pýrola S. 250

Winterlieb – Chimáphila PURSH

Bl quirlig genähert, ledrig. Kr weiß bis hellrosa. 0,07–0,15. ♄ 6–8. Trockne KiefernW; z Br, s M- u. N-Ba S-He O-Th N-Sa SO-An NO-Ns Me, (N) mit Kiefern-Anbau s NW-Bw, † Rh Sh, ↘ (sm/mo-b·subkCIRCPOL – S – V Vacc.-Pic., V Dicr.-Pin., V Cytis.-Pin., V Eric.-Pin. – ArzneiPfl – ∇). [Pýrola umbelláta L.] **Dolden-W.** – Ch. umbelláta (L.) BARTON

Moosauge – Móneses SALISB. ex S. F. GRAY

Bl in Rosetten. B nickend, wohlriechend. Kr weiß. 0,05–0,10. ♃ 5–7. Frische NadelW, bodensaure EichenW, mäßig anspruchsvoll; v S-Th, z Ba: bes. Jura, Alpen S-Bw Th Sa S-An: Harzgebiet, Dübener Heide, Fläming Br, s N-Bw Rh O-We He NW-An SO-Ns SO- u. N-Me, † S-Sh, ↘, s mit Nadelholzanpflanzungen verschleppt, z. B. W-Rh S-We N-Ns (m/mo-b·(subk)CIRCPOL – C,G – V Vacc.-Pic., V Dicr.-Pin., V Cytis.-Pin.). [Pýrola uniflóra L.] **Moosauge** – M. uniflóra (L.) A. GRAY

Birngrün – Orthília RAFIN. [Ramíschia OPIZ ex GARCKE]

B in einseitswendiger Traube. Kr glockig bis halbkuglig, grünlichweiß. 0,07–0,25. ♄ 6–7. NadelW, bodensaure LaubmischW; v Ba S-Th O-Br, z Bw: bes. O-Schwarzw, Jura N-Th Sa S-An W-Br S-Ns N- u. O-Me, s NO- u. SW-We N-An NO-Ns, † Rh Sh, ↘ (strop/moAM-m/mo-arct·(oz)CIRCPOL – S – O Vacc.-Pic., V Eric.-Pin., K Puls.-Pin., V Querc. rob.-petr. – ArzneiPfl). [Pýrola secúnda L., Ramíschia secúnda (L.) GARCKE] **Birngrün** – O. secúnda (L.) HOUSE

Wintergrün – Pýrola L.

1 Kr offen, glockig. Griffel S-fg gebogen, unter der Narbe verdickt. BlStiel länger als die BlSpreite **2**
1* Kr fast geschlossen, halbkuglig. Griffel gerade. BlStiel höchstens so lg wie die 2,5–6 cm lg u. 1,5–5 cm br BlSpreite **3**
2 KZipfel lanzettlich, abstehend. Griffel länger als die weiße, selten rötliche Kr u. viel länger als der FrKn (Abb. **251**/1). Bl rundlich-eifg, ihre Spreite 2–5 cm lg u. 1,5–5 cm br. Stg stumpfkantig. 0,15–0,30. ♃ 6–7. NadelW, bodensaure LaubmischW, Gebüsche; z Ba O-Bw Th Sa SW-An Br SO- u. NW-Ns, s W-Bw Rh We He O- u. N-An NO- u. SW-Ns Me Sh, ↘ (trop/moOAS-m/mo-arct·(suboz)CIRCPOL – H – O Vacc.-Pic., V Eric.-Pin., V Querc. rob.-petr.). ** **Rundblättriges W.** – P. rotundifólia L.
2* KZipfel eifg, kurz, anliegend. Griffel so lg wie die grünlichweiße Kr u. länger als der FrKn (Abb. **251**/2). Bl spatelfg-rundlich, ihre Spreite 0,5–2,0 cm lg u. 0,5–2,5 cm br. Stg rot, am Grund scharfkantig. 0,10–0,25. ♃ 6–7. Trockne KiefernW, seltener FichtenW; z M- u. N-Ba Bw: von O bis Baar, Neckar, Schwetzingen M- u. S-Th SO-An Br, s S-Ba: Lech N-Rh He N-Th N-Sa NO-Ns: Wendland Me, † Sh, ↘ (m/mo-b·(suboz)CIRCPOL – H – V Vacc.-Pic., V Dicr.-Pin., V Eric.-Pin.). [P. vírens SCHWEIGGER] **Grünblütiges W.** – P. chlorántha SW.

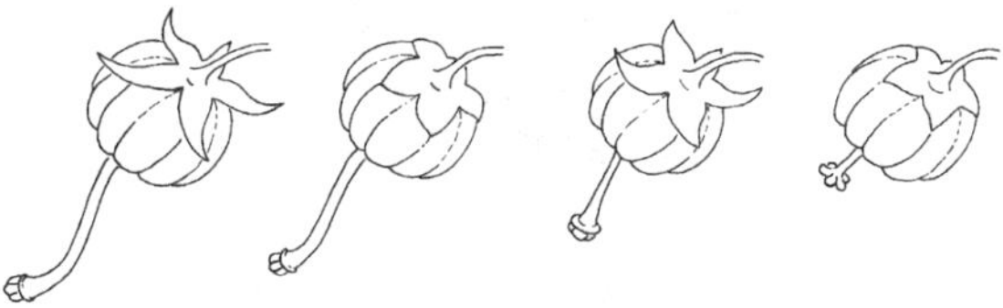

1 2 3 4

3 **(1)** Griffel (3–)4–6 mm lg, dem FrKn schief eingefügt, nach oben verdickt, länger als Kr u. FrKn (Abb. **251**/3). Kr 7–10 mm ⌀. Bl fast kreisrund. KZipfel eifg-lanzettlich, abstehend. 0,15–0,30. ♃ 6–7. NadelW, bodensaure EichenW, mäßig anspruchsvoll; s M- u. S-Ba: Alpen u. Vorland, Regensburg, Kehlheim, Jura Rh S-We He S- u. M-Th NO-Sa SW-An S-Br, † Ns Me, ↘ (sm/mo-b·subozEURAS – H – O Vacc.-Pic.). **Mittleres W.** – P. média SW.

3* Griffel 1–2(–4) mm lg, gerade, nach oben nicht verdickt, kürzer als die Kr u. kürzer als od. höchstens so lg wie der FrKn (Abb. **251**/4). Kr 5–7 mm ⌀. Bl elliptisch bis eifg-rundlich. KZipfel 3eckig, der Kr angedrückt. 0,07–0,25. ♃ 6–7. NadelW, bodensaure LaubW, Eichenforsten; v Rh S-Th S- u. O-Sa O-Br, z Ba Bw S- u. O-We He N-Th NW-Sa An: bes. Harz, Dübener Heide W-Br Ns Me Sh, s NW-We (sm/mo-arctCIRCPOL – H – O Vacc.-Pic., V Luz.-Fag., V Querc. rob.-petr.). **Kleines W.** – P. mínor L.

Familie **Fichtenspargelgewächse** – Monotropáceae NUTT.

Saprophytische Kräuter ohne Chlorophyll. Bl wechselständig, schuppenfg. B ⚥, radiär, 4–5zählig. KrBl frei (Fichtenspargel) od. verwachsen. StaubBl 8 od. 10. Staubbeutel öffnen sich mit 1 ring- od. hufeisenfg Spalte od. 2 Längsspalten. Pollen einzeln. FrKn oberständig, 4–5blättrig, 4–5- od. 1fächrig. Griffel 1. Kapseln mit ∞, sehr kleinen Sa, selten Beeren (15 Arten – Saprophyten).

Fichtenspargel – Monótropa L.

1 Traube dicht, (6–)10–15blütig. Oberer StgTeil, K u. Außenseite der Kr behaart od. kahl. KrBl an der Spitze etwas ausgebreitet, (9–)10–15 mm lg. Innenseite der Kr, Staubfäden, Griffel u. oft der FrKn steifhaarig. FrKn u. Kapsel oft länger als br. 0,10–0,25. ♃ 6–7. NadelW, seltener bodensaure LaubmischW; z Ba Bw Rh We He Th An S- u. O-Br S-Ns W-Me, s Sa NW-Br N-Ns O-Me O-Sh, im NW ↘, Verbreitung ungenügend bekannt (strop/moAM-m/mo-b·(suboz)CIRCPOL – G – Ib: Bienen – O Vacc.-Pic.). [Hypópitys monótropa CRANTZ] **Echter F.** – M. hypópitys L.

1* Traube lockerer, 3–6(–12)blütig. Stg u. gesamte B kahl. KrBl 8–10 mm lg, aufrecht. Kapsel fast kuglig. 0,10–0,25. ♃ 6–7. Bodensaure LaubW (meist Buche), seltener NadelW, kalkmeidend; z Ba Bw Rh We He NW-Me O-Sh, s Th Sa W- u. S-An Br Ns S-Me, Verbreitung ungenügend bekannt (sm-temp·subozEUR? – G – V Luz.-Fag.). [Hypópitys hypophégea (WALLR.) G. DON] **Kahler F., Buchenspargel** – M. hypophégea WALLR.

Familie **Heidekrautgewächse** – Ericáceae JUSS.

Sträucher, Zwergsträucher, selten Bäume, meist immergrün. Bl wechsel-, gegen- od. quirlständig, ungeteilt, ohne NebenBl. B ⚥, radiär od. schwach dorsiventral, (3–)4–6 (–7)zählig, einzeln od. in Trauben od. Schirmtrauben. K bleibend. KrBl verwachsen, selten frei. StaubBl meist doppelt so viele wie KrZipfel, selten mehr od. weniger, die

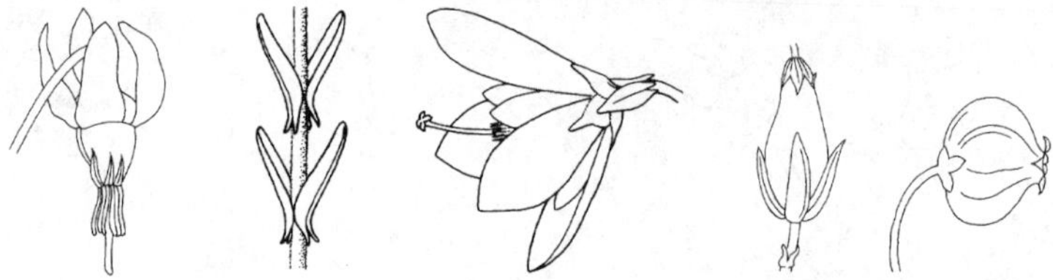

äußeren über den KrBl stehend. Staubbeutel oft mit hornfg Anhängseln, sich an der Spitze mit Löchern öffnend. Pollen in Tetraden. FrKn ober- od. unterständig, (2–)5(–10)fächrig, in jedem Fach 1–∞ SaAnlagen. Griffel 1. Kapseln, Beeren, selten SteinFr (3350 Arten – Ib, Sb – Vv, Wv – meist kalkmeidend).

1 FrKn unterständig. Fr eine Beere. B 4zählig. Bl flach od. nur am Rand umgerollt, nicht nadelfg od. schuppenfg **2**

1* FrKn oberständig **3**

2 Kr tief 4teilig, mit zurückgeschlagenen Zipfeln (Abb. **252**/1). Stg fadenfg, kriechend. Beeren rot. **Moosbeere** – Oxycóccus S. 255

2* Kr krugfg bis glockig, 4zähnig. Stg kräftig, aufrecht. **Preiselbeere, Heidelbeere** – Vaccínium S. 254

3 **(1)** KrBl frei, weiß. B 5zählig, in Schirmtrauben. Fr eine Kapsel. Bl unterseits rostrotfilzig, linealisch bis eifg. **Porst** – Lédum S. 253

3* KrBl verwachsen **4**

4 Bl nadelfg od. schuppenfg, quirlig od. gegenständig. B 4zählig. Kr verwelkend, nicht abfallend **5**

4* Bl breitflächig od. nur am Rand umgerollt. B 5zählig. Kr nach dem Blühen abfallend **6**

5 Bl gegenständig, schuppenfg (Abb. **252**/2). K kronartig, länger als die 4teilige Kr, mit grünem AußenK (Abb. **252**/3). **Heidekraut** – Callúna S. 254

5* Bl zu 3–4 quirlig, nadelfg. K kürzer als die krugfg, kurz 4lappige Kr, ohne AußenK (Abb. **252**/4). **Heide** – Eríca S. 254

6 **(4)** Bl gegenständig od. zu 3 quirlig. Fr eine Kapsel **7**

6* Bl wechselständig **8**

7 Bl länglich, sehr klein, bis 2 mm br. StaubBl 5. Kr weit glockig, 5spaltig. Liegender Zwergstrauch der Alpen. **Alpenazalee** – Loiseleúria S. 253

7* Bl lanzettlich, mittelgroß, 10 mm br. StaubBl 10. Kr napffg, 5zähnig. Aufrechter Strauch. **Berglorbeer** – Kálmia S. 253

8 **(6)** Kr trichterfg-glockig od. radfg, 5spaltig od. fast 5teilig, rot, 15–30 mm br **9**

8* Kr kuglig od. krugfg, nur an der Spitze 5zähnig (Abb. **252**/5), weiß od. blaßrosa, 5–8 mm br **10**

9 Bl > 1 cm lg. Kr 5spaltig, trichterfg, etwas unregelmäßig 2lippig. StaubBl kürzer als die Kr. **Alpenrose** – Rhododéndron S. 253

9* Bl < 1 cm lg. Kr fast 5teilig, radfg ausgebreitet, radiär, mit weit herausragenden StaubBl. **Zwergalpenrose** – Rhodothámnus S. 253

10 **(8)** Bl linealisch-lanzettlich, unterseits weißlich, mit umgerolltem Rand. B in Schirmtrauben. Fr eine Kapsel. **Gränke** – Andrómeda S. 253

10* Bl verkehrteifg, ober- u. unterseits grün. BlRand nicht umgerollt. B in Trauben. SteinFr **11**

11 Bl ganzrandig, kahl, derb, wintergrün. B zu 3–12. Fr rot, mehlig. **Bärentraube** – Arctostáphylos S. 253

11* Bl gesägt, anfangs lg gewimpert, krautig, sommergrün. B zu 2–5. Fr halbreif rot, reif schwarz, saftig. **Alpenbärentraube** – Arctóus S. 254

Porst – Lédum

1 Bl lineal-lanzettlich, 4–12mal so lg wie br. B in Schirmtrauben, weiß. StaubBl 10. Pfl stark duftend. 0,60–1,50. ♄ 5–7. Moorgebüsche u. MoorW, feuchte KiefernW, kalkmeidend; z O-Sa Br Me, s O-Ba: Bayr-W S-Sa N- u. O-An NO-Ns S-Sh, † W-Bw Th, ↘ (temp-arct·(k)CIRCPOL – F – Ib: Fliegen, Sb – Wv – V Ledo-Pin., V Sphagn. magell. – Mottenkraut – giftig! – ∇). **Sumpf-P.** – L. palústre L.

1* Bl eifg bis br lanzettlich, 2–5mal so lg wie br. StaubBl 5–8. 0,50–1,50. ♄ 5–7. Torfmoore; (N 20. Jh.) s N-We: Venner Moor Ns (temp-arct·(k)AM+GRÖNL – F – K Oxyc.-Sphagn.). [L. latifólium JACQ.] **Grönländischer P.** – L. groenlándicum OEDER

Alpenrose – Rhododéndron L.
(F, S – Vm, Ib: Hummeln, Sb – Wv – ∇).

1 Bl br lanzettlich, beiderseits frischgrün, am Rand flach, lg bewimpert, sonst kahl. Kr hellrot, 0,20–1,00. ♄ 6–8. Subalp. Gebüsche u. KiefernW, kalkhold; S-Ba: g Alpen, s Vorland (sm/salp-temp/salp·subozALP – V Eric.-Pin. – ∇). **Bewimperte A., Almrausch** – Rh. hirsútum L.

1* Bl lanzettlich, oberseits dunkelgrün glänzend, unterseits rostbraun, am Rand umgerollt, kahl. Kr dunkelrot. 0,30–1,50. ♄ 5–7. Subalp. Gebüsche u. Kieferngehölze, kalkmeidend; S-Ba: v Alpen, s Vorland, † SO-Bw (sm/salp-temp/salp·subozALP – V Rhod.-Vacc. – ∇). **Rostblättrige A.** – Rh. ferrugíneum L.

Zwergalpenrose, Zwergrösel – Rhodothámnus RCHB.

Bl eifg-lanzettlich, ledrig, ganzrandig od. undeutlich gekerbt, am Rand bewimpert. Kr hellrosa. 0,20–0,40. ♄ 6–7. Subalp. Gebüsche u. NadelW, wärmeliebend, anspruchsvoll, kalkhold; z S-Ba: Alpen außer W-Allgäu (sm/salp-temp/salp·subozALP – S – Vw, Ib, Sb – Wv – V Eric.-Pin. – ∇). **Zwergalpenrose** – Rh. chamaecístus (L.) RCHB.

Berglorbeer, Kalmie – Kálmia L.

Bl eifg-länglich, stumpf. B napffg, in achselständigen Schirmtrauben, rötlich, bis 1 cm br. 0,50–1,00. ♄ 6–7. Moore; (N 1870) s SO-Ba: Chiemsee We: Rheine N-Ns: Hannover, Bremen, Ostfriesland, Gildehauser Venn (sm-b·(oz)OAM – F – Vv – K Oxyc.-Sphagn. – giftig!). **Schmalblättriger B.** – K. angustifólia L.

Alpenazalee, Gemsheide – Loiseleúria DESV.

Spalierstrauch. Bl am Rand umgerollt, 5–7 mm lg. B zu 2–5 in Schirmtrauben. K rot. Kr weitglockig, hellrosa. 0,15–0,30. ♄ 6–7. Alp. Zwergstrauch- u. Spalierheiden, kalkmeidend; z Ba: Alpen (sm/alp-arct·(oz)CIRCPOL – S – Vw, Ib, Sb – O Vacc.-Pic.). **Alpenazalee, Gemsheide** – L. procúmbens (L.) DESV.

Gränke – Andrómeda L.

Bl lineal-lanzettlich. B zu 2–5(–8) in Schirmtrauben, nickend, Kr kuglig-eifg, rosa. 0,15–0,30. ♄ 5–8. Hochmoorbulte; v S-Ba N-Ns, z O- u. N-Ba: Bayr-W bis Fichtelgebirge, Rhön Bw: bes. Oberschwaben, Schwarzw Br Me Sh, s NW-Rh We NO-He SW-Th Sa N- u. W-An SO-Ns, ↘ (sm/mo-bCIRCPOL – S – Ib: Bienen, Sb – Wv – V Sphagn. magell., V Ledo-Pin. – giftig!). **Polei-G., Rosmarinheide** – A. polifólia L.

Bärentraube – Arctostáphylos ADANS.

Bl unterseits netzadrig (bei der ähnlichen Preiselbeere, S. 254, drüsig punktiert). 0,20–0,60. ♄ 3–7. Kieferngehölze, Gebüsche, Heiden; s Ba: Alpen, Vorland, Pfalz, Oberfranken Bw: Bodensee S- u. W-Th: Blankenburg, Asbach O-Sa SW-An NO- u. S-

Br NO-Ns NW- u. S-Sh, † Rh We He Me, ↘ (m/mo-b·(subk)CIRCPOL – S – Ib: Hummeln, Sb – Vv – O Puls.-Pin., V Eric.-Pin., V Rhod.-Vacc. – ArzneiPfl – ∇).

Echte B. – A. úva-úrsi (L.) SPRENG.

Alpenbärentraube – Arctóus NIEDENZU

Bl gesägt. Reife Fr schwarz. 0,15–0,30. ♄ 5–6. Alp. Heiden u. Gebüsche; v S-Ba: Alpen (sm/alp-arct·(subk)CIRCPOL – S – Ib: Hummeln, Sb – Vv – O Vacc.-Pic., V Eric.-Pin.). [Arctostáphylos alpína (L.) SPRENG.] **Alpenbärentraube** – A. alpína (L.) NIEDENZU

Heidekraut – Callúna SALISB.

Bl lineal-lanzettlich, 1–4 mm lg. B in einseitwendigen Trauben. K u. Kr rotlila. 0,30–1,00. ♄ 8–10. Heiden, Magerrasen, Moore, KiefernW, EichenW, kalkmeidend; alle Bdl v, aber Trockengebiete z, ↘ (m-b·(oz)EUR–(WSIB) – S, F – Ib: Bienen – Wv – K Nard.-Call., K Oxyc.-Sphagn., O Vacc.-Pic., V Querc. rob.-petr.).

Heidekraut, Besenheide – C. vulgáris (L.) HULL

Heide – Eríca L.

1 Bl steifhaarig-gewimpert, stumpf. BStand kopfig-doldig. StaubBl in der rosa Kr eingeschlossen. 0,15–0,50. ♄ 6–9. Feuchtheiden, Moore, Feuchtwiesen, Gebüsche, MoorW, kalkmeidend; v W- u. N-Ns, z Rh: bes. Eifel, Westerwald NO-Sa N- u. O-An S- u. W-Br N- u. W-Me, s He S- u. O-Th NW-Sa SO-Ns, (N) z M- u. N-Ba, s SW-Ba Bw: bes. Schwarzw SW-Sa (sm-b·ozEUR – S – Ib: Bienen – Wv – O Sphagn.-Eric.).

Glocken-H. – E. tetrálix L.

1* Bl kahl, spitz 2

2 B in dichten, quirligen Trauben. StaubBl in der hellpurpurnen Kr eingeschlossen. 0,20–0,60. ♄ 6–7. Atl. Heiden, kalkmeidend; s W-We: Mönchengladbach, Goch, ↘ (sm-b·euozEUR – S – Ib: Bienen – Wv – O Call.-Ulic.). **Grau-H.** – E. cinérea L.

2* B in einseitwendigen Trauben. StaubBl aus der fleischfarbenen Kr hervorragend (Abb. **252**/4). 0,15–0,30. ♄ 2–5. Gebirgs-KiefernW, Latschengebüsche, kalkhold; Ba: g Alpen, z Iller, Lech, Isar, Oberpfalz, Fichtelgebirge, um Regensburg, s SW-Sa: Bad Brambach, (U) s NO-Th S-An, † SO-Bw. ZierPfl (sm/mo-stemp/demo·subozEUR – S – Ib: Tagfalter – Wv – V Eric.-Pin., V Sesl.). [E. herbácea L.] **Schnee-H.** – E. cárnea L.

Preiselbeere, Heidelbeere – Vaccínium L.
(S – Ib: Bienen, Hummeln – Vv – kalkmeidend – Beeren eßbar)

1 Bl immergrün, ledrig, glänzend, am Rand umgerollt. B in Trauben. Kr glockig, weiß od. rosa. Beeren rot. 0,05–0,15. ♄ 5–8. NadelW, bodensaure LaubmischW, Gebüsche, Heiden, kalkmeidend; v Ba: bes. S, Bayr-W bis Th-W, Mittelfranken We S-Th O- u. S-Sa O-Br N-Ns, z Bw: bes. Schwarzw, Oberschwaben Rh N-Th: bes. Harz NW-Sa An: bes. Harz W-Br S-Ns N- u. O-Me, s He SW-Me Sh (sm/mo-arct·(subk)CIRCPOL – O Vacc.-Pic., V Eric.-Pin.). **Preiselbeere, Kronsbeere** – V. vítis-idaéa L.

1* Bl sommergrün, krautig, nicht glänzend u. nicht umgerollt. B einzeln, achselständig. Kr eifg od. kuglig. Beeren blauschwarz 2

2 Äste scharfkantig, grün. Bl eifg, spitz, fein gesägt, hellgrün. Kr rötlichgrün. 0,15–0,50. ♄ 4–8. NadelW, bodensaure LaubW, Gebüsche, Heiden, kalkmeidend; alle Bdl v, aber W-Jura u. Trockengebiete s (sm/mo-b·(suboz)EUR–SIB – K Vacc.-Pic., V Luz.-Fag., V Querc. rob.-petr., O Call.-Ulic.). **Heidelbeere, Blaubeere** –V. myrtíllus L.

2* Äste stielrund, braun. Bl verkehrteifg, stumpf, ganzrandig, blaugrün. Kr weißlich. 0,30–1,00. ♄ 5–7. MoorW, Gebüsche, subalp. Heiden, kalkmeidend; v S-Ba NO-Ns, z M- u. N-Ba: Pfalz, Mittelfranken, Bayr-W, Rhön S-Bw: Schwarzw, Oberschwaben, Böhmenkirch W- u. S-Rh N-We: bes. Münsterland O- u. S-Th O- u. S-Sa W- u. S-Ns Me Sh,

s S-We He: Rhön, Vogelsberg N- u. SW-An: bes. Harz Br, ↘ (sm/mo-arct·(subk)CIRCPOL – K Oxyc.-Sphagn., V Ledo-Pin., V Genisto-Call.).
** **Moor-Heidelbeere, Rauschbeere, Trunkelbeere** – V. uliginósum L.

Moosbeere – Oxycóccus HILL
(S – Ib: Bienen, Hummeln – Vv – kalkmeidend – Beeren eßbar)

1 Bl länglich, stumpf, 6–18 mm lg, am Rand kaum umgerollt (Abb. **255**/1). BStandsachse durch einen BlTrieb abgeschlossen. VorBl dicht unter der B. KrZipfel 6–10 mm lg. Beeren 10–20 mm br. 0,20–1,00. ♄ 6. Hochmoore; (N 1830) s SW-Ba: Haspelmoor Bw: N-Schwarzw NO-We S-Th N-Sa An Br N- u. O-Ns S- u. W-Sh (m-arct·(oz)OAM – V Sphagn. magell.). [Vaccínium macrocárpon AIT.]
Großfrüchtige M., Krannbeere – O. macrocárpos (AIT.) PURSH

1* Bl eifg bis 3eckig, spitz, 4–8 mm lg, mit deutlich umgerolltem Rand (Abb. **255**/2, 3). Traube endständig. VorBl etwa in der Mitte des BStiels. KrZipfel 5–6 mm lg. Beere 5–10 mm br, kuglig bis ei- od. birnfg. 0,15–0,80. ♄ 6–8. Hochmoorbulte, Zwischenmoore; v S-Ba N-Ns Sh, z M- u. N-Ba Bw: bes. Oberschwaben Schwarzw W- u. S-Rh We S- u. O-Th Sa S-An: O, Harz, Marienborn Br S-Ns, s He N-Th: Harz, ↘ (sm/mo-arct·(suboz)CIRCPOL – K Oxyc.-Sphagn., V Rhynch. alb.). [Vaccínium oxycóccos L., O. quadripétalus GILIB.] **Gewöhnliche M.** – O. palústris PERS.

Familie **Krähenbeerengewächse** – Empetráceae S. F. GRAY

Immergrüne Zwergsträucher. Bl wechselständig, ungeteilt, nadelfg, unterseits mit tiefer Längsfurche, am Rand umgerollt, ohne NebenBl. B 1geschlechtig od. ⚥, radiär, 2–3zählig, klein, einzeln od. in Köpfen. KrBl frei. StaubBl 2–4. Staubbeutel öffnen sich mit Längsspalten. Pollen in Tetraden. FrKn oberständig, 2–9fächrig, in jedem Fach 1 SaAnlage. Griffel 1. Narben 2–9. SteinFr (5 Arten – S – Ib – Vv).

Krähenbeere – Émpetrum L.

1 Pfl 2häusig, spärlich fruchtend, Sprosse liegend-ausgebreitet, z. T. wurzelnd. Junge Triebe rötlich, ältere rotbraun. Bl 3–4mal so lg wie br, parallelrandig, unterseits mit sehr schmaler weißer Rinne (Abb. **255**/4). BKnospen meist rot. Am Grund der Fr nie Staubblattreste, da 2häusig. 0,15–0,45. ♄ 4–5. Küstennahe u. hochmont.-subalp. Heiden, Moore, NadelW, kalkmeidend; v N-Ns N-Sh, z S-Sa S-Ns Me S-Sh, s Ba: Alpen?, Fichtelgebirge, Bayr-W, Rhön Bw: Schwarzw S- u. O-We N-He SW-Th An: Harz N-Br (sm-b·(oz)CIRCPOL – V Empetr., V Dicr.-Pin., K Oxyc.-Sphagn.).
Gewöhnliche K. – E. nígrum L.

1* B ⚥. Pfl meist reich fruchtend. Sprosse mehr aufrecht. Junge Triebe grün, ältere braun. Bl 2–3mal so lg wie br, mit etwas gebogenen Rändern, unterseits mit breiterer weißer Rinne (Abb. **255**/5). BKnospen grün. Am Grund der reifen Fr fast stets vertrocknete StaubBl od. deren Basalteile vorhanden. 0,15–0,50. ♄ 4–5. Arkt.-alp. Heiden, Moore, kalkmeidend; z Ba: Alpen, s SW-Bw: Feldberg, Belchen (sm/alp-arctCIRCPOL – O Vacc.-Pic., K Oxyc.-Sphagn.). **Zwittrige K.** – E. hermaphrodítum HAGERUP

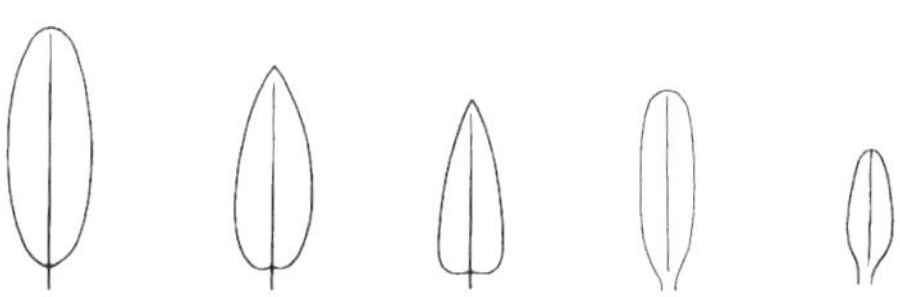

1 2 3 4 5

Familie **Primelgewächse** – Primuláceae VENT.

Kräuter. Bl grund- od. wechselständig, seltener gegen- od. quirlständig, ohne NebenBl. B ⚥, radiär, meist 5zählig, häufig heterostyl, einzeln od. in Dolden, Trauben od. Rispen. KrBl fast stets verwachsen, seltener fehlend (Milchkraut). StaubBl 5, über den KrBl stehend. FrKn oberständig, selten halbunterständig (Salzbunge), 1fächrig, mit Zentralplazenta, vielsamig. Griffel 1. Kapseln (825 Arten – Ib – ZierPfl).

1 WasserPfl. Bl kammfg-fiedrig, untergetaucht. BSchaft aufrecht über dem Wasser. B in quirligen Trauben. **Wasserfeder** – Hottónia S. 260
1* Land- od. SumpfPfl. Bl ungeteilt. B nicht in quirligen Trauben **2**
2 Bl grundständig, rosettig. B doldig auf blattlosem Schaft od. grundständig **3**
2* Stg beblättert. B achselständig od. in endständigen Trauben od. Rispen **7**
3 Bl länglich, verkehrteifg, lanzettlich, linealisch od. pfriemlich **4**
3* Bl rundlich-herzfg, ganzrandig od. gelappt **5**
4 KrRöhre länger als der KrSaum, walzig, oben nicht verengt (Abb. **256**/3, 4). Kr rot od. gelb od. bei ZierPfl mehrfarbig. **Primel** – Prímula S. 258
4* KrRöhre so lg wie der KrSaum od. kürzer, glockig, oben verengt. Kr weiß od. rötlich, bisweilen mit gelbem Schlund. **Mannsschild** – Andrósace S. 259
5 **(3)** Bl weich, 7–13lappig, Lappen scharf gesägt. Pfl zottig u. drüsig behaart. B rosarot, in Dolden. **Heilglöckel** – Cortúsa S. 258
5* Bl ledrig, nicht od. kaum gelappt, ganzrandig od. gekerbt. Pfl kahl **6**
6 Kr violett, glockig od. trichterfg, Zipfel fransig zerschlitzt (Abb. **260**/1). Wurzelstock walzig. Fr eine Deckelkapsel. **Alpenglöckchen** – Soldanélla S. 260
6* Kr rosarot. Zipfel ganzrandig, zurückgeschlagen (Abb. **256**/1). Hypokotyl kuglig, knollig. **Alpenveilchen** – Cýclamen S. 261
7 **(2)** Bl wechselständig. Kr weiß **8**
7* Bl gegenständig (wenigstens die unteren) od. quirlig **10**
8 B meist 7zählig. Obere Bl auffällig größer als untere, scheinquirlig gedrängt. **Siebenstern** – Trientális S. 257
8* B 4- od. 5zählig. Obere Bl nicht größer, gleichmäßig am Stg verteilt **9**
9 B 5zählig. BStiele lg. FrKn halbunterständig. Pfl 10–50 cm hoch. **Salzbunge** – Sámolus S. 261
9* B 4zählig. BStiele sehr kurz. FrKn oberständig. Pfl 2–8 cm hoch. ⊙. **Zwerggauchheil** – Centúnculus S. 258
10 **(7)** B sitzend. Kr fehlend. K glockig, rosa, kronartig. Bl fleischig, untere gegenständig, obere wechselständig. **Milchkraut** – Glaux S. 257
10* B gestielt. Kr gelb, rot od. blau. K grün **11**
11 Kr gelb. Kapsel mit 5 Klappen aufspringend. **Gilbweiderich** – Lysimachía S. 256
11* Kr blau od. rot. Kapsel mit Deckel aufspringend (Abb. **256**/2). **Gauchheil** – Anagállis S. 257

Gilbweiderich, Felberich – Lysimachía L.
(Ib, Sv – Sv: vegetativ)

1 B 6–7zählig, in dichten, achselständigen Trauben. Bl gegenständig, schmal lanzettlich. Kr- u. KZipfel linealisch. 0,30–0,70. ♃ 5–7. Nasse, mesotrophe Großseggenrieder,

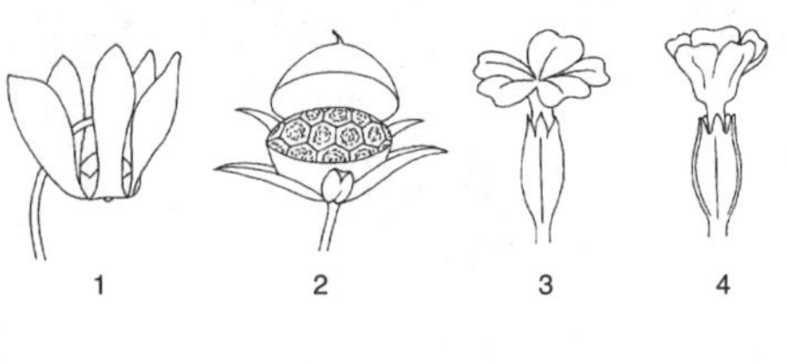

1 2 3 4

BruchW, Ufer armer Gewässer, Moorschlenken; v O-Br Me N-Ns Sh, z S-, M- u. NO-Ba SO-Bw N-We N-Sa N- u. O-An W-Br, s NW-Ba: Rhön NO- u. SW-Bw S-Rh S-We S-He O-Th S-Sa S-Ns, ↘ (temp-b·(k)CIRCPOL – H, A – V Magnocar., V Aln., V Frang.-Salic.). **Strauß-G.** – L. thyrsiflóra L.

1* B 5zählig 2

2 B einzeln, lg gestielt, achselständig. Stg liegend. Bl gegenständig 3

2* B quirlig od. rispig. Stg aufrecht. Bl meist quirlig 4

3 Bl rundlich od. elliptisch, stumpf. KZipfel herzfg. Stg weit kriechend. 0,10–0,50 lg. ♃ 5–7. Feuchte bis nasse, nährstoffreiche Fettwiesen, Gräben, AuenW, Ufer; g Th Sa Br, übrige Bdl v, aber NW-Sh z (sm-temp·subozEUR – C – K Mol.-Arrh., V Agrop.-Rum., V Alliar., V Alno-Ulm.). **Pfennig-G., Pfennigkraut** – L. nummulária L.

3* Bl eifg, spitz. KZipfel lineal-pfriemlich. Stg kurz kriechend od. aufsteigend. 0,10–0,30 lg. ♃ 5–8. Feuchte LaubmischW, Quellsümpfe, Säume, Schläge, subalp. Gebüsche, anspruchsvoll; v, im S bes. Bergland: O- u. S-Ba Bw Rh We S-Th S-Sa S-Ns Sh, z NW-Ba He SW-An N-Ns N- u. W-Me, s N-Th N-Sa N-An Br Me (m/mo-temp·ozEUR – C – V Asper.-Fag., V Alno-Ulm., V Adenost., V Card.-Mont.). **Hain-G.** – L. némorum L.

4 **(2)** KrZipfel am Rand kahl. KZipfel meist rötlich berandet. B in unten beblätterter Rispe. 0,50–1,50. ♃ 6–8. BruchW, Sumpfgebüsche, Röhrichte, Bachsäume, Feuchtwiesen, kalkmeidend; alle Bdl g, aber NW-We v, Kalk- u. Trockengebiete z (m-bEUR–AS – H – O Phragm., V Filip., V Mol., V Aln.). **Gewöhnlicher G.** – L. vulgáris L.

4* KrZipfel drüsig gewimpert. KZipfel grün. B in beblätterter, quirliger Traube. 0,50–1,00. ♃ 6–8. ZierPfl, auch (N, oft U) z Ba Bw Rh S- u. O-We He Th Sa S-An S-Ns, s Br N-Ns Me S-Sh (sm-temp·subozEUR – H). **Drüsiger G.** – L. punctáta L.

Siebenstern – Trientális L.

Bl lanzettlich, meist ganzrandig. B lg u. dünn gestielt, weiß, meist 7zählig. 0,05–0,20. ♃ 5–7. NadelW, bodensaure LaubW, Gebüsche, mont. Moore, Heiden, Magerrasen, kalkmeidend; v, im S bes. Bergland: O- u. S-We S-Th S- u. O-Sa Ns N-Me Sh, z M- u. N-Ba: bes. Bayr-W Rh He W-An S-Me, s S-Ba SW-Bw: Schwarzw NW-We N-Th NW-Sa O-An Br (temp-b·(k)EURAS-WAM – G – Ib, Sb – Sv: Ausläufer – O Vacc.-Pic., V Luz.-Fag.). **Europäischer S.** – T. europaéa L.

Milchkraut – Glaux L.

Bl dicklich, länglich-lanzettlich bis elliptisch, dichtstehend. B rosa. 0,03–0,20. ♃ 5–8. Feuchte Salzwiesen; v Küsten: Ns Me Sh, Binnenland: z S-An O-Ns, s NO-We M-He N- u. W-Th S- u. M-Br NW- u. SO-Me Sh, † Ba Rh Sa, im Binnenland ↘ (m-b·(k)litCIRCPOL – H – Ib, Vw, Sb – O Glauco-Pucc.). **Strand-M.** – G. marítima L.

Gauchheil – Anagállis L.
(Ib: Pollenblume, Sb – Wv)

1 Kr glockig, viel länger als der K, rosa, dunkler geadert. Bl gestielt. Stg sehr dünn, kriechend. 0,04–0,20. ♃ 7–8. Nasse Binsenwiesen, Moorschlenken; (A?) s SW-Bw: Hotzenwald NO-We: Salzkotten, † Ns, ↘ (m-b·euozEUR – H – K Scheuchz.-Caric., O Litt. – ∇). **Zarter G.** – A. tenélla (L.) L.

1* Kr radfg, ± so lg wie der K, meist rot od. blau. Bl sitzend. Ackerunkräuter. ⊙ 2

2 Kr mennigrot, seltener blau, fleischfarben, lila od. weiß. KrZipfel etwa 7 mm lg u. 6 mm br, verkehrteifg, in der unteren Hälfte sich deckend, vorn ganzrandig, schwach gekerbt od. gezähnt, am Rand mit vielen 3zelligen Drüsenhaaren, ihre terminale Zelle vergrößert, kuglig. KBl ganzrandig, an der geöffneten B nur die Spitzen sichtbar, an der geschlossenen B $^{2}/_{3}$ so lg wie die Kr u. diese nicht voll deckend. Kapsel mit 20–22 Sa. Sa 1,3 mm lg u. 1 mm br. 0,05–0,30. ⊙ 6–10. Nährstoffreiche Äcker, Gärten, Weinberge, frische bis mäßig trockne Ruderalstellen (Schutt); (A) alle Bdl g, aber NO-Ns u.

NW-Sh v, höheres Bergland u. W-Ns z (urspr.: m-sm·ozEUR, jetzt: austr-strop/mo-temp·(oz)CIRCPOL – T – K Secal., O Polyg.-Chen., V Sisymbr.).
Acker-G. – A. arvénsis L.

2* Kr stets blau. KrZipfel etwa 6 mm lg u. 3,5 mm br, scheinbar nach vorn verschmälert, sich nicht deckend, vorn deutlich gesägt bis gebuchtet u. am Rand mit wenigen, meist 4zelligen Drüsenhaaren, ihre terminale Zelle nicht vergrößert. KBl fein gesägt, an der geöffneten B von oben fast in ganzer Länge sichtbar, an der geschlossenen B so lg wie die Kr u. diese voll deckend. Kapsel mit 15–16 Sa. Sa etwa 1,6 mm lg u. 1,3 mm br. 0,05–0,30. ⊙ 6–9. Lehmige bis tonige, oft skelettreiche Äcker, kalkstet; (A) v NW-Ba Th SW-An, z M- u. O-Ba Bw Rh S- u. O-He SO-Ns, s S-Ba We SO-An O-Br Sh?, (U) s Me, † Sa, ↘ (m-temp·(suboz)EUR–WAS – T – V Caucal., V Fum.-Euph.). [A. caerúlea SCHREBER non L.] **Blauer G.** – A. fœ́mina MILL.

Zwerggauchheil, Kleinling – Centúnculus L.

Bl eifg, wechselständig. B einzeln achselständig. 0,02–0,08. ⊙ 5–6. Krumenfeuchte, saure Äcker, feuchte Wegränder, Ufer; z M- u. NW-Ba N- u. W-Bw Rh N-Sa S-Br, s S-Ba: Hochebene We He Th S-Sa An N-Br Ns: bes. Inseln Me Sh, ↘ (austr-trop/mo-temp·(oz)AFR–EUR–AM – T – Sb, auch kleistogam – Wv – V Aphan., V Nanocyp.). [Anagállis mínima (L.) E. H. L. KRAUSE] **Zwerggauchheil, Acker-K.** – C. mínimus L.

Heilglöckel – Cortúsa L.

B nickend, zu 5–12 in Dolden. Pfl zottig. 0,20–0,50. ♃ 7–8. Sickerfrische, nährstoffreiche, subalp. Hochstaudenfluren; s S-Ba: Allgäu, Fockenstein (sm/mo-b·(subk)EUR – H – Vw, Ib – V Adenost. – ∇). **Alpen-H.** – C. matthíoli L.

Primel, Schlüsselblume – Prímula L.
(H – Ib: Hummeln, Tagfalter, Vg – Hybr. – ∇)

1 Bl runzlig, wenigstens unterseits behaart. Kr gelb (nur bei ZierPfl auch mehrfarbig) . . 2

1* Bl glatt, kahl, bisweilen mehlig bestäubt od. drüsig. Kr rot, gelb mit weißem Schlund od. (bei ZierPfl) mehrfarbig 4

2 B in grundständiger, ungestielter Dolde. BStiele zottig. K bis zur Mitte gespalten. Bl oberseits kahl. 0,08–0,15. ♃ 2–5. Frische, anspruchsvolle LaubW u. Gebüsche; z Sh, s SW-Ba: Alpenvorland SO-Bw: Praßberg, Ravensburg SW-We: Köln NW-Ns: Aurich, (N) s S-Sa An, † NW-Me. ZierPfl, auch mehrfarbig (m/mo-temp·ozEUR – Av – O Fag., O Prun. – ∇). [P. acaúlis (L.) HILL] **Schaftlose P.** – P. vulgáris HUDS.

2* B doldig auf lg Schaft. BStiele kurzhaarig. K auf $^1/_4$ gelappt; Lappen spitz. Bl beiderseits behaart 3

3 KrSaum ausgebreitet, hellgelb, am Schlund oft dunkler. K schlank, Zähne 4 mm lg, lanzettlich (Abb. **256**/3). Kapsel mindestens so lg wie der K. Spreite allmählich in den BlStiel verschmälert. 0,10–0,30. ♃ 3–5. Krautreiche LaubW, Wiesen, anspruchsvoll; v Ba Bw We He Th Sa S-Ns O- u. S-Sh, z Rh W- u. S-An N-Ns M- u. N-Me, s NO-An Br NW-Sh (sm/mo-temp/demo·subozEUR+WAS – Wv – V Asper.-Fag., V Carp., V Alno-Ulm., V Calth., V Triset. – ∇). **(**) Hohe P., Hohe Sch., Wald-P., Himmelschlüssel** – P. elátior (L.) HILL

3* KrSaum ± glockig, dottergelb, Schlund mit 5 rotgelben Flecken. K bauchig, Zähne eifg, 2–3 mm lg (Abb. **256**/4). Kapsel $^1/_2$ so lg wie der K. Spreite am Grund gestutzt bis fast herzfg, vom meist geflügelten BlStiel scharf abgesetzt. 0,10–0,30. ♃ 4–6. Halbtrockenrasen, trockne Wiesen, Böschungen, TrockenW, kalkhold; v Ba Bw Rh He Th An NO-Br S-Ns Me SO-Sh, z We Sa W- u. S-Br Me N- u. W-Sh, s NO-Ns, im NW ↘ (sm/mo-b·(oz)EUR–WAS – Wv – V Mesobrom., V Cirs.-Brach., V Arrh., O Orig., O Querc. pub., V Carp., V Cephal.-Fag. – ∇). [P. officinális (L.) HILL]
Wiesen-P., Wiesen-Sch., Himmelschlüssel – P. véris L.

4 **(1)** K stumpfkantig. Bl dünn, deutlich nervig, kahl, unterseits dicht mehlig, länglich bis länglich-spatelfg. Kr 10–15 mm br, hellpurpurn, Schlund gelb. 0,10–0,30. ♃ 5–7. Nasse

Kalk-Flachmoore, Quellmoore, alp. Matten; v S-Ba, z M-Ba S-Bw: bes. Oberschwaben, Jura, s NW-Ba O-Me, † Th Br Ns Sh, ↘ (sm/salp-b·subozEUR – Wv – V Car. davall., V Mol., V Sesl. – ∇).
Mehl-P. – P. farinósa L.

4* K stielrund 5
5 Stg 1–20blütig. KrZipfel ausgerandet od. 2lappig. Bl fleischig 6
5* Stg 1–2(–5)blütig. KrZipfel tief 2spaltig. Bl ledrig. Pfl nicht mehlig 8
6 Kr hellila od. purpurrot, mit weißem Schlund. KrZipfel bis $^2/_5$ ausgerandet. Schaft meist kürzer als die LaubBl, 1–3(–mehrblütig). Bl beiderseits drüsig behaart, klebrig. Pfl nicht mehlig. 0,03–0,10. ♃ 4–7. Subalp. Silikatfelsfluren; s SW-Bw: Belchen, ob angepflanzt? (sm/alp-stemp/alp·subozEUR – H – V Andros. vand. – ∇).
Behaarte P. – P. hirsúta ALL.

6* Kr gelb mit weißem Schlund od. (bei ZierPfl) mehrfarbig. Pfl meist mehlig 7
7 Kr stieltellerfg, verschieden-, meist 2farbig. KrZipfel auf $^1/_3$ 2lappig. 0,10–0,30. ♃ 5–7. Die hellrot blühende Wildform s SW-Ba: Alpen vom Allgäu bis Benediktenwand SW-Bw: Belchen. ZierPfl mehrfarbig (Bastard von **6** u. **7*** – ∇). [P. × horténsis WETTST.]
Garten-P., Garten-Aurikel – P. × pubéscens JACQ.

7* Kr trichterfg od. etwas glockig, gelb mit weißem Schlund. KrZipfel nur schwach ausgerandet. 0,05–0,25. ♃ 4–6. Sickerfrische Kalkfelsspalten, Steinrasen; S-Ba: v Alpen, s obere Hochebene, s M-Ba: Saal, SW-Bw: S-Schwarzw, ↘ (sm/alp-stemp/dealp·sub-ozEUR – V Potent. caul., V Sesl. – ∇). **Gamsblume, Alpen-Aurikel** – P. aurícula L.
8 **(5)** Bl keilfg, vorn gestutzt u. scharf tief gesägt, auf der Fläche feindrüsig. Stg meist 1blütig. Kr leuchtend rosa. 0,01–0,04. ♃ 7–8. Saure, kalkarme, alp. Magerrasen, Schneeböden; z S-Ba: Karwendelgrube, Berchtesgadener Alpen (sm/alp-temp/alp·sub-ozEUR – V Car. curv., V Elyn., V Nard. – ∇). **Zwerg-P., Habmichlieb** – P. mínima L.
8* Bl länglich od. verkehrteifg, vorn abgerundet, kahl, nur am Rand drüsig, ganzrandig. Stg meist 2blütig. Kr rosa. 0,03–0,10. ♃ 5–7. Feuchte, kalkhaltige Felsen, Schneeböden, Rieselfluren; s SO-Ba: Berchtesgadener Alpen, ↘ (temp/dealp·subozALP – V Potent. caul., V Sesl. – ∇).
Clusius-P. – P. clusiána TAUSCH

Mannsschild – Andrósace L.
(Ib: Fliegen, Sb – Wv)

1 Pfl ohne nichtblühende Rosetten. Bl gezähnt, gestielt. ⊙ Pfl des Hügellandes 2
1* Pfl rasen- od. polsterbildend, mit nichtblühenden Rosetten. Bl ganzrandig, stets ungestielt. AlpenPfl. ♃ 4
2 Stg von einfachen Haaren weichhaarig. HüllBl der Dolde so lg od. etwas länger als die BStiele. Kr weiß od. rötlich. 0,02–0,15. ① 4. Nährstoffreiche Äcker u. Brachen, basenhold; (A?, U) † Bw O-Rh S-We S-He N-Th (m/mo-temp·(k)EURAS – H – Ib: Fliegen, Sb – Wv – V Caucal., V Alysso-Sed.).
Riesen-M. – A. máxima L.

2* Stg von Sternhaaren flaumig. HüllBl viel kürzer als die BStiele. Kr weiß (od. rötlich) mit gelbem Schlund 3
3 K sternhaarig, länger als die Kr, seine Zipfel zur FrZeit abstehend. Kapsel kürzer als der K. HochBl eilanzettlich. 0,02–0,08. ⊙ 4–5. Reichere, oft ruderal beeinflußte Sand- u. Silikattrockenrasen, Brachen, kalkmeidend; (A) s N- u. M-Ba: Bergrheinfeld, Trappstadt, Regensburg O-Rh: Rheinhessen He: Münzenberg, Rüsselsheim NW-Sa: Torgau W-Th S- u. O-An, ↘ (sm-temp·subkEUR – T – O Fest.-Sedet.).
Verlängerter M. – A. elongáta L.

3* K kahl, kürzer als die Kr, seine Zipfel zur FrZeit aufrecht. Kapsel länger als der K. HochBl linealisch. 0,08–0,20. ⊙ 4–6. Reichere, oft ruderal beeinflußte Sandtrockenrasen, Brachen; s NW-Ba: Main von Schweinfurt bis Karlstadt, † Bw Rh? He: ob früher? Sa An Br Ns Me, ↘ (m/mo-b·(k)CIRCPOL – T – O Fest.-Sedet.).
Nördlicher M. – A. septentrionális L.

4 **(1)** B in Dolden an der Spitze eines Schaftes. Bl > 1 cm lg 5
4* B einzeln achselständig. Bl meist < 7 mm lg 7

5 Stg, BStiele u. K kahl. Kr weiß mit gelbem Schlund. Bl linealisch od. lineal-lanzettlich. Pfl lockerrasig. 0,02–0,20. ♃ 6–7. Kalkfelsspalten, Geröll; z S-Ba: Alpen, s S-Bw: Donau bei Beuron, ↘ (sm/dealp-stemp/dealp·subozEUR – C – V Potent. caul., V Sesl. –∇). **Milchweißer M.** – A. láctea L.

5* Stg, BStiele u. K behaart. Kr weiß od. rötlich mit gelbem Schlund. Bl lanzettlich 6

6 Bl stumpflich, fein gewimpert. BStiele länger als die HüllBl der Dolde. 0,02–0,10. ♃ 6–7. Frische, kalkarme, saure, alp. Magerrasen; s S-Ba: Allgäu, Berchtesgadener Alpen, ↘ (sm/alp-temp/alp·subozEUR – C – V Car. curv., V Nard. –∇). **Stumpfblättriger M.** – A. obtusifólia ALL.

6* Bl spitz, lg zottig gewimpert. BStiele höchstens so lg wie die HüllBl der Dolde. 0,01–0,04 (–0,10). ♃ 6–7. Frische, kalkreiche, alp. Steinrasen; z S-Ba: Alpen (m/alp-arct·(subk)CIRCPOL – C – V Sesl. –∇). **Wimper-M., Zwerg-M.** – A. chamaejásme WULFEN em. HOST

7 (4) Pfl dichte, graufilzige Kugelpolster bildend. B weiß, fast sitzend, die Bl nicht überragend. Haare einfach. Kapsel länger als der K. 0,01–0,05. ♃ 5–7. Sonnige Kalk- u. Dolomit-Felsspalten; z S-Ba: Alpen (sm/alp-temp/alp· subozEUR – C – Vw, Sb – V Potent. caul. –∇). [Arétia helvética (L.) L.] **Schweizer M.** – A. helvética (L.) ALL.

7* Pfl lockere, grünliche Polster bildend. B rosa, deutlich 3–6 mm lg gestielt, die Bl überragend. Haare sternfg. Kapsel kürzer als der K. 0,01–0,04. ♃ 7–8. Subalp. Kalk- u. Dolomit-Felsspalten, Steinschutt; s SO-Ba: Berchtesgadener Alpen (sm/alp-temp/alp·suboz ALP – C – V Potent. caul. –∇). **Dolomiten-M.** – A. hausmánnii LEYBOLD

Wasserfeder, Wasserprimel – Hottónia L.

Bl rosettig. B in 3–6blütigen Quirlen, traubig. Kr blaßrosa. 0,15–0,50. ♃ 5–7. Flache, stehende, oft kalkarme, mesotrophe Tümpel, Gräben, Altwässer; v S- u. O-Br N-Ns Me Sh, z M- u. N-Ba: bes. Donau, Pfalz N- u. W-We N-Sa N- u. O-An, s W- u. SO-Bw: bes. Rhein Iller SO-Rh: bes. Rhein He O-Th S-Sa SW-An S-Ns, ↘ (sm-temp·(suboz)EUR – A – Ib, Vg – Hv, Ev – V Nymph. –∇). **Wasserfeder, Wasserprimel** – H. palústris L.

Alpenglöckchen, Troddelblume – Soldanélla L.
(H – Ib: Bienen – Wv – Hybr. –∇)

1 Bl bis 1 cm br, meist ganzrandig. Schaft meist 1blütig. Kr eng trichterfg, auf 1/3 gelappt, stumpfzipflig, ohne Schlundschuppen, länger als der Griffel 2

1* Bl > 1,5 cm br. Schaft mehrblütig. Kr glockig, bis zur Mitte gespalten (Abb. **260**/1), mit Schlundschuppen, kürzer als der Griffel 3

2 Bl dicklich, kreisrund, am Grund ohne Bucht. Bl- u. BStiele anfangs mit gestielten Drüsen, später meist kahl. 0,03–0,10. ♃ 5–6. Sickerfeuchter, kalkreicher Steinschutt, Rieselfluren, Schneetälchen; s SO-Ba: Wettersteingebirge (sm/alp+temp/alp·subozEUR – V Arab. caer., V Craton. –∇). *** Kleinstes A.** – S. mínima agg.

2* Bl dünn, etwas nierenfg, am Grund mit Bucht (Abb. **260**/2). Bl- u. BStiele anfangs mit sitzenden Drüsen. 0,03–0,10. ♃ 5–6. Feuchte, nährstoffreiche Schneetälchen u. alp. Magerrasen; z S-Ba: Alpen (sm/alp-temp/alp·subozEUR – V Salic. herb., V Car. curv., V Nard. –∇). [S. pusílla aut. non BAUMG.] **Zwerg-A.** – S. alpílcola F. K. MEYER

3 (1) Bl 1,5–3 cm br, meist ganzrandig. Dolde 1–3blütig. BStiele mit sitzenden Drüsen. KrZipfel stumpf. 0,05–0,20. ♃ 4–7. Nährstoffreiche, kalkhaltige Schneeböden, Riesel-

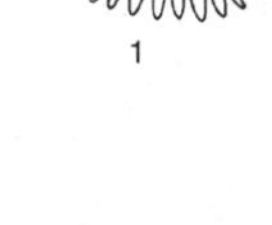
1

2

fluren, Hochstaudenges.; v S-Ba: Alpen, s SW-Bw: Feldberg (sm/alp-temp/alp·sub-ozEUR – V Arab. caer., V Car. davall., V Adenost., V Triset. – ∇).

Gewöhnliches A., Alpen-T. – S. alpína L.

3* Bl 2,5–7 cm br, entfernt gekerbt. Dolde 3–10blütig. BStiele mit Stieldrüsen. KrZipfel spitz. 0,10–0,35. ♃ 5–6. Gebirgs-FichtenW, kalkmeidend; z O-Ba: Bayr-W, s S-Ba: Tegernsee, Benediktbeuren (sm/mo-stemp/mo·subozEUR – V Vacc.-Pic. – ∇).

Berg-A. – S. montána WILLD.

Alpenveilchen, Zyklamen – Cýclamen L.

Hypokotyl kuglig, knollig. Stg 1blütig, zur FrZeit liegend u. eingerollt. Kr rosa. 0,05–0,15. ♃ 7–9. Buchen-TannenBergW, wärme- u. kalkliebend; s S- u. M-Ba: Berchtesgadener Alpen, Freilassing, Waging, Garching, Hohenwarth, O-Bayr-W, Farchant, Altmühltal, (N) s N-Ba: Jura, (N) † S-Bw (sm/mo-temp/mo·subozEUR – G – Ib, Wb – Av – V Cephal.-Fag., V Eric.-Pin., O Querc. pub. – ∇). [C. europǽum L. p. p.]

Wildes A. – C. purpuráscens MILL.

Salzbunge – Sámolus L.

Untere Bl verkehrteifg, rosettig, obere wechselständig. BStand traubig. B klein, weiß. 0,10–0,50. ♃ 6–10. Nasse, periodisch überflutete, salzreiche Schlickböden am Rand von Brackwasserröhrichten; Küste: v Me, z O-Sh, s NW-Ns, Binnenland: z O-Rh: Rhein S-An W-Br, s NW-Ba: südlich Schweinfurt W-Bw: Rheinebene N-We He N-Th NW-Sa N-An O-Br S- u. O-Ns N- u. O-Sh: Trave, Schlei, ↘ (austr-stropAFR-m-temp·(oz)+lit-CIRCPOL – H – Ib: Pollenblume, Sb – Wv, Ev – V Armer. marit., V Phragm.).

Salzbunge – S. valerándi L.

Familie **Rosengewächse** – Rosáceae JUSS.

Kräuter, Sträucher, Bäume. Bl wechselständig, meist mit NebenBl. B radiär, meist ⚥ u. mit doppelter BHülle, (3–)5zählig. K oft mit AußenK. Kr freiblättrig. StaubBl 1 bis meist ∞. FrKn ∞–1, ober-, mittel- od. unterständig, meist chorikarp. Kapseln, Nüsse, SteinFr, Beeren, ApfelFr, SammelFr (3100 Arten – Ib – viele Nutz- u. ZierPfl).

1 Bäume od. Sträucher 2
1* Kräuter od. polsterbildende Zwergsträucher 23
2 Griffel ∞ 3
2* Griffel 1–5 5
3 BBoden krugfg, auf seinem Rand die BHülle u. StaubBl (Abb. **272**/5, 6).
Rose – Rósa S. 272
3* BBoden halbkuglig bis kegelfg 4
4 Pfl meist mit Stacheln od. abstehenden Borsten. Kr weiß bis rot. SammelFr aus SteinFrchen bestehend. **Himbeere, Brombeere** – Rúbus S. 276
4* Pfl stachellos. Kr gelb. SammelFr aus Nüßchen bestehend. Zierstrauch.
Strauch-Fingerkraut – Potentílla fruticósa S. 266
5 **(2)** FrKn mittelständig (d. h. in einem Achsenbecher, doch nicht mit ihm verwachsen, Abb. **262**/2) od. oberständig 6
5* FrKn unterständig (Abb. **262**/1), mehrere als Kerngehäuse in eine ApfelFr eingeschlossen. Griffel 1–5 14
6 FrKn u. Griffel 1 (Abb. **262**/2). SteinFr aus 1 FrBl 7
6* FrKn od. Griffel 3–5. Ziersträucher 11
7 B in > 12blütigen, lg Trauben. **Traubenkirsche** – Pádus S. 289
7* B in wenig- bis höchstens 12blütigen Dolden, Schirmtrauben od. einzeln 8
8 B in wenigblütigen Dolden od. Schirmtrauben, zuweilen einzeln od. zu 2, länger gestielt; BStiel etwa doppelt so lg wie der B∅, nur bei Strauch-Kirsche (S. 290) kürzer. FrStiel > doppelt so lg wie die Fr. FrKn stets kahl. **Kirsche** – Cérasus S. 290

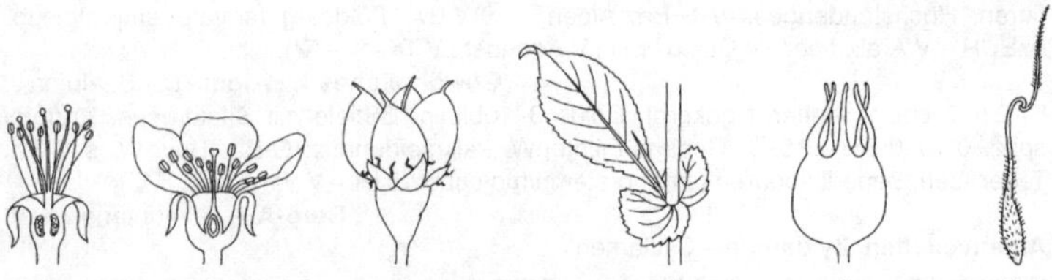
1 2 3 4 5 6

8* B einzeln od. zu 2, (fast) sitzend od. kurz gestielt; BStiel etwa so lg wie der B∅, wenn länger, dann Bl unterseits am unteren Teil der Mittelrippe filzig. FrStiele etwa so lg wie die Fr od. kürzer. FrKn kahl od. behaart **9**

9 B deutlich gestielt. Fr kahl. **Pflaume, Schlehe** – Prúnus S. 290

9* B u. Fr sitzend od. fast sitzend. Fr meist dicht behaart **10**

10 Bl lanzettlich. **Pfirsich** – Pérsica S. 290

10* Bl ei-herzfg, vorn zugespitzt. **Aprikose** – Armeníaca S. 290

11 **(6)** Kr gelb. B meist gefüllt. **Goldröschen** – Kérria S. 272

11* Kr weiß bis rot **12**

12 Bl gefiedert. **Fiederspiere** – Sorbária S. 264

12* Bl einfach, jedoch oft gelappt **13**

13 FrKn bis etwa zur Mitte verwachsen. Fr aufgeblasen (Abb. **262**/3). Bl br eifg, 3lappig. **Blasenspiere** – Physocárpus S. 263

13* Mehrere freie FrKn. Frchen nicht aufgeblasen. **Spierstrauch** – Spirǣa S. 264

14 **(5)** Bl doppelt gesägt, gelappt od. gefiedert **15**

14* Bl einfach gesägt od. ganzrandig **16**

15 Pfl mit Dornen. Bl kahl. Staubbeutel rot. Kerngehäuse steinhart. **Weißdorn** – Cratǣgus S. 287

15* Pfl dornenlos. Bl unterseits wenigstens auf den Nerven behaart. Fächer des Kerngehäuses mit pergamentartiger Wand. **Mehlbeere** – Sórbus S. 285

16 **(14)** B etwa 5 mm br, zu 1–5 in den BlAchseln. Bl ganzrandig. Sträucher. Kerngehäuse steinhart. **Zwergmispel** – Cotoneáster S. 289

16* B größer. Fächer des Kerngehäuses mit pergamentartiger Wand **17**

17 NebenBl der LangtriebBl groß, eirundlich (Abb. **262**/4). Kr meist scharlachrot. Zierstrauch. **Scheinquitte** – Chaenoméles S. 285

17* NebenBl meist klein, hinfällig. Kr weiß bis rosa, selten rot. Bäume od. höhere Sträucher **18**

18 B einzeln, endständig. KBl länger als die KrBl, an der Fr ± zusammenneigend (Abb. **262**/5). **Mispel** – Méspilus S. 288

18* B zu 1–∞ an kurzen Seitenästen. KBl kürzer als die KrBl **19**

19 Bl ganzrandig. NebenBl vorn abgerundet. B einzeln. **Quitte** – Cydónia S. 285

19* Bl gesägt od. gezähnt. B zu mehreren **20**

20 KrBl 2–5mal so lg wie br. FrFächer 10 (Querschnitt durch Fr!). Bl mit aufgesetzten Stachelspitzchen od. abgerundet. B 1–3 cm br. Dornenlose Sträucher. **Felsenbirne** – Amelánchier S. 287

20* KrBl bis 2mal so lg wie br. FrFächer 5. Bl zugespitzt, ohne Stachelspitzchen. Bäume od. Sträucher mit od. ohne Dornen **21**

21 Staubbeutel gelb. Griffel am Grund verwachsen. B mindestens 2 cm br, in wenigblütigen Dolden. **Apfel** – Málus S. 285

21* Staubbeutel rot bis violett **22**

22 Griffel bis zum Grund frei. B mindestens 2 cm br, in wenigblütigen Dolden od. Schirmtrauben. Bl kahl. BlStiele etwa so lg wie die Spreite. **Birne** – Pýrus S. 285

22* Griffel am Grund verwachsen. B etwa 1 cm br, in 10–20blütigen Schirmrispen. Bl oberseits auf der Mittelrippe mit dicklichen, anliegenden, schwarzroten Haaren. BlStiel mehrmals kürzer als die Spreite. **Apfelbeere** – Arónia S. 286

23 **(1)** Bl ungeteilt, gekerbt, ledrig, unterseits weißfilzig. Kr weiß. Polsterfg Zwergstrauch. **Silberwurz** – Drýas S. 266

23* Bl gefingert, gefiedert od. durch tiefere Einschnitte gelappt **24**

24 B in dichten, kugligen od. eifg, endständigen Köpfen, grünlich od. rotbraun. Kr fehlend. Bl gefiedert. **Wiesenknopf** – Sanguisórba S. 265

24* B nicht in dichten Köpfen **25**

25 Kr fehlend. K 2reihig, mit 4 größeren inneren u. 4 viel kleineren äußeren KBl, gelbgrün. B∅ 2–4 mm. Bl handfg gelappt bis geteilt **26**

25* BHülle aus K u. meist auffallend gefärbter Kr bestehend, wenn Kr unscheinbar u. hinfällig, dann KBl 10 . . . . **27**

26 Pfl ⊙, ohne BlRosette. StgBl handfg 3spaltig. B achselständig, geknäuelt. 1 StaubBl. **Ackerfrauenmantel** – Áphanes S. 272

26* Pfl ♃, meist mit BlRosette. Bl 5–13lappig bis -teilig. BStand an gestrecktem Seitensproß. 4 StaubBl. **Frauenmantel** – Alchemílla S. 271

27 **(25)** K mit 4 od. 5 KBl u. ebensovielen, meist kleineren AußenKBl. KrBl 4 od. 5(–6) **28**

27* KBl 4–8, alle gleich. AußenK fehlend. KrBl ebensoviele **34**

28 Kr dunkelpurpurn, kürzer als der oberseits braunviolette K. Bl gefiedert, blaugrün. **Blutauge** – Potentílla palústris S. 266

28* Kr weiß od. gelb, zuweilen rötlichgelb **29**

29 StaubBl 5–10 . . . . **30**

29* StaubBl > 10 . . . . **31**

30 GrundBl unterbrochen gefiedert. KrBl 6–7 mm lg, wenig länger als der K. B mit 6–10spaltigem AußenK. **Aremonie** – Aremónia S. 265

30* GrundBl 3zählig. KrBl 1–2 mm lg, hinfällig. **Gelbling** – Sibbáldia S. 271

31 **(29)** Griffel endständig, an den reifen Frchen verlängert, entweder ganz federfg behaart od. 2teilig u. unterer Teil hakenfg, oberer Teil von der Hakenspitze abgehend, ± federfg behaart, nach der BZeit abfallend (Abb. **262**/6). GrundBl gefiedert. **Nelkenwurz** – Géum S. 266

31* Griffel meist seitenständig, hinfällig, an den reifen Frchen fehlend. Bl gefingert, 3zählig od. gefiedert **32**

32 BBoden bei der FrReife trocken; Nüßchen einzeln abfallend. Bl gefingert, gefiedert od. 3zählig. Kr gelb od. weiß. **Fingerkraut** – Potentílla S. 266

32* BBoden zur FrReife vergrößert, schwammig od. fleischig, mit den Nüßchen abfallend, eine beerenähnliche SammelFr bildend. Bl dreizählig **33**

33 Kr weiß. AußenKBl ungezähnt. BBoden zur FrReife fleischig, rot. **Erdbeere** – Fragária S. 270

33* Kr gelb. AußenKBl an der Spitze 3zähnig. BBoden zur FrReife schwammig, hellrot, geschmacklos. **Scheinerdbeere** – Duchésnea S. 271

34 **(27)** B gelb. BStände ährig. SammelFr gefurcht, oberwärts mit hakigen Stacheln. **Odermennig** – Agrimónia S. 265

34* B weiß od. gelblichweiß **35**

35 Bl 3zählig od. (3–)5–7lappig. B einzeln od. zu 2–10. **Brombeere** – Rúbus S. 276

35* Bl vielpaarig gefiedert od. 2–3fach 3zählig. BStand ∞blütig **36**

36 Bl mit NebenBl. B in Trichterrispen, ⚥. Bl unterbrochen gefiedert. **Mädesüß, Spierstaude** – Filipéndula S. 265

36* Bl ohne NebenBl. B in rispig angeordneten, schmalen Ähren. Pfl 2häusig. Bl 2- bis 3fach 3zählig. **Geißbart** – Arúncus S. 265

Blasenspiere – Physocárpus (CAMBESSEDES) MAXIM.

Bl br eifg, 3lappig. B in kugligen Schirmtrauben. Kr weiß. Fr aufgeblasen. Bis 3,00. ♄ 5–7. Weiden-Ufergebüsche Nordamerikas. Zierstrauch (sm-temp·ozOAM – F – Ib – Sv). [Spiraéa opulifólia L.] **Schneeballblättrige B.** – Ph. opulifólius (L.) MAXIM.

Fiederspiere – Sorbária (SER. ex DC.) A. BR.

Bl bis 30 cm lg, jederseits mit 6–12 scharf doppelt gesägten FiederBlchen. 1,00 bis 2,00. ♄ 6–8. Zierstrauch, auch Kahlschlagflächen; (N) s, z. B. An Br (temp-b·(k)AS – F – Ib). **Ebereschen-F.** – S. sorbifólia (L.) A. BR.

Spierstrauch, Spiräe – Spiræ̃a L.
(F – Ib – viele Ziersträucher, Hybr.)

1 B an Seitenzweigen in endständigen Schirmtrauben, weiß, mit Nektarring. **2**

1* B in endständigen Rispen, daneben oft auch mit seitenständigen, weiß, rosa od. rot . **3**

2 Zweige scharfkantig. Bl der Langtriebe vom unteren Drittel od. der Mitte an doppelt, an BZweigen einfach gesägt. KrBl 5–7 mm lg. Bis 2,00. ♄ 5–7. Wärmeliebende Gebüsche Südost-Europas. Zierstrauch, auch (N) s Rh: Nürburg, Puderbach (sm/mo-temp·subkOEUR+SIB). [S. ulmifólia SCOP.] **Ulmen-Sp.** – S. chamaedryfólia L. em. JACQ.

2* Zweige rund. Bl über der Mitte od. an der Spitze gesägt, sonst ganzrandig. KrBl 3 mm lg. 1,00–1,60. ♄ 5–6. Wärmeliebende Gebüsche Südost-Europas. Zierstrauch, zuweilen auch (N) (sm-b·(k)AS–OEUR). **Karpaten-Sp.** – S. média FRANZ SCHMIDT

3 **(1)** B weiß, mit Nektrarring. BStand u. junge Zweige fein filzig weichhaarig. Bl länglich-lanzettlich, 30–60(–110) mm lg u. bis 30 mm br, kahl od. unterseits auf den Nerven u. höchstens jung auch am Rand u. Stiel behaart. Strauch mit Ausläufern. Bis 2,00. ♄ 6–8. Zierstrauch, auch Ufer, Straßenränder, Gebüsche, Bahnanlagen; (N) s Ba Bw Rh We He S- u. O-Sa An Br Ns Sh, oft mit Weidenblättrigem Sp. verwechselt (sm-b·(suboz)OAM – Sv: Ausläufer). **Weißer Sp.** – S. álba DU ROI

3* B rosa, selten weiß u. dann BlUSeite gelbfilzig **4**

4 Bl kahl. BStand schmal, viel länger als br, fein filzig. Bl länglich-lanzettlich, 40–80 mm lg u. 15–25 mm br, fast bis zum Grund fein (zuweilen doppelt) gesägt. B hellrosa, mit Nektarring (wenn ohne Nektarring u. Bl bis zur Mitte od. höher ganzrandig, s. Douglas-Sp., **7***). 0,50–1,50 (–2,00). ♄ 6–7. Zierstrauch, auch (N) (sm-b·(k)EURAS – verwilderte Vorkommen unsicher, da bislang von Weißem Sp. oft nicht u. von Verwechseltem Sp. nicht unterschieden). **Weidenblättriger Sp.** – S. salicifólia L.

4* Bl unterseits dicht- od. dünnfilzig. B ohne Nektarring od. Nektardrüsen keinen geschlossenen Ring bildend **5**

5 BlUSeite dünnfilzig, nur wenig heller als die OSeite **6**

5* BlUSeite dicht weiß- od. gelblich-filzig, deutlich heller als die OSeite **7**

6 Bl länglich-elliptisch, 40–70 mm lg u. 15–25 mm br, vorn kurz zugespitzt bis abgerundet, ± fein gesägt, im unteren Drittel ganzrandig. Rispen pyramidenfg, im Spätsommer auch schmal zylindrisch. Strauch mit unterirdischen Ausläufern. Bis 2,00. ♄ 6–10. Zierstrauch, auch Gebüsche, Straßenränder, Ufer; (N) z Ba Bw Rh We He Th Sa An? Ns Me? Sh, Verbreitung ungenau bekannt, da oft verwechselt (sm-temp·ozEUR – Sv: Ausläufer – Kulturhybride zwischen Weidenblättrigem u. Douglas-Sp., in Europa entstanden?; bisher oft für Weidenblättrigen od. Bastard-Sp. gehalten). [S. salicifólia aut., S. × billárdii aut. non HÉRINCQ] **Verwechselter Sp.** – S. × pseudosalicifólia SILVERSIDE

6* Bl elliptisch bis br elliptisch, vom Grund an grob gesägt. Bis 2,00. ♄ 6–7. Zierstrauch, auch Ufergebüsche, Erlen-EschenW; (N) z An, s S-He: Mümlingtal bei Erbach, weitere verwilderte Vorkommen unsicher, da bislang von Verwechseltem Sp. nicht unterschieden (vermutlich Hybride zwischen Weißem u. Douglas-Sp.). [S. macrothýrsa DIPPEL] **Bastard-Sp.** – S. × billárdii HÉRINCQ

7 **(5)** Zweige braunfilzig. BlOSeite runzlig, USeite graugelblich od. bräunlich filzig; Bl im unteren Viertel bis Drittel ganzrandig, länglich-eifg, bis 70 mm lg, grob gesägt. Rispe schmal kegelfg. B rosenrot, selten weiß. Fr dicht behaart. Griffel unterhalb der FrKnSpitze entspringend. Bis 1,20. ♄ 7–9. Moore, feuchte Gebüsche. Zierstrauch; (N 19. Jh) z NO-Sa S-Br (sm-temp·ozOAM). **Gelbfilziger Sp.** – S. tomentósa L.

7* Zweige weißfilzig, verkahlend. Bl in der oberen Hälfte od. nur vorn gesägt, die dicht unter der Rispe stehenden Bl oft auch ganzrandig, alle unterseits weißfilzig, selten kahl, oben u. unten abgerundet, 40–90 mm lg. Rispe dicht kegelfg. B dunkelrosa. FrKn kahl. Griffel endständig. Strauch mit Ausläufern. Bis 2,00. ♄ 6–8. Zierstrauch, auch Straßenränder, Hecken, Bahngelände; (N) z Sa, s We: Alpen/Niederrhein, Steinbeck Me Sh (sm-temp·ozWAM – Sv: Ausläufer). **Douglas-Sp.** – S. douglásii HOOKER

Geißbart – Arúncus L.

Bl 2–3fach 3zählig. ♂ BRispen gelblichweiß, ♀ reinweiß. 0,80–1,50. ♃ 6–7. Mont. Schlucht- u. HangW, Gebüsche, Hochstaudenfluren; v Ba: bes. Alpen, Vorland, BayrW, Rhön, Spessart S-Bw O-Th S-Sa, z N-Bw S-Rh S- u. M-He W-Th N-Sa S-An, (N) s M-An Br: Berlin (sm/mo-temp·subozEUR – H – Ib – Wv – V Til.-Acer., V Adenost.). [A. vulgáris RAFIN., A. sylvéstris KOSTEL.] **Wald-G.** – A. dióicus (WALTER) FERNALD

Mädesüß, Spierstaude – Filipéndula MILL. em. ADANS.
(H – Ib: Pollenblume)

1 FiederBlchen groß, > 3cm lg, eifg, doppelt gesägt, 2–5paarig, das endständige größer, handfg 3–5spaltig. B gelblichweiß. 0,50–1,50. ♃ 6–8. Nasse, nährstoffreichere Wiesen, Gräben, Quellen, Hochstaudenfluren, AuenW, Erlen-EschenW; alle Bdl g, aber MDt-Trockengeb v (sm/mo-bEUR–SIB – Wv, Hv – V Filip., V Calth., O Mol., V Alno-Ulm.). [Spiraéa ulmária L., Ulmária pentapétala GILIB.]
Echtes M., Große S. – F. ulmária (L.) MAXIM.

1* FiederBlchen klein, bis 2,5 cm lg, länglich, fiederspaltig, vielpaarig. B weiß, außen oft rötlich. 0,30–0,60. ♃ 6–7. Trocken- u. Halbtrockenrasen, wechseltrockne Wiesen, Trockengebüsch- u. TrockenWSäume, basenhold; v S-An NO-Br, z Ba Bw Rh S-He Th Sa: bes. Elbe N-An S- u. W-Br SO-Ns Me, s SW- u. NO-We N-He O-Sh, im N ↘ (m/mo-temp·(suboz)EUR–WSIB – K Fest.-Brom., V Mol., V Ger. sang.). [Spiraéa filipéndula L., F. hexapétala GILIB.] **Kleines M., Knollen-S., Filipendelwurz** – F. vulgáris MOENCH

Odermennig – Agrimónia L.
(H – Ib: Pollenblume – Ev)

1 Bl unterseits dicht graufilzig, mit wenigen, im Filz versteckten, sitzenden Drüsen. B 5–8 mm br, KrBl meist nicht ausgerandet. SammelFr verkehrtkegelfg, fast bis zum Grund tief u. eng gefurcht, unterste Stacheln aufrecht bis waagerecht abstehend. 0,30–1,00. ♃ 6–9. Wärmeliebende Säume, Gebüsche, Halbtrockenrasen, basenhold; alle Bdl v, aber Bergland, O-Sa u. NW-Ns z (m/mo-temp·subozEUR–(WAS) – V Trif. med., O Prun., V Mesobrom., V Cirs.-Brach.). **Kleiner O.** – A. eupatória L.

1* Bl unterseits grün bis graugrün, nie filzig, schwach behaart, mit ∞ aromatisch duftenden, sitzenden Drüsen. B 10 mm br, KrBl meist ausgerandet. SammelFr glockenfg, nur in der oberen Hälfte weit u. seicht gefurcht bis fast ungefurcht; unterste Stacheln herabgeschlagen. 0,50–1,80. ♃ 6–8. Feuchtere Säume, Gebüsche; (A?) v Sh, s Bw Th Sa, übrige Bdl z, oft (U), ↘ (sm/mo-temp·(oz)EUR – V Trif. med., O Prun.). [A. odoráta aut.]
Großer O. – A. procéra WALLR.

Aremonie – Aremónia NECKER ex NESTLER

B gelb, mit 6–10spaltigem, zur FrReife vergrößertem AußenK. 0,05–0,40. ♃ 5–6. Krautreiche Eichen-BuchenW, Gebüsche, Säume, kalkhold, wärmeliebend; s SW-Bw: Hochrhein: Thiengen, Kadelburg, SW-Schwarzw: Schliengen, (N) s S-Ba: Planegg (m/mo-sm/mo·subozEUR – H – Ib – Av – V Alliar., V Carp.).
Aremonie – A. agrimonoídes (L.) DC.

Wiesenknopf – Sanguisórba L.

1 BKöpfe eilänglich. B ⚥, dunkelrotbraun. Staubfäden 4, kurz, starr, etwa so lg wie der rotbraune K. Griffel 1, kurz, mit kopfiger Narbe, am Grund mit Nektarring. 0,30–1,50. ♃ 6–9. Feuchte bis nasse Auenwiesen, Flachmoorwiesen; g Ba, v Bw Rh S-We He S-Th

Sa, z N-We N-Th An Br Ns S- u. O-Me Sh, im NW Stromtalpflanze u. ↘ (m/mo-b·(k)EURAS–(WAM) – H – Ib – Wv – O Mol.). **Großer W.** – S. officinális L.

1* BKöpfe fast kuglig. B anfangs grün, später rötlich, untere ♂, obere ♀, mittlere ⚥. Staubfäden 20–30, schlaff überhängend, viel länger als der grünliche K. Griffel 2, mit karminroten, pinselfg Narben, ohne Nektarring. 0,15–0,50(–0,80). ♃ 5–8. Felsfluren, Trocken- u. Halbtrockenrasen, trockne, sandige Ruderalstellen (Wegränder, Böschungen), basenhold; v Ba Bw Rh S- u. O-We He Th S-An S-Ns, z NW-We Sa N-An Br Me, s NO-Ns Sh, (N) z N-Ns Sh (m-temp·(oz)EUR–WAS – H – Wb – Wv – K Fest.-Brom., O Fest.-Sedet.). [S. muricáta (SPACH) GREMLI, Potérium sanguisórba L., P. polýgamum W. et K.] ** **Kleiner W., Kleine Bibernelle** – S. mínor SCOP.

Silberwurz – Drýas L.

Spalierstrauch. B einzeln, 2–4 cm br, weiß, mit meist 8 KrBl. 0,02–0,10. ♄ 6–8. Alp. Matten, felsige Hänge, Kalkmagerrasen; v S-Ba: Alpen, z obere Hochebene an Lech u. Isar, † He: Meißner (sm/alp-arct·(k)EURAS+WAM – S – Ib – Wv – K Elyn.-Sesl., K Thlasp. rot.). **Silberwurz** – D. octopétala L.

Nelkenwurz – Géum L.
(H – Ib)

1 Griffel gerade. Stg meist 1blütig. B 2–4cm br. Kr lebhaft gelb 2

1* Griffel in der Mitte durch hakige Krümmung gegliedert (Abb. **262**/6). Stg mehrblütig. B < 2 cm br. Kr gelb od. rötlich 3

2 EndBlchen der GrundBl viel größer als die SeitenBlchen. Pfl ohne Ausläufer. 0,05–0,40. ♃ 5–7 (8–10). Alp. u. subalp., saure, kalkfreie Magerrasen, meist auf steinigen Böden; z S-Ba: Alpen, † (N) W-An: Harz (sm/salp-temp/salp·ozEUR – Vm – Wv – V Nard., V Salic. herb., V Car. curv.). [Sievérsia montána (L.) R. BR.] **Berg-N., Petersbart** – G. montánum L.

2* EndBlchen der GrundBl wenig größer als die SeitenBlchen. Pfl mit Ausläufern. 0,03–0,15. ♃ 7–8. Frische, kalkarme, offene alp. Geröllfluren; s SW-Ba: Allgäu, (N) s W-An: Harz: Stiege (sm/alp-temp/alp·subozEUR – Vw – Wv, Sv – V Andros. alp.). [Sievérsia réptans (L.) R. BR.] **Kriechende N.** – G. réptans L.

3 **(1)** B nickend. Kr außen rötlich, innen gelb. K an der Fr aufrecht, rotbraun. NebenBl der StgBl klein. Rhizom gestreckt, horizontal. 0,30–0,70. ♃ 4–7. Nährstoffreiche, nasse Wiesen, Quellen, Hochstaudenfluren, feuchte Wälder; v Ba Bw S-Th S-Sa An: N u. Harz Br O-Ns Me Sh, z Rh We He N-Th N-Sa S-An W-Ns, ↘ (m/mo-b·(suboz)EUR–WAS–AM – Vw – Ev – V Filip., V Calth., V Mol., V Adenost., V Aln., V Alno-Ulm.). **Bach-N.** – G. rivále L.

3* B aufrecht. Kr gelb. K an der Fr zurückgeschlagen, grün. NebenBl der StgBl groß, laubblattartig. Rhizom kurz, aufrecht. 0,30–1,20. ♃ 5–10. Frische, krautreiche Eichen-HainbuchenW, AuenW, Waldwege, Gebüsche, Säume, nährstoffreiche Standorte; alle Bdl g (m/mo-temp·(suboz)EUR–WAS – Vw – Ev – O Fag., O Prun.). **Echte N.** – G. urbánum L.

Fingerkraut – Potentílla L.
(Ib – Wv, Av u. Vv: Huftiere – Hybr. – Adv.)

1 Strauch. Bl gefiedert, unterseits seidenhaarig. Kr gelb. 0,50–1,00. ♄ 6–8. Zierstrauch, (N U) s, z. B. Bw Sa Br Me (m/salp-b·(k)AM+AS–(EUR) – F). **Strauch-F.** – P. fruticósa L.

1* Kräuter 2

2 Kr dunkelpurpurn, bis zur FrReife bleibend, halb so lg wie der oberseits braunviolette K u. ebenso lg wie der grüne AußenK. Stg kriechend. Bl unpaarig gefiedert. 0,30–1,00. ♃ 6–7. Nasse, mesotrophe, kalkfreie Flach- u. Zwischenmoore, Moorschlenken; v S- u. O-Ba S-Bw O-Th Sa Br N-Ns Me Sh, z M- u. NW-Ba N-Bw Rh We He W-Th An S-Ns, ↘ (sm/mo-arctCIRCPOL – C – Ib, Vm – Hv – K Scheuchz.-Car., K Oxyc.-Sphagn.). [Cómarum palústre L.] **Blutauge, Sumpf-F.** – P. palústris (L.) SCOP.

2* Kr weiß od. gelb 3
3 Kr weiß 4
3* Kr gelb 9
4 GrundBl gefiedert, obere Bl 3zählig. Frchen kahl. 0,30–0,50. ♃ 5–7. Trockenrasen, Säume, Felsfluren; z Rh, s Ba: Iller-, Lech-, Maingebiet, Grabfeld Bw: Randen, Klettgau, Bodensee, Illerbachen, Heuchelberg M-He Th: obere Saale, Windleite Sa: Elbe An: Bode, Gimritz Br: SW u. Oder, ↘ (m/mo-temp·subozEUR – H – O Fest.-Sedet., O Alysso-Sed., V Mesobrom., V Ger. sang.). **Felsen-F.** – P. rupéstris L.
4* GrundBl gefingert od. 3zählig. Frchen behaart 5
5 GrundBl meist 5zählig gefingert 6
5* GrundBl 3zählig, denen der Erdbeere ähnlich 8
6 Staubfäden wenigstens am Grund behaart. KrBl länglich. Blchen vorn gestutzt mit vorwärts zusammenneigenden Zähnen. 0,10–0,30. ♃ 7–9. Kalk-Felsspalten; v S-Ba: Alpen, Vorland bei Lechbruck u. Schongau (m/salp-temp/salp·subozEUR – H – O Potent. caul.). **Stengel-F.** – P. cauléscens L.
6* Staubfäden kahl 7
7 Blchen oberseits grün, unterseits silberweiß seidenhaarig, lanzettlich, jederseits mit 1–6 flachen Zähnen. 0,05–0,20. ♃ 4–6. Wärmeliebende Säume, Gebüsche u. EichenW, anspruchsvoll; z S-, M- u. NW-Ba: bes. untere Hochebene, Donau, Jura, Unterfranken Bw: Klettgau bis Schönbuch, Jura, Wertheim, nördlicher Oberrhein SO-Rh Th S-An Br, s He Sa: Elster, Elbe N-An SO-Ns: Asse, † Me, ↘ (sm-temp·subozEUR – H – V Pot.-Querc., V Ger. sang.). **Weißes F.** – P. álba L.
7* Blchen beiderseits grün, verkehrteifg, vorn fast gestutzt u. mit 3–5 vorwärtsgerichteten Zähnen. 0,05–0,10. ♃ 6–8. Kalkfelsspalten, Felsschutt; s SO-Ba: Kampenwand, Watzmann (sm/alp-temp/alp·subozEUR – H – V Cystopt., V Sesl.). **Ostalpen-F.** – P. clusiána JACQ.
8 **(5)** Staubfäden kahl, fädlich, schmaler als die Staubbeutel. Blchen jederseits 4–6zähnig. 0,05–0,10. ♃ 3–5. Eichen-HainbuchenW, Gebüsche, auch an Waldrändern, kalkarme Standorte; v Bw Rh S- u. O-We He W-Th S-Ns, z Ba außer Bayr-W NW-We M- u. O-Th SW-An W-Me O-Sh, s Sa NO-Ns W-Sh (sm/mo-temp·ozEUR – H – V Carp., V Rubo-Prun.). **Erdbeer-F.** – P. stérilis (L.) GARCKE
8* Staubfäden unten bewimpert, bandfg, fast so br wie die Staubbeutel. KrBl am Grund ± rosa. Blchen jederseits 6–11zähnig. 0,05–0,10. ♃ 3–5. Wärmeliebende Eichen- od. Kiefern-MischW u. Gebüsche, kalkhold; z M- u. N-Rh, s S-Ba: Schlierseegebiet, Bayrischzell Bw: Hegau, Hochrhein um Schaffhausen SW-He (m/mo-stemp·subozEUR – H – O Querc. pub., V Carp., V Eric.-Pin., V Berb.). **Kleinblütiges F.** – P. micrántha RAMOND ex DC.
9 **(3)** Bl gefiedert 10
9* Bl gefingert od. 3zählig 11
10 B 15–20 mm br, einzeln, lg gestielt. Pfl mit lg, kriechenden Ausläufern. Bl unterbrochen gefiedert, mit 7–12 großen Fiederpaaren, unterseits silbrig-seidig behaart. 0,15–0,50 (–0,80) lg. ♃ 5–8. Frische bis feuchte Ruderalstellen (Gänseanger, Ufer), feuchte Wiesen u. Äcker, salzertragend; alle Bdl g, aber Schwarzw z (austrAUST+sm-bCIRCPOL – H – K Plant., K Bid., K Secal., K Aster. trip.). **Gänse-F.** – P. anserína L.
10* B 6–10 mm br, in Zymen. Pfl ohne Ausläufer. Stg liegend bis aufrecht. GrundBl 2–7paarig gefiedert, obere oft 3zählig, beiderseits grün. 0,10–0,40 lg. ⊙ ⊙ ♃ 6–10. Feuchte, sandige bis tonige Ruderalstellen (Wege, Wegränder, Dorfstraßen), Ufer, kalkmeidend; z M- u. NW-Bayern: Donau, Aisch, Main, Nürnberg N-Bw S- u. O-Rh W-We S-He N-Th Sa An Br O-Ns: bes. Weser u. Elbe, s S-Ba S-Bw O-We N-He Me S-Sh, ↘ (stropb·(subk)CIRCPOL – T, H – O Bid., V Agrop.-Rum., V Nanocyp.). **Niedriges F.** – P. supína L.
11 **(9)** B 4zählig (zuweilen an derselben Pfl einige B 5zählig) 12
11* Alle B 5zählig 13

12 Stg liegend bis aufrecht, nie wurzelnd. Alle Bl 3zählig (selten wenige GrundBl 4–5zählig). Blchen der GrundBl jederseits mit 3–4 Zähnchen. StgBl sitzend od. bis 5 mm lg gestielt, ihre NebenBl fingerfg gelappt (Abb. **268**/1). B fast alle 4zählig, 7–11(–15) mm br. FrKn 4–8(–20). 0,10–0,30. ♃ 5–8. Frische, arme Sand- u. Torfböden, in Magerrasen, Zwergstrauch- u. Feuchtheiden, Pfeifengraswiesen; g Ba He, übrige Bdl v, aber MDt- u. Mainzer Trockengeb z (m/mo-b·(oz)EUR–WSIB – H – K Nard.-Call., V Mol., V Eric. tetr. – ArzneiPfl). [P. tormentílla NECKER, Tormentílla erécta L.]
Blutwurz, Tormentill – P. erécta (L.) RÄUSCHEL

12* Stg höchstens anfangs aufsteigend, bald liegend, im Herbst meist wurzelnd. GrundBl zur Hälfte 5zählig, zur Hälfte 3–4zählig, ihre Blchen jederseits mit 4–6 Zähnchen. Untere StgBl 10–20 mm lg gestielt, obere kürzer gestielt, ihre NebenBl meist ganzrandig (Abb. **268**/2). B meist 4zählig (25% 5zählig), (10–)14–18 mm br. FrKn 20–50. 0,15–0,70 lg. ♃ 7–9. Waldwege, Gräben, Sumpfwiesen; v Sh, z N-Ba S-He Sa Th An außer MDt-Trockengeb Br N-Ns Me, s S-Ba: München, Wasserburg Rh We N-He S-Ns (temp·ozEUR – H – V Agrop.-Rum., V Mol. – leicht zu verwechseln mit dem nicht seltenen Bastard aus Blutwurz u. Kriechendem F., der sich fast nur durch seine Unfruchtbarkeit unterscheidet!). [P. procúmbens SIBTH., Tormentílla réptans L.]
Englisches F. – P. ánglica LAICHARDING

13 **(11)** Stg ausläuferartig kriechend, an den Knoten wurzelnd, unverzweigt. Bl 5zählig gefingert. B einzeln, 17–25 mm br. 0,30–1,00 lg u. 0,10–0,20 hoch. ♃ 6–8. Feuchte, nährstoffreiche Rasen, Wege, Ufer, Gräben, Fett- u. Sumpfwiesen, Äcker; alle Bdl v, aber Silikatgebirge, S-Sa, N-Ns u. W-Sh z (m-temp·(oz)EUR–WAS – H – V Agrop.-Rum., V Arrh., V Mol.). **Kriechendes F.** – P. réptans L.

13* Stg aufrecht od. liegend, meist nicht wurzelnd, verzweigt **14**

14 Alle Bl 3zählig **15**

14* GrundBl u. untere StgBl 5–7(–9)zählig **16**

15 Stg steif aufrecht. BStand reichblütig. Pfl rauhhaarig. 0,15–0,50. ⊙ ♃ 6–10. Frische, nährstoffreiche, kalkarme Ufer, Gräben, Wege; z M- u. O-Th An Br, s SO- u. NW-Me, (N 1832) z Ba S- u. W-Bw Rh We Sa: bes. NO Ns S-Sh, s He W-Th (m-b·(subk)CIRCPOL – T, H – V Agrop.-Rum., V Sisymbr.). **Norwegisches F.** – P. norvégica L.

15* Stg dünn, liegend od. aufsteigend, 1–2blättrig, meist 1blütig. 0,02–0,05. ♃ 7–8. Nährstoffreiche, kalkhaltige alp. Schneetälchen u. Schneeböden; z S-Ba: Alpen (sm/alp-temp/alp·ozEUR – H – V Arab. caer.). [P. dúbia (CRANTZ) ZIMMETER, P. mínima HALLER fil.]
Zwerg-F. – P. brauneána HOPPE ex NESTLER

16 **(14)** Bl unterseits nur auf den Nerven u. besonders am Rand mit lg, silbrigen Seidenhaaren dicht besetzt, sonst kahl, oberseits glänzend u. fast kahl, mit durchscheinendem Nervennetz. NebenBl der oberen (3zähligen) StgBl höchstens so lg wie ihre SeitenBlchen u. kürzer als das EndBlchen (wenn länger als die Blättchen u. B⌀ < 1,5 cm, s. Frühlings-F., **23**). Kr goldgelb, bis 2 cm br. 0,05–0,20. ♃ 6–9. Nährstoffarme alp. u. subalp. Silikatmagerrasen, Zwergstrauchgestrüpp; v S-Ba: Alpen, s SW-Bw: S-Schwarzw (sm/alp-temp/salp·subozEUR – H – V Nard., V Salic. herb.).
Gold-F. – P. āūrea L.

16* Bl unterseits kahl od. auf der ganzen Fläche flaumig, seidig, zottig od. filzig behaart **17**

17 Bl unterseits weiß- od. graufilzig, z. T. nur locker filzig behaart **18**

17* Bl unterseits nicht filzig, aber oft flaumig, seidig od. zottig behaart **22**

1 2 3 4

18 Stg u. Bl (mindestens unterseits) ± dicht filzig sternhaarig (Abb. **268**/4; Lupe!). Pfl meist ± graugrün, durch ∞ blütenlose Rosetten lockere Polster bildend. KrBl 4–7 mm lg. Griffel an der Spitze verdickt. Untere Bl 3–5(–7)zählig. 0,05–0,15. ♃ 3–5. Kont. Felsfluren, Trocken- u. Sandtrockenrasen, trockne KiefernW; v S-An NO-Br, z Ba: Lech-, Isar-, Donaugebiet, Jura, Unterfranken, Schwabach Bw: Wärmegebiete O-Rh S-He Th S- u. W-Br, s N-He Sa: Elbe N-An SO-Ns SO-Me (sm-temp·subkEUR – H – V Sesl.-Fest., V Fest. val., V Cytis.-Pin.). [P. arenária aut., P. cinérea aut., incl. P. pusílla HOST] **Sand-F.** – P. incána G. M. SCH.

18* Ganze Pfl ohne Sternhaare (Abb. **268**/3), wenn Bl unterseits zwischen dem Filz mit einzelnen Sternhaaren, dann GrundBl überwiegend 7zählig. Blütenlose Rosetten fehlen meist (Hügel-F., **20**, mit Rosetten). Griffel nach unten verdickt **19**

19 Bl unterseits dicht weißfilzig. Blchen am Rand meist umgerollt, unregelmäßig tief eingeschnitten, oft fast 3spaltig od. fiederschnittig. Endzipfel etwas größer als die angrenzenden seitlichen, alle Zipfel linealisch bis lineal-lanzettlich. Stg kräftig, meist ± aufrecht. RosettenBl zur BZeit höchstens noch sehr spärlich vorhanden. 0,20–0,50. ♃ 6–10. Felsfluren, Sandtrockenrasen, sandige Ruderalstellen, kalkmeidend; v M- u. N-Ba Rh He Sa An Br NO-Ns Me Sh, z W- u. N-Bw We Th S-Ns, s SO-Bw NW-Ns (sm-b·(oz)EUR–WAS – H – K Sedo-Scler.). **Silber-F.** – P. argéntea L.

19* Bl unterseits ± dicht graufilzig, am Rand nicht umgerollt, weniger tief gezähnt **20**

20 Stg schwach, liegend od. aufsteigend, zur BZeit am Grund oft noch mit BlRosetten. Blchen jederseits mit 2–4 Zähnen, wenn mit 6 Zähnen, dann NebenBl ungezähnt. Frchen oft verkümmert. 0,10–0,35. ♃ 4–8. Felsfluren, Sandtrockenrasen, kalkmeidend; z Rh, s Ba S- u. W-Bw M- u. N-We Th M- u. O-Sa SW-An Br NW-Me, † Ns (sm-temp·subozEUR – H – K Sedo-Scler.). *** Hügel-F.** – P. collína agg.

20* Stg kräftig, meist ± aufrecht, reich beblättert, oft filzig u. zottig zugleich. RosettenBl zur BZeit höchstens noch sehr spärlich vorhanden. Blchen jederseits mit mindestens 6, meist jedoch ∞ Zähnen **21**

21 Stg meist aufrecht, vom unteren Drittel an gablig verzweigt. GrundBl (3–)5zählig, zur BZeit meist abgestorben. B klein, 10 mm br. 0,20–0,50. ⊙ ♃ 6–9. Trockne, sandige bis kiesige Ruderalstellen (Wegränder, Dämme, Umschlagplätze); (N 1825, oft U) z Rh We S-He Sa, s M- u. N-Ba M- u. W-Bw S-An S- u. M-Br N- u. W-Ns Me S- u. O-Sh, † Th (temp-b·subkEUR – H – V Dauco-Mel.). **Mittleres F.** – P. intermédia L.

21* Stg meist aufsteigend, in der Mitte od. erst vom oberen Viertel an verzweigt. GrundBl u. untere StgBl 5–7zählig. B 10–15 mm br. 0,15–0,50. ♃ 5–8. Sand- u. ärmere Silikattrockenrasen, sandige Ruderalstellen (Wegränder); (N 1799?) s Ba: Hochebene, Jura, BayrW S-Bw: Hochrhein, Bodensee S-We He W-Th Sa An Ns N-Me: Greifswald, Stralsund, † Rh, ↘ (sm-temp·(subk)EUR–WAS – H – O Fest.-Sedet.). [P. adscéndens KIT., P. canéscens BESSER] **Graues F.** – P. inclináta VILL.

22 **(17)** Stg am Grund höchstens mit wenigen abgestorbenen BlResten, aber ∞ nichtblühenden Rosettentrieben, dadurch Pfl lockere Polster bildend. B 10–13 mm br, gelb. Griffel an der Spitze verdickt. NebenBl der obersten (3zähligen) StgBl länger als deren Blchen **23**

22* Stg am Grund von den erhalten gebliebenen braunen Resten ∞ abgestorbener NiederBl u. BlStiele bedeckt. B 10–25 mm br, blaß- od. goldgelb. NebenBl der obersten (3zähligen) StgBl kürzer als deren Blchen od. höchstens so lg u. dann KrBl am Grund dunkler od. orangerot **24**

23 NebenBl der 5–7zähligen GrundBl schmal lanzettlich bis linealisch, lg zugespitzt, oft hinfällig od. zerfasernd, bleich. Nichtblühende Stg meist ausläuferartig verlängert u. wurzelnd. Pfl mit anliegenden od. aufrecht abstehenden Haaren, Bl dadurch meist seidig glänzend. 0,05–0,20. ♃ 4–6(–10). Halbtrocken-, Trocken- u. Sandtrockenrasen, trockne KiefernW; v Ba Bw Rh He Th S-An M- u. O-Br S-Ns, z S- u. O-We Sa N-An S- u. NW-Br Me, s N-Ns S-Sh (sm/mo-temp·subozEUR – H – K Fest.-Brom., O Fest.-Sedet., V Eric.-Pin.). [P. vérna aut., P. neumanniána RCHB.]
Frühlings-F. – P. tabernaemontáni ASCHERS.

23* NebenBl der überwiegend 7zähligen GrundBl kurz eifg bis br eilanzettlich, lange bleibend. Nichtblühende Stg kurz, aufrecht bis bogig aufsteigend, nie wurzelnd. Pfl waagerecht od. rückwärts abstehend zottig. Bl dadurch trübgrün, nicht glänzend. Längere Haare auf kleinen Knötchen stehend. Stg oft rot überlaufen. 0,05–0,20. ♃ 4–6. Halbtrocken- u. Trockenrasen, trockne KiefernW, kalkhold; v S- u. M-Ba N-Th SW-An Me, z N-Ba W- u. N-Bw Rh He S-Th O- u. N-An Br, s Sa O-Ns, † Sh (sm-temp·subozEUR – H – K Fest.-Brom., V Eric.-Pin.). [P. opáca L., P. rúbens (CRANTZ) ZIMMETER]
Rötliches F. – P. heptaphýlla L.

24 **(22)** Stg steif aufrecht, am Grund ohne Rosettentriebe. Mittlere Blchen der größeren Bl 5–10 cm lg u. 1,5–3 cm br. BStiele wie die Stg mit längeren, weichen, auf Knötchen stehenden Haaren u. kurzen, geraden, abstehenden Borsten. B 20–25 mm br, blaßgelb, selten dunkel- bis goldgelb. Staubbeutel viel länger als br. Griffel nach unten verdickt. Frchen stark runzlig, mit br geflügeltem Kiel. 0,15–0,70. ♃ 6–7. Ruderal beeinflußte Felsfluren u. Sandtrockenrasen, trockne Ruderalstellen (Wegränder, Dämme), basenhold; (A), im W u. N (N), alle Bdl z, aber S-Ba u. NW-Ns s. ZierPfl (m-sm·(subk) OEUR–WAS – H – O Fest.-Sedet., O Brom., V Sisymbr.). **Aufrechtes F.** – P. récta L.

24* Stg bogig aufsteigend bis niederliegend, 5–30 cm hoch. Mittlere Blchen höchstens 3–6 cm lg. Staubbeutel länglich bis eifg. B goldgelb **25**

25 GrundBl überwiegend 5zählig. Blchen jederseits mit 2–5 meist stumpfen Zähnen. Stg von braunen NiederBl fast 2zeilig bedeckt u. dadurch abgeflacht erscheinend u. durch ∞ nichtblühende Rosettentriebe lockere Polster bildend. Stg u. Bl unterseits zottig. B 10–25 mm br. KrBl am Grund dunkler od. orangerot. Griffel an der Spitze verdickt. 0,05–0,15. ♃ 5–9. Sonnige alp. Steinrasen, Felsspalten, Geröll; v SW-Ba: Allgäu, s Wettersteingebirge (sm/alp-arct·(oz)OAM–EUR–WSIB – H – O Sesl.). [P. villósa (CRANTZ) ZIMMETER] **Zottiges F.** – P. crántzii (CRANTZ) G. BECK ex FRITSCH

25* GrundBl überwiegend 7zählig. Blchen jederseits mit 6–12 stumpfen od. spitzen Zähnen. Stg kurzflaumig mit längeren abstehenden Haaren, ohne Rosettentriebe. Bl unterseits dicht abstehend bis anliegend behaart. B 10–20 mm br. Griffel nach unten verdickt. 0,15–0,30. ♃ 5–7. Wärmeliebende Säume u. Gebüsche, TrockenW; z W-Ba: W-Jura, Mittel- u. Unterfranken S-Th, † Sa, ↘ (m/mo-temp·(subk)EUR–WAS – H – V Ger. sang., V Pot.-Querc.). [P. chrysántha RCHB. non TREV., P. parviflóra GAUDIN non DESF.]
Thüringisches F. – P. thuringíaca BERNH. ex LINK

Erdbeere – Fragária L.
(H – Ib, Vw, Sb – Vv, Sv: Ausläufer)

1 Bl lederartig, OSeite fast kahl, runzlig; BlStiele abstehend od. vorwärts anliegend behaart. B u. Fr groß. FrStg niedergebogen. 0,20–0,30. ♃ 5–6. KulturPfl (aus Kreuzungen der Chile-E. u. der nordamerikanischen Scharlach-E. hervorgegangen). [F. × mágna aut.] **Ananas-E., Garten-E.** – F. ananássa (DUCHESNE) DECNE. et NAUDIN

1* Bl nicht lederartig, OSeite deutlich behaart; BlStiele abstehend behaart. B u. Fr klein bis mittelgroß. Stg zur FrZeit aufrecht. WildPfl **2**

2 BlUSeite abstehend behaart. Endzahn des mittleren Blchens die Seitenzähne überragend. Alle BStiele waagerecht abstehend behaart. Stg die Bl deutlich überragend. 0,15–0,30. ♃ 5–6. Frisch-feuchte LaubmischW, Gebüsche, Säume, mäßig anspruchsvoll, wärmebedürftig; im N u. W (A), v NO-Ba S-Sa, z S- u. W-Ba außer Alpen Bw Th SW-An NW-Me O-Sh, s Rh SW- u. NO-We He N-Sa Br SO-Ns S- u. O-Me W-Sh, ↘ (sm/mo-temp·subozEUR – V Alno-Ulm., V Carp., V Rubo-Prun.). [F. elátior EHRH.]
Zimt-E. – F. moscháta (DUCHESNE) WESTON

2* BlUSeite anliegend, höchstens am Grund abstehend behaart. Seitliche od. alle BStiele angedrückt od. aufrecht abstehend behaart. Stg nur wenig länger als die Bl **3**

3 FrK waagerecht abstehend; reife Fr beim Pflücken ohne diesen abreißend. Ausläufer sympodial, ihre BlBüschel mit einem kleinen, spreitenlosen VorBl beginnend, aus dessen Achsel oft ein zweiter Ausläufer kommt, der den ersten fortsetzt, zwischen den BlBüscheln etwa in der Mitte mit einem schuppenfg NiederBl. Alle Blchen fast sitzend, das mittlere mit keilfg Grund. BlZähne mit schmaler, nur $^1/_3$ der Zahnbreite ausfüllender, beiderseits br hellgrün gesäumter, hellrosa Wasserspalte; Endzahn des MittelBlchens die seitlichen Zähne überragend, deren Spitzen fast gerade. BBoden am Grund mit Haarkranz, sonst kahl. 0,05–0,20. ♃ 5–6. Säume, Gebüsche, LaubW, Waldverlichtungen, auf frischen, nährstoffreichen Böden; g Ba Bw Rh He Th Sa O-Br S-Ns O-Sh, v We An W-Br NO-Ns, z NW-Ns W-Sh (m/mo-b·(suboz)CIRCPOL – V Carp., O Prun., V Trif. med.). **Wald-E.** – F. vésca L.

3* FrK angedrückt, reife Fr beim Pflücken mit diesem knackend abreißend. Ausläufer monopodial, ihre BlBüschel vorblattlos, mit vollentwickeltem LaubBl beginnend, nur zwischen MutterPfl u. 1. BlBüschel mit einem schuppenfg NiederBl. MittelBlchen kurz gestielt, oval; SeitenBlchen fast sitzend bis kurz gestielt. Wasserspalte der BlZähne rot, br dreieckig, die ganze Zahnspitze einnehmend; Endzahn des MittelBlchens kürzer als die seitlichen Zähne, deren Spitzen einwärts gebogen. BBoden fein langhaarig. 0,05–0,15. ♃ 5–6. Lichte, warme LaubmischW, -gebüsche u. ihre Säume, Halbtrockenrasen, kalkhold; v M- u. N-Ba N-Bw Th S-An NO-Br, z S-Ba S-Bw Rh He NW-Sa N-An S- u. W-Br SO-Ns Me: außer SW, s S- u. O-We SO-Sa O-Sh (m/mo-temp·(suboz) EUR–WAS – V Ger. sang., O Querc. pub., V Cirs.-Brach., V Mesobrom.). [F. collína EHRH.] **Knack-E., Knackelbeere** – F. víridis (DUCHESNE) WESTON

Scheinerdbeere – Duchésnea SM.

Pfl mit oberirdischen, bis 0,5 m lg Ausläufern. Bl 3zählig, lg gestielt. B einzeln, gelb, die Bl nicht od. nur wenig überragend. AußenKBl länger als die KBl. 0,10–0,30. ♃ 5–6(–10). ZierPfl, (N 1903) s Ba: Memmingen, Würzburg Rh: Hitdorf He, (U) s Bw NW-Sa An Br Me, ↗ (trop/mo-sm·ozAS – V Alliar.). [Fragária índica ANDREWS] **Indische Sch.** – D. índica (ANDREWS) FOCKE

Gelbling – Sibbáldia L.

Blchen keilfg, vorn gestutzt u. 3zähnig. B klein. Kr gelbgrün. 0,02–0,04. ♃ 6–8. Alp. Schneetälchen, Magerrasen; z S-Ba: Alpen (m/alp-arct·(oz)CIRCPOL – H – Ib, Sb – Wv, Vv: Huftiere – V Salic. herb., V Nard.). **Gelbling** – S. procúmbens L.

Frauenmantel, Sinau – Alchemílla L.
(H – Ap – Ev, Vv: Huftiere)

1 GrundBl unterseits anliegend silbrig-seidenhaarig, handfg geteilt od. gespalten. Mittlere BlAbschnitte am Grund zu $^1/_5$–$^1/_2$ miteinander verbunden. 0,10–0,25. ♃ 6–8. Subalp. u. alp. frische, kalkreiche Steinrasen, Felsbänder; v S-Ba: Alpen, s obere Hochebene an Lech u. Isar, SW-Bw: Schwarzw: Feldberg, Belchen (sm/salp-stemp/salp·subozEUR – O Sesl.). * **Hoppe-F.** – A. hoppeána agg.

1* GrundBl beiderseits grün, kahl od. behaart, aber nie silbrig-seidenhaarig, gelappt od. bis etwas über die Mitte gespalten **2**

2 GrundBl etwa bis zur Mitte gespalten. BlLappen am Grund ganzrandig. Pfl kahl, jedoch BlZähne oft gewimpert. Bl meist durchscheinend. 0,20–0,30. ♃ 6–8. Alp. saure Magerrasen, Schneetälchen; v S-Ba: Alpen (sm/alp-temp/alp·subozEUR – K Salic. herb., V Poion alp., V Rum. alp.). **Zerschlitzter F.** – A. físsa GÜNTH. et SCHUMM.

2* GrundBl gelappt, BlLappen bis zum Grund gesägt. Pfl meist behaart, selten kahl. Bl nicht od. kaum durchscheinend. 0,03–0,30. ♃ 5–9. Fettwiesen u. -weiden, Bergwiesen u. -weiden, Quellfluren; g Ba, v Bw Rh S- u. O-We He Th S-Sa S-Br S-Ns Sh, z NW-We N-Sa An: bes. Harz M- u. N-Br N-Ns Me, s Trockengebiete (sm/mo-b·(oz)EUR– WAS–OAM – V Arrh., V Triset. – sehr ∞ Kleinarten). * **Gewöhnlicher F.** – A. vulgáris-Gruppe

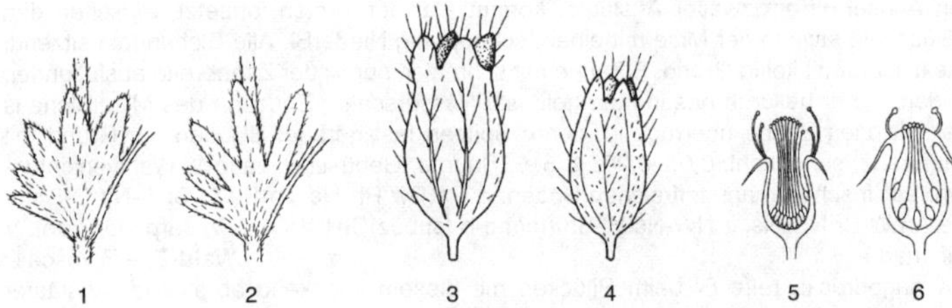

Ackerfrauenmantel, Ackersinau – Áphanes L.
(T, H – Sb – Ev, Vv)

1 Zipfel der die B umgebenden NebenBl dreieckig-eifg, 1–2(–3) mal so lg wie br, etwa halb so lg wie der ungeteilte Abschnitt der NebenBl, allmählich verschmälert (Abb. **272**/1). B 1,8–2,7 mm lg, K aufrecht bis etwas spreizend, mit dem FrKn einen Winkel bildend; B daher flaschenfg (Abb. **272**/3). AußenK 1/4 so lg wie der K. Fr (einschließlich K) > 2,1 mm lg, zur Reife von den NebenBl nicht od. kaum überragt. Nüßchen bräunlich, 1,2–1,4 mm lg. 0,05–0,20. ⊙ ① 5–9. Nährstoffreiche, sandige bis lehmige Äcker, kalkmeidend; (A) alle Bdl v, aber S-Bw N-Ns z, Bergland s, f Alpen (m-temp·ozEUR – Ap – V Aphan.). [Alchemílla arvénsis (L.) SCOP.] **Gewöhnlicher A.** – A. arvénsis L.

1* Zipfel der die B umgebenden NebenBl länglich-lanzettlich od. linealisch, 2–5mal so lg wie br, meist fast so lg wie der ungeteilte Abschnitt der NebenBl, an der Spitze plötzlich verschmälert (Abb. **272**/2). B 1,0–1,8 mm lg, KBl aufrecht bis zusammenneigend, mit dem FrKn (fast) keinen Winkel bildend; B daher eifg (Abb. **272**/4). AußenK winzig bis fehlend. Fr (einschließlich K) < 1,8 mm lg, zur Reife von den NebenBl deutlich überragt. Nüßchen gelblich, 0,8–1,2 mm lg. 0,03–0,15. ⊙ ① 5–9. Mineralarme, stark saure, sandige Äcker u. Brachen; (A) v S-Br, z N-We N-Sa N- u. O-An M- u. N-Br N-Ns Me Sh, s N-Ba N- u. W-Bw Rh S-We He Th S-Ns, ↘ (m-temp·ozEUR – V Arnos., V Thero-Air.). [A. microcárpa aut., A. inexspectáta LIPPERT] **Kleinfrüchtiger A.** – A. austrális RYDB.

Goldröschen – Kérria DC.

Bl lg zugespitzt, doppelt gesägt. B einzeln, gelb. 1,00–3,00. ♄ 5. Zierstrauch, auch (NU) s (m/mo-temp·ozOAS – F – Ib). **Japanisches G.** – K. japónica (THUNB.) DC.

Rose – Rósa L.
(F – Ib: Pollenblumen, Sb auch Ap – Vv – Zwischenformen)

1 Griffel deutlich aus dem Achsenbecher herausragend (Abb. **272**/5) **2**

1* Griffel aus der Öffnung des Achsenbechers nicht od. nur wenig herausragend. Narben ein Köpfchen bildend (Abb. **272**/6) **5**

2 Griffel frei, bis zur halben Höhe der inneren StaubBl reichend. Aufrechter Strauch. Bl 3- bis 5zählig, oberseits glänzend dunkelgrün. 1,00–2,00. ♄ 6–10. Zierstrauch (m·(oz) OAS – StammPfl vieler Edelrosen, als reine Art nur selten kultiviert). **China-R.** – R. chinénsis JACQ.

2* Griffel anfangs wenigstens unterwärts zu einem Säulchen verwachsen **3**

3 Griffelsäule meist bis zur halben Höhe der inneren StaubBl reichend. Stamm aufrecht, Äste überhängend. BlOSeite glänzend, USeite matt, auf den Nerven behaart. BStand meist ∞blütig. Äußere KBl gefiedert. 0,50–3,00. ♄ 6–7. Wärmeliebende Gebüsche u. TrockenW; s Bw M-We (sm/mo-temp·ozEUR – O Prun., V Querc. pub.). **Verwachsengrifflige R.** – R. stylósa DESV.

3* Griffelsäule mindestens die Höhe der kürzeren StaubBl erreichend **4**

4 NebenBl fransig zerschlitzt. BStand ∞blütig; B klein, meist weiß. Stamm freistehend aufrecht, Äste später übergebogen, sonst kletternd. 1,00–2,00. ♄ 6–7. Zierstrauch, auch (U) s, z. B. Sa An Me (m-temp·ozOAS – Stammart von Rankrosen).
Büschel-R. – R. multiflóra THUNB. ex MURRAY

4* NebenBl höchstens gezähnt. B meist einzeln, 3–5 cm br, weiß. Bl glanzlos. Stamm niederliegend od. kletternd. 0,50–3,00. ♄ 6. Gebüsche, krautreiche LaubW, anspruchsvoll; v S- u. M-Ba Bw Rh SW-We, z N-Ba N- u. O-We SW-He, s W-Th SW-An S-Ns u. Silikatgebirge (sm-temp·ozEUR – O Prun., V Cephal.-Fag., V Carp.). [R. répens SCOP.]
Kriechende R. – R. arvénsis HUDS.

5 **(1)** Bl u. Zweige auffallend hechtblau u. rötlich angelaufen, kahl od. wenigstens Mittelrippe der Bl dunkelrot. B zu 1–5, klein, tiefrot. Die äußeren KBl oft mit fädlichen Fiedern, zuweilen ganzrandig, 2–3 mm br, nach der BZeit aufgerichtet, bis zur FrReife bleibend, wie die BStiele nur selten zerstreut stieldrüsig. Narbenköpfchen weißwollig. ScheinFr kuglig, rotbraun. Stacheln schlank, gebogen oder gerade. 1,00–3,00. ♄ 6–7. Felsgebüsche, anspruchsvoll; z SW-Ba: Allgäu S-Bw: S-Schwarzw, Hegau, Jura, (N) z, z. B. An. Zierstrauch, (sm/salp-temp/salp·subozEUR – V Berb.). [R. rubrifólia VILL.]
Rotblättrige R. – R. gla͡úca POURR. non VILL.

5* Bl grün od. grau- bis bläulichgrün u. dann meist behaart od. Fiedern der äußeren KBl lanzettlich. Pfl nicht rötlich überlaufen **6**

6 Alle KBl ganzrandig, selten mit kleinen Zähnen **7**

6* Die beiden äußeren KBl beiderseits, das mittlere einseitig fiederspaltig **11**

7 Strauch mit einzelnen, an der Basis dickeren od. verbreiterten Stacheln, höchstens im unteren Teil mit dichter stehenden, fast nadligen Stacheln od. stachellos **8**

7* Strauch bis in die oberen Zweige dicht nadelstachlig, zuweilen im unteren Teil die längeren Stacheln an der Basis verbreitert **9**

8 Stacheln ± hakig gekrümmt, am BlGrund paarig. NebenBl der nichtblühenden Zweige oft mit eingerollten Rändern. Blchen einfach gesägt, oberseits bläulichgrün u. anliegend behaart, unterseits grau behaart bis filzig. Kr rosa. SammelFr kuglig. 1,00–1,50. ♄ 5–7. Gebüsche, AuenW, anspruchsvoll; v S- u. M-Ba, s SO-Bw: Argen- u. Illertal, Bodensee, N-Th: Kyffhäuser, S-Harz, † SW-An: S-Harz, (N) s bis z alle Bdl (sm/dealp-b·(k)EUR–WAS – V Berb., V Salic. alb., V Alno-Ulm.). [R. cinnamómea aut.]
Zimt-R., Mai-R. – R. majális J. HERRMANN em. MANSF.

8* Stacheln gerade, zerstreut od. Pfl stachellos. NebenBl flach. Blchen oberseits dunkelgrün, unterseits oft zerstreut behaart. Kr rot. SammelFr länglich-eifg. 0,50–2,00. ♄ 6–7. Subalp. Gebüsche u. BergmischW, anspruchsvoll; v S- u. O-Ba: Alpen, Vorland, Bayr-W N-Jura, Fichtelg, Th-W, Rhön, z S-Bw: S-Schwarzw, W-Jura, Westallgäu mit Adelegg u. Illertal, s S-Th: Neustadt/Rstg S-Sa: Erzg (sm/salp-temp/dealp·ozEUR – V Adenost., V Til.-Acer., V Eric.-Pin.). [R. alpína L.] **Alpen-R.** – R. pendulína L.

9 **(7)** Stacheln auch im unteren Teil des Strauches alle nadelfg, teilweise an der Basis filzhaarig, in der Länge nicht extrem unterschiedlich, die langen an der Basis nicht stärker verbreitert, höchstens doppelt so lg wie die kurzen. Blchen dunkelgrün, oberseits runzlig. Kr groß, 6–8 cm br, meist purpurrot, selten weiß. SammelFr groß, 2–2,5 cm br, flachkuglig. 1,00–2,00. ♄ 5–9. Zierstrauch, auch (N 2. H. 19. Jh.) v Küsten von Nord- u. Ostsee, z Ba We Th Sa An Br Ns Me Sh, ↗ (sm-b·ozOAS – Sv: Ausläufer – oft als Dünenschutz gepflanzt). **Kartoffel-R.** – R. rugósa THUNB.

9* Längere Stacheln wenigstens an den unteren Teilen des Strauches nicht nadelfg, zur Basis stark verbreitert, kahl. Stacheln in der Länge sehr unterschiedlich, mit Nadelborsten vermischt, die längsten mehrmals länger als die kurzen Borsten. Kr weiß od. gelb **10**

10 Kr goldgelb od. innen scharlachrot, oft halbgefüllt. SammelFr (flach)kuglig, rot, im Gebiet selten reif werdend. Bl meist 7zählig. Blchen doppelt gesägt, wie die B nach Wanzen riechend. 1,00–4,00. ♄ 6. ZierPfl (m/mo·subkWAS). [R. lútea MILL.]
Gelbe R. – R. fo͡étida J. HERRMANN

10* Kr weiß bis schwach gelblich, selten rosa. Bl meist 9zählig. Blchen meist einfach gesägt, klein, eifg od. rundlich, kahl, dunkelgrün. SammelFr (flach)kuglig, fast schwarz. Strauch mit unterirdischen Ausläufern. 0,10–0,50(–2,00). ♄ 5–6. Subalp. Hochgrasfluren, Säume, wärmeliebende Gebüsche, TrockenW, Küstendünen, kalkstet; z NW-Ba S- u. O-Bw Rh, s SW-We He S-Th NW-Ns: Spiekeroog, Baltrum, Norderney, Juist NW-Sh: Sylt, Amrum, Föhr, (N) s W-Ba O-We Th M-Sa An W-Me Ns O-Sh (m/mo-temp·(subk)EURAS – F, G – Sv: Ausläufer – V Ger. sang., V Berb., O Querc. pub.). [R. pimpinellifólia L.] **Pimpinell-R.** – R. spinosíssima L.

11 **(6)** Stamm mit gekrümmten, kräftigen u. außerdem meist ∞ geraden, nadelfg od. borstenfg Stacheln u. Stieldrüsen. Achsenbecher wenigstens unten dicht stieldrüsig. Kr groß, (bei der WildPfl) tiefrot. SammelFr kuglig. Bl starr, unterseits blaß bis weißlich, nicht klebrig-drüsig. 0,30–1,50. ♄ 6–7. Wärmeliebende Gebüsche, TrockenW, Säume; z M- u. N-Ba: bes. untere Hochebene, Jura, Unter- u. Mittelfranken Bw: Neckarland, Taubergebiet, Ostalb, Klettgau S-, M- u. O-Th, s Rh S-He M- u. N-Sa S-An, (N U) s Br Me Sh, ↘ (m/mo-temp·subozEUR – V Ger. sang., V Berb., O Querc. pub., V Carp. – StammPfl von Gartenrosen: Centifolien). **Essig-R.** – R. gállica L.

11* Stamm mit gleichartigen Stacheln, selten am Grund außer großen einzelne (bei Wein-R., **18***, oft ∞) nadelfg Stacheln. Bl zuweilen klebrig-drüsig **12**

12 Stacheln gerade od. schwach gekrümmt. Blchen unterseits od. BStiele ± drüsig . . . **13**

12* Stacheln ± hakig. Blchen unterseits drüsig od. drüsenlos **16**

13 Blchen beiderseits kahl, meist doppelt gesägt, unterseits auf den Nerven spärlich drüsig, oberseits dunkelgrün. B groß, lebhaft rosa. BStiele etwa 2 cm lg, meist drüsenborstig. KBl abstehend bis zurückgeschlagen, früh abfallend. 0,30–2,00. ♄ 6–7. Wärmeliebende Gebüsche, TrockenW; s M- u. N-Ba Bw Rh M- u. S-He Th W- u. M-Sa SW-An SO-Br, ↘ (sm-temp·subkEUR – V Querc. pub., V Eric.-Pin.). [R. trachyphýlla RAU] **Rauhblättrige R.** – R. jundzíllii BESSER

13* Blchen unterseits filzig, selten rauhhaarig bis kahl, oberseits graugrün **14**

14 Stacheln völlig gerade. Spitzen der NebenBl meist sichelfg einwärtsgekrümmt. KrBl gewimpert. KBl an der SammelFr aufrecht, bleibend. 0,50–2,00. ♄ 6–7. Felsgebüsche, TrockenW, Graudünen; s S-Ba: Alpen SO-Bw: SW-Jura, (N) s Ba Bw Rh We He Sa An O-Ns Me Sh. Zierstrauch (sm/salp-b·ozEUR – V Berb., V Cytis.-Pin., V Eric.-Pin., V Querc. pub.). [R. pomífera J. HERRMANN, R. móllis J. et C. PRESL] **Apfel-R.** – R. villósa L.

14* Stacheln schwach gekrümmt. Spitzen der NebenBl meist abstehend. KBl an der SammelFr ausgebreitet bis aufgerichtet od. zurückgeschlagen, oft vor der FrReife abfallend **15**

15 Gedrungener Strauch. BStiele höchstens so lg wie der Achsenbecher. Kr meist tiefrot, häufig länger als der K. 0,50–2,00. ♄ 6–7. Felsgebüsche, TrockenW, Graudünen; v Me, z Br, s Ba M- u. O-Bw We O-He N- u. W-Th Sa S-An O-Ns O-Sh (temp/mo·subozEUR – V Berb.). [R. omíssa DÉSÉGLISE] **Sherard-R.** – R. sherárdii H. DAVIES

15* Langästiger Strauch. BStiele bis 4mal so lg wie der Achsenbecher. Kr meist blaßrosa od. weißlich, häufig kürzer als der K. 1,00–2,00. ♄ 6. WRänder, Hecken, Abhänge, Gebüsche, wärmeliebende Wälder; v Rh O-Sh, z Ba Bw S- u. O-We He Th Sa Br S-Ns Me W-Sh, s S- u. O-An N-Ns (sm-temp·(oz)EUR – O Prun., V Eric.-Pin., O Querc. pub., V Carp.). [incl. R. scabriúscula aut.] **Filz-R.** – R. tomentósa SM.

16 **(12)** Blchen unterseits mit ∞, oft unter der Behaarung versteckten Drüsen (Lupe!), stark nach Obst duftend. BStiele oft drüsenborstig **17**

16* Blchen unterseits meist drüsenlos, nicht nach Obst duftend, seltener drüsig. BStiele meist kahl, selten drüsenborstig **21**

17 Blchen rundlich-eifg od. rundlich-elliptisch, selten am Grund etwas verschmälert, frisch beim Zerreiben stark nach Apfel duftend. BStiele fast stets stieldrüsig **18**

17* Blchen am Grund keilig, verkehrteifg bis länglich. BStiele meist drüsenlos **19**

18 BStiele 1–2 cm lg, meist so lg wie die rote bis dunkelrote, eifg-kuglige bis spindelfg SammelFr od. etwas länger. B hellrosa. Narbenköpfchen aus dem Achsenbecher

ragend, kahl od. fast kahl. KBl zurückgeschlagen, früh abfallend. Blchen eifg-elliptisch, am Grund abgerundet od. verschmälert. Strauch lockerästig, flattrig, mit überhängenden Ästen. Stacheln gleichfg. 0,80–3,50. ♄ 5–6. Warmtrockne Felsfluren, Gebüsche, kalkhold; z M- u. N-Ba M- u. O-Bw Rh: Pfalz He N- u. W-Th SO-Ns, s SW- u. NO-We SW-An Me Sh, † Sa Br (sm-temp·subozEUR – V Berb., O Querc. pub., V Eric.-Pin.).
Kleinblütige R. – R. micrántha BORRER ex SM.

18* BStiele etwa 1 cm lg, so lg wie die orangerote, eifg bis kuglige SammelFr od. kürzer. Narbenköpfchen dem Achsenbecher aufsitzend, wollig. KBl nach dem Verblühen aufgerichtet od. abstehend, länger bleibend. Blchen am Grund abgerundet. Strauch kurzästig, gedrungen. 1,00–3,00. ♄ 6–7. Gebüsche, Xerothermrasen, Strandwälle, Graudünen; v M- u. N-Ba O-Bw Rh He Th S-An S- u. O-Br S-Ns, z S-Ba W-Bw We Sa Me Sh, s N-An NW-Br N-Ns (m/mo-temp·ozEUR – V Berb., K Fest.-Brom.). [R. eglantéria L.] **Wein-R.** – R. rubiginósa L.

19 **(17)** BStiele kurz, bei der FrReife etwa so lg wie die scharlachrote, kuglige bis eifg SammelFr od. wenig länger. KBl nach der BZeit aufgerichtet, bis zur FrReife bleibend. B blaßrosa bis rosa od. weiß. Narbenköpfchen kurz, wollig behaart. Bl frisch beim Zerreiben nach Harz duftend. Strauch kurz- u. dichtästig. 1,00–2,00. ♄ 6–7. Gebüsche; v N-Th SW-An, z M- u. N-He O-Sa, s SW-Ba M- u. O-Bw S-Rh We W-Sa M- u. SO-An O-Br O-Ns Me (sm/mo-temp·subozEUR – V Berb.). **Elliptische R.** – R. ellíptica TAUSCH

19* BStiele lg, bei der FrReife deutlich länger als die gelbrote, länglich-eifg bis eifg SammelFr. Narbenköpfchen kahl od. schwach behaart. KBl nach dem Verblühen bald abfallend. Bl frisch beim Zerreiben schwach nach Apfel duftend **20**

20 KBl zuletzt zurückgeschlagen. Narbenköpfchen zuweilen aus dem Achsenbecher etwas herausragend. B meist weiß. 1,00–2,00. ♄ 6. Gebüsche, krautreiche LaubW; z M-Ba M- u. O-Bw He Th, s SW- u. N-Ba Rh SW-We: Rhein O-Sa S-An Br SO-Ns O- u. NW-Sh (m/mo-temp·subozEUR – O Prun., O Fag.). **Acker-R.** – R. agréstis SAVI

20* KBl zuletzt teils waagerecht, teils aufrecht abstehend, teils zurückgeschlagen. Narbenköpfchen dem Achsenbecher anliegend. B blaßrosa. 1,00–2,00. ♄ 6–7. Gebüsche, WRänder, TrockenW; z An Me, s Ba Bw He Th Sa Br Ns Sh, Verbreitung ungenügend bekannt, wahrscheinlich weiter verbreitet (sm-temp·subozEUR – O Prun. – zwischen Acker-R. u. Elliptischer R. stehend u. vielerorts häufiger als diese Arten).
Duftarme R. – R. inodóra FRIES

21 **(16)** Narbenköpfchen br. Griffelkanal des Achsenbechers kurz u. weit, die ihn umgebende Ringscheibe schmal (Abb. **275**/1). KBl nach der BZeit meist aufgerichtet, fast bis zur FrReife bleibend. Kr rot. Bl graugrün **22**

21* Narbenköpfchen schmal. Griffelkanal des Achsenbechers lg u. eng, die ihn umgebende Ringscheibe br (Abb. **275**/2). KBl nach dem Verblühen zurückgeschlagen, frühzeitig abfallend. Kr rosa od. weiß **23**

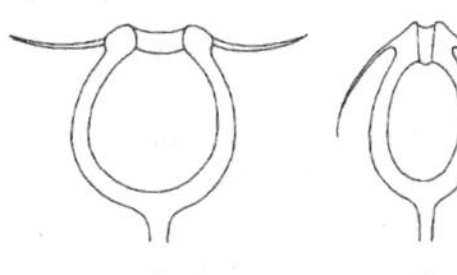

1 2

22 Blchen beiderseits kahl, meist grau bereift. 1,50–2,00. ♄ 6–7. Mont.-subalp. Gebüsche u. SchuttW; z M- u. N-Ba Bw: bes. Jura Rh We He Th: bes. Th-W Sa S- u. W-An Br Ns: bes. Elbe Me Sh, s SW-Ba (sm/mo-b·ozEUR – V Berb., V Til.-Acer.). [R. vosagíaca aut., R. re͡uteri GODET, R. gla͡uca VILL. ex LOISEL. non POURR., R. afzeliána FRIES, R. subcanína (CHRIST) KELLER] **Blaugrüne R.** – R. dumális BECHST.

22* Blchen unterseits behaart, etwas starr. 1,50–2,00. ♄ 6. Gebüsche, kalkhold; z bes. Kalkbergland Ba M- u. O-Bw We He Th Sa O-Ns Me Sh, s Rh SW-An Br (sm/mo-temp/demo·(oz)EUR – V Berb.). [R. coriifólia aut. non FRIES, R. subcollína (CHRIST) KELLER] **Lederblättrige R.** – R. ca͡esia SM.

23 **(21)** Die beiden äußeren KBl oft mit ∞ br lanzettlichen od. eifg Fiedern, zuletzt zurückgeschlagen, früh abfallend. BStiele u. Achsenbecher kahl, selten stieldrüsig u. stachelborstig. Blchen dicklich, unterseits ± drüsig, oft behaart, nicht duftend. Stacheln kurz, oft

nicht länger als ihre Basis. 1,00–1,50. ♄ 5–6. Hecken, Gebüsche, lichte LaubW, kalkhold; z Ba Bw Rh He W- u. M-Sa Me, s M- u. O-We Th SW-An Br O-Ns O-Sh (m-temp·ozEUR – V Berb., O Fag.). [R. obtusifólia aut.]
Flaum-R. – R. tomentélla LÉMAN

23* Fiedern der beiden äußeren KBl schmal. BStiele u. Achsenbecher meist drüsenlos. Blchen ziemlich dünn, unterseits meist drüsenlos, seltener drüsig, kahl od. behaart. Stacheln meist schlank, aber kräftig **24**

24 Blchen beiderseits kahl. BlStiele kahl. 1,00–3,00. ♄ 6. Gebüsche, wärmeliebende LaubW, anspruchsvoll; alle Bdl v, aber Alpen, Vorland, Th-W u. N-Sh z (m/mo-temp·(oz)EUR–(WAS) – O Prun.). **Hunds-R.** – R. canína L.

24* Blchen unterseits wenigstens auf den Nerven behaart. BlStiel flaumhaarig. 1,00–2,50. ♄ 6. Gebüsche, anspruchsvoll; v Ba Bw Rh SO-Ns O-Sa O-Sh, z We He Th W-Sa An Br N-Ns Me W-Sh (m/mo-temp·subozEUR–(WAS) – O Prun.). [R. dumetórum THUILL.]
Hecken-R. – R. corymbífera BORKH.

Brombeere – Rúbus L.[1])
(lb, Ap – Vv, Sv: meist Kriech- od. Bogentriebe – Hybr.)

1 Bl einfach, gelappt. Stg stachellos **2**

1* Bl zusammengesetzt, 3zählig, gefingert od. gefiedert. Stg meist mit Stacheln **3**

2 Pfl krautig, zweihäusig. Bl (3–)5–7lappig. NebenBl frei, am Grund des BlStieles entspringend. B endständig, einzeln, weiß. Fr hellrot, später orangegelb, aus wenigen SteinFrchen bestehend, im Gebiet nur selten reifend. 0,05–0,25. ♃ 5–6. Oligotrophe Torfmoore; s Ns: Ipweger Moor bei Oldenburg, Südmentzhausen, Schwegen bei Bremerhaven, Kehdinger Moor bei Stade, Sh: Weißes Moor bei Heide, † He, ↘ (temp/salp-arct·(k)CIRCPOl – H – O Sphagn. magell. – ▽). **Moltebeere** – R. chamaemórus L.

2* Strauch mit ⚥ B. Bl 5lappig. NebenBl im unteren Teil mit dem BlStiel verwachsen. B schirmtraubig, purpurrot, wohlriechend. B- u. BlStiele dicht stieldrüsig. Fr orange, im Gebiet nur selten reifend. 1,00–2,00(–3,00). ♄ 5–8. Zierstrauch, auch (N) s z. B. Ba We He An Br Me Sh (sm-temp·ozOAM – F). **Zimt-Himbeere** – R. odorátus L.

3 **(1)** Pfl krautig. Bl 3zählig. NebenBl frei, höchstens mit dem Grund des BlStieles verwachsen. Stg mit zerstreuten, feinen Stacheln, LaubStg bis 3 m lg kriechend, BStg aufrecht, mit 2–10 endständigen, fast doldigen B. KrBl weiß, schmal, aufrecht. Fr hellrot. 0,10–0,25. ♃ 5–7. WSäume, Gebüsche, Wälder; alle Bdl z, aber Ba Bw Sh v, We Sa S-Ns s, ↘ (sm/mo-b·(k)EUR–SIB – H – O Fag., O Vacc.-Pin.).
Felsen-Himbeere, Stein-B. – R. saxátilis L.

3* Pfl halbstrauchig, mit schwach verholzten oberirdischen, im 1. Jahr blütenlosen Stg (Schößlinge), die im 2. Jahr an Seitenzweigen blühen u. nach der FrReife absterben. NebenBl im unteren Teil mit dem BlStiel verwachsen, ihre freien Zipfel mehrere mm über dem Grund des BlStieles entspringend **4**

4 Bl 5(–7)zählig gefiedert, zuweilen auch nur 3zählig, unterseits (grau)weißfilzig, ohne längere abstehende Haare, oberseits grün. Stg aufrecht, ohne od. mit schwarzvioletten Nadelstacheln, dessen Rinde im 2. Jahr abblätternd. KrBl weißlich, aufrecht, kürzer als der K. Fr rot, sich zur FrReife von dem am Stiel verbleibendem BBoden kappenfg ablösend. 0,60–2,00. ♄ 5–6(–7). WSchläge, Staudenfluren, Gebüsche, gestörte u. verlich-

---

[1]) Aus der Vielzahl der im Gebiet vorkommenden u. oft nur lokal verbreiteten Arten konnte nur eine Auswahl von meist weiter über das Gebiet hinaus verbreiteten Arten aufgenommen werden. Die Mehrzahl der Sippen in den Sect. Rúbus u. Corylifólii kommen in Waldrand- u. Gebüschgesellschaften vor, deren pflanzensoziologische Stellung problematisch ist. Auf eine Zuordnung dieser Sippen zu den pflanzensoziologischen Einheiten des hier zugrunde liegenden Systems wird verzichtet. Merkmalsangaben für Schößlingsteile u. Bl beziehen sich auf den mittleren Teil des einjährigen Schößlings (s. S. 10).

tete krautreiche LaubW, Nadelholzforste; alle Bdl g, stellenweise v. KulturPfl (sm/mo-bCIRCPOL – S – Ib, Sb – Sv: Ausläuferwurzeln – V Samb.-Salic., V Adenost., O Fag.).
Himbeere – R. idǽus L.

4* Bl gefingert od. 3zählig, aber dann unterseits nicht weißfilzig od. wenn weißfilzig, dann dazu abstehend behaart u. oberseits oft graufilzig. KrBl weiß od. rosa, abstehend, meist länger als der K. Fr schwarz od. schwarzrot, mit dem BBoden abfallend **5**

5 Bl 3zählig, zuweilen auch einzelne 4–5zählig **6**

5* Bl überwiegend 5zählig od. durch das geteilte EndBlchen auch 6–7zählig **7**

6 NebenBl br lanzettlich, SeitenBlchen meist fast sitzend. Stg stielrund, stark bereift, mit feinen Nadelstacheln. KrBl rundlich, geknittert, weiß. Fr hell graubläulich bereift. 0,30–0,60. ħ 5–7(–9). WSäume, Gebüsche, edellaubholzreiche Wälder, AuenW, Trockenrasen, Ackerränder, Wegränder, auf stickstoffreicheren Böden, kalkliebend; alle Bdl g, aber auf basenarmen Böden s bis f, z. B. Ba: Bayr-W, BöhmerW Bw: Schwarzw N-Rh NW- u. SO-We südliches N-He: Rheinisches Schieferg, Rhön W-, N- u. südliches NO-Ns W-Sh (m/mo-temp·(oz)EUR–WAS – S – O Convolv., V Samb.-Salic., V Alno-Ulm.). **Bereifte B., Kratzbeere, Bockbeere, Ackerbeere** – R. cǽsius L.

6* NebenBl der SchößlingsBl meist linealisch bis fädlich od. schmal lanzettlich u. dann SeitenBlchen > 2 mm lg gestielt **7**

7 **(5, 6)** NebenBl der SchößlingsBl lanzettlich bis schmal lanzettlich. EndBlchen am Grund abgerundet bis herzfg ausgerandet, meist br (wenn schmal u. am Grund gestutzt bis keilfg, vgl. Filz-B., **49**) **8**

7* NebenBl der SchößlingsBl linealisch od. fädlich (Sect. Rúbus) **21**

8 Untere SeitenBlchen der überwiegend 5zähligen Bl fast sitzend od. sehr kurz, < 2 mm lg gestielt. BlStielstacheln gerade bis sichlig gebogen, jedoch deren Spitzen nicht parallel zum BlStiel ausgerichtet. KrBl wenigstens am Rand geknittert (Sect. Corylifólii) . **9**

8* Untere SeitenBlchen 5zähliger Bl mindestens 2 mm lg gestielt, wenn kürzer gestielt, dann BlStielstacheln ausgeprägt hakig, ihre Spitzen parallel zum BlStiel ausgerichtet od. alle Bl 3zählig. KrBl glatt (Sect. Rúbus) **21**

9 Stacheln dunkelviolett, pfriemlich, EndBlchen der SchößlingsBl oft 2–3teilig, tief herzfg. KrBl weiß, seltener blaßrosa. FrKn dicht behaart. Fr schwärzlichrot. 0,30–0,50. ħ 5–7. WRänder, Gebüsche, Raine, kalkliebend; v Sh, z N-Ns Me, (N) s N-Ba We Th Sa SW-Ns (temp·oz EUR – S). [R. sublústris LEES] **Reif-B.** – R. pruinósus ARRHENIUS

9* Stacheln nicht dunkelviolett, meist wie der Schößling gefärbt. EndBlchen meist einfach, seltener 2–3teilig. Fr schwarz, matt, oft etwas bereift **10**

10 Staubbeutel behaart **11**

10* Staubbeutel kahl **14**

11 Griffel grünlich od. weißlich. Stacheln am Schößling 3,5–4(–5) mm lg. Pfl mit wenigen bis ∞ Stieldrüsen. KrBl weiß. 0,30–0,50. ħ 5–7. WRänder, Gebüsche, Raine; v We He Ns Sh, z Me, s N-Ba Bw Rh Sa An NW- u. M-Br (temp·ozEUR – S). [R. ciliátus LINDEB., R. pogonanthérus H. E. WEBER]
Wimper-B., Krummachsige B. – R. camptóstachys G. BRAUN

11* Griffel rötlich. KrBl rosa **12**

12 Schößling ± dicht behaart, mit 4–6(–7) mm lg Stacheln, ohne od. mit wenigen Stieldrüsen. EndBlchen in der Mitte oft etwas gelappt bis eingeschnitten. FrKn behaart. 0,30–0,80. ħ 6–7. WRänder, Gebüsche, Raine, Wegränder; v N-Rh N-He S- u. O-Ns W-Me Sh, z N-An W-Br, s NW-Ba S-Rh S-He Th S-An NW-Ns (temp·ozEUR – S). [R. balfouriánus BLOXAM ex BAB., R. físchii E. H. L. KRAUSE] **Hain-B.** – R. nemorósus HAYNE et WILLD.

12* Schößling kahl od. fast kahl **13**

13 Stacheln fast gleich groß. Schößling u. BStandsachse mit zerstreuten, seltener ∞, an BStielen stets ∞ Stieldrüsen. EndBlchen deutlich herzfg. 0,10–0,50(–0,80). ħ 6–7. WRänder, Gebüsche, Raine; v S- u. O-Ns Sh, z W-We N-An Br Me, s N-Ba Rh O-We He Th Sa NW-Ns (temp·ozEUR – S). [R. ciliátus LINDEB. var. róseus FRIDERICHSEN]
Friedliche B. – R. plácidus H. E. WEBER

13* Stacheln ungleich groß, in Drüsenborsten u. ∞ Stieldrüsen übergehend. EndBlchen am Grund abgerundet od. schwach ausgerandet, löffelfg gewölbt. 0,30–0,50. ♄ 6–7. WRänder, Gebüsche, Raine; v N-We N-Ns, z S-We, s N-An S-Ns W-Me SO-Sh, (N) s Br (temp·euozEUR – S). [R. férox WEIHE non VEST, R. férus FOCKE p. p.]
Wilde B. – R. ferócior H. E. WEBER

14 **(10)** Stacheln ungleich groß, besonders an BStielen in ∞ verschieden lange Stieldrüsen übergehend. Blchen gleichmäßig gesägt, EndBlchen zuletzt meist rundlich. KrBl rosa od. weiß. 0,20–0,80(–1,00). ♄ 6–7. WRänder, Lichtungen, Kiefernforste, Gebüsche, Raine, kalkfreie, nährstoffarme Böden; v Th Sa N-An Br N- u. NO-Ns O-Me SO-Sh, z N-Ba NO-We W-Me, s S-An SW-Ns NW-Sh, (N)? s Bw Rh (temp·ozEUR – S). [R. oreogéton aut.] **Verschiedenstachlige B.** – R. fabrimontánus SPRIBILLE

14* Stacheln ± gleich groß. Stieldrüsen auch an BStielen ziemlich kurz u. fast gleich lg . **15**

15 EndBlchen zwischen den Seitennerven 5–8 mm tief eingeschnitten, oft auch tiefer gelappt bis 2–3teilig, am Rand flach. Stacheln am Schößling gerade, 4–6 mm lg. KrBl weiß bis hellrosa. Griffel grünlich od. rötlich. 0,70–1,80. ♄ 6–7. WRänder, Gebüsche, Raine, Wegränder; v Br, z We, s NO-Ba NW-An SO-Ns SW-Me (temp·ozEUR – S).
Gelappte B. – R. lobátidens H. E. WEBER et STOHR

15* EndBlchen höchstens bis 5 mm tief eingeschnitten u. dann am Rand gewellt **16**

16 Griffel wenigstens am Grund rötlich. Schößling meist etwas gefurcht, ohne Stieldrüsen. BStandsachse schwach behaart, mit sehr zerstreuten Stieldrüsen. Bl oberseits fast kahl, unterseits spärlich behaart (wenn beiderseits dichter behaart, vgl. Dethardings B., **19**). KrBl rosa. FrKn etwas behaart. 0,30–0,50. ♄ 6–7. WRänder, Gebüsche, Raine, kalkliebend; v Bw We He Th Sa SO-Ns, z W-An O-Br, s SW-Ba Rh S-Ns Me (temp·ozEUR – S). [R. schérzeri UTSCH, R. pomeránicus (HOLZFUSS) HOLZFUSS]
Geradachsige B. – R. orthóstachys G. BRAUN

16* Griffel grünlich bis weißlich **17**

17 Blchen gleichmäßig fein gesägt; Zähne etwa 0,5 mm lg. EndBlchen oft löffelfg gewölbt. KrBl hellrosa. 0,10–0,90(–1,80). ♄ 6–7. WRänder, Gebüsche, lichte Eichen-Birken- u. Buchen-EichenW, Heiden, Wegränder, kalkfreie, meist sandige Böden; v Th Sa N- u. O-An Br Ns Me M- u. S-Sh, z We, s NW-Ba N-Sh (temp·ozEUR – S). [R. serrulátus LINDEB. non FOERSTER, R. aequiserrulátus H. E. WEBER]
Feinzähnige B. – R. lamprocáulos G. BRAUN

17* Blchen gröber u. oft ungleichmäßig gesägt; Zähne 1–2 mm lg. EndBlchen nicht gewölbt **18**

18 Schößling kantig, flachseitig bis schwach rinnig. Bl oberseits oft mäßig bis dicht behaart. Stacheln am BStand, besonders an den BStielen oft mit rötlichem Grund . . . **19**

18* Schößling rundlich-stumpfkantig, mit gewölbten Seiten. Stacheln im BStand nicht rötlich **20**

19 Stacheln am BlStiel 1–1,5 mm lg, sichlig bis hakig. Bl oberseits mäßig dicht behaart, 10–100 Haare pro cm^2. KrBl weiß, selten rosa, 8–10 mm lg. 0,30–1,50. ♄ 7–8. WRänder, Gebüsche, Raine, Wegränder, bes. auf basenreichen Böden; v An NO-Ns Me Sh, z Th Br, s N-Ba Bw We He Sa S-Ns (temp·ozEUR – S). [incl. R. curviaciculátus WALSEMANN ex H. E. WEBER] **Detharding-B.** – R. dethardíngii E. H. L. KRAUSE

19* Stacheln am BlStiel 1,5–2,5 mm lg, fast gerade bis sichlig. Bl oberseits ziemlich dicht behaart, > 200 Haare pro cm^2. KrBl weiß, 12–14 mm lg. 0,50–2,00. ♄ 6–7. WRänder, Gebüsche, Raine, nährstoffreichere Böden, kalkliebend; v O-Ns O-Sh, z Ba (außer Alpen u. Vorland) N- u. O-Bw NO-Rh O-We He Th Sa An Br W-Me, s W- u. S-Bw W-We W-Ns O-Me W-Sh (sm-temp·ozEUR – S). [R. láschii FOCKE]
Büschelblütige-B. – R. fasciculátus PH. J. MÜLLER

20 **(18)** EndBlchen eifg bis (besonders im BStand) fast rhombisch, > 1,5mal so lg wie br, über der Mitte geradlinig in die Spitze verschmälert, oberseits fast kahl bis spärlich behaart. Stacheln am BlStiel 2–3 mm lg, zu 7–15, gerade bis sichlig. KrBl weiß. 0,30–1,00(–1,30). ♄ 7(–8). WRänder, Lichtungen, Gebüsche, Wegränder, bes. auf

basenreichen Böden; v Br Me Sh, z N-Ba N-We Th Sa An N-Ns, s S-Ns (temp·ozEUR – S). [R. acuminátus LINDEB.]

Gotische B. – R. góthicus FRIDERICHSEN et GELERT ex E. H. L. KRAUSE

20* EndBlchen br eifg bis verkehrteifg, wenig länger als br, über der Mitte ± gebogen in die Spitze verschmälert, oberseits fast kahl bis ± dicht behaart. Stacheln am BlStiel 1–1,5 mm lg, zu 15–25, gerade bis schwach gebogen (wenn sichlig bis hakig, vgl. Dethardings B., **19**). KrBl weiß. 0,30–0,50. ♄ 6–7. Gebüsche, Wegränder, mäßig wärme- u. kalkliebend; v N- u. M-Ba, s S-Ba Bw He Th S-Sa, † S-An (sm/mo-stemp/demo·(oz)EUR – S). **Weiche B.** – R. móllis J. et C. PRESL

21 **(7, 8)** Blchen fiederteilig bis gefiedert, Fiederabschnitte fiederteilig. KrBl vorn geschlitzt, hellrosa. 1,50–2,00. ♄ 6–8. Als KulturPfl meist stachellos, seit dem 17. Jahrhundert kultiviert, bestachelt auch (N) v NW-Sh, z Ba We An Br Ns SO-Sh, s Bw Sa Me (Herkunft unbekannt – S). **Schlitzblättrige B.** – R. laciniátus WILLD.

21* Blchen ungeteilt, gesägt, selten fiederspaltig. KrBl nicht geschlitzt **22**

22 Schößling ohne Stieldrüsen, mitunter durch Sitzdrüsen schwarz punktiert. Stacheln fast gleich groß, dazwischen zuweilen einzelne kleinere Stacheln **23**

22* Schößling mit zerstreuten bis ∞ Stieldrüsen. Neben größeren Stacheln meist auch ∞ kleinere **49**

23 Schößling kahl, höchstens mit einzelnen Haaren **24**

23* Schößling locker bis dicht behaart, bogig abwärts wachsend **38**

24 Bl unterseits grün bis graugrün, nicht filzig od. zuweilen unter den überwiegend abstehenden Haaren locker filzig **25**

24* Bl unterseits dicht grau- bis weißfilzig, abstehende Behaarung nur spärlich. Schößling bogig abwärts wachsend **34**

25 BStiele ± dicht stieldrüsig. BStandsachse ohne od. mit einzelnen bis ∞ Stieldrüsen. Bl beiderseits dicht abstehend behaart, gleichmäßig fein u. eng gesägt. EndBlchen tief herzfg, allmählich in eine lange Spitze ausgezogen (wenn am Grund abgerundet od. nur schwach ausgerandet u. kurz bespitzt, vgl. bei drüsenloser BStandsachse Samtblättrige B., **45**, u. bei stieldrüsiger BStandsachse Pyramiden-B., **42***). Stacheln am Schößling zerstreut, an der BStandsachse 1–2 mm lg, gerade, mitunter fehlend (wenn 6–9 mm lg u. sichlig, vgl. Hain-B., **48***). KrBl weiß. StaubBl verblüht dem zurückgeschlagenen K anliegend. Fr länglich-zylindrisch. Pfl aufrecht. 1,00–1,50. ♄ 5–6(–7). KulturPfl, auch (N) z We Br Ns Me Sh, s Ba Bw Rh He Sa An (sm-b·(oz)OAM – S). [R. villósus AIT.] **Allegheny-B.** – R. allegheniénsis PORTER

25* BStiele u. BStandsachse ohne Stieldrüsen **26**

26 Stacheln kegelfg od. aus schmalem Grund pfriemlich bis nadelfg, nicht zusammengedrückt. EndBlchen oft 2–3teilig. Fr dunkelbraunrot **27**

26* Stacheln aus br Grund zugespitzt, in der unteren Hälfte seitlich zusammengedrückt. EndBlchen selten 2–3teilig. Fr schwarz **28**

27 Stacheln dunkelrot- bis violettbraun, meist kurz kegelfg od. etwas länger nadelfg, 0–5(–7) auf 5 cm. Pfl aufrecht. KrBl weiß. StaubBl etwas länger als die Griffel. 0,50–2,00. ♄ (5–)6(–7). Frische bis feuchte Gebüsche, lichte Wälder, Wegränder, kalkmeidend; alle Bdl v, aber Trocken- u. Kalkgeb s od. f (sm-temp·(oz)EUR – S). [R. suberéctus G. ANDERSON ex SM.] ** **Aufrechte B.** – R. nessénsis W. HALL

27* Stacheln nicht auffällig gefärbt, gelblich-grünlich, pfriemlich bis nadelfg, 18–30 auf 5 cm. Pfl aufrecht. KrBl weiß. StaubBl kürzer als die Griffel. 0,50–1,00(–1,50). ♄ 6–7. Saure, frische bis feuchte Sand- u. Anmoorböden, Lichtungen, WRänder, Gebüsche, Wegränder; z Rh We N-An Ns Sh, s Br, † Me (temp·ozEUR – S). [R. físsus aut. non LINDL.] **Eingeschnittene B.** – R. scíssus W. C. R. WATSON

28 **(26)** Stacheln an der BStandsachse gerade bis schwach gebogen, ± geneigt, 10–15 auf 5 cm, am BlStiel > 15, sichlig gebogen (wenn am BlStiel < 15 gerade od. schwach gebogene Stacheln u. Staubbeutel behaart, vgl. Angenehme B., **48**). EndBlchen unregelmäßig (fast geschweift) gesägt, mit teilweise zurückgebogenen Zähnen u. sehr kurzer, breiter, abgesetzter Spitze. KrBl hellrosa. Pfl bogig. 0,50–1,50. ħ 7–8. Kalkfreie Sandböden, lichte Wälder, Hecken, Gebüsche; z S-Br, s Th An Sa M-Br (stemp·suboz EUR – S). **Sorbische B.** – R. sórbicus H. E. WEBER

28* Stacheln an der BStandsachse stärker gebogen, oft fast hakig, am BlStiel hakig bis sichlig. Bl oberseits etwas behaart (wenn kahl, vgl. Hain-B., **48***) **29**

29 Pfl dicht bestachelt, hochbogig. Am Schößling 13–>20, oft mit einigen kleineren Stacheln, an der BStandsachse 9–16 Stacheln auf 5 cm, am BlStiel 15–>25 Stacheln. K an der Fr zurückgeschlagen. KrBl weiß. 1,50–2,00. ħ 7, WRänder, Gebüsche, Hecken, kalkmeidend; v We Ns, z Th Sa NO-An Br Me Sh, s Ba He (temp/demo·ozEUR – S). [R. montánus WIRTGEN non LIBERT ex LEJ.] **Dichtstachlige B.** – R. senticósus KOEHLER ex WEIHE

29* Pfl weniger dicht bestachelt, meist aufrecht. K an der Fr abstehend bis leicht zurückgeschlagen **30**

30 Stacheln am Schößling überwiegend gerade, nur einzelne schwach gebogen, gerade abstehend bis wenig geneigt, an der BStandsachse sichlig bis hakig **31**

30* Stacheln am Schößling überwiegend sichlig gebogen, oft stärker geneigt **32**

31 Stacheln am Schößling 6–8 mm lg. Bl klein, meist <20 cm lg. EndBlchen lg gestielt, ± doppelt so lg wie sein Stiel, am Grund abgerundet bis schwach ausgerandet, oberseits oft stark glänzend. StaubBl die Griffel nicht od. wenig überragend. Sparrig verzweigter Strauch. 1,00–1,50(–2,00). ħ 7–8. Frische, basenarme Böden, lichte Wälder, Gebüsche; v We, z Bw Rh Sa N-An Br Ns, s He Th Me (temp·ozEUR – S). [R. nítidus WEIHE et NEES non RAFIN.] **Glanz-B.** – R. divaricátus PH. J. MÜLLER

31* Stacheln am Schößling 8–12 mm lg. Bl größer, >20 cm lg. EndBlchen mäßig lg gestielt, etwa 3mal so lg wie sein Stiel od. etwas kürzer, am Grund tief herzfg, oberseits matt. StaubBl viel länger als die Griffel. Schößling stark verzweigt. 1,00–2,50. ħ (7–)8. Kalkarme Böden, WRänder, Lichtungen, Gebüsche, Hecken; v Ns, z We, s NW-Ba SO-He NW-An NW-Br SW-Me Sh (temp·ozEUR – S). [R. affínis WEIHE et NEES p. p.] **Üppige B.** – R. vigorósus PH. J. MÜLLER et WIRTGEN

32 **(30)** Schößling bis zum Grund mit deutlich gefurchten Seiten, zerstreut bestachelt, etwa 3 Stacheln auf 5 cm. EndBlchen mit abgerundetem bis schwach ausgerandetem Grund, <3mal so lg wie sein Stiel. Untere SeitenBlchen 4–10 mm lg gestielt. KrBl weiß. 2,00–3,50. ħ 6–7. Nährstoffreichere, kalkarme Böden, WRänder, Schläge, WWege, Gebüsche; v SO-Ba NW-Me Sh, z SW- u. N-Ba Bw Rh He We Ns, s Th Sa An Br O- u. S-Me (sm/mo-temp/demo·subozEUR – S). **Furchen-B.** – R. sulcátus VEST

32* Schößling stumpfkantig, mit gewölbten, zuweilen auch flachen od. etwas rinnigen Seiten, mit 3–10 Stacheln auf 5 cm. EndBlchen mit deutlich herzfg Grund, 3–4mal so lg wie sein Stiel **33**

33 Untere SeitenBlchen fast sitzend bis höchstens 2 mm lg, erst im Herbst länger gestielt. Blchen an sonnigen Stellen längs der Seitennerven stark (im Schatten nur undeutlich) gefaltet. K an der Fr meist abstehend. StaubBl kürzer als die Griffel, kahl. 0,80–2,00. ħ 6–7(–8). Schläge, lichte Wälder, Gebüsche, Hecken, Wegränder, kalkfliehend; alle Bdl v, aber S-Ba Bw Rh He z, N-Ba u. Trocken- u. Kalkgebiete s od. f (temp·ozEUR – S). [R. fruticósus L. non WEIHE et NEES] **Faltblättrige B.** – R. plicátus WEIHE et NEES

33* Untere SeitenBlchen bereits im Sommer 3–5 mm lg gestielt. Blchen schwach gefaltet. K an der Fr abstehend bis leicht zurückgeschlagen. StaubBl so lg od. etwas länger als die Griffel, wenigstens einige Staubbeutel einer B mit einzelnen Haaren. Stachelbasis oft stärker rot gefärbt als der Schößling. 1,50–2,50. ħ 6–7(–8). WRänder, Hecken, Gebüsche, Wegränder; z We Sa Br Ns, s Ba Rh Th N-An (temp·ozEUR – S). **Schatten-B.** – R. opácus FOCKE

34 **(24)** Schößling rundlich-stumpfkantig. Blchen oberseits dunkelgrün, (fast) kahl, unterseits dicht weißfilzig. Stacheln an der BStandsachse schlank, gerade bis schwach gebogen. KrBl hell- bis kräftigrosa. 0,50–1,00 ħ 6–8. WRänder, Lichtungen, Hecken, buschige Abhänge; v Ba, z Rh We He, s Sa: Oberlausitz, (N) s Br: Berlin Ns Me (sm/mo-temp·ozEUR – S). **Zweifarbige B.** – R. bífrons VEST

34* Schößling kantig, flachseitig od. gefurcht **35**

35 K außen am Grund meist mit einzelnen Stachelchen, abstehend bis schwach zurückgeschlagen. Bl unterseits graugrün filzig. Stacheln am BlStiel 15–>20. EndBlchen am Grund schmal, abgerundet bis keilfg, mit umgerolltem (gefalztem) Rand. KrBl weiß (wenn EndBlchen mit breitem Grund, flachem Rand u. rosa KrBl, vgl. Hain-B., **48***). 1,50–2,00. ♄ 7(–8). WRänder, Schläge, Lichtungen, kalkmeidend; v Ns, z NW-Rh We Sh, s He Th Sa W- u. N-An Me (temp·ozEUR – S).
Gewöhnliche B. – R. vulgáris WEIHE et NEES

35* K stachellos, ganz zurückgeschlagen. Stacheln am BlStiel höchstens 15. EndBlchen am Grund schmal bis br, abgerundet bis herzfg, mit flachem Rand . KrBl blaßrosa bis rosa **36**

36 FrKn kahl. EndBlchen am Grund schmal, meist (schmal) verkehrteifg. 3–4mal so lg wie sein Stiel. Stacheln an der BStandsachse wenig, 0–3 auf 5 cm. Bl unterseits grau- bis graugrün filzig. 1,50–2,50. ♄ 6–7. WRänder, Gebüsche, sonnige Abhänge, Raine; v We Sa SW- u. O-Ns, z Ba Bw Rh He? Th An SO-Sh, s Br NW-Ns W-Me (sm/mo-temp/demo·ozEUR – S). [R. thyrsoídeus WIMMER p. p., R. cándicans aut.]
Mittelgebirgs-B. – R. montánus LIBERT ex LEJ.

36* FrKn dicht behaart. EndBlchen am Grund br, meist eifg od. br verkehrteifg bis elliptisch od. fast rundlich, 2–3mal so lg wie sein Stiel. Stacheln an der BStandsachse 3–10 auf 5 cm **37**

37 Bl unterseits graugrün filzig. Stacheln am Schößling wenigstens z. T. etwas gebogen, nur anfangs rötlicher als der Schößling, am BlStiel überwiegend hakig, 3–7, an der BStandsachse stärker gebogen bis hakig. Schößling 4–15 mm dick. 0,50–2,50. ♄ 6–7. WRänder, lichte Wälder, Gebüsche, Raine; alle Bdl z, aber M-An v, Sh s (sm/mo-temp·ozEUR – S). [R. thyrsoídeus WIMMER p. p., R. thyrsánthus (FOCKE) FOERSTER]
Strauß-B. – R. grabówskii WEIHE

37* Bl unterseits grau- bis weißfilzig. Stacheln am Schößling gerade, wenigstens am Grund rötlicher als der Schößling, am BlStiel überwiegend gerade bis schwach gebogen, nur einzelne hakig, an der BStandsachse fast gerade. Schößling kräftig, oft bis >25 mm dick. 1,00–2,50. ♄ 6–7. KulturPfl, oft (N nach 1860) Wegränder, Bahndämme, Gebüsche, bes. in Ortschaften u. in Ortsnähe; alle Bdl v, ↗ (sm·subozKAUK–VORDAS – S).
Garten-B., Armenische B. – R. armeníacus FOCKE

38 **(23)** Bl unterseits weiß- bis grauweiß filzig. Schößlinge kantig, gefurcht. Stacheln am BlStiel hakig, an der BStandsachse sichlig. K ganz zurückgeschlagen. FrKn dicht behaart (wenn kahl od. wenig behaart u. K abstehend bis leicht zurückgeschlagen, vgl. Hain-B., **48***). KrBl rundlich, rosa bis rot. 0,50–2,00. ♄ 5–9. WRänder, Auengebüsche, Hecken; v We: Aachen, (N) z We, s Ba Bw: Neckar Rh: Stephanshof He: Frankfurt Ns: Osterode Me: Rügen, (N)? s Sh: Helgoland, ↗ (m-temp·ozEUR–NAFR – S). [R. díscolor WEIHE et NEES] **Ulmenblättrige B.** – R. ulmifólius SCHOTT

38* Bl unterseits grün bis graugrün, abstehend behaart u. z. T. locker filzig, aber dann Schößling nicht gefurcht, höchstens manchmal schwach rinnig **39**

39 BStandsachse mit (z. T. nur vereinzelten) Stieldrüsen **40**

39* BStandsachse ohne Stieldrüsen **43**

40 StaubBl kürzer als die Griffel. Bl überwiegend 3zählig. Stacheln sichlig, stärker geneigt. KrBl meist kräftig rosa, selten hellrosa. FrKn schwach behaart. 0,30–1,00. ♄ 7–8. WRänder, lichte Wälder, Gebüsche, kalkmeidend; v Rh We SO-Ns Me Sh, z N-An Br, s Ba He Th Sa NW-Ns (temp·ozEUR – S). **Sprengel-B.** – R. sprengélii WEIHE

40* StaubBl länger als die Griffel. Bl überwiegend 5zählig. Stacheln gerade od. nur schwach gebogen, an der BStandsachse meist gerade **41**

41 FrKn dicht behaart. Stacheln am Schößling 7–10 mm lg, an der BStandsachse 6–8 mm lg, 6–10 auf 5 cm. KrBl rosenrot od. weiß. 1,50–2,50. ♄ 7–8. WRänder, Gebüsche; v We He SO-Ns O-Sh, z Ba Bw Rh NW-Me W-Sh, s N-An NO-Ns M-Me (sm/mo-temp·euozEUR – S). **Samt-B.** – R. vestítus WEIHE

41* FrKn (fast) kahl. Stacheln am Schößling 4–7 mm lg, an der BStandsachse 2–6(–7) mm lg, 3–5 auf 5 cm **42**

42 K außen meist stachellos, an der Fr ganz zurückgeschlagen. EndBlchen herzfg, (fast) 2mal so lg wie sein Stiel, löffelfg gewölbt. Bl oft sehr groß. KrBl hellrosa od weiß. 0,80–1,50. ♄ 6–7. WRänder, lichte Wälder, Gebüsche; v Bw Rh We, z Ba Sa Ns (f NW) Sh, s He Th N-An Me: Markgrafenheide, (N) s Br (temp·ozEUR – S).
Großblättrige B. – R. macrophýllus WEIHE et NEES

42* K außen fein bestachelt, an der Fr nur halb zurückgeschlagen. EndBlchen am Grund abgerundet od. schwach ausgerandet, 2,8–4mal so lg wie sein Stiel. Bl kleiner. KrBl rosa bis hellrosa, seltener weiß. 0,30–0,50(–1,00). ♄ 7–8. WRänder, verlichtete Wälder, Gebüsche; v Ns (z SO) Sh, z We N- u. O-An Br Me, s M-Ba He Th Sa (temp·ozEUR – S). **Pyramiden-B.** – R. pyramidális KALTENB.

43 **(39)** Stacheln am Schößling 15–25 auf 5 cm, aus breitem Grund 3–5 mm lg, stärker geneigt, an der BStandsachse 9–15 auf 5 cm. Schößling rundlich-stumpfkantig. EndBlchen am Grund keilfg bis abgerundet, selten schwach herzfg. K an der Fr ganz zurückgeschlagen. Staubbeutel fast stets behaart. FrKn dichthaarig. KrBl weiß. 0,20–0,50. ♄ 7–9. WRänder, verlichtete Wälder, Hecken, kalkmeidend; v We (außer SO) S-Ns Sh (außer NW), z W-Me, s Rh SO-We Th: S-Harz N- u. M-An N-Ns W-Me NW-Sh, (N) s Ba NO- u. M-Br (temp·euozEUR – S). **Wald-B.** – R. silváticus WEIHE et NEES

43* Stacheln am Schößling bis zu 12 auf 5 cm, wenn mehr, dann aus schmalem Grund nadelfg u. EndBlchen herzfg (Spaltblättrige B., **27***) od. Stacheln 7–8 mm lg u. Schößling kantig (Hainbuchenblättrige B., **47**, u. Breitstachelige B., **47***) od. Stacheln der BStandsachse 2–5 auf 5 cm u. K an der Fr ± abstehend (Samtblättrige B., **45**, u. Sprengels B., **40**) **44**

44 Schößling rundlich-stumpfkantig **45**

44* Schößling kantig-flachseitig, mitunter an den Seiten gefurcht **46**

45 Stacheln aus schmalem Grund schlank, mindestens 2,5mal so lg wie am Grund br, gerade od. etwas geneigt, 5–7 mm lg. EndBlchen verkehrteifg, am Grund abgerundet od. schwach herzfg, kurz gestielt, 4–5mal, seltener reichlich 3mal so lg wie sein Stiel. KrBl weiß. Pfl anfangs aufrecht, dann bogig abwärts wachsend. Schößling verkahlend. 0,50–1,00? ♄ 7–8. WRänder, Schläge, Lichtungen, Gebüsche; v We Ns (f NW) Sh, z W-Me, s N-Ba S-He Th SW-Sa N-An (temp·euozEUR – S).
Samtblättrige B. – R. hypomálacus FOCKE

45* Stacheln aus breitem Grund rasch pfriemlich zugespitzt, höchstens 1,5mal so lg wie am Grund br, gerade od. gebogen, 7–10 mm lg (wenn nur 4–6 mm lg, vgl. bei kurzen, die Griffelhöhe nicht erreichenden StaubBl u. überwiegend 3zähligen Bl Sprengels B., **40**, od. bei 2–5 mm lg Stacheln an der BStandsachse u. herzfg EndBlchen Großblättrige B., **42**). Stacheln an der BStandsachse (5–)6–9 mm lg. EndBlchen am Grund abgerundet od. schwach herzfg. Bl unterseits dicht weichhaarig. Pfl hochbogig. 0,80–2,00. ♄ 7–8. WRänder, Lichtungen, Gebüsche, Hecken; v NO-Ba Th Sa Br Me Sh, z SW-Ba Rh We N- u. M-An Ns (außer NW), s Bw He NW-Ns (temp·ozEUR – S). [R. villicaúlis KOEHLER ex WEIHE et NEES]
Wollstengel-B. – R. grácilis J. et C. PRESL

46 **(44)** Stacheln sich durch mehr gelblichgrüne Färbung vom grünen od. rotbraunen Schößling ± abhebend, 7–8 mm lg. KrBl weiß **47**

46* Stacheln wie der Schößling gefärbt **48**

47 EndBlchen herzfg, meist unter der Mitte am breitesten. Stacheln im oberen Teil des BStandes schlank, fast nadelfg. FrKn behaart. 1,00–2,00. ♄ 7(–8). WRänder, Gebüsche; v We, z N-An SW- u. N-Ns, s SO-Ba Rh Th Br (temp·ozEUR – S). [R. carpinifólius WEIHE non J. et C. PRESL]
Hainbuchenblättrige B. – R. adspérsus WEIHE ex H. E. WEBER

47* EndBlchen am Grund abgerundet od. schwach herzfg, in od. über der Mitte am breitesten. Stacheln im BStand aus breitem Grund rasch in eine dünne Spitze zusammenge-

zogen. FrKn (fast) kahl. 1,00–2,00. ♄ 7(–8). WRänder, Gebüsche, kalkmeidend; v SW-Ns, z We N- u. O-An Br O-Ns, s Rh He W-An W-Me S- u. SO-Sh (temp·ozEUR – S).
Breitstachlige B. – R. platyacánthus PH. J. MÜLLER et LEFEVRE

48 **(46)** Stacheln an der BStandsachse 3–5 mm lg, gerade, 6–8 auf 5 cm (wenn 3–5 auf 5 cm u. Staubbeutel kahl, vgl. Großblättrige B., **42**). Staubbeutel fast immer behaart. Bl oberseits behaart. K meist stachellos. KrBl rosa. 1,00. ♄ 7–8. WRänder, lichte Wälder, Gebüsche; v We Ns Sh, z N-An Me, s Rh He Sa, (N?) s W-Br (temp·ozEUR – S).
Angenehme B. – R. grátus FOCKE

48* Stacheln an der BStandsachse 6–9 mm lg, gebogen bis sichlig, 5–10 auf 5 cm, an den BStielen 2–3(–5) mm lg. Bl oberseits (auch junge Bl) kahl (wenn wenigstens anfangs etwas behaart u. BStielstacheln 4–6 mm lg, vgl. Wollstengel-B., **45***). K außen mit einzelnen Stachelchen. KrBl (hell)rosa. 1,00–2,00. ♄ 7–8. WRänder, Lichtungen, Gebüsche; v Rh Ns (außer SW) SO-Sh, z We N-An Me SW-Sh, s Ba Bw Th Sa: Oberlausitz M-Br SW-Ns: Osnabrück N-Sh: Sylt, (N) s O-Br (temp·ozEUR – S). [R. sélmeri LINDEB.]
Hain-B., Selmer-B. – R. nemorális PH. J. MÜLLER

49 **(22)** Bl oberseits filzig-sternhaarig od. kahl, unterseits weißfilzig, 5zählig. EndBlchen am Grund gestutzt bis keilfg. BlStiel oberseits durchgehend rinnig. Untere SeitenBlchen nur 1–2 mm lg gestielt. Schößling kantig, gefurcht, Stacheln <4 mm lg. KrBl gelblichweiß. 0,50–1,00. ♄ 5–7. Sonnige Hügel, Weiden, lichte Wälder, WRänder, wärme- u. kalkliebend; v NW- u. M-Ba Bw Rh S-We S-He, s SO-Ba Th S-An (m/mo-stemp·(suboz)EUR – S). [R. tomentósus BORKH. p.p.] **Filz-B.** – R. canéscens DC.

49* Bl oberseits nicht filzig-sternhaarig, unterseits nicht od. nur locker graugrün filzig. EndBlchen am Grund meist abgerundet bis herzfg. BlStiel oberseits flach, nicht durchgehend rinnig. Untere SeitenBlchen 5zähliger Bl meist >2 mm gestielt. Schößling nicht gefurcht, wenn etwas rinnig, dann Stacheln >4 mm lg **50**

50 Zwischen den größeren u. ∞ kleineren Stacheln sowie Drüsenhöckern u. ∞ Stieldrüsen keine Übergänge vorhanden (wenn kleinere Stacheln fehlen u. Stieldrüsen nur vereinzelt, vgl. Pyramiden-B., **42***, wenn kleinere Stacheln vorhanden, aber Stieldrüsen nur spärlich, höchstens 4 auf 1 cm, vgl. Samt-B., **41**). Stacheln gerade bis schwach gebogen, geneigt, selten sichlig bis hakig **51**

50* Größere u. kleinere Stacheln sowie Drüsenhöcker u. Stieldrüsen in allen Übergängen vorhanden **54**

51 BStiele anliegend filzig, ohne längere abstehende Haare, die ∞ sehr kurzen Stieldrüsen den Filz überragend. Schößling (fast) kahl, dicht mit sehr kurzen Stieldrüsen besetzt. Größere Stacheln am Schößling 7–12 auf 5 cm, 4–7 mm lg, an der BStandsachse 3–4 mm lg. BStiele mit 1–5 Stacheln. K an der Fr abstehend bis aufgerichtet. KrBl rosa, schmal elliptisch, 7–9 mm lg. 0,30–0,50. ♄ 7–8. WRänder, verlichtete Wälder, Gebüsche, kalkmeidend; v Bw (außer SW) N-Rh We He O-Ns W-Me SO-Sh, z Th N- u. W-An W- u. M-Br, s Ba SW-Bw S-Rh Sa SW-Ns NW-Sh, (N) s O-Br (temp·ozEUR – S). **Rauhe B.** – R. rúdis WEIHE

51* BStiele filzig u. abstehend behaart, Stieldrüsen ∞, in der Länge unterschiedlich, die abstehenden Haare nicht überragend **52**

52 Stacheln sichlig bis hakig. Schößling rundlich bis rundlich-stumpfkantig, bereift. Bl 3-, seltener 5zählig. KrBl schmal, spatelfg, weiß bis grünlichweiß. FrKn behaart. 0,10–0,30. ♄ 7. BergW, Schläge; v O-Sa: Oberlausitz, s We Th SO-Sa (temp/mo·ozEUR – S).
Scharfe B. – R. scáber WEIHE

52* Stacheln gerade bis schwach gebogen, etwas geneigt. Schößling kantig-flachseitig bis rundlich-stumpfkantig, nicht bereift. Bl überwiegend 5zählig **53**

53 Größere Stacheln am Schößling 6–10 mm lg, an der BStandsachse 7–8 mm lg, an BStielen 3–4 mm lg, zu 2–7. K an der Fr ganz zurückgeschlagen. KrBl hellrosa bis weiß, verkehrteifg. 0,30–1,00. ♄ 7–8. WRänder, lichte Wälder, Lichtungen, Schläge,

Gebüsche; v N-Ba NO-We He Ns (außer NW) Me Sh, z Th An Br, s S-Ba Bw Rh We (außer NO) NW-Ns (temp·ozEUR – S). **Raspel-B.** – R. rádula WEIHE

53* Größere Stacheln am Schößling 3–5 mm lg, an der BStandsachse 2–4 mm lg, an BStielen 1,5–2,5 mm lg, zu 15–25. K an der Fr abstehend od. mit aufgerichteten Spitzen ± zurückgeschlagen. KrBl weiß, elliptisch bis verkehrteifg. 0,30–0,50. ♄ 7(–8). WRänder, verlichtete Wälder, Schläge, Gebüsche; v We Sh, z He Ns W-Me, s Rh Th Sa W- u. N-An, (N) s Br (temp/demo·ozEUR – S). **Bleiche B.** – R. pállidus WEIHE

54 **(50)** Schößling dünn, dicht grauhaarig filzig-zottig, blaugrün bereift, mit feinen nadelfg Stacheln u. kurzen, in den Haaren versteckten hellroten Stieldrüsen. Bl 3–5zählig, beiderseits dicht weichhaarig. EndBlchen allmählich lg zugespitzt, 3–4mal so lg wie sein Stiel. KZipfel mit langer, pfriemlicher Spitze, an der B zurückgeschlagen, später die Fr umfassend. KrBl weiß, schmal verkehrteifg bis spatelfg. StaubBl höchstens so lg wie die Griffel. FrKn filzig behaart od. kahl. 0,30–0,50. ♄ 7. Lichte Wälder, Lichtungen; s W-Bw (W-Schwarzw z) S-Rh He (temp·ozEUR – S).
Rundstenglige B. – R. tereticāulis PH. J. MÜLLER

54* Schößling weniger dicht, meist nur spärlich behaart, nicht filzig **55**

55 Schößling kantig-flachseitig, seltener rundlich-stumpfkantig. Bl 5zählig. KrBl weiß bis hellrosa **56**

55* Schößling stielrund. Bl überwiegend 3zählig. KrBl weiß **57**

56 Größere Stacheln am Schößling aus breitem Grund gerade bis sichlig, etwa 5–11 auf 5 cm, 7–9 mm lg (wenn kürzer, vgl. Scharfe B., **52**), am BlStiel sichlig bis hakig, an den BStielen stark gebogen, zu 2–7. EndBlchen verkehrteifg. K an der Fr abstehend. KrBl weiß bis hellrosa. FrKn dicht behaart. 0,50–1,00. ♄ 7(–8). Lichte Wälder, kalkliebend; z N-We N-He An: N-Harz u. Vorland S-Ns, s Rh (temp/demo·ozEUR – S). [R. taeniárum LINDEB.] **Feindselige B.** – R. inféstus WEIHE

56* Größere Stacheln am Schößling aus schmalem Grund gerade bis schwach gebogen, etwa 12–30 auf 5 cm, 3,5–5(–7) mm lg. Stacheln an BlStiel u. BStielen gerade bis schwach gebogen, an BStielen zu 8–14. EndBlchen (br) elliptisch bis fast rundlich. K halb bis ganz zurückgeschlagen. KrBl weiß. FrKn kahl od. wenig behaart. 0,30–1,00. ♄ 6–8. WRänder, lichte BergW, Schläge, Gebüsche; z NO- u. O-Ba S-Th Sa S-Br, s N- u. M-Ba O-He N- u. O-An O-Br NO-Ns Me SO-Sh, (N) s We (temp/demo·ozEUR – S).
Köhler-B. – R. kōehleri WEIHE

57 **(55)** Größere Stacheln aus breitem Grund sichlig bis hakig, höchstens 1,5mal so lg wie am Grund br, blaßgelblich. KrBl schmal verkehrteifg. FrKn meist dicht kurzhaarig. 0,10–0,30. ♄ 7(–8). WRänder, Lichtungen, Gebüsche, Hecken; z N- u. O-Ba We He Th Sa W-An S-Br Ns (im NW v), s NW- u. M-Ba Bw Rh N-An N-Br NW-Me S-Sh (temp·suboz EUR – S). **Schleicher-B.** – R. schlēicheri WEIHE ex TRATT.

57* Größere Stacheln aus schmalem Grund schlank, schwach bis stärker gebogen od. fast gerade, etwas geneigt, mindestens 2mal so lg wie am Grund br **58**

58 EndBlchen elliptisch bis schwach verkehrteifg, am Grund u. vorn ± abgerundet, mit deutlich abgesetzter, oft gebogener Spitze, regelmäßig fein gesägt. Stieldrüsen u. Stacheln auch im BStand blaß, gelblich bis rötlich, StaubBl etwas länger als die weißlichgrünen Griffel. 0,10–0,30. ♄ 6–7. Wälder, schattige Gebüsche, kalkmeidend; fast alle Bdl v, aber We W- u. S-An Me z, S-Ba: Augsburg, München W- u. N-Br Rathenow, Lychen, Angermünde SW-Ns s, auch (N) s M-Br, f N-An S-Br (sm/mo-temp/demo·ozEUR – S). [R. glandulósus aut., R. bellárdii WEIHE p.p.]
Drüsige B. – R. pedemontánus PINKWART

58* EndBlchen schmal eifg bis elliptisch od. verkehrteifg, am Grund schwach herzfg bis gestutzt, allmählich in eine meist kaum abgesetzte Spitze verschmälert, unregelmäßig grob gesägt. Stieldrüsen besonders im oberen Teil des BStandes wie die Stacheln dunkelrot bis schwarzrot, mit violettem Schimmer. StaubBl kürzer als die rötlichen Griffel. 0,10–0,30. ♄ 7. BergW; z NO-Ba: Fichtelg S-Sa, s Th: Th-W (Oberlausitz v) (sm/mo-temp/mo·suboz EUR – S). **Günther-B.** – R. gūentheri WEIHE

Quitte – Cydónia MILL.

Kr rosa. Bl eifg, unterseits grasgrün. Fr apfelfg od. birnfg, filzig. 1,20–6,00. ħ 5–6. Obstbaum (m/mo-sm·subkVORDAS – M – Ib, Vw). [C. vulgáris DELARBRE]
Echte Qu. – C. oblónga MILL.

Scheinquitte – Chaenoméles LINDL.

Sparriger Strauch. NebenBl der LangtriebBl sehr groß (Abb. **262**/4). Kr rot. Fr kahl. 0,80–2,00. ħ 5–6. Zierstrauch (sm·ozOAS – F – Ib – Sv: Wurzelsprosse). [Ch. lagenária (LOISEL.) KOIDZUMI] **Japanische Sch.** – Ch. speciósa (SWEET) NAKAI

Birne – Pýrus L.
(M – Ib, Vw – Vv – Zierbäume)

1 Zweige dornig. Fr klein, kuglig bis birnfg. Bis 20,00. ħ 4–5. AuenW, wärmeliebende Wälder, Gebüsche; v M- u. N-Ba O-Bw Rh Th Sa S-An O-Br NW- u. SO-Me, z S-Ba W-Bw We He N-An W-Br SO-Ns SW- u. NO-Me Sh, s NW-Sh u. Bergland, oft mit verwilderten Kulturbirnen verwechselt (sm-temp·(suboz)EUR – V Alno-Ulm., V Carp., O Querc. pub., V Eric.-Pin.). [P. áchras GAERTN.]
Wild-B., Holz-B. – P. pyráster (L.) BURGSD.

1* Zweige dornenlos. Fr groß, eßbar. Bis 20,00. ħ 4–5. Obstbaum, auch (N) z (sm·(suboz)WAS). [P. doméstica MED.] **Kultur-B.** – P. commúnis L. em. GAERTN.

Apfel – Málus MILL.
(M – Ib, Vw – Vv – Zierbäume)

1 Zweige meist dornig. Bl unterseits meist nur auf den Nerven behaart, später kahl. Bis 10,00. ħ 5. AuenW, feuchte EichenW, Gebüsche; v Ba Rh Th S-An NO-Br NW- u. SO-Me Sh, z Bw S- u. O-We He Sa N-An S- u. W-Br O-Ns SW- u. NO-Me, s NW-We W-Ns (m-temp·(oz)EUR – V Alno-Ulm., V Carp., O Prun.). [Pýrus málus L.]
Wild-A., Holz-A. – M. sylvéstris MILL.

1* Zweige dornenlos. Bl meist beiderseits behaart. Bis 10,00. ħ 4–5. Obstbaum, auch (N) s (sm·subozEUR). **Kultur-A.** – M. doméstica BORKH.

Mehlbeere – Sórbus L. em. CRANTZ
(Ib, Vw, auch Ap – Vv – Hybr. – Zierbäume)

1 Bl gefiedert 2
1* Bl einfach, jedoch oft gelappt 3
2 Borke glatt. Bl ohne Zahndrüsen. Schirmrispen ∞blütig. Griffel meist 2–4. Fr kuglig, rot, 6–10 mm groß. 3,00–15,00. ħ 5–6. Gebüsche, VorW, bodensaure Wälder; alle Bdl g, aber MDt-Trockengeb z (sm/salp-arctEURAS – M – V Samb.-Salic., O Prun., O Querc. rob.-petr., V Luz.-Fag.). ** **Eberesche, Vogelbeere** – S. aucupária L.
2* Borke rauh. Junge Blchen spitzenwärts mit Zahndrüsen. Schirmrispen 6–12blütig. Griffel meist 5. Fr meist birnfg, seltener kuglig, rötlichgelb, 15–40 mm groß. 8,00–15,00. ħ 5. Wärmeliebende LaubW, kalkhold; z NW-Ba N-Bw Rh Th SW-An, s SW-We S-He, (N) z W-Ba Bw Rh He, ↘ (m/mo-stemp·subozEUR – M – O Querc. pub., V Carp.).
Speierling – S. doméstica L.
3 **(1)** Niedriger Strauch. KrBl rosa, aufrecht, schmal. Bl fast ledrig, fein gezähnt, unterseits hell bläulichgrün, meist kahl. 0,60–1,50. ħ 6–7. Subalp. Gebüsche warmer Standorte u. lichte NadelW, lichtliebend, kalkhold; v S-Ba: Alpen, s SW-Bw: Feldberggebiet (sm/salp-temp/salp·subozEUR – F – V Rhod.-Vacc.).
Zwerg-M. – S. chamaeméspilus (L.) CRANTZ
3* Höhere Sträucher od. Bäume. KrBl weiß, abstehend 4
4 Bl unterseits anfangs locker filzig, später kahl, tief gelappt, jederseits mit 4–5 Nerven. BlLappen spitz, untere abstehend (Abb. **286**/1). 3,00–12,00. ħ 5–6. Wärmeliebende

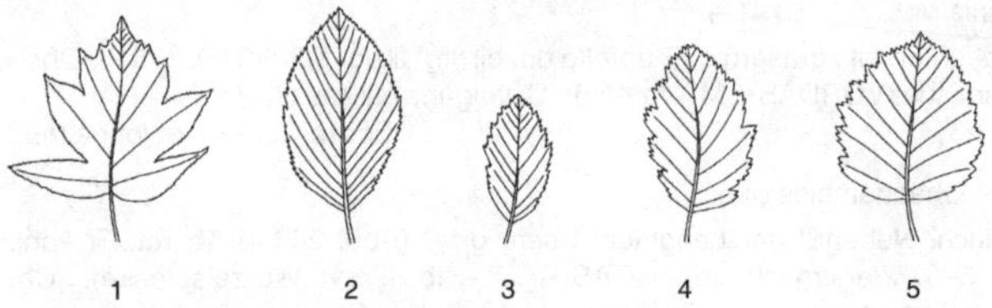

LaubW u. Gebüsche, kalkhold; v M- u. N-Ba: Jura, Franken NO-Bw Rh Th SW-An SO-Ns, z S- u. O-We He N- u. O-Br, s SW-Ba: um München, Lech NW- u. M-Sa: bes. Elbe Me, † Sh (m/mo-temp·subozEUR – M – Sv: Wurzelsprosse – O Querc. pub., V Cephal.-Fag., V Carp., V Berb.). **Elsbeere** – S. torminális (L.) CRANTZ

4* Bl unterseits bleibend filzig, jederseits mit 8–15 Nerven **5**

5 Bl ungleichmäßig gesägt, nicht gelappt od. mit undeutlichen, nach der BlSpitze hin größer werdenden Lappen, unterseits dicht weißfilzig, jederseits mit 10–14 Nerven (Abb. **286**/2). 3,00–10,00. ♄ 5. Wärmeliebende LaubmischW u. Gebüsche, Felshänge, kalkhold; v Ba: bes. Alpen, obere Hochebene, Jura, Unterfranken Bw: bes. Jura, Schwarzw, Allgäu, Hochrhein Rh SW-We S-Th, z He N-Th, s M-We An, (N) s NW-Sa Br W-Me, † SO-Ns. Zierbaum (m/mo-temp/demo·ozEUR – M, F – V Berb., O Querc. pub., O Fag.). *** Gewöhnliche M.** – S. ária agg.

5* Bl deutlich seicht gelappt. Lappen nach der BlSpitze hin kleiner werdend **6**

6 Bl elliptisch, $1^{3}/_{4}$–2mal so lg wie br, mit 8–10 Nervenpaaren, stumpf; Lappen bis $^{1}/_{4}$ der Spreitenhälfte reichend, stumpf, nach vorn gerichtet (Abb. **286**/3). Fr 1 cm ∅, fast kuglig, rot. Bis 20,00. ♄ 5–6. Mont.-subalp. Gebüsche, kalkmeidend; s SW-Ba: Allgäu S-Bw: Wutachgebiet, Hochrhein, SW-Jura, S-Schwarzw? (sm/salp-temp/mo·suboz EUR – M – V Berb.). **Vogesen-M.** – S. mougeótii SOY.-WILL. et GODR.

6* Bl höchstens $1^{1}/_{2}$mal so lg wie br **7**

7 Bl derb ledrig, oberseits dunkelgrün, glänzend, unterseits dicht graufilzig, elliptisch, $1^{1}/_{2}$mal so lg wie br, größte BlBreite zwischen den Spitzen des zweit- od. drittuntersten Lappenpaares, jederseits mit 8–9 Nerven. Lappen bis $^{1}/_{8}$, am Spreitengrund bis $^{1}/_{6}$ eingeschnitten (Abb. **286**/4). Fr rot. 3,00–10,00. ♄ 5–6. Als Straßenbaum angepflanzt, auch (N U) s Ba Bw We He Th Sa Br Me Sh (temp·subozEUR – M, F). [S. scándica (L.) FRIES, S. suécica (L.) KROK et ALMQ.] **Schwedische M.** – S. intermédia (EHRH.) PERS.

7* Bl dünner, unterseits mäßig dicht filzig, br elliptisch, $1^{1}/_{4}$mal so lg wie br, größte BlBreite zwischen den Spitzen des untersten Lappenpaares, jederseits mit 8–11 Nerven, untere Lappen bis $^{1}/_{10}$, obere weniger tief eingeschnitten (Abb. **286**/5). Fr gelbbraun. 3,00–10,00. ♄ 5–6. Wärmeliebende LaubW, kalkhold; z M- u. N-Ba: Jura, Unterfranken Bw Rh Th (sm-stemp·subozEUR – M – O Querc. pub., V Carp., V Cephal.-Fag. – Artengruppe mit ∞ apogamen, lokal verbreiteten Kleinarten). *** Breitblättrige M.** – S. latifólia agg.

Apfelbeere – Arónia MED.

Bl unterseits u. BStände behaart. ApfelFr ± dicht filzig, (7–)9–12 mm br, dunkel- bis schwarzrot. KZipfel mit wenigen Drüsen. KrBl weiß bis blaßrosa. 1,00–2,00(–4,00). ♄ 5–6. Zierstrauch, auch oligotrophe Moore (N 1892 M-Eur., 1968 Deutschland) nur Ns: Huvenhoopssee zwischen Gnarrenburg u. Selsingen südlich Bremervörde (hybridogen aus den m-bOAM-Arten A. melanocárpa (MICHX.) ELLIOTT u. A. arbutifólia (L.) PERS. – F – V Car. fusc., V Aln.). [A. floribúnda (LINDL.) SPACH, A. atropurpúrea BRITTON] **Pflaumenblättrige A.** – A. × prunifólia (MARSHALL) REHDER

Felsenbirne – Amelánchier MED.
(Ib, Vm – Vv)

1 KrBl außen zottig, schmal lanzettlich, weiß od. gelblichweiß. Griffel nicht aus dem Achsenbecher herausragend, völlig getrennt. Bl elliptisch, beiderseits abgerundet. Fr blauschwarz. 1,00–3,00 ♄ 4–5. Felsgebüsche, sonnige Eichen- od. KiefernW; v S-Ba: Alpen, Hochebene nur an Lech u. Isar, z S-Bw: Schwarzw, Oberrhein, Jura Rh NW- u. SO-Th, s S-We He, (U) s Me, † SO-Ns (m/salp-temp/demo·subozEUR – F – V Berb., O Querc. pub., V Eric.-Pin.). [A. vulgáris MOENCH] **Echte F.** – A. ovális MED.

1* KrBl außen kahl. Griffel weit aus dem Achsenbecher herausragend, im unteren Teil säulenfg verwachsen 2

2 Seitennerven wenigstens im oberen Teil der Bl bis in die BlZähne laufend. Bl rundlich bis br elliptisch, 2–5 cm lg, vorn abgerundet bis gestutzt, ohne die Zähne überragende Stachelspitze, grob gesägt (2–5 Zähne pro cm), zur BZeit meist voll entfaltet, unterseits verkahlend, später völlig kahl u. bläulichgrün. BStand 2–8 cm lg, aufrecht. KrBl 6–16 mm lg. FrKn an der Spitze filzig. Fr rötlichschwarz. 2,00–4,00. ♄ 4–5. Zierstrauch, auch lichte Laubgehölze; (N 19. Jh.) z S-An: Dübener Heide, Halle, s M-An: Zerben bei Burg Br: Berlin, Spremberg, Strausberg (sm-bWAM – F). **Erlenblättrige F.** – A. alnifólia (NUTT.) NUTT.

2* Seitennerven in der Mehrzahl sich vor den BlZähnen im Nervennetz verlierend od. umbiegend, nur einzelne (bes. bei Bl von JungPfl u. Stockausschlägen) bis in die BlZähne laufend. Bl vorn zugespitzt, mit aufgesetzter, die Zähne überragender Stachelspitze, fein gesägt. Fr zuerst schmutzig od. purpurrot, später blauschwarz 3

3 KrBl verkehrteifg, gewimpert, 6–10 mm lg, etwa doppelt so lg wie br. FrKn an der Spitze dicht behaart. Bl br eirundlich, unterseits anfangs dicht gelblichfilzig, verkahlend, nur an den Stielen bleibend behaart, mit od. vor den B entfaltet. 0,30–2,00. ♄ 4–5. Zierstrauch, auch KiefernW; (N 19. Jh.) z O-Sa Br Ns Me, s Ba: Gunzenhausen Rh: Trier W-Sa An Sh: Othmarschen, Quickborn (sm-temp·(suboz)OAM – F).
Besen-F., Ährige F. – A. spicáta (LAMK.) C. KOCH

3* KrBl schmal länglich, kahl, 9–14 mm lg, mindestens 3mal so lg wie br. FrKn an der Spitze kahl, selten locker behaart. Bl eilänglich, zur BZeit kupferrot, seidig behaart, verkahlend, nur am Stiel bleibend behaart, meist zur BZeit noch nicht entfaltet. 1,00–10,00. ♄ 4–5. Zierstrauch, auch lichte Wälder, Gebüsche, Erlenbrücher, auf saurem Boden; (N 19. Jh.) v NW-Ns, z N-We NO-Ns, s M-Ba: Mittelfranken O-Rh He SO-Th NO-Sa An Br Sh, ↗ (m-temp·ozOAM – F, M). [A. lǽvis aut. non WIEG., A. confúsa aut. non HYL., A. canadénsis aut.] **Kupfer-F.** – A. lamárckii SCHROEDER

Weißdorn – Cratǽgus L.
(F, M – Ib, Vw – Vv)

1 B mit 2 od. 3 Griffeln (auch an der Fr meist noch vorhanden), selten einzelne B auch mit 1 Griffel. Fr mit 2 od. 3 Steinkernen 2

1* B mit 1 Griffel, zuweilen auch einige B mit 2 Griffeln. Fr mit 1 od. 2 Steinkernen 3

2 KZipfel br dreieckig, etwa so lg wie br, stumpf. Bl[1]) wenig geteilt od. bis zu $^1/_3$ der Spreitenhälfte gelappt, selten bis zur Hälfte gespalten, BlLappen ± stumpflich, in den Einschnitten u. im unteren $^1/_3$ des Bl oft ganzrandig (Abb. **288**/4, 5). B stets mit 2 od. 3 Griffeln. 2,00–10,00. ♄ 5. Hecken, Waldrandgebüsche, LaubW, edellaubholzreiche Wälder; alle Bdl v, aber Alpen, untere Hochebene, Schwarzw u. Oberrhein z, O-Sh g (sm/motemp·subozEUR – O Prun., O Fag.). [C. oxyacántha aut., C. oxyacanthoídes THUILL., C. palmstrúchii LINDMAN] ** **Zweigriffliger W.** – C. laevigáta (POIRET) DC.

2* Mindestens einige KZipfel länger als br, zugespitzt. Bl bis zur halben Spreitenhälfte od. etwas tiefer geteilt. BlLappen spitz, scharf gesägt. Selten auch einzelne B mit 1 Griffel. 2,00–10,00. ♄ 5–6. Hecken, Gebüsche, lichte LaubW; v O-Bw He, z SW-, M- u. N-Ba

[1]) Zur Beurteilung der BlMerkmale sind die größeren Bl der Kurztriebe zu untersuchen.

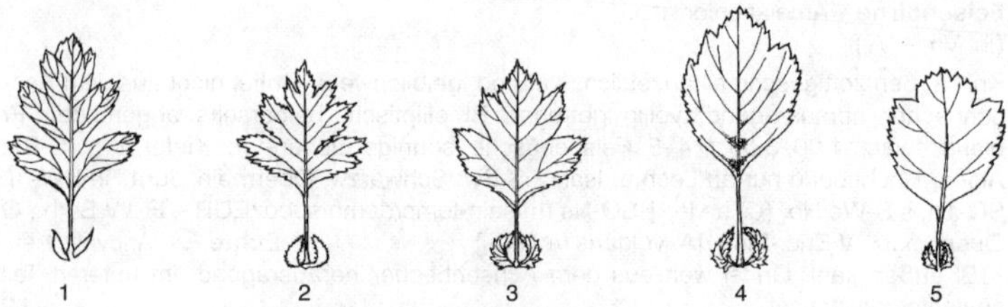

Rh We? Th? Sa An O-Br? Me?, s W-Bw SO-Ns? Sh?, Verbreitung ungenau bekannt (sm-temp·ozEUR – O Prun. – Hybridkomplex von Zweigriffligem u. Krummkelch-W., formenreich u. z. T. häufiger als die Elternarten). [C. calýcina PETERM.]

Großfrüchtiger W. – C. × macrocárpa HEGETSCHW.

3 **(1)** KZipfel alle br dreieckig, etwa so lg wie br, stumpflich. BlLappen höchstens an der Spitze gezähnt, in den Einschnitten ganzrandig 4

3* Wenigstens einige KZipfel lanzettlich bis fast linealisch, viel länger als br, zugespitzt (mehrere B untersuchen). BlLappen od. wenigstens das Bl bis zum Grund scharf gesägt 5

4 Bl mindestens bis zur halben Spreitenhäfte, meist aber bis zu $^3/_4$ od. tiefer geteilt (Abb. **288**/1), beiderseits grün. BlLappen ganzrandig od. nur an der Spitze wenigzähnig, Buchten stumpf, nicht selten am Grund verbreitert. NebenBl ganzrandig od. mit wenigen dreieckigen Zähnen. B stets mit 1 Griffel, selten die ZentralB der Schirmrispe mit 2 Griffeln. Fr mit 1 Steinkern. 1,00–5,00(–10,00). ♄ 5–6. Gebüsche, wärmeliebende Wälder; alle Bdl v (m/mo-temp·(oz)EUR–WAS – O Prun., O Fag., O Querc. pub. – „Rotdorn“ mit roten, gefüllten B als Zierbaum). [C. oxyacántha L.]

(**) Eingriffliger W. – C. monógyna JACQ.

4* Bl weniger tief geteilt, unterseits meist hell bläulichgrün. BlLappen an der Spitze grob gezähnt, die Ränder ± ganzrandig. B teils mit 1, teils mit 2 Griffeln. Fr mit 1 od. 2 Steinkernen. 1,00–10,00. ♄ 5–6. Hecken; z Ba Me, s Bw Rh He Sa An Ns Sh, Verbreitung ungenügend bekannt (sm-temp(oz)EUR? – O Prun. – Hybridkomplex von Zwei- u. Eingriffligem W., hierzu Rotdorn mit gefüllten roten B). **Bastard-W.** – C. × média BECHST.

5 **(3)** KZipfel stets schmal lanzettlich bis linealisch, lg zugespitzt. NebenBl der Bl blühender Kurztriebe dicht drüsenzähnig. Bl bis zur halben Spreitenhälfte od. bis zu $^2/_3$ geteilt, bis zum Grund u. in den spitzen Buchten scharf gesägt (Abb. **288**/2, 3). Neben B mit 1 Griffel auch einige B mit 2 Griffeln. 2,00–10,00. ♄ 6. Lichte LaubW, Gebüsche; alle Bdl z, aber gebietsweise, z. B. He Me u. N-Ns s?, Verbreitung ungenau bekannt (sm-temp·subozEUR – V Carp., O Prun.). [C. curvisépala LINDMAN, C. lindmánii HRABĚT.-UHR., C. rosifórmis aut.] **** Großkelch-W.** – C. rhipidophýlla GAND.

5* KZipfel meist br dreieckig, nur vereinzelt lanzettlich. NebenBl an blühenden Kurztrieben oft nur mit einzelnen Drüsenzähnen. Bl bis zur halben Spreitenhälfte oder bis zu $^2/_3$ geteilt, bis zum Grund fein gesägt, in den Buchten oft ganzrandig. Griffel fast stets 1. 2,00–10,00. ♄ 5–6. Hecken, WRänder, oft gepflanzt; wohl alle Bdl v, stellenweise häufiger als **4** (sm-temp·(oz)EUR? – Hybridkomplex von Eingriffligem u. Großkelch-W.). [C. × heterodónta POJARK.] **** Verschiedenzähniger W.** – C. × subsphaerícea GAND.

Mispel – Méspilus L.

Dornstrauch od. in Kultur meist dornenloser Baum. Bl länglich-lanzettlich. Fr vom laubigen K gekrönt (Abb. **262**/5). 1,50–6,00. ♄ 5–6. Gebüsche, bodensaure LaubW; (A), im N (N) z Rh W-We Th, s S- u. W-Bw He M- u. NW-Sa SW-An NO-Br? SO-Ns, (U) s Ba. Früher Obstbaum (m-sm·subkVORDAS – F, M – Ib, Sb – Vv – O Prun., V Carp., V Querc. rob.-petr.). **Deutsche M.** – M. germánica L.

Zwergmispel – Cotoneáster MED.
(F – Ib, Vw – Vv – Ziersträucher)

1 Bl glänzend. Äste aufsteigend bis horizontal ausgebreitet u. niederliegend, zweizeilig verzweigt. B zu 1–2, rosa. Fr 5–6 mm lg, leuchtendrot. 0,30–1,00. ♄ 5–6. Zierstrauch, auch an Mauern; (N) z Ba, s N-Rh: Linz, (U) s Bw We He An Br Ns u. wohl übrige Bdl (m/salp-sm/salp·subozOAS). **Fächer-Z.** – C. horizontális DECNE.

1* Bl matt. Äste allseitig u. unregelmäßig verzweigt 2

2 K kahl, nur am Rand wie die BStiele etwas weichhaarig. Fr 6mm lg, rot, selten weiß, kahl. 0,50–2,00. ♄ 4–5. Felsgebüsche, TrockenW; z M- u. N-Ba: Jura, Unterfranken, Fichtelg, Frankenwald S- u. O-Bw Rh He Th SW-An, s SW-Ba: Allgäu, Isar, Lech S- u. O-We M- u. SW-Sa SO-Ns: Süntel, Ith, Holzminden (sm/mo-b·subozEUR – V Berb., O Querc. pub., V Eric.-Pin. – ▽). **Gewöhnliche Z.** – C. integérrimus MED.

2* K u. BStiele weißfilzig. Fr 7–8 mm lg, blutrot, behaart. 1,00–2,00. ♄ 4–5. Wärmeliebende Gebüsche, TrockenW, kalkstet; z S-Ba: Alpen, obere Hochebene an Wertach, Lech, Isar, Salzach, s S-Bw: Oberer Neckar, SW-Jura, Hegau, W-Bodensee, Wutach, Kaiserstuhl, ↘ (sm/mo-temp/demo·subozEUR – V Berb., V Querc. pub., V Eric.-Pin.). [C. nebrodénsis (GUSS.) K. KOCH] **Filz-Z.** – C. tomentósus (AIT.) LINDL.

Traubenkirsche – Pádus MILL.
(F, M – Ib, Vw, Sb – Vv)

1 BlSpreite am Grund schwach herzfg, elliptisch bis verkehrteifg, weich, oberseits matt, durch die vertieften Nerven etwas runzlig, dunkelgrün, unterseits ohne Haarstreifen am Mittelnerv. Seitennerven einige Millimeter vor dem Rand, äußerlich deutlich sichtbar, bogenfg miteinander verbunden. Achsenbecher innen behaart. Steinkern grubig gefurcht. 2,00–25,00. ♄ 4–5. AuenW, Erlen-EschenW, feuchte Eichen-HainbuchenW, anspruchsvoll; alle Bdl v, aber MDt-Trockengeb, Bw: Jura, Schwarzw u. NW-Sh z (sm/mo-b·(oz)EUR–WSIB – M – V Alno-Ulm., O Fag. – Pfl außer FrFleisch für Rinder giftig!). [Prúnus pádus L.] ** **Gewöhnliche T.** – P. ávium MILL.

1* BlSpreite zum Grund verschmälert, oberseits glatt u. glänzend od. matt u. durch erhabene Nerven angedeutet runzlig, unterseits im unteren Teil oft mit weißem od. rostbraunem Filzstreifen beiderseits der Mittelrippe. Seitennerven erst unmittelbar am Rand im Nervennetz verlaufend od. bogenfg miteinander verbunden, jedoch äußerlich nicht sichtbar. Achsenbecher innen kahl, höchstens am Grund mit einigen langen Haaren. Steinkern (fast) glatt 2

2 Bl beiderseits des Mittelnervs mit >15 Seitennerven, meist länglich-elliptisch, oberseits (stark) glänzend, fast ledrig, glatt, hellgrün bis grün, unterseits gelblichgrün. BlZähne mit stark einwärts gekrümmter, oft verdeckter Spitze, daher scheinbar sehr stumpf. KrBl verkehrteifg, oft länger als br. KZipfel ganzrandig od. spärlich drüsig, an der Fr bleibend. Reife Fr (rötlich)schwarz, etwas bitter schmeckend. Rinde beim Abziehen würzig duftend. 3,00–15,00. ♄ 5–7. Forstbaum od. -strauch, eingebürgert in Eichen- u. BirkenW bes. auf kalkarmem Boden; (N 2. H. 19. Jh.) v We N-Sa An Br N-Ns Me, z M- u. N-Ba Bw Rh He Th S-Sa S-Ns Sh, s S-Ba außer Alpen, ↗ (m-temp·(oz)OAM – F, M). [Prúnus serótina EHRH.] **Späte T.** – P. serótina (EHRH.) BORKH.

2* Bl beiderseits des Mittelnervs mit 8–11 Seitennerven, elliptisch bis br elliptisch, oberseits nur schwach glänzend od. matt, durch erhabene Nervatur schwach runzlig, dunkelgrün, unterseits bläulichgrün. BlZähne mit (fast) gerader, wenigstens im oberen Teil des Bl deutlich sichtbarer, feiner Spitze. KrBl rundlich. KBl br dreieckig bis halbkreisfg, oft breiter als lg, am Rand deutlich ausgebissen drüsig gezähnelt, nach der BZeit abfallend. Reife Fr dunkelrot bis rötlichschwarz. Rinde beim Abziehen unangenehm riechend. 3,00–5,00(–10,00). ♄ 5–6. Zierstrauch, selten Baum; auch (N) s Br: Friesack, Berlin (m/mo-bAM – F, M – blüht mehrere Tage vor **2**). [Prúnus virginiána L.]
Virginische T. – P. virginiána (L.) M. J. ROEMER

Kirsche – Cérasus MILL.
(F, M – Ib – Vv, Mv)

1 Bl mit kurzen, stumpfen Zähnen. B zu 4–12 in gestielten Schirmtrauben. Fr u. Steinkern länglich. 2,00–6,00(–10,00). ♄ 4–5(–10). Wärmeliebende Felsgebüsche u. TrockenW, kalkhold; z M- u. NW-Ba: Donau, Altmühl, Naab, Unterfranken Rh, s S-Bw: Beuron, Blaubeuren, Kaiserstuhl, Isteiner Klotz, Grenzacher Horn W-We He, (N) v SW-An, z M- u. N-Ba Bw Th Sa N- u. O-An Br, (U) s O-Ns Me Sh. Zierstrauch od. -baum (m/mo-temp·subozEUR–WAS – F, M – V Berb., O Querc. pub.). [Prúnus máhaleb L.]
Steinweichsel, Felsen-K. – C. máhaleb (L.) MILL.

1* BlZähne deutlich ausgebildet. B in 2–5blütigen, sitzenden Dolden. Fr u. Steinkern kuglig ... 2

2 Innere Knospenschuppen am Grund des BStandes zurückgeschlagen. BStand ohne LaubBl. BlStiel an der Spitze mit 1–2 Drüsen. 2,00–25,00. ♄ 4–5. Edellaubholzreiche Wälder, krautreiche HainbuchenW u. Kalk-BuchenW, Wschläge, Gebüsche, anspruchsvoll; v Ba Bw Rh We He Th Sa S- u. M-An S-Ns Me O-Sh, z N-An Br NO-Ns, s NW-Ns W-Sh. Obstbaum (m/mo-temp·subozEUR – M – Mv – O Fag., O Prun.). [Prúnus ávium (L.) L.] ** **Vogel-K., Süß-K.** – C. ávium (L.) MOENCH

2* Knospenschuppen am Grund des BStandes aufrecht. BStand über den Knospenschuppen mit 1 bis mehreren LaubBl. Pfl oft mit Wurzelsprossen ... 3

3 Pfl stets strauchig. Bl der Kurztriebe 3–4 cm lg. BlStiel drüsenlos. KrBl länglich, meist ausgerandet. 0,30–2,00(–3,50). ♄ 4–5. Sonnige, kont. Gebüsche, Felskanten, Weinbergsmauern, kalkhold; s SO-Rh S-He? M- u. N-Th SW-An: Saale-Unstrut-Gebiet, Mansfeld, Süßer See (sm-temp·kEUR–WSIB – F – Sv: Wurzelsprosse – V Prun. frut. – oft mit verwilderter Sauer-K. verwechselt). [Prúnus fruticósa PALLAS]
Strauch-K., Steppen-K. – C. fruticósa PALLAS

3* Pfl meist baumfg. Bl der Kurztriebe 8–12 cm lg. BlStiel an der Spitze mit od. ohne Drüsen. KrBl fast kreisrund. 1,00–10,00. ♄ 4–5. Hecken, Raine; (N) v SW-An, z Ba Bw Rh We? S-He Th Sa? N- u. O-An Br Ns Me. Obstbaum od. -strauch (sm·subkVORDAS – M, F – Mv, Sv: Wurzelsprosse). [Prúnus cérasus L.] ** **Weichsel, Sauer-K.** – C. vulgáris MILL.

Pfirsich – Pérsica MILL.

Bl lanzettlich. KrBl lebhaft rosa. Fr grünlich od. rötlich, behaart, selten kahl. Steinkern tief gefurcht. 3,00–8,00. ♄ 4–5. Obstbaum od. -strauch (m-sm·subkOAS – F, M – Ib – Mv – Bl giftig!). [Prúnus pérsica (L.) BATSCH] ** **Pfirsich** – P. vulgáris MILL.

Aprikose, Marille – Armeníaca SCOP.

Bl ei-herzfg, vorn zugespitzt. KrBl blaßrosa bis weiß. Fr gelb bis orange. Steinkern glatt, scharfkantig. 2,00–5,00(–10,00). ♄ 3–4. Obstbaum (m/mo·subkAS – M – Ib – Mv). [Prúnus armeníaca L.] **Aprikose** – A. vulgáris LAMK.

Pflaume, Schlehe – Prúnus L.
(F, M – Ib – Vv, Mv)

1 Sparriger, stark dorniger Strauch. Zweige anfangs samtig. Bl 2–5 cm lg. KrBl etwa 6 mm lg. Fr aufrecht, kuglig, blau, bereift. 1,00–3,00. ♄ 4–5. Gebüsche, Laubwaldränder; g Ba Bw Rh He Th, übrige Bdl v, aber Schwarzw, Th-W, Erzg u. NW-Ns z (m/mo-temp·(suboz)EUR – F – Vv, Sv: Wurzelsprosse – O Prun.).
** **Schwarzdorn, Schlehe** – P. spinósa L.

1* Dornenlose od. schwach dornige Bäume od. Sträucher. Zweige kahl od. anfangs samtig. Bl meist >5 cm lg. KrBl >6 mm lg ... 2

2 BStiele behaart. Bl etwa 8 cm lg. B meist zu 2. KrBl grünlichweiß. Fr eifg. 1,00–6,00(–10,00). ♄ 4–5. Obstbaum, auch (N) z Ba Bw Rh We He Th Sa An Br Ns, s Me (m/mo·subkVORDAS–WAS – M – Mv) ** **Pflaume, Zwetsche** – P. doméstica L.

2* BStiele kahl. Bl bis 6 cm lg, meist rot. B meist einzeln. KrBl weiß od. rötlich. Fr kuglig, rot od. gelb. 3,00–5,00(–10,00). ♄ 3–4. Zier- od. selten Obstgehölz, auch (N) z Bw, sonst s? (m/mo-sm·subkVORDAS–WAS – M – Veredlungs-Unterlage vieler Pflaumensorten). **Kirschpflaume** – P. cerasífera EHRH.

Familie **Stachelbeergewächse** – Grossulariáceae DC.

Sträucher. Bl wechselständig, einfach, finger- od. fiedernervig, oft handfg gelappt, meist ohne NebenBl. B ⚥ od. 1geschlechtig, radiär, 5zählig, in Trauben. KBl am Rand eines Achsenbechers. KrBl frei, unscheinbar. StaubBl 5. FrKn unterständig, 2blättrig, 1fächrig. Griffel 2, unterwärts verwachsen. Beeren an der Spitze mit bleibendem K (330 Arten – F – Ib: Fliegen, Bienen – Vv – Obst- u. Ziersträucher).

Johannisbeere, Stachelbeere – Ríbes L.
(F – Ib: Fliegen, Bienen – Vv – Obst- u. Ziersträucher)

1 Strauch stachlig. B zu 1–3, grünlichgelb. Beeren länglich, grün, gelb od. pupurn. 0,60–1,20. ♄ 4–5. Edellaubholzreiche Wälder, Gebüsche; v Ba Bw Rh He Th Sa An O- u. N-Br S-Ns Me O-Sh, z We SW-Br NO-Ns W-Sh, s NW-Ns u. höhere Gebirge, oft nur aus Kultur verwildert. KulturPfl (sm/mo-temp·ozEUR – Vm – O Prun., V Til.-Acer. – Obststrauch). [R. grossulária L.] ** **Stachelbeere** – R. úva-críspa L.

1* Strauch stachellos. B in Trauben. Beeren kuglig, klein 2

2 Achsenbecher der B röhrig od. glockig, wie der K goldgelb od. rot 3

2* Achsenbecher der B flach bis glockig, wie der K grünlich 4

3 B goldgelb, wohlriechend. Bl 3spaltig, kahl. 1,50–2,50. ♄ 4–6. Zierstrauch, auch (N) s, z. B. Ba Sa An Br Me (m/mo-temp·(suboz)WAM – Vw – Sv: Wurzelsprosse – Veredelungs-Unterlage hochstämmiger Stachel- und Johannisbeeren). **Gold-J.** – R. áureum PURSH

3* B purpurn. Bl 3–5lappig, unterseits graufilzig. 1,25–2,00. ♄ 4–5. Zierstrauch, auch (N U) s, z. B. Sa An Br Me (m/mo-temp·euozWAM). **Blut-J.** – R. sanguíneum PURSH

4 **(2)** Trauben nicht hängend. DeckBl länger als die BStiele. Beeren rot. 0,80–1,50. ♄ 4–5. BergmischW, Gebüsche, kalkhold; v Rh SW-An, z Ba: Alpen, Vorland, O-Jura, Fichtelgebirge, Franken S-Bw: bes. Jura, Baar, S-Schwarzw S- u. O-We He Th S-Sa O- u. N-An M- u. N-Br S-Ns Me, s N-Sa S-Br, (N) s NW-We N-Ns S- u. O-Sh. ZierPfl (sm/mo-b·subozEUR – V Til.-Acer., V Eric.-Pin., V Adenost.). **Alpen-J.** – R. alpínum L.

4* Trauben hängend. DeckBl kürzer als die BStiele 5

5 Bl unterseits mit gelblichen Drüsen. K behaart u. drüsig punktiert. Beeren schwarz. 0,80–1,50. ♄ 4–5. Erlenbrüche, auch AuenW u. Grauweidengebüsche; v NO-We S- u. O-Br NO-Ns W-Me Sh, z S- u. M-Ba NW-Bw Rh We Sa An NW-Br SO- u. NW-Ns O-Me, s Th, (N) z alle Bdl. KulturPfl (m/mo-b·(k)EURAS – V Aln., V Alno-Ulm., V Frang.-Salic. – Obststrauch). **Schwarze J.** – R. nígrum L.

5* Bl ohne Drüsen. K kahl od. am Rand gewimpert. Beeren rot od. gelb 6

6 K gewimpert, glockig. Griffel kegelfg, am Grund verbreitert. BlLappen spitz. BlStiel länger als die Spreite. 1,00–2,00. ♄ 4–6. Reiche BergmischW, Hochstaudenfluren; s SW-Bw: S-Schwarzw, SW-Jura (sm/salp-stemp/mo·subozEUR – V Til.-Acer., V Adenost.). **Felsen-J.** – R. petráeum WULFEN

6* K kahl. Griffel vom Grund an gleich dick. BlLappen stumpflich. BlStiel so lg wie die Spreite 7

7 Staubbeutelhälften durch br Staubfadenfortsatz voneinander getrennt. KBecher flach, mit 5eckigem Ringwulst. Bl am Grund oft mit spitzwinkliger Bucht. 0,80–2,00. ♄ 4–5. Edellaubholzreiche Wälder; v O-Ns, übrige Bdl z, Bergland s, (N) z alle Bdl. KulturPfl (temp-b·(k)CIRCPOL – V Alno-Ulm., V Carp. – Obststrauch). **Rote J.** – R. rúbrum L.

7* Staubbeutelhälften miteinander vereinigt. KBecher schlüsselfg vertieft, ohne Ringwulst. Bl am Grund meist gerade od. mit stumpfwinkliger Bucht. 0,80–2,00. ♄ 4–5. Erlen- u.

Eichen-Feuchtwälder; z O- u. N-Br, s O-, M- u. NW-Sa SO-An Me Sh, (N) Ba Bw SW-Rh We Th? Ns (sm-b·(k)EURAS – V Alno-Ulm.). [R. schlechtendálii LANGE]
Ährige J. – R. spicátum ROBSON

Familie **Hortensiengewächse** – Hydrangeáceae DUM.

Sträucher, Lianen, kleine Bäume. Bl meist gegenständig, ungeteilt od. manchmal etwas gelappt, ohne NebenBl. B ⚥, radiär, manchmal die RandB steril, 4–5(–10)zählig, in Rispen, Schirmrispen od. Trauben. StauBl ∞ od. doppelt so viele wie KrBl u. die äußeren über diesen stehend. FrKn meist unterständig, meist 3–5blättrig u. 3–5fächrig. Griffel getrennt od. ± verwachsen. Kapseln, selten Beeren (190 Arten).

1 KBl 4(–6). StaubBl ∞. Bl ohne Sternhaare. **Pfeifenstrauch** – Philadélphus S. 292
1* KZipfel 5. StaubBl 10. Bl mit Sternhaaren. **Deutzie** – Deūtzia S. 292

Pfeifenstrauch – Philadélphus L.
Bl elliptisch, gegenständig, gezähnt. B weiß, stark duftend. 1,50–4,00. ♄ 5–6. Zierstrauch, auch (N U) s Ba Bw Sa An Br Me (sm·subozEUR–VORDAS – F – Ib).
Großer Pf., Falscher Jasmin – Ph. coronárius L.

Deutzie – Deūtzia THUNB.
(F – Ib – Ziersträucher)

1 Bl am Grund stumpf-keilig, langspitzig, 3–7 cm lg. Kr weiß. K an der Fr bleibend. 0,50–1,00. ♄ 5–6. Zierstrauch (m/mo-sm/mo·ozOAS).
Zierliche D. – D. grácilis SIEB. et ZUCC.
1* Bl am Grund rundlich, an Langtrieben bis 12 cm lg. Kr weiß od. außen rötlich, B oft gefüllt. K meist abfallend. 1,00–2,50. ♄ 6–7. Zierstrauch (m-sm·ozOAS).
Rauhe D. – D. scábra THUNB.

Familie **Dickblattgewächse** – Crassuláceae DC.

Kräuter od. Sträucher. Bl ungeteilt, meist ganzrandig, flach bis stielrund, dickfleischig, ohne NebenBl. B ⚥, radiär, (3–)5(–32)zählig, in Zymen. KBl u. KrBl frei od. ± verwachsen. StaubBl doppelt so viele od. selten so viele wie KrBl. FrKn oberständig. FrBl so viele wie KrBl, frei od. am Grund verwachsen, ∞samig, jedes fast immer außen am Grund mit einer Drüsenschuppe. BalgFrchen (1100 Arten – Xerophyten).

1 StaubBl so viele wie KrBl 2
1* StaubBl doppelt so viele wie KrBl 3
2 Bl wechselständig. KrBl u. StaubBl 5. **Rötliche Fetthenne** – Sédum rúbens S. 292
2* Bl gegenständig. KrBl u. StaubBl 3 od. 4. Unscheinbare, niedrige Pfl.
Dickblatt – Crássula S. 295
3 **(1)** KBl u. KrBl (4–)5(–6). Bl am Stg verteilt. **Fetthenne** – Sédum S. 292
3* KBl u. KrBl 6–20. GrundBl in kugliger Rosette 4
4 KrBl 6, gefranst, aufrecht, gelb. **Donarsbart** – Jovibárba S. 295
4* KrBl 8–20, ganzrandig, flach ausgebreitet, rot. **Hauswurz** – Sempervívum S. 295

Fetthenne, Mauerpfeffer – Sédum L.
(Ib, häufig Sb – Wv, Hv: Regenwasser, zuweilen Av, häufig Sv: Sproßteile)

1 KrBl u. StaubBl 5. Bl halbstielrund, wechselständig, oberseits flach od. rinnig. B einzeln, einseitswendig, sitzend. KrBl weiß, mit rotem Kiel. 0,05–0,15. ⊙ ① 6–7. Sandtrockenrasen, sandige Ruderalstellen, Brachen, Mauern, Weinberge; s W-Rh: Trier, † W-Bw, (N U) M-He Me, ↘ (sm-stemp·ozEUR – T – Ib – O Fest.-Sedet., O Polyg.-Chen.). [Crássula rúbens (L.) L.]
Rötliche F. – S. rúbens L.

1* KrBl (4–)5(–6). StaubBl doppelt so viele **2**
2 Bl flach **3**
2* Bl stielrund od. halbstielrund **8**
3 Pfl 2häusig. KBl u. KrBl je 4. Zymen ∞blütig, gedrängt, endständig. Bl wechselständig. 0,10–0,35. ♃ 6–8. Subalp. bis alp. Silikatfelsfluren; s O-Ba: Arber SW-Bw: S-Schwarzw: Belchen. ZierPfl (m/alp-arct·(oz)CIRCPOL – H – V Andros. vand.). [Rhodíola rósea L.] **Rosenwurz** – S. rósea (L.) SCOP.
3* B ⚥. KBl u. KrBl je 5 . . . . **4**
4 B in länglicher, lockerer Rispe. Bl ganzrandig, obere linealisch-keilfg, gegenständig od. quirlig. 0,10–0,30. ①⊙6–7. Frische, oft schattige Ruderalstellen (Wegränder, Gebüschsäume), Äcker; (N U) s (m/mo-sm·ozEUR – C – V Alliar., V Arct.). **Rispen-F.** – S. cepǽa L.
4* B in ± dichten Schirmrispen. ♃ **5**
5 Stg liegend od. aufsteigend, am Grund wurzeln. Bl vorn gekerbt. KrBl 10–12 mm lg, purpurn od. rosa. 0,05–0,20. ♃ 7–8. ZierPfl, auch an Felsen, sandigen u. steinigen Ruderalstellen (Mauern, Dünen, Bahnanlagen); (N 19. Jh.) alle Bdl z bis v, aber im N gebietsweise s, f Sh? (sm/mo·subozKAUK – C – K Aspl. trich., O Fest.-Sedet.). **Kaukasus-F.** – S. spúrium M. BIEB.
5* Stg aufrecht, nicht wurzelnd. KrBl 3–5 mm lg, grünlichgelb od. purpurn, selten weiß (Artengruppe Purpur-F. – S. teléphium agg.) **6**
6 Obere Bl eifg, mit br Grund sitzend od. schwach herzfg stengelumfassend, schwach gezähnt bis fast ganzrandig. Kr gelbgrün, selten blaßrot. 0,30–0,80. ♃ 7–9. Fels- u. Schotterfluren, Trockengebüschsäume; v M-Ba He Th Sa S-An Me O-Sh, z S- u. N-Ba Bw Rh We N-An Br Ns W-Sh, f Alpen u. Vorland (sm/mo-temp·subozEUR – H – K Thlasp. rot., K Trif.-Ger., O Fest.-Sedet.). **Große F.** – S. máximum (L.) HOFFM.
6* Bl länglich-lanzettlich, meist stark gezähnt, nicht stengelumfassend, wenigstens die oberen mit verschmälertem Grund sitzend. Kr purpurn, selten weiß **7**
7 Obere Bl mit keilfg verschmälertem Grund br sitzend. Frchen außen rinnig. KrBl über der Mitte zurückgekrümmt. 0,25–0,60. ♃ 7–9. Fels- u. Schotterfluren, warme Saumges.; z Ba außer Alpen u. Vorland Bw Rh We He Th Sa An Br Ns, (N) v W-Sh, z O-Sh, s Me (m/mo-b·EURAS – H – K Thlasp. rot., O Sedo-Scler., O Orig., V Caucal., V Fum.-Euph.). [S. purpuráscens KOCH, S. purpúreum (L.) SCHULT.] **Purpur-F.** – S. teléphium L. s. str.
7* Obere Bl mit stielartig verschmälertem Grund sitzend. Frchen nicht rinnig. KrBl gerade abstehend. 0,20–0,40. ♃ 7–9. Mont. Silikatfelsfluren; s O- u. NW-Ba: Bayr-W, Gleichberggebiet, Rhön SW-Bw: S-Schwarzw We N-He, (U) Sa (sm/mo-stemp/mo· ozEUR – H – V Sedo-Scler., V Andros. vand.). [S. fabária KOCH] **Berg-F.** – S. vulgáre (HAW.) LINK
8 **(2)** Pfl nur mit blühenden Stg **9**
8* Pfl mit blühenden u. mit kriechenden, nichtblühenden Stg **12**
9 KrBl 6, etwa 4mal so lg wie der K, weiß mit rotem Kiel. BStand kahl. Bl blaugrün. 0,07–0,15. ⊙ 6–7. Felsen, Mauern; (N 1860) z M- u. N-Ba S- u. O-Bw Sa, (U) s He An. ZierPfl (sm/mo-temp·subozEUR – H). **Spanische F.** – S. hispánicum L.
9* KrBl 5, etwa doppelt so lg wie der K **10**
10 Pfl drüsig-weichhaarig. B rosenrot. Bl länglich-linealisch, oberseits fast flach. 0,10–0,20. ⊙ ⊙ 6–7. Offene, nasse, kalkarme Flachmoore, Grabenränder, Quellfluren; s SW-, M- u. NW-Ba: Alpen, Vorland, Kirchroth/Donau, Rhön SW-Bw: S-Schwarz He: Meißner, Vogelsberg, Rhön S-Th, † Rh We Sa An Br, Ns, ↘ (m/mo-arct·ozEUR–GRÖNL – T, H – V Card.-Mont., K Scheuchz.-Car.). **Behaarte F.** – S. villósum L.
10* Pfl kahl **11**
11 Bl fast stielrund, keulig. B weißlich, grünlich od. rötlich. BStand gedrängt. 0,03–0,08. ① 6–8. Alp. Kalkfels- u. Schotterfluren; v S-Ba: Alpen, Isar südöstlich Wolfratshausen (sm/alp-temp/alp·ozEUR – H – Vw – V Sesl., V Thlasp. rot.). ** **Schwärzliche F.** – S. atrátum L.

11* Bl halbstielrund, linealisch. B gelb, kurz gestielt. BStand fast ährig, später gelockert, mit geschlängelter Achse. 0,05–0,15. ⨀ 6–8 Mont. bis alp. Fels- u. Schotterfluren, kalkmeidend; s SW-Bw: S-Schwarzw, (N) s NO-Ba: Luisenburg, † SW-Ba: Grünten im Allgäu (sm/salp-arct·(oz)EUR – T – Vw – V Sedo-Scler.). **Einjährige F.** – S. ánnuum L.

12 **(8)** B weiß od. rosa **13**

12* B gelb **14**

13 Bl blaugrün, oben flach, unten stark gewölbt, kurz elliptisch. BStand drüsig-weichhaarig. 0,03–0,10. ♃ 6–8. Sonnige Felsspalten, Mauern, Gesteinsschutt; z S-Ba: Allgäu, Wettersteingebirge, Untersberg b. Berchtesgaden S-Bw: S-Schwarzw, Jura, Hohentwiel, s SO-Rh: Pfalz, (N) s N-Ba He S-Ns (m/salp-stemp/dealp·ozEUR – C – Vw – K Aspl. trich., O Sedo-Scler.). **Buckel-F.** – S. dasyphýllum L.

13* Bl blaugrün, beiderseits gewölbt, stielrund. BStand meist kahl. 0,08–0,20. ♃ 6–9. Fels- u. Schotterfluren, sandige u. steinige Ruderalstellen (Mauern, Dämme, Kiesdächer), lückige submed. Xerothermrasen; v S- u. M-Ba: Alpen, Jura Bw Rh, z S- u. O-We He Th? M-Sa, s SO-Ns, (N) z Ba Th Sa An Br N-Ns, s NW-We N-Ns Me (m/mo-temp·ozEUR – C – Vm – O Sedo-Scler., K Aspl. trich., O Brom.).
Weiße F. – S. álbum L.

14 **(12)** Bl kurz stachelspitzig, am Grund stets gespornt (Abb. **294**/1) **15**

14* Bl stumpf, ohne Stachelspitze **17**

15 Bl oberseits flach, am Ende der nichtblühenden Stg zapfenähnlich gehäuft. Abgestorbene Bl am Sproßgrund lange bleibend. KBl 2,5 mm lg. 0,15–0,35. ♃ 6–8. Felsfluren; z W-Rh: Mosel, Nahe, Eifel, Hunsrück, (N) s We He: Steinperf (m/mo-temp·euozEUR – C – O Sedo-Scler.). [S. élegans LEJ.] **Zierliche F.** – S. forsteriánum SM.

15* Bl stielrund, am Ende der nichtblühenden Stg nicht gehäuft, hinfällig **16**

16 KBl 5–7 mm lg, drüsig-weichhaarig. KrBl 8–10 mm lg. Schirmrispe eben. 0,15–0,30. ♃ 6–8. Kalkfelsfluren; (N) s M- u. NO-Th: Arnstadt, Jena, Kahla, Camburg, Öttern, ob noch überall? (m/mo-sm·subozEUR – C – V Xerobrom.). [S. anopétalum DC.]
Ockergelbe F. – S. ochroléucum CHAIX

16* KBl 3–4 mm lg, kahl. KrBl 6–7 mm lg. Schirmrispe vor der BZeit konvex, zur FrZeit konkav. 0,10–0,35. ♃ 6–8. Felsfluren, Sandtrockenrasen, sandige u. steinige Ruderalstellen (Dämme, Mauern), trockne Wälder, kalkmeidend; v bes. Silikat- u. Sandgebiete M- u. N-Ba W-Bw Rh S-He Sa: bes. Elbe S-An, z O-Bw S- u. O-We N-He Th N-An Br O-Ns Sh, s NW-We W-Ns: Ems, (A N) z S-Ba Sa Me (sm-temp·subozEUR – C – O Sedo-Scler., O Fest.-Sedet., V Querc. rob.-petr.). [S. refléxum L.]
Felsen-F., Tripmadam – S. rupéstre L.

17 **(14)** KrBl stumpf, etwa 3 mm lg. Bl verkehrteifg bis linealisch, am Grund ohne Sporn, nicht deutlich in Reihen, häufig etwas gelockert, oft rot überlaufen. 0,05–0,08. ♃ 6–8. Alp. Fels- u. Schotterfluren, Schneetälchen, kalkmeidend; s SW-Ba: Allgäu (sm/alp-temp/alp·ozEUR – C – Vw – V Andros. alp., V Salic. herb.). **Alpen-F.** – S. alpéstre VILL.

17* KrBl spitz. Bl in 6 Längsreihen **18**

18 Bl dick, eifg, am Grund abgerundet, ohne Sporn (Abb. **294**/2), meist scharf schmeckend. KrBl etwa 7 mm lg. 0,03–0,15. ♃ 6–8. Felsfluren, Sandtrockenrasen, sandige bis steinige Ruderalstellen (Mauern, Kiesdächer, Wegränder, Bahnanlagen), trockne KiefernW; alle Bdl v, aber höhere Gebirge z (m/mo-b·(oz)EUR – C – O Sedo-Scler., O Fest.-Sedet., V Cytis.-Pin. – giftig!). **Scharfer Mauerpfeffer** – S. ácre L.

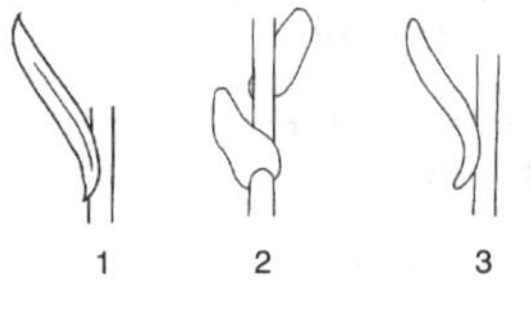

1 2 3

18* Bl schlank, stielrund, am Grund gespornt (Abb. **294**/3), nie scharf schmeckend. KrBl etwa 4 mm lg. 0,05–0,15. ♃ 6–7. Felsfluren, Sandtrockenrasen, sandige Ruderalstellen (Mauern, Kiesdächer), trockne KiefernW; v M- u. N-Ba S-He Th Sa S-An Br S-Ns, z S-Ba Bw Rh We N-He N-An N-Ns Sh, (A) z Me (sm-temp·subozEUR – C – K Sedo-Scler., K Aspl. trich., V Cytis.-Pin., V Eric.-Pin.). [S. míte GILIB., S. boloniénse LOISEL.]
Milder Mauerpfeffer – S. sexanguláre L.

Donarsbart – Jovibárba OPIZ [Diopógon JORDAN et FOURR.]

1 RosettenBl länglich-lanzettlich, im unteren Drittel am breitesten, an der Spitze meist braun, kahl, beim Vertrocknen silbergrau werdend. Staubfäden kahl. 0,10–0,20. ♃ 8–9. Diabasfelsen; (N) s N-Ba: Schloß Berneck SW-Sa: Ölsnitztal, Eisenleite (temp/mo·subozEUR – C – ∇). [Sempervívum arenárium KOCH, incl. J. alliónii (JORDAN et FOURR.) D.A. WEBB] **Sand-D.** – J. arénaria (KOCH) OPIZ

1* RosettenBl länglich-verkehrteifg, im oberen Drittel am breitesten, an der Spitze braunrot, beim Vertrocknen bräunlichgrau werdend. Staubfäden am Grund drüsig. 0,10–0,25. ♃ 7–9. Kont. Felsfluren u. Sandtrockenrasen, trockne KiefernW, basenhold; s O-Sa: Oberlausitz NO-Br, (N?) s M- u. N-Ba: Regensburg, Jura, Franken, (N) s SW-Bw M-He: Vogelsberg S-Sa SW-An, (U) s Th (temp·(suboz)EUR – C – V Sesl.-Fest., V Koel. glauc., V Cytis.-Pin. – ∇.). [Sempervívum sobolíferum SIMS, J. sobolífera (SIMS) OPIZ]
Sprossender D. – J. globífera (L.) J. PARN.

Hauswurz – Sempervívum L.
(C – Ib, Vm, Sb – Wv, Sv: Sprosse – Hybr. – ∇ – ZierPfl)

1 RosettenBl an der Spitze durch spinnwebige Haare miteinander verbunden, auf der Fläche feindrüsig. 0,05–0,15. ♃ 7–9. Alp. bis subalp. Silikatfelsfluren, Schutthalden, Mauerkronen, kalkmeidend; s SW-Ba: O-Allgäu, (N) s N-Ba: Fichtelgebirge, Grabfeld, NO-Alb, (U) s An (sm/alp-temp/salp·subozEUR – V Sedo-Scler. – ∇).
Spinnweben-H. – S. arachnoídeum L.

1* RosettenBl ohne spinnwebige Haare, auf der Fläche kahl. 0,15–0,50. ♃ 7–8. Alp. bis subalp. Felsfluren, Mauerkronen, Kiesdächer, kalkmeidend; s SW-Ba: Allgäu Rh: Mosel, Ahr S-He, (N) z M- u. N-Ba Bw Rh S- u. O-We He Th Sa S- u. M-An Sh, s Ns Me Sh. ZierPfl (sm/alp-stemp/dealp·ozEUR – O Sedo-Scler., K Aspl. trich. – ∇). [S. alpínum GRISEB. et SCHENK] **Dach-H.** – S. tectórum L.

Dickblatt – Crássula L. [Tilla͞ea L.]
(Ib – Hv)

1 B 3zählig, zu 2–4 achselständig. KrBl kürzer als die KBl, weiß od. hellrosa. Bl eifg, 1–2 mm lg, dichtstehend. 0,01–0,05. ⊙ 5–9. Feuchte, sandige Äcker, Heiden, Ufer; † NW-We: Niederrhein An: Oranienbaum Br: Niedergörsdorf (m-stemp·ozEUR – T – V Nanocyp.). [Tilla͞ea muscósa L.] **Moos-D.** – C. tilla͞ea LESTER-GARLAND

1* B 4zählig, einzeln in den BlAchseln. KrBl länger als die KBl 2

2 Bl 4–6 mm lg, linealisch. B fast sitzend. Kr weiß. 0,02–0,05. ⊙ 7–9. Schlammige Teichböden, Ufer; † N-We NW-Sa SO-An: Elbe Br: Weißensee SW-Ns Sh: Husum, Kiel (m-b·(oz)CIRCPOL – T – V Nanocyp.). [Tilla͞ea aquática L., Bulliárda aquática (L.) DC.]
Wasser-D. – C. aquática (L.) SCHÖNLAND

2* Bl 4–15(–20) mm lg, lineal-lanzettlich bis eifg-lanzettlich. B 2–8 mm lg gestielt. Kr weiß od. hellrosa. 0,10–0,30. ♃ 8–9. Quellabflüsse, Bäche, Kanäle, stehende Gewässer bis in 50 cm (1 m) Tiefe; (N 1981) s Rh: Pfalz We: Porta Westfalica, Waldtrop Ns: Osnabrück, Bremen S-Sh; Kiel, Hamburg, Blumensand (austr·ozAUST–NEUSEEL – H). [Tilla͞ea hélmsii KIRK, C. recúrva (HOOKER fil.) OSTENF.]
Nadelkraut – C. hélmsii (KIRK) COCKAYNE

Familie **Steinbrechgewächse** – Saxifragáceae JUSS.

Kräuter. Bl meist wechselständig, meist ohne NebenBl. B ⚥, radiär, 4–5zählig. StaubBl so viele od. doppelt so viele wie KrBl. FrKn ober- bis unterständig, 2blättrig, 2fächrig, unterwärts verwachsen, oberwärts frei, in jedem Fach ∞ SaAnlagen. Griffel 2, meist frei. Vielsamige Kapseln (660 Arten – viele ZierPfl).

1 BHülle einfach, 4blättrig, grünlichgelb. StaubBl 8. **Milzkraut** – Chrysosplénium S. 298
1* BHülle doppelt, 5zählig. StaubBl 10. **Steinbrech** – Saxífraga S. 296

Steinbrech – Saxífraga L.
(Ib – Wv, häufig Sv: Ausläufer – ZierPfl)

1 Bl gegenständig. Kr violett, rot od. blau . . . 2
1* Bl wechselständig, oft in Rosetten. Kr weiß, gelb od. rotbraun . . . **3**
2 Stg 2–6blütig. Kr dunkelviolett. KBl kurzdrüsig. Pfl locker kriechend. 0,03–0,25. ♃ 7–8. Feuchte, kalkarme, hochalp. Felsschuttböden; s SW-Ba: Allgäu: Trettach, Schwarze Milz, Kratzer (temp/alp·subozALP – C – Vw – in Ba nur Hybriden mit dem Roten St.: S. × kóchii HORNUNG – V Drab. hopp. – ∇). **Zweiblütiger St.** – S. biflóra ALL.
2* Stg 1blütig. Kr rosenrot, später blau. KBl drüsenlos, bewimpert. Pfl in dichten Polstern. 0,03–0,05. ♃ 5–6. Feuchte, kalkhaltige Felsen, Steinschutt; v S-Ba: Alpen, † SO-Bw: Bodensee (sm/alp-arct·(oz)CIRCPOL – C – Vw – K Thlasp. rot., V Epil. fleisch., O Sesl. – ∇). ** **Roter St., Gegenblättriger St.** – S. oppositifólia L.
3 **(1)** Bl oberseits am Rand mit punktfg, kalkausscheidenden Grübchen, verkehrteifg od. linealisch, oft von Kalkschüppchen grau . . . **4**
3* Bl ohne punktfg Kalkgrübchen, zuweilen mit 1 Knötchen dicht hinter der BlSpitze . . . **7**
4 B zu 1–6. Stg unterwärts sehr dicht beblättert, blühende Stg lockerblättrig. Pfl in dichten Polstern . . . **5**
4* B in ∞blütigen Rispen. Pfl mit deutlichen Rosetten . . . **6**
5 GrundBl zurückgekrümmt, lineal-lanzettlich, kurz zugespitzt, oft von Kalkkruste überzogen, graugrün. KrBl 4–6 mm lg, weiß, 3–5nervig. B zu 2–6. 0,05–0,10. ♃ 6–9. Kalkreiche Felsgrate, Felsspalten, Steinrasen, windhart; v S-Ba: Alpen u. Voralpen, s Hochebene: Stadt/Lech, Wolfratshausen/Isar (sm/alp-temp/alp·subozEUR – C – Vm – O Sesl., K Aspl. trich. – ∇). **Blaugrüner St.** – S. cǽsia L.
5* GrundBl nach oben gebogen, pfriemlich, allmählich zugespitzt, blaugrün. KrBl 7–15 mm lg, weiß mit ∞ rötlichen Nerven. B einzeln, sehr selten zu 2. 0,03–0,10. ♃ 6–8. Trockne, kalkreiche Felsspalten, Felsrasen; s SO-Ba: Berchtesgadener Alpen (sm/alp-temp/alp·subozALP – C – Vw – V Potent. caul. – ∇). **Burser-St.** – S. burseriána L.
6 **(4)** Kr weiß, oft rot punktiert. Bl scharf gezähnt. Zähne am Grund mit deutlichem, kalkausscheidendem Grübchen. 0,15–0,30. ♃ 6–7. Trocknere, meist kalkhaltige Felsspalten, Mauern, Felsschutt; v S-Ba: Alpen, z S-Bw: Jura, S-Schwarzw, W-Bodensee, Wutach, Mooshausen/Iller O-Rh: Nahe, Huttental (sm/alp·arct·(oz)EUR–OAM – C – Vm – O Potent. caul., K Thlasp. rot., K Elyn.-Sesl. – ∇). [S. aïzóon JACQ.] **(**)** **Trauben-St.** – S. paniculáta MILL.
6* Kr gelb bis orange. Bl fast ganzrandig, Grübchen undeutlich. 0,15–0,30. ⊙ 6–7. Durchrieselte, kalkreiche Stein- u. Kiesböden, Felsritzen; z S-Ba: Alpen, Hochebene an Lech u. Isar, f Berchtesgadener Alpen, s SO-Bw: Adelegg, ↘ (sm/salp-temp/perialp·suboz EUR – H – V Car. davall., V Craton., V Potent. caul. – ∇). **Kies-St.** – S. mutáta L.
7 **(3)** Kr gelb, gelblichweiß, grüngelb od. rotbraun . . . **8**
7* Kr rein weiß, zuweilen gelb od. rot punktiert . . . **12**
8 KBl zurückgeschlagen, KrBl 2–3mal so lg wie die KBl. Bl lanzettlich, stumpf, ganzrandig. 0,10–0,40. ♃ 7–9. Nasse, mesotrophe, moosreiche Zwischenmoore; s SW-Ba: Alpenvorland: Murnau, † SO-Bw Br Ns Me Sh, ↘ (m/alp-arct·(k)CIRCPOL – H – Vm – V Car. davall., V Car. lasioc. – ∇). **Moor-St.** – S. hírculus L.

8* KBl aufrecht od. abstehend **9**

9 Pfl mit kugligen BlKnospen in den BlAchseln. Bl entfernt bewimpert. Blühende Stg locker beblättert, 1blütig. Kr gelblichweiß. 0,01–0,08. ♃ 7–8. Sickernasser, kalkarmer Steinschutt; s SW-Ba: Allgäu: Fürschüsser, Daumen, Hochvogel (sm/alp-temp/alp·suboz EUR – C – Vm – V Andros. alp., V Andros. vand. – ▽). **Moos-St.** – S. bryoídes L.

9* Pfl ohne kuglige BlKnospen. Bl wimperlos od. nur kurz bewimpert **10**

10 Bl der blühenden Stg auch oberwärts zahlreich, 8–15 mm lg, linealisch, fleischig. Kr goldgelb. B meist zu mehreren. 0,03–0,30. ♃ 6–9. Subalp. u. alp., sickernasse, meist kalkhaltige Quellfluren, an Bachufern, überrieselte Felsen; v S-Ba: Alpen u. Vorland, s Hochebene: Lech bis Mering, Isar bis München, Inn bei Schechen, s SO-Bw: Bodenseegebiet: Grünkraut (sm/alp-arct·(oz)EUR–AM – C – Vm – V Craton., K Thlasp. rot. – ▽). **Fetthennen-St.** – S. aïzoídes L.

10* Bl der blühenden Stg oberwärts 1–5, lockerstehend, zuweilen fehlend.. Bl 3- od. mehrspaltig, zuweilen einzelne od. alle ungeteilt **11**

11 KrBl $^{1}/_{3}$ so br wie die KBl, linealisch, zugespitzt, blaßgelb. Blühende Stg meist blattlos, 1blütig. 0,01–0,03. ♃ 7–9. Alp., offene, sickerfrische, kalkreiche Steinschuttfluren, Felsen; v S-Ba: Alpen (temp/alp·subozALP – C – Vm – V Thlasp. rot. – ▽).
Nacktstengel-St. – S. aphýlla STERNB.

11* KrBl etwa so br wie die KBl, länglich-verkehrteifg, nicht zugespitzt, grünlichgelb. Blühende Stg 2–5blättrig, 1–5blütig. 0,03–0,10. ♃ 6–8. Lückige, kalkhaltige Steinrasen, Felsen, Felsschutt; v S-Ba: Alpen, (N) s SW-An: Brocken (sm/alp-temp/alp·(suboz) EUR+SIB – C – Vw – V Sesl., V Elyn., O Potent. caul. – ▽).
Moschus-St. – S. moscháta WULFEN

12 **(7)** KrBl mit roten od. gelben Punkten **13**

12* KrBl ohne farbige Punkte **15**

13 KBl aufrecht abstehend. KrBl mit roten, am Grund mit gelben Punkten. Bl bis 6 cm br, herz-nierenfg. 0,15–0,60. ♃ 6–9. Subalp. Hochstaudenfluren auf sickerfrischen, nährstoffreichen, kalkhaltigen Böden; v S-Ba: Alpen u. Voralpen, s SO-Bw: Adelegg, Iberger Kugel (sm/salp-temp/salp·subozEUR – H – Vm – O Adenost. – ▽).
Rundblättriger St. – S. rotundifólia L.

13* KBl zurückgeschlagen **14**

14 KrBl mit ∞ roten u. am Grund mit gelben Punkten. Bl verkehrteifg-spatelfg, gekerbt, knorplig berandet, ledrig. 0,10–0,40. ♃ 6–8. ZierPfl, auch (N) s, z. B. W-An: Blankenburg (sm/mo+temp·euozEUR – C – ▽). [S. × umbrósa aut., S. hirsúta L. × S. umbrósa L.]
Schatten-St., Porzellanblümchen – S. × géum L.

14* KrBl mit je 2 gelben Punkten. Bl verkehrteifg-keilfg, vorn gezähnt, fleischig. 0,05–0,15. ♃ 5–8. Subalp. u. alp. Quellfluren, Bachufer, überrieselte Felsen, Geröll; v S-Ba: Alpen, Vorland s, s SW-Bw: S- u. N-Schwarzw (sm/alp-arct·ozEUR–(OAM) – C – Vm – K Mont.-Card. – ▽). (**) **Stern-St.** – S. stelláris L.

15 **(12)** GrundBl rundlich-nierenfg, tief gekerbt, lg gestielt. Wurzelstock mit kleinen, rundlichen Brutzwiebeln. 0,15–0,40. ♃ 5–6. Magere Frischwiesen, Böschungen, Silikattrockenrasen, kalkmeidend; v M- u. N-Ba N-Bw Rh He Th Sa An Br Sh Me, z S-Ba außer Alpen u. Vorland S-Bw S- u. O-We O-Ns, s W-Ns, im NW (N), ↘ (m/mo-temp·ozEUR – H – Vm – O Arrh., O Fest.-Sedet. – ▽). **Körnchen-St.** – S. granuláta L.

15* GrundBl ganzrandig, 3lappig od. 3–9spaltig, (fast) sitzend. Brutzwiebeln fehlend. . . **16**

16 GrundBl ganzrandig od. vorn mit 3 Zähnen od. kurzen Lappen **17**

16* GrundBl 3–9spaltig **18**

17 KrBl 7–8 mm lg. Blühende Stg blattlos od. armblättrig, meist 1–2blütig. GrundBl meist ungeteilt, langdrüsig, zur BZeit grün. 0,01–0,10. ♃ 6–8. Alp., kalkreiche Schneetälchen u. Schneeböden; v S-Ba: Alpen (sm/alp-temp/alp·(suboz)EUR–SIB – C – Vw – V Arab. caer. – ▽). **Mannsschild-St.** – S. androsácea L.

17* KrBl 4 mm lg. Blühende Stg beblättert, oben meist locker verzweigt, mehrblütig. GrundBl meist 3lappig, zur BZeit vertrocknet. 0,02–0,18. ⊙ ① 4–6. Lückige Xerotherm-

rasen, Ephemerenfluren, basenhold; z Ba: bes. Jura, Unterfranken Bw Rh S- u. O-We He Th S-An Br Ns Me Sh, s NW-We Sa, ↗ auf Eisenbahngelände (m/mo-temp·ozEUR – T, H – meist Vm – V Alysso-Sed., V Xerobrom., V Fest. val.).
Finger-St. – S. tridactylítes L.

18 **(16)** Bl starr. Nichtblühende Stg mit gestielten, häutig umhüllten BlAchselknospen. BlZipfel linealisch, stachelspitzig. 0,12–0,30. ♃ 5–6. ZierPfl (m/mo-b·euozEUR – C – ∇).
Astmoos-St. – S. hypnoídes L.

18* Bl weich. Nichtblühende Stg ohne umhüllte BlAchselknospen. BlZipfel lanzettlich, stumpflich. 0,05–0,25. ♃ 5–7. Felsspalten, Geröll; s M- u. N-Ba: O-Jura, Fichtelgebirge Bw: Jura Rh: Eifel, Gerolstein, Nahe, Pfalz, Lahn SO-We: Rothaargebirge NW-He SO-Th: oberes Saalegebiet SW-Sa: Elstertal zwischen Plauen u. Elsterberg W-An: Bodegebiet, Falkenstein (temp/mo+b·ozEUR – C – Vm – K Aspl. trich., K Thlasp. rot. – ∇). [S. caespitósa aut., S. decípiens EHRH.] ** **Rasen-St.** – S. rosácea MOENCH

Milzkraut – Chrysosplénium L.
(H – Ib, Vw, Sb – Hv)

1 Pfl mit ∞ liegenden BlTrieben, rasenbildend, Bl gegenständig, undeutlich gekerbt. Stg 4kantig, Spreite der GrundBl am Grund gestutzt od. br keilfg verschmälert, mindestens so lg wie ihr Stiel. B 3–4 mm br. 0,05–0,15. ♃ 4–6. Nährstoffreiche, oft kalkarme, beschattete Quellfluren, Quellen, überrieselte Felsen, ErlenW; v bes. Silikatgebirge Rh S- u. O-We S-Sa S-Th S- u. O-Ns, z M- u. N-Ba W- u. N-Bw He W-An: bes. Harz Sh, s SW-Ba SO-Bw NW-We N-Th N-Sa NO-Br NW-Ns W- u. N-Me (sm/mo-temp·ozEUR – V Card.-Mont., V Aln.). **Gegenblättriges M.** – Ch. oppositifólium L.

1* Pfl ohne liegende BlTriebe, mit blattlosen Ausläufern. Bl wechselständig, deutlich gekerbt. Stg 3kantig. Spreite der GrundBl mit deutlich herzfg Grund, viel kürzer als ihr Stiel. B 5–6 mm br. 0,15–0,20. ♃ 4–6. Nährstoffreiche Quellfluren, AuenW; alle Bdl v, bes. Gebirge, aber NW-Ba NW-We N-Sa N-An W-Br W-Ns W-Sh z, MDt-Trockengeb s (sm/mo-arctEURAS–WAM – V Card.-Mont., V Alno-Ulm.).
Wechselblättriges M. – Ch. alternifólium L.

Familie **Herzblattgewächse** – Parnassiáceae S. F. GRAY

Kräuter. Bl wechselständig, ungeteilt, ohne NebenBl. B ⚥, radiär, 5zählig, einzeln. StaubBl 5, abwechselnd mit 5 auffälligen, spatelfg, gelbgrünen, am Grund drüsigen HonigBl (Staminodienbündeln), die jeweils in 9–13 fingerfg angeordneten Fransen mit gelben Drüsenköpfchen enden (Abb. **299**/1). FrKn oberständig, 4blättrig, 1fächrig. Griffel 1 od. fehlend. Narben meist 4 (15 Arten).

Herzblatt – Parnássia L.

GrundBl lg gestielt. Stg im unteren Drittel mit 1 sitzenden, herzfg Bl, 1blütig. Kr weiß. 0,10–0,25. ♃ 7–9. Flach- u. Quellmoore, Kalkmagerrasen; v S-Ba S-Bw, z N- u. O-Ba Rh He Th Sa An S- u. O-Br S-Ns Me Sh, s NW-Ba N-Bw We N-Ns: bes. Inseln, ↘ (m/mo-b·CIRCPOL – H – Ib, Vm – Wv – O Tofield., V Mesobrom., O Sesl., V Mol. – ∇).
Sumpf-H. – P. palústris L.

Familie **Sonnentaugewächse** – Droseráceae SALISB.

Tierfangende Kräuter. Bl grundständig, wechselständig od. quirlig, mit reizbaren Drüsenhaaren od. Borsten u. kurzen Verdauungsdrüsen zum Fangen u. Verdauen von Tieren. B ⚥, radiär, meist 5zählig, zuweilen 4- od. 6–8zählig. KBl am Grund verwachsen, KrBl frei. StaubBl 4–20, häufig 5. FrKn oberständig, 3–5blättrig, 1fächrig. Vielsamige Kapseln (110 Arten – Sb, Kleistogamie).

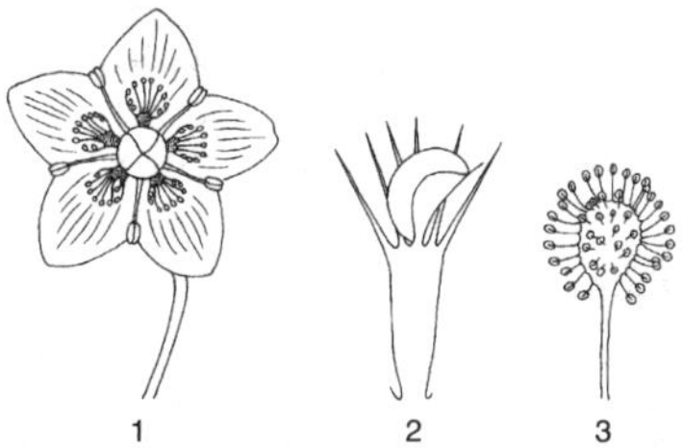

1 2 3

1 Wurzellose, meist schwimmende WasserPfl. FangBl (Abb. **299**/2) in Quirlen, auf Reiz längs der Mittelrippe zusammenklappend. B einzeln, sehr selten. **Wasserfalle** – Aldrovánda S. 299

1* Im Boden wurzelnde MoorPfl mit BlRosette. Bl mit reizbaren, lg Drüsenhaaren (Abb. **299**/3). B in Wickeln. **Sonnentau** – Drósera S. 299

Wasserfalle – Aldrovánda L.

Pfl wurzellos. Bl quirlig. B sehr selten, grünlichweiß. 0,10–0,30. ♃ 7–8. Geschützte Buchten meso- bis eutropher Seen, Flachmoor-Torfstiche; s S- u. NO-Br: Großer Plagesee, Sperenberg, ob noch?, † Rühlfenn, Parsteiner See, Rheinsberg, † SW-Ba u. (N) SO-Bw: Bodensee, ↘ (trop-temp·subozAFR–EURAS – A – Hv, Ev: Wasservögel – O Lemn.). **Wasserfalle** – A. vesiculósa L.

Sonnentau – Drósera L.
(H – Wv – ArzneiPfl – ∇)

1 BlSpreite kreisrund, lg gestielt (Abb. **299**/3). 0,07–0,20. ♃ 7–8. Oligotrophe, saure, feuchte bis nasse Torf- u. Sandböden in Hoch- u. Zwischenmooren, Feuchtheiden, Heidemooren; v S-Ba N-Ns Sh, z M- u. N-Ba Bw Rh We Th Sa Br Me, s He An S-Ns, ↘ (m/mo-b·(oz)CIRCPOL – K Oxyc.-Sphagn., V Eric. tetr. – ∇). **Rundblättriger S.** – D. rotundifólia L.

1* BlSpreite deutlich länger als br **2**

2 BTriebe aufrecht, 2–3mal so lg wie die Bl. BlSpreiten 10–40 mm lg, keilfg-linealisch, 4–8mal so lg wie br. 0,05–0,20. ♃ 7–8. Hochmoorschlenken, Zwischenmoore, Schwingrasen an Rändern von Moorseen; v S-Ba: Alpenvorland, s M-Ba: untere Hochebene, Jura, Bayr-W S-Bw: Alpenvorland, Schwarzw, Bodensee W-We SW-Sa Br N-Ns Me, † Rh He Th An Sh, ↘ (sm/mo-b·(oz)CIRCPOL – O Scheuchz. – ∇). [D. ánglica HUDS.] **Langblättriger S.** – D. longifólia L.

2* BTriebe bogig aufsteigend, wenig länger als die Bl. BlSpreiten 7–10 mm lg, keilfg-verkehrteifg, 2–4mal so lg wie br. 0,03–0,10. ♃ 7–8. Hochmoorschlenken, Zwischenmoore, nackte, saure Torfschlammböden; v N-Ns, z S-Ba: Alpen, obere Hochebene, W- u. N-We NO-Sa Br, s N- u. O-Ba SO-Rh SO-We NW-Sa O- u. N-An SW-Ns Me, † He Th, ↘ (sm-b·ozEUR–OAM – V Rhynch. alb. – ∇). **Mittlerer S.** – D. intermédia HAYNE

Familie **Johannisbrotgewächse** – Caesalpiniáceae R. BR.

Sträucher, Bäume. Bl wechselständig, meist gefiedert, selten ungeteilt, mit od. ohne NebenBl. B meist ⚥, 5zählig, dorsiventral bis radiär. KBl meist frei. Kr mit aufsteigender Knospendeckung (das oberste KrBl ist das innerste). KrBl 5 od. weniger, frei. StaubBl 10 od. weniger, frei. FrKn mittel- od. selten oberständig, sitzend od. gestielt, 1blättrig. Hülsen (2000 Arten).

Gleditschie – Gledítsia L.

Dornen büschlig, glänzend rotbraun, oft verzweigt. B unscheinbar, in dichten Trauben. Hülsen bis 40 cm lg, flach. 20,00–40,00. ♄ 6–7. Zierbaum (m-temp·subozOAM – M – lb). **Amerikanische G.** – G. triacánthos L.

Familie **Schmetterlingsblütengewächse** – Fabáceae LINDL.

Kräuter, Sträucher, Bäume. Bl wechselständig, meist gefiedert od. 3zählig, seltener gefingert od. ungeteilt, mit NebenBl. B ⚥, 5zählig, meist in Trauben, schmetterlingsfg (Abb. **300**/1) (selten auch radiär): das obere, vergrößerte KrBl ist die Fahne, die beiden seitlichen die Flügel, die beiden unteren sind zum Schiffchen (Kiel) vereinigt, selten alle KrBl verwachsen. Kr mit absteigender Knospendeckung (das obere KrBl ist das äußerste). StaubBl 10, ihre Fäden alle zu 1 Röhre verwachsen od. 1 Staubfaden frei (Abb. **300**/4, 5). FrKn oberständig, 1blättrig. Hülsen, seltener Gliederhülsen, BalgFr od. Nüsse (12 150 Arten – lb – Sv – Symbiose mit stickstoffbindenden Bakterien in Wurzelknöllchen).

1 Bl nadelfg, wie die NebenBl u. Äste stechend. Strauch. **Stechginster** – Úlex S. 303
1* Bl nicht nadelfg, nicht stechend 2
2 Bl nur aus jeweils einer Ranke bestehend, an ihrem Grund je 2 laubblattartige NebenBl (Abb. **300**/2). **Ranken-Platterbse** – Láthyrus áphaca S. 317
2* BlSpreite vorhanden, zuweilen am Ende mit Ranke. 3
3 Alle Bl einfach 4
3* Bl zusammengesetzt, höchstens einige Bl einfach 6
4 BlStiel flach, ein streifennerviges Bl vortäuschend. BlSpreite fehlend. Kr rot. ☉. **Gras-Platterbse** – Láthyrus nissólia S. 317
4* BlSpreite vorhanden, netznervig. Kr gelb. Sträucher u. Zwergsträucher 5
5 Stg br geflügelt, gegliedert. **Flügelginster** – Genistélla S. 303
5* Stg nicht geflügelt. **Ginster** – Genísta S. 303
6 **(3)** Bl 5- bis mehrzählig gefingert, stets deutlich gestielt. **Lupine** – Lupínus S. 302
6* Bl 3zählig od. gefiedert, zuweilen nur mit 1 Paar FiederBlchen, wenn (selten) 5zählig gefingert, dann Bl ungestielt 7
7 Bl 3zählig, wenigstens an Seitenzweigen 8
7* Bl gefiedert, unterste Blchen zuweilen grundständig (Abb. **300**/3), selten Bl fast 5zählig gefingert 19
8 Sträucher, Zwergsträucher, Halbsträucher. Alle 10 Staubfäden zu 1 Röhre verwach-sen 9
8* Kräuter 13
9 Blchen gezähnt, das EndBlchen länger gestielt als die fast sitzenden SeitenBlchen. K 5spaltig. **Hauhechel** – Onónis S. 304
9* Blchen ganzrandig. EndBlchen so lg gestielt wie seitliche. K deutlich 2lippig 10
10 BStand eine hängende Traube. Kr gelb. **Goldregen** – Labúrnum S. 303
10* BStand eine aufrechte Traube od. B einzeln 11

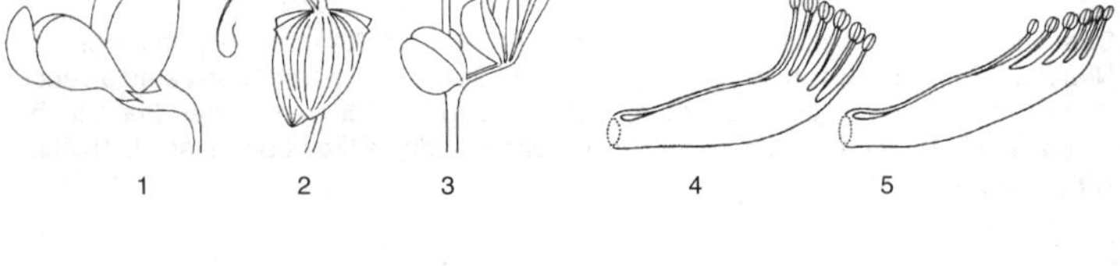

1 2 3 4 5

11 K mehr als doppelt so lg wie br, seine Röhre länger als die Zipfel. **Zwergginster** – Chamaecýtisus S. 304

11* K höchstens wenig länger als br, glockig, mit kurzer Röhre **12**

12 B in Trauben. Griffel gekrümmt, nicht eingerollt. **Geißklee** – Lembótropis S. 304

12* B einzeln in den BlAchseln. Griffel spiralig eingerollt. **Besenginster** – Sarothámnus S. 304

13 **(8)** Alle 10 Staubfäden zu 1 Röhre verwachsen. B 1–2 cm lg, zu 1–3 achselständig. Kr rosa, selten weiß od. gelb Schiffchen geschnäbelt. Blchen gezähnt, das mittlere deutlich länger gestielt als die seitlichen. Obere Bl oft ungeteilt. Stg oft verholzend, oft dornig. **Hauhechel** – Onónis S. 304

13* Oberstes StaubBl frei, meist aber der durch Verwachsung der übrigen 9 Staubfäden gebildeten Röhre eng anliegend. Stg krautig, dornenlos **14**

14 Bl >10 cm br. Jedes Blchen gestielt u. mit 1 od. 2 NebenBlchen. **Bohne** – Phaséolus S. 319

14* Bl kleiner, Blchen ohne NebenBlchen **15**

15 Schiffchen lg schnabelartig zugespitzt. Hülse 4kantig, an den Kanten geflügelt. **Spargelerbse** – Tetragonólobus S. 310

15* Schiffchen nicht schnabelartig zugespitzt **16**

16 KrBl unter sich u. mit den StaubBl verwachsen, welk nicht abfallend. Fr kaum so lg wie der K od. nur wenig länger, bis zur Reife von der verwelkten Kr umgeben (außer Vogelfuß-K., S. 307). **Klee** – Trifólium S. 306

16* KrBl nicht unter sich u. mit den StaubBl verwachsen, nach dem Verblühen einzeln abfallend. Fr länger als der K, bei der Reife nicht von der Kr eingehüllt **17**

17 B in lg, sehr schmalen Trauben, klein. Kr gelb od. weiß. **Steinklee** – Melilótus S. 305

17* B in kopfigen, kurzen Trauben od. zu 1–2 in den BlAchseln **18**

18 Pfl stark riechend. Fr gerade od. schwach gebogen. B zu 1–2 od. in kopfigen Trauben. **Schabzigerklee** – Trigonélla S. 305

18* Pfl geruchlos. Hülsen schneckenfg eingerollt, sichelartig od. fast nierenfg (Abb. **305**/3–5). B in kopfigen Trauben. **Luzerne** – Medicágo S. 306

19 **(7)** Bl unpaarig gefiedert, sehr selten fast 5zählig gefingert erscheinend **20**

19* Bl paarig gefiedert, am Ende mit Ranke od. kleiner, krautiger Spitze **35**

20 EndBlchen viel größer als die SeitenBlchen. TragBl der BKöpfe fingerfg geteilt. **Wundklee** – Anthýllis S. 309

20* Bl mit etwa gleich großen Blchen **21**

21 Bl mit 5 Blchen, das untere BlchenPaar grundständig, die 3 übrigen Blchen davon entfernt (Abb. **300**/3), selten alle Blchen einander genähert, so daß die Bl fast 5zählig gefingert erscheinen **22**

21* Bl mit 7 od. mehr Blchen. BlchenPaare gleich weit voneinander entfernt **24**

22 B einzeln od. zu 2 in den BlAchseln. Hülse 4kantig od. 4flüglig. **Spargelerbse** – Tetragonólobus S. 310

22* B in kopfigen Dolden **23**

23 Kr gelb. Hülsen linealisch, stielrund. Unteres BlchenPaar von den übrigen Blchen entfernt, dicht am Stg (Abb. **300**/3). **Hornklee** – Lótus S. 310

23* Kr rosa od. weiß, Schiffchenspitze purpurn. Hülsen länglich, eifg od. kuglig. Alle Blchen einander genähert, Bl daher fast gefingert. **Backenklee** – Dorýcnium S. 309

24 **(21)** B in 2- bis ∞blütigen Dolden. Fr eine Gliederhülse, reif in 1samige Glieder zerfallend **25**

24* B in Trauben, Ähren od. Köpfen **27**

25 B bis 8 mm lg. BStand mit gefiedertem HochBl. FrStand vogelfußähnlich (Abb. **302**/1). **Vogelfuß** – Ornithopus S. 312

25* B größer **26**

26 Hülsenglieder hufeisenfg, flach, papillös. Stiele der unteren Bl länger als das unterste FiederBl. **Hufeisenklee** – Hippocrépis S. 313

26* Hülsenglieder gerade od. nur schwach gebogen, stielrund, 4kantig bis schmal 4flüglig. BlStiel meist kürzer als das unterste FiederBl. **Kronwicke** – Coronílla S. 313
27 **(24)** Krautige Pfl **28**
27* Bäume od. Sträucher **32**
28 Gliederhülsen, in 1samige Glieder zerfallend. NebenBl paarweise zu einer braunen, blattgegenständigen Schuppe verwachsen. Blchen durchscheinend punktiert. B in Trauben. **Süßklee** – Hedýsarum S. 313
28* Hülsen, BalgFr od. stachlige Nüsse. NebenBl frei od. mit dem BlStiel verwachsen **29**
29 KZähne fast doppelt so lg wie die KRöhre. Kr rosa. Nüsse 1samig, mit gezähntem Kamm (Abb. **302**/2), reif steinhart. **Esparsette** – Onóbrychis S. 314
29* KZähne höchstens etwas länger als die KRöhre. Mehrsamige Hülsen od. BalgFr . . **30**
30 Alle Staubfäden zu 1 Röhre verwachsen. Kr bläulichweiß. Hülsen ohne Scheidewand. Pfl 0,60–1,20 m hoch, aufrecht. **Geißraute** – Gálega S. 311
30* Oberes StaubBl frei. Kr gelb od. violett. Fr meist durch Längsscheidewand ± zweifächrig. Stg bis 0,50 m hoch, wenn länger, dann ± liegend **31**
31 Schiffchen (Kiel) mit fadenfg Spitze (Abb. **302**/3). **Spitzkiel** – Oxýtropis S. 312
31* Schiffchen ohne fadenfg Spitze. **Tragant** – Astrágalus S. 311
32 **(27)** B zu 2–6 in kurzen Trauben. Kr gelb. Hülsen stark aufgeblasen, geschlossen bleibend (Abb. **302**/4). **Blasenstrauch** – Colútea S. 311
32* B ∞, in lg Trauben. Kr weiß, blauviolett od. violett **33**
33 Windender Strauch. Trauben hängend. Kr blauviolett. **Blauregen** – Wistéria S. 311
33* Aufrechte Bäume od. Sträucher **34**
34 Baum. Trauben locker, hängend, in den Achseln von Bl. Kr weiß, schmetterlingsfg. **Robinie** – Robínia S. 311
34* Strauch. Trauben dicht, aufrecht, am Ende der Zweige. Kr violett, nur Fahne vorhanden. **Bastardindigo** – Amórpha S. 311
35 **(19)** Strauch. B zu 1–3. Kr gelb. **Erbsenstrauch** – Caragána S. 311
35* Krautige Pfl **36**
36 Staubfadenröhre schief abgeschnitten (Abb. **300**/5) **37**
36* Staubfadenröhre rechtwinklig abgeschnitten (Abb. **300**/4) **38**
37 KZähne mehrmals länger als die KRöhre. Hülsen 1–2samig. KulturPfl. **Linse** – Lens S. 317
37* KZähne etwa so lg wie die KRöhre od. kürzer. Hülsen 2- bis ∞samig. **Wicke** – Vícia S. 314
38 **(36)** NebenBl kleiner als die Blchen. **Platterbse** – Láthyrus S. 317
38* NebenBl größer als die Blchen. **Erbse** – Písum S. 319

Lupine – Lupínus L.
(Ib: Bienen – Sv – kalkmeidend – ZierPfl)

1 Bl 10–15zählig. Kr blau, selten weißlich. 1,00–1,50. ♃ 6–8. WSäume u. WSchläge; (N 19. Jh) alle Bdl z bis v, ↗. ZierPfl (m/mo-temp·subozWAM – H – WildfutterPfl). **Stauden-L., Vielblättrige L.** – L. polyphýllus LINDL.
1* Bl 5–9zählig **2**

2 Kr gelb. B in Trauben, quirlständig. 0,30–0,60. ☉ 6–9. KulturPfl, auch (N U) s, z. B. Ba Bw We He Sa An Br Ns Me (m-sm·ozEUR – T – O Aper., V Pan.-Set. – Futter- u. GründüngerPfl). **Gelbe L.** – L. lúteus L.
2* Kr weiß od. blau. B in Trauben, nicht quirlständig 3
3 Blchen linealisch. Oberlippe des K 2spaltig. Kr bläulich od. weiß. 0,30–0,60. ☉ 6–9. KulturPfl, auch (N U) s, z. B. Ba Bw We He Sa An Ns Me (m-sm·(oz)EUR–VORDAS – sonst wie vorige). **Blaue L.** – L. angustifólius L.
3* Blchen verkehrteifg. Oberlippe des K ungeteilt. Kr weiß. 0,30–1,00. ☉ 6–9. KulturPfl, mäßig anspruchsvoll (m·subozEUR – sonst wie vorige). **Weiße L.** – L. álbus L.

Stechginster – Úlex L.

Sparriger Strauch mit verdornenden BlStielen, NebenBl u. Kurztrieben. Stg, K, BStiele u. Hülsen abstehend behaart. Kr gelb. 0,60–1,20. ♄ 5–6. Heiden, Waldsäume, Schläge, Gebüsche, kalkmeidend; (N 18. Jh) z Ns He, s Rh We Th S- u. O-Sa An Br Me Sh, (U) s Bw (sm-temp·euozEUR – F – Ib: Hummeln – Sv, Av – O Call.-Ulic., V Rubo-Prun. – giftig!). **Stechginster, Gaspeldorn, Heckensame** – U. europa̋eus L.

Ginster – Genísta L.
(S – Sb, Ib: Bienen, Hummeln – Sv – giftig!)

1 B zu 1–2 achselständig. KrAußenseite, Hülse u. BlUSeite seidenhaarig. 0,15–0,30. ♄ 5–6. Bodensaure Silikatmagerrasen, trockne Heiden, verlichtete EichenW u. Waldsäume, kalkmeidend; v Rh S-Br NO-Ns, z NW-Ba W-Bw We He NO-Sa An N-Br S- u. W-Ns S- u. W-Me W-Sh, s NO-Ba W-Th M- u. NW-Sa NO-Me O-Sh, im N ↘ (sm/mo-temp·subozEUR – V Genisto-Call., V Mesobrom., V Querc. rob.-petr.). **Haar-G.** – G. pilósa L.
1* B in Trauben 2
2 Pfl stets dornenlos. Bl lanzettlich bis linealisch, mit kurzen, lineal-pfriemlichen NebenBl. K u. Hülse meist kahl. 0,30–0,60. ♄ 6–8. Heiden, bodensaure Silikatmagerrasen, wechselfeuchte Moorwiesen, Säume, trockne Wälder, kalkmeidend, v Ba Bw Rh He S-Th Sa S-Ns, z S- u. O-We N-Th An Br NO-Ns Me Sh, s NW-Ns u. Alpen, im N ↘ (sm/mo-temp·(oz)EUR–(WSIB) – V Genisto-Call., V Mesobrom., O Mol., K Trif.-Ger., V Querc. rob.-petr.). ** **Färber-G.** – G. tinctória L.
2* Pfl meist dornig. Bl ohne NebenBl 3
3 BZweige, K u. Hülsen abstehend behaart. Bl grasgrün. DeckBl der B pfriemlich, halb so lg wie die BStiele. 0,20–0,60. ♄ 5–6. Heiden, Säume, lichte EichenW u. KiefernW, mäßig anspruchsvoll; v Ba außer Alpen S-Th, z Bw Rh S- u. O-We He N-Th Sa An Br, s Ns S- u. W-Me Sh: Meldorf, Trave, ↘ (sm/mo-temp·subozEUR – V Genisto-Call., V Querc. rob.-petr., V Eric.-Pin.). **Deutscher G.** – G. germánica L.
3* Pfl kahl. Bl graugrün. DeckBl der B eifg, länger als die BStiele. 0,30–0,80. ♄ 5–6. Heiden, Magerrasen, kalkmeidend; v N-Ns W-Sh, z We N-An W-Me O-Sh, s N-Rh NW-Br S-Ns, (N) s SW-Bw: Schwarzw: Schönau, ↘ (m/mo-temp·euozEUR – V Genisto-Call.). **Englischer G.** – G. ánglica L.

Goldregen – Labúrnum MED.

B in hängenden Trauben. Kr goldgelb. Hülsen seidenhaarig. 3,00–8,00. ♄ 5–6. Lichte LaubW; (N 16. Jh) z M- u. N-Ba Bw Rh We Th Sa S- u. M-An M- u. N-Br, (U) He Ns Me. Zierstrauch (sm-stemp·subozEUR – F, M – Ib – Sv – V Querc. pub. – giftig!). [L. vulgáre GRISEB.] **Gewöhnlicher G.** – L. anagyroídes MED.

Flügelginster, Erdpfriemen – Genistélla ORTEGA [Chamaespártium aut.]

Stg br geflügelt, gegliedert. Bl 2zeilig, hinfällig, rauhhaarig. 0,15–0,25. ♄ 5–6. Bodensaure, mäßig trockne Sand- u. Silikatmagerrasen, Säume, verlichtete Eichen- u. KiefernW; v Bw Rh SW-He, z SW- u. M-Ba S-We, s NW-Ba M-He O-An, (N) s Th, † Sa: jetzt nur angesalbt? bei Maxen, im NO-Arealteil ↘ (m/mo-temp·subozEUR – S – Ib – Sv

– V Viol. can., V Genisto-Call., V Mesobrom., O Fest.-Sedet.). [Genísta sagittális L., Cýtisus sagittális (L.) KOCH, Chamaespártium sagittále (L.) P. GIBBS]
Flügelginster, Erdpfriemen – G. sagittális (L.) GAMS

Geißklee – Lembótropis GRISEB.
B in ∞blütigen, endständigen Trauben. Zweige fast stielrund. Hülsen anliegend behaart. 0,30–1,20. ♄ 6–8. Steinige , trockne Hänge, Waldsäume, Trockenwälder, kalkmeidend; z M- u. O-Ba SO- u. M-Bw O-Th Sa S-Br, s S- u. NW-Ba NO-Br, (N U) s S-He S-An Me, ↘ (sm-temp·(suboz)EUR – V Eric.-Pin., O Orig., V Pot.-Querc.). [Cýtisus nígricans L.] **(**) Schwärzender G.** – L. nígricans (L.) GRISEB.

Besenginster – Sarothámnus WIMMER
Zweige 5kantig, grün. Hülsen behaart. 0,50–2,00. ♄ 5–6. Heiden, Schläge, Gebüsche, bodensaure EichenW, kalkmeidend; alle Bdl v, aber O-Bw S-Ba z, MDt-Trockengeb s, f Alpen, in Sh (N)? (m/mo-temp·ozEUR – Sv, Av – V Saroth., V Rubo-Prun., V Querc. rob.-petr.). [Cýtisus scopárius (L.) LINK]
** **Besenginster** – S. scopárius (L.) WIMMER ex KOCH

Zwergginster – Chamaecýtisus LINK
(F – Ib: Bienen – Sv, Av – giftig!)

1 Kr purpurn. B an seitenständigen Kurztrieben. Pfl fast kahl. 0,30–1,00. ♄ 4–6. Zierstrauch (sm/demo·subozEUR). [Cýtisus purpúreus SCOP.]
Purpur-Z. – Ch. purpúreus (SCOP.) LINK

1* Kr gelb; Fahne meist mit dunklem Fleck 2

2 B zu 1–3 an seitenständigen Kurztrieben. Pfl angedrückt seidenhaarig. Äste liegend, nur vorn aufsteigend. 0,10–0,60. ♄ 5–6. Warmtrockne Wälder, Gebüsche, Heiden Säume; z S- u. M-Ba: bes. Lech-, Isar-, Donau- u. Naab-Gebiet, f Alpen (sm-temp·subk EUR–(WSIB) – V Eric.-Pin., V Genisto-Call.).
Zwillings-Z., Regensburger Z. – Ch. ratisbonénsis (SCHAEFFER) ROTHM.

2* B in 2–6blütigen kopfigen Trauben an Langtrieben u. zu 1–3 seitenständig. Pfl zottig. Äste aufrecht. 0,20–1,00. ♄ 6–8. Warmtrockne Wälder, Heiden, Säume, Halbtrockenrasen, anspruchsvoll; z O-Ba: bes. Donau, Bayr-W, (N 19. Jh) s NW-Bw: Mannheim Th An Br, (U) s Sa Me (sm-temp·subozEUR – V Genisto-Call., V Eric.-Pin., V Ger. sang.). [Cýtisus capitátus SCOP.] **Kopf-Z.** – Ch. supínus (L.) LINK

Hauhechel – Onónis L.
(H, oberirdische Sprosse einjährig, aber oft verholzend – Ib: Bienen – Sv)

1 Kr gelb. B einzeln. Hülsen hängend. 0,20–0,50. ♃ 5–7. Lückige Kalkxerothermrasen; (N 1862?) † SW-Bw: Tuniberg, Kaiserstuhl (m-temp·(oz)EUR – O Brom.).
Gelbe H. – O. nátrix L.

1* Kr rot, selten weiß. Hülsen aufrecht 2

2 Hülse mindestens so lg wie der K. Stg 1- od. 2reihig behaart, meist stark dornig, Dornen meist zu 2. Blchen (fast) kahl, eifg-länglich. 0,30–0,60. ♃ 6–7. Halbtrockenrasen, Magerrasen, wechseltrockne Wiesen u. Weiden, mäßig trockne Ruderalstellen; v (Silikatgebirge s) Ba Bw Rh We N-Th S-An S-Ns Küsten von Ns Me Sh, z He S-Th M- u. NW-Sa N-An Br Binnenland von N-Ns Me Sh, s O-Sa (m-temp·(suboz)EUR–WAS – V Mesobrom, V Cirs.-Brach., V Viol. can., V Mol. – ArzneiPfl).
** **Dornige H.** – O. spinósa L.

2* Hülse kürzer als der K. Stg ringsum drüsig-zottig. Bl drüsenhaarig 3

3 Stg liegend, dornenlos od. zerstreut dornig. Dornen einzeln, selten zu zweit. Blchen vorn abgerundet. B meist einzeln, voneinander entfernt. 0,30–0,60. ♃ 6–7. Halbtrockenrasen, wechseltrockne Wiesen u. Weiden, mäßig trockne Ruderalstellen; v Ba

Bw Rh He Th S-An Br Me O-Sh z S- u. O-We Sa N-An Ns W-Sh, im N (A) (m-temp·ozEUR – Sv: Ausläufer – V Mesobrom., V Cirs.-Brach., V Arrh., V Mol.).
** **Kriechende H.** – O. répens L.

3* Stg aufrecht od. aufstrebend, dornenlos. Blchen vorn meist zugespitzt. B zu 2 (bis 3), an den Enden der Äste gehäuft. 0,40–0,60. ♃ 6–7. Kont. Halbtrockenrasen; (N U) Ba S-Br Me, † Th Sa S-An Sh (sm/temp·(k)EUR–WAS – V Cirs.-Brach.). [O. hircína JACQ.]
Bocks-H. – O. arvénsis L.

Schabzigerklee, Bockshornklee – Trigonélla L.
(T – Ib: Bienen – Arznei- u. GewürzPfl)

1 B in lg gestielten, kopfigen Trauben. Kr blau. Hülsen eifg, mit deutlich abgesetztem Schnabel (Abb. **305**/1). 0,30–0,60. ⊙ 6–7. KulturPfl, auch auf Schutt; (N U) s Bw Th An Br (sm·subkEUR). [Melilótus coerúleus DESR.] **Schabzigerklee** – T. caerúlea (L.) SER.

1* B zu 1 od. 2. Kr gelblich. Hülsen linealisch, gerade od. gekrümmt, vorn in einen 2–3 cm lg Schnabel ausgezogen. 0,30–0,60. ⊙ 6–7. KulturPfl, auch auf Schutt; (N U) s, z. B. Bw: Mannheim, Cannstadt, Ulm (m-sm·subkVORDAS–(ZAS)).
Bockshornklee, Griechisches Heu – T. fœ́num-grǽcum L.

Steinklee – Melilótus MILL.
(Ib: Bienen – Adv.)

1 Kr weiß. Fr netzig-runzlig. 0,30–1,20. ⊙ 6–9. Trockne bis mäßig trockne Ruderalstellen (Wegränder, Schutt, Bahnanlagen, Kiesgruben); (A) alle Bdl v, aber Bayr-W Th-W NW-Ns z. KulturPfl (m-temp·subkEUR–WAS – H – V Dauco-Mel., V Arct.).
Weißer St., Bokharaklee – M. álba MED.

1* Kr gelb 2

2 Blchen mit wenigstens 18 Seitennervenpaaren. NebenBl der mittleren StgBl deutlich gezähnt (Abb. **305**/2). Kr blaßgelb. 0,15–0,80. ⊙ ⊙ 7–9. Frische, nährstoffreiche, salzhaltige Böden, Ufer, Wege, Wiesen; z N-Th u. S-An: MDt-Trockengeb NW-Me: Küstengebiet, s O-Rh: Rhein S- u. M-Br O-Ns: Wendland, Wolfenbüttel S- u. O-Sh, † S-He NW-Sa (m-temp·(k)EUR–WAS – H, T – V Agrop.-Rum.).
Salz-St. – M. dentáta (W. et K.) PERS.

2* Blchen mit weniger als 16 Seitennervenpaaren. Kr lebhaft gelb 3

3 B 2–3 mm lg. NebenBl meist deutlich gezähnt. Fr fast kuglig. 0,10–0,50. ⊙ 6–7. Mäßig trockne bis frische Ruderalstellen (Wegränder, Schutt, Umschlagplätze), Trifólium resupinátum-Felder, salzertragend; (N 1853 U) s SW-Ba Bw We Th M- u. NW-Sa An Ns Me (m-sm·subkEUR–WAS – T – V Agrop.-Rum., K Isoëto-Nanojunc.). [M. parviflóra DESF.]
Kleinblütiger St. – M. índica (L.) ALL.

3* B 5–7 mm lg. NebenBl ganzrandig, selten am Grund 1zähnig 4

4 Fahne, Flügel u. Schiffchen gleich lg. FrKn u. Fr behaart. Fr netzig-runzlig. 0,60–1,20. ⊙ 7–9. Waldnahe Staudenfluren, Waldsäume, frische bis wechselfeuchte Ruderalstellen (Wegränder, Gräben), Moorwiesen, salzertragend; z Ba Bw Rh We He Th Ns Me Sh, s An S- u. M-Br, (N) s NW-Sa (sm-temp·(subk)EUR–(WAS) – H – V Convolv., V Onop. – ArzneiPfl). **Hoher St.** – M. altíssima THUILL.

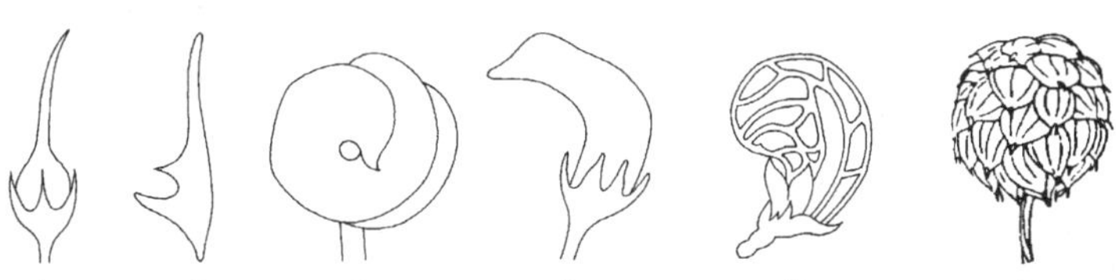

1 2 3 4 5 6

4* Fahne u. Flügel länger als das Schiffchen. FrKn u. Fr kahl. Fr querfaltig. 0,30–1,00. ⊙ 6–9. Trockne bis mäßig trockne Ruderalstellen (Wegränder, Schutt, Bahnanlagen, Steinbrüche), Ufer; (A) alle Bdl v, aber NW-Ns N-Sh Silikatgebirge z (m-b·subkEUR–WAS – H – V Dauco-Mel., V Arct., V Conv.-Agrop. – ArzneiPfl).
Echter St. – M. officinális (L.) LAMK.

Luzerne, Schneckenklee – Medicágo L.
(Ib: Wildbienen – Wv, Ev – FutterPfl – Adv. – Hybr.)

1 Kr blau bis dunkelviolett od. schwärzlichgrün, selten gelb. Hülsen glatt, mit 1–3 lockeren Windungen (Abb. **305**/3). 0,30–0,80. ♃ 6–9. Ruderal beeinflußte Halbtrockenrasen u. trockne Wiesen, Ruderalstellen (Weg- u. Ackerränder), Gebüschsäume; (N) v (Silikatgebirge z) Ba Bw Rh We He N-Th Sa An Br S-Ns Me, z S-Th NO-Ns S-Sh, s NW-Ns N-Sh. KulturPfl (Bastard aus Sichel-L. u. Saat-L., M. satíva L., aus VORDAS – C – V Mesobrom., V Arrh., V Dauco-Mel., V Conv.-Agrop. – FutterPfl).
Bastard-L. –. M. × vária MARTYN
1* Kr rein gelb. Hülsen dornig od. glatt u. dann sichel- od. nierenfg 2
2 Trauben ∞blütig. Hülsen glatt, sichel- od. fast nierenfg 3
2* Trauben mit 1–8 B. Hülsen stark dornig, schneckenfg gerollt, mit 2–6 engen Windungen 4
3 B etwa 1 cm lg. Hülsen sichelfg (Abb. **305**/4). Stg liegend od. aufsteigend. 0,20–0,50. ♃ 6–9. Trocken- u. Halbtrockenrasen, Trockengebüsch- u. TrockenWSäume, kalkhold; v Ba O-Bw Rh Th S-An NO-Br Me, z W-Bw We He Sa: bes. Elbe N-An S- u. W-Br, s N-Ns S- u. O-Sh u. Bergland (m/mo-temp·(k)EURAS – H – K Fest.-Brom., O Agrop., V Ger. sang.). [M. satíva ssp. falcáta (L.) ARCANG.] **Sichel-L.** – M. falcáta L.
3* B etwa 3 mm lg. Hülsen fast nierenfg (Abb. **305**/5). 0,15–0,60. ⊙ ⊙ 5–10. Halbtrockenrasen, trockne Wiesen, Wegränder, nährstoffreiche Äcker, kalkhold; alle Bdl g, aber NW-Ns v, im N (A)? KulturPfl (m/mo-tempEURAS – T, H – V Mesobrom., V Cirs.-Brach., V Arrh., V Caucal., V Fum.-Euph., V Sisymbr. – FutterPfl).
Hopfen-L., Hopfenklee, Gelbklee – M. lupulína L.
4 **(2)** Blchen beiderseits behaart. Hülsen 3–4 mm br, innen ohne Querwände. 0,10–0,30. ⊙ 5–6. Lückige Xerothermrasen, kalkhold; z M- u. N-Ba Bw Rh S-He Th S-An Br: bes. NO Me, s SW-We N-He S- u. M-Sa N-An O-Ns, im N u. W (A), ↘ (stropOAFR+m-temp·(oz)EUR–WAS – T – K Fest.-Brom., V Alysso-Sed., V Koel. glauc.).
Zwerg-Sch. – M. mínima (L.) L.
4* Blchen oberseits kahl. Hülsen 5–10 mm br, innen mit Querwänden 5
5 Pfl kahl od. mit spärlichen einfachen Haaren. Blchen ungefleckt. Trauben meist 7–8blütig. 0,15–0,40. ⊙ 5–6. Trockne Ruderalstellen (Umschlagplätze, Wollabfälle) (N 1820 U) s Rh Th W-Sa S-Br Ns, † S-An (m-sm·(oz)EUR–WAS – T – V Sisymbr.). [M. híspida GAERTN., M. nígra (L.) KROCKER]
Schwarzer Sch. – M. polymórpha L. em. SHINNERS
5* Pfl von Gliederhaaren etwas rauh. Blchen meist purpurn gefleckt. Trauben 1- bis 5blütig. 0,15–0,50. ⊙ 4–6. Mäßig trockne Ruderalstellen (Wegränder, Schutt, Umschlagplätze); (N 1862 U) s SW-Ba S- u. O-Bw Rh We He Sa An Br Ns NW-Me Sh (m-sm·subozEUR–(WAS) – T – O Sisymbr., V Arrh.).
Arabischer Sch. – M. arábica (L.) HUDS.

Klee – Trifólium L.
(Ib: Hummeln – Wv, Ev – FutterPfl)

1 Kr gelb od. braun 2
1* Kr rot, weiß od. gelblichweiß 8
2 Obere Bl fast gegenständig. Alle Blchen sitzend od. fast sitzend. Kr erst gelb, dann kastanienbraun 3
2* Alle Bl wechselständig. Kr gelb, verblüht hellbraun 4

3 BStiele viel kürzer als die KRöhre. NebenBl länglich-lanzettlich. Köpfe zuletzt walzig. 0,10–0,30. ⊙ ♃ 7–8. Kalkarme Moor- u. Bergwiesen, Quellmoore; s SW-, M- u. N-Ba S- u. O-Bw: Schwarzw, Jura NO-Rh S-We He S-Th: Th-W, Schiefergebirge, Rhön, Harz S-Sa SW-An: Harz SO-Ns: Braunlage, † S-Sh, ↘ (sm/salp-b·subozEUR–(WSIB) – T, H – V Mol., V Calth., V Card.-Mont., V Car. fusc.). **Moor-K.** – T. spadíceum L.

3* BStiele so lg wie die KRöhre. NebenBl eifg-lanzettlich. Köpfe zuletzt eifg. 0,10–0,20. ⊙ ♃ 7–8. Subalp. u. alp. Fettweiden, Schneetälchen; z S-Ba: Alpen (sm/salp-temp/salp·subozEUR – H – V Poion alp., V Arab. caer.). **Braun-K.** – T. bádium SCHREBER

4 **(2)** B 2,5–3,5(–4) mm lg. Flügel gerade vorgestreckt. Köpfe meist <20blütig **5**

4* B (3–)4–7 mm lg. Flügel spreizend. Köpfe meist >20blütig **6**

5 Mittleres Blchen länger gestielt als die seitlichen. NebenBl am Grund verbreitert. Köpfe 3–15(–25)blütig. BStiele 1 mm lg, kürzer als die KRöhre. 0,10–0,25. ⊙ 5–9. Lehmige, meist kalkarme Fettwiesen u. -weiden, Wegränder; alle Bdl v bis g (sm-temp·(oz)EUR – T – O Arrh.). [T. mínus SM.] **Kleiner K., Faden-K.** – T. dúbium SIBTH.

5* Alle 3 Blchen fast sitzend. NebenBl am Grund nicht verbreitert. Köpfe 2–6(–15)blütig. BStiele etwa 2 mm lg, so lg wie die KRöhre. 0,05–0,10. ⊙ 5–7. Ufer, Teichränder; s S- u. O-Sh, (U) s Ns (m-stemp·(oz)EUR – T – V Nanocyp., V Agrop.-Rum.). **Armblütiger K.** – T. micránthum VIV.

6 **(4)** B (3–)4–5 mm lg. Köpfe 20–30blütig. Mittleres Blchen länger gestielt als die seitlichen. NebenBl eifg, am Grund verbreitert. 0,15–0,30. ⊙ 6–9. Sand- u. Silikattrockenrasen, trockne Wiesen: g Br Me, übrige Bdl v, nur Bergland u. NW-Ns z (stropOAFR-m-temp·(oz)EUR – T – K Sedo-Scler., V Fest. val., V Mesobrom., V Arrh.). [T. procúmbens L.] **Feld-K.** – T. campéstre SCHREBER

6* B 5–7 mm lg. Mittleres Blchen nicht od. kaum länger gestielt als die seitlichen **7**

7 Alle 3 Blchen mit gleich langem, sehr kurzem Stiel. NebenBl länglich-lanzettlich, am Grund verschmälert. Köpfe 20–40blütig. 0,20–0,40. ① ⊙ 6–7. Lückige, ruderal beeinflußte Magerrasen (Böschungen, Wegränder), Silikattrockenrasen, kalkmeidend; v M- u. N-Ba Rh He S-Th S-Sa, z S-Ba Bw S- u. O-We N-Th N-Sa An Br O-Ns Me, s SW-Ns S-Sh, ↘ (sm/mo-temp·subozEUR–(WSIB) – H, T – O Fest.-Sedet., V Viol. can.). [T. strépens CRANTZ, T. agrárium L.] **Gold-K.** – T. aūreum POLLICH

7* Mittleres Blchen fast sitzend od. bis 2 mm lg gestielt. NebenBl eifg, am Grund verbreitert u. abgerundet. Köpfe 12–25blütig. 0,20–0,50. ⊙ 6–7. Frische Wiesen; (N 1903 U) s Bw, † An (sm-stemp·(oz)EUR – T – O Arrh.). **Spreiz-K.** – T. pátens SCHREBER

8 **(1)** Köpfe 1–3(–5)blütig. Kr rosa. Hülsen 5–10samig, von der verwelkten Kr nicht eingeschlossen. 0,03–0,10. ⊙ 6–7. Sandtrockenrasen, Dünen; (N) NW-Sh: Ording, Nordstrand, † Sylt (sm-temp·ozEUR – T – Ev). [Trigonélla ornithopodoídes (L.) DC.] **Vogelfuß-K.** – T. ornithopodoídes L.

8* Köpfe ∞blütig. Fr 1–2samig, von der verwelkten Kr eingeschlossen **9**

9 B deutlich gestielt **10**

9* B sitzend od. sehr kurz gestielt **14**

10 K so lg wie die Kr od. etwas länger. BKöpfe klein, 7–10 mm br. Kr rosa od. weißlich. 0,05–0,30. ⊙ 5–6. Trockne Rasen, kalkmeidend; (N U) s SW-Ns, † S-An: Halle (sm-stemp·subkEUR – T). [T. parviflórum EHRH.] **Kleinblütiger K.** – T. retúsum L.

10* K $^1/_2$ so lg wie die Kr. BKöpfe 10–20 mm br **11**

11 Stg wollig behaart, aufrecht. Blchen unterseits weichhaarig, ringsum fein stachlig gezähnt. Obere KZähne so lg wie untere. Kr weiß. 0,15–0,40. ♃ 5–7. Halbtrockenrasen, Trockengebüsch- u. TrockenWSäume, wechseltrockne Wiesen; v Ba O-Bw NW-Rh Th S-An, z W-Bw S- u. O-Rh S- u. O-We He Br SO-Ns NW- u. SO-Me, s Sa N-An SW- u. NO-Me (sm/mo-temp·subozEUR–(WSIB) – H – V Mesobrom., V Cirs.-Brach., V Ger. sang., V Mol.). **Berg-K.** – T. montánum L.

11* Stg kahl od. nur oben schwach behaart. Obere KZähne länger als untere **12**

12 K 5nervig. Stg aufsteigend, nicht wurzelnd. NebenBl krautig. Stiele der inneren B 2–3mal so lg wie die KRöhre. Kr weiß, dann rötlich. 0,30–0,50. ♃ 5–9. Frische, nährstoffreiche Fettwiesen, Wegränder; alle Bdl v, aber N-An NW-Ns (N) z. KulturPfl (sm/mo-temp·(suboz)EUR – H – O Arrh., V Agrop.-Rum.). ** **Schweden-K.** – T. hýbridum L.

12* K 10nervig **13**

13 Stg kriechend, wurzelnd. NebenBl trockenhäutig, verwachsen. Stiele der inneren B meist etwas länger als die KRöhre. Kr weiß od. hellrosa. B nach dem Verblühen hängend. 0,15–0,45. ♃ 5–9. Frische, nährstoffreiche Fettweiden, Parkrasen, Wiesen, Wegränder, Äcker; alle Bdl g (austr-trop/mo-bCIRCPOL – H – Sv: Kriechtriebe – O Arrh., O Plant.). ** **Weiß-K.** – T. répens L.

13* Stg liegend, nicht wurzelnd. NebenBl zarthäutig. BStiele meist kürzer als die KRöhre. Kr weiß, bald lebhaft rosa. B nach dem Verblühen aufrecht. 0,04–0,10. ♃ 7–8. Alp., frische nährstoffreiche Fettweiden, Schneeböden; z S-Ba: Alpen (sm/salp-temp/salp·oz EUR – H – V Poion alp., V Salic. herb., V Car. ferr.). **Rasiger K.** – T. thálii VILL.

14 **(9)** K ungleich 2lippig, Oberlippe nach dem Verblühen blasig aufgetrieben, häutig, netznervig. Köpfe zur FrReife erdbeerähnlich (Abb. **305**/6) **15**

14* K nicht blasig aufgetrieben **16**

15 B umgewendet, Fahne nach unten u. Schiffchen nach oben gerichtet. Stg liegend od. meist aufsteigend, nicht wurzelnd. 0,10–0,30. ☉ 4–6. KulturPfl, auch an frischen bis wechselfrischen Ruderalstellen (Trittstellen, Schutt), salzertragend; (N 19. Jh U) alle Bdl z (m-sm·(oz)EUR – T – V Agrop.-Rum., V Nanocyp.).
Persischer K., Wende-K., Schabdar – T. resupinátum L.

15* B mit nach oben gerichteter Fahne. Stg kriechend, wurzelnd. 0,07–0,20. ♃ 6–9. Feuchte, nährstoffreiche, kalk- u. oft salzhaltige Böden, beweidete Salzwiesen, Trittrasen, Wege; g Küsten von Ns Me Sh, z Ba Bw Rh W- u. N-We S- u. O-He M- u. N-Th An Br S- u. O-Ns Me SO-Sh, s NW-Sa u. Bergland, im Binnenland ↘ (m-temp·(subk)EUR–WAS – H – Sv: Kriechtriebe – V Armer. marit., V Agrop.-Rum.). (**) **Erdbeer-K.** – T. fragíferum L.

16 **(14)** K etwa so lg wie od. länger als die Kr. KRöhre stets behaart. Köpfe etwa 1 cm br **17**

16* K deutlich kürzer als die Kr. KRöhre behaart od. kahl. Köpfe >1,5 cm br **19**

17 Köpfe gestielt, endständig an Stg u. Ästen, sehr zottig. K länger als die weißliche, später rötliche Kr. 0,08–0,30. ☉ 6–9. Bodensaure Sandtrockenrasen u. Felsfluren, sandige Äcker, kalkmeidend; g Br Me Sh, v M- u. N-Ba Rh We He Th Sa An Ns, z S-Ba: obere Hochebene Bw (m/mo-b·(oz)EUR–WSIB – T – K Sedo-Scler., O Aper.).
(**) **Hasen-K.** – T. arvénse L.

17* Köpfe sitzend in den BlAchseln **18**

18 Seitennerven der Blchen gerade, gegen den BlRand kaum verdickt. KZähne zur FrZeit gerade, krautig. Kr rosa, dunkler geadert. 0,08–0,30. ① ☉ 6–7. Bodensaure Sandtrockenrasen, sandige Wegränder u. Äcker, kalkmeidend; z Rh, (N) z He S-An Me O-Sh, s NW-Ba W- u. S-We Th N- u. SW-Sa N-An Br NO-Ns W-Sh, † W-Bw (m-temp·(oz)EUR – H, T – O Fest.-Sedet., O Aper.). **Streifen-K.** – T. striátum L.

18* Seitennerven der Blchen zurückgebogen, gegen den BlRand deutlich verdickt. KZähne zur FrZeit zurückgebogen, starr. Kr weißlich. 0,08–0,15. ☉ 5–7. Kalkfelsfluren u. lückige Kalktrockenrasen; (N U) s SW-Bw: Oberrhein: Grißheim, Neuenburg, Bad Bellingen (m-temp·(oz)EUR – T – V Alysso-Sed.). **Rauher K.** – T. scábrum L.

19 Kr gelblichweiß **20**

19* Kr rot, selten weiß **21**

20 Köpfe sitzend od. kurz gestielt, am Grund mit 1 Paar gegenständiger, sitzender Bl. Kr 15–20 mm lg. Unterster KZahn 2–3mal länger als die anderen. 0,20–0,40. ♃ 6–7. Mager- u. Halbtrockenrasen, Säume; z M- u. NW-Ba O-Bw, s W-Bw Rh S-He S-Th, † We Sa: jetzt nur (N) im NO W-An N-Br, ↘ (m/mo-temp·subozEUR – H – O Orig.).
Blaßgelber K. – T. ochroleūcon HUDS.

20* Köpfe 2–3 cm lg gestielt, Kr 8–10 mm lg. Unterster KZahn kaum länger als die anderen. 0,40–0,70. ☉ 6–9. FutterPfl, auch (N U) z, z. B. Ba Bw Rh We He NW- u. SO-Sa Ns Me (m-sm·(subk)VORDAS – T). **Alexandriner-K.** – T. alexandrínum L.

21 **(19)** KRöhre außen behaart **22**
21* KRöhre außen kahl, aber KZähne gewimpert **24**
22 Köpfe einzeln, lg gestielt, eifg, später länglich-walzig, am Grund ohne Hülle. Kr blutrot. Pfl zottig. 0,20–0,40. ⊙ 6–8. FeldfutterPfl, auch (N 19. Jh U) alle Bdl s (m/mo-temp·ozEUR – T). **Inkarnat-K.** – T. incarnátum L.
22* Köpfe meist zu 2, mit 2 HüllBl. Kr purpurrot. Stg angedrückt behaart **23**
23 KRöhre 10nervig. Blchen eifg od. elliptisch. NebenBl kahl od. behaart, eifg, plötzlich in eine lg, pinselartig behaarte Spitze verschmälert. 0,15–0,40. ♃ 6–9. Frische, nährstoffreiche Wiesen u. Weiden, Halbtrockenrasen, Wegraine; alle Bdl g. KulturPfl ⊙ ⊙ (m/mo-b·(oz)EUR–WAS – H – K Mol.-Arrh., V Trif. med., V Mesobrom., V Cirs.-Brach.). ** **Rot-K., Wiesen-K.** – T. praténse L.
23* KRöhre 20nervig. Blchen länglich-lanzettlich. Freies Ende der lg behaarten NebenBl schmal lanzettlich, allmählich verschmälert. 0,15–0,30. ♃ 6–8. Säume, wärmeliebende Gebüsche, TrockenW, Halbtrockenrasen, basenhold; v M- u. N-Ba Rh, z S-Ba Bw He Th N- u. O-Sa S- u. M-An Br Me, s NO-Ns SO-Sh, † We (sm/mo-temp·subozEUR – H – O Orig., O Querc. pub., V Cirs.-Brach.). **Wald-K., Voralpen-K., Hügel-K.** – T. alpéstre L.
24 **(21)** KRöhre 10nervig. Köpfe meist einzeln, kuglig, ohne TragBl. NebenBl gewimpert, ihr freier Teil lanzettlich. Blchen länglich-elliptisch. Ältere Stg knickig hin- u. hergebogen. 0,15–0,45. ♃ 6–8. Säume, Halbtrockenrasen, wärmeliebende Gebüsche, TrockenW, anspruchsvoll; g Ba, v Bw Rh S- u. O-We He Th Sa S-An S- u. O-Br S-Ns Me O-Sh, z NW-We N-An NW-Br N-Ns W-Sh (sm/mo-b·subozEUR–WSIB – H – V Trif. med., O Querc. pub.). **Zickzack-K., Mittel-K.** – T. médium L.
24* KRöhre 20nervig. Köpfe meist zu 2, länglich-walzlich, am Grund mit TragBl. NebenBl groß, kahl, den BlStiel meist überragend. Blchen länglich-lanzettlich, ringsum fein gesägt. Stg aufrecht. 0,30–0,60. ♃ 6–7. Säume, wärmeliebende Gebüsche, TrockenW, kalkhold; z Ba Bw Rh Th SW-An, s O-We He, † Sa Br Ns Me (sm-temp·subozEUR – H – V Ger. sang. O Querc. pub.). **Langähriger K., Fuchsschwanz-K.** – T. rúbens L.

Wundklee – Anthýllis L.

GrundBl oft ungeteilt, untere StgBl mit vergrößertem EndBlchen. Kr gelb, weißlich od. rötlich. 0,15–0,30. ♃ 5–8. Trocken- u. Halbtrockenrasen, trockne Wiesen, Weißdünen, trockne KiefernW, subalp. bis alp. Matten, kalkhold; v Ba Bw Rh S- u. O-We He Th S-An SO-Ns Me Sh, z Sa N-An Br NO-Ns, s NW-We NW-Ns: Inseln u. (N). KulturPfl (m-b·(oz)EUR – H – Ib: Hummeln – Wv – K Fest.-Brom., V Arrh., V Eric.-Pin., O Sesl., O Thlasp. rot., V Koel. albesc.). ** **Gewöhnlicher W.** – A. vulnerária L.

Backenklee – Dorýcnium MILL.

1 B 10–20 mm lg. Köpfe kurz gestielt, 4–10blütig. Kr rosa od. weiß mit purpurner Schiffchenspitze, Flügel an der Spitze nicht verwachsen. K 8–12 mm lg. Hülsen länglich, 6–12 mm lg u. 2–4 mm br, längsrunzlig, 2–6samig. Stg u. Bl dicht abstehend behaart. 0,20–0,50. ♄ 5–7. Trockenrasen, lichte Kiefernforste, kalkstet; (N 1929) s M-Th: Kleinbreitenbach (m-sm·subozEUR – H – V Mesobrom.). [Bonjeánia hirsúta (L.) RCHB.] **Behaarter B.** – D. hirsútum (L.) SER.
1* B 3–7 mm lg. Köpfe lg gestielt, 6–25blütig. Kr weiß mit purpurner Schiffchenspitze, Flügel an der Spitze verwachsen. K 1,5–4 mm lg. Hülsen 1samig **2**
2 Köpfe 6–14blütig. BStiele kürzer als die KRöhre. B 5–7 mm lg. Hülsen eifg, 3,5–4,5 mm lg u. 2–4 mm br, fast doppelt so lg wie der K, glatt. Blchen 2–4 mm br, anliegend seidig behaart bis verkahlend. 0,15–0,30. ♄ 7. Kalkfels- u. Schotterfluren, trockne KiefernW, kalkstet; s S- u. M-Ba: Wettersteingebirge, Isar (sm/mo-temp·subozEUR – H – V Xerobrom, V Eric.-Pin.). [D. seríceum (NEILR.) BORBAS] **Seidiger B.** – D. germánicum (GREMLI) RIKLI
2* Köpfe 12–25blütig. BStiele so lg wie die KRöhre od. länger. B 3–5 mm lg. Hülsen länglich-eifg, 3–4 mm lg u. 1,5 mm br, längsrunzlig. Blchen (2–)4–6 mm br, abstehend

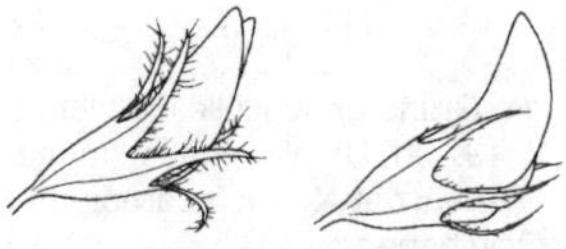
1 2

behaart bis verkahlend. 0,15–0,60. ♄ 6–7. Halbtrockenrasen, Trockengebüschsäume; s S-He: Bischofsheim N-Th: Hachelbich, ob noch? NO-Br: Angermünde, (N) s S-An: Blankenburg, Carsdorf, ob noch? (m/mo-sm·subozEUR – H – V Cirs.-Brach., V Ger. sang.). **Krautiger B.** – D. herbáceum VILL.

Hornklee – Lótus L.

1 Pfl mit Ausläufern. Stg weitröhrig. Blchen mit deutlichen Seitennerven. Dolden (1–)5–12blütig. K an den BKnospen sternfg, seine Zähne nach außen gekrümmt, meist lg gewimpert (Abb. **310**/1), zwischen den 2 oberen eine spitze Bucht. Schiffchen unterseits mit stumpfwinkligem Knie. 0,20–0,50. ♃ 6–7. Nasse, nährstoffreiche Wiesen u. Weiden, Gräben, Ufer, Quellen; g We He Ns Sh, v Ba Bw Rh S-Th Sa N-An Br Me, z N-Th S-An, s MDt-Trockengeb u. Alpen (m/mo-temp·ozEUR – H – K Mol.-Arrh.). [L.uliginósus SCHKUHR] **Sumpf-H.** – L. pedunculátus CAV.

1* Ausläufer fehlend. Stg markig od. engröhrig. Blchen mit kaum sichtbaren Seitennerven. Dolden 1–6(–8)blütig. KZähne an den Knospen etwas einwärtsgekrümmt (Abb. **310**/2), zwischen den 2 oberen eine stumpfe Bucht. Schiffchen unterseits mit rechtwinkligem Knie **2**

2 Blchen der mittleren StgBl linealisch bis schmal-lanzettlich, zugespitzt, das untere Paar lanzettlich. Stg stets kahl. Dolden 1–4(–6)blütig, auf dünnen Stielen. Kr 7–12 mm lg. KZähne fast pfriemlich. B duftend. 0,20–0,60. ♃ 6–8. Feuchte Salzwiesen; v NW-Ns u. Me: Küste, z S-An, s NW-Ba S-Rh We He Th NW-Sa N-An S- u. M-Br O-Ns N-Me: Binnenland Sh: Fehmarn, Amrum, Ording, (N) s Bw (m-temp·(oz)EUR–(WAS) – H – V Armer. marit.). [L. tenuifólius (L.) RCHB., L. gláber MILL.]
Schmalblatt-H., Salz-H. – L. ténuis W. et K. ex WILLD.

2* Blchen der mittleren StgBl br lanzettlich bis rundlich, stumpf od. mit aufgesetztem Spitzchen. KZähne 3eckig. B geruchlos **3**

3 Blchen verkehrteifg bis rundlich, die der unteren StgBl oft vorn ausgebuchtet. Dolden 1–3(–5)blütig. B 14–18 mm lg. Schiffchenspitze rotbraun. 0,02–0,10. ♃ 6–8. Alp. Matten u. Steinrasen; aus S-Ba: Alpen wohl irrtümlich angegeben (sm/alp-temp/alp·suboz EUR – H – O Sesl.). **Alpen-H.** – L. alpínus (DC.) SCHLEICHER ex RAMOND

3* Blchen verkehrteifg bis eilanzettlich, vorn stumpf od. mit einem Spitzchen. Dolden 3–8blütig. B 6–16 mm lg. Schiffchenspitze gelb, weißlich, rötlich od. rot. 0,05–0,40. ♃ 6–8. Frische Wiesen u. Weiden, Halbtrocken- (u. Trocken)rasen, Trockengebüschsäume, basenhold; alle Bdl g (trop/salpOAFR-m-b·(oz)EURAS – H – O Arrh., V Mesobrom., V Cirs.-Brach., V Mol., V Trif. med.). **Gewöhnlicher H.** – L. corniculátus L.

Spargelerbse – Tetragonólobus SCOP.
(Ib: Hummeln – Sv)

1 Stg meist liegend. Kr hellgelb. FrFlügel glatt. 0,10–0,30. ♃ 5–6. Kalkreiche Moorwiesen, Kalkflachmoore, Kalkmagerrasen, Salzwiesen; z S- u. M-Ba S- u. W-Bw O-Rh Th S-An, s NW-Ba W- u. N-Rh SW-We S- u. M-He NW-Sa N-An Br SO-Ns NO-Me: Ostrügen (m/demo-temp·subozEUR – H – V Mol., V Car. davall., V Armer. marit.). [T. siliquósus (L.) ROTH, Lótus siliquósus L.] **Gelbe S.** – T. marítimus (L.) ROTH

1* Stg meist aufrecht. B zu 2, dunkelrot. FrFlügel wellig. 0,10–0,20. ⊙ 7–8. ZierPfl (m-sm·ozEUR – T – früher GemüsePfl). **Echte S.**.– T. purpúreus MOENCH

Geißraute – Gálega L.

Stg aufrecht. Blchen 9–17, lanzettlich. Kr bläulichweiß. 0,60–1,20. ♃ 6–8. Zier- u. Heil-Pfl, auch (wechsel)feuchte, lehmige Ruderalstandorte; (N 19. Jh. U) z Ba Bw Rh, s We He Th Sa An SW-Ns Br Me, ↗ (m-stemp·subkEUR – H – Ib: Bienen – V Convolv., V Agrop.-Rum.). **Echte G.** – G. officinális L.

Blauregen – Wistéria NUTT.

Trauben hängend. Blchen 7–13, eifg-lanzettlich. Kr hellviolett. Bis 20,00. ♄ 4–6. Zierliane (m-sm·ozOAS – F, windend – Ib). **Blauregen** – W. sinénsis (SIMS) SWEET

Robinie – Robínia L.

B in hängenden Trauben, weiß. Blchen 9–17, eifg. NebenBl zu Dornen umgeformt. 15,00–25,00. ♄ 5–6. Zier- u. Forstbaum, mäßig anspruchsvoll; auch (N 1824) alle Bdl außer Sh v, Mittelgebirge s, f Alpen, ↗ (m-sm·subozOAM – M – Ib – Vv, Wv, Sv: Wurzelsprosse – Humusverbesserer). **Robinie, Falsche Akazie** – R. pseudoacácia L.

Blasenstrauch – Colútea L.

Blchen meist zu 11, verkehrtseifg, vorn ausgerandet. B zu 3–6. Hülsen stark aufgeblasen (Abb. **302**/4). 2,50–5,00. ♄ 6–8. TrockenW u. -gebüsche; SW-Bw: Kaiserstuhl, (N) z O-Rh Th S-An SO- u. M-Br, (U) z Sa, s Ba We S-He Ns Me. Zierstrauch (m-sm·(oz)EUR – F – Ib – Sv – O Querc. pub., V Berb.). **Gewöhnlicher B.** – C. arboréscens L.

Bastardindigo – Amórpha L.

Blchen zu 11–25, eifg bis elliptisch, kurz behaart bis kahl. B in aufrechten, 7–15 cm lg Trauben. Von den KrBl nur die Fahne vorhanden, Flügel u. Schiffchen fehlen (im Gebiet nur bei dieser Gattung so!). Fr kurz, 6–9 mm lg, oft gebogen, 1(–2)samig. 1,00–4,00. ♄ 6–9. LaubW des östl. N-Amerika. Zierstrauch u. angepflanzt als Pioniergehölz; auch verwildert in Tagebauen (N 18. Jh.) z Sa S-An, s Th M-Br W- u. N-Me, ↗ (m-temp·(subk)OAM – F – Ib). **Gewöhnlicher B.** – A. fruticósa L.

Erbsenstrauch – Caragána FABR.

B goldgelb, zu 1–3. Blchen 4–6paarig, elliptisch, stachelspitzig. 2,00–6,00. ♄ 5. Zierstrauch, auch (N) s, z. B. An Br: Berlin (sm-temp·subkAS – F – Ib – Sv). **Gewöhnlicher E.** – C. arboréscens LAMK.

Tragant – Astrágalus L.
(Ib: Hummeln, Falter – Wv, Ev, Vv: Huftiere)

1 Kr gelb od. gelblich **2**

1* Kr violett, fleischfarben od. weißlich, zuweilen gelblichweiß mit violetter Schiffchenspitze **6**

2 Bl u. BStände grundständig. Pfl (fast) stengellos, lg zottig. BalgFr eifg. 0,03–0,08. ♃ 5. Kont. Trockenrasen, kalkhold; s N-Th S- u. M-An, ↘ (m/mo-temp·subkEUR – H – V Fest. val.). **Stengelloser T.** – A. exscápus L.

2* Oberirdische Stg vorhanden. Hülsen **3**

3 Hülsen 2fächrig, aufrecht. B aufrecht od. abstehend. Stg liegend od. nur vorn aufsteigend **4**

3* Hülsen 1fächrig u. wie die B nickend **5**

4 Stg fast kahl. Blchen zu 11 od. 13, eifg, kahl. Hülsen kahl, linealisch, etwas gebogen, zuletzt nach oben zusammenneigend. 0,50–1,50. ♃ 6–7. Säume, Waldwege, buschige Hänge; v Ba Bw Rh S- u. O-We He Th N-Sa An Br S-Ns Me O-Sh, z S-Sa NO-Ns, s NW-We NW-Ns W-Sh (sm/mo-temp·subozEUR+WSIB – H – O Orig.). **Bärenschote** – A. glycyphýllos L.

4* Stg u. Bl angedrückt behaart. Blchen zu 17–25, länglich-lanzettlich. Hülsen rundlich, aufgeblasen, rauhhaarig. 0,30–0,60. ♃ 6–8. Säume, wärmeliebende Gebüsche, TrockenW, kalkhold: z M- u. N-Ba, M- u. O-Bw Th S- u. M-An M- u. O-Br SO-Me, s SW-Ba: obere Hochebene Rh SW-We He M-Sa: Elbe SO-Ns N-Me, ↘ (sm-temp·(suboz)EUR – H – V Ger. sang., V Eric.-Pin.). **Kicher-T.** – A. cícer L.

5 **(3)** Bl fast kahl, bläulichgrün. NebenBl 5–10 mm br. Stg meist kahl, einfach. Hülse <1 cm br. 0,10–0,35. ♃ 7–8. Frische, kalkhaltige, alp. Matten; z SW-Ba: Allgäu, s SO-Ba: Rotwand, Berchtesgaden (m/alp-arct·(k)EURAS – G – Sv: Ausläufer – O Sesl., V Elyn.). **Gletscher-T., Gratlinse** – A. frígidus (L.) A. GRAY

5* Bl weichhaarig, frischgrün. NebenBl 3 mm br. Stg behaart, ästig. Hülse aufgeblasen, meist >1 cm br. 0,30–0,50. ♃ 7–8. Alp. Steinrasen, sonnige Matten, lichte KiefernW; s SW-Ba: Allgäu (m/alp-b·(k)EURAS – H – O Sesl., V Eric.-Pin.). **Blasen-T.** – A. penduliflórus LAMK.

6 **(1)** Flügel vorn ausgerandet od. gespalten. Kr gelblichweiß, Schiffchenspitze violett. 0,10–0,20. ♃ 5–6. Sonnige, kalkhaltige, alp. Matten; s SW-Ba: Allgäu, s SO-Ba: Rotwand (sm/alp-arct·(k)EURAS – H – V Elyn., V Sesl.). [A. helvéticus (F. X. HARTMANN) O. SCHWARZ] **Südlicher-T.** – A. austrális (L.) LAMK.

6* Flügel nicht od. kaum ausgerandet **7**

7 Fahne u. Schiffchenspitze violett, Flügel weiß. Schiffchen so lg wie die Fahne. Hülsen hängend, zottig behaart. 0,05–0,20. ♃ 6–8. Alp. Matten, windexponierte Grate; z SW-Ba: Allgäu, s S-Ba: Karwendel, Benediktenwand, Rotwand (m/alp-arct·(k)CIRCPOL – H – V Elyn., V Sesl.). **Alpen-T.** – A. alpínus L.

7* Kr einfarbig. Schiffchen kürzer als die Fahne. Hülsen aufrecht **8**

8 Blchen zu 7 od. 9. Trauben locker 4–8blütig. Kr hellpurpurn, selten weiß. Hülsen linealisch-länglich, grau behaart. 0,10–0,30. ♃ 6–7. Kont. reichere Sandtrockenrasen, lichte Sand-KiefernW; z M- u. O-Br, s NO-Sa SO-Me, (N) s M-Ba: Mittelfranken (temp·subk EUR – H – V Koel. glauc., V Cytis.-Pin. – ▽). **Sand-T.** – A. arenárius L.

8* Blchen zu 17–25. Trauben 10–∞blütig, kopfig-eifg. Hülsen weißhaarig **9**

9 Fahne fast linealisch, um 6–8 mm länger als die Flügel. Kr hellviolett. Hülsen elliptisch, wenig aufgeblasen. 0,10–0,30. ♃ 6–7. Kont. Felsfluren u. Trockenrasen; (N?) † M- u. NW-Ba (sm-temp·subkEUR–WSIB – H – V Fest. val.?). **Fahnen-T., Esparsetten-T.** – A. onóbrychis L.

9* Fahne eifg, höchstens 3 mm länger als die Flügel. Kr violett. Hülsen rundlich-eifg, aufgeblasen. 0,08–0,25. ♃ 5–6. Kont. Halbtrocken- (u. Trocken)rasen, kalkhold; z M- u. N-Th S-An, s NW-Ba: Schweinfurt, Windsheim O-Br SO-Ns: Wolfenbüttel, Helmstedt Me, † W-Bw SO-Rh He, (U) † Sa (sm/mo-b·(k)CIRCPOL – H – V Cirs.-Brach.). [A. hypoglóttis aut.] **Dänischer T., Triften-T.** – A. dánicus RETZ.

Spitzkiel, Fahnenwicke – Oxýtropis DC.
(H – Ib: Hummeln, Falter – Wv, Vv: Huftiere)

1 Kr violett. Pfl locker seidig behaart od. kahl. BalgFr stark aufgeblasen. 0,04–0,10. ♃ 7–8. Sonnige, kalkreiche, alp. Steinrasen, Felsen, Schotteralluvionen; z S-Ba: Alpen (sm/alp-temp/alp·subozEUR – V Sesl., V Elyn.). [O. montána (L.) DC.] **Berg-S.** – O. jacquínii BUNGE

1* Kr hellgelb. Pfl zottig. BalgFr linealisch, schwach aufgeblasen. 0,15–0,30. ♃ 6–7. Kont. Felsfluren u. Trockenrasen, kalkhold; s N-Ba: Alsleben M-Bw: Tübingen SO-Rh: Pfalz Th S-An: Saale, Unstrut NO-Br, ↘ (sm-temp·(k)EUR–WAS – V Sesl.-Fest., V Fest. val., V Xerobrom. – ▽). **Steppen-S., Zottige F.** – O. pilósa (L.) DC.

Vogelfuß, Serradella – Orníthopus L.
(T, H – Ib: Bienen – Ev)

1 B 3–4 mm lg, weißlich, mit gelblichem Schiffchen u. rotgestreifter Fahne, etwa so lg wie das gefiederte HochBl. Fr gebogen. 0,05–0,30. ⊙ ① 5–6. Arme Sandtrockenrasen, stark saure, sandige Äcker, Brachen, kalkmeidend; v S-Rh W- u. N-We N-Sa N-An Br W-Me N-Ns Sh, z M-Ba N- u. W-Bw S-He S-Th M-An O-Me, s N-Ba N-Rh SO-We N-He N-Th SO-Ns (m-temp·ozEUR – V Thero-Air., V Coryneph., V Arnos., V Pan.-Set.). **Vogelfuß** – O. perpusíllus L.

1* B 4–8 mm lg, rosa, länger als das gefiederte HochBl. Fr fast gerade. 0,30–0,60. ⊙ 6–8. KulturPfl, auch sandige Ruderalstellen, Sandtrockenrasen; (N U) s Ba Bw Rh We An Br Ns Me Sh (m-temp·ozEUR – V Coryneph., V Thero-Air. – FutterPfl). **Serradella** – O. satívus BROT.

Kronwicke – Coronílla L.
(Ib: Bienen – Wv)

1 Kr weiß, mit rötlicher Fahne u. violetter Schiffchenspitze. Dolde 15–20blütig. Blchen 6–12paarig. 0,30–0,60. ♃ 6–8. Gebüsch- u. Trockenwaldsäume, ruderal beeinflußte Trocken- u. Halbtrockenrasen, Böschungen, kalkhold; v Ba N-Bw S-He Th S- u. M-An M-Sa O-Br, z S-Bw Rh We W- u. O-Sa W-Br, (N) s N-An Ns Me S- u. O-Sh (m/mo-temp·(suboz)EUR – H – O Orig., O Agrop., O Onop., K Fest.-Brom. – giftig!). [Securígera vária (L.) LASSEN] **Bunte K.** – C. vária L.

1* Kr gelb **2**

2 Strauch. Blchen 2–4paarig. Dolden meist 2blütig. Fr fast stielrund. 1,00–2,00, ♄ 5–7. Gebüsche, wärmeliebende Wälder, kalkhold; z SW-Ba: Alpenrand vom Walchensee bis Füssen S-Bw: Bodensee, Klettgau, Rhein bis Kaiserstuhl, s N-Ba: Jura, (N) s M-Bw SO-Rh He NO-Ns (m/mo-temp·subozEUR – F – V Berb., V Cephal.-Fag., O Querc. pub., V Eric.-Pin.). [Hippocrépis émerus (L.) LASSEN] **(**) Strauch-K.** – C. émerus L.

2* Stauden od. Halbsträucher. Blchen 3–6(–8)paarig. Dolden 4–∞blütig. Hülsenglieder 4kantig od. schmal 4flüglig **13**

3 Dolden 4–10blütig. Hülsenglieder schmal 4flüglig. Unterstes Blchenpaar vom BlGrund entfernt. NebenBl in eine 2spitzige, blattgegenständige Scheide verwachsen. 0,05–0,10. ♄ 5–7. Kalkfelsfluren, -trocken- u. -halbtrockenrasen, trockne KiefernW, kalkstet; z S-Ba: Alpen, Hochebene im Lech- u. Isargebiet SO-Bw: Jura Th: um Meiningen, Jena, Arnstadt, Eichsfeld, s N-Ba: Jura NW-Rh u. SW-We: Eifel NO-He S-An: Freyburg, Carsdorf (sm/mo-stemp/demo·subozEUR – C – O Brom., V Eric.-Pin.). **Scheiden-K.** – C. vaginális LAMK.

3* Dolden 12–20blütig. Hülsenglieder 4kantig. Unterstes Blchenpaar am Grund des BlStiels. NebenBl fädlich, untere verwachsen, obere getrennt. 0,30–0,50. ♃ 5–7. TrockenW, -gebüsche u. ihre Säume, kalkstet; z M-Ba: Jura S. u. O-Bw: Jura, Hegau, Tübingen, Tauberland, Niedereggenen Th, s NW-Ba NO-We: Höxter N-He SW-An: Saale, Unstrut, Nordharzvorland (m/mo-stemp·subozEUR – C – V Ger. sang., V Querc. pub., V Eric.-Pin.). [C. montána JACQ.] **Berg-K.** – C. coronáta L.

Hufeisenklee – Hippocrépis L.

Dolden 4–8blütig. Kr gelb. Bl lg gestielt. Blchen zu 11–15. Stg liegend. 0,08–0,25. ♃ 5–7. Submed. (u. kont.) Kalktrocken- und -halbtrockenrasen, koll. bis subalp. Kalkfelsfluren, trockne KiefernW, kalkhold; v außer Silikatgebirge Ba Bw S-Th, z Rh S- u. O-We He N-Th S-An SO-Ns, (U) s Me (m/mo-temp·ozEUR – H – Ib – Wv, Ev – O Brom., V Fest. val., O Sesl., V Eric.-Pin.). **Hufeisenklee** – H. comósa L.

Süßklee – Hedýsarum L.

B nickend. Kr purpurn, 2 cm lg. Blchen mit durchscheinenden Punkten. Pfl kahl. 0,10–0,40. ♃ 7–8. Sonnige, nährstoff- u. meist kalkreiche alp. Matten u. Steinrasen; z S-Ba: Alpen (m/alp-arct·(k)CIRCPOL – G – Ib: Hummeln, Falter – Wv – O Sesl.). [H. obscúrum L.] **(**) Alpen-S.** – H. hedysaroídes (L.) SCH. et THELL.

Esparsette – Onóbrychis MILL.
(H – Ib: Bienen – Ev – kalkliebend)

1 Bl mit 3–7(–8) Fiederpaaren. Blchen 5–20 mm lg u. (2–)3–5 mm br. Trauben vor dem Aufblühen eilänglich. KZähne 1,5–3mal so lg wie die KRöhre. Fahne (1–)2 mm kürzer als das Schiffchen, 10–12 mm lg. Flügel 4–6 mm lg. Fr 6–8 mm lg, am Kamm mit schlanken, bis 2 mm lg Stacheln. Stg liegend bis aufsteigend. 0,05–0,15. ♃ 7–8. Subalp. u. alp. sonnige Steinrasen, Kalkmagerrasen; s SW-Ba: Allgäu: Höfats Bw: Zollern-, Heuberg-, Baar- u. Hegaualb (m/alp-temp/salp·subkEUR – O Sesl., V Mesobrom.).
Berg-E. – O. montána DC.

1* Bl mit 5–14 Fiederpaaren. Blchen 10–35 mm lg. Fahne etwa so lg wie das Schiffchen. Flügel 2–3(–4,5) mm lg, kürzer als der K **2**

2 Stg meist liegend bis aufsteigend. Blchen 1,5–4(–8) mm br, lineal-lanzettlich. Trauben vor dem Aufblühen schmal spindelfg, zur BZeit 1–1,5 cm br. BStiele 2 mm lg. TragBl 3 mm lg, viel kürzer als der K. K 4–5(–7) mm lg, seine Zähne 1,5–2,5mal so lg wie die KRöhre. Kr 8–10(–11) mm lg. Fr 4–6 mm lg, am Kamm mit 4–5(–6) schlanken, ½–2 mm lg Stacheln. 0,10–0,30. ♃ 6–7. Kont. Halbtrockenrasen, trockne KiefernW, kalkstet; z NW-Ba M- u. N-Th SW-An, s SO-Rh S-He? (sm-temp·(k)EUR–SIB – V Fest. val.).
(**) **Sand-E.** – O. arenária (KIT.) DC.

2* Stg aufrecht. Blchen 4–9 mm br, eilänglich, selten linealisch. Trauben vor dem Aufblühen eilänglich, zur BZeit 1,5–2 mm br. BStiele 1 mm lg. TragBl 3,5–4 mm lg, wenig kürzer als der K. K 5,5–8 mm lg, seine Zähne 2–4mal so lg wie die KRöhre. Kr (8–)10–14 mm lg. Fr (5–)6–8 mm lg, am Kamm mit 6–8 dicken, bis 1 mm lg Stacheln. 0,30–0,60. ♃ 5–7. KulturPfl, auch in Halbtrockenrasen u. trocknen Wiesen, kalkstet; (A) v (Silikatgebirge z) Ba Bw Rh Th S-An S-Ns, z We He Sa Br SO- u. N-Me, s NO-Ns (m-sm·subkEUR – V Mesobrom., V Cirs.-Brach., V Arrh. – FutterPfl). [O. satíva LAMK.]
Saat-E. – O. viciifólia SCOP.

Wicke – Vícia L.
(Ib: Bienen, Falter – Sv – FutterPfl)

1 BStände kurz gestielt. 1–6blütig (Abb. **314**/1) **2**
1* BStände lg gestielt, (1–)2–∞blütig (Abb. **314**/2) **10**
2 Bl mit geteilter Ranke, (2–)3–8paarig gefiedert **3**
2* Bl mit endständigem, krautigem Spitzchen od. mit einfacher Ranke, 1–3paarig gefiedert **9**
3 Fahne zottig. Kr weißlichgelb, seltener purpurn. Pfl weichhaarig bis zottig. Hülse anliegend behaart. 0,30–0,60. ① 5–7. Nährstoffreiche Äcker (bes. Dauerkulturen), mäßig trockne Ruderalstellen (Wegränder); (N 1875) s Th Sa S- u. M-An SO-Rh, (U) s Ba Bw

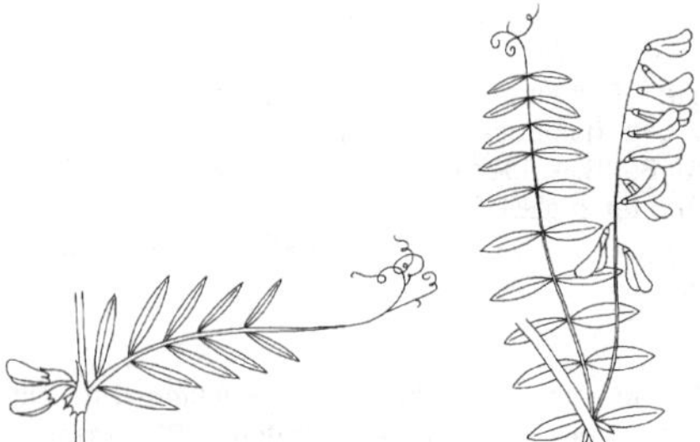

1 2

We He M- u. O-Br S-Ns Me S-Sh (m-sm·subkEUR–WAS – T – K Secal. – alte Kultur-Pfl). **** Pannonische W.** – V. pannónica CRANTZ

3* Fahne kahl **4**

4 Kr hellgelb, zuweilen violett, grün od. bräunlich überlaufen **5**

4* Kr rot, purpurn od. violett **6**

5 KZähne ungleich, die oberen kürzer. Hülsen mit lg, auf Knötchen stehenden Haaren. B 2–2,5 cm lg. 0,30–0,60. ⊙ ① 6–7. Nährstoffreiche Äcker, mäßig trockne Ruderalstellen (Wegränder, Schutt, Bahnanlagen), (N? 1719) s Rh, (U) s M- u. N-Ba Bw We He Th NW-Sa An Br Ns Me (m-temp·(oz)EUR – T – K Secal., V Sisymbr.). **Gelbe W.** – V. lútea L.

5* KZähne fast gleich. Hülsen anfangs kurz behaart, später kahl. B 2,5–3,5 cm lg. 0,30–0,60. ⊙ ① 5–6. Mäßig trockne Ruderalstellen (Umschlagplätze, Schutt, Wegränder); (N 1886) z M- u. N-Ba He N-Sa An Br Me, s N- u. O-Bw Rh SW- u. NO-We Th S-Sa S- u. O-Ns S-Sh (m-sm·subkEUR – T – FutterPfl). **Großblütige W.** – V. grandiflóra SCOP.

6 **(4)** KZähne ungleich (Abb. **315**/1) **7**

6* KZähne gleich (Abb. **315**/2). B zu 1 od. 2 in den BlAchseln **8**

7 Hülsen anfangs kurzhaarig, später kahl. B zu 2–5 in kurzen Trauben, trüblila. Blchen eifg, gewimpert. 0,30–0,60. ♃ 5–8. Säume, Frischwiesen, Gebüsche, krautreiche Wälder, anspruchsvoll; g Ba Bw Rh We He Th S-Sa S- u. M-An SO-Ns Sh, v N-Sa Me N-Ns, z N-An Br (m/mo-b·(suboz)EUR–WSIB – H – O Arrh., V Trif. med., V Alliar., O Prun., O Fag.). **Zaun-W.** – V. sépium L.

7* Hülsen mit auf Knötchen sitzenden Borsten. B meist zu 1 od. 2 in den BlAchseln, dunkelviolett od. bunt. Blchen ganzrandig od. gezähnt, elliptisch. 0,30–0,60. ⊙ 5–6. Nährstoffreiche Äcker, Weinberge, trockne Ruderalstellen, Trockengebüschsäume; (N 1883) † SW-Bw: Istein (m-sm·(oz)EUR – T – K Secal.). *** Maus-W.** – V. narbonénsis agg.

8 **(6)** B 18–26 mm lg, KZähne so lg wie die KRöhre od. länger. Reife Hülsen aufrecht, braun. 0,30–0,80. ⊙ 5–7. KulturPfl, auch nährstoffreiche Äcker, mäßig frische Ruderalstellen (Wegränder); (A N U) alle Bdl z, Alpen u. Vorland s (T – K Secal., K Chen. – FutterPfl, entwickelt aus Schmalblättriger W.). **** Saat-W., Sommer-W.** – V. satíva L.

8* B 14–17 mm lg, KZähne kürzer als die KRöhre. Reife Hülsen abstehend, schwarz. 0,15–0,60. ⊙ 5–7. Nährstoffreichere Äcker, trockne bis frische Ruderalstellen (Wegränder, Schutt), Sandtrockenrasen; g Me Sh, übrige Bdl v, Alpen u. Vorland s (m-b·(oz) EUR–WAS – T – K Secal., V Sisymbr., O Fest.-Sedet.).
**** Schmalblättrige W.** – V. angustifólia L.

9 **(2)** B einzeln, 5–8 mm lg, hellviolett. Bl mit krautigem Spitzchen od. kurzer, unverzweigter Ranke. Blchen klein, bis 14 mm lg. 0,07–0,20. ① ⊙ 4–6. Bodensaure, oft ruderal beeinflußte Sandtrockenrasen; z M- u. N-Ba NW-Bw Rh W- u. N-We N- u. O-Sa An Br Ns Me Sh, s He M- u. O-Th SW-Sa, ↘ (m/mo-temp·subozEUR – H, T – O Fest.-Sedet.).
Platterbsen-W. – V. lathyroídes L.

9* B in mehrblütigen Trauben, 20–30 mm lg, weiß. Flügel meist mit schwarzem Fleck. Bl stets mit krautigem Spitzchen. Blchen groß, 3–10 cm lg, fleischig, blaugrün. 0,50–1,00. ⊙ 5–7. KulturPfl; (U) s, z. B. An (m-sm·subkWAS+AFR – T – Futter- u. GemüsePfl).
Acker-, Sau-, Pferde-, Puffbohne – V. fába L.

10 **(1)** Trauben ∞blütig. B meist > 8 mm lg **11**

10* Trauben 1–6blütig. B bis 8 mm lg. Kr weißlich od. hellrosa. ⊙ **19**

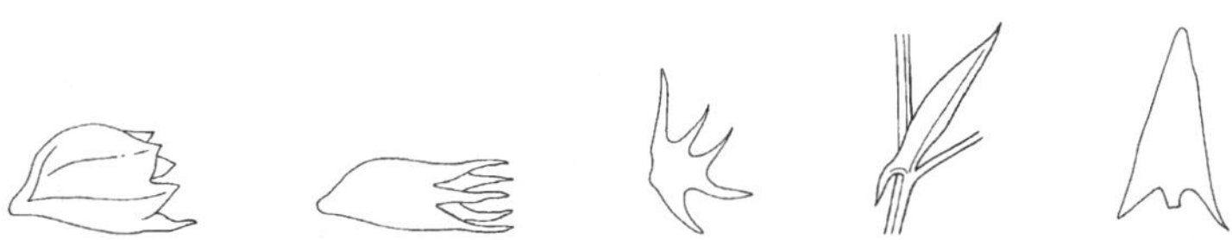

1 2 3 4 5

11 Blchen eifg od. länglich **12**
11* Blchen lanzettlich bis linealisch. NebenBl ganzrandig **16**
12 Blchen in 3–5 Paaren, >2 cm lg. NebenBl zerschlitzt (Abb. **315**/3) **13**
12* Blchen in 6–12 Paaren **14**
13 Kr hellgelb. Unterstes Blchenpaar dem Stg anliegend, die NebenBl verdeckend. 1,00–2,00. ♃ 6–8. Säume, Gebüsche, TrockenW, kalkhold; z M- u. N-Ba N- u. O-Bw Rh Th SW-An, s S-Bw He SW- u. O-Sa O-Br SO-Ns O-Me, ↘ (sm/mo-temp·subozEUR – H – O Orig., O Querc. pub.). [Érvum pisifórme (L.) PETERM.] **Erbsen-W.** – V. pisifórmis L.
13* Kr purpurn, nach dem Verblühen schmutziggelb. Unterstes Blchenpaar von den NebenBl abgerückt, diese nicht verdeckend. 1,00–2,00. ♃ 6–8. Säume, Gebüsche, edellaubholzreiche Wälder, krautreiche BuchenW; z W-Ba außer Alpen O-Bw Th Sa SW-An SO-Ns, s SO-Ba W-Bw S-He M-An S- u. O-Br Me SO-Sh, ↘ (sm/mo-temo·suboz EUR – H – V Trif. med., V Til.-Acer., V Asper.-Fag.). **Hecken-W.** – V. dumetórum L.
14 **(12)** Bl mit kurzer, ungeteilter Ranke. NebenBl halbspießfg, oft schwach gezähnt. Kr weiß, Fahne violett geadert. 0,20–0,50. ♃ 7–8. Magerrasen, Heiden, Säume, Hochgrasfluren, kalkmeidend; s NW-Ba: Lohr SW-We: Hohes Venn: Perlenbachtal SO-He: Bad Orb, ↘ (sm/mo-b·euozEUR – H – V Trif. med.). **Heide-W.** – V. órobus DC.
14* Bl mit verzweigter Ranke **15**
15 Kr weiß, violett geadert. Trauben länger als ihr TragBl. NebenBl zerschlitzt. 0,50–2,00. ♃ 6–8. Säume, krautreiche Wälder; v (Silikatbergland s) M- u. N-Ba SO-Bw Th SW-An, z S-Ba: Alpen, Hochebene He Sa (bes. S) M- u. O-Br SO-Ns Me, s N- u. W-Bw O-We O-Sh (sm/mo-b·subozEUR–WSIB – H – V Trif. med., V Til.-Acer., V Alno-Ulm., V Eric.-Pin.). [Érvum sylváticum (L.) PETERM.] **Wald-W.** – V. sylvática L.
15* Kr purpurviolett. Trauben kürzer als ihr TragBl. NebenBl ganzrandig. 0,30–0,60. ♃ 6–7. Säume, Schläge, Gebüsche, wärmeliebende EichenW, mäßig anspruchsvoll; v O-An Br, z NW-Ba Th N- u. O-Sa W-An Me, s SO-Rh S-He NO-Ns S-Sh, † O-Bw He, ↘ (m/mo-temp·subozEUR – H – V Trif. med., O Prun., V Pot.-Querc.). [Érvum cassúbicum (L.) PETERM.] **Kassuben-W.** – V. cassúbica L.
16 **(11)** Platte der Fahne mindestens so lg wie ihr Nagel. Pfl kahl od. anliegend behaart. K am Grund kaum gesackt. ♃ **17**
16* Platte der Fahne etwa 1/2 so lg wie ihr Nagel. K am Grund stark gesackt. ⊙ ① **18**
17 Blchen (1–)2–6 mm br. Trauben mit Stiel zur BZeit etwa so lg wie ihr TragBl. Kr 8–12 mm lg, blauviolett bis purpurn. Platte der Fahne etwa so lg wie ihr Nagel, die Flügel kaum überragend. Hülse 10–25 mm lg u. 4–6 mm br. Sa 2,5–3 mm. 0,30–1,20. ♃ 6–8. Wiesen u. Weiden, WSäume; alle Bdl g (m/mo-bEURAS – H – K Mol.-Arrh.). **Vogel-W.** – V. crácca L.
17* Blchen 1–4(–6) mm br. Trauben mit Stiel zur BZeit etwa doppelt so lg wie ihr TragBl. Kr (10–)12–14(–18) mm lg, purpurn, welk blau. Platte der Fahne etwa doppelt so lg wie ihr Nagel, die oft weißlichen Flügel weit überragend. Hülse 20–35 mm lg u. 5–8 mm br. Sa 4 mm. 0,30–1,50. ♃ 6–7. Säume, Gebüsche; v (Bergland s) Th SW-An, z Ba Bw Rh Br Me, s SW-We He Sa (bes. N) O- u. N-An SO-Ns SO-Sh (m/mo-temp·subkEURAS – H – V Ger. sang.). ** **Schmalblättrige Vogel-W.** – V. tenuifólia ROTH
18 **(16)** Stg ± dicht abstehend weichhaarig. Trauben 10–30(–40)blütig, dicht, vor der BZeit sehr zottig. KZähne lg gewimpert, die 3 unteren fädlich u. 2–5 mm lg. Kr 15–20 mm lg. 0,30–1,20. ① 6–8. KulturPfl, auch Äcker, mäßig trockne Ruderalstellen (Wegränder, Schutt); (A) alle Bdl z, aber Bergland u. N-Ns s, N-Sh f (m-temp·subozEUR–WAS – T – K Secal., V Sisymbr.). **Zottel-W.** – V. villósa ROTH
18* Stg anliegend kurzhaarig, verkahlend. Trauben 5–15(–30)blütig, vor der BZeit nicht zottig. KZähne kurzhaarig bis kahl, die 3 unteren mit verbreitertem Grund u. 1–2 mm lg. Kr 10–16 mm lg. 0,30–1,00. ⊙ 6–8. Nährstoffreiche Äcker, mäßig trockne Ruderalstellen (Wegränder, Schutt); (N 1850) z Sa Me, alle übrigen Bdl s, z. T. (U), Verbreitung ungenügend bekannt (m-temp·subozEUR – T – K Secal.). [V. villósa ROTH ssp. vária (HOST) CORB.] **Kahle W., Falsche Vogel-W.** – V. dasycárpa TEN.

19 **(10)** Bl am Ende mit ungeteiltem, krautigem Spitzchen. Kr hellrosa. Hülsen perlschnurartig eingeschnürt. 0,30–0,60. ⊙ 6–7. Nährstoffreichere Äcker, kalkmeidend; (A, jetzt U) s M-Ba Bw We, † Rh. Alte KulturPfl (m-stemp·(oz)EUR – T – K Secal.).
Linsen-W., Steinlinse – V. ervília (L.) WILLD.

19* Bl am Ende mit Ranke **20**

20 NebenBl ungleich, das eine linealisch u. sitzend, das andere nierenfg, mit borstlichen Zipfeln u. gestielt. B einzeln, lg gestielt. 0,20–0,60. ⊙ 6–8. Nährstoffreichere Äcker, kalkmeidend; (N 1829 U) s Ba? Bw S-Br Me, † Th An. Alte KulturPfl (m-sm·ozEUR – T – K Secal.). [V. monánthos (L.) DESF.]
Einblütige W., Wicklinse – V. articuláta HORNEM.

20* NebenBl gleich. Traube 1–6blütig **21**

21 Hülse 2samig, weichhaarig. Blchen in (4–)6–8(–16) Paaren, vorn meist gestutzt od. ausgerandet. Traube 3–6blütig. 0,15–0,60. ⊙ 6–7. Saure, sandige bis lehmige Äcker, mäßig trockne bis frische Ruderalstellen, Sandtrockenrasen, Trockengebüschsäume, kalkmeidend; g Me Sh, übrige Bdl v, aber MDt-Trockengeb z, Alpen s (m/mo-b·(suboz) EUR–WAS – T – V Aphan., V Sisymbr., O Fest.-Sedet., O Orig.). [Érvum hirsútum L.]
Rauhhaar-W., Zitterlinse – V. hirsúta (L.) S. F. GRAY

21* Hülse 4(–8)samig, kahl. Blchen in 2–4(–6) Paaren, vorn nicht ausgerandet. Traube 1–2(–5)blütig **22**

22 Traube 1–2blütig, ihr Stiel zur FrZeit 2–4 cm lg, so lg wie ihr TragBl. B etwa 4 mm lg. Hülsen meist 4samig. 0,15–0,60. ⊙ 6–7. Saure, sandige bis lehmige Äcker, Silikattrocken- u. -magerrasen, wechselfeuchte Wiesen, TrockenWSäume, kalkmeidend; alle Bdl v, aber Bergland, N-Ns u. W-Sh z, Alpen s (m-temp·(suboz)EUR–WAS – T – V Aphan., O Fest.-Sedet., V Sisymbr.). [Érvum tetraspérmum L.]
Viersamige W. – V. tetraspérma (L.) SCHREBER

22* Traube 1–5blütig, ihr Stiel zur FrZeit bis 8 cm lg, länger als das TragBl. B 6–8 mm lg. Hülsen 5(–8)samig. 0,10–0,40. ⊙ 6–7. Saure, sandige bis lehmige Äcker, mäßig trockne Ruderalstellen (Schutt); (N U) s O-Ba N-Bw SO-Rh S-He? Sa S-An Br Me, † Th (m-stemp·ozEUR – V Aphan.?). [V. grácilis LOISEL., V. tenuíssima aut.]
Zierliche W. – V. parviflóra CAV.

Linse – Lens MILL.

Blchen meist in 6 Paaren. Trauben 1–3blütig. Kr bläulichweiß. Hülsen 1–2samig. 0,15–0,30. ⊙ 6–7. KulturPfl (m-sm·subkEUR–WAS – T – GemüsePfl). [L. esculénta MOENCH]
Linse – L. culináris MED.

Platterbse – Láthyrus L.
(Ib: Bienen – Sv – FutterPfl)

1 Bl nur aus einer Ranke u. 2 großen laubblattartigen, spießfg NebenBl bestehend (Abb. **300**/2). B gelb, einzeln. 0,15–0,30. ⊙ 6–7. Lehmige Äcker, Ruderalstellen, Heckensäume, basenhold; (A) z Bw Rh, s NW-Ba We S-He Th S- u. M-An, (N U) s S- u. M-Ba N- u. O-Sa S- u. M-Br S-Ns Me (stropOAFR+m-temp·(oz)EUR–WAS – T – V Caucal., O Orig.).
Ranken-P. – L. áphaca L.

1* Bl mit 1–∞ Paar flachen Blchen od. ungeteilt, grasartig **2**

2 Bl nur aus dem flachen Stiel bestehend, grasähnlich, ungeteilt. BStand 1–2blütig. Kr purpurn, 0,30–0,50. ⊙ 5–7. Lehmige bis tonige Äcker, Trockengebüschsäume; (A) s M- u. N-Ba S- u. O-Bw Rh He Th, (N U) s NO-We W-Sa An NO-Br O-Ns Me (m-temp·subozEUR – T – K Secal.).
Gras-P. – L. nissólia L.

2* Bl gefiedert, Blchen 1- bis mehrpaarig **3**

3 Bl mit endständiger Ranke **4**

3* Bl ohne Ranke, am Ende nur mit zartem, krautigem Spitzchen **13**

4 Kr gelb. Blchen 1paarig. NebenBl pfeilfg. Stg kahl bis weichhaarig. 0,30–1,00. ♃ 6–8.

Nährstoffreiche, frische bis nasse Fett- u. Flachmoorwiesen, Uferstaudenfluren, Gebüsche; alle Bdl g, aber N-Ns v (stropOAFR-m/mo-bEURAS – H – K Mol.-Arrh.).
Wiesen-P. – L. praténsis L.

4* Kr rot, purpurn, violett od. blau, selten weiß 5

5 Stg ungeflügelt, höchstens kantig 6

5* Stg deutlich geflügelt 7

6 Blchen 1paarig. NebenBl halbpfeilfg (Abb. **315**/4). Kr karminrot. Wurzeln mit Knollen. 0,30–1,00. ♃ 6–8. Lehmige bis tonige Äcker, Wegränder, Heckensäume, kalkhold; (A) v (Bergland s) M- u. N-Ba Bw Rh Th S- u. M-An, z We He Sa N-An Br SO-Ns, (N) z N-Ns Me Sh, s S-Ba (m/mo-temp·subkEUR–WAS – H – V Caucal.).
Knollen-P., Erdnuß-P. – L. tuberósus L.

6* Blchen 2–4paarig. NebenBl meist pfeilfg (Abb. **315**/5). Kr lilapurpurn, später blau. 0,15–0,50. ♃ 6–8. Weißdünen, Küsten; z N-Me: Küste, östlich bis Rügen NW- u. O-Sh: Küsten, s N-Ns: Wangerooge, Schillig, Cuxhaven (sm-b·suboz/litCIRCPOL – H – V Ammoph. – ∇). [L. marítimus BIGELOW] **(**) Strand-P.** – L. japónicus WILLD.

7 **(5)** Trauben 1–3blütig 8

7* Trauben mehrblütig 10

8 Blchen elliptisch od. eifg, 2mal so lg wie br, stumpf. Trauben 2–3blütig. B groß, wohlriechend. BlStiele schmal geflügelt. Hülsen rauhhaarig. 0,80–1,60. ☉ 6–8. ZierPfl, zuweilen verwildert, Ruderalstellen (Schutt) (m·ozEUR – T).
Duftende P., Gartenwicke, Duftwicke – L. odorátus L.

8* Blchen lanzettlich od. elliptisch, mehr als 3mal so lg wie br 9

9 KZähne 2–3mal so lg wie die KRöhre. Traube 1blütig. Kr meist weiß, bläulich geadert. Hülsen kahl, 10–15 mm br. 0,30–1,00. ☉ 5–6. Selten angebaute FutterPfl, auch frische Ruderalstellen (Schutt); (N U) s Bw: Neckargebiet, † (U) An (m-sm·subkVORDAS – T).
Saat-P. – L. satívus L.

9* KZähne 1–1½mal so lg wie die KRöhre. Trauben 1–3blütig. Kr violett, später blau. Hülsen lg behaart, 4–8 mm br. 0,30–1,00. ☉ ① 6–8. Sandige bis lehmige Äcker, mäßig trockne Ruderalstellen, Säume, kalkhold; (A) z M- u. N-Ba, (A U) s S-Ba Bw Rh We He Th Sa S-An S- u. O-Br SO-Ns Me (m-temp·subozEUR–(WAS) – H – V Caucal.).
Rauhhaarige P. – L. hirsútus L.

10 **(7)** Stg schmal geflügelt. BlStiele ungeflügelt. Blchen 2–3paarig. Kr schmutzigblau. 0,30–1,00. ♃ 7–8. Nasse Großseggenrieder, Moorwiesen, Gräben; z S- u. M-Ba S- u. W-Bw: Bodensee, Hegau, Rhein An Br N-Ns Me Sh, s NW-Ba He N-Th SO-Ns, † W-We Sa, ↘ (m/mo-bCIRCPOL – H – O Mol., V Magnocar. – ∇). **Sumpf-P.** – L. palústris L.

10* Stg u. BlStiele br geflügelt 11

11 Unter Bl 1-, obere 2–3paarig gefiedert. Kr purpurrot. 1,00–2,00. ♃ 7–8. Säume, Schuttfluren, kalkhold; z S-Bw, s SW-, M- u. N-Ba: Allgäu S-Jura, Donau, Oberfranken Th SW-An: Harzgebiet, † SO-Ns, ↘ (sm/mo-temp·subozEUR – H – O Orig., V Stip. calam.).
Verschiedenblättrige P. – L. heterophýllus L.

11* Alle Bl 1paarig gefiedert 12

12 Traube mit Stiel so lg wie ihr TragBl od. etwas länger. Kr gelblichgrün, rot überlaufen. Flügel des Stg breiter als die der BlStiele. 1,00–2,00. ♃ 7–8. Säume, Schuttfluren, Bahndämme, anspruchsvoll; v Ba Bw Rh S- u. O-We S-Th Sa S-An O-Br O-Ns Me O-Sh, z NW-We He N-Th N-An W-Br W-Sh, im N an Dämmen ↗ (sm/mo-temp·subozEUR – H – O Orig.). **** Wald-P.** – L. sylvéstris L.

12* Traube mit Stiel mehrmals länger als ihr TragBl. Kr karminrot. Flügel des Stg etwa so br wie die der BlStiele. 1,00–3,00. ♃ 7–8. ZierPfl, auch Säume, Bahndämme; (A, N) v Sa, z M- u. N-Ba Bw Rh Th An Br Me, (U) z We He S-Ns, s S-Ba, ↗ (m-sm·subozEUR – H – O Orig.). **Breitblättrige P.** – L. latifólius L.

13 **(3)** Kr gelb od. gelblichweiß, zuweilen rötlich überlaufen 14

13* Kr purpurn od. blau 15

14 Blchen 10–30 mm br, meist 4paarig. BlStiele ungeflügelt. Kr gelb. 0,20–0,60. ♃ 6–8.

Alp. bis subalp. Rasen u. Hochstaudenfluren, TrockenW; z SW-Ba: Allgäu, s SO-Ba: Berchtesgadener Alpen (sm/salp-temp·subozEUR – G – V Car. ferr., V Eric.-Pin.). [L. laevigátus (W. et K.) GREN.] ** **Gelbe P.** – L. occidentális (FISCH. et C.A. MEYER) FRITSCH

14* Blchen 2–3 mm br, 2–3paarig. BlStiele geflügelt. Kr gelblichweiß, Fahne außen oft rot überlaufen. 0,15–0,55. ♃ 5–6. Trockengebüschsäume, Halbtrockenrasen, kalkhold; s Bw: Spitzberg u. Grafenberg bei Tübingen, † Rh: Gaualgesheim (sm-temp·subk EUR+(WSIB) – H – V Ger. sang. – ∇). (**) **Pannonische P.** – L. pannónicus (JACQ.) GARCKE

15 **(13)** Stg deutlich geflügelt. Blchen 2- od. 3paarig, länglich-lanzettlich bis linealisch, blaugrün. Kr hellpurpurn, später trübblau. 0,15–0,30. ♃ 4–6. Lichte, trockne Eichen- u. Eichen-Kiefern-MischW, sonnige Gebüsche u. WSäume; v NW-Ba N-Bw Rh He S-Th S-Sa S-An: bes. Harz, Dübener Heide Sh, z M-Ba S-Bw We: bes. im S N-Th N-Sa N-An Br O-Ns Me, s W-Ns, im NW ↘ (sm/mo-temp·ozEUR – G – O Querc. pub., V Carp., V Ger. sang). [L. montánus BERNH.] **Berg-P.** – L. linifólius (REICHARD) BÄSSLER

15* Stg ungeflügelt od. nur oben undeutlich geflügelt **16**

16 Blchen meist 6paarig, elliptisch bis eifg, 1–3 cm lg, unterseits blaugrün, matt, beim Trocknen schwarz werdend. Kr purpurn, später violett. 0,30–0,80. ♃ 6–7. Wärmeliebende Wälder, Säume, mäßig anspruchsvoll; v SW-An, z M- u. N-Ba Bw Rh He Th Sa M-An N- u. O-Br Me, s S-Ba: Hochebene SW- u. NO-We S-Br SO-Ns O-Sh, ↘ (m/mo-temp·subozEUR – G – O Querc. pub., V Carp., V Ger. sang.). [Órobus níger L.] **Schwarze P.** – L. níger (L.) BERNH.

16* Blchen 2–4paarig, beim Trocknen nicht schwarz werdend **17**

17 Blchen eifg, lg zugespitzt, 10–30 mm br u. 3–7 cm lg. Traube so lg wie ihr TragBl. Kr purpurn, später blaugrün. 0,20–0,40. ♃ 4–5. Krautreiche LaubmischW, kalkhold; v M- u. N-Ba O-Bw He Th S- u. W-Sa SW-An SO-Ns, z S-Ba W-Bw Rh O-We Br Me, s NO-Sa O- u. N-An N-Ns: ob noch? O-Sh (sm/mo-b·subozEUR–WSIB – G – O Fag., O Querc. pub.). [Órobus vérnus L.] **Frühlings-P.** – L. vérnus (L.) BERNH.

17* Blchen lineal-lanzettlich, 2–4 mm br. Traube viel länger als ihr TragBl. Kr purpurn od. blauviolett. 0,20–0,50. ♃ 5–7. Säume, Kiefern-TrockenW, kalkstet; s S-Bw: Jura: Zeller Horn (sm/mo-temp·subozEUR – H – V Eric.-Pin. – ∇). [L. filifórmis aut., L. ensifólius (LAPEYR.) GAY] **Schwert-P.** – L. bauhínii GENTY

Erbse – Písum L.

Pfl kahl. Blchen 2–3paarig, eifg. NebenBl sehr groß. Traube meist 2blütig. Kr weiß od. purpurn. 0,30–1,00. ☉ 5–7. KulturPfl, zuweilen verwildert (Ackerränder) (m-sm·subk VORDAS – T – Sb – Futter- u. GemüsePfl). **Erbse** – P. satívum L.

Bohne – Phaséolus L.
(T – Ib: Bienen, Sb – Sv – GemüsePfl)

1 Traube länger als ihr TragBl. Kr scharlachrot, selten weiß. Hülsen rauh. Stg fast stets windend. 2,00–3,50. ☉ 6–9. Kultur- u. ZierPfl, auch Ruderalstellen (Schutt); (NU) s (strop/moAM). [Ph. multiflórus LAMK.] **Feuer-B.** – Ph. coccíneus L.

1* Traube kürzer als ihr TragBl. Kr meist weiß. Hülsen glatt. Stg aufrecht (Buschbohne) od. windend (Stangenbohne). 0,30–4,00. ☉ 6–9. KulturPfl, auch frische Ruderalstellen (Schutt), Ufersäume; (NU) s (strop/moAM). **Garten-B.** – Ph. vulgáris L.

Familie **Sumachgewächse** – Anacardiáceae LINDL.

Sträucher, Bäume. Pfl mit Harzgängen. Bl meist wechselständig, einfach, gefiedert od. gefingert, ohne NebenBl. B ⚥ od. 1geschlechtig, radiär, 5zählig, in Rispen od. Thyrsen. Pfl oft 2häusig. StaubBl 5 od. 10. FrKn ober-, selten unterständig, 1–5blättrig. FrBl meist verwachsen. SteinFr (875 Arten – Ib – Wv).

1 Bl zusammengesetzt. FrStiele ohne auffallend lange Haare. **Sumach** – Rhus S. 320
1* Bl einfach. FrStiele verlängert, mit lang abstehenden, violetten Haaren. **Perückenstrauch** – Cótinus S. 320

Sumach – Rhus L.

Bl unpaarig gefiedert, mit >11 Blchen. Zweige u. BStiele dicht zottig. BStand dicht. 3,00–6,00. ♄ 6–7. Zierstrauch, auch (N) bes. in Städten, z. B. M- u. N-Ba Bw Rh Th Sa S-An Br He Ns N-Me (sm-temp·(oz)OAM – F). [Rh. týphina L.] **Kolben-S., Essigbaum** – Rh. hírta (L.) SUDW.

Perückenstrauch – Cótinus MILL.

Bl lg gestielt, verkehrteifg, elliptisch bis rundlich, ganzrandig, kahl. 1,00–3,00. ♄ 6–7. Felshänge, Gebüsche; (N 17. Jh.) s Rh: Beckingen Th: Jena Sa S-An. Zierstrauch (m/mo-sm·subkEUR–WAS+(OAS) – F). **Perückenstrauch** – C. coggýgria SCOP.

Familie **Rautengewächse** – Rutáceae JUSS.

Bäume, Sträucher, Halbsträucher, selten Kräuter. Pfl oft stark duftend. Bl meist wechselständig, einfach od. zusammengesetzt, mit Öldrüsen, daher durchscheinend punktiert, ohne NebenBl. B ⚥, selten 1geschlechtig, meist radiär, 2–5zählig. KBl u. KrBl frei. StaubBl 10–∞. FrKn 4–5blättrig u. 4–5fächrig. Kapseln, SteinFr, Beeren (1800 Arten – Ib, Vm – Sv).

1 B radiär. KrBl 4, bei der EndB des BStandes meist 5, gelb. Bl 2–3fach gefiedert. **Raute** – Rúta S. 320
1* B dorsiventral. KrBl 5, rosa mit dunkleren Adern (Abb. **320**/1). Bl einfach gefiedert. **Diptam** – Dictámnus S. 320

Raute – Rúta L.

Pfl kahl, stark aromatisch, bläulichgrün. KrBl 4 od. 5, gelb, mit kapuzenfg Spitze. 0,30–0,80(–1,00). ♄ 6–8. Alte KulturPfl, auch trockne Ruderalstellen (Schutt), an Mauern, Felsen, kalkhold; (A, z. T. U) s Ba Bw He O-Th SW-An, (N) s O-Sa M-Br (m-sm·subozEUR – S – Zier-, Heil- u. GewürzPfl). **Wein-R.** – R. gravéolens L.

Diptam – Dictámnus L.

Bl einfach gefiedert, zitronenartig duftend. B in Trauben. 0,60–1,20. ♃ 5–6. Säume, wärmeliebende Gebüsche, TrockenW, kalkliebend; z M- u. N-Ba: Donau, S-Jura, Franken O-Rh Th S- u. M-An, s Bw: Wärmegebiete S- u. NO-He, † We Ns, ↘ (m-temp·subk EURAS – H – V Ger. sang., O Querc. pub. – ▽). **Diptam** – D. álbus L.

Familie **Bittereschengewächse** – Simaroubáceae DC.

Bäume, Sträucher. Bl wechselständig, meist gefiedert, ohne NebenBl. B ⚥ od. 1geschlechtig, radiär, 3–7zählig, in Rispen. KBl frei od. verwachsen. KrBl frei. StaubBl

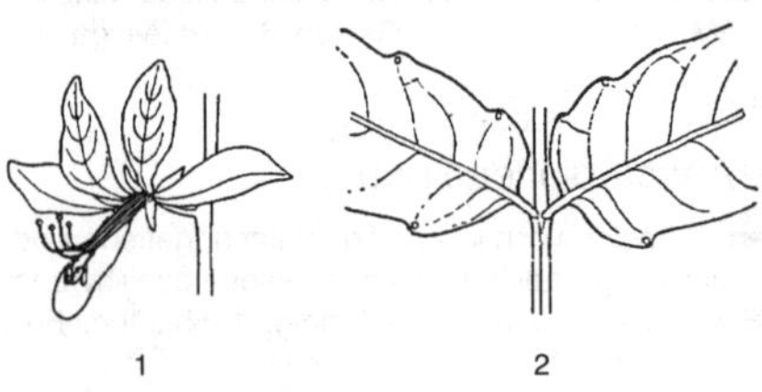

1 2

meist 6–14, meist die äußeren über den KrBl stehend. FrKn oberständig, FrBl 3–5, oft am Grund frei u. nur die Griffel od. Narben verwachsen, selten ganz frei od. völlig vereint. SteinFr od. Nüsse (110 Arten).

Götterbaum – Ailánthus DESF.

Bl einfach gefiedert, bis 1 m lg. Blchen gezähnt, Zähne mit Drüse (Abb. **320**/2). B grünlichgelb, in großen Rispen. Bis 25,00. ♄ 7. Zierbaum, auch (N) in Städten, an Bahnlinien, Autobahnen, z Rh W-We S-An, s M- u. N-Ba Bw He Th Sa N-An M-Br Ns Me, in Städten ↗ (m-sm·(oz)OAS – M – Ib, Vw – Wv). [A. glandulósa DESF., A. peregrína (BUCHOZ) F. A. BARKLEY]
Götterbaum – A. altíssima (MILL.) SWINGLE

Familie **Ahorngewächse** – Aceráceae JUSS.

Bäume, Sträucher. Bl gegenständig, meist einfach u. handfg gelappt, fingernervig, seltener ungeteilt, gefingert od. gefiedert, ohne NebenBl. B ⚥ od. 1geschlechtig, radiär, 4–5zählig, in Rispen, Schirmrispen od. Trauben. KBl u. KrBl frei. StaubBl 4–10, meist 8. FrKn ober- bis mittelständig, 2blättrig, 2fächrig, die beiden Fächer mit je 2 SaAnlagen, von denen sich aber nur 1 entwickelt. Fr bei der Reife in 1samige, geflügelte TeilFr zerfallend, SpaltFr (113 Arten – M, F – Ib, Wb – Wv – Ziergehölze).

Ahorn – Ácer L.

1 Bl 3zählig od. gefiedert (Abb. **321**/1). B vor den Bl erscheinend, in hängenden Trauben. Pfl 2häusig. 3,00–20,00. ♄ 4. Zierbaum, auch AuenW, Bahndämme, Ödland; (N 18. Jh.) v S-An Br W-Me, z Ba Bw Rh We S- u. O-He Th Sa N-An O-Me, s Ns, f Bergland, ↗ (m-temp·subkAM – Wb). **Eschen-A.** – A. negúndo L.

1* Bl nicht zusammengesetzt, jedoch tief handfg 3–7lappig od. -spaltig, Pfl unvollständig einhäusig 2

2 Bl unterseits weiß, 5lappig; Lappen spitz. B vor den Bl erscheinend, in Büscheln. Kr fehlend. K rötlichgelb. Bis 40,00. ♄ 3–4. Zierbaum (m-temp·(oz)OAM – Wb). [A. dasycárpum EHRH.] **Silber-A.** – A. saccharinum L.

2* Bl unterseits grün, graugrün od. rötlich. Insektenbestäubung. B nach od. mit den Bl erscheinend 3

3 BlLappen ungleich grob gesägt od. gekerbt. FrFlügel einen Winkel bildend 4

3* BlLappen mit wenigen, ± tiefen Einschnitten od. ganzrandig 5

4 BlLappen 5, ungleich grob gesägt (Abb. **321**/2). B in hängenden Trauben. Bis 30,00. ♄ 5. Krautreiche LaubW, anspruchsvoll; g Ba Bw Rh S- u. O-We He Th Sa An Br S-Ns Me O-Sh, v (meist N) NW-We N-Ns W-Sh, ↗. Forstbaum, Straßenbaum (m/mo-temp/suboz EUR – V Asper.-Fag., V Til.-Acer., V Alno-Ulm.). **Berg-A.** – A. pseudoplátanus L.

4* BlLappen 3, seltener 5, stumpf gekerbt. B in nickenden Dolden. Bis 12,00. ♄ 4–5. Wärmeliebende LaubW, kalkhold; s SW-Bw: Dinkelberg bei Grenzach (m/mo-stemp·suboz EUR – V Querc. pub., V Cephal.-Fag., V Til.-Acer.). [A. opulifólium CHAIX]
Schweizer A., Schneeball-A. – A. ópalus MILL.

5 **(3)** BlLappen 3, ganzrandig (Abb. **321**/3). BStände meist nickend. FrFlügel zusammengeneigt, meist parallel. Bis 11,00. ♄ 4–5. Wärmeliebende EichenW, anspruchsvoll; z

1 2 3 4 5

Rh: Rhein u. Seitentäler, s NW-Ba: Unterfranken; Main u. Fränkische Saale SW-He (m/mo-stemp·subozEUR – F, M – V Querc. pub., V Berb.).
Französischer A., Felsen-A. – A. monspessulánum L.

5* BlLappen (3–)5–7. BStand aufrecht od. abstehend. FrFlügel spreizend 6

6 BlLappen lg zugespitzt, mit spitzen Vorsprüngen (Abb. **321**/4) u. stumpfen Buchten. B gelbgrün. FrFlügel einen stumpfen Winkel bildend bis fast waagerecht abstehend. Bis 25,00. ♄ 4–5.. Krautreiche LaubW, anspruchsvoll; g, im W meist (N) Sa S-An M- u. N-Br S-Ns Me, v Ba Bw Rh We He Th N-An S-Br NO-Ns O-Sh, z NW-Ns, s W-Sh, ↗. Forstbaum, Straßenbaum (sm/mo-temp·subozEUR – O Fag., V Til.-Acer., V Asper.-Fag.). **Spitz-A.** – A. platanoídes L.

6* BlLappen stumpf, mittlerer stumpf 3lappig, seitliche oft ganzrandig (Abb. **321**/5); Buchten zwischen den Lappen spitz. B grünlich. FrFlügel waagerecht abstehend. 1,00–5,00(–20,00). ♄ 5–6. Krautreiche LaubW, bes. Eichen-HainbuchenW, AuenW, Gebüsche, anspruchsvoll; g NW-Ba NO-Bw Rh S-An, v S-, M- u. O-Ba S- u. W-Bw We He Th NW-Sa S-Ns NW-Me O-Sh, z S- u. O-Sa N-An Br NO-Ns S- u. O-Me, (N) z NW-Ns W-Sh u. Bergland (m/mo-temp·subozEUR – F, M – V Carp., V Alno-Ulm., V Cephal.-Fag., V Til.-Acer., V Querc. pub., V Berb.). **Feld-A., Maßholder** – A. campéstre L.

Familie **Pimpernußgewächse** – Staphyleáceae (DC.) LINDL.

Sträucher, Bäume. Bl gegen-, selten wechselständig, unpaarig gefiedert, mit hinfälligen NebenBl. B ⚥ od. 1geschlechtig, radiär, 5zählig, in Rispen. KBl u. KrBl frei. StaubBl 5. FrKn oberständig, 2–3(–4)blättrig, 2–3(–4)fächrig, selten FrBl frei. Kapseln (27 Arten).

Pimpernuß – Staphyléa L.

Bl 5- od. 7zählig gefiedert. B in hängenden Rispen, weißlich. Fr eine häutige, aufgeblasene Kapsel (Abb. **324**/1). Bis 5,00. ♄ 5–6. Wärmeliebende Gebüsche u. Wälder, kalkhold; z M-Ba: Donau, s SW-Ba S-Bw: Hochrhein, Bodensee, (N) s Ba Bw Rh We He Th, (U) Sa. Zierstrauch (m/mo-stemp·subozEUR – F – Ib – Wv – V Berb., V Til.-Acer., V Cephal.-Fag., O Querc. pub.). **Gewöhnliche P.** – S. pinnáta L.

Familie **Roßkastaniengewächse** – Hippocastanáceae DC.

Bäume, Sträucher. Bl gegenständig, gefingert, ohne NebenBl. B ⚥ od. 1geschlechtig, schräg dorsiventral, 5zählig, in endständigen Rispen. KBl ± verwachsen, KrBl frei. StaubBl 5–8. FrKn oberständig, 3blättrig, 3fächrig, in jedem Fach 2 SaAnlagen. Griffel 1, lg. Kapseln 3klappig aufspringend, 1- bis wenigsamig. Sa sehr groß. (15 Arten – M, F – Ib – Ziergehölze).

Roßkastanie, Pavie – Ǽsculus L.

1 KrBl weiß, mit gelben u. roten Flecken. Blchen sitzend. Fr stachlig. Winterknospen klebrig. Bis 20,00. ♄ 5–6. Balkanische SchluchtW. Zierbaum, auch (N 16. Jh.), meist (U) alle Bdl v, bes. in Auen u. Schluchtwäldern, Sandgebiete s (m/mo-sm·subozEUR – Ib: Hummeln, Vw). **Gewöhnliche R.** – Ae. hippocástanum L.

1* KrBl rosa od. rot. Fr glatt od. mit wenigen weichen Stacheln 2

2 Alle Blchen deutlich gestielt. Winterknospen nicht klebrig. Fr stets ohne Stacheln. Strauch (baumfg nur durch Veredlung). 2,00–6,00. ♄ 5–6. Ziergehölz (m-(sm)·(oz) OAM). **Pavie** – Ae. pávia L.

2* Nur die mittleren Blchen etwas gestielt. Winterknospen klebrig. Fr ohne od. mit wenigen weichen Stacheln. Mittelgroßer Baum. 10,00–20,00. ♄ 5. Zierbaum (Bastard von Gewöhnlicher R. u. Pavie). **Rote R.** – Ae. × cárnea HAYNE

Familie **Balsaminengewächse** – Balsamináceae A. RICHARD

Kräuter. Bl wechsel-, gegen- od. quirlständig, ungeteilt, ohne NebenBl. B ⚥, dorsiventral, einzeln od. in Trauben. KBl 3, eines kronblattartig u. mit Sporn. KrBl 5, die seitlichen paarweise verwachsen. StaubBl 5, ihre Staubbeutel verwachsen u. den Griffel kapuzenartig bedeckend. FrKn oberständig, 5blättrig, 5fächrig. Griffel 1. Narben 5. Fr eine 5klappige, gefächerte, elastisch aufspringende Kapsel (850 Arten – T – lb, Vm – Sv).

Springkraut – Impátiens L.

1 B zu 1(–3) achselständig, 1–2 cm lg gestielt, verschieden gefärbt. Kapsel behaart. Bl länglich-lanzettlich. 0,30–0,60. ⊙ 7–8. ZierPfl (trop-m·ozAS).
Garten-S., Balsamine – I. balsámina L.

1* B in gestielten Trauben. Kapsel kahl 2

2 B rot, in lg gestielten, 2–14blütigen Trauben. Sporn dick. Bl eilanzettlich, an den unteren Zähnen u. am BlStiel mit Drüsen, gegenständig od. zu 3 quirlig. 0,50–2,50. ⊙ 7–8. Ufer, Auengebüsche; (N 1854) v W-Bw Rh W-We He Sa S-An W-Me, z Ba O-Bw O-We Th N-An Br Ns O-Me Sh, ↗. ZierPfl (strop-m·ozAS – O Convolv., V Arct., V Sal. alb. – BienenfutterPfl). [I. róylei WALPERS] **Drüsiges S.** – I. glandulífera ROYLE

2* B gelb. Bl wechselständig 3

3 B aufrecht, 1 cm lg, mit geradem Sporn, hellgelb. Trauben mindestens so lg wie die Bl, 4–10(–16)blütig. 0,30–0,60. ⊙ 6–9. Waldsäume, eutrophierte LaubW, Waldwege, schattige Parkanlagen, Hecken; (N 1837) g Sa S-An M- u. O-Br Me, v Ba Bw Rh We He Th W-Br S- u. O-Ns SO-Sh, z N-An NW-Ns N- u. W-Sh, ↗ (urspr.: m/mo-sm·(subk)MAS; jetzt auch sm-b·(oz)EUR – V Alliar., O Fag.).
Kleinblütiges S. – I. parviflóra DC.

3* B hängend, 3 cm lg, mit gekrümmtem Sporn (Abb. **324**/2), goldgelb, innen mit roten Punkten. Trauben kürzer als die Bl, 3–4blütig. 0,30–1,00. ⊙ 7–8. Säume, feuchte LaubW, anspruchsvoll; v Ba Bw Rh We He S-Th Sa O-Br S- u. O-Ns O-Sh, z N-Th u. An: f MDt-Trockengeb W-Br NW-Ns W-Sh (sm-b·(suboz)EURAS+WAM – V Alno-Ulm., V Aln., V Til.-Acer., V Alliar.). **Großes S., Echtes S.** – I. nóli-tángere L.

Familie **Leingewächse** – Lináceae DC. ex S. F. GRAY

Kräuter, Sträucher, Bäume. Bl meist wechselständig, ungeteilt, ohne NebenBl. B ⚥, radiär, 4–5zählig, häufig heterostyl. KrBl frei. StaubBl 4, 5 od. 10, am Grund verbunden. FrKn oberständig, 3–5blättrig, 3–5fächrig, in jedem Fach (1–)2 SaAnlagen, oft mit vollständigen od. unvollständigen Scheidewänden (250 Arten – lb, Sb, bisweilen Vg – Sv, Ev: Schleimsamen).

1 B 5zählig. KBl ganzrandig. **Lein** – Línum S. 323

1* B 4zählig. KBl 2- od. 3zähnig. **Zwergflachs** – Radíola S. 325

Lein – Línum L.

1 Bl gegenständig, sehr fein gezähnt. KrBl 4–5 mm lg, weiß, am Grund gelb. Stg oberwärts gabelästig. BKnospen hängend. 0,05–0,30. ⊙ ① 6–7. Feuchte, oft kalkreiche Moorwiesen, Halbtrockenrasen; v Ba Bw Rh S- u. O-We He Th W-Sa S-An O-Br S-Ns O- u. N-Me, z NW-We O-Sa N-An W-Br N-Ns Sh, s SW-Me (m-b·(oz)EUR – T – V Mol., V Calth., V Mesobrom., V Cirs.-Brach, V Sesl.).
** **Purgier-L., Wiesen-L.** – L. cathárticum L.

1* Bl wechselständig. KrBl >1 cm lg 2

2 Pfl 1stenglig. KBl am Rand fein gewimpert, jedoch nicht drüsig. Kr blau. 0,30–0,60. ⊙ 6–7. KulturPfl, zuweilen verwildert, frische Ruderalstellen (Schutt) (T – Faser- u. ÖlPfl seit der Jungsteinzeit). **Saat-L., Flachs** – L. usitatíssimum L.

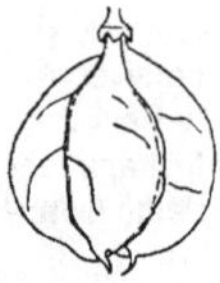
1

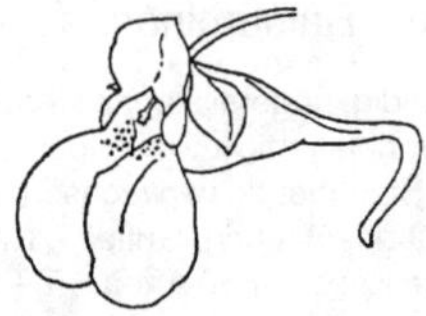
2

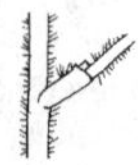
3

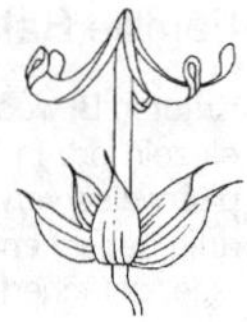
4

2* Pfl mehrstenglig, ♃ **3**

3 Kr gelb. Stg scharfkantig. BlGrund beiderseits mit je 1 Drüse. 0,20–0,55. ♃ 6–7. Kalktrocken- u. -halbtrockenrasen, TrockenWSäume, kalkstet; s W-Ba: SW-Jura, Iller SO-Bw: Ostalb, Iller bei Heimertingen. ZierPfl (sm-temp·subkEUR – H – Vg – V Cirs.-Brach., V Mesobrom., V Ger. sang. – ∇). **Gelber L.** – L. flávum L.

3* Kr blau od. rötlich, selten weiß. Stg stielrund od. gerillt. BlGrund ohne Drüsen, Bl zuweilen am Rand drüsig **4**

4 KBl am Rand drüsig gewimpert. Kr rötlich **5**

4* KBl drüsenlos. Kr blau **6**

5 Bl lanzettlich, 4–9 mm br, drüsig gewimpert. Stg zottig. 0,30–0,60. ♃ 5–7. Submed. Halbtrockenrasen, wechseltrockne Wiesen, TrockenWSäume, trockne KiefernW, kalkstet; z S-Ba: Alpen, Lech, Isar, Ammer M-Ba: Lech bis zur Donau, ↘. ZierPfl (sm/mo-stemp/perimo·subozEUR – H – V Mesobrom., V Mol., V Ger. sang., V Eric.-Pin. – ∇). **Klebriger L.** – L. viscósum L.

5* Bl linealisch, 1,5 mm br, am Rand von kurzen Zäckchen rauh, sonst kahl. Stg oberwärts kahl. 0,15–0,50. ♃ 6–7. Submed. Trocken- u. Halbtrockenrasen, kalkstet; z NW-Ba Bw Rh Th, s M-Ba He SO-Ns: Göttingen, † SW-We S-An, ↘ (m-stemp·suboz EUR – H – O Brom. erect. – ∇). **Schmalblättriger L.** – L. tenuifólium L.

6 **(4)** Seltene AlpenPfl. Stg 20–30 cm hoch, aus bogigem Grund aufrecht, mit höchstens 7 B. KrBl etwa doppelt so lg wie br, sich bei voll geöffneten B in der unteren Hälfte randlich deckend. B heterostyl (Narben u. Staubbeutel in verschiedener Höhe). FrStiele (fast) aufrecht. Kapsel 6–7 mm lg. 0,20–0,30. ♃ 6–8. Frische, kalkreiche, sonnige, subalp. Steinrasen; s SO-Ba: Berchtesgadener Alpen (sm/salp·subozEUR – H – Vg – O Sesl. – ∇). [L. perénne L. ssp. alpínum (JACQ.) OCKENDON, L. lǣve SCOP.] **Glatter Alpen-L.** – L. alpínum JACQ.

6* Pfl des Hügellandes. Stg höher (wenn niedrig, dann B nicht heterostyl) **7**

7 KBl alle stumpf, die inneren deutlich länger u. breiter als die äußeren. Stg ∞blütig. KrBl 15–20 mm lg u. fast ebenso br, sich auch bei voll geöffneten B mit den Rändern der ganzen Länge nach deckend. B heterostyl. FrStiele dick, stets steif aufrecht. Kapsel 6–7 mm lg. Bl 1–3nervig, am Rand rauh, 0,30–1,00. ♃ 6–8. Trockenrasen, trockne KiefernW, basenhold; s M- u. NW-Ba S-He, (N U) s An Br, † NW-Bw Th (sm-temp·subk EUR–WAS – H – V Cirs.-Brach.? – ∇). **Ausdauernder L., Dauer-L.** – L. perénne L.

7* Alle KBl etwa gleich lg, äußere etwas spitz **8**

8 Stg hoch, ∞, aufrecht, ∞blütig. Voll geöffnete Kr 2,4–2,6 cm br, mit in ganzer Länge sich deckenden KrBl. KrBl 15 mm lg u. 14 mm br. B heterostyl. FrStiele dünn, am Grund stark gebogen u. dadurch waagerecht abstehend bis abwärtsgerichtet. FrK $^{2}/_{3}$–$^{3}/_{4}$ so lg wie die 4–5 mm lg Kapsel. Sa 3,5 mm lg. 0,10–0,80. ♃ 5–7. Kalkfelsfluren u. -trockenrasen, trockne Ruderalstellen (Umschlagplätze); (N 1860?) z M- u. N-Ba Bw Th S-An, s Rh He O-Sa O-Br, (U) s Me, ↗? ZierPfl (m-stemp·subkEUR – H – O Fest. val., V Dauco-Mel. – ∇). **Österreichischer L.** – L. austríacum L.

8* Stg niedrig, wenige, aufsteigend bis liegend, mit 1–3(–5) B. Ausgebreitete Kr etwa 1,8 cm br, mit nur am Grund sich deckenden KrBl. KrBl 10 mm lg u. 4–6 mm br. B nicht heterostyl. FrStiele dicker, gerade od. meist in ganzer Länge schwach gebogen. FrK etwa $^1/_3$ so lg wie die 6–7 mm lg reife Kapsel. Sa 4,5 mm lg. 0,05–0,15(–0,30). ♃ 5–7. Lückige Kalktrockenrasen, Kalkhalbtrockenrasen; s NW-Ba: Böttingheim O-Bw: Gamburg, Blaubeuren W-Rh: W-Eifel, Perl O-We N-He M- u. W-Th: Eisenach, Mühlberg, Haarhausen SW-An: Heimburg SO-Ns: Northeim (temp·(suboz)WEUR – H – V Alysso-Sed., O Brom.?) – ∇). [L. ánglicum aut. non MILL.]

Lothringer L. – L. leónii F. W. SCHULTZ

Zwergflachs – Radíola HILL

Stg dünn, gabelästig. Bl gegenständig. B sehr klein, fast knäuelig. 0,01–0,10. ⊙ 7–8. Feuchte Acker-Mulden, Wege, Fahrrinnen auf armen Sandböden, kalkfliehend; z N-Sa S-Br NW-Ns Sh, s M- u. N-Ba Rh We He O-Th An M- u. NW-Br NO-Ns N- u. SW-Me, † Bw, ↘ (trop-strop/moAFR-m/mo-temp·(oz)EUR – T – V Nanocyp.).

Zwergflachs, Zwerg-Lein – R. linoídes ROTH

Familie **Sauerkleegewächse** – Oxalidáceae R. BR.

Kräuter, selten Sträucher od. Bäume. Bl wechsel- od. grundständig, zusammengesetzt, mit od. ohne NebenBl. B ⚥, radiär, 5zählig. KrBl frei. StaubBl 10. FrKn oberständig, (3–)5blättrig, (3–)5fächrig. Griffel (3–)5. Kapseln, selten Beeren (775 Arten – Ib, Sb – Sv – meist Tristylie).

Sauerklee – Óxalis L.

1 KrBl weiß, purpurn geadert, am Grund mit gelbem Fleck. Wurzelstock kriechend, durch die verdickten BlStielbasen gezähnt. Stg fehlend. BStiele nur mit 2 schuppenfg VorBl. 0,05–0,12. ♃ 4–5. Krautreiche Wälder u. Forsten, subalp. Hochstaudenfluren, mäßig anspruchsvoll; alle Bdl v, aber MDt-Trockengeb u. W-Br z (m/mo-b·(oz)EURAS – H, G – K Vacc.-Pic., V Luz.-Fag., V Querc. rob.-petr., O Adenost.).

Wald-S. – O. acetosélla L.

1* KrBl gelb. Stg beblättert 2

2 NebenBl fehlend. Stiel der Zyme am Grund mit knotigem Gelenk. BStiele nach dem Verblühen aufrecht bis waagrecht abstehend. Bl wechselständig, fast gegenständig od. fast quirlig. Kapsel kahl od. mit spärlichen, mehrzelligen Haaren, 8–12(–15) mm lg. Pfl aufrecht od. später etwas liegend, nie wurzelnd. Stg einzeln an unterirdischen Ausläufern, wie die BlStiele mit krausen, einzelligen Haaren. 0,10–0,40. ⊙ ♃ 6–10. Nährstoffreiche Äcker u. Gärten, frische Ruderalstellen; (N 1807) alle Bdl v, aber Alpen, Vorland u. Kalkhügelland z (austrNEUSEEL+trop/moAFR-m-tempOAM–EURAS – G – O Polyg.-Chen., K Secal.). [O. fontána BUNGE, O. europǣa JORDAN]

Europäischer S. – O. strícta L.

2* NebenBl vorhanden, dem BlStiel angewachsen (Abb. **324**/3). Stiel der Zyme ohne knotiges Gelenk. BStiele nach dem Verblühen meist herabgeschlagen. Kapsel von ∞ meist einzelligen Haaren weichhaarig, 12–25 mm lg 3

3 Pfl kriechend, an den Knoten wurzelnd. Bl wechselständig. Blchen auf $^1/_4$–$^1/_2$ zweilappig. Kapsel 10–16 mm lg,. 0,10–0,50. ⊙ ♃ 6–9. Mäßig trockne bis frische Ruderalstellen (Wegränder, Pflasterfugen), Gärten; (N 1577) v He, z Ba Bw Rh W- u. N-We Th Sa An Br S-Ns Me, s N-Ns S-Sh (austr-tempCIRCPOL – O Polyg.-Chen., V Polyg. avic.).

Gehörnter S. – O. corniculáta L.

3* Pfl aufrecht, ohne Ausläufer. Bl fast gegenständig od. gebüschelt. Blchen auf $^1/_6$ zweilappig. Kapsel 15–25 mm lg. 0,10–0,40. ⊙ 7–10. Park- u. Gartenrasen, Gebüschsäume, Wegränder; (N 1961) z Bw, s Rh S-He O-Th Sa S-An Br: bes. Berlin N-Ns Me (austrNEUSEEL+trop/moAFR-m-tempOAM+sm-temp·(oz)EURAS – O Polyg.-Chen., V Cynos.). [O. naviéri JORDAN, O. strícta aut.] **Dillenius-S.** – O. dillénii JACQ.

Familie **Storchschnabelgewächse** – Geraniáceae JUSS.

Kräuter od. Halbsträucher, selten Bäume. Bl meist wechselständig, mit NebenBl. B ⚥, meist radiär, 5zählig. KrBl frei. StaubBl 10. FrKn oberständig, 5blättrig, 5fächrig, in jedem Fach 1–2 SaAnlagen. SpaltFr, in je 5 schnabelartig verlängerte, 1samige TeilFr zerfallend (700 Arten – Ib, Sb – Ev, Sv).

1 Bl handfg eingeschnitten od. gefingert. FrSchnäbel bei der Reife bogig aufwärts gekrümmt (Abb. **324**/4). **Storchschnabel** – Gerānium S. 326

1* Bl gefiedert. FrSchnäbel bei der Reife im unteren Teil spiralig einrollend. **Reiherschnabel** – Eródium S. 328

Storchschnabel – Gerānium L.

1 Bl aus 3–5 völlig getrennten, gestielten, bis nahe an den Mittelnerv fiederschnittigen Blchen zusammengesetzt (Abb. **326**/3) 2

1* Bl fingerfg gespalten bis geschnitten (Abb. **326**/4–6) 3

2 KrBl 5–8 mm lg, den 5–6 mm lg K kaum überragend, dunkel purpurn. Staubbeutel u. Pollen gelb. 0,20–0,40. ⊙ ① 5–9. Trockne Felsen; (N 1890 U) s SW-Bw He Rh (m-sm·(oz) EUR). [G. robertiánum ssp. purpúreum (VILL.) NYMAN] **Purpur-St.** – G. purpúreum VILL.

2* KrBl 9–12 mm lg, den 6–7 mm lg K weit überragend, hellpurpurn. Staubbeutel rotbraun, Pollen orange. 0,20–0,40. ⊙ ① 5–10. Frische Säume, Schläge, Gebüsche, edellaubholzreiche Wälder, feuchtes Geröll, nitrophil; alle Bdl g, nur W-Br N-An N-Ns v (m-b·(oz)CIRCPOL – V Alliar.). ** **Stinkender St., Ruprechtskraut** – G. robertiánum L.

3 **(1)** Pfl kahl od. mit einzelnen Haaren. Bl glänzend. Stg rot. KBl aufrecht, kegelfg zusammenneigend. KrBl länglich-keilfg, rosa. 0,15–0,30. ① ⊙ 5–8. Säume, Geröllhalden, BlockW, anspruchsvoll; z Rh, s N-Ba: Jura SO-We He W- u. N-Th S-An SO-Ns: Ith, (N) s M- u. N-Br (m-temp·ozEUR–(WAS) – H, T – V Alliar., V Til.-Acer.). **Glänzender St.** – G. lúcidum L.

3* Pfl behaart 4

4 KrBl 10–20 mm lg. Pfl ♃ 5

4* KrBl 3–10 mm lg. Pfl meist ⊙ od. ⊙ 10

5 B einzeln. BlSpreiten fast bis zum Grund in linealische Abschnitte geteilt. KrBl purpurrot, vorn ausgerandet, 15–20 mm lg. 0,15–0,50. ♃ 6–8. Trockne Säume, wärmeliebende Gebüsche u. TrockenW, kalkhold; v M- u. NW-Ba O-Bw Rh, z S- u. O-Ba W-Bw He Th M- u. NW-Sa S-An Br, s S- u. O-We N-An SO-Ns Me S- u. O-Sh, (N) s NW-We N-Ns Me NW-Sh. ZierPff (m/mo-temp·subozEUR – H – Vm – V Ger. sang., V Berb., O Querc. pub., V Eric.-Pin., V Cytis.-Pin.). **Blut-St.** – G. sanguíneum L.

5* B in 2blütigen Teilblütenständen. BlZipfel nicht linealisch 6

6 Kr rotbraun od. schwarzviolett, selten schmutziglila. KrBl 10–15 mm lg, wenig länger als der K, völlig flach ausgebreitet od. sogar etwas zurückgeschlagen. StgBl wechselständig. 0,30–0,60. ♃ 5–6. Frische Fettwiesen, Staudenfluren an quelligen Stellen, Gebüsche; z S- u. M-Sa, s S-Ba: Mittel- u. Ostalpen, Vorland am Inn, (N) s M- u. N-Ba Bw W-Rh We Th An W-Br Ns Me O-Sh. ZierPfl (sm/mo-stemp/demo·subozEUR – H – Vm – V Filip., O Arrh., V Alno-Ulm.). ** **Brauner St.** – G. phāeum L.

6* Kr purpurn, lila, blau- od. rötlichviolett. KrBl doppelt so lg wie der K, schräg aufwärtsgerichtet. Obere StgBl gegenständig 7

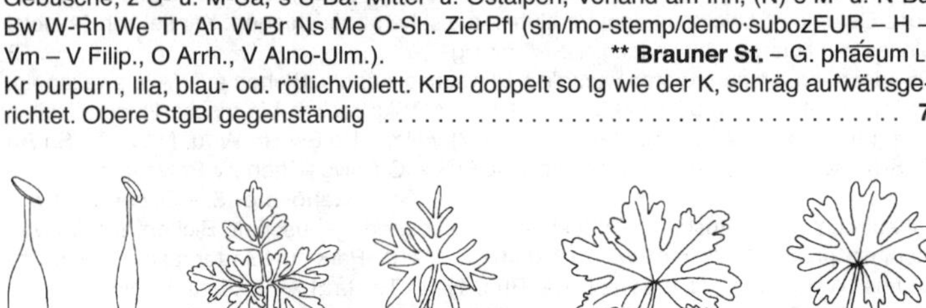

1 2 3 4 5 6

7 KrBl ausgerandet, lila mit violetten Adern, 12–17 mm lg. Bl 3–5teilig, ihre Zipfel gezähnt. Stg mit angedrückten, rückwärtsgerichteten Haaren. 0,20–0,50. ♃ 5–9. (N) s He: Kassel (sm/(mo)·subozEUR – H – O Fag.). **Knotiger St.** – G. nodósum L.

7* KrBl vorn abgerundet. Bl (5–)7spaltig od. -teilig **8**

8 Pfl drüsenlos. FrKlappen mit abstehenden, drüsenlosen Haaren. BStiele nach dem Verblühen abwärtsgebogen. Kr hellpurpurn. 0,25–1,00. ♃ 6–9. Bachsäume, Moorwiesen, Ufergehölze, anspruchsvoll; v Ba O-Bw He Th Sa An Br S-Ns Me O-Sh, z W-Bw N- u. O-Rh O-We NO-Ns, s W-We SW-Sh (sm/mo-temp·subozEUR – H – Vm – V Filip., V Calth., V Mol., V Salic. alb.). **Sumpf-St.** – G. palústre L.

8* Oberer Teil der Stg, BStiele u. FrKlappen mit Drüsenhaaren. Kr blau- od. rötlichviolett **9**

9 Kr hell blauviolett. BStiele nach dem Verblühen abwärts gebogen, zuletzt oft wieder aufrecht. Staubfäden am Grund 3eckig verbreitert (Abb. **326**/1). Bl geteilt, ihre Zipfel fast fiederspaltig. 0,20–0,60. ♃ 6–8. Nährstoffreiche, meist kalkhaltige Fettwiesen, Straßenraine; v W-Ba Bw Rh He Th Sa: bes. Elbegebiet S-An, z S- u. O-Ba We N-An Br O-Ns Me S- u. O-Sh, (N) z W-Ns NW-Sh (m/mo-b·(subk)EURAS – H – Vm – V Arrh.). **Wiesen-St.** – G. praténse L.

9* Kr rötlichviolett. BStiele nach dem Verblühen aufrecht bleibend. Staubfäden lanzettlich (Abb. **326**/2). Bl gespalten, ihre Zipfel eingeschnitten gesägt. 0,20–0,60. ♃ 5–7. Sickerfeuchte Bergfettwiesen, Hochstaudenfluren; v Bergland von Ba Bw Rh S- u. O-We He Th M- u. SW-Sa SW-An SO-Ns, s im Hügelland dieser Länder u. Br, auch (N) s, z. B. N-We W-Ns Sh (sm/mo-b·subozEUR–WSIB – H – Vm – V Adenost., V Triset., V Alno-Ulm.). **Wald-St.** – G. sylváticum L.

10 **(4)** KrBl vorn abgerundet, verkehrteifg, rosenrot. Stg ästig, kurzzottig, oben drüsig. 0,10–0,30. ⊙ 6–10. Mäßig trockne Ruderalstellen (Wegränder, an Mauern), Weinberge; (N) z M- u. N-Ba W- u. N-Bw Rh S-He, s W-We, (U) Th An Br, † Sa (m/mo-temp·(suboz)EUR–WAS – T – V Fum.-Euph., V Sisymbr.). **Rundblättriger St.** – G. rotundifólium L.

10* KrBl vorn ausgerandet **11**

11 Bl bis zur Mitte od. etwas tiefer gespalten **12**

11* Bl bis fast zum Grund 5–7schnittig, BlAbschnitte fiederteilig (Abb. **326**/4) **17**

12 Bl im Umriß eckig (Abb. **326**/5). KBl deutlich begrannt **13**

12* Bl im Umriß rundlich (Abb. **326**/6). KBl kurz bespitzt **15**

13 KrBl 7–10 mm lg, blauviolett. KBl 2–3 mm lg begrannt. FrKlappen glatt. 0,25–1,00. ⊙ ⊙ 6–7. Schläge, Brandstellen; s NO-Sa: Rietschen, ob noch? (sm-temp·subkEUR – T, H). **Böhmischer St.** – G. bohémicum L.

13* KrBl 5–7 mm lg. KBl 0,5–2 mm lg begrannt **14**

14 Stg mit lg abstehenden, drüsenlosen u. kurzen drüsigen Haaren. BStände meist 2blütig. KrBl rosa, 5–7 mm lg. KBl 0,5–1 mm lg begrannt. FrKlappen querrunzlig. 0,25–0,60. ⊙ 6–8. Mäßig frische Ruderalstellen (Wegränder), Heckensäume, Weinberge; (A) s Sa O-Br, (N U) s Ba Bw Th Me, (N) † S-An (m-temp·subkEUR–WAS – T – O Polyg.-Chen., V Alliar.) **Spreizender St.** – G. divaricátum EHRH.

14* Stg mit lg rückwärtsgerichteten, drüsenlosen Haaren. BStände meist 1blütig. KrBl lila mit dunklen Adern, 6 mm lg. KBl 0,5–2 mm lg begrannt. FrKlappen glatt. 0,30–0,60. ♃ 7–8. Hecken- u. Gebüschsäume; (N U) s W- u. N-Ba Bw Rh Br: Berlin (sm/mo-temp·(k)(EUR)–AS – H – V Alliar.). **Sibirischer St.** – G. sibíricum L.

15 **(12)** Stg kurzhaarig. KrBl schwach ausgerandet, 2,5–4 mm lg u. so lg wie der K. FrKlappen glatt, angedrückt behaart. 0,15–0,30. ⊙ ⊙ 5–10. Nährstoffreiche, sandige bis lehmige Äcker, mäßig trockne Ruderalstellen (Wegränder, Schutt), Weinberge; (A) g An Br Me Sh, v Ba Bw Rh We He Th Sa Ns, z höheres Bergland (m-temp·(suboz) EUR–WAS – T – Vw – K Secal., O Polyg.-Chen., V Sisymbr.). **Zwerg-St.** – G. pusíllum BURM. fil.

15* Stg mit kurzen weichen u. längeren zottigen Haaren. KrBl tief ausgerandet, länger als der K **16**

16 KrBl 6–10 mm lg, violett, etwa doppelt so lg wie der K. FrKlappen glatt, anliegend behaart. StgBl gegenständig. 0,25–0,70. ⊚ ⊙ 5–10. Frische Ruderalstellen (Weg- u. Grabenränder, Schutt, Viehläger), Heckensäume; (N 1800) v Bw Rh He Th Sa S-An S-Ns NW- u. SO-Me O-Sh, z Ba: bes. Hügelland We N-An Br N-Ns SW- u. NO-Me, s W-Sh, ↗ (m/mo-temp·subozEUR – H – Vm – V Arct., V Sisymbr., V Arrh.).
Pyrenäen-St., Anger-St. – G. pyrenáicum BURM. fil.

16* KrBl 4–6 mm lg, rosa, etwas länger als der K. FrKlappen querrunzlig, kahl. StgBl meist wechselständig. 0,10–0,30. ⊙ ⊙ 5–10. Mäßig trockne Ruderalstellen (Wegränder, Schutt), Brachen, ruderal beeinflußte Sandtrockenrasen u. gestörte Rasen; (A) g Me Sh, v M-Ba Rh We He Sa An Br Ns, z S- u. N-Ba außer Alpen Bw Th (m-temp·(oz) EUR–(WAS) – T – V Sisymbr., O Fest.-Sedet., V Cynos., V Alliar.).
Weicher-St. – G. mólle L.

17 **(11)** Stg anliegend behaart. BStandsstiel 2–12 cm lg, länger als sein TragBl. BStiele 2–6 cm lg, anliegend behaart, drüsenlos. KBl hautrandig, drüsenlos, einschließlich Granne 8–10 mm lg. KrBl 7–10 mm lg, etwas länger als der K. Fr fast kahl bis zerstreut behaart, drüsenlos, Schnabel 15–20 mm lg. 0,10–0,60. ⊙ 6–7. Mäßig trockne Ruderalstellen (Wegränder, Böschungen, gestörte Rasen), Heckensäume, kalkhold; (A) v Ba Bw Rh S- u. O-We He Th SW-An S-Ns NW- u. SO-Me O-Sh, z Sa O- u. N-An Br SW- u. NO-Me W-Sh, s NW-We N-Ns (m-temp·(oz)EUR – T – K Chen.).
Tauben-St., Taubenfuß – G. columbínum L.

17* Stg abstehend behaart. BStandsstiel 0,5–3 cm lg, kürzer als sein TragBl. BStiele 0,5–1,5 cm lg, abstehend behaart, drüsig. KBl nicht hautrandig, drüsenhaarig, einschließlich Granne 5–8 mm lg. KrBl 4–6 mm lg, nicht länger als der K. Fr stark behaart, drüsig, Schnabel 7–12 mm lg. 0,10–0,60. ⊙ 5–8. Nährstoffreiche, sandige bis lehmige Äcker (bes. Hackkulturen), Gärten, frische bis mäßig trockne Ruderalstellen (Wegränder, Schutt); (A) v Ba Bw Rh We He Th Sa S-An S-Ns N-Me Sh, z N-An Br S-Me N-Ns (m-temp·(oz)EUR–(WAS) – T – Wv – V Fum.-Euph., V Aphan., V Sisymbr.).
Schlitzblättriger St. – G. disséctum L.

Reiherschnabel – Eródium L'HÉR.

1 BlFiedern gezähnt, gesägt od. schwach fiederspaltig. Neben- u. DeckBl stumpf. Fertile StaubBl am Grund 2zähnig. TeilFr abstehend behaart, ihre Gruben an der Spitze drüsig. Pfl mit Moschusgeruch. 0,10–0,50. ⊙ 5–6. Trockne, sandige bis kiesige Ruderalstellen (Wegränder, Umschlagplätze); (N U) s W-Bw Th NW- u. O-Sa M- u. SO-Br Me (m-sm·(oz)EUR–(WAS) – T – V Sisymbr.). **Moschus-R.** – E. moschátum (L.) L'HÉR.

1* BlFiedern tief fiederspaltig od. fiederteilig. Neben- u. DeckBl spitz. Fertile StaubBl am Grund ± verbreitert, nicht gezähnt. TeilFr mit aufwärts gerichteten Haaren, ihre Gruben an der Spitze nicht drüsig. Pfl ohne Moschusgeruch. 0,10–0,60. ⊙ ⊙4–10. Sandige bis lehmige Äcker, trockne bis mäßig trockne Ruderalstellen (Wegränder, Böschungen), Brachen, ruderal beeinflußte Sandtrockenrasen; g An Br Me Sh, v M- u. N-Ba N-Bw Rh We Th Sa Ns, z S-Ba S-Bw He (austr-b·(suboz)CIRCPOL – T, H – O Polyg.-Chen., K Secal., O Fest.-Sedet.). *** Gewöhnlicher R.** – E. cicutárium agg.

Familie **Kapuzinerkressengewächse** – Tropaeoláceae JUSS. ex DC.

Kräuter. Bl wechselständig, mit od. ohne NebenBl. B ⚥, dorsiventral, einzeln achselständig, KBl 5, das dorsale gespornt, KrBl 5. StaubBl 8. FrKn oberständig, 3blättrig, 3fächrig, jedes Fach mit 1 SaAnlage. Fr in drei 1samige TeilFr zerfallend (89 Arten – Ib).

Kapuzinerkresse – Tropǽolum L.

Bl schildfg. B gelb bis rot. 0,30–3,00. ⊙ (in der Heimat ♃). 6–10. ZierPfl, zuweilen verwildert, frische Ruderralstellen (Schutt) (tropWAM – C, T). **Große K.** – T. május L.

Familie **Kreuzblümchengewächse** – Polygaláceae R. BR.

Kräuter, Sträucher. Bl ungeteilt, ganzrandig, oft wintergrün, ohne NebenBl. B ⚥, schmetterlingsfg. KBl 5, 2 innere, große, kronblattartige (Flügel) u. 3 äußere, kleine. KrBl 5, meist nur 3 entwickelt, das untere groß (Schiffchen) u. mit fransigem Anhängsel, die übrigen klein, unter sich u. mit den StaubBl ± verwachsen. StaubBl 8(–10), zu einer oben offenen Röhre verwachsen. FrKn oberständig, meist 2blättrig, 2fächrig, in jedem Fach 1 SaAnlage. Kapseln, Nüsse, SteinFr (1000 Arten – Ib – Wv).

Kreuzblümchen, Kreuzblume – Polýgala L.
(Ib: Bienen – Wv)

1 B gelb, zuweilen rötlich überlaufen, einzeln od. zu 2 in den Achseln. Schiffchen vorn 4lappig. Bl immergrün. 0,10–0,20. ♄ 4–6. Wärmeliebende KiefernW, Magerrasen, kalkhold; v S-, M- u. NO-Ba, s SO-Bw SO-Th: Lobenstein SW-Sa: oberes Vogtland (sm/dealp-stemp/dealp·subozEUR – S – Ib: Hummeln – V Eric.-Pin., V Sesl.) [Chamaebúxus alpéstris SPACH, Polygaloídes chamaebúxus (L.) O. SCHWARZ]
Buchsblättriges K., Zwergbuchs – P. chamaebúxus L.

1* B blau, rot od. weiß, in Trauben. Schiffchen vorn mit zerschlitztem Anhängsel **2**

2 Trauben 5–10blütig. Untere Bl gegenständig. Stg am Grund liegend. B meist hellblau. 0,06–0,12. ♃ 5–9. Frische bis feuchte Silikatmagerrasen, Quellfluren, kalkmeidend; v NO-Ba W-Rh S-We SO-Th SW-Sa, z Bw: bes. Schwarzw O-Rh SW-Th, s W-Ba N-We He W-An S-Br Ns Sh, † N-Me, ↘ (sm-temp·ozEUR+arctOGRÖNL – H – V Viol. can., V Junc. squarr.). [P. depréssa WENDEROTH, P. serpyllácea WEIHE]
Quendel-K. – P. serpyllifólia HOSÉ

2* Trauben vielblütig. Bl wechselständig, zuweilen in Rosetten **3**

3 Stg im unteren Teil ausläuferartig liegend, blattlos u. mit ± lockerer Rosette abschließend, darauf mehrere aufrechte Zweige. 0,10–0,20. ♃ 4–6. Submed. Kalkhalbtrockenrasen, Trockengebüschsäume, kalkstet; z W-Rh, s SW-Bw: Kienberg bei Freiburg, ↘ (sm-temp·euozEUR – H, C – V Mesobrom., V Ger. sang.).
Kalk-K. – P. calcárea F. W. SCHULTZ

3* Stg am Grund nicht ausläuferartig **4**

4 Oberste Bl ± gedrängt, den Grund des BStandes umgebend, größer u. breiter als die nach unten folgenden, die untersten nicht rosettig. Nervatur der Flügel offen, selten mit 1–2 Netzmaschen. B 4–6 mm lg, blau, seltener weißlich. 0,07–0,15. ♃ 6–7. Subalp. u. alp., sonnige, arme Matten; z S-Ba: Alpen (sm/alp-temp/alp·subozEUR – H – O Sesl., V Nard.). **Alpen-K.** – P. alpéstris RCHB.

4* Oberste Bl nicht gedrängt **5**

5 Unterste Bl ± rosettig, deutlich größer als die nach oben folgenden. Seitennerven der Flügel an der Spitze meist nicht mit dem Mittelnerv verbunden, ihre Außenäste frei endend (Abb. **329**/1). B blau, selten purpurn od. weiß. Pfl bitter **6**

5* Unterste Bl nicht rosettig, verkehrteifg bis elliptisch, kürzer als die lanzettlichen mittleren u. oberen Bl. Seitennerven der Flügel an der Spitze meist miteinander verbunden, ihre Außenäste meist Netzmaschen bildend (Abb. **329**/2). B rötlich, blau od. weiß. Pfl nicht bitter **7**

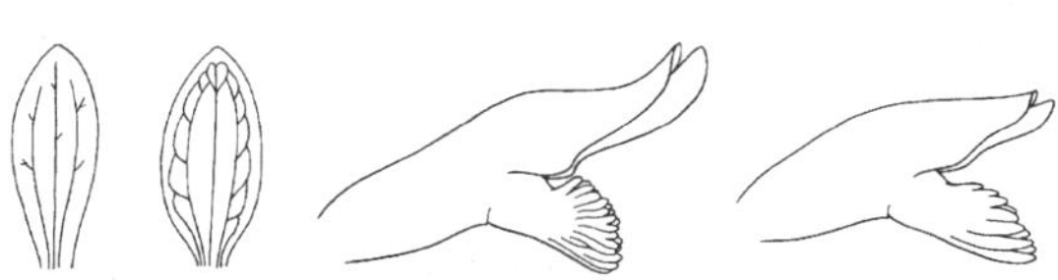

1 2 3 4

6 Kr 4,5–7,5 mm lg. Flügel länglich-eifg, 5–8 mm lg, etwa so br wie die Kapsel. Schiffchen vor dem Anhängsel deutlich eingeschnürt (Abb. **329**/3); Anhängsel mit 12–30(–40) Fransen. Kapsel 4–6 mm lg u. 3,5–4,5 mm br. Sa 2,1–2,8 mm lg; Arillus 0,6–1 mm lg, Arilluslappen ungleich. StgBl meist in der Mitte am breitesten. 0,10–0,25. ♃ 5–6. Alp.-subalp. Felsrasen u. Quellfluren, Halbtrockenrasen, kalkstet; z S-Ba: Alpen, s NO-He Th Sa S-An? Br? SO-Ns: Bodenwerder Me, † Bw: Jura, außerhalb der Alpen oft unsicher (sm/mo-stemp/demo·subozEUR – C – O Sesl., V Mesobrom.). **(**) Bitteres K.** – P. amára L.

6* Kr 3–4,5 mm lg. Flügel br elliptisch bis verkehrteifg, 3–4,8 mm lg, deutlich schmaler als die Kapsel. Schiffchen vor dem Anhängsel undeutlich gegliedert (Abb. **329**/4); Anhängsel mit 8–14(–16) Fransen. Kapsel 3–4,5 mm lg u. 2,5–4,3 mm br. Sa 1,5–2,1 mm lg; Arillus 0,3–0,6 mm lg, Arilluslappen etwa gleich lg. StgBl meist über der Mitte am breitesten. 0,05–0,15. ♃ 4–6. Frische, kalkreiche Moorwiesen, Quellfluren, Kalkhalbtrockenrasen; v S- u. M-Ba S- u. O-Bw S-Th, z N-Ba NW-Bw Rh SW- u. NO-We NO-He N-Th S- u. O-An Br, s NW-Sa SO-Ns O-Me, † O-Sh (sm-b·subozEUR – C – V Mol., V Caric. davall., V Mesobrom.). **Sumpf-K.** – P. amarélla CRANTZ

7 **(5)** B rötlich, seltener violett od. weiß. Kr 4,5–7,5 mm lg. Flügel 4–7,5 mm lg, die Außenäste ihrer Seitennerven z. T. frei endend, mit 0–6 undeutlichen Netzmaschen, Seitennerven an der Spitze nur teilweise miteinander verbunden. BStand schopfig, kegelfg. DeckBl lineal, 2,3–5 mm lg, die BKnospen überragend, 2–3mal so lg wie der BStiel. 0,10–0,30. ♃ 5–6. Kalktrocken- u. -halbtrockenrasen; v M- u. N-Ba O-Bw Th, z S-Ba W-Bw Rh S- u. O-We He S-An O-Br S-Ns, s Sa W-Br M- u. SO-Me (sm-temp·subozEUR – H – K Fest.-Brom.). **Schopf-K.** – P. comósa SCHKUHR

7* B blau od. weiß, selten rötlich od. hellblau. Kr 5,5–9,5 mm lg. Flügel 4,5–8,5 mm lg, mit 4–14 Netzmaschen. Seitennerven an der Spitze miteinander verbunden. BStand meist verlängert, ± locker. DeckBl eifg, 0,8–1,8 mm lg, die BKnospen nicht überragend, etwa so lg wie der BStiel od. kürzer. 0,05–0,25. ♃ 5–8. Silikatmager- u. Halbtrockenrasen, wechseltrockne Wiesen, kalkmeidend; v Ba Bw Rh S- u. O-We S-Th Sa S-An: bes. Harz, Dübener Heide S-Br S-Ns Sh, z NW-We He N-Th N-An N-Br Me N-Ns (m/mo-b·(oz)EUR – H – V Viol. can., V Mesobrom., V Cirs.-Brach., K Mol.-Arrh.). ****Gewöhnliches K.** – P. vulgáris L.

Familie **Blutweiderichgewächse** – Lythráceae JAUME ST.-HILL.

Kräuter, seltener Bäume od. Halbsträucher. Bl gegen- od. quirlständig, selten wechselständig, ohne od. mit kleinen, hinfälligen NebenBl. B ⚥, radiär, 4–8(–16)zählig. BHülle doppelt, selten durch Ausfall der Kr einfach. Kelchartiger Achsenbecher vorhanden, nicht mit dem FrKn verwachsen. FrKn mittelständig, 2–4blättrig, 2–4fächrig, in jedem Fach meist viele SaAnlagen. Griffel 1. Kapseln, SchließFr (600 Arten – Ib).

1 Stg liegend, mit aufsteigenden Zweigen. Achsenbecher verkehrtkegelfg, bis 1,5 mm lg. **Sumpfquendel** – Péplis S. 330

1* Stg aufrecht. Achsenbecher walzlich, 4–7 mm lg. **Blutweiderich** – Lýthrum S. 330

Sumpfquendel – Péplis L.

Bl gegenständig, verkehrteifg bis spatelfg. B einzeln achselständig. 0,05–0,20. ⊙ 7–9. Nährstoffreiche, saure, zeitweise überschwemmte Äcker, Teichränder, Gräben, Wegrinnen; alle Bdl z, aber MDt-Trockengeb u. Alpen f (m/mo-temp·(oz)EUR – T – Ib, Sb – Hv: SchwimmSa – K Isoëto-Nanojunc.). [Lýthrum pórtula (L.) D. A. WEBB] **Sumpfquendel** – P. pórtula L.

Blutweiderich – Lýthrum L.

1 Bl meist wechselständig, lineal-lanzettlich. B einzeln. KrBl violettrot, 5–7 mm lg. Alle KZähne gleich lg. StaubBl 2–6, gleich lg. 0,07–0,30. ⊙ 7–9. Nährstoffreiche, zeitweise überschwemmte, oft salzhaltige Schlammufer, feuchte Äcker, Wege; z Br, s M- u. NW-Ba: Donau, Franken W- u. N-Bw Rh He M- u. N-Th N-Sa An, † We Sh, ↘ (austr CIRC-POL-m-temp·(suboz)AFR–EUR–WAS+(AM) – T – Ib, Sb – Hv – K Isoëto-Nanojunc.). **Ysop-B.** – L. hyssopifólia L.

1* Bl meist gegenständig, lanzettlich. B quirlig, in langen Ähren. KrBl purpurrot, 8–12 mm lg. Innere KZähne halb so lg wie äußere. StaubBl 12 (6 lange u. 6 kurze). 0,50–1,00. ♃ 7–9. Nasse Staudenfluren an Ufern u. Gräben, Moorwiesen, Seggenrieder; g N-Sa N-An Br O-Ns Me Sh, v Ba Bw Rh We He Th S-Sa S-An W-Ns (m-b·(suboz)EURAS – H – Ib, Vg: Tristylie – Ev: Vögel – O Mol., K Phragm.). **Gewöhnlicher B.** – L. salicária L.

Familie **Nachtkerzengewächse** – Onagráceae JUSS.

Kräuter, selten Sträucher od. Bäume. Bl wechsel-, gegen-, kreuzgegenständig od. quirlig, ohne od. mit hinfälligen NebenBl. B ⚥, radiär, seltener dorsiventral, meist 4zählig, meist mit doppelter BHülle. BRöhre (Achsenbecher) meist über den unterständigen FrKn hinaus verlängert u. kronblattartig gefärbt. StaubBl 8, seltener 2 od. 4. FrKn meist 4blättrig u. 4fächrig, in jedem Fach 1–∞ SaAnlagen. ∞samige Kapseln, seltener Beeren, SteinFr, Nüsse (650 Arten).

1 Stg kriechend of. flutend, oft an den Knoten wurzelnd. BHülle einfach, grünlich. StaubBl 4. **Heusenkraut** – Ludwígia S. 331
1* Stg aufrecht od. aufsteigend. BHülle doppelt 2
2 StaubBl 2. K u. Kr 2blättrig. B weiß. Fr eine 1–2samige SchließFr. **Hexenkraut** – Circǣa S. 334
2* StaubBl 8. Fr eine mit 4 Klappen aufspringende Kapsel 3
3 Kr gelb. FrKn u. Kapsel länglich. Sa ohne Haarschopf. **Nachtkerze** – Oenothéra S. 334
3* Kr rot od. weißlich. FrKn u. Kapsel schmal linealisch (Abb. **332**/1). Sa mit Haarschopf. **Weidenröschen** – Epilóbium S. 331

Heusenkraut – Ludwígia L. [Ludvígia L.]

Stg kriechend od. flutend, oft rot. B einzeln achselständig. Bl eifg bis elliptisch, spitz. 0,15–0,30. ⊙ ♃ 7–8. Offene, nasse, zeitweise überschwemmte, nährstoffreiche Schlammböden an Teichufern, Tümpeln, Gräben; s W-Bw: Oberrhein SO-An SO-Br, † Rh We He Ns Sh, ↘ (strop-m-temp·(oz)AM+(EUR) – T, H, – Sb – V Nanocyp., V Bid.]. [Isnárdia palústris L.] **Sumpf-H.** – L. palústris (L.) ELLIOTT

Weidenröschen – Epilóbium L.
(H – Ib, meist auch Sb – Wv – Hybr.)

1 B schwach dorsiventral, mit kurzer BRöhre. Griffel abwärts geneigt. Narbe 4spaltig. Alle Bl wechselständig 2
1* B (fast) radiär, mit lg BRöhre. Griffel aufrecht. Narbe 4spaltig od. keulig. Bl gegenständig od. quirlig, wenigstens die unteren 4
2 Bl lanzettlich, 10–20 mm br, weich, unterseits blaugrün, mit hervortretenden Seitennerven. KrBl mit kurzem Nagel, purpurrot. 0,60–1,20. ♃ 6–7. WSchläge, Gebüsche, Nadelholzforsten, subalp. Hochstaudenfluren, kalkmeidend; alle Bdl g, nur Alpen u. MDt-Trockengeb v (m-arct·(subk)CIRCPOL – H – Sv: Wurzelsprosse – K Epil. ang., V Adenost.). [Chamaenérion angustifólium (L.) SCOP.] **Schmalblättriges W.** – E. angustifólium L.
2* Bl linealisch bis lineal-lanzettlich, bis 5 mm br, starr, beiderseits grün, mit nicht hervortretenden Seitennerven. KrBl ohne Nagel 3
3 Stg aufrecht. Griffel nur am Grund zottig, fädlich, fast so lg wie die längeren StaubBl. Kr rosa. 0,20–1,00. ♃ 7–9. PionierPfl auf Flußschotter, Kiesgruben; (A) Rhein, Alpenvorland, Maulbronn, Diefenbach, Sulz, Wolfach, (N) s S-Ba: Hochebene Rh: Pfalz O-Sa:

Oberlausitz, (U) SW-We: Rhein (m/mo-temp·(suboz)EUR – C – V Epil. fleisch.). [Chamaenérion palústre aut., Ch. angustíssimum (WEBER) D. SOSN.]
Rosmarin-W. – E. dodonǣi VILL.

3* Stg aufsteigend. Griffel bis zur Mitte zottig, walzig, dick, kaum so lg wie die kürzeren StaubBl. Kr purpurrot. 0,20–0,40. ♃ 7–9. PionierPfl auf Schotteralluvionen, Kiesbänke, Moränenschutt; s SW-Ba: Allgäu, (U) s SW-Bw (sm/salp-temp/salp·(suboz)EUR – C – Sv: Wurzelsprosse – V Epil. fleisch.). [Chamaenérion flēischeri (HOCHST.) FRITSCH]
Fleischers W. – E. flēischeri HOCHST.

4 **(1)** Narbe 4spaltig (Abb. **332**/1). Stg stets stielrund **5**

4* Narbe keulig, ungeteilt. Stg kahl od. angedrückt behaart, nie abstehend behaart **9**

5 Stg abstehend behaart. Bl sitzend. BKnospen aufrecht **6**

5* Stg angedrückt behaart od. kahl. Bl meist kurz gestielt. BKnospen ± nickend **7**

6 Bl 6–12 cm lg, scharf gezähnt-gesägt, halbstengelumfassend, schwach herablaufend. Kr 15–23 mm br, tiefrosa. 0,80–1,50. ♃ 6–9. Nasse, nährstoffreiche Staudenfluren an Bächen, Gräben, Quellen; g Me Sh, übrige Bdl v, Alpen, Schwarzw, Bayr-W u. Th-W z (austr-strop/moAFR-m-temp·(suboz)EURAS – V Convolv., V Filip.).
Rauhhaariges W. – E. hirsútum L.

6* Bl 3–7 cm lg, entfernt u. schwach gezähnt, weder stengelumfassend noch herablaufend. Kr 6–9 mm br, blaßrosa. 0,30–0,80. ♃ 6–9. Röhrichte, Bach- u. Flußufer, Gräben; alle Bdl v, aber N-Th u. O-Sa z (m-temp·(oz)EUR–WAS – V Convolv., V Filip.).
Kleinblütiges W. – E. parviflórum SCHREBER

7 **(5)** BlStiel 4–8 mm lg. BlSpreite in der Mitte am breitesten, am keilfg verschmälerten Grund ganzrandig, sonst entfernt gezähnt (Abb. **332**/2). Kr erst blaß rosa, dann dunkler. 0,30–0,60. ♃ 6–8. Felshänge, Schotterfluren, Mauern; v Rh, z S-We He, s NW-Ba W-Bw Th: ob noch? SW-Sa, † An Ns (m/mo-temp·ozEUR – O Andros. vand., V Galeops. seget.). **Lanzett-W.** – E. lanceolátum SEB. et MAURI

7* Bl sehr kurz gestielt. Spreite am Grund herzfg bis abgerundet **8**

8 Stg einfach od. oberwärts wenigästig. Bl 4–7 cm lg u. 15–35 mm br, grasgrün. BKnospen eifg, kurz bespitzt. Kr 8–12 mm lg. K u. junge Kapsel drüsenhaarig. 0,10–0,80. ♃ 6–9. Waldschläge u. Waldsäume, krautreiche Wälder, anspruchsvoll; g Ba Bw He, übrige Bdl v, nur NW-Br u. NW-Ns z (m/mo-b·(oz)EUR–WAS+(OAS) – V Alliar., O Fag.). [E. hypericifólium TAUSCH] **Berg-W.** – E. montánum L.

8* Stg meist vom Grund an ästig. Bl 1–4 cm lg u. 5–15 mm br, graugrün. BKnospen fast kugelfg, stumpf. Kr 4–6 mm lg. K u. Kapsel drüsenlos behaart. 0,10–0,40. ♃ 6–9. Lichte Fels- u. Mauerspalten in Urgestein od. Buntsandstein, kalkmeidend; v S-Sa, z, bes. Silikatgebirge, Ba W-Bw Rh S- u. O-We Th N-Sa Sw-An, s He SO-Br SO-Ns, ↘ (sm/mo-b·(suboz)EUR – O Andros. vand.). **Hügel-W.** – E. collínum C. C. GMELIN

9 **(4)** Bl zu 3–4 quirlig (seltener die oberen gegen- od. wechselständig), am Grund abgerundet. Kr 8–12 mm lg. 0,30–1,00. ♃ 7–8. Subalp., sickerfrische Hochstaudenfluren, Lägerfluren; z S-Ba: Alpen, Lautrach, Wengen, s S-Bw: Feldberg, Adelegg SW-Sa: Oberwiesenthal (sm/mo-temp/mo·subozEUR – V Adenost., V Rum. alp.). [E. trigónum SCHRANK] **Quirl-W.** – E. alpéstre (JACQ.) KROCKER

9* Bl nicht quirlig **10**

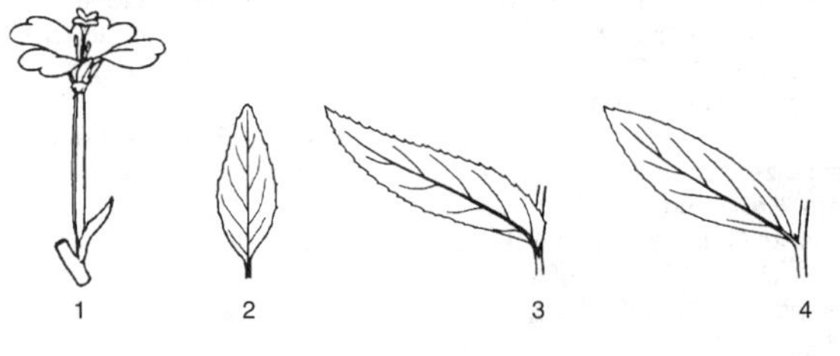

1 2 3 4

10 Stg stielrund, ohne erhabene Leisten, zuweilen mit 2 Haarlinien. Pfl mit unterirdischen Ausläufern, die im Herbst eine endständige, haselnußgroße, zwiebelartige Knospe bilden. Bl lineal-lanzettlich, fast ganzrandig, am Rand zurückgerollt, mit keiligem Grund sitzend. 0,10–0,50. ♃ 7–9. Nasse Flach- u. Quellmoore, Gräben, Großeggenriede usw.; g Me, übrige Bdl v, aber N-Bw He u. MDt-Trockengeb z (m-arctCIRCPOL – Hv, Sv: Ausläufer – V Card.-Mont., V Calth., V Magnocar.). **Sumpf-W.** – E. palústre L.

10* Stg mit 2 od. 4 erhabenen Längsleisten. Ausläuferknospen fehlend. Bl breiter (wenn schmal, dann mit br, nicht keiligem Grund) **11**

11 Stg 20–100 cm hoch, mehrblütig. Spitze des BStandes aufrecht, höchstens vor der BZeit nickend. Sa (außer bei Drüsigem W., s. **14**) verkehrteifg, mit abgerundetem Scheitel **12**

11* Stg 5–25 cm hoch, 1–4blütig. Spitze des BStandes noch mit unreifen Kapseln nickend. Sa länglich, beidendig verschmälert **16**

12 BlSpreite in den (3–)5–20 mm lg Stiel verschmälert, drüsig gezähnelt. Kr 5–6 mm lg, anfangs nickend. BStand ± drüsig. 0,25–0,80. ♃ 7–9. Nasse Röhrichte an Bach- u. Flußufern, Gräben, Weidengebüsche; v Ba Bw Rh S- u. O-We S-Th Sa S-Ns Me O-Sh, z NW-We He N-Th An Br N-Ns W-Sh (m-temp·subozEUR – V Filip., V Convolv., V Glyc.-Sparg.). **Rosenrotes W.** – E. róseum SCHREBER

12* Bl sitzend od. mit abgerundetem Grund sehr kurz (bis 3 mm) gestielt **13**

13 Wurzelhals mit lg, entfernt beblätterten, oberirdischen Ausläufern. BKnospen nickend. Kr 5–7 mm lg. Kapsel 4–6 cm lg. BRöhre drüsig, Pfl sonst drüsenlos. 0,60–1,00. ♃ 6–9. Nasse Staudenfluren u. Röhrichte an Bächen, Gräben usw.; Silikatgebirge v, sonst alle Bdl z, Alpen f (m/mo-temp·ozEUR – Sv: Ausläufer – V Magnocar., V Glyc.-Sparg., V Card.-Mont.). **Dunkelgrünes W.** – E. obscúrum SCHREBER

13* Wurzelhals mit kurz gestielten bis sitzenden BlRosetten, ohne Ausläufer. BKnospen stets aufrecht. Pfl entweder völlig drüsenlos od. im ganzen BStand drüsig **14**

14 Stg oberwärts mit abstehenden Drüsenhaaren u. krausen, drüsenlosen Haaren. Kr 4–6 mm br. Bl 18–30 mm br, plötzlich in den 1,5–3 mm lg Stiel verschmälert. Narbe $<{}^{1}/_{2}$ so lg wie der Griffel. Kapsel 4–6,5 cm lg, drüsig. Sa länglich, beidendig verschmälert. 0,30–1,50. ♃ 6–9. Frische bis feuchte Ruderalstellen (Schutt), Waldsäume, Gärten; (N 1927) g Sa S-Br, v N- u. W-Bw Rh S- u. O-We He Th An N-Br Me, z Ba außer Alpen SO-Bw NW-We Ns Sh, ↗ (m-bAM – V Bid., O Convolv.). [E. gráebneri RUBNER, E. adenocáulon HAUSSKN.] **Drüsiges W.** – E. ciliátum RAFIN.

14* Stg ohne Drüsenhaare, kahl od. oberwärts angedrückt flaumig. Kr 6–12 mm br. Bl 3–10 mm br. Narbe so lg wie der Griffel. Kapsel 7–11 cm lg, drüsenlos. Sa verkehrteifg, am Scheitel abgerundet **15**

15 Stg kahl, nur oberwärts spärlich angedrückt behaart. Untere u. mittlere Bl sitzend, etwas herablaufend, deutlich scharf u. dicht gezähnt-gesägt, hellgrün (Abb. **332**/3). B 4–6 mm lg. 0,30–1,00. ♃ 7–8. Nasse Staudenfluren an Ufern, Gräben, Quellen, Waldwegen, feuchte Schuttstellen; v M-Ba N- u. W-Bw Rh S- u. O-We S-An S-Ns Sh, z - u. N-Ba SO-Bw Th He Sa N-An Br N-Ns Me, ↗ (m-temp·subozEUR–WAS – O Convolv., V Sisymbr., V Filip., O Agrost. stol.). [E. adnátum GRISEB.] **Vierkantiges W.** – E. tetragónum L.

15* Stg kahl od. nur oberwärts von dichten, bogigen Härchen grau. Untere u. mittlere Bl sehr kurz gestielt, nicht herablaufend, meist entfernter u. seichter gezähnt, graugrün (Abb. **332**/4). Kr 6–8,5 mm lg. 0,20–0,60. ♃ 7–9. Waldschläge u. Waldsäume, anspruchsvoll; z M- u. N-Ba Bw? Rh We? He Th Sa An S- u. W-Br Ns Sh, s SO-Ba: Laufen Me, Verbreitung ungenau bekannt (m-temp·ozEUR – V Alliar.).
Graugrünes W. –E. lámyi F. W. SCHULTZ

16 **(11)** Ausläufer unterirdisch, mit fleischigen, gelblichen NiederBl. StgSpitze wenig nickend. Bl 2–4 cm lg, glänzend, dicklich, zugespitzt, entfernt u. seicht gezähnelt. Sa glatt, ohne Papillen. 0,10–0,30. ♃ 7–8. Subalp. u. alp. sickernasse Quellfluren, Bäche, Rinnsale; v S-Ba Alpen, s SW-Bw: S-Schwarzw SW-Sa· Oberwiesenthal (m/alp-arct·oz EUR–GRÖNL – Sv: Ausläufer – O Mont.-Card.). **Mieren-W.** – E. alsinifólium VILL.

16* Ausläufer oberirdisch, mit LaubBl. Bl 1–2 cm lg, (fast) ganzrandig, stumpf. Pfl nur 4–20 cm hoch **17**

17 Stg meist zu mehreren, kahl, mit 2 od. 4 Längs-Haarreihen, Ausläufer fast so dick wie die Stg. BlStiel kurz, an den unteren Bl ziemlich lg. Kapsel kahl. Sa glatt. 0,04–0,15. ♃ 7–8. Quellfluren, überrieselte Felsen, nasser Steinschutt; z S-Ba: Alpen, s O-Ba: Bayr-W: Arber, ↘ (m/alp-arct·(oz)AM–EUR–WAS – Sv: Ausläufer – V Andros. alp., V Card.-Mont.). **Gauchheil-W.** – E. anagallidifólium LAMK.

17* Stg einzeln, oberwärts kraushaarig. Ausläufer dünn fädlich. Bl sitzend, höchstens die unteren kurz gestielt. Kapsel grauhaarig. Sa dicht papillös. 0,05–0,20. ♃ 7–8. Sickernasse, kalkarme Quellfluren u. -moore; s Ba: Allgäu, Scharfreiter, Bayr-W, Rhön SW-Bw: Feldberg, † SW-Sa: Oberwiesenthal (sm/mo-stemp/mo·subozEUR – Sv: Ausläufer – V Card.-Mont., V Car. fusc.). [E. alpínum L. p. p.] **Nickendes W.** – E. nútans F. W. SCHMIDT

Nachtkerze – Oenothéra L. [Ónagra MILL.]
(Vm, Ib, Sb: Nachtfalter – Hybr. – Adv.)

1 BStand aufrecht. KZipfel aufrecht, an der Knospe aneinandergedrückt. KrBl 7–60 mm lg. Sa 1,2–2 mm lg u. 0,7–1 mm br. 0,50–2,50. ☉ ☉⊚ 6–10. Trockne bis mäßig trockne, sandige bis kiesige Ruderalstellen (Schutt, Umschlagplätze, Böschungen, Steinbrüche), ruderal beeinflußte Sandtrockenrasen; (N 1614) g Br, übrige Bdl v, Alpen u. Bayr-W s (m-temp·(oz)CIRCPOL – H – V Dauco-Mel., V Sisymbr., O Fest.-Sedet – früher GemüsePfl). *** Gewöhnliche N.** – Oe. biénnis agg.

1* BStand bis zur BZeit ± nickend. KZipfel an der Knospe spreizend. KrBl 8–20 mm lg. Sa 1,7–2,2 mm lg u. 1–1,5 mm br. 0,50–2,00. ☉ 6–8. Trockne, sandige-kiesige Ruderalstellen (Bahndämme, Halden, Umschlagplätze), Flußufer; (N 1614) v S-Br, z M- u. W-Ba Bw: bes. Rhein W-We Sa An: bes. O N-Br N-Ns: bes. Küste S- u. NW-Me Sh: bes. Elbe u. Küste, s He O- u. N-Th (temp·ozOAM+EUR+OAS – C – O Onop., V Sisymbr.). *** Kleinblütige N.** – Oe. parviflóra agg.

Hexenkraut – Circǣa L.
(G – Ib – Ev)

1 Traubenachse sich erst nach der BZeit verlängernd, Knospen u. offene B daher schirmtraubig. KrBl 0,6–1,4 mm lg u. 0,4–0,9 mm br. Fr 1fächrig, 2 mm lg u. 1 mm br (Abb. **334**/1). DeckBl der B kaum 1 mm lg, borstlich, leicht abfallend. Hals zwischen FrKn u. BKnospe 0,1–0,2 mm lg. Bl kahl, glänzend, am Grund deutlich herzfg, ihr Stiel kahl, oberseits flach. 0,05–0,30. ♃ 6–8. Krautreiche Wälder, bes. mont. nährstoffreiche Schlucht- u. AuenW, mäßig anspruchsvoll; v S-Ba, z M- u. NO-Ba S- u. O-Bw S- u. O-We He S- u. O-Th Sa An: bes. Harz, Dübener Heide Br O-Ns N- u. O-Me, s NW-Ba Rh N-Th: Harz W-Ns Sh, ↘ (m/mo-b·(suboz)CIRCPOL – Sv: Ausläufer – V Alno-Ulm., O Fag., V Aln.). **Alpen-H.** – C. alpína L.

1* Traubenachse sich vor dem Aufblühen verlängernd, offene B daher in verlängerter Traube. KrBl 1,8–4 mm lg u. 2–5 mm br. Fr 2fächrig, größer. Hals 0,5–1,2 mm lg. BlStiele oberseits gefurcht **2**

2 B mit großer, dunkler Nektarscheibe (Diskus) am Grund des Griffels. Hals etwa so lg wie der FrKn. B meist ohne DeckBl. Fr fruchtbar, mit 2 gleichen Fächern, 3–4 mm lg u.

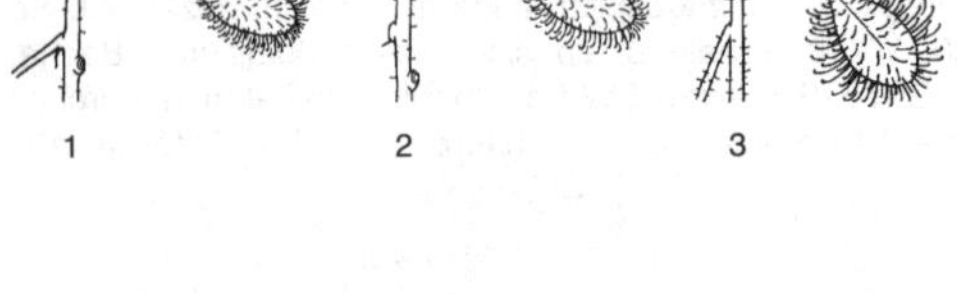

1 2 3

2–2,5 mm br, mit 0,7–1,1 mm lg Hakenborsten (Abb. **334**/3). Bl allmählich zugespitzt, am Grund kaum herzfg, ihre Stiele ringsum weichhaarig. 0,20–0,70. ♃ 6–8. Frische Säume, krautreiche LaubW, nitrophil; v S-, M- u. NW-Ba Bw Rh We He Sa An S- u. O-Ns Me O-Sh, z NO-Ba Th Br NW-Ns W-Sh (m/mo-temp·(oz)EURAS–OAM – O Fag., V Alliar.). **Großes H.** – C. lutetiána L.

2* Diskus fehlend od. sehr klein. Hals kürzer als der FrKn. B mit winzigen, hinfälligen DeckBl. Fr unfruchtbar, mit 2 ungleichen Fächern (das eine verkümmert), unreif abfallend, bis 2 mm lg u. 1,2 mm br, mit 0,5–0,6 mm lg Hakenborsten (Abb. **334**/2). Bl plötzlich kurz zugespitzt, am Grund deutlich herzfg, ihre Stiele nur oberseits behaart. 0,10–0,45. ♃ 6–8. Erlen-Eschen-SchluchtW, Säume, anspruchsvoll; z S-, M- u. NO-Ba Bw Rh S- u. O-We He Th Sa S-An: bes. Harz S- u. O-Ns O-Sh, s NW-Ba: Rhön NW-An O-Br NW-Ns Me (sm/mo-temp·ozEUR – Sv: Ausläufer – V Til.-Acer., V Alno-Ulm.). **Mittleres H.** – C. intermédia EHRH.

Familie **Wassernußgewächse** – Trapáceae DUM. [Hydrocaryáceae RAIMANN]

Einjährige SchwimmPfl. Bl wechselständig, mit kleinen, hinfälligen, 4–8spaltigen NebenBl. B ⚥, radiär, 4zählig, mit doppelter BHülle. KBl, KrBl u. StaubBl je 4. FrKn mittelständig, 2blättrig, 2fächrig, in jedem Fach 1 SaAnlage. Griffel 1. Fr eine Nuß, von der vergrößerten BAchse umschlossen, mit 2–4 aus KBl umgewandelten Dornen. Sproßbürtige Wurzeln quirlig, assimilierend (1–15 Arten – A – Sb – Hv, Ev: Wasservögel).

Wassernuß – Trápa L.

SchwimmBl rautenfg, ihre BlStiele aufgeblasen (Abb. **336**/1). B weiß. FrKn mit 4 Dornen. 0,60–3,00. ☉ 7–8. Sommerwarme, eutrophe, kalkarme, stehende Gewässer; z N-Sa SO-An SO-Br, s M-Ba: Pfaffenhofen NW-Bw u. SO-Rh: Rhein SW-He: Rhein N-Br, † S- u. O-We Th NO-Ns N- u. O-Me O-Sh, ↘, oft ursprünglich angesät (strop-temp·(suboz)AFR–EURAS – V Nymph. – ∇). **Wassernuß** – T. nátans L.

Familie **Seebeerengewächse** – Haloragáceae R. BR.

Kräuter, selten Sträucher od. kleine Bäume. Bl wechsel- od. gegenständig, selten quirlig, ohne NebenBl. B ⚥ od. 1geschlechtig, radiär, (3–)4zählig, einzeln achselständig od. in endständigen Ähren, Trauben od. Rispen. KBl 4, 2 od. 0. KrBl so viele wie KBl, frei, oft hinfällig. StaubBl 2–8. FrKn unterständig, 2–4blättrig, 1–4fächrig, in jedem Fach 1 SaAnlage. Griffel u. Narben 1–4. Nüsse, SteinFr, SpaltFr (145 Arten – A – Wb – Hv).

Tausendblatt – Myriophýllum L.

1 Alle DeckBl der B kammfg fiederspaltig, meist länger als die B. BlQuirle 5- od. 6zählig. 0,10–0,30. ♃ 6–8. Stehende, nährstoffreiche, oft kalkarme Gewässer, Seebuchten, Teiche, Altwässer; alle Bdl z, aber Bergland u. S-Sa s (m-b·(subk)CIRCPOL – V Nymph.). **Quirl-T.** – M. verticillátum L.

1* Obere DeckBl der B ungeteilt **2**

2 Obere DeckBl länger als die B, gezähnt, in 4–5zähligen Quirlen. Ähre vielblütig, 10–15(–35) cm lg, aufrecht über der Wasseroberfläche. StaubBl 4. TauchBl in 4–5(–6)zähligen Quirlen. BlFiedern meist wechselständig. 0,30–1,50. ♃ 6–9. Teiche, Kanäle; (N 1962) s Rh We: Ville-Seen O-Th: Altenburg N- u. W-Sa: Elster-Saale-Kanal, Rietschen, Chemnitz S-An: Schkeuditz, (U) s SO-Br: Finsterwalde, Spremberg (m-temp·(suboz)OAM – V Potam.). **Verschiedenblättriges T.** – M.. heterophýllum MICHX.

2* Obere DeckBl kürzer als die B. BlQuirle meist 4zählig. StaubBl 8 . . . . **3**

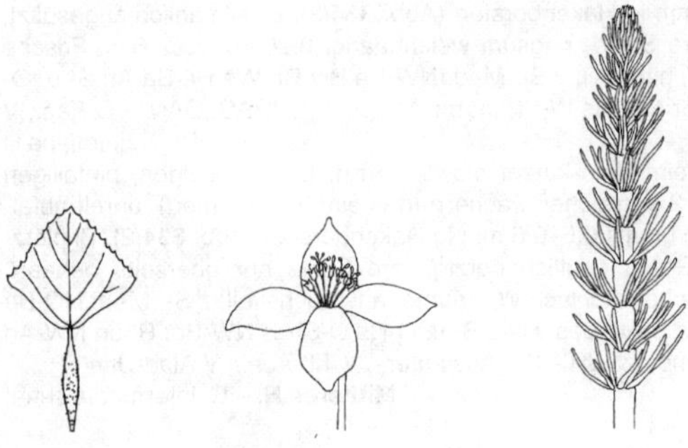

3 Ähren vielblütig, aufrecht, 5–15 cm lg. B in 4zähligen Quirlen, rosa. BlFiedern ± gegenständig, 0,30–2,00. ♃ 7–8. Stehende u. langsam fließende, nährstoffreiche, meist kalkarme Gewässer; v Me, übrige Bdl z, Bergland s (stropAFR-m-bEURAS – O Potam.). **Ähren-T.** – M. spicátum L.

3* Ähren wenigblütig, anfangs überhängend, 1–2(–3) cm lg, oben mit wechselständigen ♂ B, am Grund mit quirlständigen ♀ B. B gelblich. BlFiedern wechselständig. 0,10–0,50. ♃ 6–8. Stehende, nährstoff- u. kalkarme Gewässer über Torfschlamm; z N- u. W-Ns S- u. W-Me, s S-Bw: Hochrhein, Schwarzw Rh W- u. N-We M- u. O-Sa O-An Br, † O-Ba (m-b·ozCIRCPOL – O Litt.). **Wechselblütiges T.** – M. alterniflórum DC.

Familie **Tannenwedelgewächse** – Hippuridáceae LINK

Staude. Bl quirlig, ohne NebenBl. B ⚥, selten 1geschlechtig, einzeln achselständig, mit buchtigem KSaum, ohne KrBl. StaubBl 1. FrKn unterständig, 1blättrig, 1samig. SteinFr (1 Art – A, H – Wb, Vw – Vv).

Tannenwedel – Hippúris L.

Stg engröhrig gekammert. Bl zu 6–15 quirlig, linealisch, ganzrandig (Abb. **336**/3). 0,10–0,50. ♃ 5–8. Röhrichte stehender od. langsam fließender, meso- bis eutropher, kalkhaltiger Gewässer, leicht salzertragend, in Sumpfstellen; z S- u. M-Ba Bw O-Rh: bes. Rhein S-An Br Ns N- u. O-Me Sh, s N-Ba We He Th M- u. W-Sa SW-Me, ↘, mehrfach an Teichen angepflanzt (antarctAM+m-arctCIRCPOL – O Potam., V Phragm.). **Tannenwedel** – H. vulgáris L.

Familie **Hartriegelgewächse** – Cornáceae (DUM.) DUM.

Bäume od. Sträucher, selten Kräuter. Bl gegen- od. wechselständig, einfach, meist ohne NebenBl. B meist ⚥, radiär, 4–5zählig, meist in Köpfen, Dolden od. Rispen. KBl klein, manchmal verkümmert. KrBl frei. StaubBl so viele wie KrBl. FrKn unterständig, 2–4blättrig, 1–4fächrig, in jedem Fach 1 SaAnlage. Griffel 1 od. ± gespalten. SteinFr, selten Beeren (120 Arten – Ib, Sb – Vv).

Hartriegel – Córnus L.

1 Staude mit 4kantigem Stg. B dunkelrot, in Dolden; diese von je 4 großen, weißlichen, kronblattähnlichen HüllBl umgeben (Abb. **336**/2). Fr rot. 0,05–0,25. ♃ 5. Torfböden, oft

unter Gebüsch; s N-Ns: Cuxhaven, Jever W-Sh, ↘ (ntemp-arct·ozCIRCPOL – H – O Vacc.-Pic. – ▽). [Chamaepericlýmenum suécicum (L.) A. et GR.]
Schwedischer G. – C. suécica L.

1* Sträucher. B weiß od. gelb. HüllBl klein od. fehlend **2**

2 B vor den Bl erscheinend, gelb, in Dolden mit HochBlHülle. Bl mit 3–5 Paar Seitennerven, unterseits in den Nervenwinkeln mit Bärtchen. Fr hängend, länglich, rot. 2,00–5,00. ♄ 3–4. TrockenW, Gebüsche, kalkhold; z Kalkgebiete von M-Ba: Donau, Jura M- u. N-Th S-An, s O-Rh SW-We SO-Ns, (N) z Ba Rh We He An, s Bw W-Sa M-Br N-Ns SO-Sh. Zierstrauch (m/mo-stemp·subozEUR – F, M – O Querc. pub., V Berb. – Obstgehölz). **Kornelkirsche, Herlitze** – C. mas L.

2* B nach den Bl erscheinend, weiß, in Schirmrispen ohne HochBlHülle. Bl ohne Bärtchen. Fr aufrecht, kuglig, weiß, blau od. schwarz **3**

3 Bl unterseits graugrün, mit 5–7 Nervenpaaren. Fr weiß od. hellblau. 1,00–3,00. ♄ 6–7. Zierstrauch, auch (N) z Br, übrige Bdl s (temp-b·kEURAS – F, M). [Thelycranía álba (L.) POJARK., Swída álba (L.) OPIZ, incl. C. serícea L.] **Weißer H.** – C. álba L.

3* Bl beiderseits grün, im Herbst rot, mit 3–4 Nervenpaaren. Fr blauschwarz. 1,00–5,00. ♄ 5–6. Gebüsche, krautreiche LaubW, anspruchsvoll; alle Bdl v, nur S- u. O-Sa, NO-Ns, W-Sh u. Silikatgebirge z, NW-Ns s (m-temp·(oz)EUR – F – O Prun., V Berb., O Fag., O Querc. pub.). [Thelycranía sanguínea (L.) FOURR., Swída sanguínea (L.) OPIZ]
** **Blutroter H.** – C. sanguínea L.

Familie **Araliengewächse** – Araliáceae JUSS.

Meist Bäume od. Sträucher. Bl wechselständig, einfach od. zusammengesetzt, BlStiel am Grund oft scheidig, mit NebenBl. B ⚥ od. 1geschlechtig, radiär, meist 4–5zählig, in Dolden. KrBl frei. StaubBl 5. FrKn unterständig, meist 5blättrig u. 5fächrig, in jedem Fach 1 SaAnlage. Griffel 5 od. 1. Beeren, SteinFr, selten SpaltFr (1325 Arten).

Efeu – Hédera L.

Kletterstrauch (Wurzelkletterer). Bl immergrün, 2gestaltig (3—5eckig gelappt od. eilanzettlich). B grün. Beeren schwarz. 0,50–20,00. ♄ 9–11. LaubmischW, Felsen, mäßig anspruchsvoll; alle Bdl v, aber O-Ns Me O-Sh g, ↗. ZierPfl (m-temp·ozEUR – F – Ib: Fliegen, Vm – Vv – O Fag., V Querc. rob.-petr. – giftig!). **Gewöhnlicher E.** – H. hélix L.

Familie **Wassernabelgewächse** – Hydrocotyláceae (DRUDE) HYL.

Kräuter. Bl wechselständig, einfach, oft schildfg, mit NebenBl. B 5zählig. 2teilige SpaltFr mit holziger FrWandung, ohne Karpophor. Sonst wie Doldengewächse (200 Arten – Ib, Vm).

Wassernabel – Hydrocótyle L.

Stg kriechend. 0,10–1 m lg, an den Knoten wurzelnd. Bl 4–20 cm lg gestielt, schildfg. B an 2–10 cm hohen Seitenachsen, in kopfigen Dolden od. armblütigen Wirteln. ♃ 7–8. Sümpfe, nasse Wiesen, Ufer, Brüche, Moore; v N-We N-Sa N- u. O-An Br N-Ns Me Sh, z Rh S-We S-He S-Sa, s Ba Bw O-Th SW-An S-Ns, ↘ (m-temp·ozEUR – H – Sb – O Mol., V Magnocar., K Scheuchz.-Car.). **Gewöhnlicher W.** – H. vulgáris L.

Familie **Doldengewächse** – Apiáceae LINDL. od. Umbellíferae JUSS.

Kräuter, sehr selten Gehölze. Stg knotig, hohl. Bl wechsenständig, meist gefiedert, ihre Stiele am Grund scheidig. B ⚥ od. 1geschlechtig, radiär, 5zählig, die randständigen bisweilen dorsiventral, meist in aus Döldchen zusammengesetzten Dolden (Abb. **23**/1), selten in Köpfen od. einfachen Dolden. Dolden u. Döldchen am Grund bisweilen mit

HochBl (Hülle bzw. Hüllchen). StaubBl 5. Griffel 2, einem scheibenfg bis kegligen, glänzenden, drüsigen Griffelpolster (Stylopodium) aufsitzend. FrKn unterständig, 2fächrig. Fr eine 2teilige SpaltFr, in 2 geschlossen bleibende, an einem gabelspaltigen FrHalter (Karpophor) hängende TeilFr zerfallend (Abb. **338**/5); diese mit 5 Hauptrippen u. zuweilen noch 4 Nebenrippen, von Ölgängen durchzogen (3300 Arten – Ib, Vm, bisweilen Sb – Ev, Wv, Hv, Mv – Gewürz- u. ArzneiPfl – Adv.).

1 Pfl ± distelartig, zumindest HochBl dornig. B ungestielt, in Köpfen; diese am Grund von je einer dornigen HochBlHülle umgeben. **Mannstreu** – Erýngium S. 343
1* Pfl nicht dornig **2**
2 Bl ungeteilt u. völlig ganzrandig. Kr gelb. B in Doppeldolden. **Hasenohr** – Bupleurum S. 347
2* Bl tief fiederteilig, gefiedert, 3zählig od.handfg geteilt **3**
3 Bl tief handfg geteilt **4**
3* Bl gefiedert, fiederteilig, 3zählig od. doppelt 3zählig **6**
4 B grünlichgelb, in einfachen, von großen, gelblichgrünen HüllBl umgebenen Dolden. Alle Bl grundständig. **Schaftdolde** – Hacquétia S. 343
4* B weiß od. rötlich **5**
5 B lg gestielt, in einfachen Dolden, diese von großen, auffälligen, weißen od. rötlichen HüllBl sternfg umgeben. **Sterndolde** – Astrántia S. 343
5* B in zusammengesetzten, wenigstrahligen Dolden. HüllBl unauffällig. Döldchen kopfartig, mit sitzenden ⚥ u. gestielten ♀ B. **Sanikel** – Sanícula S. 343
6 **(3)** FrSchnabel 20—80 mm lg, 3–5mal so lg wie der samentragende Teil der Fr. Bl 2–3fach gefiedert. **Nadelkerbel** – Scándix S. 345
6* Fr ungeschnäbelt od. mit kurzem, bis 2 mm lg Schnabel **7**
7 Doppeldolden durch starke Verkürzung der Doldenstrahlen u. der BStiele knäuelig, fast sitzend, scheinbar blattgegenständig (Abb. **338**/1). Fr verschiedengestaltig, die des Knäuelinneren höckrig, die randlichen mit einer nach außen gerichteten langstachligen u. einer nach dem Knäuelinneren gerichteten höckrigen TeilFr. **Knäuel-Klettenkerbel** – Tórilis nodósa S. 345
7* Doppeldolden nicht knäuelig, meist end- od. achselständig, deutlich gestielt (nur bei Sellerie u. Knotenblütigem Scheiberich, S. 347 u. 348, fast sitzend, aber Doldenstrahlen lg). Fr alle gleichgestaltet **8**
8 Kr gelb od. grünlichgelb, seltener grünlich **9**
8* Kr weiß od. rötlich (bei Faserschirm, S. 347, KrBl der ♂ Pfl unterseits mit schmalem, grünem Mittelstreif; bei Preußischem Laserkraut, S. 355, Kr beim Trocknen gelb werdend) **20**
9 Bl 3–4fach gefiedert, mit haarfg Zipfeln **10**
9* BlZipfel nicht haarfg **11**
10 Fr walzig, nicht geflügelt. BlScheiden 3–6 cm lg. **Fenchel** – Foenículum S. 351
10* Fr linsenfg zusammengedrückt, geflügelt. BlScheiden 1,5–2 cm lg. Stg weiß längsstreifig. **Dill** – Anéthum S. 352
11 **(9)** Hülle u. Hüllchen 4–∞blättrig, bleibend. TeilFr am Rand geflügelt **12**
11* Hülle fehlend od. nur aus 1–2(–4) hinfälligen Blchen bestehend **13**
12 Bl 2–3fach gefiedert, mit br eifg Abschnitten. K undeutlich. **Liebstöckel** – Levísticum S. 353

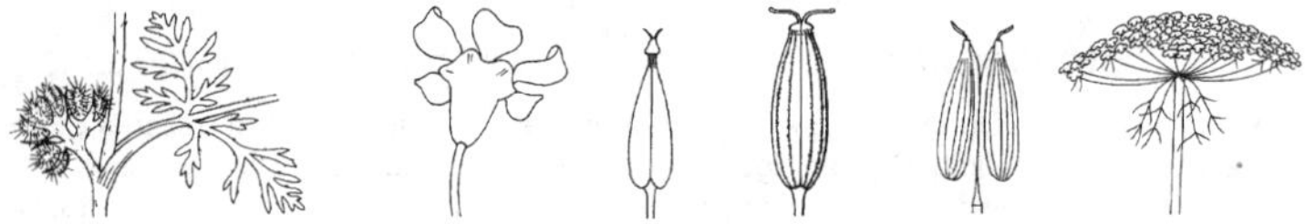

1 2 3 4 5 6

12* Bl 2–4fach gefiedert, mit schmal linealischen Abschnitten. K deutlich 5zähnig (Abb. **338**/2). **Elsässer Haarstrang** – Peucédanum alsáticum S. 354
13 **(11)** Hüllchen ∞blättrig **14**
13* Hüllchen fehlend od. hinfällig 1–2blättrig **18**
14 TeilFr nicht geflügelt. K undeutlich **15**
14* TeilFr am Rand geflügelt. K ± deutlich 5zähnig **16**
15 Pfl beim Reiben stark riechend. Kr grünlichgelb. Fr von der Seite zusammengedrückt. **Petersilie** – Petroselínum S. 348
15* Pfl geruchlos. Kr gelblichweiß. Fr stielrund. **Silau** – Sílaum S. 352
16 **(14)** BlAbschnitte lg linealisch. Kr gelb. Randflügel der beiden TeilFr fest aneinanderliegend. **Echter Haarstrang** – Peucédanum officinále S. 353
16* BlAbschnitte breit **17**
17 Stg meist rauhhaarig, mit Borstenkranz an den Knoten. Bl einfach fiederteilig od. gefiedert. Randflügel der beiden TeilFr fest aneinanderliegend. **Bärenklau** – Heracléum S. 355
17* Stg fast kahl. Bl 2–3fach gefiedert, sehr groß. Randflügel der TeilFr klaffend. **Engelwurz** – Angélica archangélica S. 353
18 **(13)** BlZipfel linealisch bis lanzettlich, oft 2–3spaltig, Bl einfach fiederteilig od. gefiedert. Fr geflügelt. **Kümmelblatt-Haarstrang** – Peucédanum carvifólia S. 353
18* BlZipfel eifg od. herzfg **19**
19 Bl meist einfach, selten doppelt gefiedert (Abb. **354**/2), untere kurz gestielt, mittlere auf bauchiger Scheide sitzend, oberste aus einer spreitenlosen Scheide bestehend. Stg kantig gefurcht. Fr br elliptisch, flachgedrückt, bis 7 mm lg, reif gelbbräunlich, schmal geflügelt. **Pastinak** – Pastináca S. 354
19* Untere Bl 3zählig bis mehrfach 3zählig, obere ohne deutliche Scheide sitzend, ungeteilt, mit tief herzfg Grund den oberwärts häutig geflügelten Stg umfassend. Fr eifg-kuglig, 3–4 mm lg, reif fast schwarz, glänzend, ungeflügelt. **Gelbdolde** – Smýrnium S. 346
20 **(8)** Fr unterhalb des Griffelpolsters mit einem gerippten bis gefurchten Schnabel (Abb. **338**/3). Schnabel $^1/_2$–$^1/_{10}$ so lg wie der samentragende Teil der Fr, stets (auch bei borstenfrüchtigen Arten) kahl. **Kerbel** – Anthrìscus S. 344
20* Fr ohne Schnabel (die auf dem Griffelpolster befindlichen 2 Griffeläste nicht für Schnäbel halten!), zuweilen jedoch oben etwas verschmälert (Abb. **338**/4) **21**
21 Fr 20–25 mm lg, fast linealisch, oben verschmälert, an den Kanten kurz borstig, sonst kahl, lackglänzend, reif schwarzbraun. Pfl stark riechend. Bl 2–4fach gefiedert. **Süßdolde** – Mýrrhis S. 345
21* Fr höchstens 12 mm lg **22**
22 Fr auf den Nebenrippen mit dicken, lg, widerhakigen Stacheln dicht besetzt, sich klettenartig anhäkelnd **23**
22* Fr kahl, weichhaarig od. mit zerstreuten, dünnen, kurzen Börstchen besetzt, nicht klettend **27**
23 HüllBl 3teilig bis fiederschnittig, mit fädlichen Zipfeln (Abb. **338**/6). FrDolde nestfg zusammengezogen. **Möhre** – Daúcus S. 356
23* HüllBl ungeteilt od. fehlend **24**
24 Bl einfach gefiedert, mit meist 4 Paar lanzettlichen, fiederspaltigen Fiedern. HüllBl 2–5, Hüllchen 5–7, alle sehr br hautrandig. **Turgenie** – Turgénia S. 346
24* Bl 2–3fach gefiedert **25**
25 Stg fein gerillt, mit rückwärts anliegenden Börstchen. Spreiten, BlStiele, Dolden- u. Döldchenstrahlen mit vorwärts anliegenden Börstchen. **Klettenkerbel** – Tórilis S. 345
25* Stg kantig gefurcht, kahl od. zerstreut abstehend borstig **26**
26 Stg u. BlScheiden kahl. Dolde 5–12strahlig. HüllBl (3–)5, br weiß hautrandig. KrBl am Außenrand der Gesamtdolde auffallend vergrößert (Abb. **341**/1), 8–12 mm lg, bis 10mal so lg wie die übrigen KrBl. **Breitsame** – Orláya S. 346

26* Stg borstig. BlScheiden am Rand gewimpert. Dolde 2–3(–5)strahlig. HüllBl 0–2, unscheinbar, kaum hautrandig. KrBl am Doldenrand wenig vergrößert, 2–3mal so lg wie die übrigen. **Haftdolde** – Caŭcalis S. 346

27 **(22)** Bl 1–3fach dreizählig **28**

27* Bl 1- bis mehrfach fiederteilig od. gefiedert **33**

28 Hülle fehlend od. hinfällig 1–2blättrig **29**

28* Hülle 4–∞blättrig **32**

29 TeilFr mit br, dünnem Randflügel. Stg stielrund, gerillt. Bl 1–2fach 3zählig, ihre Abschnitte doppelt gesägt. **Meisterwurz** – Peucédanum ostrúthium S. 353

29* TeilFr ohne Randflügel **30**

30 HüllchenBl ∞, gewimpert. **Kälberkropf** – Chaerophýllum S. 344

30* Hüllchen fehlend, selten von wenigen, hinfälligen, kahlen Bl gebildet **31**

31 BlAbschnitte rundlich, stumpf, ungleich gekerbt, wie der stielrunde Stg kahl. K deutlich 5zähnig. Pfl mit Kümmelgeruch. **Roßkümmel** – Láser S. 355

31* BlAbschnitte eifg bis eilänglich, zugespitzt, scharf gesägt (Abb. **350**/1), unterseits auf den Nerven kurzhaarig (Lupe!). Stg kantig gefurcht. K undeutlich. Pfl ohne Kümmelgeruch. **Giersch** – Aegopódium S. 349

32 **(28)** BlZipfel lg linealisch, gleichmäßig scharf gesägt mit knorpligen, grannenspitzigen Sägezähnen. Fr ungeflügelt. **Sichelmöhre** – Falcária S. 348

32* BlZipfel herzfg. TeilFr 4flüglig. **Breitblättriges Laserkraut** – Laserpítium latifólium S. 355

33 **(27)** Bl einfach fiederteilig od. einfach gefiedert **34**

33* Bl 2–3fach fiederteilig od. 2–3fach gefiedert **40**

34 TeilFr mit br Randflügel **35**

34* TeilFr ungeflügelt **36**

35 Dolde 5–8(–15)strahlig. Hülle ∞blättrig, bleibend. Fr borstig. ⊙. **Zirmet** – Tordýlium S. 355

35* Dolde (7–)15–25strahlig. Hülle fehlend od. hinfällig 1–6blättrig. Fr kahl, weichhaarig od. an den Randflügeln borstig. ♃. **Bärenklau** – Heracléum S. 355

36 **(34)** Hüllchen fehlend, selten mit 1–2 hinfälligen Bl **37**

36* Hüllchen vorhanden, bleibend, (2–)3–∞blättrig **38**

37 Pfl kahl, stark nach Sellerie riechend. Dolden, wenigstens z. T., scheinbar blattgegenständig, fast sitzend. KrBl 0,5 mm lg. Fr 1,5–2 mm lg. **Sellerie** – Ápium gravéolens S. 347

37* Pfl kahl od. behaart, ohne Selleriegeruch. Alle Dolden deutlich gestielt, end- od. achselständig. Die größeren KrBl 1–1,5 mm lg. Fr 2–5 mm lg. **Pimpinelle** – Pimpinélla S. 349

38 **(36)** Stg kriechend, am Grund liegend od. im Wasser flutend. K undeutlich. **Scheiberich** – Ápium S. 347

38* Stg vom Grund an aufrecht. K mit 5 deutlichen, pfriemlichen Zähnen **39**

39 Dolden, wenigstens z. T., scheinbar blattgegenständig. Stg zart gerillt. **Berle** – Bérula S. 349

39* Alle Dolden endständig. Stg meist kantig gefurcht. **Merk** – Síum S. 350

40 **(33)** Pfl mit 1–4 cm großer, kugliger Hypokotylknolle u. nur 1 KeimBl. Pfl kahl. Stg stielrund, gerillt. K undeutlich. Fr kümmelähnlich, 3–4 mm lg **41**

40* Pfl ohne Hypokotylknolle (Ausnahme: Kerbelrübe, S. **344**). KeimBl 2 . . . . **42**

41 Stg markig. Dolde 10–20strahlig. Hülle u. Hüllchen bleibend (3–)4–12blättrig. Griffeläste bei der Reife abstehend bis zurückgebogen. Fr 3 mm lg, länglich, am Grund allmählich verschmälert. Nährgewebe auf der Fugenseite flach (FrQuerschnitt s. Abb. **341**/3). **Knollenkümmel** – Búnium S. 349

41* Stg hohl. Dolde 6–12strahlig. Hülle meist fehlend, Hüllchen höchstens 5blättrig, hinfällig. Griffel stets aufrecht. Fr 4 mm lg, länglich-eifg, am Grund plötzlich zusammengezogen. Nährgewebe auf der Fugenseite mit tiefer, enger Längsfurche, im Querschnitt nierenfg (Abb. **341**/4). **Erdkastanie** – Conopódium S. 349

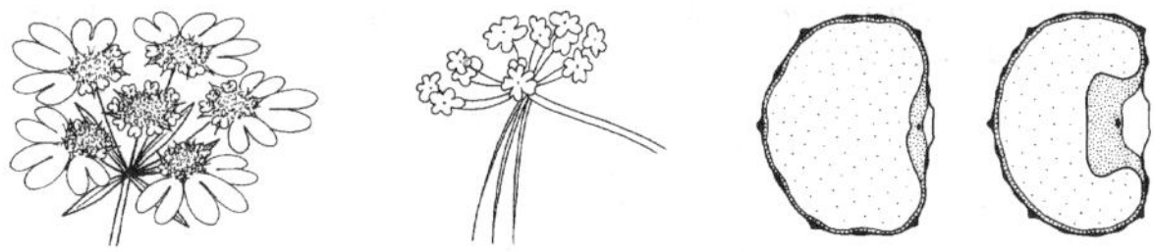

1 2 3 4

42 **(40)** Hülle u. Hüllchen fehlend od. hinfällig 1–2blättrig. K undeutlich **43**
42* Hüllchen mehrblättrig, bleibend **45**
43 Pfl 2häusig, selten mit einzelnen ⚥ B, blaugrün, kahl. Stg am Grund mit auffälligem Faserschopf. KrBl der ♂ B mit schmalem, grünem, die der ♀ B mit br, rötlichem Mittelstreif. **Faserschirm** – Trínia S. 347
43* B ⚥. Pfl grasgrün od. etwas trübgrün **44**
44 Scheiden der StgBl an ihrem Grund jederseits mit vielzipfligem Fiederabschnitt. Unterstes Fiederchenpaar jeder Fieder mit dem der gegenüberstehenden Fieder ein Kreuz bildend (Abb. **341**/8). Fr mit Kümmelgeruch. **Wiesen-Kümmel** – Cárum cárvi S. 349
44* BlScheiden an ihrem Grund ohne Fiederabschnitte. Unterste Fiederchen kein deutliches Kreuz bildend. Ohne Kümmelgeruch. **Pimpinelle** – Pimpinélla S. 349
45 **(42)** Hüllchen einseitig (seine Bl nur auf der Außenseite des Döldchens), 2–3(–6)blättrig (Abb. **341**/2). Pfl kahl **46**
45* Hüllchen allseitig ausgebildet, mehrblättrig **49**
46 Pfl mit auffallendem Wanzengeruch. Hülle fehlend. Dolden 3–8strahlig. Griffel 1,5–2 mm lg **47**
46* Pfl ohne Wanzengeruch. Dolden (7–)10–20strahlig. Griffel 0,5–1 mm lg **48**
47 Fr fast kuglig, nicht in 2 TeilFr zerfallend. K 5zähnig, die beiden äußeren Zähne bedeutend länger. **Koriander** – Coriándrum S. 346
47* Fr 2knopfig, reif in 2 kuglige TeilFr zerfallend. K undeutlich. **Hohlsame** – Bífora S. 346
48 **(46)** Hülle 3–5blättrig. HüllchenBl dreieckig-lanzettlich. Fr eirund, mit wellig-gekerbten Rippen. **Schierling** – Coníum S. 346
48* Hülle 0(–2)blättrig. HüllchenBl linealisch, meist länger als das Döldchen. **Hundspetersilie** – Aethúsa S. 351
49 **(45)** Fr ± behaart **50**
49* Fr völlig kahl **52**
50 Fiedern ungestielt, daher das unterste Fiederchenpaar jeder Fieder mit dem der gegenüberstehenden Fieder ein Kreuz bildend (Abb. **341**/8). Pfl 60–120 cm hoch. Stg sehr stark kantig gefurcht. Dolde 20–40strahlig, zur FrZeit zusammengezogen. **Heilwurz** – Libanótis S. 350
50* Fiedern gestielt, unterste Fiederchen kein Kreuz bildend. Pfl 10–60 cm hoch. Stg fein gerillt bis schwach kantig **51**

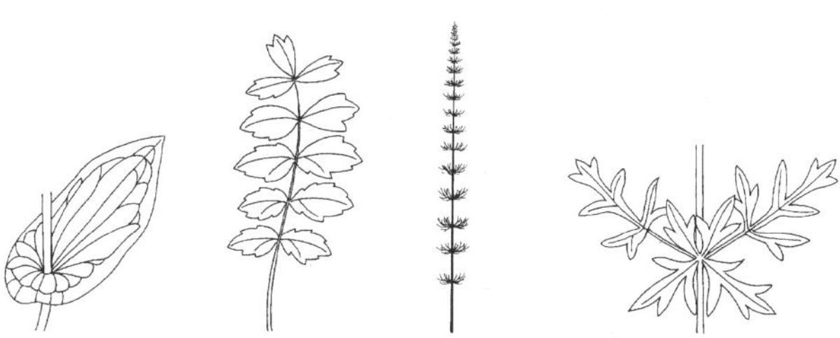

5 6 7 8

51 Hülle mehrblättrig, meist 1 HüllBl laubblattähnlich u. doppelt gefiedert. Fr fast linealisch, bis zuletzt dicht u. lg zottig, 5–7 mm lg u. 2 mm br.
Augenwurz – Athamánta S. 351

51* Hülle 0(–2)blättrig. Fr elliptisch, spärlich flaumhaarig, verkahlend, 1,5–3 mm lg (wenn länger, dann HüllchenBl becherfg verwachsen, Abb. **350**/2).
Sesel, Bergfenchel – Séseli S. 350

52 **(49)** Hülle 4–∞blättrig, bleibend **53**

52* Hülle hinfällig 1–3blättrig od. fehlend **60**

53 Bl im Umriß linealisch, mit fädlichen, fast quirlig gedrängten Abschnitten (Abb. **341**/7).
Quirl-Kümmel – Cárum verticillátum S. 349

53* Bl im Umriß breiter **54**

54 BlZipfel haarfg (etwa 0,2 mm br), quirlig gebüschelt. Wurzelstock mit braunem Faserschopf. Pfl sehr stark würzig riechend. **Bärwurz** – Méum S. 352

54* BlZipfel breiter, flach **55**

55 HüllBl groß, wenigstens z. T. fiederspaltig, fiederteilig od. handfg gespalten **56**

55* HüllBl klein, lanzettlich, ganzrandig **58**

56 Pfl 3–15 cm hoch. Stg unverzweigt, 0–2blättrig, mit 1 endständigen Dolde. HüllBl u. HüllchenBl handfg 3–5spaltig. Fr geflügelt.
Zwerg-Mutterwurz – Ligústicum mutellinoídes S. 352

56* Pfl 30–120 cm hoch. Stg ästig, reichblättrig, mit mehreren Dolden. Fr gerippt **57**

57 HüllBl 3teilig od. fiederteilig, mit schmal linealischen Abschnitten. Stg fein gerillt. ⊙.
Knorpelmöhre – Ámmi S. 348

57* HüllBl fiederspaltig mit br Abschnitten. Stg kantig gefurcht. ♃.
Rippensame – Pleurospérmum S. 346

58 **(55)** TeilFr ungeflügelt. Sumpf- od. WasserPfl. **Pferdesaat** – Oenánthe S. 350

58* TeilFr mit Randflügel od. mehrflüglig. Meist Pfl trockner Standorte **59**

59 Jede TeilFr mit Randflügel u. auf dem Rücken mit 3 Rippen. Fr linsenfg abgeflacht.
Haarstrang – Peucédanum S. 353

59* Jede TeilFr mit je 4 Rückenflügeln, davon 2 randnah. Fr nicht abgeflacht.
Laserkraut – Laserpítium S. 355

60 **(52)** Blattzipfel haarfg, quirlig gebüschelt. Wurzelstock mit braunem Faserschopf. Pfl sehr stark würzig riechend. **Bärwurz** – Méum S. 352

60* BlZipfel breiter **61**

61 Stg wenigstens unterwärts zerstreut lang- u. steifborstig. Hüllchen meist gewimpert.
Kälberkropf – Chaerophýllum S. 344

61* Stg kahl, selten dicht u. kurz feinflaumig. Hüllchen meist ungewimpert **62**

62 BlAbschnitte br herz-eifg. Fr 4–6 mm lg, mit Randflügel. **Engelwurz** – Angélica S. 353

62* BlAbschnitte lanzettlich bis linealisch **63**

63 Fr 10flüglig. Stg scharfkantig gefurcht, oberwärts mit häutig geflügelten Kanten. BlStiele oberseits deutlich gefurcht. BlZipfel mit weißer Grannenspitze. Doldenstrahlen 15–20, innen flaumig. K undeutlich. Pfl mit Möhrengeruch. **Silge** – Selínum S. 352

63* Fr ungeflügelt, ± gerippt. Stg nie geflügelt, fein gerillt, wenn stumpfkantig gefurcht, dann K deutlich 5zähnig **64**

64 Fr 1,5 mm lg u. 2 mm br, stumpfrippig, vom 5zähnigen K gekrönt. Rhizom knollenartig, aufrecht, innen mit großen Querkammern. BlZipfel scharf u. tief gesägt.
Wasserschierling – Cicúta S. 348

64* Fr länger als br. Rhizom nicht gekammert. BlZipfel ganzrandig **65**

65 HüllchenBl br hautrandig, frei od. zu einem Becher verwachsen. Fr wenigstens anfangs behaart. KZähne klein, br dreieckig, an der reifen Fr unscheinbar.
Sesel, Bergfenchel – Séseli S. 350

65* HüllchenBl nicht od. schmal hautrandig (wenn breiter berandet, dann K fehlend), stets frei. Fr völlig kahl. K undeutlich od. mit 5 großen, lanzettlichen, an der reifen Fr vergrößerten Zähnen **66**

1 2 3 4

66 K deutlich 5zähnig, zur Reife sich vergrößernd (Abb. **343**/1). FrHalter (Karpophor) den TeilFr fest angewachsen, daher scheinbar fehlend. SumpfPfl.
Pferdesaat – Oenánthe S. 350

66* K fehlend od. undeutlich (Abb. **343**/2). FrHalter frei **67**

67 Dolde 20–30strahlig. Kr weiß. Fr 2,0–2,5 mm lg u. 1,5–2 mm br. StromtalPfl.
Brenndolde – Cnídium S. 352

67* Dolde 7–12strahlig. Kr ± purpurrot. Fr 4–6 mm lg u. 2,5 mm br. AlpenPfl.
Alpen-Mutterwurz – Ligústicum mutellína S. 352

Sanikel – Sanícula L.

GrundBl immergrün, handfg geteilt. Döldchen kopfig. 0,30–0,45. ♃ 5–6. Krautreiche LaubW, kalkhold, v Ba Bw Rh We He Th W-An S-Ns Me O-Sh, z Sa O-An Br: bes. NO N-Ns W-Sh (austr-trop/moAS+AFR-m-temp·(oz)EURAS – H – O Fag.).
Sanikel – S. europǣa L.

Schaftdolde – Hacquétia DC.

Bl handfg 3teilig. HüllBl 5–6, groß, den BlAbschnitten ähnlich, viel länger als die B. 0,10–0,25. ♃ 4–5. (N?) s SW-Ba: Kaufbeuren/Allgäu (sm/mo-stemp/demo·subozEUR – H – O Fag.). **Schaftdolde** – H. epipáctis (SCOP.) DC.

Sterndolde, Strenze – Astrántia L.
(H – Vw, Ib)

1 Mittlerer Abschnitt der handfg geteilten GrundBl fast frei, seitliche untereinander bis mindestens $^1/_3$ verwachsen, alle gegen die Spitze 3lappig. HüllBl ziemlich derb. KZähne sehr spitz od. mit Stachelspitze. 0,30–0,90. ♃ 6–8. Bergwiesen, Gebüsche, krautreiche Wälder, kalkhold; v S- u. M-Ba: bes. Alpen, obere Hochebene, Jura S- u. O-Bw: bes. Jura, z N-Ba Th M- u. S-Sa SW-An, † SO-Br, (N) s O-An W-Me (sm/mo-temp/demo·subozEUR – V Alno-Ulm., V Asper.-Fag., V Triset., V Car. ferr.).
** **Große St.** – A. májor L.

1* Die 3 mittleren BlAbschnitte fast frei. HüllBl dünn. KZähne stumpflich od. kaum stachelspitzig. 0,20–0,50. ♃ 6–8. Subalp. Rasen u. Gebüsche, kalkstet; s S-Ba: Bayerische Alpen, ↘ (sm/salp-temp/salp·subozEUR – O Sesl., V Nard., V Adenost.).
Bayerische St. – A. bavárica F. W. SCHULTZ

Mannstreu – Erýngium L.
(Ib, Vm – Wv, Ev)

1 HüllBl eifg, fast 3lappig, sich mit den Rändern deckend. Bl steif, derbdornig, obere stengelumfassend. Pfl weißlich bereift, oft bläulich. 0,20–0,60. ⊙ ♃ 6–8. Weißdünen; z Küsten von N-Ns Me Sh (m-temp·(oz)litEUR – H – V Ammoph., V Koel. albesc. – ∇).
Strand-M., Stranddistel – E. marítimum L.

1* HüllBl lineal-lanzettlich, weit voneinander abstehend **2**

2 Pfl graugrün od. weißlich, sehr ästig. Bl 3zählig, mit doppelt fiederspaltigen Abschnitten. Köpfe fast kuglig. Kr weiß od. graugrün. 0,15–0,60. ♃ 7–8. Trocken- u. Halbtrockenrasen, ruderal beeinflußte Sandtrockenrasen; v N-Th u. An: Trockengebiet, Elbegebiet, z NW-Ba SW- u. N-Bw Rh: bes. Pfalz, Rhein, Mosel W-We: bes. Rhein S-

He Sa: NW u. Elbe NO-Ns u. SW-Me: Elbe, s M-Ba: W-Jura O-We N-He S-Th Br SO-Ns S-Sh (m-temp·(suboz)EUR – H – K Fest.-Brom., O Fest.-Sedet., O Agrop. – ∇).
Feld-M. – E. campéstre L.

2* Pfl oberwärts blau überlaufen. Untere Bl ungeteilt, herzfg, obere 3–5spaltig. Köpfe eifg. Kr blau. 0,30–0,60. ♃ 7–9. Sandtrockenrasen, sandige trockne Wiesen (Flußterrassen), Ruderalstellen; z O-Br: Oder, (N) s He O-Th NW- u. O-Sa S-An M- u. W-Br Me (m-temp·subkEUR–WAS – H – O Fest.-Sedet.). **Flachblättrige M.** – E. plánum L.

Kälberkropf – Chaerophýllum L. em. HOFFM.
(Ib, Vm – Ev)

1 KrBl deutlich gewimpert (Lupe!), weiß od. oft rötlich. Griffeläste fast parallel. Hüllchen lg gewimpert. Stg unter den Knoten nicht verdickt. 0,50–1,00. ♃ 5–6. Staudenfluren, Bachsäume, mont. Erlen-EschenW u. Ufergebüsche, anspruchsvoll; v S-, M- u. NO-Ba S- u. O-Bw S-Th S-Sa SW-An: bes. Harz, z bes. Bergland NW-Ba SO-We He N-Th SO-Ns, s NO-Rh W-We SO- u. M-Br (m/mo-temp/demo·subozEUR – H – V Filip., V Adenost., V Alno-Ulm.). [incl. Ch. villársii KOCH] **Rauhhaariger K.** – Ch. hirsútum L.

1* KrBl kahl, reinweiß. Griffeläste spreizend (Abb. **338**/4). Stg unter den Knoten ± deutlich verdickt, wenigstens unterwärts rotfleckig 2

2 Bl 2–3fach 3zählig; Blchen ungeteilt, eifg-elliptisch, doppelt gesägt. Hüllchen gewimpert. 0,60–1,20. ♃ 7–8. Säume, edellaubholzreiche Wälder, nitrophil; v M- u. O-Sa, s O-Ba: Bayr-W O-Br: Frankfurt (sm-temp·(suboz)EUR – H – V Til.-Acer.).
Aromatischer K. – Ch. aromáticum L.

2* Bl 2–4fach gefiedert; Blchen am Grund fiederspaltig, an der Spitze gekerbt od. gesägt 3

3 Pfl mit rübenfg, kirsch- bis pflaumengroßer, fast kugliger Hypokotylknolle. Stg oberwärts kahl u. oft bereift. Endabschnitte der oberen Bl linealisch bis fädlich, sehr lg. Hüllchen kahl. 0,80–1,80. ⨀ ⊗ 6–8. Frische bis nasse Uferstandorte (Flüsse, Gräben), lichte Auenwälder; v M- u. N-Ba Th NW-Sa S-An SO-Ns, z Bw: bes. Neckar u. Tauber Rh We: bes. Rhein u. Weser He S- u. O-Sa N-An Br N-Ns: bes. Weser u. Elbe Me S-Sh: bes. Elbe, ↗ (sm-b·(suboz)EUR–WAS – G – O Convolv.).
Rüben-K., Kerbelrübe – Ch. bulbósum L.

3* Hypokotylknolle fehlend. Stg bis oben behaart. Endabschnitte der Bl breiter. Hüllchen gewimpert 4

4 Pfl nach der FrReife absterbend, mit dünner, leicht aus dem Boden ziehbarer Wurzel. Bl 2–3fach gefiedert mit stumpfen, eifg Endabschnitten (Abb. **343**/3). Griffel so lg wie das Griffelpolster. Fr 5–7 mm lg. 0,30–1,00. ① ⨀ 5–7. Säume, Gebüsche, nitrophile Wälder der Tieflagen; alle Bdl v, aber Bayr-W, Schwarzw, Erzg s, S-Ba (U) s, ↗ (m-temp·(oz)EUR – T, H – V Alliar., V Alno-Ulm.).
Betäubender K., Taumel-K. – Ch. témulum L.

4* Ausdauernde Pfl mit dickem, ästigem, schwer ausziehbarem Rhizom. Bl 3–4fach gefiedert, mit lg zugespitzten Endabschnitten (Abb. **343**/4). Griffel 2–3mal so lg wie das Griffelpolster (Abb. **338**/4). Fr 8–11 mm lg. 0,80–1,20. ♃ 6–7. Frische Ruderalstellen (Müll, Straßensäume), Gräben, Ufer, Hecken; v Ba Bw S-Th SW-Sa, z Rh He N-Th SW-An: bes. Harz, s SW-We M-Sa: Elbe SO-Ns, (N?) s S-Br, ↗ (m/mo-temp·subozEUR – H – O Convolv., O Arrh.). **Gold-K.** – Ch. āūreum L.

Kerbel – Anthríscus PERS.
(Ib, Wb, Vm – Ev)

1 Dolden 2–6strahlig, z. T. sitzend. Hüllchen 1–5blättrig. ⨀ od. ① 2

1* Dolden 8–15strahlig, alle gestielt. Hüllchen 5–8blättrig. Fr lackglänzend. ♃ 3

2 Fr eifg, 4–5 mm lg, dicht mit gekrümmten Borsten besetzt. Griffel fast fehlend. Doldenstrahlen kahl. 0,15–0,80. ⨀①5–6. Frische Ruderalstellen (Wegränder, Schutt), Hecken, Gebüschsäume; (A) z SO-Rh N-Th An Br Me, s NW-Ba N-Bw N-Rh W-We He M- u. N-

Sa Ns Sh, ↗ (m-temp·ozEUR – T – V Alliar., V Sisymbr.). [A. vulgáris PERS. non BERNH., A. scandícina (WEBER) MANSF.] **Hunds-K.** – A. caúcalis M. BIEB.

2* Fr linealisch, 7–11 mm lg, bei der Wildform dicht mit aufwärts gekrümmten Borsten besetzt, bei der Kulturform völlig kahl. Griffel länger als das Griffelpolster. Doldenstrahlen dicht flaumhaarig. 0,20–0,70. ⊙ 5–8. Frische, halbschattige Ruderalstellen, Wald- u. Heckensäume, Robiniengehölze; (A N) s Rh W-We He Th An, (U) s Ba Bw Sa Ns Me, ↘. KulturPfl (m-stemp·subkEUR–WAS – T – V Alliar.). **Garten-K.** – A. cerefólium (L.) HOFFM.

3 **(1)** Jede der beiden untersten Fiedern viel kleiner als das übrige FiederBl. Fiederabschnitte letzter Ordnung lanzettlich, zugespitzt. Fr (4–)6–16 je Döldchen, mindestens so lg wie ihr Stiel; dieser an der Spitze fast stets mit kurzem Borstenkranz. Nach außen gerichtete KrBl der RandB kaum vergrößert. Griffel 1,5- bis 2mal so lg wie das Griffelpolster. Stg besonders unten dicht kurzhaarig. 0,60–1,50. ♃ 5–8. Frische Fettwiesen, Wegraine, Hochstaudenfluren; alle Bdl g, ↗ (m/mo-b·(oz)EURAS – H – O Arrh., V Filip., V Arct.). ** **Wiesen-K.** – A. sylvéstris (L.) HOFFM.

3* Jede der beiden untersten Fiedern fast so groß wie das übrige FiederBl. Fiederabschnitte letzter Ordnung eilänglich, stumpflich. Fr 2–6 je Döldchen, meist kürzer als ihr Stiel; dieser an der Spitze höchstens mit einzelnen Börstchen. Nach außen gerichtete KrBl der RandB stärker vergrößert. Griffel wenig länger als das Griffelpolster. Stg u. BlStiele kahl od. zerstreut borstig. 0,60–1,20. ♃ 6–8. Subalp. Hochstaudenfluren, edellaubholzreiche GebirgsW, sehr anspruchsvoll; z S-Ba: Alpen u. östliches Vorland S-Bw: Jura, Adelegg, S-Schwarzw, s NO-Rh: Stegskopf O-He W-Th SW-An: Harzgebiet SO-Ns: Bad Lauterberg (sm/mo-temp/mo·subozEUR – H – V Til.-Acer., V Adenost.). **Glanz-K.** – A. nítida (WAHLENB.) HAZSLINSZKY

Nadelkerbel – Scándix L.

Bl 2–3fach gefiedert. FrSchnabel sehr lg. Dolden z. T. scheinbar blattgegenständig, 1–3strahlig. 0,15–0,30. ⊙ 5–7. Lehmige bis tonige, meist skelettreiche u. extensiv genutzte Äcker, Brachen; (A) s M- u. N-Ba M- u. O-Bw Rh We He Th S-An S-Ns O-Sh, (N U) s Me, † Sa Br, ↘ (m-temp·(oz)EUR–WAS – T – Ib, Vm, Sb – Ev – V Caucal.). **Gewöhnlicher N., Venuskamm** – S. pécten-véneris L.

Süßdolde – Mýrrhis MILL.

Bl 2–3fach gefiedert. Fr bis 25 mm lg, stark nach Anis duftend. 0,60–1,20. ♃ 6–7. Wald- u. Heckenränder, subalp. Staudenfluren; (N?) s S-Ba: Bayerische Alpen, (N) s N-Ba We O-He Th Sa S-An Ns SO-Sh, (U) s Bw Me (sm/mo-stemp/mo·ozEUR – H – V Adenost., V Rum. alp.). **Süßdolde** – M. odoráta (L.) SCOP.

Klettenkerbel – Tórilis ADANS.
(Ib, Vm – Ev)

1 Dolden kurz gestielt, geknäuelt, scheinbar blattgegenständig (Abb. **338**/1). Hülle fehlend. 0,15–0,30. ⊙ 4–5. Ruderalstellen (Schutt, Umschlagplätze); (N 1788) z NW-Ns u. W-Sh: Küsten, s We N-Th Sa An, (U) s Me, † Rh, ↘ (m-temp·(oz)EUR–WAS – T – O Sisymbr.). **Knäuel-K.** – T. nodósa (L.) GAERTN.

1* Dolden lg gestielt, mit lg Döldchenstielen, endständig 2

2 Hülle fehlend od. 1–2blättrig. Griffel am Grund borstig. FrStacheln an der Spitze hakig. 0,30–0,90. ① ⊙ 7–8. Nährstoffreiche Äcker, mäßig trockne Ruderalstellen (Wegränder, Bahnanlagen), Brachen, kalkhold; (A) z Bw: bes. SW u. N Rh S-An, s M- u. NW-Ba He Th O-Br, (U) s Me, † We Ns, ↘ (m-stemp·(oz)EUR–WAS – T – V Caucal.). [T. infésta (L.) CLAIRV.] **(**) Feld-K.** – T. arvénsis (HUDS.) LINK

2* Hülle 5–∞blättrig. Griffel kahl. FrStacheln gebogen, rauh, mit glatter, stechender Spitze. 0,30–1,20. ① ⊙ 6–8. Waldschläge u. Waldsäume, lichte Eichenforsten, anspruchsvoll; alle Bdl v, aber höheres Bergland z (m-temp·(oz)EURAS – H – V Alliar., O Atrop.). [T. anthrískus (L.) C. C. GMELIN] **Gewöhnlicher K.** – T. japónica (HOUTT.) DC.

Turgenie – Turgénia HOFFM.

HüllBl 2–5, HüllchenBl 5–7, alle sehr br hautrandig. Bl einfach gefiedert. 0,15–0,50. ⊙ 6–8. Skelettreiche, extensiv genutzte Kalkäcker; (A) s Th, (N U) s Br Me, † Ba Bw Rh We He Sa An Ns, ↘ (m-stemp·(suboz)EUR–WAS – T – Ib, Vm, Sb – Ev – V Caucal.). [Caúcalis latifólia L.] **Turgenie** – T. latifólia (L.) HOFFM.

Haftdolde, Klettenmöhre – Caúcalis L.

HüllBl 0–2, HüllchenBl 3–5, kaum hautrandig. 0,10–0,30. ⊙ ① 5–7. Skelettreiche, meist extensiv genutzte Kalkäcker u. -brachen; (A) z M- u. N-Ba Bw He Th S-An SO-Ns, s Rh S- u. O-We, (U) s W-Sa Me, ↘ (m-stemp·(suboz)EUR – T – Ib, Vm, Sb – Ev – V Caucal.). [C. daucoídes aut. non L., C. láppula (WEBER) GRANDE] ** **Acker-H.**, – C. platycárpos L.

Breitsame – Orláya HOFFM.

Stg kahl, kantig gefurcht. Bl 2–3fach gefiedert. Nach außen gerichtete KrBl der RandB stark vergrößert (Abb. **341**/1). 0,10–0,30. ⊙ ① 6–8. Skelettreiche, extensiv genutzte Kalkäcker, Kalkfelsfluren, Brachen; (A) s M-Ba: Jura, ob noch? S- u. W-Th, (U) s S-Sa Me, † Bw Rh We He An Ns, ↘ (m-stemp·ozEUR – T – Sb, Ib – Ev – V Caucal., V Alysso-Sed.). **Strahlen-B.** – O. grandiflóra (L.) HOFFM.

Koriander – Coriándrum L.

Obere Bl 2–3fach gefiedert, mit linealischen, untere mit br Endabschnitten. Pfl nach Wanzen riechend. 0,30–0,50. ⊙ 6–7. KulturPfl, auch mäßig trockne Ruderalstellen (Schutt), Brachen, lehmige Äcker; (N U) s, z. B. Ba Bw We He Th Sa An Me Sh (m-sm·(suboz)EUR – T – V Caucal., V Sisymbr. – GewürzPfl). **Koriander** – C. satívum L.

Hohlsame – Bífora HOFFM.

Untere Bl gestielt, mit linealischen, etwa 1 mm br Zipfeln, die oberen sitzend, mit entfernteren, fädlichen Zipfeln. Pfl stark nach Wanzen riechend. 0,15–0,40. ⊙ 5–8. Lehmige bis tonige, meist skelettreiche u. extensiv genutzte Kalkäcker, mäßig trockne Ruderalstellen (Schutt); (N 1880 U) z Rh, s M- u. N-Ba O- u. N-Bw S- u. O-We He S- u. O-Th Sa S-Br SO-Ns SW-Me, † S-An (m-stemp·subozEUR – T – V Caucal., V Sisymbr.). **Strahlen-H.** – B. rádians M. BIEB.

Gelbdolde – Smýrnium L.

Pfl mit rübenfg Wurzel. Obere StgBl gelbgrün. Stg oberwärts mit 2–4 zottig gewimperten Längsflügeln. 0,50–0,80. ⊚ 6–7. Frische, nährstoffreiche Waldsäume (Parks); (N 1850) s NW-Bw: Schwetzingen NW-Sa S-An (sm·ozEUR – G – V Alliar.). **Stengelumfassende G.** – S. perfoliátum L.

Schierling – Coníum L.

Stg stielrund, kahl, bereift, unten rot gefleckt. Bl kahl, 2–4fach gefiedert. 0,80–1,80. ⊙ 6–9. Frische bis (wechsel)feuchte, lehmige bis tonige Ruderalstellen (Schutt, Gräben), erhöhte Flußufer; (A) v Rh N-Th An Me Sh, z M- u. N-Ba Bw We He S-Th Sa Br Ns, im N u. O ↗ (austr-strop/moAFR-m-b·(suboz)EUR–WAS – H – V Arct. – sehr giftig!). **Gefleckter Sch.** – C. maculátum L.

Rippensame – Pleurospérmum HOFFM.

Stg röhrig, gefurcht. Fr eifg, etwa 1 cm lg. 0,60–1,20. ⊙ ⊚ 6–7. Mont.-subalp. Säume, Staudenfluren, Hanggehölze, GrauerlenW, kalkhold; v S-Ba: Alpen, Vorland, z M- u. NW-Ba: untere Hochebene, Donau, Frankenhöhe, Grabfeld, Rhön S-Bw: SW-Jura, S-Schwarzw, Iller M- u. W-Th, s O-He: Rhön, † Rh (sm/mo-temp/demo-b·(subk)EURAS – H – Hv – O Orig., V Alno-Ulm., V Eric.-Pin., V Adenost.). **Österreichischer R.** – P. austríacum (L.) HOFFM.

Hasenohr – Bupleúrum L.

1 Dolden höchstens 3strahlig. Fr körnig rauh. Bl meist linealisch. 0,05–0,30. ☉ 8–9. Lückige Salzwiesen, bes. an sandigen, wechselhalinen u. wechselfeuchten Stellen, am Fuß von Ameisenhügeln, niedrigen Sandrücken; s N-Th S-An SO- u. NW-Ns: Borkum, Hildesheim N- u. W-Me: Lübecker Bucht, Wismarbucht, W-Rügen Sh: Küsten, (N) s O-He, † Rh Br, ↘ (sm-temp·suboz+litEUR – T – O Sagin. mar.). **Salz-H.** – B. tenuíssimum L.

1* Dolden 4–8strahlig. Fr glatt 2

2 Bl linealisch od. lanzettlich 3

2* Bl breiter, rundlich od. länglich, obere stengelumfassend od. durchwachsen. HüllBl fehlend od. eifg bis rundlich 5

3 HüllchenBl ansehnlich, gelb, br lanzettlich od. elliptisch, die B überragend. GrundBl lineal-lanzettlich bis länglich, obere am Grund stark verbreitert u. ± herzfg stengelumfassend. 0,10–0,50. ♃ 7–8. Sonnige, frische, meist kalkreiche subalp.-alp. Matten; s S-Ba: Allgäu, † Berchtesgadener Alpen (sm/alp-temp/alp·(suboz)EUR – H – V Sesl., K Thlasp. rot.). **Hahnenfuß-H.** – B. ranunculoídes L.

3* HüllchenBl unscheinbar, lanzettlich, die B nicht überragend. Bl am Grund nicht stark verbreitert 4

4 Untere Bl länglich, obere lanzettlich, 5–7nervig, mit deutlichen, dünneren Zwischennerven. HüllchenBl lanzettlich. 0,20–1,00. ♃ 7–9. Trocken- u. Halbtrockenrasen, Säume, Gebüsche, TrockenW, kalkstet; v Kalkgebiete von M- u. N-Ba Bw Rh Th S-An, z He SO-Ns, s SW-We O-Sa: Neiße (m/mo-temp·subkEURAS – H – V Cirs.-Brach., V Mesobrom., V Ger. sang., V Berb., V Eric.-Pin., V Querc. pub.). **(**) Sichel-H.** – B. falcátum L.

4* Bl lineal-lanzettlich, 3–5nervig, ohne dünne Zwischennerven. HüllchenBl lanzettlich-pfriemlich. 0,20–0,60. ☉ 7–8. Säume, Gebüsche; (N?) s SW-An: Selketal (m-stemp·ozEUR – T – O Orig.). [B. schéffleri HAMPE, B. jacquiniánum JORD.] **Jacquin-H.** – B. gerárdii ALL.

5 **(2)** Bl länglich-eifg, untere gestielt, mittlere u. obere tief herzfg stengelumfassend. Hülle vorhanden. 0,30–1,00. ♃ 7–8. Säume, wärmeliebende LaubW, subalp. Hochstaudenflure, kalkhold; z Ba S- u. O-Bw Th S-An, s O-We O- u. N-He SO-Ns, ↘ (m/mo-temp·subkEURAS – H – O Orig., V Ger. sang., V Carp., V Adenost.). **(**) Langblättriges H.** – B. longifólium L.

5* Bl eifg-rundlich, unterste sitzend, übrige durchwachsen (Abb. **341**/5). Hülle fehlend. 0,15–0,45. ☉ 6–8. Skelettreiche, extensiv genutzte Kalkäcker; (A N) z Th, s M- u. N-Ba M- u. O-Bw He S-An SO-Ns: Göttingen, (N U) s NW-Me Sh, † Rh We Sa, ↘ (m-stemp·subozEUR–(WAS) – T – V Caucal.). **Rundblättriges H.** – B. rotundifólium L.

Faserschirm, Scherbet – Trínia HOFFM.

Pfl 2häusig. BlZipfel fädlich bis schmal linealisch. Oberste Bl aus einer häutigen, aufgeblasenen Scheide mit wenigen Fiederzipfeln bestehend. KrBl der ♂ B mit schmalem, grünem, die der ♀ mit br, rötlichem Mittelstreif. 0,15–0,50. ⊙ ⊚ 4–5. Kalkfelsfluren, reichere Sandtrockenrasen, kalkhold; s NW-Ba: Unterfranken S-Bw: Isteiner Klotz, Trochtelfingen/Jura SO-Rh: Pfalz, † S-He (sm/mo-stemp·(subk)EUR – H – V Xerobrom., V Koel. glauc.). **Blaugrüner F.** – T. glaúca (L.) DUM.

Sellerie, Scheiberich – Ápium L.

1 Hülle u. Hüllchen fehlend. KrBl rundlich, grünlichweiß. Bl fiederteilig bis 3zählig mit keilfg Abschnitten. 0,30–1,00. ⊙ 7–9. Nasse nährstoffreiche, tonige Salzböden, Gräben; z S-An, s NW-Bw: Ubstadt O-We He N-Th N-An Ns: Celle, Spiekeroog, Juist, Borkum N-Me: bes. Küste S- u. O-Sh: bes. Küsten, † NW-Ba SO-Rh M- Br, ↘. KulturPfl (m-temp·(oz)+litEUR–WAS – H – O Cak. – GemüsePfl). **Sellerie** – A. gravéolens L.

1* Hüllchen stets vorhanden. KrBl eifg. Stg kriechend, am Grund liegend od. im Wasser flutend 2

2 Untergetauchte Bl doppelt gefiedert mit haarfeinen Zipfeln, obere einfach gefiedert mit keilfg, oft 3lappigen Fiedern. Dolden 2–3strahlig, scheinbar blattgegenständig. 0,10–0,60. ♃ 6–7. Teichränder auf nährstoffarmen, kalkreichen Schlammböden, Gräben; z N-Ns, s W- u. N-We NO-Sa: ob noch? NW-An SO-Br N-Me: Rügen Sh, ↘ (m-temp·euozEUR – H, A – V Litt. – ∇). [Helosciádium inundátum (L.) KOCH]

Untergetauchter Sch. – A. inundátum (L.) RCHB. fil.

2* Bl sämtlich einfach gefiedert 3

3 BlAbschnitte rundlich-eifg, ungleich gesägt bis gelappt (Abb. **341**/6). Doldenstiel länger als die Doldenstrahlen. Hülle 3–6blättrig. 0,10–0,30. ♃ 7–9. Offene, zeitweise überschwemmte, nährstoffarme Ufer, Gräben; z S- u. M-Ba S-, M- u. NW-Me, s NW-Bw SW- u. NO-We Br N-Ns O-Sh: Fehmarn, † Rh He N-An, ↘ (sm-temp·ozEUR – H – V Nanocyp., V Agrop.-Rum. – ∇). [Helosciádium répens (JACQ.) KOCH]

Kriechender Sch. – A. répens (JACQ.) LAG.

3* BlAbschnitte eifg bis lanzettlich, gleichmäßig gekerbt. Doldenstiel kürzer als die Doldenstrahlen od. fehlend. Hülle 1–2blättrig. 0,30–0,60. ♃ 7–9. Nasse, nährstoffreiche, oft salzhaltige Gräben, Röhrichtsäume von Bächen; v SO-Rh, z NW-Bw W- u. N-Rh, s W-We S- u. M-He, † NW- u. SO-Sa u. S-An: ob früher? (strop/moAFR+m-temp·(oz)EUR–(WAS) – H – V Glyc.-Sparg.). [Helosciádium nodiflórum (L.) KOCH]

Knotenblütiger Sch. – A. nodiflórum (L.) LAG.

Petersilie – Petroselínum HILL

Untere Bl 3fach gefiedert, oft kraus. Kr grünlichgelb. 0,40–0,90. ⊙ 6–7. KulturPfl, auch (N U) s, z. B. Ba Bw Br Ns Me (m·ozAFR–EUR – H – Mv – GewürzPfl). [P. satívum HOFFM.] ** **Petersilie** – P. críspum (MILL.) A. W. HILL

Wasserschierling – Cicúta L.

Rhizom dick, hohl, durch Querwände gekammert. Pfl kahl. Bl 2–3fach gefiedert. 0,60–1,20. ♃ 7–9. Nasse, mesotrophe Verlandungsrieder an Teich- u. Seeufern, Gräben; v N-Sa O-Br W-Me N-Ns Sh, z Ba außer Alpen Bw Rh W- u. N-We He Th O- u. N-An W-Br SO-Ns O-Me, s SW-Sa, ↘ (sm-b·(k)EURAS – H – Ib: Fliegen, Vm – V Phragm. – sehr giftig!). **Wasserschierling** – C. virósa L.

Knorpelmöhre, Ammei – Ámmi L.

Untere Bl 1–3fach gefiedert, mit br Blchen, obere schmalzipflig. 0,30–1,00. ⊙ 6–9. Mäßig trockne Ruderalstellen (Umschlagplätze), Luzerneäcker; (N 1840 U) s M- u. N-Ba Bw We Th W-Sa S-An Br Ns NW-Me (stropAFR+m-stemp·(oz)EUR–WAS – T – Mv – V Sisymbr., V Onop.). **Große K., Großes A.** – A. május L.

Sichelmöhre – Falcária FABR.

Pfl kahl, blaugrün. Stg sparrig ästig. Bl doppelt 3zählig. Blchen scharf gesägt. 0,30–0,80. ♃ 7–9. Ruderal beeinflußte Trocken- u. Halbtrockenrasen, trockne Ruderalstellen (Wegränder), Brachen, extensiv genutzte Äcker, Trockengebüschsäume; v bes. Trockengebiete M- u. N-Ba N-Bw SO-Rh Th S- u. M-An N-Br SO-Me, z S-Bw N- u. W-Rh SW- u. N-We He Sa N-An S-Br S-Ns N-Me, s SO-Sh u. Bergland (m-temp·subk EUR–WAS – H – Sv: Wurzelsprosse – K Fest.-Brom., V Caucal., V Fum.-Euph., V Conv.-Agrop.). [F. rivíni HOST] **Gewöhnliche S.** – F. vulgáris BERNH.

Kümmel – Cárum L.

1 Hülle fehlend, Hüllchen fehlend od. wenigblättrig. Wurzel spindelfg. Bl kahl, unterste Fiederchen nahe der BlSpindel sich kreuzend (Abb. **341**/8). StgGrund ohne Faserschopf. 0,30–0,80. ⊙ 5–7. Frische Fettwiesen u. -weiden, Wegränder; g S-, M- u. NO-

Ba, v NW-Ba S- u. O-Bw Rh O-We He Th Sa S-An SO-Ns W-Sh, z NW-Bw W-We N-An Br N-Ns Me O-Sh. KulturPfl (m/mo-b·(suboz)EUR–SIB – H – O Arrh. – Gewürz- u. ArzneiPfl). **Wiesen-K.** – C. cárvi L.

1* Hülle u. Hüllchen ∞blättrig. Wurzeln in gebüschelte, fleischig verdickte Fasern aufgelöst. StgGrund mit Faserschopf. GrundBl im Umriß linealisch, sehr fein zerteilt (Abb. **341**/7). 0,30–0,80. ♃ 7–8. Nasse, kalkarme, mäßig nährstoffreiche Moorwiesen; † SO-Rh: Lautertal W-We: Aachen (m-temp·euozEUR – H – V Junc. acutifl.). **Quirl-K.** – C. verticillátum (L.) KOCH

Knollenkümmel – Búnium L.

Stg markig. Dolde 10–20strahlig. Hülle u. Hüllchen 3–12blättrig. 0,20–0,60. ♃ 6–7. Lehmige bis tonige, oft skelettreiche Äcker, Wegränder, kalkhold; (A?) v Rh, s NW-Ba Bw: Weinheim, Tauber- u. Neckargebiet S- u. O-We Th S-An S-Ns, (N U) s M-Ba He W-Sa O-Br Me Sh (m/mo-stemp·ozEUR – G – V Caucal., V Fum.-Euph.). **Echter K.** – B. bulbocástanum L.

Erdkastanie – Conopódium KOCH

Stg hohl. Dolde 6–12strahlig. Hülle fehlend, Hüllchen 3–5blättrig, 0,20–0,50. ♃ 5–6. Wiesen, kalkmeidend; (N) s W-We S-Th: Friedrichroda S-An: Dessau, Harz Ns: Bad Bentheim, Bergen-Hohne, Schneede/Harburg, St. Andreasberg/Harz (m/mo-temp·ozEUR – G – V Triset.). [C. denudátum (DC.) KOCH] **Französische E.** – C. május (GOUAN) LORET

Pimpinelle, Anis – Pimpinélla L.

1 FrKn weichhaarig. Untere Bl ungeteilt, gesägt, obere 2–3fach gefiedert mit lineal-lanzettlichen Zipfeln. 0,15–0,50. ⊙ 7–8. KulturPfl (m·(suboz)EUR – T – Gewürz- u. ArzneiPfl) **Anis** – P. anísum L.

1* FrKn kahl. Bl einfach gefiedert bis mehrfach fiederteilig. ♃ **2**

2 Stg kantig gefurcht, meist röhrig hohl, bis zur Spitze entfernt beblättert. Griffel sofort nach dem Abblühen länger als die junge Fr. 0,40–1,00. ♃ 6–9. Frische Fettwiesen, Staudenfluren; g Bw, übrige Bdl v, nur N-An, NO-Ns u. MDt-Trockengeb z, NW-Ns u. W-Sh s (m/mo-temp·ozEUR – H – V Arrh., V Triset.). ** **Große P.** – P. májor (L.) HUDS.

2* Stg stielrund, schwach gerillt, fast voll, oberwärts nur fast spreitenlose BlScheiden tragend. Griffel nach dem Abblühen kürzer als die junge Fr. 0,30–0,60. ♃ 7–9. Halbtrockenrasen, Silikatmagerrasen, trockne Heiden, TrockenW u. -gebüsche; g Ba Bw He Th Sa S-An S-Ns, sonst alle Bdl v, nur NW-Ns z (m/mo-b·(suboz)EUR–WAS – H – V Mesobrom., V Cirs.-Brach., V Viol. can., V Genisto-Call.). [incl. P. nígra MILL.] **Kleine P.** – P. saxífraga L.

Giersch, Geißfuß – Aegopódium L.

GrundBl doppelt 3zählig; Abschnitte eifg-länglich (Abb. **350**/1). 0,50–0,90. ♃ 6–7. Feuchte, nährstoffreiche Wälder, Waldränder, Gebüsche, Gärten, Friedhöfe, Parks; alle Bdl g, ↗ (m/mo-b·(oz)EUR–WAS – H – Sv: Ausläufer – V Alno-Ulm., K Querc.-Fag., V Convolv. – Wildgemüse). **Giersch, Geißfuß** – Ae. podagrária L.

Berle – Bérula KOCH

Stg stielrund, fein gerillt. Dolden scheinbar blattgegenständig. Fr eifg, fast 2knotig. Bl gefiedert, untere mit eifg, obere mit lanzettlichen, gesägten Abschnitten. 0,30–0,80. ♃ 7–9. Kleinröhrichte in flachen, nährstoffreichen Bächen u. Gräben, auch in fließendem tieferem Wasser; g Me, übrige Bdl v, aber N-Rh, O-Sa u. NW-Ns z, SW-Sa u. höheres Bergland f (trop-stropAFR-m-temp·(oz)EUR+AM – H, A – Hv, meist Sv: Ausläufer – V Glyc.-Sparg. – giftig!). [Síum eréctum HUDS., Síum angustifólium L., B. angustifólia (L.) KOCH] **Berle, Schmalblättriger Merk** – B. erécta (HUDS.) COVILLE

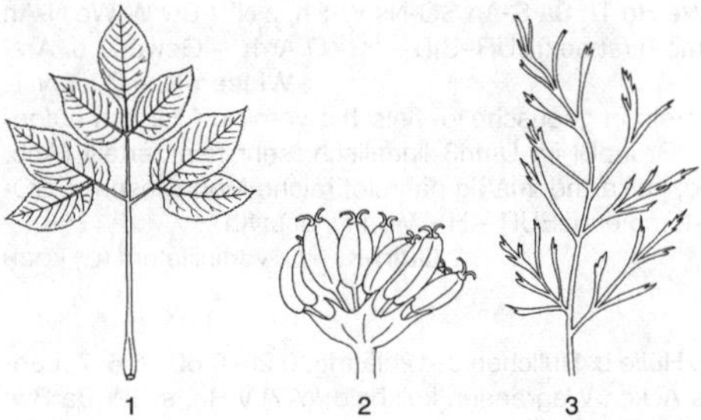

Merk – Síum L.

Wurzeln fadenfg. Stg tief gefurcht. ÜberwasserBl einfach gefiedert, ihre Abschnitte schief lanzettlich, scharf gesägt; TauchBl 2–3fach gefiedert mit linealischen Zipfeln. KZähne ansehnlich. 0,60–1,20. ♃ 7–8. Röhrichte stehender od. langsam fließender Gewässer, Gräben; v Br N-Ns Me Sh, z M- u. N-Ba W-Bw: Rhein Rh N- u. W-We S-He N-Th Sa: N u. Elbe An, s N-He S-Ns (sm-b·(suboz)EUR–WAS – H – Hv, Sv: Wurzelsprosse – O Phragm.). **Breitblättriger M.** – S. latifólium L.

Sesel, Bergfenchel – Séseli L.

1 HüllchenBl zu einem am Rand gezähnten Becher verwachsen (Abb. **350**/2). Dolden 9–12strahlig. Fr 4–6 mm lg u. 2–3 mm dick. Pfl kahl, stark blaugrün. 0,15–0,50. ♃ 7–9. Kont. Felsfluren u. Trockenrasen, kalkhold; z SW-An, s SW-Bw: Kaiserstuhl SO-Rh: Pfalz, unteres Nahegebiet, Flonheim N-Th: Sachsenburg, ↘ (sm-temp·subkEUR–WAS – H – V Sesl.-Fest., V Fest. val.). **Pferde-S.** – S. hippomárathrum JACQ.

1* HüllchenBl frei. Dolde 12–40strahlig. Fr 1,5–3 mm lg u. 1–1,5 mm dick. Stg meist kurzhaarig. 0,10–0,90. ⊙ ⊚ 7–9. Trocken- u. Halbtrockenrasen, Trockengebüschsäume, kalkstet; im W u. N (A) z M- u. N-Ba Th S-An O-Br, s S-Ba: Hochebene an Lech u. Isar N- u. W-Bw Rh SW-We He O-Sa W-Br SO-Ns SO-Me, ↘ (sm-temp·(subk)EUR – H – K Fest.-Brom., V Ger. sang.). [S. colorátum EHRH.] **Steppen-S.** – S. ánnuum L.

Heilwurz – Libanótis ZINN non HILL

Bl 2–3fach gefiedert, unterste Fiederchen nahe der Fiederspindel sich kreuzend (Abb. **341**/8). 0,60–1,20. ⊙ ⊚ 7–8. Trockengebüsche, TrockenW u. ihre Säume, Felsschutt, kalkstet; z Ba O-Bw: Jura bis Wutach u. oberer Neckar, Taubergebiet Rh Th, s S- u. NO-We S- u. NO-He SW-Sa: Vogtland S-An O-Br SO-Ns: Hildesheim, Bad Sachsa N-Me u. SO-Sh: Küsten, (N) s N-An SW-Me (m/mo-temp·subkEURAS – H – V Ger. sang., V Berb., V Eric.-Pin., V Cytis.-Pin.). [Séseli libanótis (L.) KOCH, L. montána CRANTZ] **(**) Berg-H.** – L. pyrenáica (L.) BOURGEAU

Pferdesaat, Rebendolde – Oenánthe L.

1 Wurzeln fadenfg. Dolden scheinbar blattgegenständig, <3 cm lg gestielt. Hülle fehlend. Hüllchen armblättrig. B gestielt 2

1* Wurzeln z. T. rübenfg verdickt. Dolden end- od. achselständig, >4 cm lg gestielt. RandB der Döldchen lg gestielt, ♂, strahlend, mittlere fast ungestielt, ⚥ 3

2 Abschnitte letzter Ordnung der ÜberwasserBl 2–6 mm lg, eifg, in längliche, ungeteilte od. 2–3spaltige Zipfel zerschnitten. UnterwasserBl haarfg zerschlitzt od. fehlend. Fr 3,5–4,5 mm lg. Stg am Grund oft sehr stark (bis 8 cm) verdickt. 0,30–1,20. ⊙ ⊚ 6–8. Nährstoff- u. kalkreiche, zeitweise trockenfallende Tümpel, Altwässer; v W- u. N-We N-

Sa Br Ns Me Sh, z M- u. N-Ba Bw Rh: bes. Rhein He Th S-Sa An, s SW- u. SO-Ba: Bodensee, Laufen (sm-temp·(suboz)EUR–WAS – A – Ev, Sv: Ausläufer – V Phragm., V Bid.). [Phellándrium aquáticum L.]

Wasser-Pf., Wasserfenchel – Oe. aquática (L.) POIRET

2* Abschnitte letzter Ordnung der ÜberwasserBl 15–25 mm lg, in breitere, gekerbte Zipfel zerteilt. UnterwasserBl mit keilfg Zipfeln (Abb. **350**/3) od. fehlend. Fr 4,8–6 mm lg. 1,00–2,00. ⊙ ⚇ 6–7. Langsam fließende, klare, kalkarme Gewässer; s NO-Ns u. SW-Sh: Unterelbe, † W-Bw: Oberrhein, ↘ (temp·euozEUR – A – V Ranunc. fluit., V Phragm.). [incl. Oe. conioídes LANGE] **Fluß-Pf.** – Oe. fluviátilis (BAB.) COLEMAN

3 **(1)** Pfl mit Ausläufern. Stg u. BlStiele röhrig. Untere Bl doppelt, obere einfach fiederteilig, mit linealischen, oft 3spaltigen Abschnitten. Hülle 0–2blättrig. Dolde 2–5strahlig. 0,30–0,60. ♃ 6–8. Großseggenrieder, Gräben, Ufer; z W- u. N-We An Br Ns Me Sh, s M- u. N-Ba W-Bw: Rhein, ob noch? Rh He W-Th N-Sa, ↘ (m-temp·ozEUR – H, A – Sv: Ausläufer – V Magnocar., V Cnid.). **Röhrige Pf.** – Oe. fistulósa L.

3* Pfl ohne Ausläufer. Stg markig, selten hohl. Dolde 5–12strahlig **4**

4 Untere Bl mit eifg od. keilfg, obere mit lineal-lanzettlichen Zipfeln. Hülle meist 4–6blättrig. KrBl bis zur Mitte 2spaltig. Wurzeln zuweilen verdickt, aber nicht rübenfg, bis 12 cm lg. 0,40–0,60. ♃ 7–9. Salzbeeinflußte Röhrichte, Salzwiesen, nasse Riedwiesen; s W-Bw: Rhein SO-Rh u. SW-He: Rhein N-Ns: Inseln, Unterems, Cuxhaven N-Me: Küste, bes. vom Darß bis Usedom O- u. SW-Sh, ↘ (m-temp·oz+litEUR – H – V Armer. marit., V Phragm.). **Wiesen-Pf.** – Oe. lachenálii C. C. GMELIN

4* Alle Bl mit linealischen Zipfeln. Hülle 0–1blättrig. KrBl nur bis $^1/_3$ gespalten. Wurzeln rübenfg, 1,5–3,0 cm lg **5**

5 Reife Fr ellipsoidisch, unter dem K zusammengeschnürt. FrDöldchen fast kuglig. Doldenstrahlen u. FrStiele dünn. Griffel etwa $^1/_2$ so lg wie die Fr. 0,30–0,60. ♃ 6–7. Nasse, kalkarme Moorwiesen; z Rh, s SW-He, † Bw: Stuttgart? We SO-Ns, ↘ (m-stemp·ozEUR – H – V Junc. acutifl.). **Haarstrang-Pf.** – Oe. peucedanifólia POLLICH

5* Reife Fr zylindrisch od. verkehrtkegelfg, unter dem K nicht zusammengeschnürt. FrDöldchen flach bis halbkuglig. Doldenstrahlen 5–20, dick. FrStiel so dick wie der untere Teil der Fr. Griffel nur wenig kürzer als die Fr. 0,30–0,60. ♃ 5–7. Nasse, nährstoffreiche Wiesen; (N U) † SO-Rh: Schifferstadt SW-He: Hanau (m-stemp·(suboz)EUR – H – V Cnid.). **Silau-Pf.** – Oe. silaïfólia M. BIEB.

Hundspetersilie, Gleiße – Aethúsa L.

Bl stark glänzend, 2–3fach gefiedert. Hüllchen 3–4blättrig, zurückgeschlagen, nur auf der Außenseite der Döldchen (Abb. **341**/2). 0,10–2,10. ⊙ ⊙ 6–9. Lehmige Äcker, Gärten, Weinberge, frische Ruderalstellen (Müll, Schutt), Brachen, Waldsäume; (A?) g Me, v Ba Bw Rh We He Th Sa S-An Br S-Ns, z N-An N-Ns Sh u. Alpen (sm-b·(oz)EUR – T – Ib, Sb – Mv – V Caucal., V Fum.-Euph., V Alliar. – giftig!).

** **Hundspetersilie** – Ae. cynápium L.

Augenwurz – Athamánta L.

Bl graugrün, zottig-rauhhaarig. Stg fein gerillt, meist zu mehreren aus der BlRosette entspringend. 0,10–0,40. ♃ 5–8. Sonnige, kalkreiche Felsfluren, Felsspalten; v S-Ba: Alpen, s S-Bw: Südwestalb bei Balingen und Dettingen (sm/alp-temp/dealp·subozEUR – H – V Petasit. parad., V Potent. caul.). **Augenwurz** – A. creténsis L.

Fenchel – Foenículum MILL.

Pfl kahl. Stg stielrund. BlScheiden lg. Hülle u. Hüllchen fehlend. 0,80–1,80. ⊙ ♃ 7–9. KulturPfl, auch mäßig trockne bis frische Ruderalstellen (Schutt, Wegränder), ruderal beeinflußte Rasengesellschaften, Weinbergränder; (N U) s, z. B. Ba Bw Rh We He Sa An Me, ↗ (m-sm·(oz)EUR–VORDAS – H – V Sisymbr., V Onop. – Gewürz- u. ArzneiPfl).

Fenchel – F. vulgáre MILL.

Dill – Anéthum L.

Pfl kahl. Stg stielrund. BlScheiden kurz. Hülle u. Hüllchen fehlend. 0,50–1,20. ⊙ 7–9. KulturPfl, auch Ruderalstellen (Schutt, Müll, Umschlagplätze); (N U) s in allen Bdl (m·subozEUR–VORDAS – T – Sb – GewürzPfl). **Dill** – A. gravéolens L.

Silau, Roßfenchel – Sílaum[1]) MILL.

GrundBl 2–4fach gefiedert, BlStiel oberseits nicht rinnig. BlZipfel lineal-lanzettlich, rötlich bespitzt. HüllchenBl weißhäutig berandet. 0,30–1,00. ♃ 6–9. Nährstoffreiche, wechselfeuchte Wiesen; im N u. W (A) v im Tief- und Hügelland M- u. N-Ba Bw S-He Th NW-Sa S-An, z S-Ba Rh We N-He S- u. O-Sa N-An S- u. M-Br O-Ns, s N-Br SW-Me: Elbtal, (U) s S-Sh (sm-temp·(suboz)EUR – H – Ib: Hautflügler – V Calth., V Mol., V Arrh., V Mesobrom.). [Sílaus praténsis BESSER] **Wiesen-S.** – S. sílaus (L.) SCH. et THELL.

Bärwurz – Méum MILL.

Pfl stark würzig riechend. Wurzelhals faserschopfig. Bl doppelt bis mehrfach gefiedert, mit fädlichen Zipfeln. 0,15–0,45. ♃ 5–6. Mont. Frischwiesen u. Magerrasen, kalkmeidend; v W-Bw: Schwarzw SW-We: Eifel S-Th: Th-W S-Sa: Erzg u. Vorland, z N-Ba: Fichtelgebirge, Frankenwald, Rhön W-An: Harz SO-Ns: Harz, Solling, s SO-Bw: Gosheim, Wurzach Rh: Hochwald, Eifel O-We: Kahler Asten He: Rhön, Kaufunger Wald O-Th: Holzland NO-Sa S-Br: Luckau (m/mo-temp/mo·ozEUR – H – O Nard., V Triset.).
Bärwurz, Bärenkümmel – M. athamánticum JACQ.

Brenndolde – Cnídium CUSSON ex DC.

Bl 2–3fach fiederteilig, mit lineal-lanzettlichen Zipfeln. HüllchenBl ∞, pfriemlich. 0,30–0,90. ⊙ ♃ 8–9. Wechselfeuchte Wiesen, Auengebüschsäume; (A?) v O-An: Elbegebiet, z Br, s W-Ba: Jura, Main NW-Bw: Brühl SO-Rh u. SW-He: Rhein M-Th NW-Sa W-An O-Ns: Elbe, Hildesheim NO- u. SW-Me: Elbe, Parchim, Rügen S-Sh: Elbe, ↘ (sm-temp·(subk)EURAS – H – V Cnid.). [C. venósum (HOFFM.) KOCH]
Sumpf-B. – C. dúbium (SCHKUHR) THELL.

Silge – Selínum L.

Stg kantig gefurcht bis geflügelt. Bl 2–3fach gefiedert, mit lineal-lanzettlichen Zipfeln. Dolden- u. Döldchenstrahlen schwach flaumig. 0,30–0,90. ♃ 7–8. Mäßig nährstoffreiche, kalkarme Moorwiesen; v Ba He S-Th Sa O-An S- u. M-Br Me, z Bw Rh We N-Th W-An N-Br S- u. O-Ns O-Sh, ↘ (sm-temp·(suboz)EUR–(WAS) – H – O Mol.).
Kümmel-S. – S. carvifólia (L.) L.

Mutterwurz – Ligústicum L.

1 Stg am Grund mit dichtem Faserschopf, blattlos od. oberwärts mit 1–2 Bl, in deren Achseln Dolden stehen. HüllBl meist fehlend, seltener vereinzelt, kürzer als die Doldenstrahlen. 0,10–0,50. ♃ 6–8. Subalp. bis alp. sickerfrische Magerweiden, Rieselfluren, Schneeböden, kalkmeidend; v S-Ba: Alpen, s O-Ba: Bayr-W S-Bw: Feldberg (sm/alp-temp/alp·subozEUR – H – Vm – Sv: Wurzelsprosse – K Salic. herb., V Nard., V Car. ferr., V Car. davall., V Adenost.). **Alpen-M.** – L. mutellína (L.) CRANTZ

1* Stg am Grund mit häutigen Resten alter Bl, meist blattlos, mit einer einzigen, endständigen Dolde. HüllBl 5–10, so lg wie die Doldenstrahlen. 0,03–0,15. ♃ 7–8. Alp., kalkarme, oft windexponierte Steinrasen u. Matten; s SW- u. SO-Ba: Allgäu, Berchtesgadener Alpen (sm/alp-temp/alp+arct·subkEURAS–WAM – H – V Car. curv., V Elyn.). [L. símplex (L.) ALL., Neogāya símplex (L.) MEISSNER, Pachyplēūrum símplex (L.) RCHB.]
Zwerg-M. – L. mutellinoídes VILL.

---

[1]) Sprich: Síla-um, Síla-us, aber Silau

Engelwurz, Brustwurz, Angelika – Angélica L.
(Ib, Vm – Wv)

1 Stg scharfkantig gefurcht. BlAbschnitte meist herzfg, groß kerbig gesägt, unterseits auf den Nerven und am Rand borstig. BlStiel unterseits gekielt. Doldenstiele kahl. K mit 5 deutlichen, eifg Zähnen. KrBl deutlich genagelt. 0,50–1,00. ⊚ 7–8. Nasse, nährstoffreiche Wiesen; s N-Th: Alperstedt NW-Sa: Dölzig SO- u. NW-An Br, † O-Me ↘ (sm-temp·subkEUR–WAS – H – V Calth. – ▽). [Ostéricum palústre (BESSER) BESSER]
Sumpf-E. – A. palústris (BESSER) HOFFM.

1* Stg wenigstens unterwärts stielrund, ± bereift. BlAbschnitte eifg-lanzettlich bis elliptisch, fein gesägt. BlStiel nicht gekielt. Doldenstiele wenigstens an der Spitze flaumig-zottig. K nicht od. kaum gezähnt. KrBl elliptisch, lanzettlich, ungenagelt 2

2 BlStiel u. BlSpindel oberwärts rinnig. BlAbschnitte unterseits auf den Nerven und am Rand flaumhaarig, zuweilen papillös. Doldenstiele in ganzer Länge flaumig-zottig. KrBl weiß od. rötlich, vor dem Aufblühen grünlich. 0,80–1,50. ⊚ 7–9. Nährstoffreiche Feuchtwiesen, Säume, Gebüsche, ErlenW, mäßig anspruchsvoll; alle Bdl g, nur MDt-Trockengeb, N-An u. N-Br v (m/mo-b·(oz)EUR–SIB – H – O Mol., bes. V Calth., V Alno-Ulm.).
** **Wald-E.** – A. sylvéstris L.

2* BlStiel stielrund, BlSpindel rinnig. BlAbschnitte unterseits u. am Rand kahl, zuweilen papillös. Doldenstiele nur an der Spitze flaumig-zottig. KrBl grünlich, grünlichweiß od. gelblich. 1,20–2,50. ⊚ 6–8. Nährstoffreiche, zeitweise überschwemmte Hochstaudenfluren u. Röhrichte an Flußufern, Gräben, auch salzertragend; z Th An Br Ns Me: bes. Küste Sh, (N) z M- u. N-Ba Rh: Rhein We He, s N-Bw: Neckar, Tauber, Main Sa, ↗. KulturPfl (m/mo-arct·subkEURAS – H – Wv, Hv – V Convolv. – Gewürz- u. Arznei-Pfl). [Archangélica officinális HOFFM.]
** **Echte E., Brustwurz, Angelika** – A. archangélica L.

Liebstöckel – Levísticum HILL

BlAbschnitte br verkehrteifg. Kr blaßgelb. Pfl nach Maggi riechend. 1,00–2,00. ♃ 7–8. KulturPfl, auch (N U) s, z. B. Ba Br (sm/salp·(suboz)VORDAS – H – Gewürz- u. Arznei-Pfl). **Garten-L.** – L. officinále KOCH

Haarstrang – Peucédanum L.

1 Hülle fehlend od. hinfällig 1–2blättrig. Stg kahl 2

1* Hülle u. Hüllchen ∞blättrig, hautrandig, bleibend. Bl 2–3fach gefiedert 4

2 BlAbschnitte br eifg. Bl doppelt 3zählig. B rötlichweiß. 0,30–1,00. ♃ 7–8. Frische, nährstoffreiche Bergwiesen, Stauden- u. Lägerfluren; v S-Ba: Alpen, (N) z O-Ba: Bayr-W bis Frankenwald, Rhön S-Th: Th-W, Schiefergebirge S-Sa: Erzg, (N) s W-Bw: Schwarzw Rh: Hochwald S-We: Eifel bis Sauerland He: Rhön SW-An u. SO-Ns: Harz. KulturPfl (sm/salp-temp/salp·ozEUR – H – V Adenost., V Rum. alp. – GemüsePfl). [Imperatória ostrúthium L.] **Meisterwurz** – P. ostrúthium (L.) KOCH

2* BlAbschnitte linealisch. B gelblich od. gelb 3

3 Stg stielrund. Bl mehrfach 3zählig, mit sehr lg, linealischen Zipfeln. Kr gelb. 0,60–1,50. ♃ 7–9. Wechseltrockne, meist kalkreiche Auenwiesen der Stromtäler, Kalkhalbtrockenrasen; z M- u. NW-Ba: Donau, Jura, Unterfranken M- u. N-Bw O-Rh Th An, s S-He NW-Sa SO-Ns: Wolfenbüttel, † We Me, ↘ (m/mo-stemp·(subk)EUR – H – V Mol., V Ger. sang., V Mesobrom.). **Echter H.** – P. officinále L.

3* Stg wenigstens oberwärts kantig gefurcht. Bl einfach gefiedert, mit fiederteiligen Abschnitten. Kr gelblich od. grünlichweiß, außen oft rötlich überlaufen. 0,30–1,00. ♃ 6–8. Frische bis wechselfrische Wiesen, Trockengebüsch- u. Trockenwaldsäume, kalkhold; z M-Ba Rh: Mosel, Saar, Rhein, W-We: Rhein, Eifel, s SW-Ba: Ammersee, NW-Ba: obere Aisch, † O-Bw: NO-Alb (sm-temp·subkEUR – H – V Ger. sang., V Arrh.). [P. chabrǽi (JACQ.) RCHB.] **Kümmelblatt-H.** – P. carvifólia VILL.

4 **(1)** Hülle aufrecht bis abstehend. Doldenstrahlen glatt. Kr blaßgelb. Stg markig. 0,60–1,20. ♃ 7–9. Säume, Gebüsche, EichentrockenW, kalkstet; s W-Ba: Jura, Unterfranken N- u. O-Bw: Taubergebiet, Kirchheim/Ostalb SO-Rh u. SW-He: Rheinebene S- u. M-Th (sm-temp·subkEUR–WAS – H – V Ger. sang., V Pot.-Querc.).
Elsässer H. – P. alsáticum L.

4* Hülle zurückgebogen. Doldenstrahlen rauhflaumig. Kr weiß **5**

5 Stg kantig gefurcht, röhrig. BlZipfel lineal-lanzettlich, weißspitzig. BlStiel hohl, mit Milchsaft. HüllBl u. HüllchenBl br hautrandig. 0,80–1,50. ♃ 7–8. Nasse, mesotrophe Großseggenrieder, Moorwiesen, Erlenbrüche; g Me, v N-We N-Sa O-An Br N-Ns Sh, z Ba: bes. Alpenvorland, Mittelfranken u. Bayr-W Bw S-Rh S- u. M-He S-Sa W-An, s N- u. O-Th S-Ns (sm-b·(suboz)EUR–WAS – H – Wv, Hv – V Magnocar., O Mol., V Aln.). [Thysselínum palústre (L.) HOFFM.] **Sumpf-H., Ölsenich** – P. palústre (L.) MOENCH

5* Stg stielrund, fein gerillt, markig. BlZipfel breiter. Pfl trockner Standorte **6**

6 Untere Bl 3fach fiederteilig. BlSpindel bei jedem Fiederansatz knickig abwärts gebogen (Abb. **354**/1). BlAbschnitte länglich-lanzettlich, beiderseits grün. 0,30–1,00. ♃ 7–8. Silikat- u. reichere Sandtrockenrasen, trockne Eichen- u. KiefernW u. ihre Säume; v M-Ba N-Sa O-An Br Me, z S- u. NW-Ba Bw Rh S-He W-An NO-Ns SO-Sh, s M-Th (m-temp·subozEUR – H – O Fest.-Sedet., V Fest. val., V Ger. sang., V Querc. rob.-petr., V Eric.-Pin., V Cytis.-Pin., V Pot.-Querc.). **Berg-H.** – P. oreoselínum (L.) MOENCH

6* Untere Bl 2fach fiederteilig. BlSpindel nicht knickig. BlAbschnitte eifg bis eilänglich, fast grannig gezähnt, unterseits graugrün, sehr derb. 0,50–1,00. ♃ 7–9. Trockengebüsche, TrockenW u. ihre Säume, Halbtrockenrasen, kalkhold; v M- u. N-Ba O-Bw, z S-Ba W-Bw Rh S-He Th SW-An O-Br, s N-He M- u. NW-Sa N- u. O-An W-Br SO-Ns SO-Me (m/mo-stemp·subozEUR – H – V Ger. sang., V Mesobrom., V Querc. pub.).
Hirschwurz – P. cervária (L.) LAPEYR.

Pastinak – Pastináca L.

Stg kantig gefurcht. Bl einfach gefiedert (Abb. **354**/2), ihre Abschnitte eifg bis länglich. Kr gelb. 0,30–1,00. ⊙ 7–9. Frische, nährstoffreiche Wiesen, frische bis mäßig trockne Ruderalstellen (Wegränder, Bahngelände, Steinbrüche, Ackerränder), kalkhold; alle Bdl v, aber höheres Bergland, O-Sa, NW-Ns, SW-Me u. N-Sh z. KulturPfl (m-temp·(suboz)EUR–WAS – H – V Arrh., V Dauco-Mel., V Onop. – GemüsePfl).
**** Pastinak** – P. satíva L.

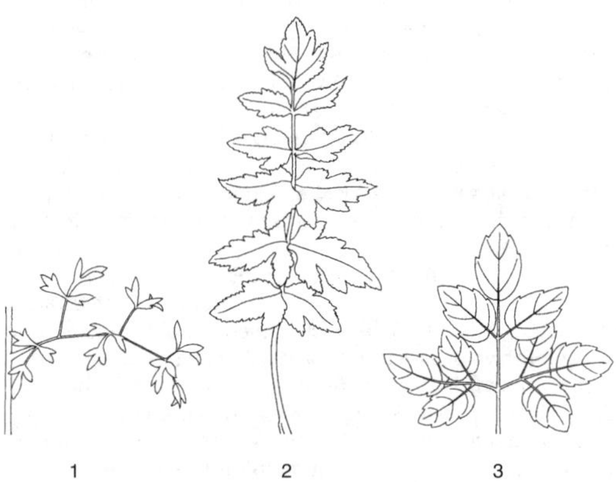

1 2 3

Bärenklau – Heracléum L.

1 Fr 10–14 mm lg u. 6–8 mm br, mit borstig behaarten Randflügeln; keulenfg Ölgänge am stark angeschwollenen Ende 0,5–1 mm br. Pfl bis 3,5 m hoch. Stg am Grund bis 10 cm dick, oft rot gefleckt. Bl tief 3(–5)teilig, mit fiederteiligen, spitzen Abschnitten, unterseits kurz behaart, sehr groß, die unteren mit Stiel bis 3 m lg. Dolden 50–150strahlig, bis 50 cm br. B weiß. 2,00–3,50. ⊙ ⊚ 7–9. Flußufer, Auen, Ruderalstellen (Wegränder), Parkanlagen, Gärten; (N 20. Jh.) v Rh SW-Sa, z Ba Bw We He Th N- u. O-Sa S-An M- u. O-Br Ns Me, s N-An W-Br S-Sh, ↗. ZierPfl (sm/mo·subozKAUK – H – Bienenweide – verursacht Hautreizung (Blasen) durch Photosensibilisierung).
Riesen-B., Herkulesstaude – H. mantegazziánum SOMMIER et LEVIER

1* Fr 6–10 mm lg u. 6–9 mm br, kahl od. weichhaarig; keulenfg Ölgänge nur wenig angeschwollen, 0,2–0,4 mm br. Pfl bis 1,50 m hoch. Stg am Grund 3–20 mm dick. Dolden 7–25strahlig, bis 20 cm br **2**

2 Stg kantig gefurcht, steifborstig. BlAbschnitte groß, br eifg bis lanzettlich, meist tief gelappt. KZähne undeutlich, kurz u. br. Kr weiß od. grünlichgelb. 0,50–1,50. ♃ 6–9. Fettwiesen, Uferstaudenfluren, Gräben, Wegränder; alle Bdl g (m/mo-b·(oz)EUR–WAS – H – O Arrh., V Alno-Ulm., V Adenost.).
** **Gewöhnliche B., Wiesen-B.** – H. sphondýlium L.

2* Stg gestreift bis schwach kantig, kahl od. oben behaart, nicht steifborstig. BlAbschnitte eifg bis lanzettlich, gekerbt-gesägt, höchstens am Grund seicht gelappt. KZähne deutlich, 3eckig-lanzettlich. B weiß bis rosa. 0,10–0,60. ♃ 7–8. Subalp., frische Steinschuttrasen; z SO-Ba: Berchtesgadener Alpen (sm/mo-temp/mo·subozEUR – H – V Car. ferr.). **Österreichische B.** – H. austríacum L.

Zirmet – Tordýlium L.

Stg kantig gefurcht, rückwärts borstig. Bl einfach gefiedert, Fiedern stumpf gekerbt. Fr borstig. 0,60–1,20. ① ⊙ 6–8. Trockengebüschsäume, reichere Sandtrockenrasen, Brachen, kalkmeidend; (A) s Rh M-Sa: Elbe SW-An, (N U) NW-Ba He, † M-Th NO-Br (m-temp·subozEUR – H – O Orig., O Fest.-Sedet., V Sisymbr.). **Große Z.** – T. máximum L.

Roßkümmel – Láser BORKH. ex G. M. SCH.

GrundBl groß, 2–3fach 3zählig. Abschnitte am Grund herzfg. Pfl stark nach Kümmel riechend. 0,30–1,20. ♃ 5–6. Säume, kalkstet; s O-We: Wesertal He: Gießen bis Bad Nauheim, Rhön SO-Ns: Holzminden, Göttingen, Hildesheim, (N) s NW-Ba: Haßfurt SW-Rh: Saar (m/mo-stemp·(subk)EUR – H – V Ger. sang. – ∇).
Roßkümmel – L. trílobum (L.) BORKH.

Laserkraut – Laserpítium L.

1 Stg kantig gefurcht, meist steifhaarig. Bl 2–3fach gefiedert, mit lanzettlichen, am Rand gewimperten Zipfeln. HüllchenBl lanzettlich, br hautrandig u. zottig gewimpert. Kr gelblichweiß. Fr steifhaarig. 0,30–1,00. ⊙⊚ 7–8. Wechselfeuchte Wiesen, Gebüsche, wärmeliebende EichenW, kalkhold; z S-Ba O-Sa, s M- u. N-Ba SO-Bw Th W-Sa S-An SO- u. M-Br NO-Me, † O-Rh S-He SO-Ns O-Sh, ↘ (sm-temp·(suboz)EUR – H – V Mol., V Pot.-Querc.). **Preußisches L.** – L. prutḗnicum L.

1* Stg stielrund, fein gerillt, kahl. Rand der HüllchenBl u. Fr kahl. Kr weiß **2**

2 Bl 1–2fach 3zählig; Abschnitte br eifg, am Grund oft herzfg, ungeteilt, gesägt (Abb. **354**/3). HüllchenBl fädlich, kaum hautrandig. 0,60–1,50. ♃ 7–8. Säume, Gebüsche, TrockenW, subalp. Rasen, kalkhold; z Ba: bes. Alpen u. Vorland, Jura, Oberfranken Bw: bes. Jura Th SW-An, s SO-Rh SW-We: Eifel He SO-Ns: Harz, Asse, Hildesheim, † NW-Sa NW-Br (m/mo-temp/demo·ozEUR – H – O Orig., O Sesl., V Eric.-Pin.).
Breitblättriges L. – L. latifólium L.

2* Bl 2–4fach gefiedert; Abschnitte lineal-lanzettlich, ganzrandig mit hellem, schmalem Knorpelrand. HüllchenBl länglich, br hautrandig. 0,30–1,00. ♃ 6–8. Wärmeliebende

Säume u. Gebüsche; z S-Ba: Bayerische und Berchtesgadener Alpen, Lech, Wolfratshausen, s O-Bw: Jura bei Aufhausen, Scheuelberg, Jungingen (m/mo-stemp/demo·ozEUR – H – V Ger. sang., V Berb., V Eric.-Pin.). [Síler montánum CRANTZ]

Berg-L. – L. síler L.

Möhre – Daúcus L.

Bl 2–3fach gefiedert, behaart. FrDolde nestfg. 0,30–1,00. ⊙ 6–9. Ruderal beeinflußte Frischwiesen u. Magerrasen, mäßig trockne bis frische Ruderalstellen (Wegränder, Steinbrüche, Dämme); alle Bdl g, nur höheres Bergland, NW-Ns u. N-Sh v, im N (A)? KulturPfl (strop/moOAFR+m-temp·(oz)EUR–WAS – H – Ev, Wv – V Dauco-Mel., V Arrh., V Mesobrom., O Orig., O Thlasp. rot. – GemüsePfl). ** **Wilde M., Garten-M.** – D. caróta L.

Familie **Stechpalmengewächse** – Aquifoliáceae BARTL.

Bäume od. Sträucher, sommer- od. immergrün. Bl wechselständig, einfach, ohne od. mit kleinen u. hinfälligen NebenBl. B ⚥ od. 1geschlechtig, radiär, 4–9zählig. Pfl meist 2häusig. KrBl 4–9, frei od. häufig am Grund mit den StaubBl verwachsen. StaubBl 4–9. FrKn oberständig, meist 4–6-, selten 7–∞blättrig, gefächert, in jedem Fach 1–2 SaAnlagen. Griffel sehr kurz od. fehlend. Mehrsamige SteinFr (420 Arten – Ib – Vv).

Hülse, Stechpalme – Ílex L.

Bl immergrün, glänzend, dornig gezähnt bis ganzrandig. B weiß. Fr rot. 1,00–6,00. ♄ 5–6. LaubW, Gebüsche, kalkmeidend; v W-Bw N- u. W-Rh We Ns SW- u. N-Me bis Rügen Sh, s S-Ba: Alpen u. Vorland SO-Bw: Bodensee SO-Rh He N-An NW-Br, auch (N) s, z. B. S-An O-Me. Zierstrauch (m/mo-temp·ozEUR – F – K Querc.-Fag. – ∇).

Hülse, Hulst, Stechpalme – I. aquifólium L.

Familie **Baumwürgergewächse** – Celastráceae R. BR.

Sträucher od. Bäume. Bl wechsel- od. gegenständig, einfach, ohne od. mit kleinen NebenBl. B ⚥ od. 1geschlechtig, radiär, 4–5zählig, in Zymen od. Rispen. KrBl frei. StaubBl vor den KBl stehend. FrKn oberständig, 2–5blättrig, gefächert, in jedem Fach 1–2 SaAnlagen. Griffel 1. Kapseln, SteinFr, Beeren. Sa oft mit lebhaft gefärbtem SaMantel (1300 Arten – Ib – Vv).

Pfaffenhütchen – Euónymus L. [Evónymus L.]

1 Junge Äste 4kantig, grün. KrBl 4, hellgrün. Kapsel stumpf 4kantig. 1,50–3,00. ♄ 5–6. Gebüsche, krautreiche LaubW, anspruchsvoll; g Me, übrige Bdl v, aber NW-Ns z, Silikatbergland s (m/mo-temp·(oz)EUR – F – Sv: Wurzelsprosse – V Alno-Ulm., V Carp., V Asper.-Fag., O Prun. – giftig!). **Europäisches Pf.** – E. europaéa L.

1* Junge Äste etwas zusammengedrückt, nicht deutlich 4kantig. KrBl 5, grünlich mit roten Rändern. Kapsel meist 5kantig, an den Kanten geflügelt. 1,50–6,00. ♄ 5–6. Krautreiche LaubmischW, Gebüsche, kalkhold; v S-Ba: Alpen, obere Hochebene, s SO-Bw: Alpenvorland. Zierstrauch (m/mo-stemp/demo·subozEUR – F – V Til.-Acer., V Asper.-Fag., V Berb. – giftig!). **Breitblättriges Pf.** – E. latifólia (L.) MILL.

Familie **Kreuzdorngewächse** – Rhamnáceae JUSS.

Bäume od. Sträucher. Bl meist wechselständig, ungeteilt, mit kleinen NebenBl. B ⚥ od. 1geschlechtig, radiär, 4–5zählig. K 4–5lappig, KBl oft innen gekielt. KrBl 4–5 od. fehlend, klein. Diskus innerhalb des StaubBlKreises. StaubBl 4–5. FrKn ober- bis unterständig, (2–)3(–5)blättrig, meist 2–3fächrig, in jedem Fach 1 SaAnlage. SteinFr od. Beeren (900 Arten – Ib – Vv).

1 B 5zählig. Bl ganzrandig. Griffel ungeteilt. KrBl genagelt. **Faulbaum** – Frángula S. 357
1* B 4(–5)zählig. Bl fein gesägt. Griffel 2–5spaltig. KrBl ungenagelt. **Kreuzdorn** – Rhámnus S. 357

Faulbaum – Frángula MILL.

Bl wechselständig. Zweige dornenlos. 1,00–4,00. ♄ 5–6. Gebüsche Schlaggehölze, bodensaure Wälder, kalkmeidend; g Ba Sa Br Me Ns, v Bw Rh We He Th An Sh (sm-b·(suboz)EUR–WAS – F – Ib, Vm, Sb – O Aln., V Frang.-Salic., O Prun., V Querc. rob.-petr., V Bet. pub. – ArzneiPfl). [Rhámnus frángula L.] **Faulbaum** – F. álnus MILL.

Kreuzdorn – Rhámnus L.

1 Zweige dornenlos. Bl büschlig gehäuft, wechselständig. Stamm knorrig, liegend. 0,05–0,20. ♄ 6–7. Subalp.-alp. Felsspalten, kalkstet, wärmeliebend; v S-Ba: Alpen (sm/salp-temp/salp·subozEUR – F – O Potent. caul.). **Zwerg-K.** – Rh. púmila TURRA
1* Zweigspitzen meist dornig. Bl meist gegenständig. Äste aufrecht oder aufsteigend, selten liegend 2
2 Bl 4–6 cm lg. BlStiel mindestens 2mal so lg wie die NebenBl. Äste aufrecht. 1,00–3,00. ♄ 5–6. Gebüsche, lichte Wälder, anspruchsvoll; v Ba Bw Rh Th An S-Ns Me O-Sh, z We He Sa N-Ns W-Sh (m/mo-temp·(suboz)EUR–WAS – F – V Berb., O Querc. pub., V Carp.). **Purgier-K.** – Rh. cathártica L.
2* Bl 1–3 cm lg. BlStiel so lg wie die NebenBl. Äste aufsteigend od. liegend. 0,20–1,00. ♄ 4–5. TrockenW u. -gebüsche, kalkstet; z S- u. M-Ba: Bayerische u. Berchtesgadener Alpen, Lech-, Isar- u. Altmühlgebiet, s S-Bw: Hegau-, Baar- u. südwestliche Donaualb (m/mo-stemp/demo·subozEUR – F – V Eric.-Pin., V Querc. pub., V Berb.). **Felsen-K.** – Rh. saxátilis JACQ.

Familie **Weinrebengewächse** – Vitáceae JUSS.

Meist Kettersträucher. Bl wechselständig, handfg gelappt od. gefingert, mit hinfälligen NebenBl. Sprosse mit oft den Bl gegenüberstehenden Ranken (umgebildete Sproßsysteme). B ⚥ od. 1geschlechtig, radiär, meist 4–5zählig, Pfl bisweilen 2häusig. K klein. KrBl frei od. oben verbunden. StaubBl 4–5. FrKn oberständig, 2blättrig, 2fächrig, in jedem Fach 2 SaAnlagen. Beeren (850 Arten – F – Ib – Vv).

1 Rinde älterer Zweige längsfaserig. KrBl oben mützenartig verbunden u. zusammen abfallend (Abb. **358**/1). Bl gelappt. Ranken ohne Haftscheiben. **Weinrebe** – Vítis S. 357
1* Rinde nicht längsfaserig. KrBl frei, ausgebreitet. Bl gelappt od. gefingert. Ranken mit od. ohne polsterfg Haftscheiben. **Zaunrebe** – Parthenocíssus S. 357

Weinrebe, Weinstock – Vítis L.

BStand rispig. Beeren grün, rot od. dunkelblau. Bis 10,00. ♄ 6–7. AuenW; Wildreben (A?) s NW-Bw u. SO-Rh: Oberrhein, ↘, Kulturreben (N, meist Kulturrelikt) z M- u. N-Ba W- u. N-Bw Rh S-We He. KulturPfl (m-sm·subozEUR – Ib, Sb – Obst-, Saft- u. WeinPfl – als Unterlagen für heimische Sorten weitere Arten (N-Am), z. B. V. labrúsca L., V. vulpína L. – Wildrebe ▽). ** **Echte W.** – V. vinífera L.

Zaunrebe, Wilder Wein – Parthenocíssus PLANCHON

1 Bl 5–7zählig gefingert. Ranken ohne od. mit schwach entwickelten Haftscheiben. Bis 10,00. ♄ 7–9. ZierPfl, (N) z Ba Bw Rh We He Th Sa S-An S-Ns Sh, s S-Br Me, ↗ (m-temp AM). [P. quinquefólia aut.] **Fünfblättrige Z.** – P. insérta (KERNER) FRITSCH
1* Bl 3lappig od. 3zählig. Ranken mit Haftscheiben. Bis 10,00. ♄ 7–8. ZierPfl (m-temp·ozOAS). **Dreilappige Z., Kletterwein** – P. tricuspidáta (SIEB. et ZUCC.) PLANCHON

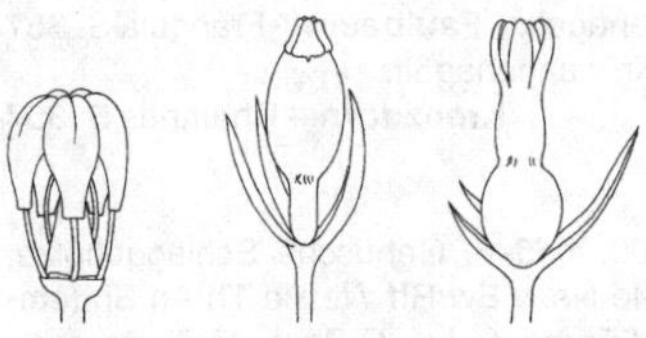

1 2 3

Familie **Sandelgewächse** – Santaláceae R. BR.

Bäume, Sträucher od. Kräuter. Halbschmarotzer, Schmarotzer. Bl wechsel- od. gegenständig, ungeteilt, ohne NebenBl. B ⚥ od. 1geschlechtig, radiär, meist 5zählig, in Rispen, Dolden od. Köpfen. Pfl 1- od. 2häusig. BHülle einfach. StaubBl so viele wie PerigonBl. FrKn unterständig, (2–)3(–5)blättrig, 1fächrig od. am Grund geteilt, mit 1–3 SaAnlagen. Fr 1samig. SteinFr od. Nüsse (540 Arten – Ib, Sb, Vg – Vv, Av).

Vermeinkraut, Leinblatt – Thesíum L.
(Ib: Bienen, Vg)

1 Jede B nur mit 1 HochBl (DeckBl). Stg mit blütenlosem BlSchopf endend **2**

1* Jede B mit 3 HochBl (1 DeckBl u. 2 kleinere VorBl) (Abb. **358**/2, 3). Stg an der Spitze ohne BlSchopf **3**

2 Pfl mit Ausläufern. Fr sehr kurz gestielt, ledrig. BHülle zur FrZeit höchstens so lg wie die Fr. 0,10–0,30. ♃ 5–6. (Sand-)Trockenrasen, wechseltrockne Wiesen, TrockenW u. ihre Säume; s NO-Ns: Harburg Br, † Sa An S-Me S-Sh, ↘ (sm-temp·subkEUR – G – O Fest.-Sedet. – ▽). **Vorblattloses V.** – Th. ebracteátum HAYNE

2* Pfl ohne Ausläufer. Fr sitzend, beerenartig, saftig, gelblich. BHülle zur FrZeit etwa doppelt so lg wie die Fr; letztere daher geschnäbelt erscheinend. 0,20–0,30. ♃ 5–7. KalkkiefernW; z S- u. M-Ba: Bayerische bis Berchtesgadener Alpen, Hochebene: Lech- bis Isargebiet, Donaugebiet westlich Regensburg, s S-Bw: Hegau, Südwestalb, ↘ (sm/motemp/demo·subozEUR – G – V Eric.-Pin.).
Geschnäbeltes V. – Th. rostrátum MERT. et KOCH

3 (1) BHülle zur FrZeit bis auf den Grund eingerollt, daher viel kürzer als die Fr (Abb. **358**/2) **4**

3* BHülle zur FrZeit nur an der Spitze eingerollt, daher mindestens so lg wie die Fr (Abb. **358**/3) **5**

4 Pfl mit unterirdischen Ausläufern. Alle SchuppenBl am StgGrund voneinander entfernt. Bl lineal-lanzettlich, 1–4 mm br, in der Mitte am breitesten, oft ziemlich steif u. hellgrün, mit deutlichem Mittelnerv, daneben am Grund meist 2(–4) undeutliche Seitennerven. 0,10–0,30. ♃ 6–7. Trockenrasen, lückige Halbtrockenrasen, kalkhold; z M- u. N-Ba NW- u. SO-Rh Th S-An Br, s S-Ba: obere Hochebene Bw S- u. M-He N-An SO-Ns: Helmstedt, Wolfenbüttel, † Sa O-Me, ↘ (sm-temp·(subk)EUR – G – V Fest. val., V Cirs.-Brach., O Brom.). [Th. intermédium SCHRADER] **Mittleres V.** – Th. linophýllon L.

4* Pfl ohne Ausläufer. SchuppenBl am StgGrund auf einem kurzen Stück sich deckend. Bl br lanzettlich, 2–7 mm br, im unteren Drittel am breitesten, schlaff, dunkel bläulichgrün, deutlich 3–5nervig. 0,25–0,60. ♃ 6–9. Kalkhalbtrockenrasen, TrockenW, -gebüsche u. ihre Säume, kalkstet; v O-Bw, z Ba: mittlere Hochebene, Donau, Jura, Franken Th SW-An, † SO-Rh He Sa S-Br (sm-temp·subozEUR – G – Ib, kleistogam – V Ger. sang., V Berb., O Querc. pub.). [Th. montánum EHRH. ex HOFFM.]
Bayrisches V. – Th. bávarum SCHRANK

5 (3) Bl 1nervig. Ästchen zur FrZeit aufrecht abstehend, einseitwendig. BHülle meist 4zipflig. 0,10–0,25. ♃ 6–7. Alp. bis dealpine frische Magerrasen, kalkmeidend; v S-Ba:

Alpen, s Vorland, s M- u. NO-Ba SO-Rh N-He O-Th Sa SO-An S- u. NW-Br, † SW-Bw, ↘ (sm/alp-temp/dealp·subozEUR – H – O Sesl., V Stip. calam., O Nard., O Orig.).

Alpen-V. – Th. alpínum L.

5* Bl schwach 3nervig. Ästchen zur FrZeit waagerecht abstehend, allseitwendig. BHülle meist 5zipflig. 0,10–0,45. ♃ 6–7. Magerrasen, magere Bergwiesen u. -weiden, Halbtrockenrasen, kalkmeidend; v SW-Ba: Alpen, Hochebene, z SO-, M- u. N-Ba Bw: bes. Jura u. Schwarzw Rh He S-Th: Th-W, Rhön, s S-We: Eifel , Sauerland S-Sa: Erzg SW-An u. SO-Ns: Harz, † S-Br, ↘ (sm/mo-temp/demo·subozEUR – H – O Nard., O Arrh., V Mesobrom.). [Th. praténse EHRH. ex SCHRADER]

(**) **Pyrenäen-V., Wiesen-V.** – Th. pyrenáicum POURR.

Familie **Mistelgewächse** – Lorantháceae JUSS.

Meist halbstrauchige Halbschmarotzer auf HolzPfl, selten in der Erde. Bl gegenständig od. quirlig, ungeteilt, ohne NebenBl. B ⚥ od. 1geschlechtig, radiär. PerigonBl 4 od. 6. StaubBl so viele wie PerigonBl. FrKn unterständig, ohne ausdifferenzierte SaAnlagen. Beeren verschleimend u. klebrig (1285 Arten – F – Ib – Vv).

1 Bl gelbgrün, immergrün, lederartig. B in Scheindolden. Griffel fehlend. Beeren weiß, seltener grünlichweiß od. gelblich. Fast nie auf Eiche schmarotzend.

Mistel – Víscum S. 359

1* Bl dunkelgrün, sommergrün. B in Ähren. Griffel fadenfg. Beeren hellgelb. Nur auf Eiche schmarotzend. **Eichenmistel** – Loránthus S. 359

Mistel – Víscum L.

1 Nur auf Nadelbäumen (Kiefer, Tanne). Beeren weißlich bis gelblich. Sa grünlich, mit 1 Keimling. 0,20–0,50. ♄ 3–5. Wälder; v M-Ba Bw O-An S- u. M-Br, z S- u. N-Ba SO-Rh S-He S- u. O-Th Sa N-Br, s W-An SO-Me (m/mo-temp·(oz)EUR – V Eric.-Pin.).

** **Nadelholz-M.** – V. láxum BOISS. et REUTER

1* Nur auf Laubgehölzen. Beeren weiß. Sa weiß, mit 2 Keimlingen. 0,20–0,50. ♄ 2–4. Besonders auf Weichlaubhölzern u. Sträuchern; v Bw Rh W- u. N-We He O-An S- u. O-Br SO-Ns S-Me, z Ba Th Sa W-An, s NW-Br NO-Ns N-Me, † Sh (m/mo-temp·(oz) EURAS). **Laubholz-M.** – V. álbum L.

Eichenmistel, Riemenblume – Loránthus JACQ. non L.

Zweige schwarzgrau. 0,30–1,00. ♄ 4–5. Wärmeliebende Wälder, nur auf Eichen; s SO-Sa: Dohna, Dohma (m-stemp·(suboz)EUR).

Europäische R., Eichenmistel – L. europǽus JACQ.

Familie **Ölbaumgewächse** – Oleáceae HFFG. et LINK

Bäume, Sträucher. Bl gegenständig, gefiedert od. ungeteilt, ohne NebenBl. B ⚥ od. 1geschlechtig, radiär, 4zählig. KrBl verwachsen, selten frei od. fehlend. StaubBl 2. FrKn oberständig, 2fächrig. Griffel 1. Narbe 2lappig. Beeren, SteinFr, Kapseln, Nüsse (615 Arten – Ib, Vg, Wb – Vv, Wv, Sv).

1 Bäume. Bl meist unpaarig gefiedert. Kr fehlend od. freiblättrig, weiß. Geflügelte Nuß.

Esche – Fráxinus S. 360

1* Sträucher. Bl meist ungeteilt, selten bis fiederschnittig od. 3zählig. Kr vorhanden, verwachsenblättrig, gelb, lila bis rot od. weiß. Kapseln od. SteinFr **2**

2 Bl gesägt, zuweilen ± 3zählig. Kr gelb, mit kurzer Röhre. B vor den Bl erscheinend.

Forsythie – Forsýthia S. 360

2* Bl ganzrandig, selten gelappt bis fiederschnittig. Kr nicht gelb, mit relativ langer Röhre **3**

3 Bl lanzettlich bis elliptisch od. eifg-elliptisch, <5 cm lg. Kr weiß. SteinFr. **Liguster** – Ligústrum S. 360

3* Bl eifg bis herzfg, >5 cm lg. Kr lila, violett, rot od. weiß. Kapseln. **Flieder** – Syrínga S. 360

Esche – Fráxinus L.

1 BHülle doppelt. Kr weiß. B mit den Bl erscheinend, ⚥. BlFiedern gestielt. Knospen grau. 5,00–10,00. ♄ 4–6. Zierbaum; auch (N) s Bw, (U) s An (m/mo-sm·subozEUR – M – Ib – Wv – ArzneiPfl: Saft liefert Manna). **Blumen-E., Manna-E.** – F. órnus L.

1* BHülle fehlend od. einfach (nur K). B vor den Bl erscheinend, ⚥ od. 1geschlechtig . . 2

2 Knospen braun. Fiedern zu 5–7(–9), alle 3–6 mm lg gestielt, 8–15 cm lg u. 2,5–5 cm br. K an der Fr bleibend. Flügelnuß mit rundlichem Innenkörper. 10,00–25,00. ♄ 4–5. Zier- u. Forstbaum; (N) s M-Ba: Donauauen Sa u. An: bes. mittleres Elbtal Br S-Me (m-temp·(oz)OAM). [F. pubéscens LAMK.] **Rot-E.** – F. pennsylvánica MARSHALL

2* Knospen schwarz, Fiedern zu 7–13, sitzend, 5–11 cm lg u. 1–4 cm br. K fehlend. Flügelnuß mit flachem Innenkörper. 10,00–40,00. ♄ 4–5. Krautreiche LaubW u. Gebüsche, AuenW, anspruchsvoll; alle Bdl g, ↗ (sm-temp·(oz)EUR – M – Wb, Triözie – Wv – V Alno-Ulm., V Til.-Acer., V Carp.). **Gewöhnliche E.** – F. excélsior L.

Liguster – Ligústrum L.

Bl etwas ledrig, teilweise immergrün, kahl. 1,00–5,00. ♄ 6–7. Wärmeliebende Gebüsche u. Wälder, kalkhold; v außer Silikatgebirge Ba Bw Rh He Th SW- u. M-An SO-Ns, z S- u. O-We Sa NO-Br: ob heimisch?, (N) z NW-We N- u. O-An S- u. W-Br N-Ns Me S-Sh (m/mo-temp·(oz)EUR – F – Ib – Vv – V Berb., O Querc. pub., V Carp., V Eric.-Pin. – Zierstrauch, auch andere Arten kultiviert – Beeren giftig!). **Gewöhnlicher L., Rainweide** – L. vulgáre L.

Flieder – Syrínga L.

Bl am Grund herzfg, wie die jungen Triebe kahl. 2,00–10,00. ♄ 4–5. Zierstrauch, auch wärmeliebende Gebüsche; (N 16. Jh.) v Wärmegebiete von M- u. N-Ba Bw Rh S- u. M-An, z He Th Sa M- u. NO-Br, (U) z We S- u. W-Br S-Ns Me, s S-Ba N-An N-Ns Sh (sm·subozEUR – F – Ib – Sv: Ausläufer – V Berb. – auch andere Arten u. Bastarde aus Asien als Ziersträucher). **Gewöhnlicher F.** – S. vulgáris L.

Forsythie – Forsýthia VAHL

Bl einfach od. 3zählig. Kr gelb, 4zipflig. 1,50–3,00. ♄ 4–5. Zierstrauch, auch (N U) s, z. B. S-An (m-sm·ozOAS – F – Ib – Wv, Sv: Bogenausläufer – auch andere Arten u. Bastarde als Ziersträucher). **Forsythie, Goldweide** – F. suspénsa (THUNB.) VAHL

Familie **Fieberkleegewächse** – Menyantháceae DUM.

Wasser- od. Sumpfkräuter. Bl wechselständig, ungeteilt od. 3zählig, mit scheidigen Stielen, ohne NebenBl. B ⚥, radiär, 5zählig. KrBl 5, verwachsen, in der Knospe klappig. StaubBl 5. FrKn oberständig, 2blättrig, 1fächrig. Griffel 1. Narbe 2lappig. 2- od. 4klappige Kapseln (40 Arten – Ib – Hv).

1 Bl 3zählig. B in lg gestielten Trauben. Kr etwa 15 mm ∅, rötlichweiß. SumpfPfl. **Fieberklee** – Menyánthes S. 360

1* Bl fast kreisrund, mit tief herzfg Grund, schwimmend. B zu 2–5 achselständig. Kr 25–35 mm ∅, gelb. SchwimmPfl. **Seekanne** – Nymphoídes S. 361

Fieberklee – Menyánthes L.

Rhizom kriechend. Bl 3zählig. 0,15–0,30. ♃ 5–6. Nasse, mesotrophe, meist kalkarme, saure Verlandungssümpfe, Flachmoore, Torfstiche, Moorschlenken; v, im S bes. Bergland,

S- u. O-Ba S-Bw O-Br N-Ns Me Sh, z M- u. NW-Ba N-Bw Rh We He Th Sa An außer Trockengeb W-Br SO-Ns, ↘ (m/mo-arctCIRCPOL – A – Ib: Hummeln, Vg – Wv, Hv – K Scheuchz.-Car. – VerlandungsPfl, ArzneiPfl – ∇). **Fieberklee, Bitterklee** – M. trifoliáta L.

Seekanne – Nymphoídes SÉGUIER [Limnánthemum S. G. GMELIN]

Stg flutend. SchwimmBl rundlich-herzfg, unterseits drüsig punktiert. 0,80–1,50. ♃ 7–8. Stehende u. langsam fließende, nährstoffreiche, sommerwarme Gewässer; z Rh u. W-We: bes. Mosel, Rhein, s S- u. M-Ba W-Bw: Rhein He M- u. NO-Br NO- u. W-Ns SW-Me S-Sh, † An: jetzt nur (N), (N) z Ns, (U) s O-Sa, ↘ (m-temp·(subk)EURAS – A – Ib, Vg – Hv – V Nymph. – ∇). [Limnánthemum nymphoídes HFFG. et LINK]

Seekanne – N. peltáta (S. G. GMELIN) O. KUNTZE

Familie **Enziangewächse** – Gentianáceae JUSS.

Kräuter, selten Gehölze. Bl gegenständig, ungeteilt, ganzrandig, ohne NebenBl. B ⚥, radiär, (4- od.) 5zählig, in Zymen od. Thyrsen. KrBl (4 od.) 5, verwachsen, in der Knospe gedreht. StaubBl (4 od.) 5. FrKn oberständig, 2blättrig, meist 1fächrig. Griffel 1. Narbe 2spaltig od. kopfig. 2klappige Kapseln (1225 Arten – Ib, z. T. Vg – Wv, Sv).

1 Griffel fadenfg, vom FrKn deutlich abgesetzt (Abb. **361**/1). Kr gelb od. rot, klein 2
1* Griffel kurz od. fehlend (Abb. **361**/2) 4
2 Stg fadendünn. B einzeln. Kr gelb, 4spaltig, sehr klein. StaubBl 4. **Zindelkraut** – Cicéndia S. 361
2* Stg kräftiger. B in Zymen od. Schirmzymen. KrBl u. StaubBl 5–8 3
3 StaubBl 6–8. Kr 6–8teilig, gelb. Griffel am Ende geteilt (Abb. **361**/3). **Bitterling** – Blackstónia S. 362
3* StaubBl 5. Kr 5spaltig, rot. Griffel ungeteilt. **Tausendgüldenkraut** – Centaúrium S. 362
4 (1) Kr glockig bis trichterfg od. stieltellerfg, mit deutlicher Röhre, 4–6zipflig, meist blau od. violett, selten gelb u. dann fast bis zum Grund geteilt. K röhrig 5
4* Kr radfg, fast bis zum Grund 5teilig, nie gelb. K meist tief 5teilig 6
5 Kr im Schlund bärtig (Abb. **364**/3) od. KrZipfel am Rand gefranst (Abb. **364**/2). **Enzian** – Gentianélla S. 364
5* Kr im Schlund kahl, ihre Zipfel nicht gefranst. **Enzian** – Gentiána S. 362
6 (4) Stg 1–10 cm, meist vom Grund an verästelt. B einzeln, endständig. Narben am FrKn leistenartig herablaufend (Abb. **361**/4). Kr blaßblau bis weiß. ⊙. **Saumnarbe** – Lomatogónium S. 362
6* Stg 15–20 cm, einfach. B in traubenähnlichen, schmalen Zymen. Narbe deutlich 2lappig, sitzend (Abb. **361**/5). Kr schmutzigviolett bis stahlblau, dunkler punktiert. ♃. **Tarant** – Swértia S. 362

Zindelkraut – Cicéndia ADANS.

Pfl sehr zart. Bl lanzettlich. Kr gelb. 0,03–0,10. ⊙ 7–10. Zwergbinsenfluren; s NW-Ba SO-He SW-We S- u. O-Br N-Ns, † SW-Bw Rh O-Sa N-An Me Sh, ↘ (m-temp·ozEUR – T – Sv, Wv – V Nanocyp.). [Micrócala filifórmis (L.) HFFG. et LINK]

Heide-Z. – C. filifórmis (L.) DELARBRE

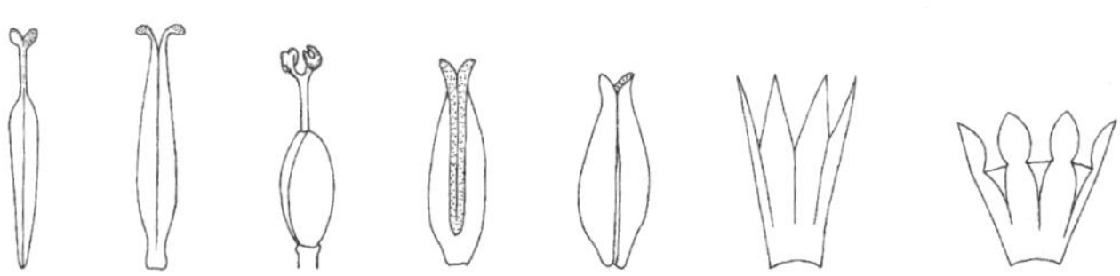

1 2 3 4 5 6 7

Bitterling, Bitterenzian – Blackstónia HUDS. [Chlóra ADANS.]

Bl 3eckig-eifg, paarweise verwachsen. Kr goldgelb. 0,10–0,40. ⊙ 6–10. Offene, nährstoffreiche, wechselfeuchte Lehm- u. Tonböden an Wegen, Kalkmagerrasen; s W-Bw: Rhein, † Rh W-We? S-He, ↘ (stropAFR-m-stemp·(oz)EUR–(WAS) – T – Sb – V Mesobrom., V Nanocyp.). * **Durchwachsenblättriger B.** – B. perfoliáta agg.

Tausendgüldenkraut – Centaūrium HILL. [Erythraēa BORKH.]
(Ib – Sv, Wv)

1 Stg ohne Rosette, meist in ganzer Länge reich verzweigt. B in lockeren Dichasien. KrZipfel 3–4 mm lg, rot. 0,02–0,15. ⊙ 7–9. Offene, feuchte, nährstoffreiche, meist kalk- u. salzhaltige Böden an Ufern, Wegen, Salzwiesen; v Küsten Ns Me Sh, z Binnenland Ba Bw Rh We He Th S-An Br S-Ns, s Sa N-An Me N-Ns Sh, ↘ (strop-temp·(k) +litAFR–WAS–EUR – T – V Armer. marit., V Nanocyp. – ∇). [Erythraēa pulchélla (SW.) FRIES] **Zierliches T.** – C. pulchéllum (SW.) DRUCE

1* Stg nur oberwärts verzweigt, mit Rosette. KrZipfel 5–8 mm lg, rosa 2

2 StgBl linealisch bis länglich-linealisch, meist 3nervig. RosettenBl ± lineal-spatelfg, bis 5 mm br. B in verlängerten Dichasien. 0,05–0,25. ⊙ ① 7–9. Salzwiesen, Gipshänge; v Küsten von Ns Sh, z Me, s Binnenland An Br Ns: Wendland, Damme, † Th, ↘ (m-temp·(subk)+litEUR– (WAS) – T, H – V Armer. marit. – ∇). [C. vulgáre RAFN] ** **Strand-T.** – C. littoràle (TURNER) GILMOUR

2* StgBl länglich-eifg bis lanzettlich, meist 5nervig. RosettenBl eifg bis verkehrteifg, >5 mm br. B in schirmfg Dichasien 3

3 K beim Aufblühen mindestens so lg wie die KrRöhre. StaubBl am Grund der KrRöhre angeheftet. BStand auch nach dem Verblühen dicht kopfig. 0,02–0,08. ① 7–8. Salzwiesen; s NW-Sh: Amrum, Sylt, Grossenbrode (temp·ozEUR – V Armer. marit. – ∇). [C. erythraēa aut. p. p.] **Kopfiges T.** – C. capitátum (WILLD.) BORBÁS

3* K beim Aufblühen kürzer als die KrRöhre. StaubBl der KrRöhre nahe dem Schlund angeheftet. BStand locker, flach ausgebreitet. 0,10–0,50. ⊙ 7–9. Frische bis mäßig trockne Waldränder u. Waldschläge, Halbtrockenrasen, (mäßig) basenhold; v Ba Bw Rh We He Th S- u. M-An O-Br SO-Ns Me O-Sh, z Sa N-An W-Br N-Ns W-Sh, s Silikatbergland (m-temp·(oz)EUR–(WAS) – T, H – O Atrop., O Orig., V Mesobrom. – ArzneiPfl – ∇). [C. umbellátum GILIB., Erythraēa centaūrium aut., C. mínus aut.] **Echtes T.** – C. erythraēa RAFN

Tarant – Swértia L.

GrundBl eifg, gestielt, StgBl sitzend, eifg bis lanzettlich. 0,15–0,50. ♃ 6–8. Nasse, kalkhaltige Flach- u. Quellmoore; s S- u. M-Ba: Alpen, Vorland, Bayr-W, Dürrlauingen S-Bw SW-Sa: Oberwiesenthal, Crottendorf M- u. NO-Br Me, † Ns Sh, ↘ (sm/mo-temp·suboz EUR – H – Ib, Vm – Sv, Vv – V Car. davall. – ∇). ** **Blauer T.** – S. perénnis L.

Saumnarbe – Lomatogónium A. BR.

Pfl kahl. GrundBl kurz gestielt, länglich, stumpf. Kr blaßblau. 0,01–0,15. ⊙ 8–9. Alp. Matten; s SO-Ba: Berchtesgadener Alpen (m/alp-arct·(subk)CIRCPOL – T – Wv – V Elyn., V Salic. herb. – ∇). [Pleurógyne carinthíaca (WULFEN) G. DON] **Kärntner S., Tauernblümchen** – L. carinthíacum (WULFEN) RCHB.

Enzian – Gentiána L.
(Ib: zumeist Hummeln, Falter – Wv – ∇)

1 Kr fast bis zum Grund 5–6teilig, goldgelb. B scheinquirlig in den oberen BlAchseln. Bl elliptisch, blaugrün, gegenständig. 0,45–1,40. ♃ 6–8. Subalp. Magerrasen, Hochgrasfluren; z S-Ba: M- u. W-Alpen u. Vorland S- u. O-Bw: Jura, Schwarzw, Mergentheim, s M-Ba: Burgheim, (N) s O-He: Rhön Th S-Sa: Erzg SW-An: Harz, ↘ (m/alp-

stemp/dealp·ozEUR – H – Ib: Fliegen, Hummeln – V Nard., O Sesl., V Mesobrom., V Ger. sang. – ArzneiPfl – ▽). **** Gelber E.** – G. lútea L.

1* Kr weitröhrig-glockig od. stieltellerfg . . . **2**

2 Kr weitröhrig-glockig, nur auf $^1/_4$–$^1/_3$ eingeschnitten . . . **3**

2* Kr stieltellerfg, mit deutlich abstehenden Zipfeln und ± zylindrischer Röhre, tiefblau, selten heller od. weiß . . . **10**

3 B an der StgSpitze kopfig u. in den oberen BlAchseln scheinquirlig . . . **4**

3* B einzeln endständig od. außerdem zu 1–3 blattachselständig . . . **7**

4 Kr 4zählig, blau, außen etwas grünlich, 2–2,5 cm lg. BlPaare scheidig verwachsen. 0,15–0,50. ♃ 7–8. Halbtrockenrasen, (Kiefern-)TrockenW u. ihre Säume, kalkstet; z Ba u. Bw: bes. Jura Th, s Rh S- u. O-We He S-An M- u. NO-Br SO-Ns S-Me, † Sa: jetzt nur (N), ↘ (sm-temp·(suboz)EUR–WAS – H – Ib: Hummeln, Vm – V Mesobrom., V Cirs.-Brach., V Ger. sang., V Eric.-Pin., V Cytis.-Pin. – ▽). **Kreuz-E.** – G. cruciáta L.

4* Kr 5–9zählig, gelb od. purpurn, meist größer. Bl nicht scheidig verwachsen, untere gestielt, obere sitzend . . . **5**

5 K auf einer Seite bis zum Grund geteilt, 2spaltig. Kr außen purpurn, innen gelblich. 0,25–0,60. ♃ 7–8. Subalp. bis alp., frische Magerrasen u. Hochstaudenfluren, kalkmeidend; z SW-Ba: Allgäu, (N) s SW-Bw: S-Schwarzw (sm/salp-temp/salp·subozEUR – H – Ib: Hummeln, Vw – V Nard., V Car. ferr., O Adenost. – ArzneiPfl – ▽).
Purpur-E. – G. purpúrea L.

5* K mit 5–8 ziemlich gleichen Zipfeln . . . **6**

6 Kr trüb- od. bräunlichpurpurn, schwarzrot punktiert, selten weiß. KZipfel zurückgekrümmt. 0,20–0,60. ♃ 7–8. Subalp. bis alp., frische Magerrasen, kalkmeidend; z S- u. O-Ba: M- u. O-Alpen, Bayr-W, s Allgäu (sm/salp-temp/salp·subozEUR – H – Ib: Hummeln, Vw – V Nard., V Rhod.-Vacc. – ArzneiPfl – ▽). **Ungarn-E.** – G. pannónica SCOP.

6* Kr blaßgelb, schwarzpurpurn punktiert. KZipfel aufrecht. 0,20–0,60. ♃ 7–8. Subalp. bis alp., frische Magerrasen, kalkmeidend; z S-Ba: Alpen, (N) s An: Brocken (sm/alp-temp/salp·subozEUR – H – Ib: Hummeln, Falter, Vw – V Nard., V Salic. herb., V Car. curv. – ArzneiPfl – ▽). **Tüpfel-E.** – G. punctáta L.

7 **(3)** Stg zur BZeit kurz, einblütig, mit BlRosette. B 5–6 cm lg . . . **8**

7* Stg gestreckt, fast stets mehrblütig, ohne BlRosette. B 2,5–5 cm lg . . . **9**

8 RosettenBl lanzettlich bis eilanzettlich, spitz od. zugespitzt, etwas ledrig, glänzend, am Rand papillös. KZipfel mindestens so lg wie die halbe KrRöhre, lanzettlich, anliegend, scharf zugespitzt (Abb. **361**/6). Kr innen ohne olivgrüne Flecke. 0,05–0,15. ♃ 4–8. Frische, meist kalkhaltige Matten, Quell- u. Wiesenmoore; v S-Ba: Alpen, z Hochebene, (N) † SW-Bw: Schwarzw, ↘ (sm/alp-temp/dealp·subozEUR – H – Sv: Erdausläufer – V Sesl., V Mesobrom., V Mol., V Car. davall. – ▽). [G. acaúlis L. p. p.]
Kalk-Glocken-E., Clusius-E. – G. clúsii PERR. et SONG.

8* RosettenBl verkehrteifg bis elliptisch, stumpf od. mit kurzer Spitze, weich, matt, am Rand glatt. KZähne kürzer als die halbe KrRöhre, etwas abstehend, am Grund zusammengezogen, spitz od. stumpflich (Abb. **361**/7). Kr innen mit olivgrünen Flecken. 0,05–0,15. ♃ 6–8. Frische, kalkarme, saure Matten; z SW-Ba: Wettersteingebirge, Ammergau, Allgäu (sm/alp-temp/alp·subozEUR – H – Sv: Erdausläufer – V Nard., V Salic. herb., V Car. curv. – ▽). [G. kochiána PERR. et SONG., G. excísa KOCH]
Kiesel-Glocken-E., Stengelloser E. – G. acaúlis L.

9 **(7)** Bl eifg-lanzettlich, lg zugespitzt, 5nervig. K viel kürzer als die KrRöhre. 0,30–0,80. ♃ 7–9. Subalp. LaubW, Gebüsche, Hochstaudenfluren; v S-Ba: Alpen u. Hochebene, z SO-Bw: Alpenvorland, Bodensee, s Jura, (N) s Sa An: Harz (sm/mo-stemp/demo·suboz EUR – H – Ib: Hummeln, Vm – V Mol., V Gal.-Abiet., V Eric.-Pin., V Adenost. – ▽).
Schwalbenwurz-E. – G. asclepiádea L.

9* Bl linealisch od. lineal-lanzettlich, stumpf, 1(–5)nervig. K etwa so lg wie die KrRöhre. 0,15–0,50. ♃ 7–9. Wechselfeuchte, meist kalkfreie Moorwiesen, Magerrasen, Feuchtheiden; z S- u. M-Ba N-Ns, s NW-Ba Bw Rh N- u. W-We S-He S-Th M- u. N-Sa O- u. N-

An Br SW-Ns Me W-Sh, ↘ (sm/mo-temp·(oz)EUR–WAS – H – Ib: Hummeln, Vm – V Mol., V Junc. squarr., V Eric. tetr. – ∇). **Lungen-E.** – G. pneumonánthe L.

10 **(2)** K aufgeblasen, 2–4 mm br geflügelt. Pfl ohne blütenlose Triebe. Stg meist ästig u. mehrblütig. Kr außen oft grünlich. 0,08–0,25. ⊙ 5–8. Nasse Kalk-, Flach- u. Quellmoore, Steinrasen; z S- u. M-Ba: Alpen, Hochebene, S-Jura, s S-Bw: Bodenseegebiet, † Rh, ↘ (sm/alp-stemp/dealp·subozEUR – T – V Car. davall., V Mol., V Sesl. – ∇). **Schlauch-E.** – G. utriculósa L.

10* K nicht aufgeblasen, an den Kanten nur gekielt od. schmal geflügelt **11**

11 Pfl ohne blütenlose Triebe. Stg fadendünn, ästig u. mehrblütig, mit lockerer, kleinblättriger Rosette. B 8–12 mm br. 0,03–0,15. ⊙ 7–8. Frische, kalkhaltige Matten; v S-Ba: Alpen (sm/alp-arct·ozEUR–(OAM) – T – Sb – V Elyn., V Sesl. – ∇). [Híppion nivále (L.) F. W. SCHMIDT] **Schnee-E.** – G. nivális L.

11* Pfl mit kurzen blütenlosen Trieben. Stg stets einblütig. B 13–30 mm br **12**

12 Unterste Bl höchstens so groß wie die übrigen, nicht rosettig, aber dicht genähert, spatelfg od. verkehrteifg, stumpf, zuweilen der ganze Stg dachzieglig beblättert. K sehr schmal geflügelt od. ungeflügelt. Kr tiefblau, mit hellerer Röhre. 0,04–0,20. ♃ 7–8. Schneetälchen, Runsen, Quellen, Steinschutt; v S-Ba: Alpen (sm/alp-temp/alp·suboz ALP – H – Ib: Bienen, Falter, Vm – V Arab. caer., V Poion alp., V Andros. alp – ∇). **Bayerischer E.** – G. bavárica L.

12* GrundBl rosettig, größer als die StgBl **13**

13 RosettenBl elliptisch-lanzettlich, ± spitz, 2–3mal so lg wie br. K 1–2 mm br geflügelt. Zwischen den KrZipfeln je ein 2spitziges Anhängsel (Abb. **364**/1). 0,05–0,20. ♃ 3–8. Kalkreiche Matten u. Magerrasen; v S-Ba: Alpen, Vorland S- u. O-Bw: bes. Alpenvorland, Jura, z M- u. NO-Ba, s SO-Th, † Sa SW-An M-Br He, ↘ (m/alp-temp/dealp+arct·subozEUR–WAS – H – Ib: Falter – O Sesl., V Mesobrom. – ∇). [G. aestíva (F. W. SCHMIDT) SCHULT.] **Frühlings-E.** – G. vérna L.

13* RosettenBl rundlich-eifg, stumpf, höchstens 2mal so lg wie br. K etwa 0,5 mm br geflügelt. Kr ohne Anhängsel. 0,03–0,08. ♃ 7–8. Frische, kalkreiche, sonnige Matten; z S-Ba: Allgäu, s Wettersteingebirge, Berchtesgadener Alpen (sm/alp-temp/alp·subozEUR – H – V Drab. hopp., V Sesl., V Elyn. – ∇). [G. favrátii RITTENER ex FAVRAT] **Rundblättriger E.** – G. orbiculáris SCHUR

Enzian – Gentianélla MOENCH
(Ib: zumeist Hummeln, Falter – Wv – ∇)

1 KrZipfel am Rand gefranst (Abb. **364**/2). Kr 4zählig, leuchtend blau. 0,07–0,30. ⊙ ♃ 8–10. Kalkhalbtrockenrasen, subalp. Rasen, TrockenWSäume, kalkstet; v Kalkgebiete von Ba: bes. Alpen, Jura, Unterfranken Bw Th SW-An S-Ns, z Rh S- u. O-We He, s SW-Sa: Plauen, Oederan, Müglitztal (sm/mo-temp·subozEUR – H – Sb: Hummeln, Vw, oft Vg – Sv: Wurzelsprosse – V Mesobrom., V Cirs.-Brach., O Sesl., V Ger. sang. – ∇). [Gentianópsis ciliáta (L.) MA] **Fransen-E.** – G. ciliáta (L.) BORKH.

1* KrZipfel ganzrandig, aber Kr im Schlund bärtig (Abb. **364**/3), lila od. (in den Alpen) himmelblau, selten weiß od. gelblich **2**

2 Kr 4zählig, selten an einzelnen B 5zählig. K höchstens zu $^{1}/_{4}$ verwachsen **3**

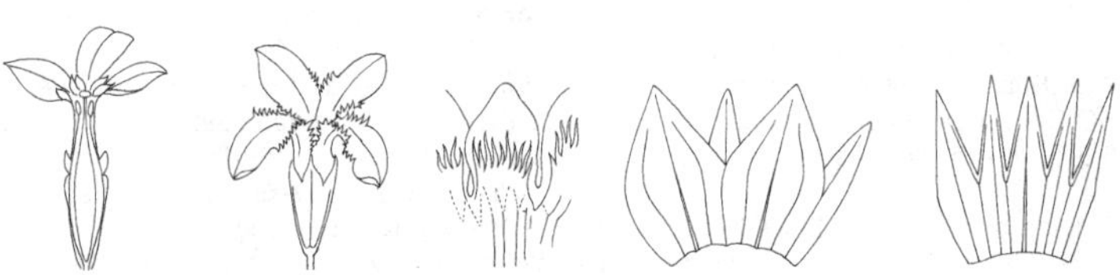

1 2 3 4 5

2* Kr 5zählig, selten an einzelnen B 4zählig. K zu $^1/_4$–$^1/_2$ verwachsen **5**

3 Kr himmelblau. Stg nur am Grund verzweigt, mit bogig aufsteigenden, 1blütigen Ästen. RosettenBl spatelfg, die übrigen Bl länglich-elliptisch. K mit gleich br Zipfeln. 0,04–0,13. ⊙ 7–9. Frische, meist kalkarme, alp. Steinrasen; s SW- u. SO-Ba: Allgäu, Berchtesgadener Alpen, ↘ (m/alp-arct·(k)CIRCPOL – T – Sb – V Elyn. – ∇). [Comástoma tenéllum (ROTTB.) TOYOK.] **Zarter E.** – G. tenélla (ROTTB.) BÖRNER

3* Kr lila. Stg auch oberwärts verzweigt, mit steifen, meist mehrblütigen Ästen. KZipfel sehr ungleich, die beiden äußeren die inneren fast verdeckend (Abb. **364**/4). **4**

4 Stg nur in der oberen Hälfte ästig, zur BZeit noch die 2 KeimBl tragend u. ohne vertrocknete BlReste. GrundBl eilanzettlich, gegen den Grund zu am breitesten. 0,10–0,20. ⊙ 8–10. Wechseltrockne Moorwiesen; s NO-Ba N-Th W-An NW-Ns: Borkum S- u. M-Me Sh, † Br Sa, ↘ (temp·subozEUR? – T – V Mol. – ∇). **Baltischer E.** – G. báltica (MURB.) BÖRNER

4* Stg bereits unterhalb der Mitte, oft vom Grund an ästig, zur BZeit am Grund ohne KeimBl, aber mit vertrockneten Resten der VorjahrsBl. GrundBl spatelfg, im vorderen Drittel am breitesten. 0,05–0,35. ⊙ 5–10. Mont. bis subalp., frische Silikatmagerrasen, alp. Kalkfelsfluren; z S-Ba: M- u. O-Alpen, Staffelsee, Ammersee, s S-Bw: Alpenvorland, S-Jura, S-Schwarzw S- u. O-We He Th SW-An, † Rh Sa Ns, ↘ (sm/mo-b·ozEUR – H – O Nard., O Sesl., V Triset. – ∇). **Feld-E.** – G. campéstris (L.) BÖRNER

5 **(2)** FrKn u. Kapsel (fast) sitzend. Kr 8–20 mm lg, rötlichlila, selten gelblichweiß (trocken gelb) **6**

5* FrKn u. Kapsel deutlich gestielt. Kr 18–45 mm lg, violett, selten weißlich od. gelblich **7**

6 Stg zur BZeit noch die sehr kleinen, eifg-rundlichen KeimBl tragend, meist unverzweigt, mit spitzen GrundBl. KZipfel bisweilen etwas ungleich. KrRöhre nicht od. kaum aus dem K herausragend. 0,02–0,20. ⊙ 8–10. Feuchte Flachmoorwiesen; s M-Br NW-Ns: Borkum Me NW-Sh, † We: Münster, ↘ (temp·subozEUR – T – V Mol. – ∇). **Sumpf-E.** – G. uliginósa (WILLD.) BÖRNER

6* Stg zur BZeit ohne KeimBl, meist verzweigt, mit stumpfen, spatelfg GrundBl. KrRöhre aus dem K hervorragend. 0,05–0,50. ⊙ 8–10. Flachmoorwiesen, Gipshänge; s N-Th SW-Sa Br?, † An Ns (m/mo-b·(subk)CIRCPOL – H – V Mol. – ∇). [G. axilláris (F. W. SCHMIDT) A. et D. LÖVE] **Bitterer E.** – G. amarélla (L.) BÖRNER

7 **(5)** Buchten zwischen den KZipfeln spitz (Abb. **364**/5), diese am Rand schwach rauh od. kurz rauhhaarig, etwas ungleich br. KRöhre schmal geflügelt **8**

7* Buchten zwischen den KZipfeln abgerundet (Abb. **365**/ 1, 2), diese linealisch, am Rand glatt, fast gleich br. K ungeflügelt **9**

8 KZipfel am Rand u. auf dem Mittelnerv rauh gewimpert, oft auch auf der Fläche behaart. Mittlere StgBl dreieckig-eifg, höchstens 3mal so lg wie br, stumpf, die oberen spitz. FrKn ziemlich lg gestielt. 0,05–0,20. ⊙ 5–10. Kalkreiche Halbtrockenrasen, Matten; z S-Ba: Alpen, s M-Ba: Donau, † Sa, ↘ (temp/mo·subozEUR – H – V Mesobrom., V Mol., O Sesl. – ∇). **Rauher E.** – G. áspera (HEGETSCHW.) DOSTAL ex SKAL., CHRTEK et GILL

8* KZipfel am Rand nur schwach knotig-rauh, auf der Fläche kahl. Mittlere StgBl eifg-lanzettlich, spitz od. stumpf. FrKn kurz gestielt, zuweilen sitzend. 0,05–0,40. ⊙ 6–10. Kalk-

halbtrockenrasen, wechseltrockne Wiesen, mont. bis subalp. Rasen, kalkstet; v Kalkgebiete von Ba: bes. Alpen, Jura (A?) Bw: bes. Jura Th SW-An SO-Ns, z Rh S- u. O-We He, s SW-Sa, ↘ (sm/mo-stemp·subozEUR – H – Ib: Hummeln, Bienen, Vg – V Mesobrom., V Sesl. – ∇). **Deutscher E.** – G. germánica (WILLD.) BÖRNER

9 **(7)** Stg mit lg unteren Ästen; B daher etwa in gleicher Höhe stehend, 20–45 mm lg. KZipfel deutlich länger als die KRöhre (Abb. **365**/1). 0,05–0,30. ⊙ 7–10. Mont., mäßig trockne Magerrasen; s O-Ba: Bayr-W (stemp/mo·subozEUR – H – V Viol. can. – ∇). [G. austríaca aut.] **Böhmischer E.** – G. bohémica SKAL.

9* Stg schlank, mit ziemlich kurzen unteren Ästen, BStand daher eine verlängerte Rispe. B 18–25 mm lg. KZipfel kaum länger als die KRöhre (Abb. **365**/2). 0,03–0,40. ⊙ 6–8. Bergwiesen; s SO-Sa: Erzg (sm/mo-stemp·subozEUR – H – V Mol.? – ∇). [Gentiána carpáthica WETTST., G. praécox aut.] **(**) Karpaten-E.** – G. lutéscens (VELEN.) HOLUB

Familie **Hundsgiftgewächse** – Apocynáceae JUSS.

Sträucher, Bäume, selten Stauden. Bl meist gegenständig, ganzrandig, meist ohne NebenBl. B ⚥, radiär, meist 5zählig. KrBl verwachsen, in der Knospe gedreht. StaubBl meist 5, frei. FrKn oberständig bis halbunterständig, aus 2 verwachsenen od. fast freien FrBl. Griffel 1, mit verdicktem Narbenkopf. Oft 2 mehrsamige BalgFrchen (1900 Arten – viele Gift- u. ArzneiPfl).

Immergrün – Vínca L.

Bl ledrig, immergrün, lanzettlich, kahl. Kr stieltellerfg, blau, selten weiß. 0,15–0,20. ♃ 4–6. Krautreiche LaubW, Gebüsche, anspruchsvoll; (A) alle Bdl v, aber N-Ns W-Sh z. ZierPfl (sm-temp·ozEUR – S – Ib: Bienen, Falter – Av, Sv: Kriechtriebe – V Carp., O Querc. pub., O Prun. – giftig!). **Kleines I.** – V. mínor L.

Familie **Seidenpflanzengewächse** – Asclepiadáceae R. BR.

Meist windende Halbsträucher, seltener Stauden od. Sträucher, mit Milchsaft. Bl gegenständig, ganzrandig, meist ohne NebenBl. B ⚥, radiär, 5zählig. KrBl verwachsen, in der Knospe gedreht. StaubBl 5, mit dem Narbenkopf zu einem Säulchen (Gynostegium) verwachsen, auf dem Rücken mit kronblattartigem, eine NebenKr bildendem Anhängsel (Abb. **365**/3, 4). Pollen zu einer Pollenmasse (Pollinium) verklebt. Die nebeneinanderliegenden Pollinien zweier benachbarter Staubbeutel durch Klemmkörper miteinander verbunden. FrKn oberständig, aus 2 fast freien FrBl. Griffel 2, an der Spitze zum Narbenkopf verwachsen. 2 vielsamige BalgFrchen. Sa mit Haarschopf (2900 Arten – viele Gift- u. ArzneiPfl).

Schwalbenwurz – Vincetóxicum N. M. WOLF

Bl herz-eifg, zugespitzt. Kr gelblichweiß, selten braun, radfg. B unangenehm riechend. 0,30–1,20. ♃ 5–8. Xerothermrasen, Säume, Gebüsche, wärmeliebende Wälder, Schotterfluren, basenhold; v Ba Bw Rh Th S-An S-Ns, z S- u. O-We He Sa Br O-Me, s N-An NO-Ns: Hitzacker SW-Me, † Sh (m/mo-temp·(subk)EUR–WAS – H – Ib: größere Fliegen, Klemmfallenblume – Wv – V Ger. sang., V Berb., O Querc. pub., V Stip. calam., V Carp., V Eric.-Pin., V Cephal.-Fag. – giftig!). [V officinále MOENCH, Cynánchum vincetóxicum (L.) PERS.] **Weiße Sch.** – V. hirundinária MED.

Familie **Rötegewächse** – Rubiáceae JUSS.

Sträucher, Bäume, bei uns nur Kräuter. Bl gegenständig od. bei uns scheinbar quirlig (durch gleichgestaltete od. vermehrte NebenBl), ganzrandig. B ⚥, radiär, 3- bis 5-, bei uns meist 4zählig, in Thyrsen. K oft rückgebildet. Kr verwachsenblättrig, meist 4zipflig. StaubBl meist 4. FrKn unterständig, 2fächrig. Griffel 2. Kapseln, Beeren, SteinFr, SpaltFr (10 200 Arten – Ib, Sb – Ev, Wv, Vv).

1 B in endständigen, von HüllBl umgebenen kopfigen Büscheln (Abb. **369**/1). Kr blau, rosa od. lila (selten weiß), stieltellerfg bis eng trichterfg **2**
1* B in endständigen Thyrsen od. achselständigen Zymen. Kr weiß, gelb, rötlich od. grünlich, radfg, trichterfg od. glockig **3**
2 K deutlich, 4–6spaltig. HüllBl kurz stachlig rauh. **Ackerröte** – Sherárdia S. 367
2* K fehlend. HüllBl lg borstig gewimpert. **Acker-Meier** – Aspérula arvénsis S. 367
3 **(1)** B in achselständigen Zymen. **4**
3* B in endständigen, meist rispenähnlichen Thyrsen **5**
4 Kr gelb. Bl 3nervig, zu 4 quirlig. ♃. **Kreuzlabkraut** – Cruciáta S. 367
4* Kr weiß od. grünlichweiß. Bl 1nervig, zu 6–10 quirlig. ☉. **Labkraut** – Gálium S. 368
5 **(3)** KrRöhre so lg wie die KrZipfel od. länger. Kr trichterfg. Fr ohne Borsten, höchstens körnig rauh. BStiel meist kürzer als der FrKn. **Meier** – Aspérula S. 367
5* KrRöhre kürzer als die KrZipfel, oft fast fehlend. Kr radfg, glockig od. trichterfg u. dann Fr mit hakigen Borsten. BStiel fast stets länger als der FrKn. **Labkraut** – Gálium S. 368

Ackerröte – Sherárdia L.

Bl oberseits am Rand rauh, untere zu 4, obere zu 6. B kopfig gehäuft. 0,05–0,20. ☉ ① 6–10. Nährstoffreiche, lehmige bis tonige Äcker, Brachen, kalkhold; (A) v Ba Bw Rh S-We Th S-Sa S-An NW-Me Sh, z N-We He N-Sa Br S-Ns S- u. O-Me, s N-An N-Ns, ↘ (m-temp·(oz)EUR – T, H – Ib, Vm, unvollständig 2häusig – V Caucal., V Fum.-Euph.).
Ackerröte – S. arvénsis L.

Meier – Aspérula L.

1 Kr blau. B in endständigen Büscheln, diese kürzer als die umgebenden, borstig gewimperten Bl (Abb. **369**/1). Untere Bl zu 4, obere zu 6–8. 0,15–0,30. ① ☉ 5–6. Lehmige bis tonige Äcker, kalkhold; (A) früher z Kalkgebiete aller Bdl vom S bis An u. S-Ns, s nördlicher, heute nur (U) s Sa Br Me Sh, † An (m-stemp·(suboz)EUR – T – V Caucal., V Fum.-Euph.). **Acker-M.** – A. arvénsis L.
1* Kr weiß od. rötlich. ♃ **2**
2 Kr 3spaltig, weiß, außen glatt. Fr glatt. Untere Bl zu 6, obere zu 4. DeckBl eifg, spitz, ohne Stachelspitze. Stg meist einzeln, aufrecht. 0,30–0,60. ♃ 6–8. Trockengebüschsäume, trockne Eichen- u. KiefernW, Halbtrockenrasen, basenhold; z Ba Th SW-An, s S- u. O-Bw Rh He N-An Br: bes. NO, † Sa Ns, ↘ (sm-temp·subkEUR – H – V Ger. sang., V Cytis.-Pin., V Eric.-Pin.). [Gálium triándrum HYL.] **Färber-M.** – A. tinctória L.
2* Kr meist 4spaltig, weißlich bis rosa, außen rauh. Fr körnig-rauh. Bl meist zu 4. DeckBl lanzettlich, stachelspitzig. Stg ∞, ausgebreitet. 0,05–0,30. ♃ 6–9. Xerothermrasen, Trockengebüschsäume, trockne Wälder; v Th S-An, z Ba Bw: bes. Jura Rh He N-An Br SO-Ns, s S- u. O-We Sa: Elbe u. NW S-Me (m-temp·(subk)EUR – H – K Fest.-Brom., O Fest.-Sedet., V Ger. sang.). **Hügel-M.** – A. cynánchica L.

Kreuzlabkraut – Cruciáta MILL.

1 BStiele behaart. Verzweigungen des BStandes mit kleinen DeckBl. Stg steifhaarig. 0,15–0,50. ♃ 4–6. Frische bis feuchte, nährstoffreiche Waldsäume, Gebüsche, AuenW; v Ba Bw Rh S- u. O-We Th S- u. W-Sa S-An SO-Ns, z He N-An u. NO-Ns: bes. Elbe Me, s NW-We NO-Sa Br S- u. O-Sh (m/mo-stemp·(suboz)EUR – H – O Convolv., O Prun., V Alno-Ulm.). [C. ciliáta OPIZ, Gálium cruciáta (L.) SCOP.]
Gewimpertes K. – C. lǣvipes OPIZ
1* BStiele kahl. Verzweigungen des BStandes ohne DeckBl. Stg kahl od. nur unten schwach behaart. 0,10–0,30. ♃ 4–6. Frische, nährstoffreiche Waldsäume, Gebüsche,

Wiesenränder, HainbuchenW; s NO- u. SW-Ba: ob heimisch?, (N) s W-Bw S-Th S- u. O-Sa O-An (m/mo-stemp/demo·subozEUR+WAS – H – O Convolv., O Orig., V Carp.). [Gálium vérnum SCOP.] **Kahles K.** – C. glábra (L.) EHRENDF.

Labkraut – Gálium L.
(Ib: meist Fliegen, Vm, Sb – Ev, Wv, Vv – Adv., Hybr.)

1 Bl 3nervig, zu 4 quirlig. Kr weiß. B in endständiger Thyrse **2**
1* Bl 1nervig od. mit undeutlichem Nerv, zu 4–12 quirlig **3**
2 Stg steif aufrecht. Bl derb, lanzettlich, stumpf, ohne Stachelspitze, mit kahlen Nerven. Fr kurzhaarig bis kahl. 0,30–0,50. ♃ 7–8. Wechselfeuchte, meist kalkhaltige Moorwiesen, Halbtrockenrasen, Auenwiesen, BuschW; v S- u. M-Ba S-An, z N-Ba Bw He Th Sa N-An Bw S- u. O-Ns Me, s Rh S- u. O-We S- u. O-Sh, ↘ (sm/mo-b·(k)CIRCPOL – H – V Mol., V Mesobrom., V Cirs.-Brach., V Pot.-Querc.). **Nordisches L.** – G. boreále L.
2* Stg aufsteigend, schlaff. Bl zart, elliptisch, kurz stachelpitzig, an Rand u. Nerven zerstreut weißborstig. Fr hakig-borstig. 0,15–0,30. ♃ 6–9. Tannen- u. FichtenmischW, Nadelholzforsten, BuchenW, mäßig anspruchsvoll; v S- u. M-Ba Bw außer Rheinebene, z N-Ba Th S-He Sa S-An, s (oft N in Fichtenforsten) Rh NW-He N-An Br SO-Ns SO-Me, ↗, im O ↘ (sm/mo-temp/mo·ozEUR – C – V Gal.-Abiet., V Vacc.-Pic., V Luz.-Fag.). [G. scábrum aut.] **Rundblatt-L.** – G. rotundifólium L.
3 **(1)** Stg von nach unten gekrümmten Stacheln rauh **4**
3* Stg glatt, kahl od. behaart **10**
4 Kr breiter als die reife Fr, reinweiß. B in rispenfg Thyrsen. Nasse Standorte. ♃ **5**
4* Kr schmaler als die reife Fr, nicht reinweiß. B (außer Pariser L., **7**) in achselständigen, (1–)2–9blütigen Zymen. Auf Äckern od. in Hecken. ⊙ ① **6**
5 Bl zu 4–6 quirlig, stumpf, ohne Stachelspitze, getrocknet schwärzlich. Staubbeutel rot. Fr fast glatt. 0,10–1,00. ♃ 5–9. Röhrichte, Seggenriede, Naßwiesen, Erlenbrüche, Gräben, Ufer; alle Bdl g, aber Jura u. MDt-Trockengeb z (m-b·(oz)EUR–SIB+OAM – H – O Phragm., O Mol., V Aln.). ** **Sumpf-L.** – G. palústre L.
5* Bl meist zu 6(5–8) quirlig, spitz, mit kurzer Stachelspitze, grün bleibend. Staubbeutel gelb. Fr feinkörnig-rauh. 0,15–0,60. ♃ 6–9. Nasse, meist kalkarme Moorwiesen; alle Bdl v, aber MDt-Trockengeb z, im N ↘ (sm-bEUR–SIB – H – O Mol., V Car. fusc.). **Moor-L.** – G. uliginósum L.
6 **(4)** Bl am Rand durch vorwärtsgerichtete Stacheln rauh **7**
6* Bl am Rand durch rückwärtsgerichtete Stacheln rauh. B in achselständigen Zymen . **8**
7 B in verlängertenThyrsen. Kr grünlichgelb, außen rötlich. Fr 1 mm br, körnig-rauh, steifhaarig od. kahl. 0,10–0,20. ① 6–8. Ruderal beeinflußte Sandtrockenrasen, trockne Brachen, Äcker; (A) s SW-An, (U) s W-Rh We Ns Me, † Ba Bw He Th Sa Br, ↘ (m-stemp·(oz)EUR – T – V Thero-Air., K Secal.). **Pariser L.** – G. parisiénse L.
7* B zu 1–3 achselständig, später abwärtsgekrümmt. Kr grünlichweiß. Fr 5–6 mm br, dicht weißwarzig. 0,05–0,20. ⊙ 6–7. Lehmige bis tonige Äcker; (N U) s Bw Rh He Sa, † Th An Br (m-sm·(oz)EUR – T – K Secal.). [G. saccharátum ALL., G. valántia WEBER ex WIGGERS] **Anis-L.** – G. verrucósum HUDS.
8 **(6)** BlOSeite kahl, glatt. FrStiele bogig herabgekrümmt. Zymen meist 3blütig, kürzer als die TragBl. Fr groß, warzig. 0,15–0,45. ① ⊙ 7–10. Lehmige bis tonige, oft skelettreiche Äcker, mäßig trockne Ruderalstellen (Schutt); (A) z Bw Rh We Th S- u. M-An SO-Ns, s M- u. N-Ba He, (N) s Br Sh, † Sa Me, ↘ (m-temp·(oz)EUR–WAS – T – V Caucal.). [G. tricórne aut. non STOKES] **Dreihörniges L.** – G. tricornútum DANDY
8* BlOSeite mit vorwärts gekrümmten Stacheln. FrStiele gerade. Zymen 2–9blütig, länger als die TragBl. Stg klimmend **9**
9 B 1,5–1,7 mm br, weiß, in achselständigen, 2–5blütigen Zymen mit 4–8 blattähnlichen TragBl. Fr (ohne Borsten) 3–6 mm hoch, mit auf Knötchen sitzenden Hakenborsten. Bl 3–8 mm br. 0,60–2,00. ① ⊙ 6–10. Frische bis feuchte Ruderalstellen (Wegränder, Schutt) Hecken- u. Waldsäume, Auwälder, lehmige bis tonige, stickstoffreiche Äcker, Ufer,

basenhold; alle Bdl g (m/mo-temp·(oz)EUR–WAS – T – K Artem., K Secal., O Polyg.-Chen., V Salic. alb., V Alno-Ulm. – Spreizklimmer).
Kletten-L., Klebkraut, Kleber – G. aparíne L.

9* B 0,8–1,3 mm br, grünlichweiß, in achselständigen, 3–9blütigen Zymen mit 2(–3) blattähnlichen TragBl. Fr 1,5–3 mm hoch, ihre Borsten nicht auf Knötchen, selten (in Leinfeldern) borstenlos. Bl 2,5–4 mm br. 0,30–1,00. ⊙ 5–10. Lehmige bis tonige Äcker, frische Ruderalstellen, basenhold; (A?) z Ba Bw: bes. Taubergebiet S- u. W-Rh Th An, s Sa Br O-Ns, (U) s S- u. O-We He Me Sh (trop/mo-b·(subk)AFR–EUR–WAS – T – V Caucal., O Aper.). ** **Kleinfrüchtiges Kletten-L.** – G. spúrium L.

10 **(3)** Kr trichterfg od. glockig, weiß od. rötlich **11**

10* Kr radfg, weiß od. gelb **12**

11 Pfl rein grün. Bl lanzettlich, untere zu 6, obere zu 8, flach. Kr trichterfg. 0,15–0,30. ♃ 5–6. Krautreiche LaubW, bes. BuchenW; alle Bdl v, aber MDt-Trockengeb, N-Sa, Br, NW-Ns u. W-Sh z (m/mo-b·ozEURAS – G – O Fag. – kumarinhaltige GewürzPfl). [Aspérula odoráta L.] **Waldmeister** – G. odorátum (L.) SCOP.

11* Pfl blaugrün. Bl linealisch, zu 8–10, am Rand umgerollt. Kr weitglockig. 0,30–0,60. ♃ 5–7. Felsfluren, Trockenrasen, Trockengebüschsäume, basenhold; z M- u. N-Ba: bes. Jura, Unterfranken S- u. O-Bw Rh Th S- u. M-An, s He Sa: Elbe SO-Ns: Helmstedt, Kronsberg, ↘ (sm-stemp·subkEUR–WSIB – H – V Xerobrom., V Fest. val., V Ger. sang.). [Aspérula galioídes M. BIEB., A. glaūca (L.) BESSER]
Blaugrünes L. – G. glaūcum L.

12 **(10)** Kr zitronen- bis goldgelb. Stg stielrund, flaumig. Bl zu 8–12, 0,5–3 mm br. 0,30–0,60. ♃ 6–9. Silikat- u. Sandtrockenrasen, Halbtrockenrasen, wechseltrockne Moorwiesen, Trockengebüschsäume; v Ba Bw Rh We He Th An Br O-Ns Me Sh, z Sa W-Ns (m/mo-bEURAS – H – K Fest.-Brom., O Fest.-Sedet., V Mol., O Orig., K Eric.-Pin. – oft Hybr. mit **17***). ** **Echtes L.** – G. vérum L.

12* Kr weiß, selten gelblichweiß **13**

13 Stg stielrund, fein 4rippig, aufrecht. Bl blaugrün, länglich-lanzettlich, stachelspitzig. BStiele haardünn. KrZipfel kurz bespitzt. 0,30–1,00. ♃ 7–8. Koll. bis submont., krautreiche LaubW, Gebüsche, Säume, mäßig anspruchsvoll; v Ba Bw Rh S- u. O-We He Th S- u. W-Sa SW-An S-Ns, z N- u. O-An Br NO-Ns S- u. W-Me O-Sh (sm/mo-temp·subozEUR – G – V Carp., V Pot.-Querc., V Til.-Acer., O Prun.). **Wald-L.** – G. sylváticum L.

13* Stg wenigstens oberwärts 4kantig **14**

14 KrZipfel vorn abgerundet u. mit aufgesetzter grannenartiger Spitze od. stachelspitzig (Abb. **369**/2). Stg am Grund >1 mm ∅, kurz aufsteigend-aufrecht, 20–100(–150) cm hoch **15**

14* KrZipfel zugespitzt, aber ohne Grannen- od. Stachelspitze (Abb. **369**/3). Stg am Grund fadenfg, bis 1 mm ∅, kriechend od. niederliegend-aufsteigend, seltener aufsteigend-aufrecht. Pfl meist 2–25(–70) cm hoch **18**

15 BStiele haarfein. Bl lanzettlich, an beiden Enden verschmälert. Stg meist einzeln . . **16**

15* BStiele nicht haarfein. Bl linealisch od. vorn verbreitert, meist stachelspitzig. Stg meist ∞ **17**

16 Stg vom Grund an 4kantig. Bl vorn allmählich scharf zugespitzt, unterseits graugrün, ihr Adernetz kaum erkennbar. Fr glatt, kahl. 0,20–0,60. ♃ 6–8. Krautreiche LaubW u.

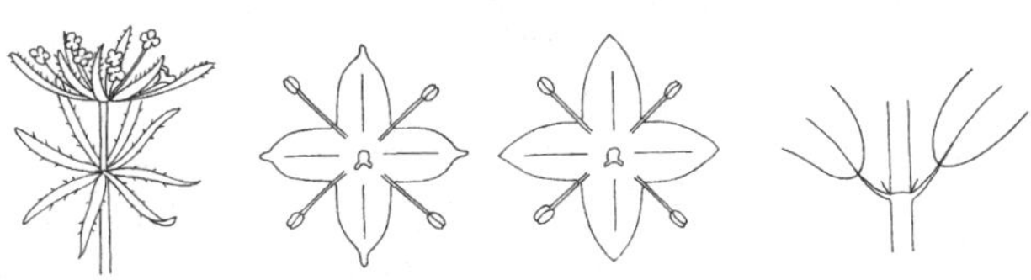

1 2 3 4

Gebüsche, anspruchsvoll; z SO-Ba: Alpen (sm/mo-stemp/demo·subozEUR – G – V Carp., V Cephal.-Fag.). **Grannen-L.** – G. aristátum L.

16* Stg am Grund rundlich. Bl vorn kurz scharf zugespitzt, unterseits blaugrün, mit erkennbarem Adernetz. Fr glatt, bereift. 0,30–1,20. ♃ 6–9. Krautreiche LaubW, Gebüsche, Säume, anspruchsvoll; s NO-Ba: Kronach SO-Th: obere Saale O-Sa: Neißegebiet (sm/mo-temp·(suboz)EUR – G – V Carp., V Pot.-Querc., O Prun.). **Glattes L.** – G. schultésii VEST

17 **(15)** Bl 0,5–2 mm br, die meisten > 7mal so lg wie br, linealisch, am Rand umgerollt, oberseits glänzend dunkelgrün. Fr glatt. 0,20–0,70. ♃ 6–8. Säume, Gebüsche, TrockenW, Trockenrasen, anspruchsvoll; s S-Bw: Staufen (m/mo-stemp/mo· subozEUR – H – V Pot.-Querc., V Eric.-Pin.). *** Glanz-L.** – G. lúcidum agg.

17* Bl 2–5(–7) mm br, 2–7mal so lg wie br, schmal lanzettlich bis verkehrteifg, am Rand flach od. leicht umgebogen, hellgrün. Fr etwas runzlig. 0,30–1,00. ♃ 5–9. Fettwiesen, Wegraine, Gebüsche, WRänder usw.; alle Bdl g (m/mo-b·(oz)EUR–WSIB – H – O Arrh., V Trif. med., V Alno-Ulm. – oft Hybr. mit **12**). *** Wiesen-L.** – G. mollúgo agg.

18 **(14)** FrStiele abwärts gekrümmt, 2–3 mm lg. Fr 2–2,5 mm lg, fast glatt. Bl am Rand mit vorwärtsgerichteten Stachelzähnchen (Lupe!), verkehrteilanzettlich bis schmal verkehrteifg, dicklich. Kr gelblichweiß. 0,02–0,10. ♃ 7–8. Durchsickerte alp. Kalkschuttfluren; z S-Ba: Alpen, † obere Hochebene (sm/alp-temp·subozALP – G – V Thlasp. rot., V Epil. fleisch.). [G. helvéticum WEIGEL] **Schweizer L.** – G. megalospérmum ALL.

18* FrStiele gerade, 1–2 mm lg. Fr 1–1,8 mm lg **19**

19 Bl mit sehr kurzer Knorpelspitze, am Rand völlig glatt, verkehrteilanzettlich, dick, mit kaum erkennbarem Mittelnerv, stark glänzend, trocken schwarz werdend. Fr fast glatt. Kr gelblichweiß. 0,02–0,15. ♃ 7–9. Alp., frische, mäßig nährstoffreiche Matten, Schneeböden; z SO-Ba: Berchtesgadener Alpen (sm/alp-temp/alp·subozEUR – C – V Arab. caer.). [G. baldénse aut.] **Norisches L.** – G. nóricum EHRENDF.

19* Bl mit deutlicher Stachelspitze, am Rand (fast) stets mit feinen Wimpern od. Stachelzähnchen (Lupe!), dünn od. etwas ledrig, mit deutlichem Mittelnerv **20**

20 Bl am Rand mit vorwärtsgerichteten kurzen Wimpern, verkehrteilanzettlich bis verkehrteifg, 2–5mal so lg wie br, trocken ± schwarz werdend. Fr von dichtstehenden spitzen Papillen rauh. B weiß, in lockeren Rispen. 0,10–0,30(–0,40). ♃ 6–8. Magerrasen, bodensaure Wälder u. Nadelholzforsten, kalkmeidend; v Rh We Ns W-Me Sh u. Bergland von He Th Sa An, z M- u. N-Ba: bes. Bayr-W, Rhön Bw: bes. Schwarzw sowie Tief- u. Hügelland von Th Sa An Br O-Me, (N) z S-Ba SO-Bw (sm/mo-temp·ozEUR – C – O Nard., V Querc. rob.-petr., V Luz.-Fag.). [G. harcýnicum WEIGEL] **Harz-L.** – G. saxátile L.

20* Bl am Rand mit abstehenden od. rückwärtsgerichteten (nur vereinzelt auch vorwärtsgerichteten) Stachelzähnchen, verkehrteilanzettlich bis linealisch, 5–16mal so lg wie br, trocken meist bräunlichgrün. Fr glatt od. mit lockerstehenden stumpfen (selten spitzen) Papillen **21**

21 Pfl dichtrasig, mit ∞ nichtblühenden Trieben. Bl gegen die plötzlich verschmälerte Spitze deutlich verbreitert, die der blühenden Triebe etwa so lg, die der nichtblühenden Triebe mindestens $^1/_2$ so lg wie die StgGlieder. B gelblichweiß od. weiß, in kurzen, schirmfg od. br eifg Rispen. 0,05–0,15(–0,25). ♃ 7–9. Alp. u. subalp. Matten, Steinschutt, Felsen, oft auf Kalk; v S-Ba: Alpen, s Vorland u. S-Bw: Jura, Alpenvorland (sm/alp-temp/alp·subozEUR – C – O Sesl., V Thlasp. rot., V Epil. fleisch.). **Ungleichblättriges L.** – G. anisophýllon VILL.

21* Pfl lockerrasig, meist alle Triebe blühend. Bl gegen die allmählich verschmälerte Spitze kaum verbreitert, die aller Triebe $^1/_2$–$^1/_5$ so lg wie die StgGlieder. B weiß, in langen, schmal kegelfg Rispen. 0,10–0,30(–0,70). ♃ 6–8. Silikatmagerrasen u. -weiden, Halbtrockenrasen, Gebüsche, lichte LaubW, kalkmeidend; v Ba Bw S-Th SO-Ns, z Rh S- u. O-We He N-Th Sa S-An: bes. Harz, s S-Br NO-Ns NW-Sh: Sylt, (N U) s M- u. NO-Br Me (m/mo-temp·ozEUR – H – V Viol. can., V Mesobrom., V Mol., V Querc. rob.-petr.). [G. pusíllum agg.] *** Heide-L.** – G. púmilum agg.

Familie **Geißblattgewächse** – Caprifoliáceae JUSS.

Meist Sträucher. Bl gegenständig, ihre Stiele durch eine Querlinie paarweise verbunden (Abb. **369**/4), meist ohne NebenBl. B ⚥, radiär od. 2lippig, 5zählig. K oft rückgebildet. KrBl 5, verwachsen. StaubBl meist 5. FrKn unterständig, (2–)3(–5)fächrig, Fächer oft ungleich entwickelt, z. T. nur 1 mit Sa. Griffel 1 od. fehlend. Narben 1–5. Beeren, SteinFr, Kapseln, Nüsse (420 Arten – Ib – Vv).

1 Kriechender Halbstrauch mit fädlicher Sproßachse. B an aufrechtem Stg einzeln od. zu 2, nickend, trichterfg (Abb. **371**/1). **Moosglöckchen** – Linnǣa S. 372
1* Aufrechte Sträucher od. Kräuter od. Stg windend **2**
2 Bl gefiedert. B in schirmfg od. rispenfg Zymen. **Holunder** – Sambúcus S. 371
2* Bl einfach, zuweilen gelappt **3**
3 BStände ∞blütig, entweder schirmfg od. kuglig. Griffel kurz od. fehlend. SteinFr. **Schneeball** – Vibúrnum S. 372
3* BStände armblütig, zuweilen quirlig-kopfig. Griffel verlängert. Beeren od. Kapseln . . **4**
4 FrKn walzlich. Kr fast radiär, etwa 3 cm lg. Kapseln. **Weigelie** – Wēigela S. 373
4* FrKn kuglig od. länglich. Kr dorsiventral od. radiär u. dann 5–7 mm lg. Beeren **5**
5 B in unterbrochenen Scheinähren. Kr radiär, napffg, 5lappig. Beeren weiß. **Schneebeere** – Symphoricárpos S. 372
5* B zu 2 auf gemeinsamem Stiel (Abb. **371**/4) od. in quirlig-kopfigen BStänden (Abb. **371**/5). Kr meist deutlich 2lippig. Beeren rot od. schwarz, selten weißlich. **Heckenkirsche, Geißblatt** – Lonícera S. 372

Holunder – Sambúcus L.
(Ib: Pollenblume – Vv)

1 Pfl krautig. NebenBl blattartig (Abb. **371**/2). Staubbeutel rot, später schwarz. SteinFr schwarz. 0,60–1,50. ♃ 6–7. Schläge, ruderale Staudenfluren, nitrophil; v Ba Bw Rh S-He SW-We S-Th, (A, N) s N- u. O-We N-Th W-Sa S-An N- u. O-Br NO-Ns M- u. NW-Me S-Sh (m-stemp·(oz)EUR–WAS – H – Sv: Ausläufer – O Atrop. – giftig!) **Zwerg-H., Attich** – S. ébulus L.
1* Sträucher od. kleine Bäume. NebenBl warzenfg od. fehlend. Staubbeutel gelb **2**
2 BStand schirmfg flach. Kr weiß. SteinFr schwarz. Zweige mit weißem Mark. 3,00–7,00. ♄ 6–7. Schläge, Gebüsche, krautreiche Wälder, nitrophil; alle Bdl g, ↗ (m/mo-temp·(oz)EUR – F, M – V Samb.-Salic., O Prun. – ArzneiPfl, ObstPfl). **Schwarzer H.** – S. nígra L.
2* BStand kuglig od. eifg. Kr grünlichgelb. SteinFr rot. Mark gelbbraun. 1,50–3,00. ♄ 4–5. Schläge, Schutthalden, NadelW u. -forsten, ErlenW, mäßig anspruchsvoll; v Ba Bw Rh S- u. O-We He S-Th S-Sa SO-Ns, z NW-We N-Th N-Sa An: bes. Harz, (N) z Br N-Me Sh (sm/mo-temp·subozEUR – F – V Samb.-Salic., O Prun.). **Roter H., Berg-H., Hirsch-H.** – S. racemósa L.

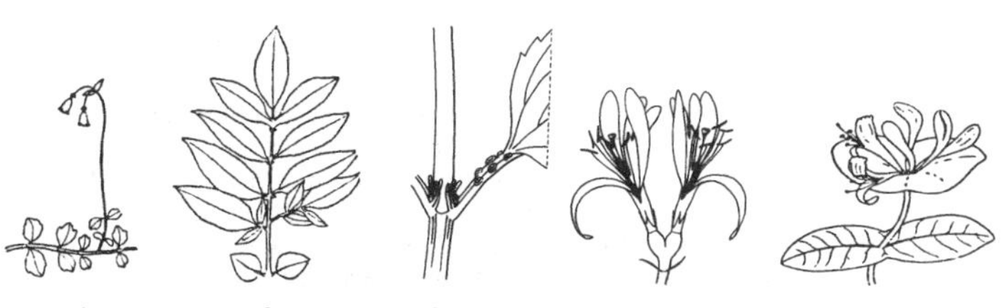

1 2 3 4 5

Schneeball – Vibúrnum L.
(F – Ib: Fliegen, Sb – Vv – Beeren giftig!)

1 Bl 3–5lappig, beiderseits grün. BlStiel mit Drüsenhöckern (Abb. **371**/3). Knospen mit Knospenschuppen. Innere B der Zymen klein, glockig, ⚥; RandB mit großer, radfg, weißer Kr, geschlechtslos. Fr scharlachrot. 1,50–3,00. ♄ 5–6. Gebüsche, krautreiche LaubW, anspruchsvoll; alle Bdl v, aber NW-Ns u. Schwarzw z. Zierstrauch, nur mit geschlechtslosen B (m/mo-b·(oz)EUR–WAS – O Prun., V Salic. alb., V Alno-Ulm. – giftig).
Gewöhnlicher Sch. – V. ópulus L.

1* Bl eifg, gezähnt-gesägt, unterseits dicht sternhaarig-graufilzig. BlStiel ohne Drüsenhöcker. Knospen ohne Schuppen, offen. Alle B gleich. Fr erst rot, dann schwarz. 1,00–3,00. ♄ 4–6. Wärmeliebende Gebüsche u. Wälder, kalkhold; v Ba Bw Rh Th, z S-We O-He S-An, s SO-Ns, (N) s N-We M-He Sa M-An Br SW-Ns. Zierstrauch (m/mo-stemp·ozEUR – O Querc. pub., V Eric.-Pin., V Berb.).
Wolliger Sch. – V. lantána L.

Schneebeere, Knallerbse – Symphoricárpos DUH.

Bl rundlich, ganzrandig, ungeteilt bis buchtig gelappt. Kr rosa, innen stark behaart. Beeren kuglig, weiß. 1,00–2,00. ♄ 7–8. Zierstrauch, auch Gebüsche; (N) v Ba Sa S- u. M-An Br Me, N-An u. übrige Bdl z. (m/mo-b·(suboz)AM – F – Ib: Wespen, Bienen – Beeren schwach giftig!). [S. rivuláris SUKSD., S. racemósus MICHX.]
Schneebeere, Knallerbse – S. álbus (L.) BLAKE

Moosglöckchen – Linnǽa GRON. ex L.

Bl br eifg (Abb. **371**/1). Kr blaßrosa od. weiß, innen rot gestreift. BStg 5–12 cm hoch. 0,15–1,20 lg. ♄ 6–8. Baltische KiefernW u. -forsten, subalp. NadelW, kalkmeidend; z Br N-Ns Me, s NO-Sa SO-An, (N) s Sh, † SW-Ba: Oberstdorf He: Meißner S-Th: Inselsberg W-An: Brocken (sm/mo-arct·(subk)CIRCPOL – S – Ib: Schwebfliegen – V Dicr.-Pin. – ∇). **Moosglöckchen** – L. boreális L.

Geißblatt, Heckenkirsche, Doppelbeere – Lonícera L.
(Ib – Vv – viele Ziersträucher – meist Beeren giftig!)

1 Windende Sträucher. BStand quirlig-kopfig 2
1* Aufrechte Sträucher. B zu 2 auf gemeinsamem Stiel (Abb. **371**/4) 3
2 Oberste Bl der blühenden Zweige paarweise verwachsen (Abb. **371**/5), kahl. BKöpfe sitzend. 3,00–4,50. ♄ 5–6. Wärmeliebende Gebüsche u. LaubW, kalkhold; z Tief- u. Hügelland Th S-An, (N) z Ba Bw, s S-He Sa, (U) s Rh We Ns Me. Zierstrauch (sm-stemp·subozEUR – F – Ib: Schwärmer – V Berb., O Querc. pub.).
Echtes G., Jelängerjelieber – L. caprifólium L.
2* Alle Bl getrennt, unterseits behaart. BKöpfe gestielt. 2,00–3,00. ♄ 6–8. Schläge, Gebüsche, bodensaure Wälder, Nadelholzforsten, kalkmeidend; v W-Bw Rh We He N-An Ns Me Sh, z N-Ba O-Bw Th Sa S-An Br, s S- u. M-Ba. Zierstrauch (m/mo-temp·ozEUR – F – Ib: Schwärmer – V Rubo-Prun., V Querc. rob.-petr., V Luz.-Fag.).
Deutsches G. – L. periclýmenum L.
3 **(1)** Die 2 FrKn jedes BPaares fast völlig miteinander verwachsen. FrStand eine Doppelbeere 4
3* Die 2 FrKn jedes BPaares nur am Grund miteinander verwachsen (Abb. **371**/4) 5
4 Kr gelblichweiß, fast radiär. Gemeinsamer BStiel kürzer als die B. Doppelbeeren blauschwarz, bereift. 0,60–1,30. ♄ 4. HochgebirgsW, kalkmeidend; z S-Ba: Alpen u. Vorland, s O-Ba: Bayr-W? SO-Bw: Alpenvorland (sm/mo-b·(k)EURAS – F – Ib: Hummeln, Bienen – O Vacc.-Pic., O Prun. – Beeren eßbar). **Blaue D.** – L. caerúlea L.
4* Kr gelblich-trübrot, deutlich 2lippig. Gemeinsamer BStiel länger als die B. Doppelbeeren, kirschrot, glänzend. 0,60–1,50. ♄ 5–7. BergmischW, Gebüsche, Hochstauden-

fluren, kalkstet; v Ba: Alpen, obere Hochebene, z S-Bw: Alpenvorland, Baar, Jura (m/mo-stemp/mo·subozEUR – F – Ib: Hummeln, Wespen – V Til.-Acer., V Adenost.). **Alpen-D.** – L. alpígena L.

5 **(3)** Zweige mit weißem Mark. Gemeinsamer BStiel 3–4mal so lg wie die B. Bl länglich-elliptisch bis verkehrteifg, kahl od. unterseits auf den Nerven zerstreut flaumig. Kr rötlichweiß od. weiß. Beeren schwarz. 0,50–1,50. ♄ 5–6. Krautreiche BergmischW u. Gebüsche, anspruchsvoll; v S- u. O-Ba: Alpen, Vorland, Bayr-W, N-Jura, z S-Bw: Alpenvorland, Schwarzw, Baar S-Th: bes. Th-W, Rhön S-Sa, s M- u. N-Ba: Donau, Rhön, (N) s S-An, (U) We NW-Me (sm/mo-stemp/mo·subozEUR – F – Ib: Bienen – V Gal.-Abiet., O Vacc.-Pic.). **Schwarze H.** – L. nígra L.

5* Zweige hohl. Gemeinsamer BStiel 1–2mal so lg wie die B. Beeren rot od. gelblich . . . **6**

6 Bl elliptisch, beiderseits weichhaarig. Kr gelblichweiß. Beeren scharlachrot. 1,00–2,00. ♄ 5–6. Gebüsche, krautreiche LaubW, kalkhold; v Ba Bw Rh He Th SW-An SO-Ns, z S- u. O-We Sa N- u. O-An Br Me O-Sh, s höhere Silikatgebirge (sm/mo-b·subozEUR–WAS – F – Ib: Hummeln – O Fag., O Querc. pub., V Berb.). **Rote H.** – L. xylósteum L.

6* Bl herz-eifg, kahl. Kr rot bis weiß. Beeren gelblich od. scharlachrot. 1,00–3,00. ♄ 5–6. Zierstrauch, auch (N) s, z. B. Ba NW-Sa Br Me (m-stemp·subkEUR–WAS – F – Ib: Schwebfliegen). **Tataren-H.** – L. tatárica L.

Weigelie – Wéigela THUNB.

Bl eifg, fein gesägt. Zweigspitzen weiß behaart. Kr etwa 3 cm lg, rot bis weiß. 1,00–2,00. ♄ 5–7. Zierstrauch (sm·subozOAS – F – Ib: Bienen).
Rosenrote W. – W. flórida (BUNGE) A. DC.

Familie **Moschuskrautgewächse** – Adoxáceae TRAUTV.

Kräuter. Bl grund- u. gegenständig, ohne NebenBl. B ⚥, radiär, in Köpfen. GipfelB 4zählig, mit 2teiligem K. SeitenB 5zählig, mit 3teiligem K. KrBl verwachsen. StaubBl 4 od. 5 , sehr tief 2spaltig. FrKn halbunterständig, 4- od. 5fächrig. Griffel frei. SteinFr (5 Arten).

Moschuskraut – Adóxa L.

GrundBl doppelt 3zählig, die 2 StgBl 3zählig. B grünlichweiß, in endständigem, wenigblütigem Kopf (Abb. **374**/1). 0,05–0,15. ♃ 3–5. Frische bis feuchte, geophytenreiche LaubW u. Gebüsche, anspruchsvoll; alle Bdl v, aber höheres Bergland, Sand- u. Silikatgebiete u. NW-Ns z (m/mo-b·(suboz)CIRCPOL – G – Ib: Fliegen – Vv: Schnecken, Sv: Erdausläufer – O Fag.). **Moschuskraut, Bisamkraut** – A. moschatellína[1]) L.

Familie **Baldriangewächse** – Valerianáceae BATSCH

Kräuter, selten Sträucher. Bl gegenständig, ohne NebenBl. B ⚥, selten 1geschlechtig, unsymmetrisch, in Zymen. K zur FrZeit mehrzähnig od. zu einem Haarkranz (Pappus) sich vergrößernd. Kr verwachsenblättrig, röhrig, (3–)5zipflig. StaubBl 1–4. FrKn unterständig, 3fächrig, aber nur 1 Fach mit Sa, die 2 anderen leer. Griffel 1. Narben 1–3. Nüsse (300 Arten – Ib – Wv, Ev).

1 Kr stieltellerfg, lg röhrig, am Grund mit Sporn. StaubBl 1. Pfl kahl, blaugrün.
Spornblume – Centránthus S. 374

1* Kr trichterfg, ungespornt, höchstens am Grund mit Höcker. StaubBl 3 . . . . **2**

[1]) Sprich: mos-chatellína

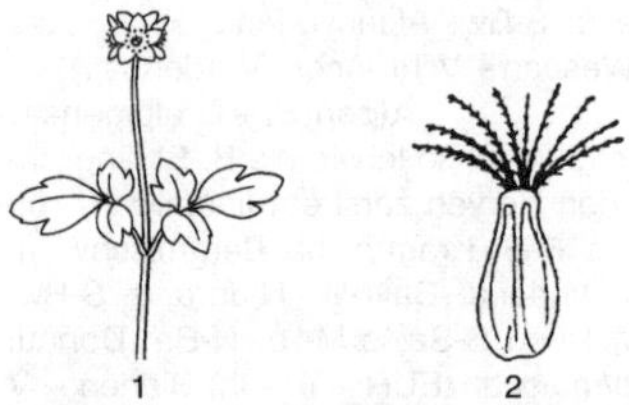

1 2

2 Stg gabelästig. B in ± dichten Dichasien. K an der Fr 1–5zähnig od. 6(–12)spaltig, zur BZeit kaum merklich (Abb. **375**/1–6). Kr bläulichweiß. Bl ungeteilt od. gelappt. ① od. ⊙. **Rapünzchen** – Valerianélla S. 374

2* Stg nur im BStand verzweigt. B in rispigen od. kopfigen Thyrsen. K an der Fr ein Haarkranz (Pappus) (Abb. **374**/2), dieser zur BZeit nach innen gerollt. Kr rötlich od. weiß. Bl gefiedert, 3teilig od. ungeteilt. ♃. **Baldrian** – Valeriána S. 375

Spornblume – Centránthus NECKER ex LAMK. et DC. [Kentránthus RAFIN.]

B in dichten, zu Thyrsen vereinigten Zymen. Kr purpurn, selten weiß. 0,30–0,80. ♃ 5–7. ZierPfl, auch Mauern, Felsspalten; (N) s Bw Rh S-We, (U) He SW-Ns (m-sm·(oz) EUR – H – Vm, Ib: Falter, Bienen – O Pariet.). **Rote S.** – C. rúber (L.) DC.

Rapünzchen, Feldsalat – Valerianélla MILL.
(T, H – Sb, selten Ib – Adv.)

1 FrK groß, schüsselfg, radiär, 6(–12)spaltig, netzadrig, seine Zipfel in je 1 hakig zurückgebogene Stachelspitze auslaufend (Abb. **375**/1). Fr dicht zottig. 0,10–0,30. ① ⊙ 5–6. Äcker, Ruderalstellen (Wegränder, Umschlagplätze); (N U) s Bw Rh Me: Rostock (m-stemp·(oz)EUR–WAS – K Secal.). **Gekröntes R.** – V. coronáta (L.) DC.

1* FrK entweder ganz verkümmert od. ein schmaler, durch einen größeren Zahn dorsiventraler Saum **2**

2 KSaum fehlend, Fr an der Spitze nur mit 1 kleinen, stumpfen Zahn. TeilFrStände dicht halbkuglig. Obere Astgabeln oft ohne B **3**

2* KSaum schief kragenfg, 3- od. 5zähnig. TeilFrStände meist locker schirmfg. Obere Astgabeln meist mit EinzelB **4**

3 Fr seitlich etwas zusammengedrückt, von der Breitseite gesehen fast rund od. breiter als lg, mit 3 seichten Furchen; im Querschnitt br elliptisch, die 2 leeren FrFächer mit br Scheidewand aneinanderstoßend, SaFach auf dem Rücken stark korkig verdickt (Abb. **375**/2). 0,05–0,15. ① ⊙ 4–5. Sandige bis lehmige Äcker, ruderal beeinflußte Sand- u. Silikattrockenrasen, mäßig frische Ruderalstellen (Wegränder, Schutt); (A?) v Ba Bw Rh He Th Sa An, z We Br Ns Me Sh, s Bergland. KulturPfl (m/mo-temp·(oz)EUR – V Caucal., V Aphan., O Polyg.-Chen., O Fest.-Sedet. – SalatPfl). [V. olitória (L.) POLLICH]
Gewöhnliches R., Feldsalat – V. locústa (L.) LATERRADE em. BETCKE

3* Fr länglich-prismatisch, fast 4kantig, mit 2 seichten seitlichen u. 1 br, tiefen mittleren Furche; im Querschnitt fast quadratisch, die 2 leeren FrFächer mit schmaler Scheidewand aneinanderstoßend, SaFach dünnwandig (Abb. **375**/3). 0,10–0,40. ① ⊙ 4–5. Sandige bis lehmige Äcker, Weinberge, Wegränder, basenhold; (A?) v Rh, z NW-Ba W- u. N-Bw He Th SO-Ns, s We Sa S-An, (U) s Me Sh, † Br, ↘ (m-stemp·(oz)EUR – V Fum.-Euph., V Caucal., K Sedo-Scler.). **Gekieltes R.** – V. carináta LOISEL.

4 **(2)** Fr nach oben wenig verschmälert, dicht kurzflaumig; im Querschnitt die 2 leeren FrFächer viel kleiner als das SaFach (Abb. **375**/4). KSaum fast so br wie die Fr, stark nervig, mit 5 deutlichen Zähnen. Astgabeln fast rechtwinklig. 0,10–0,30. ① ⊙ 4–5. Lehmige Äcker, Ruderalstellen; (N U) s M-Ba Bw Me, † Rh (m-stemp·(oz)EUR–WAS – V Caucal.). **Wollfrucht-R.** – V. eriocárpa DESV.

4* Fr nach oben deutlich verschmälert, kahl, seltener borstig. KSaum $^1/_2$ bis $^1/_3$ so br wie die Fr, mit 3 Zähnen, die seitlichen undeutlich. Astgabeln spitzwinklig **5**

5 Fr eifg-kuglig, auf der Bauchseite eine seichte Längsfurche; im Querschnitt jedes der 2 leeren FrFächer so groß wie das SaFach od. größer (Abb. **375**/5). KSaum $^1/_3$ so br wie die Fr, mit abgerundetem Mittelzahn. 0,10–0,30. ① ⊙ 6–7. Lehmige bis tonige Äcker; z Ba außer Alpen Bw Rh, s We He Th S-Sa S-An Br S-Ns O-Sh, † Me, ↘ (m-temp·ozEUR – K Secal.). [V. auricula DC.] **Gefurchtes R.** – V. rimósa BAST.

5* Fr schmal eifg, auf der Bauchseite ein von 2 Wülsten begrenztes flaches Mittelfeld mit Längsripppe; im Querschnitt die 2 leeren FrFächer sehr eng, viel kleiner als das SaFach (Abb. **375**/6). KSaum $^1/_2$ so br wie die Fr, mit spitzem Mittelzahn. 0,10–0,40. ① ⊙ 6–8. Lehmige bis tonige Äcker, mäßig frische Ruderalstellen (Wegränder, an Mauern), basenhold; v Ba Bw Th, z Rh We He Sa An Br S-Ns Me außer SW O-Sh, s NO-Ns u. Bergland (m/mo-temp·ozEUR – V Caucal., V Aphan., V Fum.-Euph.).
Gezähntes R. – V. dentáta (L.) POLLICH

Baldrian – Valeriána L.
(H – Vm, Ib – Wv)

1 Alle Bl gefiedert. B ⚥. 0,40–2,00. ♃ 5–8. Lichte, wärmeliebende LaubW, Hochstaudenfluren, Moorwiesen; alle Bdl v, aber MDt-Trockengeb, N-Sa, N-Ns u. W-Sh z (m/mo-b·(subk)EURAS – V Ger. sang., V Filip., V Aln. – ArzneiPfl).
* **Echter B.** – V. officinális agg.

1* Wenigstens die unteren Bl ungeteilt, höchstens gezähnt. B ± eingeschlechtig **2**

2 StgBl leierfg fiederteilig. GrundBl rundlich-eifg, lg gestielt. Pfl unvollkommen 2häusig. ♀ B sehr klein, 1–1,5 mm lg, weiß, ♂ 3–3,5 mm lg, rosa. 0,10–0,30. ♃ 5–6. Nasse, kalkarme Moorwiesen, Flach- u. Quellmoore; alle Bdl v, aber MDt-Trockengeb, N-An, W-Br u. NW-Ns z, ↘ (sm/mo-temp·ozEUR – Sv: Ausläufer – O Mol.). **Kleiner B.** – V. dióica L.

2* StgBl ungeteilt od. 3(5)teilig. Meist ⚥ u. 1geschlechtige B auf verschiedenen Pfl . . . **3**

3 BStand kopfig, von HochBl umhüllt. Kr blaßrot. Bl spatelfg, ganzrandig, kurz gewimpert. 0,03–0,15. ♃ 7–8. Frische, alp. Kalkschuttfluren, Schneetälchen; s S-Ba: Alpen (sm/alp-temp/alp·subozALP – V Thlasp. rot., V Arab. caer.). **Zwerg-B.** – V. supína ARD.

3* BStand locker zymös, nicht von HochBl umhüllt **4**

4 Obere StgBl 3(5)teilig. Bl der nichtblühenden Triebe herzfg, grob gezähnt. Kr weißlich. 0,10–0,60. ♃ 4–7. Subalp. Felsspaltenges., anspruchsvoll; v S-Ba: Alpen, s obere Hochebene, z S-Bw: bes. Hegau, Schwarzw, Jura, ↘ (sm/salp-temp/dealp·ozEUR – K Aspl. trich.). ** **Stein-B.** – V. trípteris L.

4* StgBl ungeteilt. Untere Bl ganzrandig od. schwach gezähnelt **5**

5 Stg zwischen den GrundBl u. dem BStand mit höchstens 1 BlPaar. StgBl linealisch. BStand armblütig. 0,05–0,30. ♃ 6–8. Subalp. u. alp. Kalkfelsspalten; v S-Ba: Alpen, s obere Hochebene (sm/salp-stemp/salp·subozEUR – V Potent. caul.).
Felsen-B. – V. saxátilis L.

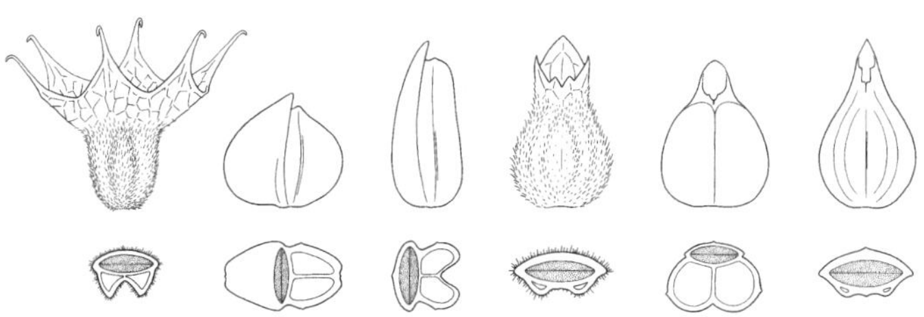

1 2 3 4 5 6

5* Stg zwischen den GrundBl u. dem BStand mit 3–8 BlPaaren. StgBl eifg bis eilanzettlich. BStand reichblütig. 0,05–0,50. ♃ 4–7. Subalp. Kalkschuttfluren, Blaugrashalden, kalkstet; v S-Ba: Alpen, s obere Hochebene, s SO-Bw: Alpenvorland (sm/salp-temp/dealp·ozEUR – V Petasit. parad., V Epil. fleisch., V Sesl.). ** **Berg-B.** – V. montána L.

Familie **Kardengewächse** – Dipsacáceae JUSS.

Kräuter, selten Halbsträucher. Bl gegenständig, ohne NebenBl. B in Köpfen mit gemeinsamer Hülle, oft mit TragBl (SpreuBl des Kopfbodens). B ⚥, ± dorsiventral, 4–5zählig, mit AußenK. K meist häutig od. borstig. Kr verwachsenblättrig, ± röhrig, 4- od. 5zipflig. StaubBl (2–)4, frei. Griffel 1. Narben 1–2. FrKn unterständig, 2blättrig, 1fächrig, mit nur 1 SaAnlage. Achänen mit bleibendem K (290 Arten – Ib – Ev, Av, Wv).

1 Stg u. Kopfstiele stachlig. Köpfe länglich, selten halbkuglig. K ohne Borsten (Abb. **376**/1, 2). ⊙ od. ⊚ 2
1* Stg u. Kopfstiele stachellos. Blühende Köpfe flach bis halbkuglig. K meist in Borsten geteilt (Abb. **376**/3, 4) **3**
2 Bl gestielt, obere 3teilig u. mit sehr großem Mittelzipfel, untere elliptisch. Köpfe halbkuglig, 1,5–4 cm lg. HüllBl so lg wie die SpreuBl, nicht stechend. Kr weißlich. **Schuppenkarde** – Vírga S. 377
2* Bl sitzend, mittlere am Grund verwachsen. Köpfe länglich, 5–8 cm lg. HüllBl steif, stechend, viel länger als die SpreuBl (Abb. **376**/1). Kr lila, sehr selten weiß. **Karde** – Dípsacus S. 376
3 **(1)** Kr 5spaltig. AußenK mit trockenhäutigem od. korpligem Saum (Abb. **376**/3). SpreuBl klein. **Skabiose** – Scabiósa S. 377
3* Kr 4spaltig. AußenK 4–8zähnig **4**
4 Köpfe ohne SpreuBl, rauhhaarig. K mit 8–16 Borsten (Abb. **376**/4). Blühende Köpfe schwach gewölbt. **Witwenblume** – Knaūtia S. 377
4* Köpfe mit SpreuBl. K mit 5 Borsten od. borstenlos. Blühende Köpfe halbkuglig **5**
5 AußenK 4kantig, rauhhaarig, am Ende jeder Kante in einen spitzen, stachelspitzigen Zipfel auslaufend. K in 5 Borsten endigend. Kr dunkelbau. Wurzelstock aufrecht, kurz, wie abgebissen. **Teufelsabbiß** – Succísa S. 377
5* AußenK fast stielrund, kahl, sein Saum mit 4 kurzen, stumpfen Lappen. K borstenlos. Kr blaßblau bis weißlich. Wurzelstock kriechend. **Moorabbiß** – Succisélla S. 377

Karde – Dípsacus L.
(H – Ib: Hummeln, Vm, Aufblühen zonenweise – Ev)

1 SpreuBl mit zurückgekrümmter Spitze (Abb. **376**/2), steif, kürzer als die B. HüllBl waagerecht abstehend. Kr lila. 1,00–1,50. ⊙ ⊚ 7–8. Frische Ruderalstellen; (N) s N-Ba Bw Rh, (U) s Me. KulturPfl, im S noch angebaut? (K Artem. – getrocknete Köpfe zum Rauhen von Wollgewebe). [D. fullónum HUDS. non L.] **Weber-K.** – D. satívus (L.) HONCK.
1* SpreuBl mit gerader Spitze, länger als die B **2**

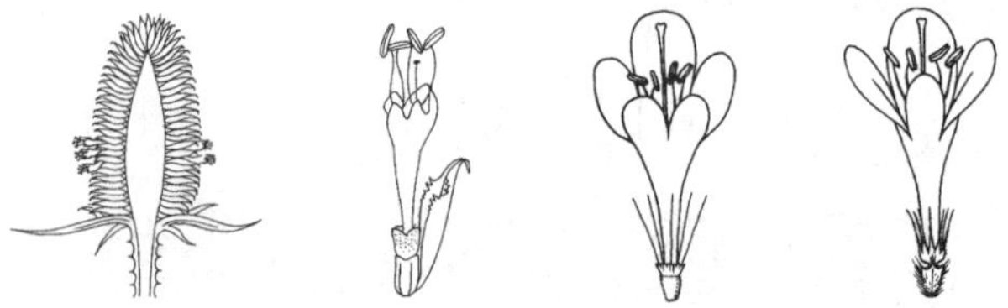

1 2 3 4

2 Bl borstig gewimpert. StgBl fiederspaltig. HüllBl weit abstehend. 0,50–1,20. ⊙ ⊚ 7–8. Frische bis feuchte Ruderalstellen, WSäume; (N) s Ba Bw: bes. Neckar, Rhein Rh: Rhein S-He: Rhein, Lahn S- u. O-Th NW- u. M-Sa, † S- u. M-An (m-stemp·(subk) EUR–WAS – K Artem.). **Schlitzblatt-K.** – D. laciniátus L.

2* Bl am Rand kahl od. zerstreut stachlig, alle ungeteilt. HüllBl bogig aufgerichtet. 0,70–2,00. ⊙ ⊚ 7–8. Frische bis feuchte Ruderalstellen (Wegränder, Dämme), Ufer; (A) v Ba Bw Rh We He Th Sa An S-Ns, z Br N-Ns Me Sh (m-temp·(oz)EUR – K Artem. – ZierPfl: Trockensträuße). [D. fullónum L.] **Wilde K.** – D. sylvéstris HUDS.

Schuppenkarde – Vírga HILL

Köpfe vor dem Aufblühen nickend. Kr weißlich. 0,60–1,20. ⊙ 7–8. Schläge, Staudenfluren im Bereich von AuenW u. NiederungsW, anspruchsvoll; z Ba Bw Rh We He Th M- u. W-Sa An Ns: S u. Elbe Me außer SW, s NO-Br SO-Sh, ↘ (sm/mo-stemp·(suboz)EUR – H – Ib – Ev – V Alliar.). [Dípsacus pilósus L., Cephalária pilósa (L.) GREN.] **Behaarte Sch.** – V. pilósa (L.) HILL

Witwenblume, Knautie – Knáutia L.
(Ib: Bienen, Falter, Vm – Av)

1 StgBl meist fiederspaltig, graugrün, matt. Stg kurzflaumig u. rückwärts steifhaarig. 0,30–0,80. ♃ 7–8. Nährstoffreichere Wiesen, Halbtrockenrasen, Weg- u. WRänder, extensiv genutzte Äcker, basenhold; alle Bdl g, aber SW-We u. NW-Ns z (m/mo-b·(oz)EUR–WSIB – H – V Arrh., V Mesobrom., V Cirs.-Brach., V Caucal.). [incl. K. kitaibélii (SCHULT.) BORBÁS] **Acker-W.** – K. arvénsis (L.) COULTER

1* Bl ungeteilt, lebhaft grün, fast glänzend, ganzrandig od. gekerbt 2

2 BStg zu mehreren aus den Achseln von RosettenBl entspringend, bogig aufsteigend, fein grauflaumig u. von längeren Haaren weichhaarig. 0,25–0,80. ♃ 5–9. Frische, krautreiche BergmischW; s SO-Sa: Struppen, Sächsische Schweiz, (N) s Rh We He (sm-stemp·subozEUR – H – V Carp.). **(**) Balkan-W.** – K. dryméia HEUFFEL

2* Nur ein BStg, in der Mitte der BlRosette entspringend, steifhaarig, selten kahl. 0,30 bis 1,00. ♃ 6–9. Mont. Säume, Gebüsche, krautreiche Wälder, subalp. Rasen u. Hochgrasfluren; v S- u. M-Ba S- u. M-Bw, z N-Ba N-Bw Rh, s S-We S- u. M-Th S-Sa? (sm/mo-stemp/demo·subozEUR – H – V Trif. med., V Alno-Ulm., V Til.-Acer., V Aln., V Car. ferr.). [K. sylvática aut.] **** Wald-W.** – K. dipsacifólia KREUTZ.

Teufelsabbiß – Succísa HALLER

InnenK mit 5 Borsten. AußenK 4kantig, rauhhaarig. Bl länglich bis länglich-lanzettlich, meist ganzrandig. 0,15–0,80. ♃ 7–9. Meist wechselfeuchte Moorwiesen, Magerrasen; alle Bdl v, nur N-An, N-Br u. MDt-Trockengeb z, ↘ (sm/mo-b·(oz)EUR–WSIB – H – Vm, Ib – O Mol., O Nard., K Scheuchz.-Car.). **Teufelsabbiß** – S. praténsis MOENCH

Moorabbiß – Succisélla G. BECK

InnenK borstenlos. AußenK fast stielrund, jedoch 8rippig, kahl. Kr hellblau bis weißlich. Bl lanzettlich. 0,30–1,00. ♃ 6–9. Wechselnasse, kalkarme Moorwiesen, Röhrichte; (N) s S-Ba: München, Schechen, † He (sm-stemp·subozEUR – H – Vm, Ib – Sv: Ausläufer – V Mol., V Magnocar.). [Succísa infléxa (KLUK) JUNDZ.] **Eingebogener M.** – S. infléxa (KLUK) G. BECK

Skabiose – Scabiósa L.
(Ib: Bienen, Fliegen, Vm – Wv)

1 Saum des AußenK knorplig. Kr sehr groß, schwarzpurpurn, selten rosa od. weiß. 0,60–1,20. ⊙ 7–10. ZierPfl, zuweilen verwildert, Ruderalstellen (Schutt) (m-sm·(oz)EUR – T). **Samt-S., Samtblume** – S. atropurpúrea L.

1* Saum des AußenK häutig. ♃ 2

2 KBorsten bleichgelb, etwa doppelt so lg wie der Saum des AußenK. GrundBl ungeteilt, ganzrandig od. mit einzelnen Zähnen. Kr hellblau. B duftend. 0,20–0,50. ♃ 7–11. Kont. Trocken- u. Halbtrockenrasen, TrockenW u. -gebüsche, basenhold; z Ba: Lech, Isar, Main, Donauwörth, Bad Windsheim W-Bw: Rhein, Hegau O-Rh M- u. N-Th An Br, s SO-Ns: Wolfenbüttel, Helmstedt S-Me SW-He, † Sa (sm-stemp·subkEUR – H – O Fest. val., V Ger. sang., V Eric.-Pin., V Cytis.-Pin.). [S. suavéolens DESF. ex LAMK. et DC.]

Graue S., Duft-S. – S. canéscens W. et K.

2* KBorsten fast schwarz od. fuchsrot, pfriemlich, 3–5mal so lg wie der Saum des AußenK. GrundBl gekerbt bis leierfg fiederspaltig **3**

3 Kr hellgelb. KBorsten anfangs fuchsrot. 0,25–0,60. ♃ 7–10. Kont. Trocken- u. Halbtrockenrasen, trockne Ruderalstellen (Wegränder, Dämme), basenhold; v S- u. M-An, z M- u. N-Th Sa: bes. Elbe, s Br, (N) S- u. M-Ba S-Bw S-He, (U) s N-Me, † SO-Ns (sm-temp·subkEUR–WAS – H – O Fest. val., O Agrop.). **Gelbe S.** – S. ochroléuca L.

3* Kr blau. KBorsten schwärzlich **4**

4 KBorsten 5–8 mm lg, abgeflacht, innen gekielt, am Grund mit Wulst auf der Mittelrippe. Bl meist kahl, etwas glänzend. 0,10–0,60. ♃ 7–9. Frische, meist kalkhaltige, subalp. u. alp. Steinrasen, Felsschutt; v S-Ba: Alpen, s Vorland (sm/salp-temp/salp·subozEUR – H – O Sesl.). **Glanz-S.** – S. lúcida VILL.

4* KBorsten 3–5 mm lg, stielrund, ohne Kiel. Bl meist fein kraushaarig, glanzlos. 0,25–0,60. ♃ 7–11. Trocken- u. Halbtrockenrasen (bes. submed.), trockne bis wechseltrockne Wiesen, kalkhold; v Ba Bw Rh Th S-Ns, z We He Sa An: bes. SW Br N-Ns N- u. O-Me O-Sh, ↘ (austr-trop/moAFR-temp·ozEUR – H – O Brom., V Cirs.-Brach., V Arrh., V Mol.). ** **Tauben-S.** – S. columbária L.

Familie **Himmelsleitergewächse** – Polemoniáceae JUSS.

Kräuter, selten Sträucher. Bl wechsel- od. gegenständig, ohne NebenBl. B ⚥, meist radiär, 5zählig, meist in Rispen od. Schirmrispen. KrBl verwachsen. StaubBl 5. FrKn oberständig, 3fächrig. Griffel 1. Narben 3. Kapseln (290 Arten – Ib, Vm).

1 Bl gefiedert. Kr fast radfg. **Himmelsleiter** – Polemónium S. 378

1* Bl ungeteilt. Kr stieltellerfg **2**

2 StaubBl die Kr überragend. B in lockeren, von ovalen HüllBl umgebenen Köpfen. Kr hellorange, später rötlich. **Leimsaat** – Collómia S. 378

2* StaubBl nicht hervorragend. B ohne HüllBl. Kr rot, purpurn, lila od. weiß.

Phlox – Phlox S. 379

Himmelsleiter – Polemónium L.

Stg kahl. BlFiedern eilanzettlich. B in drüsig behaarter Rispe. Kr himmelblau od. weiß. 0,30–0,80. ♃ 6–7. Frische bis nasse, kalkhaltige Flachmoore, sickerfeuchte Schuttfluren, GrauerlenW; z S-, M- u. NO-Ba S-Bw, s Rh W-An: Harz N-Me: ob (N)?, † We SO-Th, (N U) s We He Th Sa An NO-Br SO-Ns. ZierPfl (sm-b·(subk)EURAS–(AM) – H – Ib: Bienen, Vm – Sb – V Filip., V Alno-Ulm., O Thlasp. rot. –▽).

Blaue H. – P. caerúleum L.

Leimsaat, Kollomie – Collómia NUTT.

Pfl oberwärts drüsig-kurzhaarig. Bl lanzettlich, sitzend. Kr hellorange, später rötlich. 0,30–0,60. ⊙ 6–7. Flußufer, Ufergebüschsäume, Weinberge, mäßig frische Ruderalstellen; (N 19. Jh) z Rh, s Th, (U) s Bw We Sa An Br? SO-Ns Me. ZierPfl (m/mo-temp·(oz)WAM – T – Ib, Sb: Kleistogamie – Sv: Trockenschleuderer, Ev: verschleimende Samen – V Fum.-Euph., V Arct., V Sisymbr.).

Großblütige L. – C. grandiflóra DOUGL.

Phlox, Flammenblume – Phlox L.

1 Stg kahl. Bl eilanzettlich bis elliptisch, fast sitzend, untere kreuzgegenständig. 0,80–1,50. ♃ 7–9. ZierPfl, auch (U) s, z. B. An (sm-temp·(oz)OAM – H – Ib: Falter). [Ph. decussáta hort.] **Stauden-Ph., Rispige F.** – Ph. paniculáta L.

1* Stg drüsig-zottig behaart. Bl lanzettlich, obere mit herzfg Grund stengelumfassend. 0,20–0,50. ⊙ 6–10. ZierPfl (strop-mAM – T – Ib: Falter). **Einjähriger Ph.** – Ph. drummóndii HOOKER

Familie **Windengewächse** – Convolvuláceae JUSS.

Kräuter, selten Sträucher. Stg oft windend. Bl wechselständig, ohne NebenBl. B meist ⚥, radiär, 5zählig, meist einzeln. KrBl verwachsen. StaubBl 5. FrKn oberständig, 2(–4)fächrig. Griffel 1–2. Kapseln (1450 Arten – Ib: Honigblumen).

1 K von 2 großen, eifg od. herzfg VorBl ± eingehüllt. Narbenlappen groß, flach. Kr 3,5–7 cm lg. **Zaunwinde** – Calystégia S. 379

1* VorBl klein, linealisch, vom K entfernt. Narbenlappen fädlich. Kr 2–3 cm lg. **Winde** – Convólvulus S. 379

Zaunwinde – Calystégia R. BR.

1 Stg liegend. Bl nierenfg, fleischig. VorBl der BStiele eifg. Kr rosa mit 5 weißen Streifen, bis 5 cm lg. 0,10–0,50. ♃ 7–8. Spätere Weißdünenstadien; s NW-Ns: Norderney, Baltrum NW-Sh: Sylt, ↘ (austr+m-temp·ozlitCIRCPOL – G – Hv, Wv, Sv: Ausläufer – V Ammoph. – ▽). **Strandwinde** – C. soldanélla (L.) R. et SCH.

1* Stg windend. Bl mit pfeilfg bis herzfg Grund, spitz. VorBl herzfg 2

2 VorBl am Grund blasig aufgetrieben bis ausgesackt, mit sich überdeckenden Rändern, den K völlig verdeckend. Buchten zu beiden Seiten des BlStiels rund. Kr hellrosa, meist mit 5 weißen Streifen, od. weiß, 4,5–8 cm lg u. br. 1,00–3,00. ♃ 6–9. Frische Ruderalstellen; (N 1871 U) z Sa Me, s S- u. W-Ba O-Bw SW-Rh We He Th An Br Ns S- u. O-Sh. ZierPfl (m-temp·ozEUR, Herkunft z. T. hybridogen?). [C. sylvéstris (WILLD.) R. et SCH., incl. C. púlchra BRUMMITT et HEYWOOD] ** **Wald-Z.** – C. silvática (KIT.) GRISEB.

2* VorBl nicht aufgeblasen, schmäler, ihre Ränder sich nicht deckend, den Kelch nicht völlig verdeckend. Buchten zu beiden Seiten des BlStiels spitz. Kr weiß, selten blaßrosa, 3,5–4,5(–5) cm lg. u. br. 1,00–3,00. ♃ 6–9. Schleier u. Staudenges. der Ufer, Weidengebüsche, ErlenW, Röhrichte; alle Bdl g, aber Bergland z (austr-temp·(suboz)CIRCPOL – G – Ib: Nachtfalter – Vv – O Convolv., V Salic. alb.). [Convólvulus sépium L.] ** **Gewöhnliche Z.** – C. sépium (L.) R. BR.

Winde – Convólvulus L.

Stg windend o. liegend. Bl pfeilfg od. spießfg, mit meist zugespitzten Öhrchen. Kr weiß bis rosa. 0,20–0,80. ♃ 6–9. Nährstoffreichere Äcker, Gärten, Weinberge, frische bis mäßig trockne Ruderalstellen; alle Bdl g, nur NO-Ns u. höheres Bergland v, Alpen u. NW-Ns z (austr-tempCIRCPOL – G – Vv, Sv: Ausläuferwurzeln – K Secal., O Polyg.-Chen., V Conv.-Agrop., V Sisymbr.). **Acker-W.** – C. arvénsis L.

Familie **Seidengewächse** – Cuscutáceae DUM.

Bleiche, windende, wurzel- u. laubblattlose Schmarotzer mit fadenfg Stg (Abb. **382**/1). B ⚥, radiär, (3–)4–5zählig, in Knäueln od. Rispen mit winzigen DeckBl. Kr verwachsenblättrig; KrRöhre innen mit gefransten, unter den StaubBl stehenden Schlundschuppen. StaubBl 4 od. 5. FrKn oberständig, 2fächrig. Griffel 2 od. 1 mit 2 Narben. Fr eine trockne od. fleischige, quer, unregelmäßig od. nicht aufspringende Kapsel (145 Arten – T – Ib: Wespen, Sb – Wv, Mv – Schädlinge von KulturPfl – Adv.).

Seide – Cuscúta L.

1 Griffel 1, mit 2teiliger Narbe. B u. Fr in 1,5–3 cm lg, lockeren Ähren, Trauben od. Rispen. Fr 6–7 mm lg, quer aufspringend. Stg (0,7–)1–3 mm ∅, warzig-rauh, purpurn bis gelblich u. purpurn punktiert. Kr weiß bis rötlich od. purpurn punktiert. 0,50–2,00. ⊙ 7–9. Schleierges., Weidengebüsche, auf Gehölzen u. Stauden, bes. Weide, Pappel, Holunder, Hopfen, Beifuß; z Rh: Mosel, Rhein, Glan W-We: Rhein An: Elbe, Mulde, Saale Br: Oder, Havel, Spree, s NW-Bw S-He: Rhein, Main Sa, NO-Ns, SW-Me u. S-Sh: Elbe, (N U) s NW-Ba W-Me (m-temp·subkEUR–WAS–(OAS) – V Salic. alb.). [Monogynélla lupulifórmis (KROCK.) HADAČ et CHRTEK] **Pappel-S., Baum-S.** – C. lupulifórmis KROCKER

1* Griffel 2(–4). B od. zumindest Fr in ± dichten Knäueln. Fr 1,5–4 mm lg. Stg 0,2–1(–2) mm ∅, glatt, selten (bei **8***) etwas warzig-rauh **2**

2 Narben fädlich. Fr quer aufspringend; Kr sich loslösend u. die Fr kapuzenfg bedeckend. B sitzend od. kurz gestielt, stets in dichten, kugligen Knäueln. Stg rot, weiß od. gelblich **3**

2* Narben kopfig. Fr nicht od. nur unregelmäßig aufreißend. B gestielt, in bis 1,5 cm lg, lockeren Trauben od. Rispen, selten in lockeren, kugligen Knäueln. Stg lebhaft orange bis gelblich **6**

3 Schlundschuppen zusammengeneigt, die KrRöhre verschließend, spatelfg, stark gefranst (Abb. **381**/1). Griffel mit Narben 1,4–2 mm lg, viel länger als der kuglige FrKn. B stets 5zählig **4**

3* Schlundschuppen aufrecht, der KrRöhre angedrückt, gestutzt od. 2spaltig, wenig gefranst (Abb. **381**/2). Griffel mit Narben 0,6–1,2 mm lg, kürzer als der FrKn **5**

4 B 3–4 mm lg, sitzend od. kurz gestielt, zu 8–12 in 5–8 mm br Knäueln. KZipfel etwa so lg wie die KrRöhre. Narben die Staubbeutel deutlich überragend. Stg meist purpurrot. 0,20–0,60. ⊙ 7–9. Magerrasen, Heiden, Xerothermrasen, Weinberge, auf Heidekraut, Thymian, Gamander, Beifuß, Schafgarbe; v Rh, z Ba Bw We He Th An Br Ns, s Sa Me Sh, ↘ (m-temp·(suboz)EUR–WAS – V Viol. can., K Fest.-Brom., V Saroth., V Fum.-Euph.). **Quendel-S.** – C. epíthymum (L.) L.

4* B 4–5 mm lg, die meisten deutlich gestielt, zu 12–20(–25) in 8–12 mm br Knäueln. KZipfel kürzer als die KrRöhre. Narben die Staubbeutel nicht od. kaum überragend. Stg weiß od. rötlich. 0,30–0,80. ⊙ 7–8. Äcker, auf Klee u. Luzerne; (U) s Th Sa An Sh (m-sm·(oz)EUR?). **Klee-S., Fein-S.** – C. trifólii BAB. et GIBSON

5 **(3)** Meiste B 4zählig, einige 5zählig, 3–4 mm lg, kurz gestielt. KZipfel eifg, stumpf, sich nicht überlappend. KrZipfel fast so lg wie die KrRöhre, eifg, stumpflich, aufrecht abstehend. Griffel mit Narben etwa so lg wie die Kr. Kapsel kuglig-konisch. Stg 1–2 mm ∅, ästig, erst gelblich, später meist rötlich. 0,30–1,50. ⊙ 6–8. Feuchte, nährstoffreiche Ufer, auf Stauden u. Gehölzen, bes. Brennessel, Hopfen, Weide, Erle, Schmetterlings- u. Korbblütengewächsen; alle Bdl v, aber NW-Ns, W-Sh u. höheres Bergland s (m-b·(subk)EURAS – V Convolv.). **Europäische S., Hopfen-S.** – C. europāéa L.

5* Alle B 5zählig, 2,5–3 mm lg, sitzend. KZipfel br dreieckig, spitz, sich am Grund überlappend. KrZipfel deutlich kürzer als die KrRöhre, dreieckig, ± spitz od. zugespitzt, aufrecht. Griffel mit Narben kürzer als die Kr. Kapsel abgeplattet kuglig. Stg 0,5–1 mm ∅, einfach od. oberwärts wenigästig, grünlichgelb. 0,30–0,50. ⊙ 6–8. Äcker, nur auf Saat-Lein; (A, im Leinbau entstanden) †, früher in allen Bdl z (m-temp·subozEUR–WAS–(OAS)). **Flachs-S.** – C. epílinum WEIHE

6 **(2)** B 2–3 mm lg. KZipfel etwa so lg wie die KrRöhre. FrKn kuglig, oben abgeplattet. Kr bleibend u. die Fr am Grund umgebend. Stg 0,3–1,2 mm ∅ **7**

6* B 3–4(–5) mm lg. KZipfel $^1/_3$–$^3/_4$ so lg wie die KrRöhre. FrKn eifg od. verkehrteifg. Schlundschuppen etwa $^3/_4$ so lg wie die KrRöhre (Abb. **381**/3) **8**

7 KZipfel eifg, sich nicht überlappend. KrZipfel eifg, stumpflich. Schlundschuppen <$^1/_2$ so lg wie die KrRöhre, 2teilig (Abb. **381**/4). Griffel ungleich lg, kürzer als der FrKn. B duftend. 0,20–0,50. ⊙ 6–9. Frische Ruderalstellen, Äcker, auf Knöterich, Klee, Luzerne; (N

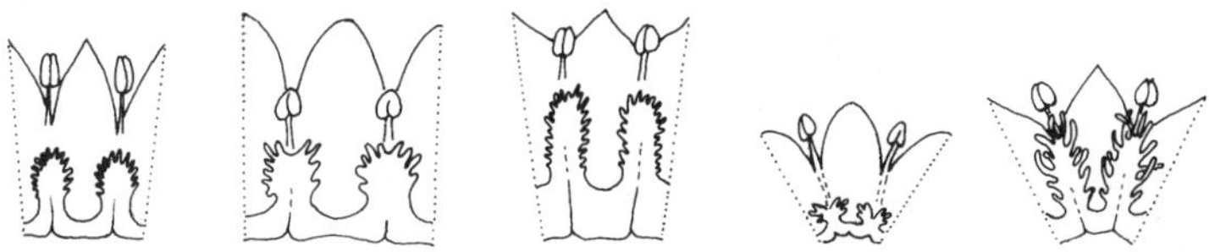

1 2 3 4 5

1897 U) s Ba: Schweinfurt O-Rh u. W-We: Rhein He Th: Erfurt, Neudietendorf Sa (austr AUST-m-sm·(k)EURAS – K Chen.). [C. cesatiána BERTOL., C. austrális R. BR.]
(**) Südliche S. – C. scándens BROT.

7* KZipfel br eifg-rundlich, sich am Grund überlappend. KrZipfel dreieckig, spitz. Schlundschuppen die KrRöhre überragend, dicht gefranst (Abb. **381**/5). Griffel gleich lg, etwa so lg wie der FrKn. B nicht duftend. 0,20–0,50. ⊙ 7–9. Äcker, Ruderalstellen, auf Klee u. Luzerne; (N 1898, meist U) s Wärmegebiete N-Ba Bw: Stuttgart Rhein S-We N- u. O-Th W- u. M-Sa M-An: bes. Elbe O-Br S-Ns M- u. W-Me (stropAM – K Chen.). [C. arvénsis aut.] **Nordamerikanische S.** – C. campéstris YUNCKER

8 **(6)** KZipfel $^1/_3$–$^1/_2$ so lg wie die KrRöhre, kurz dreieckig, sich nicht überlappend. KrZipfel aufrecht, zugespitzt. FrKn verkehrteifg. Kr bleibend u. die Fr am Grund umgebend. B duftend, 3–6 mm lg gestielt. Stg 0,5–1 mm ∅, glatt. 0,20–0,50. ⊙ 8–9. Äcker, auf Luzerne u. Rot-Klee; (N 1842 U) s Ba Rh We He Th Sa Br Me S-Ns (austr-stropAM). [C. racemósa C. F. P. MARTIUS] **Chilenische S.** – C. suavéolens SER.

8* KZipfel $^1/_2$–$^3/_4$ so lg wie die KrRöhre, br eifg, sich am Grund überlappend. KrZipfel abstehend od. zurückgeschlagen, stumpf. FrKn eifg-konisch. Kr sich loslösend u. die Fr kapuzenfg bedeckend. B nicht duftend, 1,5–3 mm lg gestielt. Stg 1–1,5 mm ∅, rauh. 0,50–2,00. ⊙ 8–9. Unkrautsäume nährstoffreicher Flußufer, Auen, auf Weide, Aster, Schafgarbe, Minze, Wicke, Steinklee, Senf-Kohl; (N 1881) z NW-Ba: Main Rh: Mosel, Rhein W-We: Rhein, s M-Ba: Donau, Jura N-Bw: Wertheim S- u. W-He: Sieg, Main, Rhein N-Ns: Weserbucht, (U) s An Sh (strop-tempAM – V Convolv.).
Gronovius-S., Weiden-S. – C. gronóvii WILLD. ex SCHULT.

Familie **Wasserblattgewächse** – Hydrophylláceae R. BR. ex EDWARDS

Kräuter, meist rauhhaarig. Bl wechselständig, ohne NebenBl. B ⚥, radiär, 5zählig, in spiralig eingerollten Wickeln. KrBl verwachsen. StaubBl 5. FrKn oberständig, 2blättrig, meist 1fächrig. Griffel 2 od. 1. Kapseln (270 Arten).

Phazelie, Büschelschön – Phacélia JUSS.

Pfl behaart. Bl fiederschnittig mit gesägt-gekerbten Abschnitten. Kr hellblau. StaubBl weit herausragend. 0,30–0,70. ⊙ 6–10. Kultur- u. ZierPfl, auch Ruderalstellen (Schutt), (U) alle Bdl s bis z (m-smWAM – T – Ib: Bienen – BienenfutterPfl, FutterPfl, auch Gründünger). **Rainfarn-Ph.** – Ph. tanacetifólia BENTHAM

Familie **Boretschgewächse** – Boragináceae JUSS.

Kräuter, seltener Holzgewächse, meist steifhaarig. Bl wechselständig, ungeteilt, ohne NebenBl. B ⚥, radiär, selten schwach dorsiventral, meist 5zählig, in Wickeln od. Doppelwickeln (Abb. **382**/2). Kr verwachsenblättrig, oft mit 5 hohlen, seltener in Haarbüschel aufgelösten Schlundschuppen zwischen den StaubBl (Abb. **383**/1). StaubBl 5,

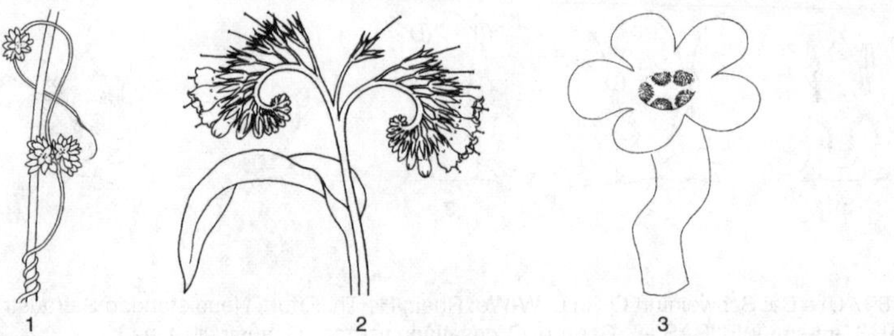

1 2 3

in die KrRöhre eingefügt. FrKn oberständig, 2blättrig, durch eine echte u. eine falsche Scheidewand in 4 Fächer geteilt, zwischen denen der meist grundständige Griffel steht. Fr bei der Reife meist in 4 1samige, oft bestachelte TeilFr (Klausen) zerfallend (2300 Arten – Ib – oft Ev, Av).

1 Pfl völlig kahl (Haare auf die weißen Basalhöcker reduziert). Kr gelb, röhrig, mit spitzen Zipfeln, ohne Schlundschuppen. Fr in 2 zweifächrige u. zweisamige TeilFr zerfallend (SpaltFr). **Wachsblume** – Cerínthe S. 383

1* Pfl behaart. Fr in 4 einsamige Klausen zerfallend 2

2 FrKn ungeteilt, erst bei der Reife in 4 Klausen zerfallend. Griffel endständig. Kr weiß bis bläulich, im Schlund gelb, mit kurzer Röhre, ohne Schlundschuppen. **Sonnenwende** – Heliotrópium S. 383

2* FrKn schon zur BZeit tief 4teilig. Griffel zwischen den Klausen grundständig 3

3 Kr dorsiventral. KrSaum mit ungleichen Zipfeln od. KrRöhre deutlich gekniet 4

3* Kr radiär. KrZipfel gleich; KrRöhre gerade od. kaum gekniet 5

4 Kr groß, mit gerader Röhre und ungleichen Zipfeln. Schlundschuppen fehlend. StaubBl vorragend. Griffel 2spaltig. **Natternkopf** – Échium S. 384

4* Kr klein, mit geknieter Röhre u. fast gleichen Zipfeln (Abb. **382**/3). Schlundschuppen vorhanden, die StaubBl verdeckend. Griffel ungeteilt. **Acker-Krummhals** – Anchúsa arvénsis S. 388

5 **(3)** B nickend. KrRöhre (außer bei Boretsch) den K überragend (Abb. **382**/2) 6

5* B aufrecht od. abstehend, höchstens nach Abfallen der Kr nickend. KrRöhre meist deutlich kürzer als die KZipfel 8

6 Kr mit sehr kurzer Röhre u. lg, spitzen, himmelblauen Zipfeln. Schlundschuppen u. StaubBl weit hervorragend. GartenPfl. ⊙. **Boretsch** – Borágo S. 389

6* Kr langröhrig, violett, gelblich od. weißlich. ♃ 7

7 Schlundschuppen fehlend. Bl lineal-lanzettlich, 0,4–1,5 cm br. **Lotwurz** – Onósma S. 383

7* Schlundschuppen vorhanden (Abb. **383**/1). Bl eifg od. br lanzettlich bis elliptisch, 2–10 cm br. **Beinwell** – Sýmphytum S. 388

8 **(5)** K an der Fr mehrfach vergrößert, abgeflacht, 2teilig mit grob gezähnten Zipfeln (Abb. **383**/3). FrStiele bogig herabgekrümmt. B einzeln (selten zu 2) achselständig, sehr klein. StgKanten mit rückwärtsgerichteten Stacheln. **Schlangenäuglein** – Asperúgo S. 386

8* FrK nicht zweiseitig zusammengedrückt. Stg ohne zurückgekrümmte Stacheln . . . 9

9 Klausen mit widerhakigen Stacheln, klettend 10

9* Klausen ohne Stacheln, nicht klettend 12

10 Klausen ± abgeflacht, auf der ganzen Oberfläche bestachelt (Abb. **383**/2). Kr trichterfg, braunrot od. rotviolett. **Hundszunge** – Cynoglóssum S. 387

10* Klausen 3kantig, nur an den Kanten der Rückenfläche bestachelt. Kr stieltellerfg, hellblau 11

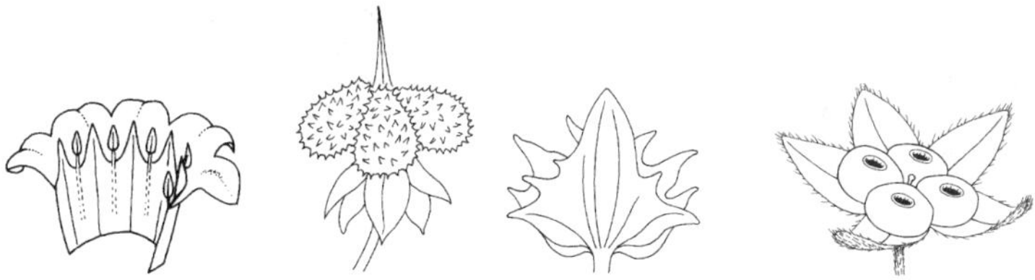

1 2 3 4

11 Klausen am Rand mit je 1 Reihe Stacheln. Bl u. Stg abstehend behaart. FrStiele herabgebogen, schlank, bis 1 cm lg. **Hackelie** – Hackélia S. 386

11* Klausen am Rand mit je 2 Reihen Stacheln. Bl u. Stg anliegend behaart. FrStiele aufrecht, dick, kurz. **Igelsame** – Láppula S. 386

12 **(9)** Schlundschuppen deutlich entwickelt, schuppenfg **13**

12* Schlundschuppen undeutlich, kleine behaarte Wülste od. Haarbüschel darstellend . **15**

13 Schlundschuppen bärtig bewimpert od. samtig. KrRöhre 5–10 mm lg. Pfl mit kräftiger Pfahlwurzel. **Ochsenzunge** – Anchúsa S. 388

13* Schlundschuppen kahl. KrRöhre <5 mm lg. Pfl mit dünner Hauptwurzel od. sproßbürtigen Wurzeln **14**

14 Klausen napffg, mit eingerolltem, häutigem Ringsaum (Abb. **383**/4). KrZipfel in der Knospe dachziegelig. KrRöhre fast fehlend. **Gedenkemein** – Omphalódes S. 386

14* Klausen eifg, ohne Ringsaum. KrZipfel mit rechtsgedrehter Knospenlage. KrRöhre kurz, aber deutlich. **Vergißmeinnicht** – Myosótis S. 384

15 **(12)** K fast bis zum Grund geteilt, zur FrZeit kaum vergrößert **16**

15* K höchstens bis zur Mitte gespalten, zur FrZeit vergrößert **17**

16 Bl mit unterseits deutlich hervortretenden Seitennerven. Kr grünlich- od. gelblichweiß. Klausen weiß. **Steinsame** – Lithospérmum S. 384

16* Bl 1nervig (Seitennerven sehr undeutlich). Kr blau, rötlich od. weiß u. dann Klausen braun. **Steinsame** – Buglossoídes S. 384

17 **(15)** Kr gleichbleibend dunkel braunviolett. **Mönchskraut** – Nónea S. 388

17* Kr erst rosa, dann azurblau od. violett. **Lungenkraut** – Pulmonária S. 387

Sonnenwende – Heliotrópium L.

Stg ästig, ausgebreitet, hellgrün, kurzhaarig. Bl beiderseits weich behaart. Kr weiß bis bläulichweiß, im Schlund gelb. Wickel seitenständig. 0,15–0,30. ⊙ 7–9. Nährstoffreiche Äcker, besonders Hackkulturen, Weinberge, kalkhold; (A) z Rh, (U) s Ba SW-Bw S-He SW-We, ↘ (m-stemp·(subk)EUR – T – V Fum.-Euph., V Eragrost.).
Europäische S. – H. europaéum L.

Lotwurz – Onósma L.

Bl lineal-lanzettlich. Kr 15–17 mm lg, gelblich. 0,30–0,50. ♃ 5–6. Kont., reiche Sandtrockenrasen, SandtrockenW, kalkhold; s O-Rh: Mainz (sm·subkEUR – H – Ib, Sb – Ev, Wv – V Koel. glauc., V Cytis.-Pin. – ∇). **(**) Sand-L.** – O. arenária W. et K.

Wachsblume – Cerínthe L.

1 Kr 5spaltig; ihre Zipfel aufrecht zusammenneigend, lanzettlich. GrundBl oft weißlich gefleckt. 0,15–0,60. ⊙ ♃ 5–7. Mäßig trockne Ruderalstellen (Wegränder, Ackerraine), Brachen, Trockengebüschsäume; (A) z Ba: Alpenvorland, Donaugebiet, Franken, s Th S-An O-He, (N) s NO-Br, (U) s NW-Ba Bw We Sa Ns, ↘ (m-stemp·(suboz)EUR–VORDAS – H – Ib – Ev, Wv – V Onop., V Mesobrom.). **Kleine W.** – C. mínor L.

1* Kr 5zähnig; ihre Zähne eifg, an der Spitze zurückgekrümmt. Bl nie gefleckt. 0,30–0,60. ♃ 5–7. Frische, nährstoffreiche, subalp. Staudenfluren, Viehläger; z SW-Ba: vom Allgäu bis Füssen, Schongau, Ulm u. Offingen, Nördlingen, s SO-Bw: Iller (sm/salp-stemp/demo·subozEUR – H – Ib: Hummeln – Vv, Hv – V Rum. alp., V Adenost.). [C. alpína KIT.] **Alpen-W.** – C. glábra MILL.

Natternkopf – Échium L.

Stg u. Bl mit starren Borsten. Kr anfangs rosenrot, später blau. 0,25–1,00. ⊙ 5–10. Trockne bis mäßig trockne Ruderalstellen (Wegränder, Umschlagplätze, Steinbrüche), Felsfluren, Sand- u. lückige Silikattrockenrasen; (A?) alle Bdl g, aber höheres Bergland v, NW-Ns u. N-Sh z (m-b·(oz)EUR–WAS – H – Ib, Vm – Wv, Sv, Ev – V Dauco-Mel., V Sesl.-Fest., K Fest.-Brom.). **Gewöhnlicher N.** – E. vulgáre L.

Steinsame – Lithospérmum L.

Stg stark verzweigt, dicht beblättert. Klausen glatt, glänzend weiß. 0,30–1,00. ♃ 5–7. Lichte AuenW, Gebüsche u. ihre Säume, kalkhold; z Ba Bw Th S- u. M-An Br, s Rh We He SO-Ns Me S-Sh, † Sa: jetzt nur (U), ↘ (m-temp·(suboz)EUR–WAS – H – Vw, Ib, Sb – Hv, Sv – O Orig., V Berb., V Alno-Ulm.). **Echter St.** – L. officinále L.

Steinsame – Buglossoídes MOENCH
(Ib: Bienen, Vw, Sb)

1 Kr erst purpurn, dann tiefblau, 10–15 mm br. Klausen glatt, glänzend weiß. Pfl mit aufrechten u. übergebogen-liegenden Stg, dicht beblättert. 0,30–0,60. ♃ 4–6. Wärmeliebende Gebüsche u. LaubW, kalkhold; z M- u. N-Ba: Jura, Franken Bw außer SO u. Schwarzw Rh Th SW-An SO-Ns, s S- u. O-We He, ↘ (m-stemp·subozEUR – H – Sv: Bogenausläufer – O Querc. pub., O Fag., V Berb.). [Lithospérmum purpurocaerúleum L.] **Purpurblauer St.** – B. purpurocaerúlea (L.) I. M. JOHNSTON

1* Kr weißlich, selten bläulich od. rötlich, kleiner. Klausen höckrig, braun. Stg aufrecht, einfach od. nur oben verzweigt, locker beblättert. 0,10–0,50. ⊙ ① 4–7. Nährstoffreiche, meist lehmige bis tonige Äcker, trockne bis mäßig frische Ruderalstellen (Ackerraine, Böschungen), kalkhold; (A) v Ba außer Alpen Bw Rh Th Sa An Br Me, z We He Ns S- u. O-Sh, im N ↘ (m-b·(subk)EURAS – T, H – Sv – O Secal., V Conv.-Agrop.). [Lithospérmum arvénse L.] ** **Acker-St.** – B. arvénsis (L.) I. M. JOHNSTON

Vergißmeinnicht – Myosótis L.
(Ib: Fliegen, Falter, Sb)

1 KHaare spärlich, angedrückt, 1/4 mm lg, an der Spitze nie hakig. K zur FrZeit offenbleibend, fast stets kürzer als sein Stiel. KrSaum flach. Pfl nasser od. feuchter Standorte 2

1* KHaare (fast) alle abstehend, bis 1 mm lg, gerade od. z. T. hakig 5

2 Wickel am Grund beblättert. Stg stielrund. FrK bis zur Hälfte gespalten, bis 5 mm lg, 1/3 bis ebenso lg wie sein Stiel. Klausen 1–1,6 mm lg. Pfl ⊙, faserwurzlig, ohne Kriechtriebe. 0,20–0,50. ① ⊙ 5–7. Nasse, nährstoffreiche Uferröhrichte, Gräben; g Sh, v Ns, übrige Bdl z, Gebirge s (m-b·(oz)EURAS – H – O Phragm.). [M. caespitósa C. F. SCHULTZ] **(**) Rasen-V.** – M. láxa LEHM.

2* Wickel stets blattlos. FrK auf etwa 1/3 gelappt. Pfl ♃, mit Kriechtrieben 3

3 Pfl nur 2–10 cm hoch, dicht beblättert. Kr groß, (6–)8–12 mm br. FrK etwa 4 mm lg, meist länger als sein Stiel. Klausen 1,8 mm lg. 0,02–0,10. ♃ 4–5. Mesotrophe, sommerlich überflutete Kiesufer; s S-Ba: Bodensee, Starnberger See S-Bw: Bodensee (sm/perialp-stemp/perialp·subozALP – H – V Desch. litt. – ∇). [M. caespitícia (DC.) KERNER] **Bodensee-V.** – M. rehstéineri WARTMANN

3* Pfl >10 cm hoch, später blühend 4

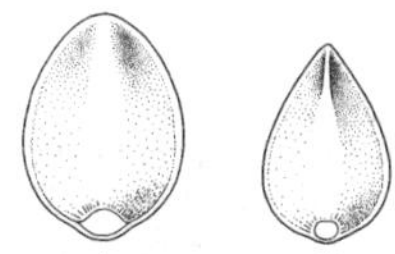
1 2

4 Kr 10–12 mm br. FrK etwa 6 mm lg. Klausen 2–2,5 mm lg. 0,20–0,45. ♃ 6–7. Röhrichte im Brack- u. Salzwasser, Strandwiesen; s Me: Küste Sh: Dassower See (temp·suboz EUR? – H). **Großblütiges V.** – M. praécox HÜLPHERS

4* Kr 4–8 mm br. FrK 3–5 mm lg. Klausen 1,3–1,6 mm lg. 0,10–1,00. ♃ 5–9. Nährstoffreiche, nasse Wiesen, Gräben, Ufer; alle Bdl v, aber MDt-Trockengeb u. NW-Ns z (sm-b·(suboz)EUR–SIB+OAM – H – Hv – V Calth., V Filip., O Phragm., V Aln.). [M. palústris L. em. RCHB., incl. M. nemórosa BESSER] **Sumpf-V.** – M. scorpioídes L.

5 **(1)** KrSaum flach, (4–)6–10 mm br, lebhaft hell- bis azurblau. FrStiele 1–2mal so lg wie der K. Wickel blattlos **6**

5* KrSaum schüsselfg, 2–4(–5) mm br, blaßblau od. gelblich **8**

6 K (fast) ohne Hakenhaare, mit geraden Haaren, am Grund spitz u. allmählich in den Stiel übergehend, bei der Reife sich nicht vom ebenso lg FrStiel trennend. KrRöhre meist kürzer als der K; KZipfel daher am flachen KrSaum umgebogen. Kr tief azurblau. Klausen in der Mitte am breitesten, beidendig stumpf, oben nur undeutlich gekielt, mit länglicher Ansatzfläche (Abb. **385**/1). Stiele der RosettenBl deutlich von der Spreite abgesetzt, bis 3mal so lg wie diese. 0,05–0,20. ♃ 7–9. Subalp.-alp. Matten, Schuttfluren, Schneetälchen; v S-Ba: Alpen, Hechenberg, s S-Bw?, (N) s Sa An, (U) s Me (m/dealp-temp/dealp·subozEUR – H – O Sesl., K Salic. herb., K Thlasp. rot.). (**) **Alpen-V.** – M. alpéstris F. W. SCHMIDT

6* K neben kurzen, geraden Haaren stets auch mit lg Hakenhaaren, mit abgerundetem Grund vom Stiel deutlich abgesetzt, bei der Reife von seinem 1–2mal so lg Stiel abbrechend. Kr hellblau. Klausen unter der Mitte am breitesten, oben spitz u. scharf gekielt (Abb. **385**/2). Stiele der RosettenBl allmählich in die Spreite übergehend, bis 2mal so lg wie diese **7**

7 K mindestens so lg wie die KrRöhre, mit linealischen Zipfeln, Hakenhaare etwa 0,2 mm lg. FrStiel mindestens 5 mm lg. Klausen <1,7 mm lg, mit sehr kleiner, fast kreisrunder Ansatzfläche (Abb. **385**/2). StgBl br lanzettlich. GrundBl kurz gestielt. 0,15–0,45. ⊙ (♃) 5–7. WSäume, krautreiche LaubW, Bergwiesen, subalp. Hochstaudenfluren; v Ba Bw Rh He, z We Th Sa An Br S- u. O-Ns Me O-Sh, auch (N) s. ZierPfl (m/mo-arct·(suboz)EURAS – H – O Atrop., V Triset., V Adenost.). (**) **Wald-V.** – M. sylvática EHRH. ex HOFFM.

7* K kürzer als die KrRöhre, mit br dreieckigen Zipfeln, Hakenhaare 0,4–0,6 mm lg. FrStiele 3–4 mm lg. Klausen mindestens 2 mm lg, mit ovaler Ansatzfläche. StgBl eifg. GrundBl lg gestielt. 0,20–0,40. ♃ 6–8. Schattige, quellige Orte, Lägerfluren; z S-Ba: Allgäu, Wendelstein (m/mo-b/demo·ozEUR – H – V Adenost., V Rum. alp.). [M. frígida (VESTERGREN) E. G. CZERNOV] **(**) Niederliegendes V.** – M. decúmbens HOST

8 **(5)** Wickel entfernt 3–6blütig, die untersten B mit großen TragBl. FrStiele 6–20 mm lg, herabgeschlagen. FrK stark vergrößert. Klausen mit je 1 weißen Ölkörper. Stg sehr schlaff, zerbrechlich. 0,10–0,40. ① ⊙ 4–6. Säume, Gebüsche, Feld-UlmenW, nitrophil; z Sa: bes. Elbe An Br, s O-Ba: Passau O-Th O-Ns: Höhbeck, Vienenburg, Marienburg SO-Me: Brohmer Stausee, ↘ (m-b·subkEUR(WAS) – T, H – Av – V Alliar., O Prun.). **Zerstreutblütiges V.** – M. sparsiflóra POHL

8* Wickel mehrblütig, alle B tragblattlos (wenn unterste B mit TragBl, dann FrStiele etwa 1 mm lg). FrK weniger vergrößert. Klausen ohne Ölkörper **9**

9 Kr 3–5 mm ∅. FrStiele 2–3mal so lg wie der K, alle tragblattlos, aufrecht abstehend. FrK geschlossen. Reife Klausen schwarzbraun. FrStand etwa so lg wie der beblätterte StgTeil. 0,10–0,40. ⊙ ① ⊙ 4–9. Sandige bis lehmige Äcker, frische Ruderalstellen, WSchläge; (nur im N A?) alle Bdl g, aber NW-Ns v, Alpen z (m/mo-b·(oz)EUR–WAS – T, H – Ev – K Secal., O Polyg.-Chen., O Atrop.). [M. intermédia LINK, M. scorpioídes L. em. L.] **** Acker-V.** – M. arvénsis (L.) HILL

9* Kr 1–2 mm ∅. FrStiele kürzer bis wenig länger als der K. FrStand länger als der beblätterte StgTeil **10**

10 BlUSeite u. Stg im unteren Teil mit Hakenhaaren. Die untersten B meist mit TragBl. FrStiele starr aufrecht abstehend, etwa 1 mm lg. FrK geschlossen. KrRöhre kürzer als der K, KrSaum blau. Reife Klausen schwarzbraun. 0,03–0,20. ⊙ ① 3–6. Felsfluren, Silikat- u. Sandtrockenrasen, Ephemerenfluren, sandige Äcker, kalkmeidend; (A?) v M- u. N-Ba Rh He Sa An Br NO-Ns Me Sh, z Bw We Th S- u. NW-Ns, s S-Ba: Hochebene (m-b·(subk)EUR–WAS – T, H – Ev – K Sedo-Scler., K Fest.-Brom., O Aper.). [M. arenária SCHRADER ex C. F. SCHULTZ, M. micrántha aut.]
Sand-V. – M. stricta LINK ex R. et SCH.

10* Bl u. Stg ohne Hakenhaare. Alle B tragblattlos. FrStiele schräg bis waagerecht abstehend, 1,5–5 mm lg **11**

11 FrStiele wenig kürzer bis wenig länger als der zur FrZeit geöffnete K, waagerecht abstehend. KrRöhre kürzer als der K, KrSaum von Anfang an blau. Reife Klausen hellbraun. 0,05–0,25. ⊙ ① 4–6. (Ruderal beeinflußte) Sand- u. Silikattrockenrasen; (A?) v Rh W-We He S-An Me Sh, z Ba außer Alpen Bw O-We Th Sa N-An Br Ns (m-temp·sub-ozEUR – T, H – Ev, Wv – O Fest.-Sedet., K Fest.-Brom.). [M. híspida SCHLDL. sen., M. collína aut.] **Rauhes V.** – M. ramosíssima ROCHEL

11* FrStiele $^1/_4$–$^3/_4$ so lg wie der zur FrZeit geschlossene K, schräg abstehend. Kr anfangs mit gelbem Saum u. 2 mm lg Röhre (Insektenbestäubung!), dann mit rötlichem u. zuletzt blauviolettem Saum u. einer Röhre von doppelter KLänge (Selbstbestäubung!). Reife Klausen schwarzbraun. 0,05–0,30. ⊙ ① 4–6. Bodensaure Sand- u. Silikattrockenrasen, mineralarme, sandige Äcker, kalkmeidend; v Sh O-Sa, z Ba außer Alpen Bw Rh We He Th M- u. W-Sa An Br Ns Me, im S ↘ (m-temp·ozEUR – T, H – Ev – V Thero-Air., V Arnos.). [M. versícolor (PERS.) SM.]
(**) Farbwechselndes V., Buntes V. – M. díscolor PERS.

Schlangenäuglein, Schärfling – Asperúgo L.

Bl elliptisch-lanzettlich, zart. FrStiele herabgekrümmt. 0,20–0,50. ⊙ 5–8. Mäßig trockne bis frische, meist stickstoffreichere Ruderalstellen (Wegränder, Schutt); (A) z An u. Br: bes. Trockengebiete, s Ba: SW, Jura, Regensburg, Franken Bw: Jura, Donautal He Th Sa O-Ns Me, (U) We Rh, † Sh, ↘ (m-b·subkEUR–WAS – T – Sb – Ev – V Sisymbr., V Onop.). **Schlangenäuglein** – A. procúmbens L.

Igelsame – Láppula MOENCH [Echinospérmum SW.]

Klausen an den Kanten mit je 2 Reihen widerhakiger Stacheln. Bl u. Stg angedrückt behaart. BStiele nach dem Blühen aufrecht. 0,10–0,40. ⊙ ① 6–7. Trockne bis mäßig trockne Ruderalstellen (Wegränder, Böschungen, Schutt, Nagerbauten), Brachen; (A?) z N-Th S-An, s M- u. NW-Ba Bw SO-Rh: Pfalz We SW-He S-Th M-Sa Br Me, † Ns Sh, ↘ (m-b·subkEURAS – T, H – Ib, Sb – Ev – O Sisymbr., V Onop.). [L. echináta GILIB., L. myosótis MOENCH] **Kletten-I.** – L. squarrósa (RETZ.) DUM.

Hackelie – Hackélia OPIZ

Klausen an den Kanten mit je 1 Reihe widerhakiger Stacheln. Bl u. Stg abstehend behaart. BStiele nach dem Blühen herabgebogen. 0,20–0,60. ① ⊙ 6–8. Felsen; s NO-Ba: Steben S-Bw: Jura SW-An: Rübeland, (N) s Sa: Mehltheuer, (U) We, † Ns SO-Th: Hirschberg SW-Sa, ↘ (sm/mo-b·(k)CIRCPOL – T, H – Ib, Sb – Ev – V Sisymbr.). [Láppula defléxa (WAHLENB.) GARCKE] **Herabgebogene H.** – H. defléxa (WAHLENB.) OPIZ

Gedenkemein, Nabelnüßchen – Omphalódes MILL.
(Ib, Sb – Av, Ev)

1 Pfl ①. Bl spatelfg bis lanzettlich, schwach rauhhaarig. Schlundschuppen gelb. Kr hellblau. 0,10–0,30. ① 4–5. Geophytenreiche HangW u. AuenW, anspruchsvoll; s Ba: Jura,

Franken O-Sa: Löbau, Elbe An: Kelbra, NO-Harz u. Vorland, Elbe SO-Ns: Othfresen, ↘ (sm-stemp·subozEUR – T, H – V Til.-Acer.).

Wald-G., Wildes G. – O. scorpioídes (HAENKE) SCHRANK

1* Pfl ♃. Bl herz-eifg bis eilanzettlich, fast kahl. Schlundschuppen weiß, meist rot punktiert. Kr himmelblau. 0,05–0,20. ♃ 4–5. AuenW, Parks; (N 18. Jh. U) s Ba He Th Sa An Br Ns Me Sh. ZierPfl (sm/mo·subozEUR – H – Sv: Ausläufer).

Frühlings-G. – O. vérna MOENCH

Hundszunge – Cynoglóssum L.
(H – Ib – Ev)

1 Bl dünn graufilzig, untere elliptisch, obere lanzettlich, halbstengelumfassend. Kr braunrot. Klausen am Rand wulstig verdickt. 0,30–0,80. ☉⊛ 5–7. Trockne bis mäßig trockne Ruderalstellen (Wegränder, Schutt, Nagerbauten), ruderal beeinflußte Trockenrasen; (A) v Ba: Jura, Franken Th An Br Me, z Bw Rh We He N-Sa S-Ns S- u. O-Sh, s S-Ba S-Sa N-Ns, f höheres Bergland, im W ↘ (m-temp·(subk)EUR–(WAS) – V Onop., V Fest. val., V Conv.-Agrop. – früher Färbe- u. ArzneiPfl). **Echte H.** – C. officinále L.

1* Bl oberseits kahl, glänzend, unterseits zerstreut behaart. Kr rotviolett. Klausen nicht wulstig verdickt. 0,30–1,00. ☉ ⊛ 5–7. Frische Säume, LaubWLichtungen, kalkhold; s N-Ba: Rhön Bw: Jura, Tübingen SO-Rh: Pfalz SW-We: Eifel N- u. O-He W-Th SW-An SO-Ns, (N) s NW-Sa, ↘ (sm-temp·subozEUR – V Alliar.). [C. montánum aut.]

Deutsche H. – C. germánicum JACQ.

Lungenkraut – Pulmonária L.
(H – Ib: Bienen, Hummeln, Falter, Vg – Av)

1 GrundBl der nichtblühenden Stg plötzlich in den BlStiel zusammengezogen, ± herzeifg, sehr rauh borstig, oft gefleckt, ihr Stiel wenig kürzer bis länger als die Spreite. Kr voll entfaltet rot- bis blauviolett, innen unter dem Haarring kahl. 0,10–0,30. ♃ 3–5. Krautreiche LaubmischW u. Gebüsche; v Ba Bw We Th Sa S-An S-Ns Me O-Sh, z Rh He N-An Br N-Ns W-Sh (sm-b·subozEUR – V Asper.-Fag., V Carp., V Alno-Ulm.). [incl. P. obscúra DUM.] **Echtes L.** – P. officinális L.

1* GrundBl allmählich in den BlStiel verschmälert, nicht herzfg, fast stets ungefleckt, ihr Stiel meist kürzer als die Spreite 2

2 GrundBl schmal lanzettlich, im Sommer 1,5–5 cm br, mit Stiel 6–9mal so lg wie br, oberseits borstig rauh. BStand nicht klebrig. Kr voll entfaltet azurblau, innen unter dem Haarring kahl. 0,10–0,30. ♃ 3–5. Säume, Gebüsche, wärmeliebende EichenW, anspruchsvoll; s NW-Ba: Unterfranken S- u. M-Th An: um Naumburg, Harzvorland, † He Sa: jetzt nur (NU) im SW Br Me, ↘ (sm-temp·subozEUR – V Pot.-Querc., V Carp., V Ger. sang. – ▽). [P. azúrea BESSER] **Schmalblättriges L.** – P. angustifólia L.

2* GrundBl länglich-lanzettlich bis eilanzettlich, im Sommer 5–14 cm br, höchstens bis 6mal so lg wie br. Kr voll entfaltet violett bis blauviolett, innen unter dem Haarring fast stets behaart 3

3 GrundBl im Sommer hell- od. graugrün, eilanzettlich, ziemlich rasch in den Stiel verschmälert, 3–4mal so lg wie br, oberseits dicht weichhaarig, außerdem mit Drüsen u. zerstreuten Borsten. BlStiel $^3/_4$ bis so lg wie die Spreite. BStand drüsig-klebrig. 0,15–0,40. ♃ 4–5. Krautreiche BergmischW, Gebüsche, Staudenfluren, anspruchsvoll, kalkhold; z Ba S- u. O-Bw, s M- u. NW-Rh SW-We S-Th, †? He, ↘ (sm/mo-temp·(suboz)EUR–WAS – O Prun., O Orig., O Querc. pub., O Fag. – ▽). [P. montána aut., P. mollíssima KERNER] ** **Weiches L.** – P. móllis D. WOLFF ex HORNEM.

3* GrundBl im Sommer dunkelgrün, länglich-lanzettlich, nach beiden Enden allmählich verschmälert, 4–6mal so lg wie br, ihr Stiel $^1/_3$–$^2/_3$ so lg wie die Spreite 4

4 GrundBl oberseits mit lockeren Borsten u. Haaren, kaum rauh. Oberste StgBl mit abgerundetem Grund sitzend. BStand oft klebrig. 0,10–0,25. ♃ 3–5. Krautreiche LaubW u. Gebüsche; s Ba: München Bw: Neckar, Donau Hegau (stemp·subozEUR – V Carp., V Berb.). **Hügel-L.** – P. collína SAUER

4* GrundBl oberseits borstig rauh. Oberste StgBl mit herzfg Grund fast stengelumfassend. BStand nicht klebrig. 0,10–0,40. ♃ 3–5. Mont. Gebüsche, Säume, krautreiche LaubW, kalkhold; z W-Bw Rh: Pfalz SW-We, s S-He NW-Th? (sm-stemp·ozEUR – V Carp., O Prun. – ∇). [P. tuberósa aut. non SCHRANK, P. vulgáris aut. non MÉRAT]
(**) **Knolliges L.** – P. montána LEJ.

Mönchskraut, Napfkraut – Nónea MED. [Nónnea RCHB.]

Bl länglich-lanzettlich, grauhaarig bis borstig. 0,20–0,50. ♃ 5–8. Trockne bis mäßig trockne Ruderalstellen (Wegränder, Ackerraine), Brachen, extensiv genutzte Kalkäcker, kalkstet; (A) v S- u. M-An: Trockengebiet, z N-Th, s M- u. NW-Ba S-Th Br: Uckermark, Oder, Berlin, Treuenbrietzen SO-Ns, (N U) s Bw Rh He NW-Sa Me, ↘ (m-stemp·subk EUR–WAS – H – Ib – Av – V Onop., V Conv.-Agrop., V Caucal.).
Braunes M. – N. púlla DC.

Ochsenzunge – Anchúsa L.

1 KrRöhre doppelt gekrümmt (Abb. **382**/3). Kr blaßblau mit weißer Röhre; KrSaum 4–6 mm br. Bl ausgeschweift-gezähnt. 0,20–0,40. ☉ ① 5–9. Sandige, nicht zu mineralarme, saure Äcker; (A) g An Br Me, v Ba außer Alpen u. Vorland Rh We außer Sauerland He Th Sa (Erzg s) Ns Sh, z Bw (m-b·(subk)EUR–WAS – T, H – Ib: Bienen – Av – V Aphan., V Sperg.-Oxal., V Sisymbr.). [Lycópsis arvénsis L.]
Acker-O., Acker-Krummhals – A. arvénsis (L.) M. BIEB.

1* KrRöhre gerade. Kr himmelblau od. dunkelviolett, KrSaum 7–15 mm br 2

2 Schlundschuppen samtig, eifg. Bl lanzettlich, ganzrandig. Kr dunkelviolett. 0,30–0,80. ⊙ ⊚ 5–9. Trockne bis mäßig trockne, sandige Ruderalstellen (Wegränder, Schutt); (A) v An Br Me O-Sh, z Ba Rh We He Th Sa: bes. Elbe O-Ns W-Sh, s Bw W-Ns, f im Bergland, im W ↘ (sm-temp·(subk)EUR – H – Ib, Sb, Vg – Av – V Onop.).
Gebräuchliche O. – A. officinális L.

2* Schlundschuppen länglich, pinslig behaart. Bl lanzettlich, wellig, glänzend. Kr lebhaft himmelblau. 0,60–1,30. ⊙ ⊚ 5–9. ZierPfl, auch Ruderalstellen (Schutt, Umschlagplätze); (N 16. Jh. U) s, z. B. Wärmegebiete von Ba Bw Rh M-Th NW-Sa S- u. W-An Me (m-sm·(oz)EUR – H – Av). [A. itálica RETZ.] **Italienische O.** – A. azúrea MILL.

Beinwell – Sýmphytum L.
(Ib: Bienen – Av)

1 Obere Bl jeweils bis zum nächsten Bl herablaufend. Klausen glatt, glänzend. Schlundschuppen so lg wie die StaubBl (Abb. **383**/1). Kr rötlichviolett od. gelblichweiß. Bl steifhaarig-borstig. Vielköpfige Rübe. 0,30–1,00. ♃ 5–7. Feuchte, nährstoffreiche Uferstaudenfluren, Wegränder, nasse Wiesen, staunasse Äcker, AuenW; alle Bdl v, aber O-Sh z (sm-temp·(oz)EUR–(WAS) – H – O Mol., V Phragm., V Arrh., V Convolv., O Polyg.-Chen., V Alno-Ulm.). ** **Gewöhnlicher B.** – S. officinále L.

1* Bl nicht od. wenig herablaufend. Klausen runzlig. Schlundschuppen länger als die StaubBl 2

2 Kr purpurn. Stg u. Bl mit Stachelhaaren. Stg zu mehreren an vielköpfiger Rübe. 0,80–1,50. ♃ 6–9. KulturPfl, auch feuchte Ruderalstellen (Wegränder, Brachflächen), Ufer; (N) alle Bdl z, bes. im W, f SO-Ba (H – V Arct. – FutterPfl – Bastard vom Rauhen B., S. ásperum LEP., u. Gewöhnlichen B.).
Futter-B., Comfrey – S. × uplándicum NYMAN

2* Kr weißlichgelb. Stg weich borstig, einzeln. Rhizom mit Knollen 3

3 Schlundschuppen die KrZipfel nicht überragend, wenig länger als die StaubBl. Kr 14–20 mm lg. Rhizom verdickt, mit unregelmäßigen Knollen. 0,15–0,40. ♃ 4–5. Krautreiche LaubW, Hochstaudengebüsche, anspruchsvoll; v S- u. M-Ba, z Sa: Elbe, s O-An: Elbe, (N) s NO-Ba We Sa: Leipzig Br Me Sh, † He (m-temp·subozEUR – G – O Fag.).
** **Knoten-B.** – S. tuberósum L.

3* Schlundschuppen die KrZipfel u. StaubBl deutlich überragend. Kr 7–13 mm lg. Rhizom dünn, ausläuferartig, mit rundlichen Knollen. 0,25–0,50. ♃ 4–5. Frische WSäume, Parks, Weinbergränder; (N 1822) s NW-Bw: Heidelberg, Schwetzingen, Oberweiler Rh: Pfalz (m-sm·subozEUR – G – V Arct., V Alliar.). **Knollen-B.** – S. bulbósum C. SCHIMPER

Boretsch – Borágo L.

Bl elliptisch, zum Grund hin verschmälert. Kr himmelblau. Staubbeutel dunkel. 0,15–0,60. ⊙ 6–7. KulturPfl, auch frische Ruderalstellen; (N U) s alle Bdl, bes. warme Gebiete (m/mo·ozEUR – T – Ib: Bienen, Vm – Av – K Chen. – GewürzPfl).
Boretsch, Gurkenkraut – B. officinális L.

Familie **Nachtschattengewächse** – Solanáceae JUSS.

Kräuter, Sträucher. Bl wechselständig, ohne NebenBl. Durch Verwachsungen von Achsen u. Bl kommt es oft zu einem scheinbar unregelmäßigen Sproßaufbau. B ⚥, meist radiär, 5zählig, in zymösen BStänden. KrBl verwachsen, in der Knospe gefaltet. StaubBl meist 5. FrKn oberständig, 2fächrig od. selten durch falsche Scheidewände mehrfächrig. Griffel 1. Narbe 2lappig. Beeren od. Kapseln (2950 Arten – Ib, oft Vw – Vv, Wv – viele Zier-, Nahrungs-, Genuß-, Gewürz-, Arznei- u. GiftPfl).

1 Strauch mit hängenden Zweigen. Kr trichterfg, rotlila. Beeren.
Bocksdorn – Lýcium S. 390
1* Kräuter od. Halbstrauch mit kletterndem Stg u. radfg Kr **2**
2 B in end- od. seitenständigen rispen- od. schirmrispenartigen BStänden, ohne od. mit schuppenfg TragBl **3**
2* B einzeln in den Achseln von LaubBl od. gabelständig, zu Dichasien od. Wickeln vereinigt **5**
3 Kr glockig bis eng trichterfg. Staubbeutel nicht zusammenneigend. 2klappige Kapseln.
Tabak – Nicotiána S. 391
3* Kr radfg. Staubbeutel zusammenneigend (Abb. **389**/1). Beeren **4**
4 Kr weiß, violett od. rötlich. **Nachtschatten** – Solánum S. 390
4* Kr gelb. **Tomate** – Lycopérsicon S. 391
5 **(2)** FrK aufgeblasen, die Beere völlig umhüllend (Abb. **389**/2) **6**
5* FrK nicht aufgeblasen. Beeren od. Kapseln **7**
6 Kr glockig, hellblau. KZipfel mit pfeilfg Grund. Beeren trocken, 3–5fächrig. ⊙.
Giftbeere – Nicándra S. 390
6* Kr radfg, weiß. KZipfel mit abgerundetem Grund (Abb. **389**/2). Beeren saftig, 2fächrig. ♃. **Blasenkirsche** – Phýsalis S. 390
7 **(5)** Bl ganzrandig. Kr glockig, violettbraun. Beeren glänzend schwarz.
Tollkirsche – Átropa S. 390
7* Bl spitz gelappt. Kr trichterfg. Kapseln **8**
8 B in einer aufrechten, ährenartigen Wickel. Kr 2–3 cm lg, gelblich, violett geadert. K bleibend, mit 5 stechenden Zähnen. Deckelkapseln.
Bilsenkraut – Hyoscýamus S. 390

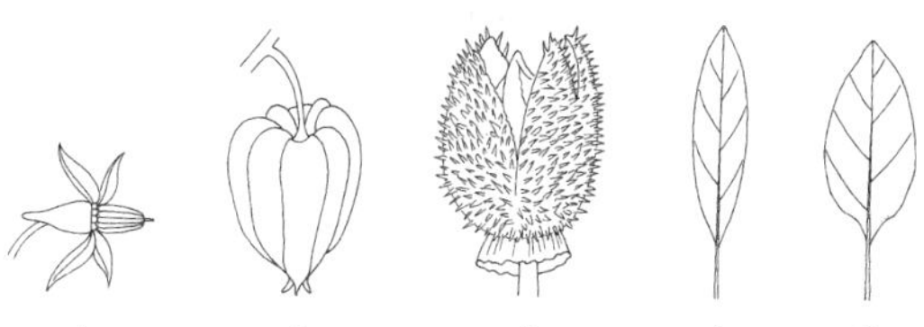

8* B in einem gabligen Dichasium. Kr 6–10 cm lg, weiß od. violett. K bis auf den gestutzten Grund abfallend. 4klappige, meist stachlige Kapseln (Abb. **389**/3).
Stechapfel – Datúra S. 391

Giftbeere – Nicándra ADANS.

Bl eifg bis länglich, ungleichmäßig spitz gelappt bis grob gezähnt, kahl. Kr hellblau, am Grund weiß. 0,30–1,00. ⨀ 7–10. ZierPfl, auch Ruderalstellen (Schutt); (N 19. Jh. U) alle Bdl s (trop/moWAM – T – Ib – Wv, Vv – V Sisymbr. – giftig!).
Giftbeere – N. physalódes (L.) GAERTN.

Bocksdorn – Lýcium L.
(F – Ib: Hummeln, Bienen, Sb – Vv, Sv: Wurzelsprosse – schwach giftig!)

1 Bl lanzettlich, meist in der Mitte am breitesten, allmählich in den Stiel verschmälert, graugrün (Abb. **389**/4). K 2lippig, 3zipflig. KrRöhre 7–10 mm lg, ihr unterster, engröhriger Teil 2,5–3 mm lg. Zweige oft dornig. 1,00–3,00. ♄ 6–9. Trockne bis mäßig trockne Ruderalstellen (Weg- u. Straßenränder, sandige bis felsige Böschungen); (N) alle Bdl z, bes. wärmere Gebiete u. Stromtäler, f N-Sh u. Bergland (m-stemp·(suboz)EUR–(WAS) – O Prun.). [L.halimifólium MILL.]
Gewöhnlicher B. – L. bárbarum L.

1* Bl eifg-lanzettlich bis fast rautenfg, unter der Mitte am breitesten, plötzlich in den Stiel verschmälert, lebhaft grün (Abb. **389**/5). K radiär, 5zipflig. KrRöhre 4–6 mm lg, ihr unterster, engröhriger Teil etwa 1,5 mm lg. Zweige meist dornenlos. 1,00–3,00. ♄ 6–9. Zierstrauch, auch (N) s, z. B. Ba Bw M- u. W-Sa An Br: Berlin Me (m-stemp·(oz)OAS).
Chinesischer B. – L. chinénse MILL.

Tollkirsche – Átropa L.

Bl eifg bis elliptisch, die oberen gepaart. B nickend. 0,50–1,50. ♃ 6–8. Säume, Schläge, kalkhold; v Ba Bw Rh O-We He Th S-Ns, z S-We Sa An: S u. Harzgebiet, (N) s Br Me (m/mo-stemp·ozEUR–WAS – H – Ib: Hummeln, Vw – Vv – O Atrop. – ArzneiPfl – stark giftig!). **Tollkirsche** – A. bélla-dónna L.

Bilsenkraut – Hyoscýamus L.

Pfl klebrig zottig. Bl länglich-eifg, ungleichmäßig spitz gelappt. 0,20–0,80. ⨀ ⨀ 6–10. Mäßig trockne, meist stickstoffreichere Ruderalstellen (Wegränder, Schutt, Müll), nährstoffreiche Äcker, Brachen; (A) alle Bdl z, aber MDt-Trockengeb v, im SW u. N ↘ (m-temp·EUR–WAS – H, T – Ib: Hummeln, Sb – Wv – V Onop., V Sisymbr., V Caucal., V Fum.-Euph. – ArzneiPfl – giftig!). **Schwarzes B.** – H. níger L.

Blasenkirsche, Judenkirsche – Phýsalis L.

Bl eifg, ungleichmäßig grob gezähnt, die oberen gepaart. K zur FrZeit stark vergrößert, blasig, scharlachrot (Abb. **389**/2). 0,25–0,60(–1,00). ♃ 5–8. Gartenkulturen, Weinbergsgebüsche, AuenW, kalkhold; (im S A ?) z (f höhere Gebirge) Ba Bw Rh W- u. O-We He Th S- u. M-An, (N) s Sa S-Br SO-Ns S-Me. ZierPfl (sm/mo-stemp·(suboz) EURAS – G – Ib, Sb, Vw – Wv, Vv, Sv: Ausläufer – V Alno-Ulm., O Prun. – reife Beeren eßbar, sonst schwach giftig). [Ph. franchétii MASTERS]
Blasenkirsche, Laternenpflanze, Lampionpflanze – Ph. alkekéngi L.

Nachtschatten – Solánum L.
(Ib, Sb – Vv – Adv. – giftig!)

1 Bl unterbrochen unpaarig gefiedert. Kr bläulich, lila od. weiß. Beeren hellgrün. 0,40–1,00. ♃ 7–10. KulturPfl, auch (N U) frische Ruderalstellen (Schutt, Müll) (strop/mo-trop/moWAM – G – V Sisymbr. – Beeren, Kraut u. Keime giftig!).
Kartoffel – S. tuberósum L.

1* Bl ungeteilt od. höchstens am Grund mit 1–2 Zipfeln **2**

2 Pfl halbstrauchig. Stg kletternd. Bl eifg-lanzettlich, die oberen meist mit 1–2 abstehenden Zipfeln od. geöhrt, ganzrandig. Kr violett. Beeren eifg, scharlachrot. 0,30–2,00. ♄ 6–8. Schleierges., Weidengebüsche, ErlenW, auch ruderal; alle Bdl v, aber höhere Silikatgebirge s (m-bEURAS – S – Sv: Wurzelsprosse – V Aln., O Salic. purp., K Phragm. – giftig!). **Bittersüßer N., Bittersüß** – S. dulcamára L.

2* Pfl ☉. Bl eifg, ungleichmäßig gezähnt bis gelappt. Kr weiß, seltener lila, violett od. rötlich 3

3 K groß, die reifen Beeren halb umfassend. Beeren grün bis schwarzviolett, mit etwa 15–25 Sa, mit K u. Stielende abfallend. Pfl sparrig, gelbgrün, zottig. Stg u. Äste stumpfkantig. 0,10–0,40. ☉ 6–10. Trockne bis mäßig frische, sandige Ruderalstellen, Äcker; (N 1888) z S-He An O- u. N-Sa, (U) s N-Ba Bw Rh We M-Th: Heldrungen Br Ns Me (austrAM – T – V Pan.-Set., V Sisymbr. – giftig!). [S. nitidibaccátum BITTER]
Argentinischer N. – S. physalifólium RUSBY

3* K klein, nur den Grund der Beeren bedeckend. Beeren mit 35–55 Sa, reif sich aus dem K lösend 4

4 KZipfel durch spitze Buchten getrennt, br eifg. Pfl dunkelgrün, locker behaart bis kahl. Staubbeutel viel länger als die Staubfäden. Reife Beeren schwarz, seltener grünlichgelb. 0,10–0,80. ☉ 6–10. Mäßig trockne bis frische, stickstoffreichere Ruderalstellen (Wegränder, Schutt, Ackerraine) nährstoffreiche Äcker, Gärten; (A) g Sh, übrige Bdl v, Gebirge s (austr-b·(oz)CIRCPOL – T – K Chen., V Caucal. – giftig!).
** **Schwarzer N.** – S. nígrum L. em. MILL.

4* KZipfel durch runde Buchten getrennt. Staubbeutel etwa so lg wie die Staubfäden. Beeren rot od. gelb 5

5 Stg schmal geflügelt, Kanten von Knötchen stark rauh, zerstreut behaart bis fast kahl. Pfl dunkelgrün. Beeren mennigrot. Sa weiß. 0,10–0,45. ☉ 6–10. Frische bis mäßig trockne Ruderalstellen; (N U) alle Bdl s, bes. warme Gebiete (m-temp·ozEUR – T – V Sisymbr. – giftig!). [S. miniátum BERNH. ex WILLD.] **Rotbeeriger N.** – S. alátum MOENCH

5* Stg stumpfkantig, glatt, abstehend langhaarig. Pfl gelbgrün. Reife Beeren gelb, selten mennigrot, die braunen Sa durchscheinend. 0,10–0,50. ☉ 6–10. Frische, stickstoffreiche Ruderalstellen (Schutt, Wegränder); (N U) s alle Bdl außer Sh, bes. warme Gebiete (m-stemp·(oz)EUR–VORDAS – T – K Chen. – giftig!). [S. lúteum MILL.]
Gelbbeeriger N. – S. villósum MILL.

Tomate – Lycopérsicon MILL. [Lycopérsicum HILL]

Pfl drüsig. Bl unterbrochen gefiedert. Beeren groß, rot od. gelblich, eßbar. 0,40–1,50. ☉ 7–10. KulturPfl, auch frische Ruderalstellen (Schutt, Ufer); (N U) alle Bdl z (tropWAM – T – Ib, Sb – Vv, Mv, Hv – K Chen., V Chen. rub. – Kraut giftig!). [Solánum lycopérsicum L.]
Tomate – L. esculéntum MILL.

Stechapfel – Datúra L.

Stg gabelästig, kahl. Bl eifg, unregelmäßig spitz gelappt bis doppelt gezähnt. 0,30–1,20. ☉ 6–10. Mäßig frische, stickstoffreiche Ruderalstellen (Schutt, Müll, Wegränder), Brachen; (N 1584, meist U) alle Bdl z, aber Gebirge f. KulturPfl (ursprünglich stropAM, jetzt austr-tempCIRCPOL – T – Ib: Nachtfalter, Sb – Wv – V Sisymbr. – ArzneiPfl – giftig!). **Weißer St.** – D. stramónium L.

Tabak – Nicotiána L.
(T – Ib, Vw – Wv – giftig!)

1 Kr grünlichgelb, mit kurzer Röhre. Bl eifg, stumpf, untere gestielt. 0,60–1,20. ☉ 6–9. KulturPfl, auch (N U) s, z. B. We An Br Me (trop-stropWAM). **Bauern-T.** – N. rústica L.

1* Kr rot, rosa od. weiß, mit langer Röhre. Bl länglich-lanzettlich, zugespitzt, untere herablaufend. 0,75–3,00. ☉ 6–9. KulturPfl, auch frische Ruderalstellen (Schutt); (N U) s, z. B. We An Br Ns Me Sh (austr-stropWAM). **Virginischer T.** – N. tabácum L.

Familie **Sommerfliedergewächse** – Buddlejáceae WILHELM

Bäume, Sträucher. Bl meist gegenständig, ungeteilt, mit kleinen NebenBl. B ⚥, radiär, 4zählig, in Trauben od. Rispen. Kr verwachsenblättrig, in der Knospe dachzieglig. StaubBl 4. FrKn oberständig, 2fächrig. Griffel 1. Narbe kopfig. Kapseln, SteinFr, Beeren (120 Arten).

Sommerflieder – Buddléja L.

Bl eilanzettlich, gezähnt, unterseits weißfilzig. Rispen 20–30 cm lg. Kr meist lila. 1,00–2,00. ♄ 7–8. ZierPfl, auch städtische Schuttflächen; (N 1945) z Bw Rh We, s Ba He Th Sa An Br Ns (m·subozOAS – F – Ib: Falter – Wv). [B. variábilis HEMSLEY]
Sommerflieder, Fliederspeer – B. davídii FRANCHET

Familie **Braunwurzgewächse** – Scrophulariáceae JUSS.

Kräuter, selten Sträucher, auch Halb- u. Vollschmarotzer. Bl wechsel- od. gegenständig, ohne NebenBl. B ⚥, ± dorsiventral, 5zählig, in Thyrsen od. Trauben. Kr verwachsenblättrig, ± deutlich 2lippig, ihr Schlund zuweilen durch eine Ausstülpung der Unterlippe (den „Gaumen") verschlossen („maskiert", Abb. **392**/4). StaubBl 2 od. 4 (2 längere u. 2 kürzere), selten 5. FrKn oberständig, 2fächrig. Griffel 1. Narbe meist kopfig. Kapseln (5100 Arten – Ib, Sb – Wv – viele Zier- u. ArzneiPfl).

1 Pfl ohne grüne Bl, rosenrot bis weißlich. B in einseitswendiger, nickender Traube.
Schuppenwurz – Lathrǽa S. 408

1* Pfl mit grünen Bl 2

2 StaubBl 5, alle od. einige weiß- od. violettwollig. Kr gelb, seltener weiß od. violett, radfg, 5zipflig (Abb. **392**/1). BStand eine Traube od. ein ähriger Thyrsus mit geknäuelten Zymen. **Königskerze** – Verbáscum S. 394

2* StaubBl 2 od. 4 3

3 StaubBl 2. Kr meist blau, seltener lila, weiß od. rosa 4

3* StaubBl 4, zuweilen nur 2 mit Staubbeuteln. Kr verschiedenfarbig, aber nie rein blau 5

4 Kr radfg, mit sehr kurzer Röhre (Abb. **392**/2). B einzeln blattachselständig od. in undeutlich abgesetzten endständigen Trauben od. in scharf abgesetzten, aber nur seitenständigen Trauben (Abb. **399**/1–3), selten an der Spitze eines Schaftes.
Ehrenpreis – Verónica S. 399

4* Kr trichterfg, 2lippig, ihre Röhre länger als br. B in vielblütigen, scharf abgesetzten endständigen u. zuweilen zusätzlichen seitenständigen Trauben (Abb. **399**/4).
Blauweiderich – Pseudolysimáchion S. 403

5 **(3)** Nur 2 StaubBl mit Staubbeuteln. Kr weißlich 6

5* Alle 4 StaubBl mit Staubbeuteln 7

6 Bl lanzettlich. Stg aufrecht. K $^1/_2$ so lg wie die KrRöhre. Kr 10–20 mm lg.
Gnadenkraut – Gratíola S. 398

6* Bl elliptisch. Stg meist liegend. K so lg wie die KrRöhre. Kr 7–8 mm lg.
Großes Büchsenkraut – Lindérnia dúbia S. 398

7 **(5)** Bl u. BStiele grundständig. Bl schmal spatelfg, ganzrandig, lg gestielt (Abb. **397**/3).
Schlammling – Limosélla S. 398

1 2 3 4 5

7* Stg beblättert od. GrundBl fiederschnittig **8**
8 Kr am Grund mit Sporn (Abb. **392**/3) od. sackartigem Höcker (Abb. **392**/4), ihr Schlund durch einen Gaumen (Ausstülpung der Unterlippe) geschlossen, wenn ohne Gaumen (s. **12**), dann deutlich gespornt. DeckBl der B wechselständig **9**
8* Kr ohne Sporn od. sackartigen Höcker, Gaumen fehlend od. undeutlich u. dann DeckBl gegenständig **16**
9 Stg niederliegend od. hängend, dünn, schlaff. Bl dünn gestielt, ihre Spreite höchstens 2mal so lg wie br. B einzeln achselständig, lg gestielt **10**
9* Stg aufrecht, seltener niederliegend-aufsteigend. Bl sitzend od. in den br Stiel allmählich verschmälert, Spreite mindestens 3mal so lg wie br. B in Trauben od. Ähren . . **12**
10 Kr ungespornt, 25–40 mm lg. Pfl drüsig-zottig. Bl ei-herzfg bis nierenfg, fingernervig. **Asarine** – Asarína S. 397
10* Kr gespornt, 7–15 mm lg **11**
11 Pfl drüsig-weichhaarig. Bl ± eifg, ungeteilt, oft mit spieß- od. pfeilfg Grund, fiedernervig, ihr Stiel kürzer als die Spreite. **Tännelkraut** – Kíckxia S. 395
11* Pfl kahl. Bl rundlich-nierenfg, 3–7lappig, fingernervig, ihr Stiel länger als die Spreite. **Zimbelkraut** – Cymbalária S. 396
12 **(9)** GrundBl rosettig, verkehrteifg bis spatelfg, ungleich gesägt; StgBl 5–7zipflig mit linealischen Abschnitten. KrSchlund offen, ohne Gaumen. **Lochschlund** – Anarrhínum S. 397
12* Stg ohne Rosette. Bl linealisch bis br lanzettlich od. verkehrteilanzettlich, ganzrandig. KrSchlund durch Gaumen ± geschlossen **13**
13 Kr gespornt (Abb. **392**/3) **14**
13* Kr am Grund mit sackartigem Höcker (Abb. **392**/4) **15**
14 Pfl drüsig behaart. Kr den K wenig überragend. **Klaffmund** – Microrrhínum S. 396
14* Pfl kahl, höchstens BStand drüsenhaarig. Kr den K weit überragend. **Leinkraut** – Linária S. 396
15 **(13)** Kr 8–15 mm lg, das DeckBl nicht überragend. K länger als Kr u. Kapsel. **Feldlöwenmaul** – Misópates S. 397
15* Kr 25–45 mm lg, das DeckBl weit überragend. K kürzer als Kr u. Kapsel. **Löwenmaul** – Antirrhínum S. 397
16 **(8)** Alle Bl wechselständig, ungeteilt, die unteren rosettig. Kr 15–60 mm lg, mit weiter Röhre u. undeutlich 2lippigem Saum. **Fingerhut** – Digitális S. 404
16* Wenigstens die unteren Bl gegenständig od. fiederschnittig **17**
17 B in endständigen Rispen od. achselständigen Zymen. Kr 4–10 mm lg, mit fast kugliger Röhre u. schmalem, 5lappigem, undeutlich 2lippigem Saum (Abb. **392**/5). **Braunwurz** – Scrophulária S. 397
17* B in Trauben, Ähren od. einzeln blattachselständig. Kr mit engröhriger od. schmal trichterfg Röhre **18**
18 Bl fiederschnittig od. gefiedert, wechselständig, seltener gegenständig od. quirlig, die unteren fast stets rosettig. **Läusekraut** – Pediculáris S. 407
18* StgBl ungeteilt od. höchstens spitz gelappt, stets gegenständig, die unteren (fast) nie rosettig **19**
19 Oberlippe der oft undeutlich 2lippigen Kr flach u. meist ± aufwärtsgebogen, kleiner als die 3teilige Unterlippe. KZipfel 5, selten (s. **20**) 4. B meist 6–25 mm lg gestielt, einzeln blattachselständig od. in lockeren Trauben **20**
19* Oberlippe der stets tief 2lippigen Kr helmfg gewölbt u. oft seitlich zusammengedrückt. KZipfel 4. B sitzend od. bis 4(–6) mm lg gestielt, in Ähren od. ährigen Trauben. Meist ⊙ **23**
20 K 4zähnig. B 3–7 mm lg gestielt, in ∞ kurzen Trauben. Staubbeutelhälften am Grund bespitzt (Abb. **394**/2). 1samige SchließFr, mit dem K abfallend. **Alpenrachen** – Tózzia S. 405
20* K 5zipflig. B 6–25 mm lg gestielt. Staubbeutel nicht bespitzt. Vielsamige Kapseln . . **21**

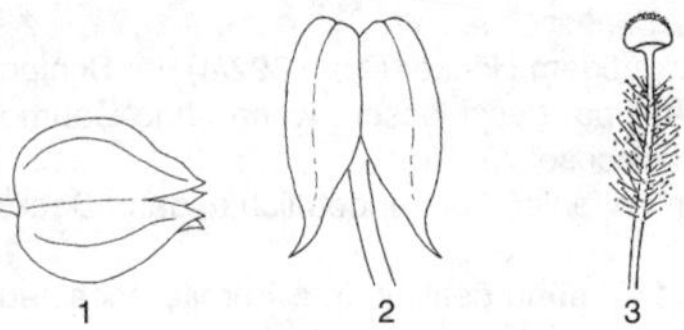

1 2 3

21 Kr 3–8 mm lg (B meist kleistogam). K so lg wie die enge KrRöhre, freiblättrig. Pfl ⊙, 3–15 cm hoch. **Büchsenkraut** – Lindérnia S. 398
21* Kr 10–45 mm lg. K deutlich kürzer als die weitröhrig-trichterfg KrRöhre. Pfl ♃, meist höher **22**
22 Bl eifg, zumindest untere kurz gestielt. BStiel ohne VorBl. K glockig, kantig, 5zähnig. Alle 4 Staubbeutel fruchtbar. **Gauklerblume** – Mímulus S. 398
22* Bl lanzettlich, halbstengelumfassend sitzend. BStiel dicht unter dem K mit 2 VorBl. K bis zum Grund 5teilig. Nur 2 Staubbeutel fruchtbar, die 2 anderen verkümmert. **Gnadenkraut** – Gratíola S. 398
23 **(19)** Pfl ♃, mit schuppigem Rhizom u. aufsteigendem Stg. Bl eifg, dicht kerbig gesägt. Kr dicht drüsig, trüb dunkelviolett. Staubbeutel bespitzt (Abb. **394**/2). **Alpenhelm** – Bártsia S. 405
23* Pfl ⊙, mit dünner, locker verzweigter Hauptwurzel u. aufrechtem Stg. Bl linealisch bis eilanzettlich, wenn eifg od. elliptisch, dann grob u. spitz gesägt od. gezähnt. Kr kahl od. behaart, aber nur sehr selten drüsig **24**
24 KrOberlippe seitlich zusammengedrückt. DeckBl der B von den LaubBl meist deutlich verschieden, meist tief gesägt od. fransig gezähnt **25**
24* KrOberlippe gewölbt, aber nicht zusammengedrückt. DeckBl von den LaubBl kaum verschieden. Staubbeutelhälften am Grund bespitzt (Abb. **394**/2) **26**
25 K bauchig aufgeblasen, seitlich zusammengedrückt, seine Zähne kurz, dreieckig (Abb. **394**/1). LaubBl flach gesägt. Staubbeutel nicht bespitzt. **Klappertopf** – Rhinánthus S. 406
25* K glockig, seine Zähne mindestens so lg wie die KRöhre, linealisch. LaubBl ganzrandig od. am Grund mit einzelnen lg Zähnen. Staubbeutelhälften am Grund bespitzt (Abb. **394**/2). **Wachtelweizen** – Melampýrum S. 404
26 **(24)** KrOberlippe kürzer als die Unterlippe, die StaubBl verbergend. Zipfel der Unterlippe ausgerandet-2lappig. Bl eifg od. elliptisch bis lanzettlich, grob gesägt od. eingeschnitten gezähnt. Kr weiß, bläulich od. gelblich, oft mit gelbem Schlundfleck u. violetten Streifen. **Augentrost** – Euphrásia S. 405
26* KrOberlippe so lg wie die Unterlippe od. länger, die StaubBl nicht verbergend. Zipfel der Unterlippe ungeteilt. Bl linealisch bis lanzettlich, ganzrandig od. entfernt flach gesägt. Kr fleischrot od. gelb. **Zahntrost** – Odontítes S. 405

Königskerze – Verbáscum L.
(H – Ib: Pollenblume, Sb – Wv – Hybr.)

1 B lg gestielt, in einfacher Traube, zu je 1–2 achselständig. Kr flach. StaubBl alle violettwollig (Abb. **394**/3). Bl nicht herablaufend **2**
1* B kurz gestielt, in ährig angeordneten Knäueln **3**
2 Kr purpurn. Bl unterseits kurzhaarig. 0,30–0,80. ♃ 5–7. Trockengebüsch- u. Trocken-Waldsäume, kont. Trockenrasen; s Sa: Elbe S- u. M-An Br SO-Ns: Börssum, (U) s Ba Bw We O-Th Me. ZierPfl (m-stemp·subkEUR–WAS – V Ger. sang., V Fest. val.). **Purpur-K.** – V. phoeníceum L.
2* Kr hellgelb, außen vor dem Aufblühen rötlich. Bl kahl. 0,50–1,20. ⊙⊚6–8. Mäßig trockne Ruderalstellen (Schutt, Wegränder), Ufer; (A) z Ba Bw Rh S-An: Elbe, s M- u. S-He,

(N U) s We Sa Br Ns N- u. W-Me, † Th Sh, ↘ (m/mo-stemp·(k)EUR–WAS – V Onop., V Arct.). **Motten-K., Schaben-K.** – V. blattária L.

3 **(1)** BStiel während der BZeit sehr kurz. Die 2 längeren Staubfäden (fast) kahl, übrige weißwollig (Abb. **392**/1). Wenigstens die oberen Bl herablaufend **4**

3* BStiel während der BZeit meist doppelt so lg wie der K. Alle Staubfäden wollig. Bl nicht herablaufend **6**

4 Kr weit trichterfg, 12–25 mm br, hellgelb, seltener weißlich. Die 2 längeren Staubfäden 3–4mal so lg wie ihre 1,5–2 mm lg, kurz herablaufenden Staubbeutel. Bl vollständig herablaufend, schwach gekerbt. 0,30–1,70. ⊙ ⊚ 7–9. Mäßig trockne bis frische Ruderalstellen (Schutt, Wegränder, Dämme), Waldschläge, Säume; v Ba Bw Rh We He Sa S-Ns, z Th An Br N-Ns Me Sh, an Küste u. Flußufern wohl heimisch, sonst (A) (m/mo-b·(oz)EUR–WAS – O Atrop., O Onop., O Orig.).
(**) Kleinblütige K. – V. thápsus L.

4* Kr flach od. fast flach, 30–40 mm br, hellgelb. Die 2 längeren Staubfäden 0,5–2mal so lg wie ihre 3,5–5 mm lg, weit herablaufenden Staubbeutel **5**

5 Mittlere u. obere Bl bis zum nächsten Bl herablaufend, eifg, untere elliptisch, allmählich in den kurzen Stiel verschmälert, deutlich gekerbt. 0,50–2,50. ⊙ ⊚ 7–9. Mäßig trockne bis mäßig frische Ruderalstellen (Wegränder, Schutt, Dämme), Ufer, Waldschläge; (A) v Ba Bw Rh W-We N- u. O-Th Sa An Br Me, z O-We He SW-Th O-Ns S-Sh, s NW-Ns NO-Sh (sm-temp·(subk)EUR – V Onop., V Sisymbr., V Atrop. – ArzneiPfl). [V. thapsifórme SCHRADER] **Großblütige K.** – V. densiflórum BERTOL.

5* Mittlere u. obere Bl nicht bis zum nächsten Bl herablaufend, länglich-eifg, untere br elliptisch, undeutlich gekerbt. 0,50–2,00. ⊙ 7–8. Mäßig trockne bis mäßig frische Ruderalstellen (Schutt, Wegränder), Waldschläge; (A) z Ba Bw Rh W-We He Th Sa An Br O-Ns Me, s O-We W-Ns Sh, ↘ (sm-temp·(subk)EUR – V Onop., V Atrop. – ArzneiPfl). **Windblumen-K.** – V. phlomoídes L.

6 **(3)** Staubfäden violettwollig. BStand eine einfache od. selten am Grund ästige Scheinähre. Untere Bl am Grund herzfg, lg gestielt. Kr gelb, am Grund blutrot gefleckt, 15–22 mm br. 0,50–1,20. ♃ 6–9. Frische Ruderalstellen (Wegränder, Schutt), Ufer, Waldschläge; (A?) g We Me Br, übrige Bdl v, Trockengebiete u. NW-Ns z (sm-b·(subk)EUR–WAS – V Arct., V Onop., V Epil. ang.). **Schwarze K.** – V. nígrum L.

6* Staubfäden weißwollig. BStand eine rispige Thyrse. Untere Bl meist in den Stiel verschmälert **7**

7 Bl oberseits fast kahl, unterseits fein graustaubig filzig. Kr hellgelb od. weiß, 10–16 mm br. 0,60–1,20. ⊙ ⊚ 6–8. Trockengebüsch- u. Trockenwaldsäume, Trocken- u. Halbtrockenrasen, mäßig trockne Ruderalstellen; v M- u. N-Ba Bw Rh S-We S-He Th An Br, z S-Ba N-He Sa S-Me, (N) s N-We O-Ns N-Me Sh (m/mo-temp·(subk)EUR – K Trif.-Ger., K Fest.-Brom., V Onop.). **Mehlige K.** – V. lychnítis L.

7* Bl oberseits dicht sternhaarig, grauflaumig, unterseits mit dickflockigem, abfallendem Filz. Kr hellgelb, 14–22 mm br. 0,60–1,30. ⊙ 7–8. Mäßig trockne Ruderalstellen, Waldverlichtungen; (A) s W-Bw Rh S-He, (U) s SW-We An? (m-stemp·subozEUR – O Sisymbr., V Onop.). **Flockige K.** – V. pulveruléntum VILL.

Tännelkraut – Kíckxia DUM.
(T – Sb: kleistogam – Sv)

1 Mittlere Bl spießfg, obere pfeilfg. BStiele nur unter der B behaart, sonst kahl. Kr mit Sporn 7–10 mm lg. Sporn gerade. 0,08–0,40. ⊙ 7–10. Lehmige bis tonige Äcker, Brachen, basenhold; (A) z M- u. N-Ba Bw Rh We He Th S- u. M-An S-Ns, s Sa Br Me O-Sh, f Bergland, ↘ (m-temp·ozEUR – V Caucal.). [Linária elatíne (L.) MILL.]
Spießblättriges T., Echtes T. – K. elatíne (L.) DUM.

1* Alle Bl am Grund abgerundet. BStiele zottig. Kr mit Sporn 10–15 mm lg. Sporn gebogen. 0,08–0,40. ⊙ 7–9. Lehmige bis tonige Äcker, Brachen, kalkhold; (A) z SO-, M- u.

N-Ba Bw Rh He Th S-An, s W- u. N-We O-Sa NO-Br? S-Ns, (U) s Me, † Sh, ↘ (m-stemp·ozEUR – V Caucal.). [Linária spúria (L.) MILL.]
Eiblättriges T., Unechtes T. – K. spúria (L.) DUM.

Zimbelkraut – Cymbalária HILL

B u. Bl lg gestielt. Kr hellviolett, mit gelbem Gaumen. BlUSeite oft purpurn. 0,10–0,40. ♃ 6–9. Alte ZierPfl, eingebürgert an meist kalkhaltigen Mauern (Mörtelfugen) u. Felsspalten; (N 1722) v Ba Bw Rh We He Th Sa, z An Br Ns Me Sh (sm·subozEUR – H – Ib – Sv: FrStiele wenden sich vom Licht ab – V Potent. caul.). [Linária cymbalária (L.) MILL.]
Mauer-Z. – C. murális G. M. SCH.

Klaffmund, Orant – Microrrhínum (ENDL.) FOURR. [Chaenorhínum (DC.) RCHB. p.p.]

BStiele 3–4mal so lg wie der K. Kr 3–6 mm lg, hellila, Gaumen gelblich. 0,05–0,25. ⊙ 6–10. Lehmige, oft skelettreiche Äcker, Weinberge, mäßig frische Ruderalstellen (Wegränder, Schutt), Schotterfluren, kalkhold; (A?) v Ba Bw Rh We He Th Sa S-An S-Ns, z N-An Br N-Ns Me Sh (m-temp·(oz)EUR – T – Sb – Wv – V Caucal., V Fum.-Euph., V Sisymbr.). [Linária mínor (L.) DESF., Chaenorhínum mínus (L.) LANGE]
Klaffmund, Kleiner O. – M. mínus (L.) FOURR.

Leinkraut, Frauenflachs – Linária MILL.

1 Kr hellgelb, mit orangefarbenem Gaumen 2

1* Kr bläulich od. violett 4

2 Kr ohne Sporn 13–17 mm lg, Sporn kürzer, 8–13(–15) mm lg. Kapsel eifg, 2–3mal so lg wie der K. Sa scheibenfg, hautrandig. Bl lineal-lanzettlich bis linealisch, 1–5(–10) mm br. 0,20–0,75. ♃ 6–10.Trockne bis mäßig frische Ruderalstellen (Wegränder, Schutt, Umschlagplätze, Steinbrüche), Äcker, Waldschläge; alle Bdl g, aber Alpen u. Vorland z (m-b·(suboz)EUR–WAS – G – Ib – Wv, Sv: Wurzelsprosse – O Onop., O Agrop., O Sisymbr., K Secal., K Epil. ang. – ArzneiPfl). **Gewöhnliches L.** – L. vulgáris MILL.

2* Kr ohne Sporn 7–10 mm lg, Sporn fast gleich lg, 6–10 mm lg. Kapsel fast kuglig, so lg wie der K. Sa prismatisch, ungeflügelt 3

3 Bl eifg bis schmal lanzettlich, (2–)5–20(–40) mm br, blaugrün. BStiel kürzer als sein DeckBl. 0,30–1,00. ♃ 6–10. Ruderal beeinflußte Sand- u. Silikattrockenrasen, trockne Ruderalstellen (Hafenanlagen); (N) s Ba Bw: Karlsruhe He Sa, (U) s An S-Br NW-Me (m-sm·subozEUR – G – V Conv.-Agrop., V Dauco-Mel.). [L. dalmática (L.) MILL.]
** **Ginsterblättriges L.** – L. genistifólia (L.) MILL.

3* Bl lineal-pfriemlich, 0,5–1 mm br, untere oft quirlig. BStiel bedeutend länger als sein DeckBl. 0,20–0,60. ⊙ 5–8. Mineralarme, saure, sandige Äcker, Kiesgruben; (N U) s O-Sa O-An O-Br Me (m-stemp·euozEUR – T – V Arn.). **Ruten-L.** – L. spártea (L.) CHAZ.

4 **(1)** Fast alle Bl zu (3–)4 quirlig, lanzettlich bis verkehrteifg-lanzettlich. Stg liegend od. aufsteigend. Kr blauviolett, meist mit orangegelbem Gaumen, ohne Sporn 8–15 mm lg. 0,05–0,10. ♃ 6–7. Sonnige, kalkhaltige Felsspalten, Schuttfluren, Schotteralluvionen; v Ba: Alpen, z Vorland bis Landsberg u. München, † SO-Bw (m/alp-stemp/dealp·suboz EUR – G – Ib: Hummeln – Wv, Sv – K Thlasp. rot.). **(**) Alpen-L.** – L. alpína (L.) MILL.

4* Höchstens die unteren Bl quirlig. Stg aufrecht 5

5 Kr ohne Sporn 2–3 mm lg, blaulila, Gaumen weißlich, violett geadert. Oberlippe aufgerichtet. BStand drüsig. BStiel sehr kurz. 0,15–0,30. ⊙ 7–9. Sandige bis lehmige Äcker, kalkmeidend; (A) s M- u. N-Ba Rh He Br, † Bw We Th Sa An Ns Me Sh, ↘ (m-stemp·oz EUR – T – Sb – Wv – O Aper., O Polyg.-Chen.). **Acker-L.** – L. arvénsis (L.) DESF.

5* Kr ohne Sporn 7–15 mm lg, bläulich- od. gelblichweiß, Gaumen gelb. Oberlippe zurückgeschlagen, violett gestreift. Pfl kahl. BStiel etwa so lg wie der K. 0,20–0,60. ♃ 7–8. Lückige Xerothermrasen, mäßig trockne, meist skelettreiche Ruderalstellen, Waldverlichtungen, basenhold; (N) s Bw Rh We He Th Br Me O-Ns, (U) s Ba Sa An, ↗ (sm-temp·euozEUR – G – Ib – Wv, Sv: Wurzelsprosse – V Dauco-Mel., O Fest.-Sedet., O Orig., V Epil. ang.). [L. striáta (LAMK.) DC., L. monspessulána (L.) MILL.] **Streifen-L.** – L. répens (L.) MILL.

Feldlöwenmaul, Katzenmaul – Misópates RAFIN.

Kr rosa, dunkler geadert. 0,10–0,30. ⊙ 7–10. Sandige bis lehmige Äcker, Weinberge, Brachen, kalkmeidend; (A) v Rh, z M- u. N-Ba We He Sa An Br O- u. S-Ns O-Sh, s Bw Th NW-Me W-Sh, ↘ (m-temp·(oz)EUR–WAS – T – Ib: Bienen – Wv – O Aper., V Sperg.-Oxal.). [Antirrhínum oróntium L.]
Feldlöwenmaul, Katzenmaul, Großer Orant – M. oróntium (L.) RAFIN.

Asarine – Asarína MILL.

Pfl drüsig zottig. Kr 25–40 mm lg, bis auf den Gaumen kahl, blaß gelblich, rosa gestreift, Gaumen tief gelb. 0,10–0,50. ♃ 7–9. Mauern; (N) s We: Lemgo Th: Weimar, Mühlhausen Sa: Freiberg, Pirna, Lausitz. ZierPfl (sm/mo·euozEUR – H – Ib). [Antirrhínum asarína L.] **Liegende A., Kriechendes Löwenmaul** – A. procúmbens MILL.

Löwenmaul – Antirrhínum L.

Kr drüsig flaumig, verschiedenfarbig, Gaumen meist gelb. 0,30–0,70. ♃ ⊙ 6–9. ZierPfl, auch Felsspalten, Mauern; (N 15. Jh.) z Ba Bw Rh We S-He, (U) s Th Sa An Br Ns Me Sh (m-sm·ozEUR – C – Ib: Hummeln – Wv – K Aspl. trich.). **Garten-L.** – A. május L.

Lochschlund – Anarrhínum DESF.

Kr 3–4 mm lg, hellviolett. Sporn vorwärtsgerichtet. 0,25–0,70. ⊙ ♃ 6–8. Mäßig frische, kalkarme Felsspalten, Steinschutt, steinige Äcker; s Rh: Ruwer-, Saar- u. Moselgebiet, † M-Ba, ↘ (m-stemp·euozEUR – H – V Galeops. seget.).
Gänseblümchen-L. – A. bellidifólium (L.) WILLD.

Braunwurz – Scrophulária L.
(H – Ib: Wespen, Vw, Sb – Wv)

1 Kr blaßgelb, krugfg, vorn stark eingeschnürt. B in achselständigen Zymen. 0,30–0,70. ⊙ ♃ 5–7. Säume, Parks; (N 18. Jh.) s Ba: Ellersdorf We He S-Th S- u. M-Sa O-An Br O-Sh, (U) s Bw Rh An Ns Me, ↘ (m/mo-stemp·(suboz)EUR – Ib: Bienen – V Alliar. – BienenfutterPfl). **Frühlings-B.** – S. vernális L.
1* Kr bräunlich, vorn nicht eingeschnürt. B in endständigen Thyrsen **2**
2 Untere Bl doppelt fiederschnittig. Abschnitte eingeschnitten-gesägt bis fiederspaltig, lanzettlich; obere Bl einfacher geteilt. Kr 4–5 mm lg, purpurbraun. 0,20–0,60. ♃ 6–8. Offene, warme, meist kalkhaltige Stellen an Wegen, Böschungen, Kiesgruben, Flußschotter; z Bw u. SO-Rh: Rheinebene, (N) s Bw: Neckar N-Rh, (U) s S-We (m-stemp·ozEUR – V Epil. fleisch., K Thlasp. rot.). **(**) Hunds-B.** – S. canína L.
2* Bl ungeteilt od. am Grund mit 1–2 kleinen SeitenBlchen **3**
3 Stg ungeflügelt, scharf 4kantig (Abb. **397**/1), im BStand mehrkantig. Kr trübbraun, am Grund grünlich, 7–11 mm lg. 0,40–1,20. ♃ 6–9. Schläge, Säume, Gebüsche, mesophile

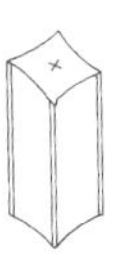
1

2

3

LaubW, mäßig anspruchsvoll; alle Bdl g, aber Mdt-Trockengeb, NW-Ns u. W-Sh v (m/mo-b·(oz)EURAS – O Fag., O Prun., K Epil. ang. – ArzneiPfl). **Knoten-B.** – S. nodósa L.

3* Stg geflügelt (Abb. **397**/2) **4**

4 Bl am Grund herzfg, stumpf gekerbt, am BlStiel oft 2 kleine Öhrchen. Das rückgebildete fünfte StaubBl kaum breiter als lg, rundlich-nierenfg, nicht od. kaum ausgerandet. Kr dunkel purpurbraun, am Grund grünlich, (5–)7–9 mm lg. 0,40–1,00. ♃ 6–8. Nährstoffreiche, flach überschwemmte Bachröhrichte, Ufer, Gräben; z W-We, s Rh: Mosel, † Bw, ↘ (m-temp·euozEUR – V Convolv., V Glyc.-Sparg.). [S. aquática L. p. p.] **Wasser-B.** – S. auriculáta L.

4* Bl am Grund verschmälert od. abgerundet, wenigstens obere scharf gesägt. Rückgebildetes StaubBl mindestens 2mal so br wie lg, 2lappig, ± ausgerandet. Kr rotbraun, am Grund grünlichgelb, 6–8 mm lg. 0,50–1,30. ♃ 6–9. Nährstoffreiche, flach überschwemmte Bachröhrichte, Gräben, Ufer; v Ba Bw Rh We He Th N-Br S-Ns Me S- u. O-Sh, z Sa An S-Br N-Ns, s Bergland (m-temp·(subk)EUR–WAS – V Glyc.-Sparg.). [S. aláta GILIB., S. ehrhártii STEVEN] ** **Flügel-B.** – S. umbrósa DUM.

Gauklerblume – Mímulus L.
(H – Ib: Bienen – Wv – ZierPfl)

1 Stg aufrecht od. aufsteigend, kahl, nur oben etwas drüsig. K 15–20 mm lg. Kr 25–40 mm lg, gelb, meist am Schlund rot gefleckt. Bl kahl, obere sitzend. 0,25–0,60. ♃ 6–10. Zeitweise überflutete Bach- u. Flußufer, Quellen, Gräben; (N 1830) z (bes. Bergland, Rheintal, Elbetal) S- u. O-Ba Bw O-Rh Th Sa, s We He S-An Br Ns M-Me Sh (m-b·(oz)WAM – V Glyc.-Sparg.). [M. lúteus aut.] **Gefleckte G.** – M. guttátus FISCH. ex DC.

1* Stg kriechend. Pfl klebrig drüsenhaarig, stark nach Moschus duftend. K 8–10 mm lg. Kr 14–20 mm lg, gelb, bisweilen am Schlund rot gestreift. Alle Bl kurz gestielt. 0,10–0,25. ♃ 6–8. Flußufer, Gräben; (N) s (bes. Bergland) Ba SW-Bw Rh He Sa, (U) s We Br Ns, † An. ZierPfl (m/mo-b·(oz)AM – O Mol.). **Moschus-G.** – M. moschátus DOUGL. ex LINDL.

Gnadenkraut – Gratíola L.

Bl entfernt gesägt, drüsig punktiert. Kr weiß, rötlich geadert, Röhre gelblich. 0,15–0,40. ♃ 6–8. Mäßig nährstoffreiche, kalkarme Moor- u. Sumpfwiesen; z Br: bes. Oder, Havel, s Ba: Donau, Isar, Bodensee Jura Bw: Bodensee, Rhein Rh: Rhein We S-He Sa: Elbe, Niederlausitz N- u. O-An O-Ns W-Me, † Th Sh, ↘ (m-temp·(suboz)EUR–WAS – H – Ib – V Cnid., V Magnocar. – ArzneiPfl – giftig! – ∇). **Gottes-G.** – G. officinális L.

Schlammling, Schlammkraut – Limosélla L.

B sehr klein, ihr Stiel viel kürzer als die Bl (Abb. **397**/3). Kr ± radiär, rosa od. weiß. 0,02–0,08(–0,20). ⊙ 6–10. Offene, schlammige, zeitweise überflutete Ufer, Waldwege; alle Bdl z (bes. Stromtäler), Bergland s, ↘ (m-b·(oz)CIRCPOL – T – Hv – V Nanocyp.). **Schlammling, Schlammkraut** – L. aquática L.

Büchsenkraut – Lindérnia ALL.
(T – Sb: meist Kleistogamie – Hv)

1 Bl ganzrandig, 3nervig. Alle 4 StaubBl mit Staubbeuteln. Kr 4–6 mm lg, weiß, oben rötlich. 0,03–0,10. ⊙ 8–9. Offene, schlammige, zeitweise überflutete Ufer von Teichen u. Tümpeln; s O-Ba: Donau, Regen W-Bw: Rhein, Karlsruhe Sa u. O-An: Elbe, † Rh He, ↘ (subtrop-stemp·(suboz)EURAS – V Nanocyp. – ∇). [L. pyxidária L. p. p.] **Liegendes B.** – L. procúmbens (KROCKER) BORBÁS

1* Mindestens obere Bl entfernt gezähnt, 5nervig. Nur 2 der 4 StaubBl mit Staubbeuteln. Kr 7–8 mm lg, weißlich, Unterlippe am Rand violett. 0,05–015. ⊙ 8–9. Feuchte, schlammige Ufer, Altwasserränder; (N 1963 U) s Sa SO-An: Elbe NO-Ns, (N) s Me: Elbe. ZierPfl (m-temp·(oz)AM – V Nanocyp.). [*I*lysánthes attenuáta (MUHL.) SMALL.] **Großes B.** – L. dúbia (L.) PENNELL

Ehrenpreis – Verónica L.
(Ib, Vw, Sb – Wv, Hv, Av, Sv: Kriechtriebe bei ♃)

1 Alle Bl in einer Rosette. B in lg gestielter, 2–6blütiger Traube. 0,03–0,08. ♃ 6–8. Frische, meist kalkhaltige, subalp. Matten, Schneetälchen; v Ba: Alpen (sm/alp-temp/alp·subozEUR – H – O Sesl., V Elyn., K Salic. herb.). **Blattloser E.** – V. aphýlla L.
1* Stg beblättert. B in Trauben od. einzeln achselständig **2**
2 Trauben endständig od. B einzeln in den Achseln von laubblattartigen, wechselständigen DeckBl **3**
2* Trauben alle seitenständig in den Achseln der bis zur Spitze gegenständigen LaubBl (Abb. **399**/1) **20**
3 DeckBl nach oben zu allmählich kleiner u. einfacher (hochblattartig) werdend (Abb. **399**/2). Pfl meist aufrecht **4**
3* DeckBl alle gleichgestaltet (die oberen wenig kleiner), laubblattartig (Abb. **399**/3). Pfl liegend bis aufsteigend **15**
4 Mittlere u. obere Bl tief handfg geteilt od. fiederspaltig, sitzend, untere gestielt u. meist grob gekerbt **5**
4* Bl alle unzerteilt (ganzrandig, gezähnt od. gekerbt) **7**
5 BStiele mindestens so lg wie der K. Mittlere u. obere Bl handfg 3–5teilig. Untere DeckBl 3teilig. Kapsel verkehrtherzfg, dicht drüsig behaart. Kr dunkelblau. 0,05–0,20. ① 3–5. Sandige (bis lehmige) Äcker, Sandtrockenrasen, Ephemerenfluren, kalkmeidend; (A) v M- u. N-Ba Rh N-Sa An Br Me, z Bw We He Th S-Sa O-Ns O-Sh, s W-Ns W-Sh, f Bergland (m/mo-temp·(suboz)EUR – T, H – O Aper., O Fest.-Sedet.). **Finger-E., Dreiteiliger E.** – V. triphýllos L.
5* BStiele kürzer als der K. Mittlere u. obere Bl fiederteilig **6**
6 Kr 2–4 mm br, hellblau. Griffel 0,5 mm lg, die Kapselbucht nicht od. kaum überragend (Abb. **400**/1). Kapsel mit 12–16 Sa. Bl dünn, grasgrün. Pfl beim Trocknen nicht schwarz werdend. 0,03–0,15. ① 4–5. Sandtrockenrasen, Fels- u. Ephemerenfluren, sandige Äcker, kalkmeidend; z M- u. N-Ba Rh N- u. O-Th Sa An Br Me, s He W-Bw O-We O-Ns S-Sh, ↘ (m/mo-b·(subk)EUR–WAS – H – K Sedo-Scler., V Aphan.). **Frühlings-E.** – V. vérna L.
6* Kr 4–6 mm br, dunkelblau. Griffel 1–1,5 mm lg, die Kapselbucht weit überragend (Abb. **400**/2). Kapsel mit 18–26 Sa. Bl dicklich, trübgrün. Pfl beim Trocknen schwarz werdend. 0,05–0,30. ① 4–5. Sandtrockenrasen, Fels- u. Ephemerenfluren, Äcker, kalkmeidend; z M-Ba Rh Br, s N-Ba O-We SO- u. N-Th M- u. O-Sa S- u. M-An Me, ↘ (sm-temp·subk EUR–WAS – H – K Sedo-Scler.). **Dillenius-E.** – V. dillénii CRANTZ
7 **(4)** BStiele höchstens halb so lg wie der K **8**
7* BStiele mindestens so lg wie der K **9**
8 Bl verkehrteilanzettlich, keilig in den Grund verschmälert, ganzrandig od. gesägt. Kapsel stumpf ausgerandet (Abb. **400**/3). Griffel 0,2–0,3 mm lg. Pfl kahl od. oberwärts drüsig. Kr weiß. 0,05–0,25. ⊙ ⊙ 5–6. Offene, feuchte nährstoffreiche, schlammige Ufer, Wegvertiefungen, Ackerränder; (N 1838) z Bw Rh u. We: bes. Rhein Sa: bes. O, s S-Ba He

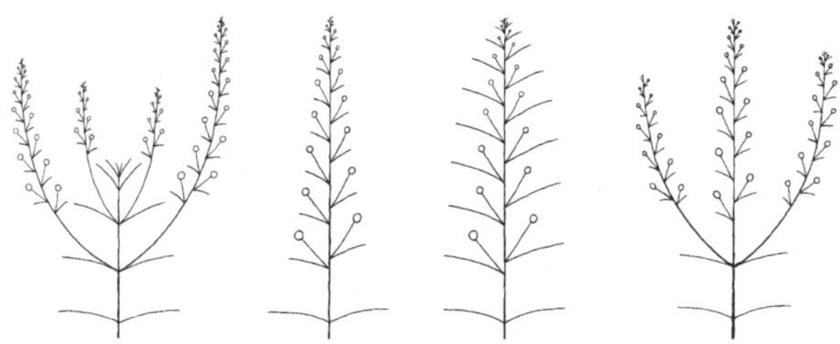
1 2 3 4

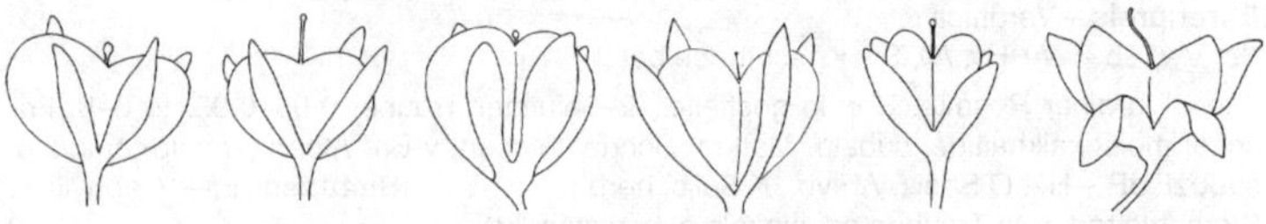

1 2 3 4 5 6

N- u. O-Th An Ns SW-Sh, (U) s Br W-Me (austr-trop/mo-bAM – T, H – V Nanocyp., V Agrop.-Rum., O Convolv.). **Fremder E.** – V. peregrína L.

8* Bl eifg, mit gestutztem Grund sitzend, gekerbt. Kapsel tief spitz ausgerandet (Abb **400**/4). Griffel 0,4–0,8 mm lg. Pfl behaart. Kr blau, nur vormittags geöffnet. 0,03–0,25. ① 3–10. Sandige bis lehmige Äcker, frische Ruderalstellen (Schutt, Wegränder), frische Rasen, Waldschläge; (A) alle Bdl g, nur S-Bw N-Th NW-Ns v (m-b·(oz)EUR–WAS – T, H – K Sedo-Scler., O Arrh., O Aper., O Polyg.-Chen.). **Feld-E.** – V. arvénsis L.

9 **(7)** Pfl ①, mit senkrechter Hauptwurzel; nichtblühende Triebe fehlend **10**

9* Pfl ♃ od. ♄, mit ± lg kriechenden Trieben od. verholzter Sproßachse; nichtblühende Triebe meist vorhanden **11**

10 Kapsel breiter als lg, tief ausgerandet, dadurch 2teilig. FrStiel 2–3mal so lg wie der K, aufrecht abstehend. LaubBl seicht gesägt bis fast ganzrandig, ± kahl. Kr dunkelblau. 0,05–0,15. ① 4–6. Krumenfeuchte, lehmige bis tonige Äcker, feuchte Pionierrasen, kalkmeidend; s W-Bw Rh: SO-Pfalz He: Wetterau, ↘ (m-stemp·ozEUR – T, H – O Aper., V Nanocyp.). **Kölme-E.** – V. acinifólia L.

10* Kapsel etwas länger als br, flach ausgerandet (Abb. **400**/5). FrStiel 1–1,5mal so lg wie der K, aufrecht. LaubBl tief gekerbt-gesägt, behaart. Kr dunkelblau od. blaßblau u. dunkler geadert. 0,05–0,20. ① 3–5. Lückige Xerothermrasen, Ephemerenfluren; (A?) z M-Ba Bw Rh Th S- u. M-An S- u. O-Br, s N-Ba S- u. O-We He Sa: Radebeul SO-Ns Me, ↘ (m-stemp·(subk)EUR – T, H – O Alysso-Sed., K Fest.-Brom., O Aper.). **Früher E.** – V. prǣcox ALL.

11 **(9)** Kapsel breiter als lg. Stg am Grund kriechend. Kr weißlich od. hellblau. 0,05–0,40. ♃ 5–9. Frische Weiden u. Wiesen, krumenfeuchte Äcker, frische Ruderalstellen, bes. Trittstellen, Ufer, kalkmeidend; alle Bdl v, nur MDt-Trockengeb, M-Br u. NW-Ns z (m/mo-b·(oz)CIRCPOL – H – V Cynos., O Aper., O Polyg.-Chen., V Agrop.-Rum., V Polyg. avic.). ** **Quendel-E.** – V. serpyllifólia L.

11* Kapsel länger als br **12**

12 Kapsel ausgerandet. Griffel kürzer als die halbe Kapsel. Stg auch am Grund krautig. Bl nicht ledrig, locker bis dicht behaart. Kr 4–10 mm br **13**

12* Kapsel nicht ausgerandet. Griffel länger als die halbe Kapsel. Stg am Grund holzig. Bl etwas ledrig, steif, glänzend, fast kahl. Kr 9–15 mm br **14**

13 GrundBl rosettig, verkehrteifg, viel größer als die voneinander entfernten StgBl. BStand drüsig-zottig. Kr dunkelblau, 7–10 mm br. Griffel 2–5 mm lg. 0,05–0,20. ♃ 7–8. Alp. Silikatmagerrasen; z SW-Ba: Allgäu, s Wettersteingebirge (sm/alp-temp/alp·subozEUR – H – O Car. curv., V Nard.). **Gänseblümchen-E.** – V. bellidioídes L.

13* GrundBl nicht rosettig, kleiner als die nicht auffällig voneinander entfernten StgBl. Bl elliptisch. BStand drüsenlos behaart. Kr himmelblau, 4–7 mm br. Griffel 0,5–1,5 mm lg. 0,03–0,20. ♃ 7–8. Schneetälchen, alp. Lägerfluren; v Ba: Alpen (sm/alp-arct·ozEUR –OAM – H – K Salic. herb., V Poion alp., V Nard.). **(**) Alpen-E.** – V. alpína L.

14 **(12)** BStiel u. K drüsig-flaumig. Kr blaßrosa, dunkler geadert. Bl schmal lanzettlich, etwa doppelt so lg wie die StgGlieder. Traube (5–)8–20blütig; auch unterste DeckBl wechselständig. Reife Kapsel kaum länger als K. 0,10–0,25. ♄ 6–7. Sonnige, alp.-subalp. Kalkschuttfluren u. -felsspalten; z Ba: Allgäu, Ammergebirge, Fischbach u. Hochriss südlich Rosenheim, (N) s Bw: Jura: Fuchseck (sm/alp-temp/alp·subozEUR – S – V Thlasp. rot., V Potent. caul.). **Halbstrauchiger E.** – V. fruticulósa L.

14* BStiel u. K (fast) nur mit drüsenlosen Haaren. Kr tief azurblau, mit purpurnem Schlundring. Bl verkehrteilanzettlich bis verkehrteifg, meist kürzer bis nur wenig länger als die StgGlieder. Traube 1–8blütig; unterste DeckBl gegenständig. Reife Kapsel den K deutlich überragend. 0,05–0,15. ♄ 6–8. Subalp. u. alp. Felsspalten u. steinige Matten; v Ba: Alpen, s Bw: S-Schwarzw, (N) s An: Brocken (sm/alp-arct·ozEUR–GRÖNL – S – V Andros. vand., V Car. curv.). **Felsen-E.** – V. frúticans JACQ.

15 **(3)** KZipfel kurz gestielt, br herzfg, lg gewimpert. Kapsel mit höchstens 4 Sa. Bl 3–7lappig bis -spaltig. Kr 4–7 mm br, blau od. lila. Stg liegend od. aufstrebend. 0,05–0,40 lg. ① 3–5. Nährstoffreiche, sandige bis lehmige Äcker, Gärten, Weinberge, frische Gebüsche u. ihre Säume, AuW; alle Bdl g, aber Sandgebiete z, Bergland s (m-temp·(oz)EUR–(WAS) – T, H – K Secal., O Polyg.-Chen., V Alliar., V Alno-Ulm., O Fag.). *** Efeu-E.** – V. hederifólia agg.

15* KZipfel sitzend, nicht herzfg. Kapsel mit > 6 Sa. Bl gekerbt bis gesägt **16**

16 Griffel 2–4 mm lg. Kr 8–14 mm br. Kapsel meist stark zusammengedrückt u. scharf gekielt, ihre Lappen miteinander einen stumpfen Winkel bildend. FrStiele 15–30 mm lg, meist deutlich länger als ihre DeckBl **17**

16* Griffel 1–1,7 mm lg. Kr 4–8 mm br. Kapsel rundrückig, nicht od. schwach gekielt, ihre Lappen miteinander einen spitzen Winkel bildend. FrStiele < 15 mm lg, meist etwa so lg wie ihre DeckBl **18**

17 Stg kräftig, liegend bis aufsteigend, nicht wurzelnd. Bl 1–3 cm lg. BStiel 1,5–2mal so lg wie sein DeckBl. Kr himmelblau. Kapseln reichlich vorhanden, 6–9 mm br u. 4–6 mm lg, stumpfwinklig ausgerandet (Abb. **400**/6), stark netznervig. 0,10–0,40 lg. ① 1–12. Nährstoffreiche, lehmige Äcker, Gärten, Weinberge, frische Ruderalstellen; (N 1805) alle Bdl g, aber Sandgebiete von Br v, N-Ns z, ↗ (m-temp·(oz)EUR–(WAS) – T, H – K Secal., O Polyg.-Chen., O Sisymbr.). [V. tournefórtii C. C. GMELIN, V. buxbáumii TEN.] **Persischer E.** – V. pérsica POIRET

17* Stg fadendünn, kriechend, wurzelnd. Bl etwa 0,5 cm lg. BStiel 2–4mal so lg wie sein DeckBl. Kr bläulichviolett. Kapseln fast stets fehlschlagend. 0,10–0,50 lg. ♃ 3–6. Frische Fettweiden, Wege, Parkrasen; (N 1930) v S-Ba S- u. W-Sa, z M- u. N-Ba Bw Rh We He Th S- u. M-An Ns Me Sh, s N- u. O-Br, ↗ (sm/mo·subozKAUK, eingeschleppt in sm-temp·ozEUR – H – V Cynos., O Polyg.-Chen.) . **Faden-E.** – V. filifórmis SM.

18 **(16)** Kapsel nur mit lg, gegliederten Drüsenhaaren (Abb. **401**/1) (durch Abbrechen bisweilen scheinbar auch einige kurze, drüsenlose Haare), nie kraushaarig, schwach gekielt, mit etwa 8–15 Sa; Griffel die Kapselbucht kaum überragend. KZipfel an der Fr schmal lanzettlich, stumpf, schwach behaart (Abb. **401**/2). Kr weiß, blaßblau od. hellrosa. Bl eifg bis länglich-eifg, stets länger als br, kerbig-gesägt, hell gelblichgrün, oft glänzend. 0,10–0,30 lg. ① 4–10. Sandige bis lehmige Äcker, Gärten, kalkmeidend; (A) v Rh Me Sh, übrige Bdl z, Kalkgebiete s (m-b·(oz)EUR – T – O Aper., O Polyg.-Chen.). **Acker-E.** – V. agréstis L.

18* Kapsel mit einem kurzen, dichten Pelz drüsenloser Kraushaare u. meist einigen längeren Drüsenhaaren (Abb. **401**/3). Kr blau. Bl br eifg bis rundlich-eifg, höchstens wenig länger als br, dunkelgrün. Bevorzugt auf schweren, lehmigen Böden **19**

19 KZipfel zur FrZeit br eifg, 2 sich am Grund überlappend, spitzlich, sehr schwach kurzhaarig (bis 0,5 mm lg). Kapsel nicht gekielt, meist mit 16–24 Sa; Griffel die Kapselbucht

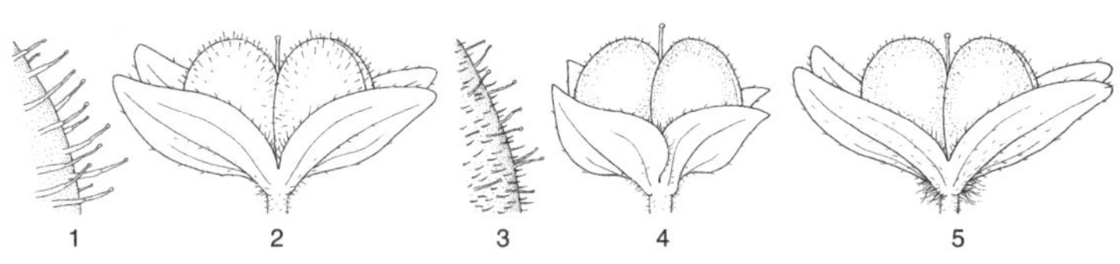

deutlich überragend (Abb. **401**/4). Kr mit br, tiefblauem Ober- u. schmalem, viel hellerem Unterlappen. Bl tief kerbig-gesägt, oberseits oft glänzend. 0,10–0,25 lg. ① 3–10. Lehmige bis tonige Äcker, Gärten, Weinberge, kalkhold; (A) v im Tief- u. Hügelland von Ba Bw Rh Th S- u. M-An SO-Ns, z We He Sa N-An S- u. O-Br, s Me, (U) s N-Ns, † Sh, ↘ (m-temp·(oz)EURAS – T, H – V Caucal., V Fum.-Euph.). **Glanz-E.** – V. políta FRIES

19* KZipfel zur FrZeit länglich-lanzettlich, stumpf, am Grund von 0,6–1,3 mm lg Haaren dicht zottig. Kapsel schwach gekielt, meist mit 10–12 Sa; Griffel die Kapselbucht kaum überragend (Abb. **401**/5). Kr (fast) stets einfarbig dunkelblau, ihre Lappen ewa gleich br. Bl flach gekerbt, glanzlos. 0,10–0,40 lg. ① 3–10. Lehmige Äcker (bes. Hackkulturen), Gärten, frische Ruderalstellen, kalkhold; (A) z Ba Sh, s N- u. W-Bw Rh We He Th Sa An Br Ns Me, ↘ (temp·subozEUR – T, H – K Secal., O Polyg.-Chen.). **Glanzloser E.** – V. opáca FRIES

20 **(2)** K 5zipflig, der hintere Zipfel viel kleiner als die übrigen **21**

20* K 4zipflig, alle Zipfel fast gleich groß **24**

21 Pfl mit liegenden, immergrünen BlTrieben u. aufsteigenden BStg. DeckBl linealisch, meist länger als die BStiele. Kr blauviolett od. blau, (4–)7–10(–14) mm br. Sa 1 mm br. K u. Kapsel kahl. Bl länglich-eifg bis linealisch. 0,10–0,30 lg. ♃ 4–7. Trocken- u. Halbtrockenrasen, kalkhold; z S- u. O-An Br, s Ba: Jura, Main Bw: Jura, Rhein, Main N-Th NW-Sa, † He Me Sh, ↘ (sm-temp·subkEUR–WAS – C – O Fest. val.). [incl. V. satureiifólia POIR. et TURPIN] ** **Liegender E.** – V. prostráta L.

21* Alle Triebe aufsteigend bis aufrecht, sommergrün. DeckBl lanzettlich, selten länger als die BStiele. Kr rein blau, 10–18 mm br. Sa 1,5 mm br. K u. Kapsel meist kurzhaarig **22**

22 Mittlere u. untere StgBl fiederspaltig bis fiederteilig bis fast gefingert, mit linealen Abschnitten, sitzend, die oberen weniger tief geteilt bis ungeteilt. 0,20–0,50. ♃ 5–7. Ruderal beeinflußte, kont. Halbtrockenrasen; s NO-Br: Tantow u. Blindow bei Prenzlau (m-temp·subkEUR – C – V Cirs.-Brach.). [V. austríaca ssp. jacquínii (BAUMG.) MALY] **Jacquin-E.** – V. jacquínii BAUMG.

22* Mittlere u. untere StgBl ungeteilt, grob kerbsägig bis fast ganzrandig **23**

23 Mittlere u. untere StgBl eifg, 1½–3mal so lg wie br, flach, grob kerbsägig bis doppelt gesägt, am Grund herzfg bis abgerundet, sitzend; Bl über den BTrauben kaum anders. DeckBl etwas kürzer als die BStiele. Kapsel 3–3,5 mm lg. 0,30–0,80. ♃ 6–7. Halbtrockenrasen, TrockenW u. -gebüsche u. ihre Säume, kalkhold; v Ba Bw S- u. O-Rh Th, z S- u. W-We He An M- u. O-Br SO-Ns O-Me, s N- u. M-Sa, f Silikatgebirge u. Alpen (sm-temp·(subk)EUR–WAS – C – V Ger. sang., V Berb., O Querc. pub., V Eric.-Pin., V Mesobrom., V Cirs.-Brach.). [V. latifólia aut.] **Großer E.** – V. teūcrium L.

23* Mittlere u. untere StgBl lanzettlich, 3–7mal so lg wie br, am Rand meist zurückgerollt, seicht kerbsägig bis ganzrandig, am Grund verschmälert, kurz gestielt; Bl über den BTrauben linealisch u. meist ganzrandig. DeckBl etwa so lg wie die BStiele. Kapsel 4–5 mm lg. 0,20–0,40. ♃ 5–6. Halbtrockenrasen, Trockengebüschsäume, kalkstet; s Ba: Jura, Garching SO-Bw: Jura, Kaiserstuhl He?; Angaben aus Th, W-An u. NO-Br wohl zu V. teucrium (sm-stemp·subkEUR – C – V Cirs.-Brach., V Mesobrom., V Ger. sang.). [V. dentáta F. W. SCHMIDT] **Österreichischer E.** – V. austríaca L.

24 **(20)** Pfl behaart, aber höchstens BStand drüsig **25**

24* Pfl kahl od. nur mit Drüsenhaaren. Ufer- u. SumpfPfl **28**

25 Stg mit 2 Längsreihen von Haaren (Traubenstiele ringsum behaart). Bl eifg, sitzend od. kurz gestielt, gekerbt. Kapsel kürzer als der K. Kr blau, dunkler geadert. 0,15–0,40. ♃ 4–10. Frische Wiesen u. Wegränder, Gebüsch- u. Waldsäume, lichte LaubW; alle Bdl g, nur NW-We u. N-Ns v (m/mo-b·(oz)EUR-(WAS) – H, C – O Arrh., O Orig., O Prun., O Querc. pub., O Fag., V Caric. ferr.). * **Gamander-E.** – V. chamǣdrys agg.

25* Stg ringsum gleichmäßig behaart **26**

26 Bl 7–15 mm lg gestielt, rundlich bis br eifg, grob kerbsägig. BStiele 4–8 mm lg. Kr bläulichweiß mit dunkleren Adern. Kapsel fast brillenfg. 0,15–0,40. ♃ 5–6. Säume, krautreiche LaubW, anspruchsvoll; v Bw Rh We He S-Ns O-Sh, z Ba: bes. Alpenvorland

Th Sa: bes. Bergland Me N-Ns W-Sh, s An: bes. Harz Br (m/mo-temp/demo·ozEUR – H – O Fag.). **Berg-E.** – V. montána L.

26* Bl sitzend od. bis 5 mm lg gestielt **27**

27 Stg kriechend, nur BStände ± aufrecht. Bl 1,5–5 cm lg u. 0,5–2,5 cm br, elliptisch, in den kurzen Stiel verschmälert, fein kerbsägig, stumpf. Kr blaßlila, dunkler geadert. Kapsel verkehrtdreieckig bis verkehrtherzfg. 0,15–0,40 lg. ♃ 6–8. Mäßig trockne Magerrasen, Heiden, Säume, Schläge, Laub- u. NadelW, kalkmeidend; g Ba Bw Rh He, v We Th: bes. Bergland Sa An: bes. Harzgebiet N- u. O-Br Ns Me Sh, s MDt-Trockengeb (sm/mo-b·(oz)EUR – H – K Nardo-Call., V Epil. ang., V Querc. rob.-petr., V Luz.-Fag., V Vacc.-Pic. – ArzneiPfl). **Echter E.** – V. officinális L.

27* Stg aufrecht, einzeln. Bl 5–10 cm lg u. 2–5 cm br, eifg, mit br abgerundetem Grund sitzend, grob scharf gesägt, zugespitzt. Kr blaßrosa od. weiß. Kapsel fast kreisrund. 0,20–0,60. ♃ 6–8. Krautreiche GebirgsW, Hochstaudenfluren, kalkhold; v Ba: Alpen, z Vorland bis Passau, s Bw: Alpenvorland, Bodensee, Hochrhein, (N) s An: Harz (sm/mo-stemp/demo·subozEUR – H – V Gal.-Abiet., V Luz.-Fag., V Til.-Acer., V Adenost.). [V. latifólia aut.] **Nesselblättriger E.** – V. urticifólia L.

28 **(24)** Trauben wechselständig, locker, Kapsel flach, tief ausgerandet. Bl linealisch bis lanzettlich, sitzend, fein gezähnt. Stg schlaff. Kr weißlich mit rosa od. blauen Streifen. 0,10–0,45. ♃ 6–9. Mesotrophe, meist offene, kalkarme Quell- u. Flachmoore, Großseggenrieder, Ufer, Gräben; v Ns Sh, alle übrigen Bdl z, im SW ↘ (sm-b·(oz)EUR–WAS+AM – H – V Car. lasioc., V Magnocar., O Litt.). **Schild-E.** – V. scutelláta L.

28* Trauben gegenständig. Kapsel gedunsen, rundlich, flach ausgerandet **29**

29 Bl alle kurz gestielt, br elliptisch bis fast kreisrund, stumpf, unregelmäßig gekerbt-gesägt, fleischig. Kr himmelblau. 0,20–0,60. ♃ 5–8. In u. an langsam fließenden Bächen, Gräben,Quellen; g Ba Bw Rh We He S-Ns, v Th Sa An Br NO-Ns Me O-Sh, z NW-Ns W-Sh (m-b·(oz)EUR–WAS – A – V Glyc.-Sparg.). **(**) Bach-E., Bachbunge** – V. beccabúnga L.

29* Bl mit schwach herzfg Grund sitzend, lanzettlich bis länglich, spitz, fast ganzrandig, nicht fleischig **30**

30 Kapsel 2–3,2 mm lg u. 1,6–2,3 mm br, länger als br. Stg meist markig. Kr 2,5–3,5(–4) mm br, weißlich, blauviolett geadert. FrTraube dicht, reichdrüsig. 0,15–0,60. ☉ 6–10. Offene, nährstoffreiche, kalkarme, zeitweise überschwemmte Ufer, Gräben; z Ba Ns, s S-An Br: Berlin Me, † O-Th Sa: ob je? (m-temp·(subk)EUR–WAS – T – K Isoët.-Nanojunc.). [V. anagállis var. limósa NEILR.] **(**) Schlamm-E.** – V. anagalloídes GUSS.

30* Kapsel 2,5–4 mm lg, etwa so lg wie br. Stg meist hohl. Kr 4–7 mm br. FrTraube lockerer, kahl od. sehr zerstreut drüsig **31**

31 Kr hellrosa od. weiß, rot geadert, 4–5(–6) mm br. FrTraube locker, mit fast waagerecht abstehenden FrStielen. DeckBl zur BZeit meist länger als die BStiele, lanzettlich. Kapsel meist etwas breiter als lg. Stg oft rot überlaufen. 0,15–0,70. ☉ ♃ 6–10. Zeitweise überflutete, nährstoffreiche Bachröhrichte, Gräben; z Ba Bw Rh We He N- Th An Br Ns Me Sh, s N-Th NW-Sa (m-temp·(oz)EUR–WAS+AM – T, A – V Glyc.-Sparg.). [V. aquática BERNH., V. comósa aut. non RICHTER] **Roter Wasser-E.** – V. catenáta PENNELL

31* Kr blaßlila, dunkler rötlichviolett geadert (selten ganz rosa), (4–)5–7 mm br. FrTrauben mäßig dicht, mit aufwärtsgerichteten FrStielen. DeckBl zur BZeit meist kürzer als die BStiele, linealisch. Kapsel meist etwas länger als br. Stg grün. 0,10–0,75. ♃ 5–10. Nasse, nährstoffreiche Bachröhrichte, Ufer, Gräben; v Ba Bw Ns Me Sh, z Rh We He Th Sa An Br, s Silikatgebirge (austr-b·(oz)CIRCPOL – H – V Glyc.-Sparg., V Phragm.). [V. anagállis aut.] **** Blauer Wasser-E., Gauchheil-E.** – V. anagállis-aquática L.

Blauweidereich – Pseudolysimáchion OPIZ

1 BStiele wesentlich kürzer als der K, etwa 0,5–1 mm lg. Bl gesägt-gekerbt, gegen die Spitze ganzrandig, meist stumpf, gegenständig, die oberen zuweilen wechselständig. 0,15–0,40. ♃ 6–9. Xerothermrasen, Trockengebüschsäume, kalkmeidend; z M- u. N-

Ba O-Rh An Br Me, s S- u. NW-Bw S- u. M-He Th M- u. NW-Sa Ns: O u. Meppen, † We Sh, ↘. ZierPfl, auch verwildert (sm-temp·subkEUR–WAS – H – K Fest.-Brom., O Fest.-Sedet., V Ger. sang. – ▽). [Verónica spicáta L.] **Ähren-B.** – P. spicátum (L.) OPIZ

1* BStiele etwa so lg wie der K, 1–4 mm lg. Bl bis zur Spitze scharf gesägt, stets spitz, gegen- od. quirlständig. Pfl meist > 50 cm hoch **2**

2 DeckBl 3–6 mm lg, länger als der dichthaarige BStiel. 0,50–1,20. ♃ 6–8. Nasse, nährstoffreiche Staudenfluren an Auengebüschen, Sumpfwiesen, Gräben; z (Stromtäler z. T. v) Ba Sa An Br Ns Me Sh, s Bw Rh We He, † Th, ↘. ZierPfl, auch verwildert (m-b·(k)EURAS – H – V Filip., V Mol., V Convolv. – ▽). [Verónica longifólia L.] **Langblättriger B.** – P. longifólium (L.) OPIZ

2* DeckBl 1–3 mm lg, kürzer als der kurzdrüsige BStiel. 0,50–1,20. ♃ 6–8. Säume, Gebüsche, anspruchsvoll; † Th: Wandersleben An: Freyburg, Halle, Halberstadt (sm-temp·subkEUR–WAS – G – O Orig., V Berb.). [Verónica paniculáta L., V. spúria L., P. paniculátum (L.) HARTL] **Rispen-B.** – P. spúrium (L.) OPIZ

Fingerhut – Digitális L.
(Ib: Hummeln, Vm, Sb – Wv – Hybr. – ZierPfl – giftig!)

1 Mittelzipfel der Unterlippe etwa so lg wie die KrRöhre, diese kuglig aufgeblasen, weißlich u. dicht rostbraun netzadrig. Traube allseitswendig, drüsig lg weißwollig; Stg im unteren Teil kahl. 0,50–1,20. ⊙ 6–7. KulturPfl, auch (N), z. B. N Ba: Bischofsheim Bw: Heidelberg, Oberschwaben He: Herborn Th: Oberelsbach Sa: Rittwitz, (U) M-An: Winningen, Aschersleben (sm·subozEUR – H – ArzneiPfl). **Wolliger F.** – D. lanáta EHRH.

1* Mittelzipfel der Unterlippe < $^1/_2$ so lg wie die KrRöhre, diese glockig-bauchig od. röhrig. Traube einseitswendig **2**

2 Kr purpurn, selten weiß, innen dunkelrot gefleckt. Bl eifg bis länglich-eifg, runzlig, gekerbt, unterseits wie der Stg graufilzig. 0,70–1,50. ⊙ (♃) 6–8. Waldschläge, Säume, kalkmeidend; v W-Bw Rh We He S-Ns, Bergland von Th, Sa u. An, z Ba (f Alpen) N-Ns Sh, sonst (N) z, ↗. ZierPfl (m/mo-b·ozEUR – H – V Epil. ang., V Saroth. – ArzneiPfl). **Roter F.** – D. purpúrea L.

2* Kr hellgelb. Bl länglich-elliptisch bis lanzettlich, glatt, gesägt bis entfernt gezähnelt, unterseits wie der Stg kahl od. kurz rauhhaarig **3**

3 Kr glockig-bauchig, 30–40 mm lg, innen braun getigert. Oberlippe stumpf, ± ganzrandig. Stg u. BlUSeite rauhhaarig. 0,40–1,00. ♃ 6–8. Säume, Schläge, Staudenfluren, wärmeliebende LaubW, anspruchsvoll; z (bes. Bergland) Ba Bw Rh He Th Sa An O-Br SO-Ns, s S- u. O-We NO-Ns: Hitzacker, auch (N) s, z. B. Schwerin, † SO-Me (m/mo-temp·subozEUR – H, G – V Epil. ang., V Ger. sang., O Querc. pub. – ▽). [D. ambígua MURRAY] **Großblütiger F.** – D. grandiflóra MILL.

3* Kr röhrig, 15–25 mm lg, innen ohne Zeichnung. Oberlippe spitz 2zipflig. Stg u. Bl (mit Ausnahme des BlGrundes) meist kahl. 0,50–1,00. ♃ 6–8. Waldschläge, wärmeliebende LaubW, kalkhold; z Bw Rh, s S-He, (N) s S-We Th, (U) s M-Ba Ns W-He (m/mo-stemp·ozEUR – H – O Atrop., O Orig. – ▽). **Gelber F.** – D. lútea L.

Wachtelweizen – Melampýrum L.
(T – Ib: Hummeln, Sb – Av – Halbschmarotzer)

1 B in allseitswendigen Ähren. DeckBl kammfg od. fransig gezähnt **2**

1* B in einseitswendigen Ähren, untere meist entferntstehend **3**

2 Ähren 4kantig, dicht. DeckBl rundlich-herzfg, gefaltet, kammfg gezähnt, grünlichweiß od. rötlich. Kr gelblichweiß, purpurn überlaufen. 0,08–0,50. ☉ 5–9. Säume, Gebüsche, TrockenW, anspruchsvoll; z Kalkgebiete von Ba: außer Alpen Bw Rh Th An, s S-We He NW-Sa Br O-Ns NW-Me SO-Sh, ↘ (sm-temp·(suboz)EUR–WSIB – V Ger. sang., O Querc. pub., V Berb.). **Kamm-W.** – M. cristátum L.

2* Ähren walzig, locker. DeckBl flach, eifg-lanzettlich, fransig gezähnt; obere hellpurpurn, unterseits schwarz punktiert. Kr purpurn, mit weißlichem Ring. 0,15–0,50. ☉ 5–8. Lehmige bis tonige, meist skelettreiche u. extensiv genutzte Äcker, Halbtrockenrasen, Trockengebüschsäume, kalkhold; (A) v außer Silikatgebirge M- u. N-Ba Bw Th, z Rh He, s SW- u. N-We W-Sa S- u. M-An O-Br S-Ns Me, † Sh, auf Äckern ↘ (sm-temp·(suboz) EUR – V Caucal., V Cirs.-Brach., V Ger. sang.). **Acker-W.** – M. arvénse L.

3 **(1)** K wollig-zottig. DeckBl am Grund spießfg, borstlich gezähnt; obere blauviolett, selten weißlich od. grün. Kr goldgelb, später orange mit rotbrauner Röhre. 0,20–0,70. ⊙ 5–9. Mäßig trockne, nährstoffreiche Wälder, Gebüsche u. ihre Säume; v Th Sa, z Ba: N, O, München An Br O-Ns Me, s He SO-Sh, † O-Bw: ob je? (sm-temp·subozEUR – V Carp., O Prun., O Orig.). **Hain-W.** – M. nemorósum L.

3* K kahl. DeckBl am Grund abgerundet od. verschmälert, grün, ganzrandig od. nur am Grund jederseits mit 1–3 Zähnen **4**

4 Kr kurzröhrig, trichterfg, mit gekrümmter Röhre, goldgelb, 6–10 mm lg. KZähne dreieckig-lanzettlich, etwa so lg wie die KrRöhre. B aufrecht. 0,15–0,35. ⊙ 5–8. FichtenW u. -forsten, subalp. Gebüsche, mäßig anspruchsvoll; v Bergland (bes. Silikat) von Ba Bw: Alpenvorland, Schwarzw Th S-Sa SW-An: Harzgebiet SO-Ns: Harz, s SO-We, † Sh (sm/mo-b·(suboz)EUR – O Vacc.-Pic., V Rhod.-Vacc., V Gal.-Abiet.). **Wald-W.** – M. sylváticum L.

4* Kr langröhrig, keulig, mit gerader Röhre, gelblichweiß, 12–20 mm lg. KZähne lanzettlich-pfriemlich, kürzer als die halbe KrRöhre. B fast waagerecht. 0,10–0,50. ⊙ 5–8. Säume, Gebüsche, bodensaure Wälder, Heiden, kalkmeidend; g Ba Bw Rh He, v übrige Bdl, aber MDt-Trockengeb s, Marsch f (sm-b·(oz)EUR–WAS – O Querc. rob.-petr., V Luz.-Fag., K Vacc.-Pic.). **Wiesen-W.** – M. praténse L.

Alpenrachen, Tozzie – Tózzia L.

Grundachse von fleischigen NiederBl dicht bedeckt. Bl kahl, fettig glänzend. Kr goldgelb, Unterlippe purpurn punktiert. 0,10–0,50. ⊚ 6–8. Sickerfrische, nährstoffreiche, kalkhaltige, subalp. Hochstaudenfluren; v Ba: Alpen (sm/salp-stemp/salp·subozEUR – G – Av – Halbschmarotzer – O Adenost.). **Alpenrachen, Tozzie** – T. alpína L.

Alpenhelm, Bartschie – Bártsia L.

Bl eifg, mit herzfg Grund, die oberen trübviolett. Kr 18–22 mm lg. Sa trockenhäutig geflügelt. 0,05–0,15. ♃ 6–8. Subalp. bis dealp. Quellmoore, alp., sickerfeuchte Matten; v S-Ba: Alpen u. Vorland bis Augsburg u. Erding, s SW-Bw: S-Schwarzw (sm/alp-arct·(oz)EUR–OAM – G – Ib: Hummeln, Vw – Halbschmarotzer – O Tofield., V Car. fusc., O Sesl.). **Alpenhelm, Bartschie** – B. alpína L.

Zahntrost – Odontítes LUDWIG

1 Kr fleischrot, 9–12 mm lg, filzig behaart. StaubBl die Oberlippe kaum überragend. 0,10–0,50. ⊙ 5–10. Sandige bis tonige, meist nährstoffreichere Äcker, wechselfrische Weiden u. Trittrasen, Salzwiesen; alle Bdl v, aber N-Ns Me z, ↘ (m-b·(oz)EURAS – T – Ib: Bienen, Sb – Wv – Halbschmarotzer – K Secal., V Cynos., V Agrop.-Rum., V Armer. marit.). [O. rúber (BAUMG.) OPIZ, Euphrásia odontítes L.] * **Roter Z.** – O. vérnus agg.

1* Kr gelb, 5–8 mm lg, locker flaumig. StaubBl die Oberlippe weit überragend. 0,15–0,60. ⊙ 7–10. Trocken-, Halbtrocken- u. reichere Sandtrockenrasen, Trockengebüschsäume, basenhold; z Kalkgebiete M- u. N-Ba Bw Rh S-He Th S-An, s NO-Br, † Sa Ns, ↘ (m-stemp·(subk)EUR – T – Ib: Bienen – Wv – Halbschmarotzer – K Fest.-Brom., O Fest.-Sedet.). [Euphrásia lútea L., Orthántha lútea (L.) KERNER ex WETTST., Orthanthélla lútea (L.) RAUSCHERT] **Gelber Z.** – O. lúteus (L.) CLAIRV.

Augentrost – Euphrásia L.
(T – Wv – Halbschmarotzer – alte ArzneiPfl)

1 Bl 3–5mal so lg wie br, mit keiligem Grund u. scharfer Spitze, mit 3–7(–9) voneinander entfernten Zähnen, die oberen fast fiederschnittig. Kapsel kahl od. mit wenigen kurzen,

krummen Wimpern. 0,01–0,25. ⊙ 7–10. Frische, kalkreiche, alp. u. subalp. Matten; v Ba: Alpen, z Vorland an Lech, Ammersee, Isar u. Inn, s S-Bw: Iller?, Donau (sm/alp-stemp/dealp·ozEUR – Sb – O Sesl., V Mesobrom.).
* **Salzburger A.** – Eu. salisburgénsis agg.

1* Bl 1–2mal so lg wie br, mit abgerundetem od. höchstens kurz verschmälertem Grund u. br eifg Spitze, mit (5–)7–15 aneinandergrenzenden Zähnen, auch die oberen kaum tiefer geteilt. Kapsel mit geraden, steifen Wimpern. 0,01–0,45. ⊙ 5–10. Xerothermrasen, Weiden, Moorwiesen, bodensaure Magerrasen, Bergwiesen; alle Bdl v, aber NW-Sa N-An W-Br O-Me z (sm/mo-b·(oz)EUR – K Fest.-Brom., O Fest.-Sedet., K Mol.-Arrh., O Nard.). * **Gewöhnlicher A.** – Eu. officinális agg.

Klappertopf – Rhinánthus L. [Alectorólophus ZINN]
(T – Ib: Hummeln, Sb – Wv – Halbschmarotzer)

1 K u. DeckBl mit Drüsenhaaren. Kr 18–20 lg. 0,15–0,60. ⊙ 5–8. Kalk-Halbtrockenrasen; s O-Th: Jena (sm-temp·subozEUR – V Mesobrom.). [Rh. aschersoniánus (M. SCHULZE) O. SCHWARZ] **Drüsiger K.** – Rh. rumélicus VELEN.

1* K u. DeckBl kahl od. mit drüsenlosen Haaren **2**

2 KrRöhre gerade, kürzer als der K (Abb. **406**/1). Zähne der Oberlippe breiter als lg, bläulich od. weißlich. Kr gelb, 13–15 mm lg, mit etwas geöffnetem Schlund. DeckBl dreieckig, spitz. 0,05–0,50. ⊙ 5–9. Frische bis nasse, meist kalkarme Wiesen; v Ba Bw Rh S- u. O-We He Th, z NW-We Sa: bes. Erzg An: bes. Harz Br Ns Sh, s Me (sm/mo-b·(oz)EUR–(WSIB) – O Mol., O Nard.). ** **Kleiner K.** – Rh. mínor L.

2* KrRöhre ± aufwärtsgekrümmt (Abb. **406**/2), mindestens so lg wie der K. Zähne der Oberlippe länger als br, meist blauviolett **3**

3 KrRöhre plötzlich stark aufwärtsgekrümmt, kurz, ihr Schlund offen **4**

3* KrRöhre schwach od. nur allmählich gekrümmt. Schlund geschlossen **5**

4 DeckBl mit spitzen, grannenlosen Zähnen (Abb. **406**/3), etwa so lg wie der K. Kr 15 mm lg, hellgelb. Bl länglich-eifg, stumpf. 0,15–0,50. ⊙ 6–7. Bergwiesen; † SW-Sa: Fichtelberg (sm/mo-stemp/mo·subozEUR). [Rh. alpínus BAUMG.]
** **Alpen-K.** – Rh. púlcher GÜNTH. et SCHUMM. ex OPIZ

4* DeckBl am Grund mit lg, grannenartig zugespitzten Zähnen (Abb. **406**/4), fast doppelt so lg wie der K. Kr 15–20 mm lg, gelb. Bl br lanzettlich bis linealisch, etwas zugespitzt. 0,05–0,60. ⊙ 6–9. Trockne, meist kalkhaltige Wiesen, Kalkmagerrasen; v Ba: bes. S, Jura, Rhön S-Bw, s Rh He: Vogelsberg, Schlüchtern Th: S u. Kyffhäuser An: Benneckenstein, † Ns, ↘ (sm/mo-stemp/demo·subozEUR – O Nard., O Sesl.). [Rh. aristátus ČELAK., Rh. angustifólius aut.] ** **Begrannter K.** – Rh. glaciális PERSONNAT

5 **(3)** Stg fast kahl. DeckBl kahl, lg zugespitzt, ungleich gezähnt (Abb. **406**/5). StgBl länglich-lanzettlich, kerbsägig, mit fast angedrückten Zähnen. 0,10–0,70. ⊙5–9. Feuchte Wiesen; v Br N-Ns Me Sh, z Ba Bw Rh We He Th S- u. O-Sa An S-Ns, ↘ (sm/mo-b·(oz)EUR–WSIB – O Mol., V Armer. marit.). [Rh. májor EHRH. non L., Rh. gláber LAMK. p. p., Rh. serótinus (SCHÖNHEIT) OBORNY] ** **Großer K.** – Rh. angustifólius C. C. GMELIN

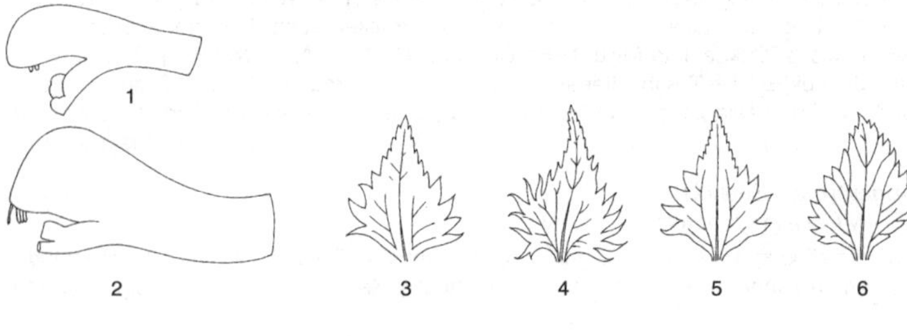

1 2 3 4 5 6

5* Stg nebst DeckBl u. K zottig. DeckBl mit gleichmäßigen Zähnen (Abb. **406**/6). StgBl eifg bis eilanzettlich, scharf gesägt. 0,05–0,80. ⊙ 5–9. Mäßig frische, nährstoffreiche Fettwiesen, Halbtrockenrasen, Getreideäcker; v S-Ba Bw S-Th, z M- u. N-Ba Rh He N-Th S-Sa S-An, s S-We SO-Ns: Duderstadt, Bad Sachsa (sm/mo-stemp·ozEUR – O Arrh., V Mesobrom., K Secal.). [Rh. májor L., Alectorólophus hirsútus (LAMK.) ALL.]
** **Zottiger K.** – Rh. alectorólophus (SCOP.) POLLICH

Läusekraut – Pediculáris L.
(H – Ib: Hummeln – Wv – Halbschmarotzer – alte ArzneiPfl – ▽)

1 Kr gelb 2
1* Kr rot od. grünlich, selten weiß 5
2 Schlund der Kr durch die zusammenneigenden Lippen geschlossen. Kr etwa 3 cm lg, schwefelgelb; Unterlippe blutrot gerandet, Oberlippe sichelfg, stumpf, ohne Zähne. 0,30–1,00. ♃ 6–8. Nasse, meist kalkhaltige Flachmoore u. Moorwiesen; s S- u. M-Ba: Wettersteingebirge, Lech- u. Isargebiet S-Bayr-W SO-Bw: Federseegebiet, † Me, ↘ (temp-arct·(k)EURAS – V Car. davall., V Mol. – ▽).
Moorkönig, Karlszepter – P. scéptrum-carolínum L.
2* Schlund der Kr nicht geschlossen. Kr < 3 cm lg 3
3 Oberlippe in einen lg dünnen Schnabel vorgezogen. KZipfel so lg wie die KRöhre, laubblattartig, gezähnt. Kr blaßgelb. 0,15–0,40. ♃ 7–8. Subalp. Kalkmagerrasen; (N) s O-Bw: Bernstadt bei Ulm (sm/salp-temp/salp·subozEUR – V Sesl., V Mesobrom. – ▽).
Langähriges L. – P. elongáta KERNER
3* Oberlippe gestutzt od. abgerundet, nicht geschnäbelt. KZipfel $^{1}/_{3}$ so lg wie die KRöhre, nicht laubblattartig 4
4 Oberlippe dicht rauhhaarig. TragBl länger als die B, untere den StgBl gleich. Bl gefiedert, mit doppelt fiederspaltigen Abschnitten. 0,15–0,50. ♃ 6–8. Frische, meist kalkhaltige subalp. u. alp. Matten; v S-Ba: Alpen, s M-Bw: Jura, Stuttgart (sm/salp-stemp/salp·ozEUR – V Car. ferr., V Car. davall., V Eric.-Pin. – ▽). **Reichblättriges L.** – P. foliósa L.
4* Oberlippe kahl, mit 2 dunkelroten Flecken. TragBl kürzer als die B. Bl fiederschnittig, Abschnitte eingeschnitten kerbsägig. 0,05–0,20. ♃ 6–8. Frische, kalkhaltige alp., steinige Matten; s S-Ba: Ammer- u. Mangfall-Gebirge (m/alp-arct·(k)EURAS–WAM – O Sesl. – ▽). [P. versícolor WAHLENB.] **Buntes L.** – P. œ́deri VAHL
5 **(1)** Oberlippe ohne Schnabel, abgerundet od. gestutzt, stumpf 6
5* Oberlippe in einen ± lg, kegelfg bis linealischen, an der Spitze gestutzten Schnabel endend (Abb. **408**/1, 2) 7
6 Bl, DeckBl u. B gegenständig od. quirlig. K aufgeblasen, rauhhaarig. Kr 17–18 mm lg, meist purpurn. 0,05–0,30. ♃ 6–8. Sickerfeuchte alp. u. subalp. Kalkmagerrasen, Quellmoore; s S-Ba: Alpen von Füssen bis Berchtesgaden, ↘ (sm/alp-arct·(k)EURAS– WAM – O Sesl., V Car. davall. – ▽). **Quirlblättriges L.** – P. verticilláta L.
6* Bl u. DeckBl wechselständig. K glockig, kahl. Kr bis 15 mm lg, grünlich, meist rot überlaufen. 0,20–0,60. ♃ 7–8. Subalp. Riesel- u. Quellfluren, Hochstauden-Gebüsch; z SW- u. SO-Ba: Allgäu, Berchtesgadener Alpen (sm/salp-temp/salp·subozALP – ▽).
Gestutztes L. – P. recutíta L.
7 **(5)** Oberlippe sehr kurz geschnäbelt, unter der Spitze 2zähnig 8
7* Oberlippe meist lg geschnäbelt, ohne deutliche Zähne. AlpenPfl 9
8 Stg mehrere, meist einfach; SeitenStg liegend, HauptStg fast vom Grund an blütentragend. B deutlich gestielt. K 5zähnig, mit gezähnelten Abschnitten (Abb. **408**/1). Oberlippe der Kr mit vorn steil abfallendem Helm u. 2 nach unten gerichteten, spitzen Zähnen; Unterlippe kahl. Sa hellbraun. 0,05–0,20. ⊙ ⊗ 5–7. Feuchte, nährstoffarme, saure Flach- u. Quellmoore, Feuchtheiden; z, bes. Silikatgebirge, Ba Bw Rh We He Th Sa S-An S-Br Ns Sh, s N-An N-Br N- u. W-Me, ↘ (sm/mo-temp·ozEUR – V Nard., V Eric. tetr., V Car. fusc., V Mol. – ▽). **Wald-L.** – P. sylvática L.
8* Stg einzeln, aufrecht, ästig, nur oberwärts blütentragend. B (fast) sitzend. K 2spaltig,

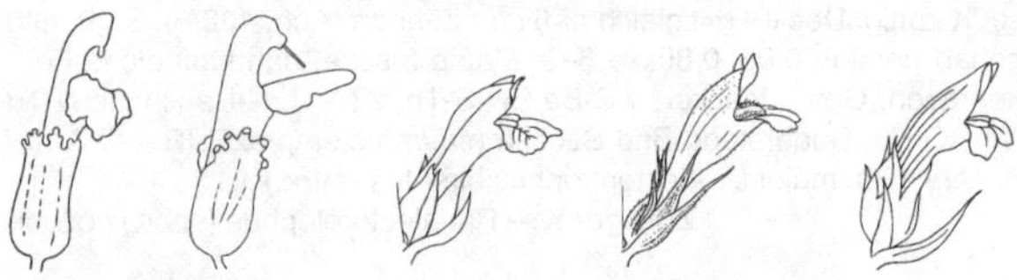
1 2 3 4 5

mit blattartigen, krausen, eingeschnitten-gezähnten Lappen (Abb. **408**/2). Oberlippe der Kr mit vorn wenig abgeschrägtem Helm u. 2 nach außen gerichteten, stumpfen Zähnen; Unterlippe bewimpert. Sa schwarzbraun. 0,20–0,50. ⊙⊚ 5–8. Nasse, mäßig nährstoffreiche, kalkarme Flach- u. Zwischenmoore; v S-Ba: Alpen u. Vorland, z M- u. N-Ba Bw Br Me, s Rh We He Th S-Sa An Ns Sh, ↘ (sm/mo-bEURAS–(OAM) – K Scheuchz.-Car., V Mol. – ∇). ** **Sumpf-L.** – P. palústris L.

9 **(7)** BStand ährig. KZipfel ± ganzrandig. K wollig behaart. 0,15–0,45. ♃ 7–8. Alp., frische Kalkmagerrasen, Matten; z SO-Ba: Berchtesgadener Alpen (sm/alp-temp/alp·subozALP – V Car. ferr. – ∇). [P. incarnáta JACQ. non L.] **(**) Ähren-L.** – P. rostratospicáta CRANTZ

9* BStand kurz. KZipfel blattartig, gekerbt. K höchstens am Rand u. auf den Nerven flaumig. 0,05–0,20. ♃ 6–8. Frische, kalkreiche, alp. Matten; v S-Ba: Alpen (sm/alp-temp/alp·subozALP – V Sesl. – ∇). [P. rostráta L. em. JACQ.] **(**) Kopfiges L.** – P. rostratocapitáta CRANTZ

Schuppenwurz – Lathrǽa L.

Ganze Pfl blaß rosenrot. Rhizom mit fleischigen NiederBl. B in einseitswendiger, übergebogener Traube. 0,10–0,30. ♃ 3–5. Krautreiche Wälder, Gebüsche, sehr anspruchsvoll; v Sa, z Ba Bw Rh S- u. O-We He Th An: bes. SW Br O-Ns Me O-Sh, s W-Ns W-Sh (m/mo-temp·(oz)EUR–WAS – G – Ib: Hummeln, Wb, Vw, unterirdische B kleistogam – Wv, Hv, Av – Schmarotzer auf Wurzeln von Gehölzen – K Querc.-Fag.). ** **Schuppenwurz** – L. squamária L.

Familie **Sommerwurzgewächse** – Orobancháceae VENT.

Krautige Schmarotzer ohne Blattgrün. Bl schuppenfg, wechselständig. B ⚥, dorsiventral, in endständigen Trauben od. Ähren. K 2–5teilig. Kr verwachsenblättrig, 2lippig. StaubBl 4. FrKn oberständig, 2blättrig, 1fächrig. Griffel 1. Narbe 2–4lappig. Kapseln mit ∞ winzigen Sa (210 Arten – Ib – Wv).

Sommerwurz – Orobánche L.
(Ib: Bienen – Wv – Schmarotzer)

1 K röhrig-glockig, 4- od. 5zähnig. Jede B mit 1 DeckBl u. 2 seitlichen, dem K angewachsenen VorBl (Abb. **408**/4) 2

1* K (fast) bis zum Grund in 2 seitliche, meist 2spaltige Hälften geteilt. B mit 1 DeckBl, ohne VorBl (Abb. **409**/1) 4

2 Kr 10–12(–17) mm lg, blaß gelblich, mit blauviolettem Saum (Abb. **408**/3). K 4zähnig. Stg ästig (nur bei kleinen Pfl astlos). 0,15–0,40. ⊙ 7–8. Sandige Äcker, bes. Hackkulturen, auf Cánnabis, Nicotiána, Solánum tuberósum, Lycopérsicon, Datúra u. a.; (A?) s NW-Bw S-Rh, † Ba We He Th Sa An N-Br Ns Me, ↘ (austrAFR-stemp·(suboz) EUR–WAS – T – O Polyg.-Chen., K Secal.). **Ästige S.** – O. ramósa L.

2* Kr 18–35 mm lg. K 4–5zähnig, der hintere Zahn sehr klein od. fehlend. Stg einfach (nur bei sehr üppigen Pfl ästig). Auf Korbblütlern 3

3 Kr 26–35 mm lg, blauviolett; Unterlippe mit rundlichen Lappen (Abb. **408**/4). Staubbeutel wollig behaart. DeckBl 15–20 mm lg. K 12–18 mm lg, KZähne so lg wie die KRöhre

od. länger. Stg dicht beblättert. 0,10–0,50. ⊚ 6–7. Felsfluren, Silikat- u. Sandtrockenrasen, auf Artemísia campéstris u. A. vulgáris; s N-Ba: Main, Regnitz W-Bw Rh S-He N-Th: Frankenhausen S-An O-Br S-Me, † W-We Sa, ↘ (m-stemp·(subk)EUR–(WAS) – G – K Fest.-Brom., O Fest.-Sedet., O Prun.). [O. lǣvis aut.] **Sand-S.** – O. arenária BORKH.

3* Kr 18–30 mm lg, blauviolett od. hell blauviolett, rötlich geadert; Unterlippe mit elliptischen Lappen (Abb. **408**/5). Staubbeutel meist kahl od. am Grund behaart. DeckBl 8–15 mm lg. K 8–15 mm lg, KZähne meist kürzer als die KRöhre. Stg oben armblättrig. 0,15–0,80. ⊚ 6–7. Halbtrockenrasen, trockne Wiesen, auf Achilléa, Artemísia, Círsium acaūle; z M- u. NW-Ba Bw Rh He, s S- u. O-We Th Sa: Stolpen, Oelsnitz S- u. M-An SO-Ns: Hitzacker, Lauterberg, Hils S-Me O-Sh, ↘ (m-stemp·(suboz)EUR – G – V Mesobrom., V Arrh., V Conv.-Agrop.). **Violette S.** – O. purpúrea JACQ.

4 **(1)** Kr blauviolett, am Grund weißlich, 10–23 mm lg. StaubBl in der eingeschnürten Mitte der KrRöhre ansitzend, diese darunter etwas bauchig (Abb. **409**/1). 0,10–0,40. ⊚ 6–7. Trocken- u. Halbtrockenrasen, basenhold, auf Artemísia campéstris, auch Achilléa; s M-Ba: Donau, Franken, Jura S-He: Bensheim?, ↘ (sm-temp·(k)EURAS – G – O Fest. val.). **(**) Bläuliche S.** – O. coeruléscens STEPH. ex WILLD.

4* Kr nicht blau, höchstens bläulich geadert, ihre Röhre unter der Ansatzstelle der StaubBl nicht bauchig **5**

5 Rücken der Kr gerade od. schwach gebogen u. über der Oberlippe plötzlich fast winklig abwärts, zuletzt oft wieder aufwärts gebogen (Abb. **409**/2–**410**/4) **6**

5* Rücken der Kr vom Grund bis zur Spitze ziemlich gleichmäßig gekrümmt (vgl. aber Elsässer S., **19***, auf Libanótis), nie nahe der Spitze winklig (Abb. **410**/5–**412**/5) . . . **13**

6 Oberlippe mit ± ∞ dunklen (violetten od. purpurroten) Drüsenhaaren. KHälften meist 1zipflig **7**

6* Oberlippe nur mit hellen Drüsenhaaren. KHälften fast stets 2zipflig **8**

7 KBl deutlich nervig, getrocknet meist braun. Staubfäden am Grund u. an der Vorderseite behaart, an der Spitze (wie der Griffel) reich dunkel drüsenhaarig. Mittelzipfel der Unterlippe doppelt so lg wie die Seitenzipfel (Abb. **409**/2, 3). Kr weiß, gegen den Saum zu rötlich, violett geadert. 0,20–0,60. ⊚ 6–7. Felsfluren, Trocken- u. Sandtrockenrasen, basenhold, auf Thýmus, Ácinos, Clinopódium, Oríganum u. a.; z Rh, s Ba Bw S-We: Brilon S- u. O-He Th Sa: Chemnitz S-An, † Br Ns Me, ↘ (m/mo-temp·(oz)EUR–WAS – G – K Fest.-Brom., O Fest.-Sedet., O Sesl.). [O. epíthymum DC.]
Quendel-S. – O. álba STEPH. ex WILLD.

7* KBl undeutlich nervig, getrocknet meist schwärzlich. Staubfäden am Grund kahl od. spärlich behaart, oberwärts (wie der Griffel) spärlich drüsig od. kahl. Zipfel der Unterlippe fast gleich lg (Abb. **409**/4). Kr entweder gelblich, gegen den Saum zu violett bis purpurn, mit violetten Nerven, od. violett bis purpurn, mit gelblichem Grund u. ± dunkelviolett drüsenhaarig. 0,30–0,80. ♃ ⊙? 6–7. Koll. bis subalp. Halbtrockenrasen, mäßig frische Ruderalstellen, auf Círsium, Cárduus, Carlína, Knaūtia, Scabiósa u. a.; s Ba: Alpen, Vorland, Donaumoos, Rhön SO- u. NW-Bw SO-Rh W-We SO-He N-Th S-An O-Br: Frankfurt, Angermünde SO-Ns S-Me: Waren, † Sa, ↘ (m/mo-temp·subozEUR–WAS – G – V Mesobrom., O Sesl., K Chen.). ** **Distel-S., Netz-S.** – O. reticuláta WALLR.

8 **(6)** Kr gelblichweiß od. weiß, meist violett geadert, 8–23 mm lg **9**

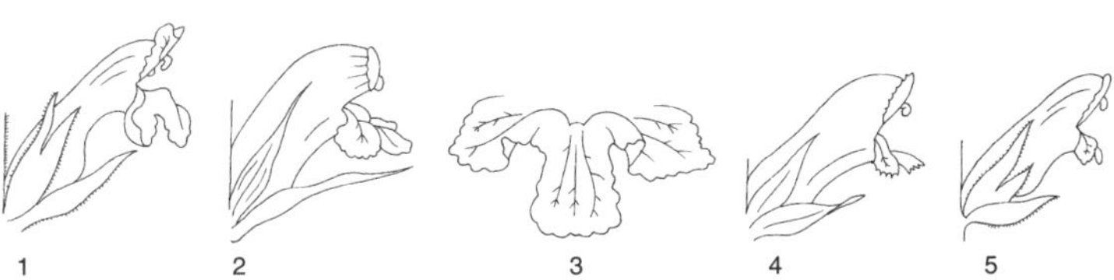

1 2 3 4 5

8* Kr rötlich- od. gelblichbraun bis braunviolett, 20–35 mm lg **11**

9 Zipfel der Oberlippe vorgestreckt od. abstehend. Kr 10–17 mm lg (Abb. **411**/1). **Kleine S.** (s. **15**)

9* Zipfel der Oberlippe zurückgebogen. Kr (10–)14–22 mm lg **10**

10 KHälften etwa bis zur Mitte 2spaltig od. ungeteilt (Abb. **409**/5). Staubfäden oben fast kahl. 0,10–0,50. ⊙ ⊚ 6–7. Frische Wiesen, mäßig trockne Ruderalstellen (Wegränder, Dämme), auf Asteráceae (bes. Pícris hieracioídes), seltener auf Daúcus caróta; s NW Ba W-Bw S-Rh SO-Ns: Hildesheim, (N) s N-Me: Stralsund, † He An, ↘ (m-stemp·ozEUR – T, G – V Arrh., V Dauco-Mel., V Mol.). **Bitterkraut-S.** – O. pícridis F. W. SCHULTZ

10* KHälften meist bis weit über die Mitte 2spaltig, selten fast ungeteilt (Abb. **410**/1). Staubfäden oben meist drüsig behaart. 0,15–0,50. ⊚ 6–7. Felsfluren, Trockenrasen, auf Artemísia campéstris; s N-Th, † Sa: ob je? SO-An, ↘ (sm-stemp·subkEUR – G – O Fest. val., O Onop.). [O. loricáta RCHB.] **Panzer-S.** – O. artemísiae-campéstris VAUCHER ex GAUDIN

11 **(8)** Narbe gelb. Kr gelb, rotbraun überlaufen (Abb. **410**/2). 0,10–0,60. ⊚ 5–6. Halbtrockenrasen, Trockengebüschsäume, Äcker (Luzernenfelder), basenhold, auf Fabáceae (z. B. Medicágo, Melilótus, Trifólium); z Ba Bw Rh Th S- u. M-An, s W-We S-He O-Br SO-Ns: Harzvorland, Salzgitter, (N) † Me Sa, ↘ (m-stemp·(suboz)EUR–WAS – G – V Mesobrom., O Orig., V Arrh.). [O. rúbens WALLR.] **Gelbe S.** – O. lútea BAUMG.

11* Narbe purpurrot bis braun. Kr meist bräunlichlila **12**

12 KBl deutlich 3–6nervig, so lg wie die halbe KrRöhre od. länger, gewöhnlich so hell wie die Kr (Abb. **410**/3). Kr gleichfarbig. StaubBl am od. nahe dem Grund der KrRöhre eingefügt. Ähre an der Spitze locker. Geruch nelkenartig. 0,10–0,60. ⊚ ♃ 5–6. Felsfluren, Trocken- u. Halbtrockenrasen, basenhold, auf Gálium, Aspérula u. Sherárdia; z Ba Bw Rh We He Th SW-An Br SO-Ns, s M-Sa NO-Me: Küste, ↘ (m-stemp·(suboz)EUR–(WAS) – G – K Fest.-Brom., V Ger. sang.). [O. vulgáris POIRET] **Gewöhnliche S., Nelken-S.** – O. caryophyllácea SM.

12* KBl undeutlich 3nervig, so lg wie die halbe KrRöhre od. kürzer, gewöhnlich etwas dunkler als die Kr (Abb. **410**/4). Kr am Grund blasser. StaubBl 3–7 mm über dem Grund der KrRöhre eingefügt, dort ein mondfg, gelber Fleck. Ähre an der Spitze dicht. 0,15–0,40. ⊚ ♃ 6–7. Submed. Felsfluren u. Trockenrasen, kalkstet, auf Teúcrium; z S-Bw W-Rh, s SW- u. M-Ba: Allgäu, Vorland, Jura, † SW-We, ↘ (sm-stemp·ozEUR – G – O Brom. erect., V Stip. calam.). **Gamander-S.** – O. teúcrii HOLANDRE

13 **(5)** Kr außen gelb, gegen den Saum meist purpurn, innen glänzend dunkelblutrot, selten einfarbig gelb (Abb. **410**/5). Narbe gelb, braunrot gerandet. 0,10–0,60. ⊚ ♃ 5–8. Halbtrockenrasen, kalkhold, auf Fabáceae (Trifólium, Dorýcnium, Lótus, Cýtisus u. a.); v S-Ba: Alpen, Vorland, z M-Ba: Hochebene, Jura, s W-Th: Eichsfeld, (N) s O-Rh He: Mainz, Gießen, † Bw, ↘ (m-stemp·ozEUR – G – Wespenblume – V Mesobrom., O Sesl., V Eric.-Pin.). **Blutrote S.** – O. grácilis SM.

13* Kr innen u. außen ± gleichfarbig, innen nicht dunkel blutrot **14**

14 Narbe purpurn od. violett **15**

14* Narbe gelb **16**

15 Kr 10–17 mm lg, aufrecht abstehend, gelblichweiß, rötlich od. lila gestreift od. überlaufen. Oberlippe ausgerandet bis 2lappig, mit vorwärtsgerichteten Lappen (Abb. **411**/1).

1 2 3 4 5

1 2 3 4 5

Pfl meist gelblichweiß od. hell rötlichgelb. 0,10–0,50. ⊙ ♃ 6–7. Frischwiesen, Kleefelder, basenhold, auf Trifólium, Medicágo, Onóbrychis, Oríthopus u. a., auch Chondrílla, Pelargónium, Cóleus, Fúchsia, Daūcus, Erýngium, Plantágo; (A) z S- u. M-Ba außer Alpen Bw We, s Rh He, (N U) s O-Br SO-Ns Me, † Th An, ↘ (m-temp·ozEUR-(WAS) – T, G – V Arrh., V Mesobrom., V Cirs.-Brach.). [O. apiculáta WALLR.]

Kleine S., Kleeteufel – O. mínor SM.

15* Kr 15–23 mm lg, ± gekniet u. waagerecht abstehend, weiß, violett geadert. Oberlippe tief 2spaltig, zurückgeschlagen (Abb. **411**/2). Pfl meist violett. 0,10–0,50. ⊚ ♃ 6–7. Submed. Trockenrasen, basenhold, auf Erýngium campéstre; s SW-Bw: SO-Rh: Pfalz, Perl?, Rhein S-He, † S-We, ↘ (m-stemp·ozEUR–(WAS) – G – V Xerobrom.).

Amethyst-S. – O. amethýstea THUILL.

16 **(14)** StaubBl < 2 mm über dem Grund der KrRöhre eingefügt, unten verbreitert u. kahl, oben reich drüsenhaarig, Staubbeutel nur an der Naht behaart. Kr hellgelblich od. rötlichbraun (Abb. **411**/3). DeckBl die Kr oft überragend. 0,15–0,60. ⊚ ♃ 5–6. Ginsterheiden, bodensaure EichenW, kalkmeidend, auf Sarothámnus, Úlex, Genísta; z Rh We, s W-Bw He SW-Ns, † Th An, ↘ (m-temp·euozEUR – G – V Saroth.).

Ginster-S. – O. rápum-genístae THUILL.

16* StaubBl > 2 mm über dem Grund der Kr eingefügt, unterwärts behaart **17**

17 KrRöhre über der Mitte verengt, am Saum plötzlich erweitert (Abb. **411**/4). Kr weißlich mit rötlicher Oberlippe, oft violett geadert. 0,15–0,60. ⊚ ♃ 5–7. Gebüsche, Parkanlagen, Weinberge, Burgen, mäßig anspruchsvoll, auf Hédera, seltener auf verschiedenen kultivierten Araliáceae; z Rh, s Bw S-We, (N) s Ba: Nürnberg We: S u. Münster O-Th Sa: Leipzig, Dresden S-An Br: Berlin, Potsdam SO-Ns: Goslar, Springe Me (m-temp·ozEUR – G – O Prun., V Querc. pub.). **Efeu-S.** – O. héderae DUBY

17* KrRöhre nicht über der Mitte verengt, allmählich erweitert **18**

18 Ähren stets dicht, höchstens an der Basis locker. Nicht in den Alpen **19**

18* Ähren frühzeitig verlängert, locker. Nur Alpen u. Vorland **20**

19 Stg bis zur Ähre sehr reich schuppig. Kr erst rosenrot, dann rötlichgelb, selten rein dottergelb (Abb. **411**/5). Ansatzstelle der StaubBl von einem gelben Fleck umgeben. Staubfäden unten an der Vorderseite reichlich behaart, oben drüsenhaarig. 0,12–0,70. ⊚ ♃ 6–7. Trocken- u. Halbtrockenrasen, Frischwiesen, Trockengebüschsäume, basenhold, auf Centauréa u. Echínops; s N-Ba: Rhön? Bw Rh O-We S- u. NO-He SW- u. NO-Th S-An SO-Ns: Goslar, Springe N-Me, † Sa Br O-Sh, ↘ (m-temp·(subk)EUR–WAS – G – K Fest.-Brom., O Orig.). [O. májor aut.] **Große S.** – O. elátior SUTTON

19* Stg unten reichlich, oben spärlich schuppig. Kr gelblich, gegen den Saum zu, besonders an den Nerven, braunviolett (Abb. **412**/1, 2). StaubBl unten verbreitert u. behaart, oben fast kahl. 0,15–0,70. ⊚ ♃ 6–7. TrockenW- u. Trockengebüschsäume, Xerothermrasen, basenhold, auf Peucédanum cervária u. P. alsática, seltener auf Séseli, Laserpítium latifólium u. Libanótis; s M- u. N-Ba: Donau, Franken Bw O-We He Th S-An: Naumburg NO-Br, † Rh Ns NO-Br, ↘ (sm-temp·(k)EUR–WAS – G – V Ger. sang., O Brom. erect., V Fest. val.). [O. cerváriae SUARD, O. libanótidis RUPR., O. bartlíngii GRISEB.]

** **Elsässer S.** – O. alsática KIRSCHLEGER

20 **(18)** Zipfel der Oberlippe nicht zurückgeschlagen (Abb. **412**/3). Kr rötlichgelb, mit vielen hellen Drüsenhaaren. Griffel kahl od. spärlich drüsenhaarig. Staubfäden oberwärts fast

1 2 3 4 5

kahl. 0,10–0,50. ⊚ ♃ 6–8. Lichte Gebüsche (Auen), auf Bérberis, selten auch Rúbus u. Cratae̅gus; s S-Ba: Allgäu, obere Hochebene SO-Bw: Aitrach, (NU) s NW-Sa S-An, ↘ (sm/mo-stemp/demo·subozALP – G – V Berb.). **Berberitzen-S.** – O. lucórum A. BR.

20* Zipfel der Oberlippe zuletzt zurückgeschlagen od. abstehend **21**

21 Oberlippe tief ausgerandet, ihre Zipfel erst kapuzenartig zusammengezogen, später zurückgeschlagen, fast kahl (Abb. **412**/4). Griffel spärlich drüsenhaarig od. kahl. Staubfäden überall behaart. 0,15–0,65. ⊚ ♃ 6–7. Sickerfrische, kalkreiche Schuttfluren, auf Petasítes, Tussilágo, Adenostýles; z S-Ba: Alpen, Vorland, Lech bis Münster, Isar bis Garching, ↘ (sm/mo-stemp/demo·subozEUR – G – K Thlasp. rot.).
Pestwurz-S. – O. fláva C. F. P. MARTIUS ex F. W. SCHULTZ

21* Oberlippe flach ausgerandet, ihre Zipfel abstehend, am Rand drüsig behaart (Abb. **412**/5). Griffel reichlich drüsenhaarig. Staubfäden oberwärts ± kahl. 0,15–0,55. ⊚ 6–8. Edellaubholzreiche Wälder, sehr anspruchsvoll, auf Sálvia glutinósa; S-Ba: z Alpen, s Vorland SO-Bw: Adelegg (sm/mo-stemp/mo·subozEUR – G – V Til.-Acer.).
Salbei-S. – O. sálviae F. W. SCHULTZ ex KOCH

Anhang: Artenverzeichnis nach Wirtspflanzen geordnet.

Berberidaceae: O. lucórum (Bérberis)
Cannabaceae: O. ramósa (Cánnabis)
Rosaceae: O. álba (Potentílla), O. lucórum (Rúbus, Cratae̅gus)
Fabaceae: O. lútea (Medicágo, Melilótus, Trifólium u. a.), O. grácilis (Trifólium, Lótus, Dorýcnium, Cýtisus u. a.), O. mínor (Trifólium, Medicágo, Onóbrychis, Orníthopus u. a.), O. rápum-genístae (Sarothámnus, Genísta, Úlex)
Geraniaceae: O. mínor (Pelargónium)
Onagraceae: O. mínor (Fúchsia)
Araliaceae: O. héderae (Hédera u. a.)
Apiaceae: O. alsática (Peucédanum cervária, P. alsática, Laserpítium latifólium, Séseli, Libanótis), O. amethýstea (Erýngium), O. pícridis (Dau̅cus), O. mínor (Erýngium, Dau̅cus)
Rubiaceae: O. caryophyllácea (Gálium, Aspérula, Sherárdia)
Dipsacaceae: O. reticuláta (Knau̅tia, Scabiósa)
Solanaceae: O. ramósa (Solánum, Nicotiána, Lycopérsicon, Datúra)
Plantaginaceae: O. mínor (Plantágo)
Lamiaceae: O. teu̅crii (Teu̅crium), O. álba (Thýmus, Clinopódium, Ácinos, Oríganum, Sálvia), O. sálviae (Sálvia glutinósa), O. mínor (Cóleus)
Asteraceae: O. arenária (Artemísia), O. artemísiae-campéstris (Artemísia campéstris), O. coeruléscens (Artemísia campéstris, Achilléa), O. elátior (Centauréa, Echínops), O. purpúrea (Achilléa, Artemísia, Círsium acau̅le), O. reticuláta (Círsium, Cárduus, Carlína), O. pícridis (Pícris, Crépis u. a.), O. fláva (Petasítes, Tussilágo, Adenostýles), O. ramósa (Xánthium), O. mínor (Chondrílla).

Familie **Kugelblumengewächse** – Globulariáceae DC.

Stauden, Sträucher. Bl wechselständig, ohne NebenBl, untere meist rosettig. B ⚥, dorsiventral, 5zählig, in Köpfen od. Ähren, jede mit 1 DeckBl. Kr verwachsenblättrig, 2lippig. StaubBl 4. FrKn oberständig, 2blättrig, 1fächrig. Griffel 1. Narbe 2lappig. 1samige Nüsse, vom bleibenden K umhüllt (25 Arten – Ib: Falter, Vw, Sb – Sv).

Kugelblume – Globulária L.

1 Pfl halbstrauchig. Stg kriechend, ästig. Bl rosettig, spatelfg, vorn ausgerandet. Schaft blattlos od. mit 1–2 Bl. 0,03–0,10. ♄ 5–7. Submont. bis alp. Fels- u. Schotterfluren, kalkhold; v S-Ba: Alpen, z Vorland an Ammersee, Lech u. Isar bis Augsburg u. Moosburg (sm/alp-stemp/dealp·subozEUR – S – O Sesl., V Mesobrom., V Potent. caul., V Epil. fleisch., V Eric.-Pin. – ∇). **Herzblättrige K.** – G. cordifólia L.

1* Pfl krautig, mit kurzem, ästigem Rhizom 2

2 Stg bis oben beblättert. GrundBl lg gestielt, spatelfg od. br eifg, obere sitzend. Köpfe 10–15 mm br. 0,05–0,30. ♃ 5–6. Submed. Fels- u. Schotterfluren, kalkhold; z Ba: Alpen, Hochebene, Jura Bw: Iller, Jura, Oberrhein, Weinheim, s O- u. NW-Rh SW-We O-Th, (A) s S-An, † He, ↘ (sm-stemp·(suboz)EUR – H – V Xerobrom., V Sesl.-Fest. – ∇). [G. vulgáris aut., G. punctáta LAPEYR., G. willkómmii NYMAN, G. aphyllánthes CRANTZ, G. elongáta HEGETSCHW.] **Echte K.** – G. bisnagárica L.

2* Stg blattlos, höchstens mit 1–3 Schuppen. Bl verkehrteilänglich. Köpfe 18–25 mm br. 0,05–0,30. ♃ 5–7. Subalp. bis alp. Felsfluren u. Matten, Krummholzgebüsche, kalkstet; v S-Ba: Alpen (sm/alp-temp/alp·ozEUR – H – O Sesl., V Mesobrom., V Eric.-Pin. – ∇). **Nacktstengel-K.** – G. nudicáulis L.

Familie **Wasserschlauchgewächse** – Lentibulariáceae L. C. RICHARD

Krautige Sumpf- od. WasserPfl. Bl wechsel- od. grundständig, mit Einrichtungen zum Tierfang. B ⚥, dorsiventral, 5zählig, in Trauben od. einzeln. K 5–2teilig. Kr verwachsenblättrig, 2lippig, am Grund ausgesackt od. gespornt. StaubBl 2, mit nur je 1 Staubbeutelhälfte. FrKn oberständig, 2blättrig, 1fächrig, mit Zentralplazenta. Narbe fast sitzend, 2lappig. Vielsamige Kapseln (245 Arten – Ib – Wv, Sv).

1 SumpfPfl, mit Wurzeln. B einzeln. Kr mit offenem Schlund, violett od. gelblichweiß. Bl rosettig, verkehrteifg bis elliptisch, klebrig-drüsig. **Fettkraut** – Pinguícula S. 413

1* SchwimmPfl, ohne Wurzeln. B in auftauchenden Trauben. Kr mit geschlossenem Schlund, gelb. Bl untergetaucht, vielteilig, mit linealischen Zipfeln u. rundlichen Fangblasen (Abb. **414**/4). **Wasserschlauch** – Utriculária S. 414

Fettkraut – Pinguícula L.
(H – BlFläche fängt u. verdaut Insekten – ∇)

1 Kr weiß, Unterlippe mit 2 gelben, behaarten Flecken. 0,02–0,15. ♃ 5–6. Subalp. u. alp. Quellmoore, Rieselfluren, Steinrasen, feuchte Felsen; v S-Ba: Alpen u. Vorland, s untere Hochebene SO-Bw: Alpenvorland, ↘ (m/alp-arct·(suboz)EUR– WAS – Ib: Fliegen – Wv, Sv: Brutzwiebeln – V Car. davall., V Craton., V Sesl. – ∇). **Alpen-F.** – P. alpína L.

1* Kr violett, Schlundfleck weiß. 0,05–0,15. ♃ 5–6. Sickerrasen, Quell- u. Flachmoore, Rieselfluren, Gipsfelsen; v S-Ba, z M- u. O-Ba Bw, s SW- u. NO-We Th Sa: Bergland SW-An Br Ns Me Sh, † He, ↘ (sm/mo-arct·(oz)CIRCPOL – Ib: Bienen – Wv – O Tofield., K Mont.-Card., V Mol. – ∇). **Echtes F.** – P. vulgáris L.

Wasserschlauch – Utriculária L.
(A – Ib: Schwebfliegen, Sb – Wv, Sv: Winterknospen – Fangblasen an Bl fangen kleine Wassertiere)

1 Endzipfel der Bl nicht borstig gewimpert, höchstens mit einer Endborste. StgGrund ohne Rhizoide. Sporn etwa so lg wie br, stumpf kegelfg. Gaumen der Unterlippe flach, den Schlund nicht völlig verschließend. Winterknospen kahl **2**

1* Endzipfel der Bl am Rand borstig gewimpert. StgGrund häufig mit Rhizoiden. Sporn deutlich länger als br. Gaumen der Unterlippe gewölbt, den Schlund verschließend. Winterknospen behaart **3**

2 Unterlippe länglich, ihre Seitenränder meist nach unten gebogen (Abb. **414**/1). Traube 2–6blütig. Kr blaßgelb, braun gestreift. 0,05–0,15. ♃ 6–8. Mesotrophe Moorschlenken u. -tümpel, Torfstiche, Torfschlamm; v S-Ba, z M- u. N-Ba S-Bw Sa Br Ns, s Rh We He Th An Me Sh, ↘ (m/mo-arctCIRCPOL – V Sphagno-Utric.). **Kleiner W.** – U. mínor L.

2* Unterlippe fast kreisrund, stets flach ausgebreitet. Traube 2–14blütig. Kr blaßgelb, rot gestreift. Pfl in allen Teilen größer als vorige Art. 0,08–0,30. ♃ 7–9. Mesotrophe, kalkarme Moorschlenken u. -tümpel; s N-Ba: Höchstadt/Aisch W-Bw: Rheintal bei Lichtenau S-He: Rhön, † O-Rh We Sh?, ↘ (sm-stemp·subozEUR – V Sphagno-Utric. – ∇). **Zierlicher W.** – U. brémii HEER

3 **(1)** BlSprosse frei schwimmend, alle gleichartig, grünlich-bräunlich. Endzipfel der Bl sehr zahlreich, haarfein, entfernt borstig gewimpert, mit ∞ (bis 200) Fangblasen („Schläuchen") besetzt. Luftsprosse vorhanden **4**

3* BlSprosse im Boden verankert, unterschieden in grüne Wassersprosse und farblose Schlammsprosse. Bl der Wassersprosse höchstens ganz vereinzelt mit Blasen, mit 7–25(–30) abgeflachten, linealischen Endzipfeln. Bl der Schlammsprosse verkümmert, mit 1–5 Blasen. Luftsprosse fehlend **5**

4 BStiel etwa 2–3mal so lg wie das DeckBl, 5–12 mm lg, nach der BZeit kaum verlängert. Gaumen niedergedrückt, länger als hoch. Oberlippe dem Gaumen angeschmiegt, mit der Unterlippe einen ± spitzen Winkel bildend. Gaumenfreier Saum der Unterlippe sattelfg (Abb. **414**/2). Sporn aus dickem, kegelfg Grund ± walzlich-spitzlich auslaufend, 6–10 mm lg. FrAnsatz regelmäßig. FrStiele herabgebogen. 0,15–0,35. ♃ 6–8. Meso- bis eutrophe, meist kalkarme Gräben, Tümpel, Teiche; z Ba Bw O-An Br Ns Me Sh, s Rh We He Sa W-An, † Th, ↘, oft mit **4*** verwechselt (strop-b·(suboz)CIRCPOL – V Lemn. min.). **Gewöhnlicher W.** – U. vulgáris L.

4* BStiel etwa 3–5mal so lg wie das DeckBl, 5–18 mm lg, nach der BZeit bis 4 cm verlängert, nicht herabgekrümmt. Gaumen halbkuglig. Oberlippe nicht dem Gaumen angeschmiegt, mit der Unterlippe einen rechten bis stumpfen Winkel bildend. Gaumenfreier Saum der Unterlippe fast flach (Abb. **414**/3). Sporn ± stumpf kegelfg, 5,5–5,7 mm lg. Fr stets fehlend. 0,10–0,30. ♃ 6–8. Mesotrophe, stehende od. langsam fließende Gewässer mit Torfschlammböden; z Ba Bw Rh He Th Sa O-An S-Br Ns, s We W-An N-Me:

1 2 3 4 5 6

Hiddensee, Grabow Sh, ↘ (austrAFR+AUST-temp·ozEUR–(WAS) – V Lemn. min.). [U. negléćta LEHM.] **Südlicher W.** – U. austrális R. BR.

5 **(3)** Endzipfel der WasserBl vorn stumpflich, mit aufgesetzter Spitze, am Rand mit je 4–12 Wimperborsten, die kaum aus dem BlRand heraustretenden Sockeln aufsitzen (Abb. **414**/5). Bl stets ohne Schläuche. Sporn 7–10 mm lg, walzlich, etwa so lg wie die Unterlippe, ihr ± anliegend. 0,15–0,20. ♃ 7–8. Mesotrophe, meist kalkhaltige Moortümpel u. -gräben; z S-Ba, s M- u. N-Ba SO-Bw NO-Sa An O-Br Ns: Meißendorf SO- u. NW-Me, † S-Rh He Sh, ↘ (sm-arctCIRCPOL – V Sphagno-Utric.). **Mittlerer W.** – U. intermédia HAYNE

5* Endzipfel der WasserBl nach vorn allmählich in eine Spitze verschmälert, am Rand mit je 0–7 Wimperborsten, die deutlich aus dem BlRand heraustretenden Sockeln aufsitzen (Abb. **414**/6). Bl mit vereinzelten Schläuchen. Sporn 3–5 mm lg, stumpf kegelfg, höchstens 1/2 so lg wie die Unterlippe, ± herabhängend. 0,10–0,15. ♃ 7–8. Nährstoffarme, kalkfreie, saure Hochmoorschlenken u. Moortümpel; s SW-Ba SO-Bw: ob noch? S-Rh We? NO-Sa An Br, † Ns Sh, ↘ (temp-arct·ozEUR–OAM – V Sphagno-Utric. – ∇). **Ockergelber W.** – U. ochroléuca R. HARTMAN

Familie **Wegerichgewächse** – Plantagináceae JUSS.

Kräuter, selten Halb- od. Zwergsträucher. Bl wechselständig, oft rosettig, selten gegenständig, ungeteilt, seltener gelappt bis geteilt, streifennervig, ohne NebenBl. B ⚥ od. 1geschlechtig, radiär, meist 4zählig, unscheinbar, meist in Ähren od. Köpfen. Kr verwachsenblättrig, trockenhäutig. StaubBl meist 4, Staubfäden sehr lg. FrKn oberständig, 2blättrig, 2- od. 1fächrig. Griffel 1. Deckelkapseln od. Nüsse (275 Arten – Wb, selten Ib, Vw – Wv, Ev, Mv: SchleimSa).

1 LandPfl. B ⚥, in dichten Ähren od. Köpfen. Deckelkapseln. **Wegerich** – Plantágo S. 415

1* Wasser- od. SumpfPfl. B meist 1geschlechtig. BStand mit 1 lg gestielten ♂ B u. 2–3(–10) an ihrem Grund sitzenden, später gestreckten ♀ B (Abb. **417**/1). 1samige Nüsse. **Strandling** – Littorélla S. 416

Wegerich – Plantágo L.

1 Bl gegenständig, linealisch. Stg beblättert, ästig. Ährenstiele achselständig, kurz, obere fast doldig. 0,15–0,30(–0,60). ⊙ 6–9. Trockne, sandige bis kiesige Ruderalstellen (Wegränder, Bahnanlagen), Brachen (Tagebaue), reichere Sandtrockenrasen; (N) v O-Br, z S- u. W-Bw Sa W-Br, s Rh We S-He O-An Ns Me Sh, (N U) s Ba Th (m-temp·(subk) EUR–WAS – T – V Dauco-Mel., V Sisymbr., V Koel. glauc., V Coryneph.). [P. índica L., P. psýllium aut., Psýllium índicum DUM.-COURSET] **Sand-W.** – P. arenária W. et K.

1* Bl rosettig. Stg ein blattloser, unverzweigter Schaft mit endständiger Ähre 2

2 Bl fiederteilig od. grob gezähnt. Ähre etwa so lg wie der meist aufsteigende Schaft. 0,03–0,30. ① ⊙ ⊚ 6–9. Offene, salzhaltige Sand- u. Tonböden, bes. an wechselhalinen, wechseltrocknen Stellen; v Küsten von Ns Sh Me bis Rügen u. Greifswald, (U) s Binnenland Bw He Sa Ns: Steinhuder Meer Sh, † We An, im Binnenland ↘ (m-temp·(oz) EUR–WAS – H – V Sagin. mar., V Armer. elong.). (**) **Krähenfuß-W.** – P. corónopus L.

2* Bl ungeteilt, ganzrandig od. oft etwas gezähnt 3

3 Bl elliptisch od. eifg bis rundlich-herzfg, bis 3mal so lg wie br. Ähre walzig 4

3* Bl lanzettlich od. linealisch, >3mal so lg wie br. 7

4 Bl besonders anfangs dicht kurzhaarig, in einen meist kurzen, br Stiel verschmälert, elliptisch. Ähre 6–8mal kürzer als der Schaft. Staubfäden hellila. B wohlriechend. 0,10–0,45. ♃ 5–9. Halbtrockenrasen, trockne Wiesen, basenhold; g Ba Bw Rh He Th S-An S-Ns, v We W-Sa, z O-Sa N-An Br N-Ns Me, s O-Sh (sm-b·(k)EUR–WAS–SIB – H – auch Sb: kleistogam, Vg – Ev, Vv – V Mesobrom., V Cirs.-Brach., O Arrh., V Viol. can.). **Mittel-W., Weide-W.** – P. média L.

4* Bl kahl bis locker behaart, ihre Spreite etwa so lg wie ihr Stiel. Ähre etwa so lg wie der Schaft. Staubfäden weißlich. B geruchlos **5**

5 Spreite vom BlStiel scharf abgesetzt, mit abgerundetem od. schwach herzfg Grund, 5–9nervig, höchstens 1,5mal so lg wie br, kaum gezähnt, dunkelgrün, derb ledrig, (fast) kahl. Schaft ± aufrecht, meist kahl. FrÄhre meist 8–15 cm lg, an der Spitze kaum verschmälert, dicht. Kapsel mit (4–)6–10(–15) Sa. Sa 1,3–1,6 mm lg u. 0,7–1 mm br. 0,05–0,40. ♃ 6–10. Frische Ruderalstellen (Wegränder, Trittstellen, Pflasterfugen), übernutzte Weiden, frische bis feuchte Äcker, Ufer; (A) alle Bdl g (m-bEURAS – H – Wb, Sb – Ev, Vv – O Plant., V Cynos., K Secal, K Chen.). **Breit-W., Großer W.** – P. májor L.

5* Spreite in den Stiel verschmälert, 3—5nervig, > 1,5mal so lg wie br, am Grund oft weitbuchtig gezähnt, meist gelblichgrün, krautig, kurzhaarig. Schaft liegend bis bogig aufsteigend, am Grund deutlich behaart. FrÄhre 1–6(–10) cm lg, nach oben verschmälert, locker, am Grund meist unterbrochen. Sa 1–1,3 mm lg u. 0,5–0,7 mm br **6**

6 Kapsel mit (12–)15–25(–35) Sa. Bl dünn, 3–5nervig. 0,03–0,15. ♃ 6–10. Krumenfeuchte Äcker, feuchte, lehmige bis tonige Ruderalstellen (Trittstellen), Ufer; alle Bdl z? (m-temp·subozEUR? – K Secal., V Nanocyp., V Agrop.-Rum., V Bid.). [P. intermédia DC., P. májor ssp. intermédia (DC.) ARCANG.] **Kleiner W.** – P. uliginósa F. W. SCHMIDT

6* Kapsel mit (6–)8–12(–15) Sa. Bl dicklich, meist 3nervig. 0,05–0,15. ♃ 6–8. Salzwiesen, salzhaltige Wege; z Th Sa Br Me Sh, s N-Ba Rh We He An Ns (sm-tempEUR? – V Armer. marit.). [P. májor ssp. wínteri (WIRTGEN) W. LUDWIG] **Salz-W.** – P. wínteri WIRTGEN

7 **(3)** KrRöhre kahl. Ähre eifg-länglich. Bl nicht fleischig, lanzettlich, mit 3–7 deutlichen Nerven **8**

7* KrRöhre behaart od. flaumig. Ähre ± walzig, ihr Schaft nicht gefurcht. Bl fleischig, linealisch, mit 3 undeutlichen Nerven **9**

8 Schaft deutlich 5furchig, aufrecht od. aufsteigend. DeckBl kahl. BlStiele lg, rinnig. 0,10–0,50. ♃ 5–9. Frische Wiesen und Weiden, mäßig frische Ruderalstellen (Wegränder), Xerothermrasen, Sandtrockenrasen; alle Bdl g (m/mo-b·(oz)EUR–WAS – H – K Mol.-Arrh., K Fest.-Brom., V Agrop.-Rum., O Fest.-Sedet. – ArzneiPfl). **Spitz-W.** – P. lanceoláta L.

8* Schaft stielrund, zuletzt liegend. DeckBl an der Spitze od. am Rand gewimpert. BlStiele fast scheidig. 0,05–0,20. ♃ 5–8. Feuchte alp. Matten, Schneeböden; v S-Ba: Alpen (m/alp-stemp/salp·subozEUR – H – V Poion alp., K. Salic. herb. – gute WeidePfl). [P. montána LAMK. non HUDS.] **(**) Berg-W.** – P. atráta HOPPE

9 **(7)** Ähre 2–6mal so lg wie br, 1–4(–5) cm lg. Seitennerven der Bl dem BlRand näher als dem Mittelnerv. BlReste rasch verwitternd. 0,05–0,15. ♃ 5–7. Subalp.-alp., frische Silikatmagerrasen, Schneeböden; v SW-Ba: Allgäu, s S-Ba: Staffelsee, Kreuth, Schliersee, (N) s SW-Bw: Feldberg (sm/salp-stemp/salp·ozEUR – H – V Nard., V Salic. herb., V Poion alp. – sehr gute WeidePfl). **Alpen-W., Ritz, Adelgras** – P. alpína L.

9* Ähre 5–15mal so lg wie br, 4–12 cm lg. Seitennerven etwa in der Mitte zwischen BlRand u. Mittelnerv. BlReste lange bleibend **10**

10 TragBl u. KZipfel kahl od. sehr kurz gewimpert. Die der Ährenachse abgewandten KZipfel 2–2,3 mm lg, eifg. Bl kahl. 0,15–0,40. ♃ 7–10. Salzwiesen, selten auch auf salzfreien Kalk- od. Gipsböden; v Küsten, z Binnenland von Ns Me Sh, z S-An, s M-He N-Th, † Ba Rh Br (austr·lit+m-arct·(k)+litCIRCPOL – K Aster. trip.). **Strand-W.** – P. marítima L.

10* TragBl u. KZipfel lg gewimpert. Die der Ährenachse abgewandten KZipfel 2,5–5 mm lg, eilänglich. Bl deutlich sehr kurz borstig gewimpert. 0,10–0,30. ♃ 6–8. Lückige Gebirgsmagerrasen; s S-Ba: Garmisch, Mittenwald bis Krün (m-stemp·subkEUR – V Sedo-Scler., V Eric.-Pin.). [P. serpentína ALL.] **Schlangen-W.** – P. strictíssima L.

Strandling – Littorélla BERGIUS

Pfl mit Ausläufern. Bl rosettig, linealisch bis pfriemlich, am Grund br scheidig (Abb. **417**/1). 0,04–0,15. ♃ 5–8. Sandige, periodisch flach überschwemmte Ufer, meso- u. oli-

1 2

gotrophe Seen u. Teiche, bis 2 m Tiefe; z Ns, alle übrigen Bdl s, f NW u. SO-Ba NW-Bw SO-Rh N- u. O-An, ↘ (sm-b·ozEUR – H, A – Sv: Ausläufer – O Litt.). [L. lacústris L., L. júncea BERGIUS] **Strandling** – L. uniflóra (L.) ASCHERS.

Familie **Eisenkrautgewächse** – Verbenáceae JAUME ST.-HIL.

Kräuter, Sträucher, Bäume. Bl gegenständig od. quirlig, ohne NebenBl. B meist ⚥, dorsiventral, seltener radiär, 5- od. 4zählig, in Trauben od. Zymen. Kr verwachsenblättrig, röhrig, oft 2lippig. StaubBl 4, meist 2 längere u. 2 kürzere. FrKn oberständig, 2blättrig, 2fächrig od. durch falsche Scheidewände mehrfächrig. Griffel 1, endständig. Narbe ungeteilt od. 2lappig. SteinFr od. Fr in 4(–10) TeilFr (Klausen) zerfallend (1900 Arten – Ib – Vv, Wv – Nutzhölzer: Eisenholz, Teakholz).

Eisenkraut – Verbéna L.

Bl länglich, mittlere 3spaltig mit großem Endzipfel. Kr blaßlila, mit gekrümmter Röhre (Abb. **417**/2). B in sehr schmalen Ähren. 0,30–1,00. ⊙ ♃ 7–9. Mäßig trockne bis frische Ruderalstellen, ruderal beeinflußte Silikatmagerrasen u. Frischweiden; (A) v bes. Tief- u. Hügelland Ba Bw Rh He N-Th S-An S-Br S-Ns, z We S-Th Sa N-An N-Br Me O-Sh, s N-Ns, ↘ (strop-temp·(oz)EUR–WAS – T, H – Ib, Sb – Wv – K Plant., V Arct., V Sisymbr., V Cynos. – früher Arznei- u. ZauberPfl). **Echtes E.** – V. officinális L.

Familie **Lippenblütengewächse** – Lamiáceae LINDL. od. Labiátae JUSS.

Kräuter, Sträucher, selten Bäume. Stg meist 4kantig. Bl kreuzgegenständig, selten quirlig, ohne NebenBl. B meist ⚥, dorsiventral, oft in Scheinquirlen (gegenständigen Zymen), die ihrerseits oft zu ährenfg od. traubenfg GesamtBStänden (Thyrsen) vereinigt sind. K 5zähnig bis 5spaltig od. 2lippig. Kr verwachsenblättrig, 2lippig, die meist ungeteilte Oberlippe aus 2, die Unterlippe aus 3 KrBl gebildet, selten fast radiär 4lappig. StaubBl 4, 2 längere u. 2 kürzere, selten nur 2. FrKn oberständig, 2blättrig, durch eine echte u. eine falsche Scheidewand in 4 Fächer geteilt, zwischen denen der scheinbar grundständige Griffel steht. Narben 2. Fr bei der Reife in 4 1samige TeilFr (Klausen) zerfallend. Pfl reich an ätherischen Ölen (5600 Arten – Ib, meist Vm – Wv, Hv, Vv, Av – viele Heil-, Duft-, Gewürz- u. KüchenPfl).

1 Kr scheinbar 1lippig. Oberlippe stark verkürzt od. scheinbar fehlend (Abb. **418**/1, 2). FrKn kaum bis zur Mitte 4spaltig **2**

1* Kr 2lippig od. mit 4–5 fast gleichen Lappen. FrKn bis fast zum Grund 4teilig **3**

2 Oberlippe tief 2teilig, ihre Hälften der Unterlippe seitlich angewachsen; Unterlippe daher scheinbar 5zipflig u. Oberlippe scheinbar fehlend (Abb. **418**/1). KrRöhre innen kahl. Kr nach dem Verblühen meist abfallend. **Gamander** – Teúcrium S. 421

2* Oberlippe sehr kurz, seicht 2lappig, Unterlippe 3spaltig (Abb. **418**/2). Kr bleibend, ihre Röhre innen mit Haarring. **Günsel** – Ájuga S. 420

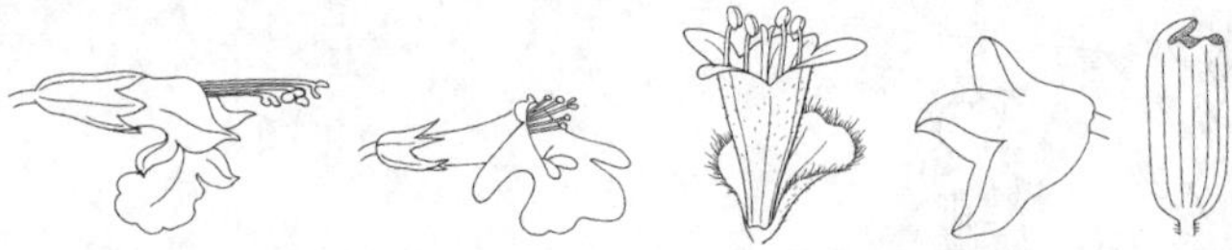

1 2 3 4 5

3 **(1)** K nur aus der ungeteilten Oberlippe bestehend, scheinbar 1blättrig (Abb. **418**/3). **Majoran** – Majorána S. 429

3* K 5zähnig bis 5spaltig od. 2lippig **4**

4 Kr fast regelmäßig 4spaltig (Oberlippe ungeteilt u. jedem der 3 Lappen der Unterlippe fast gleich) **5**

4* Kr ± deutlich 2lippig od. (bei Lavendel, **12** u. Dost, **17**) fast regelmäßig 5spaltig **7**

5 StaubBl 2, dazu bisweilen noch 2 sehr kurze, rückgebildete, unfruchtbare StaubBl. Kr weiß, purpurn punktiert. **Wolfstrapp** – Lýcopus S. 430

5* StaubBl 4. Kr violett od. rosa. Pfl mit Pfefferminzgeruch **6**

6 B in stark einseitswendigen Scheinähren. TragBl der Zymen in 1 Ebene, einander deckend (Abb. **419**/1). **Kamminze** – Elshóltzia S. 431

6* B in allseitswendigen Scheinähren od. Scheinquirlen. TragBl der Zymen nicht in 1 Ebene, sich nicht deckend. **Minze** – Méntha S. 430

7 **(4)** K 2lippig, beide Lippen ungeteilt. Oberlippe auf dem Rücken mit großer schildfg Schuppe (Abb. **418**/4). **Helmkraut** – Scutellária S. 422

7* K 5zähnig (Abb. **419**/4) od. 2lippig mit 2zähniger bis 4spaltiger Unterlippe (Abb. **419**/3), stets ohne Rückenschild **8**

8 StaubBl 2 (selten daneben noch 2 sehr kleine, verkümmerte StaubBl) **9**

8* StaubBl 4 (2 längere u. 2 kürzere) **11**

9 Bl linealisch, sitzend, ledrig, am Rand umgerollt, unterseits graufilzig. **Rosmarin** – Rosmarínus S. 421

9* Bl breiter **10**

10 StaubBl unter der Oberlippe verborgen. K 2lippig, eifg-glockig. **Salbei** – Sálvia S. 427

10* StaubBl hervortretend. K mit 5 fast gleichen Zähnen, röhrig. **Monarde** – Monárda S. 428

11 **(8)** StaubBl u. Griffel tief in der KrRöhre verborgen. Scheinquirle mindestens 10blütig **12**

11* StaubBl aus der KrRöhre herausragend; wenn nur ♀ B, dann Scheinquirle 2–3blütig **13**

12 Scheinquirle in den Achseln von kleinen HochBl, eine endständige Scheinähre bildend. Kr blauviolett, ihre Röhre länger als der K. K zur FrZeit durch ein deckelfg Anhängsel des oberen KZahns geschlossen (Abb. **418**/5). **Lavendel** – Lavándula S. 431

12* Scheinquirle in den Achseln von LaubBl, entfernt. Kr weiß, ihre Röhre kürzer als der K. KZähne meist an der Spitze hakig (Abb. **419**/8). FrK offen. **Andorn** – Marrúbium S. 422

13 **(11)** Oberlippe der Kr stumpf 4lappig, aus 4 KrBl gebildet; Unterlippe ungeteilt. K 2lippig, Oberlippe ungeteilt, Unterlippe 4spaltig. StaubBl auf der Unterlippe der Kr liegend (Bestäubung durch Insektenbauch). **Basilienkraut** – Ócimum S. 431

13* Oberlippe der Kr ganzrandig od. ausgerandet, aus 2 KrBl gebildet. StaubBl dicht unter der Oberlippe (Bestäubung durch Insektenrücken) **14**

14 KrUnterlippe oberseits mit 2 zahnfg, hohlen Ausstülpungen (Abb. **419**/2). **Hohlzahn** – Galeópsis S. 423

14* KrUnterlippe ohne Ausstülpungen **15**

15 TragBl der Zymen alle in 1 Ebene angeordnet, breit eifg, scharf zugespitzt, sich mit den Rändern deckend, von den LaubBl stark verschieden (Abb. **419**/1). Zymen stark einseitswendig. Kr nur schwach 2lippig. **Kamminze** – Elshóltzia S. 431

1 2 3 4 5 6

15* BStad u. B anders gestaltet **16**

16 Wenigstens die 2 längeren StaubBl die KrOberlippe überragend. Staubfäden spreizend. Kr nur schwach 2lippig **17**

16* Alle StaubBl höchstens so lg wie die KrOberlippe (bei Drachenmaul, **20**, mit zusammenneigenden Staubfäden zuweilen etwas länger) **19**

17 B in lockeren, endständigen Rispen od. Schirmrispen mit eifg, oft purpurnen HochBl. Bl länglich-eifg, undeutlich gezähnt, unterseits fein drüsig punktiert. **Dost** – Oríganum S. 429

17* B in dichten od. kopfigen Scheinähren **18**

18 K mit 5 fast gleichen Zähnen. Kr meist blau. Zymen stark einseitswendig. **Ysop** – Hyssópus S. 429

18* K 2lippig (Abb. **430**/5, 6). Kr purpurn bis rosa. Zymen allseitswendig. **Thymian** – Thýmus S. 429

19 **(16)** K ± deutlich 2lippig, dorsiventral, meist mit 3zähniger Ober- u. 2zähniger Unterlippe (Abb. **419**/3) **20**

19* K nicht 2lippig, ± radiär (Abb. **419**/4), mit 5 fast gleichen Zähnen (zuweilen die oberen etwas länger od. der obere breiter als die übrigen) **26**

20 LaubBl fast alle in einer Rosette, grob gekerbt. Kr 16–21 mm lg, blauviolett. BStand einseitswendig. Seltene AlpenPfl. **Drachenmaul** – Hormínum S. 428

20* LaubBl stengelständig, Rosette fehlend **21**

21 B 30–45 mm lg, zu 1–3 in den Achseln von LaubBl. Kr weiß, oft rosa gefleckt. K 15–20 mm lg, weitglockig (Abb. **419**/7). **Immenblatt** – Melíttis S. 423

21* B bis 25 mm lg. K höchstens 10 mm lg **22**

22 BZymen in endständiger, kopfiger Scheinähre, ihre TragBl ganzrandig, br eifg, zugespitzt. Oberlippe deutlich gewölbt. **Braunelle** – Prunélla S. 423

22* BZymen entferntstehend, nicht kopfig genähert, ihre TragBl ± gekerbt. Oberlippe ± flach **23**

23 K glockig. Oberlippe der Kr etwas konkav. Mittelzipfel der Unterlippe etwas größer als die seitlichen. Staubbeutelhälften oben verschmolzen. Scheinquirle wenigblütig, einseitig. **Melisse** – Melíssa S. 428

23* K walzlich. Oberlippe der Kr flach. Zipfel der Unterlippe gleich. Staubbeutelhälften oben getrennt **24**

24 B in gestielten gegenständigen Zymen. KRöhre gerade. **Bergminze** – Calamíntha S. 428

24* B in Scheinquirlen (ungestielte gegenständige Zymen). KRöhre gebogen **25**

25 Bl 20–65 mm lg. Scheinquirle 10–20blütig, dicht. B mit lg, pfriemlichen TragBl. K nicht ausgesackt. Kr purpurrot. Pfl geruchlos. **Wirbeldost** – Clinopódium S. 428

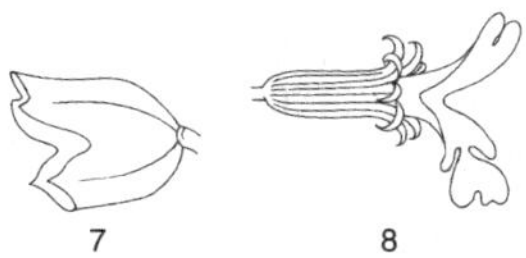

7 8

25* Bl 6–15 mm lg. Scheinquirle (3–)6(–8)blütig. B ohne TragBl. K am Grund ausgesackt. Kr rot- od. blauviolett. Pfl mit Pfefferminzgeruch. **Steinquendel** – Ácinos S. 428

26 **(19)** Bl völlig ganzrandig, linealisch bis lanzettlich, 2–5 mm br **27**

26* Bl ± gesägt od. gekerbt od.handfg gespalten, breiter. **28**

27 Kr 25–30 mm lg, blauviolett; Oberlippe etwa 7 mm lg. Oberer KZahn breiter als die übrigen. **Drachenkopf** – Dracocéphalum S. 423

27* Kr 4–16 mm lg, weiß, rosa od. purpurn; Oberlippe etwa 1 mm lg. Alle KZähne gleich. **Bohnenkraut** – Saturéja S. 428

28 **(26)** KrUnterlippe ungeteilt od. 2lappig, meist seitlich mit 2 kleinen, fadenfg Anhängseln (Abb. **419**/4). **Taubnessel** – Lámium S. 425

28* KrUnterlippe deutlich 3lappig, ihre Seitenlappen meist kleiner als der Mittellappen, aber nicht fadenfg **29**

29 Kr gold- od. seltener blaßgelb, Unterlippe mit bräunlicher Zeichnung. Seitenlappen der KrUnterlippe dreieckig, spitz. TragBl der Scheinquirle mindestens so lg wie die B. **Goldnessel** – Galeóbdolon S. 425

29* Kr weiß bis rot, violett od. blau, wenn hellgelb, dann TragBl der mittleren u. oberen Scheinquirle kürzer als die B. Seitenlappen der KrUnterlippe abgerundet, stumpf . . **30**

30 Bl nierenfg. B zu 2–3 in den Achseln von LaubBl, etwas einseitswendig. Stg im unteren Teil kriechend. Kr blauviolett, am Schlund bärtig u. dunkelviolett gezeichnet. **Gundermann** – Glechóma S. 423

30* Bl nicht nierenfg. B in endständigen Thyrsen od. seltener zu mehreren in den Achseln von LaubBl. Stg aufrecht od. aufsteigend **31**

31 LaubBl überwiegend rosettig. Stg nur mit 1–3 LaubBlPaaren **32**

31* Stg reich beblättert **33**

32 Scheinquirle zu kopfigen, endständigen Scheinähren vereinigt, mit kurzen TragBl. KrOberlippe schwach behaart, nicht sternhaarig. Rhizom ohne Knollen. **Betonie** – Betónica S. 426

32* Scheinquirle entfernt, mit großen TragBl. KrOberlippe stark langhaarig u. außerdem mit Sternhaarfilz. Rhizom mit Knollen. **Brandkraut** – Phlómis S. 423

33 **(31)** B in ± dichten Scheinquirlen (ungestielte gegenständige Zymen, Abb. **419**/6). K 5- od. 10nervig, glockig **34**

33* B in gestielten, ± lockeren gegenständigen Zymen (Abb. **419**/5). K erhaben 15- od. 10nervig u. dann trichterfg **35**

34 Klausen an der Spitze behaart. KZähne mit dorniger, stechender Spitze. Kr 5–12 mm lg. Mittlere u. obere Bl spitz, 3lappig od. grob gesägt. **Herzgespann** – Leonúrus S. 426

34* Klausen kahl. KZähne nicht stechend. Kr 12–22 mm lg, wenn 6–8 mm lg, dann alle Bl stumpf abgerundet u. gekerbt. **Ziest** – Stáchys S. 426

35 **(33)** Obere Zymen länger als ihre rhombisch-lanzettlichen bis linealischen TragBl. K15nervig, eifg od. röhrig. **Katzenminze** – Népeta S. 422

35* Zymen kürzer als ihre eifg, laubblattartigen TragBl (Abb. **419**/5). K 10nervig, trichterfg. **Schwarznessel** – Ballóta S. 426

Günsel – Ájuga L.
(Ib: Hummeln, Vm, Sb – Av)

1 Kr gelb. B zu 1–2 achselständig. Bl 3spaltig mit linealischen Zipfeln, einzelne ungeteilt. 0,05–0,15. ⊙ ⊙ 5–9. Lehmige bis tonige, oft skelettreiche u. extensiv genutzte Äcker, Weinberge, Brachen, kalkstet; (A) z M- u. N-Ba Bw Rh Th S-An, s We He Ns, (U) s Br Me, ↘ (m-stemp·(oz)EUR – T, H – V Caucal., V Fum.-Euph., V Alysso-Sed.). **Gelber G.** – A. chamǽpitys (L.) SCHREBER

1* Kr blau od. rötlich, selten weiß. B in endständiger, ährenartiger Thyrse. Bl ungeteilt . . **2**

2 Pfl mit oberirdischen Ausläufern u. lg gestielten, zur BZeit noch vorhandenen GrundBl. Stg 2seitig behaart. Oberste TragBl kürzer als die B. StaubBl am Grund behaart.

0,07–0,30. ♃ 5–8. Frische Säume, Schläge, krautreiche LaubW, Wiesen, anspruchsvoll; g Ba Bw Rh We He Th Sa S-An Ns W-Me Sh, v N-An S-Br, z N-Br O-Me u. Marschen von Ns Sh (m/mo-b·(oz)EUR – H – O Arrh., O Fag.). **Kriech-G.** – A. réptans L.

2* Pfl ohne Ausläufer. Stg ringsum ± gleichmäßig behaart **3**

3 Pfl zottig. Oberste TragBl kürzer od. wenig länger als die B, meist 3lappig. Kr meist dunkelblau. StaubBl am Grund behaart, aus der KrRöhre weit hervorragend. 0,07–0,30. ♃ 4–6. TrockenW- u. -gebüschsäume, waldnahe Trocken- u. Halbtrockenrasen; v Ba Bw Th S-An O-Br S-Me, z Rh S- u. O-We He Sa N-An W-Br O-Ns N-Me, s SO-Sh Alpen u. Silikatbergland (sm-temp·(suboz)EUR – H – Sv: Ausläuferwurzeln – K Fest.-Brom., V Conv.-Agrop., V Ger. sang.). **Heide-G.** – A. genevénsis L.

3* Pfl kurzhaarig. Oberste TragBl doppelt so lg wie die B. Kr hellblau. StaubBl kahl, nicht od. wenig hervorragend. 0,07–0,30. ♃ 5–8. Mont. Silikatmagerrasen, Waldränder, kalkmeidend; z S-Ba: Alpen, s NW-Ba: Steinach SW-Bw Rh SW-We He Th S-An N-Br, † O-Me Sh: Sylt, ↘ (sm/salp-b·ozEUR – H – O Nard.).
Pyramiden-G. – A. pyramidális L.

Gamander – Teúcrium L.
(Ib: Hummeln, Bienen, Vm – Wv)

1 Bl einfach bis doppelt fiederteilig. Kr rötlich. 0,10–0,40. ⊙ ⊙ 7–9. Fels- u. Schotterfluren, feinerdearme, oft skelettreiche Brachen, kalkhold; (A) z außer Silikatgebiete M- u. N-Ba: Jura, Franken Bw Rh S- u. O-We He Th S- u. M-An SO-Ns, s S-Ba: Hochebene, Donau S-Sa, (U) NO-Br, ↘ (m-stemp·subozEUR – T, H – Ev – V Alysso-Sed., V Sesl.-Fest.). **Trauben-G.** – T. bótrys L.

1* Bl ungeteilt od. höchstens fiederlappig **2**

2 K 2lippig, mit ungeteilter Ober- u. 4zähniger Unterlippe. Kr gelblich. Bl gestielt, Spreite am Grund herzfg, runzlig, gekerbt. 0,30–0,50. ♃ 7–9. Säume, Heiden, Gebüsche, bodensaure EichenmischW, kalkmeidend; v W-Bw Rh We He S-Ns, z Ba O-Bw Th Sa An Br N-Ns, s Me Sh (m-temp·ozEUR – C – Sv: Ausläufer – V Querc. rob.-petr., V Luz.-Fag., V Trif. med.). **(**) Salbei-G.** – T. scorodónia L.

2* K fast regelmäßig 5zähnig. Bl sitzend od. in den Stiel verschmälert **3**

3 Bl lineal-lanzettlich, ganzrandig, unterseits filzig. Kr hellgelb. 0,05–0,35. ♄ 6–9. Submed. (kont.) Fels- u. Schotterfluren, Trockenrasen, kalkstet; v S- u. M-Ba: Alpen, Jura Bw: Jura, Oberrhein, Main, z Ba: Hochebene, Franken Th S-An, s W-Rh SW-We N-He (m/mo-stemp·subozEUR – S – V Xerobrom., V Sesl.-Fest., V Fest. val., V Stip. calam.).
Berg-G. – T. montánum L.

3* Bl eifg bis länglich-lanzettlich, gesägt od. gekerbt bis fiederlappig. Kr rötlich. **4**

4 Bl in den Stiel keilig verschmälert. Scheinquirle zu endständigen Scheinähren vereinigt. 0,10–0,30. ♄ 7–8. Submed. (kont.) Fels- u. Schotterfluren, Trocken- u. Halbtrockenrasen, TrockenW u. ihre Säume, kalkhold; v außer Silikatgebirge M-Ba: Jura Bw, z S- u. N-Ba Rh He Th S-An, s SW-We, (N) s O-Sa (m/mo-stemp·subozEUR–VORDAS – S – Sv: Ausläufer – O Brom. erect., V Sesl.-Fest., V Fest. val., V Ger. sang., V Eric.-Pin., V Querc. pub.). **Edel-G.** – T. chamaédrys L.

4* Bl sitzend, grob gekerbt. Scheinquirle entfernt, in den Achseln von LaubBl. Pfl nach Knoblauch riechend. 0,10–0,50. ♃ 7–8. Nasse, zeitweise überschwemmte, nährstoffreiche Ufer, Gräben, Moorwiesen; z M- u. NW-Ba Br, s Bw O-Rh We He N-Th N-Sa An O-Ns Me, † Sh, ↘ (m-temp·(suboz)EUR–WAS – H – Hv, Sv: Ausläufer – V Magnocar., V Mol.). **Lauch-G.** – T. scórdium L.

Rosmarin – Rosmarínus L.

Immergrüner Strauch mit aufrechten Zweigen. Kr 10–12 mm lg, blaßblau. 0,50–1,50. ♄ 5–7. KulturPfl (m-sm·subozEUR – F – Ib: Bienen, Vm – Av – alte ArzneiPfl).
Rosmarin – R. officinális L.

Helmkraut – Scutellária L.
(H – Ib, Vm – Wv, Ev)

1 Pfl 0,60–1,00 m hoch. Bl ringsum grob gezähnt. DeckBl br eifg, ganzrandig. Kr 15–18 mm lg, blauviolett mit weißer Unterlippe. ♃ 6–7. Wärmeliebende LaubW; (N) s N-Ba: Gößweinstein, Nördlingen SW-Bw: Kaiserstuhl, Jura, Durlach Rh: Ludwigshafen We: Aachen He: Kassel Th: Jena SW-Sa: Zwickau, Oederan SW-An: Eisleben, Derenburg, Ballenstedt Br: Potsdam, Muckrow Ns Me: Putbus, Bergen, Gallin. ZierPfl (m-stemp·(subk)EUR – V Carp.). **Hohes H.** – S. altíssima L.

1* Pfl bis 0,50 m hoch. Bl ganzrandig bis schwach gezähnt. DeckBl kaum anders 2

2 B 6–7 mm lg. Kr mit gerader Röhre, rotviolett. 0,10–0,25. ♃ 7–9. Feuchtwiesen, Weidengebüsche, BruchW, kalkmeidend; z Rh We, s Ba: Bayr-W, Höchstadt Bw S-He NW-Th: Bodenrode, Beuren N-Sa: Lausitz, Dahlener u. Dübener Heide N-Ns, † O-An Br Me (m-temp·ozEUR – Sv: Ausläufer – V Junc. acutifl., V Aln.). **Kleines H.** – S. mínor HUDS.

2* B 12–22 mm lg. Kr mit aufwärtsgekrümmter Röhre, blauviolett, selten rosa 3

3 Bl eifg-lanzettlich bis lineal-lanzettlich, jederseits mit 3–8 sehr seichten Zähnen. B 12–18 mm lg, drüsenlos. 0,10–0,40. ♃ 6–9. Großseggenrieder, Naßwiesen, Gräben, Ufer, Erlenbrüche; alle Bdl v, aber MDt-Trockengeb z, Schwarzw, Schwäbische Alb, Th-W u. Erzg s (m-b·(subk)CIRCPOL – Sv: Ausläufer – V Aln., V Magnocar.). **Gewöhnliches H.** – S. galericuláta L.

3* Untere Bl spießfg, obere ganzrandig. B 20–22 mm lg, drüsig-flaumig. 0,10–0,40. ♃ 6–8. Staudenfluren an Flußufern, Gräben, Moorwiesen; z An: bes. Elbe Br: bes. Oder, Havel, s Ba: Donau O-Rh u. S-He: Rhein Th: Nausitz, Artern NW-Sa SW-Me: Elbe O-Ns: Elbe, Aller S-Sh: Elbe, † We, ↘ (sm-temp·subkEUR–WSIB – Sv: Ausläufer – V Cnid., V Filip.). **Spießblättriges H.** – S. hastifólia L.

Andorn – Marrúbium L.
(C – Ib: Bienen, auch Sb – Ev, Wv)

1 KZähne 10, von der Mitte an kahl, an der Spitze hakig zurückgebogen (Abb. **419**/8). Bl rundlich-eifg, filzig. 0,40–0,50. ♃ 6–8. Trockne bis mäßig trockne Ruderalstellen (Wegränder, Schutt, Umschlagplätze, bes. in Dörfern), basenhold; (A) z An, s Ba: Unterfranken Bw S- u. O-We Th Br SO-Ns Me, † Rh He Sa Sh, ↘ (m-temp·(subk) EUR–WAS – V Onop., V Arct.). **Gewöhnlicher A.** – M. vulgáre L.

1* KZähne 5, bis zur Spitze filzig, aufrecht. Bl elliptisch-lanzettlich, in den BlStiel verschmälert, dicht weißfilzig. 0,30–0,60. ♃ 7–8. Trockne bis mäßig trockne Ruderalstellen, ruderal beeinflußte Trockenrasen, basenhold; (A) s S-An: Erdeborn, Wormsleben, Aken, (U) N-Th NW-Sa (m-sm·subkEUR – V Onop., V Fest. val.). [M. créticum MILL.] **Wander-A., Kreta-A.** – M. peregrínum L.

Katzenminze – Népeta L.
(H, C – Ib: Hummeln, Vm – andere Arten in Gärten)

1 Stg grauflaumig bis filzig. Bl ei-herzfg, grob gesägt bis gekerbt, unterseits graufilzig. Kr 7–10 mm lg, weiß od. rötlich. 0,40–1,00. ♃ 7–9. Trockne bis mäßig trockne Ruderalstellen (Wegränder, Schutt, an Mauern, bes. in Dörfern), basenhold; (A) z Ba Bw We Th Sa An Br Ns, s He Me Sh, ↘ (m-temp·(oz)EUR–WAS – V Onop., V Arct., V Sisymbr.). **Echte K.** – N. catária L.

1* Stg kahl od. feinflaumig. StgBl länglich bis elliptisch, mit gestutztem od. kurz keifg Grund, klein gekerbt, kahl od. feinflaumig 2

2 K 4–6 mm lg, gerade, seine Zähne ziemlich gleich lg. Kr 6–10 mm lg, hellviolett od. weiß. Klausen an der Spitze behaart. 0,50–1,00. ♃ 7–8. Trockne Ruderalstellen (Wegränder), ruderal beeinflußte Trocken- u. Halbtrockenrasen, basenhold; (A?) M- u. N-Th: Burg Gleichen, Greußen An: Bebertal, Benzingerode, Kleinleinungen, (N) s Ba: Unter-

franken Bw: Jura, Neckar, † S-He? (m-temp·subkEUR–WAS – O Fest. val., V Onop.). [N. núda L.] **Pannonische K.** – N. pannónica L.

2* K 9–12 mm lg, etwas gekrümmt, die oberen Zähne die unteren überragend. Kr 14–18 mm lg, blau. Klausen kahl. 0,40–1,00. ♃ 7–8. Mäßig trockne bis mäßig frische Ruderalstellen; (N ca. 1900) s Th: Herrnschwende An: Heiligenthal, (N U) s Me. ZierPfl (sm/salp·(suboz)KAUK – V Onop.). **Großblütige K.** – N. grandiflóra M. BIEB.

Gundermann, Gundelrebe – Glechóma L.

Bl lg gestielt, nierenfg, gekerbt. Kr blauviolett. 0,10–0,40. ♃ 4–6. Nährstoffreiche Wiesen u. Weiden, Uferfluren, Hecken- u. Waldsäume, Gebüsche, AuenW; alle Bdl g, aber Alpen u. Erzg v (m/mo-b·(oz)EURAS – H – Ib: Hummeln, Vm – Av (?), Ev, Sv: Ausläufer – K Mol.-Arrh., O Convolv., O Prun., V Salic. alb., V Alno-Ulm., O Fag.). [incl. G. hirsúta W. et K.] **Gundermann, Gundelrebe** – G. hederácea L.

Drachenkopf – Dracocéphalum L.

B in Scheinähren. Bl linealisch, ganzrandig. 0,30–0,60. ♃ 7–8. Alp. Rasen, Säume, TrockenW, anspruchsvoll; † Ba: Garchinger Heide, Kitzingen, Schweinfurt An: Halle, Oranienbaum, (N U) Me: Schwerin (m/mo-temp·kEURAS – H – Ib, Vm – V Ger. sang., V Eric.-Pin., O Querc. pub. – ∇). **Nordischer D.** – D. ruyschiána L.

Braunelle – Prunélla L. [Brunélla MILL.]
(C, H – Ib: Hummeln, Sb, Vm – Ev, Vv: Huftiere, Sv: Ausläufer – Hybr.)

1 Kr gelblichweiß. Bl oft fiederspaltig. StgKanten u. Bl weißzottig. 0,05–0,30. ♃ 6–8. Submed. Halbtrockenrasen, Trockengebüschsäume, kalkhold; z Bw Rh, s Ba: Jura, Franken O-We He Th S-An NO-Br SO-Ns O-Me, (N) NW-Sa, ↘ (m/mo-stemp·ozEUR – V Mesobrom., V Ger. sang.). [P. álba PALLAS] **Weiße B.** – P. laciniáta (L.) L.

1* Kr blauviolett, selten rötlich od. weiß. Bl ungeteilt **2**

2 Kr 7–15 mm lg, höchstens 2mal so lg wie der K. Oberlippe des K mit gestutzten, ungleichen, stachelspitzigen Zähnen (Abb. **419**/3). 0,05–0,30. ♃ 6–9. Frische bis feuchte Wiesen u. Weiden, Parkrasen, frische Ruderalstellen (Waldwegränder), frische Halbtrockenrasen; alle Bdl g, nur NW-Br N-An v (m/mo-b·(oz)EURAS – K Mol.-Arrh., V Cirs.-Brach., V Agrop.-Rum., V Polyg. avic.). **Gewöhnliche B.** – P. vulgáris L.

2* Kr 20–25 mm lg, 2–3mal so lg wie der K. Oberlippe des K mit gleichen, dreieckigen, zugespitzten Zähnen. 0,10–0,30. ♃ 6–8. Halbtrockenrasen, TrockenW-Säume, kalkhold; v Kalkgebiete von Ba Bw Th S-An, z Rh He Br, s O-We N-An SO-Ns Me, † Sa (sm-temp·(suboz)EUR – V Mesobrom., V Cirs.-Brach., V Ger. sang., V Eric.-Pin.). **Großblütige B.** – P. grandiflóra (L.) SCHOLLER

Immenblatt – Melíttis L.

Pfl dicht weichhaarig. Bl grob gekerbt, runzlig. Kr 25–40 mm lg. 0,20–0,50. ♃ 5–6. Wärmeliebende LaubW, Gebüsche, anspruchsvoll; z S-, M- u. NW-Ba: bes. Jura S- u. O-Bw, s Rh O-Th M- u. W-Sa SW-An SO-Ns: Asse Br: Strausberg (m/mo-stemp·ozEUR – H – Ib: Hummeln, Tagfalter, Vm – O Querc. pub., O Fag. – ∇). [M. grandiflóra SM.] **(**) Immenblatt** – M. melissophýllum L.

Brandkraut – Phlómis L.

Bl herz-eifg, untere rosettig, lg gestielt. Kr 15–20 mm lg, hellpurpurn, außen weiß sternfilzig. 0,60–1,50. ♃ 6–7. Trockne Säume u. Gebüsche; (N) † N-An: Magdeburg (m-temp·kOEUR–WAS–(OSIB) – G – Ib, teilweise Vm – Wv, Ev – V Ger. sang., V Querc. pub., V Berb.). **Knollen-B.** – Ph. tuberósa L.

Hohlzahn – Galeópsis L.
(T – Ib: Hummeln, Sb – Ev)

1 Stg unter den Knoten nicht verdickt, abwärts angedrückt weichhaarig, oft auch abstehend drüsig, aber nie mit Borstenhaaren. Spreite der StgBl 1–4 cm lg **2**

1* Stg unter den Knoten meist deutlich verdickt, meist in ganzer Länge, zumindest jedoch unter den oberen Knoten mit rückwärts abstehenden Borstenhaaren, außerdem oft mit Seidenhaaren. Spreite der StgBl 3–12 cm lg **4**

2 Kr hellgelb, selten rötlich, (20–)25–30(–35) mm lg. Bl dicht seidenhaarig, grob gesägt, eifg bis lanzettlich. K dicht seidig u. drüsig. 0,10–0,45. ⊙ 7–8. Silikatschotterfluren, frische WSäume, mineralarme, sandige Äcker, kalkmeidend; (im O A) v Rh, z W-Bw We He N-Ns W-Me S- u. NO-Sh, s NW-Ba NW-Sa O-Th: Schwarzatal An, † Br, ↘ (sm-temp·ozEUR – V Galeops. seget., V Trif. med., V Arnos. – ArzneiPfl). **Saat-H.** – G. ségetum NECKER

2* Kr hellpurpurn, (10–)15–22(–28) mm lg. Bl locker flaumig, flach gesägt bis ganzrandig **3**

3 K grün, abstehend behaart u. reich drüsig. Bl eilanzettlich bis eifg, 6–16 mm br, jederseits mit 3–8 Zähnen. 0,10–0,80. ⊙ 6–10. Schotterfluren, skelettreiche Ruderalstellen (Bahnanlagen, Steinbrüche) u. Äcker, kalkhold; z Ba Bw Rh He Th Sa An Br, (A) s We Ns: Nienburg, Hitzacker, Dannenberg Me Sh, ↘, oft mit **3*** verwechselt (sm-b·(suboz) EUR–WAS – K Thlasp. rot., V Sisymbr., V Caucal.). **Acker-H.** – G. ládanum L.

3* K weißlich von dichten, anliegenden Haaren, zuweilen außerdem mit abstehenden Haaren, nicht od. schwach drüsig. Bl lineal-lanzettlich bis länglich-lanzettlich, selten eilanzettlich, 2–5(–15) mm br, ganzrandig od. jederseits mit 1–5 flachen Zähnen. 0,10–0,70. ⊙ 6–10. Schotterfluren, skelettreiche Äcker, kalkhold; (A?) v bes. Kalkgebiete von Ba Bw Rh He Th S-An, z We Sa Ns, (N) s N-An Br, (N U) Me Sh (m-temp·suboz EUR – V Alysso-Sed., V Xerobrom., V Caucal., V Stip.-Calam.).
Schmalblättriger H. – G. angustifólia (EHRH.) HOFFM.

4 **(1)** Stg oft nur spärlich u. dann zumindest unter den obersten Knoten borstig, auf allen 4 Seiten angedrückt seidig (zumindest oberwärts), unter den Knoten nur wenig verdickt. K nur am Rand u. an den Zähnen borstig. Kr 20–25(–30) mm lg, purpurn mit gelbem Schlund, selten blaßgelb mit roter Zeichnung; Röhre die KZähne weit überragend. 0,20–0,50. ⊙ 7–9. Lehmige bis tonige, bes. mont. Äcker, frische Ruderalstellen (Wegränder, Ackerraine), Schläge, Waldsäume, kalkmeidend; v Ba S-Th Sa O-Br, z N- u. O-Bw An, (N) z M-He W-Br Me, s S- u. O-We N-Th Sh u. Alpen (sm-temp·subozEUR – V Aph., O Polyg.-Chen., O Atrop., V Bid.). ** **Weichhaariger H.** – G. pubéscens BESSER

4* Stg meist dicht borstig, nicht od. nur auf 2 Seiten seidig, unter den Knoten stark verdickt. K auch auf der Fläche ± borstig **5**

5 Kr (15–)25–35(–40) mm lg, hellgelb, Mittelzipfel der Unterlippe violett; Röhre die KZähne weit überragend. 0,50–1,00. ⊙ 6–10. Frische bis feuchte Schläge, Waldsäume, verlichtete Wälder, Ufer, Äcker; v S- u. M-Ba Sa Me Sh, z N-Ba S- u. O-Bw We Th An Br Ns, (N) s Rh, ↗ (sm/mo-b·(suboz)EUR–WAS – K Epil. ang., O Sal. purp., O Polyg.-Chen., O Secal.). [G. versícolor CURTIS] **Bunter H.** – G. speciósa MILL.

5* Kr 10–20(–25) mm lg, rot bis weiß; Röhre die KZähne kaum überragend **6**

6 Kr 15–20(–25) mm lg, rot od. selten weiß; Mittelzipfel der Unterlippe fast quadratisch, vorn meist gezähnelt, flach, gelb od. purpurn gemustert (Abb. **424**/1). KZipfel derb, stechend. 0,10–0,80. ⊙ 6–10. Frische bis feuchte, nährstoffreiche Äcker, frische Ruderalstellen (Wegränder, Schutt, Viehläger), Schläge, Gebüsche, Wälder; alle Bdl g, nur Sh v, ↗ (m-b·(oz)EUR – K Secal., K Chen., O Atrop., K Artem., K Thlasp. rot.).
Stechender H. – G. tétrahit L.

6* Kr 10–15 mm lg, blaßrot; Mittelzipfel der Unterlippe länglich, vorn deutlich ausgerandet bis 2spaltig, am Rand ± zurückgebogen, einfarbig (Abb. **424**/2). KZipfel kaum stechend.

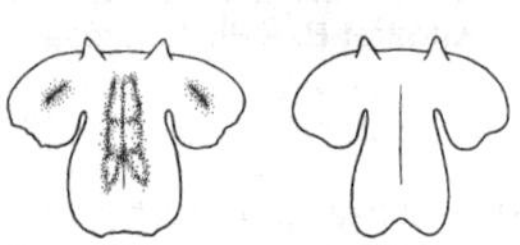

1 2

0,30–0,70. ⊙ 6–10. Nährstoffreichere Äcker, frische Ruderalstellen (Wegränder, Schutt, Ackerraine), Schläge, aufgelassene Bergwiesen, kalkmeidend; g Sh, v Ba Sa Br O-Ns Me, z Bw Rh We He Th An W-Ns (sm-b·(subk)EURAS – O Aper., K Chen., O Atrop., V Alliar., V Arct.). **Kleinblütiger H.** – G. bífida BOENN.

Taubnessel, Bienensaug – Lámium L.
(Ib: Hummeln, Bienen – Av)

1 Kr schwach gelblichweiß, ihre Röhre aufwärtsgebogen, innen über dem Grund mit schrägem Haarring. Schlund mit olivfarbenen Flecken. 0,20–0,50. ♃ 4–10. Frische Ruderalstellen (Wegränder, Gräben, Viehläger), Säume, Gebüsche; (A) alle Bdl g, aber O-Ba u. Erzg v (m/mo-b·(oz)EURAS – H – Sv: Ausläufer – V Arct., O Convolv., O Prun.). **Weiße T.** – L. álbum L.

1* Kr purpurn od. rosa (selten an EinzelPfl reinweiß u. ohne Flecken) **2**

2 KrRöhre aufwärtsgebogen, innen mit waagerechtem Haarring. Kr purpurn, 20–30 mm lg. 0,15–0,60. ♃ 4–9. Frische bis feuchte Ruderalstellen (Wegränder, Zäune), Ufer, Gebüsche, Waldsäume, frische EdellaubW; g bes. Tief- u. Hügelland Ba Bw He Th, v Rh We Sa An SO-Ns, z Br NO-Ns W-Me O-Sh, s O-Me (sm-temp·subozEUR – H – Sv: Ausläufer – O Convolv., O Prun., O Fag.). **Gefleckte T.** – L. maculátum L.

2* KrRöhre gerade. Kr 10–23 mm lg. ⊙ od. ① **3**

3 TragBl der Scheinquirle (wenigstens die oberen) sitzend od. mit herzfg Grund halbstengelumfassend **4**

3* TragBl gestielt (zuweilen die obersten nur sehr kurz gestielt) **5**

4 TragBl halbstengelumfassend, oft breiter als lg. Scheinquirle ziemlich entfernt. K abstehend behaart, zur BZeit 5–6 mm lg. KZähne zur FrZeit zusammenneigend. Kr oft knospenartig geschlossen bleibend (Kleistogamie!), geöffnet mit dünner, weit aus dem K ragender Röhre. KrRöhre ohne Haarring. Unterlippe 1,5–2,5 mm lg. 0,10–0,30. ⊙ ① 4–8. Sandige bis lehmige, meist stickstoffreichere Äcker, Gärten, Weinberge, mäßig frische Ruderalstellen (Wegränder, Schutt); (A) alle Bdl v, aber Alpen, Vorland, Silikatgebirge u. NW-Ns z (m-b·(suboz)EUR–WAS – T – Ib, Sb – K Secal., O Polyg.-Chen., V Sisymbr.). **Stengelumfassende T.** – L. amplexicáule L.

4* TragBl nicht halbstengelumfassend, die oberen sitzend, die unteren deutlich gestielt. Scheinquirle dichter stehend. K anliegend behaart, zur BZeit 8–12 mm lg; KZähne zur FrZeit spreizend. KrRöhre wenig länger als der K, innen über dem Grund mit undeutlichem Haarring. Unterlippe etwa 4 mm lg. 0,15–0,40. ⊙ ① 5–9. Äcker; (A) z Sh, s We He Me, † An (temp-b·ozEUR – T, H – entstanden aus dem Bastard von Stengelumfassender T. u. Purpurroter T.). [L. intermédium FRIES, L. moluccellifólium aut.] **Mittlere T.** – L. confértum FRIES

5 **(3)** BlSpreiten unregelmäßig eingeschnitten gezähnt; die oberen mit gestutztem Grund, am BlStiel ± herablaufend. Kr 10–15 mm lg, innen über dem Grund ohne od. nur mit undeutlichem Haarring. Oberlippe 3–4 mm lg. 0,08–0,30. ⊙ ① 3–10. Sandige bis lehmige Äcker, Gärten, Weinberge; (A) z Rh We He Ns Me Sh, s W- u. N-Bw NW-Th W-An N-Br, † Sa (m-temp·subozEUR – T, H – O Aper., O Polyg.-Chen. – entstanden aus dem Bastard von Purpurroter T. u. L. moschátum MILL.?). [L. disséctum WITH., L. incísum WILLD.] **Eingeschnittene T.** – L. hýbridum VILL.

5* BlSpreiten gekerbt-gesägt. Kr 10–20 mm lg, innen nahe dem Grund mit deutlichem Haarring. Oberlippe 4–6 mm lg. 0,10–0,45. ⊙ ① 3–10. Sandige bis lehmige, meist stickstoffreichere Äcker, Gärten, Weinberge, frische Ruderalstellen (Wegränder, Schutt); (A?) alle Bdl g, nur Alpen u. Vorland z (m/mo-b·(oz)EUR – T, H – K Secal., O Polyg.-Chen., V Sisymbr.). **Purpurrote T.** – L. purpúreum L.

Goldnessel – Galeóbdolon ADANS. [Lamiástrum POLATSCHEK]

Bl br eifg bis lanzettlich, gekerbt od. gezähnt, OSeite oft weiß gefleckt. Kr 14–25 mm lg. 0,15–0,80. ♃ 5–7. Krautreiche LaubW, Säume, Hochstaudengebüsche, anspruchsvoll;

g Ba Bw Rh We He O-Ns Me O-Sh, v Th Sa S-An W-Sh, z N-An Br W-Ns. ZierPfl (sm/mo-temp·subozEUR – C – Sv: Ausläufer – O Fag., V Adenost.). [Lámium galeóbdolon (L.) L., Lamiástrum galeóbdolon (L.) EHRENDF. et POLATSCHEK] * **Goldnessel** – G. lúteum agg.

Schwarznessel, Gottvergeß – Ballóta L.

Bl weichhaarig, grob kerbig gesägt. Kr purpurn. Pfl unangenehm riechend. 0,30 bis 1,00. ♃ 6–9. Frische bis mäßig trockne Ruderalstellen (Wegränder, Schutt, bes. in Dörfern), Heckensäume; (A) v bes. Tief- u. Hügelland Ba Bw Rh He Th N-Sa An Br O-Ns Me, z We S-Sa O-Sh, s W-Ns W-Sh, im W ↘ (m-temp·(suboz)EUR–WAS – C, H – Ib: Bienen, Sb, Vm – Ev – V Onop., V Arct.).
** **Schwarznessel, Gottvergeß, Stinkandorn** – B. nígra L.

Herzgespann, Löwenschwanz, Katzenschwanz – Leonúrus L.
(Ib: Hummeln, Vm, Sb – Ev)

1 Untere Bl handfg 3–7spaltig, am Grund herzfg, obere 3lappig, am Grund keilig, alle oberseits dunkel-, unterseits hellgrün. Kr 8–12 mm lg, erheblich länger als der K. 0,30–1,00. ♃ 6–9. Frische bis mäßig trockne, stickstoffreiche Ruderalstellen (Wegränder, Zäune, bes. in Dörfern); (A N) v bes. Tief- u. Hügelland Sa An Br Me, z Ba Bw Rh We He Th Ns Sh, ↘ (m-temp·subkEUR–WAS – H – V Arct., O Onop. – alte ArzneiPfl).
** **Herzgespann, Löwenschwanz** – L. cardíaca L.

1* Untere Bl rundlich-eifg, obere eifg-lanzettlich, alle grob gesägt. Kr 5–8 mm lg, nicht od. kaum länger als der K. 0,50–1,20. ⊙ ⊙ 7–8. Frische Ruderalstellen (Wegränder, Schutt), Säume, Gebüsche, Waldränder (Auen); Elbe, Oder, Elster, untere Saale, untere Havel, Rhein, Main, Spreegebiet, v An Br, z NO-Ns, s Ba: Unterfranken, Altdorf, Ingolstadt Th: Unstrut Sa Me S-Sh, † He (m-temp·kEUR–WAS – H, T – O Convolv., K Artem., O Prun.). [Chaitúrus marrubiástrum (L.,) EHRH. ex SPENNER]
Katzenschwanz – L. marrubiástrum L.

Betonie, Batunge – Betónica L.
(H – Ib, Sb, schwach Vm – Wv, Ev)

1 Kr rot. BlSpreite etwa 3mal so lg wie br. 0,30–1,00. ♃ 7–8. Wechselfeuchte Moorwiesen, Halbtrocken- u. Magerrasen, TrockenW u. ihre Säume, basenhold; g Ba, v Bw Rh He Th N- u. O-Sa S-An S-Ns, z We SW-Sa N-An Br Me, s NO-Ns SO-Sh (m-temp·(suboz)EUR–WAS – V Mol., V Mesobrom., V Viol. can., O Orig., V Nard., V Querc. rob.-petr., V Querc. pub. – ArzneiPfl). [Stáchys officinális (L.) TREVISAN]
Gewöhnliche B., Heilziest – B. officinális L.

1* Kr blaßgelb. BlSpreite höchstens doppelt so lg wie br. 0,20–0,50. ♃ 6–9. Frische, meist kalkreiche, sonnige, subalp.-alp. Matten, Steinschutt; v SO-Ba: Berchtesgadener Alpen, s S-Ba: Bayerische Alpen (m/alp-temp/salp·subozEUR – O Sesl., V Thlasp. rot., V Mesobrom.). [Stáchys alopecúros (L.) BENTHAM, B. divúlsa TEN.]
Gelbe B. – B. alopecúros L.

Ziest – Stáchys L.
(Ib: Hummeln, Bienen, Sb, meist Vm – Wv, Ev – Hybr.)

1 Kr 6–8 mm lg, kaum länger als der K, blaßrosa. Scheinquirle meist 6blütig. Bl rundlich bis herz-eifg, stumpf gekerbt. 0,10–0,30. ⊙ 7–10. Lehmige, nährstoffreichere Äcker, Gärten, kalkmeidend; (A) v Rh W-We, z W- u. N-Bw O-We He An Ns Sh, s M- u. N-Ba Th Sa Br Me, ↘ (m-temp·ozEUR – T – V Aphan., V Sperg.-Oxal.). **Acker-Z.** – S. arvénsis (L.) L.

1* Kr 10–20 mm lg, doppelt so lg wie der K **2**

2 Kr hellgelb **3**

2* Kr rot od. rosa **4**

3 Scheinquirle 4–6blütig. Bl eifg-elliptisch bis br lanzettlich, 2–4(–5)mal so lg wie br, alle gestielt. KZähne schmal lanzettlich, mit weichhaariger Spitze. 0,10–0,30. ⊙ 6–10. Leh-

mige bis tonige, meist skelettreiche u. extensiv genutzte Äcker, Weinberge, kalkstet; (A) z M- u. N-Ba Bw Rh, s SW- u. NO-We He Th An Br SO-Ns Me, (N U) † Sa Sh, ↘ (m-stemp·subozEUR–WAS – T – V Caucal., V Fum.-Euph.).
Einjähriger Z. – S. ánnua (L.) L.

3* Scheinquirle 6–10blütig (Abb. **419**/6). Bl länglich bis lanzettlich, 4–8mal so lg wie br, untere kurz gestielt, obere sitzend. KZähne 3eckig, mit kahler Stachelspitze. 0,20–0,60. ♃ 6–10. Felsfluren, Trocken- u. Halbtrockenrasen, Trockengebüsch- u. WSäume; v bes. Kalkgebiete Ba Bw Rh Th SW-An NO-Br, z He S- u. W-Br S- u. W-Me, s SW- u. NO-We M- u. SW-Sa N- u. O-An O-Ns (sm/mo-temp·subozEUR – H – K Fest.-Brom., V Ger. sang., V Berb., O Querc. pub., V Eric.-Pin.). **Aufrechter Z.** – S. récta L.

4 **(2)** Scheinquirle 4–10blütig. VorBl fehlend od. höchstens halb so lg wie der K, fädlich **5**

4* Scheinquirle 10–30blütig. VorBl so lg wie der K, linealisch. **6**

5 Bl 1–2 cm br, länglich bis lanzettlich, schwach herzfg, kurzhaarig, obere sitzend. Scheinquirle 4–10blütig. 0,30–1,00. ♃ 6–9. Feuchte bis nasse, nährstoffreiche Äcker, wechselnasse Wiesen, Gräben, Ufer; alle Bdl v, nur NW-Ns z (sm-b·CIRCPOL – G – Sv: Ausläuferknollen – K Secal., O Polyg.-Chen., V Filip., V Mol.).
Sumpf-Z., Schweinsrübe – S. palústris L.

5* Bl 3–8 cm br, tief herz-eifg, dicht abstehend behaart, alle gestielt. Scheinquirle meist 6blütig. 0,30–1,00. ♃ 6–9. Säume, Schläge, Gebüsche, krautreiche LaubW, anspruchsvoll; g Ba Bw Rh We He Th S-An S-Ns Me O-Sh, v Sa N-An Br NO-Ns, z NW-Ns W-Sh (m/mo-b·(oz)EUR–WAS – H – Sv: Ausläufer – O Fag., O Prun., V Alliar.).
Wald-Z. – S. sylvática L.

6 **(4)** Stg dicht weißwollig-filzig, (fast) drüsenlos. Bl weißwollig, fein gekerbt, untere gestielt, obere sitzend. 0,30–1,00. ☉ ♃ 6–8. Trockne bis mäßig trockne Ruderalstellen (Wegränder, Schutt), ruderal beeinflußte Halbtrockenrasen, kalkhold; z M- u. N-Ba Bw He Th S- u. M-An, s Rh SW- u. NO-We NO-Br SO-Ns, (A) s SO-Me, † Sa, ↘ (m/mo-stemp·subozEUR – H – V Onop., V Mesobrom., V Cirs.-Brach.).
Deutscher Z. – S. germánica L.

6* Stg rauhhaarig, oberwärts drüsig. Bl anliegend kurzhaarig, grob gesägt, alle gestielt. 0,40–1,00. ♃ 7–9. WSchläge, krautreiche LaubW, kalkhold; v SO-Bw: bes. Jura, z S-Ba: Alpen u. Vorland W-Rh W- u. N-He, s M- u. N-Ba: Jura, Eggolsheim O-Rh SO-We: Sauerland SW-Th, (N?) S-Sa: Erzg SO-Ns, (N) An (sm/mo-stemp/demo·ozEUR – H – V Til.-Acer., V Alno-Ulm., V Atrop.). **Alpen-Z.** – S. alpína L.

Salbei – Sálvia L.
(Ib: Bienen, Hummeln, Vm – Ev – Adv. – Hybr.)

1 Stg am Grund verholzend. Bl lanzettlich, schwach gekerbt, runzlig u. filzig. Kr violett. 0,20–0,70. ♄ 5–7. Lückige Xerothermrasen; (A, N U) s Ba We He Th Sa An Me. KulturPfl (sm·subozEUR – S – K Fest.-Brom. – ArzneiPfl). **Echter S.** – S. officinális L.

1* Stg krautig. Spreitengrund spießfg, herzfg od. abgerundet **2**

2 Scheinquirle 15–30blütig, fast kuglig. Bl herzfg bis dreieckig, am BlStiel geöhrt. Kr klein, hell blaulila. StaubBl unbeweglich. 0,30–0,60. ♃ 6–9. Ruderal beeinflußte Halbtrockenrasen, mäßig trockne Ruderalstellen (Wegränder, Böschungen, Umschlagplätze), kalkhold; (N 16. Jh.) v Kalkgebiete von Ba Bw Th S-An, z Rh We He Sa O-Br SO-Ns, s SW-Br Me N-Ns, im N ↘ (m-temp·subozEUR–(WAS) – H – Sv: Ausläufer – V Mesobrom., V Cirs.-Brach., V Onop.). **Quirl-S.** – S. verticilláta L.

2* Scheinquirle 2–12blütig. StaubBl mit Hebelmechanismus **3**

3* Kr lebhaft hellgelb, rotbraun punktiert. Pfl drüsenhaarig. Bl ± spießfg. 0,40–0,80. ♃ 7–10. Säume, Schläge, Hochstaudenfluren, krautreiche LaubW, kalkhold; v S-Ba: Alpen u. Vorland, z S- u. M-Ba: Hochebene, Jura, Bayr-W S-Bw, (N) s Rh We He, (N U) s Th Br (m/mo-stemp/demo·subozEUR – H – V Til.-Acer., V Alno-Ulm., V Adenost.).
Kleb-S. – S. glutinósa L.

3* Kr blauviolett, selten rosa od. weiß. Bl herzfg bis länglich **4**

4 Bl größtenteils stengelständig, wie der Stg fein graufilzig, ohne Borsten. DeckBl violett. Kr 8–15 mm lg. 0,30–0,70. ♃ 6–7. Ruderal beeinflußte Halbtrocken- u. Trockenrasen, trockne Ruderalstellen (Wegränder, Böschungen, Schutt); kalkhold; z Th S- u. M-An, s NW- u. M-Sa: Elbe, (N) s M- u. NW-Ba Bw Rh We He O-Sa Br O-Ns Me (m-temp·kEUR–WAS – H – K Fest.-Brom., V Onop.). **Steppen-S.** – S. nemorósa L.

4* Bl größtenteils grundständig, wie der Stg kurz borstig. DeckBl grün. Kr 20–30 mm lg. 0,30–0,60. ♃ 5–8. Trocken- u. Halbtrockenrasen, trockne Wiesen, basenhold; v Ba Bw Rh S-He Th S- u. M-An NO-Br S-Ns, z We N-He Sa: bes. Elbe N-An S- u. W-Br, (A) z Me (sm-temp·subozEUR – H – K Fest.-Brom., V Arrh.). **Wiesen-S.** – S. praténsis L.

Monarde – Monárda L.

B kopfig gedrängt. Kr scharlachrot. Bl eifg, zugespitzt. 0,50–0,90. ♃ 7–9. ZierPfl, zuweilen verwildert (sm-temp·(oz)OAM – H – Ib: Nachtfalter – meist Hybr. angebaut). **Scharlach-M.** – M. dídyma L.

Drachenmaul – Hormínum L.

GrundBl gestielt, eifg, grob gekerbt, unterseits runzlig. 0,10–0,35. ♃ 6–9. Frische, kalkreiche, sonnige, subalp. Kalkmagerrasen u. -weiden; s SO-Ba: Berchtesgadener Alpen (sm/salp-temp/salp·subozEUR – H – Ib: Bienen, Hummeln, Vm – V Sesl., V Mesobrom. – ∇). **Pyrenäen-D.** – H. pyrenáicum L.

Melisse – Melíssa L.

Pfl stark nach Zitrone duftend. Bl eifg, gesägt. Kr weiß, gelblich od. blaßrosa. 0,30–0,80. ♃ 6–8. KulturPfl, auch (A N U) s, z. B. Ba We He Sa Me (m/mo-sm·subozOEUR–WAS – H – Ib, teilweise Vm, Vw – Gewürz-, Arznei- u. BienenfutterPfl). **Zitronen-M.** – M. officinális L.

Bohnenkraut – Saturéja L.

1 Pfl krautig. Kr 4–6 mm lg. B in dichten, sitzenden Scheinquirlen. 0,10–0,25. ⊙ 7–9. KulturPfl, zuweilen verwildert (Schutt) (m-sm·subozEUR–WAS – T – Ib, Vm – V Sisymbr. – GewürzPfl). **Bohnenkraut, Kölle** – S. horténsis L.

1* Zwergstrauch od. Halbstrauch. Kr 7–10 mm lg. B in ± lockeren, gestielten Zymen. 0,10–0,50. ♄ 8–10. KulturPfl (m-sm·(oz)EUR – S – Ib – GewürzPfl). **Winter-B.** – S. montána L.

Bergminze – Calamíntha MILL.

Bl 2–7 cm lg, dünn, eifg, kerbig gesägt. Kr 8–22 mm lg, violett bis rosa. 0,30–0,80. ♃ 7–9. Wärmeliebende LaubW, kalkhold; z Bw Rh, s SO-, M- u. NW-Ba S- u. M-He SW-We W-Th, † An (m/mo-stemp·(oz)EUR – H – Sv: Ausläufer – V Querc. pub., V Carp., V Ger. sang.). [C. népeta agg., C. sylvática agg.] * **Bergminze** – C. menthifólia agg.

Wirbeldost – Clinopódium L.

Pfl zottig. Bl nicht drüsig punktiert. Kr 12–22 mm lg. 0,30–0,60. ♃ 7–9. Säume, Gebüsche, wärmeliebende Wälder; v Ba Bw Rh S- u. O-We He Th S-An S-Ns O-Sh, z Sa N-An Br Me, s NW-We N-Ns W-Sh (strop/moOAS-m-b·(oz)CIRCPOL – H – Sv: Ausläufer – O Orig., O Prun., O Querc. pub., V Eric.-Pin.). [Saturéja vulgáris (L.) FRITSCH, Calamíntha clinopódium SPENNER] **Wirbeldost** – C. vulgáre L.

Steinquendel, Kölme – Ácinos MILL.

1 Kr 7–10 mm lg, blaulila. FrK durch zusammenneigende Zähne geschlossen. 0,10–0,30. ⊙–⊚ 6–9. Felsfluren, Trocken- u. Sandtrockenrasen, lückige Halbtrockenrasen; v Ba Bw Rh He Th S-An O-Br S-Ns Me, z (im N A) S- u. O-We Sa N-An W-Br NO-Ns Sh, s NW-We (sm-b·(oz)EUR – T, H – K Fest.-Brom., K Sedo-Scler.). [Calamíntha ácinos (L.) CLAIRV., Saturéja ácinos (L.) SCHEELE] **Gewöhnlicher S.** – A. arvénsis (LAMK.) DANDY

1* Kr 15–20 mm lg, intensiv rotviolett. FrK offen. 0,10–0,25. ♄ ♃ 7–9. Meist kalkhaltige Steinrasen, Halbtrockenrasen; v S-Ba: Alpen, Vorland, Ammersee, Garchinger Heide (m/alp-stemp/dealp·(oz)EUR – H, S – O Sesl., V Mesobrom., V Eric.-Pin., V Epil. fleisch.). [Calamíntha alpína (L.) LAMK.] **Alpen-S.** – A. alpínus (L.) MOENCH

Ysop – Hyssópus L.

Bl lineal-lanzettlich, ganzrandig. Scheinähren dicht, einseitswendig. Kr 7–12 mm lg, dunkelbau, selten rosa od. weiß. 0,30–0,50. ♃ 7–10. Ruderal beeinflußte Felsfluren, Trockenrasen; (N 1829) s NW-Ba Bw Rh He Th S- u. M-An SO-Ns, (N U) We S- u. O-Sa Br Me. KulturPfl (m-sm·subkEUR–WAS – S – Ib: Bienen, Vm – V Xerobrom. – Zier- u. GewürzPfl). **Ysop** – H. officinális L.

Dost – Oríganum L.

Bl länglich-eifg, unterseits drüsig punktiert. Kr 4–7 mm lg, hellpurpurn, selten weiß. 0,20–0,60. ♃ 7–9. Säume, Gebüsche, TrockenW u. Halbtrockenrasen, anspruchsvoll; v Ba Bw Rh S- u. O-We He Th S-An, z NW-We Sa Br S- u. O-Ns Me O-Sh, s N-An (m/mo-b·(oz)EURAS – H – Ib, Vm – Wv, Sv: Ausläufer – O Orig., V Mesobrom., O Prun., O Querc. pub., V Eric.-Pin.). ** **Gewöhnlicher D.** – O. vulgáre L.

Majoran – Majorána MILL.

Bl elliptisch, graufilzig. K nur aus der ungeteilten Oberlippe bestehend (Abb. **418**/3). Kr weiß od. hellrötlich. 0,20–0,50. ⊙ 7–9. KulturPfl (m·subozOEUR–VORDAS – T – Ib, Vm – Wv – Gewürz- u. HeilPfl). [Oríganum majorána L.] **Majoran** – M. horténsis MOENCH

Thymian, Quendel – Thýmus L.
(S – Ib, Vm – Hybr.)

1 Bl am Rand stark umgerollt, am Grund unbewimpert, unterseits dicht weißsamtig. Stg bogig aufsteigend bis aufrecht, nicht sproßbürtig bewurzelt, stark verholzt. 0,20–0,40. ♄ 5–10. KulturPfl, auch (A N) s, z. B. Rh: Wittlich S-An: Kloschwitz (m-sm·subozEUR – Gewürz- u. ArzneiPfl). **Echter Th.** – Th. vulgáris L.

1* Bl flach od. am Rand schwach umgerollt, am Grund (mitunter spärlich) bewimpert, unterseits kahl od. langhaarig. Stg kriechend od. aufsteigend, meist bewurzelt, nur am Grund verholzt **2**

2 BZweige (beachte 2. StgGlied unterhalb des BStandes!) scharf 4kantig mit 2 schmaleren, deutlich konkaven StgSeiten, nur an den 4 Kanten kurzhaarig (Abb. **430**/1), wenn (selten) auch die konkaven Seitenflächen behaart, dann Haare etwa so lg wie der Stg-∅ (Abb. **430**/2) u. BlFlächen behaart. Bl dünn; Seitennerven fein, nur selten unterseits stärker hervortretend. 0,05–0,30. ♄ 6–9. Halb- u. Sandtrockenrasen, bodensaure Magerrasen u. Heiden, trockne Wiesen; alle Bdl v, aber N-An, NW-Br u. NW-Ns z (sm-temp·subozEUR – V Mesobrom., V Cirs.-Brach., O Fest.-Sedet., V Viol. can., V Eric.-Pin. – ArzneiPfl). [incl. Th. alpéstris (TAUSCH ex ČELAK.) KERNER, Th. montánus aut.,Th. chamǽdrys FRIES, Th. froelichiánus OPIZ] **Arznei-Th.** – Th. pulegioídes L.

2* BZweige stumpf 4kantig bis rundlich, ohne deutlich konkave u. schmalere Seitenflächen, ringsum behaart (Abb. **430**/3); wenn an 2 Seiten schwächer behaart bis kahl, dann Haare kürzer als der Stg-∅ (Abb. **430**/4) od. Bl derb mit unterseits kräftig hervortretenden Nerven (an getrockneten Bl!), wobei sich deren oberstes Paar an der BlSpitze zu einem meist deutlichen Randnerv vereinigt (Abb. **430**/8) **3**

3 Stg aufsteigend, stets mit BStand abschließend, ohne liegende, nichtblühende Stg. Wuchs buschig. Bl dünn, 10–30 mm lg, sitzend. BStand verlängert bis unterbrochen. K 2,5–4 mm lg. 0,10–0,30. ♄ 6–8. Xerothermrasen; (N?) s S-Br: Mühlberg, (N) s S-Bw: Klettgau, † Sa: Elbe (sm-stemp·subkEUR–WAS). [Th. marschalliánus aut. non WILLD., Th. kosteleckyánus OPIZ] **Steppen-Th.** – Th. pannónicus ALL.

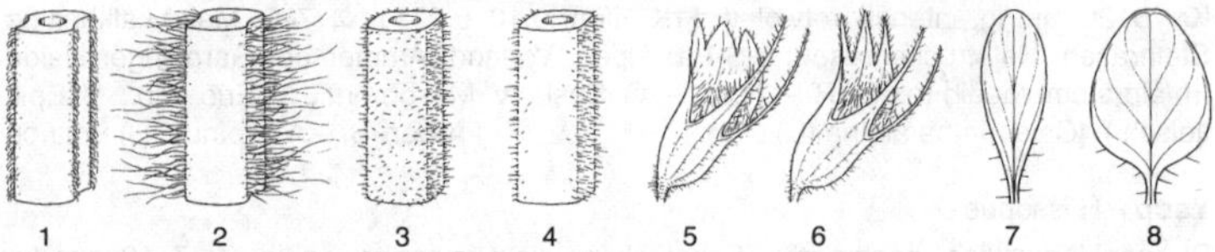

3* Stg lg kriechend, mit nichtblühendem Ende, selten mit BStand abschließend u. dann liegende, nichtblühende Stg vorhanden. Spalierwuchs. Bl meist derb, 3–15 mm lg, ± gestielt. BStand meist kopfig. K 3,5–5 mm lg **4**

4 BZweige stets ringsum behaart. Obere KZähne br dreieckig, etwa so lg wie am Grund br (Abb. **430**/5). Bl linealisch bis schmal elliptisch od. schmal verkehrteifg, 1–3 mm br, an den BZweigen von unten nach oben nicht wesentlich an Größe zunehmend. Nerven unterseits meist hervortretend, aber oberstes Seitennervenpaar an der BlSpitze nicht od. sehr undeutlich zu einem Randwulst vereinigt (Abb. **430**/7). 0,02–0,10. ♄ 6–8. Silikatfelsfluren, Sandtrockenrasen, trockne KiefernW, kalkmeidend; v Br, z M- u. NW-Ba N- u. O-Sa An Ns Me NW-Sh, s NW-Bw SO-Rh N-We S-He N-Th (temp-b·(subk)EUR – O Coryneph., O Fest.-Sedet., V Sesl.-Fest., V Cytis.-Pin.). [Th. angustifólius PERS.] **(**) Sand-Th.** – Th. serpýllum L. em. MILL.

4* BZweige ringsum behaart od. an 2 Seiten schwächer behaart bis kahl. Obere KZähne schmal dreieckig, länger als am Grund br (Abb. **430**/6). Bl elliptisch bis eifg od. rundlich spatelfg, 2–8 mm br, Spreiten an den BZweigen meist von unten nach oben wesentlich an Größe zunehmend. Nerven unterseits scharf hervortretend, das oberste Seitennervenpaar an der BlSpitze zu einem meist deutlichen Randwulst vereinigt (Abb. **430**/8). 0,03–0,15. ♄ 5–7. Koll. bis alp. Fels- u. Schotterfluren, Trocken- (u. Halbtrocken)rasen, kalkhold; z S-, M- u. NW-Ba: bes. Alpen, Jura Rh Th S-An, s S- u. O-Bw He SO-Ns: Goslar, Walkenried, † Sa (sm-temp·(subk)EUR – K Fest.-Brom., V Sesl.-Fest., O Sesl., V Eric.-Pin.). [Th. humifúsus aut., Th. trachseliánus OPIZ] **** Frühblühender Th.** – Th. prǣcox OPIZ

Wolfstrapp – Lýcopus L.
(H – Ib: Fliegen, Vm – Hv, Ev)

1 Bl grob gezähnt bis fiederlappig, nur am Grund oft fiederteilig (Abb. **432**/1), mit stumpfen Abschnitten u. Buchten. KZähne länger als die KRöhre, 1,6–2,5 mm lg, behaart. Klausen gestutzt. 0,20–1,30. ♃ 7–9. Gräben, Ufer, Röhrichte, Großseggenrieder, Erlenbrüche; alle Bdl v, aber Bergland z, Sa, Me u. Sh g (m-temp·(suboz)EUR–WAS – Sv: Ausläufer – O Phragm., V Aln.). **** Ufer-W.** – L. europǣus L.

1* Bl fiederteilig, Abschnitte mit kurzen, aufgesetzten Spitzchen, Buchten spitz. KZähne so lg wie die KRöhre, 1,3–2,0 mm lg, (fast) kahl. Stg oft unverzweigt. Klausen am Ende abgerundet. 0,60–1,20. ♃ 7–9. Staudenges. u. Weidengebüsche der Auen, anspruchsvoll; † S-Bw He: Mainspitze Sa: Elbegebiet An: Elbe, Haldensleben (m-stemp·subk EUR–WAS – Sv: Ausläuferknollen – V Salic. alb.). **Hoher W.** – L. exaltátus L. fil.

Minze – Méntha L.
(H – Ib: Fliegen, Vm – Hv, Sv: Ausläufer – Hybr.)

1 K ungleich 5zähnig, fast 2lippig, zur FrZeit durch Haarkranz geschlossen. Pfl mit oberirdischen Ausläufern. 0,10–0,30. ♃ 7–9. Frische bis feuchte Ruderalstellen (Gänseanger), Weiden, Ufer, Flutmulden, salztolerant; Stromtäler, s M-Ba: Regensburg bis Straubing NW-Bw Rh We: Rhein, Ölde He: Rhein, Lahn Sa: Elbe An: Elbe, Harzvorland, Wefensleben Br: Oder, Havel, Ruhland NO-Ns: Elbe, † Th Me, ↘ (m-stemp·(oz)EUR – V Agrop.-Rum., V Cynos., K Isoëto-Nanojunc.). **Polei-M.** – M. pulégium L.

1* K fast regelmäßig 5zähnig, ohne Haarkranz. Ausläufer meist unterirdisch **2**

2 Scheinquirle entfernt, in den Achseln von LaubBl, zuweilen außerdem an der StgSpitze kopfig gehäuft. Kr meist mit dichtem Haarkranz im Schlund **3**

2* Scheinquirle genähert, in den Achseln kleiner DeckBl, eine Scheinähre bildend; wenn kopfig, dann Kr (fast) ohne Haarkranz **5**

3 Scheinquirle an der StgSpitze kopfig. Meist ein endständiger Kopf, darunter noch 0–3 entfernte Scheinquirle in den BlAchseln. Bl eifg bis eifg-lanzettlich, gesägt. 0,30–0,90. ♃ 7–10. Zeitweise überschwemmte Röhrichte, Großseggenrieder, Ufer, Naß- u. Moorwiesen, BruchW; alle Bdl v, im N g, aber Gebirge u. O-Sa z (austr-stropAFR-m-temp·(oz)EUR – O Phragm., K Mol.-Arrh., V Aln. u. a.). **Wasser-M.** – M. aquática L.

3* Scheinquirle größtenteils achselständig. Stg mit einem BlBüschel endend **4**

4 K röhrig bis glockig, gefurcht, seine Zähne dreieckig-lanzettlich bis pfriemlich, länger als br. Bl eifg-elliptisch, mit abstehenden Sägezähnen. 0,20–0,80. ♃ 7–8. Zeitweise überflutete, sandige Ufer, Gräben; alle Bdl z, nur O-Sa u. Sh v, auch KulturPfl (V Agrop.-Rum. – ArzneiPfl, TeePfl). * **Quirl-M.** – M. × verticilláta agg.

4* K glockig, kaum gefurcht, seine Zähne dreieckig-eifg, höchstens so lg wie br. Bl eifg bis elliptisch-lanzettlich, schwach gesägt bis gekerbt. 0,15–0,45. ♃ 6–10. Feuchte, nährstoffreiche Äcker, Naßwiesen; alle Bdl g, aber NW-Ns z (stropAM-m-bCIRCPOL – K Secal., O Polyg.-Chen., V Calth., O Mol.). ** **Acker-M.** – M. arvénsis L.

5 **(2)** Bl alle gestielt, länglich-eifg bis lanzettlich, entfernt knorplig gesägt. K gefurcht, 13nervig. Scheinähre dick, walzig bis länglich-kopfig. 0,30–0,90. ♃ 6–7. KulturPfl, auch (N) z in allen Bdl, meist (U) (ArzneiPfl, TeePfl). * **Pfeffer-M.** – M. × piperíta agg.

5* Bl sitzend od. untere kurz gestielt. Scheinähre dünn, oft locker.................. **6**

6 Bl kahl od. nur auf den Nerven zerstreut behaart, länglich bis lanzettlich, scharf gesägt. Stg kahl. 0,30–0,90. ♃ 7–9. KulturPfl, auch Ruderalstellen; (N) wohl z bis s alle Bdl (m-temp·ozEUR – V Onop., V Arct.). **Grüne M.** – M. spicáta L. em. L.

6* Bl wenigstens unterseits filzig. Stg weichhaarig-zottig **7**

7 Bl länglich-lanzettlich, scharf gesägt. K zur FrZeit oben eingeschnürt. Kr rötlichlila. 0,50–1,20. ♃ 7–9. Nasse, zeitweise überschwemmte, kalkarme, beweidete Ufer, Gräben, nasse Wiesen u. Weiden; v Ba Bw He Th, z Rh We Sa An Br S-Ns, (N) s N-Ns Me SO-Sh (austr-stropAFR-m-temp·subozEUR–(WAS) – V Agrop.-Rum., O Mol.). **Roß-M.** – M. longifólia (L.) L.

7* Bl rundlich-eifg, kerbig gesägt, oberseits runzlig. FrK nicht eingeschnürt. Kr hellila, fast weiß. Ausläufer oberirdisch. 0,30–0,80. ♃ 7–9. Feuchte Ruderalstellen, Gräben, Ufer, Feuchtweiden; (A?) z W-Bw Rh We S-An, s Ba He, (N) s Br Ns Me? (m-stemp·ozEUR – V Agrop.-Rum.), [M. × rotundifólia aut.] **Rundblättrige M.** – M. suavéolens EHRH.

Kamminze – Elshóltzia WILLD.

Scheinquirle dichte, einseitswendige Thyrsen bildend. Kr rötlichlila. 0,30–0,50. ⊙ 7–9. Ruderalstellen (Schutt, Umschlagplätze); (N U) s Me Br, † Th Sa An (strop/mo-b·(oz) OAS–(WAS) – T – Ib, Vm – V Sisymbr.). [E. cristáta WILLD.] **Echte K.** – E. ciliáta (THUNB.) HYL.

Lavendel – Lavándula L.

Bl linealisch, am Rand umgerollt. B in unterbrochenen, endständigen Scheinähren. Kr blauviolett. 0,20–0,60. ♄ 7–8. KulturPfl, auch (U) s, z. B. An (m-sm·subozEUR – S – Ib, Vm – ParfümPfl). [L. officinális CHAIX] **Lavendel** – L. angustifólia MILL.

Basilienkraut – Ócimum L.

Scheinquirle meist 6blütig. Kr weiß od. rötlich. 0,20–0,45. ⊙ 6–9. KulturPfl (trop-strop AS – T – GewürzPfl). **Basilienkraut** – O. basílicum L.

Familie **Wassersterngewächse** – Callitricháceae LINK

Kräuter, Wasser- od. SchlammPfl. Bl gegenständig, ungeteilt, ganzrandig, ohne NebenBl. B 1geschlechtig, 1häusig, ohne BHülle, meist mit 2 sichelfg VorBl, zu 1–2 achselständig. StaubBl 1. FrKn oberständig, 2blättrig, durch eine echte u. eine falsche Scheidewand 4fächrig. Griffel 2. Fr in 4 1samige, steinfruchtartige TeilFr (Klausen) zerfallend (17 Arten – A – Wb, Wasserbestäubung – Hv, Ev).

Wasserstern – Callítriche L.

1 Pfl stets untergetaucht, mit ± linealischen Bl, nie mit SchwimmBl. Klausen reifer Fr fast völlig getrennt, am Rücken br geflügelt. B ohne VorBl. 0,10–0,60. ♃? 6–9. Stehende u. fließende, meso- bis oligotrophe Gewässer; s Br Me N-Sh, † Ba Th Ns, ↘ (sm-arct·(subk)CIRCPOL – O Potam.). [C. autumnális L.]
Herbst-W. – C. hermaphrodítica L.

1* Pfl meist mit SchwimmBlRosette aus ± spatelfg Bl u. linealischen bis elliptischen TauchBl (Abb. **432**/2). Klausen reifer Fr mindestens bis zur Hälfte miteinander verwachsen, am Rücken abgerundet bis gekielt od. schwach geflügelt. B mit je 2 sichelfg VorBl. Wasser- u. Landformen. 0,10–1,00, Landform 0,02–0,15. ⊙ ♃ 4–10. Stehende u. fließende Gewässer, nasse Wegsenken; alle Bdl v, aber MDt-Trockengeb z (trop AFR–AS-m/mo-arctCIRCPOL – V Nymph., Landform V Litt., V Nanocyp.).
* **Gewöhnlicher W.** – C. palústris agg.

Familie **Glockenblumengewächse** – Campanuláceae JUSS.

Kräuter, seltener Gehölze, meist mit Milchsaft. Bl wechselständig, ungeteilt, ohne NebenBl. B ⚥, radiär od. selten dorsiventral, 5zählig, in Trauben, Rispen, Ähren od. Köpfen. KrBl meist verwachsen, selten frei. StaubBl 5, Staubbeutel frei. FrKn unterständig, 3- od. 5fächrig. Griffel 1, meist mit Fegehaaren. Narben meist 3 od. 5. Kapseln (1000 Arten – Ib, Vm – Wv).

1 KrBl linealisch, zur BZeit (fast) frei od. nur an der Spitze zusammenhängend (Abb. **432**/3). B klein, in Köpfen, kopfigen Dolden od. dichten Ähren, mit gemeinsamer Hülle **2**

1* KrBl breiter, deutlich verwachsen; Kr glockig od. radfg. B meist in lockeren Trauben, lockeren Rispen od. einzeln (bei Glockenblume zuweilen dichtährig od. kopfig gehäuft), nie mit gemeinsamer Hülle **3**

2 Kr meist krallenartig gekrümmt. KrBl zur BZeit nur noch an der Spitze verbunden (Abb. **432**/3). B sitzend, in Ähren od. Köpfen (Abb. **434**/2). Staubbeutel frei. Kapsel sich mit 2–3 seitlichen Poren öffnend. **Teufelskralle** – Phytéuma S. 433

2* Kr gerade. KrBl frei (Abb. **432**/4). B kurz gestielt, in kopfigen Dolden. Staubbeutel miteinander verbunden. Kapsel sich an der Spitze mit 2 Poren öffnend.
Jasione – Jasióne S. 433

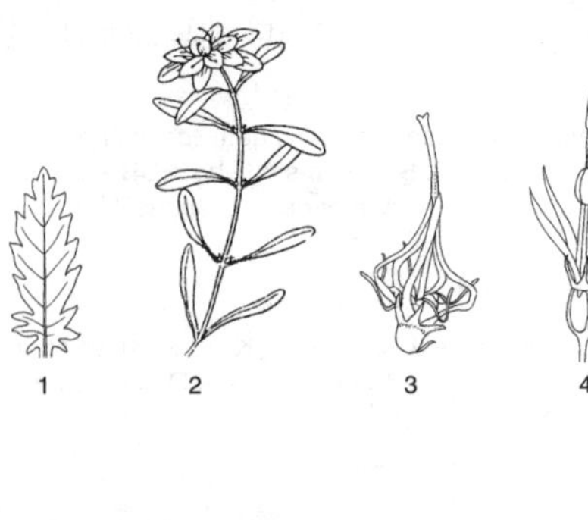

1 2 3 4

3 **(1)** FrKn lg, stielartig. Fr eine linealische Porenkapsel. Kr radfg od. weitglockig (Abb. **434**/1). ⊙. **Frauenspiegel** – Legoúsia S. 434
3* FrKn u. Fr kreiselfg (Abb. **434**/5). Kr glockig od. trichterfg. ♃ od. ⊙ **4**
4 StgBl rundlich, eckig 5lappig, lg gestielt. Stg liegend, fädlich. Staubfäden am Grund kaum verbreitert. Fr eine fachspaltige Kapsel. **Moorglöckchen** – Wahlenbérgia S. 434
4* StgBl anders geformt, höchstens GrundBl rundlich. Stg aufrecht od. aufsteigend. Staubfäden am Grund deutlich verbreitert. Fr eine Porenkapsel **5**
5 Griffel viel länger als die Kr, am Grund von einem becherartigen Ringwulst umgeben. **Schellenblume** – Adenóphora S. 437
5* Griffel so lg wie die Kr od. wenig länger, am Grund ohne Ringwulst. **Glockenblume** – Campánula S. 434

Jasione, Sandknöpfchen – Jasióne L.
(H – Vm, Ib – Wv)

1 Bl am Rand wellig. Pfl ohne Ausläufer. Köpfe 1,5–2,5 cm br. 0,10–0,45. ① ⊙ 6–8. Bodensaure Sandtrockenrasen u. Felsfluren, Brachen, trockne KiefernW, kalkmeidend; v Sand- u. Silikatgebiete von M- u. N-Ba Rh N- u. W-We Sa N- u. O-An Br N-Ns Me Sh, z Bw He Th SW-An, s SW-Ba SO-We S-Ns (m/mo-temp·(oz)EUR – K Sedo-Scler., O Coryneph.). **Berg-J., Schafrapunzel** – J. montána L.
1* Bl am Rand flach. Pfl mit Ausläufern u. nichtblühenden Rosetten. Köpfe 2,5–3 cm br. 0,25–0,60. ♃ 7–8. Magerrasen, Sandtrockenrasen, kalkmeidend; z S- u. O-Bw: Schwarzw, Baar, Jura SO-Rh: Pfalz, ↘ (sm/mo-stemp/demo·euozEUR – V Viol. can., O Fest.-Sedet.). [J. perénnis VILL. ex LAMK.] **Ausdauernde J.** – J. lǣvis LAMK.

Teufelskralle, Rapunzel – Phyteūma L.
(H – Ib: Bienen, Falter, Vm – Wv)

1 B in kugligen Köpfen (Abb. **434**/2). Kr blau **2**
1* B in eifg od. gestreckten, dichten Ähren. Kr blau, weißlich od. grünlich **3**
2 GrundBl schmal linealisch, fast grasartig, 1–2 mm br, ganzrandig od. entfernt fein gezähnt, allmählich in den Stiel verschmälert. 0,05–0,20. ♃ 7–8. Frische, kalkarme, saure, alp. Silikat-Magerrasen; s SW-Ba: Allgäu, Wettersteingebirge (sm/alp-temp /alp·subozEUR – O Car. curv., V Nard., V Elyn.). **Halbkuglige T.** – Ph. hemisphǣricum L.
2* GrundBl lanzettlich bis elliptisch od. eifg, > 3 mm br, gekerbt, mit verschmälertem, abgerundetem od. herzfg Grund, lg gestielt. 0,10–0,50. ♃ 5–8. Frische, meist kalkhaltige Moorwiesen, Kalkmagerrasen; v S- u. M-Ba S-Bw SW-Th, z S- u. NW-Rh N- u. O-Th NW- u. S-Sa: Osterzg S-An, s N-Bw SW-We: Eifel He SO-Ns: Harz SW-Br, ↘ (sm/mo-stemp/demo·ozEUR – O Sesl., V Mesobrom., V Mol.). **Kugel-T., Kopfige T.** – Ph. orbiculáre L.
3 **(1)** GrundBl schmal lanzettlich bis eilanzettlich, (2–)3–8mal so lg wie br. HüllBl des BStandes unauffällig, borstenfg. Kr bläulich, selten weiß, vor dem Aufblühen fast gerade. 0,15–0,60. ♃ 6–9. Subalp. Silikatmagerrasen, kalkmeidend; z SW-Ba: Allgäu (sm/mo-stemp/mo·subozEUR – V Nard.). **Betonien-T., Batungen-T.** – Ph. betonicifólium VILL.
3* GrundBl ± herzfg, 1–2(–3)mal so lg wie br. HüllBl des BStandes auffällig, linealisch bis lanzettlich. Kr vor dem Aufblühen gekrümmt **4**
4 Kr gelblichweiß, selten hellblau, an der Spitze grünlich. 0,30–0,80. ♃ 5–7. Krautreiche Wälder, Säume, Hochstaudenfluren, Bergwiesen; v Ba Bw SO-We He Th S-Sa SW-An SO-Ns W-Me O-Sh, z Rh SW- u. NO-We N-Sa Br NO-Ns O-Me W-Sh, s N- u. O-An (sm/mo-temp·subozEUR – O Fag., V Triset., V Adenost.). ** **Ährige T.** – Ph. spicátum L.
4* Kr dunkel- od. schwarzblau **5**
5 GrundBl lg gestielt, ihre Spreite etwa so lg wie br. Untere u. mittlere StgBl gestielt, mit herzfg od. abgerundetem Grund, obere mit abgerundetem Grund sitzend. 0,30–0,70. ♃ 7–8. Sickerfrische, nährstoffreiche, subalp. Wiesen u. Hochstaudenfluren; z SW-Ba:

Allgäu, Bayerische Alpen (sm/salp-stemp/salp·subozEUR – V Triset., V Adenost.). [Ph. hálleri ALL.] **Haller-T.** – Ph. ovátum HONCK.

5* GrundBl gestielt, ihre Spreite etwa doppelt so lg wie br. Untere StgBl gestielt, mit abgerundetem Grund, mittlere u. obere mit verschmälertem Grund sitzend. 0,20–0,50. ♃ 5–7. Bergwiesen, HainbuchenW, anspruchsvoll; v, im S bes. Silikatgebirge, Rh He SW-Sa, z Ba außer Alpen Bw S- u. O-We S- u. W-Th NW- u. SO-Sa W-An Ns, (N) s M-Br NW-We (temp/demo·subozEUR – V Triset., V Carp.). **Schwarze T.** – Ph. nígrum F. W. SCHMIDT

Moorglöckchen – Wahlenbérgia SCHRADER ex ROTH

B einzeln, 2–6 cm lg gestielt. Kr glockig, 6–10 mm lg, hellblau. 0,05–0,30. ♃ 6–9. Flach- u. Quellmoore, Gräben, Erlenbrüche, kalkmeidend; s SW-Bw S-Rh SW-We S-He, † Ba Th Ns, ↘ (m/mo-temp·euozEUR – H – Ib – Wv – V Junc. acutifl., V Mol., V Aln. – ∇). **Efeu-M.** – W. hederácea (L.) RCHB.

Frauenspiegel – Legoúsia DURANDE [Speculária DC.]

1 KZipfel etwa so lg wie der FrKn u. die Kr, an der 10–15 mm lg Fr abstehend (Abb. **434**/1). Kr 12–20 mm ∅, dunkelviolett. B in lockerer Rispe. 0,10–0,30. ⊙ 6–8. Lehmige bis tonige, meist skelettreiche Äcker, kalkhold; (A) z Ba Bw Rh We, s He S-An SW-Ns, (U) s W-Br Me Sh, † Th Sa, ↘ (m-stemp·subozEUR – T – V Caucal.). **Echter F.** – L. spéculum-véneris (L.) CHAIX

1* KZipfel halb so lg wie der FrKn u. länger als die Kr, an der 15–30 mm lg Fr ± aufrecht. Kr 6–12 mm ∅, purpurn bis violett. B an der Spitze der Zweige genähert. 0,15–0,25. ⊙ 6–7. Lehmige bis tonige, meist skelettreiche Äcker, kalkhold; (A) z We, s Bw Rh He Th S-Ns, † NW-Ba NW-Sa W-An Me O-Sh, ↘ (m-stemp·ozEUR – T – V Caucal.). **Kleinblütiger F.** – L. hýbrida (L.) DELARBRE

Glockenblume – Campánula L.
(H – Ib: Bienen, Vm – Sv, Wv – ZierPfl)

1 Buchten zwischen den KZipfeln mit herabgeschlagenem, lappenfg Anhängsel (Abb. **434**/3) 2

1* Buchten zwischen den KZipfeln ohne Anhängsel 5

2 Narben 5. Kr 3–5 cm lg, weitröhrig, blau od. weiß. 0,60–0,80. ⊙6–9. ZierPfl, auch (U) s, z. B. Sa An (sm·ozEUR). **Marien-G.** – C. médium L.

2* Narben 3. Kr 1–3 cm lg, glockig od. trichterfg, hellblau bis blauviolett 3

3 KAnhängsel sehr kurz. KZipfel fast so lg wie die Kr. K wollig-zottig. Kr hellblau. 0,05–0,20. ⊙ ⊗ 7–8. Subalp.-alp. Magerrasen u. Zwergstrauchheiden, kalkmeidend; s S-Ba: Berchtesgadener Alpen, Wendelstein, ↘ (sm/alp-temp/alp·subozEUR – V Nard.). **Alpen-G.** – C. alpína JACQ.

3* KAnhängsel wenigstens halb so lg wie der FrKn. KZipfel kürzer als die halbe Kr 4

4 KrZipfel innen bärtig. KAnhängsel stumpf. Kr glockig. Stg meist einfach. B in wenigblütiger, einseitiger Traube. 0,10–0,40. ♃ 6–8. Subalp.-alp. Magerrasen u. Zwergstrauchheiden, kalkmeidend; S-Ba: v Allgäu, s Wettersteingebirge u. Berchtesgadener Alpen, † SO-Bw (sm/alp-b/alp·subozEUR – V Nard.). **Bärtige G.** – C. barbáta L.

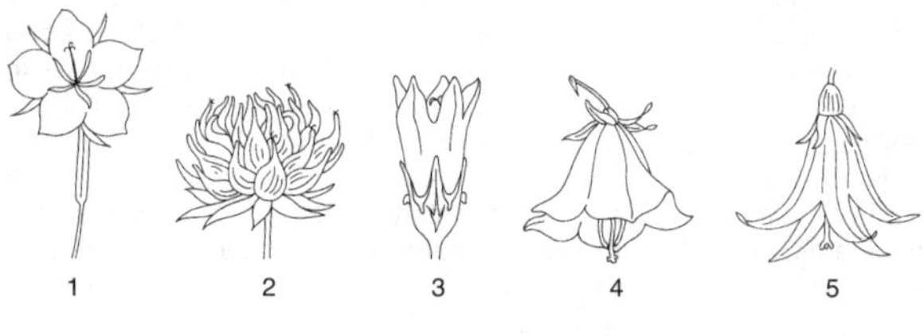

1 2 3 4 5

4* KrZipfel innen kahl. Anhängsel spitz. Kr trichterfg-glockig (Abb. **434**/3). Stg meist ästig. B in schmaler Rispe. 0,15–0,50. ⊙ ⊚ 6. Kont. Trocken- u. Halbtrockenrasen, trockne Brachen, kalkstet; z NO-Br: Oder- u. Ueckergebiet, s SO-Me, (N U) s Br: Berlin (sm-temp·kEUR–WSIB – V Fest. val., V Cirs.-Brach.). **(**) Sibirische G.** – C. sibírica L.

5 **(1)** B sitzend, in Ähren od. Köpfen **6**

5* B gestielt, in Trauben, Rispen od. einzeln **8**

6 B in endständiger, kolbiger Ähre. Kr blaßgelb. 0,10–0,40. ⊚ 7–8. Subalp. u. alp., sonnige, nährstoffreiche, meist kalkhaltige Matten; z S-Ba: Allgäu, Schlegldorf, Rotwand (sm/ salp-temp/salp·subozEUR – V Car. ferr. – ▽). **(**) Strauß-G., Kolben-G.** – C. thyrsoídes L.

6* B in end- u. meist auch seitenständigen Köpfen. Kr blauviolett **7**

7 Untere Bl am Grund herzfg od. abgerundet. Griffel die Kr nicht überragend. KZipfel lg zugespitzt. Pfl meist kurzhaarig, nicht stechend borstig. 0,30–0,60. ♃ 6–9. Halbtrockenrasen, Trockengebüschsäume, kalkhold; v (Silikatgebirge s) Ba Bw Rh Th S- u. M-An, z We He Br O- u. N-Me, s Sa SO-Ns O-Sh, ↘ (sm-b·(k)EUR–SIB – V Mesobrom., V Arrh., V Cirs.-Brach., O Orig.). **Knäuel-G.** – C. glomeráta L.

7* Untere Bl allmählich in den Stiel verschmälert. Griffel die Kr deutlich überragend. KZipfel stumpf. Pfl stechend steifhaarig. 0,40–0,80. ⊙ 6–8. Säume, wärmeliebende Wälder, Feuchtwiesen, kalkhold; s Ba: bes. Franken Bw O-Rh He Th S-Sa SW-An NO-Br SO-Ns, † We Me, ↘ (sm-b·(subk)EUR–WSIB – V Mol., V Carp., V Ger. sang., V Querc. pub. – ▽). **Borstige G.** – C. cervicária L.

8 **(5)** Bl herzfg, eifg od. eilanzettlich, 1½–4mal so lg wie br, meist > 12 mm br, stets deutlich gekerbt od. gesägt **9**

8* Mittlere u. obere StgBl schmal linealisch bis lanzettlich, > 4mal so lg wie br, höchstens bis 12 mm br, ganzrandig od. sehr klein gezähnt bis gekerbt. GrundBl oft ± rundlich od. herzfg **13**

9 B 3–5,5 cm lg, aufrecht od. abstehend. KZipfel eilanzettlich. Kr am Rand gewimpert **10**

9* B 1–3 cm lg, nickend. KZipfel schmal lanzettlich bis pfriemlich **11**

10 Stg scharfkantig, wie die Bl steifhaarig. Untere Bl herz-eifg, lg gestielt. BStiele am Grund mit 2 VorBl. Kr blaulila. 0,60–1,00. ♃ 7–8. Säume, Schläge, Gebüsche, krautreiche LaubW, anspruchsvoll; v Ba Bw Rh We He Th Sa An S-Ns Me O-Sh, z Br N-Ns W-Sh (m/mo-temp·(oz)EUR–(WAS) – O Fag., bes. V Carp., O Prun.). **Nesselblättrige G.** – C. trachélium L.

10* Stg stumpfkantig, kahl od. kurzhaarig. Bl weichhaarig, untere eilänglich, mit kurzem, geflügeltem Stiel. BStiele dicht unter der Mitte mit 2 VorBl. Kr hellviolett. 0,60–1,00. ♃ 6–7. Säume, Schläge, krautreiche LaubW, Hochstaudenfluren, sehr anspruchsvoll; v O-Sh, z S- u. W-Ba S-Bw: Schwarzw, Jura M- u. N-Rh Th Me, s S-We He S-Sa SW-An SO-Ns W-Sh, † Br (sm/mo-b·(suboz)EUR–WAS – O Fag. – ▽). **Breitblättrige G.** – C. latifólia L.

11 **(9)** Bl unterseits graufilzig. Stg stielrund, weichhaarig. B in meist allseitswendiger, schmaler Traube od. Rispe. KrZipfel nicht gewimpert. Kr 1–2 cm lg. 0,40–1,00. ♃ 7–8. Trockengebüsche u. ihre Säume, kont. Halbtrockenrasen, kalkhold; z NO-Br: Odergebiet, s M- u. N-Th M-Sa: Daubnitz S- u. M-An M-Br: Potsdam SO-Ns: Wolfenbüttel, Helmstedt, SO-Me, ↘ (sm-temp·subkEUR–WSIB – V Ger. sang., V Cirs.-Brach. – ▽). **Bologneser G.** – C. bononiénsis L.

11* Bl unterseits grün. Stg ± kantig. BStand meist einseitswendig **12**

12 Untere Bl gestielt, herz-eifg. B kurz gestielt, in lg Traube. Kr 2–3 cm lg, am Rand meist gewimpert. Stg stumpfkantig, kurz rauhhaarig. 0,30–0,80. ♃ 6–9. TrockenW, -gebüsche u. ihre Säume, lehmige bis tonige Äcker, Wegränder, basenhold; v Ba O-Bw Rh He Th S- u. M-An O-Ns, z W-Bw We, (A) v Sa Me Sh, z N-An Br W-Ns, ↗ (sm-b·(suboz) EUR–WSIB – V Ger. sang., V Berb., V Eric.-Pin., V Querc. pub., V Caucal.) **Acker-G.** – C. rapunculoídes L.

12* Alle Bl sitzend, eifg od. eilanzettlich. B ziemlich lg gestielt, in armblütiger Traube. Kr 1,5–2,2 cm lg, kahl. Stg kantig, kahl, nur unten an den Kanten spärlich langhaarig.

0,20–0,70. ♃ 6–8. Frische, nährstoffreiche Fettwiesen u. -weiden; (N) s Rh: Merzig Th: Siegmundsburg, (U) s Bw: Freiburg W-An (sm/salp-stemp/mo·subozEUR – V Triset.).

Rautenblättrige G. – C. rhomboidális L.

13 **(8)** GrundBl kurz gestielt, von den StgBl kaum verschieden, länglich-lanzettlich od. spatelfg. Reife Kapsel aufrecht, über der Mitte aufspringend **14**

13* GrundBl lg gestielt, von den StgBl deutlich verschieden, rundlich, nierenfg od. herzfg, zur BZeit zuweilen vertrocknet. Reife Kapsel überhängend, am Grund aufspringend. Kr 5lappig (Abb. **434**/4) **16**

14 Kr 2,5–4 cm lg u. br, weitglockig, 5lappig, hellblau. KZipfel lanzettlich. B in armblütiger Traube. Bl derb. 0,30–0,80. ♃ 6–9. Säume, Gebüsche, wärmeliebende Wälder, mäßig anspruchsvoll; v (höhere Gebirge s) Ba Bw Rh He Th SW-An SO-Ns, z S- u. O-We Sa O- u. N-An Br Me, s NO-Ns SO-Sh (m/mo-temp·subozEUR – V Ger. sang., O Querc. pub., O Fag., O Prun.). **Pfirsichblättrige G.** – C. persicifólia L.

14* Kr 1,5–2,5 cm lg, trichterfg, 5spaltig (Abb. **434**/5). KZipfel pfriemlich **15**

15 BStand lg u. schmal rispig, fast traubig. Kr hell blauviolett. Seitliche BStiele nahe dem Grund mit 2 VorBl. Hauptwurzel deutlich verdickt. 0,50–0,80. ⚇ 6–8. Halbtrockenrasen, magere Frischwiesen, Trockengebüschsäume; v NW-Ba N-Bw Rh SW-We He W-Th SO-Ns, z M- u. NO-Ba S-Bw N- u. O-We, (N) z O-Th Br NO-Ns Me, s Sa An Sh, im N ↘ (m-stemp·ozEUR – V Mesobrom., V Arrh., O Orig. – WurzelgemüsePfl).

Rapunzel-G. – C. rapúnculus L.

15* BStand locker ausgebreitet rispig. Kr rosalila. Seitliche BStiele nahe der Mitte mit 2 VorBl. Hauptwurzel dünn. 0,30–0,60. ⚇ ⊚ 5–7. Frische, nährstoffreiche Fettwiesen, Gebüschsäume; g Ba, v Bw He S-Th Sa S- u. O-An Br Me, z Rh We N-Th NW-An O-Sh, s NO-Ns NW-Sh, ↘ (sm/mo-b·(suboz)EUR – V Arrh.).

Wiesen-G. – C. pátula L.

16 **(13)** B einzeln od. in 2–6blütigen lockeren Trauben. BKnospen nickend **17**

16* B in meist vielblütigen Rispen od. Trauben. BKnospen aufrecht od. nach innen geneigt. Kr 1–2 cm lg, blauviolett **18**

17 Pfl dichtrasig, mit ∞ blütenlosen Trieben. Stg am Grund steifhaarig. GrundBl rundlich bis rautenfg, grob gesägt, zur BZeit noch vorhanden. B nickend. Kr 10–18 mm lg, weitröhrig-glockig, hellblau. 0,05–0,15. ♃ 6–9. Alp. u. subalp., feuchte, kalkreiche Steinschuttfluren, Felsen, Flußalluvionen; v S-Ba: Alpen u. Vorland, z S- u. M-Ba: obere Hochebene, am Lech bis zur Donau, Passau S-Bw, (U) s W-An: Brocken (sm/alp-stemp/dealp·subozEUR – K Thlasp. rot., V Epil. fleisch., V Pot. caul.). [C. pusílla HAENKE] **Zwerg-G.** – C. cochleariifólia LAMK.

17* Pfl lockerrasig. Stg bis zum Grund kahl (selten an den Kanten borstig). GrundBl rundlich bis nierenfg, gekerbt, zur BZeit vertrocknet. B ± aufrecht abstehend. Kr 18–25 mm lg, becherfg-glockig, dunkel blauviolett. 0,10–0,30. ♃ 7–8. Frische, kalkarme Magerrasen u. steinige, alp. Matten; v S-Ba: Alpen, Vorland z, s SW-Bw: S-Schwarzw, (N) s W-An: Brocken (sm/alp-temp/alp·subozEUR – O Sesl., O Nard., V Triset.).

Scheuchzer-G. – C. scheúchzeri VILL.

18 **(16)** Stg stielrund, am Grund feinflaumig bis kahl. StgBl schmal linealisch bis lineal-lanzettlich, 0,5–5 mm br, meist kahl. Kr glockig. 0,10–0,30. ♃ 6–10. Felsfluren, Sand- u. Halbtrockenrasen, Magerrasen, Heiden, TrockenW u. ihre Säume; g Ba Bw Rh We He Th Sa, v An Br Ns Me Sh (sm/mo-arctCIRCPOL – K Fest.-Brom., O Fest.-Sedet., K Nardo-Call., O Arrh., O Orig., V Querc. rob.-petr., V Eric.-Pin.).

Rundblättrige G. – C. rotundifólia L.

18* Stg kantig, am Grund ± dicht langhaarig. StgBl lanzettlich bis schmal lanzettlich, 4–12 mm br, unterseits auf den Nerven zerstreut langhaarig. Kr trichterfg. 0,20–0,50. ♃ 8. Säume, Schläge, anspruchsvoll; z Rh: Pfälzer Bergland, s W-He: Taunus ob noch? (sm/mo-stemp/mo·subozEUR – V Trif. med.).

Lanzettblättrige G. – C. baumgarténii J. BECKER

Schellenblume, Becherglocke – Adenóphora FISCH.

StgBl elliptisch bis lanzettlich. B nickend, hellblau, wohlriechend, in Trauben od. Rispen. 0,30–1,00. ♃ 7–9. Feuchtwiesen, Säume, Gebüsche, TrockenW, kalkhold; s O-Ba: Isarmündung, Landau (sm-temp·subkEUR–WSIB – H – Vm, Ib – Wv – V Mol., V Alno-Ulm., O Querc. pub. – ∇).
Schellenblume, Lilienglöckchen – A. liliifólia (L.) LEDEB. ex A. DC.

Familie **Lobeliengewächse** – Lobeliáceae JUSS.

Meist Kräuter, meist mit Milchsaft. Bl wechsel- od. grundständig, ungeteilt, ohne NebenBl. B ⚥, dorsiventral, 5zählig, meist in Trauben od. Rispen. Kr verwachsenblättrig, 2lippig. StaubBl 5, Staubbeutel zu einer Röhre verklebt. FrKn unterständig, 2fächrig. Griffel 1, mit Fegehaaren. Narben 2. Kapseln (950 Arten – Ib – Wv).

Lobelie – Lobélia L.

1 LandPfl. Stg ästig, beblättert. Bl länglich-verkehrteifg, stumpf gezähnt. Kr blau. 0,15–0,30. ⊙ 6–10. ZierPfl (austrAFR – T). **Blaue L.** – L. erínus L.

1* WasserPfl. Stg meist einfach. Bl in einer Rosette, länglich, ganzrandig, stumpf. Kr weiß, Röhre bläulich. 0,30–0,70. ♃ 7–8. Überschwemmte, kalkarme Ufer oligotropher Seen; s N-We Ns: Geestenseth, Emsland, Soltau, Oldenburg O-Sh, † Me, ↘ (temp-b·ozEUR –AM – A – Ib, Vm – V Isoët., V Litt. – ∇ – giftig!). **Wasser-L.** – L. dortmánna L.

Familie **Korbblütengewächse** – Asteráceae DUM. od. Compósitae GISEKE

Kräuter, Sträucher, selten Bäume. Bl wechselständig, seltener gegen- od. grundständig, ohne NebenBl. B in von HüllBl (Involukrum) umgebenen Köpfen (Körben), die oft eine EinzelB vortäuschen (Abb. **442**/1–3). Die Hülle zuweilen am Grund von einzelnen AußenHüllBl umgeben (Abb. **442**/1). Kopfboden mit spelzenähnlichen SpreuBl (DeckBl der EinzelB, Abb. **437**/4, 6; **458**/4–7) od. nackt (Abb. **437**/5). B meist ⚥, seltener 1geschlechtig od. geschlechtslos, 5zählig. K (Pappus) meist zu einem sich zur Reife vergrößernden Haarkranz (Abb. **480**/5) umgebildet, seltener aus grannenartigen Borsten (Abb. **453**/1–3) od. einem schuppenfg od. häutigen Saum bestehend od. fehlend. Kr verwachsenblättrig, entweder radiär, röhrig, 5zipflig (Röhrenblüten, Abb. **437**/3) od. stark dorsiventral, zungenfg, mit kurzer Röhre (Zungenblüten, Abb. **437**/2). StaubBl 5, Staubfäden frei, Staubbeutel fast stets zu einer den Griffel umgebenden Röhre verklebt (Abb. **437**/1), nach innen sich öffnend u. den Pollen in die Röhre entleerend, aus der er von den Fegehaaren des nachträglich heranwachsenden Griffels herausgedrückt wird.

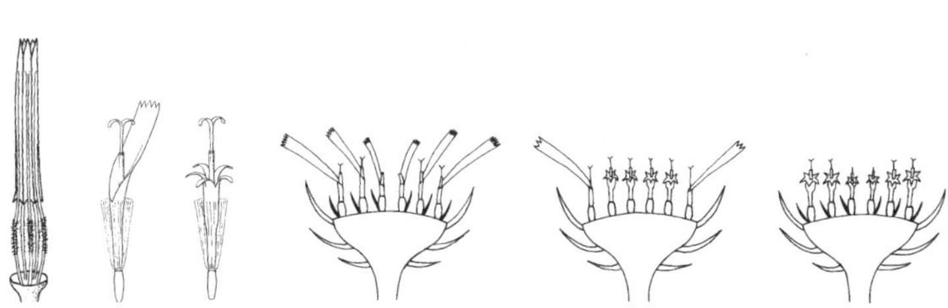

1 2 3 4 5 6

FrKn unterständig, 2blättrig, aber 1fächrig. Griffel 1. Narben 2. Achänen (22 750 Arten – Ib, Vm, Sb, seltener Wb – Wv, Ev, Av – viele Zier- u. ArzneiPfl).

1 Alle B mit zungenfg Kr (ZungenB), ⚥ (die mittelsten oft noch unentwickelt u. dann ohne deutliche Zunge). Zunge aus 5 KrBl gebildet, vorn 5zähnig od. ganzrandig (Abb. **437**/2, 4). Pfl stets (bisweilen nur spärlich) mit Milchsaft, fast nie mit Ölgängen. Bl nie gegenständig. **Tabelle C** S. 444

1* Kr wenigstens der inneren B (ScheibenB) radiär, (4–)5zipflig, röhrig bis trichterfg (RöhrenB, Abb. **437**/3). Kr der RandB ebenso od. zungenfg. ZungenB oft 1geschlechtig od. geschlechtslos. Zunge aus 3 KrBl gebildet, vorn 3zähnig od. ganzrandig. Pfl meist ohne Milchsaft, oft mit Ölgängen u. aromatisch riechend 2

2 Köpfe im Mittelfeld mit RöhrenB, am Rand mit ZungenB, die die ersteren ± weit überragen (Abb. **437**/5). Hierher auch viele „gefüllte" Gartenblumen mit vermehrten ZungenB u. wenigen od. fehlenden RöhrenB. **Tabelle B** S. 442

2* Köpfe nur mit RöhrenB (Abb. **437**/6). Die RandB zuweilen größer u. dann oft etwas dorsiventral trichterfg (Abb. **438**/3), selten kurz fädlich (nicht röhrig) u. in der Hülle versteckt. Innere HüllBl zuweilen auffallend gefärbt und verlängert, ZungenB ähnelnd, aber derb strohartig. Hierher auch einige Pfl mit sehr abweichend gebauten, oft 1geschlechtigen Köpfen mit nur 1 od. wenigen B (Abb. **438**/1, 2, 4). **Tabelle A** S. 438

Tabelle A Köpfe nur mit Röhrenblüten

1 Köpfe 1geschlechtig, ♀ 1–2blütig, ♂ ∞blütig. Pfl 1häusig, ♀ B ohne Kr. Windbestäubung 2

1* Köpfe 2geschlechtig, wenn 1geschlechtig, dann Pfl 2häusig u. alle Köpfe ∞blütig . . . 3

2 ♀ Köpfe 2blütig, achselständig, oft zu mehreren gehäuft, ihre Hülle völlig geschlossen, widerhakig stachlig, die reifen Fr einhüllend (Abb. **438**/1). ♂ Köpfe in kurzen, knäueligen Ähren, aufrecht. Bl br eifg od. schmal rhombisch u. gelappt. **Spitzklette** – Xánthium S. 454

2* ♀ Köpfe 1blütig, in den Achseln der obersten Bl, klein, von behaarter, 4–6zähniger Hülle halb umschlossen (Abb. **438**/2). ♂ Köpfe über den ♀ in blattlosen Ähren od. Trauben, nickend. Bl 3–5teilig od. fiederschnittig. **Ambrosie** – Ambrósia S. 455

3 **(1)** Jeder Kopf mit 8–20 ♂ B, umgeben von 1–5 kronenlosen ♀ B (Abb. **438**/4). Köpfe klein, grünlich, in end- u. achselständigen, tragblattlosen Rispen od. Trauben. Bl ± gegenständig, 10–25 cm lg, br eifg bis herzfg. Pfl 0,90–2,00 m hoch. **Rispenkraut** – Íva S. 454

3* Pfl anders gestaltet 4

4 Köpfe kuglig, igelartig, 3–6 cm ∅, zusammengesetzt aus ∞ 1blütigen, von borstenfg u. häutigen HüllBl umgebenen TeilBStänden, von oben nach unten aufblühend. Kr bläulich bis weißlich, Staubbeutel blau. Pfl distelartig. **Kugeldistel** – Echínops S. 468

4* Köpfe halbkuglig bis eifg od. walzig, nicht zusammengesetzt, mehrblütig, von außen nach innen aufblühend 5

5 Bl gegenständig 6

5* Bl wechselständig, seltener alle grundständig 7

1 2 3 4 5 6

6 Köpfe 2–5 mm br. Kr rosa. Pappus aus ∞ Haaren bestehend. Kopfboden ohne SpreuBl. **Wasserdost** – Eupatórium S. 446

6* Köpfe 10–25 mm br. Kr gelb. Pappus aus 2–4 bleibenden, widerhakigen Grannen bestehend (Abb. **453**/1–3). Kopfboden mit SpreuBl. **Zweizahn** – Bídens S. 453

7 **(5)** HüllBl (zumindest die äußeren) oberwärts pfriemlich, steif, an der Spitze hakig einwärtsgekrümmt. Köpfe klettend. Alle Bl gestielt, obere eifg bis herzfg, mindestens 5 cm br, untere herzfg, 20–40 cm br. **Klette** – Árctium S. 469

7* HüllBl ohne hakenfg Spitze, aber zuweilen mit geradem Enddorn. Köpfe nicht klettend **8**

8 Pappus aus Schuppen bestehend od. fehlend **9**

8* Pappus aus ∞ kahlen od. lg behaarten (gefiederten) Haaren bestehend (Abb. **480**/4, 5) **15**

9 HüllBl (wenigstens die mittleren) mit 1–3 cm lg, am Grund verzweigtem Enddorn od. mit meist trockenhäutigem Anhängsel, dieses zerschlitzt, gefranst, dornig od. ganzrandig (Abb. **438**/5, **473**/1–6) **10**

9* HüllBl ohne Dorn u. ohne Anhängsel. Kr gelb, selten rötlich **11**

10 Kr gelb bis orangerot. Äußere HüllBl laubblattartig, ± abstehend, mittlere mit eifg, krautigem, ganzrandigem od. dornig gezähntem Anhängsel (Abb. **438**/5). **Saflor** – Cárthamus S. 475

10* Kr purpurn od. rosa, selten weiß (wenn gelb, dann kurzer Pappus vorhanden). Alle HüllBl schuppenfg, mit Enddorn od. trockenhäutigem Anhängsel (Abb. **473**/1–6). **Flockenblume** – Centauréa S. 473

11 **(9)** Köpfe 15–25 mm br, nickend. Äußere HüllBl laubblattartig, ungleich lg, abstehend. Bl ungeteilt, elliptisch, gezähnt. **Kragenblume** – Carpésium S. 468

11* Köpfe bis 11 mm br. Alle HüllBl schuppenfg, anliegend. Bl meist 1–2fach fiederschnittig, wenn ungeteilt, dann linealisch **12**

12 Köpfe 1,5–6 mm br, meist nickend, in vielköpfigen Rispen, Trauben od. Ähren. **Beifuß** – Artemísia S. 462

12* Köpfe 5–11 mm br, zumindest zur BZeit aufrecht, in Schirmrispen od. einzeln am Ende des Stg u. der Zweige **13**

13 Köpfe in ± dichten Schirmrispen. Bl 3–8 cm br. Stg aufrecht, 60–120 cm hoch. **Rainfarn** – Tanacétum vulgáre S. 461

13* Köpfe einzeln gestielt am Ende des Stg u. der Zweige. Bl 0,2–2 cm br. Stg oft liegend bis aufsteigend, 5–30 cm hoch **14**

14 Korbboden kegelfg. Bl sitzend, mit ∞ fädlichen Zipfeln. Pfl stark nach Kamille riechend. **Strahlenlose Kamille** – Matricária discoídea S. 460

14* Korbboden flach od. schwach gewölbt. Bl mit scheidigem Grund, ganzrandig od. tief gezähnt bis fiederteilig mit wenigen ungleichen Zipfeln. Pfl ohne Kamillengeruch. **Laugenblume** – Cótula S. 464

15 **(8)** Bl distelartig, stechend dornig gezähnt **16**

15* Bl nicht distelartig (höchstens HüllBl dornig) **21**

16 Innere HüllBl strahlig ausgebreitet, viel länger als die übrigen, derb trockenhäutig, gelblich, silbrigweiß od. blaß rosa. **Eberwurz** – Carlína S. 469

16* Innere HüllBl nicht strahlend **17**

17 Pappushaare gefiedert (Abb. **440**/1). **Kratzdistel** – Círsium S. 471

17* Pappushaare glatt od. rauh, unbehaart (Abb. **440**/2) **18**

18 Kr gelb. Köpfe einzeln, von den obersten LaubBl umhüllt. Innere HüllBl mit lg, fiederteiligem, geknietem Dorn. **Benediktenkraut** – Cnícus S. 475

18* Kr purpurn (selten weiß). Köpfe nicht von LaubBl umhüllt **19**

19 Stg ungeflügelt. Bl weißlich gefleckt od. marmoriert. HüllBl mit großem, dornigem Anhängsel. **Mariendistel** – Sílybum S. 472

19* Stg zumindest unterwärts dornig geflügelt. Bl ungefleckt. HüllBl höchstens mit sehr kleinem Anhängsel **20**

20 Kopfboden mit borstigen SpreuBl, nicht grubig. Köpfe 1–3 cm br, wenn bis 7 cm br, dann nickend. **Distel** – Cárduus S. 470

20* Kopfboden ohne SpreuBl, bienenwabenartig grubig (Abb. **438**/6). Köpfe 3–4 cm br, aufrecht. Pfl spinnwebig wollig. **Eselsdistel** – Onopórdum S. 472

21 **(15)** HüllBl mit trockenhäutigem Anhängsel, dieses zerschlitzt, gefranst od. federfg, seltener mit 1–3 cm lg, am Grund verzweigtem Enddorn (Abb. **473**/1–6). RandB meist größer als die übrigen, mit schief trichterfg Saum (Abb. **438**/3) **22**

21* HüllBl krautig od. trockenhäutig, ganzrandig, ohne Anhängsel (wenn an der Spitze etwas gezähnt od. geschlitzt od. mit undeutlichem Anhängsel, dann Köpfe < 10 mm lg), Dorn fehlend od. < 3 mm lg. RandB den übrigen (fast) gleichgestaltet **23**

22 RandB ⚥, nicht größer als die übrigen. Anhängsel der inneren HüllBl schmal, federfg, flaumig, weiß. **Federblume** – Acróptilon S. 472

22* RandB geschlechtslos, meist viel größer als die übrigen, strahlend. Innere HüllBl nicht federfg, höchstens die äußeren mit federfg, schwärzlichem Anhängsel. **Flockenblume** – Centauréa S. 473

23 **(21)** Stg zur BZeit (4–5) nur mit lanzettlichen, bleichen od. rötlichen, häutigen SchuppenBl (NiederBl), vor den grundständigen LaubBl erscheinend. Köpfe ∞, in dichter, walziger Traube (Rispe). Kr rötlich, weißlich od. hellgelb. **Pestwurz** – Petasítes S. 446

23* Stg zur BZeit mit LaubBl od. grundständigen Bl **24**

24 LaubBlSpreite nicht od. kaum länger als br, mit nierenfg od. herzfg Grund, lg gestielt **25**

24* BlSpreite > 2mal so lg wie br, sitzend od. gestielt. Stg stets mit LaubBl **27**

25 Stg mit LaubBl. Köpfe in Schirmrispen. **Alpendost** – Adenostýles S. 446

25* Stg mit SchuppenBl, LaubBl rosettig **26**

26 RosettenBl > 10 cm br, nach dem vielköpfigen BStg erscheinend. **Pestwurz** – Petasítes S. 446

26* RosettenBl 1–6 cm br, am Grund des 1köpfigen Stg. **Alpenlattich** – Homógyne S. 447

27 **(24)** Bl wenigstens der unteren StgHälfte fiederspaltig bis -schnittig **28**

27* Bl ungeteilt, höchstens grob gezähnt (bis gelappt) u. die oberen am Grund fiederteilig **31**

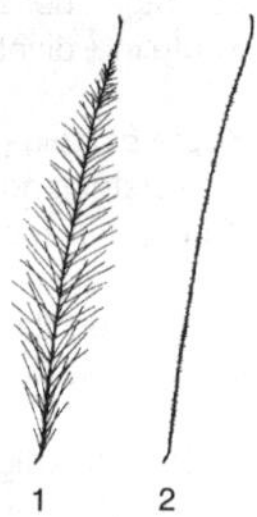

1 2

28 Kr purpurn (selten weiß). Pappushaare ungefiedert (Abb. **440**/2) . . **29**

28* Kr gelb od. gelblichweiß (wenn ausnahmsweise purpurn, dann Pappushaare gefiedert, Abb. **440**/1) **30**

29 Bl unterseits schneeweiß filzig, ihre Abschnitte ganzrandig. **Silberscharte** – Jurínea S. 470

29* Bl kahl, ihre Abschnitte scharf gesägt. **Scharte** – Serrátula S. 472

30 **(28)** Köpfe meist gehäuft, von bleichen, eifg HochBl umgeben. HüllBl ∞, dachzieglig. Pappushaare gefiedert (Abb. **440**/1). **Kohldistel** – Círsium oleráceum S. 471

30* Köpfe in Schirmrispen. Am Grund der Hülle einige schmale AußenhüllBl. HüllBl wenige, 1reihig. Pappushaare ungefiedert (Abb. **440**/2). **Greiskraut** – Senécio S. 448

31 **(27)** Hülle 2–6 cm ∅. HüllBl völlig strohartig trockenhäutig, strahlig abstehend, glänzend goldgelb bis weiß od. purpurn bis rosa. **Garten-Strohblume** – Helichrýsum bracteátum S. 467

31* Hülle (ohne B) bis 2 cm ∅, krautig od. trockenhäutig u. dann nur bis 1 cm ∅ **32**

32 Kr purpurn od. violett, die Hülle weit überragend. Köpfe (mit B) 15–30 mm lg **33**

32* Kr goldgelb bis gelblichweiß od. bräunlich, sehr selten rötlich, meist die Hülle kaum überragend; HüllBl zuweilen rosa od. rot. Köpfe 2,5–15(–20) mm lg **34**

33 Innere Pappushaare gefiedert (Abb. **440**/1). Köpfe an der Spitze des Stg einzeln od. zu mehreren gehäuft. Bl unterseits langhaarig bis weißfilzig. **Alpenscharte** – Saussúrea S. 469

33* Pappushaare ungefiedert, aber rauh (Abb. **440**/2). Köpfe in meist lockeren Rispen od. Schirmrispen. Bl (fast) kahl. **Scharte** – Serrátula S. 472

34 **(32)** HüllBl 1reihig (alle gleich lg, sich randlich nicht deckend), zuweilen Köpfe am Grund mit fädlichen HochBl **35**
34* HüllBl dachzieglig od. mehrreihig (ungleich od. gleich lg, sich zumindest mit den Rändern deckend) **36**
35 StgBl grob unregelmäßig gezähnt bis gelappt, die oberen oft tiefer geteilt mit sehr schmalen Zipfeln. Köpfe in verlängerter Schirmrispe. ⊙.
Scheingreiskraut – Erechtítes S. 448
35* StgBl ganzrandig od. entfernt flach gezähnt. Köpfe in endständiger, doldenartiger Schirmtraube. ♃. **Spatelblättriges Greiskraut** – Senécio helenítis S. 449
36 **(34)** StgBl 15–40 mm br. u. 5–15 cm lg, elliptisch bis länglich-lanzettlich, ± gesägt. Köpfe 9–15 mm lg. **Dürrwurz** – Ínula conýzae S. 467
36* StgBl 0,5–12 mm br u. 0,5–6(–12) cm lg, schmal linealisch bis länglich-lanzettlich od. schmal spatelfg, meist ganzrandig. Köpfe 2,5–7(–10) mm lg **37**
37 Stg u. Bl kahl, locker abstehend behaart od. von kurzen Drüsenhaaren stark klebrig **38**
37* Stg u. zumindest BlUSeite grau bis weiß wollig od. filzig, nicht klebrig. Bl stets ganzrandig **41**
38 Köpfe in verlängerter, zylindrischer bis schmal kegelfg vielköpfiger Rispe **39**
38* Köpfe in endständiger Schirm- od. ausgebreiteter Trichterrispe, 5–10 mm lg u. br. . . **40**
39 Stg u. Bl locker abstehend behaart. Köpfe 3–5 mm lg u. br. **Berufkraut** – Conýza S. 458
39* Stg u. Bl stark drüsig-klebrig. Köpfe 5–8 mm lg u. br.
Klebriger Alant – Ínula gravéolens S. 467
40 **(38)** Bl linealisch, 0,5–2 mm br, wie der Stg kahl. Köpfe in endständiger Schirmrispe. Kr goldgelb. **Goldhaar-Aster** – Áster linósyris S. 456
40* Bl länglich-lanzettlich bis eilanzettlich, 3–10 mm br, wie der Stg feinflaumig. Köpfe in reich verzweigter Trichterrispe. Kr schmutziggelb.
Kleines Flohkraut – Pulicária vulgáris S. 468
41 **(37)** Köpfe einzeln od. meist in Knäueln, diese endständig (u. seitenständig) an den oft gabligen Zweigen od. in einer ± gestreckten Ähre **42**
41* Köpfe in endständiger, meist sehr dichter, aber am Grund zuweilen etwas aufgelockerter Schirmrispe od. -traube; Stg darunter stets unverzweigt od. nur am Grund mit lg Seitenzweigen **43**
42 Köpfe prismatisch, ± 5kantig, zu 2–40 geknäuelt an gabligen Zweigen (Abb. **465**/1, 3), wenn (bei Acker-Filzkraut mit kaum 5kantigen Köpfen) an ± aufrechten traubigen od. rispigen Zweigen, dann Köpfe nicht von HochBl umgeben u. HüllBl nur braun trockenhäutig berandet. ♀ RandB in den Achseln von HüllBl. Stets ⊙ ①.
Filzkraut – Filágo S. 464
42* Köpfe eifg bis zylindrisch, im Querschnitt rundlich, einzeln od. zu 2–12 geknäuelt in gestreckten bis gedrängten Ähren (Abb. **465**/4), wenn an ± ausgebreiteten Zweigen, dann von lg HochBl umgeben (Abb. **465**/5) od. HüllBl völlig gelblichweiß trockenhäutig. ♀ RandB ohne TragBl. Meist ♃. **Ruhrkraut** – Gnaphálium S. 466
43 **(41)** Schirmrispe od. -traube von einer auffälligen Hülle aus sternfg ausgebreiteten, schneeweiß filzigen HochBl umgeben. AlpenPfl. **Edelweiß** – Leontopódium S. 465
43* Schirmrispe ohne HochBlHülle **44**
44 HüllBl unten krautig, wollig, nur obere Hälfte trockenhäutig, weiß, rosa, rot od. braun. Schirmtraube 2–8(–12)köpfig. Pfl diözisch. Köpfe 6–7 mm lg, entweder nur mit fädlichen ♀ B od. nur mit röhrigen, scheinbar ⚥ (aber funktionell ♂) B.
Katzenpfötchen – Antennária S. 465
44* HüllBl (fast) kahl, völlig strohartig trockenhäutig, glänzend gelb, orange od. gelblichweiß. Schirmrispe meist vielköpfig. In jedem Kopf alle B ⚥ od. die äußeren ♀ **45**
45 HüllBl lebhaft zitronengelb od. orange. Köpfe 5–7 mm lg, in dichter od. aufgelockerter Schirmrispe. ♃. **Sand-Strohblume** – Helichrýsum arenárium S. 467
45* HüllBl gelblichweiß. Köpfe 4–5 mm lg, in Knäueln, diese in meist dichter Schirmtraube, selten einzeln (Abb. **465**/6). ⊙. **Gelbweißes Ruhrkraut** – Gnaphálium luteoálbum S. 466

Tabelle B Köpfe mit Röhren- und Zungenblüten

1 BStg nur mit SchuppenBl. LaubBl grundständig, meist erst nach der BZeit (3–5) erscheinend, groß **2**
1* BStg mit LaubBl od. völlig blattlos **3**
2 Stg 1köpfig. Kr goldgelb. **Huflattich** – Tussilágo S. 446
2* Stg ∞köpfig. Kr rot od. weißlich. **Pestwurz** – Petasítes S. 446
3 **(1)** Pappus wenigstens der mittleren B aus einem Haarkranz bestehend **4**
3* Pappus fehlend od. aus 2–4 widerhakigen Grannen (Abb. **453**/1–3) od. aus (zuweilen zu einem „Krönchen" verwachsenen) Schuppen bestehend **14**
4 Obere Bl gegenständig, untere rosettig. Köpfe 6–8 cm br. Kr dottergelb. **Arnika** – Árnica S. 447
4* Bl wechselständig od. grundständig **5**
5 Äußere HüllBl laubblattartig, groß, spatelfg, ± abstehend. Köpfe 5–10 cm br, einzeln, oft „gefüllt". ⊙. **Gartenaster** – Callístephus S. 457
5* Alle HüllBl hochblattartig **6**
6 ZungenB weiß, rot od. blau **7**
6* ZungenB gelb, orange od. bräunlich **10**
7 ZungenB ± 1reihig, ihre Zunge lanzettlich bis br linealisch. **Aster** – Áster S. 456
7* ZungenB mehrreihig, ihre Zunge schmal linealisch bis fädlich **8**
8 ZungenB fast doppelt so lg wie die RöhrenB, ausgebreitet. **Berufkraut** – Erígeron S. 457
8* ZungenB kaum länger als die RöhrenB, aufrecht **9**
9 Köpfe 3–5 mm br, in sehr reichköpfiger, gestreckter Rispe. ZungenB schmutzigweiß. **Berufkraut** – Conýza S. 458
9* Köpfe 6–13 mm br, in wenigköpfiger Traube od. wenigästiger Rispe. ZungenB rötlich od. bläulich. **Scharfes Berufkraut** – Erígeron ácris S. 457
10 **(6)** HüllBl reihig, d. h. ihre Spitzen u. Ansatzstellen jeweils etwa in gleicher Höhe (Abb. **442**/1, 2) (bisweilen am Grund der Hülle einzelne viel kleinere AußenHüllBl) **11**
10* HüllBl dachzieglig, d. h. deutlich schraubig angeordnet, ihre Spitzen u. Ansatzstellen sehr verschieden hoch (Abb. **442**/3) **12**
11 HüllBl 1reihig (sich randlich nicht deckend). Am Grund der Hülle oft kurze AußenHüllBl (Abb. **442**/1). Hülle zylindrisch od. glockig. Köpfe meist in Rispen od. Schirmrispen, selten einzeln. **Greiskraut** – Senécio S. 448
11* HüllBl 2–3reihig (sich randlich deckend). AußenHüllBl stets fehlend (ähnlich Abb. **442**/2). Hülle ± flach halbkuglig. Stg 1köpfig od. mit lg, 1köpfigen Zweigen. **Gemswurz** – Dorónicum S. 448
12 **(10)** Hülle zylindrisch, 1,5–5 mm br. ZungenB 5–25. Staubbeutel am Grund abgerundet. **Goldrute** – Solidágo S. 455
12* Hülle ± halbkuglig (nur bei Deutschem Alant, S. 468, zylindrisch u. dann Bl mit herzfg Grund sitzend), 5–30 mm br. ZungenB ∞. Staubbeutel am Grund 2schwänzig (Abb. **443**/1) **13**
13 Pappushaare 7–20, am Grund von einem Krönchen aus verwachsenen Schuppen umgeben (Abb. **443**/2). **Flohkraut** – Pulicária S. 468

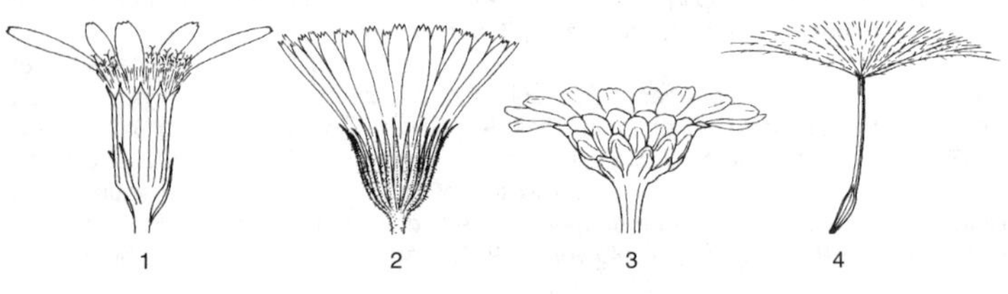

1 2 3 4

13* Pappushaare ∞, am Grund ohne Krönchen. **Alant** – Ínula S. 467
14 **(3)** Bl alle grundständig. ZungenB weiß bis rötlich. **Gänseblümchen** – Béllis S. 456
14* Bl gegen- od. wechselständig **15**
15 Alle od. zumindest untere Bl gegenständig **16**
15* Alle Bl wechselständig **23**
16 Pappus aus 2–4 bleibenden, widerhakigen Grannen bestehend (Abb. **453**/1–3). Fr klettend. Äußere HüllBl blattartig, viel länger als der Kopf. **Zweizahn** – Bídens S. 453
16* Pappus fehlend od. schuppenfg. Fr nicht klettend. Äußere HüllBl nur selten länger als der Kopf u. dann drüsig-klebrig **17**
17 Bl gefiedert od. fiederschnittig. ZierPfl **18**
17* Bl ungeteilt **19**
18 HüllBl 2reihig, äußere abstehend, kleiner als die anliegenden inneren. Alle Bl gegenständig. **Dahlie** – Dáhlia S. 454
18* HüllBl 1reihig, zu einem gezähnten Becher verwachsen (Abb. **443**/4). Obere Bl meist wechselständig. **Studentenblume** – Tagétes S. 454
19 **(17)** Köpfe (ohne die zuweilen strahlend abstehenden äußeren HüllBl) 5–8 mm br. Zunge der ZungenB 1–3 mm lg u. br. Stg meist vom Grund an verzweigt **20**
19* Köpfe (mit Zungen) zumindest 30 mm br. Zungen 10–100 mm lg, viel länger als br. Stg nicht od. nur oberwärts verzweigt **21**
20 Äußere HüllBl lineal-spatelfg, weit abstehend, viel länger als der Kopf. Zungen gelb. **Siegesbeckie** – Sigesbéckia S. 454
20* HüllBl anliegend, kürzer als der Kopf. Zungen weiß. **Franzosenkraut** – Galinsóga S. 454
21 **(19)** LaubBl gestielt, Spreite br eifg bis eilanzettlich, obere wechselständig. Köpfe einzeln od. mehrere. Zungen meist gelb. **Sonnenblume** – Heliánthus S. 452
21* LaubBl halbstengelumfassend sitzend, eilanzettlich bis eifg-elliptisch. **22**
22 Köpfe ∞, in dichasialer Rispe. ZungenB gelb. Bl scharf gesägt. **Ramtillkraut** – Guizótia S. 453
22* Köpfe (meist) einzeln. ZungenB rot, rosa od. weiß, selten gelb. Bl ganzrandig. **Zinnie** – Zínnia S. 454
23 **(15)** ZungenB weiß, selten rosa bis purpurn **24**
23* ZungenB gelb, seltener orange od. bräunlich **30**
24 Kopfboden mit ∞ SpreuBl (Abb. **458**/4–7) **25**
24* Kopfboden ohne SpreuBl **26**
25 RöhrenB weiß od. grau. Zungen ± rundlich, 1–7 mm lg (Abb. **443**/3). Köpfe meist klein, 3–18 mm br, schirmrispig. **Schafgarbe** – Achilléa S. 459
25* RöhrenB gelb, Zungen länglich, 5–17 mm lg. Köpfe mittelgroß, 15–40 mm br, einzeln an lg Zweigen. **Hundskamille** – Ánthemis S. 458
26 **(24)** Bl 2–3fach fiederschnittig mit fast fädlichen Zipfeln **27**
26* Bl ungeteilt od 1–2fach fiederteilig bis -schnittig mit länglich-lanzettlichen bis eifg Abschnitten **28**
27 Kopfboden schmal kegelfg, hohl. Köpfe 10–22(–25) mm br. Pfl würzig riechend. **Kamille** – Matricária S. 460
27* Kopfboden gewölbt bis halbkuglig, markig. Köpfe (20–)25–50 mm br. Pfl geruchlos. **Strandkamille** – Tripleurospérmum S. 460

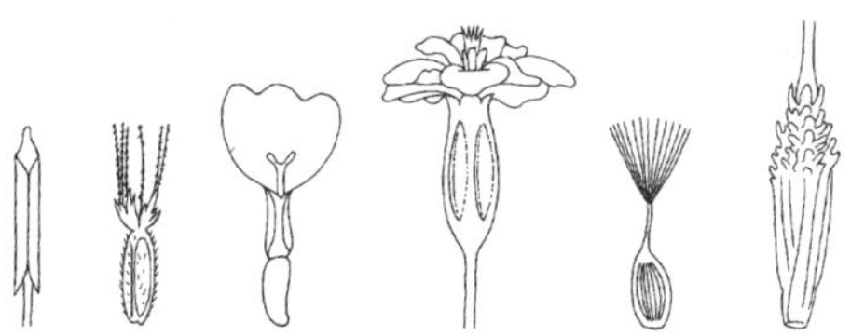

1 2 3 4 5 6

28 **(26)** Stg mit (3–)∞köpfigen Schirmrispen. Bl 1–2fach fiederteilig bis -schnittig. **Margerite** – Tanacétum S. 461

28* Stg 1köpfig (selten mit wenigen, lg gestielten Köpfen) **29**

29 Untere Bl verkehrteifg, besonders gegen die Spitze zu fiederteilig mit genäherten, ganzrandigen Abschnitten. StgBl wenige, linealisch, ganzrandig. Pfl rasenbildend. **Alpen-Margerite** – Tanacétum alpínum S. 461

29* Alle Bl gekerbt, gesägt, eingeschnitten gezähnt od. ± tief gelappt, die unteren spatelfg, die oberen länglich od. länglich-lanzettlich. Pfl nicht rasig. **Margerite** – Leucánthemum S. 461

30 **(23)** Kopfboden ohne SpreuBl. Köpfe 1–5 cm br **31**

30* Kopfboden mit ∞ SpreuBl **32**

31 HüllBl 2–3reihig (Spitzen u. Ansatzstellen etwa in gleicher Höhe, Abb. **442**/2). Fr innerhalb jedes Kopfes sehr verschiedengestaltig: eingerollt, blasenfg, geflügelt od. geschnäbelt. **Ringelbume** – Caléndula S. 464

31 HüllBl dachzieglig (Spitzen u. Ansatzstellen verschieden hoch, Abb. **442**/3). Fr fast gleichgestaltig, ± 3kantig, grippt, die äußeren etwas geflügelt. **Wucherblume** – Glebiónis S. 461

32 **(30)** Bl fiederschnittig, mit gesägten bis fiederspaltigen Abschnitten. Alle B goldgelb. Köpfe 2,5–4 cm br. **Färber-Hundskamille** – Ánthemis tinctória S. 458

32* Bl ungeteilt od. 3teilig, wenn untere fiederspaltig, dann mit br Zipfeln **33**

33 Spreite der StgBl länglich bis lineal-lanzettlich u. 0,5–5 cm br od. fiederschnittig bis 3teilig, sitzend od. in den Stiel verschmälert **34**

33* Spreite der StgBl br eifg, 5–35 cm br mit herzfg od. gestutztem Grund, gestielt, nur obere sitzend. ZungenB meist gelb, RöhrenB bräunlich **35**

34 Zunge der ZungenB 5–15 mm br u. 2–5 cm lg, gelb; RöhrenB purpurbraun od. olivgrün. Köpfe 6–12 cm br. **Rudbeckie** – Rudbéckia S. 452

34* Zunge 2–3 mm br u. 1–2 cm lg, wie die RöhrenB gelb. Köpfe 3–6 cm br. **Rindsauge** – Buphthálmum S. 468

35 **(33)** Zunge der ZungenB 5–18 mm br u. 5–10 cm lg. Köpfe 10–30 cm br, ± nickend. Bl beiderseits rauh. **Sonnenblume** – Heliánthus ánnuus S. 452

35* Zunge 1–1,5 mm br u. 1,5–2,5 cm lg. Köpfe 5–8 cm br, aufrecht. BlOSeite fast kahl, USeite weich flaumig. **Telekie** – Telékia S. 468

Tabelle C Köpfe nur mit Zungenblüten

1 B purpurn, blau od. hellviolett **2**

1* B gelb od. selten (bei Gold-Pippau, S. 483 u. Orangerotem Habichtskraut, S. 490) orangerot bis rot, USeite der Zungen zuweilen rötlich, grünlich od. blaugrau **6**

2 Pappus ein unscheinbares Krönchen bildend. B himmelblau. HüllBl deutlich 2reihig, die äußeren kürzer, abstehend. **Wegwarte** – Cichórium S. 475

2* Pappus einen Haarkranz bildend **3**

3 Pappushaare gefiedert (Abb. **440**/1). Bl schmal linealisch, ganzrandig. B hellviolett. HüllBl deutlich dachziegig. **Violette Schwarzwurzel** – Scorzonéra purpúrea S. 478

3* Pappushaare nicht gefiedert (Abb. **440**/2). Bl breiter, gezähnt u. oft fiederteilig. B blau od. purpurrot **4**

4 B purpurrot. Köpfe nickend, 4–6blütig. **Hasenlattich** – Prenánthes S. 482

4* B blau bis blauviolett. Köpfe aufrecht, ∞blütig. **5**

5 Bl leierfg fiederteilig, mit großem, br Endabschnitt. Fr ungeschnäbelt. Stg oberwärts dicht drüsenhaarig (nur beim Französischen Milchlattich kahl). **Milchlattich** – Cicérbita S. 480

5* Bl fiederteilig od. schrotsägefg fiederteilig, mit nicht verbreitertem Endabschnitt, die oberen oft ungeteilt. Fr (zuweilen sehr kurz) geschnäbelt. Pfl (fast) kahl. **Lattich** – Lactúca S. 481

6 **(1)** Pappus fehlend **7**

6* Pappus einen Haarkranz bildend, selten an den äußeren B nur als Krönchen (Kranz verwachsener Schuppen) entwickelt **9**

7 Stg beblättert. HüllBl 1reihig. Hülle 5–11 mm lg, am Grund mit kurzen AußenHüllBl. **Rainkohl** – Lápsana S. 475

7* Alle Bl grundständig **8**

8 Schaft oben auffallend keulig, 1- od. meist mehrköpfig. Bl gezähnt. Hülle 3–6 mm lg. ⊙ ①. **Lämmersalat** – Arnóseris S. 475

8* Schaft nicht keulig verdickt, 1köpfig. Bl fiederteilig. Hülle 10–12 mm lg. ♃. **Hainsalat** – Apóseris S. 475

9 **(6)** Pappushaare (wenigstens die inneren jeder Fr) deutlich gefiedert (Abb. **440**/1); bisweilen die RandB mit krönchenartigem, nicht haarfg Pappus **10**

9* Pappushaare alle ungefiedert, glatt od. warzig (Abb. **440**/2) **16**

10 Bl rosettig, Stg blattlos od. 1–2blättrig, oft mit SchuppenBl (Abb. **477**/1) **11**

10* Stg mit mehreren LaubBl **13**

11 Kopfboden mit linealischen, zur FrReife abfallenden SpreuBl. **Ferkelkraut** – Hypochǽris S. 476

11* Kopfboden ohne SpreuBl **12**

12 Bl ganzrandig, kahl od. spinnwebig flaumig. Fiedern benachbarter Pappushaare ineinander verflochten. **Schwarzwurzel** – Scorzonéra S. 478

12* Bl gezähnt bis fiederteilig, wenn ganzrandig, dann gabelhaarig. Fiedern benachbarter Pappushaare nicht verflochten. **Löwenzahn** – Leóntodon S. 476

13 **(10)** Pfl von widerhakigen, gegabelten Borsten rauh. Pappus bei der Reife abfallend. Köpfe in Rispen od. Schirmrispen. **Bitterkraut** – Pícris S. 477

13* Pfl kahl od. spinnwebig flaumig bis wollig, nicht rauh. Pappus bleibend. Köpfe lg gestielt od. einzeln **14**

14 Untere Bl fiederschnittig mit entfernten, sehr schmal linealischen Zipfeln, obere meist ungeteilt, schmal linealisch. Fr oben nicht verschmälert, am Grund mit einem lg, stielartigen, samenlosen Fuß, der breiter u. heller ist als der samentragende obere FrTeil (Abb. **442**/4). **Stielsame** – Podospérmum S. 478

14* Alle Bl ungeteilt, lanzettlich bis linealisch. Fr oben verschmälert od. geschnäbelt, am Grund ohne od. mit sehr kurzem Fuß **15**

15 HüllBl dachzieglig, ungleich lg. Fr nicht od. undeutlich geschnäbelt. **Schwarzwurzel** – Scorzonéra S. 478

15* HüllBl 1–2reihig, alle gleich lg (Abb. **477**/3, 4). Fr lg geschnäbelt. **Bocksbart** – Tragopógon S. 477

16 **(9)** Fr an der Spitze br gestutzt (Abb. **486**/1) od. etwas verschmälert (Abb. **480**/5), nie geschnäbelt **17**

16* Fr (wenigstens die mittleren) allmählich od. plötzlich in einen dünnen Schnabel verschmälert (Pappus daher gestielt erscheinend, Abb. **443**/5; **480**/4); Schnabel bisweilen nur kurz, dann aber deutlich abgesetzt **20**

17 Bl dornig gezähnt (Abb. **480**/1, 2). Fr stark zusammengedrückt. **Gänsedistel** – Sónchus S. 480

17* Bl nicht dornig. Fr nicht zusammengedrückt **18**

18 Fr oben verschmälert (Abb. **480**/5). Pappus mehrreihig, meist schneeweiß u. biegsam (nicht zerreibbar), selten schmutzigweiß. **Pippau** – Crépis S. 482

18* Fr oben br gestutzt (Abb. **486**/1, 2). Pappus 1–2reihig, fast stets schmutzigweiß u. spröde (zu Pulver zerreibbar) **19**

19 HüllBl 2reihig, die äußeren sehr kurz, die inneren ohne Übergang viel länger. Pappus 1reihig, reinweiß. **Tolpis** – Tólpis S. 485

19* HüllBl dachzieglig od. mehrreihig. Pappushaare fast 2reihig, längere u. kürzere gemischt, schmutzigweiß. **Habichtskraut** – Hierácium S. 485

20 **(16)** Stg über der Rosette blattlos, weitröhrig hohl, 1köpfig. Fr unter dem Schnabelansatz mit spitzen Höckern. **Kuhblume, Löwenzahn** – Taráxacum S. 479

20* Stg auch über dem Grund wenigstens mit 1 Bl, fast stets mehrköpfig **21**

21 Fr unter dem Schnabelansatz mit 5spaltigem Krönchen u. unter diesem oft mit Höckern. Schnabel mindestens so lg wie der samentragende FrTeil **22**

21* Fr ohne Krönchen u. meist auch ohne Höcker **23**

22 Köpfe 7–15blütig. Stg wenigstens oberwärts kahl. Hülle flaumig-flockig. Fr mit Krönchen u. Höckern (Abb. **443**/6). **Knorpellattich** – Chondrílla S. 478

22* Köpfe sehr reichblütig. Stg oberwärts wie die Hülle schwarz steifhaarig. Fr nur mit 5spaltigem Krönchen. **Krönchenlattich** – Willemétia S. 479

23 **(21)** Köpfe sehr reichblütig. Fr stielrund. HüllBl 2reihig, die inneren zur FrZeit knorplig, rinnig u. jeweils 1 Fr einschließend. **Pippau** – Crépis S. 482

23* Köpfe 5–16blütig. Fr zusammengedrückt **24**

24 Schnabel 1–2mal so lg wie der samentragende FrTeil, wenn $^1/_3$–$^1/_2$ so lg (bei Eichen-Lattich), dann Schnabel reif schwarz. Pappus aus mehreren Reihen gleich lg Haare. Köpfe meist > 6blütig. **Lattich** – Lactúca S. 481

24* Schnabel weißlich, $^1/_4$–$^1/_2$ so lg wie der reif schwarzbraune samentragende FrTeil. Pappus aus 1 Reihe lg Haare, von einem Kranz kurzer Börstchen umgeben. Köpfe 5–6blütig. **Mauerlattich** – Mycélis S. 481

Wasserdost – Eupatórium L.

Bl handfg 3–5teilig. Köpfe klein, in dichten Schirmrispen. 0,50–1,50. ♃ 7–9. Gräben, Ufer, lichte Stellen, oft nach Abtrieb von AuenW, Erlen-EschenW u. ErlenW; alle Bdl v, aber MDt-Trockengeb, Bayr-W, Erzg, Schwäbische Alb z, ↗ (m-temp·(oz)EUR – H – O Convolv., O Phragm., V Filip., V Aln.).
Gewöhnlicher W., Kunigundenkraut – Eu. cannábinum L.

Alpendost – Adenostýles CASS.

1 Bl sehr ungleich gezähnt, mit engmaschigem Adernetz, unterseits etwas graufilzig. BlStiele der oberen Bl am Grund geöhrt. 0,50–1,20. ♃ 7–8. Subalp. Hochstaudenfluren, krautreiche BergmischW, anspruchsvoll; v S-Ba: Alpen, Vorland, Starnberger See SO- u. W-Bw: Allgäu, Schwarzw u. östliches Vorland (sm/salp-stemp/dealp·ozEUR – H – O Adenost., V Til.-Acer., V Alno-Ulm., V Vacc.-Pic.). [A. álbifrons (L. fil.) RCHB.]
Grauer A., Filz-A. – A. alliáriae (GOUAN) KERNER

1* Bl fast gleichmäßig gezähnt, mit weitmaschigem Adernetz, unterseits nur auf den Nerven flaumig. BlStiele ungeöhrt. 0,40–0,90. ♃ 7–8. Schuttfluren, subalp. Bergfluren, kalkstet; v S-Ba: Alpen, Vorland bis Ramsau u. Sims-See, s SO-Bw: Weißenbronnen (m/salp-stemp/dealp·subozEUR – H – V Petasit. parad.). [A. alpína (L.) BLUFF et FINGERH.] **Kahler A.** – A. glábra (MILL.) DC.

Huflattich – Tussilágo L.

BStg mit rötlichen Schuppen. Bl 10–25 cm br, herzfg-rundlich, schwärzlich gezähnt, unterseits weißfilzig. 0,07–0,30. ♃ 3–4. Frische bis wechselfeuchte Ruderalstellen (Wegränder, Böschungen, Schutt, Kiesgruben), Brachen, Ufer, feuchte Äcker, basenhold; alle Bdl g (m/mo-b·(oz)EUR–WAS – H – Sv: Ausläufer – V Conv.-Agrop., V Sisymbr., K Secal., O Polyg.-Chen., V Petasit. parad., V Filip. – ArzneiPfl).
Huflattich – T. fárfara L.

Pestwurz – Petasítes L.
(H – unvollständig 2häusig – Hybr.)

1 Kr hellgelb. Bl dreieckig (Abb. **447**/1), unterseits schneeweißfilzig. 0,10–0,30. ♃ 4. Feuchte, sommertrockne Sand- u. Kiesböden (PionierPfl), Weißdünen (Küste), Flußufer; z N- u. W-Br: Oder, Havel, Oder-Havel-Kanal, Spree in Berlin, bei Belzig u. Templin Me: Küste, Elbe, s M- u. N-An: Elbe unterhalb Schönebeck, Havel NO-Ns: Elbe S- u.

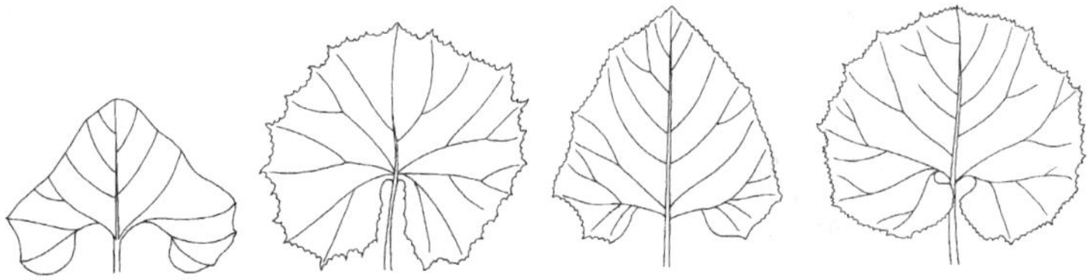

1 2 3 4

O-Sh: Elbe, Küste (sm-b·subk+(lit)EUR–WAS – Sv: Ausläufer – V Ammoph., V Conv.-Agrop.). [P. tomentósus DC.] **Filzige P.** – P. spúrius (RETZ.) RCHB.

1* Kr weißlich, rötlich od. rot **2**

2 Kr weißlich. Schuppen der BStg bleich. Bl rundlich, ungleich stachelspitzig gezähnt. BlBucht nicht durch Seitennerven berandet (Abb. **447**/2). 0,05–0,80. ♃ 4–5. Uferhochstaudenfluren, frische bis feuchte LaubmischW; v S- u. O-Ba: Alpen, obere Hochebene, Bayr-W S-Bw: Alpenvorland, Schwarzw, Jura Th: Th-W Sa: Erzg, z M- u. N-Ba: untere Hochebene, Jura, Rhön N-Bw Th u. Sa: Hügelland S-An: bes. Harz S-We SO-Ns O-Sh, s He: Bergland N-Rh Me: Rügen? (N) s Br? Me (sm/mo-temp/demo·suboz EUR – V Filip., V Asper.-Fag. – BienenfutterPfl). **Weiße P.** – P. álbus (L.) GAERTN.

2* Kr rötllichweiß od. rot. Schuppen des BStg rötlich od. doch rot überlaufen. Bl fast gleichmäßig gezähnt. BlBucht durch Seitennerven berandet (Abb. **447**/3, 4) **3**

3 Bl eifg-dreieckig, meist länger als br (Abb. **447**/3), unterseits schneeweiß-filzig. 0,15–0,60. ♃ 4–5. Sickernasse, kalkhaltige, (de)subalp. Geröllfluren, Steinschutt; v S-Ba: Alpen, z obere Hochebene, s M-Ba: untere Hochebene, Jura bei Langenaltheim SO-Bw: Iller (sm/salp-stemp/dealp·subozEUR – V Petasit. parad., V Epil. fleisch.). [P. níveus (VILL.) BAUMG.] **Alpen-P.** – P. paradóxus (RETZ.) BAUMG.

3* Bl rundlich, im Sommer bis > 70 cm br, unterseits grauwollig, später verkahlend (Abb. **447**/4). 0,15–1,00. ♃ 4–5. Nasse, zeitweise überschwemmte, nährstoffreiche Ufer kühler, rasch fließender Bäche, nasse Wiesen, Weiden- u. Erlengebüsche; v Ba Bw Rh We He Th S- u. M-Sa S- u. M-An O-Br S-Ns Me O-Sh, z N-Sa N-An W-Br N-Ns W-Sh, im NO (N 13. Jh.) (sm/mo-temp·ozEUR – V Filip., V Salic. alb.). [P. officinális MOENCH] **Gewöhnliche P.** – P. hýbridus (L.) G. M. SCH.

Alpenlattich, Brandlattich – Homógyne CASS.

1 GrundBl unterseits weißfilzig, rundlich-nierenfg. Pappus schmutzigweiß. 0,15–0,25. ♃ 6–8. Feuchte, nährstoff- u. kalkreiche, alp. Schneeböden, Schneetälchen; † SO-Ba: Berchtesgadener Alpen (sm/salp-temp/salp·subozALP – H – V Arab. caer.). **Filziger A.** – H. díscolor (JACQ.) CASS.

1* GrundBl unterseits kahl, nur auf den Nerven weichhaarig, herz-nierenfg. Pappus schneeweiß. 0,15–0,30. ♃ 5–7. Subalp. NadelW, Gebüsche, Heiden u. Magerrasen, kalkmeidend; v S- u. O-Ba: Alpen u. Vorland, Bayr-W, z S-Sa: Erzg, s S-Bw: S-Schwarzw, Alpenvorland (sm/mo-stemp/mo·ozEUR – H – V Vacc.-Pic., V Nard., V Sesl.). **Gewöhnlicher A.** – H. alpína (L.) CASS.

Arnika, Wohlverleih – Árnica L.

Stg einfach od. wenigästig. GrundBl elliptisch od. länglich-verkehrteifg, ganzrandig. 0,20–0,50. ♃ 6–7. Frische Silikatmagerrasen, wechseltrockne Moorwiesen, kalkmeidend; v S- u. O-Ba: Alpen u. Vorland, Bayr-W, z Bergland von Bw Rh S- u. O-We He Th S-Sa W-An SO-Ns, z im Tiefland von Ns S- u. W-Sh, s N-We N-Sa N- u. O-An Br N- u. SW-Me, ↘ (sm/mo-temp/demo·subozEUR – H – O Nard., V Mol. – ArzneiPfl – ∇). **Arnika, Berg-W.** – A. montána L.

Gemswurz – Dorónicum L.
(ZierPfl)

1 Alle Fr mit Pappus 2
1* Randständige Fr (der ZungenB) ohne Pappus, innere Fr mit Pappus 3
2 GrundBl eifg od. elliptisch, am Grund gestutzt od. herzfg, vom BlStiel ± abgesetzt. Obere Bl mit herzfg Grund stengelumfassend. Stg 1–5köpfig. 0,06–0,60. ♃ 7–8. Frische, kalkhaltige, alp. Steinschuttfluren; z S-Ba: Alpen u. Vorland (sm/alp-temp/alp·ozEUR – H – O Thlasp. rot.). **Großblütige G.** – D. grandiflórum LAMK.
2* GrundBl länglich, in den BlStiel verschmälert, dick u. steif. Stg 1köpfig. 0,05–0,25. ♃ 7–8. Sickerfeuchte, kalkhaltige, alp. Steinschuttfluren, Schneeböden; s SO-Ba: Berchtesgadener Alpen, ↘ (sm/alp-temp/alp·subozALP – H – V Drab. hopp., O Salic. herb.). (**) **Gletscher-G.** – D. glaciále (WULFEN) NYMAN
3 **(1)** GrundBl zur BZeit fehlend. Untere StgBl klein, spatelfg, mittlere größer, genähert, herzfg, mit abgesetzten Öhrchen stengelumfassend, obere länglich. 0,30–1,50. ♃ 7–8. Subalp. Hochstaudenfluren, Gebüsche u. Wälder; z O-Ba: Berchtesgadener Alpen, Passau, Bayr-W (sm/mo-stemp/mo·subozEUR – H – V Adenost., V Rum. alp.). **Österreichische G.** – D. austríacum JACQ.
3* GrundBl zur BZeit am BStg od. als Rosette an unterirdischen Ausläufern vorhanden, herzfg, lg gestielt 4
4 GrundBl herz-eifg, fast ganzrandig (Abb. **448**/1), beiderseits behaart. Stg zottig, meist mehrköpfig. Pfl mit Ausläufern, diese außer aufrechten Stg auch Rosetten bildend. 0,50–1,00. ♃ 5–6. Gebüsche, LaubW, anspruchsvoll; s M- u. N-Ba S- u. NO-Bw W- u. N-Rh W-Th, (N) s We He O-Th S- u. O-Sa An Br O-Ns Me Sh. ZierPfl (sm/mo-stemp·ozEUR – G – V Carp., V Til.-Acer. – alte ArzneiPfl). **Kriechende G.** – D. pardaliánches L.
4* GrundBl nierenfg bis herz-eifg, regelmäßig gezähnt (Abb. **448**/2), auf der Fläche fast kahl. Stg unten kahl, oben weichhaarig, 1- bis mehrköpfig. Pfl ohne Ausläufer. 0,15–0,60. ♃ 5–8. Subalp. Hochstaudenfluren u. Rasen, kalkstet; s SO-Ba: Berchtesgadener Alpen, ↘. ZierPfl (sm/mo-stemp/mo·subozEUR – H – V Adenost., V Car. ferr.). [D. cordifólium STERNB., D. cordátum aut.] **Herzblättrige G.** – D. colúmnae TEN.

Scheingreiskraut – Erechtítes RAFIN.
Hülle am Grund mit fädlichen HochBl. ZungenB fehlend. Kr blaßgelb. 0,50–1,20(–1,80). ⊙ 7–10. Ruderalstellen; (N 1974) s SO-Ba (trop-tempOAM – T – Wv, Ev). **Scheingreiskraut, Scheinkreuzkraut** – E. hieraciifólia (L.) RAFIN. ex DC.

Greiskraut, Kreuzkraut – Senécio L. [incl. Tephróseris (RCHB.) RCHB.]

1 Köpfe ohne Außenhülle. HüllBl grün 2
1* Köpfe mit 1–∞blättriger Außenhülle (Abb. **442**/1). HüllBl an der Spitze meist schwarz 6
2 Stg klebrig drüsig-zottig, dick, hohl, dicht beblättert, oberwärts meist verzweigt. Köpfe ∞, in Rispen od. Schirmrispen. StgBl lanzettlich. 0,15–1,00. ⊙ 6–7. Nasse Moorwiesen, Ufer, Gräben, Teiche; z We Br Ns Me Sh, s NW-Sa An, (U) He, † Th (sm-arct·(k)

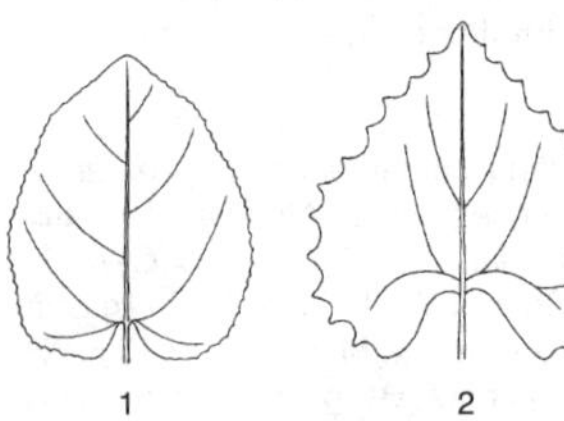

1 2

CIRCPOL – H – V Bid.). [S. palústris (L.) DC., S. tubicaúlis MANSF., Tephróseris palústris (L.) RCHB.] **(**) Moor-G.** – S. congéstus (R. BR.) DC.

2* Stg spinnwebig wollig bis fast kahl, höchstens zerstreut drüsig, oberwärts entfernt beblättert. Köpfe 3–15, in endständiger, einfacher Schirmtraube **3**

3 GrundBl dem Boden anliegend, bleibend, ihr Stiel höchstens so lg wie die Spreite, diese eifg, ganzrandig od. entfernt gezähnt. HüllBl 6–8 mm lg, (fast) kahl. 0,08–0,60. ♃ 5–6. Kont. Halbtrockenrasen, wechseltrockne Moorwiesen, Trockengebüschsäume, kalkhold; s W-Ba: Lechgebiet, Franken N-Th SW-An, (U) Me, † Rh: ob je? ↘ (sm-arct·(k)EURAS–WAM – H – V Cirs.-Brach., V Mol., V Ger. sang.). [S. campéstris (RETZ.) DC., Tephróseris integrifólia (L.) HOLUB] **Steppen-G.** – S. integrifólius (L.) CLAIRV.

3* GrundBl ± aufrecht, zur BZeit oft verwelkt, ihr Stiel meist länger als die Spreite. HüllBl 8–12 mm lg, ± spinnwebig wollig **4**

4 Köpfe 20–25 mm br. ZungenB 12–14(–18), zuweilen fehlend. GrundBl ganzrandig od. unregelmäßig gezähnt, USeite meist dichter spinnwebig filzig als OSeite, plötzlich od. allmählich in den Stiel verschmälert. 0,30–1,00. ♃ 5–6. Feuchtwiesen, Moore, LaubW, anspruchsvoll; z S-, M- u. NW-Ba Bw Rh Th, s NO-We: Weser He S-An, † SO-Ns, ↘ (sm/mo-stemp/demo·ozEUR – H – V Mol.). [S. salisburgénsis (CUFOD.) RAUSCHERT, S. spathulifólius (C. C. GMELIN) GRIESSELICH, Tephróseris helenítis (L.) B. NORDENSTAM] **** Spatelblättriges G.** – S. helenítis (L.) SCH. et THELL.

4* Köpfe 25–40 mm br. ZungenB 15–21. GrundBl grob gezähnt, beiderseits gleichmäßig spinnwebig filzig u. verkahlend, Spreitengrund meist ± gestutzt bis herzfg **5**

5 GrundBl 2–6 cm br, eifg, mit herzfg Grund. Fr kahl. 0,30–1,00. ♃ 5–6. Staudenfluren an WQuellen u. WBächen, nasse Wiesen, Erlen-AuenW; z O-Ba: Bayr-W, Ludwigsstadt S-Sa: Vogtland, Erzg, Oberlausitz, s S-Th: Th-W, ↘ (sm/mo-stemp/demo·subozEUR – H – V Calth., V Filip., V Adenost., V Alno-Ulm.). [S. crispátus DC., Tephróseris críspa (JACQ.) RCHB.] **Krauses G.** – S. rivuláris (W. et K.) DC.

5* GrundBl 1,5–3 cm br, länglich bis schmal lanzettlich, mit ± gestutztem bis verschmälertem Grund. Fr dicht behaart. 0,20–0,60. ♃ 5–7. Subalp. Staudenfluren u. Wiesen, anspruchsvoll; s SO-Ba: Berchtesgadener Alpen (sm/mo-stemp/mo·subozEUR – H – V Rum. alp., V Triset.). [S. oviréndis ssp. gaudínii (GREMLI) CUFOD., S. alpéstris (HOPPE) DC., Tephróseris tenuifólia (GAUDIN) HOLUB] **Schweizer G.** – S. gaudínii GREMLI

6 **(1)** Bl ungeteilt, zuweilen BlStiel mit einzelnen Fiedern **7**

6* Bl fiederspaltig bis fiederschnittig **15**

7 BlSpreite herzfg, höchstens 1,5mal so lg wie br **8**

7* BlSpreite elliptisch bis linealisch **9**

8 BlStiele mit einzelnen Fiedern. Bl unterseits kahl od. nur auf den Nerven schwach behaart, selten dünn wollig, etwa so lg wie br, tief eingeschnitten od. fast fiederspaltig gezähnt. Kr dottergelb. 0,30–0,70. ♃ 7–9. Sickernasse, nährstoffreiche Staudenfluren an WQuellen, Viehlägern, Naßweiden; z O-Ba: Bayr-W, die Angabe aus Th bezieht sich auf **8*** (sm/mo-stemp/mo·subozEUR – H – V Calth., V Rum. alp., V Alno-Ulm.). **Berg-G.** – S. subalpínus KOCH

8* BlStiele ohne Fiedern. Bl unterseits spinnwebig wollig, zuweilen verkahlend, etwa 1,5mal so lg wie br, unregelmäßig gesägt. Kr goldgelb. 0,30–1,00. ♃ 7–9. Frische, nährstoffreiche, meist kalkhaltige, mont.-alp. Hochstaudenfluren, Viehläger, Matten; v S-Ba: Alpen u. Vorland SO-Bw: Alpenvorland, z S-Ba: obere Hochebene, (N) s Th: Th-W (sm/salp-stemp/dealp·subozEUR – H – V Rum. alp., V Adenost., V Alno-Ulm.). [S. cordátus KOCH] **Alpen-G.** – S. alpínus (L.) SCOP.

9 **(7)** Köpfe mit 10–22 ZungenB. Außenhülle mindestens 10blättrig **10**

9* Köpfe mit 2–9 ZungenB. Außenhülle (2)3–6blättrig **12**

10 Bl 1–4 mm br, linealisch bis schmal lanzettlich, fein gezähnt bis flach gelappt, durch den zurückgerollten Rand oft ganzrandig erscheinend, am Grund halbstengelumfassend geöhrt. Stg vom Grund an stark verzweigt, ∞köpfig. Köpfe 1,8–2,5 cm br. 0,30–1,00. ♃ 7–11. Trockne bis mäßig trockne Ruderalstellen (Bahnanlagen, Wegränder, Schutt);

(N 1889) z Ba Bw Rh We He Th Sa An Ns Me, s Br Sh, ↗ (Heimat austr-austrostrop/moOAFR – C, H – V Dauco-Mel., V Conv.-Agrop., O Convolv., O Arrh.).
Schmalblättriges G. – S. inaéquidens DC.

10* Bl 10–60 mm br, flach, ohne Öhrchen. Köpfe mindestens 3 cm br **11**

11 Stg ∞köpfig. Bl schmal länglich-lanzettlich, scharf vorwärts gesägt, alle sitzend. Köpfe 3–4 cm br. Kr hellgelb. 0,80–1,70. ♃ 7–8. Großseggenrieder, Röhrichte an Ufern, Gräben, Erlenbrüche; z S- u. M-Ba: bes. Hochebene, Donau, W-Jura Bw: bes. Bodensee, Rhein SO-Rh Br N-Ns z SW-Me, s We S-He An N- u. M-Me S- u. O-Sh, † N-Ba N-Th, ↘ (sm/temp·subozEUR-WSIB – H – V Magnocar., V Aln., V Convolv.).
Sumpf-G. – S. paludósus L.

11* Stg 1köpfig od. mit wenigen, lg, 1köpfigen Ästen. Untere Bl elliptisch od. eilanzettlich, ungleichmäßig gezähnt, gestielt, ledrig. Köpfe 4–6 cm br. Kr orangegelb. 0,20–0,40. ♃ 7–8. Frische, sonnige, alp. u. subalp. Kalkmagerrasen; z S-Ba: Alpen (sm/salp-temp/salp·ozEUR – H – O Sesl.). **Gemswurz-G.** – S. dorónicum (L.) L.

12 **(9)** Bl länglich-lanzettlich bis lanzettlich, meist über der Mitte am breitesten (Abb. **452**/1), schräg aufrecht abstehend, scharf gesägt mit vorwärtsgekrümmten Zähnen, mit allmählich verschmälertem Grund sitzend u. kurz herablaufend. Hülle kurz walzig, etwa 1,5mal so lg wie br. AußenhüllBl viel kürzer als die Hülle. HüllBl meist 11–13, kurz flaumig. 0,60–1,80. ♃ 8–9. Staudenfluren u. Weidengebüsche der Auen, anspruchsvoll; StromtalPfl, z M- u. N-Ba: Hochebene, Donau, Main, s O-Bw: Donau, Main N-Rh: Rhein W- u. NO-We: Rhein, Weser He W-Th: Werra Sa: Elbe M-An Br Ns: Elbe, Leine, Luthe, Weser SW- u. O-Me S-Sh: Elbe,, ↘ (sm-temp·(subk)EUR-WAS – G – Sv: Ausläufer – V Convolv., O Salic. purp.). [S. fluviátilis WALLR.] **Fluß-G.** – S. sarracénicus L.

12* Bl eifg od. elliptisch bis länglich od. lanzettlich, in od. unter der Mitte am breitesten, ± waagerecht abstehend, einfach od. doppelt gezähnt od. gesägt mit abstehenden Zähnen. Hülle schmal walzig, 2–4mal so lg wie br. HüllBl 7–12 . . . . **13**

13 Obere StgBl mit verschmälert abgerundetem od. zuerst verschmälertem u. dann ohrfg verbreitertem Grund halbstengelumfassend. BStandsäste u. Hülle ± dicht abstehend drüsenhaarig. AußenhüllBl fadenfg bis pfriemlich, so lg wie die Hülle od. länger, stets drüsig. Stg unterwärts zerstreut kurzhaarig bis fast kahl, meist grün. Blühbeginn 3–6 Wochen vor **14**. 0,60–1,50. ♃ 6–7(–8). Mont. bis subalp. frische, nährstoffreiche MischW, SchluchtW, Hochstaudenfluren; z Ba: Allgäu, Bayr-W, Rhön Bw: Allgäu, Schwarzw W-Rh He: Rhön, Meißner, Upland, Th S-Sa: Erzg SW-An, s SO-Ns: Oberharz S- u. O-We (temp/mo-salp·subozEUR – G – V Vacc.-Pic., V Til.-Acer., O Adenost.). [S. nemorénsis L. p. p., S. cacaliáster LAM. subsp. hercýnicus (HERBORG) OBERPRIELER]
(**) **Harz-G., Hain-G.** – S. hercýnicus HERBORG

13* Obere StgBl mit allmählich bis plötzlich verschmälertem Grund kurz gestielt od. sitzend, aber nicht stengelumfassend. BStandsäste u. Hülle kahl od. zerstreut behaart, aber nie drüsig **14**

14 AußenhüllBl pfriemlich, seltener linealisch, meist kürzer als die Hülle (Abb. **442**/1), kahl od. mit wenigen kurzen (< 0,3 mm lg) Haaren. Obere StgBl allmählich in einen kurzen Stiel verschmälert, selten mit kurz verschmälertem Grund sitzend, meist fein gesägt. Stg unterwärts kahl od. zerstreut kurzhaarig, oft rotbraun. 0,60–1,50. ♃ 7–8. Koll. bis mont. krautreiche Buchen- u. BuchenmischW, Schlagfluren; v Ba Bw Rh S- u. O-We He Th S- u. M-Sa SO-Ns, z N-Sa S- u. M-An, s NW-We Br N-Ns, (N) s Me (sm/mo-temp/(mo)· subozEUR – G – O Atrop., O Fag.). [S. fúchsii C. C. GMELIN]
** **Fuchssches G.** – S. ovátus (G. M. SCH.) WILLD.

14* AußenhüllBl linealisch bis lineal-lanzettlich, über der Mitte am breitesten, meist etwa so lg wie die Hülle od. länger, am Rand deutlich flaumig gewimpert (0,4–1,6 mm lg). Obere StgBl mit plötzlich verschmälertem od. br keilfg Grund sitzend bis sehr kurz gestielt, meist grob gezähnt. Stg unterwärts meist flaumhaarig, selten anliegend kurzhaarig od. fast kahl, meist grün. Blühbeginn 2–3 Wochen nach **14**. 0,60–1,30. ♃ 7–9. Koll. bis mont. lichte BuchenW, Wald- u. Gebüschsäume, Schlagflächen, Hochstaudenfluren; v

S-Ba S-Th S-Sa SW-An, z M- u. NO-Ba, s SO-Ns? (sm-stemp·(suboz)EUR – G – O Atrop., O Fag.). [S. nemorénsis L. p. p., S. jacquiniánus RCHB.]
** **Deutsches G.** – S. germánicus WALLR.

15 **(6)** Hülle schmal walzig od. nach oben verengt, 2–3mal so lg wie br. ZungenB fehlend od. sehr kurz u. oft zurückgerollt. Stets ⊙ od. ① **16**

15* Hülle napf- od. becherfg, wenig länger als br. ZungenB vorhanden (nur ausnahmsweise fehlend), flach ausgebreitet (höchstens beim Welken zurückrollend) **18**

16 ZungenB fehlend. AußenHüllBl meist 10, sehr kurz, etwa zur Hälfte schwarzbraun. Bl meist kahl. 0,10–0,30. ⊙ ① 2–11. Frische Ruderalstellen (Wegränder, Schutt), Brachen, nährstoffreiche Äcker, Gärten, Schläge; alle Bdl g (m-b·(oz)EUR–WAS – T, H – K Chen., V Caucal., V Aphan.) **Gewöhnliches G.** – S. vulgáris L.

16* ZungenB vorhanden, kurz u. meist zurückgerollt **17**

17 Pfl klebrig drüsenhaarig. AußenHüllBl locker abstehend, halb so lg wie die Hülle, an der Spitze schwärzlich. 0,15–0,50. ⊙ 6–10. Schotterfluren, mäßig trockne bis trockne Ruderalstellen (Wegränder, Bahnanlagen), Brachen, Schläge, kalkmeidend; alle Bdl v, aber NW-Ns u. O-Me z, Alpen s, im N (A)? (sm-b·subozEUR – T – V Galeops. seget., V Epil. ang., V Sisymbr.). **Klebriges G.** – S. viscósus L.

17* Pfl drüsenlos, spinnwebig weichhaarig. AußenHüllBl angedrückt, etwa $^1/_6$ so lg wie die HüllBl, an der Spitze meist nicht schwärzlich. 0,15–0,80. ⊙ ① 6–8. Schläge, gedüngte Nadelholzforsten, kalkmeidend; alle Bdl v, aber MDt-Trockengeb, Schwarzw. u. Schwäb. Jura z, Alpen f, im N (A) (sm-temp·(oz)EUR – T, H – O Atrop., bes. V Epil. ang.). **Wald-G.** – S. sylváticus L.

18 **(15)** Bl wenigstens anfangs angedrückt graufilzig. Köpfe 10–20 mm br. Kr lebhaft dottergelb. 0,05–0,15. ♃ 7–9. Frische, kalkarme, alp. Silikatmagerrasen; s SW-Ba: Allgäu (sm/alp-stemp/alp·(suboz)EUR – H – V Car. curv., V Nard. – ∇). [incl. S. carniólicus WILLD.] **(**) Krainer G.** – S. incánus L.

18* Bl auch anfangs nicht filzig, grün. Pfl mindestens 0,15 m hoch **19**

19 BlZipfel der buchtig fiederteiligen Bl gezähnt (Abb. **452**/2). AußenHüllBl 6–14, kurz. Köpfe 15–25 mm br **20**

19* BlZipfel nicht od. kaum gezähnt. AußenHüllBl 1–6(–8) **21**

20 Bl beiderseits dicht spinnwebig wollig. BlZipfel eifg, fast rechtwinklig abstehend (Abb. **452**/2). AußenHüllBl mit kahler Spitze, fast bis zur Hälfte schwarz. Pappus bleibend. 0,15–0,45. ⊙ ① 5–11. Mäßig trockne Ruderalstellen (Wegränder, Schutt), Brachen, Äcker; (N 1850) v NW-Ba Rh S-He NO-Th N-Sa An Br O-Ns Me SO-Sh, z S- u. M-Ba Bw We N-He S- u. W-Th S-Sa W-Ns N- u. W-Sh, ↗ (m-temp·subkEUR–VORDAS – T, H – V Sisymbr., V Polyg.-Chen., K Secal. – giftig für Kühe u. Pferde!).
Frühlings-G. – S. vernális W. et K.

20* Bl kahl od. nur unterseits etwas wollig. BlZipfel länglich, vorwärts gerichtet. AußenHüllBl häufig mit pinselartig behaarten Spitzen. Pappus abfallend. 0,20–0,60. ⊙ ♃ 5–8. Frische, nährstoffreiche, meist kalkhaltige, subalp. Läger- u. Unkrautfluren, Wege; s SO-Ba: Berchtesgadener Alpen, ↘ (m/salp-temp/salp·subozEUR – T, H – V Rum. alp., V Epil. ang., V Sisymbr.). [S. squálidus L. p. p.] **Felsen-G.** – S. rupéstris W. et K.

21 **(19)** ZungenB orangegelb bis orangerot. Bl ungeöhrt, fiederschnittig od. doppelt fiederschnittig mit schmal linealischen Zipfeln, graugrün, kahl. Köpfe 25–40 mm br, zu 2–5. Kopfstiele mit schmal lanzettlichen HochBl. 0,15–0,40. ♃ 7–9. Subalp. Krummholz- u. Zwergstrauchgestrüppe, offene, sonnige Steinrasen; z SO-Ba: Berchtesgadener Alpen bis Geigelstein (sm/alp-temp/alp·subozEUR – S – V Eric. pin.).
(**) Eberrauten-G. – S. abrotanifólius L.

21* ZungenB hell- bis goldgelb. Wenigstens obere Bl am Grund geöhrt **22**

22 AußenHüllBl 3–8, deutlich abstehend, halb so lg wie die HüllBl. Fr kurzhaarig. Bl fiederteilig, mit linealischen bis länglichen, ungeteilten od. tief gezähnten, nach vorn gerichteten Zipfeln. Köpfe 12–15 mm br. 0,30–1,25. ♃ 7–9. Halbtrockenrasen, wechseltrockne Moorwiesen, TrockenWSäume, kalkhold; v (Silikatgebirge s) W-Ba Bw Rh He Th SO-

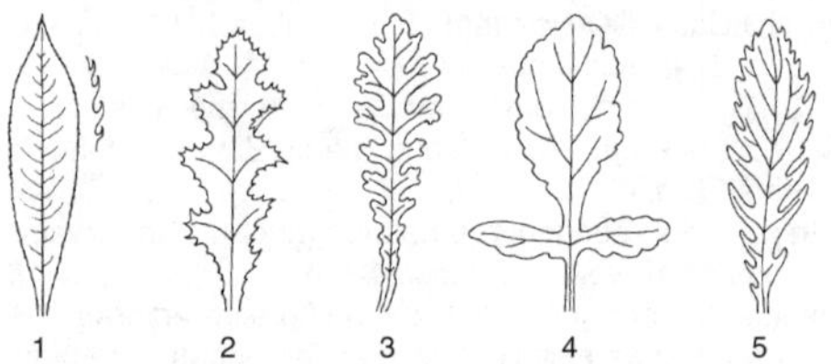

Ns, z O-Ba We An Br N-Ns Me Sh, (N) s W-Sa (sm/temp·subkEUR–WAS – H – V Mesobrom., V Cirs.-Brach., V Mol., V Ger. sang., V Dauco-Mel., V Conv.-Agrop.). **Raukenblättriges G.** – S. erucifólius L.

22* AußenHüllBl 2–5, anliegend, 1/4 so lg wie die HüllBl. Randständige Fr kahl **23**

23 Fr der RöhrenB dicht behaart. Untere Bl leierfg, mit mäßig großem Endlappen (Abb. **452**/3), zur BZeit meist abgestorben, mittlere fiederteilig u. mit vielteiligen Öhrchen. Köpfe 15–20 mm br. Kr goldgelb. ZungenB zuweilen fehlend. 0,30–1,00. ⊙ ⊛ ♃ 7–9. Säume, Wiesen, Halbtrockenrasen, Staudenfluren, mäßig anspruchsvoll; alle Bdl v, aber Silikatgebirge, N-An, NW-Br u. NW-Ns z (sm-temp·(oz)EUR–WAS – H – O Orig., O Arrh., V Koel.-Phleion, K Fest.-Brom., V Dauco-Mel.). **Jakobs-G.** – S. jacobǽa L.

23* Fr der RöhrenB sparsam behaart od. kahl. Endlappen der leierfg Bl meist groß ... **24**

24 Seitenzipfel der Bl fast rechtwinklig abstehend, länglich-verkehrteifg. (Abb. **452**/4). Bl dunkelgrün. Stg etwa von der Mitte an mit lg, abstehenden Ästen. Köpfe 12–25 mm br. 0,30–1,00. ⊙ ⊙ 7–10. Feuchte Wald- u. Wegränder; z Rh We O-Br N-Ns NO-Me, s NW-Sa W- u. N-An Sh, (U) s Ba, Verbreitung ungenügend bekannt (m-temp·ozEUR – H – V Filip., V Calth.). **Spreizblättriges G.** – S. erráticus BERTOL.

24* Seitenzipfel der Bl vorwärts gerichtet, fast linealisch (Abb. **452**/5). Bl gelblichgrün. Stg meist nur an der Spitze mit aufrecht abstehenden Ästen. Köpfe 20–30 mm br. 0,15–0,60. ⊛ ♃ 7–8. Mäßig nährstoffreiche, kalkarme Naß- u. Flachmoorwiesen; v S- u. M-Ba S-Bw N-We N-Ns Sh, z N-Ba N-Bw Rh S-We He S- u. M-Th Sa An Br S-Ns Me, s NO-Bw (sm-temp·ozEUR – H – V Calth.). **Wasser-G.** – S. aquáticus HILL

Rudbeckie, Sonnenhut – Rudbéckia L.

1 Bl ungeteilt. Stg meist einfach, rauhhaarig. RöhrenB pupurbraun. 0,05–0,50. ⊙ ⊙ 7–9. Mäßig trockne bis frische Ruderalstellen (Wegränder, Schutt), Ufer, Aufforstungen, Bahndämme; (N 1860, meist U) z Ba Bw We He N- u. W-Sa Br W-Me O-Ns, s N-Bw Rh Th? S-An S-Sh. ZierPfl (m-temp·(suboz)OAM – H – V Arct., V Onop., O Convolv.). **Rauhhaarige R.** – R. hírta L.

1* Untere Bl fiederschnittig, mittlere 3teilig. Stg ästig, kahl. RöhrenB olivgrün. 1,00–2,00. ♃ 7–8. Ufer-Staudenfluren auf feuchten bis wechselnassen Standorten; (N 1790) v O-Sa SO-Br, z Ba We Th W-Sa N- u. W-Br Me, (U) s Bw Rh He An Ns S-Sh, ↗. ZierPfl (sm-temp·(suboz)OAM – H – O Convolv.). **Schlitzblättrige R.** – R. laciniáta L.

Sonnenblume, Topinambur – Heliánthus L.

1 Bl herzfg-dreieckig, plötzlich in den Stiel zusammengezogen. Köpfe meist einzeln, nickend, 10–50 cm br. ZungenB 5–10 cm lg. RöhrenB meist bräunlich. Pfl mit dünnen Wurzeln. 1,00–2,00. ⊙ 8–10. KulturPfl, auch Schutt, Straßenränder, Flußufer; (N U) alle Bdl z (m-smWAM – T – Öl-, Futter- u. ZierPfl). **Sonnenblume** – H. ánnuus L.

1* Bl eifg-länglich, etwas in den Stiel verschmälert; untere Bl schwach herzfg. Köpfe mehrere, lg gestielt, aufrecht, 4–8 cm br. ZungenB 2–3 cm lg. RöhrenB gelb. Pfl mit Ausläuferknollen od. Rhizom. 1,00–2,50. ♃ 10–11. Mäßig trockne bis frische Ruderalstellen, Brachen, Grabenränder, Flußufer; (N 1830) v Ba Rh S-He, z Bw We N-He W- u. S-Th

Sa An Br O-Ns, s W-Ns Me S-Sh, ↗. KulturPfl (sm-temp·subozOAM – G – O Convolv., O Artem. – Futter- u. GemüsePfl). **Topinambur, Erdbirne** – H. tuberósus L.

Ramtillkraut – Guizótia Cass.

Köpfe 3–4 cm br. HüllBl 2reihig, äußere krautig, innere häutig, den SpreuBl ähnlich. Fr nur selten reifend. 0,50–1,50. ⊙ 9–10. Ruderalstellen (Schutt, Müll, Umschlagplätze), Straßenränder; (N U) s Ba Bw Rh We He Th Sa An Br Me Ns, ständig durch Vogelfutterreste neu eingeschleppt (strop/moOAFR – T – VogelfutterPfl, in Tropen ÖlPfl). **Abessinisches R., Nigersaat** – G. abyssínica (L. fil.) Cass.

Zweizahn – Bídens L.
(T – Ev – Adv.)

1 Köpfe ± nickend, oft mit ZungenB. Bl ungeteilt, lanzettlich, am Grund kaum verschmälert, verwachsen. 0.05–1,00. ⊙ 8–10. Nasse, zeitweise überschwemmte, nährstoff-(stickstoff-)reiche, schlammige Unkrautfluren an Teichrändern, Gräben; v Ba Br N-Ns Me Sh, z Bw Rh We He Th Sa An SO-Ns (m-b·(suboz)CIRCPOL – V Bid.). **Nickender Z.** – B. cérnua L.

1* Köpfe aufrecht, meist ohne ZungenB 2

2 Bl ungeteilt, in einen geflügelten Stiel verschmälert, oberseits dunkelgrün. Köpfe braungelb, oft rot überlaufen. Fr 3–4kantig, nach unten deutlich verschmälert (Abb. **453**/1). 0,15–1,00. ⊙ 8–10. Nasse, nährstoffreiche, schlammige Ufer, Gräben; (N 1865) z M- u. N-Ba W-We W- u. M-Sa Br N-Ns Me S- u. O-Sh, s W-Bw S-Rh He N- u. O-An (sm-temp·(suboz)OAM – V Bid.). **Verwachsenblättriger Z.** – B. connáta Mühlenb.

2* Bl geteilt, selten einige ungeteilt. Fr flach, unten wenig verschmälert 3

3 Bl lg gestielt, 3zählig od gefiedert, die Blchen mit verschmälertem Grund ansitzend. Fr auch auf der Fläche vorwärts stachelhöckrig (Abb. **453**/2), schwärzlich. Köpfe lg gestielt. 0,05–1,00. ⊙ 8–9. Nasse, zeitweise überschwemmte, nährstoffreiche Flußufer, Teichufer, frische Ruderalstellen; (N 1891) v (Bergland s) Sa An Br, z M- u. N-Ba W- u. N-Bw Rh We He Th Ns Me Sh, s S-Ba SO-Bw, ↗ (m-bAM – O Bid.). [S. melanocárpa Wieg.] **Schwarzfrüchtiger Z.** – B. frondósa L.

3* Bl kurz gestielt, 3–7teilig, die Abschnitte an der BlSpindel u. dem Stiel herablaufend. Fr auf der Fläche glatt, nur am Rand rückwärts stachlig rauh (Abb. **453**/3) 4

4 Köpfe tellerfg, viel breiter als hoch. Äußere, blattartige HüllBl meist 9–12, innere wie die randlichen B fast strahlend. SpreuBl 0,6–0,7 mm br, so lg wie die Fr einschließlich Grannen. Fr klein, äußere 3–4,5 mm, innere 4,5–5,5 mm lg. Bl hellgrün, BlZähne nach der BlSpitze zu gekrümmt. Stg bleichgrün bis schwach rötlich, mit aufrechten Ästen. 0,15–1,00. ⊙ 8–10. Offene, nasse, zeitweise überschwemmte, nährstoff-(stickstoff-)reiche Teichufer, Gräben; z An: Elbe, s Ba Bw Rh S-We He O-Th Sa NO-Ns u. SW-Me: Elbe, (U) s S-Me S-Sh (sm-b·(subk)EURAS – O Bid., V Nanocyp.). **Strahlender Z.** – B. radiáta Thuill.

4* Köpfe etwa so br wie hoch. Äußere, blattartige HüllBl meist 5–8, innere wie die RandB aufrecht. SpreuBl etwa 1 mm br, so lg wie die Fr ausschließlich Grannen. Fr größer, äußere 4,5–6 mm lg. Bl dunkelgrün, Zähne gerade, vorwärtsgerichtet. Stg meist kräftig braunrot, mit weit ausladenden Ästen. 0,15–1,00. ⊙ 7–10. Nasse, zeitweise überschwemmte nährstoff-(stickstoff-)reiche Teichufer, Gräben, Schuttplätze, Wege, Naßstellen in Äckern; alle Bdl v, aber Bergland s (m-bEURAS – O Bid.). **Dreiteiliger Z.** – B. tripartíta L.

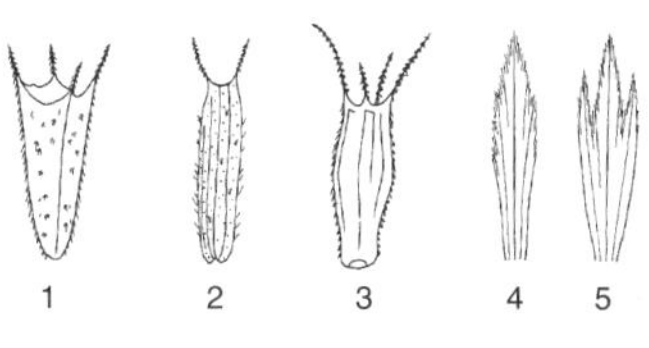

Dahlie – Dáhlia CAV.

Köpfe 4–20 cm br, vielgestaltig, oft gefülltblumig. Kr vielfarbig. 0,30–1,80. ♃ 8–10. ZierPfl (boreostropAM – G). [D. variábilis (WILLD.) DESF.] **Garten-D.** – D. pinnáta CAV.

Zinnie – Zínnia L.

Köpfe 4–8(–12) cm br. HüllBl dachzieglig. 0,30–1,00. ⊙ 7–10. ZierPfl (boreostropAM – T). **Zinnie** – Z. élegans JACQ.

Studentenblume – Tagétes L.

BStiele oberwärts stark verdickt. Kr gelb bis orangebraun. 0,05–0,60. ⊙ 7–9. ZierPfl (boreostropAM – T – auch andere Arten ZierPfl). **Studentenblume** – T. pátula L.

Siegesbeckie – Sigesbéckia L.

Äußere HüllBl meist 5, 10–15 mm lg, strahlig abstehend, wie die anliegenden inneren stark drüsig-klebrig. Stg oft rötlich. 0,50–1,50. ⊙ 8–9. Frische bis feuchte Ruderalstellen, Gärten, Gebüsche, Ufer; (N 1919) s SW-An Br: Berlin NO-Ns: Elbe W-Me Sh (austr-stropAM – T – V Arct., V Bid.). [S. cordifólia aut., S. jorullénsis aut.] **Siegesbeckie** – S. serráta DC.

Franzosenkraut, Knopfkraut – Galinsóga RUIZ et PAVON

1 Stg (besonders oberwärts) dicht abstehend langhaarig-zottig u. unter den Köpfen reich drüsig. Bl grob gesägt. SpreuBl lineal-lanzettlich, ungeteilt (Abb. **453**/4). Zunge der RandB mindestens so lg wie der halbe ∅ der Scheibe. Pappus der ZungenB gut entwickelt, einseitig. 0,10–0,80. ⊙ 5–10. Sandige bis lehmige, meist stickstoffreichere Äcker (bes. Hackkulturen), Gärten, Weinberge, mäßig frische Ruderalstellen; (N 1850) g Sa S-An, v N-An u. übrige Bdl, aber Schwäbische Alb, Bayr-W, Hunsrück, Sauerland, Th-W, Erzg, Harz s, ↗ (strop/moAM – T – O Polyg.-Chen., V Aphan., V Caucal.). [G. quadriradiáta RUIZ et PAVON s. l.] **Zottiges F.** – G. ciliáta (RAFIN.) BLAKE

1* Stg kahl od. besonders oberwärts ± anliegend kurzhaarig, kaum drüsig. Bl fein gesägt. SpreuBl nach vorn verbreitert u. meist 3spaltig (Abb. **453**/5). Zunge der RandB kürzer als der halbe ∅ der Scheibe. Pappus der ZungenB rückgebildet, aus wenigen, kurzen Borsten bestehend. 0,10–0,60. ⊙ 5–10. Sandige bis lehmige, meist stickstoffreichere Äcker (bes. Hackkulturen), Gärten, Weinberge, mäßig frische Ruderalstellen (Schutt); (N 1802) g An Br Ns Me Sh, v (Bergland s) M- u. N-Ba Bw Rh We He Th Sa, z S-Ba (strop/moAM – T – O Polyg.-Chen., V Sisymbr., K Secal.). **Kleinblütiges F.** – G. parviflóra CAV.

Rispenkraut, Ive – Íva L.

Bl lg gestielt, Spreite br herzfg bis eifg, die oberen oft rhombisch, grob gesägt, zuweilen etwas gelappt, oberseits rauh. 0,90–2,00. ⊙ 8–10. Mäßig frische, sandige bis kiesige Ruderalstellen (Wegränder, Umschlagplätze), (N 1860) z Sa S-An, (U) s Bw Rh We He N- u. O-Th N-An Br Ns Me (sm-temp·kAM – Wb – T – V Sisymbr., V Chen. rub.). **Spitzkletten-R.** – I. xanthiifólia NUTT.

Spitzklette – Xánthium L.
(T – Wb, 1häusig – Ev)

1 Stg am BlGrund mit 1–2 kräftigen, 3teiligen, gelben Dornen. Bl länglich-rhombisch, mit 2 od. 4 Seitenzipfeln, unterseits weißfilzig. FrHülle zwischen den Dornen kurzhaarig, 10–12 mm lg, ihre Schnäbel gerade. 0,30–1,00. ⊙ 8–9. Mäßig trockne, sandige bis kiesige Ruderalstellen (Schutt, Umschlagplätze); (N 1850, U) s Ba Bw Rh We He Th Sa An O-Br Ns SW-Me Sh (austr-stropAM – V Sisymbr.). **Dornige S.** – X. spinósum L.

1* Stg ohne Dornen. Bl br eifg, nicht filzig. FrHülle mindestens 12 mm lg 2

2 FrHülle weichhaarig, mit kahlen Dornen, reif graugrün bis rötlichgelb, ihre Schnäbel gerade. BlGrund herzfg. Pfl graugrün. 0,20–1,30. ⊙ 8–10. Mäßig frische Ruderalstellen (Wegränder, Schutt, Müll), Flußufer; (A) s Ba: SW, Donau, Franken Rh W-We: Rhein S-He Sa An Br Me, (U) s Bw Th Ns Sh, ↘ (m-temp·(suboz)EUR–WAS – V Sisymbr.).
Gewöhnliche S. – X. strumárium L.

2* FrHülle steifhaarig, mit unten steifhaarigen Dornen, reif kräftig braun, ihre Schnäbel gekrümmt. BlGrund gestutzt bis keilig. Pfl gelbgrün. 0,10–1,00. ⊙ 8–10. Sandige bis tonige Ufersäume, frische Ruderalstellen; (N 1830) z (an Elbe u. Oder v) Sa An Br NO-Ns: Elbe, Weser Rh: Rhein, Mosel S- u. W-Me: bes. Elbe Sh: Elbe, Küste, s NW-Ba: Main NW-Bw W- u. NO-We: Rhein, Weser S-He N-Th (sm-temp·subozEUR, in ZEUR aus eingeschleppten amerikanischen Sippen entstanden – V Chen. rub., V Sisymbr.). [incl. X. saccharátum WALLR., X. orientále L., X. ripárium ITZIGS. et HERTZSCH em. LASCH]
Elb-S. – X. albínum (WIDD.) H. SCHOLZ

Ambrosie, Traubenkraut – Ambrósia L.

1 Bl handfg 3(–5)teilig, mit br lanzettlichen, >1 cm br, ganzrandigen od. gesägten Abschnitten; die oberen ± ungeteilt. 0,80–1,50. ⊙ 8–10. Sandige bis kiesige Ruderalstellen (Wegränder, Schutt, Böschungen), Flußufer; (N 1900, meist U) s Bw Rh We Sa An Br Ns Me (m-tempAM – T – V Sisymbr., V Convolv.). **Dreispaltige A.** – A. trífida L.

1* Bl 1–2fach fiederschnittig, ihre Abschnitte viel schmaler 2

2 Pfl faserwurzlig. Bl doppelt fiederschnittig, auch die oberen gestielt. Hülle der ♂ Köpfe kahl od. schwach behaart. FrHülle mit 5–7 kurzen Stacheln (Abb. **438**/2). 0,50–1,50. ⊙ 8–10. Mäßig trockne, sandige bis kiesige Ruderalstellen (Schutt, Umschlagplätze); (N 1925) z Sa S-An, (U) s Ba Bw Rh We He Th N-An Br Ns Me Sh (m-temp·(suboz)OAM – T – V Sisymbr.). [A. elátior L.] **Beifuß-A.** – A. artemisiifólia L.

2* Staude mit kriechenden Wurzeln u. Wurzelsprossen, niedriger. Bl einfach fiederschnittig mit höchstens gezähnten Abschnitten, die oberen sitzend. Hülle der ♂ Köpfe dicht behaart. FrHülle mit 4–6 stumpfen Höckern. 0,30–0,80. ♃ 8–10. Trockne bis mäßig trockne, sandige bis kiesige Ruderalstellen (Bahnanlagen, Schutt, Böschungen); (N 1897) z Br, s M- u. NW-Ba NW-Bw SO-Rh: Rhein S-He: Rhein, Main NO- u. M-Sa An, (U) We Ns (boreostrop-temp·(k)AM – G – V Dauco-Mel.). [A. coronopifólia TORR. et A. GRAY] **Stauden-A.** – A. psilostáchya DC.

Goldrute – Solidágo L.
(H – Adv.)

1 Köpfe 6–10 mm lg, in aufrechter, meist schmaler, allseitswendiger Rispe od. seltener Traube. ZungenB deutlich länger als die Hülle. 0,10–1,00. ♃ 7–10. Säume, Schläge, Gebüsche, Wälder, Heiden, Magerrasen; g Ba Bw, v Rh S- u. O-We He S-Th Sa Br O-Ns Me Sh, z NW-We N-Th An: bes. Harz W-Ns (boreostrop/mo-arctEURAS – K Nard.-Call., V Querc. rob.-petr., O Fag.). ** **Gewöhnliche G.** – S. virgáurea L.

1* Köpfe höchstens 6 mm lg, in Schirmrispen od. ± pyramidenfg Rispen. ZungenB nicht od. kaum länger als die Hülle 2

2 StgBl ganzrandig. Köpfe 5–6 mm lg, in dichten Schirmrispen, fast sitzend. Kopfboden gewimpert. 0,50–0,80. ♃ 7–10. Staudenfluren in Auen (Ufer, Säume, Waldverlichtungen); (N 1848) s S-Ba SO-Bw, (U) s An Br Ns Me. ZierPfl (sm-bAM – V Convolv.).
Grasblättrige G. – S. graminifólia (L.) SALISB.

2* StgBl gesägt. Köpfe 3–5 mm lg, auf der OSeite der bogig gekrümmten Rispenzweige, deutlich gestielt, Kopfboden kahl 3

3 Stg grau bereift, kahl, nur im BStand behaart. Rispenäste übergebogen abstehend. ZungenB deutlich länger als die RöhrenB. 0,50–2,50. ♃ 8–9. Staudenfluren in Auen (Ufer, Waldverlichtungen), mäßig frische bis feuchte Ruderalstellen (Wegränder, Böschungen, Schutt, Kippen); (N 1859) v Ba W-Bw Rh S- u. O-Sa O-Br O-Ns Me, z O-Bw We He Th NW-Sa An W-Br W-Ns Sh, ↗. ZierPfl (m-b·(subk)AM – O Convolv., O Artem., O Onop.). [S. serótina AIT.] **Riesen-G.** – S. gigantéa AIT.

3* Stg grün, wenigstens in der oberen Hälfte dicht kurzhaarig. Rispenäste ± aufrecht abstehend. ZungenB etwa so lg wie die RöhrenB. 0,50–2,50. ♃ 8–10. Staudenfluren in Auen (Ufer, Waldverlichtungen), mäßig frische bis feuchte Ruderalstellen (Wegränder, Böschungen, Schutt, Kippen); (N 1838) v Ba Bw Rh We He Th Sa An Br O-Ns Me, z W-Ns S-Sh, s N-Sh, ↗. ZierPfl (m-b·(subk)AM – O Convolv., O Onop., O Artem., V Arrh.).
Kanadische G. – S. canadénsis L.

Gänseblümchen – Béllis L.

Bl grundständig, spatelfg. Stg 1köpfig. ZungenB weiß bis rötlich. 0,05–0,15. ♃ 1–12. Frische, nährstoffreiche Fettwiesen u. -weiden, Parkrasen; alle Bdl g, im N (A). ZierPfl (m-temp·ozEUR – H – O Arrh.). **Ausdauerndes G., Maßliebchen** – B. perénnis L.

Aster – Áster L.
(Zahlreiche ZierPfl – Adv.)

1 ZungenB fehlend. RöhrenB goldgelb. Bl linealisch, 1nervig. 0,15–0,45. ♃ 8–9. Trocken- u. Halbtrockenrasen, reichere Sandtrockenrasen, Trockengebüschsäume, basenhold; v NW-Ba M- u. N-Rh, z M-Ba: untere Hochebene, Donau, Jura Bw Th S-An O-Br, s W- u. N-He N-An: Elbe SW-Br SO-Ns: Wolfenbüttel SO-Me, † Sa, ↘ (sm-stemp·(subk) EUR – H – O Fest. val., V Xerobrom., V Ger. sang., V Cytis.-Pin.). [Chrysócoma linósyris L., Linósyris vulgáris CASS., Crinitária linósyris (L.) LESS.]
Goldhaar-A. – A. linósyris (L.) BERNH.

1* ZungenB vorhanden, blau, violett, rot od. weiß 2

2 Alle Bl grundständig, spatelfg, grob gezähnt. Schaft 1köpfig. ZungenB weiß od. rötlich. 0,10–0,30. ♃ 4–9. Sickerfeuchte, meist kalkhaltige, subalp. Blaugrashalden, Quellmoore, schattige Felsen; v S-Ba: Alpen u. obere Hochebene, z S-Bw: Alpenvorland, Schwarzw, Jura, s M-Ba: untere Hochebene, ↘ (sm/salp-stemp/dealp·subozEUR – H – O Sesl., V Car. davall., V Craton.). [Bellidiástrum michélii CASS.]
Alpenmaßlieb – A. bellidiástrum (L.) SCOP.

2* Bl am Stg verteilt 3

3 Stg (meist) 1köpfig. Köpfe 3–5 cm br. Bl 3nervig, weichhaarig, ganzrandig. 0,05–0,15. ♃ 6–8. Submont. bis alp. Kalk- u. Silikatfelsfluren; v S-Ba: Alpen, s SO-Th: obere Saale W-An: obere Bode. ZierPfl (m/mo-b·(subk)EURAS–WAM – H – V Sesl., V Elyn., V Sesl.-Fest. – ∇). **Alpen-A.** – A. alpínus L.

3* Stg mehr- bis vielköpfig 4

4 HüllBl 1,5–3 mm br, stumpf. WildPfl 5

4* HüllBl 0,3–1,5 mm br, spitz. Verwilderte ZierPfl („Herbstastern") 6

5 Pfl kahl. Bl ziemlich fleischig. HüllBl angedrückt. 0,15–0,60. ⊙ ⊙ (♃) 7–9. Nasse Salzwiesen, Salzröhrichte; v Küsten von Ns Me Sh, z S-An O-Ns, s He N-We W- u. N-Th N-An M-Br u. Binnenland von N- u. O-Me Sh, (U) s NW-Sa, an Salzhalden oft ↗ (m-b·k+litEURAS – H – K Aster trip.). **(**) Strand-A.** – A. tripólium L.

5* Pfl kurz steifhaarig. HüllBl etwas abstehend, stumpf. 0,20–0,40. ♃ 7–9. Halbtrockenrasen, Trockengebüschsäume, TrockenW, kalkhold; v M- u. N-Ba: Jura, Franken Bw Th: Kalkgebiete, z S-Ba: Hochebene Rh, s SW-We S- u. O-He SW-An O-Br SO-Ns: Göttingen, † Sa Me, ↘ (sm-temp·subkEUR–WSIB – H – V Cirs.-Brach., V Ger. sang., V Cytis.-Pin., V Eric.-Pin.). **Berg-A.** – A. amélius L.

6 **(4)** Stg steifhaarig, oberwärts drüsig. Hülle klebrig-drüsig. ZungenB blau, blauviolett od. rosarot bis purpurn. 1,00–1,50. ♃ 9–11. Staudenfluren, Saum von AuW; (N 19. Jh.) z Ba außer Alpen Sa Br Me, s S-Rh We Ns S-Sh: Elbe, (U) s Bw Th An He. ZierPfl (m-b·(subk)OAM – H – V Convolv., V Arct.). **Neuengland-A.** – A. nóvae-ángliae L.

6* Stg kahl od. nur oberwärts zerstreut flaumig, wie die Hülle drüsenlos 7

7 HüllBl mehrreihig, die äußeren fast so lg wie die inneren od. selten nur halb so lg, ± abstehend, meist dunkelgrün, nur am Grund hell berandet (Abb. **458**/1). ZungenB lila od. weißlich. 0,20–1,60. ♃ 9–10. Staudenfluren an Flußufern, frische bis

feuchte Ruderalstellen (Schutt); (N 18. Jh) alle Bdl z, ↗. ZierPfl (m-b·ozOAM – H – O Convolv.). [incl. A. × salígnus WILLD.] **Neubelgien-A.** – A. nóvi-bélgii L.

7* HüllBl dachzieglig, die äußeren meist <½ so lg wie die inneren, anliegend, nur in der oberen Hälfte mit hellgrünem Mittelfeld, dieses oft als schmales Band bis zum Grund herablaufend, sonst bleich (Hülle daher gescheckt) **8**

8 HüllBl 0,3–0,7 mm br, grünes Mittelfeld lanzettlich, verschmälert bis zum Grund herablaufend (Abb. **458**/2). Obere StgBl sitzend, zuweilen schwach geöhrt, aber nicht stengelumfassend. Pfl nicht bereift. ZungenB weiß od. blaßlila. 0,60–1,20. ♃ 8–10. Staudenfluren, Flußufer, AuWVerlichtungen, Ruderalstellen (Schutt); (N 18.–19. Jh.) z bis s Ba Bw Rh We He Th Sa An Br Me Ns, Verbreitung ungenau bekannt (sm-temp·ozOAM – H – O Convolv.). [incl. A. lanceolátus WILLD., A. parviflórus NEES, A. tradescántii L.] *** Lanzett-A.** – A. lanceolátus agg.

8* HüllBl (0,8–)1(–1,3) mm br, grünes Mittelfeld rautenfg, kaum herablaufend (Abb. **458**/3). Obere StgBl meist stengelumfassend. Pfl oft bläulich bereift. ZungenB blauviolett. 0,60–1,20. ♃ 9–10. Staudenfluren in Auen, Ufer; (N 19. Jh.) s Ba Bw? Rh We He Th NW-Sa An Br Ns Me, Verbreitung ungenau bekannt. ZierPfl (m-temp·subkAM – H – O Convolv.). [incl. A. × versícolor WILLD.] **Glatte A.** – A. lǣvis L.

Gartenaster – Callístephus CASS.

Untere Bl gestielt, gezähnt od. gesägt, obere sitzend, ganzrandig. ZungenB purpurn, lila, blau od. weiß. 0,20–0,50. ⊙ 8–10. ZierPfl (sm-temp·subozOAS – T).
Gartenaster, Sommeraster – C. chinénsis (L.) NEES

Berufkraut – Erígeron L.

1 Zunge der ZungenB ± aufrecht, kaum länger als die RöhrenB. Köpfe 6–12 mm br, in armblütiger Traube od. wenigästiger Rispe. ZungenB rötlich od. bläulich. 0,10–0,60. ⊙ ♃ 6–9. Halbtrocken- u. Trockenrasen, reichere Sandtrockenrasen, Schwemmschotterfluren; v Ba Bw Sa S-An O-Br O-Ns Me Sh, z N-An W-Br W-Ns u. übrige Bdl (m/mo-b·(k)CIRCPOL – H – K Fest.-Brom., O Fest.-Sedet., V Epil. fleisch.). **** Scharfes B.** – E. ácris L.

1* Zunge abstehend, viel länger als die RöhrenB. Köpfe meist >15 mm br **2**

2 Pappus der RöhrenB 2reihig, äußere Haare viel kürzer als die etwa 2 mm lg inneren. HüllBl fast gleich lg. Köpfe in Spirren. ZungenB weiß od. hellviolett. 0,50–1,00. ⊙ 6–9. Flußufer, AuWVerlichtungen, frische bis feuchte Ruderalstellen (Schutt, Dämme); (N 1562) v Ba W-Bw S-Rh He O-Sa SO-Br, z O-Bw N-Rh W- u. N-We Th W-Sa An N- u. W-Br O-Ns Me, s W-Ns S-Sh, ↗ (m-bAM – H – V Convolv., V Arct.). [Stenáctis ánnua (L.) NEES] **** Feinstrahl-B.** – E. ánnuus (L.) PERS.

2* Pappus aller B einfach, 3–6 mm lg. HüllBl meist verschieden lg, dachzieglig. Köpfe einzeln od. in Schirmrispen **3**

3 Pfl oberwärts dicht drüsig behaart **4**

3* Pfl drüsenlos **5**

4 Stg rundlich, unter der Mitte in wenige, lg, 1köpfige Äste geteilt od. selten 1köpfig. GrundBl zur BZeit noch frisch. Köpfe 10–25 mm br. ZungenB blaßlila od. weiß, die Hülle um 3–5 mm überragend. 0,05–0,30. ♃ 7–8. Silikat-Felsspalten; s SW-Bw: Schwarzw: Seebuck (sm/salp-stemp/salp·subozEUR – H – V Andros. vand., V Potent. caul.). [E. glandulósus HEGETSCHW. non POIRET] **Gaudin-B.** – E. gaudínii BRÜGGER

4* Stg etwas kantig, über der Mitte schirmrispig. GrundBl hinfällig. Köpfe 20–35 mm br. ZungenB rotviolett, die Hülle 5–8 mm überragend. 0,20–0,60. ♃ 7–9. Frische, meist kalkhaltige, sonnige alp. Matten; s SW-Ba: Allgäu: Kl. Rappenkopf, Fellhornkamm?, Höfats, Obertal (sm/alp-temp/salp·subozEUR – H – V Car. ferr.). [E. villársii BELLARDI] **Attisches B.** – E. átticus VILL.

5 **(3)** Köpfe mit dünnröhrigen ♀ FadenB zwischen ScheibenB u. StrahlB. StrahlB purpurn od. weinrot **6**

5* Köpfe ohne dünnöhrige FadenB. StrahlB lila, hellrosa od. weiß **7**

6 Bl etwas fleischig, am Rand gewimpert, auf der Fläche oberseits meist kahl. HüllBl weißwollig. Stg meist 1köpfig. 0,10–0,20. ♃ 7–8. Kalkhaltige alp. Steinrasen; s SW-Ba: Allgäu: Nebelhorn, Fellhorn, Linkerskopf, Rappenköpfle, Himmeleck (sm/alp-temp/alp·subozALP – H – V Sesl.). **Verkanntes B.** – E. negléctus KERNER

6* Bl nicht fleischig, auch auf den Flächen behaart. HüllBl rauhhaarig. Stg meist mehrköpfig. 0,05–0,30. ♃ 7–9. Frische, oft kalkfreie, sonnige alp. Steinrasen; z SW-Ba: Allgäu, s S- u. SO-Ba: Soiernspitze?, Schneibstein?, Kahlersberg? (sm/alp-temp/alp·(subk)EUR – H – V Car. ferr.). **Alpen-B.** – E. alpínus L.

7 **(5)** Hülle dicht wollig-zottig. Stg stets 1köpfig. 0,03–0,10. ♃ 7–9. Frische, kalkarme, oft windexponierte alp. Matten; z S-Ba: Alpen: bes. Allgäu u. Berchtesgadener Alpen (m/alp-arct·subkCIRCPOL – H – V Elyn., V Car. curv.). **Einköpfiges B.** – E. uniflórus L.

7* Hülle kahl od. angedrückt kurzhaarig. Stg 1–10köpfig. 0,05–0,30. ♃ 7–9. Kalkreiche Felsspalten, sonnige alp. Matten; v S-Ba: Alpen (sm/alp-temp/alp·subozEUR – H – O Sesl., V Potent. caul.). [E. polymórphus aut.]
Kahles B. – E. glabrátus HOPPE et HORNSCH. ex BLUFF et FINGERH.

Berufkraut – Conýza LESS.

Rispen sehr reichköpfig, meist zylindisch. Köpfe 3–5 mm br. 0,20–1,00. ⊙ ① 7–10. Trockne bis frische Ruderalstellen (Schutt, Wegränder, Bahnanlagen), saure Äcker, lückige Xerothermrasen, Schläge; (N 1700) alle Bdl g, aber höheres Bergland z bis s (m-bAM – T, H – K Chen., O Aper., K Epil. ang.). [Erígeron canadénsis L.]
*** Kanadisches B.** – C. canadénsis (L.) CRONQUIST

Hundskamille – Ánthemis L.
(Hybr., auch mit Kamille – Adv.)

1 ZungenB u. RöhrenB goldgelb, selten fehlend. SpreuBl länglich-lanzettlich, plötzlich zugespitzt. Bl fiederschnittig, Abschnitte gesägt bis fiederspaltig. 0,30–0,60. ♃ 6–9. Felsfluren, ruderal beeinflußte Trockenrasen, trockne Ruderalstellen (Wegränder, Böschungen, Bahnanlagen), skelettreiche, extensiv genutzte Äcker; im S (A?), im N (A) v M- u. N-Ba Rh Th SW-An NO-Br, z S-Ba Bw We He Sa O-An S- u. W-Br O-Ns Me, s Sh, (N) z W-Ns, in Bw Ns Sh ↘ (m/mo-b·(suboz)EURAS–WAS – H – V Sesl.-Fest., V Fest. val., V Conv.-Agrop., V Sisymbr.). **Färber-H.** – A. tinctória L.

1* ZungenB weiß, RöhrenB gelb **2**

2 Pfl widerlich riechend. SpreuBl schmal linealisch, ohne Stachelspitze (Abb. **458**/4), am Rand des kegelfg Kopfbodens oft fehlend. Fr kreiselfg, knotig-warzig, mit abgerundetem Scheitel. Bl unregelmäßig doppelt fiederschnittig. 0,15–0,50. ⊙ ① 6–10. Lehmige bis tonige Äcker, mäßig frische bis frische Ruderalstellen (Wegränder, Schutt); (A) v O-Me, z W-Me u. übrige Bdl, ↘ (m-temp·(oz)EUR – T – K Secal., V Sisymbr.).
Stink-H. – A. cótula L.

2* Pfl geruchlos od. aromatisch riechend. SpreuBl ± lanzettlich, stachelspitzig, auch am Rand des Kopfbodens. Fr gerippt od. kantig, nicht warzig, mit flachem, am Rand kantigem Scheitel **3**

3 Kopfboden flach halbkuglig. Fr abgeflacht, mit 2 scharfen u. 2 stumpfen Kanten. SpreuBl länglich-lanzettlich, plötzlich in die Stachelspitze verschmälert (Abb. **458**/5). Bl regelmäßig fiederschnittig, Abschnitte kammfg geteilt. 0,30–0,50. ⊙ 7–9. Mäßig trockne

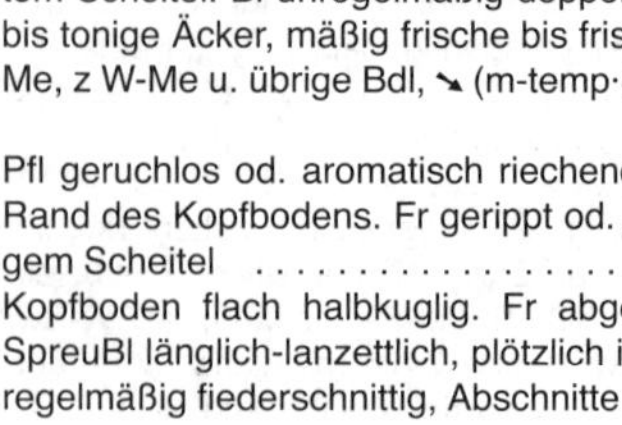

Ruderalstellen, Flußufer, Äcker, basenhold; (A) z M- u. N-Ba: untere Hochebene, Donau, Jura, Franken, (N) z O-Rh, (N U) s Bw Th O-Sa M-An Br NW-Me (sm-stemp·subkEUR – T – V Sisymbr., V Onop., V Caucal.).

Österreichische H. – A. austríaca JACQ.

3* Kopfboden kegelfg. Fr gerippt od. kantig, nicht abgeflacht. Bl unregelmäßig doppelt fiederschnittig 4

4 Pfl wollig-zottig, aromatisch riechend. SpreuBl nach dem gezähnelten Ende hin etwas verbreitert, plötzlich in die Stachelspitze zusammengezogen (Abb. **458**/6). Fr ± kreiselfg, stark gerippt, die randständigen mit scharfrandigem, schiefem Scheitel. 0,25–0,50. ⊙ 5–8. Trockne Ruderalstellen (Schutt, Umschlagplätze); (A) z Br, (N, oft U) s W-Ba NW-Bw Rh We S-He Th Sa An Ns NW-Me Sh, ↗ (sm-stemp·subkEUR – T – O Sisymbr., V Arct.). **Russische H.** – A. ruthénica M. BIEB.

4* Pfl locker flaumig od. kahl, fast geruchlos. SpreuBl lanzettlich, ganzrandig, allmählich in die Stachelspitze verschmälert (Abb. **458**/7). Fr 4kantig-prismatisch, alle mit stumpfrandigem, geradem Scheitel. 0,15–0,50. ⊙ ① 5–10. Sandige bis lehmige Äcker, mäßig frische Ruderalstellen, kalkmeidend; (A) alle Bdl v, nur Bw u. MDt-Trockengeb z, Alpen s (m-b·(suboz)EUR – T – O Aper.). **Acker-H.** – A. arvénsis L.

Schafgarbe – Achilléa L.
(Hybr. – H – Ib – Wv, Vv)

1 Bl ungeteilt, lineal-lanzettlich, gesägt 2

1* Bl fiederspaltig, fiederschnittig od. doppelt fiederschnittig 3

2 Bl beiderseits angedrückt behaart u. mit ∞ vertieften Punkten (Harzdrüsen), matt, fast graugrün. Köpfe 10–12 mm br. Äußere HüllBl etwa halb so lg wie der sich öffnende Kopf, mehrmals kürzer als die inneren HüllBl. ZungenB 6–8, ihre Zungen etwa 3,5–4,5 mm lg. Fr 2 mm lg. 0,15–1,20. ♃ 7–9. Uferstaudenfluren; z Br: Oder u. untere Havel, s N-An, (U) s Me (sm-b·subkEURAS – H – V Filip.). [A. cartilagínea LEDEB. ex RCHB. p. p.]

Weidenblatt-Sch. – A. salicifólia BESSER

2* Bl meist kahl, stets ohne vertiefte Harzdrüsen, glänzend. Köpfe 12–17 mm br. Äußere HüllBl etwa so lg wie der sich öffnende Kopf u. so lg wie die inneren. ZungenB 8–13, ihre Zungen 4–6,5 mm lg. Fr 1,5 mm lg. 0,15–1,50. ♃ 7–9. Staunasse, kalkarme Naß- u. Moorwiesen, Gräben, Wegränder; g Rh We He S- u. W-Br N-An Ns Sh, v M- u. N-Ba Bw S-Th Sa S-An NO-Br N- u. W-Me, z S-Ba N-Th SO-Me (sm-b·(oz)EURAS – H – Vv: Huftiere, Sv: Ausläufer – O Mol. – ZierPfl).

Sumpf-Sch., Bertram-Sch. – A. ptármica L.

3 **(1)** ZungenB 4–5(–6), ihre Zungen deutlich kürzer als die Hülle. Köpfe 3–8 mm br . . 4

3* ZungenB 5–12, ihre Zungen etwa so lg wie die Hülle. Köpfe 10–18 mm br. AlpenPfl . 6

4 Bl länglich-eifg, ihre Spindel mit gezähnten Flügeln (Abb. **460**/1). Zungen bis 1/3 so lg wie die Hülle. Pfl ohne Ausläufer. 0,20–0,60. ♃ 6–10. Felsfluren, Trockenrasen, trockne Ruderalstellen, an Mauern, basenhold; z M- u. NW-Ba W- u. N-Bw Rh He N-Th S-An, (N?) s SW-Sa, (N) s SW-Br Me (m-temp·(k)EUR–WAS – H – Wv – V Sesl.-Fest., V Alysso-Sed., V Conv.-Agrop.). ** **Edel-Sch.** – A. nóbilis L.

4* Bl ± lanzettlich, meist mit ungeflügelter u. ungezähnter Spindel (Abb. **460**/2). Pfl mit Ausläufern 5

5 Bl mit fädlich-borstlichen, 0,1–0,3 mm br Endzipfeln. Unterstes Fiederchenpaar jeder Fieder fast so lg wie der Rest der Fieder (Abb. **460**/3), Fiedern daher büschlig aussehend. Bl der blütenlosen Sprosse 4–10 mm br. Köpfe 3–4 mm br, in dichten Schirmrispen. ZungenB (gelblich)weiß, ihre Zunge 1/3 so lg wie die Hülle. 0,10–0,25(–0,60). ♃ 5–6. Kont. Trockenrasen, reichere Sandtrockenrasen; z N-Th S-An, s M-Sa: Elbe, ↘ (m-stemp·kEUR–WAS – H – Wv, Vv, Sv: Ausläufer – V Fest. val., O Fest.-Sedet.).

Feinblättrige Sch. – A. setácea W. et K.

5* Bl mit flachen, linealisch-lanzettlichen, >0,3 mm breiten Endzipfeln. Fiedern nicht büschlig aussehend (Abb. **460**/4). Bl der blütenlosen Sprosse (10–)15–50 mm br. Köpfe

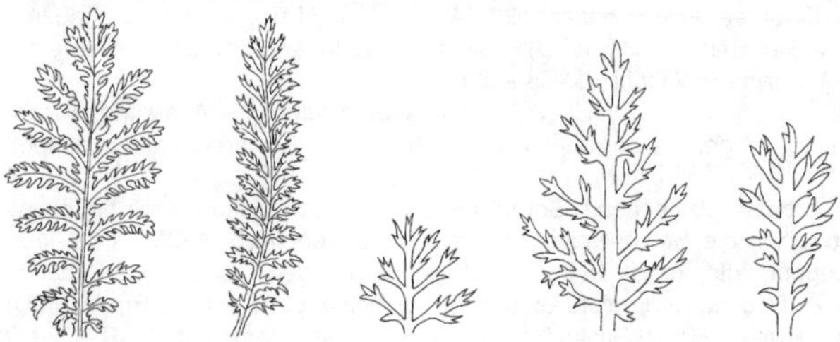

1 2 3 4 5

4–6 mm br, in lockeren Schirmrispen. ZungenB weiß bis purpurn, nie gelblich, ihre Zunge halb so lg wie die Hülle. Pfl meist höher, später blühend. 0,20–1,20. ♃ 6–10. Frische Wiesen u. Weiden, Halb- u. Sandtrockenrasen, Wegränder; alle Bdl g (m/mo-arctEUR–SIB – H – Wv, Vv: Huftiere, Sv: Ausläufer – O Arrh., K Fest.-Brom., O Fest-Sedet. – ArzneiPfl). *** Gewöhnliche Sch.** – A. millefólium agg.

6 **(3)** Bl eifg, wenig länger als br, fiederschnittig, ihre Abschnitte br lanzettlich, 5–15 mm br, ungleichmäßig gesägt. ZungenB 5(–8). (0,30–)0,50–1,00. ♃ 7–9. Subalp. Hochstaudenfluren u. -gebüsche, anspruchsvoll; v SW-Ba: Allgäu (sm/salp-stemp/salp·subozEUR – H – V Adenost.). **Großblättrige Sch.** – A. macrophýlla L.

6* Bl länglich, viel länger als br, ihre Abschnitte länglich bis linealisch, 0,5–5 mm br, nicht gesägt. Pfl <30 cm hoch **7**

7 Bl zerstreut behaart od. kahl, grün, alle fiederschnittig, mit linealischen, 0,5–1,5 mm br, 1–5teiligen, spitzen Abschnitten (Abb. **460**/5). Stg abstehend flaumig. ZungenB 7–12. 0,08–0,20. ♃ 7–9. Sickerfrische alp. Kalkschuttfluren; v S-Ba: Alpen (sm/alp-temp/alp·subozALP – H – O Thlasp. rot. – ∇). **Schwarzrandige Sch.** – A. atráta L.

7* Bl wie der Stg anliegend weißgrau seidig-filzig (selten verkahlend); obere sitzend, fiederspaltig bis -teilig, mit länglichen, 1,5–5 mm br, ungeteilten, stumpfen Abschnitten; untere lg gestielt, bis fiederschnittig, mit 2–5teiligen Abschnitten. ZungenB 5–9. 0,10–0,25. ♃ 7–9. Frische, kalkreiche, sonnige alp. u. subalp. Matten, Felsspalten; v SO-Ba: Alpen von O bis zum Risserkogel u. Roßstein (sm/alp-stemp/alp·subozEUR – H – O Sesl., V Thlasp. rot., V Potent. caul. – ∇).
Bittere Sch., Steinraute, Weißer Speik – A. clavénae L.

Kamille – Matricária L. [Chamomílla S. F. GRAY]
(T – Vv: Huftiere)

1 Köpfe mit weißen ZungenB, 10–25 mm br. RöhrenB 5zähnig. 0,15–0,40. ☉ ① 5–8. Sandige bis lehmige, meist saure Äcker, frische Ruderalstellen (Wegränder, Schutt); (A) alle Bdl v, aber NO-Ns z, Alpen, Vorland, höhere Mittelg u. Sauerland s (m-b·(suboz)EUR–SIB – V Aphan., V Sisymbr., K Plant. – ArzneiPfl). [M. chamomílla aut. non L., Chamomílla recutíta (L.) RAUSCHERT] **Echte K.** – M. recutíta L.

1* Köpfe ohne ZungenB, 5–11 mm br. RöhrenB 4zähnig. 0,05–0,30. ☉ 6–8. Frische, meist stickstoffreichere Ruderalstellen, bes. Trittstellen; (N 1852) alle Bdl g, aber NW-We z (m-b·(oz)CIRCPOL – V Polyg. avic.). [M. matricarioídes aut., M. suavéolens (PURSH) BUCHENAU non L., Chamomílla suavéolens (PURSH) RYDB.]
Strahlenlose K. – M. discoídea DC.

Strandkamille – Tripleurospérmum SCHULTZ-BIP. [Matricária aut.]

Köpfe 2–5 cm br. Kopfboden markerfüllt, halbkuglig. 0,10–0,60. ☉ ☉ ♃ 6–10. Nährstoffreiche, meist saure Äcker, mäßig trockne bis frische Ruderalstellen (Wegränder, Schutt), Küsten-Spülsäume, Salzstellen im Binnenland; s Küsten von Me Sh: Helgoland?, (A) alle Bdl g, aber S-Bw v, Alpen u. Vorland z (sm-arct·(oz)CIRCPOL – T, H – K Secal., V Sisymbr., O Cak., O Glauco-Pucc.). [incl. Matricária marítima L., M. inodóra L., M. perforáta MÉRAT, T. inodórum (L.) SCHULTZ-BIP., T. perforátum (MÉRAT) LAINZ, T. marítimum (L.) KOCH] * **Geruchlose S.** – T. marítimum agg.

Wucherblume – Glebiónis CASS. [Xanthophthálmum SCHULTZ-BIP.]

Bl grob gesägt bis fiederspaltig. Köpfe 2–5 cm br, einzeln od. zu wenigen, lg gestielt. 0,20–0,60. ⊙ 7–10. Sandige bis lehmige Äcker, frische Ruderalstellen (Schutt), kalkmeidend; (A) v N-Ns Sh, z Rh We He S-Th N-Me, s SW-, M- u. N-Ba N-Th An Br S-Ns, (U) s Bw Sa S-Me, ↘ (m-temp·ozEUR – T – V Aphan., V Sperg.-Oxal.). [Chrysánthemum ségetum L., Xanthophthálmum ségetum (L.) SCHULTZ-BIP.]
Saat-W. – G. ségetum (L.) FOURR.

Margerite – Leucánthemum MILL.

1 Alle Fr ohne Pappus, seltener die der ZungenB mit kurzem, schiefem Krönchen. Obere StgBl meist viel kleiner als die unteren, kürzer als die StgGlieder. HüllBl hell- bis schwarzbraun gesäumt. 0,20–0,70. ♃ 6–10. Fettwiesen u. -weiden, Wegraine; g Ba Bw Rh S- u. O-We He Th Sa SO-Ns, v NW-We An Br N-Ns Me Sh (sm-b·(oz)EUR–WSIB – H – O Arrh. – ZierPfl). [Chrysánthemum leucánthemum agg.] * **Wiesen-M.** – L. vulgáre agg.
1* Alle Fr mit krönchenartigem Pappus. Obere StgBl nur wenig kleiner als die unteren. HüllBl schwarzrandig. 0,10–0,40. ♃ 7–9. Sickerfrische, alp. Kalkschuttfluren; v S-Ba: Alpen (sm/alp-temp/alp·subozEUR – H – O Thlasp. rot.). [L. atrátum (JACQ.) DC. ssp. hálleri (SUTER) HEYWOOD] **Haller-M.** – L. hálleri (SUTER) DUCOMM.

Margerite, Rainfarn – Tanacétum L.

1 ZungenB fehlend. Köpfe 8–11 mm br, in Schirmrispen. Bl fiederschnittig. 0,60–1,20. ♃ 7–9. Frische Ruderalstellen (Weg- u. Straßenränder, Schutt, Dämme), Ufer; (A?) alle Bdl g, nur Alpen u. Vorland z (m-bEURAS – H – V Dauco-Mel., V Arct., V Chen. rub., V Arrh.). [Chrysánthemum vulgáre (L.) BERNH.] **Rainfarn** – T. vulgáre L.
1* ZungenB vorhanden, weiß 2
2 Köpfe stets einzeln, 20–40 mm br. Untere Bl kammfg fiederteilig, obere ungeteilt, linealisch, ganzrandig. 0,05–0,15. ♃ 7–8. Kalkarme alp. Schneetälchen, Schneeböden; S-Ba: v Allgäu, s übrige Alpen (sm/alp-temp/alp·subozEUR – H – V Salic. herb., V Nard., V Car. curv., V Andros. alp.). [Chrysánthemum alpínum L., Leucanthemópsis alpína (L.) HEYWOOD] ** **Alpen-M.** – T. alpínum (L.) SCHULTZ-BIP.
2* Köpfe in Schirmrispen. Alle Bl 1–2fach fiederteilig bis -schnittig 3
3 Köpfe 6–8 mm br. Zunge der ZungenB 1–3 mm lg, breiter als lg. RöhrenB bräunlichweiß. Schirmrispe sehr dicht u. vielköpfig. 0,40–1,50. ♃ 6–8. ZierPfl, auch frische Ruderalstellen (Staudenfluren); (N 1783) s N-Ba: Jura W-Bw Th S- u. M-An Br (sm/mo·subozEUR – H – K Artem.). [Chrysánthemum macrophýllum W. et K.]
Großblättrige M. – T. macrophýllum (W. et K.) SCHULTZ-BIP.
3* Köpfe 15–30 mm br. Zunge 2,5–15 mm lg, länger als br. RöhrenB gelb 4
4 Zunge lineal-länglich, 10–15 mm lg. Fr 5kantig. Bl derb, länglich. Pfl geruchlos. 0,50–1,00. ♃ 6–8. Säume, Gebüsche, wärmeliebende Wälder, anspruchsvoll; v Kalkgebiete von M- u. N-Ba O-Bw Rh Th SW-An, z S-Ba: Hochebene W-Bw außer Schwarzw He SO-Ns, s SW-We M-Sa M- u. SO-An NO-Br, † SO-Me (m/mo-stemp·(suboz)EUR–WAS – H – O Querc. pub., V Carp.). [Chrysánthemum corymbósum L.]
(**) **Ebensträußige M.** – T. corymbósum (L.) SCHULTZ-BIP.
4* Zunge ± verkehrteifg. Fr 10kantig. Bl zart, eifg. Pfl stark duftend 5
5 Zunge 2,5–7 mm lg. Bl gelbgrün, zerstreut behaart, fiederteilig, ihre Abschnitte länglicheifg bis elliptisch, stumpflich, fiederspaltig. Köpfe auf straffen Stielen, in dichter Schirmrispe. 0,30–0,60. ⊛ ♃ 6–8. Frische Ruderalstellen (halbschattige Wegränder, an Zäumen, Schutt); (A N) z M- u. NW-Ba Sa, (N, meist U) z S- u. NO-Ba u. übrige Bdl

(sm·subozEUR – C – V Arct. – alte Arznei- u. ZierPfl). [Chrysánthemum parthénium (L.) BERNH.] **Mutterkraut** – T. parthénium (L.) SCHULTZ-BIP.

5* Zunge 7–10 mm lg. Bl grün od. mattgrün, dicht grauhaarig, fiederschnittig, ihre Abschnitte länglich, fiederteilig. Köpfe auf meist gekrümmten Stielen, in lockerer Schirmrispe. 0,30–0,80. ♃ 7–8. Felsen, Mauern; (N 1850) s Sa: z. B. Grimma, Schwarzenberg bis Glauchau, Pirk, Dresden, Meißen, Bautzen, Ebersbach, † Th (m/mo-sm/ mo·kWAS – H). [Chrysánthemum parthenifólium (WILLD.) PERS.] **Staubige M.** – T. parthenifólium (WILLD.) SCHULTZ-BIP.

Beifuß – Artemísia L.

1 Alle Bl ungeteilt, linealisch, kahl. Köpfe kuglig, 2–3 mm br. 0,50–1,20. ♃ 8–9. KulturPfl, auch Ruderalstellen; (N 16. Jh.) z N-Sa S-An Br, s M- u. N-Th N-An, (U) s Bw We Me (m-b·kEURAS–WAM – H – GewürzPfl). **Estragon** – A. dracúnculus L.

1* Bl geteilt bis geschnitten, höchstens die oberen StgBl ungeteilt 2

2 Niedrige HochalpenPfl, stark silberglänzend-seidenhaarig. Kopfboden dicht behaart. Köpfe 4–5 mm br, in ährigen Trauben. 0,05–0,20. ♃ 7–9. Kalkarme alp. Felsspalten, Grate, Steinschutt; z SW-Ba: Allgäu (sm/alp-temp/alp·subkEUR – H – V Andros. vand., V Drab. hopp., V Andros. alp. – ∇). [A. láxa FRITSCH, A. mutellína VILL.] **Edelraute** – A. umbellifórmis LAMK.

2* Pfl der niederen Lagen, >30 cm hoch (wenn niedriger, dann kahl od.. fast kahl) 3

3 BlAbschnitte >2 mm br, unterseits grau od. weiß behaart. Meist hohe Stauden, selten 1–2jährig 4

3* BlAbschnitte <1,5 mm br (nur bei kahlen, 1–2jährigen Arten auch breiter) 7

4 Bl mit ± stumpfen Abschnitten, beiderseits seidig-filzig. Köpfe 3–6 mm br. Kopfboden rauhhaarig 5

4* Bl mit verlängerten, meist spitzen Abschnitten, oberseits meist kahl u. dunkelgrün, am BlStielgrund mit Öhrchen. Köpfe 2,5–3 mm br. Kopfboden kahl 6

5 Mittlere StgBl am Grund des Stiels geöhrt (Abb. **462**/1). Köpfe 4–6 mm br. 0,60–1,20. ⊙ 7–9. Trockne bis mäßig trockne Ruderalstellen; (N 1905 U) s SO-Br NW-Me: Rostock, Wismar, (U) † Sa: Leipzig (m-temp·kOEUR–AS – T, H). **Sievers-B.** – A. sieversiána EHRH. ex WILLD.

5* BlStielgrund ohne Öhrchen. Köpfe 2,5–4 mm br. 0,60–1,20. ♄ 7–9. Mäßig trockne Ruderalstellen (Wegränder, Schutt, Müll, an Mauern); (A) v N-Sa An Br Me, S-Sa u. alle übrigen Bdl z (m/mo-b·(k)EUR–WAS – C, S – O Onop., V Sisymbr., V Arct., V Conv.-Agrop. – Arznei- u. GewürzPfl). **Wermut** – A. absínthium L.

6 **(4)** Pfl ohne Ausläufer, unangenehm riechend. Köpfe eifg, 3–4 mm lg. Äußere HüllBl eifg, filzig. Fiedern der oberen StgBl tief gesägt. 0,60–2,50. ♃ 7–11. Frische bis feuchte Ruderalstellen (Wegränder, Schutt, Müll), Ufer, Gebüsche; alle Bdl g, aber Alpen u. Vorland z (m-bEURAS – H – K Artem. – GewürzPfl). **Gewöhnlicher B.** – A. vulgáris L.

6* Pfl mit bis 1 m lg, überwinternde BlRosetten tragenden Ausläufern, stark aromatisch duftend. Köpfe kuglig, 4 mm. Alle HüllBl linealisch, verkahlend. Fiedern der oberen StgBl ganzrandig. 1,50–2,50. ♃ 9–11. Frische bis feuchte, sandige bis tonige Ruderalstellen (Wegränder, Schutt), Weinberge, Ufer; (N 1920) z S-Ba: Hochebene S- u. NW-Bw, s M- u. N-Ba S-Rh S-He N-Sa, (U) s We Me: Rostock, ↗ (sm·subozOAS – H – K Artem.). **Verlot-B.** – A. verlotiórum LAMOTTE

7 **(3)** Pfl ⊙ od. ⊙, kahl (nur bei Besen-B. bisweilen schwach seidenhaarig). Untere LaubBl zur BZeit abgestorben 8

7* Pfl ♃ od. halbstrauchig, meist behaart. GrundBl meist bleibend 11

8 Abschnitte der StgBl schmal linealisch, <1 mm br, 0,5–1,5 cm lg (Abb. **462**/2). Köpfe bis 2 mm br. Stg steif aufrecht, dicht ästig. Pfl kahl od. schwach seidenhaarig. 0,30–0,60.

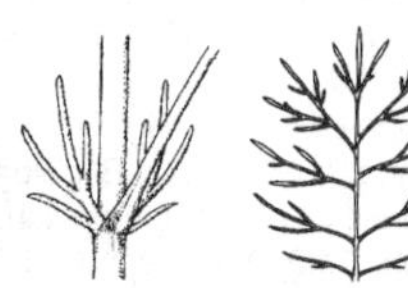

1 2

⊙ 8–10. Trockne Ruderalstellen (Schutt, Umschlagplätze), ruderal beeinflußte Xerothermrasen; s O-Ba: Passau bis Jochenstein, (N) s Sa: Meißen, (U) s Th: Erfurt An: Elbe Ns: Bremen Me: Rostock SO-Rh: Ludwigshafen, W-We: Krefeld (m-temp·kEURAS – C – V Sisymbr., V Onop., K Fest.-Brom.). **Besen-B.** – A. scopária W. et K.

8* BlAbschnitte lineal-lanzettlich bis elliptisch, mindestens 1 mm br, meist kurz. Köpfe meist >2 mm br. Pfl stets völlig kahl, meist ⊙ **9**

9 Köpfe nickend, 1,5–2 mm br. Hülle <2 mm lg. Bl 2–3fach fiederschnittig, ihre Endabschnitte fiederspaltig od. ganzrandig, mit ziemlich stumpfen Spitzen. Zwischen den Hauptabschnitten der Bl keine kleineren Lappen. Pfl stark aromatisch. 0,50–1,50. ⊙ 8–10. Mäßig trockne bis frische Ruderalstellen (Wegränder, Schutt, Umschlagplätze); (N 1890) z An: S u. Elbe, s M-Th Br NO-Ns u. W-Me: Elbe S-Sh, (U) s Ba Bw Rh We S-He W- u. M-Sa SW-Ns, ↗ (m-sm·kEURAS – T – V Sisymbr., V Chen. rub.). **Einjähriger B.** – A. ánnua L.

9* Köpfe aufrecht, 2,5–3 mm br. Endabschnitte der Bl scharf gesägt. Hülle >2 mm lg. Pfl höchstens schwach aromatisch **10**

10 HüllBl schmal hautrandig. Bl einfach fiederschnittig, ihre Endabschnitte schmal lanzettlich, entfernt einfach gesägt. Zwischen den Hauptabschnitten der Bl keine kleineren Lappen. Pfl schwach aromatisch. 0,30–1,00. ⊙ ⊙ 7–9. Mäßig trockne, sandige bis kiesige Ruderalstellen (Müll, Umschlagplätze); (N 1894) s Sa S- u. M-An NO-Ns u. SW-Me: Elbe, (U) s Bw We Br Ns Me Sh (m-temp·WAM? – T, H – V Sisymbr., V Bid.). **Zweijähriger B.** – A. biénnis WILLD.

10* HüllBl br hautrandig. Bl doppelt fiederschnittig, ihre Endabschnitte länglich-elliptisch, dicht u. meist doppelt gesägt. Zwischen den Hauptabschnitten der Bl kleinere Lappen. Pfl geruchlos. 0,50–2,00. ⊙ 7–9. Mäßig trockne bis trockne Ruderalstellen; (N 1851) s NW-Sa, (U) s We: Industriegebiet Th An Ns: Osnabrück Me: Rostock (m·kWAS – T – V Sisymbr.). **Armenischer B.** – A. tournefortiána RCHB.

11 **(7)** Kopfboden zottig behaart. Köpfe kuglig, etwa 5 mm br, nickend. Bl kahl. 0,08–0,40. ♃ 9–10. Binnensalzstellen; s N-Th: Artern, (N) N-Th: Esperstedt, † An Ns: Dannenberg, ↘ (m/mo-temp·kEURAS – H – V Armer. marit.? – ▽). **Felsen-B.** – A. rupéstris L.

11* Kopfboden kahl. Köpfe 1,5–4 mm br. Bl meist behaart **12**

12 Alle B ⚥ u. fruchtbar. HüllBl filzig. Bl beiderseits weiß- bis graufilzig, zuweilen verkahlend, 2–3fach fiederschnittig, mit linealischen, stumpfen Zipfeln. 0,20–0,80. ♄ 9–10. Salzhaltige Prielränder, niedrige Uferabbrüche der Küste, Binnensalzstellen; v Ns u. W-Sh: Küste, z O-Sh: Ostseeküste Me: Küste bis Stralsund u. Rügen, s N-Th, (N) s O-Rh S-He Ns, † An (m-temp·k+litEURAS – C, S – Sv: Wurzelsprosse – V Armer. marit. – ArzneiPfl). **Strand-B.** – A. marítima L.

12* RandB ♀ **13**

13 Fiedern in 4–6 rechtwinklig zur BlSpindel gestellten Paaren. Endzipfel der Bl 1–1,5 mm br. BlStielgrund ohne Öhrchen. Köpfe 3–4 mm br. 0,10–0,50. ♃ 8–10. Trocknere Salzwiesen des Binnenlandes; † N-Th: Artern S-An: Staßfurt, Bernburg (sm-b·kEURAS – H – V Armer. marit.). **Schlitzblättriger B.** – A. laciniáta WILLD.

13* Fiedern spitzwinklig zur BlSpindel gestellt. Endzipfel der Bl <1 mm br **14**

14 BlStielgrund ohne Öhrchen. Bl doppelt fiederschnittig, die der BRegion ungeteilt. Pfl mit starkem Zitronengeruch. 0,60–1,50. ♄ 7–10. GewürzPfl, in Gärten; auch (N U) s, z. B. Sa S-An Br NW-Me (m-stemp·subkEUR–WAS – S). **Eberraute, Eberreis, Stabwurz** – A. abrótanum L.

14* BlStielgrund mit deutlichen Öhrchen **15**

15 HüllBl kahl, selten behaart. Köpfe eifg. BlZipfel linealisch, stachelspitzig. B rotbraun. 0,30–0,60. ♄ 8–10. Xerothermrasen, trockne, sandige Ruderalstellen, Dünen; g Br N-An Me, v M- u. N-Ba O-Rh N-Sa S-An NO-Ns, z W-Bw W-Rh S-He Th Sh, s S-Ba O-Bw S-Sa, (N) s W- u. N-We S- u. W-Ns, ↘ (m-temp·(subk)EUR–WAS – C, H – K Sedo-Scler., K Fest.-Brom., V Sisymbr.). **(**) Feld-B.** – A. campéstris L.

15* HüllBl außen behaart **16**

16 HüllBl abstehend kurzflaumig. Bl graufilzig. Köpfe eifg, 6–8 mm lg, 3–4 mm br. B rötlichgelb. 0,20–0,60. ♃ 7–9. Trockne Ruderalstellen (Schutt, Umschlagplätze), ruderal beeinflußte Sandtrockenrasen; (N 1872) s W-Ba S- u. M-An SW- u. M-Br, (U) s S-He M- u. O-Th O-Sa (m-temp·kEUR–WAS – C – Sv: Wurzelsprosse – O Fest.-Sedet., V Dauco-Mel.). **Österreichischer B.** – A. austríaca JACQ.

16* HüllBl angedrückt graufilzig. Bl oberseits zerstreut kurzhaarig. Köpfe fast kuglig, 3–4 mm lg u. br. B gelb. 0,40–0,80. ♃ 8–10. Trockne Ruderalstellen (Schutt, Umschlagplätze, an Mauern), ruderal beeinflußte Xerothermrasen; (A?) s N-Th S- u. M-An, (N) s NW-Ba: Main Bw: Bodensee, Neckargebiet O-Rh: Rhein We S-He, (U) s N-Sa SW- u. M-Br Me (sm-stemp·subkEUR–WSIB – H – Sv: Wurzelsprosse – K Fest.-Brom., O Agrop.). **Pontischer B.** – A. póntica L.

Laugenblume – Cótula L.

Stg liegend od. aufsteigend. Köpfe lg gestielt, vor u. nach dem Blühen überhängend. 0,08–0,20. ⊙ 7–8. Feuchte Ruderalstellen (Schutt, Anger), betretene Salzstellen; (N 1738) s N-Ns: Langeoog, Papenburg, Ems-, Weser-, Elbemündung S-Sh: Elbemündung, Hamburg bis Ratzeburg, Hohwachter Bucht, Fehmarn, (N U) s N-Me ↘ (austrAFR – T – V Agrop.-Rum., V Bid.). **Krähenfuß-L.** – C. coronopifólia L.

Ringelblume – Caléndula L.
(T – Wv, Ev)

1 Köpfe 3–6 cm br. Kr orange od. gelb. Fast alle Fr kahnfg gebogen, innere eingerollt. 0,30–0,45. ⊙ ⊙ 6–10. ZierPfl, auch verwildert (Schutt); (N U) s, z. B. We He Th Sa An Br Me (m·subozEUR – ArzneiPfl). **Garten-R.** – C. officinális L.

1* Köpfe 1–2 cm br. Kr hellgelb. Äußere Fr linealisch, gerade, mittlere blasenfg, innere ± eingerollt. 0,10–0,20. ⊙ ① 6–10. Weinberge, sandige bis lehmige Äcker, bes. Hackkulturen, Brachen, basenhold; (A) s Bw Rh, (U) s We Sa M- u. N-Br Me, † Ba He N-Th S-An, ↘ (m-stemp·(oz)EUR–VORDAS – V Fum.-Euph., V Sisymbr.). **Acker-R.** – C. arvénsis L.

Filzkraut, Schimmelkraut – Filágo L. em. GAERTN.

1 Kopfknäuel von Bl weit überragt (Abb. **465**/1). Bl linealisch-pfriemlich. HüllBl gekielt, spitz. Stg gabelästig. 0,06–0,15. ⊙ 6–8. Sandtrockenrasen, Brachen, kalkmeidend; † Bw Rh He Th An (m-stemp·ozEUR – T – V Thero-Air.). [Lógfia gállica (L.) COSS. et GERM.] **Französisches F.** – F. gállica L.

1* Kopfknäuel nicht od. nur von wenigen Bl überragt. Bl lanzettlich bis spatelfg 2

2 HüllBl stumpf, bei der FrReife sternfg ausgebreitet. Köpfe zu je 2–7 in ziemlich lockeren Knäueln 3

2* HüllBl begrannt, bei der FrReife aufrecht. Köpfe zu je 8–40 in dichten Knäueln. Stg gabelästig 4

3 Stg gabelästig verzweigt. HüllBl gekielt, unten angedrückt filzig, an der Spitze kahl, strohartig glänzend. Köpfe 3–3,5 mm lg. 0,05–0,20. ⊙ ① 7–9. Sandtrockenrasen, Felsfluren, trockne, sandige bis kiesige Ruderalstellen, Brachen, extensiv genutzte, sandige Äcker, kalkmeidend; v, im NO (A), NO-Sa SO-Br N-Ns Sh, sonst alle Bdl z, f S-Ba u. SO-Bw, ↘, in Me ↗ (m/mo-temp·(oz)EUR – T, H – V Thero-Air., V Coryneph.). [Lógfia mínima (SM.) DUM.] **Zwerg-F.** – F. mínima (SM.) PERS.

3* Stg traubig od. rispig verzweigt, mit aufrechten, fast einfachen Zweigen. HüllBl ohne Kiel, bis zur Spitze dicht wollig-filzig. Köpfe 4–5 mm lg. 0,10–0,35. ⊙ ① 7–9. Sandtrockenrasen, trockne, sandige bis kiesige Ruderalstellen (Wegränder), Brachen, extensiv genutzte, sandige Äcker, kalkmeidend; z, im NO (A), M- u. N-Ba Rh He Sa An Br O-Ns Me O-Sh, s Bw: bes. Rhein S- u. O-We Th, ↘, in Me ↗ (m-temp·(oz)EUR – WAS – T, H – V Thero-Air., V Arnos.). [Lógfia arvénsis (L.) HOLUB] **Acker-R.** – F. arvénsis L.

4 (2) Mittlere u. innere HüllBl strohfarben mit grünem Mittelfeld, nie mit rötlichen Stellen, die mittleren reichlich behaart, oft mit zurückgebogener Spitze, am Rücken deutlich

gekielt (Abb. **465**/2). Knäuel mit 8–16 Köpfen, diese mit 5–7 fadenfg ♀ B u. (4–)5(–7) röhrenfg, größeren ⚥ B. Bl länglich-spatelfg, flachrandig, die 3–5 obersten das Knäuel deutlich überragend. Pfl grauweiß-filzig, 0,05–0,30. ⊙ 7–9. Sandtrockenrasen, trockne, sandige bis kiesige Ruderalstellen, kalkmeidend; s SW-Bw S-An, † S-Ba Rh W-We S-He SW-Ns M-Th, ↘ (m-stemp·(suboz)EUR–WAS – T – V Thero-Air.). [F. spathuláta J. et C. PRESL] **Spatelblättriges F.** – F. pyramidáta L.

4* Mittlere u. innere HüllBl an od. unter der Spitze rot gefärbt (Färbung nur bis Beginn der FrReife sichtbar!), höchstens schwach zurückgebogen u. höchstens schwach gekielt. Knäuel mit 10–40 Köpfen, diese mit 12–25 fadenfg ♀ B u. 1–5 röhrenfg ⚥ B. Höchstens 1–2 Bl das Knäuel etwas überragend **5**

5 Mittlere u. innere HüllBl mit tiefroter Spitze, reich behaart, mit schwach gekieltem Rücken. Fadenfg ♀ B 12–20, ⚥ B (2–)3–5. Knäuel mit 10–25 Köpfen, von 1–2 Bl etwas überragt. Bl länglich-spatelfg, flachrandig. Pfl mit gelbgrauem Filz. 0,05–0,30. ⊙ 7–9. Sandtrockenrasen, sandige Brachen; s, im NO (A), SW-, M- u. N-Ba N-Bw Rh He N-Th O-Sa: Guttau S- u. M-An W-Me O-Sh, † We Br Ns, ↘ (sm-temp·ozEUR – T – V Thero-Air.). [F. apiculáta G. E. SMITH ex BAB.] **Gelbliches F.** – F. lutéscens JORDAN

5* Innere HüllBl über der Mitte mit halbmondfg, rosa Fleck, die mittleren (fast) kahl, mit gewölbtem Rücken. Fadenfg ♀ B 20–25, ⚥ B 1–3(–4). Knäuel mit 20–40 Köpfen, nicht von Bl überragt (Abb. **465**/3). Bl linealisch-lanzettlich, am Rand oft wellig. Pfl grauweiß filzig. 0,10–0,40. ⊙ ① 7–9. Sandtrockenrasen, trockne, sandige bis kiesige Ruderalstellen (Wegränder, Dämme), Brachen, extensiv genutzte Äcker; s M- u. N-Ba Bw Rh S- u. O-We He O-Sa S- u. M-An SO-Ns Me Sh, † Th Br, ↘, früher nicht von **5** unterschieden, viele ehemalige Fundorte daher unsicher (m-temp·(oz)EUR–WAS – T, H – V Thero-Air., O Aper.). [F. canéscens JORDAN, F. germánica L. non HUDS.]
Deutsches F. – F. vulgáris LAMK.

Katzenpfötchen – Antennária GAERTN.

1 HüllBl der ♂ Köpfe meist weiß, die der ♀ meist rosa. Pfl mit oberirdischen, beblätterten Ausläufern. Bl oberseits meist kahl, unterseits weißfilzig. 0,07–0,20. ♃ 5–6. Magerrasen, Heiden, Feuchtwiesen, KiefernW, kalkmeidend; v Ba S-Bw SO-Br, z Rh He Th S- u. M-An W- u. N-Br SO-Ns, s N-Bw S- u. O-We Sa N-An N-Ns Me Sh, ↘ (m/mo-arct EURAS – C – Sv: Ausläufer – 2häusig – O Nard., V Mesobrom., O Fest.-Sedet., V Mol., V Eric.-Pin., V Cytis.-Pin. – ∇). [Gnaphálium dioícum L.]
Gewöhnliches K. – A. dioíca (L.) GAERTN.

1* HüllBl bräunlich. Pfl ohne Ausläufer. Bl beiderseits locker wollig-filzig. 0,05–0,15. ♃ 6–8. Kalkarme, windexponierte, alp. Steinrasen; S-Ba: v Allgäu u. Berchtesgadener Alpen, s Wettersteingebirge (sm/alp-arctEURAS – H – V Elyn., V Car. curv., V Sesl.).
Karpaten-K. – A. carpática (WAHLENB.) BLUFF et FINGERH.

Edelweiß – Leontopódium R. BR. ex CASS.

Ganze Pfl weißfilzig. Köpfe zu 5–6 in fast kopfiger Schirmrispe. 0,05–0,20. ♃ 7–9. Sonnige, meist kalkhaltige, alp. Steinrasen, Felsspalten; z S-Ba: Allgäu, Berchtesgadener

Alpen, † Wettersteingebirge, ↘ (sm/alp-temp/alp·(subk)EUR – H – V Sesl., V Elyn., V Potent. caul. – ∇). **Edelweiß** – L. alpínum CASS.

Ruhrkraut – Gnaphálium L.

1 Köpfe zu 3–12 in Knäueln, diese einzeln an Stg u. Zweigen od. in endständiger Schirmtraube. ⊙ **2**

1* Köpfe einzeln od. zu 2–8 in Knäueln, zu einer ± gestreckten endständigen Ähre vereint, selten Stg 1köpfig. ♃, selten ⊙ **3**

2 Kopfknäuel mit HochBlHülle (Abb. **465**/5). HüllBl bräunlich od. gelblich. Stg vom Grund an mit ausgebreiteten Zweigen. 0,05–0,20. ⊙ 7–8. Krumenfeuchte Äcker, feuchte bis nasse Ruderalstellen (Wegränder, Fahrrinnen), Ufer, Gräben, kalkmeidend; alle Bdl v, aber Alpenvorland u. Schwäbische Alb z, Alpen f (sm-bEURAS – T – O Cyp. fusci, K Secal.). [Filaginélla uliginósa (L.) OPIZ] **Sumpf-R.** – G. uliginósum L.

2* Kopfknäuel ohne HochBlHülle (Abb. **465**/6). HüllBl gelblichweiß. Stg aufrecht, meist einfach, seltener mit aufsteigenden Zweigen. 0,15–0,30. ⊙ 7–10. Krumenfeuchte Äcker, Brachen, Teichränder, Schläge, kalkmeidend; z SO-An S-Br, s M- u. N-Ba W- u. N-Bw We Rh He N- u. O-Th N-Sa W- u. N-An N-Br O-Ns Me S-Sh, ↘ (austr-temp·(suboz) AFR-AUST-EUR-WAS – T – O Cyp. fusci). [Pseudognaphálium luteoálbum (L.) HILLIARD et BURTT] **Gelbweißes R.** – G. luteoálbum L.

3 **(1)** Stg kräftig, 10–60 cm hoch. Köpfe zu 1–8 geknäuelt in endständiger, vielköpfiger Ähre. Pappushaare weich, am Grund zu einem Ring verwachsen, gemeinsam abfallend **4**

3* Stg dünn, meist nur 2–10 cm hoch. Köpfe einzeln in endständiger, (1–)2–10köpfiger Ähre. Pappushaare derb, einfach, einzeln abfallend **5**

4 Pfl zur BZeit mit ∞ nichtblühenden Rosetten. GrundBl zur BZeit frisch, 2–6 cm lg u. 2–5 mm br, kurz gestielt. Mittlere u. obere StgBl 2–5 mm br, 1nervig, höchstens am Grund undeutlich 3nervig, verkahlend, nach oben hin allmählich kleiner werdend. Ähre mindestens $^1/_3$ so lg wie der Stg, unten unterbrochen, aus 2–8köpfigen Knäueln zusammengesetzt (Abb. **465**/4). HüllBl mit hellem, nur unter der Spitze braunem Hautrand (bei der niedrigen, dichtährigen Gebirgsform schwarzbraun berandet!), die inneren so lg wie die B. Pappus rötlich. 0,10–0,60. ♃ 7–9. Schläge, WWege, Magerrasen, mäßig anspruchsvoll; alle Bdl v, aber NW-We N-Th NW-Sa N-An NW-Br NW-Ns z (m/mo-b·(oz) EUR-OAM – H – K Epil. ang., O Nard., O Atrop.). [Omalothéca sylvática (L.) SCHULTZ-BIP. et F. W. SCHULTZ] **Wald-R.** – G. sylváticum L.

4* Pfl zur BZeit höchstens mit 1(–2) nichtblühenden Rosetten. GrundBl zur BZeit meist vertrocknet, 5–12 cm lg u. 5–18 mm br, lg gestielt (Stiel etwa so lg wie Spreite). Mittlere u. obere StgBl 5–10 mm br, deutlich 3nervig bis schwach 5nervig, oberseits bis zuletzt dünnfilzig, erst innerhalb der Ähre plötzlich kleiner werdend. Ähre höchstens $^1/_4$ so lg wie der Stg, dicht, aus 1–3köpfigen Knäueln zusammengesetzt. HüllBl schwarzbraun hautrandig, die inneren kürzer als die B. Pappus weiß. 0,10–0,40. ⊙ ♃ 7–9. Subalp. Magerrasen, kalkmeidend; z S- u. O-Ba: Alpen, Bayr-W, s SW-Bw: S-Schwarzw: Feldberg, Schauinsland, Belchen, † S-Sa: Erzg: Zechengrund, oberes Mittweidatal (sm/alp-arct·(oz)EUR-WAS-OAM – H – V Nard., V Polyg.-Tris., V Car. ferr.). [Omalothéca norvégica (GUNNERUS) SCHULTZ-BIP. et F. W. SCHULTZ] **Norwegisches R.** – G. norvégicum GUNNERUS

5 **(3)** HüllBl ± 2reihig, die äußeren etwa $^2/_3$ so lg wie die inneren, alle zur FrZeit sternfg ausgebreitet. Rhizom kriechend, mit ∞ nichtblühenden Trieben. 0,02–0,10. ♃ 6–9. Nährstoffreiche, kalkarme Schneeböden u. feuchte Silikatmagerrasen, Schneetälchen; z S-Ba: Alpen, s SW-Bw: Schwarzw: Feldberg, Stübenwasen (m/alp-arct·(oz)EUR-WAS+OAM – H – V Salic. herb., V Nard., V Car. curv.). [Omalothéca supína (L.) DC.] **Zwerg-R.** – G. supínum L.

5* HüllBl spiralig, fast 3reihig, die äußeren $^1/_3$–$^1/_2$ so lg wie die inneren, Hülle zur FrZeit glockig. Rhizom kurz, mit wenigen nichtblühenden Trieben. 0,02–0,10. ♃ 7–8. Nähr-

stoffreiche, meist kalkhaltige Schneeböden; v S-Ba: Alpen (m/alp-stemp/alp·subozEUR – H – V Arab. caer.). [Omalothéca hoppeána (KOCH) SCHULTZ-BIP. et F. W. SCHULTZ]
Hoppe-R. – G. hoppeánum KOCH

Strohblume – Helichrýsum MILL. corr. PERS.

1 Köpfe 4–6 mm br, in ± dichter, endständiger Schirmrispe. Hülle zitronengelb od. orange. Pfl weißwollig. 0,10–0,30. ♃ 7–8. Sand- (u. Silikat-)Trockenrasen, trockne Wegränder, lichte KiefernW, Graudünen; v An Br Me, z M- u. N-Ba Rh S-He M- u. N-Th N-Sa O-Ns O-Sh, s NW-Bw N-We N-He, ↘, in NO-Sa u. Me ↗ (sm-temp·(k)EUR–WAS – H – Sv: Wurzelsprosse – O Fest.-Sedet., O Agrop., V Cytis.-Pin. – ▽).
Sand-S. – H. arenárium (L.) MOENCH

1* Köpfe 2–6 cm br, in lockerer, endständiger Schirmtraube. Hülle verschiedenfarbig. Pfl kahl od. rauh, nicht wollig. 0,20–1,20. ⊙ 7–9. ZierPfl (austrAUST – H).
Garten-S. – H. bracteátum (VENT.) WILLD.

Alant – Ínula L.

1 Innere HüllBl spatelfg, äußere laubblattartig. Bl groß, unterseits filzig. Köpfe 6–7 cm br. 1,00–2,00. ♃ 7–8. Frische Ruderalstellen (Wegränder), Waldränder, Ufer; (N) s Ba S- u. O-We He O-Ns Me, (U) s Bw Rh? Th Sa An S-Br, ↘. KulturPfl (m/mo-sm·subkWAS – H – O Convolv., V Arct. – alte Arznei-, Gewürz-, Färbe- u. ZierPfl). **Echter A.** – I. helénium L.

1* Innere HüllBl zugespitzt, lanzettlich od. linealisch. Köpfe höchstens 5 cm br 2

2 ZungenB fehlend od. die Hülle nicht od. kaum überragend, schmutziggelb od. bräunlich. Köpfe ∞, 5–10 mm br 3

2* ZungenB mit deutlicher, die Hülle überragender Zunge, goldgelb 4

3 Pfl stark drüsig-klebrig. Stg vom Grund od. der Mitte an verzwiegt. Köpfe in lockerer, schmaler Rispe. Bl lineal-lanzettlich bis linealisch, sitzend. Fr spindelfg. 0,15–0,50. ⊙ 7–9. Sandige bis tonige Ruderalstellen (Schutt); (N 1950) z W- u- N-Bw Rh We He Ns, (U) s Sa Me, ↗ (m-stemp·(oz)EUR–WAS – T – V Sisymbr.). [Dittríchia gravéolens (L.) GREUTER] **Klebriger A.** – I. gravéolens (L.) DESF.

3* Pfl nicht klebrig (nur BlUSeite etwas drüsig). Stg nur oberwärts verzweigt. Köpfe in gedrängter Schirmrispe. Bl elliptisch bis eifg, untere gestielt. Fr walzenfg. 0,50–1,00. ⊙ ⊚ ♃ 6–10. Halbtrockenrasen, Trockengebüsche, TrockenW u. ihre Säume, anspruchsvoll; v (Bergland s) M- u. N-Ba Bw Rh S- u. O-We He Th S-An SO-Ns, z S-Ba Sa, s NW-We N-An S- u. M-Br, (U) s Me (m-temp·ozEUR – H – V Cirs.-Brach., O Orig., O Prun., O Querc. pub., V Eric.-Pin.). [I. conýza DC.]
Dürrwurz-A., Dürrwurz – I. conýzae (GRIESSELICH) MEIKLE

4 **(2)** Stg nur unterwärts u. Bl nur unterseits auf den Nerven kurzborstig, sonst kahl. Bl länglich-lanzettlich, mit herzfg Grund halbstengelumfassend. Köpfe 2,5–4 cm br. 0,25–0,80. ♃ 6–10. Wechselfrische, kalkhaltige Moorwiesen, Halbtrockenrasen, Gebüsch- u. WSäume; v außer Silikatgebirge Ba Bw, z Rh He Th Sa An Br O-Ns M- u. O-Me, s SW- u. N-We Sa, † O-Sh, ↘ (sm-b·(subk)EURAS – H – Sv: Ausläufer – V Mol., V Mesobrom., V Ger. sang., O Querc. pub.). **Weidenblättriger A.** – I. salicína L.

4* Stg u. Bl wenigstens unterseits stärker behaart 5

5 Bl beiderseits rauhhaarig, hervortretend netzadrig, obere mit verschmälertem od. abgerundetem Grund sitzend, nicht stengelumfassend. Stg abstehend rauhhaarig, 1–3köpfig. Köpfe 2–5 cm br. 0,15–0,45. ♃ 6–7. Waldnahe kont. Trocken- u. Halbtrockenrasen, Trockengebüsche u. ihre Säume, lichte Trockenwälder, kalkhold; z S-, M- u. NW-Ba außer Alpen u. Bayr-W Bw Th SW-An, s SO-Rh S-He M- u. SW-Sa NO-Br: Oder SO-Ns: Wolfenbüttel, (U) s Me, ↘ (sm-temp·subkEUR–WSIB – H – V Ger. sang., O Fest. val., V Pot.-Querc.). **Rauhhaariger A.** – I. hírta L.

5* Bl wenigstens unterseits wollig od. seidig-filzig 6

6 Bl in einen kurzen Stiel verschmälert, unterseits wie der Stg angedrückt graufilzig. Äußere HüllBl aufrecht, graufilzig. Köpfe 2,5–3 cm br, in Schirmrispe. 0,30–0,60. ♃

7–9. Säume u. Gebüsche der Auen, kalkhold; s SW-Bw: Neuenburg (sm-stemp·(subk) WEUR – H – O Convolv.). [I. vaillántii (ALL.) VILL.] **Schweizer A.** – I. helvética F. WEBER

6* Obere Bl mit herzfg Grund sitzend od. stengelumfassend. HüllBl an der Spitze zurückgekrümmt **7**

7 ZungenB wenig länger als die RöhrenB. Äußere HüllBl kürzer als innere. Köpfe 0,7–1 cm br, in gedrängter Schirmrispe. Bl unterseits u. Stg langhaarig. Fr kahl. 0,30–0,60. ♃ 7–8. Trockengebüschsäume, waldnahe kont. Trocken- u. Halbtrockenrasen, kalkstet; z SO-Rh: Pfalz N-Th S-An, s NW-Ba: Grettstadt, Karlstadt SW- u. M-He NO-Br SO-Ns: Helmstedt, (N) z Sa (m/mo-stemp·subkEUR – H – Sv: Ausläufer – V Ger. sang., O Fest. val. – ∇). **Deutscher A.** – I. germánica L.

7* ZungenB viel länger als die RöhrenB. HüllBl gleich lg. Köpfe 2–5 cm br, einzeln od. in 2–4köpfiger Schirmtraube. Bl unterseits u. Stg anliegend seidig-zottig. Fr behaart. 0,20–0,60. ♃ 7–9. Feuchte Wiesen, Ruderalstellen (Wegränder), Gräben, Ufer, salzertragend; v Br O-Me, z (bes. an Mosel, Rhein, Weser, Elbe, Havel u. Oder) M- u. N-Ba: Donau von Geisling bis Deggendorf, Nürnberg, Main NW-Bw Rh We He N-Th Sa An Ns W-Me Sh, ↘ (m-temp·(subk)EURAS – H – Sv: Wurzelsprosse – V Mol., V Agrop.-Rum.). **Wiesen-A.** – I. británnica L.

Flohkraut – Pulicária GAERTN.

1 Köpfe 7–10 mm br. ZungenB kaum länger als die RöhrenB (selten fehlend). Kr schmutziggelb. Innere Pappushaare 7–10 (Abb. **443**/2). Obere Bl mit abgerundetem Grund sitzend. 0,10–0,30. ⊙ 7–8. Feuchte bis (wechsel)nasse Ruderalstellen (Anger), Ufer, Gräben, salzertragend; z An: bes. Elbtal S- u. O-Br, s M- u. NW-Ba N-Bw Rh W- u. N-We He Th M- u. NW-Sa NW-Br S- u. O-Ns S-Me S-Sh, ↘ (m-temp·EUR–WAS – T – V Bid., V Agrop.-Rum., V Nanocyp.). **Kleines F.** – P. vulgáris GAERTN.

1* Köpfe 15–30 mm br. ZungenB viel länger als RöhrenB. Kr goldgelb. Innere Pappushaare 14–20. Bl mit herzfg Grund stengelumfassend. 0,30–0,60. ♃ 7–9. Wechselfeuchte bis nasse Wiesen u. Weiden, Ruderalstellen (Wegränder), Ufer, Gräben; v Bw W- u. N-We, z S- u. M-Ba Rh An Br Ns Sh, s N-Th He NW-Sa NW-Br Me, ↘ (m-temp·(oz)EUR–WAS – H – O Mol., V Agrop.-Rum.). **Großes F.** – P. dysentérica (L.) BERNH.

Kragenblume – Carpésium L.

Köpfe einzeln, endständig. 0,20–0,80. ⊙ ⊙⊙ 7–9. Ruderale Säume u. Staudenfluren, anspruchsvoll; † SO-Ba: Inn u. Salzach (strop/mo-stemp·ozEURAS – T, H – V Arct.). **Nickende K.** – C. cérnuum L.

Telekie – Telékia BAUMG.

Köpfe meist mehrere, schirmtraubig. ZungenB goldgelb. RöhrenB bräunlichgelb. 0,60–2,00. ♃ 6–8. Uferstaudenfluren, Parks; (N 1852) z S- u. N-Ba Th S-Sa Me, s We He N-Sa S- u. M-An Br. ZierPfl (sm/demo-stemp/demo·subozEUR – H). **Telekie** – T. speciósa (SCHREBER) BAUMG.

Rindsauge – Buphthálmum L.

Köpfe einzeln od. mehrere, lg gestielt. 0,15–0,70. ♃ 6–9. Mont. bis präalp. Halbtrockenrasen, Trockengebüschsäume, lichte TrockenW, trockne Moorwiesen; v S- u. N-Ba: Alpen, Vorland, Flüsse der Hochebene, Jura S-Bw: Alpenvorland, Bodensee, Jura, s NW-Ba: Main, Rhön, (U) s Th Me (sm/mo-stemp/demo·subozEUR – H – V Mesobrom., V Mol., O Sesl., V Ger. sang., V Eric.-Pin.). **Rindsauge** – B. salicifólium L.

Kugeldistel – Echínops L.

1 BlOSeite dicht drüsig-flaumig u. zerstreut steifhaarig, BlRand umgerollt. Stg oberwärts dicht drüsig-flaumig. HüllBl (der Einzelköpfe) nicht od. kaum gekrümmt, unterseits

(außen) drüsig. 0,60–1,80. ⊚ (♃) 6–8. Ruderal beeinflußte Halbtrockenrasen, trockne Ruderalstellen (Böschungen, Dämme, Schutt), Ufer, basenhold; (A), im N (N), v M- u. N-Ba N-Bw Rh Th S-An, z S-Ba S-Bw We He Sa N-An Br O-Ns Me, s W-Ns, ↗ (m-stemp·subkEUR–WAS – H – Ib – Ev – O Agrop., V Onop., V Cirs.-Brach. – BienenfutterPfl). **Bienen-K., Drüsige K.** – E. sphaerocéphalus L.

1* BlOSeite locker steifhaarig, drüsenlos, BlRand flach. HüllBl an der Spitze deutlich nach außen gekrümmt, wie der Stg drüsenlos. 0,60–1,80. ♃ 6–8. Trockne bis mäßig trockne Ruderalstellen (Böschungen); (N 19. Jh.) s Ba Bw Rh We He N- u. W-Sa An Br (sm·subkEUR – H – Ib – Ev – V Onop., V Arct.). [E. commutátus JURATZKA] **Hohe K., Drüsenlose K.** – E. exaltátus SCHRADER

Eberwurz – Carlína L.

1 Stg meist 1köpfig. Köpfe 4–7 cm br. Innere HüllBl silberweiß od. blaßrosa, 3–5,5 cm lg. 0,03–0,60. ♃ 7–9. Submed. Halbtrockenrasen, Silikatmagerrasen, lichte Wälder, basenhold; v Ba: bes. Bergland S-Bw Th, z N-Bw O-He SW-An, s S-Sa SO-Ns, (U) s We, im N ↘ (m/mo-stemp·subozEUR – H – V Mesobrom., V Viol. can., O Sesl., V Eric.-Pin. – ∇). ** **Große E, Silberdistel, Wetterdistel** – C. acaūlis L.

1* Stg meist mehrköpfig. Köpfe 1,5–4 cm br. Innere HüllBl strohgelb, 1–2 cm lg. 0,10–0,70. ⊙ ⊚ 6–9. Halbtrockenrasen, Silikatmagerrasen, lichte Wälder; v W-, M- u. N-Ba Bw Rh S- u. O-We He Th S-An S- u. O-Ns Me, z SO-Ba Sa N-An NW-Br O-Sh, s NW-We W-Ns, im Tiefland ↘ (m-temp·(oz)EUR–WSIB – H – V Mesobrom, V Cirs.-Brach., V Viol. can., V Car. ferr., V Eric.-Pin.). * **Kleine E., Golddistel** – C. vulgáris agg.

Klette – Árctium L. [Láppa LAMK.]
(Ev, Wv – ArzneiPfl – Hybr.)

1 Hülle dicht spinnwebig-wollig; innerste HüllBl plötzlich in eine kurze, gerade Stachelspitze verschmälert, die übrigen mit hakenfg Spitze. BlUSeite dicht graufilzig. Köpfe 1,5–3 cm br, 3–10 cm lg gestielt, schirmrispig. 0,60–1,20. ⊙ 7–9. Mäßig trockne bis frische Ruderalstellen (Wegränder, Schutt), Ufer, basenhold; (A?) v (Bergland z) Ba O-Bw He Th W-Sa An N-Br SO-Ns Me O-Sh, z W-Bw Rh We O-Sa S-Br N-Ns W-Sh (m-b·(k) EUR-WAS – H – V Arct., V Convolv., V Onop.). **Filz-K., Wollkopf-K.** – A. tomentósum MILL.

1* Hülle locker spinnwebig bis kahl; alle HüllBl mit hakenfg Spitze. BlUSeite kahl od. schwach graufilzig **2**

2 Stiele der GrundBl (zumindest am Grund) markig. Köpfe 3–10 cm lg gestielt, an den Ästen locker rispig, 3–5 cm br. HüllBl bis zur Spitze grün. Fr 6–8 mm lg. 0,80–1,50. ⊙ 7–8. Mäßig frische bis frische Ruderalstellen (Wegränder, Schutt, an Zäunen), Ufer; (A?) alle Bdl v, aber Bergland, N-Ns u. W-Sh z (sm-temp·(suboz)EURAS – H – V Arct., V Convolv., V Onop.). [Láppa májor GAERTN.] **Große K.** – A. láppa L.

2* Stiele der GrundBl hohl. Köpfe sitzend od. bis 2 cm lg gestielt, an den Ästen ährig od. schmal rispig. Innere HüllBl an der Spitze purpurn **3**

3 Äste bis zuletzt aufrecht abstehend. Köpfe 1,5–2,5 cm br. B die HüllBl etwas überragend. Fr 5–7 mm lg. 0,50–1,20. ⊙ 7–9. Mäßig trockne bis frische Ruderalstellen (Wegränder, Schutt, Müll), Ufer, basenhold; g Me Sh, übrige Bdl v, aber Gebirge z (m-b·(oz) EUR – H – V Arct., V Convolv., V Onop.). **Kleine K.** – A. mínus (HILL) BERNH.

3* Äste gewöhnlich zumindest im FrZustand bogig überhängend. Köpfe 2,5–4 cm br. B die HüllBl nicht überragend. Fr 8–11 mm lg. 1,00–2,50. ⊙ 7–9. Schläge, Säume, sehr anspruchsvoll; v S-Ns Me O-Sh, z W- u. S-Ba Bw: bes. Jura Rh We He Th Sa An W- u. N-Br NO-Ns, s NO-Ba SO-Br W-Sh (m/mo-temp·ozEUR – H – V Atrop.). [A. vulgáre aut.] **Hain-K.** – A. nemorósum LEJ.

Alpenscharte – Saussúrea DC.

1 Stg 1köpfig, dicht weißwollig. Bl linealisch, sitzend. Köpfe 2–4 cm lg u. etwa 3 cm br, von Bl umgeben. 0,05–0,20. ♃ 7–8. Frische, kalkhaltige Steinrasen, Steinschutt, Fels-

rasen; s S-Ba: Alpen, f Allgäu, ↘ (sm/alp-temp/alp·(subk)EUR – H – V Sesl.).
Zwerg-A. – S. pygmǣa (JACQ.) SPRENG.

1* Stg 2–∞köpfig. Bl eifg od. lanzettlich, die unteren gestielt. Köpfe 1,5–2 cm lg u. etwa 1 cm br 2

2 Bl unterseits schneeweiß-filzig. GrundBl eifg od. länglich-dreieckig, am Grund schwach herzfg. BlStiele ungeflügelt. 0,05–0,35. ♃ 7–9. Frische, meist kalkhaltige, sonnige, alp. Steinrasen; s SW-Ba: O-Allgäu: Hinterstein (sm/alp-temp/alp·subkEURAS – H – O Sesl.). **Zweifarbige A.** – S. díscolor (WILLD.) DC.

2* Bl unterseits locker spinnwebig-grauwollig, eilanzettlich, die unteren in den geflügelten BlStiel verschmälert. 0,05–0,40. ♃ 7–9. Frische, meist kalkarme, windexponierte, alp. Steinrasen; z SW-Ba: Allgäu, s S-Ba: Wettersteingebirge, Steinernes Meer (m/alp-arct·(k)EURAS – H – V Elyn., O Sesl.). **Echte A.** – S. alpína (L.) DC.

Silberscharte, Bisamdistel – Jurínea CASS.

Köpfe einzeln, lg gestielt. Kr purpurn. Bl fiederteilig, unterseits weißfilzig. 0,30–0,45. ♃ 7–9. Kont. reichere Sandtrockenrasen, KiefernWVerlichtungen; s NW-Ba: Maingebiet NW-Bw: Rhein O-Rh: Rhein, ob noch? S-He: Rhein An: nördliches Harzvorland, Wettin, Elbe bei Aken u. Dornburg, Prettin S-Br: Senftenberg, Mühlberg SW-Me, † Th N-Sa, ↘ (sm-stemp·subkEUR–WAS – H – Sv: Wurzelsprosse – V Koel. glauc. – ∇).
Sand-S. – J. cyanoídes (L.) RCHB.

Distel – Cárduus L.
(H – Wv – Hybr.)

1 HüllBl über dem Grund eingeschnürt, ihre Spitze dornig, zurückgebogen. Köpfe einzeln, 2–7 cm br, nickend, auf ungeflügelten Stielen. 0,30–1,00. ⊙ 7–9. Trockne bis mäßig trockne Ruderalstellen (Wegränder, Schutt, Umschlagplätze), ruderal beeinflußte Trocken- (u. Halbtrocken-)rasen, Weiden, basenhold; (A?) alle Bdl v, nur S-Ba SW-Bw S- u. O-Sa N-Ns N-Sh z, im N (A) (m-b·(suboz)EUR–WAS – O Onop., O Fest. val., V Conv.-Agrop.). ** **Nickende D.** – C. nútans L.

1* HüllBl nicht eingeschnürt. Köpfe 1–3 cm br 2

2 Stg u. Kopfstiele oberwärts blatt- u. flügellos. Köpfe lg gestielt, zuletzt nickend. Bl fast kahl, lanzettlich, herablaufend. 0,30–0,60. ♃ 6–9. Kalkhaltige, sonnige Steinrasen, Felsspalten, Halbtrockenrasen; v S-Ba: Alpen u. Vorland, z M- u. N-Ba: Hochebene, Jura S-Bw: Hochrhein, S- u. O-Schwarzw, Baar, Jura, s NO-He: Ringau, Werratal Th (sm/alp-stemp/dealp·subozEUR – O Sesl., V Car. ferr., K Fest.-Brom., V Thlasp. rot., V Eric.-Pin.). (**) **Berg-D.** – C. deflorátus L.

2* Stg u. Kopfstiele meist bis zur Spitze beblättert u. dornig geflügelt 3

3 Bl beiderseits grün, meist kahl, fiederteilig bis -schnittig, lg u. derb dornig. Köpfe entfernt. Kopfstiele gekräuselt geflügelt. 0,30–1,00. ⊙ 6–9. Trockne bis mäßig trockne Ruderalstellen (Wegränder, Schutt, Umschlagplätze), ruderal beeinflußte Trocken- (u. Halbtrocken-)rasen basenhold; (A) v M- u. NW-Ba SO-Rh N-Th S-An NW-Sa, z S- u. NO-Ba N-Bw N- u. W-Rh We S-He S-Th S- u. O-Sa N-An Br S-Ns Me, (N) s S-Bw N-Ns S-Sh (sm-temp·(subk)EUR – O Onop., V Sisymbr., O Fest. val.).
Stachel-D., Wege-D. – C. acanthoídes L.

3* Bl unterseits ± dicht spinnwebig-filzig, ziemlich weich dornig. Köpfe meist gehäuft . . 4

4 Stg u. Äste br kraus geflügelt. HüllBl kürzer als die B. Alle Bl fiederteilig od. oberste nur gelappt. 0,60–1,80. ⊙ 7–9. Frische bis feuchte Ruderalstellen (Wegränder, Schutt), Ufer, AuW; alle Bdl v, aber O-Ba, Schwarzw, Sauerland, S- u. O-Sa N-Ns u. NW-Sh z (m/mo-tempEURAS – O Artem., O Convolv.) ** **Krause D.** – C. críspus L.

4* Stg u. Äste sehr schmal geflügelt. HüllBl länger als die B, zurückgekrümmt. Obere Bl ungeteilt, untere fiederteilig od. gelappt. 0,60–1,20. ♃ 7–8. Subalp. Staudenfluren, Bachsäume, Gebüsche, GrauerlenW, anspruchsvoll; z S- u. M-Ba: Alpen, Vorland,

Hochebene, Donau S-Bw: Bodenseegebiet, S-Schwarzw, Allgäu, Iller, Donau, Baar, s N-Ba: Naab, Fichtelgebirge, Rhön He: Rhön Th: Ziegenrück, Schleiz Rhön Sa: Mulde, Flöha-, Neißetal (sm/alp-stemp/demo·ozEUR – V Alno-Ulm., V Adenost., V Filip., V Triset., V Rum. alp.). **Kletten-D.** – C. personáta (L.) JACQ.

Kratzdistel – Círsium MILL.
(Wv – Hybr.)

1 KrSaum fast bis zum Grund 5teilig, lilarosa. B (unvollständig) 2häusig. Staubfäden fast kahl. Köpfe klein, ∞, schirmrispig. Bl fiederschnittig bis ungeteilt, oft wellig-kraus. Pfl mit weitkriechenden Ausläuferwurzeln, ohne Rosetten. 0,60–1,20. ♃ 7–9. Nährstoffreichere Äcker, frische bis mäßig trockne Ruderalstellen (Wegränder, Schutt), Ufer, Schläge; alle Bdl g (m-bEURAS – G – Wv, Sv: Wurzelsprosse – K Secal., K Chen., K Artem., K Epil. ang.). **Acker-K., Ackerdistel** – C. arvénse (L.) SCOP.
1* KrSaum 5spaltig, gelblichweiß od. purpurn. B ⚥. Staubfäden behaart. Pfl ohne Wurzelsprosse. GrundBl rosettig **2**
2 Bl oberseits durch steife, stechende Borsten sehr rauh, fiederschnittig, ihre Abschnitte tief in 2 spreizende Zipfel geteilt **3**
2* Bl oberseits nicht rauh borstig **4**
3 Stg durch die herablaufenden Bl kraus dornig geflügelt. Köpfe 2–4 cm br. Bl unterseits dünn graufilzig, selten weißwollig. 0,60–1,20. ⊙ 6–9. Frische bis feuchte Ruderalstellen (Wegränder, Schutt), Weiden, Ufer, Schläge; alle Bdl g (m-b·(oz)EUR–WAS – H – K Artem., K Epil. ang.). [C,. lanceolátum (L.) SCOP. non HILL]
Lanzett-K., Speerdistel – C. vulgáre (SAVI) TEN.
3* Stg ungeflügelt. Köpfe 4–7 cm br. Bl sitzend, unterseits dicht weißfilzig. 0,80–1,80. ⊙ 7–9. Mäßig trockne Ruderalstellen (Wegränder, Viehlagerplätze), Magerweiden, überweidete Halbtrockenrasen, basenhold; v M- u. NW-Ba O-Bw Th, z S- u. O-Ba W-Bw Rh S-An, s He W-Sa: jetzt nur (N) SO-Ns, ↘ (sm-stemp·(oz)EUR – H – V Onop., V Mesobrom.). **Wollkopf-K.** – C. erióphorum (L.) SCOP.
4 **(2)** Kr bleich gelb (bei Kohl-K. nur ausnahmsweise purpurn). Köpfe zu mehreren gehäuft u. von HochBl umhüllt **5**
4* Kr purpurn, selten weiß, nie gelblich. Köpfe nicht von HochBl eingehüllt **6**
5 HochBl eifg, ungeteilt, weichdornig, bleichgrün; LaubBl weich, untere fiederteilig, obere meist ungeteilt. Stg entfernt beblättert. 0,50–1,50. ♃ 6–9. Feuchte bis nasse, nährstoffreiche Wiesen, Staudenfluren an Bächen u. Quellen, AuenW; alle Bdl v, aber NW-We u. NW-Ns s (sm-temp·(oz)EUR–WSIB – H – V Calth., V Filip., V Atrop., V Alno-Ulm.).
Kohl-K., Kohldistel – C. oleráceum (L.) SCOP.
5* HochBl wie die LaubBl lanzettlich, fiederspaltig, hartdornig. Stg meist dicht beblättert. 0,15–0,60. ♃ 7–8. Frische, nährstoffreiche, alp. Unkrautfluren, Viehläger, Schneeböden; v S-Ba: Alpen (sm/alp-temp/alp·(suboz)EUR – H – V Rum. alp., K Salic. herb., K Thlasp. rot.). **Alpen-K., Dornige K.** – C. spinosíssimum (L.) SCOP.
6 **(4)** Stg meist sehr kurz, selten bis 25 cm hoch, meist 1köpfig. Bl rosettig, zerstreut kurzhaarig. Rosetten dicht gruppiert. 0,03–0,25. ♃ 7–9. Halbtrockenrasen, Silikatmagerrasen, basenhold; v M- u. NW-Ba NO-Bw N-He O-We S-Ns Th S-An, z S- u. O-Ba S- u. W-Bw Rh W-We S-He N-An Br Me, s Sa NO-Ns O-Sh, im N ↘ (sm/mo-temp·subozEUR – H – V Cirs.-Brach., V Mesobrom., V Viol. can.). [C. acáulon (L.) SCOP.]
Stengellose K. – C. acáule SCOP.
6* Stg 0,30–1,50 m hoch **7**
7 Zumindest untere Bl herablaufend **8**
7* Bl nicht herablaufend **9**
8 Köpfe gehäuft, auf sehr kurzen Stielen. Stg bis oben beblättert u. dornig geflügelt. 0,50–1,50. ⊙ ⊛ 7–9. Feuchtwiesen, Weidengebüsche, ErlenW, Schläge, mäßig anspruchsvoll; alle Bdl v, aber MDt-Trockengeb z (sm-b·(oz)EUR–(WSIB) – H – O Mol., V Aln., V Alno-Ulm.). **Sumpf-K.** – C. palústre (L.) SCOP.

8* Köpfe einzeln auf lg, grau spinnwebigen Stielen. Stg oben fast blattlos, nur untere Bl herablaufend. 0,30–1,00. ♃ 7–8. Feuchte Wiesen, Gräben, Moore; s O-Sa, (N) s N-Ba He Th W-Sa S-An S- u. M-Br (sm-stemp·subkEUR–WSIB – H – O Mol.).

Graue K. – C. cánum (L.) ALL.

9 **(7)** Bl unterseits schneeweiß filzig, ungeteilt od. fiederspaltig. Stg reichblättrig. Köpfe 3,5–5 cm lg. Mittlere HüllBl mit abgerundeter, trockenhäutig gefranster Spitze. 0,40–1,00. ♃ 7–8. Nasse, nährstoffreiche, meist kalkarme Staudenfluren an Bächen, Wiesen; v NO-Ba: Bayr-W u. Vorland SO-Th S- u. M-Sa: Berg- u. Hügelland, s S- u. NW-Ba: Alpen, Main He: Vogelsberg N-Sa S-Br: Elsterwerda N-Sh, (N) s S-An: Harz, Dübener Heide (sm/mo-b·subk)EUR–SIB – H – Sv: Ausläufer – K Mol.-Arrh., V Nard., V Adenost.). [C. heterophýllum (L.) HILL]

Verschiedenblättrige K., Alantdistel – C. helenioídes (L.) HILL

9* Bl unterseits grün od. grau spinnwebig-wollig. Stg oberwärts blattlos. Köpfe etwa 3 cm lg. HüllBl spitz od. stumpf, weder trockenhäutig noch gefranst **10**

10 Bl beiderseits grün, abstehend feinflaumig, mit Öhrchen stengelumfassend. Köpfe zu 2–5 gehäuft od. einzeln. 0,40–1,00. ♃ 5–6. Nasse, nährstoffreiche Moorwiesen, Quellstellen, Gräben; v S-Ba S-Bw, z M-Ba bis zur Donau M-Bw, s O-Sa M- u. O-Br, (N) s Me, † N-Ba (sm/demo-temp/demo·subozEUR – H – V Calth.). [C. salisburgénse (WILLD.) G. DON] **Bach-K.** – C. rivuláre (JACQ.) ALL.

10* Bl anliegend spinnwebig behaart, außerdem mit abstehenden Haaren, nicht od. halbstengelumfassend. Köpfe einzeln **11**

11 Bl unterseits grün, schwach spinnwebig-wollig, tief fiederteilig. Wurzeln spindelfg verdickt. 0,30–1,20. ♃ 7–8. Wechselfeuchte, meist kalkhaltige Moorwiesen, lichte Gebüsche; z Ba Bw SO- u. NW-Rh, s SW-We He S- u. M-Th NW-Sa SO-An, (U) s Me, † Ns, ↘ (sm-stemp·ozEUR – H – V Mol., V Mesobrom., V Ger. sang., V Berb.). [C. bulbósum DC.] **Knollen-K.** – C. tuberósum (L.) ALL.

11* Bl unterseits grau spinnwebig-wollig, fiederfg gelappt bis ungeteilt. Wurzeln nicht verdickt. 0,30–1,00. ♃ 6–7. Moorwiesen, Mooräcker; (N) s Ns: Ostfriesland, Bremen, Bentheim NW- u. NO-We: Rheine, Kleve (sm-temp·euozEUR – H – V Junc. acutifl.). [C. ánglicum (LAMK.) DC.] **Englische K.** – C. disséctum (L.) HILL

Mariendistel – Sílybum ADANS.

Bl mit kräftigen, gelblichen Dornen. Köpfe 4–5 cm lg. 0,30–1,50. ① ⊙ 7–8. Mäßig trockne bis frische Ruderalstellen (Schutt), basenhold; (N U) s Bw We He Th Sa An Br Ns Me Sh (m-sm·(oz)EUR–VORDAS – T, H – Zier- u. ArzneiPfl).

Mariendistel –S. mariánum (L.) GAERTN.

Eselsdistel – Onopórdum L. [Onopórdon HILL]

Köpfe einzeln, 3–5 cm lg. 0,30–2,50. ⊙7–8. (Mäßig) trockne Ruderalstellen (Wegränder, Schutt, Umschlagplätze), basenhold; (A) v N-Th S-An, z (Bergland s) Ba Bw Rh We S-Th Sa N-An Br O-Ns, (N U) z He W-Ns Me Sh, (U) s Bergland (m-temp·(subk) EUR–WAS – H – V Onop., V Conv.-Agrop. – ZierPfl). **Gewöhnliche E.** – O. acánthium L.

Scharte – Serrátula L.

Bl ungeteilt bis fiederteilig. Köpfe in Rispen od. Schirmrispen. HüllBl an der Spitze purpurrot. 0,10–1,00. ♃ 7–9. Feuchte bis wechseltrockne Moor- u. Auenwiesen; v Ba Th S-An M- u. O-Br, z Bw Rh SW- u. NO-We He Sa N-An S- u. NW-Br Ns Me S-Sh, im N u. W ↘ (sm-temp·(suboz)EUR – H – V Mol., V Mesobrom., V Viol. can., V Pot.-Querc. – unvollständig 2häusig – alte Arznei- u. FärbePfl). **Färber-Sch.** – S. tinctória L.

Federblume – Acróptilon CASS.

Bl länglich-lanzettlich, ungeteilt. Köpfe in Schirmrispen. Kr rosa bis purpurn. Pfl mit weitkriechenden Wurzelausläufern. 0,40–0,75. ♃ 7–9. (Mäßig) frische Ruderalstellen

(Schuttplätze, Bahndämme, Salzkippen), Rohbodenpionier; (N 1918) s N-Th W-Sa S-An NO-Br (m-sm·kOEUR–AS – G – Sv: Wurzelsprosse – V Dauco-Mel.). [A. pícris (PALLAS ex WILLD.) C. A. MEYER, Centauréa répens L.] **Kriechende F.** – A. répens (L.) DC.

Flockenblume – Centauréa L.
(Hybr. – Adv.)

1 HüllBl in einem lg Dorn endend (Abb. **473**/1) od. mit dornigem Anhängsel. RandB nicht strahlend **2**

1* HüllBl an der Spitze trockenhäutig od. mit trockenhäutigem, gefranstem Anhängsel, nicht bedornt. RandB meist stark vergrößert, strahlend (Abb. **438**/3) **4**

2 HüllBl mit dornig gefranstem Anhängsel u. 3–4 mm lg Enddorn. B weiß od. rosa, selten purpurn. 0,10–0,60. ⊙ 7–8. Trockne, sandige bis kiesige Ruderalstellen (Wegränder, Schutt, Umschlagplätze); (N 1876) z S-An, s N- u. W-Bw SO-Rh W-We S-He M- u. N-Th NW- u. O-Sa Br, (U) s Ba Me (m-sm·subkEUR – T – V Dauco-Mel.). [Acósta diffúsa (LAMK.) SOJÁK] **Sparrige F.** – C. diffúsa LAMK.

2* HüllBl mit abstehendem, kräftigem, 1–3 cm lg Enddorn, dieser am Grund mit 1–6 kurzen Dornen **3**

3 B gelb. Bl herablaufend. Pappus 2–5 mm lg. 0,30–0,80. ⊙ ① 7–9. Mäßig trockne Ruderalstellen (Wegränder, Schutt, Umschlagplätze), Klee- u. Luzerneäcker, basenhold; (N 1830 U) s SW-, M- u. NO-Ba Bw O-Rh S-We S-He Sa An Br Ns Me, Sh, † Th, ↘ (sm-stemp·(oz)EUR–WAS – H – Ev – V Onop., V Sisymbr.). [Calcitrápa solstitiális (L.) LAMK.] **Sonnwend-F.** – C. solstitiális L.

3* B purpurn. Bl nicht herablaufend. Pappus fehlend. 0,15–0,50. ⊙ 7–8. Mäßig trockne Ruderalstellen (Wegränder, bes. Trittstellen, Schutt); (N 19. Jh. U) s Ba Rh We S-An Br Ns Me, † Bw He Th Sa, ↘ (m-stemp·(oz)EUR–WAS – H – Ev – V Polyg. avic., V Sisymbr., V Onop.). [Calcitrápa stelláta LAMK.] **Stern-F.** – C. calcitrápa L.

4 **(1)** Trockenhäutiges Anhängsel der HüllBl deutlich abgesetzt, an deren Rand nicht herablaufend (Abb. **473**/2, 3). Kr rot **5**

4* Trockenhäutiges Anhängsel der HüllBl an deren Rand als Hautsaum ± weit herablaufend (Abb. **473**/4–6) **9**

5 Anhängsel der äußeren HüllBl in eine lg, federartig verzweigte, bogig zurückgekrümmte Granne auslaufend (Abb. **473**/2) **6**

5* Anhängsel der HüllBl aufrecht, rundlich, ungeteilt od. zerrissen, zuweilen kammfg gefranst (Abb. **473**/3) **7**

6 Obere Bl nicht stengelumfassend. Köpfe etwa 1,6 cm lg u. 1,4 cm br. Anhängsel der innersten HüllBl nicht verdeckt, die der äußeren in einer bis 6 mm lg Federgranne endend, schwarzbraun. 0,15–0,80. ♃ 8–9. Magerwiesen; s O-Sa: Lausitz, (N) s S-An M- u. NO-Br, ob auch Rhön? (temp-b·subkEUR–(WSIB) – H – O Arrh.?). [C. austríaca WILLD., Jacéa phrýgia (L.) SOJÁK] **Phrygische F., Österreichische F.** – C. phrýgia L.

6* Obere Bl meist mit herzfg Grund stengelumfassend. Köpfe etwa 2 cm lg u. br. Anhängsel der äußeren HüllBl in einer etwa 10 mm lg Federgranne endend, die der

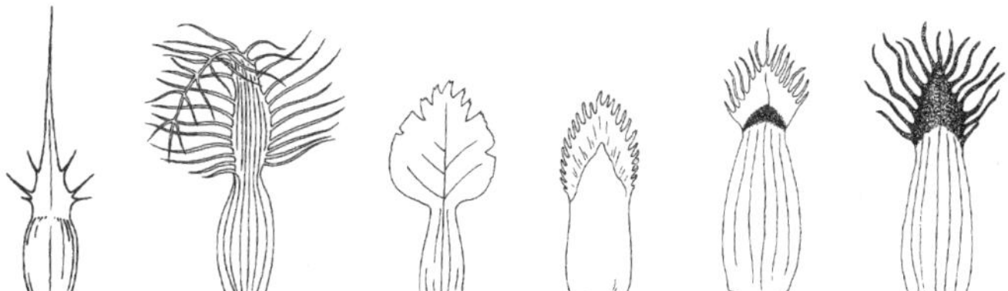

1 2 3 4 5 6

innersten HüllBl völlig verdeckend, braun. 0,20–1,00. ♃ 8–9. Frische mont. Wiesen u. Magerrasen, TrockenW u. trockne Waldsäume, kalkmeidend; z Ba S- u. NO-Bw S-Th S-Sa SW-An SO-Ns, s O-We M- u. N-He N-Th, (N) s NW-Sa SO-An NW-Me S- u. NO-Sh, im NW ↘ (sm-temp·(subk)EUR – H – V Triset., O Nard., O Orig., V Pot.-Querc.). [Jacéa pseudophrýgia (C. A. MEYER) HOLUB]

Perücken-F. – C. pseudophrýgia C. A. MEYER

7 **(5)** Pappus vorhanden, schwärzlich, kaum 1 mm lg. RandB so groß wie die übrigen. Anhängsel lg kammfg gefranst, meist schwarz, die grünen HüllBl völlig verdeckend. 0,20–0,70. ♃ 7–9. Silikatmagerrasen, Heiden, mont. Frischwiesen, Waldsäume, kalkmeidend; v W- u. N-Bw Rh S-He, z W-Ba SW- u. M-We, s SO-Bw, (N) s An S- u. O-Br S-Me O-Sh, (U) s Th Sa (sm/mo-b·ozEUR – H – V Viol. can., V Triset., V Arrh., V Trif. med.). ** **Schwarze F.** – C. nígra L.

7* Pappus fehlend od. durch einzelne Börstchen angedeutet. RandB größer als die übrigen **8**

8 Anhängsel der äußeren HüllBl klein, schwärzlich, die inneren, grünlichen HüllBl nicht völlig verdeckend, dreieckig, regelmäßig kurz gefranst. 0,30–1,00. ♃ 7–9. Frischwiesen, Trockenrasen, ruderale Säume, anspruchsvoll; (N 19. Jh.) z Rh He M- u. N-Th SW-An, s Ba? SW-We N-An S- u. M-Br SO-Ns Me, (U) s NW-Sa (sm-stemp·subkEUR – H – V Arrh., V Mesobrom., V Mol.). [Jacéa nigréscens (WILLD.) SOJÁK]

(**) Schwärzliche F. – C. nigréscens WILLD.

8* Anhängsel der äußeren HüllBl bräunlich, ziemlich groß, die inneren HüllBl ganz verdeckend, gewölbt, ganzrandig od. zerschlitzt, seltener die äußeren regelmäßig gefranst (Abb. **473**/3). 0,20–1,50. ♃ 6–11. Wiesen, Wegränder, Weiden, Halbtrockenrasen; alle Bdl g, aber S-Sa N-An NW-Br v, NW-Ns z (sm-b·(suboz)EUR – H – K Mol.-Arrh., V Cirs.-Brach., V Mesobrom.). [Jacéa praténsis LAMK.] ** **Wiesen-F.** – C. jacéa L.

9 **(4)** Alle Bl ungeteilt od. die untersten fiederteilig. RandB blau, ScheibenB violett . . . **10**

9* Alle Bl fiederschnittig od. die unteren fiederteilig. B trübpurpurn **12**

10 Bl nicht herablaufend, lineal-lanzettlich, die unteren oft fiederteilig. Hülle eifg. 0,30–0,60. ⊙ ① 6–10. Sandige bis lehmige, meist saure Äcker, mäßig frische Ruderalstellen (Wegränder, Schutt); (A) alle Bdl v, aber Alpen, Vorland, Schwarzw, Sauerland u. Erzg s, ↘ (m-b·(suboz)EUR – T – auch Av, Mv – K Secal. – ZierPfl). [Cýanus ségetum HILL] **Korn-F., Kornblume** – C. cýanus L.

10* Obere Bl herablaufend **11**

11 Fransen der HüllBl schwarzbraun, etwa so lg wie die Breite des schwarzbraunen HüllBlRandes (Abb. **473**/4). Bl länglich-lanzettlich, unterseits spinnwebig-flockig od. nur anfangs filzig. 0,30–0,60. ♃ 5–10. Frische, nährstoffreiche, meist kalkhaltige Bergwiesen, Hochstaudenfluren, BergW u. SchluchtW; v S-Ba: Alpen u. Vorland NW-Rh, z M- u. N-Ba Bw: bes. Jura S- u. NO-Rh S-We He W-Th, s O-Th SO-Ns: Dransfeld, (N, meist U) s Sa An SW-Br S-Ns Me (sm/mo-stemp/demo·subozEUR – H – V Car. ferr., V Triset., O Orig., V Til.-Acer. – ZierPfl). [Cýanus montánus (L.) HILL]

(**) Berg-F. – C. montána L.

11* Fransen der HüllBl meist hell, fast doppelt so lg wie die Breite des bräunlichen HüllBlRandes. Bl schmal lanzettlich, wenigstens unterseits graufilzig. 0,05–0,60. ♃ 5–7. Trockne Säume, Gebüsche, wärmeliebende LaubW, Bergwiesen, subalp. Grashalden, anspruchsvoll; s S- u. M-Ba: Schleißheim, Eching, Deggendorf (m/mo-stemp·(suboz)EUR – H – V Ger. sang., V Carp., O Querc. pub.). [C. axilláris WILLD., Cýanus triumféttii (ALL.) DOSTAL ex A. et D. LÖVE] **(**) Filz-F.** – C. triumféttii ALL.

12 **(9)** BlZipfel länglich-lanzettlich, dunkelgrün. Köpfe >2 cm lg, einzeln lg gestielt. 0,30–1,50. ♃ 7–8. Trocken- u. Halbtrockenrasen, Trockengebüschsäume, Hochgebirgswiesen, extensiv genutzte Kalkäcker; v (Silikatgebirge s) Ba Bw Rh SW- u. NO-We He Th S-An Br S-Ns Me O-Sh, z NW- u. SO-We Sa N-An NO-Ns, s W-Sh (m-b·(oz)EUR–WSIB – H – Av – K Fest.-Brom., V Ger. sang., O Sesl., V Caucal., V Car. ferr.). [Colýmbada scabiósa (L.) HOLUB] ** **Skabiosen-F.** – C. scabiósa L.

12* BlZipfel linealisch, grau- bis weißfilzig. Köpfe 1,2–1,4 cm lg u. 1 cm br, in vielköpfigen Rispen **13**

13 HüllBlAnhängsel schwarz, mit jederseits 6–8 schwarzen Fransen (Abb. **473**/6). Pappus halb so lg wie die Fr. 0,30–1,20. ⊙ ⊚ 7–9. Felsfluren, Trocken- u. Sandtrockenrasen, trockne, sandig-kiesige bis lehmige Ruderalstellen (Wegränder, Bahnanlagen, Kippen), Brachen; v S-An Br SO-Me, z S- u. M-Ba W-Bw S- u. O-Rh S- u. M-He Th N-Sa N-An W- u. N-Me, s O-Bw S-Sa SO-Ns, (N) s We O-Sh (sm-temp·subkEUR – H – O Fest. val., K Sedo-Scler., O Agrop., V Dauco-Mel.). [C. rhenána BOR., Acósta stoébe (L.) SOJÁK] ** **Rheinische.** – C. stoébe L.

13* HüllBlAnhängsel braun, am Grund mit halbmondfg, schwärzlichem Fleck u. mit jederseits 7–12 weißlichen Fransen (Abb. **473**/5). Pappus $^1/_3$ so lg wie die Fr. 0,30–0,80. ⊙ ⊚ 7–9. Xerothermrasen; alle Angaben aus Deutschland beziehen sich auf Rispen-F. (sm-stemp·(subk)EUR – H – K Fest.-Brom.). [Acósta maculósa (LAMK.) HOLUB] **Gefleckte F.** – C. maculósa LAMK.

Saflor – Cárthamus L.

Bl eifg, halbstengelumfassend, dornig gezähnt od. ganzrandig. Kr gelb, später orangerot. 0,50–0,80. ⊙ 7–8. KulturPfl, selten verwildert (m·(subk)VORDAS – T – Öl- u. FärbePfl). **Färber-S.** – C. tinctórius L.

Benediktenkraut – Cnícus L. em. GAERTN.

Bl fiederteilig bis -lappig, dornig gezähnt. Köpfe 2–3 cm br. 0,30–0,50. ⊙ 6–8. KulturPfl, auch mäßig trockne Ruderalstellen (Wegränder, Schutt); (N U) s, ob noch? vor 1960 z. B. Bw We Ns Me (m-sm·(oz)EUR – T – V Sisymbr. – ArzneiPfl). **Benediktenkraut** – C. benedíctus L.

Wegwarte – Cichórium L.

1 Untere Bl schrotsägefg fiederspaltig bis -teilig, unterseits borstig behaart; obere lanzettlich, mit breitem Grund etwas stengelumfassend. 0,30–1,50. ♃ 7–10. Frische bis mäßig trockne Ruderalstellen (Weg- u. Straßenränder, Schutt), extensiv genutzte Äcker; (A) alle Bdl v, aber höhere Gebirge, Sauerland u. NO-Ns z, (N U) z NW-Ns W-Sh. KulturPfl (m-b·(suboz)EUR–WAS – H – V Polg. avic., V Agrop.-Rum., V Conv.-Agrop., V Caucal. – Gewürz-, Gemüse- u. SalatPfl). **Gewöhnliche W., Zichorie, Chicorée** – C. íntybus L.

1* Unter Bl ± tief gezähnt, kahl; obere br eifg, mit geöhrtem Grund stengelumfassend. 0,50–1,50. ⊙ ⊙ 7–9. KulturPfl, selten verwildert, Ruderalstellen (Schutt) (m-sm·(suboz)EUR – T, H – SalatPfl). **Endivie** – C. endívia L.

Rainkohl – Lápsana L. [Lámpsana MILL.]

Bl eckig gezähnt, untere leierfg, mit großem Endabschnitt. Köpfe 7–10(–30) mm br. Kr gelb. 0,30–1,00. ⊙–♃ 6–9. Gebüsch- u. Waldsäume, Hecken, Schläge, LaubW, Gärten, frische Äcker; alle Bdl g (m-b·(oz)EUR – H – V Alliar., K Secal., O Polyg.-Chen., O Prun., V Til.-Acer.). ** **Gewöhnlicher R.** – L. commúnis L.

Hainsalat – Apóseris (NECKER ex CASS.) LESS.

Seitenzipfel der Bl fast rautenfg. Endlappen dreieckig, fast 3lappig. Köpfe 2,5–4 cm br. Kr goldgelb. 0,08–0,25. ♃ 6–8. Frische, kalkholde GebirgsW; v S-Ba: Alpen, Vorland, Hochebene, s SO-Bw: Donaugebiet: Göffingen, Burrenwald (sm/salp-stemp/ dealp·subozEUR – H – O Fag., O Orig.). **Hainsalat, Stinksalat** – A. foétida (L.) LESS.

Lämmersalat – Arnóseris GAERTN.

Bl spatelfg, gezähnt. Stg 1köpfig od mit wenigen 1köpfigen Ästen. Köpfe 8–13 mm br. 0,10–0,25. ⊙ ① 6–9. Mineralarme, stark saure, sandige Äcker u. Brachen; v S-Br, z

M-Ba N-Sa O- u. N-An N-Br W-Me N-Ns Sh, s N-Ba Bw Rh We He Th S-Sa SW-An O-Me, † S-Ns, ↘ (m/mo-temp·ozEUR – T, H – V Arnos.).
Lämmersalat – A. mínima (L.) SCHWEIGGER et KOERTE

Ferkelkraut – Hypocha͞eris L. [Hypocho͞eris L.]

1 Kopfstiele oberwärts allmählich stark verdickt, steifhaarig u. dicht graufilzig. Stg stets 1köpfig. Äußere u. mittlere HüllBl fransig zerrissen, schwärzlich kraushaarig. 0,15–0,50. ♃ 7–9. Subalp., frische Silikatmagerrasen, kalkmeidend; z SW-Ba: Allgäu (sm/alp-stemp/salp·subozEUR – H – V Nard.). [Achyróphorus uniflórus (VILL.) BLUFF et FINGERH.] **Einköpfiges F.** – H. uniflóra VILL.
1* Kopfstiele nur dicht unter den Köpfen etwas verdickt, ohne Filz. Stg meist mehrköpfig 2
2 Pappus 1reihig, alle Haare gefiedert. Stg am Grund rauhhaarig, außer der Rosette mit 1 od. 2 StgBl. Bl meist rotbraun gefleckt, 0,30–1,00. ♃ 5–8. Trocken- u. Halbtrockenrasen, wechseltrockne Wiesen, Magerrasen, TrockenW u. ihre Säume, basenhold; z Ba He Th SW-An M- u. O-Br, s Bw Rh SW- u. O-We N-An O-Ns: Dannenberg, Wolfenbüttel Me Sh, † Sa, ↘ (sm-b·(subk)EUR–WAS – H – K Fest.-Brom., V Viol. can., V Ger. sang, V Pot.-Querc.). [Achyróphorus maculátus (L.) SCOP.] **Geflecktes F.** – H. maculáta L.
2* Pappus 2reihig, äußere Haare kurz, rauh, innere lg, gefiedert. Stg kahl od. unterwärts locker borstig, außer der Rosette höchstens mit einigen SchuppenBl 3
3 Bl zerstreut borstig. Stg blaugrün. B länger als die Hülle, gelb. Alle Fr lg geschnäbelt. 0,15–0,60. ♃ 6–9. Felsfluren, Sandtrockenrasen, frische Silikatmagerrasen, Heiden, kalkmeidend; alle Bdl v, aber Trockengebiete u. Jura z (m-temp·(oz)EUR – H – O Fest.-Sedet., V Viol. can., O Arrh.). **Gewöhnliches F.** – H. radicáta L.
3* Bl kahl. Stg grün. B so lg wie die Hülle, gelb. RandFr schnabellos. 0,15–0,30. ⊙ ① 6–10. Mineralarme, stark saure, sandige Äcker, arme Sandtrockenrasen, kalkmeidend; z M- u. N-An Br N-Ns Me Sh, s N-Ba W-Bw Rh W- u. N-We He W-Th: Mildenfurth Sa S-An, ↘ (m-temp·ozEUR – T – V Arnos., V Pan.-Set., V Coryneph., V Thero-Air.). **Kahles F.** – H. glábra L.

Löwenzahn, Herbstlöwenzahn – Leóntodon L.

1 Stg meist ästig u. mehrköpfig. Kopfstiele oben allmählich verdickt, oberwärts schuppig (Abb. **477**/1). Köpfe vor dem Aufblühen aufrecht. Bl meist kahl. 0,15–0,45. ♃ 7–9. Nährstoffreiche, meist kalkarme Wiesen u. Weiden, Parkrasen, trocknere Salzwiesen, Wegränder; alle Bdl g, nur Rh v (m/mo-b·(oz)EUR–WAS – H – V Cynos., V Arrh., V Armer. marit.). ** **Herbst-L.** – L. autumnális L.
1* Stg unverzweigt, stets 1köpfig, blattlos, mit 0–6 SchuppenBl 2
2 RandFr mit fransig zerschlitztem, nicht haarfg Pappus. Pappus der mittleren Fr 2reihig; innere Reihe fiedrig, äußere kürzer, nicht fiedrig, rauh. HüllBl schwarzrandig. Äußere B außen blaugrün. 0,03–0,30. ♃ 7–8. Frische bis feuchte Ruderalstellen (Wegränder), Ufer, Brachen, lückige Rasen, salzertragend; v NO-Sa S-Br Sh, z Bw N- u. W-We He NW-Sa An M- u. N-Br Ns Me, s SW-Ba Rh SO-We Th (m-temp·ozEUR – H – V Cynos., V Mol., V Agrop.-Rum., V Armer. marit.). [Thríncia hírta ROTH, L. nudica͞ulis aut., L. le͞ýsseri (WALLR.) G. BECK, L. taraxacoídes (VILL.) MÉRAT]
Nickender L., Zinnensaat – L. saxátilis LAMK.
2* Alle Fr mit haarfg Pappus. Alle Pappushaare ± gefiedert, äußere kürzer als innere. HüllBl nicht schwarzrandig 3
3 Stg u. Bl graufilzig. Bl ganzrandig od. entfernt klein gezähnt, länglich-lanzettlich. Rhizom senkrecht. 0,15–0,45. ♃ 5–6. Koll. bis subalp. Kalkfelsfluren u. -trockenrasen, trockne KiefernW, kalkstet; v S-Ba: Alpen, z S- u. M-Ba: Hochebene, Jura SO-Bw: Jura, Wutachtal, ↘ (sm/alp-stemp/dealp·subozEUR – H – V Xerobrom., V Sesl.-Fest., V Sesl., V Eric.-Pin.). **Grauer L.** – L. incánus (L.) SCHRANK
3* Stg u. Bl grün. Rhizom waagerecht od. schief 4

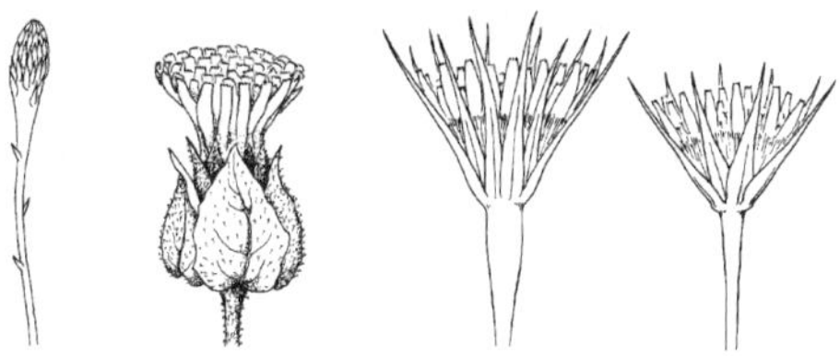

1 2 3 4

4 Hülle u. oberer StgTeil schwarzzottig. Pappus schneeweiß. Köpfe vor dem Aufblühen aufrecht. Bl oberseits kahl. 0,03–0,10. ♃ 7–8. Frische, meist kalkhaltige, alp. Steinschuttfluren, steinige Matten; z SW-Ba: Allgäu, Wettersteingebirge, s SO-Ba: Berchtesgadener Alpen (sm/alp-temp/alp·subozEUR – H – V Thlasp. rot.). [L. taráxaci (VILL.) LOISEL. p. p.] **Berg.-L.** – L. montánus LAMK.

4* Hülle nicht schwarzzottig. Pappus schmutzigweiß od. bräunlich **5**

5 Stg mit 0–2 SchuppenBl. Bl mit Gabelhaaren od. kahl. Köpfe vor dem Aufblühen nickend. Hülle borstig od. kahl. 0,10–0,60. ♃ 6–10. Frische, nährstoffreiche Fettwiesen u. -weiden, Moorwiesen, Halbtrockenrasen, Schotterfluren; g Ba Bw Th, v Rh S- u. O-We He Sa S-An O-Br SO-Ns, z NW-We N-An W-Br NO-Ns Me S-Sh, s NW-Ns N-Sh, im N ↘ (m-temp·(oz)EUR – H – K Mol.-Arrh., V Mesobrom., V Triset., V Thlasp. rot.). **Steifhaariger L., Rauher L.** – L. híspidus L.

5* Stg mit 2–6 SchuppenBl. Bl mit einfachen Haaren od. kahl. Köpfe vor dem Aufblühen aufrecht. Hülle dunkel kraushaarig. 0,10–0,30. ♃ 7–9. Subalp. bis alp. frische Silikatmagerrasen, Zwergstrauchheiden, kalkmeidend; z S-Ba: Alpen W-Bw: Schwarzw (m/salp-stemp/salp·subozEUR – H – V Nard., V Car. curv., V Salic. herb.). **Schweizer L.** – L. helvéticus MÉRAT em. WIDD.

Bitterkraut, Bitterich – Pícris L.

1 Äußere HüllBl lanzettlich, mit steifhaarigem Mittelstreifen. Bl länglich-lanzettlich. 0,30–0,60. ♃ 7–10. Mäßig frische Ruderalstellen (Wegränder, Brachen, Bahnanlagen), ruderal beeinflußte Halbtrockenrasen u. Wiesen; v NW-Ba Bw Rh We He Th NW-Sa S-An NO-Br SO-Ns, z S- u. O-Ba S- u. O-Sa N-An S- u. W-Br, (A) z Me SO-Sh, s N- u. W-Sh (m-b·(subk) EURAS – H – Sv: Wurzelsprosse – V Dauco-Mel., V Conv.-Agrop., V Mesobrom., V Arrh.). ** **Gewöhnliches B.** – P. hieracioídes L.

1* Äußere HüllBl vergrößert, herz-eifg, aufrecht, eine auffällige Außenhülle bildend (Abb. **477**/2). Untere Bl verkehrteifg, obere herzfg stengelumfassend. 0,30–0,60. ⊙ 7–8. Nährstoffreiche Äcker (bes. Klee u. Luzerne), Gärten, frische Ruderalstellen (Schutt), Ufer; (N 1860 U) s Ba Bw Rh We He Th Sa S- u. M-An S- u. M-Br Ns Me S-Sh (m-sm·(oz)EUR – T – V Sisymbr., V Agrop.-Rum.). [Helminthothéca echioídes (L.) HOLUB] **Natternkopf-B., Wurmlattich** – P. echioídes L.

Bocksbart – Tragopógon L.

1 Kopfstiel oberwärts keulig verdickt, hohl (Abb. **477**/3). HüllBl über dem Grund nicht eingeschnürt. Kr blaßgelb. 0,30–0,60. ⊙⊚ 5–7. Trockne bis mäßig trockne Ruderalstellen (Wegränder, Umschlagplätze), ruderal beeinflußte Trocken- u. Halbtrockenrasen, kalkhold; v (Bergland s) SO-Rh NW-Sa S-An Br, z S-, M- u. NW-Ba Bw: bes. Rhein W- u. N-Rh He Th S- u. O-Sa N-An, s We SO-Ns Me (sm-stemp·subozEUR – H – V Conv.-Agrop., V Dauco-Mel., K. Fest.-Brom.). [T. májor JACQ.] **Großer B.** – T. dúbius SCOP.

1* Kopfstiel höchstens dicht unter dem Kopf schwach verdickt. HüllBl über dem Grund eingeschnürt (Abb. **477**/4) **2**

2 B höchstens $^2/_3$ so lg wie die HüllBl, hellgelb. Köpfe 2(–3) cm br. Fr 10–12 mm lg. RandFr auf den Rippen schuppig-stachlig, dazwischen warzig-knotig. Staubbeutel gegen die Spitze bräunlich. 0,20–0,60. ⊙ ⊚ 5–7. Ruderalstellen, trockne Wiesen; z Bw Rh We? He? NW- u. M-Sa, (N) z Ns Sh, s Ba außer Alpen Th S-An Br Me, Verbreitung ungenügend bekannt (temp·euozEUR – H – V Sisymbr.). **Kleinblütiger B.** – T. mínor MILL.

2* B etwa so lg wie die HüllBl. Fr 15–20 mm lg **3**

3 Köpfe (2–)3 cm br, bis gegen 14 Uhr geöffnet. B hellgelb, (fast) so lg wie die HüllBl. Staubbeutel an der Spitze dunkelviolett. RandFr (fast) glatt. 0,30–0,60. ⊙ ⊚ 5–7. Mäßig trockne, nährstoffreiche Fettwiesen, Halbtrockenrasen, Wegränder; alle Bdl v, nur NW-Ns z (m-temp·(oz)EUR – H – V Arrh., V Sisymbr.). **Wiesen-B.** – T. praténsis L.

3* Köpfe 5–7 cm br, bis gegen 11 Uhr geöffnet. B goldgelb, so lg wie die HüllBl od. meist länger. Staubbeutel meist mit 5–8 dunklen Längsstreifen, selten an beiden Enden dunkelviolett. RandFr schuppig-stachlig. 0,20–0,70. ⊙ ⊚ 5–7. Frischwiesen; z Ba Bw Rh We SW-He N- u. O-Th M- u. N-Sa: bes. Elbe S- u. O-An M- u. NO-Br, (N U) s Me Sh (m-temp·(subk)EUR–WSIB – H – O Arrh.). **Orientalischer B.** – T. orientális L.

Schwarzwurzel – Scorzonéra L.

1 Kr hellviolett. Bl schmal linealisch, bis 5 mm br. Fr gerippt. Wurzelschopf fasrig. 0,25–0,50. ♃ 5–6. Kont. Trocken- u. Halbtrockenrasen, kalkhold; s S- u. M-Ba: Garching, Lech, Windsheim SO-Rh M- u. N-Th SW-An M- u. O-Br, † S-He Ns, ↘ (sm-temp·subkEUR–WSIB – H – V Fest. val., V Cirs.-Brach. – ∇). **Violette Sch.** – S. purpúrea L.

1* Kr gelb. Bl breiter. Fr glatt, gerippt od. feinstachlig **2**

2 Stg beblättert. Randständige Fr fein weichstachlig. B hellgelb. 0,60–1,20. ♃ 6–8. Kont. Trocken- u. Halbtrockenrasen, Trockengebüsche u. -W u. ihre Säume, kalkhold; z Th SW-An, s NW-Ba SO-Rh S-He SO-Ns, (N) s M- u. N-Ba Bw Rh We Ns, (U) s M- u. NW-Sa Me. KulturPfl (m-stemp·subkEUR–WSIB – H – V Fest. val., V Cirs.-Brach., V Ger. sang., V Pot.-Querc., V Eric.-Pin. – GemüsePfl – ∇). **Echte Sch.** – S. hispánica L.

2* Stg blattlos od. mit wenigen SchuppenBl. Fr glatt **3**

3 Rübe oberwärts mit Faserschopf. Bl lineal-lanzettlich, bläulichgrün, kahl od. wollig-flaumig. Hülle 15–20 mm lg. B länger als die Hülle. 0,05–0,35. ♃ 4–5. Felsfluren, trockne KiefernW, kalkstet; s S-Bw: Küssaburg, Engen (m-stemp·(k)EURAS – H – Sv: Wurzelsprosse – V Sesl.-Fest., V Xerobrom., V Eric.-Pin. – ∇).
Österreichische Sch. – S. austríaca L.

3* Rübe bzw. Rhizom ohne Faserschopf **4**

4 Stg u. Hülle wollig. B doppelt so lg wie die Hülle, hellgelb. 0,10–0,40. ♃ 5–6. Frische, meist kalkfreie Moorwiesen, Magerrasen, lichte, sandige KiefernW; v S- u. O-Ba: bes. Alpen, Vorland, Bayr-W, z S- u. O-Bw Th S- u. O-Sa Br NO-Ns Sh, s NW-Ba SO- u. W-Rh We? An Me, ↘ (sm-temp·(suboz)EUR – H – O Mol., K Scheuchz.-Car., O Nard., V Cytis.-Pin. – ∇). **Niedrige Sch.** – S. húmilis L.

4* Stg u. Hülle kahl. B so lg wie die Hülle, blaßgelb. 0,20–0,40. ♃ 5–7. Salzwiesen; s N-Th: Esperstedt S-An: Süßer See, Riethnordhausen (m-stemp·kEUR–WAS – H – V Armer. marit.). **Kleinblütige Sch.** – S. parviflóra JACQ.

Stielsame – Podospérmum DC. [Arachnospérmum F. W. SCHMIDT]

Stg ästig, beblättert. Hülle so lg wie die RandB. Köpfe einzeln, lg gestielt. 0,15–0,45. ⊚ ⊙ 5–7. Trockne, sandige bis tonige Ruderalstellen (Wegränder, Dämme, Kippen), Trockengebüschsäume, basenhold, salzertragend; z N-Th S-An, s NW-Ba O- u. M-Bw S-Rh SW-He SW-Th SO-Ns: Dorm, Asse, † We Sa (m-stemp·(subk)EUR–WAS – H – V Dauco-Mel., O Agrop.). **Schlitzblättriger St.** – P. laciniátum (L.) DC.

Knorpellattich – Chondrílla L.

1 Stg mit ∞ rutenfg Ästen. GrundBl buchtig fiederteilig, zur BZeit vertrocknet. StgBl meist ganzrandig. Köpfe klein, in knäueligen Ähren od. Trauben. 0,30–1,00. ♃ 7–9. Ruderal

beeinflußte Sandtrockenrasen, trockne, sandige Ruderalstellen (Wegränder, Böschungen), Ackerränder, Brachen; v O-An Br SO-Me, z M- u. N-Ba W-Bw Rh S-He N-Sa W-An O-Ns N- u. W-Me, s SW-Ba: Schongau W-We Th SO-Sh, ↘ (m-stemp·(subk)EUR–WAS – H – Ap – V Conv.-Agrop., O Fest.-Sedet., V Dauco-Mel.).

Großer K. – Ch. júncea L.

1* Stg nur oberwärts kurz gabelästig. GrundBl entfernt gezähnelt, bleibend, blaugrün. Köpfe in Schirmrispen. 0,10–0,30. ♃ 7–8. Sickerfrische, kalkreiche, subalp. Schotteralluvionen; s S-Ba: Allgäu, Bayerische Alpen u. Vorland bis Wolfratshausen, † SO-Bw, ↘ (sm/mo-stemp/perialp·subozEUR – H – V Epil. fleisch.). [Ch. prenanthoídes (SCOP.) VILL.] **Alpen-K.** – Ch. chondrilloídes (ARD.) KARSTEN

Krönchenlattich – Willemétia NECKER [Calycocórsus F. W. SCHMIDT]

Bl kahl, schwach bläulichgrün. GrundBl rosettig, verkehrteifg, StgBl klein od. schuppenfg. B goldgelb, länger als die Hülle. 0,15–0,45. ♃ 6–8. Sickernasse, meist kalkarme Flach- u. Quellmoore, Bachufer; v S- u. O-Ba: Alpen, Vorland, Bayr-W, Zimmern, Reisbach, Deggendorf, Simbach, s SO-Bw: Eglofs, Isny, Adelegg (sm/dealp-stemp/dealp·subozEUR – H – K Scheuchz.-Car., V Card.-Mont., V Calth.). [Calycocórsus stipitátus (JACQ.) RAUSCHERT] **Krönchenlattich** – W. stipitáta (JACQ.) DALLA TORRE

Kuhblume, Löwenzahn – Taráxacum WIGGERS
(H – Ap – FutterPfl, BienenfutterPfl, HeilPfl, SalatPfl)

1 HüllBl unter der Spitze oft behöckert od. mit 1 Schwiele, äußere meist weiß berandet. Fr oberwärts stets bestachelt, rot, braun od. strohfarben, ihre Spitze mindestens doppelt so lg wie br, ± zylindisch. Bl meist feinzipflig. Wurzelhals oft mit trocknen BlResten. 0,05–0,30. ♃ 4–6. Lückige Xerothermrasen, trockne Ruderalstellen, Brachen, Graudünen, basenhold; v (Bergland s) Rh Th S-An NO-Br NW-Me, z SW-, M- u. N-Ba Bw We He Sa N-An S- u. W-Br Ns S- u. O-Me Sh: bes. Küste (m-temp·(suboz) EUR–WAS – K Fest.-Brom., O Fest.-Sedet., V Conv.-Agrop., V Sisymbr.).

* **Schwielen-K., Rotfrüchtige K.** – T. laevigátum (WILLD.) DC. s. l.

1* HüllBl nur selten schwach schwielig. Fr strohfarben od. hellbraun, nie rot, ihre Spitze entweder höchstens halb so lg wie br, konisch u. Fr dann oberwärts stets bestachelt, od. spitz, länger zylindrisch u. Fr dann nicht od. schwach bestachelt u. Bl schmal, fleischig 2

2 FrSchnabel bis $1^1/_2$mal so lg wie die Fr. Hülle dunkel, äußere HüllBl kurz eifg, stets angedrückt. Bl kahl, grün, schrotsägefg, selten ganzrandig. 0,05–0,20. ♃ 6–9. Frische, nährstoffreiche, subalp. u. alp. Matten, Läger, Schneetälchen; z S-Ba: Alpen (m/alp-stemp/alp·subozEUR – V Arab. caer., V Poion alp., V Rum. alp.).

* **Alpen-K.** – T. alpínum HEGETSCHW. s. l.

2* FrSchnabel 2–3mal so lg wie die Fr. Äußere HüllBl linealisch bis eifg, angedrückt od. zurückgeschlagen 3

3 Äußere HüllBl stets zurückgeschlagen, linealisch bis eifg, nicht od. wenig weißrandig. Bl verkehrteifg bis eilanzettlich, stark gelappt u. ∞zähnig, grasgrün. Fr strohfarben bis hellbraun, mit kegelfg Spitze. 0,05–0,40. ♃ 4–7. Fettwiesen u. -weiden, Unkrautfluren, Äcker, Wegränder; alle Bdl g (m-arctEURAS – O Arrh., K Plant., K Artem.).

* **Gewöhnliche K., Gewöhnlicher Löwenzahn** – T. officinále aut. p. p.

3* Äußere HüllBl stets angedrückt, lanzettlich od. eifg. Bl ganzrandig od. einfach gelappt . 4

4 Äußere HüllBl eifg, br grünlich durchscheinend berandet. Bl linealisch bis schmal lanzettlich, ganzrandig od. schwach gelappt, fleischig, blaugrün. Fr gelblich, wenig bestachelt, mit kurz zylindrischer Spitze. 0,05–0,30. ♃ 4–6. Salzwiesen, staunasse, oft kalkhaltige Flachmoore; z S-Ba Br Me, s M- u. N-Ba Bw S-Rh N-We He Th S-An S-Ns Me SO-Sh, ↘ (m-temp·ozEUR – V Car. davall., V Mol., V Armer. marit.). [T. paludósum (SCOP.) CRÉPIN s.l.] * **Sumpf-K.** – T. palústre (LYONS) SYMONS s.l.

4* Äußere HüllBl lanzettlich, nicht berandet. Bl stets einfach gelappt, bisweilen purpurn gefleckt. Fr strohfarben bis braun, mit kegelfg Spitze. 0,10–0,30. ♃ 5–7. Sumpfwiesen, Flachmoore; s Ba? We He Br NO-Ns W-Me S-Sh?, Verbreitung ungenügend bekannt (temp-b·ozEUR – V Car. davall.). *** Gefleckte K.** – T. spectábile aut. p. p.

Gänsedistel – Sónchus L.

1 Stg ästig. Hülle kahl od. etwas weißflockig, selten mit einzelnen Drüsenhaaren. Fr beiderseits mit 3 Längsrippen. ⊙ ① **2**

1* Stg einfach, 1köpfig od. schirmrispig. Hülle dicht drüsenhaarig, selten kahl. Fr beiderseits mit 5 Längsrippen. ♃ **3**

2 StgBl mit spitzen, vorgestreckten Öhrchen, weich, etwas blaugrün, matt, schrotsägefg fiederteilig mit dreieckigem Endzipfel, stachelspitzig, aber nicht stechend gezähnt. Kr hellgelb. Fr kaum zusammengedrückt, ungeflügelt, zwischen den Längsrippen querrunzlig. 0,30–1,00. ⊙① 6–10. Nährstoffreiche Äcker, mäßig trockne bis frische Ruderalstellen (Wegränder, Schutt), Gärten, basenhold; alle Bdl g, aber Bergland v (m-bEURAS – T – K Secal., K Chen.). **Kohl-G.** – S. oleráceus L.

2* StgBl mit abgerundeten, anliegenden Öhrchen, derb, dunkelgrün, oberseits glänzend, ungeteilt bis fiederspaltig mit eifg Endzipfel, stechend-dornig gewimpert od. gezähnt. Kr sattgelb. Fr deutlich zusammengedrückt u. ± geflügelt, zwischen den Längsrippen glatt. 0,30–0,80. ⊙ ① 6–10. Lehmige Äcker (bes. Hackkulturen) u. Gärten, frische bis feuchte Ruderalstellen (Schutt); alle Bdl v (m-bEURAS – T – O Polyg.-Chen., K Secal., V Arct., V Chen. rub.). **(**) Rauhe G.** – S. ásper (L.) HILL

3 **(1)** Bl am Grund mit abgerundeten, angedrückten Öhrchen (Abb. **480**/1). Schirmrispe meist gelblich drüsig, wenig-, selten 1köpfig. Köpfe 4–5 cm br. Fr braun. 0,50–1,50. ♃ 7–10. Lehmige bis tonige Äcker, salzige Dünen, Ufer, Gräben; alle Bdl v, aber Bergland z (m-bEURAS – H – Sv: Wurzelsprosse – K Secal., O Polyg.-Chen., V Conv.-Agrop., O Convolv., O Cak.). **** Acker-G.** – S. arvénsis L.

3* Bl am Grund mit zugespitzten, abstehenden Öhrchen (Abb. **480**/2). Schirmrispe meist schwärzlich drüsig, ∞köpfig. Köpfe etwa 3 cm br. Fr gelblich. 1,00–3,00. ♃ 7–9. Nasse, nährstoffreiche Staudenfluren, Moorwiesen, Salzröhrichte, Gräben, lichte Ufergebüsche; v N-Me u. O-Sh: Küste, z S-An M- u. O-Br S- u. M-Me S-Sh, s NW-Ba S-We? N-Th W-Sa N-An NW-Br Ns: bes. O, (N) z S-Ba: Isargebiet, † Rh He, im N ↗ (m-temp·subkEUR–WAS – H – V Convolv., V Phragm., V Filip.). **Sumpf-G.** – S. palústris L.

Milchlattich – Cicérbita WALLR. [Mulgédium CASS.]

1 Untere Bl mit 1 Paar Seitenzipfeln u. großem herz-eifg Endabschnitt. Schirmrispe locker. 0,60–1,80. ♃ 7–8. ZierPfl, auch Parks, Kirchhöfe; (N U) s Ba Bw Rh He Th Sa An Br Me (sm/mo-temp·subozOEUR – H). **(**) Großblättriger M.** – C. macrophýlla (WILLD.) WALLR.

1* Unter Bl mit 3 Paar Seitenzipfeln (Abb. **480**/3) **2**

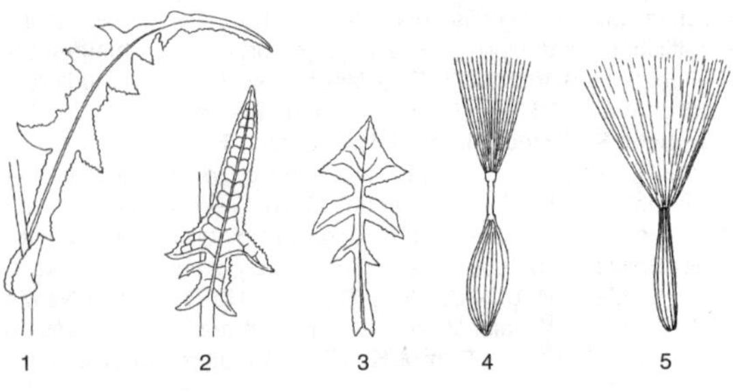

1 2 3 4 5

2 Pfl oberwärts stark drüsig behaart. Endabschnitt der Bl 3eckig-spießfg, groß (Abb. **480**/3). Köpfe in verlängerten Rispen. Kr blauviolett. 0,60–1,20. ♃ 7–9. Subalp. Hochstaudenfluren, -gebüsche u. Wälder, sehr anspruchsvoll; v Ba: Alpen u. Vorland, Bayr-W, z S-Bw: bes. Schwarzw O-We: Sauerland Th: Th-W W-An u. SO-Ns: Oberharz Sa: Vogtland, Erzg, s N-Ba: Fichtelg, Rhön He: Vogelsberg, Rhön Th: Rhön, Schiefergebirge, Schwarzatal (sm/mo-b/demo·ozEUR – H – V Adenost., V Til.-Acer.).
Alpen-M. – C. alpína (L.) WALLR.

2* Pfl völlig kahl. Endabschnitt der Bl ei-länglich. Köpfe in Schirmrispen. Kr hellblau. 0,60–1,30. ♃ 7–8. Subalp. Hochstaudengebüsche; s SW-Bw: Feldberggebiet (sm/mo-stemp/mo·euozEUR – H – O Adenost., V Til.-Acer.).
Französischer M. – C. plumiéri (L.) KIRSCHLEGER

Mauerlattich – Mycélis CASS.

Bl leierfg fiederteilig, mit eckigen BlZipfeln u. großem Endlappen. Köpfe 5blütig, in lockeren Rispen. 0,40–0,80. ♃ 7–8. Krautreiche Wälder, Schläge u. Säume, mäßig anspruchsvoll; alle Bdl g, aber NW-We NW-Sa N-An W-Br u. Trockengebiete v, NW-Ns u. W-Sh z (m/mo-b·ozEUR – H – V Alliar., K Epil. ang., K Querc.-Fag.). [Lactúca murális (L.) P. GAERTN.] **Mauerlattich** – M. murális (L.) DUM.

Lattich – Lactúca L.

1 B blau, sehr selten weiß. ♃ **2**
1* B gelb. ☉ – ⊙ **3**
2 Bl mit verschmälertem Grund sitzend, jederseits mit 1–4 dreieckigen Zipfeln, die oberen ungeteilt. Köpfe in verlängerter Rispe. HüllBl meist purpurn punktiert od. gestrichelt. FrSchnabel kürzer als die übrige Fr. 0,30–0,80. ♃ 7–8. Weißdünen, ältere Küstenspülsäume, im Binnenland Bahnhöfe u. Schutt; (N 1900) v NO-Me: Küste, z NW-Me, s (N 1922) O-An S-Br W-Ns SW-Me M-Sh, (U) † Sa (m-b·kCIRCPOL – H – Ev, Sv: Ausläuferwurzeln – O Cak., V Honck.-Elym., V Ammoph., O Artem.). [Mulgédium tatáricum (L.) DC., Lagédium tatáricum (L.) SOJÁK] **Tataren-L.** – L. tatárica (L.) C. A. MEYER
2* Bl mit geöhrtem Grund halbstengelumfassend, alle mit ∞ linealischen bis lanzettlichen, oft gezähnten od. gelappten Zipfeln. Köpfe in sparrig ausgebreiteter Schirmrispe. HüllBl nicht purpurn punktiert. FrSchnabel so lg wie die übrige Fr (Abb. **443**/5). 0,30–0,50. ♃ 5–6. Silikat- u. Kalkfelsfluren, felsige TrockenWSäume, trockne Ruderalstellen (Wegränder, an Mauern); z M- u. N-Ba: Donau, Jura, Mainfranken S- u. NO-Bw Rh Th, s S- u. NO-He S-An Sa: Elbe, ↘ (m/mo-stemp·subozEUR – H – V Sesl.-Fest., V Alysso-Sed., V Ger. sang., V Dauco.-Mel., V Conv.-Agrop.).
Dauer-L., Blauer L. – L. perénnis L.
3 **(1)** Stg hohl, grün. Schnabel halb so lg wie der samentragende FrAbschnitt. Bl zart, fiederteilig, tief pfeilfg stengelumfassend. 0,60–1,20. ⊙ 7–9. Säume, Gebüsche, TrockenW, kalkstet; z S-An N-Th, s NW-Ba: Mainfranken, † He Sa (sm-stemp·(subk) EUR – H – V Ger. sang., V Pot.-Querc.). **Eichen-L.** – L. quercína L.
3* Stg markig, gelblichweiß. Bl derb. Schnabel mindestens so lg wie die übrige Fr **4**
4 Bl herablaufend, untere fiederschnittig, obere ungeteilt, linealisch. Köpfe 5blütig. Stg mit aufrecht abstehenden rutenfg Ästen. 0,30–0,60. ⊙ 7–8. Säume, Gebüsche, Trockenrasen, anspruchsvoll; † Sa: Elbe, (N U) † S-An (m-stemp·(suboz)EUR – H – K Fest.-Brom., V Ger. sang.). **Ruten-L.** – L. vimínea (L.) J. et C. PRESL
4* Bl nicht herablaufend. Köpfe 10–16blütig **5**
5 KulturPfl. Bl mit herzfg Grund stengelumfassend, meist verkehrteifg, ganzrandig, gezähnt od. fast fiederspaltig. 0,60–1,00. ☉ ① 6–8. KulturPfl (mWAS? – T, H – SalatPfl: Kopf-, Krach-, Pflücksalat). **Grüner Salat** – L. satíva L.
5* WildPfl. Bl pfeilfg stengelumfassend, unterseits auf der Mittelrippe meist stachlig . . . **6**
6 StgBl linealisch, ganzrandig, unterste fiederteilig. Schnabel doppelt so lg wie die übrige Fr. 0,30–0,60. ☉ ① 7–8. Trockne Ruderalstellen (Schutt, Umschlagplätze), salzertra-

gend; s Bw: Neckar, † NW-Ba Rh S-He Th NW-Sa S-An Br SO-Ns, ↘ (m-stemp·(subk)EUR–WAS – H, T – O Agrop., V Onop.). **Weidenblättriger L.** – L. salígna L.

6* StgBl länglich bis verkehrteifg, fiederspaltig bis -teilig od. ungeteilt, gezähnt. Schnabel etwa so lg wie die übrige Fr **7**

7 Bl mit waagerecht gestellter Spreite, ungeteilt, seltener buchtig gelappt bis gespalten, dornig gezähnt. Fr schwarz, br berandet, an der Spitze kahl. 0,50–1,50. ① ⊙7–8. Mäßig trockne Ruderalstellen (Wegränder, Schutt), Steinschuttfluren, Säume; v Rh, z (meist A) Ba: Jura, Main He N-Th S-An, s SW- u. NO-We O-Br SO-Ns, (N) s Sa, (U) s Bw Me Sh (m-temp·ozEUR – H, T – V Alliar., V Arct., K Thlasp. rot.). **Gift-L.** – L. virósa L.

7* Bl mit ± senkrecht gestellter Spreite, meist buchtig fiederteilig mit rückwärtsgerichteten Zipfeln. Fr bräunlichgrau, schmal berandet, an der Spitze kurzborstig. 0,60–1,20. ① 7–9. Trockne bis mäßig trockne Ruderalstellen (Wegränder, Schutt, Umschlagplätze, an Mauern), Dämme, Hecken; (A) alle Bdl v, aber Bergland, NW-We, NO-Ns u. S-Sh z, SW-Ns u. N-Sh s, f Alpen, ↗ (m-temp·(k)EUR–WAS – H – V Sisymbr., V Dauco-Mel., V Conv.-Agrop. – KompaßPfl). [L. scaríola L.] **Kompaß-L., Stachel-L.** – L. serríola L.

Hasenlattich – Prenánthes L.

Bl herzfg stengelumfassend, kahl, blaugrün. Köpfe in Rispen. 0,50–1,50. ♃ 7–8. Mont. Schläge, Säume, krautreiche BuchenW, TannenW u. FichtenW, Hochstaudenfluren, mäßig anspruchsvoll; v im Berg- u. Hügelland von Ba (Jura s) Bw S-Rh Sa, z NO-Rh S-He Th, s S- u. SW-An (sm/mo-stemp/mo·subozEUR – H – V Gal.-Abiet., V Querc. rob.-petr., V Adenost.). **Purpur-H.** – P. purpúrea L.

Pippau, Grundfeste – Crépis L.

1 Fr, wenigstens die inneren, mit deutlichem, ± lg Schnabel (Abb. **480**/4). Pappus schneeweiß **2**

1* Fr oben verschmälert, aber höchstens sehr kurz u. undeutlich geschnäbelt (Abb. **480**/5) **4**

2 Köpfe vor dem Aufblühen nickend. Griffel gelb. Stg beblättert, weichhaarig. Pfl mit gelblichem Milchsaft, unangenehm riechend. Kr zitronengelb, RandB unterseits rot. 0,15–0,30. ⊙ ① 6–8. Mäßig trockne Ruderalstellen, Brachen, basenhold; (A), im N (N) z M- u. NW-Ba Bw Rh, s SW- u. NO-We He Sa: bes. NW S-An SO-Ns, † Th Br, (U) Me, ↘ (m-stemp·(oz)EUR – H, T – V Sisymbr., V Dauco-Mel.). [Barkha͞usia fo͞etida (L.) F. W. SCHMIDT] **(**) Stink-P.** – C. fo͞etida L.

2* Köpfe vor dem Aufblühen aufrecht. Griffel grünlich od. grünlichbraun **3**

3 Hülle reichlich steifborstig, zur FrZeit nur wenig kürzer als der Pappus. Kopfboden kahl. HüllBl abstehend, nicht od. schwach hautrandig. 0,15–0,50. ⊙ 6–9. Mäßig trockne Ruderalstellen (Wegränder, Schutt, an Mauern), Brachen, Äcker (bes. Dauerkulturen); (N U) z W-Ba Bw Rh We He, s O-Ba An Br: Berlin Me Ns Sh: Hamburg, † N-Th (m-sm·subozEUR – T – O Polyg.-Chen., V Dauco-Mel.). [Barkha͞usia setósa (HALLER fil.) DC.] **Borsten-P.** – C. setósa HALLER fil.

3* Hülle kahl od. spärlich borstig, zur FrZeit halb so lg wie der Pappus. Kopfboden behaart. Äußere HüllBl wenigstens anfangs anliegend, br hautrandig. 0,30–0,80. ⊙ 5–6. Mäßig trockne bis frische Ruderalstellen (Wegränder, Böschungen, an Mauern), kalkhold; (A) z Bw Rh S-He, (N U) s M- u. N-Ba SW- u. NO-We O-Sa Br: Berlin Me SO-Ns, † N-Th, ↘ (m-temp·ozEUR – H – V Sisymbr.). [C. vesicária L. ssp. taraxacifólia (THUILL.) THELL., C. polymórpha POURR. non GILIB., Barkha͞usia taraxacifólia (THUILL.) DC.] **Löwenzahn-P.** – C. taraxacifólia THUILL.

4 **(1)** Stg 1–5köpfig, selten mehrköpfig, zur BZeit stets mit BlRosette. GebirgsPfl **5**

4* Stg meist mehrköpfig, wenn (selten) wenigköpfig, dann zur BZeit ohne BlRosette . . **10**

5 Kr orangerot. Stg mit Rosette, sonst blattlos od. mit wenigen SchuppenBl, oberwärts schwarzzottig. Köpfe etwa 1 cm br. 0,05–0,20. ♃ 6–8. Frische, nährstoffreiche, meist kalkarme alp. Wiesen u. Weiden, Lägerfluren, Schneeböden; v S-Ba: Alpen, s oberes

Vorland, † SO-Bw (m/alp-stemp/salp·subozEUR – H – V Poion alp., V Salic. herb., V Rum. alp.). **Gold.-P.** – C. aúrea (L.) CASS.

5* Kr gelb. Stg beblättert **6**

6 Pappus schneeweiß, biegsam **7**

6* Pappus schmutzigweiß **9**

7 Stg dicht beblättert, kurz, 1köpfig. Köpfe die Bl wenig überragend, bis 5 cm br. Kopfstiele keulig verdickt. Hülle dicht schwarzzottig. 0,02–0,10. ♃ 7–8. Frische, kalkhaltige, sonnige alp. Steinschuttfluren; z S-Ba: Alpen (sm/alp-temp/alp·subozALP – H – V Thlasp. rot.). [C. hyoséridifólia (VILL.) TAUSCH] **Triglav-P.** – C. terglouénsis (JACQ.) KERNER

7* Stg locker beblättert, höher, 1–5köpfig. Köpfe die Bl deutlich überragend. 2–4 cm br . **8**

8 Bl spärlich flaumig, lebhaft grün. StgBl 1–3, mit verschmälertem Grund sitzend. Stg 1köpfig, seltener mit 2–9 einköpfigen Ästen. Kopfstiele oberwärts kaum verdickt. Hülle graufilzig. 0,10–0,30. ♃ 6–8. Säume, Gebüsche, KieferntrockenW, Trockenrasen, kalkstet; z S- u. M-Ba: Alpen, westliches Vorland, Donau, S-Jura Bw: Jura, Hegau, ↘ (sm/alp-stemp/dealp·subozEUR – H – V Eric.-Pin., V Ger. sang., O Sesl., V Car. ferr., K Fest.-Brom.). **Alpen-P.** – C. alpéstris (JACQ.) TAUSCH

8* Bl drüsig weichhaarig. StgBl mindestens 4, untere u. mittlere mit pfeilfg Grund stengelumfassend. Stg mit meist 2–5 einköpfigen Ästen. Kopfstiele oberwärts verdickt. Hülle schwarzzottig u. drüsenhaarig. 0,15–0,40. ♃ 7–9. Subalp. frische Silikatmagerrasen, Ruderalstellen (Wegränder), Waldsäume, kalkmeidend; z S-Ba: Allgäu, s oberes Vorland von Ammer bis Tegernsee, † SO-Ba, ↘ (sm/alp-stemp/dealp·subozEUR – H – V Nard.). [C. grandiflóra (ALL.) TAUSCH] **Großköpfiger P.** – C. conyzifólia (GOUAN) KERNER

9 **(6)** Stg meist 1köpfig, oberwärts auffällig verdickt. Bl länglich-eifg, gezähnelt, spärlich kraushaarig. Köpfe 4–5 cm br. Kr goldgelb. 0,20–0,60. ♃ 6–8. Frische, kalkhaltige subalp. u. alp. Matten; z SW-Ba: Allgäu, Ammergebirge, † SO-Ba, ↘ (sm/salp-temp/salp·subozEUR – H – V Car. ferr.). [C. montána (L.) TAUSCH, C. pontána aut.] **Berg-P.** – C. boccóni SELL

9* Stg 1–3köpfig, unter den Köpfen kaum verdickt. StgBl fiederteilig bis -schnittig. GrundBl linealisch-lanzettlich, ganzrandig od. entfernt buchtig gezähnt. Köpfe 2–3 cm br. Kr hellgelb. 0,05–0,15. ♃ 7–8. Frische, kalkhaltige alp. Steinrasen, Steinschuttfluren, Felsspalten; z S-Ba: Alpen (sm/alp-temp/alp·subozEUR – H – V Sesl.). **(**) Felsen-P.** – C. jacquínii TAUSCH

10 **(4)** Stg blattlos. GrundBl entfernt gezähnelt. Köpfe ∞, in traubiger Rispe. 0,15–0,45. ♃ 5–6. Kalkhalbtrockenrasen, wechseltrockne Moorwiesen, Trockengebüsche, TrockenW u. ihre Säume, kalkhold; z Ba Bw Th, s Rh SW-We S-, O- u. N-He S- u. W-An N-Br SO-Ns, † Sa Me, ↘ (sm-temp·subkEUR–SIB – H – V Mesobrom., V Mol., V Ger. sang.). **Abbiß-P.** – C. praemórsa (L.) F. L. WALTHER

10* Stg beblättert **11**

11 Pappus schmutzig gelblichweiß, spröde (zu Pulver zerreibbar). Bl buchtig gezähnt, mit spitzen Öhrchen stengelumfassend, kahl, dünn, unterseits bläulich. Hülle drüsig behaart. 0,40–0,80. ♃ 6–8. Frische bis nasse, nährstoffreiche Flachmoorwiesen, Quellmoore, Erlen-EschenW, AuW; v (Trockengebiete z) Ba Bw Rh S- u. O-We He Th Sa Me Sh O-Ns, z NW-We An Br NW-Ns (sm/mo-b·(oz)EUR – H – V Calth., V Junc. acutifl., V Adenost., V Alno-Ulm.). **Sumpf-P.** – C. paludósa (L.) MOENCH

11* Pappus schneeweiß, weich, biegsam (nicht zerreibbar) **12**

12 Pfl ♃, mit dunklem Rhizom. Hülle schwärzlich drüsen- od. langhaarig, seltener **(13)** graufilzig. Fr meist (außer **13**) 20rippig. Köpfe 2–4 cm br **13**

12* Pfl ⊙ – ⊙, mit bleicher Pfahlwurzel. Hülle grau- od. weißhaarig, selten schwarzhaarig, drüsig od. kahl. Fr stets 10–13rippig **16**

13 Stg außer der Rosette mit 1–3 Bl. Fr mit 10–13 rauhen Rippen. **Alpen-P.,** s. **8**

13* Stg außer der Rosette mehrblättrig. Fr 20rippig. **14**

14 Bl drüsig weichhaarig. Hülle 16–20 mm lg, schwarzzottig u. drüsig. **Großköpfiger P.,** s. **8***

14* Bl nicht drüsig weichhaarig **15**

15 Hülle 13–17 mm lg, schwärzlich rauhhaarig, drüsenlos. StgBl mit pfeilfg od. spießfg Grund stengelumfassend. GrundBl zur BZeit verwelkt. Stg mit mehreren, meist 1köpfigen Ästen od. 1köpfig. 0,25–0,70. ♃ 6–8. Frische, nährstoffreiche, meist kalkhaltige subalp. Hochstaudenfluren, Matten; v S-Ba: Alpen, s SW-Bw: S-Schwarzw (sm/mo-stemp/mo·subozEUR – H – O Adenost., V Car. ferr.). [C. blattarioídes (L.) VILL.]
Pyrenäen-P. – C. pyrenáica (L.) GREUTER

15* Hülle 8–12 mm lg, schwärzlich drüsenhaarig. StgBl entfernt, mit seicht herzfg abgerundetem Grund stengelumfassend. GrundBl zur BZeit vorhanden, ganzrandig od. schwach gezähnelt. Stg oberwärts schirmrispig. 0,30–0,60. ♃ 6–8. Frische, nährstoffreiche Gebirgsfettwiesen u. -weiden; v, bes. Bergland, S- u. M-Ba S- u. O-Bw, z M- u. N-He Th S-Sa S-An, s N-Ba SO-We SO-Ns: Harz (sm/mo-temp/demo·(suboz)EUR – H – V Triset., O Mol., V Mesobrom., V Carp.). [C. succisifólia (ALL.) TAUSCH]
Weicher P. – C. móllis (JACQ.) ASCHERS.

16 **(12)** Hülle walzlich, kahl. Kopfstiele kahl, hohl. Bl drüsig klebrig od. flaumig. StgBl länglich, ganzrandig od. schwach gezähnt, mit gestutztem od. pfeilfg Grund sitzend. Köpfe 15–17 mm br. 0,30–0,70. ⊙ 5–7. Mäßig frische Ruderalstellen (Wegränder, an Mauern), Weinberge, Heckensäume, kalkhold; z Bw: Rhein- u. Neckargebiet, s Rh: Pfalz, Mosel, Rhein NW-Ba: Main, (N U) s Me Ns, ↗ (m/mo-stemp·(oz)EUR–WAS – T – V Sisymbr., O Onop., V Fum.-Euph.). **Schöner P., Glanz-P.** – C. púlchra L.

16* Hülle glockig, ± behaart **17**

17 Pfl graugrün. Mittlere u. obere Bl am Rand umgerollt, linealisch, ganzrandig od. entfernt fiederspaltig, am Grund mit kurzen, 3eckigen Öhrchen halbstengelumfassend (Abb. **484**/1). Innere HüllBl oberseits (d. h. auf der Innenseite!) anliegend behaart (Lupe!). Griffel bräunlichgrün. Köpfe 15–20 mm br. Kr hellgelb. 0,10–0,60. ⊙ ① 5–10. Trockne, sandige bis kiesige Ruderalstellen (Wegränder, Schutt, auf Mauern), extensiv genutzte Äcker, Brachen; v Me Br NO-Ns, z Ba außer Alpen Rh We He Th NW-Sa An SO- u. W-NS Sh, s Bw SO-Sa, im Hügel- u. Bergland ↘ (sm-b·(k)EURAS – T – V Sisymbr., O Polyg.-Chen.). **Dach-P., Mauer-P.** – C. tectórum L.

17* Pfl frischgrün. StgBl am Rand flach, fiederspaltig bis -teilig, nur oberste ungeteilt . . **18**

18 Äußere HüllBl der Hülle angedrückt od. einwärts gebogen. StgBl mit meist geschlitzten Öhrchen stengelumfassend (Abb. **484**/2). Innere HüllBl oberseits kahl. Griffel gelb. Köpfe 10–15 mm br. Kr goldgelb, unterseits oft rötlich. 0,15–0,60. ⊙ ① 6–10. Frische Magerrasen, Ruderalstellen (Wegränder, Schutt), Brachen, kalkmeidend, (A?) g Sh, übrige Bdl v, aber Alpen- u. Trockengebiete z (sm-temp·ozEUR – T – O Arrh., V Dauco-Mel.). [C. vírens L.] **Kleinköpfiger P.** – C. capilláris (L.) WALLR.

18* Äußere HüllBl abstehend. Köpfe 20–35 mm br **19**

19 Innere HüllBl oberseits anliegend behaart. Bl kahl od. zerstreut kurzhaarig, obere mit gestutztem od. verschmälertem Grund u. meist 2 abstehenden Spießecken sitzend (Abb. **484**/3). Griffel gelb. Köpfe 25–35 mm br. Kr goldgelb, unterseits nicht rot. Fr etwa 5 mm lg. 0,50–1,20. ⊙ 5–8. Frische, nährstoffreiche Fettwiesen, Wegraine; im N (A) g (Bergland v) Ba Bw Rh SW- u. NO-We He Th S-An M- u. W-Sa S-Ns, v N-An Br, z NW-We O-Sa N-Ns Me O-Sh (m/mo-temp·(oz)EUR – H – V Arrh., V Triset., V Sisymbr.).
Wiesen-P. – C. biénnis L.

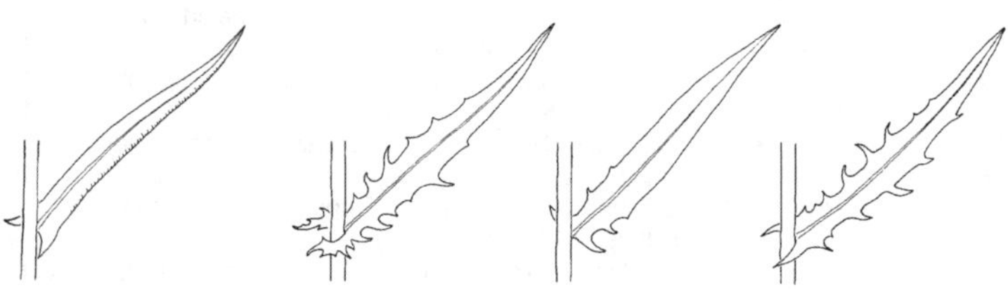

19* Innere HüllBl oberseits kahl. Wenigstens untere Bl rauhhaarig. StgBl mit ± pfeilfg Öhrchen halbstengelumfassend (Abb. **484**/4). Griffel braun. Köpfe 20–25 mm br. Kr blaß- od. goldgelb. Fr etwa 3 mm lg. 0,30–0,90., ⊙ 5–6. Mäßig trockne Ruderalstellen (Wegränder, Schutt), ruderal beeinflußte Frischwiesen, salzertragend; (N 1850 U) s Bw We Th Sa An Br Me Sh (sm/mo-stemp·subozEUR – H – V Sisymbr., V Arrh.).
Nizza-P. – C. nicaeénsis BALBIS

Tolpis – Tólpis ADANS.

Pfl mit unterirdischen Ausläufern. Stg meist 1köpfig, mit 0–2 kurzen Bl. GrundBl ∞. B hellgelb, getrocknet grün. 0,15–0,40. ♃ 6–9. Schotterfluren der Alpenflüsse; v S-Ba: Alpen, z Hochebene an Alpenflüssen, † SO-Bw (sm/dealp-stemp/dealp·subozEUR – H – V Epil. fleisch., K Thlasp. rot.). [Hierácium staticifólium ALL., Chlorocrépis staticifólia (ALL.) GRISEB.] **Grasnelken-T., Grasnelkenhabichtskraut** – T. staticifólia (ALL.) SCHULTZ-BIP.

Habichtskraut – Hierácium L.
(H)

Die im Schlüssel enthaltenen „Hauptarten" bestehen aus einer Vielzahl von Kleinsippen. Sie sind deshalb schwer gegeneinander abzugrenzen. Die Bestimmung wird außerdem durch die zahlreichen „Zwischenarten" erschwerrt, die nicht mit aufgenommen wurden u. deren Bestimmung meist erst bei genauer Kenntnis der Hauptarten möglich ist. – Als „Haare" werden im Hieracium-Schlüssel nur die einfachen, drüsenlosen u. nicht sternartigen Haare bezeichnet. Außerdem kommen Drüsenhaare („Drüsen") u. Sternhaare (10fache Lupe!) vor.

1 Pfl mit Ausläufern. **Mausohr-Habichtskräuter** – subgen. Pilosélla – **Tabelle B** S. 489
1* Pfl ohne Ausläufer **2**
2 Fr 1–2,5 mm lg, jede ihrer Rippen in einem kurzen, zahnartigen Vorsprung endend (Abb. **486**/1). Bl ganzrandig od. schwach gezähnelt, mit allmählich verschmälertem Spreitengrund. **Mausohr-Habichtskräuter** – subgen. Pilosélla – **Tabelle B** S. 489
2* Fr (2,5–)3–5 mm lg, ihre Rippen oben in einen ungezähnten, ringfg Wulst verschmelzend (Abb. **486**/2). Bl oft gezähnt, mit keiligem, gestutztem, abgerundetem od. herzfg Spreitengrund. **Echte Habichtskräuter** – subgen. Hierácium – **Tabelle A** S. 485

Tabelle A Echte Habichtskräuter
(Ap)

1 Bl wenigstens am Rand reichdrüsig **2**
1* Bl drüsenlos od. am Rand mit vereinzelten, winzigen Drüsen **5**
2 Pfl klebrig drüsig, ohne od. mit wenigen Haaren **3**
2* Pfl nicht klebrig drüsig, mit Drüsen u. Haaren **4**
3 GrundBl zur BZeit fehlend. StgBl ∞, im unteren Teil oft rosettenartig gedrängt, länglich-lanzettlich, sitzend od. halbstengelumfassend. Pfl 1- bis wenigköpfig. Hülle bis 18 mm lg. Kr gelblichweiß, ihre Zähne kahl. Pfl haarlos, stark duftend. 0,05–0,30. ♃ 7–9. Subalp. bis alp. Fels- u. Schuttfluren, kalkmeidend; s SW-Ba: Allgäu: Höfats, Ifengebiet, Elferkopf, (N) s W-An: Brocken (sm/salp-stemp/salp·subozALP – V Andros. vand., V Sedo-Scler.). **Zichorien-H.** – H. intybáceum ALL.
3* GrundBl ∞. StgBl 3–6(–10), mit geöhrtem od. herzfg Grund stengelumfassend. Pfl 2–12(–25)köpfig. Hülle 10–16 mm lg. Kr gelb, ihre Zähne stark gewimpert. 0,10–0,50. ♃ 6–8. Fels- u. Schuttfluren, an Mauern; z S-Ba: Alpen, s SW-Bw: Schwarzw: Schlüchttal, (N) s N-Bw: Wimpfen He: Kassel Th S-Sa: Pfaffroda An SO-Ns, † We (m/mo-stemp/mo·ozEUR – K Aspl. trich.). **Stengelumfassendes H.** – H. amplexicaule L.
4 **(2)** KrZähne gewimpert. GrundBl ganz allmählich in den br geflügelten Stiel verschmälert, länglich-lanzettlich od. spatelfg, ganzrandig od. gezähnt. Stg 1(–wenig)köp-

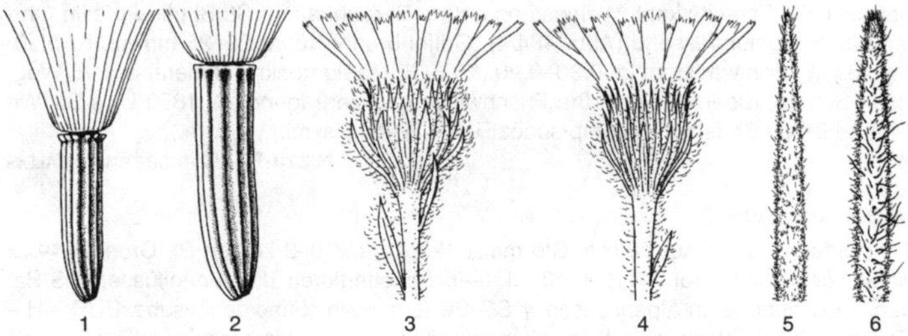

fig. 0,05–0,30. ♃ 7–8. Magerrasen, Heiden, kalkmeidend; z S-Ba: Alpen, s W-An: Brocken (sm/alp-arct·(oz)EUR–GRÖNL–WSIB – V Nard., V Car. curv.).

Alpen-H. – H. alpínum L.

4* KrZähne nicht gewimpert. GrundBl deutlich gestielt, verkehrteifg bis br lanzettlich, meist tief buchtig gezähnt u. am Grund fiederteilig. Stg meist sparrig ästig u. wenigköpfig. StgGrund u. BlStiele meist violett. 0,10–0,30. ♃ 6–8. Felsspalten, kalkstet; z S-Ba: Alpen, S-Bw: Hohentwiel, S-Schwarzw, Jura (sm/dealp-stemp/dealp·subozEUR – V Potent. caul.). **Niedriges H.** – H. húmile JACQ.

5 **(1)** HüllBl zottig, lg zugespitzt. Hülle kuglig bis bauchig. Haare an Stg u. Bl sehr lg (4–10 mm) **6**

5* Hüllbl kahl od. behaart, aber nicht zottig **8**

6 StgBl 0–1(–2), schuppenähnlich. GrundBl ganzrandig, selten mit spärlichen Zähnchen. Stg meist 1köpfig. Hülle 9–15(–17) mm lg. Fr 2,5–2,8 mm lg. KrZähne ungewimpert. 0,05–0,15. ♃ 7–8. Magerrasen, meist auf Silikatgestein; s S-Ba: Allgäu, Salzburger Alpen oberhalb 1700 m (sm/alp-stemp/alp·(oz)EUR – V Car. curv., V Nard.).

Grauzottiges H. – H. pilíferum HOPPE

6* StgBl meist 3–8. GrundBl ganzrandig od. kurz gezähnt. Hülle 14–18 mm lg. Fr 3,3–4,5 mm lg **7**

7 Äußere HüllBl etwas sparrig abstehend, laubblattartig, elliptisch bis lanzettlich (Abb. **486**/3), meist grün, in die StgBl übergehend, innere lineal u. lg zugespitzt, meist dunkel. Stg meist 2–4köpfig. 0,15–0,30. ♃ 7–9. Steinrasen, Schuttfluren, kalkstet; v S-Ba: Alpen (sm/alp-stemp/alp·subozEUR – V Sesl., V Car. ferr.).

Woll-H. – H. villósum JACQ.

7* Alle HüllBl gleichgestaltet, lineal-lanzettlich bis linealisch, locker angedrückt (Abb. **486**/4), ± dunkel. Stg 1–2(–5)köpfig. 0,15–0,30. ♃ 7–8. Steinrasen, Schuttfluren, kalkstet; z S-Ba: Alpen (sm/alp-stemp/alp·subozEUR – V Sesl.). [H. morisiánum RCHB. fil.]

Weißhaariges H. – H. pilósum SCHLEICHER ex FROEL.

8 **(5)** StgBl 0–1(–2). GrundBl am Spreitengrund kurz zusammengezogen, gestutzt od. herzfg, selten verschmälert **9**

8* StgBl (2–)3–∞. GrundBl in den BlStiel verschmälert od. fehlend **12**

9 Bl stark blaugrün, am Rand mit über 2 mm lg Borstenhaaren u. einzelnen, winzigen Drüsen (10fache Lupe!). HüllBl feindrüsig. KrZähne gewimpert. Griffel gelb. 0,10–0,40. ♃ 5–7. Silikatfelsfluren, Mauern, kalkmeidend; z Rh, s N-Ba S-Bw: Schwarzw S-We He Th S-An Sa: Elbegebiet SO-Ns: Süntel, † Sa: Erzg (m/mo-b·ozEUR–VORDAS – V Andros. vand., O Sedo-Scler.). [H. pállidum BIV.] **Bleiches H.** – H. schmídtii TAUSCH

9* Bl grün od. (oft bei Gabel-H., **10**) blaugrün, stets drüsenlos. KrZähne meist ungewimpert **10**

10 Kopfstand gabelästig, ± sparrig, wenigköpfig. HüllBl drüsenlos od. wenigdrüsig, reich (selten arm) behaart, meist überall mit ∞ Sternhaaren, lg u. fein zugespitzt (Abb. **486**/5). BlOSeite kahl (außer bei einigen Hochgebirgssippen). 0,10–0,40. ♃ 6–8. Fels-

u. Schuttfluren, lichte BuchenW, kalkstet; S-Ba: v Alpen, z Vorland, z M-Ba u. Bw: Jura Th, s N-Ba SW-Bw: S-Schwarzw: Höllental, Alpenvorland W-Rh: Gerolstein O-We: Marsberg N-He S- u. W-An SO-Ns: Süntel, S-Harz Me: NO-Rügen, † Sa: Radebeul (sm/demo-b·(oz)EUR – V Potent. caul., O Sesl., O Brom., V Cephal.-Fag.).

Gabel-H. – H. bífidum KIT.

10* Kopfstand ± schirmrispig; Äste bogig aufrecht od. abstehend. HüllBl meist reichdrüsig. BlOSeite meist behaart **11**

11 Sternhaare auf den HüllBl am Rand dicht, auf der Fläche höchstens zerstreut. HüllBl mit bärtiger Spitze, meist reich feindrüsig u. zugleich reich behaart; Haare mindestens 3mal so lg wie die Drüsen (Abb. **486**/6). GrundBl oft durch rückwärtsgerichtete Zähne etwas pfeilfg. StgBl 1–2. Kopfstand mit genäherten, stark bogigen Ästen. 0,20–0,70. ♃ 5–7. BuchenW; s Me: Rügen, Neubrandenburg, Schwerin N-Sh: Flensburger Förde (temp-b·(oz)EUR – V Asper.-Fag.). [H. sagittátum (LINDEB.) STENSTR.]

Pfeil-H. – H. fuscocinéreum NORRLIN

11* Sternhaare auf den HüllBl fehlend od. vorhanden, aber nur selten einen filzigen Rand bildend. HüllBl haarlos od. spärlich, selten mäßig stark behaart, reichdrüsig. Drüsen kräftig. 0,20–0,60. ♃ 5–8. Frische bis trockne Wälder u. ihre Säume, Gebirgswiesen, Fels- u. Schuttfluren, an Mauern; alle Bdl v, aber NW-We, N-Ns u. W-Sh z (sm/mo-b·(oz)EUR – V Luz.-Fag., K Querc. rob.-petr., K Vacc.-Pic.). [H. sylváticum (L.) L.]

Wald-H. – H. murórum L.

12 **(8)** Bl blaugrün, derb. GrundBl lanzettlich bis lineal-lanzettlich. Stg ± gabelästig u. sparrig **13**

12* Bl grün (bei Blaugrauem H., **15**, oft etwas blaugrün). GrundBl breiter od. fehlend . . **14**

13 GrundBl ungestielt, ganzrandig od. entfernt od. kurz gezähnelt. StgBl (3–)5–10(–15). Hülle (10–)12–15 mm lg, kuglig. 0,20–0,40. ♃ 7–8. Fels- u. Schuttfluren, kalkstet; z S-Ba: Alpen, s Ba: Isartal, N-Jura: Streitberg, Behringersmühle S- u. M-Bw: Hohentwiel, Donautal von Tuttlingen bis Sigmaringen, Pfullingen (sm/dealp-stemp/dealp·subozEUR – V Potent. caul., K Elyn.-Sesl., K Thlasp. rot.).

Hasenohr-H. – H. bupleuroídes C. C. GMELIN

13* GrundBl gestielt, gezähnelt bis gesägt-gezähnt. StgBl 2–6(–10). Hülle 9–11(–13) mm lg, eifg. 0,20–0,60. ♃ 7–9. Fels- u. Schuttfluren, kalkstet; z S-Ba: Alpen, Hochebene an Lech u. Isar (sm/dealp-stemp/dealp·subozEUR – V Stip. calam., V Epil. fleisch., K Thlasp. rot., V Potent. caul.). **Blaugrünes H.** – H. gláucum ALL.

14 **(12)** Pfl mit BlRosette (selten zur BZeit ohne GrundBl). StgBl meist 2–8, untere gestielt, ± lg zugespitzt, obere gestielt od. br sitzend. HüllBl ± stumpflich bis spitz u. schmal, wenigreihig, kaum dachzieglig (Abb. **487**/1) **15**

14* Pfl ohne BlRosette (Glattes H, **17**, manchmal mit 1–4 GrundBl). StgBl ∞. HüllBl ± stumpf, ± deutlich dachzieglig (Abb. **487**/2–4) **16**

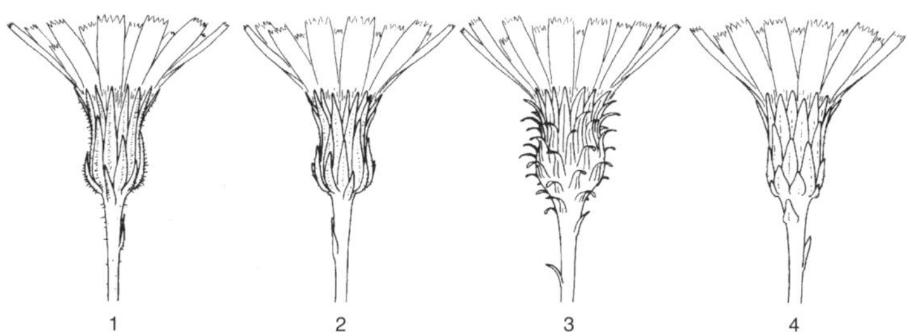

1 2 3 4

15 Hülle 10–14 mm lg, drüsenlos od. zerstreut feindrüsig, spärlich bis reichlich behaart, Sternhaare ∞, seltener wenige. Kopfstand lockerrispig bis gablig. Bl oft ± derb, grün, graugrün od. bläulichgrün, oberseits meist kahl, oft gefleckt. 0,10–0,50. ♃ 6–8. Fels- u. Schuttfluren, kalkstet; z S-Ba, s Bw: Allgäu, Jura, ob noch? Th SW-An SO-Ns: S-Harz Me: NO-Rügen, ↘ (sm/demo-b·(oz)EUR – O Sesl., O Brom.).
Blaugraues H. – H. caésium (FRIES) FRIES

15* Hülle (Abb. **487**/1) 8–11 mm lg, zerstreut bis sehr reich drüsig, haarlos od. zerstreut behaart. Sternhaare wenige, seltener fehlend od. ziemlich reichlich. Bl stets rein grün, selten gefleckt. 0,30–1,00. ♃ 6–8. Lichte, bodensaure Wälder, Säume u. Gebüsche, Heiden, Magerrasen, Bergwiesen, Felsfluren; alle Bdl v, aber NW-Ns u. W-Sh z (sm/mo-bEURAS – V Querc. rob.-petr., V Luz.-Fag., O Nard.). [H. vulgátum aut. non FRIES] **Gewöhnliches H.** – H. lachenálii C. C. GMELIN

16 **(14)** Hüllen u. Kopfstand sehr reichdrüsig. KrZähne gewimpert. StgBl 10–30, ± geigenfg, mit br, stengelumfassendem Grund, unterseits netzadrig. 0,30–1,20. ♃ 7–9. Krummholz, subalp. Wiesen u. Heiden, trocknere Hochstaudenfluren; z S-Ba: Alpen, s S-Bw: Feldberg, † O-He: Wasserkuppe (m/salp-b·(suboz)EUR–WAS – V Adenost., V Car. ferr.). **Hasenlattich-H.** – H. prenanthoídes VILL.

16* Hüllen u. Kopfstand drüsenlos bis zerstreut drüsig. KrZähne ungewimpert. Bl am Grund meist verschmälert, höchstens schwach stengelumfassend, nie geigenfg **17**

17 HüllBl unregelmäßig dachzieglig, innere spitz, äußere stumpf (Abb. **487**/2), spärlich bis mäßig kurzdrüsig, haarlos bis mäßig behaart. GrundBl fehlend, seltener 1–4. Stg ± entfernt beblättert. StgBl (4–)6–30(–40), eilanzettlich bis lineal-lanzettlich, lg zugespitzt, untere in den lg, geflügelten Stiel verschmälert, obere sitzend. 0,30–1,20. ♃ 6–8. Lichte, bodensaure Wälder, Säume u. Gebüsche, Heiden, Magerrasen, Bergwiesen; alle Bdl v, aber Alpen u. Vorland, Schwäbische Alb u. W-Sh z (sm/mo-b·(oz)EUR–WSIB – V Querc. rob.-petr., V Luz.-Fag., O Nard.).
Glattes H. – H. laevigátum WILLD.

17* HüllBl regelmäßig dachzieglig, alle stumpf. StgBl 10–70, dichtstehend. GrundBl stets fehlend **18**

18 Kopfstand wenigstens oben doldig. StgBl alle ± gleichgestaltet, linealisch, bis lanzettlich, selten breiter, sitzend, ihr Rand umgerollt, drüsenlos. HüllBl sparrig abstehend, mit zurückgebogener Spitze (Abb. **487**/3), kahl, selten mit einzelnen, kleinen Drüsen od. Haaren. Griffel meist gelb. 0,10–1,00. ♃ 7–10. Heiden, (wechsel)frische Magerrasen, Sandtrockenrasen, Dünen, Waldsäume, lichte Eichen- u. KiefernW, kalkmeidend; alle Bdl v, aber Jura, Alpenvorland, Mittelg u. MDt-Trockengeb z, Alpen s (m/mo-bCIRCPOL – meist nicht Ap – O Fest.-Sedet., V Viol. can., V Mesobrom., V Ammoph., K Trif.-Ger., K Querc. rob.-petr., V Cytis.-Pin.). **Dolden-H.** – H. umbellátum L.

18* Kopfstand nur selten etwas doldig. Bl breiter, untere stielartig verschmälert, obere sitzend, am Rand mit vereinzelten, winzigen Drüsen. Spitzen der HüllBl nie zurückgebogen (Abb. **487**/4). Griffel meist dunkel **19**

19 Grubenränder des Korbbodens mit lg, haarartig gefransten Zähnen (Abb. **489**/1). Bl am Stg gleichmäßig verteilt od. rosettenartig gedrängt (dann bis zum Grund gleichmäßig verschmälert). Reife Fr dunkelbraun bis schwarz. HüllBl meist schwarzgrün bis schwarz. 0,50–1,50. ♃ 8–10. Lichte, bodensaure LaubW, Säume, Gebüsche, mäßig trockne Ruderalstellen (Steinbrüche, Bahnanlagen, Wegböschungen); alle Bdl v, aber Bw: Jura, Oberschwaben We: NW u. Sauerland W-Ns z, Alpen u. Vorland, östliche Mittelg oberhalb 600 m u. NW-Sh s (sm-temp·(oz)EUR – V Querc. rob.-petr., V Luz.-Fag., O Orig.). **Savoyer H.** – H. sabaúdum L.

19* Grubenränder des Korbbodens kurz gezähnt. Untere StgBl meist rosettenartig gedrängt, rasch in einen br Stiel verschmälert. Reife Fr ledergelb bis braun. HüllBl grün od. mit br grünem Rand. 0,10–0,80. ♃ 7–10. Lichte Wälder, Säume, Gebüsche; (N) s We He: Gießen M-Br: Berlin, † S-Br: Treuenbrietzen SO-Ns (m/mo-stemp·ozEUR – V Trif. med.). **Trauben-H.** – H. racemósum W. et K. ex WILLD.

Tabelle B Mausohr-Habichtskräuter
(Meist Sv: Ausläufer)

1 Stg 1(–2)köpfig, blattlos. Äußere B unterseits meist rotstreifig 2

1* Stg 2–∞köpfig, 1- od. mehrblättrig 4

2 HüllBl an der Spitze abgerundet od. stumpflich, ± eifg, 2–4 mm br (Abb. **489**/2). Ausläufer sehr kurz u. dick, mit genäherten, großen Bl. 0,05–0,30. ♃ 5–8. Subalp. u. dealp. Magerrasen; z S-Ba: Alpen vom Allgäu bis Kreuth, Vorland am Lech u. im Isargebiet bis Mamming u. Plattling, ↘ (m-stemp·subozEUR–VORDAS – V Nard., K Fest.-Brom.).
Hoppe-H. – H. hoppeánum SCHULT. s. l.

2* HüllBl spitz (Abb. **489**/3) 3

3 HüllBl 1,5–3 mm br, lg u. dicht seidenhaarig, drüsenlos od. spärlich drüsig. Ausläufer kurz, dick, mit genäherten, gleichgroßen Bl. 0,05–0,30. ♃ 5–6. Silikatfelsfluren, Sandtrockenrasen, Wegränder kalkmeidend; z Rh, s Ba: Regensburg SW-Bw: S-Schwarzw S-He Th: Saalfeld, Kyffhäuser Sa: Meißen, Diesbar-Seußlitz S-An: Halle, ↘ (sm/mo-b·ozEUR – O Sedo-Scler., O Fest.-Sedet., V Querc. rob.-petr.).
Peletier-H. – H. peleteriánum MÉRAT

3* HüllBl 0,5–2 mm br (Abb. **489**/3), haarlos bis reich behaart, drüsenlos bis sehr reich drüsig. Ausläufer verlängert, schlank, mit entferntstehenden, nach der Ausläuferspitze zu kleiner werdenden Bl. 0,05–0,30. ♃ 5–10. Xerothermrasen, Silikatmagerrasen, Heiden, Gebüschsäume, lichte KiefernW, Wegränder; alle Bdl g (sm-b·(oz)EUR – partiell Ap – K Fest.-Brom., K Sedo-Scler., K Nardo-Call.). **Kleines H.** – H. pilosélla L.

4 (1) GrundBl zur BZeit abgestorben. StgBl (3–)5–20, lanzettlich, derb, mit Sternhaaren u. dichtstehenden, lg, ± angedrückten Borstenhaaren. 0,25–0,90. ♃ 7–8. Kont. Sand- u. Silikattrockenrasen, Felsfluren; z O-Br, s N-Th Sa: Diesbar An W-Br O-Me (m/mo-temp·subkEUR – partiell Ap – WAS – V Koel. glauc., V Fest. val.).
Natternkopf-H. – H. echioídes LUMNITZER

4* GrundBl bleibend. StgBl meist 1–3 5

5 Stg meist <25 cm lg, aufsteigend, (1–)2–5(–7)köpfig, 1blättrig. GrundBl linealisch bis meist spatelfg 6

5* Stg meist >25 cm lg, aufrecht, ∞köpfig, 1- bis mehrblättrig. Bl ± zugespitzt 7

6 Bl blaugrün, spatelfg, ohne Sternhaare, nur am Rand u. Grund behaart. HüllBl weißlich berandet. Ausläufer lg, ihre Bl nach der Ausläuferspitze zu größer werdend. 0,05–0,30. ♃ 5–8. Silikatmagerrasen, Flachmoorwiesen, Quellmoore, kalkmeidend; z (meist Bergland) Ba Bw Rh S-We He S-Th S-Sa, s NO-We N-Th N-Sa An Br Ns Me Sh, ↘ (sm/mo-b·(oz)EUR – O Nard., V Mol., V Car. fusc.). [H. aurícula aut. non L.]
Öhrchen-H. – H. lactucélla WALLR.

6* Bl grün od. blaugrün, wenigstens am Rand u. Rückennerv mit Sternhaaren. HüllBl ohne weißen Rand. Ausläufer kurz od. meist fehlend. 0,10–0,20. ♃ 7–8. Alp. Silikatmagerrasen, kalkmeidend; s SW-Ba: Allgäu über 1800 m (sm/alp-stemp/alp·subozALP – V Nard.). [H. glaciále REYNIER ex LACHENAL] **Gletscher-H.** – H. angustifólium HOPPE

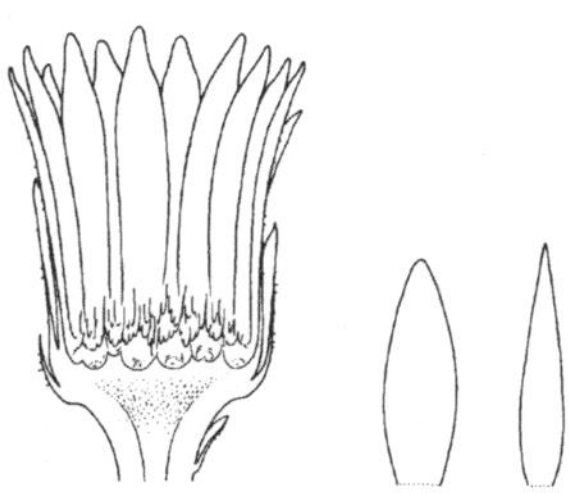

1 2 3

7 **(5)** Bl lineal-lanzettlich bis spatelfg, blaugrün, weich, oberseits verkahlend. Ausläufer dünn, schlank, häufig aufsteigend u. blütentragend. Stg 5–20köpfig. Hülle 6,5–8 mm lg. 0,15–0,55. ♃ 5–9. Frischwiesen, Magerrasen, Wegränder; v S-Sa: Erzg, Vogtland O-Ba: Bayr-W, s (z. T. U) Rh We S-Th O-Sa: S-Lausitz M-Br, † S-Ba Bw An Ns, ↘ (temp-b·subozEUR – Ap – O Nard., V Triset.). **Reichblütiges H.** – H. floribúndum W. et GR.

7* Bl nicht spatelfg, grün, wenn blaugrün, dann ± derb. Stg 10–∞köpfig **8**

8 Bl gras- od. gelblichgrün, elliptisch bis lanzettlich, ± weich, überall reichhaarig, oft sehr fein gezähnelt **9**

8* Bl blaugrün, ± derb, lanzettlich bis linealisch, meist nur am Rand u. Rückennerv behaart. Haare steifborstig. Hülle 5–7(–8,5) mm lg, haarlos bis mäßig behaart **11**

9 Kopfstand doldig. Hülle 5–7 mm lg. Griffel hell. Ausläufer unterirdisch, oberirdisch od. fehlend. Haare am Stg kürzer als dessen ∅. 0,30–0,80. ♃ 5–7. Halbtrockenrasen, Trockengebüschsäume; z M-Ba S- u. O-Bw O-Rh Th S-An, s S- u. N-Ba O-We He Sa Br SO-Ns, † Me, ↘ (sm-b·(suboz)EUR–WSIB – partiell Ap – V Mesobrom., V Ger. sang.). **Trugdoldiges H.** – H. cymósum L.

9* Kopfstand gedrängt rispig, oben ± doldig. Hülle (5–)7–8(–9) mm lg, reich u. lg behaart, dunkel od. schwarz. Griffel meist dunkel. Ausläufer vorhanden, meist oberirdisch. Rosetten oft mit mehreren Stg **10**

10 Kr gelb, selten RandB rötlich gestreift. 0,30–0,60. ♃ 5–8. Frisch- u. Feuchtwiesen, Halbtrockenrasen, Wegränder; alle Bdl z, ↘, an Sekundärstandorten z. T. ↗ (sm/mo-b·subkEUR-WAS – Ap – O Mol., O Arrh., O Nard., V Mesobrom.). [H. praténse TAUSCH] **Wiesen-H.** – H. caespitósum DUM.

10* Kr orangerot od. rot. 0,20–0,50. ♃ 6–8. Subalp. bis alp. Silikatmagerrasen, Parkrasen, Wegränder, kalkmeidend; z S-Ba: Alpen, s O-Ba: Bayr-W S-Bw: S-Schwarzw, (N?) s W-An u. SO-Ns: Harz, sonst (N) alle Bdl z. ZierPfl (sm/salp-b·(suboz)EUR–WAS – Ap – V Nard., V Cynos.). **Orangerotes H.** – H. aurantíacum L.

11 **(8)** Pfl stets ohne Ausläufer. 0,20–0,80. ♃ 5–8. Lückige Xerothermrasen, Trockengebüschsäume, Brachen, Schotterfluren; v S- u. M-Ba Bw, z N-Ba Rh S-We He Th Sa S-An Br SO-Ns, s N-We N-An NO-Ns Me, † Sh (sm-temp·subozEUR – partiell Ap – V Mesobrom., V Ger. sang., V Epil. fleisch.). [H. florentínum ALL., H. praeáltum VILL. ex GOCHNAT] **Florentiner H.** – H. piloselloídes VILL.

11* Pfl mit Ausläufern. 0,25–0,80. ♃ 5–7. Trocken- u. Halbtrockenrasen, trockne bis mäßig trockne Ruderalstellen (Bahnanlagen, Kippen), Brachen; z M- u. N-Ba N-Bw Rh S-We Th Sa S-Ns, s S-Ba S-Bw NO-We He An Br, (N) NW-Ns Me (m/mo-temp·subozEUR–VORDAS – Ap – O Fest. val., V Mesobrom.). **Ungarisches H.** – H. bauhíni SCHULT.

Klasse **Einkeimblättrige** – Monocotyledóneae [Liliópsida]

Familie **Schwanenblumengewächse** – Butomáceae L. C. RICHARD

Sumpf- od. WasserPfl, ♃. Bl grundständig. B ⚥, radiär, in zymösen Scheindolden. BHülle ein 6blättriges, kronartiges Perigon. StaubBl 9. FrKn 6, oberständig, chorikarp, am Grund verwachsen. Griffel kurz od. fehlend. Vielsamige BalgFrchen (1 Art).

Schwanenblume, Wasserliesch – Bútomus L.

Bl unten 3kantig. Stg stielrund, länger als die Bl. Perigon rötlichweiß, dunkler geadert. 0,50–1,50. ♃ 6–8. Röhrichte stehender od. langsam fließender, nährstoffreicher Gewässer, Ufer, Gräben; v Me Sh, z Tief- u. Hügelland, bes. Stromtäler von M- u. N-Ba Bw Rh We S-He Th N- u. O-Sa An Br Ns, s N-He SW-Sa, ↘ (m-b·(subk)EURAS – A – Ib, Vm, selbststeril – V Phragm., auch untergetaucht flutend in V Ranunc. fluit.). **Schwanenblume, Blumenbinse** – B. umbellátus L.

Familie **Froschlöffelgewächse** – Alismatáceae VENT.

Sumpf- od. WasserPfl, meist ♃, mit Milchsaft. Bl meist grundständig. B meist ⚥, radiär, 3zählig, frei, mit K u. Kr, meist in rispigen Thyrsen. StaubBl 3, 6 od. mehr. FrKn oberständig, frei od. fast frei, 3, 6 od. ∞. Griffel terminal od basal. 1samige Nüßchen (95 Arten – Ib: Schwebfliegen – Hv: SchwimmFr, Ev: Wasservögel – außer typischen Sumpfformen auch untergetauchte Formen mit bandfg flutenden Bl).

1 ÜberwasserBl pfeilfg. B 1geschlechtig, untere ♀, obere ♂. StaubBl u. FrBl ∞. **Pfeilkraut** – Sagittária S. 492

1* Bl nie pfeilfg. B ⚥. StaubBl 6 . . . . **2**

2 Stg flutend, beblättert, seltener auf Schlamm kriechend. B einzeln (seltener zu 2–5) in den BlAchseln, schwimmend. FruchtBl 6–12. **Froschkraut** – Lurónium S. 492

2* Stg aufrecht, unbeblättert. B in quirligen Rispen, Trauben od. Dolden **3**

3 BAchse kuglig. Frchen klein, elliptisch, 4–5kantig, ∞, eine köpfchenartige SammelFr bildend (Abb. **491**/1). Bl lanzettlich. B zu 3–12 in endständiger Dolde, darunter zuweilen noch 1–2 Quirle. **Igelschlauch** – Baldéllia S. 492

3* BAchse flach. Frchen in 1 Quirl, ± stark von den Seiten zusammengedrückt (Abb. **491**/2–4). B in quirligen Rispen od. Trauben **4**

4 Bl eifg bis lanzettlich, am Grund abgerundet, seicht herzfg od. verschmälert. Quirläste mehrblütig. Nüßchen ∞, auf der Rückenseite 1–2furchig. **Froschlöffel** – Alísma S. 491

4* Bl tief herzfg. Quirläste 1- (bis wenig-)blütig. SteinFrchen 8–10, auf der Rückenseite mit 3 scharf vorspringenden Nerven. **Herzlöffel** – Caldésia S. 492

Froschlöffel – Alísma L.

1 Bl meist untergetaucht, ungestielt, bandfg, 3–10(–15) mm br; ÜberwasserBl od. Bl der Landformen an der Spitze stumpf. BStand, wenn untergetaucht, wenigästig. Staubbeutel rundlich, 0,3–0,6 mm lg. Staubfäden etwas über 1 mm lg. Griffel deutlich kürzer als der FrKn, stark auswärtsgekrümmt (Abb. **491**/2). Von 9 Uhr bis abends blühend. 0,10–0,30(–0,60). ♃ 7–8. Verlandungsges. stehender u. langsam fließender Gewässer, vor allem in warmen Tieflagen; s M- u. N-Ba SO- u. NW-Bw SO-Rh W- u. N-We S- u. NO-He O-Th W- u. NO-Sa SO-An M- u. NO-Br NO-Ns: Brandleben Me O-Sh, ↘ (m-temp·subkCIRCPOL – A – V Potam., O Litt., V Nanocyp., V Phragm.). [A. loesélii GORSKI, A. arcuátum MICHALET] **Grasblättriger F.** – A. gramíneum LEJ.

1* Bl nie bandfg, spitz. BStand reichästig. Staubbeutel ± länglich, 1,0–1,3 mm lg. Staubfäden etwa 3 mm lg. Griffel zur BZeit so lg wie der FrKn od. etwas länger, fast gerade. Pfl meist höher **2**

2 KrBl fast weiß. B sich erst gegen 12 Uhr öffnend. Griffel lg fädlich, Narben äußerst fein papillös (Lupe!), $^1/_8$–$^1/_6$ des Griffels (Abb. **491**/3). BStand deutlich höher als br. Spreiten der ÜberwasserBl br eifg bis eilanzettlich, am Grund abgerundet bis herzfg, lg gestielt. 0,30–1,00. ♃ 7–8. Röhrichte, Großseggenrieder, Ufer von Seen u. Teichen, Gräben; g N-Sa N- u. O-An Br Ns Me Sh, v Ba Bw Rh We He Th S-Sa SW-An (austrAUST+AM-m-bCIRCPOL – A – K Phragm.). **Gewöhnlicher F.** – A. plantágo-aquática L.

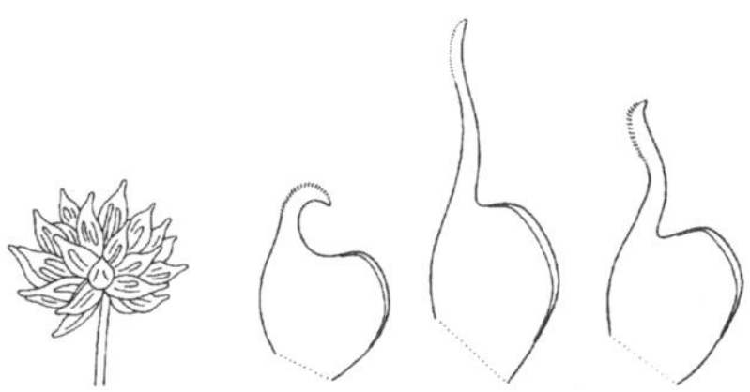

1 2 3 4

2* KrBl rosa, etwas kleiner, ab 13–15 Uhr stark welkend. B vormittags geöffnet. Griffel kurz, Narben sehr grob papillös (ohne Lupe sichtbar), $^1/_2$–$^2/_3$ des Griffels (Abb. **491**/4). BStand meist kaum höher als br. Spreiten der ÜberwasserBl eilanzettlich, mit verschmälertem Grund, kurz gestielt. 0,20–0,60. ♃ 6–7. Röhrichte u. Großseggenrieder, Ufer, in Gräben auf nährstoffreichen Schlammböden; z M- u. NW-Ba An Br Ns, s SW-Ba: Allgäu Bw: bes. Rhein SO-Rh N- u. W-We SW- u. NO-He Th Sa Me SO-Sh (m-temp·(oz)EUR–WAS – A – O Phragm.). **Lanzett-F.** – A. lanceolátum WITH.

Herzlöffel – Caldésia PARL.

BStand schmächtig, wenig zusammengesetzt. Quirläste meist einblütig. Kr weiß. 0,10–0,30. ♃ 7–9. Röhrichte stehender, warmer Gewässer; s M-Ba: Altfalter/Oberpfalz, † He M- u. NO-Br Ns M-Me, ↘ (austr-stropAFR+AUST-m-temp·subozEUR – A – V Phragm. – ▽). [Alísma parnassiifólium L.] **Herzlöffel** – C. parnassiifólia (L.) PARL.

Froschkraut – Lurónium RAFIN. [Elísma BUCHENAU]

Bl sehr verschieden gestaltet: untere schmal linealisch, flutend, obere schwimmend, elliptisch od. rundlich. KrBl schneeweiß, am Nagel gelb. 0,10–0,45. ♃ 5–8. Flache, zeitweise trockenfallende Ufer stehender Gewässer auf Sand- u. Schlammböden; z NW-Ns, s NO-Ba: Fichtelgebirge W- u. N-We W-He: Taunus NO-Sa NO-Ns S-Br S-Me S-Sh: Trittau, † Rh N- u. O-Th S-An, ↘ (temp·euozEUR – A – V Litt. – ▽). [Alísma nátans L., Elísma nátans (L.) BUCHENAU] **Schwimmendes F.** – L. nátans (L.) RAFIN.

Igelschlauch – Baldéllia PARL.

Bl lg gestielt, lanzettlich. BStand eine 3–12blütige Scheindolde. Kr weiß od. schwach rosa. 0,05–0,30. ♃ 7–10. Schwach salzwasserbeeinflußte Dünentümpel der Küste, salzhaltige Schlammböden an Ufern im Binnenland; z N-We N- u. W-Ns, s N-An Br O-Sh, † Me, ↘ (m-temp·euozEUR – A – V Litt.). [Alísma ranunculoídes L., Echinódorus ranunculoídes (L.) ENGELM. ex ASCHERS.] **Igelschlauch** – B. ranunculoídes (L.) PARL.

Pfeilkraut – Sagittária L.

1 B in quirligen, 1,5–2,5 cm br Trauben. KrBl weiß, am Grund mit purpurnem Fleck, selten reinweiß. Staubbeutel purpurn, meist kürzer als die Staubfäden. Fr an der Spitze mit kurzem, aufrechtem Schnabel. Untere Bl flutend, bandfg, folgende schwimmend, mit ovaler bis pfeilfg Spreite, obere aufrecht, tief pfeilfg. BlZipfel spitzlich, untere oft länger als der in der Mitte bis 2 cm br mittlere. 0,20–1,00. ♃ 6–8. Kleinröhrichte stehender od. langsam fließender, nährstoffreicher Gewässer, meist auf zeitweise trockenfallenden Schlammböden; v M- u. NO-Ba W-Ns W-Sh, z NW-Ba: Main, Rhön N-Bw: bes. Rhein, Tauber, Jagst Rh W- u. N-We He S-Th N-Sa An außer MDt-Trockengeb Br O-Ns Me O-Sh, s S-Ba S-Bw N-Th S-Sa, auch ZierPfl u. (N) (sm-b·subozEUR–WAS – A – Sv: Ausläufer mit Knollen – V Phragm.). **Gewöhnliches Pf.** – S. sagittifólia L.

1* B meist in 2–4 cm br Trauben. KrBl weiß, ohne Fleck. Staubbeutel gelb, meist so lg wie die Staubfäden. Fr auf dem Rücken mit verlängertem, seitlich abstehendem Schnabel. Stg unten rotfleckig. Bl wie vorige. BlZipfel junger Bl abgerundet. Untere BlZipfel meist kürzer als der in der Mitte bis 4 cm br mittlere. 0,30–1,00. ♃ 8–9. Kleinröhrichte stehender od. langsam fließender, nährstoffreicher Gewässer, auf zeitweise trockenfallenden Schlammböden, etwas mehr Trockenheit vertragend als vorige; (N 1951) s M-Ba Bw: Rhein Rh O-Sa: Lausitz Br: Berlin, (U) s SW-Bw: Langenau We He Ns (strop-tempAM – A – O Phragm. – AquarienPfl). **Breitblättriges Pf.** – S. latifólia WILLD.

Familie **Froschbißgewächse** – Hydrocharitáceae JUSS.

Ausdauernde, meist 2häusige WasserPfl mit starker vegetativer Vermehrung. Bl grund- od. wechselständig, zuweilen 2zeilig od. quirlig. NebenBl zuweilen vorhanden. B meist

1geschlechtig, 3zählig, meist radiär, meist mit K u. Kr, entweder klein u. unscheinbar (Wasserbestäubung) od. groß u. ansehnlich (Insektenbestäubung), einzeln od. in Zymen, vor der Entfaltung in eine aus 1–2 VorBl gebildete BScheide (Spatha) eingeschlossen. StaubBl 3–∞. FrBl 2–15, stets unterständig, untereinander fast frei, aber durch die becherfg BAchse miteinander vereinigt. Fr beerenartig, unter Wasser reifend (90 Arten – A).

1 Bl schwimmend, lg gestielt, kreisrund, am Grund tief herzfg, mit 2 NebenBl. Pfl meist 2häusig. **Froschbiß** – Hydrócharis S. 494
1* Bl ganz od. halb untergetaucht, sitzend, linealisch od. länglich **2**
2 Bl in grundständiger Rosette. Pfl mit Ausläufern, 2häusig **3**
2* Bl stengelständig, quirlig od. wechselständig. Pfl ohne Ausläufer **4**
3 B unscheinbar. Bl bandfg, flutend, oberwärts etwas gesägt, schraubig gedreht. Pfl im Boden wurzelnd. **Wasserschraube** – Vallisnéria S. 493
3* B 3–5 cm ∅, weiß. Pfl frei schwimmend. Bl schwertfg, 3kantig, stachlig gesägt, steif, zur BZeit halb aus dem Wasser ragend. **Krebsschere** – Stratiótes S. 494
4 **(2)** Untere Bl deutlich wechselständig, am Rand gewellt, stumpf gezähnelt, obere dichtstehend, daher scheinbar quirlig, alle stark zurückgebogen. **Scheinwasserpest** – Lagarosíphon S. 494
4* Bl quirlig, nicht od. wenig zurückgebogen, gezähnt od. fein gesägt **5**
5 Obere Bl zu (3–)4–6, zugespitzt, stachelspitzig gezähnt. In den BlAchseln je 2 gefranste Schuppen. StgGlieder 10–30 mm lg. Pfl 1- od. 2häusig. Griffel ungeteilt. **Grundnessel** – Hydrílla S. 493
5* Bl zu 3–4, spitz, sehr fein gesägt. BlAchseln ohne od. nur an jungen Bl mit ganzrandigen Schuppen. StgGlieder meist 3–7 mm lg. Pfl 2häusig. Griffel 2lappig **6**
6 Bl in dichten, meist 4zähligen Quirlen, etwa (1–)1,5–4 cm lg. B etwa 10–20 mm br, weiß, aus dem Wasser ragend, zu 2–4 in den Spathen. **Wasserpest** – Egéria S. 493
6* Bl in weniger dichten, meist 3zähligen Quirlen, etwa 0,7–3 cm lg. B 3–10 mm br, einzeln in den Spathen, zur BZeit schwimmend. **Wasserpest** – Elódea S. 493

Wasserschraube – Vallisnéria L.

Untergetauchte WasserPfl. ♂ B anfangs untergetaucht, in dichten, kurzgestielten Knäueln in 1 Spatha, später sich ablösend u. geöffnet an der Wasseroberfläche frei schwimmend. ♀ B einzeln auf lg, nach der BZeit schraubigen Stielen. 0,20–0,80. ♃ 6–9. Nährstoffreiche Warmwassergräben, im Gebiet nur ♂ Pfl; (N 1880) s NW-Bw Rh: Mosel We: Hamm (strop-sm·subozCIRCPOL – A – Wasserbestäubung – Hv – AquarienPfl). **Wasserschraube** – V. spirális L.

Grundnessel – Hydrílla L. C. RICHARD

Stg sehr lg. B einzeln. 0,15–3,00. ♃ 7–8. Gewässer; (N) Br: Berlin: Müggelsee, ob noch? (stropOAS+AFR+m-temp·(oz)EURAS – A – Sv: vegetativ – O Potam.). [H. lithuánica (BESSER) DANDY] **Grundnessel** – H. verticilláta (L. fil.) ROYLE

Wasserpest – Egéria PLANCHON

Bl schmal länglich, plötzlich zugespitzt. Im Gebiet nur ♂ Pfl. 0,30–0,60. ♃ 6–9. Nährstoffreiche, warme Gewässer; (N 1910 U) W-Bw: Karlsruhe Rh: Birkenheide We: Niers Me, † NW-Sa (austr-stropAM – A – Sv: vegetativ – AquarienPfl). [Elódea dénsa (PLANCHON) CASPARY] **Dichtblättrige W.** – E. dénsa PLANCHON

Wasserpest – Elódea MICHX. [Anácharis L. C. RICHARD]
(A – Sv: vegetativ)

1 Bl länglich-eifg bis länglich-lanzettlich, in od. wenig unter der Mitte am breitesten, am Grund etwas verschmälert od. linealisch mit kurzer rundlicher Spitze, zuweilen etwas

zurückgebogen, grün bis dunkelgrün, derb. KBl grün od. rötlich. KrBl weißlich, etwa so groß wie die KBl. Im Gebiet nur ♀ Pfl. 0,30–0,60(–3,00). ♃ 6–9. Schwimmblatt- u. Laichkrautges. stehender od. fließender Gewässer; (N 1859) v Ba We Th An Br Ns Me Sh, z Bw Rh He Sa (m-temp·(suboz)AM – O Potam., V Glyc.-Sparg.). [Anácharis canadénsis (MICHX.) PLANCHON] **Kanadische W.** – E. canadénsis MICHX.

1* Bl länglich-linealisch, lg zugespitzt, am Grund nicht verschmälert, hellgrün 2

2 Bl oft in sich unregelmäßig gedreht, zuweilen etwas zurückgebogen, oft steif. Knoten violett. KBl außen grün, an der Spitze violett, innen dunkelbraun mit grünem Saum, 2 mm lg. KrBl farblos, viel kleiner als die KBl od. fehlend. 0,30–0,60. ♃ 6–9. Fließende od. meist stehende, meso- bis eutrophe Gewässer; (N 1953) z W-Bw: Rhein S-Rh W-Ns, s O-Bw N-Rh We S- u. M-Br O-Ns, (N U) Sa S-Sh, † O-Th: Knau (sm-temp·(oz) AM – V Potam. – AquarienPfl). **Nuttall-W.** – E. nuttállii (PLANCHON) ST. JOHN

2* Bl weder gedreht noch zurückgebogen, ± schlaff. Knoten grünlich. KBl grün, 5,5–6 mm lg. KrBl weiß, etwas länger als die KBl. Im Gebiet nur ♂ Pfl. 0,10–2,00. ♃ 6–7. Stehende od. langsam fließende, meso- bis eutrophe Gewässer; (N 1964) s W-Bw: Rhein Rh Ns, (U) s He We (austrAM – V Ranunc. fluit. – AquarienPfl). [E. érnstiae ST. JOHN] **Argentinische W., Wasserstern-W.** – E. callitrichoídes (L. C. RICHARD) CASPARY

Scheinwasserpest – Lagarosíphon HARVEY

Pfl untergetaucht, wurzelnd. Bl wechselständig, zurückgebogen, starr, dick, undurchsichtig, 2–3 mm br, dunkelgrün mit hellgrünem Mittelerv, obere dicht genähert, scheinbar quirlig. 0,60–1,80. ♃ Bisher im Gebiet nicht blühend. Kalkarme Seen bis 1,5 m Tiefe; (N 1966) s SW-Ba: Füssen N- u. W-Bw Rh: Rhein, Pfalz, Hunsrück He (austr AFR–A – O Litt.). **Große Sch.** – L. májor (RIDLEY) MOSS ex WAGER

Krebsschere – Stratiótes L.

Pfl mit Ausläufern, 2häusig. B groß, weiß. 0,15–0,45. ♃ 5–8. Ruhige, windgeschützte, oft nährstoffreiche Seenbuchten, Altwässer, Torfstiche; z N-We O-An Br N-Ns Me Sh, s Ba: obere Hochebene, Donau, Altmühl, Naab, Main SO-Bw NO-Sa, ↘, auch ZierPfl u. (N) s, z. B. Bw SO-Rh S-u. NO-He O-Th S-An Ns (sm-b·(subk)EUR–WSIB – A: Verlandungsförderer – Sv: vegetativ – V Hydroch. – ∇). **Krebsschere, Wassersäge, Wasseraloë** – S. aloídes L.

Froschbiß – Hydrócharis L.

Pfl mit Ausläufern, 2häusig. Bl ledrig, mit 2 großen NebenBl. B groß, weiß, am Grund gelb. 0,15–0,30. ♃ 6–8. Stehende, windgeschützte, nährstoffreiche Gewässer, in Wasserlinsen-Decken od. zwischen Röhricht od. Seggenbülten; v O-An S- u. O-Br NW-Ns Me Sh, z M- u. N-Ba Bw: bes. Rhein SO-Rh N- u. W-We S-He W- u. N-Sa NW-An NW-Br O-Ns, s SO-Ba N- u. W-Rh N-He Th, ↘, auch ZierPfl u. (N) s (smb·subozEUR–WSIB – A – Sv: vegetativ – V Hydroch.). **Froschbiß** – H. mórsus-ránae L.

Familie **Blasenbinsengewächse** – Scheuchzeriáceae RUDOLPHI

MoorPfl mit schmalen, rinnigen Bl. B ⚥, radiär, in lockerer Traube, mit großen TragBl. Perigon- u. StaubBl 6. FrKn 3(–6), oberständig. 2samige BalgFrchen (1 Art).

Blasenbinse – Scheuchzéria L.

Bl am Grund langscheidig. B 3–10, gelblichgrün. Frchen 3(–6), schief eifg, aufgeblasen. 0,10–0,20. ♃ 5–6. Nasse, meso- bis oligotrophe Hochmoorschlenken, Schwingrasen; v S-Ba: Alpen u. Vorland M- u. O-Br, z Bw: bes. Schwarzw, Alpenvorland, O- u. N-Me, s M-Ba: Wieseth, Oberpfalz, Bayr-W O-He SW-Th Ns SO-Sh, † Rh W-We Sa, ↘ (temp-b·(suboz)CIRCPOL – G – Wb, Vw – Hv: SchwimmFr – V Rhynch. alb. – ∇). **Blasenbinse** – Sch. palústris L.

Familie **Dreizackgewächse** – Juncagináceae L. C. RICHARD

Krautige SumpfPfl, meist ♃. Bl schmal linealisch, grundständig, 2zeilig. B meist radiär u. ⚥, in tragblattlosen Trauben od. Ähren. PerigonBl 6, in 2 Kreisen, grün, hinfällig. StaubBl 6, fast sitzend. FrKn 1, 4 od. 6, oberständig, oft verwachsen. Narben meist auf dem FrKn sitzend, oft fedrig. Nüßchen od. SpaltFr mit nüßchenartigen TeilFr (18 Arten – Wb, Vw – Ev: BohrFr).

Dreizack – Triglóchin L.

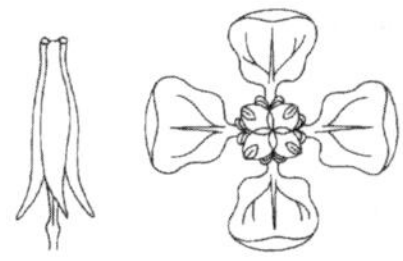

1 2

1 BTraube dicht. Narben 6. Fr eifg, mit 6 TeilFr. 0,15–0,75. ♃ 6–8. Salzwiesen; g Küsten von Ns Me Sh, im Binnenland z SW-, M- u. N-Th S-An M- u. O-Br O-Ns N- u. O-Me, s NW-Ba: Kissingen, Neustadt S- u. M-He O-We NW-An NW-Ns Sh, † Bw: ob je? Rh Sa, im Binnenland ↘ (m/mo-b·(k)-lit-CIRCPOL – H – K Aster. trip.). **Strand-D.** – T. marítimum L.

1* BTraube locker. Narben 3. Fr linealisch, mit 3 TeilFr (Abb. **495**/1). 0,15–0,40. ♃ 6–8. Sumpfwiesen, Quellmoore, brackwasserbeeinflußte Senken; g Sh, v S-Ba Me, z M- u. N-Ba u. übrige Bdl, ↘ (austr-strop/moAM–NEUSEEL+m/mo-arctCIRCPOL – H – K Scheuchz.-Car.). **Sumpf-D.** – T. palústre L.

Familie **Laichkrautgewächse** – Potamogetonáceae DUM.

Schwimm- od. TauchPfl. Bl meist wechselständig, untergetaucht od. schwimmend. B in Ähren, nicht od. nur während der BZeit aus dem Wasser ragend, meist radiär u. ⚥. StaubBl 4, auf den Nägeln der 4 PerigonBl sitzend (Abb. **495**/2). FrKn 1–4, oberständig. Griffel ± kurz, Narbe tellerfg. Frchen 1samig (75 Arten – Wb, Sb – Ev, Vv – Hv).

1 Bl einander paarweise (selten zu 3) genähert, fast gegenständig, ohne NebenBl u. Scheide. **Fischkraut** – Groenlándia S. 495

1* Bl wechselständig, oft die oberen fast gegenständig, mit großen, achselständigen NebenBl (Abb. **496**/3) od. mit scheidigem BlGrund (Abb. **496**/1). **Laichkraut** – Potamogéton S. 495

Fischkraut – Groenlándia GAY

Pfl untergetaucht. Frchen auf dem Rücken scharf gekielt, mit hakigem Schnabel. 0,30–0,45. ♃ 6–9. Langsam fließende, unverschmutzte Gewässer; z S- u. M-Ba Bw, s N-Ba Rh We He Th Ns: Wesermarsch, Hamme, Wolfenbüttel, † Sa An Br Me, ↘ (m/mo-temp·ozEUR–WAS – A – V Ranunc. fluit.). [Potamogéton dénsus L.] **Dichtes F.** – G. dénsa (L.) FOURR.

Laichkraut – Potamogéton L.
(A – meist O Potam.).

1 BlSpreite am oberen Ende der ziemlich langen, grünen, den Stg umhüllenden BlScheide abgehend (Abb. **496**/1), schmal linealisch bis haarfg, untergetaucht **2**

1* BlSpreite od. BlStiel (wenigstens der oberen Bl) am Grund des häutigen, wenigstens unten stengelumfassenden BlHäutchens abgehend (Abb. **496**/3), BlScheide fehlend od. sehr kurz **4**

2 Untere BlScheiden aufgeblasen, 3–6 cm lg, ohne od. mit verkürzter Spreite. Wenigstens einige StgBl zugespitzt. Pfl im Gebiet nicht fruchtend, wintergrün. 2,00–4,00. ♃ 8–11. In Seen u. Flüssen; s S-Bw: Bodensee, Hochrhein, Rust Rh, Verbreitung ungenügend bekannt (sm-stemp·(subk)EUR – V Ranunc. fluit.). [P. pectinátus ssp. vaginátus A. et GR., P. pectinátus var. helvéticus (FISCHER) GLÜCK] **Schweizer L.** – P. helvéticus (FISCHER) W. KOCH

2* BlScheiden nicht od. kaum aufgeblasen, untere mit normalen Spreiten. StgBl alle zugespitzt od. stumpf ... **3**

3 Stg sehr ästig. Bl schmal linealisch, spitz, deutlich quernervig. Frchen fast halbkreisfg, auf dem Rücken gekielt, mit kurzem Schnabel, etwa 4 mm lg, gelbbraun. (0,20–)2,00–3,00(–4,00). ♃ 6–9. Nährstoffreiche Seen, Tümpel, Gräben, Brackwasser; v S- u. W-Me Sh, z NO-Me u. alle übrigen Bdl, ↗ (austr-b·(subk)+litCIRCPOL – O Potam., V Rupp.). **Kamm-L.** – P. pectinátus L.

3* Stg nur am Grund ästig. Bl fadenfg, stumpf. Frchen schief elliptisch, auf dem Rücken abgerundet, kaum geschnäbelt, etwa 2 mm lg, grünlich. 0,10–0,40. ♃ 6–8. Klare, helle, oft mäßig saure Seen, Bäche, Gräben; z W- u. SO-Me, s S-Ba: Alpen u. Hochebene bis Augsburg u. Aichach Br NO-Me SO-Sh, † Bw Th Ns, ↘ (m/mo-arctCIRCPOL – V Potam., V Ranunc. fluit.). **Faden-L.** – P. filifórmis PERS.

4 **(1)** Alle Bl schmal linealisch od. borstlich (0,5–5 mm br), sitzend, untergetaucht, in der Knospe eben aufeinanderliegend, ihre Quernerven unregelmäßig, oft undeutlich ... **5**

4* Bl rundlich bis lineal-lanzettlich, nie die oberen linealisch, in der Knospe gerollt (außer bei Krausem L., **12**); Quernerven immer deutlich ... **12**

5 Stg flach zusammengedrückt, schmal geflügelt. Bl ∞nervig, mit 3–5 stärkeren Nerven ... **6**

5* Stg zusammengedrückt, mit gerundeten Kanten, od. fast stielrund. Bl 3–5nervig, die Seitennerven zuweilen undeutlich, meist am Grund mit 2 ± deutlichen Höckern (Abb. **496**/7) ... **7**

6 Bl stumpflich, stachelspitzig (Abb. **496**/2), am Grund ohne Höcker. Ährenstiele 2–3mal so lg wie die 10–15blütige, walzige Ähre. Frchen kurz geschnäbelt. 0,50–2,00. ♃ 6–8. Nährstoffreiche, schlammige Seen, Altwässer; z Br N-Ns, s M- u. N-Ba: Donau, Oberpfalz, Ober- u. Mittelfranken Rh? N- u. W-We He? O-Th SW-Sa NW-An Me Sh, † Bw: ob je?, ↘ (sm-bCIRCPOL – V Potam.). **Flachstengliges L.** – P. compréssus L.

6* Bl lg zugespitzt (Abb. **496**/4), mit 1–2 schwärzlichen Höckern. Ährenstiele so lg wie die 4–6blütige, rundliche Ähre. Frchen mit längerem, gekrümmtem Schnabel. 0,30–0,60(–2,00). ♃ 6–8. Nährstoffreiche Seen, langsam fließende Gewässer; z O-Sa SO-An Br N-Ns Me, s Ba Bw S-Rh W- u. NO-We He S- u. O-Th SW-Sa NW-An Sh, ↘ (sm-temp·subozEUR+OAS – V Potam.). [P. zosterifólius aut. non SCHUM.] **Spitzblättriges L.** – P. acutifólius LINK ex R. et SCH.

7 **(5)** Ährenstiele etwa so lg wie die 6–10blütige Ähre. Bl mit Mittelnerv u. 2–4 undeutlichen Seitennerven u. deutlich knickigen od. schrägen Quernerven, stumpf, kaum stachelspitzig. NebenBl ungespalten. Frchen mit geradem Schnabel. 0,30–1,00. ♃ 6–8. Nährstoffreiche Seen, Gräben, Teiche; z M- u. N-Ba S-, M- u. O-Th Sa An: bes. Dübener Heide Br N-Ns S- u. W-Me Sh, s S-Ba S- u. O-Bw Rh We NO-Me, ↘ (temp-b·(oz)EUR-WAS+OAM – V Potam.). **Stumpfblättriges L.** – P. obtusifólius MERT. et KOCH

7* Ährenstiele 2–3mal so lg wie die zur FrZeit lockere Ähre ... **8**

8 Stg zusammengedrückt. NebenBl zart. Bl 5nervig, stumpf od. spitzlich, mit feiner Stachelspitze (Lupe!), bis 2,5 mm br (Abb. **496**/5). Frchen am Rücken gekielt, schief elliptisch. 0,30–1,00(–2,00). ♃ 6–8. Stehende, seichte, mesotrophe Gewässer; z O-Br

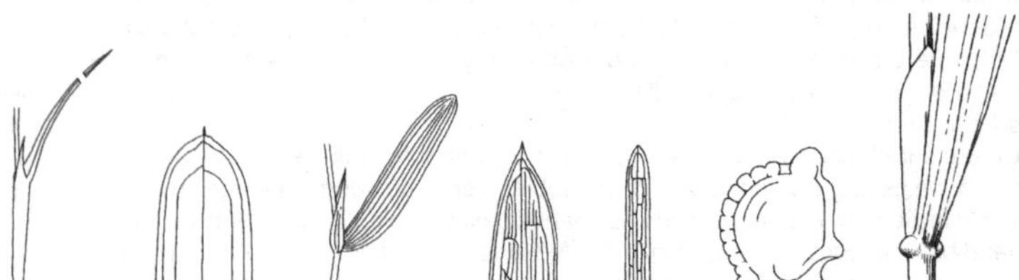

1 2 3 4 5 6 7

W- u. N-Ns Me Sh, s SW- u. M-Ba Bw: Rhein, Bodensee, O-Jura, Bad Wurzach We O-Th W-Br, † Rh He Sa An, ↘ (sm/mo-bCIRCPOL – V Potam., V Nymph.). [P. mucronátus SCHRADER ex SONDER] **Stachelspitziges L.** – P. friésii RUPR.

8* Stg stiel- od. halbstielrund. Bl meist scheinbar 1- od. 3nervig. NebenBl derber **9**

9 Bl mit dickem, am Grund >$^1/_2$ der BlBreite einnehmendem Mittelnerv u. undeutlichen Seitennerven. NebenBl oft hinfällig. Frchen einzeln, fast halbkreisfg, etwa 2 mm lg, ihre fast geradlinige Bauchnaht oben mit kurzem, geradem Spitzchen, unten mit Höcker (Abb. **496**/6). 0,30–0,75(–0,90). ♃ 6–8. Klare, nährstoffarme Gewässer, Gräben, Torfstiche; z Bw: bes. Rhein Rh W- u. N-We He Sa An Br Ns Me Sh, s SW- u. M-Ba N- u. O-Th (m-temp·(suboz) EUR–(WAS) – V Potam.). **Haarblättriges L.** – P. trichoídes CHAM. et SCHLDL.

9* Bl mit deutlichen Seitennerven. Frchen 4, schief- od. halbelliptisch, auf der Bauchseite deutlich konvex, kleiner **10**

10 Frchen halbelliptisch, auf dem Rücken abgerundet, ohne Kiel. Stg nur am Grund ästig, schwach zusammengedrückt. Bl allmählich scharf zugespitzt. 0,30–0,60(<1,00). ♃ 7–8. Seen, Teiche, Gräben; s Br O-Sh, † Ba An Ns Me, ↘ (temp-b·subozEUR – V Potam.). **Rötliches L.** – P. rútilus WOLFGANG

10* Frchen schiefelliptisch, auf dem Rücken gekielt. Stg bis oben ästig, fast stielrund. Bl stumpflich, ± bespitzt **11**

11 NebenBl in der unteren Hälfte röhrig verwachsen (später oft aufreißend). Bl 3nervig, die Seitennerven etwa 2 mm unter der BlSpitze spitzwinklig in den Mittelnerv einmündend. Mittelnerv nicht von bleichen, großen Zellen gesäumt. StgKnoten drüsenlos od. mit 2 winzigen Drüsen. Winterknospen schmal spindelfg, 0,5 mm br, achselständig. 0,20–1,00. ♃ 6–9. Nährstoffreiche, oft verschmutzte, stehende od. langsam fließende Gewässer, Seen, Gräben, Altwasserarme; alle Bdl z, aber MDt-Trockengeb u. SW-Th f, ↘ (stropAFR+AM-m-b·(suboz)CIRCPOL – O Potam., V Nymph.). [P. panormitánus BIV.] **Zwerg-L.** – P. pusíllus L. em. FIEBER

11* NebenBl offen, eingerollt. Seitennerven $^1/_2$–1 mm unter der BlSpitze fast rechtwinklig in den Mittelnerv mündend; dieser wenigstens in der unteren BlHälfte von mehreren Reihen langgestreckter, durchsichtig-blasser Zellen gesäumt. StgKnoten stets mit je 2 deutlichen Drüsen. Winterknospen endständig, 0,5–2,5 mm br. 0,10–1,00. ♃ 6–9. Stehende u. fließende Gewässer; alle Bdl z, aber MDt-Trockengeb f (stropAFR+AM-m-b·(oz)CIRCPOL – O Potam.). [P. pusíllus aut.] **Berchtold-L.** – P. berchtóldii FIEBER

12 **(4)** Stg zusammengedrückt 4kantig. Bl länglich, stark wellig kraus, fein gesägt, sitzend. Frchen am Grund verwachsen, mit ziemlich lg, gekrümmtem Schnabel. 0,20–0,70(–2,00). ♃ 5–9. Nährstoffreiche, oft verschmutzte Seen, Altwässer, Gräben; v M- u. N-Ba We Sa Me Sh, z S-Ba u. übrige Bdl, s im Bergland (austr-stropAFR+AUST-m/mo-temp·(oz)EURAS – O Potam.). **Krauses L.** – P. críspus L.

12* Stg stielrund. Frchen völlig voneinander getrennt **13**

13 TauchBl sitzend od. in einen kurzen (bis 1 cm lg), geflügelten Stiel verschmälert. SchwimmBl, wenn vorhanden, kurz gestielt **14**

13* Alle Bl lg gestielt (Stiel, außer bei Gefärbtem L., **20**, mindestens halb so lg wie die Spreite), ganzrandig, die oberen stets schwimmend **20**

14 Ährenstiele zur Spitze zu nicht auffallend dicker als der Stg. Frchen auf dem Rücken scharf gekielt **15**

14* Ährenstiele oberwärts meist deutlich dicker als der bis zur Spitze ästige Stg. Frchen stumpf gekielt **17**

15 Bl nicht stengelumfassend, ganzrandig, rötlichgrün. TauchBl lanzettlich, sitzend. SchwimmBl ledrig, länglich od. verkehrteifg, ihr Stiel kürzer als die Spreite. Stg unter dem BStand meist nicht verzweigt. 0,30–0,70(–2,00). ♃ 6–8. Stehende u. langsam fließende, nährstoffarme, meist unverschmutzte Gewässer, Tümpel, Gräben; z S-, M- u. NO-Ba We He O-Th Sa An außer MDt-Trockengeb Br N-Ns Me Sh, s NW-Ba S- u. O-Bw Rh W-Th, ↘ (sm/mo-arctCIRCPOL – V Potam.). [P. ruféscens SCHRADER] **Alpen-L.** – P. alpínus BALBIS

15* Bl stengelumfassend, untergetaucht, stumpf. Stg reichästig 16
16 Bl rundlich bis eilänglich, flach, am Grund tief herzfg. NebenBl häutig, weißlich, hinfällig. Ährenstiele bis 5 cm lg. 0,30–1,00(–6,00). ♃ 6–8. Stehende u. langsam fließende, nährstoffreiche Gewässer, Seen, Gräben; v NO-Br S- u. W-Me Sh, z S- u. M-Ba Bw: bes. Rhein, Bodensee Rh W- u. N-We N- u. O-An Br Ns NO-Me, s N-Ba He W-Sa SW-An, † N-Th, ↘ (austr-bCIRCPOL – O Potam.). **Durchwachsenes L.** – P. perfoliátus L.
16* Bl länglich-lanzettlich, an der Spitze kappenfg, am Grund abgerundet, seicht herzfg. NebenBl derb, gelb bis hellbräunlich. Ährenstiele bis 20 cm lg. 0,50–3,00. ♃ 7–9. Klare, unverschmutzte, mesotrophe, stehende od. langsam fließende Gewässer, Seen, Teiche; s SW-Ba: Füssen, Rubihorn, Wertacher Hörnle SO-Bw: Waltershofen An: Dessau Br NO-Ns Me: S, NW u. Rügen Sh, † We He O-Th NW-Sa, ↘ (sm/mo-b·(subk)CIRCPOL – V Potam., V Ranunc. fluit.). **Gestrecktes L.** – P. praelóngus WULFEN
17 **(14)** Bl groß, kurz gestielt, stachelspitzig, am Rand gezähnelt-rauh 18
17* Bl kleiner (bis 6 cm lg). TauchBl sitzend, zuweilen stielartig verschmälert, nicht stachelspitzig, am Rand rauh 19
18 Alle Bl untergetaucht, obere nicht länger gestielt als untere, Spreiten 10–30 cm lg u. 4,5 cm br. Ährenstiele bis 25 cm lg. Frchen fast kreisrund. 0,60–3,00(–6,00). ♃ 6–8. Nährstoffreiche, verschmutzte, stehende u. langsam fließende Gewässer, Seen, Altwässer; alle Bdl z, aber im höheren Bergland f (m-bEURAS – V Potam., V Nymph.). **Spiegelndes L.** – P. lúcens L.
18* Obere Bl länger gestielt als untere, oft schwimmend, Spreiten 10–14 cm lg u. 2–3 cm br. Ährenstiele meist 5–7 cm lg. Frchen halbkreisfg. Pfl in allen Teilen kleiner u. zarter als vorige Art. 0,30–1,00(–2,00). ♃ 6–8. Stehende u. langsam fließende, eutrophe Gewässer, Seen, Altwässer; s S- u. M-Ba S- u. W-Bw SO-Rh S-He NO-Br NW-Ns: Oldenburg SO-Me: Glambecker See, † Sa An Sh, ↘ (sm-temp·(oz)EUR–WAS-AM? – O Potam., V Nymph. – Spiegelndes L. × Gras-L.). [P. × zízii KOCH ex ROTH] **Schmalblättriges L.** – P. × angustifólius J. PRESL
19 **(17)** TauchBl am Grund oft stielartig verschmälert, ihre NebenBl linealisch, fast fädlich. SchwimmBl (nicht immer vorhanden) eifg bis eilanzettlich, oft bespitzt. 0,30–1,20 (–1,50). ♃ 6–8. Klare, unverschmutzte, mesotrophe Gewässer, oligotrophe Moortümpel; z Ba SO-Bw S- u. O-Br S-Me, s NO- u. W-Bw Rh We M-Th N- u. W-Sa O-An N-Ns N-Me O-Sh, † He, ↘ (m/mo-arctCIRCPOL – V Potam.). [P. heterophýllus SCHREB.] **Gras-L.** – P. gramíneus L.
19* TauchBl mit abgerundetem Grund halbstengelumfassend, ihre NebenBl länglich-dreieckig, obere Bl nur selten schwimmend. 0,30–1,50(–2,00). ♃ 6–8. Nährstoffreichere, mesotrophe Gewässer, Seen, Altwässer; s Br S- u. NO-Me, † Ba Bw O-Th Sa N- u. O-An Sh, ↘ (sm-b·(oz)EUR, ob CIRCPOL? – V Potam. – Durchwachsenes L. × Gras.-L.). **Glanz-L.** – P. × nítens WEBER
20 **(13)** SchwimmBl durchscheinend, häutig, eifg, Spreite 2–4mal so lg wie ihr Stiel, TauchBl lanzettlich, alle Bl rötlich. Frchen 1–1,5 mm lg, auf dem Rücken stumpf gekielt. 0,30–0,60(–1,00). ♃ 6–9. Nährstoffarme, stehende od. langsam fließende Gewässer, Moortümpel, Gräben; s S-, M- u. NO-Ba: Hochebene im Lech- u. Isargebiet, Kirchenthumbach W- u. SO-Bw: Rhein, Laupheim Rh W-We S-Ns: Bramsche, Hannover, † He An Me, ↘ (stropOAFR-m-temp·(oz)EUR – V Potam.). **Gefärbtes L.** – P. colorátus HORNEM.
20* SchwimmBl ledrig, nicht durchscheinend, Spreite meist so lg wie ihr Stiel od. kürzer. Frchen mindestens 2 mm lg 21
21 Ährenstiele oberwärts verdickt. Frchen selten ausgebildet, scharf gekielt. SchwimmBl elliptisch bis länglich-lanzettlich. TauchBl lg lanzettlich. 1,50–2,00(–3,00). ♃ 6–9. Tiefe, langsam fließende Gewässer; z SW-, M- u. N-Ba Bw: bes. Rhein, Main, Jagst, Alpenvorland Rh S-He, s We N-He M-Sa: Elbe SO-An NW-Ns: Vechta, Ems, Osnabrück, † Th Br Me Sh, ↘ (trop-stropCIRCPOL-m-temp·(suboz)EUR–WAS+AM – V Ranunc. fluit.). [P. flúitans aut.] **Knoten-L.** – P. nodósus POIRET
21* Ährenstiele oberwärts nicht verdickt. Frchen stumpf gekielt 22

22 SchwimmBlSpreite bis 12 cm lg, elliptisch, am Grund meist schwach herzfg. BlStiel oberseits flach rinnig. TauchBl linealisch bis lineal-lanzettlich. 0,60–1,50(–5,00). ♃ 6–8. SchwimmBl-Gürtel stehender, meso- u. oligotropher Gewässer; g Me Sh, übrige Bdl v, aber NW-Br u. MDt-Trockengeb z (m-b·(suboz) CIRCPOL – V Nymph.).
Schwimmendes L. – P. nátans L.

22* SchwimmBlSpreite 2–4 cm lg, elliptisch-lanzettlich, am Grund verschmälert od. die obersten schwach herzfg. BlStiele oberseits flach. TauchBl lanzettlich. 0,30–0,60. ♃ 6–8. Seichte Heidetümpel, Moorschlenken auf kalkarmen, mäßig sauren Torfschlammböden; z Rh We S- u. O-Sa S-Br N-Ns Sh, s N- u. SW-Bw: Odenwald, Rhein He M-Th N- u. O-An NO-Br S-Me, ↘ (m-temp·ozEURAS+(OAM) – K Litt., V Potam.). [P. oblóngus VIV.] **Knöterich-L.** – P. polygonifólius POURR.

Familie **Saldengewächse** – Ruppiáceae HUTCHINS.

Untergetauchte BrackwasserPfl. Stg fadenfg, an den Knoten wurzelnd. Bl 2zeilig, am Grund scheidig. B ⚥, unscheinbar, in endständigen, 2blütigen Ähren (Abb. **499**/1). StaubBl 2, die sehr kurzen PerigonBl verdeckend. FrKn 4, oberständig, frei, zur BZeit wie die Ähre ± lang gestielt. Frchen steinfruchtartig (7 Arten – A – Wasserbestäubung).

Salde – Rúppia L.

1 Ährenstiel seltener bis 5 cm lg, meist viel kürzer, nach der Befruchtung kaum verlängert, gerade od. schwach gekrümmt, sich nicht einrollend. Frchen meist halbmondfg. Bl 0,5 mm br, spitz. 0,15–0,20. ♃ 6–10. Unterseeische Wiesen der Nord- u. Ostsee, salzige Binnengewässer; v Küsten von Ns Me, z Sh, s im Binnenland N-Th: Artern M-An: Staßfurt NO-Ns: Wendland, † He Br, ↘ (austr-temp·k+litCIRCPOL – Vw – V Rupp.).
Meeres-S. – R. marítima L.

1* Ährenstiel etwa 10 cm lg, nach der Befruchtung stark verlängert u. schraubig eingerollt. Frchen schief eifg. Bl 1 mm br, meist stumpf. 0,15–0,40. ♃ 6–10. Unterseeische Wiesen der Nord- u. Ostsee; z Küsten von Ns Me Sh (austr-b·(k)+litCIRCPOL – Vm – V Rupp.). [R. spirális L. ex DUM.] **Strand-S.** – R. cirrhósa (PETAGNA) GRANDE

Familie **Seegrasgewächse** – Zosteráceae DUM.

Grasartige, untergetauchte MeeresPfl. Bl linealisch, am Grund scheidig. B ohne BHülle u. DeckBl, (Seegras) wahrscheinlich ⚥ (je 1 StaubBl u. 1 FrBl zu 1 B gehörend), 2reihig angeordnet auf 1 Seite einer flachgedrückten Ährenachse (Spadix), zur BZeit in eine BScheide (Spatha; Scheide des obersten Bl) eingeschlossen (Abb. **499**/2). Nuß zylindrisch, durch den 2spaltigen Griffel geschnäbelt. Pollen fadenfg (17 Arten – Wasserbestäubung – Ev).

Seegras – Zostéra L.

1 Bl (1–)3–7nervig, 3–9 mm br, oben abgerundet. BlScheiden geschlossen, ohne Öhrchen. Stiel der Spatha oberwärts verbreitert. Sa längsfurchig. 0,30–1,00. ♃ 6–9. Unterseeische

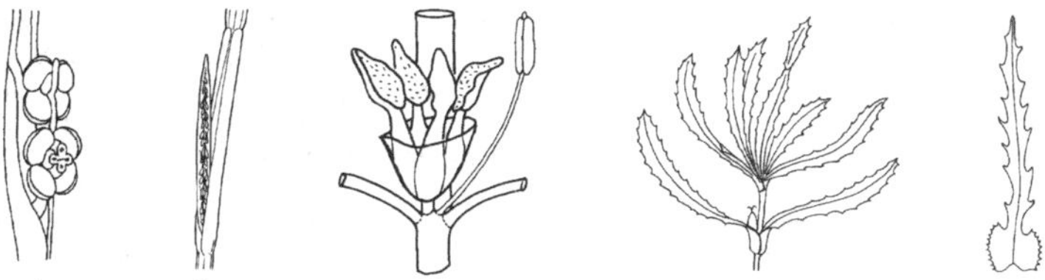

1 2 3 4 5

Wiesen der Nord- u. Ostsee, bis 10 m Tiefe; g Küsten von Ns Me Sh (m-b·ozlitCIRCPOL – A – früher Polstermaterial, Düngemittel – O Zost.). **Echtes S.** – Z. marína L.

1* Bl 1–3nervig, etwa 1 mm br, oben ausgerandet. BlScheiden oberwärts offen, mit 2 Öhrchen. Stiel der Spatha nicht verbreitert. Sa ungefurcht. 0,20–0,40. ♃ 6–8. Wie vorige, bis 1 m Tiefe; g Küsten von Ns W-Sh, s O-Sh N-Me: Wismar, Prohn, Mönchgut? (m-temp·ozlitEURAS – A – V Zost.). [Z. nána ROTH p. p.] **Zwerg-S.** – Z. nóltii HORNEM.

Familie **Teichfadengewächse** – Zannicheliáceae DUM.

Ausdauernde, untergetauchte, 1häusige WasserPfl. Bl fadenfg, 2zeilig od. fast gegenständig, mit Tute od. ± offener NebenBlScheide (Axillarstipel). B klein, immer unter Wasser, die ♂ ohne od. mit BHülle, mit 1(–3) StaubBl, die ♀ mit meist 4 oberständigen FrKn u. becherfg od. 3blättrigem Perigon. Griffel meist verlängert, mit trichterfg od. schildfg Narbe (Abb. **499**/3). Geschnäbelte SteinFrchen (8 Arten – Wasserbestäubung).

Teichfaden – Zannichéllia L.

Stg an den Knoten wurzelnd, im oberen Teil flutend, stark verästelt. Bl mit Tute od. ± offener NebenBlScheide. 0,10–0,45. ♃ 5–9. Brackwasser der Ostsee, salzige Binnengewässer, nährstoffreiche, oft verschmutzte Süßwässer; v Küstengebiete von Me Sh, z Ba Bw Rh We Th Sa S-An S-, M- u. O-Br Ns: bes. Küste, Binnenland von Me u. Sh, s im Bergland (austr-b·(suboz)CIRCPOL – A – V Potam., V Rupp.). ** **Sumpf-T.** – Z. palústris L.

Familie **Nixkrautgewächse** – Najadáceae JUSS.

Meist starre, zerbrechliche TauchPfl. ☉, 1- od. 2häusig. Stg an den unteren Knoten wurzelnd. Bl scheinbar gegenständig od. scheinquirlig, linealisch, gezähnt. B einzeln in den BlAchseln sitzend, 1geschlechtig, die ♂ mit 1 StaubBl u. 2 Hüllen (1 sackartige Spatha u. das 2lappige, dem Staubbeutel angewachsene Perigon), die ♀ meist ohne Hülle, mit 1 FrKn. Griffel 1 mit 2–4 fadenfg Narben. Nüsse (35 Arten – Wasserbestäubung – Ev: Wasservögel).

Nixkraut – Nájas L.

1 Stg u. BlRücken meist bestachelt. BlScheiden ganzrandig od. 1–4zähnig. Bl 1–6 mm br, stachlig gezähnt (Abb. **499**/4). Pfl 2häusig. 0,05–0,50. ☉ 6–8. Flache, sommerwarme, mesotrophe Gewässer auf schlammigem Grund, brackwasserertragend; z Br Me: M, S u. Küste von Rostock bis Lubmin, s SW- u. SO-Ba: Bodensee- u. Chiemseegebiet S- u. W-Bw: Bodensee, Rhein S-Rh: Mosel, Rhein He O-Sa O-Sh, † Th An Ns, ↘ (austr-temp·subozCIRCPOL – T – V Potam.). [N. májor ALL.] ** **Großes N.** – N. marína L.

1* Stg u. BlRücken ohne Stacheln. BlScheiden wimprig gezähnt. Bl <1 mm br. Pfl 1häusig 2

2 BlScheiden am Spreitengrund scharf abgesetzt (Abb. **499**/5). Bl grannig gezähnt, zerbrechlich, meist zurückgekrümmt. Fr schwarzgrau. 0,05–0,20. ☉ 6–8. Seichte, sommerwarme, ruhige, mesotrophe Gewässer, meist auf Schlammböden; s M- u. N-Ba NW-Bw u. SO-Rh: Rhein SW-He: Rhein SO-An: Elbe Br S- u. W-Me: Schweriner See, Mirow, † Sa: Dresden (stropAFR-AS-m-temp·subozEUR–(AS) – T – V Potam). [Caulínia mínor (ALL.) COSS. et GERM.] **Kleines N.** – N. mínor ALL.

2* BlScheiden allmählich in den Spreitengrund verschmälert, wie die Spreite fein stachelspitzig gezähnelt. Bl biegsam, meist gerade. Fr gelblich. 0,10–0,30. ☉ 6–8. Stehende, mesotrophe Gewässer, meist auf Schlammböden, bis 2 m Tiefe; † SW-Bw SO-Rh NO-Br, ↘ (sm-temp·suboz(EUR)+AM – T – V Potam. – ▽). [Caulínia fléxilis WILLD.]
Biegsames N. – N. fléxilis (WILLD.) ROSTK. et W. L. E. SCHMIDT

Familie **Liliengewächse** – Liliáceae JUSS.

Stauden mit Zwiebel, Knolle od. Rhizom, selten Gehölze. Bl grund- od. wechselständig, selten quirlig, oft linealisch od. länglich, meist ganzrandig. B oft in endständigen Trauben, seltener in Ähren, Rispen, Schirmrispen, Dolden, Scheindolden, Zymen od. einzeln, ⚥, radiär, mit 6 (selten 4) kronartigen PerigonBl, frei od. verwachsenblättrig. StaubBl 6, selten 4, 8 od. 10. FrKn 1, meist oberständig, selten halbunterständig, meist 3blättrig u. 3fächrig. Griffel 1 od. 3. Kapseln, Beeren (3500 Arten – Ib – Sv, Vv, Wv – viele ZierPfl).

1 PerigonBl 4, weiß. StaubBl 4. LaubBl 2(–3), wechselständig. **Schattenblume** – Maiánthemum S. 507

1 PerigonBl od. -Zipfel 6. StaubBl 6 . . . . . **2**

2 Pfl zur BZeit (Herbst) ohne Bl. Bl u. Fr im Frühjahr erscheinend. Perigon lilarosa, 10–25 cm lg. FrKn unterirdisch. **Zeitlose** – Cólchicum S. 503

2* Pfl zur BZeit mit Bl. FrKn oberirdisch **3**

3 Pfl mit nadelfg, gebüschelten Kurzsprossen in den Achseln von sehr kleinen, häutigen SchuppenBl. Kuglige Beeren. **Spargel** – Aspáragus S. 507

3* Pfl mit wohlausgebildeten Bl **4**

4 Griffel 3, sehr kurz. Perigon weiß, gelblich od. grünlich **5**

4* Griffel 1 od. 1 sitzende Narbe **6**

5 B in Trauben. Perigon freiblättrig. Bl schmal schwertfg. Pfl 5–30 cm hoch. **Simsenlilie** – Tofiéldia S. 502

5* B in Rispen. PerigonBl am Grund verwachsen. Bl elliptisch bis lanzettlich. Pfl 50–150 cm hoch. **Germer** – Verátrum S. 503

6 **(4)** PerigonBl wenigstens bis zur Mitte verwachsen **7**

6* PerigonBl frei od. nur unterhalb der Mitte verwachsen **11**

7 Stg reichblättrig, am Grund ohne BlRosette. **Weißwurz** – Polygónatum S. 508

7* Stg blattlos od. nur mit SchuppenBl **8**

8 B groß, 5–10 cm lg, trichterfg, gelb od. rotgelb, in 2 gablig angeordneten Schraubeln. **Taglilie** – Hemerocállis S. 503

8* B viel kleiner, meist krug- od. becherfg, stets in einer Traube **9**

9 GrundBl elliptisch. Traube einseitswendig. B napffg, weiß. **Maiglöckchen** – Convallária S. 508

9* GrundBl linealisch. Traube allseitswendig **10**

10 B kuglig bis krugfg, vorn stets deutlich verengt. **Träubel** – Múscari S. 507

10* B trichterfg, vorn nicht verengt. **Hyazinthe** – Hyacínthus S. 506

11 **(6)** PerigonBl >4 cm lg **12**

11* PerigonBl <3 cm lg **14**

12 Griffel sehr kurz, Narbe fast sitzend. B einzeln, selten 2, aufrecht. **Tulpe** – Túlipa S. 505

12* Griffel lg. Stg mehrblütig od. mit 1 hängenden B **13**

13 Staubbeutel in ihrer Mitte am Staubfaden befestigt (Abb. **506**/2). B trichterfg od. mit zurückgebogenen PerigonBl. **Lilie** – Lílium S. 504

13* Staubbeutel mit ihrem Ende am Staubfaden befestigt. B eifg bis glockig. **Schachblume, Kaiserkrone** – Fritillária S. 505

14 **(11)** PerigonBl oberseits intensiv gelb, unterseits meist grün **15**

14* Perigon weiß, blau, rötlich, grünlich od. gelblichgrün u. dann B mindestens zu 20 in Trauben **16**

15 B in Trauben. Bl schwertfg, reitend, 2zeilig. Pfl mit dünnem, kriechendem Rhizom. **Beinbrech** – Narthécium S. 502

15* B in wenigblütigen Scheindolden od. einzeln. Bl flach od. rinnig-fädlich. Pfl mit 1–3 Zwiebeln. **Goldstern** – Gágea S. 503

16 **(14)** B in ∞blütigen Scheindolden, rötlich, weiß od. grünlich, wenn 1–3blütig, dann BStand mit Brutzwiebeln, zuweilen statt B nur ein Köpfchen aus Brutzwiebeln, von einer 1–2blättrigen BScheide (Spatha) vor dem Aufblühen ganz eingeschlossen. Pfl mit Lauchgeruch. **Lauch** – Állium S. 508

16* B in Trauben, Rispen od. einzeln, ohne BScheide. Pfl ohne Lauchgeruch **17**

17 Stg mit wechselständigen LaubBl **18**

17* Alle LaubBl grundständig **19**

18 B 1(–2), endständig, weiß, oberseits rötlich gestreift. Bl lineal-lanzettlich. **Faltenlilie** – Lloýdia S. 504

18* B mehrere am Stg, einzeln scheinbar blattgegenständig, ihre Stiele unter das Bl gebogen u. gekniet (Abb. **502**/1). Bl länglich-eifg, mit herzfg Grund stengelumfassend. **Knotenfuß** – Stréptopus S. 508

19 **(17)** Bl blaugrün. Pfl mit kurzem Rhizom. BStiele gegliedert (Abb. **502**/2). PerigonBl beiderseits rein weiß. **Graslilie** – Anthéricum S. 503

19* Bl grün, zuweilen mit weißem Mittelstreifen. Pfl mit Zwiebel. BStiele ungegliedert. PerigonBl blau, rosa od. weiß mit grünem Rückenstreif, selten ganz weiß **20**

20 PerigonBl weiß, unterseits grünlich od. mit grünem Mittelstreif od. beiderseits gelblichgrün. **Milchstern** – Ornithógalum S. 506

20* Perigon blau od. rosa, selten ganz weiß **21**

21 PerigonBl frei, ± ausgebreitet (Abb. **506**/1). TragBl der B einzeln od. fehlend. StaubBl am Grund des Perigons angeheftet. **Blaustern** – Scílla S. 505

21* PerigonBl am Grund zu einem kurzen Becher verwachsen, Perigon glockig. B mit je 2 TragBl. Äußere StaubBl in der Mitte od. im unteren Drittel des Perigons angeheftet. **Hasenglöckchen** – Hyacinthoídes S. 505

Simsenlilie – Tofiéldia HUDS.
(H – Ib, Vw – Wv)

1 Perigon gelblichweiß, mit 3lappiger, kelchartiger Außenhülle. B in der Achsel eines TragBl (Abb. **502**/3). BStand eine meist 2–6 cm lg Traube. 0,15–0,30. ♃ 6–7. Feuchte, mesotrophe, meist kalkhaltige Flach- u. Quellmoore; g S-Ba, v SO-Bw, z M-Ba SW-Bw, s NW-Ba: Obernburg N-Bw S-He, † Rh Th Sa An Br, ↘ (sm/salp-temp/dealp·subozEUR – O Tofield., V Mol., V Sesl.). **Kelch-S.** – T. calyculáta (L.) WAHLENB.

1* Perigon weißlich, ohne Außenhülle. B zwischen 3 sehr kleinen, am Grund verwachsenen Bl (Abb. **502**/4). BStand eine meist 0,5–1,5 cm lg kopfige Traube. 0,05–0,12. ♃ 7. Alp. sickernasse Quellmoore; s Ba: Karwendel, Frauenalpe im Wettersteingebirge, Berchtesgadener Alpen (temp/alp-arctCIRCPOL – O Tofield.). [T. palústris HUDS.] **Zwerg-S.** – T. pusílla (MICHX.) PERS.

Beinbrech, Ährenlilie – Narthécium HUDS.

Rhizom dünn, kriechend. BHülle innen gelb, außen grün. 0,10–0,30. ♃ 7–8. Nasse, nährstoffarme Moore, Heidemoore; v W-Sh, z W- u. N-We N- u. SW-Ns, s N-Rh O-Sh, ↘ (sm-b·euozEUR – H – Ib – Wv – V Eric. tetr. – ∇). **Beinbrech** – N. ossífragum (L.) HUDS.

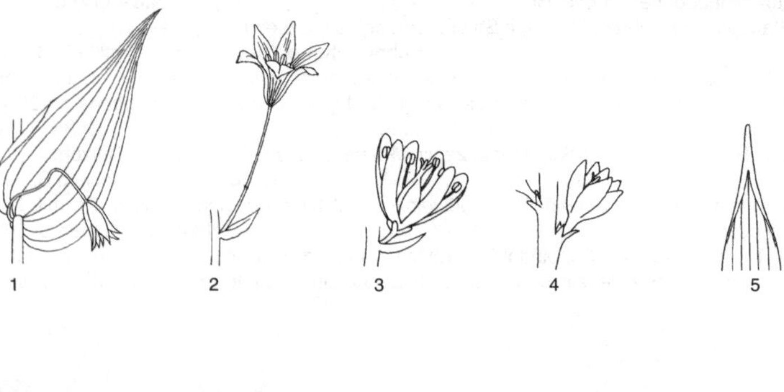

1 2 3 4 5

Germer – Verátrum L.

Rispe 30–60 cm lg. B weiß u. außen grünlich od. beiderseits gelblich- bis trübgrün, die unteren ⚥, die oberen meist ♂. 0,50–1,50. ♃ 6–8. Alp. Hochstaudenfluren u. Weiden, Moorwiesen; v S-Ba: Alpen, obere Hochebene, z SO-Bw: Alpenvorland, Jura, s O-Ba: S-Bayr-W, (N) W-Bw: Schwarzw (sm/salp-temp/salp·subozEUR – H – Ib: Fliegen, Käfer, Vm – Wv – V Rum. alp., O Adenost., V Mol. – giftig!). ** **Weißer G.** – V. álbum L.

Zeitlose – Cólchicum L.

Bl br lanzettlich, im Frühjahr mit der aufgeblasenen Kapsel erscheinend. Pfl mit Knolle. 0,05–0,40. ♃ 8–11; FrReife 6. Nährstoffreichere, feuchte Wiesen; v Ba Bw Rh S- u. O-We He S-Th, z N-Th Sa S-An M-Br SO-Ns, s N-An S- u. N-Br NO-Ns: Meinersen, (N) s N-Ns S- u. W-Me Sh (sm-temp·ozEUR – G – Ib, Vw – Wv, Av – O Mol., O Arrh. – ArzneiPfl – giftig!). **Herbst-Z.** – C. autumnále L.

Graslilie – Anthéricum L.
(H – Ib: Bienen)

1 BStand meist traubig. Griffel bogig gekrümmt. PerigonBl 15–22 mm lg. Kapsel eifg, spitz, 9–15 mm lg. 0,30–0,60. ♃ 5–6. Felsfluren, Trockenrasen, Trockengebüsche, Trockenwälder; v Rh, z Ba außer Alpen W- u. N-Bw He Th M- u. NW-Sa S- u. O-An M- u. O-Br, s SO-Bw: Jura S- u. O-We NW-Br O-Ns Me W-Sh, ↘ (m/mo-temp·suboz EUR – V Sesl.-Fest., V Xerobrom., V Fest. val., V Ger. sang., V Querc. rob.-petr. – ▽). **Astlose G., Trauben-G., Große G.** – A. liliágo L.

1* BStand meist rispig. Griffel gerade. PerigonBl 10–15 mm lg. Kapsel fast kuglig, stumpf, 5–9 mm lg. 0,30–0,80. ♃ 6–8. Lückige Halbtrocken- (u. Trocken-)rasen, Trockengebüsche u. -W, kalkhold; v Kalkgebiete von Ba Bw Th, z Rh S-He S- u. O-An Br, s N-He N- u. O-Sa O-Ns Me S-Sh, im N ↘ (sm-temp·subozEUR – V Mesobrom., V Cirs.-Brach., V Ger. sang., V Eric.-Pin., V Cephal.-Fag. – ▽). **Ästige G., Kleine G.** – A. ramósum L.

Taglilie – Hemerocállis L.

1 B hellgelb, mit flachen Zipfeln. 0,60–1,00. ♃ 6. ZierPfl, zuweilen verwildert, feuchte Wiesen; (N) s W-Ba O-Bw, (U) s W-Sa He An Br Ns Me (sm-temp SIB–OAS – G). [H. fláva (L.) L.] **Gelbe T.** – H. lilioasphódelus L. em. SCOP.

1* B rotgelb, mit am Rand welligen Zipfeln. 0,60–1,50. ♃ 7–8. ZierPfl, zuweilen verwildert, Auen; (N) z Ba Bw He W-Sa An, (U) s Br Ns Me (sm·(oz)OAS – G). **Rotgelbe T.** – H. fúlva (L.) L.

Goldstern – Gágea SALISB.
(G – Ib: Honigblumen, Vw)

1 BStiele behaart. Perigon außen behaart od. kahl. Zwiebeln 2 2

1* BStiele u. Perigon kahl 4

2 PerigonBl kahl, stumpf. GrundBl 1–2, halbstielrund, hohl, nur am Grund rinnig, 2–3 mm br. 0,10–0,25. ♃ 6–7. Subalp. u. alp. Fettweiden u. Lägerfluren, bes. in der Umgebung von Alphütten; s SW-Ba: Allgäu: hinteres Rappenalpental (m/alp-temp/salp·ozEUR – V Poion alp., V Triset., V Rum. alp.). [G. liotárdii STERNB., G. fistulósa (RAMOND ex DC.) KER-GAWLER] **Röhriger G.** – G. fragífera (VILL.) E. BAYER et G. LÓPEZ

2* Perigon außen behaart. GrundBl 2, fädlich od. im Querschnitt rundlich bis elliptisch u. oberseits flachrinnig 3

3 GrundBl kräftig, im Querschnitt rundlich bis elliptisch, stets oberseits flachrinnig, 1–2(–4) mm br, an ihrem Grund rötlich. StgBl 2, einander u. den HochBl des BStandes sehr genähert, fast gegenständig. Scheindolden 5–12blütig. Griffel kurzhaarig. 0,10–0,15. ♃ 3–5. Sandige Äcker, trockne Wegränder, lichte Feldgehölze; (A) z M- u. S-Ba N-Bw Rh W- u. N-We He Th Sa An Br S-Ns Me, s S-Bw NO-Ns SO-Sh: Oldenburg, ↘ (m-temp·(suboz)EUR – V Aphan., V Pan.-Set.). [G. arvénsis (PERS.) DUM.] **Acker-G.** – G. villósa (M. BIEB.) SWEET

3* GrundBl fädlich, schwach rinnig bis stielrund, an ihrem Grund weißlich. StgBl 2, voneinander u. von den HochBl des BStandes ± entfernt. Scheindolden 1(–3)blütig. Griffel kahl. 0,03–0,08. ♃ 3–4. Silikatfelsfluren u. -trockenrasen, Sandtrockenrasen, Ephemerenfluren; z Rh S-An, s M- u. N-Th N-Sa: Elbe M- u. NO-Br SO-Ns: Börssum, † Ba?, ↘ (sm-stemp·(subk)EUR – O Sed.-Scler., V Fest. val.). ** **Felsen-G.** – G. bohémica (ZAUSCHNER) SCHULT. et SCHULT. fil.

4 **(1)** GrundBl 2, röhrig-hohl, anfangs in der Mitte mit farblosem Mark, stielrund, 0,8–1,5 mm br. Zwiebeln 2, mit gemeinsamer Hüllhaut. Scheindolden 1–5blütig. PerigonBl stumpf. 0,10–0,20. ♃ 4–5. Krautreiche LaubW, anspruchsvoll; v NW-Me O-Sh, z N-We M- u. N-He NW-An Ns S- u. O-Me W-Sh, s NW-Ba NW-Bw: Bruchsal NO-Rh Th N-Sa SO-An Br (temp·subozEUR – O Fag.). **Scheiden-G.** – G. spathácea (HAYNE) SALISB.

4* GrundBl nur 1 . . . . **5**

5 PerigonBl zugespitzt. GrundBl hellgrün, an seinem Grund karminrot, ohne Kapuzenspitze, 2–3(–5) mm br. JugendBl nichtblühender Pfl stielrund, weder kantig noch gerillt. 0,08–0,15. ♃ 3–4. Geophyten-Saumges., Gebüsche, Gehölze; s M- u. NW-Ba N-He N-Th M- u. O-Sa S-An SO-Br SO-Ns: Asse, Innerste Me NO-Sh: Schlei, ↘ (sm-temp·(subk)EUR–(WSIB) – O Prun.). **Zwerg-G.** – G. mínima (L.) KER-GAWLER

5* PerigonBl stumpf. GrundBl 2–12 mm br, mit Kapuzenspitze (Abb. **502**/5). Zwiebeln 1–3. JugendBl stets deutlich kantig **6**

6 Zwiebeln einzeln, behäutet; Nebenzwiebeln fehlend. GrundBl (4–)6–12 mm br, mit meist weißlichem Grund. JugendBl 5kantig. 0,10–0,30. ♃ 4–5. Edellaubholzreiche Wälder, Gebüsche u. Gebüschsäume; alle Bdl v, nur W-Bw, S-Rh, NW-We, N-An, W-Br, NO-Ns u. W-Sh z, NW-Ns (N) s (m/mo-b·subozEURAS – Av – O Fag.). [G. sylvática (PERS.) LOUD.] **Wald-G.** – G. lútea (L.) KER-GAWLER

6* Zwiebeln zu dritt, unbehäutet, außer der birnfg, liegenden, stengeltragenden Hauptzwiebel 2 freie, keulige Nebenzwiebeln. GrundBl 2–6 mm br, scharf gekielt, mit weinrotem Grund. JugendBl mit V-fg Querschnitt. 0,08–0,20. ♃ 3–5. Sandige bis lehmige Äcker, Weinberge, trockne Wegränder; v S-An S-Br NW-Me, z M- u. N-Ba NW-Bw Rh W- u. N-We He Th Sa N-An M- u. N-Br O-Ns S- u. O-Me, s S- u. O-Bw O-Sh (sm-temp·(suboz)EUR – O Polyg.-Chen., V Aphan., V Alyss.-Sed.). **Wiesen-G.** – G. praténsis (PERS.) DUM.

Faltenlilie – Llōýdia SALISB. ex RCHB.

GrundBl fast fädlich. StgBl lineal-lanzettlich. B 10–15 mm br. 0,07–0,10. ♃ 7–8. Alp. Steinrasen, bes. an windexponierten Graten; s SW- u. SO-Ba: Allgäu, Berchtesgaden: Hoher Göll (sm/alp-arct·(k)EURAS–WAM – G – Ib – Wv – V Elyn. –∇). **Späte F.** – L. serótina (L.) RCHB.

Lilie – Lílium L.
(G – Ib: Falter – Sv, Wv – ∇ – viele ZierPfl)

1 PerigonBl zurückgebogen (Abb. **506**/2), hellpurpurn mit dunkleren Flecken. B in Trauben, nickend. Mittlere Bl fast quirlig, länglich-spatelfg. 0,40–1,00. ♃ 6–7. Anspruchsvolle LaubW, Gebüsche u. Hochstaudenfluren; v Kalkgebiete von Ba Bw Th SW-An, z He Sa SO-Ns, s Rh S-We Br O-Me, (N) s, z. B. W-Me Sh. ZierPfl (sm/mo-temp·(suboz)EUR–SIB – Ib: Schwärmer – V Carp., K Bet.-Adenost. –∇). **Türkenbund-L.** – L. mártagon L.

1* PerigonBl nicht zurückgebogen. Bl wechselständig, lineal-lanzettlich **2**

2 B aufrecht, feuerrot, mit braunen Flecken, in 1–5blütiger Dolde. BlAchseln oft mit Brutzwiebeln. 0,50–1,00. ♃ 6–7. Bergwiesen, Gebüsche, Wegränder; z S-Ba: mittlere Alpen, obere Hochebene, (A?) z NO-He W-Th S-Sa SO-Ns, (N) z N-Ns, s M- u. N-Ba SW-Bw: Feldberg An Br SW-Me, ↘. ZierPfl (m/salp-stemp/mo·subozEUR – Ib: Tagfalter – O Sesl., V Triset., V Ger. sang. –∇). ** **Feuer-L.** – L. bulbíferum L.

2* B aufrecht abstehend, untere nickend, weiß, in 5–20blütiger Traube. 0,60–1,50. ♃ 6–7. ZierPfl (m·subozEUR – Ib: Nachtfalter). **Weiße L., Madonnenlilie** – L. cándidum L.

Schachblume, Kaiserkrone – Fritillária L.
(G – Ib: Bienen, Vw – Sv – ∇)

1 Stg wenigblättrig. B 1 od. 2, überhängend, schachbrettartig weiß u. purpurbraun gefeldert. 0,15–0,30. ♃ 4–5. Nährstoffreiche, nasse Auen- u. Flachmoorwiesen; (A) s Ba außer Alpen u. Bayr-W Bw N-We O-He O-Th NO-Sa M-Br Ns Me S-Sh, † SO-Rh An. ZierPfl (sm-temp·subozEUR – O Mol., V Calth. – ∇).
Schachblume, Kiebitzei – F. meleágris L.

1* Stg dicht beblättert. B gelb, gelbbraun od. rot, an der StgSpitze in einer von einem BlSchopf überragten Dolde, hängend. 0,60–1,00. ♃ 4–5. ZierPfl (m·subkWAS – giftig!).
Kaiserkrone – F. imperiális L.

Tulpe – Túlipa L.
(G – Ib: Bienen – Wv)

1 Bl br linealisch, flach. PerigonBl spitz, innere wie die Staubfäden am Grund behaart, gelb. 0,20–0,45. ♃ 4–5. Weinberge, verwilderte Obstgärten, feuchte Wälder, basenhold; (A, N) z NW-Ba NO-Bw Th S-An SO-Ns Sh, s S- u. W-Bw Rh W- u. N-We He Sa NO-An S- u. O-Br N-Ns NW-Me (m-stemp·subozEUR – V Fum.-Euph., V Alliar. – alte ZierPfl – ∇). **(**) Wilde T.** – T. sylvéstris L.

1* Bl lanzettlich, am Rand wellig. PerigonBl stumpf, wie die Staubfäden kahl, verschiedenfarbig. 0,30–0,60. ♃ 4–5. ZierPfl, auch (U) s (Bastard aus westasiatischen Arten – giftig!). **Garten-T.** – T. gesneriána L.

Blaustern, Szilla – Scílla L.
(G – Ib, Sb – Av – ZierPfl – Adv. – ∇)

1 Zwiebel meist nur mit 1 Stg u. 2 Bl. TragBl der B meist verkümmert. BStiele länger als der ∅ der B. 0,10–0,20. ♃ 3–4. Edellaubholzreiche Wälder, Gebüsche; z SO-, M- u. NW-Ba Rh u. Bw: bes. Flußtäler, s SW-We S- u. M-He W-Th M-Sa: Elbe, Osterzg S-An: Saale, Elbe, auch (N) s, z. B. SW-Ba Ns (m/mo-stemp·(suboz)EUR – V Alno-Ulm., V Til.-Acer, V Carp. – ∇). **Zweiblättriger B.** – S. bifólia L.

1* Zwiebel meist mit mehreren Bl u. Stg. TragBl kürzer als die BStiele, diese kürzer als der ∅ der B (Abb. **506**/1) **2**

2 Traube 1–3blütig. B nickend, etwas glockig. Stg halbstielrund, meist länger als die 2–4 Bl. 0,10–0,25. ♃ 3–4. ZierPfl, zuweilen verwildert, Säume u. Gebüsche; (N) z Ba He Sa An Br Ns W- u. N-Me, s Bw N- u. SO-Th (sm-temp·subkEUR – O Convolv.).
Sibirischer B. – S. sibérica HAW.

2* Traube 2–6blütig. B aufrecht-abstehend, ausgebreitet. Stg kantig, meist kürzer als die 4–7 Bl. 0,15–0,30. ♃ 4–5. ZierPfl, auch verwildert, frische, anspruchsvolle HainbuchenW; (N 16. Jh) s M-Br Me, (U) Sa An, † Bw (mWAS? – V Carp. – ∇).
Schöner B. – S. amœ́na L.

Hasenglöckchen – Hyacinthoídes HEIST. ex FABR. [Endýmion DUM.]
(G – Ib – ZierPfl)

1 Traube schwach einseitswendig. B duftend, walzlich-glockig, blau, selten weiß od. rötlich. Äußere StaubBl in der Mitte des Perigons angeheftet. BStiele sehr kurz, < 1 cm lg. 0,15–0,40. ♃ 4–5. Anspruchsvolle LaubW u. Gebüsche; (N?) s W-We, (N) s NO-Bw He S-An W-Sa N-Ns Sh. ZierPfl (sm/mo-temp·euozEUR – V Carp., O Prun. – ∇). [Scílla non-scrípta (L.) HFFG. et LINK, Endýmion non-scríptus (L.) GARCKE]
Hasenglöckchen – H. non-scrípta (L.) CHOUARD ex ROTHM.

1* Traube allseitswendig. B geruchlos, weit glockig, blau, weiß od. rosa. Äußere StaubBl im unteren Drittel des Perigons angeheftet. Untere BStiele bis > 2 cm lg, abstehend. 0,15–0,55. ♃ 5. ZierPfl, auch (N) s, z. B. Bw He NW-Sa Me (m·euozEUR). [Scílla hispánica MILL., Endýmion campanulátus PARL.] **Spanisches H.** – H. hispánica (MILL.) ROTHM.

1 2 3 4 5 6

Milchstern – Ornithógalum L.
(G – Ib – Wv, Av – Adv.)

1 BStand eine 20–50blütige, verlängerte Traube 2
1* BStand eine kürzere Traube od. Schirmtraube mit < 20 B 3
2 B gelblichgrün,seitlich abstehend. FrStiele aufrecht, der Achse fast angedrückt. Bl zur BZeit meist vertrocknet. FrKn kugelfg, so lg wie der 3 mm lange Griffel od. kürzer. 0,30–0,80. ♃ 5–7. Lichte Eichen-HainbuchenW, WRänder, buschige Hügel; (N) s NW-Ba NO-Bw: Schrozberg SW-Rh, (U) s He (sm-stemp·ozEUR – V Carp.). [O. flavéscens LAMK.] **Pyrenäen-M.** – O. pyrenáicum L.
2* B weiß, aufrecht abstehend. FrStiele der Achse angedrückt. Bl zur BZeit noch frisch. FrKn spindelfg, meist länger als der bis 10 mm lg Griffel. 0,30–1,00. ♃ 6–7. Trockenrasen?, Brachäcker; (N 1948) s NW-Bw SW-Rh (m-sm·(suboz)EUR). **Pyramiden-M.** – O. pyramidále L.
3 **(1)** BStiele alle etwa gleich lg, kürzer als die B. Staubfäden kronblattartig, neben dem Staubbeutel mit 2 Zähnen (Abb. **506**/3) 4
3* Untere BStiele länger als die B, nach oben kürzer werdend, BStand daher annähernd schirmtraubig. Staubfäden linealisch, ohne Zähne 5
4 FrKn etwas kürzer als der Griffel. Leiste auf der Innenseite der Staubfäden ohne Zahn. 0,15–0,50. ♃ 4–5. Parks, Gärten, Weinberge; (N) v NW-Me, z Sa An Br S- u. O-Me, s M- u. NW-Ba Bw O-Rh W-We He Th Ns Sh. Alte ZierPfl (sm·subozEUR – V Fum.-Euph., V Arrh., V Alliar.). **Nickender M.** – O. nútans L.
4* FrKn so lg wie der Griffel. Leiste auf der Innenseite der Staubfäden dicht unterhalb des Staubbeutels mit Zahn (Abb. **506**/3). 0,15–0,50. ♃ 4–5. Parkanlagen; (N) z Me, s M- u. NW-Ba SO-Bw: Warthausen Rh He Sa An Br S-Ns. Alte ZierPfl (sm·(subk)EUR). **Bouché-M.** – O. boucheánum (KUNTH) ASCHERS.
5 **(3)** Bl 3–8 mm br. PerigonBl 3,5–7 mm br. Zwiebel kuglig. Untere FrStiele waagerecht abstehend. Zwiebeln mit Brutzwiebeln. 0,10–0,30. ♃ 4–5. Weinberge, magere Frischwiesen, Parkrasen, Gebüsche, kalkmeidend; (A) v S-Rh SO-An, z N-Rh, N- u. W-An u. übrige Bdl außer Alpen. ZierPfl (m/mo-temp·subozEUR – Vw – V Fum.-Euph., V Arrh., V Alliar.). **Dolden-M.** – O. umbellátum L.
5* Bl 2–5 mm br. PerigonBl 3,5–5 mm br. Zwiebel meist eifg. Untere FrStiele aufrecht abstehend. Brutzwiebeln meist fehlend. 0,08–0,30. ♃ 4–5. Trocken- u. Halbtrockenrasen; s SW-Bw?, Elbtal von Sa An NW-Br NO-Ns u. W-Me, S-An: Halle, † M- u. N-Ba? (sm-stemp·(subk)EUR – K Fest.-Brom., Arrh). [O. kóchii aut., O. gussónei aut., O. orthophýllum aut.] **Schmalblättriger M.** – O. angustifólium BOR.

Hyazinthe – Hyacínthus L.

Bl 5–12, br linealisch, kürzer als der BStg. B duftend, blau, rosa, weiß od. gelb. 0,30–0,45. ♃ 4–5. ZierPfl (m·subozVORDAS – G). **Garten-H.** – H. orientális L.

Träubel, Traubenhyazinthe – Múscari MILL.
(G – Ib – ZierPfl – ∇)

1 Traube locker, 10–25 cm lg. Untere B entfernt, abstehend, grünlich bis olivbraun, obere violett, unfruchtbar (Abb. **506**/5) **2**
1* Traube dicht, 3–6 cm lg. B blau mit weißem Saum, ± nickend (Abb. **506**/4) **3**
2 Stiele der unfruchtbaren B 3–6mal so lg wie diese, aufrecht. Fruchtbare B olivbraun, mit weiter Öffnung u. weißlichgrünen, stark auswärtsgekrümmten Zipfeln. 0,30–0,70. ♃ 5–6. Lückige Halbtrockenrasen, Sandtrockenrasen, mäßig trockne Ruderalstellen (Wegränder, Böschungen), extensiv genutzte Äcker; (A) z M-Ba W- u. NO-Bw SO-Rh, s SW- u. NW-Ba W- u. N-Rh W-He Th SO-Sa S-An S- u. M-Br, (U) S-We S-Ns (m-stemp·(oz)EUR – V Mesobrom., O Coryneph., V Fum.-Euph., V Ger. sang. – ∇). [Leopóldia comósa (L.) PARL.] **Schopf-T.** – M. comósum (L.) MILL.
2* Stiele der unfruchtbaren B etwa so lg wie diese, nickend. Fruchtbare B grünlichweiß, mit enger Öffnung u. schwach gekrümmten Zähnen. 0,25–0,50. ♃ 5–6. Trockenrasen, Gebüsch- u. TrockenWSäume, Äcker; z S-An, s N-Th, (N) † Ba (sm-stemp·subkEUR – K Fest.-Brom., V Ger. sang. – ∇). [Leopóldia tenuiflóra (TAUSCH) HELDR.]
Schmalblütiges T. – M. tenuiflórum TAUSCH
3 **(1)** Bl 2–3, br lanzettlich, 5–12 mm br, unter der Spitze am breitesten, nach unten verschmälert, steif aufrecht, fast so lg wie der Stg, plötzlich in eine kurze kapuzenfg Spitze zusammengezogen. B kugelfg bis verkehrteifg, hellblau, geruchlos. Traube locker werdend. 0,10–0,20. ♃ 4–5. Bergwiesen, Halbtrockenrasen, Magerrasen, krautreiche HainbuchenW; v SO-Bw: Jura, z SW-, M- u. NW-Ba außer Alpen Rh, s N- u. W-Bw He Th, (N) s He O-Sa M- u. SO-Br Me, (U) s We Ns, † An (m/mo-stemp·subozEUR – V Triset., V Mesobrom., V Viol. can., V Mol., V Carp. – ∇).
Kleines T. – M. botryoídes (L.) MILL.
3* Bl 3–7, schmal linealisch, 1–6(–10) mm br, halbstielrund, oberseits rinnig, allmählich in eine lg Spitze auslaufend. B dunkelblau, z. T. schwärzlich od. purpurn getönt **4**
4 B dunkelblau, bisweilen purpurn getönt, untere waagerecht abstehend. Bl oberseits meist blaugrün, glänzend. 0,10–0,40. ♃ 3–5. ZierPfl, auch (N) Rh, (U) We: Ruhrgebiet He (m-sm·subkEUR–WAS – wurde bislang mit **4*** verwechselt).
Balkan-T. – M. armeníacum LEICHTLIN ex BAKER
4* B dunkelblau bis schwärzlichblau, länglich-eifg, duftend, untere nickend. Bl hellgrün, zuweilen am Grund rötlich. 0,20–0,40. ♃ 3–5. Weinberge, Halbtrockenrasen, kalkstet u. wärmeliebend; (A) z NW-Ba Bw: Rhein-, Neckar-, Jagst-Gebiet S-Rh S-He N-Th Sa S-An, s M-Ba N-He N-An Br, (U) S-Ns S-Me, † We. ZierPfl (m-stemp·(oz)EUR – V Mesobrom., V Fum.-Euph., V Conv.-Agrop. – ∇). [M. racemósum (L.) LAMK. et DC.]
Weinbergs-T., Übersehenes T. – M. negléctum GUSS. ex TEN.

Spargel – Aspáragus L.

B klein, grünlichgelb. Beere rot. 0,30–1,50. ♃ 5–7. Ruderal beeinflußte Trockenrasen u. reichere Sandtrockenrasen, Trockengebüschsäume; (A?) g N-An Br, v SO-Rh N-Th S-An SO-Ns Me, z M- u. N-Ba Bw W- u. N-Rh W- u. N-We He S-Th Sa außer Erzg N-Ns SO-Sh, s W- u. N-Sh, (U) S-Ba. KulturPfl (m-temp·(k)EUR–WAS – G – Ib: Bienen, Vw – V Fest. val., O Fest.-Sedet., V Ger. sang., V Mesobrom., O Orig.).
(**) Spargel – A. officinális L.

Schattenblume – Maiánthemum WEBER

Wurzelstock dünn, kriechend. Bl am BStg meist 2, tief herz-eifg, spitz. Beere rot. 0,05–0,20. ♃ 5–6. Laub- u. NadelW, kalkmeidend; g Ba Me, übrige Bdl v, aber MDt-Trockengeb u. Oberrheinebene z (sm/mo-b·(k)EURAS – G – Ib, Vw, Sb – O Querc. rob.-petr., V Luz.-Fag., V Vacc.-Pic.).
Zweiblättrige Sch. – M. bifólium (L.) F. W. SCHMIDT

Knotenfuß – Stréptopus MICHX.

Wurzelstock schief, knotig. Bl stengelumfassend (Abb. **502**/1). B weißlich. Beere zinnoberrot. 0,30–1,00. ♃ 6–7. Staudenreiche FichtenW u. Hochstaudengebüsche, anspruchsvoll; v S-Ba: Alpen, Voralpen, s O-Ba: Bayr-W S-Bw: Alpenvorland, S-Schwarzw S-Th: Beerberg S-Sa: Elbsandsteingebirge, Erzg: Zechengrund (m/mo-b·(oz)AM–OAS+sm/mo-temp/mo·subozEUR – G – Ib, Sb – O Adenost., V Vacc.-Pic.).
Stengelumfassender K. – S. amplexifólius (L.) DC.

Weißwurz – Polygónatum MILL.
(G – Ib: Hummeln, Sb – giftig!)

1 Bl zu 3–6 quirlig, lineal-lanzettlich. Stg aufrecht. 0,30–0,70. ♃ 5–6. Subalp. Hochstaudenfluren, BergmischW, mäßig anspruchsvoll; g S-Ba: Alpen u. südwestliche Hochebene, v im Bergland u. s im Hügelland von M- u. N-Ba Bw Rh We He Th Sa W-An, v im Berg- u. Hügelland von SO-Ns, s N-Sh, † Me (m/mo-b·ozEUR–WAS – K Bet.-Adenost., V Alno-Ulm.). **Quirl-W.** – P. verticillátum (L.) ALL.

1* Bl 2zeilig, eifg-länglich bis elliptisch. Stg bogig übergeneigt (Abb. **506**/6) 2

2 Stg scharfkantig. B röhrig, duftend, mit gerade vorgestreckten, kahlen Perigonzipfeln u. kahlen Staubfäden, zu 1–2(–5). 0,15–0,45. ♃ 5–6. Wärmeliebende Saumges., waldnahe Felsfluren, Gebüsche, Eichen- u. KiefernW; v Th SW-An, z Ba u. Bw: bes. Jura Rh S- u. O-We He Sa N- u. O-An Br SO-Ns Me, s NO-Ns S- u. O-Sh, im N ↘ (m/mo-temp·(suboz)EURAS – V Ger. sang., O Prun., O Querc. pub., V Eric.-Pin., V Sesl.-Fest.). [P. officinále ALL.]
Duftende W., Salomonssiegel – P. odorátum (MILL.) DRUCE

2* Stg fast stielrund. B tricherfg, geruchlos, mit zurückgebogenen, innen an der Spitze behaarten Perigonzipfeln u. weichhaarigen Staubfäden, zu 2–5(–12). 0,30–0,80. ♃ 5–6. Krautreiche LaubW, mäßig anspruchsvoll; g S-Ba O-Bw Me O-Sh, v M- u. N-Ba W-Bw W-Sh u. übrige Bdl (m/mo-temp·(suboz)EUR–(AS) – O Fag.).
Vielblütige W. – P. multiflórum (L.) ALL.

Maiglöckchen – Convallária L.

Wurzelstock kriechend. Bl meist 2, elliptisch-lanzettlich. Beere scharlachrot. 0,10–0,20. ♃ 5–6. LaubW, wärmeliebende KiefernW, Gebüsche, Säume; alle Bdl v. ZierPfl (sm/mo-b·(oz)EURAS – G – Ib, Vm – K Querc.-Fag. – ArzneiPfl – giftig!).
Maiglöckchen – C. majális L.

Lauch – Állium L.
(G, H – Ib, Vm – Wv, Sv: Brutzwiebeln – viele GewürzPfl)

1 Bl elliptisch bis lanzettlich, > 2 cm br, wenn schmaler, dann Scheindolden nur 1–3blütig 2

1* Bl röhrig od. linealisch, kaum > 1 cm br, wenn breiter, dann mit der größten Breite am Grund, ungestielt. Scheindolden mit > 3, meist ∞ B 6

2 Stg beblättert, stielrund. B grünlichgelb, bis 0,5 cm groß, in kugliger Scheindolde. 0,40–0,60. ♃ 7–8. Alp. Matten u. Hochgrasfluren; z S-Ba: Alpen, s SW-Bw: Feldberg, ↘ (sm/salp-temp/salp·(oz)EUR – H – V Adenost., V Car. ferr. – ▽).
Allermannsharnisch – A. victoriális L.

2* Bl alle grundständig 3

3 Bl deutlich gestielt. Stg 3kantig. B rein weiß, in reichblütiger, zwiebelloser Scheindolde. 0,20–0,50. ♃ 5–6. Edellaubholzreiche Wälder; v Bw W-Th S-Ns, z Ba Rh S- u. O-We He O-Th Sa S-An, s NO-Ns Sh, (N) s N-An Br NW-Ns Me (sm/mo-temp·ozEUR – G – Ib, Sb – V Asper.-Fag., V Carp., V Til.-Acer., V Alno-Ulm. – ArzneiPfl).
(**) Bären-L., Rams – A. ursínum L.

3* Bl ungestielt 4

4 B dunkelweinrot, wohlriechend. Stg stielrund, bereift. Bl 2–3, schmal lanzettlich, bis 40 cm

lg u. bis 2 cm br. Scheindolden ∞blütig, zwiebellos. 0,40–0,90. ♃ 6. Sandböden; (N) s NW-Bw: Mannheim (sm·subkEUR – G). **Schwarzpurpurner L.** – A. atropurpúreum W. et K.

4* B weiß bis grünlichweiß **5**

5 Bl 3–5, br lanzettlich. Stg stielrund. B grünlichweiß, in ∞blütiger, zwiebelloser Scheindolde. 0,40–0,80. ♃ 5–6. Früher Hackkulturen u. Weinberge; (N U) † Bw (m-sm·(oz)EUR? – H – O Polyg.-Chen.). [A. multibulbósum JACQ.]
Schwarzer L., Zwiebelreicher L. –A. nígrum L.

5* Bl 1–2, nur 0,5–2 cm br. Stg scharf 3kantig . BStand mit 1–3 weißen, lg gestielten B u. grünlichen Brutzwiebeln. 0,30–0,40. ♃ 4–5. AuenW, feuchte LaubW, lichte Gebüsche, Parkanlagen; (N ca. 1875) z Br: bes. Berlin, s M- u. S-Ba: München, Nürnberg S-He NW-Sa An O-Ns Me: Neubrandenburg, Schwerin Sh (m/mo-sm/mo·subozVORDAS – G – Sv: Brutzwiebeln – V Alliar., V Alno-Ulm.). **Wunder-L.** – A. paradóxum (M. BIEB.) G. DON

6 **(1)** Bl stielrund od. ± halbstielrund u. zuweilen oberseits schmal rinnig, nicht gekielt, zuweilen ringsum gerippt **7**

6* Bl flach, im Querschnitt oft br V-fg, unterseits gekielt od. abgerundet u. dann oberseits br rinnig **15**

7 Bl stielrund, röhrig **8**

7* Bl wenigstens unten halbstielrund u. oberseits rinnig **11**

8 Stg unterhalb der Mitte u. Bl bauchig aufgeblasen. Perigon weißlich, bläulich od. grün **9**

8* Stg u. Bl nicht aufgeblasen, gleichmäßig dick. Perigon purpurn **10**

9 BStiele bis 8mal so lg wie die B. PerigonBl länglich, stumpf. Innere StaubBl jederseits am Grund mit 1 Zahn (Abb. **510**/1). 0,15–1,20. ⊙ ♃ 6–8. KulturPfl (m·(k)MAS – H – GewürzPfl). [A. ascalónicum aut. non L.]
Zwiebel, Sommerzwiebel, Bolle, Schalotte – A. cépa L.

9* BStiele ungefähr so lg wie die B. PerigonBl eilanzettlich, spitz. Alle StaubBl ohne Zahn. 0,30–1,00. ♃ 6–8. KulturPfl (sm·kSIB – H – GewürzPfl). **Winterzwiebel** – A. fistulósum L.

10 **(8)** Scheindolde ohne Brutzwiebeln, mit ∞ kurz gestielten B; ihre HüllBl etwa gleich lg, einfach spitz. PerigonBl zugespitzt, länger als die zahnlosen StaubBl, hellpurpurn, dunkler gestreift. 0,15–0,50. ♃ 6–8. Feuchte Schotterhalden im Gebirge, steinige Flußufer, wechselfeuchte Wiesen; ursprünglich z Alpenvorland, Rhein, Mosel, Elbe, obere Saale, Bode, sonst (N) z Ba Bw Rh We He Sa An Br Me Ns, s Th Sh. KulturPfl (m/alp-b·(k)CIRCPOL – G – V Thlasp. rot., O Fest.-Sedet., V Mol., V Agrop.-Rum. – GewürzPfl). **Schnittlauch** – A. schoenóprasum L.[1])

10* Scheindolde mit ∞ Brutzwiebeln u. nur wenigen lg gestielten, oft ganz fehlenden B; ihre HüllBl ungleich lg, ein HüllBl mit langer, pfriemlicher Spitze, ein HüllBl sehr kurz od. fast fehlend. PerigonBl stumpf, purpurn, kürzer als die StaubBl. Die inneren StaubBl mit 2 pfriemlichen, die Staubbeutel überragenden Zähnen. **Weinberg-L., 14**

11 **(7)** B gelb. Bl oberseits schwach rinnig, unterseits eng gerieft, bis 2 mm br. Stg rundlich, unten beblättert. PerigonBl stumpf, kürzer als die zahnlosen StaubBl. Doldenhülle 2blättrig, 1 HüllBl länger als die Scheindolde. (0,10–)0,20–0,60. ♃ 6–8. Trocken- u. Halbtrockenrase, kalkstet; (N) N-Ba: Frankenwald SW-Bw: Kaiserstuhl (m-sm·subk EUR – G – O Fest. val.). **Gelber L.** – A. flávum L.

11* B grünlich od. rötlich, selten weiß **12**

12 Bl ohne BlHäutchen, röhrig, 4–5 mm br, unterseits mit wenigen br u. flachen Riefen, oberseits br rinnig, oberwärts oft eingerollt. Alle StaubBl ohne Zahn, so lg wie das grünliche, rötlich überlaufene Perigon. Scheindolde mit Brutzwiebeln, von ihrem HüllBl mit lg ausgezogener Spitze überragt. 0,30–0,60. ♃ 7–8. Ruderal beeinflußte Trockenrasen, trockne bis mäßig trockne Ruderalstellen (Weg- u. Ackerränder, Böschungen), Weinberge, Trockengebüschsäume; v Ba außer Alpen Bw Rh Th S-An Me, z W- u. N-We He Sa N-An Br O-Ns O-Sh, s W-Ns W-Sh u. Mittelg (sm-b·subozEUR – G – Sv: Brutzwiebeln – K Fest.-Brom., O Sedo-Scler., V Fum.-Euph., O Prun.). **Gemüse-L.** – A. oleráceum L.

---

[1]) Sprich: s-chönóprasum

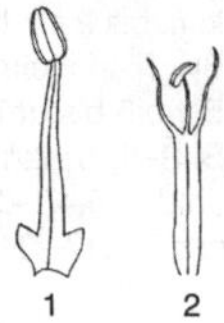

12* Bl mit BlHäutchen, markig od. röhrig u. dann nur 2–3 mm br. Innere StaubBl verbreitert, beiderseits mit 1 lg pfriemlichen Zahn (Abb. **510**/2), länger als das Perigon **13**

13 Bl halbstielrund, ringsum schwach gerieft, mit ∞ engstehenden Rippen u. ebenso br Riefen, markig, bis 10 mm br. Zwiebel meist mit Nebenzwiebeln. Doldenhülle 1–2blättrig, kurz zugespitzt. BStand stets ohne Zwiebeln. StaubBl länger als das hellpurpurne Perigon. 0,30–0,60. ♃ 6–7. Felsfluren, Trockenrasen, kalkhold; z NW-Ba Rh S-He, s Bw: N, Tübingen, Rhein N-Th An: Naumburg, (N U) s Br S-Ns Me † We, ↘ (m-stemp· (suboz)EUR – G – O Brom., V Fest. val., K Sedo-Scler.). **Kugelköpfiger L.** – A. sphaerocéphalon L.

13* Bl aus 3kantig-röhrigem od. riemenfg Grund oberwärts fast stielrund, mit weit auseinanderstehenden Rippen u. viel breiteren u. flachen Riefen, oberseits schmal rinnig, 2–3 mm br. Doldenhülle 1blättrig, lg zugespitzt. BStand meist mit Zwiebeln **14**

14 Bl fast stielrund, röhrig. Scheindolde wenigblütig, oft nur mit Zwiebeln. StaubBl zuletzt fast doppelt so lg wie die purpurnen, stumpfen PerigonBl. 0,30–0,70. ♃ 6–8. Weinberge, Weg- u. Ackerränder, Gebüsche, kalkhold; v M- u. N-Ba N-Bw Rh We He Br Me, z S-Ba: Hochebene S-Bw Th Sa An Ns Sh, s Bergland (m/mo-temp·(oz)EUR – G – Sv: Brutzwiebeln – V Fum.-Euph., V Arrh., V Alliar.). **Weinberg-L.** – A. vineále L.

14* Bl riemenfg, ± flach, rinnig, nur gegen die Spitze hin fast stielrund. Scheindolde ∞blütig. StaubBl teils kürzer, teils länger als die dunkelroten, spitzen PerigonBl. 0,40–0,60. ♃ 6–8. Graudünen der Ostsee; s N-Me: Küste von Warnemünde bis Hiddensee (temp·subozEUR – G – Sv: Brutzwiebeln – V Armer. marit.). **Kochs L.** – A. kóchii LANGE

15 **(6)** Bl riemenfg, rinnig, nur gegen die Spitze hin fast stielrund. Scheindolde ∞blütig. StaubBl teils kürzer, teils länger als die dunkelroten, spitzen PerigonBl. **Kochs L., 14***

15* Bl bis zur Spitze flach, jedoch oft auf der ganzen Länge im Querschnitt br V-fg **16**

16 Bl unterseits abgerundet, nicht gekielt, zuweilen gerippt. Scheindolden ohne Brutzwiebeln **17**

16* Bl unterseits gekielt **19**

17 Stg scharfkantig. Bl grundständig. Scheindolde kuglig. StaubBl länger als die lilapurpurnen PerigonBl. 0,15–0,30. ♃ 7–8. Kont. (bis submed.) Felsfluren, basenhold; z Ba u. S-Bw: bes. Jura N-He Th S-An O- u. S-Br, s N-Sa SO-Ns: Süntel NW-Me: Poel O-Sh, ↘ (sm-temp·(subk)EURAS – H – V Sesl.-Fest., O Sedo-Scler., V Xerobrom., V Koel.-Phleion – ▽). [A. montánum F. W. SCHMIDT, A. fállax R. et SCH.] **(**) Berg-L.** – A. senéscens L.

17* Stg stielrund, im unteren Teil beblättert **18**

18 Bl etwa 5 mm br, unterseits gleichmäßig gerippt, mit mindestens 10 abgerundeten Rippen, oberseits ± glatt. Untere BlScheiden oben netzfasrig, nur wenig verdickt; Zwiebel deshalb nicht typisch zwiebelfg, sondern (fast) zylindrisch. Scheindolde dichtblütig, ihre HüllBl kürzer als diese. BStiele bis doppelt so lg wie die B. PerigonBl hellpurpurn, mit stumpfer, etwas abgesetzter, oft schwach zurückgebogener Spitze. StaubBl so lg wie das Perigon od. nur wenig länger, die inneren beiderseits mit stumpfem, kurzem Zahn (Abb. **510**/1). 0,15–0,45. ♃ 6–8. Felsfluren u. Trockenrasen; s N-He: Bilstein, Bad Wildungen (sm/mo-b·kAS–(EUR) – G – V Sesl.-Fest., V Fest. val. – ▽). [A. lineáre aut.] **Steifer L.** – A. stríctum SCHRADER

18* Bl 1(–2) mm br, beiderseits gleichmäßig gerippt, oberseits mit etwa 5, unterseits mit weniger als 10 abgerundeten Rippen. BlScheiden nicht zerfasernd, zwiebelfg verdickt. Scheindolde lockerblütig, ihre HüllBl etwa so lg wie diese. BStiele 2–4mal so lg wie die B. PerigonBl lilapurpurn, länglich-elliptisch, löffelfg, mit br abgerundeter, einwärts gebogener Spitze. StaubBl etwa 1,5mal so lg wie das Perigon, alle ohne Zahn. 0,20–0,60. ♃ 7–8. Trockenrasen auf Stein- u. Kiesböden u. reichere Sandtrockenrasen; s M-Ba: Dingolfing (sm·subkEUR – G – V Brom., O Fest.-Sedet.?). [A. pulchéllum G. DON, A. carinátum ssp. pulchéllum BONNIER et LAYENS] **Schöner L.** – A. cirrhósum VANDELLI

19 **(16)** Stg mindestens oberwärts scharfkantig. Bl grundständig **20**

19* Stg stielrund, im unteren Teil beblättert **21**

20 Stg 2- od. 4kantig. Bl 3 od. mehr, etwa 5 mm br, unterseits scharf gekielt, nur undeutlich gerippt. Scheindolde mit > 10 B, flach, ihre HüllBl viel kürzer als diese, ohne Brutzwiebeln. PerigonBl hellpurpurn od. weiß, länglich-eifg, mit schmaler, stumpflicher Spitze, etwa so lg wie die zahnlosen StaubBl od. länger. 0,30–0,60. ♃ 7–8. Wechselfeuchte, nährstoffreiche Flachmoore u. Naßwiesen, Röhrichte; v an M-Elbe, Oder, Oberrhein, sonst z Ba: außer Alpen u. Bayr-W Bw: Bodensee, Rhein, Ludwigsburg SO-Rh: Rhein S-He: Rhein, Main N-Th An Br, s NW-Sa Ns: Elbe Me: Elbe, Usedom, † W-We, (N) † S-Sh, ↘ (sm-temp·(k)EUR–WSIB – G – V Cnid., V Mol., O Phragm. – ▽). [A. acutángulum SCHRADER] **Kantiger L.** – A. angulósum L.

20* Stg 3kantig. Bl 1, selten 2, 5–20 mm br. Scheindolde mit 1–3 B u. Brutzwiebeln. Perigon weiß, viel länger als die StaubBl. **Wunder-L., 5***

21 **(19)** Bl am Rand gerippt u. dadurch etwa ebenso dick wie an der Mittelrippe, flach, 2–4 mm br. Scheindolde lockerblütig, von ihren lg pfriemlich geschnäbelten HüllBl überragt, fast stets mit Brutzwiebeln. BStiele 4–6mal so lg wie die B. PerigonBl lilapurpurn, elliptisch, löffelfg, mit br abgerundeter, einwärtsgebogner Spitze, halb so lg wie die zahnlosen StaubBl. 0,30–0,60. ♃ 6–7. Halbtrockenrasen, wechseltrockne Moorwiesen (bes. in Stromtalauen), kalkhold; v S-Ba, z M-Ba S-Bw: Iller, Bodensee, Rhein, s N-Ba: Oberfranken M-Bw S-He W-An NO-Br?, (N) s Ns: Braunschweig, Hannover, Norderney Me O-Sh, † O-Rh N-Th, ↘ (sm-temp·subozEUR – G – Sv: Brutzwiebeln – V Mesobrom., V Mol.). **Gekielter L.** – A. carinátum L.

21* Bl nicht od. undeutlich gerippt, zum Rand hin dünner werdend, im Querschnitt flach V-fg, die BlHälften zuweilen in eine Ebene zurückgebogen **22**

22 Scheindolden lockerblütig, halbkuglig, ihre B waagerecht u. aufrecht abstehend, mit Brutzwiebeln **23**

22* Scheindolden dichtblütig, kuglig, ihre B allseitig abstehend, ohne Brutzwiebeln **24**

23 Bl am Rand glatt, 4–8 mm br. Doldenhülle 1blättrig, lg geschnäbelt, die Scheindolde weit überragend. StaubBl kürzer als das rötlichweiße Perigon, innere mit pfriemlich verlängerten, geschlängelten, aus der B herausragenden Zähnen, äußere mit 2 kurzen Zähnen. Unterirdische Zwiebel mit länglich-eifg, parallel angeordneten, von einer gemeinsamen Hülle umschlossenen Nebenzwiebeln („Zehen"). 0,25–0,70. ♃ 7–8. KulturPfl (m·subkWAS – G – Sv: Brut- u. Nebenzwiebeln – Gewürz- u. ArzneiPfl). **Knoblauch** – A. satívum L.

23* Bl am Rand rauh, 6–8(–18) mm br. Doldenhülle 2blättrig, kurz zugespitzt, kürzer als die Scheindolde. StaubBl kürzer als das dunkelpurpurne Perigon, innere mit pfriemlichen, aus der B nicht od. nur kurz herausragenden Zähnen, äußere zahnlos. Unterirdische Zwiebel mit ∞ od. wenigen, unregelmäßig angeordneten, lg gestielten, freien Nebenzwiebeln. 0,60–1,00. ♃ 6–7. Geophytensäume, Gebüsche, AuenW; g S-An, v N-Th, z Ba Bw: bes. Rhein, Neckarland Rh W-We He S-Th Sa: W u.Elbe N-An Br O-Ns Me Sh: N, O u. Elbe, s O-We u. Bergland (m-temp·(subk)EUR – G – Sv: Brutzwiebeln – V Convolv., O Prun., V Alno-Ulm.). **Schlangen-L., Gras-L., Wilder Porree** – A. scorodóprasum L.

24 **(22)** Bl länglich-linealisch, (0,5–)2–3(–5) cm br, blaugrün, am Rand glatt. Doldenhülle 1blättrig, bauchig aufgeblasen, lg geschnäbelt, die Scheindolde überragend, früh abfallend. StaubBl länger als das rosa od. weiße Perigon, innere mit fadenfg, geschlängelten, die Staubbeutel überragenden Zähnen. Nebenzwiebeln fehlen od. (Perlzwiebel) rundlich-eifg, mit silbriger Hülle, ungestielt. 0,40–0,90. ⊙ ♃ 6–8. KulturPfl (m·(oz)EUR – G – Gemüse- u. GewürzPfl). **Porree** – A. pórrum L.

24* Bl schmal linealisch, (0,15–)0,3–0,6(–1) cm br, nicht blaugrün **25**

25 Bl (2–)4–7(–12) mm br, am Rand glatt, seltener schwach rauh, dunkelgrün. Doldenhülle 1blättrig, zerschlitzt, kürzer als die Scheindolde, früh abfallend. StaubBl etwa so lg wie das purpurne Perigon od. etwas kürzer, innere mit fädigen, die B nicht od. etwas überragenden Zähnen, äußere zahnlos. Unterirdische Zwiebel mit ∞ unregelmäßig ansitzenden, lg gestielten, freien Nebenzwiebeln. 0,30–0,60. ♃ 6–8. Extensiv genutzte

Äcker, Weinberge, ruderal beeinflußte, lückige Halbtrockenrasen, kalkstet; z M- u. N-Ba: Hochebene, Franken Bw Rh S-He Th, s SW-An, (N) s Br, † SW-We, ↘ (m-stemp·subkEUR–VORDAS – G – O Polyg.-Chen.). **Runder L.** – A. rotúndum L.

25* Bl 1,5–3 mm br, am Rand glatt, grün. Doldenhülle 2blättrig, viel kürzer als die Scheindolde. StaubBl bis doppelt so lg wie das hellrosa bis fleischrote Perigon, alle zahnlos. Zwiebel nur schwach entwickelt. 0,20–0,40. ♃ 7–9. Wechselfeuchte, kalkhaltige Moorwiesen; z S- u. M-Ba: mittleres Alpenvorland, untere Hochebene an Lech u Isar, Donau, s Bw: Bodensee, Oberschwaben (sm-stemp·(subk)EUR – G – V Mol.). **Duft-L.** – A. suavéolens JACQ.

Familie **Amaryllisgewächse** – Amaryllidáceae JUSS.

Kräuter mit Knolle od. Zwiebel. Bl meist rosettig, linealisch. B 1–∞, in Scheindolden, radiär, ⚥, mit 6 kronartigen PerigonBl, frei od. zu einer Röhre verwachsen, oft mit Nebenperigon. StaubBl 6. FrKn unterständig, 3blättrig u. 3fächrig. Griffel 1 mit 3lappiger od. kopfiger Narbe. Meist Kapseln, selten Beeren (860 Arten – G – Ib, Sb – Vv, Wv – ZierPfl).

1 PerigonBl röhrig verwachsen, in einen 6zipfligen Saum u. ein inneres, schüssel- od. becherfg Nebenperigon geteilt (Abb. **512**/1). **Narzisse** – Narcíssus S. 513

1* PerigonBl frei, ohne Nebenperigon **2**

2 PerigonBl gleich lg, alle an der Spitze mit einem grünlichen od. gelblichen Fleck. Bl 3–4, rein grün. **Knotenblume** – Leucójum S. 512

2* Innere PerigonBl mit grünem Spitzenfleck, nur halb so lg wie die rein weißen äußeren (Abb. **512**/2). Bl 2, blaugrün. **Schneeglöckchen** – Galánthus S. 512

Schneeglöckchen – Galánthus L.

Stg 1blütig. 2 blaugrüne, stumpfe GrundBl. Fr eine fleischige Kapsel. 0,08–0,20. ♃ 2–3. Edellaubholzreiche Wälder u. Gebüsche; s SO-Ba: Inn, Salzach, Donau S-Bw: Albtal/S-Schwarzw, Jura, (N) alle Bdl z, nur Br s. ZierPfl (m/mo-stemp·subozEUR – G – Ib: Bienen – Av – K Querc.-Fag. – ∇). **Kleines Sch.** – G. nivális L.

Knotenblume – Leucójum L.

(G – Ib: Bienen, Tagfalter – Vv – ∇)

1 Stg 1–2blütig. Fr kreiselfg, grün. 0,10–0,30. ♃ 2–4. Edellaubholzreiche Wälder, Gebüsche, Feuchtwiesen; v S-Ba SO-Ns, z M- u. N-Ba S- u. O-Bw O-We He Th Sa S- u. O-An, s NW-Bw Rh SW-We Br, (N) s W-Me Sh. ZierPfl (sm/mo-stemp·subozEUR – V Til.-Acer., V Carp., V Alno-Ulm., O Prun. – ∇). **Frühlings-K., Märzbecher** – L. vérnum L.

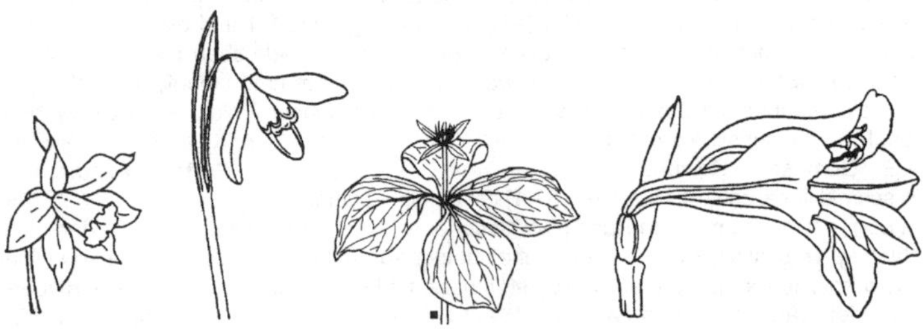
1 2 3 4

1* Stg 3–6blütig. Fr fast kuglig. 0,35–0,60. ♃ 5–6. Nasse Wiesen u. AuenW; (N) s W-Bw u. SO-Rh: Rhein S-Br O-Ns. ZierPfl (sm-stemp·(suboz)EUR – V Calth., V Magnocar., V Aln. – ∇). **Sommer-K.** – L. aestívum L.

Narzisse – Narcíssus L.
(G – giftig! – viele ZierPfl – ∇)

1 B hellgelb. Nebenperigon dottergelb, becherfg, so lg wie die freien Perigonzipfel (Abb. **512**/1). 0,15–0,40. ♃ 3–4. Kalkarme, mesotrophe Bergwiesen; s W-Rh: Hunsrück, Eifel W-We: Eifel, Hohes Venn, (N) z Ba Rh We He Me, (U) s Bw Sa An Br Ns. ZierPfl (m-stemp·ozEUR – Ib: Hummeln – O Nard., V Triset. – ∇). **Gelbe N., Osterglocke** – N. pseudonarcíssus L.

1* B weiß. Nebenperigon schüsselfg, gelb, mit krausem, rotem Rand, kürzer als die freien Perigonzipfel **2**

2 Bl 6–12 mm br. 3 StaubBl tiefer u. 3 höher eingefügt, zur Zeit der Pollenreife nur 3 StaubBl aus der Perigonröhre herausragend. Perigonzipfel reinweiß, sich deutlich deckend, am Grund nur wenig verschmälert. Nebenperigon im ⌀ etwa 15 mm. 0,30–0,50. ♃ 4–5. ZierPfl, auch (N) z Ba Bw Rh We, s Me, (U) s Th Sa An Ns (m/mo-stemp·ozEUR – ∇). **Weiße N.** – N. poéticus L.

2* Bl 2–8 mm br. Alle 6 StaubBl fast in gleicher Höhe eingefügt, zur Zeit der Pollenreife alle aus der Perigonröhre herausragend. Perigonzipfel schmutzigweiß, sich nicht od. kaum deckend, am Grund keilfg verschmälert. Nebenperigon im ⌀ 8–10 mm. 0,20–0,30. ♃ 4–5. Frische, nährstoffreiche Bergwiesen; s SW-Bw: S-Schwarzw (sm/demo-stemp/demo·subozEUR – V Triset. – ∇). [N. stelláris HAW., N. angustifólius HAW., N. exsértus (HAW.) PUGSLEY] **Stern-N.** – N. radiiflórus SALISB.

Familie **Einbeerengewächse** – Trilliáceae LINDL.

Rhizomstauden. Bl gegenständig od. quirlig, ungeteilt, netznervig. B ⚥, radiär, einzeln od. in endständiger Dolde. K u. Kr (2–)3–5zählig. StaubBl (2–)3–5. FrKn oberständig, 3–10blättrig, (1–)3–10fächrig. Griffel 3–5. Beeren, Kapseln (53 Arten – G – Ib).

Einbeere – Páris L.

Rhizom kriechend. Stg kahl. Bl elliptisch-lanzettlich, netzadrig (Abb. **512**/3). Beere schwarz. 0,10–0,30. ♃ 5–6. Anspruchsvolle LaubmischW u. Gebüsche; v Ba Bw Rh S- u. O-We He Th S-Sa S-Ns Me O-Sh, z N-Sa An Br N-Ns W-Sh, s NW-We (sm/mo-bEUR–SIB – G – Ib: Fliegentäuschblume – O Fag., V Carp., V Aln. – giftig!). **Einbeere** – P. quadrifólia L.

Familie **Yamswurzelgewächse** – Dioscoreáceae R. BR.

Windende Kräuter od. Sträucher. Rhizom knollig. Bl einfach, fingernervig, herz- bis pfeilfg. B klein, radiär, 3zählig, meist 1geschlechtig, in Ähren, Trauben od. Rispen. BHülle gleichartig, meist röhrig verwachsen. StaubBl 6. FrKn unterständig, 3fächrig. Griffel 3. Kapseln od. Beeren (630 Arten – G – Wb – Wv, Vv).

Schmerwurz – Támus L.

Bl meist etwa so lg wie br, eifg-zugespitzt bis herzfg u. 3lappig mit spitzem Mittellappen. ♂ B hell grünlichgelb, in achselständigen Trauben, mit glockiger Röhre, ♀ fast bis zum Grund freiblättrig. StaubBl 6. Beeren kuglig, rot. 1,50–3,00. ♃ 5–6. Gebüsche, anspruchsvolle LaubW; z S- u. W-Bw: Bodensee, Wutach, Oberrhein bis Rastatt, s SW-Ba: Bodensee SW-Rh: Mosel, Saar (m-stemp·ozEUR – O Prun., V Alno-Ulm., V Til.-Acer.). **Gewöhnliche Sch.** – T. commúnis L.

Familie **Schwertliliengewächse** – Iridáceae JUSS.

Stauden mit Knollen, Zwiebeln od. Rhizomen. Bl schwertfg, reitend, zuweilen grasähnlich. B ⚥, 3zählig, radiär od. dorsiventral, einzeln od. in Zymen mit 1 HochBl (Spatha). PerigonBl frei od. röhrig verwachsen, äußere u. innere oft verschieden. StaubBl 3. FrKn unterständig, 3fächrig, ∞samig. Griffel 1, oft 3teilig, Griffeläste einfach od. meist mehrfach geteilt od. kronartig. Kapseln (1800 Arten – G, H – Ib – Wv – viele ZierPfl).

1 Perigon dorsiventral, fast 2lippig, mit gekrümmter Röhre (Abb. **512**/4). **Siegwurz** – Gladíolus S. 516

1* Perigon radiär, mit gerader, zuweilen sehr kurzer Röhre 2

2 Oberirdische Stg fehlend, B grundständig. Perigon mit lg Röhre, alle Abschnitte gleich. Griffel sehr lg, Narben zerschlitzt. **Krokus** – Crócus S. 514

2* Oberirdischer Stg vorhanden. Perigon mit kurzer Röhre, äußere Zipfel abstehend bis zurückgeschlagen od. alle abstehend. Griffel kurz 3

3 Äußere Perigonzipfel zurückgeschlagen od. abstehend, anders gestaltet als die aufrechten inneren. Griffeläste kronartig verbreitert, die völlig freien StaubBl überdeckend. **Schwertlilie** – Íris S. 514

3* Alle Perigonzipfel gleich gestaltet, abstehend. Griffeläste fädlich. StaubBl fast bis zur Spitze röhrig verwachsen. Bl 2–4 mm br. **Grasschwertel** – Sisyrínchium S. 514

Krokus – Crócus L.
(G – Ib: Falter, Vm)

1 Perigonzipfel weiß, seltener hellviolett u. gestreift. Bl 2–4, etwa so lg wie die B, 4–8 mm br. 0,08–0,15. ♃ 2–4. Frische, nährstoffreiche Bergwiesen u. -weiden; v S-Ba: Alpen, z Vorland, (N) s O-Ba: Deggendorf S-Bw: S-Schwarzw, O-Jura, Allgäu S-Sa: Drebach. ZierPfl (sm/dealp-stemp/dealp·subozEUR – V Triset., V Poion alp. – ▽). **Weißer K., Frühlings-K.** – C. albiflórus KIT.

1* Perigonzipfel blaßgelb bis tief orangegelb. Bl 4–8, kürzer als die B, 2,5–4 mm br. 0,08–0,12. ♃ 2–4. ZierPfl (m/mo-sm/mo·subozEUR–VORDAS – auch andere Arten als ZierPfl – ▽). [C. aūreus SIBTH. et SM.] **Gold-K.** – C. flávus WESTON

Grasschwertel, Rüsselschwertel – Sisyrínchium L.

Stg flach, geflügelt. Bl grasartig, 2–4 mm br. B klein, blauviolett, selten weiß, im Schlund gelb. 0,15–0,30. ♃ 5–6. Wechselfeuchte Moorwiesen; (N 1841, meist U) s S-Ba Bw Rh We He Br: Finsterwalde Ns Me SW-Sh (m-tempAM – H – V Mol.). [S. angustifólium aut., S. bermudiána aut.] **Schmalblättriges G.** – S. montánum E. L. GREENE

Schwertlilie – Íris L.
(G, H – Ib: Bienen, Hummeln, Schwebfliegen – meist Wv – Adv. – ▽)

1 Äußere PerigonBl oberseits durch einen Längsstreifen dichter Haare bärtig 2

1* Äußere PerigonBl bartlos, kahl 8

2 Stg niedrig, 1blütig, kürzer als die 1–2 cm br, stachelspitzigen Bl. B violett, selten hellblau od. weiß. 0,05–0,15. ♃ 4–5. ZierPfl, (N) s NW-Sa SW-An (sm·subkEUR – ▽). **Zwerg-Sch.** – I. púmila L.

2* Stg hoch, meist mehrblütig. Bl breiter 3

3 HochBl zur BZeit trockenhäutig. B blaßlila bis violett, wohlriechend. 0,30–0,90(–1,20). ♃ 5–6. ZierPfl, auch (N) s (sm·subozEUR – ▽). **Bleiche Sch.** – I. pállida LAMK.

3* HochBl zur BZeit mindestens in der unteren Hälfte od. ganz krautig, zuweilen nur am Rand od. an der Spitze trockenhäutig 4

4 GrundBl so lg wie der Stg od. zuletzt meist länger 5

4* GrundBl kürzer als der Stg. HochBl oberwärts trockenhäutig. Äußere PerigonBl violett, am Grund gelblich od. weißlich, mit gelbem od. weißem Bart, selten B ganz gelb . . . 6

5 HochBl am Rand u. an der Spitze trockenhäutig. Perigon violett, am Grund weißlich, rotbraun geadert. Bart hellviolett. 0,10–0,40. ♃ 4–5. Felsfluren, Trockenrasen, Trockengebüschsäume; s SW-An: Naumburg, Freyburg, Karsdorf, Nebra, Huy, ↘ (sm-stemp·subkEUR – V Sesl.-Fest., V Ger. sang. – ▽). [I. nudicaúlis LAMK.] **Nacktstengel-Sch.** – I. aphýlla L.

5* HochBl zur BZeit ganz krautig. Äußere PerigonBl gelblichweiß, dunkler geadert, mit gelbem Bart, innere rein goldgelb. 0,12–0,20. ♃ 5–6. Trockenrasen, Trockengebüsche, an Weinbergsmauern; (N?) s M-Ba: Garchinger Heide, (N) s Bw: Jura, Hegau, (U) s Sa, ↘. ZierPfl (sm·subkEUR – O Brom., V Ger. sang. – ▽). **Bunte Sch.** – I. variegáta L.

6 **(4)** Äußere PerigonBl höchstens unterwärts mit breiteren, dunklen Adern, am Grund gelblich, mit gelbem Bart, dunkel-, innere hellviolett, selten B ganz gelb. Staubbeutel so lg wie die Staubfäden. Schenkel der Griffeläste auseinandergehend. 0,30–1,00. ♃ 5–6. ZierPfl, auch trockne Böschungen u. Weinbergsmauern; (A u. N) z Ba Bw Rh He Th S-An, s S-We Sa N-An Br, (U) s O-Ns Me (m-sm·subozEUR – O Brom., V Mol., V Ger. sang. – ▽). **Deutsche Sch.** – I. germánica L.

6* Äußere PerigonBl mit br, dunklen Adern, blaßviolett bis schmutziggelb. Schenkel der Griffeläste zusammenneigend. Staubbeutel kürzer als die Staubfäden **7**

7 Äußere PerigonBl am Grund mit (gelblich)weißem Bart, innere violett. HochBl oval, zugespitzt, nicht kahnfg gewölbt. B nach Holunder duftend. 0,40–0,60. ♃ 5–6. Felsfluren, Trockenrasen, Weinbergsmauern; (N) z M- u. N-Ba O- u. N-Bw, s Rh SW-We He Th Sa? S-An. ZierPfl (sm·subkVORDAS – konstant gewordene Hybride aus Deutscher und Bunter Sch.? – ▽). **Holunder-Sch.** – I. sambucína L.

7* Äußere PerigonBl am Grund mit gelbem Bart, innere blaßgelb. HochBl br oval, zugespitzt, kahnfg. 0,40–1,00. ♃ 6. Steinige Hänge, Felsen, Mauern, wärmeliebend; (N) s. ZierPfl (sm·subozEUR – K Asplen. trich. – Hybridschwarm aus Bleicher u. Bunter Sch. – ▽). **Gelbliche Sch.** – I. squálens L.

8 **(1)** Bl 1–3 cm br, schwertfg. Platte der äußeren PerigonBl so lg wie der Nagel od. länger **9**

8* Bl schmaler, selten bis 1,5 cm br. u. dann Platte der äußeren PerigonBl etwas kürzer als der Nagel. Platte der äußeren PerigonBl hell- od. blauviolett **10**

9 Platte der PerigonBl hellgelb, äußere eifg, länger als der Nagel, innere linealisch, kürzer u. schmaler als die Griffeläste. Bl mit kielartig hervortretender Mittelrippe, grundständige fast so lg wie der Stg. 0,50–1,00. ♃ 5–6. Nasse Großseggenrieder, Röhrichte, Gräben, Erlenbrüche; g Br Me Sh, übrige Bdl v, aber MDt-Trockengeb z, Alpen, Schwarzw, Schwäbische Alb s (m-b·(oz)EUR–(WSIB) – Wv, Hv – O Phragm., V Aln., V Alno-Ulm. – VerlandungsPfl – ▽). **Wasser-Sch.** – I. pseudácorus L.

9* Platte der PerigonBl blau- od. rotviolett, äußere so lg wie der Nagel, innere spatelfg, etwas länger als die Griffeläste. Bl ohne Mittelrippe, kürzer als der Stg. 0,50–1,00. ♃ 6–7. Nasse Großseggenrieder, Röhrichte, Gräben, Erlenbrüche, Moorwiesen; (N U) s O- u. S-Sa: Muskau, Krauschwitz, Reichenbach, Lengenfeld. ZierPfl (temp-b·subozAM – V Magnocar., V Aln. – ▽). **Verschiedenfarbige Sch.** – I. versícolor L.

10 **(8)** Bl 5–12(–15) mm br. Platte der äußeren PerigonBl rundlich, ihr Nagel halb so br u. etwas länger, weißlich, purpurn geadert. Kapsel lg geschnäbelt. 0,30–0,60. ♃ 5–6. Wechselfeuchte Moorwiesen; s SO-Rh: zwischen Oppenheim u. Mainz, SW-He, ↘ (sm-stemp·(subk)EUR – V Mol., V Mesobrom. – ▽). **Wiesen-Sch.** – I. spúria L.

10* Bl 2–6 mm br **11**

11 Stg stielrund, hohl, länger als die Bl. HochBl braun, oberwärts trockenhäutig. Innere PerigonBl länger u. breiter als die Griffeläste, dunkel. Äußere PerigonBl plötzlich in den schmalen Nagel zusammengezogen. 0,30–0,80. ♃ 5–6. Wechselnasse, mesotrophe (Flach-)Moorwiesen; z Ba Bw O-Rh S-He Th Sa An, s O-Ns Br Me, (N) s S-Sh, ↘. ZierPfl (sm-temp·(subk)EUR–WSIB – O Mol. – ▽). **Sibirische Sch.** – I. sibírica L.

11* Stg 2schneidig zusammengedrückt, markig, viel kürzer als die Bl. HochBl krautig, kaum hautrandig. Innere PerigonBl so lg wie die Griffeläste. Äußere PerigonBl mit kurzer

Platte u. viel längerem, breiterem Nagel. 0,15–0,30. ♃ 5–6. ZierPfl, auch submed. Trocken- u. Halbtrockenrasen, Trockengebüschsäume, kalkhold; (N U 1832) s Ba Bw He Sa (sm-stemp·subkEUR – O Brom., V Mol., V Ger. sang. – ▽).

Gras-Sch. – I. gramínea L.

Siegwurz – Gladíolus L.
(G – Ib: Hummeln, Vm – ▽)

1 Fasern der Knollenhülle stark netzig verbunden, mit ovalen bis rundlichen Maschen. Bl 4–9 mm br. Ähre 2–6blütig, allseitswendig. VorBl der B entfernt, sich nicht deckend. 0,30–0,60. ♃ 6–7. Wechselfeuchte, nährstoffarme, kalkreiche Moorwiesen; z S-Ba: mittleres Alpenvorland, Berchtesgaden, Lech- u. Isargebiet, s M- u. NW-Ba: Donau, Würzburg SO-Bw: Bodenseegebiet Rh, † He O-Th Sa S-An Br, ↘, ältere Angaben z. T. mit Wiesen-S., **2**, verwechselt (sm-stemp·subozEUR – V Mol., V Mesobrom. – ▽).

Sumpf-S. – G. palústris GAUDIN

1* Fasern der Knollenhülle parallel, nur oberwärts netzig. Bl breiter. Ähre (3–)5–12blütig, ± einseitswendig **2**

2 Fasern der Knollenhülle zart. DeckBl der B zugespitzt. VorBl der B sich ± dachzieglig deckend. B bis 2 cm lg. 0,30–0,60. ♃ 7. Feuchte Wiesen; s O-Sa: Lausitz M-Th: Erfurt, † SO-An O-Br: Oder, ↘ (sm-temp·(subk)EUR – V Mol. – ▽).

Dachzieglige S., Wiesen-S. – G. imbricátus L.

2* Fasern der Knollenhülle derb. DeckBl der B abgesetzt stachelspitzig. B 3 cm lg, mit rotbräunlicher Röhre. 0,50–1,00. ♃ 6–10. ZierPfl, auch Moorwiesen; (N) s S-Ba? SO-Bw: Argenauen bei Oberdorf (m-sm·subozEUR(-WAS) – V Mol. – wahrscheinlich von Wiesen-S. abstammend, nur noch selten kultiviert. Die heutigen Gartengladiolen sind meist aus Kreuzungen südafrikanischer Arten hervorgegangen).

Gewöhnliche S. – G. commúnis L.

Familie **Knabenkrautgewächse, Orchideen** – Orchidáceae JUSS.

Stauden, oft mit Wurzel- od. Sproßknollen. Bl wechselständig od. 2zeilig, ungeteilt. B ⚥, dorsiventral, in Ähren od. Trauben. PerigonBl 6, in zwei 3zähligen Kreisen angeordnet; das mittlere des inneren Kreises als Lippe gestaltet, meist größer u. oft gespornt, meist während der BZeit durch Drehung des unterständigen FrKn od. des BStiels abwärtsgerichtet. Narbe am Eingang zum Sporn dem FrKn aufsitzend. StaubBl 1, selten 2, mit dem Griffel zum „Säulchen" (Gynostemium) verwachsen. Staubbeutel 2- od. 4fächrig. Pollenkörner jedes Staubbeutelfaches zu einem Paket (Pollinium) vereinigt, dieses mit Klebscheibe. FrKn unterständig, 3blättrig, meist 1fächrig. Kapsel mit ∞, winzigen Sa (17 500 Arten – Ib, Sb – Wv – Mykorrhiza – ▽).

1 Lippe schuhfg aufgeblasen, gelb, die 4 übrigen PerigonBl braunrot. StaubBl 2.

Frauenschuh – Cypripédium S. 518

1* Lippe nicht aufgeblasen. StaubBl 1. Außer der Lippe noch 5 PerigonBl **2**

2 Pfl mit grünen Bl **3**

2* Pfl mit gelblichem, bräunlichem od. violettem Stg u. nichtgrünen SchuppenBl **25**

3 B mit fadenfg od. beutelfg Sporn **4**

3* B ungespornt **14**

4 Sporn walzlich od. kurz beutelfg, kürzer als der FrKn bis ebenso lg (nur bei Blassem Knabenkraut, S. 525, auch etwas länger) **5**

4* Sporn fadenfg, deutlich länger als der FrKn **12**

5 Lippe ungeteilt, an der Spitze kurz 3zähnig. Sporn sehr kurz, beutelfg **6**

5* Lippe 3teilig bis 3lappig **7**

6 B bräunlichgrün od. grün, in lockerer Ähre. Lippe nach unten gerichtet, viel länger als die übrigen PerigonBl (Abb. **517**/1). FrKn gedreht. **Hohlzunge** – Coeloglóssum S. 522

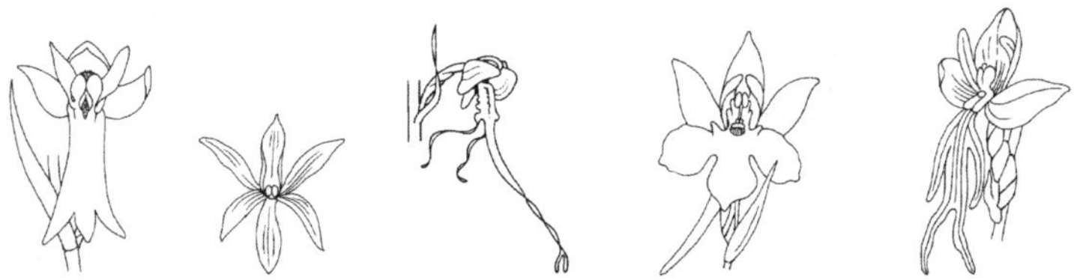
1 2 3 4 5

6* B schwarzpurpurn od. rot bis weiß, selten gelb od. orange, in dichtem, fast kugligem BStand. Lippe so lg wie die übrigen PerigonBl, nach oben gerichtet (Abb. **517**/2). FrKn nicht gedreht. **Kohlröschen** – Nigritélla S. 522

7 **(5)** Lippe 3teilig, ihr Mittelzipfel 3–4mal so lg wie die Seitenzipfel (Abb. **517**/3), bandfg, gedreht. **Riemenzunge** – Himantoglóssum S. 527

7* Lippe 3lappig, ihr Mittellappen oft gespalten **8**

8 Ähre kuglig, mit sehr dichtstehenden B. PerigonBl mit spatelfg verbreiterter Spitze. **Kugelorchis** – Traunstéinera S. 523

8* Ähre walzlich, mit lockerer stehenden B. PerigonBl nicht mit spatelfg Spitze **9**

9 Sporn $^1/_3$–$^1/_2$ so lg wie der FrKn. B weißlich, gelblich- od. grünlichweiß, in 2–6 cm lg, schmaler Ähre. PerigonBl 2–3(–5) mm lg. **Weißzunge** – Leucórchis S. 522

9* Sporn $^1/_2$ bis ebenso lg wie der FrKn **10**

10 PerigonBl 2,5–3(–5) mm lg. **Händelwurz** – Gymnadénia S. 522

10* PerigonBl länger **11**

11 Alle DeckBl häutig u. meist kürzer als der FrKn. Stg mit Rosette u. nur mit einem scheidigen StgBl (außer Sumpf-Knabenkraut). **Knabenkraut** – Órchis S. 526

11* Wenigstens die untersten DeckBl laubblattartig, mit Quernerven, meist länger als der FrKn. Stg mehrblättrig. **Knabenkraut** – Dactylorhíza S. 525

12 **(4)** Lippe ungeteilt, schmal (Abb. **521**/2, 3). Perigon weiß. Stg mit 2–3 br GrundBl, darüber nur HochBl. **Waldhyazinthe** – Platanthéra S. 521

12* Lippe ± tief 3lappig. Perigon rötlich. Stg mit mehreren Bl **13**

13 Ähre kurz, pyramidenfg, sehr dicht. Lippe 3spaltig, am Grund oberseits mit 2 kleinen Auswüchsen (Abb. **517**/4). **Spitzorchis** – Anacámptis S. 523

13* Ähre lg, locker, zylindrisch. Lippe seicht 3lappig, ohne Auswüchse. **Händelwurz** – Gymnadénia S. 522

14 **(3)** Lippe oberseits samtig behaart, gewölbt, rotbraun bis gelbbraun mit verschiedenfarbiger Zeichnung. **Ragwurz** – Óphrys S. 523

14* Lippe nicht behaart **15**

15 Lippe durch Einschnürung gegliedert (Abb. **520**/1, 2) **16**

15* Lippe nicht gegliedert **17**

16 B sitzend, ± aufrecht. PerigonBl meist zusammenneigend, die Lippe z. T. verbergend, rosa, weiß od. gelblichweiß. FrKn gedreht. **Waldvöglein** – Cephalanthéra S. 519

16* B gestielt, abstehend od. ± hängend. PerigonBl meist abstehend, trübbraun, purpurn, weißlichgrün od. grünlichrot; Lippe ähnlich gefärbt od. weiß. FrKn nicht gedreht, auf gedrehtem Stiel. **Sitter** – Epipáctis S. 519

17 **(15)** Lippe 3teilig, mit 2spaltigem, linealischem Mittellappen (Abb. **517**/5). B grünlich bis rotbraun, in ∞blütiger Ähre. **Ohnhorn** – Áceras S. 524

17* Lippe anders gestaltet **18**

18 Lippe herabhängend, tief 2spaltig, länger als die übrigen, gelblichgrünen od. rötlichgrünen PerigonBl (Abb. **520**/3, 4). Stg mit 2 fast gegenständigen, eifg bis herzfg Bl. **Zweiblatt** – Lístera S. 520

18* Lippe vorwärts- od. aufwärtsgerichtet, nicht mit 2 schmalen Zipfeln **19**

19 Bl schmal linealisch, 1–2 mm br, grasartig, rinnig. Lippe ungeteilt bis sehr seicht 3lappig (Abb. **518**/1). Hochalp. ZwergPfl. **Zwergorchis** – Chamórchis S. 522

19* Bl breiter, nicht grasartig **20**

20 Stg oberwärts drüsig kurzhaarig **21**

20* Stg kahl **22**

21 Ähre deutlich schraubig gedreht. Lippe konkav, ihr Vorderteil wellig gekerbt. Bl parallelnervig. B weiß, außen auch grün. **Wendelorchis** – Spiránthes S. 520

21* Ähre nicht gedreht. Lippe am Grund sackartig vertieft. Bl netznervig, rosettig genähert. **Netzblatt** – Goódyera S. 521

22 **(20)** Lippe tief spießfg-3spaltig, am Grund sackartig vertieft, abwärtsgerichet. B ungestielt, in Ähren. **Honigorchis** – Hermínium S. 522

22* Lippe ungeteilt, höchstens seicht 3lappig gekerbt, am Grund nicht sackartig, aufwärtsgerichtet. B kurz gestielt, in ährigen Trauben **23**

23 Traube 2–8blütig. Äußere PerigonBl linealisch. Lippe am Rand klein gekerbt. Bl 2, fast gegenständig, fettig glänzend. **Glanzorchis** – Líparis S. 527

23* Traube ∞blütig. Äußere PerigonBl lanzettlich bis eifg **24**

24 Äußere PerigonBl eifg, seitliche innere länglich. Lippe länglich, löffelfg vertieft. Bl 3–4. **Weichwurz** – Hammárbya S. 527

24* Äußere PerigonBl lanzettlich, seitliche innere linealisch. Lippe eifg, lg zugespitzt. Bl meist 1. **Einblatt** – Maláxis S. 527

25 **(2)** Lippe mit Sporn **26**

25* Lippe ohne Sporn **27**

26 Stg violett bis stahlblau, stielrund. B hellviolett. Lippe ungeteilt. Sporn 15–25 mm lg, abwärtsgerichtet (Abb. **518**/2). **Dingel** – Limodórum S. 520

26* Stg weißlich, oben purpurn überlaufen, am Grund bauchig angeschwollen (Abb. **521**/1). B blaßgelb, Lippe 3lappig. Sporn 3–8 mm lg, aufwärtsgerichtet (Abb. **518**/3). **Widerbart** – Epipógium S. 521

27 **(25)** Pfl gelblichbraun. Traube ∞blütig. Lippe 2lappig, etwas länger als die übrigen PerigonBl (Abb. **518**/4). **Nestwurz** – Neóttia S. 520

27* Pfl grünlichgelb. Traube mit 4–10 kleinen B. Lippe weiß, rot gepunktet, ungeteilt od. seicht 3lappig, etwa so lg wie die äußeren PerigonBl. **Korallenwurz** – Corallorrhíza S. 527

Frauenschuh – Cypripédium L.

Bl eifg bis länglich. B 1–2, Lippe (Schuh) 3–4 cm lg. 0,15–0,50. ♃ 5–6. Wärmeliebende Wälder u. Gebüsche, kalkhold; v S-Ba u. SO-Bw: Alpen u. Vorland, z M- u. N-Ba SW- u. N-Bw O-He Th SO-Ns, s N- u. W-Rh NO-We W-He SO-Sa: Elbe SW-An O-Br N-Me: Rügen, ↘ (sm/mo-b·(subk)CIRCPOL – G – Ib: Bienenfallenblume – V Cephal.-Fag., V Cytis.-Pin., O Querc. pub., V Ger. sang. – ∇). **Frauenschuh** – C. calcéolus L.

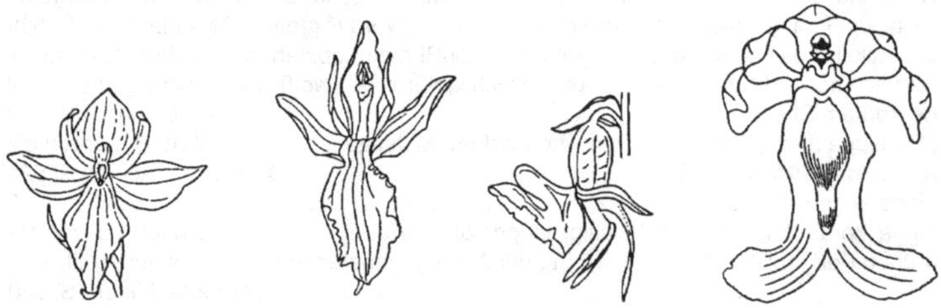

1 2 3 4

Waldvöglein – Cephalanthéra L. C. RICHARD
(G – Ib, Sb – Sv: Wurzelsprosse)

1 B rosa. Stg oberwärts wie der FrKn kurzhaarig. 0,30–0,50. ♃ 6–7. Wärmeliebende Wälder u. Gebüsche, kalkstet; v S-Ba: Alpen u. Vorland O-Bw: bes. Jura, Baar, Gäuland, z M- u. N-Ba: bes. Jura W-Bw Rh He Th SW-An M- u. O-Br SO-Ns, s S- u. O-We N-An S-Br Me, † Sa, ↘ (m/mo-temp·subozEUR – V Cephal.-Fag., O Querc. pub., V Cytis.-Pin., V Eric.-Pin. – ▽). **Rotes W.** – C. rúbra (L.) L. C. RICHARD

1* B weiß od. gelblichweiß. Ganze Pfl (auch FrKn) kahl **2**

2 B ∞ (bis 20), reinweiß. Mittlere u. obere DeckBl viel kürzer als der FrKn. Bl mindestens 10mal so lg wie br. 0,15–0,45. ♃ 5–6. Wärmeliebende Wälder, kalkhold; v S-Ba: Alpen u. Vorland S- Bw: bes. Baar, z M- u. N-Ba N-Bw Rh S- u. O-We He Th S-An S-Ns, s Sa SO-Br M- u. N-Me: Teterow, Rügen, † Sh, ↘ (m/mo-temp·(oz)EUR–(WAS) – V Cephal.-Fag., O Querc. pub., V Eric.-Pin. – ▽). [C. ensifólia (MURRAY) L. C. RICHARD] **Langblättriges W.** – C. longifólia (L.) FRITSCH

2* B 3–8, gelblichweiß, Lippe innen rötlichgelb. DeckBl viel länger als der FrKn. Bl höchstens 4mal so lg wie br. 0,30–0,60. ♃ 5–6. Anspruchsvolle Buchen- u. TannenW, kalkhold; v Bw (Bergland s) Th SW-An S-Ns, z Ba: bes. Jura Rh S- u. O-We He O-Br M- u. O-Me, s NW-We Sa SO-An SO-Sh (m/mo-temp·ozEUR – V Cephal.-Fag. – ▽). [C. grandiflóra S. F. GRAY, C. álba SIMK.] **Bleiches W.** – C. damasónium (MILL.) DRUCE

Stendelwurz, Sitter – Epipáctis ZINN
(G – Ib: Bienen, Wespen, Sb)

1 Vorderglied der Lippe vom beiderseits geöhrten Hinterglied durch einen tiefen Einschnitt getrennt, beweglich, rundlich, weiß (Abb. **520**/1). 0,30–0,50. ♃ 6–8. Wechselnasse Moorwiesen, Flachmoore, Vernässungsflächen in Tagebauen, kalkhold; v S-Ba SO-Bw, z M- u. N-Ba W- u. N-Bw u. übrige Bdl, nur Sa s, ↘ (sm/mo-temp·(oz)EUR–WAS – V Mol., V Calth., V Magnocar., V Mesobrom. – ▽). **Sumpf-S., Sumpfwurz** – E. palústris (L.) CRANTZ

1* Vorderglied der Lippe dem Hinterglied br aufsitzend, unbeweglich, zugespitzt, kahnfg vertieft, nicht reinweiß **2**

2 Alle Bl kürzer als die StgGlieder, sehr klein, am Rand flaumig rauh, graugrün, violett überlaufen, eifg-lanzettlich. B grünlich, oft rötlich überlaufen. FrKn weichhaarig. 0,10–0,30. ♃ 6–8. Anspruchsvolle LaubW, kalkhold; v SO-Ns, z S- u. W-Bw: Bodensee, Donau, Rhein, Neckar W-Rh S- u. O-We N- u. O-He Th SW-An, s S- u. N-Ba Br: ob noch? (sm/mo-temp·subozEUR – O Fag., V Carp., O Querc. pub. – ▽). **Kleinblättrige S.** – E. microphýlla (EHRH.) SW.

2* Mittlere Bl meist länger als die StgGlieder, am Rand u. auf den Nerven behaart **3**

3 Traubenspindel mit dichten, weißlichen Flaumhaaren. StgGlied unter der untersten B viel länger als die anderen. FrKn kraushaarig. B ganz braunrot. Vorderes Lippenglied am Grund mit 2 kraus gefalteten Höckern (Abb. **520**/2). Bl 2reihig, etwas steif, zugespitzt. 0,30–0,60. ♃ 6–8. Halbtrockenrasen, TrockenW, Küstendünen, kalkhold; v S-Ba S-Bw: bes. Jura, Baar NO-He Th S-An S-Ns, z M- u. N-Ba: bes. Jura N-Bw Rh S- u. O-We S- u. W-He Sa S- u. O-Br, NO-Me: Küste vom Darß aus östlich (sm/mo-b·(oz)EUR–WSIB – V Mesobrom., V Cephal.-Fag., V Eric.-Pin., V Armer. elong. – ▽). [E. rubiginósa (CRANTZ) GAUDIN ex KOCH, E. atropurpúrea RAFIN.] **Braunrote S.** – E. atrórubens (HOFFM. ex BERNH.) BESSER

3* Traubenspindel flaumhaarig, aber nicht weißlich. StgGlied unter der untersten B etwas länger als die anderen. FrKn mit kurzen, zerstreuten Flaumhaaren od. kahl. B grünlich, mit violetten od. roten Tönen. Höcker am Grund des Lippenvordergliedes fehlend od. klein u. glatt. Bl spiralig **4**

4 Bl groß, dunkelgrün, meist eifg, das größte 6–15 cm lg. Stg blaß. B blaßgrün, z. T. purpurn od. rosa. Hinteres Lippenglied außen grün, innen dunkelbraun; Vorderglied meist

rosa od. purpurn gezeichnet. 0,25–0,50. ♃ 6–8. Anspruchsvolle LaubW u. Gebüsche; alle Bdl v, aber MDt-Trockengeb, W-Br, NW-Ns u. W-Sh z (m/mo-b·(oz)EUR–WAS – O Fag. – ∇). * **Breitblättrige S.** – E. helleboríne agg.

4* B klein, wie der Stg trüb graupurpurn, meist lanzettlich, das größte 5–8 cm lg. B gelbgrün, mit nur schwacher Rosafärbung. Hinteres Lippenglied außen oft purpurn, innen blaßviolett, Vorderglied weißlich, am Grund violett. 0,15–0,60. ♃ 8. Krautreiche BuchenW u. HainbuchenW, kalkhold; v Bw außer Odenwald u. W-Schwarzw, z Ba: bes. W Rh He Th W- u. S-Sa S-An SO-Ns, s S- u. O-We NO-Br? SO- u. NW-Me SO-Sh (sm/mo-temp·subozEUR – O Fag. – ∇). [E. violácea (DUR.-DUQ.) BOR., E. várians (CRANTZ) FLEISCHM. et RECH. pat., E. sessilifólia PETERM.] **Violette S.** – E. purpuráta SM.

Dingel – Limodórum BOEHMER

Pfl violett. PerigonBl bis 20 mm lg. Sporn mindestens so lg wie der nicht gedrehte FrKn. 0,02–0,50. ♃ 5–7. Wärmeliebende LaubW; s SW-Bw: Rhein W-Rh: Mosel, Sauer (m/mo-stemp·(oz)EUR – G – Ib, Sb – Wv – O Querc. pub., V Cephal.-Fag. – ∇). **Dingel** – L. abortívum (L.) SW.

Zweiblatt – Lístera R. BR.

1 Pfl kräftig. Bl elliptisch. Traube ∞blütig. B grün. Lippe gelblich, am Grund ohne Seitenlappen (Abb. **520**/3). 0,20–0,50. ♃ 5–6. Anspruchsvolle Wälder, Gebüsche, Kalkflachmoore, Wiesen, Halbtrockenrasen; alle Bdl v, aber NW-We, W-Br, NW-Ns, SW-Me u. W-Sh z, Bayr-W s, ↘ (m/mo-b·(oz)EUR–WAS – G – Ib: Wespen – V Alno-Ulm., V Carp., O Mol., V Mesobrom. – ∇). **Großes Z.** – L. ováta (L.) R. BR.

1* Pfl niedrig, zart. Bl herzfg-dreieckig. Traube 6–9blütig. B grünlich, innere PerigonBl u. Lippe rötlich, diese am Grund mit Seitenlappen (Abb. **520**/4). 0,05–0,20. ♃ 5–7. Frische NadelW u. Gebüsche; z S-Ba: Alpen u. Vorland S-Bw: Alpenvorland, Jura, Schwarzw, s M- u. N-Ba: Bayr-W, Fichtelgebirge, Oberpfälzer Jura We: Welschen-Ennest S- u. N-Th: Th-W, Harz W-An: Harz O-Ns: Harz, Solling, Örtze, Wendland, † S-Sa Br NO-Me Sh, ↘ (sm/mo-arct·(oz)CIRCPOL – G – O Vacc.-Pic. – ∇). **Kleines Z.** – L. cordáta (L.) R. BR.

Nestwurz – Neóttia GUETT.

Stg dick, mit scheidigen SchuppenBl. Traube ∞blütig. B braun bis graubraun. 0,25–0,50. ♃ 5–6. Anspruchsvolle LaubmischW; v Ba: bes. Kalkgebiete Bw (Schwarzw s) Rh He Th SW-An S-Ns, z We Sa N- u. O-An Me, s S- u. O-Br N-Ns Sh, im NW u. Sa ↘ (sm/mo-temp·(oz)EUR–(WSIB) – G – Ib: Fliegen, Sb – Sv: Wurzelsprosse – O Fag. – ∇). **Nestwurz** – N. nídus-ávis (L.) L. C. RICHARD

Wendelorchis, Drehähre – Spiránthes L. C. RICHARD
(G, H – Ib: Hummeln)

1 Stg nur mit SchuppenBl, zur BZeit die BlRosette am Grund meist schon abestorben u. neue Rosette neben dem BTrieb entwickelt. Ähre dicht. B innen weiß, außen grün. 0,07–0,25. ♃ 8–10. Halbtrockenrasen, Silikatmagerrasen, wechseltrockne Wiesen, kalkmeidend; z S-, M- u. NW-Ba He, s S- u. O-Bw O-Rh: Hunsrück O-We Th SW-An S-

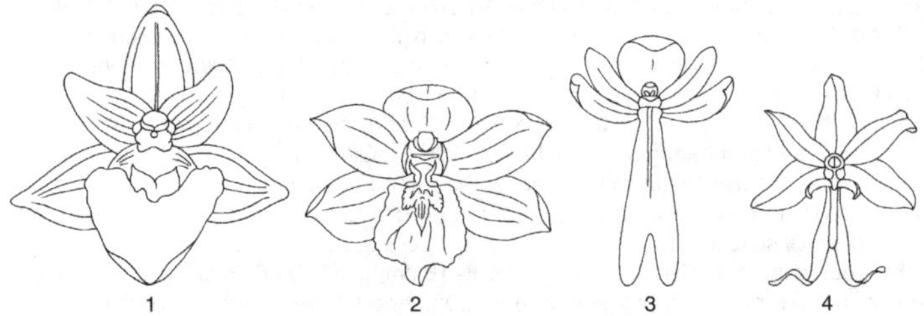

1 2 3 4

Br: ob noch? SO-Ns, † Sa Me Sh, ↘ (m/mo-temp·ozEUR – V Mesobrom., V Viol. can., V Mol. – ∇). [S. autumnális L. C. RICHARD] **Herbst-W.** – S. spirális (L.) CHEVALL.

1* Stg beblättert, nur oben mit SchuppenBl, zur BZeit am Grund mit BlRosette. Ähre locker. B weiß. 0,10–0,35. ♃ 7. Nasse kalkreiche Flachmoore, Kalktuff; z S-Ba: Berchtesgaden, Alpenvorland S-Bw: Alpenvorland, Bodensee, Rhein, † O-Rh SW-He, ↘ (m/mo-stemp·subozEUR – V Car. davall. – ∇).
Sommer-W. – S. aestivális (POIRET) L. C. RICHARD

Netzblatt – Gōōdyera R. BR.

GrundBl eifg bis eifg-länglich. B klein, weiß od. rahmgelb, außen grünlich, süßlich riechend. 0,10–0,30. ♃ 7–8. Frische NadelW; z Ba: bes. Bergland außer Bayr-W Bw: bes. Jura, Baar Rh He Th, s S-An Br: ob noch? Ns M- u. O-Me, † Sa Sh, ↘, auch (N 19. Jh.) mit Nadelholzaufforstungen s W-We Ns (m/mo-b·(k)CIRCPOL – H – Ib: Hummeln – O Vacc.-Pic. – ∇). **Kriechendes N., Kriechstendel** – G. répens (L.) R. BR.

Widerbart – Epipógium BORKH.

Stg röhrig, weißlich, oben purpurn überlaufen. B 2–4, blaßgelb, rötlich gestrichelt (Abb. **518**/3, **521**/1). FrKn nicht gedreht, deshalb Lippe aufwärtsgerichtet. 0,10–0,20. ♃ 7–8. Anspruchsvolle LaubW u. NadelW; s u. oft mehrere Jahre ausbleibend Ba S- u. O-Bw NW-Rh S- u. O-We N- u. O-He Th SW-An M-Br SO-Ns N-Me: Rügen, ob noch?, † Sa Br Sh, ↘ (m/mo-b·subkEURAS – G – Ib: Hummeln – V Asper.-Fag., V Gal.-Abiet., V Vacc.-Pic. – ∇). **Blattloser W.** – E. aphýllum SW.

Waldhyazinthe, Breitkölbchen – Platanthéra L. C. RICHARD
(G – Ib: Nachtfalter)

1 Staubbeutelfächer parallel, etwa 1 mm voneinander entfernt (Abb. **521**/2). B weiß, 11–18 mm br, in ± zylindrischer Ähre. Lippe 6–10 mm lg. Sporn fädlich, gleich dick, 15–22 mm lg, spitzlich. 0,15–0,45. ♃ 5–7. Magerrasen, Feuchtwiesen, LaubW, NadelW; v Ba Bw: bes. Jura, Alpenvorland Rh He, z We Th An Br Ns, s Sa Me Sh, im N ↘ (m/mo-b·(oz)EUR–WAS – O Fag., V Querc. rob.-petr., O Nard., O Mol, V Mesobrom. – ∇). **Weiße W.** – P. bifólia (L.) L. C. RICHARD

1* Staubbeutelfächer nicht parallel, am oberen Ende 2 mm, am unteren 4 mm voneinander entfernt (Abb. **521**/3). B gelblichweiß, 18–23 mm br, in ± pyramidaler Ähre. Lippe 10–16 mm lg. Sporn etwas keulig, 20–40 mm lg, stumpf. 0,20–0,60. ♃ 5–7. Anspruchsvolle Wälder, Feuchtwiesen; v S- u. O-Bw S-Th N-Me S- u. O-Sh, z Ba NW-Bw Rh S- u. O-We He N-Th Ns S-Me NW-Sh, s S-Sa An O- u. N-Br, ↘ (m/mo-temp·(oz)EUR – O Mol., V Mesobrom., V Gal.-Abiet. – ∇). [P. montána aut.]
Grünliche W. – P. chlorántha (CUSTER) RCHB.

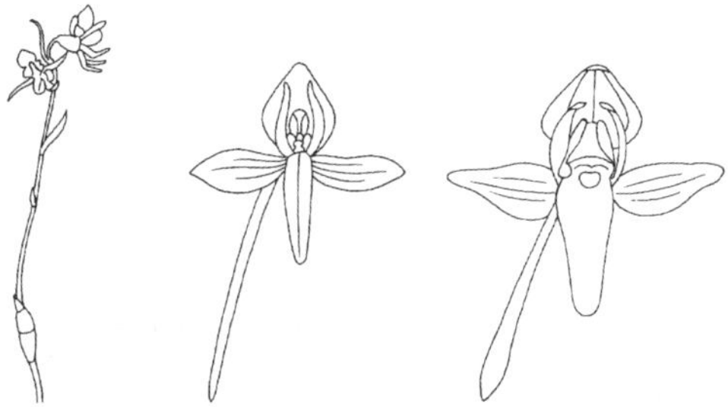

1 2 3

Hohlzunge – Coeloglóssum HARTMAN

Bl 2–4, eifg bis länglich-lanzettlich. B bräunlichgrün od. grün. 0,10–0,25. ♃ 5–6. Saure Magerrasen, Halbtrockenrasen; v S-Ba: Alpen, Starnberger See, z O- u. N-Ba Rh SW-We He, s Bw S-Th: Th-W S-Sa W-An: Harz O-We, † Br Ns, ↘ (m/salp-bCIRCPOL – G – Ib: Nachtfalter – O Nard., V Mesobrom., O Sesl. – ∇). [Habenária víridis (L.) R. BR., Platanthéra víridis (L.) LINDL.] **Grüne H.** – C. víride (L.) HARTMAN

Händelwurz – Gymnadénia R. BR.
(G – Ib: Falterblume)

1 Sporn 11–18 mm lg, 1,5–2mal so lg wie der FrKn. Lippe mit 3 eifg, stumpfen, gleich lg Zipfeln. 0,25–0,60. ♃ 5–8. Halbtrockenrasen, Moorwiesen, TrockenW u. -gebüsche, kalkhold; v Ba Bw Th, z Rh S- u. O-We He S- u. W-Sa S-An S-Ns, s NW-We N-An Br N-Ns: Juist, Osterholz Me, † Sh, im N ↘ (m/alp-b·ozEURAS – V Mesobrom., V Mol., V Calth., V Car. davall., V Ger. sang., V Eric.-Pin. – ∇). ** **Große H.** – G. conopséa (L.) R. BR.

1* Sporn 4–5 mm lg, höchstens so lg wie der FrKn. Lippe mit längerem, spitzerem Mittelzipfel. 0,15–0,30. ♃ 6–7. Wechselfeuchte, kalkhaltige Moorwiesen, Kalk-KiefernW; v S-Ba: Alpen u. Vorland, z Bw: bes. Jura, s M- u. N-Ba W-Rh, † Th Sa An M-Br, ↘ (sm/alp-temp/dealp·subozEUR – V Eric.-Pin., V Mesobrom., V Mol., O Sesl. – ∇). **Duft-H.** – G. odoratíssima (L.) L. C. RICHARD

Kohlröschen – Nigritélla L. C. RICHARD

1 B schwarzpurpurn, selten gelb, orange od. rosa. BStand (voll aufgeblüht) fast kuglig. Lippe hohlrinnig. Paarige innere PerigonBl halb so br wie das unpaare äußere. 0,05–0,20. ♃ 6–8. Frische, kalkhaltige, alp. Magerrasen; v S-Ba: Alpen, s Vorland, † SW-Bw: Schwarzw (sm/alp-temp/alp+b·subozEUR – G – Ib: meist Falter – Wv – V Sesl., V Mesobrom., V Nard. – ∇). [incl. N. rhellicáni TEPPNER et KLEIN] **Schwarzes K.** – N. nígra (L.) RCHB. fil.

1* B rubinrot od. rosa. BStand zylindrisch bis eifg-kuglig. Lippe am Grund trichterfg eingerollt. Paarige innere PerigonBl etwa so br wie das unpaare äußere. 0,08–0,20. ♃ 6–8. Alpenmatten, kalkliebend; s S-Ba: Alpen, ↘ (sm/alp-temp/alp·subozEUR – O Sesl. – ∇). [N. miniáta (CRANTZ) JANCHEN, incl. N. widderi TEPPNER et KLEIN] **Rotes K.** –N. rúbra (WETTST.) RICHTER

Weißzunge – Pseudórchis SÉGUIER

Stg beblättert. Bl länglich-verkehrteifg. PerigonBl helmfg zusammenneigend. Sporn 2–2,5 mm lg. 0,10–0,30. ♃ 6–8. Mont. Silikatmagerrasen, kalkmeidend; v S-Ba: Alpen, s Vorland, s O- u. N-Ba: Bayr-W, Rhön Bw: Schwarzw, Irndorfer Hardt, Obersteinbach Rh S-We: Eifel, Westerwald, Sauerland He S-Th: Th-W S-Sa: Erzg SO-Ns: St. Andreasberg, † An W-Sh, ↘ (sm/alp-arct·ozEUR–(OAM) – G – Ib: Falter – V Nard., V Viol. can., V Junc. squarr. – ∇). [Gymnadénia álbida (L.) L. C. RICHARD, Leucorchis álbida (L.) E. H. F. MEYER] **Weißzunge** – P. álbida (L.) A. et D. LÖVE

Zwergorchis – Chamórchis L. C. RICHARD

Stg kantig, am Grund weißlich, mit 2 lockeren ScheidenBl u. grundständigen LaubBl von der Länge des Stg. B klein, gelblichgrün, in lockerer, 5–10blütiger Ähre. 0,05–0,10. ♃ 7–8. Alp. Matten, auf Kalksteinböden; z S-Ba: Alpen, bes. Allgäu u. Berchtesgaden (sm/alp-arct·ozEUR – G – Ib: Schlupfwespen, kleine Fliegen u. Käfer – V Sesl. – ∇). **Zwergorchis** – Ch. alpína (L.) L. C. RICHARD

Honigorchis, Einknolle – Hermínium L.

Ähre schmal, ∞blütig, einseitswendig. B klein, grünlichgelb. Knollentragende Ausläufer. 0,08–0,30. ♃ 6–7. Submed. Halbtrockenrasen, wechselfeuchte Moorwiesen, kalkhold; z S-Ba: Alpen u. Vorland S-Bw, s NW-Ba N-Bw NW-Rh S- u. O-We He Th S-An NO-Me, † Sa Br SO-Ns: nur noch Erhaltungskultur, ↘ (m/mo-temp·(k)EURAS – G – Ib – Sv – V Mesobrom., V Mol., V Car. davall. – ∇). **Einknollige H., Einknolle** – H. monórchis (L.) R. BR.

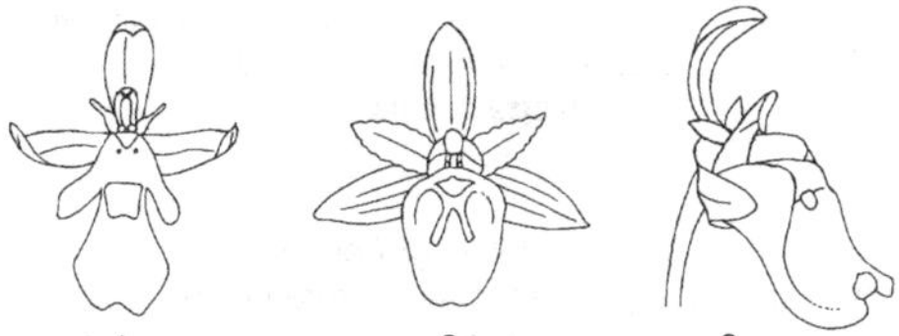

1 2 3

Ragwurz – Óphrys L.
(G – Ib: Bienen, Wespen, Blüten nektarlos – kalkliebend – Hybr.)

1 Äußere PerigonBl grünlich. Lippe an der Spitze ohne Anhängsel **2**

1* Äußere PerigonBl weiß od. rosa. Lippe an der Spitze mit grünem od. gelblichem Anhängsel (Abb. **523**/3) **3**

2 Lippe purpurbraun, 3teilig, fast flach, mit einem kahlen, fast viereckigen Fleck. Innere PerigonBl viel kürzer als die äußeren, schmal linealisch, rotbraun (Abb. **523**/1). 0,15–0,40. ♃ 5–6. Submed. Kalkhalbtrocken- (u. Trocken-)rasen, Trockengebüschsäume, lichte KiefernW, kalkstet; z Ba: bes. Alpen, Vorland, Lech, Isar, Donau, Jura, Grabfeld Bw: bes. Jura, Gäuland, Rhein Rh S- u. O-We He: bes. NO Th S-An S-Ns, s W-Sa: Vogtland NO-Me, ↘ (sm-temp·subozEUR – V Mesobrom., V Ger. sang., V Mol., V Eric.-Pin. – ∇). [O. muscífera HUDS.] **Fliegen-R., Fliege** – O. insectífera L. em. L.

2* Lippe rotbraun, ungeteilt, meist gewölbt, mit kahler, bläulicher H-fg Zeichnung (Abb. **523**/2). Innere PerigonBl wenigstens $^1/_5$ so lg wie die äußeren, br linealisch, grünlich. 0,15–0,40. ♃ 4–5. Submed. Kalkhalbtrockenrasen, Trockengebüschsäume, kalkstet; s Ba: Hochebene im Lech- u. Isargebiet, Bodensee, Unterfranken S- u. NW-Bw Rh SW-We: Eifel N- u. O-Th: Saalegebiet, Frankenhausen S-An: Saale-Unstrut-Gebiet, † He, ↘ (m-stemp·subozEUR – V Mesobrom., V Ger. sang., V Mol. – ∇). [O. aranífera HUDS., incl. O. aranéola RCHB.] **Spinnen-R., Spinne** – O. sphegódes MILL.

3 **(1)** Lippe ungeteilt, beinahe viereckig u. fast flach, am Grund beiderseits mit einem Höcker, purpurbraun, in der Mitte mit kahlem, gelblichem Fleck, vorn mit meist 3lappigem, aufwärtsgebogenem Anhängsel (Abb. **523**/3). Innere PerigonBl fast 3eckig, weißlich bis hellpurpurn od. grünlich. 0,15–0,30. ♃ 5–6. Submed. Kalkhalbtrockenrasen, Trockengebüschsäume, kalkstet; z S-Ba: Bodensee, Iller-, Lech-, Isar- u. Donaugebiet Bw Rh, s N-Ba: Unterfranken, † S-We He S-Th N-Br, ↘ (m-stemp·subozEUR – V Mesobrom., V Ger. sang., V Mol. – ∇). [O. arachnítes (L.) REICHARD, O. fuciflóra (F. W. SCHMIDT) MOENCH] ** **Hummel-R., Hummel** – O. holosérica (BURM. fil.) GREUTER

3* Lippe 3lappig, stark gewölbt, braun, mit kahlem, gelblichem, fast 4eckigem Fleck, vorn mit abwärts- od. rückwärtsgebogenem Anhängsel. Innere PerigonBl schmal, grünlich bis rötlich. 0,20–0,40. ♃ 5–6. Submed. Kalkhalbtrockenrasen, TrockenW u. ihre Säume, kalkstet; z W-Ba Bw Rh S- u. O-We He Th SW-An SO-Ns, s NW-Sa, † (U) Me: Rügen SO-Sh (m-temp·ozEUR – V Mesobrom., V Ger. sang., V Querc. pub., V Eric.-Pin. – ∇). **Bienen-R., Biene** – O. apífera HUDS.

Spitzorchis, Hundswurz – Anacámptis L. C. RICHARD

Bl lineal-lanzettlich. B leuchtend purpurrot. Äußere PerigonBl abstehend (Abb. **517**/4). 0,25–0,50. ♃ 6–7. Submed. Kalkhalbtrockenrasen, wechseltrockne Wiesen, Trockengebüschsäume, kalkstet; z Bw Rh, s M- u. NW-Ba S- u. O-We He S-An SW-Br SO-Ns: Alfeld, Helmstedt, † Th Me, ↘ (m/mo-temp·ozEUR – G – Ib: Falter – V Mesobrom., V Mol., V Ger. sang. – ∇). **Pyramiden-S.** – A. pyramidális (L.) L. C. RICHARD

Kugelorchis – Traunstéinera RCHB.

Bl lanzettlich. PerigonBl zuerst helmartig zusammenneigend, später glockig abstehend. Lippe dunkelpurpurn punktiert. 0,30–0,50. ♃ 6–7. Gebirgswiesen, Kalkmagerrasen; v

S-Ba: Alpen s Vorland: Lechfeld, s S-Bw: S-Schwarzw, Jura S-Sa: O-Erzg, ↘ (sm/salp-temp/salp·subozEUR – G – Ib: Falter – V Car. ferr., V Mesobrom., V Triset. – ∇).
[Órchis globósa L.] **Kugelorchis** – T. globósa (L.) RCHB.

Ohnhorn – Áceras R. BR.

Bl länglich-lanzettlich, bläulichgrün. Ähre lg, ∞- u. dichtblütig. PerigonBl gelbgrün, an den Rändern violett od. bräunlich, Lippe gelbgrün bis dunkelrotbraun (Abb. **517**/5). 0,20–0,35. ♃ 5–6. Submed. Kalkhalbtrockenrasen, Trockengebüsche u. ihre Säume, kalkstet; z W- u. N-Bw W- u. N-Rh, s SW-We SO-He SW-Th: südliche Vorderrhön, Eisenach S-An: Querfurt, (N) s W-Ba: Rothenburg? SO-Rh SW-He, ↘ (m-stemp·ozEUR – G – Ib – V Mesobrom., V Ger. sang. – ∇).
Ohnhorn, Männchenorchis, Puppenorchis – A. anthropóphorum (L.) AIT. fil.

Knabenkraut – Órchis L.
(G – Ib: Bienen, Hummeln – ArzneiPfl – Hybr.)

1 Alle PerigonBl außer der Lippe zusammenneigend, einen „Helm" bildend (Abb. **524**/1–4) 2
1* Seitliche äußere PerigonBl abstehend od. zurückgeschlagen, innere zusammenneigend 8
2 Lippe so br wie lg od. breiter (Abb. **524**/1). PerigonBl grün längsstreifig, rot, selten weiß. Sporn höchstens so lg wie der FrKn, waagerecht od. aufsteigend. Bl ungefleckt. 0,08–0,40. ♃ 4–6. Silikattrockenrasen, Halbtrockenrasen, wechseltrockne Wiesen; z Ba Bw Rh S- u. O-We He S-An, s Th S-Sa N-An S- u. O-Br S-Me SO-Sh: Fehmarn, † Ns: nur noch gepflanzt, ↘ (m/mo-temp·(oz)EUR – O Fest.-Sedet., V Mesobrom., V Mol. – ∇). **Kleines K., Salep-K.** – O. mório L.
2* Lippe länger als br, ihr Mittellappen deutlich länger als die Seitenlappen. Sporn abwärts gerichtet. PerigonBl ohne grüne Streifen 3
3 Mittellappen der Lippe ungeteilt; übrige PerigonBl bräunlichrot, Helm länglich, spitz. B nach Wanzen riechend. 0,15–0,30. ♃ 6–7. Feuchte, ärmere, moorige Wiesen; s S-, M- u. NW-Ba S-Bw, † Rh We He Th Sa An Br? Ns Me, ↘ (m-stemp·subozEUR – Ib: Fliegen – V Mol., V Calth. – ∇). **Wanzen-K.** – O. corióphora L.
3* Mittellappen der Lippe 2spaltig, oft mit kleinem Zahn in der Ausbuchtung 4
4 DeckBl mindestens $^{1}/_{2}$ so lg wie der FrKn. Ähre anfangs fast kuglig 5
4* DeckBl höchstens $^{1}/_{3}$ so lg wie der FrKn 6
5 B klein, bis 1 cm lg, duftend. Helm halbkuglig, stumpf, außen schwarzpurpurn, Ähre daher vor dem Aufblühen wie angebrannt aussehend. Lippe weiß, spärlich rot punktiert (Abb. **524**/2). 0,20–0,30. ♃ 5–6. Submed. Kalkhalbtrockenrasen, Trockengebüschsäume, kalkhold; z Ba Bw Rh, s SW-We He Th SO-Sa SW-An, † Br Ns: nur noch

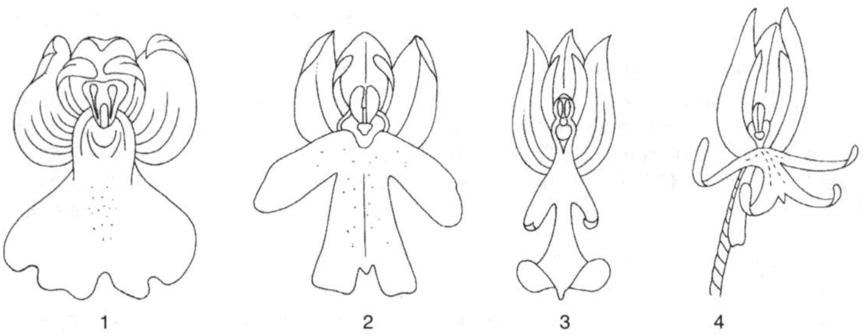

1 2 3 4

gepflanzt, ↘ (sm/mo-temp·(suboz)EUR–(WSIB) – V Mesobrom., V Cirs.-Brach., V Ger. sang. –▽). **** Brand-K.** – O. ustuláta L.

5* B größer, fast geruchlos. Helm länglich, spitz, innen u. außen rosa. Ähre auch im Knospenstadium hellrosa. Lippe weißlich, reichlich dunkelpurpurn punktiert (Abb. **525**/1). 0,15–0,30. ♃ 5–6. Submed. Kalkhalbtrockenrasen, Trockengebüschsäume, kalkstet; z N-He Th SO-Ns, s O-We SW-An NO-Br, † Sa Me, ↘ (m-stemp·subozEUR – V Mesobrom., V Ger. sang. –▽). [O. variegáta ALL.] **Dreizähniges K.** – O. tridentáta SCOP.

6 **(4)** Helm kuglig-eifg, außen viel dunkler als die weißliche, dunkelrot punktierte Lippe. Mittellappen der Lippe am Grund 3–4mal so br wie die schmalen Seitenlappen, nach vorn sich allmählich verbreiternd (Abb. **525**/2). 0,30–0,75. ♃ 5–6. Submed. Halbtrockenrasen, Trockengebüsche, Trockenwälder u. ihre Säume, Auenwälder; z SW-, M- u. N-Ba: Bodensee, Donau, Jura, Franken Bw außer Schwarzw Rh S- u. NO-We He Th SW-An SO-Ns, s M-Sa NO-Br N-Me: Rügen, ↘ (sm/mo-stemp·subozEUR – V Mesobrom., V Ger. sang., O Querc. pub., V Alno-Ulm. –▽). **Purpur-K.** – O. purpúrea HUDS.

6* Helm länglich-eifg, außen blaßrosa od. grauviolett mit dunklen Nerven. Mittellappen der Lippe am Grund 1–2mal so br wie die Seitenlappen **7**

7 Zipfel des Mittellappens der Lippe ziemlich stumpf u. kurz, von den Seitenlappen verschieden (Abb. **524**/3). Lippe hellrot, mit behaarten, dunklen Wärzchen. 0,25–0,45. ♃ 5–6. Submed. Kalkhalbtrockenrasen, wechseltrockne, meist kalkreiche Flachmoorwiesen; z Ba außer Bayr-W Bw (Schwarzw s) Rh SW- u. NO-We He Th S-An Br SO-Ns, s NO- u. W-Sa NO-An SO-Me, ↘ (sm/mo-temp·(suboz)EUR–SIB – V Mesobrom., V Cirs.-Brach., V Mol. –▽). [O. rivíni GOUAN] **Helm-K.** – O. militáris L.

7* Zipfel des Mittellappens der Lippe in Länge, Form u. Farbe den Seitenlappen gleichend, lg linealisch, zugespitzt, aufwärts gekrümmt (Abb. **524**/4). Lippe hellrosa, ohne behaarte Wärzchen. 0,30–0,40. ♃ 5–6. Submed. Kalkhalbtrockenrasen; s SW-Bw: Oberrhein W-Rh, ↘ (m-stemp·ozEUR – V Mesobrom. –▽). **Affen-K.** – O. símia LAMK.

8 **(1)** DeckBl 3–5nervig, unterste mit Quernerven. Ähre locker. Lippe 3lappig. Bl lineallanzettlich, rinnig, ungefleckt. 0,30–0,50. ♃ 6–7. Nasse, kalkhaltige Flachmoorwiesen, salzertragend; s SO- u. M-Ba: südöstliches Alpenvorland, untere Hochebene S- u. W-Bw: Bodensee, Rhein N-Th S-An Br O-Me, † Rh He Sa Ns Sh, ↘ (m-temp·(suboz)EUR – V Car. davall., V Mol., V Calth. –▽). **Sumpf-K.** – O. palústris JACQ.

8* DeckBl alle häutig, 1nervig. Ähre dicht. Bl br lanzettlich **9**

9 B purpurn, in länglicher Ähre. Lippe tief 3lappig, dunkel gefleckt. DeckBl violett überlaufen. 0,15–0,50. ♃ 5–6. Saure Sandtrockenrasen, Halbtrockenrasen, mont. Magerrasen, mäßig trockne bis frische LaubW; v S-Bw Rh He Th S-Ns O-Sh, z Ba N-Bw S- u. O-We SW-An N-Me, s S- u. W-Sa SO-An NO-Ns W-Sh, † NO-Br, ↘ (m/mo-b·(oz) EUR – V Armer. elong., V Mesobrom., V Sesl., V Arrh., V Querc. pub., V Carp. –▽). **** Stattliches K.** – O. máscula (L.) L.

9* B blaßgelb, in kurzer, eifg Ähre. Lippe seicht 3lappig. DeckBl blaßgelb. 0,20–0,40. ♃ 4–5. Krautreiche LaubW, submed. Halbtrockenrasen, kalkhold; z S-Bw: Hochrhein, Hegau, Baar, Bodenseegebiet, Jura Th, s Ba: Alpen, obere Hochebene, Donau, Jura, Grabfeld SW-An, ↘ (sm/mo-stemp·subozEUR – V Cephal.-Fag., V Til.-Acer., V Querc. pub., V Mesobrom. –▽). **Blasses K.** – O. pállens L.

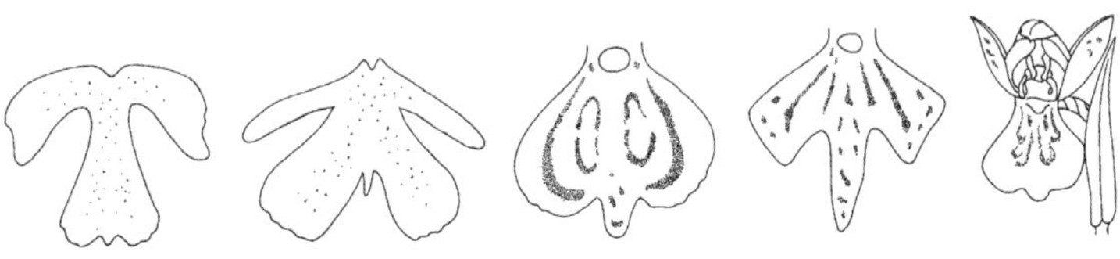

1 2 3 4 5

Knabenkraut, Kuckucksblume – Dactylorhíza NECKER ex NEVSKI [Dactylórchis (KLINGE) VERM.]
(G – IB: Bienen, Hummeln – Hybr.)

1 B trübrot, Lippe am Grund gelblich od. ganze B hellgelb. Lippe stets mit purpurnen Punkten, schwach 3lappig, am Rand wellig gekerbt. Sporn so lg wie der FrKn od. länger. Stg hohl. Bl ungefleckt. 0,15–0,25. ♃ 4–6. Silikattrocken- u. -magerrasen, Trockengebüschsäume, kalkmeidend; s O- u. N-Ba: Bayr-W, Oberfranken SW-Bw: M-Schwarzw SO-Rh S-Th: Th-W, Schiefergebirge S-Sa: Erzg, ob noch?, † S-An SO-Br, ↘ (m/mo-temp/demo·subozEUR – O Fest.-Sedet., V Viol. can., O Orig. – ∇). [Órchis latifólia L. p. p.] **Holunder-K.** – D. sambucína (L.) SOÓ

1* B anders gefärbt; wenn ganze B gelb, dann Lippe 3teilig **2**

2 Stg markig, nicht zusammendrückbar, mit (3–)6–10 Bl. Zwischen den LaubBl u. der Ähre (1–)2–6 kleine, deckblattähnliche ÜbergangsBl. Untere LaubBl meist über der Mitte am breitesten. Oberstes Bl die Ähre nicht erreichend. Untere DeckBl < 3 mm br. Sporn < 2 mm dick, meist etwa so lg wie der FrKn **3**

2* Stg mit ± weiter Höhlung, ± zusammendrückbar, mit 3–6 Bl. ÜbergangsBl 0–1(–2). Alle Bl am Grund od. in der Mitte am breitesten. Oberstes Bl die Ähre oft erreichend. Untere DeckBl > 3 mm br. Sporn meist > 2 mm dick, kürzer als der FrKn **4**

3 Alle Bl lanzettlich bis linealisch, spitz, mit ± kreisrunden Flecken, seltener ungefleckt. ÜbergangsBl (1–)2–3. Lippe br, seicht 3lappig, ihr Mittellappen nicht vorgezogen, viel kleiner als die br abgerundeten, oft etwas gezähnelten Seitenlappen (Abb. **525**/3). 0,10–0,60. ♃ 5–8. Anspruchsvolle Wälder, Moorwiesen; alle Bdl z?, in Ns eher auf basenreichen Standorten, Verbreitung ungenau bekannt, da kaum von **3*** getrennt (sm/mo-b·ozEUR – K Scheuchz.-Car., O Nard., O Mol., V Eric.-Pin., standörtliche Differenzierung gegenüber **3*** ungenügend geklärt – ∇). [Órchis maculáta L.] ** **Geflecktes K.** – D. maculáta (L.) SOÓ

3* Unterste Bl br elliptisch od. verkehrteifg, meist stumpflich. Bl meist mit deutlich quer verlängerten, dunklen Flecken, diese bisweilen blaß od. fehlend. ÜbergangsBl 2–6. Lippe meist tief 3spaltig, ihr Mittellappen zugespitzt-vorgezogen u. etwa so lg wie die rhomboidalen Seitenlappen (Abb. **525**/4). 0,10–0,80(–1,00). ♃ 6–7. Anspruchsvolle Wälder, Moorwiesen; Artrang umstritten, Übergänge zu **3**, D. maculata-Gruppe: v S-Ba Bw Rh We He Th Sa SW-An S- u. O-Ns Sh, z M- u. N-Ba N- u. O-An Br NW-Ns Me (sm/mo-b·(suboz)EUR–SIB – V Gal.-Abiet., V Til.-Acer., V Eric.-Pin., K Scheuchz.-Car., O Mol. – ∇). [Órchis fúchsii DRUCE] ** **Fuchssches K.** – D. fúchsii (DRUCE) SOÓ

4 **(2)** Bl höchstens 4mal so lg wie br (wenn länger, dann über 2 cm br), etwa in der Mitte am breitesten, fast stets mit großen, dunklen Flecken. Lippe deutlich 3teilig, mit herabgeschlagenen Seitenlappen u. dunklen, ringfg angeordneten Linien (Abb. **525**/5). 0,15–0,60. ♃ 5–6. Naßwiesen, Gräben, Quellsümpfe, Feuchtheiden; alle Bdl v, aber N-Th, N-Sa, NW-Br u. Kalkgebiete z, ↘ (sm/mo-temp·(oz)EUR+(WAS) – O Mol., O Tofield. – ∇). [Órchis latifólia L. p. p., O. majális RCHB.]
** **Breitblättriges K.** – D. majális (RCHB.) HUNT et SUMMERHAYES

4* Bl > 4mal so lg wie br, annähernd gleich br od. meist vom Grund an verschmälert, meist ungefleckt **5**

5 Stg deutlich kantig, mit weiter Höhle, leicht zusammendrückbar. Bl gelbgrün, steif aufrecht, mit Kapuzenspitze, meist ungefleckt. Oberstes Bl den Ährengrund erreichend od. überragend. Ähre bis 20 cm lg. B klein, rot od. hellgelb. Lippe < 8 mm br. DeckBl länger als die B. 0,20–1,00. ♃ 5–7. Nasse bis wechselnasse Sumpfwiesen, Naßflächen in Tagebauen, Moor- u. Feuchtgebüsche; v S-Ba SO-Bw, z M- u. N-Ba N- u. W-Bw Rh An Br Me, s We He Th S- u. W-Sa N-Ns Sh, ↘ (sm/mo-b·(oz)EUR–WAS – V Calth., V Mol. – ∇). [Órchis incarnáta L., O. strictifólia OPIZ] ** **Steifblättriges K.** – D. incarnáta (L.) SOÓ

5* Stg schwach kantig, mit enger Höhle, nur wenig zusammendrückbar. Bl grün, weniger steif, ohne od. mit undeutlicher Kapuzenspitze. Ähre bis 8 cm lg. B größer, nie gelb. Pfl bis 30 cm hoch **6**

6 Pfl sehr schlank. Bl 3–4, ungefleckt, bisweilen etwas einwärtsgebogen. Ähre sehr locker. B purpurn. Sporn halb so lg wie der FrKn. Lippe mit meist stumpflichem Mittellappen u. herabgeschlagenen Seitenlappen. 0,10–0,20. ♃ 7–8. Flach- u. Quellmoore; z S-Ba: Alpen u. Vorland S-Bw: Alpenvorland, Bodensee, S-Schwarzw, Jura S-Rh, † S-He: ob je? (temp/mo-b·subozEUR – O Mol. – ∇). [Órchis traunstéineri SAUTER ex RCHB.] **Traunsteiners K.** – D. traunstéineri (SAUTER ex RCHB.) SOÓ

6* Pfl ziemlich kräftig. Bl 4–6, schwach gefleckt, bisweilen etwas zurückgekrümmt. Ähre dicht. B rosenrot. Sporn wenig kürzer als der FrKn. Lippe flach, mit zugespitztem Mittellappen. 0,15–0,30. ♃ 6. Kalkflachmoore; s M-Br: ob noch? NO-Me (b·subozEUR–WSIB – V Car. davall. – ∇). [D. russówii (KLINGE) HOLUB] **Ostsee-K.** – D. curvifólia (NYL.) CZEREP.

Riemenzunge – Himantoglóssum SPRENG. [Loroglóssum aut.]

Bl eifg bis länglich, obere lanzettlich. B mit Bocksgeruch, bleichgrün, innen purpurrot gestreift u. punktiert. 0,30–0,60. ♃ 5–6. Submed. Kalkhalbtrockenrasen, Trockengebüschsäume, kalkstet; z Bw außer SO u. Schwarzw Rh, s NW-Ba SW-We: Eifel SW-He O-Th: Kahla, Jena, ↘ (m-stemp·ozEUR – G – Ib: Bienen – V Mesobrom., V Ger. sang. – ∇). [Loroglóssum hircínum (L.) L. C. RICHARD] **Bocks-R.** – H. hircínum (L.) SPRENG.

Einblatt, Kleingriffel – Maláxis SOLANDER ex SW. [Achroánthes RAFIN.]

Einziges Bl eifg bis länglich. Traube ∞blütig. B klein, grünlichgelb. 0,07–0,30. ♃ 6–7. Feuchte LaubW, anspruchsvoll; v S-Ba: Alpen, s Vorland, s M- u. N-Ba: Jura SO-Bw: Alpenvorland, Jura S-Sa: Osterzg, † M-Th Br Me, ↘ (m/mo-b·(suboz)CIRCPOL – G – Ib, Sb – V Alno-Ulm., V Asper.-Fag. – ∇). [Microstýlis monophýllos (L.) LINDL.] **Kleinblütiges E.** – M. monophýllos (L.) SW.

Weichwurz, Weichorchis – Hammárbya O. KUNTZE

Bl meist 3, eifg bis länglich, in der Achsel des obersten eine grüne Knolle. Traube ∞blütig. B klein, gelbgrün. 0,05–0,20. ♃ 7–8. Nasse Moorschlenken u. Zwischenmoore; z S-Ba: Alpen u. Vorland, s O-Ba: Oberpfalz SO-Bw: Alpenvorland NO-We SW-Th M- u. NO-Br N-Ns M- u. NW-Me Sh, † Rh He Sa, ↘ (temp-b·(oz)EURAS–(AM) – G, H – Ib, Sb – Sv: Brutkörper am Vorderrand der Bl – V Rhynch. alb. – ∇). [Maláxis paludósa (L.) SW.] **Sumpf-W.** – H. paludósa (L.) O. KUNTZE

Glanzkraut, Glanzorchis – Líparis L. C. RICHARD [Stúrmia RCHB.]

Pfl gelbgrün. Bl grundständig, länglich-lanzettlich, mit ihrem Grund eine StgKnolle einschließend. B gelbgrün. 0,06–0,20. ♃ 6–7. Nasse, mesotrophe, kalkhaltige Flach- u. Zwischenmoore, Quellsümpfe, Kalktuff; z S-Ba SO-Bw, s M-Ba W-Bw SW- u. NO-We S- u. O-An Br NW-Ns: ob noch? Me, † Rh He Th Sa Sh (sm-temp·suboz EUR–SIB+OAM+(WAM) – G, H – meist Sb – V Car. davall., V Rhynch. alb. – ∇). **Sumpf-G.** – L. loesélii (L.) L. C. RICHARD

Korallenwurz – Corallorrhíza GAGNEBIN

Stg mit meist 3 etwas bauchigen Scheiden. B gelbgrün, Lippe weißlich, rot punktiert. 0,08–0,25. ♃ 5–6. NadelW, krautarme BuchenW; z Ba: Alpen, Hochebene, Jura, Bayr-W, Fichtelgebirge, Rhön S-Bw: Jura, O-Schwarzw Th, s Rh: Hunsrück O-We: Sauerland N- u. O-He S- u. NO-Sa SW-An M- u. O-Br O-Me, † Ns O-Sh, ↘ (sm/mo-arct·(k)CIRCPOL – G – Ib, Sb – O Vacc.-Pic., V Luz.-Fag., V Gal.-Abiet. – ∇). [C. innáta R. BR.] **Korallenwurz** – C. trífida CHATELAIN

Familie **Binsengewächse** – Juncáceae JUSS.

Grasähnliche Kräuter. Stg meist knotenlos, markig, nie scharfkantig. Bl 2–3zeilig, binsenartig (d. h. stengelähnlich) od. grasartig, mit offner od. geschlossner Scheide, oft mit

BlHäutchen. B klein, radiär, meist ⚥, 3zählig, in Rispen od. Spirren. PerigonBl 6, trockenhäutig. StaubBl 6 od. 3. FrKn oberständig, 3blättrig, 3- od. 1fächrig. Griffel 1. Narben 3. 3klappige Kapseln (325 Arten – Wb, meist Vw – Wv, Ev: verschleimende KlebSa).

1 Bl borstlich od. rinnig, oft stengelähnlich („binsenartig"), kahl. Kapsel ∞samig, meist 3fächrig. **Binse** – Júncus S. 528

1* Bl flach, grasartig, am Rand meist mit lg Wimpern. Kapsel 3samig, 1fächrig. **Hainbinse** – Lúzula S. 533

Binse – Júncus L.
(Wb, Vw – Wv, Ev – Hybr.)

1 BStand ein einzelner, vielblütiger Kopf mit kurzem, nur wenig längerem TragBl, scheinbar gestielt aus der Scheidenöffnung des obersten LaubBl herauskommend, von diesem im oberen Teil fast stengelartigen Bl weit überragt. Bl der Laubtriebe sehr dünn, höher als der Stg. PerigonBl glänzend schwarzbraun, pfriemlich zugespitzt. 0,10–0,25. ♃ 7–9. Alp. Magerrasen, moorige Hänge; s S-Ba: Alpen (sm/alp-temp/alp·subozEUR – H – V Car. curv., O Car. fusc.). **Jacquin-B.** – J. jacquínii L.

1* BStand eine Spirre. B an den Zweigen einzeln, gebüschelt od. in mehreren Köpfen. Wenn nur ein einzelner Kopf am Stg, dann nur 1–4blütig od. nicht vom obersten LaubBl, höchstens von seinem TragBl überragt 2

2 BStand scheinbar seitenständig (d. h. sein unterstes TragBl stengelartig, den sonst unbeblätterten Stg geradlinig fortsetzend, Abb. **529**/1). Stg sonst höchstens am Grund mit NiederBl 3

2* BStand deutlich endständig (TragBl den meist beblätterten Stg nicht geradlinig fortsetzend, Abb. **529**/2) 8

3 Unterstes TragBl stechend, spitz, wenig länger als der BStand. Bl stielrund, stechend, mit brauner Scheide. BStand aus 2–3blütigen Köpfen zusammengesetzt. 0,30–1,00. ♃ 7–8. Halophile Röhrichte auf nassen bis frischen, salzhaltigen Schlickböden; v N-Ns O-Sh N-Me: Küsten, s SW-Sh: Küste (austrCIRCPOL-strop-temp·(oz)litAFR–EUR–WAS – G – K Aster. trip.). **Strand-B.** – J. marítimus LAMK.

3* Unterstes TragBl bedeutend länger als der BStand. Stg am Grund nur mit scheidigen, spreitenlosen NiederBl (bei Faden-B., **7***, oberste Scheide oft mit kurzer, rinniger Spreite) 4

4 Rhizom kurz, stark verzweigt. Wuchs dichtrasig. BStand ∞blütig 5

4* Rhizom lg kriechend, zwischen den Stg bzw. Bl stets deutliche Zwischenräume. BStand armblütig 7

5 Stg u. Bl mit durch Querwände gekammertem Mark, blaugrün, deutlich 12–16rippig. NiederBl stark glänzend, schwarzbraun. StaubBl 6. Spirre locker. 0,30–0,60. ♃ 6–8. Gestörte Feuchtweiden, feuchte Ruderalstellen (Wegränder), Ufer, Waldschläge, salzertragend; v (Silikatgebirge s) Ba Bw Rh We He Th S-An Me S-Ns O-Sh, z Sa N-An Br N-Ns W-Sh (m-temp·(oz)EUR–WAS – H – V Agrop.-Rum., V Cynos.). [J. glaūcus SIBTH.] **Blaugrüne B.** – J. infléxus L.

5* Stg u. Bl mit zusammenhängendem Mark, grasgrün, mit über 40 Streifen od. feinen Rillen. NiederBl glanzlos, hellbraun bis rotbraun. StaubBl 3(–6) 6

6 Stg glänzend, gelblichgrün, glatt, frisch völlig ungerieft, nur gestreift, trocken mit 30–60 ganz feinen Riefen, leicht zerreißbar. Das den Halm fortsetzende TragBl der Spirre mit nicht od. kaum erweiterter Scheide, 15–30 cm lg. Spirre locker, seltener in einen dichten Kopf zusammengezogen. Staubbeutel oval, kürzer als die Staubfäden. Griffel (fast) fehlend, Griffelrest an der gestutzten od. meist vertieften Kapselspitze nicht auf einem Höcker sitzend (Abb. **532**/1). 0,30–1,50. ♃ 6–8. Beweidete Naßwiesen, Quellmoore, Wege, WSchläge; alle Bdl g, aber MDt-Trockengeb z (austr-trop/mo-b·(oz)CIRCPOL – H – O Mol. u. a.). **Flatter-B.** – J. effúsus L.

1 2 3 4 5 6

6* Stg kaum glänzend, etwas graugrün, mit 15–24 (besonders unter der Spirre deutlichen) etwas aufwärts rauhen Längsrippen, zäh. TragBl der Spirre 5–15 cm lg, seine Scheide aufgeblasen, etwa 2mal so br wie der Stg. Spirre in einen Kopf zusammengezogen, seltener mit mehreren gestielten Köpfen od. locker. Staubbeutel bandfg, länger als die Staubfäden. Griffel $1/3$ so lg wie der FrKn, Griffelrest in der Vertiefung der Kapselspitze auf einem kleinen Höcker sitzend (Abb. **532**/2). 0,20–1,00. ♃ 5–7. Nasse bis feuchte, meist kalkarme Moorwiesen, Gräser, WSchläge; alle Bdl v, aber MDt-Trockengeb u. Alpen z (m/mo-b·(oz)EUR – H – O Mol. u. a.). [J. leérsii MARSSON]
Knäuel-B. – J. conglomerátus L. em. LEERS

7 **(4)** Stg kräftig, ganz glatt, nur trocken schwach gestreift, mit stark glänzenden, hellbraunen Grundscheiden. Spirre locker, ihr TragBl kürzer als der Stg; Spirre daher scheinbar in der oberen Hälfte des Stg. PerigonBl rot- bis kastanienbraun mit grünem Mittelstreifen. 0,30–0,75. ♃ 7–8. Nährstoffarme Feuchtheiden, leicht vermoorte Dünentäler; s N-Me: Küste östlich bis Rügen, † Sh Ns: Borkum, ↘ (temp-b·oz/litEUR – G – V Eric. tetr.). [J. árcticus WILLD. ssp. bálticus (WILLD.) HYL.] **Baltische B.** – J. bálticus WILLD.

7* Stg dünn, zart gestreift, mit schwach glänzenden, meist strohfarbigen Grundscheiden. Spirre ziemlich dicht, 3–7blütig, ihr TragBl etwa so lg wie der Stg; Spirre daher scheinbar etwa in der Mitte des Stg. PerigonBl weißlich. 0,15–0,45. ♃ 6–8. Meso- bis oligotrophe Flach- u. Quellmoore, Moorränder, Moorwege, Feuchtwiesen, kalkmeidend; v Ba: Alpen, Bayr-W S-Th Sa O-An SO-Br, N-Ns Sh, z übriges Ba Bw We W-An N- u. W-Br S-Ns, s Rh He N-Th M- u. W-Me, ↘ (sm/mo-b·(suboz)CIRCPOL – G – V Car. fusc., V Eric. tetr., V Calth.). **Faden-B.** – J. filifórmis L.

8 **(2)** B an den Spirrenästen einzeln od. zu 2–3 genähert. Unmittelbar unter jeder B 2 häutige VorBl **9**

8* B an den Spirrenästen in knäueligen Büscheln, ohne VorBl (nur die Büschel mit 1–2 grünen od. häutigen HüllBl) **19**

9 Spirre 1–4blütig, von lg TragBl überragt. PerigonBl höchstens so lg wie die lg zugespitzte Kapsel. BlScheiden in lg, tief geschlitzte Öhrchen auslaufend (Abb. **529**/3). 0,08–0,25. ♃ 7–8. Alp. steinige Magerrasen, oft windexponierte Felsspalten; z SO-Ba: Berchtesgadener Alpen, s S- u. O-Ba: Allgäu, Inntal, Wettersteingebirge, Bayr-W (sm/alp-arct·(oz)EUR–(WSIB)–OAM – H – K Junc. trif., V Sesl., V Elyn.).
** **Dreispaltige B., Gamsbart** – J. trífidus L.

9* Spirre ∞blütig, ± locker. Kapsel nicht lg zugespitzt. BlScheiden ohne tief geschlitzte Öhrchen **10**

10 Der unverzweigte StgTeil meist mehrmals länger als der blütentragende, verzweigte obere Teil der ♃ Pfl **11**

10* Der unverzweigte untere StgTeil nur wenig länger, meist viel kürzer als der blütentragende Teil der ⊙ Pfl. Die untersten blütentragenden Äste nur etwas über od. in der Mitte, oft schon im unteren Teil der Pfl abzweigend **15**

11 Stg viel länger als die starren, bogig abstehenden, dick borstlichen Bl. Spirre ziemlich dicht, meist länger als ihr TragBl. PerigonBl etwa so lg wie die Kapsel, stumpflich, braun od. oliv, br hautrandig. 0,15–0,30. ♃ 6–8. Saure, kalkarme Magerrasen, Feuchtheiden, Ginsterheiden, Moorwege; v NO-Ba S-Th S- u. O-Sa SO-Br N-Ns Sh, z (im S bes. Silikat-Bergland) S- u. W-Ba Bw Rh We He An S-Ns, s N-Th NW-Sa N- u. W-Br Me, ↘ (m/mo-b·ozEUR – H – O Sphagn.-Eric., V Nard., V Genisto-Call.). **Sparrige B.** – J. squarrósus L.

11* Stg nicht od. etwas länger als die aufrechten, grasartigen, nicht starren Bl. Spirre locker **12**

12 Bl nur im unteren Teil des Stg, $^1/_3$ bis fast so lg wie der Stg. TragBl die Spirre deutlich überragend. PerigonBl spitz, länger als die reife Kapsel **13**

12* Wenigstens 1 Bl in der Mitte des Stg. TragBl die Spirre nicht od. nur wenig überragend. PerigonBl alle od. wenigstens die inneren stumpf, kürzer als die reife Kapsel od. höchstens fast so lg **14**

13 BlScheiden oben mit 2 seitlichen, 1–3 mm lg, zarten, trocken weißen Öhrchen. Bl halb bis fast so lg wie der Stg. Spirre 1–8 cm lg. 0,15–0,40. ♃ 6–9. Sandige od. lehmige, feuchte WWege; (N 1834) alle Bdl v, aber MDt-Trockengeb u. Alpen z, Schwäbische Alb s, ↗ (austr-strop/mo+m-b·(oz)AM – H – Ev – V Polyg. av., V Agrop.-Rum.). [J. mácer S. F. GRAY] **Zarte B.** – J. ténuis WILLD.

13* BlScheiden mit wenig abgesetzten, derben, trocken gelblichen bis bräunlichen Öhrchen. Bl $^1/_3$ bis halb so lg wie der Stg. Spirre 2–5 cm lg, armblütiger als **13**. 0,30–0,80. ♃ 6–8. Sandige bis lehmige, feuchte WWege; (N) s M-Th: Arnstadt (sm-temp·(k)AM – H). **Dudley-B.** – J. dudléyi WIEG.

14 **(12)** PeriogonBl etwa 2 mm lg, gelbbraun, br weißrandig. Kapsel hellbraun, fast kuglig, meist fast doppelt so lg wie die PerigonBl. Griffel zur BZeit halb so lg wie der FrKn. Narbe hell fleischrot. Staubbeutel etwa $1^1/_2$mal so lg wie die Staubfäden, etwa 1 mm lg. Sa 0,3–0,4 mm lg. Stg etwas zusammengedrückt, graugrün. Spirre ziemlich br, mit schräg abstehenden Ästen, meist von ihrem TragBl überragt. 0,15–0,30. ♃ 7–8. Feuchte Wege, zertretne Weiden, auf sandig-lehmigen, auch salzhaltigen Böden, feuchte See- u. Teichufer, Feuchtwiesen; v Ba Bw Rh Th An Br S-Ns Me Sh, z We He Sa N-Ns (sm-b·(oz)EUR–WAS – G – Ev – V Agrop.-Rum., V Nanocyp.). **Zusammengedrückte B., Platthalm-B.** – J. compréssus JACQ.

14* PerigonBl 2,5–3 mm lg, dunkelbraun mit grünem Mittelstreif, schmal weißlich berandet. Kapsel dunkelbraun, ellipsoidisch, meist nur wenig länger als die PerigonBl. Griffel zur BZeit so lg wie der FrKn. Narbe dunkel purpurrot. Staubbeutel 3mal so lg wie die Staubfäden, 1,3–2 mm lg. Sa 0,5–0,6 mm lg. Stg fast stielrund, rein grün. Spirre schmaler, mit fast aufrechten Ästen, nicht von ihrem TragBl überragt. 0,15–0,50. ♃ 6–7. Salzwiesen, Uferrasen auf salzhaltigem Sandstrand; g Küsten von N-Ns N-Me Sh, z (Binnenland) N-Th S-An Br, s N-We He N-An Ns N-Me, † Bw Rh Sa, im Binnenland ↘ (m-b·(k)+litEUR–WAS+(AM) – G – Ev – V Armer. marit., V Agrop.-Rum.). **Salz-B., Bodden-B.** – J. gerárdii LOISEL.

15 **(10)** BlScheiden an der Spitze mit 2 seitlichen Öhrchen (Abb. **529**/4). PerigonBl braun, mit grünem Mittelstreif, schmal hautrandig, so lg wie die kuglige Kapsel od. wenig kürzer. 0,05–0,30. ⊙ 6–8. Offne, feuchte, kalkarme Sand- u. Lehmböden an Ufern, Wegrinnen; s N-Ba: Höchstadt, Erlangen W-Bw: Rhein O-Rh SW- u. NO-We S-He? Th: Posener Teichgebiet, ob noch? NO-Sa SW-An Br Ns Me S-Sh, ↘ (m/mo-temp·ozEUR – T – Ev – K Isoëto-Nanojunc.). **Sand-B.** – J. tenagéia EHRH. ex L. fil.

15* BlScheiden ohne Öhrchen. PerigonBl grün od. weißlichgrün **16**

16 Kapsel fast kuglig, blaßbraun. B an den Ästen stets einzeln. PerigonBl viel länger als die Kapsel, weißlichgrün, br hautrandig. 0,05–0,20. ⊙ 6–8. Wechselnasse bis krumenfeuchte, tonige Äcker, Ufer; s M- u. NW-Ba: W-Jura, Donau, Grabfeld O-Bw: Jura

M-Th: Altremda, Martinsroda, Weimar, Thundorf, † O-Rh S-He, ↘ (m-stemp·subk EUR– WAS+WAM – T – Ev – K Isoëto-Nanojunc.).
Kugelfrucht-B. – J. sphaerocárpus NEES

16* Kapsel länglich. B an den Ästen zu 1–3 . . . . **17**

17 Äußere PerigonBl kurzspitzig, innere stumpf u. höchstens so lg wie die Kapsel. Kapselklappen nach dem Aufspringen durch Einklappen der Spitze gestutzt erscheinend (Abb. **532**/4), Griffelrest daher von außen nicht sichtbar. Untere BlScheiden meist rot. B an bogigen Ästen zu 2–3 genähert. 0,05–0,20. ⊙ 5–8. Feuchte Wiesen u. Wege, oft auf Salzböden; v S-An N-Ns N-Me: Küsten, s Binnenland NW-Ba S-Bw? N-We S-He N-Th NW-Sa N-An Br Ns Me Sh (austr-bCIRCPOL – T – Ev – K Isoëto-Nanojunc., V Agrop.-Rum.). [J. ambíguus aut.] **Frosch-B.** – J. ranárius PERR. et SONG.

17* PerigonBl länger als die Kapsel, äußere lg zugespitzt, innere durch den austretenden Mittelnerv kurz bespitzt **18**

18 Kapsel 3–5 mm lg. Staubbeutel halb so lg wie die Staubfäden. StaubBl 6. PerigonBl 6–8 mm lg, die äußeren br hautrandig. Untere BlScheiden meist gelbbraun. B an den Ästen einzeln. Kapselklappen nach dem Aufspringen auch an der Spitze ± flach, ± br abgerundet u. durch den deutlichen Griffelrest zugespitzt (Abb. **532**/3). 0,05–0,30. ⊙ 5–9. Nasse bis periodisch austrocknende Ufer, Gräben, Fahrrinnen, Böschungen, krumenfeuchte bis vernäßte Äcker; alle Bdl g, aber MDt-Trockengeb v (antarct-b·CIRCPOL – T – Ev – K Isoëto-Nanojunc.). **Kröten-B.** – J. bufónius L.

18* Kapsel 2,5–3 mm lg. Staubbeutel nur 1/3 so lg wie die Staubfäden. StaubBl 3, selten 6. PerigonBl 4–6,5 mm lg, br hautrandig. Sonst wie **18**. 0,005–0,05. ⊙ 6–9. Feuchte, sandige Böden, Ufer; s? W-Bw: N-Schwarzw, Odenwald He N-Ns Sh, Verbreitung ungenügend bekannt (m-temp·ozEUR – T – V Nanocyp.).
Kleinste B. – J. minútulus KRECZ. et GONTSCH.

19 **(8)** Bl schwertfg, wie der schmal geflügelte Stg zusammengedrückt, zweischneidig, 2–6 mm br. Spirre 1–6köpfig. Köpfe dicht u. reichblütig, kuglig, etwa 10 mm br. PerigonBl spitz. Pfl mit langen Ausläufern. 0,25–0,80. ♃ 6–8. Offne Teichränder; (N 1970) s Ba S-Bw: Schwarzw, Jura N-We S-He Ns. Auch KulturPfl (m-b·(oz)WAM–(OAM) – V Nanocyp.). **Schwertblättrige B.** – J. ensifólius WIKSTRÖM

19* Bl röhrig, rinnig od. borstlich, zuweilen Stg am Grund zusammengedrückt, mit abgerundeten Kanten **20**

20 Bl wenigstens am Grund rinnig od. borstlich, nicht od. nur undeutlich durch Querwände gefächert **21**

20* Bl röhrig, ± deutlich quergefächert (Abb. **529**/6) **25**

21 Stg blattlos od. nur am Grund beblättert u. dann die Bl weit überragend **22**

21* Stg bis zum BStand beblättert od. die Bl nicht überragend **23**

22 Stg blattlos, fadendünn, mit 1(–3) BKöpfen. BlScheiden ohne Öhrchen. TragBl länger als die 6–10blütigen Köpfe (Abb. **529**/5), grün. PerigonBl weißlich, später rotbraun, haarspitzig. Sa nur 0,3–0,4 mm lg. 0,03–0,10. ⊙ 6–9. Feuchte Wegränder, krumenfeuchte Äcker; z NW- u. O-Sa O-An S-Br, s N-Ba S-Rh S- u. NO-We S-He NW-An N-Br O-Ns Me S- u. W-Sh, † W-Bw Th, ↘ (austr/mo-trop/moAFR+m-temp·(oz)EUR – T – K Isoëto-Nanojunc.). **Kopf-B.** – J. capitátus WEIGEL

22* Stg am Grund beblättert, kräftiger, mit 1 BKopf. BlScheiden oben deutlich zu seitlichen Öhrchen verlängert. TragBl kürzer als die 3–5blütigen Köpfe, rotbraun. PerigonBl stumpflich, rotbraun. Sa 2–3 mm lg, beiderseits mit häutigem Anhängsel. 0,06–0,15. ♃ 7–8. Alp. Flach- u. Quellmoore; z S-Ba: Alpen (m/alp-arct·(k)CIRCPOL – H – V Car. bic.-atrof., V Car. fusc.). **Dreiblütige B.** – J. triglúmis L.

23 **(21)** BlScheiden oben mit undeutlichen, abgerundeten Öhrchen. Stg mit 2–3 Bl. B in 1 od. 2(–3) Köpfen, diese 2–3blütig. Das TragBl des oberen Kopfes kürzer, das des unteren länger als die B. PerigonBl spitz, grünlich, deutlich kürzer als die spindelfg Kapsel. 0,10–0,25. ♃ 7–8. Nasse Hochmoorschlenken u. Zwischenmoore; s S-Ba: Obere Hochebene, ↘ (temp-b·subozCIRCPOL – H – V Car. lasioc. – ∇). **Moor-B.** – J. stýgius L.

23* BlScheiden oben mit deutlich verlängerten, abgerundeten (Abb. **529**/4) od. spitzen Öhrchen . . . **24**

24 Stg aufrecht od. liegend u. an den Knoten wurzelnd, bis oben beblättert. Bl oberseits etwas rinnig. BStand oft mit Laubtrieben. Kapsel stumpf, stachelspitzig, etwas länger als die lanzettlichen PerigonBl, grün bis bräunlich. 0,03–0,30. ♃ 7–9. Offne, nährstoff- u. kalkarme Sand- u. Torfschlammböden u. in Tümpeln, Seeufer, Gräben, Flachmoore, auch im Wasser flutend; v (im S bes. Silikatgebirge) NO-Ba: Bayr-W Rh We S-Th Sa O-An S-Br Ns Sh, z NW-Ba Bw He N-Th W-An N-Br Me, s S-Ba, ↘ (m/mo-b·ozEUR+(WSIB+OAM) – H – O Litt.). [J. supínus MOENCH] ** **Zwiebel-B.** – J. bulbósus L.

24* Stg aufrecht, selten liegend, meist unter der Mitte mit einem schmalen, seitlich zusammengedrückten Bl. BStand ohne Laubtriebe. Kapsel zugespitzt, kürzer als die schmal lanzettlichen PerigonBl. 0,02–0,10. ⊙ 5–9. Nasser, nährstoffarmer Sand in Dünentälern; s NW-Sh: Nordseeinseln, † We Me: Usedom (m-stemp·euozEUR – T – K Isoëto-Nanojunc.). [J. mutábilis aut.] **Zwerg-B.** – J. pygmǽus L. C. RICHARD ex THUILL.

25 **(20)** Pfl dichtrasig. Stg dünn u. schlaff, oft liegend, bis 20 cm lg, nur bei untergetauchten Pfl auch länger. Bl dünn, borstlich, undeutlich querwandig. BStand wenigköpfig (meist < 10). **Zwiebel-B.** u. **Zwerg-B.** (s. **24** u. **24***)

25* Pfl mit kriechendem Rhizom. Stg kräftig, 20–120 cm hoch. Bl deutlich röhrig u. querwandig. BStand meist ∞köpfig (> 20) . . . **26**

26 Nichtblühende Triebe nur aus einem einzigen, völlig halmgleichen Bl („steriler Halm") bestehend, das wie der Halm am Grund von 6 spreitenlosen NiederBl umgeben u. innen mit Quer- u. Längswänden versehen (mehrröhrig) ist. Spirre mit spreizenden bis zurückgebrochnen Ästen. Alle PerigonBl gleich lg, sehr stumpf, bleich strohfarben, selten hell rötlichbraun. Kapsel 3fächrig, hellbraun. 0,50–1,20. ♃ 7–8. Nährstoffreiche, meist kalkhaltige Flach- u. Hangmoore; z S-Ba Bw Rh Th S-An NO-Br SO-Ns Me S- u. O-Sh, s We He NW-Sa S- u. W-Br N-Ns, ↘ (m-temp·ozEUR – A, G – V Car. davall., V Mol., V Calth.). [J. obtusiflórus EHRH. ex HOFFM.]
Stumpfblütige B. – J. subnodulósus SCHRANK

26* Nichtblühende Triebe nicht halmgleich, am Grund beblättert, ohne Längsscheidewände (einröhrig). PerigonBl dunkelbraun, die äußeren spitz od. doch wenigstens mit kleinem Spitzchen unterhalb der stumpfen Spitze (Abb. **532**/7). Kapsel 1fächrig, rotbraun bis schwarzbraun . . . **27**

27 Alle PerigonBl lg u. scharf zugespitzt bis fast begrannt, die äußeren meist kürzer als die inneren (Abb. **532**/5). Kapsel lg geschnäbelt. Spirre reichästig. Pfl 30–100 cm hoch . . . **28**

27* Alle od. nur die äußeren PerigonBl kurz zugespitzt (Abb. **532**/6) od. unterhalb der stumpfen Spitze stachelspitzig (Abb. **532**/7) (vgl. auch Zweischneidige B., **30***), stets gleich lg. Pfl meist < 50 cm hoch . . . **29**

28 Obere Bl auch im frischen Zustand deutlich 5–9kantig, trocken deutlich längsrippig, mit undeutlichen Querwänden. Pfl graugrün. Stg kaum zusammengedrückt. Rhizom 2–5 mm ∅, kurz kriechend. PerigonBl schwarzbraun, gleich lg oder die äußeren etwas kürzer. Kapsel plötzlich in den Schnabel verschmälert, so lg wie das Perigon. 0,30–1,00. ♃ 7–9. Nährstoffreiche Flachmoorwiesen, Gräben, Ufer; s NO-An NW- u. NO-Br: Elbe,

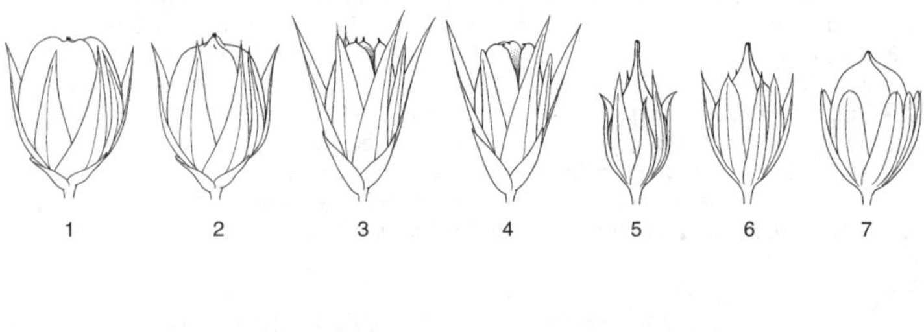
1 2 3 4 5 6 7

Oder NO-Ns: Elbe, † NW-Ba SO-Rh NW-Sa Me, ↘ (m-temp·kEUR–WSIB – H – V Mol., V Cnid., V Agrop.-Rum.). **Schwarzblütige B.** – J. atrátus KROCKER

28* Bl frisch völlig ungefurcht, nur trocken fein runzlig-gestreift, mit deutlichen, trocken stark hervortretenden Querwänden. Pfl hellgrün. Stg (besonders am Grund) deutlich zusammengedrückt. Rhizom 5–12 mm ∅, lg kriechend. PerigonBl lederbraun, die äußeren deutlich kürzer als die fast begrannten inneren. Kapsel vom Grund an allmählich in einen lg Schnabel verschmälert, länger als das Perigon (Abb. **532**/5). 0,30–1,00. ♃ 7–9. Nährstoffreiche, kalkarme Naßwiesen, feuchte WWiesen, Quellen, Gräben; v Ba Bw Rh We He S-Th Sa S-Br Ns Sh, z N-Th An N-Br Me (m/mo-temp·ozEUR – G – V Junc. acutifl., V Mol., V Car. fusc.). [J. sylváticus aut.]
Spitzblütige B. – J. acutiflórus EHRH. ex HOFFM.

29 **(27)** Alle PerigonBl spitz, die inneren mit br, farblosem Rand. Kapsel allmählich in einen ziemlich lg Schnabel verschmälert (Abb. **532**/6). Bl stark quergefächert (Querwände als Knoten spürbar!). Spirrenäste ± spreizend. 0,20–0,50. ♃ 7–9. Flachmoore, Naßwiesen, Gräben, Wege; alle Bdl g, aber N-An u. MDt-Trockengeb v (m-b·(oz)EURAS+(AM) – H – K Scheuchz.-Car., V Nanocyp., V Agrop.-Rum.). [J. lampocárpus EHRH. ex HOFFM.]
Glieder-B. – J. articulátus L. em. RICHTER

29* Innere PerigonBl stumpf (im trocknen Zustand durch Zusammenrollen scheinbar spitz!), die äußeren meist unterhalb der stumpfen Spitze stachelspitzig. Kapsel plötzlich in einen sehr kurzen Schnabel verschmälert od. stumpf, Schnabel fast fehlend (Abb. **532**/7). Spirrenäste aufrecht **30**

30 PerigonBl aufrecht, die äußeren unter der Spitze stachelspitzig, kürzer als die Kapsel (Abb. **532**/7). Kapsel stumpf, zuweilen mit aufgesetztem, sehr kurzem Schnabel. Bl kaum zusammengedrückt. 0,25–0,50. ♃ 7–8. Nasse Flach-, Quell- u. Zwischenmoore; v S-Ba: Alpen, Hochebene bis zur Donau SO- u. W-Bw: Alpenvorland, Rhein, z O-Br S-Me, s N-Ba NO-Bw O-Rh We He S-Th Sa An W-Br SW-Ns N-Me, † Sh, ↘ (sm/alp-b·subkCIRCPOL – H – V Car. bic.-atrof., V Car. lasioc.). [J. alpínus VILL.]
Alpen-B. –J. alpinoarticulátus CHAIX

30* PerigonBl der Kapsel angedrückt, die äußeren höchstens undeutlich stachelspitzig, nicht od. kaum kürzer als die kurz zugespitzte Kapsel. Bl deutlich zusammengedrückt. 0,20–0,50. ♃ 7–8. Feuchte, kalkreiche Salzböden der Marschen u. Dünentäler; v N-Ns: Küste, z W-Sh: Küste, s Me: Darß (m-temp·euozlitEUR – H – V Armer. marit.?). [J. atricapíllus DREJER ex LANGE] **Zweischneidige B.** – J. ánceps LA HARPE

Hainbinse, Hainsimse, Marbel – Lúzula DC.
(H – Wb – Av)

1 B an den Ästen einzeln, meist ± lg gestielt (Abb. **533**/2). BStand eine ± ebensträußige Spirre. PerigonBl mit br Hautrand. Sa mit deutlichem, weißlichem Anhängsel **2**

1* B an den Ästen in dichten Ährchen od. Büscheln, ungestielt, selten auftretende EinzelB kurz gestielt (Abb. **533**/1, 3) **4**

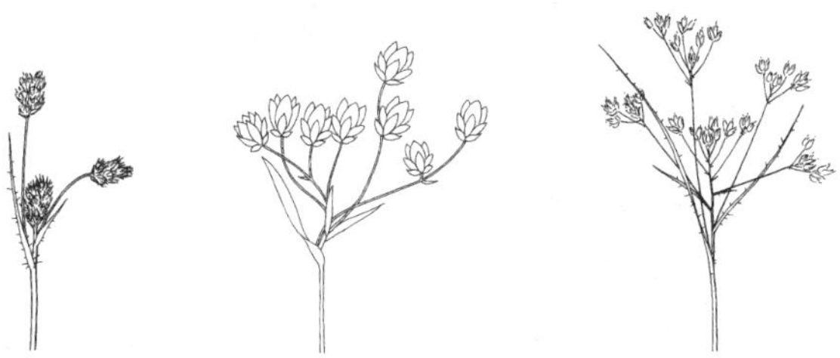

1 2 3

2 PerigonBl gelblich, mit weißem Hautrand. Pfl mit 3–10 cm lg Ausläufern. Bl 1,5–4 mm br. 0,10–0,25. ♃ 6–7. Hochgebirgs-NadelW; v S-Ba: Alpen u. Vorland, s SO-Bw: Alpenvorland (sm/salp-stemp/salp·subozEUR – V Vacc.-Pic., V Eric.-Pin.). [L. flavéscens (HOST) GAUDIN] **Gelbliche H.** – L. luzulína (VILL.) RACIB.

2* PerigonBl braun. Pfl meist ohne Ausläufer **3**

3 GrundBl 5–10 mm br, StgBl schmaler. Spirrenäste zur FrZeit zurückgeschlagen. Äußere PerigonBl spitz, deutlich länger als die gelblichgrüne Kapsel. SaAnhängsel sichelfg, so lg wie der Sa. 0,15–0,30. ♃ 4–5. Mesophile Wälder, Gebüsche, WSchläge u. WSäume; g Ba, v Bw Rh We He S-Th S-Sa SW-An O-Br S- u. O-Ns Me O-Sh, z N-Th N-Sa O- u. N-An W-Br NW-Ns W-Sh (sm/mo-b·(oz)EUR–WSIB – O Fag., V Querc. rob.-petr., O Vacc.-Pic.). **Haar-H.** – L. pilósa (L.) WILLD.

3* GrundBl 1,5–3 mm br. Spirrenäste auch zur FrZeit aufrecht. Äußere PerigonBl grannenartig zugespitzt, so lg wie die strohgelbe Kapsel od. etwas kürzer. SaAnhängsel gerade, viel kürzer als der Sa. 0,15–0,30. ♃ 4–5. Westliche LaubmischW, kalkmeidend; z Rh: Pfalz, Mosel, Rhein, s W-Bw: Müllheim, Bruchsal SW-He, † SW-We (m/mo-stemp·ozEUR – V Querc. rob.-petr., V Carp.). **Forsters H.** – L. fórsteri (SM.) DC.

4 **(1)** BStand eine Spirre mit mehrfach verzweigten Ästen (Abb. **533**/3) **5**

4* BStand eine Spirre mit meist unverzweigten Ästen (zuweilen einzelne Äste mit einem kurzen Seitenzweig) od. eine Ähre aus mehreren dichtstehenden Ährchen **10**

5 Unterstes TragBl der Spirre so lg wie diese od. meist länger. Pfl lockerrasig. Bl stark anliegend gewimpert. B weißlich od. rötlich **6**

5* Unterstes TragBl der Spirre kürzer als diese. Pfl ziemlich dichtrasig, ohne od. nur mit kurzen Ausläufern. Bl spärlich gewimpert od. kahl. B dunkelbraun **7**

6 PerigonBl so lg wie die Kapsel, gelblichweiß, seltener kupferrot. BBüschel 2–6blütig. Ausläufer höchstens 4 cm lg. 0,30–0,70. ♃ 6–7. Koll. bis mont., bodensaure Wälder, Gebüsche, Magerwiesen; g Ba He S-Th, v Bw Rh S- u. O-We S-Sa SW-An SO-Ns, z N-Th SO- u. M-An N-Sa S-Br NO-Ns, (N) z M- u. N-Br, s NW-We NW-Ns Me (sm/mo-temp/demo·subozEUR – V Luz.-Fag., V Carp., V Querc. rob.-petr.). [L. álbida (HOFFM.) DC., L. angustifólia WENDEROTH, L. nemorósa (POLLICH) E. H. F. MEYER] ** **Schmalblättrige H.** – L. luzuloídes (LAMK.) DANDY et WILMOTT

6* PerigonBl länger als die Kapsel, 5 mm lg, schneeweiß. BBüschel 6–20blütig. Ausläufer bis 10 cm lg. 0,40–0,90. ♃ 6–8. Bodensaure Wälder; z SW-Ba: Alpen: Wettersteingebirge, s O-Allgäu (sm/salp-stemp/dealp·subozEUR – V Luz.-Fag., V Querc. rob.-petr.). **Schneeweiße H.** – L. nívea (L.) DC.

7 **(5)** Bl lg gewimpert, (4–)8–18 mm br, starr, glänzend dunkelgrün. PerigonBl braun od. rotbraun, mit grünem Mittelstreif, die inneren deutlich länger als die äußeren. 0,30–0,90. ♃ 5–6. Frische bis feuchte, bodensaure Wälder, Gebüsche u. Heiden; v S-, O- u. NW-Ba: Alpen u. Vorland, Bayr-W, Rhön, Spessart W-Bw Rh S- u. O-We, z O-Bw Th SW-Sa: Erzg SW-An: Harz SO-Ns Sh, s N-Ns, (N) s Br Me (sm/mo-temp/demo-b·ozEUR – V Luz.-Fag., V Vacc.-Pic., V Querc. rob.-petr.). [L. máxima (REICHARD) DC.] ** **Wald-H., Große H.** – L. sylvática (HUDS.) GAUDIN

7* Bl am Rand (fast) kahl, oft nur an der Scheidenmündung behaart, bis 10 mm br, schlaff, mattgrün. PerigonBl zuletzt schwarzbraun, etwa gleich lg **8**

8 Untere StgBl (6–)7–10 mm br. PerigonBl 3,0–3,5 mm lg. Kapsel 3seitig-kuglig, deutlich zugespitzt. Bl kahl, höchstens an der Scheidenmündung mit einzelnen Haaren. 0,15–0,30. ♃ 6–7. Alp. nährstoffreiche, feuchte Grashalden; z SO-Ba: Berchtesgadener Alpen (sm/alp-stemp/salp·(suboz)EUR+WAM – V Car. ferr., V Sesl., K Salic. herb.). **Kahle H.** – L. glabráta (HOPPE) DESV.

8* Untere StgBl 1–6(–8) mm br. PerigonBl 1,5–2,5 mm lg. Kapsel 3seitig-eifg, kurz zugespitzt **9**

9 StgBl (4–)5–6(–8) mm br, kahl od. nur an der Scheidenmündung mit einzelnen Haaren, den BStand erreichend. Griffel so lg wie der FrKn. Sa etwa 1 mm lg. 0,30–0,60. ♃ 6–7.

Subalp. kalkarme Felsrunsen u. Rieselfluren; s SW-Bw: S-Schwarzw: Belchen (stemp/mo·suboz EUR – V Salic. herb., V Adenost.). **Desvaux-H.** – L. desvaúxii KUNTH

9* StgBl 1–3(–5) mm br, am Rand spärlich bewimpert, den BStand nicht erreichend. Griffel kürzer als der FrKn. Sa etwa 1,3 mm lg. 0,10–0,30. ♃ 6–8. Schneetälchen, alp. Schotterfluren, kalkmeidend; z SW-Ba: Allgäu, Wettersteingebirge (sm/alp-arctCIRCPOL – V Salic. herb., V Andros. alp.). [L. spadícea (ALL.) DC.] **Braunblütige H.** – L. alpinopilósa (CHAIX) BREISTR.

10 **(4)** GesamtBStand eine dichte, seltener am Grund gelappte, später überhängende Ähre. PerigonBl grannig-stachelspitzig. Bl rinnig. 0,10–0,30. ♃ 6–8. Alp. frische, nährstoff- u. kalkarme Steinrasen; z S-Ba: Alpen (m/alp-arct·(oz)EUR–WAS–AM – K Junc. trif., V Elyn., V Andros. alp.). ** **Ähren-H.** – L. spicáta (L.) DC.

10* GesamtBStand eine Spirre mit wenigen gestielten Ährchen (Abb. **533**/1). PerigonBl zugespitzt od. stumpf mit aufgesetzter Stachelspitze. Bl flach **11**

11 PerigonBl etwa gleich lg, 2,5–4 mm lg. Sa ohne Anhängsel (0,8–)1–1,4 mm lg. Griffel fast so lg wie der FrKn od. länger als dieser **12**

11* Äußere PerigonBl deutlich länger als die inneren, 1,5–2,5 mm lg. Sa ohne Anhängsel 0,6–1 mm lg. Griffel sehr kurz **13**

12 Pfl mit kurzen unterirdischen Ausläufern. Ährchen 2–5, fast kuglig, 5–12blütig, das mittlere sitzend, die seitlichen auf wenigstens zur FrZeit bogig überhängenden Stielen (Abb. **533**/1). Staubbeutel 2–6mal so lg wie die Staubfäden. PerigonBl 3–4 mm lg. Griffel länger als der FrKn. 0,05–0,20. ♃ 3–4. Bodensaure Magerrasen, Heiden, Sand- u. Halbtrockenrasen, ärmere Frischwiesen, kalkmeidend; g Sa Br N-Ns Me Sh, v M- u. N-Ba Bw Rh We He Th An SO-Ns, z S-Ba (m/mo-temp·(oz)EUR – K Nardo-Call., O Fest.-Sedet., O Arrh., V Mesobrom.). **Gewöhnliche H., Hasenbrot** – L. campéstris (L.) DC.

12* Pfl ohne Ausläufer. Horste meist ∞halmig. Ährchen 5–10, mit je 5–15 B, auf geraden, schräg aufwärtsgerichteten Stielen. Staubbeutel etwa so lg wie die Staubfäden. PerigonBl 2,5–3 mm lg. Griffel (fast) so lg wie der FrKn. 0,20–0,50. ♃ 4–6. Mäßig frische Magerrasen, Heiden, verlichtete Wälder, Schläge, kalkmeidend; alle Bdl v, aber MDt-Trockengeb u. N-Br z (antarct-trop/mo-arctCIRCPOL – K Nardo-Call., K Mol.-Arrh., O Atrop.). [incl. L. congésta (THUILL.) ARCANG. u. L. alpína HOPPE] **Vielblütige H.** – L. multiflóra (EHRH.) LEJ.

13 **(11)** Sa etwa 1 mm lg, 5–10mal so lg wie das frische Anhängsel. Perigon u. Kapsel schwarzbraun. Ährchen 3–6, mit je 3–8 B, kurz gestielt. Halme einzeln od. wenige. Pfl grasgrün. 0,20–0,40. ♃ 6–8. Mont. frische bis wechselfeuchte Magerweiden, Flachmoore, kalkmeidend; s Ba: Allgäu, Berchtesgadener Alpen, Bayr-W, Ludwigsstadt Bw: S-Schwarzw Th: Th-W Sa: Erzg W-An: Harz (sm/mo-b·subozEUR – O Nard., V Car. fusc.). **Sudeten-H.** – L. sudética (WILLD.) SCHULT.

13* Sa etwa 0,6 mm lg, 2–3mal so lg wie das frische Anhängsel. Perigon u. Kapsel hellbraun. Ährchen 5–20, mit je 5–20 B. Halme ∞. Pfl hell gelblichgrün. 0,10–0,30. ♃ 4–5. Magerrasen, kalkmeidend; s N-Ba? Th: Weimar, ob noch? O-Sa NW-An: Steimke S- u. M-Br, † NO-Me, ↘ (m/mo-b·(suboz)EURAS – O Nard.). [L. palléscens aut.] **Bleiche H.** – L. pallídula J. KIRSCHNER

Familie **Riedgrasgewächse, Sauergräser** – Cyperáceae JUSS.

Grasartige Pfl, fast stets ♃. Stg markig, oft 3kantig. Bl 3zeilig. BlScheiden am Grund nie knotig verdickt, fast stets geschlossen. B ⚥ (Abb. **536**/3) od. 1geschlechtig (Abb. **536**/1, 2), stets zu ∞–1blütigen Ährchen vereinigt, in der Achsel von DeckBl (Spelzen, Sp). Ährchen selten einzeln endständig, meist zu Ähren (Abb. **536**/4), Rispen (Abb. **537**/2) od. Köpfen vereinigt u. in der Achsel von TragBl. Perigon aus Borsten (oft 6, Abb. **536**/3) od. Schuppen bestehend, oft auch fehlend. StaubBl (1–)2–3. FrKn oberständig, 3–2blättrig, 1fächrig, mit 1 SaAnlage. Narben 2–3. Fr eine 3kantige od. linsenfg Nuß. Bei der Segge die ♀ Ährchen stets 1blütig u. FrKn vom „Schlauch" (VorBl des ♀ Ähr-

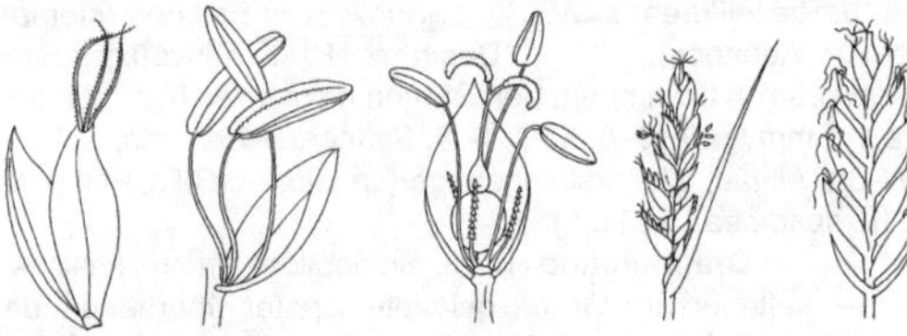

1 2 3 4 5

chens = DeckBl seiner einzigen B) eingehüllt (Abb. **536**/1) (3600 Arten – Wb, meist Vw – Wv, Ev: Sumpfvögel, Sv: Ausläufer).

1 Fr u. FrKn mit Griffel von einer eifg bis flaschenfg Hülle („Schlauch" s. oben u. S. 29) völlig eingehüllt, aus deren Spitzenöffnung 2 od. 3 Narben herausragen (Abb. **536**/1, **557**/1–7), zuweilen auch der obere Griffelteil – kürzer als die Narbenäste – aus dem Schlauch ragend u. dann Pfl aufrecht, höher als 10 cm u. die TragBl meist nicht den BStand überragend. B stets 1geschlechtig, in der Achsel eines DeckBl (Sp), 1häusig od. selten 2häusig. ♂ B nur mit 3 StaubBl (Abb. **536**/2). **Segge** – Cárex S. 545

1* Fr u. FrKn nicht von einem Schlauch völlig eingehüllt, in der Achsel eines DeckBl (Sp) mit freien (höchstens am Grund verwachsenen) Rändern u. von ihm höchstens ± lose umschlossen; der Griffel hinter der Sp sichtbar, mit 2–3 Narbenästen, mindestens so lg wie diese (nur bei seltenen Pfl mit liegendem od. flutendem Stg od. bei höchstens 10 cm hohen Pfl, deren Ährenköpfe von 3–5 TragBl weit überragt werden, kürzer). Pfl nie 2häusig. B meist ⚥ (nur 2 seltene AlpenPfl 1häusig) **2**

2 B 1geschlechtig. 5–20(–30) cm hohe, dichthorstige AlpenPfl. BStand eine 1–2(–3) cm lg, aus vielen 1–2blütigen Ährchen zusammengesetze Ähre bzw. Ährenrispe **3**

2* B ⚥ (Abb. **536**/3), in mehrblütigen Ährchen **4**

3 Jedes Ährchen 2blütig, aus 1 oberen ♂ u. 1 unteren ♀ B bestehend (Abb. **536**/6). 10–20 Ährchen eine linealische, hellbraune, endständige Ähre bildend. FrKn u. Grund der ♂ B vom unterwärts verwachsenen DeckBl der ♀ B teilweise eingeschlossen. Bl mindestens so lg wie die Stg. **Nacktried** – Elýna S. 545

3* Ährchen 1blütig, zu je 4–5 eine unten ♀, oben ♂ Ähre bildend (Abb. **536**/7). 4–10 solcher Ähren einen spitz dreieckigen, dicken, endständigen, ährig-traubig-rispigen GesamtBStand bildend. Das DeckBl der ♀ B bis zum Grund mit freien Rändern. Bl bedeutend kürzer als die Stg. **Schuppenried** – Kobrésia S. 545

4 **(2)** Stg mit nur 1 endständigen, aufrechten Ährchen (Abb. **536**/8; **541**/1, 2), dieses nie von einem TragBl überragt **5**

4* Stg mit mehreren Ährchen, die zu Rispen, Köpfen, Büscheln od. zu einer 2zeiligen Ähre vereinigt sind (Abb. **536**/4, diese Ähre nicht mit einem endständigen Ährchen Abb. **536**/5 verwechseln!), od. Ährchen auf lg Stielen achselständig (Abb. **541**/7). (Bei Schuppensimse, S. 542, zuweilen einzelne Stg mit nur 1 Ährchen, dieses aber von einem stengelähnlichen TragBl weit überragt, Abb. **541**/6) **8**

6 7 8 9 10 11

5 Borsten am Grund des FrKn (Perigonborsten) fehlend od. 1–6, kürzer als die Sp (Abb. **536**/3), zur FrZeit im Ährchen versteckt **6**

5* PerigonBorsten viel länger als die Sp, zur FrZeit weißwollige Schöpfe bildend (Abb. **536**/8, 9) **7**

6 Oberste BlScheide mit kurzer Spreite (Abb. **536**/10). **Rasen-Haarsimse** – Trichóphorum cespitósum S. 543

6* Oberste BlScheide ohne Spreite (Abb. **536**/11). **Sumpfsimse** – Eleócharis S. 540

7 **(5)** Jede B mit ∞ Perigonborsten. Ährchen (ohne Wolle) 1–2 cm lg, ∞blütig. Sp länglich-lanzettlich, lg zugespitzt, silbergrau. **Wollgras** – Erióphorum S. 542

7* Jede B mit (4–)6 geschlängelten Perigonborsten. Ährchen etwa 7 mm lg, 8–12blütig (Abb. **536**/8). Sp eifg, stumpf, gelbbraun mit grünem Mittelstreif. **Alpen-Haarsimse** – Trichóphorum alpínum S. 543

8 **(4)** Sp 3zeilig, weißlich mit grünem Mittelstreif, in eine fast grannenartige Spitze verschmälert. ZwergPfl auf nacktem Uferschlamm mit sehr dichter, kopfig gedrängter, etwa 1 cm großer, fast kugliger Spirre. Stg meist von den Bl überragt. TragBl mit br Grund. ⊙ . **Zwergzypergras** – Dichostýlis S. 543

8* Sp 2zeilig od. spiralig angeordnet **9**

9 Ährchen zu einer deutlich 2zeiligen, rot- bis kastanienbraunen, flachgedrückten, endständigen Ähre angeordnet (Abb. **536**/4). **Quellried** – Blýsmus S. 540

9* Ährchen in Rispen, Köpfen od. Büscheln od. auf lg Stielen achselständig **10**

10 Ährchen in dichten, kugelrunden Köpfen. Köpfe meist 3, einer sitzend, die übrigen gestielt (Abb. **537**/1). **Kugelsimse** – Scirpoídes S. 540

10* Ährchen in Rispen od. Büscheln, zuweilen kopfig gedrängt (Abb. **537**/3, 4), nicht kuglig **11**

11 B in den ∞blütigen, linealischen Ährchen sehr deutlich 2zeilig (Abb. **536**/5). Spreiten ± flach. **Zypergras** – Cypérus S. 543

11* B in den Ährchen spiralig angeordnet, wenn (bei Kopfried) undeutlich 2zeilig, dann Ährchen nur 2–3blütig u. Spreiten starr borstlich **12**

12 Bl am Rand u. am Rückenkiel schneidend scharf u. deutlich sägezähnig, 10–15 mm br, starr, graugrün. Spirre sehr lg, reichährig, mit gebüschelten, 3–4 mm lg, braunen Ährchen. 80–200 cm hohe SumpfPfl. **Schneide** – Cládium S. 544

12* Bl nicht stachlig gesägt, höchstens am Rand rauh **13**

1 2 3 4

13 Ährchen 2–3blütig, mit 3–6 kleineren, leeren Sp am Grund, am StgEnde kopfig gehäuft (zuweilen am Stg noch weitere, lg gestielte, kopfige Ährchenbüschel) **14**

13* Ährchen ∞blütig. Meist nur die unterste Sp blütenlos u. mindestens ebenso groß wie die blütentragenden Sp **15**

14 Pfl horstig. Stg blattlos, stets nur mit 1 endständigen, schwarzbraunen od. dunkel rotbraunen Ährchenbüschel (Abb. **544**/1). Narben 3. Bl borstlich.
Kopfried – Schoénus S. 544

14* Pfl mit Ausläufern. Stg beblättert, außer dem endständigen Ährchenbüschel fast stets in den Achseln der oberen StgBl noch weitere lg gestielte Büschel. Ährchen weißlich od. hell rotbraun. Narben 2. Bl rinnig. **Schnabelried** – Rhynchóspora S. 544

15 **(13)** Borsten am Grund des FrKn (Perigonborsten) ∞, zur FrZeit einen lg Wollschopf bildend (Abb. **536**/9). Ährchen groß, am StgEnde fast doldig.
Wollgras – Erióphorum S. 542

15* Perigonborsten 0–6, auch zur FrZeit kürzer als die Sp, im Ährchen versteckt **16**

16 Ährchen in der ganzen Länge des flutenden oder kriechenden Stg einzeln an der Spitze von lg, achselständigen Stielen, bis 5 mm lg (Abb. **541**/7).
Tauchsimse – Eleogíton S. 542

16* Ährchen in endständigem GesamtBStand, zuweilen scheinbar seitenständig, weil das größte TragBl stengelähnlich ist u. den Stg geradlinig fortsetzt **17**

17 Stg beblättert. GesamtBStand am Grund mit mehreren, großen, flachen TragBl, deutlich endständig **18**

17* Bl grundständig. Stg nahe dem Grund mit mehreren schuppenfg NiederBl. GesamtBStand am Grund mit 1 stengelähnlichen TragBl, dadurch scheinbar seitenständig . **19**

18 Ährchen 10–20 mm lg. Spirre von den TragBl weit überragt (Abb. **537**/3), zuweilen kopfig. **Strandsimse** – Bolboschoénus S. 540

18* Ährchen 4–6 mm lg. Spirre von den TragBl nicht od. nur wenig überragt, sehr ährchenreich, weit ausgebreitet (Abb. **537**/2). **Simse** – Scírpus S. 538

19 **(17)** Pfl 30–400 cm hoch, meist mit kriechendem Rhizom. ♃.
Teichsimse – Schoenopléctus S. 539

19* Pfl 2–15 cm hoch, mit Faserwurzeln, meist ⊙. Ährchen 1–5. Stg zart **20**

20 Ährchen 2–3 mm lg. TragBl des BStandes mehrmals kürzer als der Stg, Ährchen daher scheinbar im oberen StgTeil stehend (Abb. **541**/6). StaubBl (1–)2.
Schuppensimse – Isólepis S. 542

20* Ährchen 5–12 mm lg. TragBl des BStandes fast so lg wie der Stg, Ährchen daher scheinbar in der StgMitte stehend. StaubBl 3.
Liegende Teichsimse – Schoenopléctus supínus S. 539

Simse – Scírpus L.

1 Perianthborsten zweimal bis mehrmals länger als die Fr, geschlängelt, zur FrZeit zwischen den Sp herausragend, glatt od. mit wenigen rückwärtsgericheten Zähnchen an der Spitze 2

1* Perianthborsten höchstens so lg wie die Fr od. nur wenig länger, gerade, durch rückwärtsgerichete Zähnchen rauh, zuweilen verkümmert od. fehlend 3

2 Ährchen einzeln, gestielt (Abb. **537**/2). Pfl mit langen, übergebogenen, an der Spitze wurzelnden Laubsprossen. Sp stumpf, ohne Stachelspitze. 0,40–1,00. ♃ 6–7. Nasse, nährstoffreiche Ufer; z O-Ba: Donau, Bayr-W, Oberpfalz, s SO-Bw: Alpenvorland NW- u. NO-Sa O-An S- u. O-Br, † S-Rh Me: Loitz SO-Sh, ↘ (sm-temp·subkEURAS – G – V Phragm.?, V Nanocyp.). **Wurzelnde S.** – S. radícans SCHKUHR

2* Ährchen meist gebüschelt, sitzend, nur wenige einzeln, zuweilen von gestielten einzelnen u. gebüschelten Ährchen überragt. Pfl rasig, mit kurzen Laubsprossen. Sp stumpf u. stachelspitzig od. mit br Spitze. 0,10–0,20. ♃ 6–7. Teichränder; (N 1984) s SW-Ns: Rheine (m-tempAM – G).
Wollige S., Zypergras-S. – S. cyperínus (L.) KUNTH

3 **(1)** Ährchen zu 2–5 gebüschelt. Sp schwarz- bis braungrün, mit hellem Kiel u. Stachelspitze. Perigonborsten gerade, rauh, so lg wie die Fr. Bl (gelblich)grün, untereBlScheiden gelbgrün bis braun. 0,30–1,00. ♃ 5–7. Nasse, nährstoffreichere Sümpfe, Wiesen, AuenW; g Ba Bw (Jura s) Rh We He, v S-Th S-Sa Br S- u. O-Ns Me O-Sh, z N-Th An (Trockengebiet s) NW-Ns W-Sh (sm/mo-b·subozEURAS – G – V Calth., V Aln. gl.-inc. – früher Flechtmaterial u. StreuPfl). **Wald-S., Flecht-S.** – S. sylváticus L.

3* Ährchen zu 8–20 kopfig gehäuft. Sp rotbraun. Perigonborsten nur in der oberen Hälfte rauh, zuweilen reduziert od. fehlend. Bl dunkelgrün. 0,30–1,00. ♃ 5–7. Nasse bis feuchte Wiesen; (N 1892) s NW-Bw N-Rh: Oberwinter We He Sh (m-tempAM – G – V Calth.). [S. atróvirens aut.] **Dunkelgrüne S.** – S. georgiánus R. M. HARPER

Teichsimse – Schoenopléctus (RCHB.) PALLA[1])
(Vw – Hv, Ev: Vögel)

1 Pfl bis 0,15 m hoch, dichtrasig. Stg liegend, ebenso lg. Das TragBl des BStandes mindestens so lg wie der Stg. Ährchen 5–10 mm lg, in einem Kopf. 0,05–0,15. ⊙ 7–9. Nährstoffarme, nasse, zeitweise überschwemmte, sandige Schlickböden an Ufern u. Tümpeln; s NW- u. SO-Bw: Donau, Rhein SO-Rh: Rhein, NO-Ns: Laascher See, Seegeniederung, † M- u. N-Ba He An Br Me, ↘ (austr-stropAFR+AUST+m-tempEUR–WAS – T – K Isoëto-Nanojunc.). [Scírpus supínus L.] **Liegende T.** – S. supínus (L.) PALLA

1* Pfl 0,30–4,00 m hoch, ♃ 2

2 Stg wenigstens in der oberen Hälfte 3kantig 3

2* Stg bis oben völlig stielrund. Sp rotbraun 5

3 Narben 3. Sp nicht ausgerandet, weißlich mit grünem Kiel u. rotem Rand. Pfl ohne Ausläufer. Ährchen kopfig gedrängt, mit 3kantigem TragBl (Abb. **537**/4). 0,50–1,00. ♃ 8–10. Röhrichte, Teichränder, Gräben; s Ba: Schwarzer Regen, Dachsbach, Bodensee, (U) Bw An? (tropAFR+OAS-m-sm·subozEURAS – H – O Phragm.). [Scírpus mucronátus L.] **Stachelspitzige T.** – S. mucronátus (L.) PALLA

3* Narben 2. Sp ausgerandet, in der Ausrandung stachelspitzig, rotbraun. Pfl mit Ausläufern 4

4 Ährchen sämtlich ungestielt, zu 2–6 kopfig gedrängt. Sp an der Spitze mit 2 spitzen Lappen. Perigonborsten viel kürzer als die Fr, oft fehlend. 0,30–0,60. ♃ 7–8. Brackwasserröhrichte; s Me: Heringsdorf, Müritzhof S-Sh: Elbe, ob noch?, † Ns (strop-temp AM+sm-stemp·subozEUR – G – V Phragm.?). [S. americánus aut., Scírpus púngens VAHL] **Amerikanische T.** – S. púngens (VAHL) PALLA

4* Ährchen ± gestielt. Sp stumpf 2lappig. Perigonborsten etwa so lg wie die Fr. 0,50–1,50. ♃ 6–7. Röhrichte stehender u. langsam fließender, auch salzhaltiger Gewässer; s W-Bw: Rhein N-Ns: untere Elbe, Weser, Hunte, Lesum, Ems S-Sh: Elbe u. Nebenflüsse, † Ba: Donau Rh: Rhein W-We S-He: Rhein, Lahn, Main N-Th, ↘ (austrAFR+strop-trop OAS-m-stemp·(suboz)EURAS – G – V Phragm.). [Scírpus tríqueter L.] **Dreikant-T.** – S. tríqueter (L.) PALLA

5 **(2)** Stg dunkel grasgrün. Narben 3. Sp glatt, ohne erhabene Punkte od. nur sparsam punktiert. 0,80–3,00. ♃ 5–7. Röhrichte stehender u. langsam fließender, nährstoffreicher Gewässer; g Sh, übrige Bdl v, Bergland s (m-b·(oz)EUR–SIB – G, A – V Phragm. – VerlandungsPfl, in Kläranlagen zur biologischen Wasserreinigung gepflanzt, früher Flechtmaterial). [Scírpus lacústris L.] **Gewöhnliche T.** – S. lacústris (L.) PALLA

5* Stg grau- bis bräunlichgrün. Narben 2. Sp von ∞ erhabenen, dunklen Punkten rauh. 0,60–2,00. ♃ 6–7. Röhrichte auf nährstoffreichen, oft salzhaltigen Schlickböden; v Küsten von Ns Sh Me, z Binnenland Ba W-Bw W- u. N-We Th An Br Ns Me Sh, s O-Bw SW- u. SO-Rh: Mosel, Pfalz He Sa: W u. Elbe, im Binnenland ↘ (stropOAS+m-b·subk+

[1]) Sprich: s-chönopléktus

litEURAS – G, A – V Phragm., V Bolb. – VerlandungsPfl im Brackwasser). [Scírpus tabernaemontáni C. C. GMELIN] **Salz-T.** – S. tabernaemontáni (C. C. GMELIN) PALLA

Strandsimse – Bolboschœ́nus (ASCH.) PALLA[1])

Stg scharf 3kantig, rauh. Bl linealisch. BStand ± gedrängt, kopfig od. aus gestielten Köpfen zusammengesetzt, viel kürzer als die aufrechten TragBl (Abb. **537**/3). Ährchen 10–20 mm lg. 0,30–1,00. ♃ 6–8. Röhrichte in Salz- u. Brackwasser, seltener im Süßwasser; g Küsten von Ns Me Sh, im Binnenland in allen Bdl z, Bergland s, S-An v, im Binnenland ↘ (austrAUST-tropAFR+AS-m-b·(k)+litEURAS+OAM – G, A – K Bolb. – früher Flechtmaterial). [Scírpus marítimus L.] **Gewöhnliche S.** – B. marítimus (L.) PALLA

Quellried – Blýsmus PANZER ex SCHULT.
(Vw – Ev: Sumpfvögel)

1 Pfl grasgrün. Stg etwas zusammengedrückt. Bl gekielt, am Rand rauh. Ährchen rotbraun, zu 5–12 (Abb. **536**/4). Perigonborsten 3–6, rückwärts rauh. 0,10–0,40. ♃ 6–7. Sickernasse, nährstoffreiche Quellmoore, beweidete Naß- u. Salzwiesen, feuchte Wege; v S-Ba: Alpen u. Vorland, z Br Me Sh, s M- u. N-Ba Bw W-Rh We He Th W-Sa An S- u. O-Ns, ↘ (m/mo-temp·(suboz)EUR–WAS–(OAS) – G – V Armer. marit., V Agrop.-Rum.). [Scírpus compréssus (L.) PERS., S. caricifórmis VEST, S. planifólius GRIMM] **Platthalm-Qu., Flaches Qu.** – B. compréssus (L.) PANZER ex LINK

1* Pfl graugrün. Stg stielrund. Bl ungekielt, rinnig, glatt. Ährchen kastanienbraun, zu 3–6. Perigonborsten fehlend od. weichhaarig. 0,10–0,25. ♃ 5–6. Salzwiesen; z NW-Ns: Ostfriesische Inseln, s Me: Küste Sh: Küste, Schlei S- u. NW-An: ob noch?, † Br, ↘ (austr/moAM+m/mo-b·k+litEUR–SIB+AM – G – V Armer. marit.). [Scírpus rúfus (HUDS.) SCHRADER] **Rotbraunes Qu.** – B. rúfus (HUDS.) LINK

Kugelsimse, Kopfsimse – Scirpoídes SÉGUIER [Holoschœ́nus LINK]

BStand aus meist 3 kugligen Köpfen bestehend, 1 sitzend, die übrigen gestielt (Abb. **537**/1). 0,30–1,00. ♃ 6–8. Tonige Fluß- u. Seeufer, Sumpfwiesen; s An: Mittelelbe Br, (N) SW-Bw: Hartheim, † SO-Rh W-He?, ↘ (strop-stempEUR–WAS – G – Vw – Hv, Ev: Vögel – V Agrop.-Rum.). [Scírpus holoschœ́nus L., Holoschœ́nus vulgáris LINK, H. románus (L.) FRITSCH] **** Gewöhnliche K.** – S. holoschœ́nus (L.) SOJÁK[2])

Sumpfsimse – Eleócharis R. BR.
(Vw – Wv, Ev: Wasservögel)

1 Narben 2 . . . . **2**

1* Narben 3 . . . . **6**

2 Pfl ohne Ausläufer. Stg dünn, weich, fein gestreift. Untere BlScheiden purpurn. Ährchen kuglig-eifg, stumpf, 2–7 mm lg. 0,05–0,30. ⊙ 7–9. Teich- u. Seeränder, Tümpel, nährstoffreiche Teichböden; z (im W A) Ba Bw Rh He Sa O-An S- u. M-Br, s S-We? O- u. N-Th O-Ns SO-Sh, (U) s Me, ↘ (stropAM+m-temp·subozCIRCPOL – T – V Nanocyp.). [E. soloniénsis (DUBOIS) HARA] **Ei-S.** – E. ováta (ROTH) R. et SCH.

2* Pfl mit Ausläufern. Stg derb, ungestreift. Untere BlScheiden gelb- od. rotbraun. Ährchen länglich, spitz, 5–20 mm lg **3**

3 Ährchen nur mit 1 blütenlosen Hsp, diese den Ährchengrund (fast) ganz umfassend (Abb. **541**/1). Stg 0,5– 1,5 mm ∅, meist glänzend, grasgrün. Perigonborsten (3–)4(–5), oft fehlend. Sp 4–5 mm lg, in 4–6 Schrägreihen. 0,05–0,40. ♃ 5–8. Großseggenrieder, Gräben, Wiesensenken, an Wegen, auf basenreichen, nassen, auch salzhaltigen Flachmoortorf- u. Schlickböden; v Küsten u. Alpenvorland, z M-Ba Bw Th An Br Ns Me Sh (Binnenland), s N-Ba Rh We He Sa, ↘ (austrAUST+trop/moAM+OAS+m/mo-b·(k)+litCIRCPOL – V Magnocar., V Agrop.-Rum.). **Einspelzige S.** – E. uniglúmis (LINK) SCHULT.

[1]) Sprich: bolbo-s-chönus
[2]) Sprich: holo-s-chönus

1 2 3 4 5 6 7

3* Ährchen am Grund mit 2 blütenlosen Hsp; jede Hsp den Ährchengrund nur halb umfassend (Abb. **541**/2). Stg (1–)2–3 mm ∅. Perigonborsten 4–6, selten fehlend. Sp 2–3 mm lg, in 8–11 Schrägreihen **4**

4 Stg steif, fest, matt graugrün, trocken nicht od. sehr fein gefurcht, mit etwa 20 Leitbündeln. Perigonborsten (3–)4, zuweilen fehlend, den Griffelfuß nicht überragend. Sp bis zur Reife bleibend. Griffelfuß etwa so br wie hoch, durch starke Einschnürung von der Nuß abgesetzt (Abb. **541**/3). 0,05–1,00. ♃ 5–8. Nährstoffreiche Röhrichte, Großseggensümpfe, Naßwiesen, Gräben; alle Bdl v, aber Trockengebiete z, SchwarzW s (austr-trop/mo-bCIRCPOL – G – O Phragm.). [Scírpus palústris L.]

** **Gewöhnliche S.** – E. palústris (L.) R. et SCH.

4* Stg weich, leicht zusammendrückbar, lichtgrün, trocken deutlich gefurcht. Perigonborsten nie fehlend, (4–)5–8. Sp zur FrReife abfallend **5**

5 Perigonborsten (5–)6(–8), den Griffelfuß überragend. Dieser etwas breiter als hoch, $^1/_2$–$^2/_3$ so br wie die Nuß (Abb. **541**/4). Stg mit 8–12 Leitbündeln. 0,15–0,40. ♃ 5–8. Nährstoffarme Zwischenmoorschlenken, Ufer; z S- u. O-Ba Bw Sa, s Rh We He O-Th O- u. N-An Br O-Ns Me S-Sh, Verbreitung ungenügend bekannt (stropAM+m-temp-CIRCPOL? – H – V Nanocyp., V Bid.).

Zitzen-S. – E. mamilláta (LINDB. fil.) LINDB. fil. ex DÖRFLER

5* Perigonborsten (4–)5(–6), den Griffelfuß nicht überragend. Dieser nur etwa halb so br wie hoch, $^1/_2$–$^1/_3$ so br wie die Nuß (Abb. **541**/5). Stg mit 12–16 Leitbündeln. 0,15–0,40. ♃ 5–8. Flachmoore; v Ba: Alpen u. Vorland, z Rh He, s Bw We N-Ns, Verbreitung ungenügend bekannt (sm-temp·(suboz) EURAS – H – V Nanocyp., O Phragm.). [E. benedícta BEAUVERD] **Österreichische S.** – E. austríaca HAYEK

6 **(1)** Ährchen etwa 20blütig, eifg. Pfl dichtrasig. Stg rundlich. Fr scharf 3kantig. 0,15–0,45. ♃ 6–7. Nährstoffarme, flach überschwemmte Teichränder od. Zwischenmoorschlenken; z N-Ns, s SO-Rh W- u. N-We NO-Sa N-An SO- u. M-Br N-Me: Hiddensee, Pötenitz S- u. NW-Sh, ↘ (m-temp·euozEUR – H – V Litt.).

Vielstenglige S. – E. multicaúlis (SM.) SM.

6* Ährchen 3–7(–11)blütig **7**

7 Stg kräftig, ± steif, am Grund mit derben BlScheiden. Ährchen 5–8 mm lg, braunrot. 0,05–0,15. ♃ 5–6. Nasse, basenreiche Flach- u. Quellmoore, auch im Brackwasser; z S-Ba: Alpen, Vorland, Hochebene Me, s N-Ba S- u. O-Bw S- u. O-We He Th Br Ns u. Sh (Küsten z), † Rh Sa An, im Binnenland ↘ (m/mo-b·(oz)CIRCPOL – H – O Tofield.). [E. pauciflóra (LIGHTF.) LINK]

Wenigblütige S. – E. quinqueflóra (F. X. HARTMANN) O. SCHWARZ

7* Stg haarfein, 2–10 cm hoch, wenn (selten) im Wasser flutend, dann länger u. nicht blühend. Ährchen 2–4 mm lg **8**

8 Ausläufer am Ende knollig verdickt. Stg rundlich, ohne od. nur mit zarthäutigen unteren BlScheiden. Ährchen etwa 2 mm lg. Sp bleich. 0,02–0,08. ♃ 6–9. Feuchte, schwach salzige Ufer; s Sh, † S-An NO-Ns N-Me, ↘ (trop-stropAM-m-temp·(subk)+litCIRCPOL – H, A – V Rupp.).
Kleine S. – E. párvula (R. et SCH.) LINK ex BLUFF, NEES et SCHAUER

8* Ausläufer am Ende nicht knollig, haarfein. Stg 4kantig. Untere BlScheiden oft purpurn. Ährchen bis 4 mm lg. Sp braun, weißrandig. 0,02–0,10. ♃ 6–10. Zeitweise trockenfallende Teichböden, Seeufer, Altwässer; v O-Sa O-An S-Br, z Ba Bw: bes. Rhein, Bodensee Rh We He Th W-Sa NW-An N-Br Ns Me Sh, ↘ (strop/moOAS+AM+m/mo-arct·(oz)CIRCPOL – H – V Eleoch. acic., V Nanocyp.) **Nadel-S.** – E. aciculáris (L.) R. et SCH.

Schuppensimse – Isólepis R. BR.

Ährchen zu 1–4 scheinbar seitenständig (Abb. **541**/6). Sp bräunlich mit grünem Kiel. Stg aufrecht. 0,02–0,10. ⊙–♃ 7–10. Feuchte bis nasse Wege, Ufer, mesotrophe Seen, Vertiefungen in Acker-Naßstellen; alle Bdl z, aber MDt-Trockengeb u. Jura s (trop/mo OAFR-m/mo-temp·ozEUR–WAS – T, H – Hv, Ev: Wasservögel – V Nanocyp.). [Scírpus setáceus L.] **Borstige Sch.** – I. setácea (L.) R. BR.

Tauchsimse – Eleogíton LINK [Scirpidiélla RAUSCHERT]

Ährchen einzeln an der Spitze von lg, achselständigen Stielen (Abb. **541**/7). Sp weißlich, grün gekielt. Stg flutend, selten außerhalb des Wassers kriechend. 0,15–0,30. ♃ 7–9. Heidetümpel, Moorgräben; z N-Ns, s Sh N- u. W-We NW- u. O-An S-Br, † Sa Me, ↘ (austr-trop/moAFR+AS+AUST-sm-temp·euozEUR – H, A – O Litt.). [Scírpus flúitans L., Isólepis flúitans (L.) R. BR., Scirpidiélla flúitans (L.) RAUSCHERT]
Flutende T. – E. flúitans (L.) LINK

Wollgras – Erióphorum L.
(Vw – Wv)

1 Stg mit 1 endständigen Ährchen **2**
1* Stg mit mehreren Ährchen **3**
2 StgBl am Rand rauh, mit aufgeblasener Scheide. Ährchen oval bis länglich, zur BZeit etwa 2 cm lg. Pfl dichtrasig. Stg oberwärts 3kantig. 0,30–0,60. ♃ 3–4. Torfmoosreiche Bulten oligotropher Moore, verfestigte Hochmoore, Kiefern- u. Birkenmoore; v S-Ba S-Bw S- u. NO-Br N-Ns W-Me Sh, sonst alle Bdl z, Kalk- u. Trockengebiete s, ↘ (sm/mo-arctCIRCPOL – H – O Sphagn. magell.). **Scheidiges W.** – E. vaginátum L.
2* StgBl ganz glatt, ohne aufgeblasene Scheide. Ährchen kuglig od. oval, zur BZeit bis 1 cm lg. Stg glatt, stielrund. Pfl mit Ausläufern. 0,10–0,30. ♃ 6–9. Nasse, nährstoffarme Moore; z S-Ba: Alpen (sm/alp-arctCIRCPOL – H – V Car. fusc.).
Scheuchzer-W. – E. scheuchzeri HOPPE
3 **(1)** Stg ± stielrund. Ährchenstiele glatt. StgBl linealisch, rinnig, gekielt, in eine lg, 3kantige Spitze verschmälert. Oberste Scheiden blasig aufgetrieben. Ährchen 3–5. Pfl mit Ausläufern. 0,30–0,60. ♃ 4–5. Nasse, nährstoffarme Flach- u. Zwischenmoore; v S- u. O-Ba S-Bw S-Th Sa O-An S- u. NO-Br N-Ns Me Sh, z NW-Ba N-Bw Rh We He N-Th W-An NW-Br SO-Ns, ↘ (sm/salp-arctCIRCPOL – G – K Scheuchz.-Car.). [E. polystáchion L. p. p.] **Schmalblättriges W.** – E. angustifólium HONCK.
3* Stg ± deutlich 3kantig. Ährchenstiele von vorwärtsgerichteten Kurzhaaren fein rauh . **4**
4 Pfl dichtrasig, ohne Ausläufer. StgBl schmal lanzettlich, flach. Oberste Scheiden eng anliegend. Ährchen 5–12. 0,30–0,60. ♃ 4–6. Nasse, nährstoffarme, oft kalkhaltige Flachmoore u. Quellsümpfe; v S-Ba NW-Rh S-Th, z N-Ba Bw: bes. Alpenvorland S- u. O-Rh S- u. O-We Sa An Br Me, s N-Th Ns O-Sh, ↘ (sm/mo-b·(oz)EURAS – H – V Car. davall.). [E. polystáchion L. p. p.] **Breitblättriges W.** – E. latifólium HOPPE
4* Pfl lockerrasig, mit lg Ausläufern. StgBl schmal linealisch, vom Grund an 3kantig. Ährchen 3–4, fast aufrecht. 0,10–0,40. ♃ 5–6. Nasse, nährstoffarme, kalkhaltige Flach- u.

Zwischenmoore; s S- u. M-Ba: Alpen, Vorland, Jura SO-Bw: Alpenvorland O-Rh W-We SO-Ns: Walkenried, † He Th Sa? An Br Me Sh, ↘ (sm/mo-b·(subk)CIRCPOL – G – V Car. davall.). **Zierliches W.** – E. grácile KOCH

Haarsimse – Trichóphorum PERS. [Baeóthryon aut.]

1 Stg stielrund, glatt. Perigonborsten bräunlich, kürzer als die Sp, wenig länger als die Fr, fadenfg, zur Reife im Ährchen versteckt. Ährchen 3–6blütig. Pfl sehr dichthorstig. 0,10–0,40. ♃ 5–6. Nasse, nährstoffarme Torfböden auf Hoch- u. Heidemooren; v Sh, z Ba: Alpen, Vorland, Bayr-W Bw: Alpenvorland, Schwarzw Rh W- u. N-We N-Ns Sh, s Th: Th-W SW-An: Harz SO-Ns NO-Me, † He Br, ↘ (sm/mo-arct·(oz)CIRCPOL – H – V Car. davall., V Sphagn. magell., V Eric. tetr.). [Scírpus cespitósus L., Baeóthryon cespitósum (L.) A. DIETRICH] ** **Rasige H.** – T. cespitósum (L.) HARTMAN

1* Stg 3kantig, rauh. Perigonborsten weiß, zur FrZeit bis 2 cm lg, viel länger als die Sp, bandfg flach, geschlängelt; FrStand zur Reifezeit daher mit Wollschopf (Abb. **536**/8). Ährchen 8- bis 12blütig. Pfl mit unterirdisch kriechendem Rhizom. 0,10–0,30. ♃ 4–5. Schlenken u. nasse Ränder von Hoch- u. Zwischenmooren; v S- u. O-Ba: Alpen, Vorland, Hochebene, Bayr-W S-Bw: Alpenvorland, Baar, S-Schwarzw, s Me Sh, † An Br, ↘ (temp/salp-b·subozCIRCPOL – G – Wv – K Scheuchz.-Car.). [Erióphorum alpínum L., Scírpus hudsoniánus (MICHX.) FERNALD, Baeóthryon alpínum (L.) EGOROVA] **Alpen-H.** – T. alpínum (L.) PERS.

Zwergzypergras – Dichostýlis P. B.

Bl mindestens so lg wie der Stg. Sp weißlich, mit grünem Mittelstreif. Griffel 2(–3). 0,02–0,10(–0,15). ⊙ 7–9. Flußufer, Teichschlamm; s O-An: Elbe: Bleddin, ↘ (austr-stropAFR+AS+AUST-m-stemp·subozEURAS – T – K Isoëto-Nanojunc.). [Scírpus micheliánus L., Cypérus micheliánus (L.) DELILE] **Micheli-Z.** – D. micheliána (L.) NEES

Zypergras – Cypérus L.

1 Pfl (20–)50–120 cm hoch, mit Ausläufern, ♃. Narben 3 u. StaubBl 1 od. 3 . . . . **2**

1* Pfl höchstens 30 cm hoch, ohne Ausläufer, ⊙. Narben u. StaubBl 2 od. 3 . . . . **3**

2 StaubBl 3. Sp oval, stumpflich, zuweilen kurz stachelspitzig, dunkelbraun bis rotbraun, hell hautrandig, grün gekielt, undeutlich nervig. Stg meist zusammengedrückt. Spirrenäste bis 30 cm lg. Ährchen am Ende der Äste genähert, fast zweizeilig zusammenstehend. 0,40–1,20. ♃ 5–10. Großseggenrasen an Ufern auf nährstoffreichen, schlammigen Sand- u. Tonböden; (A?) s SW-Ba: Bodensee, † S-Bw Rh W-We He (austr-trop AFR+IND-m-stemp·(oz)EUR–WAS – H – V Magnocar., V Calth.). [Chlorocypérus lóngus (L.) PALLA] ** **Langes Z.** – C. lóngus L.

2* StaubBl 1. Sp lanzettlich, zugespitzt, strohgelblich bis hellbraun, 2kielig, 3nervig. Stg stumpf 3kantig. Spirrenäste bis 12 cm lg. Ährchen in kugligen Köpfen. 0,25–1,00. ♃ 6–8. Feuchte Ruderalstellen, schlammige Ufer; (N U) s NW-Ba: Bad Kissingen NW-Bw SO-Rh: Neustadt/Weinstraße W-We: Bonn, Niederrhein-Häfen An: Rodleben Br: Berlin S-Sh: Hamburg (trop/moWAM?). **Frischgrünes Z.** – C. eragróstis LAMK.

3 **(1)** Stg scharf 3kantig. Sp schwarzbraun, mit grünem Rückenstreif. Narben 3. StaubBl 2. Nuß scharf 3kantig. 0,03–0,25. ⊙ 6–9. Ufer, Teichschlammböden, auf offnen, nährstoffreichen Sand- u. Tonböden; z (Bergland s) Ba Bw: bes. Rhein Rh W- u. N-We S- u. M-He N-Sa O-An Br O-Ns Me: bes. Elbe, s Th W-An W-Ns S-Sh, ↘ (strop-temp·suboz EURAS – T – O Cyp. fusci). **Braunes Z.** – C. fúscus L.

3* Stg stumpf 3kantig. Sp gelblich, mit grünem Rückenstreif. Narben 2. StaubBl 3. Nuß bikonvex. 0,03–0,30. ⊙ 7–10. Ufer u. Wege, auf offnen, nährstoffreichen, nassen Sand- u. Tonböden; s S-, M- u. NW-Ba S- u. W-Bw O-Rh Br, † We He Th Sa An Ns Me Sh, ↘ (trop-stropAFR+OAM-sm-temp·subozEUR–(WAS)–OAM – T – V Nanocyp.). [Pycréus flavéscens (L.) RCHB.] **Gelbliches Z.** – C. flavéscens L.

Kopfried, Schmerle – Schoénus L.[1])

1 Sp u. untere BlScheiden schwarzbraun. Ährchen zu 5–10, vom 2–5 cm lg TragBl des Ährchenkopfes weit überragt (Abb. **544**/1). Perigonborsten 3–6, kürzer als die Fr. 0,15–0,45. ♃ 6–7. Nasse Kalkflachmoore; z S-Ba: Alpenvorland, Hochebene, s M- u. NW-Ba: Monheim, Sulzheim SO- u. W-Bw: Alpenvorland, Bodensee, Rhein SO-Rh: Pfalz We N-Th SW-An: Helsunger Bruch NW-Ns: Ostfriesische Inseln SO-Me, † He Br Ns: Binnenland Sh, ↘ (austrAFR+stropOAM+OAFR–WAS-m-temp·(oz)EUR–WAS+(WAM) – H – V Car. davall., V Mol.). **Schwarzes K.** – S. nígricans L.

1* Sp u. untere BlScheiden dunkel rotbraun. Ährchen zu 2, vom kurzen TragBl des Ährchenkopfes nicht od. kaum überragt. Perigonborsten 6, wenig länger als die Fr. 0,15–0,30. ♃ 5–6. Basenreiche, oft kalkarme Quell- u. Flachmoore; v S-Ba: Alpenvorland, obere Hochebene, z untere Hochebene, Alpen, z SO-Bw: Alpenvorland, Baar, Jura, s N-Th: Alperstedt, Haßleben O-Me, † Sa An Br, ↘ (sm/salp-b·subozEUR – H – V Car. davall.). **Rostrotes K.** – S. ferrugíneus L.

Schneide, Schneidried – Cládium P. BROWNE

Rhizom kriechend. GesamtBStand aus Köpfen von je 3–10 Ährchen bestehend. 0,80–2,00. ♃ 6–7. Röhrichte, Flachmoortümpel, Gräben, auf basen- u. meist kalkreichen Schlickböden; z S-Ba SO-Bw Br Me, s W-Bw O-Rh W- u. N-We Th: Alperstedt, Haßleben NW-Sa S- u. M-An Ns O-Sh, ↘ (austr-temp·(oz)CIRCPOL – G, A – Wb – Hv – V Phragm., V Magnocar. – VerlandungsPfl). **Binsen-Sch.** – C. maríscus (L.) POHL

Schnabelried, Schnabelsimse – Rhynchóspora VAHL
(Wb – Ev: BohrFr)

1 Pfl ohne od. nur mit kurzen Ausläufern. Ährchenknäuel etwa so lg wie sein TragBl. Ährchen anfangs schneeweiß, später etwas rötlich. 0,15–0,40. ♃ 7–8. Hochmoorschlenken, nackte Torfschlammböden, Zwischenmoore; z S- u. O-Ba: Alpen, Vorland, Bayr-W S-Bw W- u. N-We O-Sa Br N-Ns W-Me Sh, s NO-Bw NW-Ba S-Rh He O-Th W-Sa O-An SO-Ns: Kaufunger Wald O-Me, ↘ (sm/mo-b·(oz)CIRCPOL – H – V Rhynch. alb.). **Weißes Sch.** – Rh. álba (L.) VAHL

1* Pfl mit lg Ausläufern. Ährchenknäuel viel kürzer als sein TragBl. Ährchen gelblich- bis rötlichbraun. 0,10–0,30. ♃ 6–7. Nasse Hochmoorschlenken, Zwischenmoore, Torfschlammböden, sandige Ufer nährstoffarmer Seen; z S-Ba: Alpenvorland N-Ns, s O-

[1]) Sprich: s-chönus

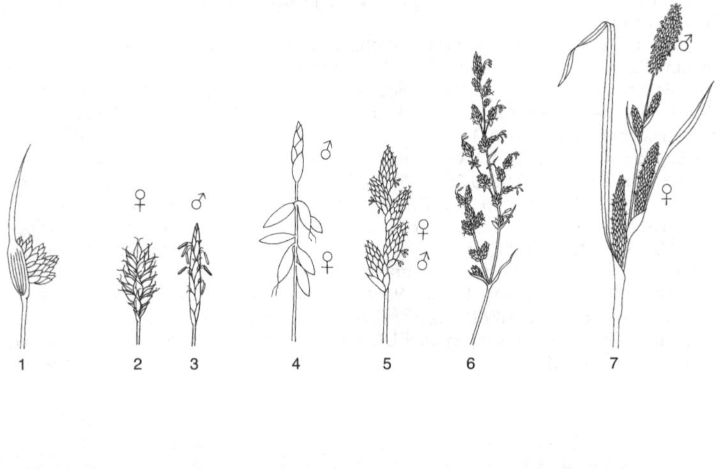

Ba: Bayr-W S-Bw: Alpenvorland, S-Schwarzw SO-Rh: Pfalz W- u. N-We NO-Sa SO-Br Me Sh, † He Th An, ↘ (sm-b·ozEUR+OAM – H, G – V Rhynch. alb.).
Braunes Sch. – Rh. fúsca (L.) AIT. fil.

Nacktried – Elýna SCHRADER

Pfl dichthorstig. Ährchen (Abb. **536**/6) eine 1–3 cm lg, hellbraune Ähre bildend. Fr vom am Grund verwachsenen DeckBl teilweise eingeschlossen. Bl borstlich. 0,10–0,30. ♃ 6–8. Hochalp. Matten an windexponierten Graten; z S-Ba: Alpen (m/alp-arct·(k)CIRC-POL – H – V Elyn.). [E. spicáta SCHRADER, E. bellárdii (ALL.) KOCH, Kobrésia myosuroídes (VILL.) FIORI] **Nacktried, Ährenried** – E. myosuroídes (VILL.) FRITSCH

Schuppenried – Kobrésia WILLD. [Cobrésia aut.]

Pfl dichthorstig. Ähren (Abb. **536**/7) zu 4–10 einen dicken, spitz dreieckigen, 1–3 cm lg GesamtBStand bildend. Bl flach, gefaltet. 0,05–0,20. ♃ 7–8. Alp. sickernasse Quell- u. Ufermoore; z SO-Ba: Berchtesgadener Alpen (sm/alp-arct·(k)CIRCPOL – H – V Car. bic.-atrof.). [K. bipartíta aut., K. caricína WILLD.]
Schuppenried, Schuppensegge – K. simpliciúscula (WAHLENB.) MACKENZIE

Segge, Riedgras – Cárex L.

Zur sicheren Bestimmung sind ausgewachsene (reife) Schläuche u. Grundorgane notwendig (vielfach Hv: SchwimmFr – StreuPfl, schlechte FutterPfl – Hybr.)

1 Stg mit 1 endständigen Ähre. Ähre unten mit ♀ B, oben mit ♂ B (Abb. **544**/4) od. Pfl 2häusig (Abb. **544**/2, 3). **Einährige Seggen – Tabelle A** S. 545
1* Stg mit mehreren Ähren in traubigem, ährigem, kopfigem od. rispigem GesamtBStand (Ährenstand) **2**
2 Alle Ähren annähernd gleichgestaltet, jede sowohl mit ♂ als auch ♀ B (Abb. **544**/5); seltener einige Ähren an der Spitze od. am Grund des Ährenstandes 1geschlechtig, dann aber in Form u. Farbe von den 2geschlechtigen kaum abweichend. Ähren kurz (bis 1,5 cm lg). Seitenähren stets ungestielt, Ährenstand daher nie traubig, sondern ährig od. rispig (Abb. **544**/5, 6). **Gleichährige Seggen – Tabelle B** S. 546
2* ♀ u. ♂ Ähren in Form u. Farbe ± auffallend voneinander verschieden. Ähren fast stets 1geschlechtig, die obere(n) ♂, die untere(n) ♀ (Abb. **544**/7); nur bei wenigen Arten die Gipfelähre 2geschlechtig (oben ♀, unten ♂; Abb. **554**/1) od. (bei EinzelPfl als Bildungsabweichung) die ♀ Seitenähre(n) mit scharf abgesetztem, auffallend verschiedenem ♂ Ährenabschnitt (meist an der Spitze der obersten Seitenähre). Seitenähren oft gestielt. Ährenstand oft traubig, nie rispig. **Verschiedenährige Seggen – Tabelle C** S. 550

Tabelle A Einährige Seggen

1 Ähren 1geschlechtig. Pfl meist 2häusig. ♂ Ähren dünn zylindrisch mit hellbraunen Sp; ♀ Ähren länglich-eifg mit rotbraunen Sp. Narben 2. Bl fädlich **2**
1* Ähren gleichgestaltet, am Grund ♀, oben ♂. Pfl stets 1häusig **3**
2 Pfl mit Ausläufern. Stg u. Bl glatt. Schläuche 3–3,5 mm lg, plötzlich in den kurzen Schnabel verschmälert (Abb. **544**/2, 3). 0,10–0,30. ♃ 5–6. Basenreiche, oft kalkarme, nasse Flach- u. Zwischenmoore; z S- u. O-Ba S-Bw, s We An Br Ns Me Sh, † Rh He Th Sa, ↘ (sm/mo-arctCIRCPOL – G – Ev: Vögel – V Car. davall.).
Zweihäusige S. – C. dioíca L.
2* Pfl dichtrasig, ohne Ausläufer. Stg oberwärts u. BlRänder rauh. Schläuche 4–5 mm lg, allmählich in den ziemlich lg Schnabel verschmälert. 0,10–0,40. ♃ 5–6. Stau- u. sickernasse, meist kalkreiche Flach- u. Quellmoore; v S-Ba S- u. O-Bw, z N-Ba NW-Bw S-Th, s SW-We S- u. O-He N-Th, † Rh NW-Sa An Br Me Sh, ↘ (sm/salp-temp/demo·suboz EUR – H – Ev: Vögel – V Car. davall.). **Davall-S., Torf-S.** – C. davalliána SM.

3 **(1)** Sp später als die stets aufrecht abstehenden Schläuche abfallend **4**
3* Sp früher als die zuletzt zurückgeschlagenen Schläuche abfallend (Abb. **544**/4) **6**
4 Ähren rundlich, ihr ♂ Teil kürzer. Narben 2. Schläuche flach. Bl borstlich eingerollt. 0,10–0,35. ♃ 5–6. Flach- u. Zwischenmoore; † S-Ba SO-Bw (antarct+austr/alpAM+sm/alp-b·(k)CIRCPOL – H – O Tofield.). **Kopf-S.** – C. capitáta SOLANDER ex L.
4* Ähren länglich, ♀ Teil kürzer. Narben 3. Schläuche stumpf 3kantig. Bl flach, 1–2 mm br **5**
5 Sp länger als die schwachnervigen, verkehrteifg, sehr kurz geschnäbelten Schläuche. 0,05–0,15. ♃ 6–7. Alp. Felsrasen auf flachgründigen Steinböden; s SW-Ba: Allgäu: Pfronten (sm/alp-arct·(k)CIRCPOL – H – V Elyn., V Sesl.). **Felsen-S.** – C. rupéstris ALL.
5* Sp zuletzt nur halb so lg wie die eifg, starknervigen, in einen deutlichen, 2zähnigen Schnabel zugespitzten Schläuche. 0,05–0,30. ♃ 4–5. Trockner Sandboden; s Br: Landin, † NW-Sa S-An (m/mo-b·kAS–(EUR)+WAM – G). **Stumpfe S.** – C. obtusáta LILJEBLAD
6 **(3)** Stg stielrund. Narben 2. Schläuche dunkelbraun, lanzettlich (Abb. **544**/4). 0,10–0,15. ♃ 5–6. Basenreiche, meist kalkarme Flach- u. Quellmoore; v S-Ba S-Bw, z N-Ba N-Bw Rh We He S-Th, s N-Th S- u. O-Sa S-An Br Ns Me Sh, ↘ (sm/mo-temp·ozEUR – H – Ev: BohrFr – V Mol., V Car. davall., V Car. fusc.). **Floh-S.** – C. pulicáris L.
6* Stg stumpf 3kantig. Narben 3. Schläuche lineal-lanzettlich **7**
7 Ährchenachse aus dem Schlauch als steife, an der Spitze oft etwas gekrümmte Borste heraustretend. Sp dunkelbraun. Schläuche 5–10, braun. 0,07–0,15. ♃ 5–7. Sickernasse Flach- u. Quellmoore, Quellen, Bachufer; † SW-Ba SO-Bw (antarct-trop/alpAM+m/alp-arct·(subk)CIRCPOL – H – V Car. bic.-atrof.). **Kleingrannige S.** – C. microglóchin WAHLENB.
7* Ährchenachse nicht aus der Schlauchspitze herausragend. Sp hellbraun. Schläuche 2–4, strohgelb. 0,05–0,15. ♃ 5–7. Nasse, nährstoffarme Hochmoore; z S- u. O-Ba: Alpen, Vorland, Bayr-W, Fichtelg S-Bw: Alpenvorland, Schwarzw, s Rh: Hunsrück SW-We: Eifel S-Th: Th-W SW-Sa: Erzg W-An u. SO-Ns: Harz, † S-Br Sh, ↘ (sm/mo-b·(suboz)CIRCPOL – G – Ev: BohrFr – V Sphagn. magell.). **Wenigblütige S.** – C. pauciflóra LIGHTF.

Tabelle B Gleichährige Seggen

1 Pfl Ausläufer treibend, kahl **2**
1* Pfl horstig od. dichtrasig, selten lockerer **9**
2 Stg bis oben (fast) glatt. BStand mit 3–5 kopfig gedrängten Ähren (Abb. **547**/1), 1–1,5 cm lg. Schläuche am Rand glatt, weder gekielt noch geflügelt, dunkelbraun. Sp rotbraun. Pfl mit oberirdischen, mehrere dm kriechenden Ausläufern u. BlBüscheln an den Knoten, am Ende sich zu einem blühenden Sproß aufrichtend. 0,05–0,15(–0,30). ♃ 5–6 (zuweilen nochmals 7–8). Zwischenmoore, Schlenken, Schwingrasen, offne Torfschlammböden; z S-Ba u. SO-Bw: Alpenvorland, s O-Ba: Jura, Bayr-W Br N-Ns, † Rh He Me Sh, ↘ (sm/mo-arct·(k)CIRCPOL – G – Vw – V Car. davall., V Car. lasioc.). **Fadenwurzlige S., Strick-S.** – C. chordorrhíza L. fil.
2* Stg oben ± rauh. BStand meist länger, mit 3 bis > 16 Ähren. Schläuche am Rand scharf gekielt od. geflügelt **3**
3 Ähren > 16. Ährenstand > 3 cm lg. Stg meist bis zur Mitte beblättert. Obere u. untere Ähren ♀, mittlere ♂; Ährenstand daher zur FrReife in der Mitte eingeschnürt (Abb. **547**/4). Schläuche schmal geflügelt u. kaum gestielt. 0,20–0,70. ♃ 5–6. Nährstoffreiche, nasse Großseggenrasen; v Ba Bw Rh We He Th S-An S-Ns Me Sh, z Sa Br N-An N-Ns, s Gebirge (m/mo-tempEUR–SIB – G – Vw – V Magnocar.). [C. intermédia GOOD.] **Zweizeilige S.** – C. dísticha HUDS.
3* Ähren 3–16, obere oft rein ♂, zuweilen 2geschlechtig, nie rein ♀, mittlere stets 2geschlechtig **4**

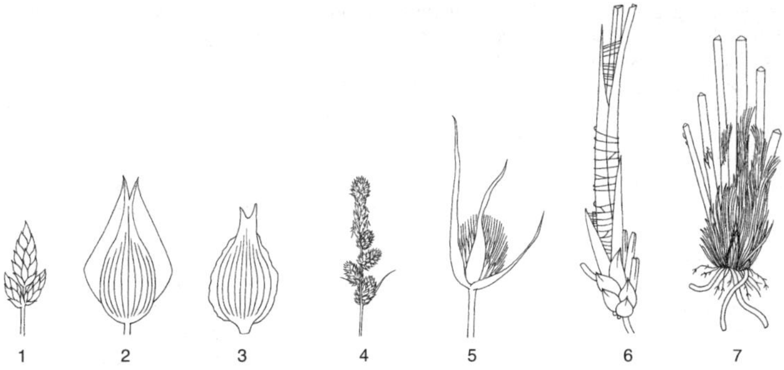

4 Schläuche starknervig. Rhizome (1,5–)2–5 mm dick, mit verzweigten Faser- und unverzweigten Haftwurzeln **5**

4* Schläuche schwachnervig. Rhizome < 1,5 mm dick, nur mit bereits nahe des Rhizoms verzweigten Faserwurzeln **7**

5 Rhizom 2–5 mm dick. Stg kräftig. Bl 3–4 mm br, starr, rinnig. Ähren 4–16. Mittlere 2geschlechtige Ähren meist an der Spitze ♂, am Grund ♀. Obere Ähren oft rein ♂, untere bisweilen rein ♀. Sp gelblich, die unteren jeder Ähre mit verbreitertem Grund. Schläuche meist etwa von der Mitte an br geflügelt (Abb. **547**/2), reif gelbbraun. 0,15–0,40(–0,75). ♃ 5–10. Arme Sandtrockenrasen (bes. Dünen), trockne KiefernW, kalkmeidend; v N-We N-Sa O- u. N-An Br Ns Me Sh, s S-We M-Sa, (N) s NW-Ba SO-Rh S-He (sm-b·oz-litEUR – G – O Coryneph., V Cytis.-Pin. – alte ArzneiPfl).

Sand-S. – C. arenária L.

5* Rhizom höchstens 2 mm dick. Stg schlank. Bl 1–2,5(–3) mm br, oft schlaff. Mittlere 2geschlechtige Ähren meist an der Spitze ♀, am Grund ♂. Sp am Grund nicht verbreitert **6**

6 Ährenstand 3–5 cm lg, mit 5–12, z. T. gekrümmten Ähren. ♀ Sp bleich rostbraun bis strohfarben, lanzettlich. Schläuche 5 mm lg, lanzettlich, von unterhalb der Mitte od. fast vom Grund an schmaler geflügelt, grün. Bl flach, 2–3 mm br, das oberste länger als der Stg, schlaff überhängend. 0,30–0,50(–0,90). ♃ 4–6. Grasreiche Kieferngehölze; z O-An S-Br, s N-We: Lippstadt N- u. O-Sa N-Br NO-Ns: Elbe Me: Altentreptow, Rostocker Heide S-Sh, † O-Th, ↘ (temp·subozEUR – G – V Vacc.-Pic., V Querc. rob.-petr.). [C. reichenbáchii BONNET] **Reichenbach-S.** – C. pseudobrizoídes CLAVAUD

6* Ährenstand 2–3(–4) cm lg, mit 4–5(–10) geraden Ähren. ♀ Sp dunkel kastanienbraun, eifg. Schläuche 4 mm lg, eifg, von etwas unterhalb der Mitte an breiter geflügelt, hellbraun. Bl ± rinnig, bis 2,5 mm br, steif, meist alle kürzer als der Stg. 0,15 bis 0,30(–0,50). ♃ 4–5. Arme Sandtrockenrasen (bes. Binnendünen), kalkmeidend; z NW-We N- u. O-An Br S- u. O-Ns, s NW-Sa Me S-Sh: Elbe (m-temp·(subk)EUR – O Coryneph.). **Französische S.** – C. ligérica GAY

7 **(4)** Sp weißlich od. gelblich. Stg höchstens so lg wie die GrundBl, zur FrZeit deutlich gebogen u. oft liegend. Bl 2–2,5(–3) mm br, BlHäutchen > 2 mm lg, vorn ausgerandet. Ährenstand 2–3 cm lg, locker, nur die 2–3 obersten Ähren ± genähert. Ähren 5–8, deutlich gebogen, besonders die unteren. Schläuche 1½mal so lg wie die Sp, vom Grund bis zur Spitze schmal geflügelt. 0,30–0,70. ♃ 5–6. Frische bis feuchte Wälder, WSchläge u. WSäume, schattige Berg- u. Waldwiesen, mäßig anspruchsvoll; g Sa, v (Kalkgebiete s) Ba Bw S-Th O-An, z (oft N) Rh We He N-Th W-An Br Ns, s Me S-Sh, ↗

(sm/mo-temp·subozEUR – H – Vw – V Triset., V Alno-Ulm., V Carp., V Vacc.-Pic. – früher StreuPfl u. als „Waldhaar" zum Polstern verwendet). **Zittergras-S.** – C. brizoídes L.

7* Sp hell- od. dunkelbraun. Stg länger als die Bl (selten zur BZeit kaum länger). Bl 1(–2) mm br, BlHäutchen < 2 mm lg, vorn gerade. Ährenstand 1–2 cm lg, wenigstens oberwärts dicht gedrängt. Ähren 3–6, höchstens schwach gebogen **8**

8 Stg stets aufrecht, länger als die Bl. Ähren gerade. Sp dunkelbraun, $^2/_3$ so lg wie die Schläuche. Schläuche in den oberen $^2/_3$ od. fast bis zum Grund schmal geflügelt, plötzlich in den Schnabel verschmälert (Abb. **547**/3). 0,10–0,30. ♃ 4–6. Ruderal beeinflußte Sandtrockenrasen, wechseltrockne Ruderalstellen (Wegränder, Böschungen), kalkmeidend; v An, z M- u. N-Ba Rh S-He Th Sa: bes. Elbe Br NO-Ns S-Me, s W-We NO-He SO-Ns N-Me S-Sh: Elbe (sm/mo-temp·subkEURAS – O Fest.-Sedet., V Conv.-Agrop.). [C. schréberi SCHRANK] **Frühe S.** – C. praécox SCHREBER

8* Stg zur BZeit aufrecht u. kaum länger als die Bl, später sich verlängernd u. ± gebogen. Ähren gerade od. schwach gebogen. Sp hellbraun, etwa so lg wie die Schläuche. Schläuche bis unter die Mitte geflügelt, allmählich in den Schnabel verschmälert. 0,30–0,60. ♃ 5–6. Wärmeliebende EichenW, Halbtrockenrasen, mäßig anspruchsvoll; z Ba: Donau, Mainfranken?, s Bw Rh: Pfalz Th: Weimar Sa An Br Ns S-Sh: Elbe (temp·subozEUR? – V Mesobrom., V Querc. rob.-petr.). **Gekrümmte S.** – C. curváta KNAF

9 **(1)** Ähren in kurzem, kopfigem GesamtBStand, von ihren lg, laubartigen TragBl weit überragt (Abb. **547**/5). Sp weißhäutig **10**

9* Ähren in ährenartigem od. rispigem GesamtBStand od. einzeln achselständig; bei gedrängtem, kopfigem BStand dieser nie von einer TragBlHülle überragt **11**

10 Ähren am Grund ♀, an der Spitze ♂. Schläuche kuglig-eifg, ungeschnäbelt, dunkelbraun. 0,15–0,30. ♃ 6–7. Subalp. sonnige, kalkreiche Steinrasen; s SW-Ba: Oberstdorf?, Garmisch, Ammergebirge, Murnau (sm/mo-stemp/mo·subozALP – H – V Sesl. – ▽). **Monte-Baldo-S.** – C. baldénsis L.

10* Ähren am Grund ♂, an der Spitze ♀. Schläuche lanzettlich, lg geschnäbelt, hellgrün. 0,08–0,30. ♃ 6–9. Zeitweise trockenfallende See- u. Teichufer, Altwässer, Teichböden; z M- u. NO-Ba O-Th Sa S-Br, s O- u. NW-Bw N-Rh He O-An N-Br NO-Ns SO-Me: Feldberg, (N) s Me S-Sh, ↘ (m-b·(subk)EURAS – H – Ev: Vögel – V Nanocyp.). [C. cyperoídes MURRAY ex L.] **Zypergras-S.** – C. bohémica SCHREBER

11 **(9)** Ähren an der Spitze ♂, am Grund ♀; Ährenstand ähren- od. rispenfg **12**

11* Ähren an der Spitze ♀, am Grund ♂; Ährenstand ährenfg, selten kopfig, nie rispig od. Ähren einzeln achselständig **17**

12 Schläuche nur auf dem Rücken (außen) gewölbt, auf der Bauchseite (innen) flach od. schwach eingedellt, bei der FrReife oft ± spreizend. Ähren grün od. grünlichbraun . **13**

12* Schläuche auf beiden Seiten gewölbt, stets aufrecht abstehend. Ähren (hell)braun od. rötlichbraun **15**

13 Stg 1–1,5 mm ∅, mit ebenen od. schwach konvexen Flächen, nur oberwärts rauh. Bl (2–)4–6 mm br. Ähren zu einer oft ± lockeren, am Grund unterbrochenen Ähre zusammengesetzt, 0,5–1 cm br, wenn dichter, dann nur 2–3 cm lg. 0,20–0,60(–1,00). ♃ 5–8. Frische Schläge, Säume, Gebüsche, LaubmischW; alle Bdl v, aber N-Ns W-Sh z (m/mo-temp·(oz)EUR–WAS – O Atrop., O Orig., O Fag.).
*** Sparrige S.** – C. muricáta L. agg.

13* Stg 2–3 mm ∅, 3kantig, mit ± konkaven Seitenflächen, auf der ganzen Länge sehr rauh **14**

14 Untere Ähren etwas voneinander entfernt, Ährenstand meist etwas rispig verzweigt. Sp mit lg Grannenspitze, diese so lg wie die Sp od. etwas länger. Schläuche allmählich in den gleichlg Schnabel übergehend, gelbgrün, später strohgelb, auf dem Rücken 3–4nervig. BlScheiden am Rand quergefältelt, untere dunkelbraun, BlSpreiten 1–2 mm br. 0,30–1,00. ♃ 5–6. Feuchte Wiesen; (N 1931) s W-Ba S- u. W-Bw: Rhein, Heilbronn, Ulm We: Ruhr, Rhein He? Sh (m-tempAM). **Fuchsartige S.** – C. vulpinoídea MICHX.

14* Ähren einen dicht gedrängten Ährenstand bildend. Sp spitz od. mit kurzer Stachel-

spitze. Schläuche allmählich in den kürzeren Schnabel übergehend, grünlich bis hell- od. rostbraun. BlScheiden am Rand oft quergefältelt, untere schwärzlich od. hellbraun, BlSpreiten (4–)5–9 mm br. 0,30–0,80. ♃ 5–7. Naßwiesen, Großseggenrieder, Röhrichte, Gräben, ErlenEschenW; alle Bdl v, aber S-Sa N-Ns Me S-Sh z (Küsten v), Bergland s, (N) s N-Sh (m-temp·(oz)EUR–WAS – H – V Magnocar., V Phragm., V Agrop.-Rum., V Alno-Ulm. – früher StreuPfl). [incl. C. vulpína L., C. ótrubae PODP.]
*** Fuchs-S.** – C. vulpína agg.

15 **(12)** GrundBlScheiden einen schwarzen Faserschopf bildend (Abb. **547**/7). Bl 2–3 mm br, meist gelbgrün. Ährenstand gedrängt rispig, 4–8 cm lg, mit fast anliegenden Ästen. Schläuche rundlich-eifg, matt, mit 9–11 starken Nerven. Pfl dichthorstig. 0,30–0,60. ♃ 5–6. Großseggen- u. Weidensümpfe, Erlengehölze, kalkhold; v Me, z S- u. M-Ba SO-Bw Br N-Ns Sh, s N-Ba W- u. N-Bw Rh W- u. N-We He O-Th W- u. SO-Sa SO- u. NW-An, ↘ (sm/mo-b·(subk)EUR–WAS – H – Vw – Hv: SchwimmFr – V Magnocar., V Car. lasioc., V Aln. – Verlandungs- u. früher StreuPfl). [C. paradóxa WILLD.]
Schwarzschopf-S. – C. appropinquáta SCHUM.

15* Stg am Grund ohne Faserschopf. Bl ± graugrün. Schläuche nervenlos, glänzend . . **16**

16 Pfl kräftige, große Horste bildend. Stg sehr rauh. Bl 3–7 mm br. Ährenstand locker rispig, mit schräg abstehenden, verlängerten Ästen (Abb. **544**/6). Schläuche eifg, hellbraun. Sp br hautrandig. 0,40–1,00. ♃ 5–6. Großseggen- u. Weidensümpfe, Erlenbrüche; alle Bdl v, aber Trockengebiete u. Silikatgebirge z bis s (m/mo-temp·(oz)EUR – H – Hv – V Magnocar., V Aln. – Verlandungs- u. früher StreuPfl).
Rispen-S. – C. paniculáta L.

16* Pfl lockerrasig. Bl 1–2 mm br, rinnig. Ährenstand ährig, nur am Grund rispig. Schläuche kuglig-eifg, kastanienbraun. Sp schmal hautrandig. 0,20–0,60. ♃ 5–6. Kleinseggen- u. Weidensümpfe, Sumpfwiesen; z S- u. O-Ba S- u. O-Bw Br Me S- u. O-Sh, s NW-Ba u. übrige Bdl, † Sa, ↘ (austrNEUSEEL-sm/mo-b·(k)CIRCPOL – G – K Scheuchz.-Car., O Mol. – früher StreuPfl). [C. teretiúscula GOOD.] **Draht-S.** – C. diándra SCHRANK

17 **(11)** Schläuche geflügelt **18**

17* Schläuche ungeflügelt **19**

18 Bl kürzer als der Stg, 2–4 mm br, starr. Ähren meist 6, gedrängt, eifg (Abb. **544**/5). Sp so lg wie die 4–5,5 mm lg u. 1 mm br Schläuche, länglich, spitz. 0,20–0,60. ♃ 6–7. Magerrasen, Feuchweiden, Schlag- u. Trittges., Nadelholzforste, kalkmeidend; alle Bdl v, aber Kalk- u. Trockengebiete z (m/mo-b·(oz)EUR–(WSIB) – H – Vw – O Nard., O Atrop.). [C. leporína aut. non L.] **Hasenpfoten-S.** – C. ovális GOOD.

18* Bl so lg wie die Stg, 1–3 mm br. Ähren (5–)7–10(–15), dicht gedrängt. Sp kürzer als die 3–4 mm lg u. 1 mm br Schläuche. 0,30–0,80. ♃ 5–6. An Talsperren; (N) s W-We: Remscheid, Wupper (tempAM). **Crawford-S.** – C. crawfórdii FERNALD

19 **(17)** Schläuche br eifg; Schnabel kurz, schwach ausgerandet **20**

19* Schläuche lanzettlich; Schnabel lg, deutlich 2zähnig **22**

20 Ähren 3–4, alle dichtstehend. Schläuche graubraun, plötzlich in den kurzen Schnabel zusammengezogen. Sp hellbraun, br hautrandig, etwas zugespitzt, ihre schmale Spitze stumpflich. 0,15–0,30. ♃ 5–6. Nasse Zwischenmoore; z S-Ba: Alpen, Hochebene, † SO-Bw W-Ns Sh, ↘ (temp-b·(k)EUR–SIB+(AM) – H – V Car. lasioc.).
Schlenken-S. – C. heleonástes EHRH.

20* Ähren 4–6, die unteren od. alle etwas entfernt **21**

21 Ähren eifg, ∞blütig, 5–8 mm lg. Sp grauweißlich, spitz. Schläuche hellgrün. Schnabel nicht aufgeschlitzt. Bl graugrün. 0,20–0,45. ♃ 5–6. Kleinseggen- u. Weidensümpfe, Moor- u. BruchW; v SO-Br N-Ns W-Me Sh, übrige Bdl im Berg- u. Hügelland v, sonst z, Trocken- u. Kalkgebiete s, ↘ (antarct+austr/moAM+AUST+trop/moOAS+sm/mo-arct CIRCPOL – H – V Car. fusc.). [C. cúrta GOOD.] **Grau-S.** – C. canéscens L.

21* Ähren fast kuglig, armblütig, kaum 4 mm lg, die unteren stärker entfernt. Sp braun, hell hautrandig, zugespitzt, ♀ außerdem stachelspitzig. Schläuche zuletzt braun. Schnabel auf der Rückseite längs geschlitzt. Bl grasgrün. 0,15–0,40. ♃ 7. Alp. Flachmoore, feuchte Magerrasen; s S-Ba: Alpen, † S-Bw Feldberg, ↘ (sm/alp-arctCIRCPOL – H – O Car. fusc., V Nard.). ** **Bräunliche S.** – C. brunnéscens (PERS.) POIRET

22 **(19)** Stg bis oben beblättert, schlaff, zuletzt überhängend. Ähren 6–9, untere oft weit entfernt, ihre TragBl laubblattartig, sehr lg, die StgSpitze überragend. Schläuche aufrecht, länglich-eifg, innen flach, außen gewölbt, weißlichgrün. 0,30–0,60. ♃ 6–7. Feuchte LaubW, schattige Quellfluren u. WSäume, anspruchsvoll; alle Bdl v, aber MDt-Trockengeb N-An N-Br NW-Ns W-Sh z (m/mo-temp·(oz)EUR+OAS – H – V Alno-Ulm., V Card.-Mont., O Fag.). **Winkel-S.** – C. remóta L.

22* Stg nur unterwärts beblättert. Ähren ± genähert. TragBl meist spelzenartig, zuweilen das unterste mit laubiger Spitze, doch selten die StgSpitze überragend **23**

23 Bl 1–2 mm br, starr, kürzer als der 3seitige, oberwärts rauhe Stg. Ähren 3–5, wenig entfernt, mit je 5–7 ♀ B. Schläuche innen flach, außen gewölbt, sternfg spreizend. 0,10–0,40. ♃ 5–6. Nasse, arme Flachmoore, Heidemoore, Borstgrasrasen; v im Bergland u. Sh, sonst alle Bdl z, ↘ (austrAUST+stropAM+m/mo-b·(oz)CIRCPOL – H – Ev: BohrFr – V Car. fusc., V Eric. tetr.). [C. stelluláta GOOD.] **Stern-S., Igel-S.,** – C. echináta MURRAY

23* Bl 2–4 mm br, schlaff, so lg wie der scharf 3kantige Stg. Ähren 8–12, genähert, ∞(bis über 20–)blütig. Schläuche innen schwach, außen stark gewölbt, zuletzt die Sp weit überragend. 0,30–0,70. ♃ 5–6. Erlenbrüche, Weiden- u. Großseggensümpfe; v O-Sa O-Ns Me O-Sh, sonst alle Bdl z, aber MDt-Trockengeb Schwarzw Jura Rheinisches Schiefergebirge Sauerland Erzg s (sm/mo-b·(oz)EUR–(WSIB) – H – V Aln.). **Langährige S.** – C. elongáta L.

Tabelle C Verschiedenährige Seggen

1 Narben 2 (mehrere B untersuchen!) **2**

1* Narben 3 . . . . **10**

2 Spreiten fadenfg (0,2–0,5 mm br). Stg ganz glatt. TragBl kurz, etwas scheidig. ♀ Ähren 1–2, wenigblütig, 1–2 cm lg, fast sitzend, ihre Sp dunkelpurpurn mit hellem Mittelstreif u. weißem Hautrand. 0,10–0,30. ♃ 5–8. Alp. Steinrasen, trockne Kalkfelsen, Schotteralluvionen; v S-Ba: Alpen, s Vorland: Isar, Windach (sm/salp-temp/salp·subozEUR – H – V Potent. caul., V Sesl.). **Stachelspitzige S.** – C. mucronáta ALL.

2* Spreiten (1–)3–10 mm br. Untere TragBl laubblattartig. ♀ Ähren ∞blütig **3**

3 Pfl sehr dichthorstig, ohne Ausläufer. BStg am Grund nur spreitenlose, ± netzfasrige Scheiden tragend (Abb. **547**/6), darüber einige LaubBl u. daneben ∞ kurze, halmlose BlTriebe. BlRand beim Trocknen zurückrollend. ♀ Ähren sitzend od. mit kurzem, aufrechtem Stiel **4**

3* Pfl lockerrasig, meist mit Ausläufern (Wiesen-S., **8**, zuweilen horstig). BStg (außer Banat-S., **5**) am Grund mit spreitentragenden, nicht zerfasernden Scheiden **5**

4 Untere Scheiden hell gelbbraun. Stg kräftig, steif aufrecht, nur oberwärts rauh. Pfl graugrün. ♀ Sp schwarzbraun mit grünem Mittelstreif. Schläuche deutlich 5–7nervig, früh abfallend. 0,45–1,20. ♃ 4–5. Bultige Großseggenrieder an eu- u. mesotrophen Seen u. Teichen, Bachufer, Erlenbrüche; v S-Ba Br Me Sh, z N-Ba Bw SO-Rh W- u. N-We S- u. M-He Th Sa An Ns, s N-Rh SO-We, ↘ (sm/mo-temp·ozEUR – H – V Magnocar., V Aln. – Verlandungs- u. früher StreuPfl). [C. stricta GOOD.] ** **Steif-S.** – C. eláta ALL.

4* Untere Scheiden schwarzpurpurn. Stg schlanker u. schlaffer, bis zum Grund rauh. Pfl hell- bis gelblichgrün. ♀ Sp schwarz mit rotbraunem Mittelstreif. Schläuche nervenlos. Wurzeln dicht weißhaarig. 0,25–0,50. ♃ 5–6. Nasse Flachmoorwiesen, Erlenbrüche; z Ba O-Bw: bis Baar u. Neckargebiet Th O-An Br NO-Ns Me Sh, s NW-Rh O-He W- u. NO-Sa W-An SO-Ns, † We, ↘ (sm/mo-b·(k)EURAS – H – V Magnocar., V Calth., V Mol., V Aln.). **Rasen-S.** – C. cespitósa L.

5 **(3)** BStg am Grund nur mit spreitenlosen Scheiden, nur über diesen einige LaubBl; daneben ∞ halmlose BlTriebe mit sehr stark netzfasrigen, rot- bis schwarzbraunen Grundscheiden (Abb. **547**/6). Spreiten bis 1 cm br. Unterstes TragBl meist kürzer als der Ährenstand. Schläuche etwa 2 mm lg, eifg, außen gewölbt, innen flach, nervenlos. 0,50–0,90. ♃ 5. Flußufer, AuenW; z O-Ba: Naab-, Regen-, Donaugebiet, Rott, s SO-Sa: Elbe SO-An: Elbe, Mulde, (N) SW-Sh: Hamburg, ↘ (sm-stemp·subkEUR – A, G – V Magnocar.). **Banat-S.** – C. buékii WIMMER

5* BStg am Grund mit ansehnlichen LaubBl. GrundBlScheiden nicht netzfasrig 6

6 ♂ Ähre stets nur 1. ♀ Ähren 2–3, kurz (bis 1,5 cm lg), aufrecht. Schläuche nervenlos. Unterstes TragBl sehr kurz, laubblattartig, kürzer als der BStand, oft nur so lg wie seine Ähre, steif, am Grund meist schwarz geöhrt, übrige TragBl spelzenartig. Stg starr aufrecht. Bl br (4–6 mm), starr, oft zurückgekrümmt, graugrün. 0,10–0,25. ♃ 6–7. Feuchte Gebirgsmatten; s W-An: Brocken, † O-Ns (sm/alp-arct·(oz)EUR–WSIB +OAM – G – V Nard. [C. rígida GOOD. non SCHRANK] **(**) Starre S.** – C. bigelówii TORR. ex SCHWEINITZ

6* ♂ Ähren 1–3. Schläuche (außer bei Wasser-S., **9***) ± nervig. Unterstes TragBl stets u. das zweite fast stets mit ansehnlicher laubblattartiger Spreite, die Spitze des Ährenstandes meist erreichend 7

7 Stg ganz glatt. Spreiten 1–2(–3) mm br, borstlich gefaltet, beim Trocknen die Ränder einwärtsrollend, graugrün. ♀ Ähren 2–3, dichtstehend, aufrecht, fast sitzend. Schläuche 3–4 mm lg, außen gewölbt, innen flach, auf den Flächen deutlich 3nervig. 0,20–0,30(–0,50). ♃ 6–7. Nährstoffarme Sümpfe u. Moore in Dünentälern; s NW-Ns: Spiekeroog, Langeoog, Borkum, † Sh, ↘ (sm-temp·euozlitEUR – G – V Car. fusc.). **Dreinervige S.** – C. trinérvis DEGL.

7* Stg wenigstens oberwärts rauh. Spreiten (2–)3–9 mm br. Schläuche 2–3 mm lg, undeutlich nervig od. nervenlos 8

8 ♂ Ähren 1(–2). ♀ Ähren fast sitzend, aufrecht, kurz (bis 2,5 cm lg). Schläuche außen gewölbt, innen flach, länger als die stumpfen Sp. Stg nur oberwärts rauh. Bl schmal (2–5 mm br), graugrün, trocken am Rand einwärtsgerollt. Unterstes TragBl etwas kürzer od. etwas länger als der Ährenstand. 0,05–0,25(–0,70). ♃ 5–6. Kalkarme, feuchte bis nasse Flachmoore, Quellen, Ufer; g N-Ns Sh, sonst alle Bdl v, aber MDt-Trockengeb N-Bw z, ↘ (sm/mo-b·(oz)EUR–(WAS)+(OAM) – G – K Scheuchz-Car., O Mol.). [C. goodenówii GAY, C. vulgáris FRIES, C. fúsca aut., C. stolonífera HOPPE] **Wiesen-S., Braun-S.** – C. nígra (L.) REICHARD

8* ♂ Ähren (1–)2–4. Schläuche beiderseits gewölbt. ♀ Sp spitzlich. Stg glatt od. weit herab rauh. Pfl (30–)60–140 cm hoch 9

9 Stg hohlseitig, 3kantig, beim Biegen knickend, unter dem BStand bis weit herab rauh. Spreiten unterseits graugrün, matt, oberseits grün, glänzend, doppelt gefaltet, früh überhängend, beim Trocknen die Ränder zurückrollend. Untere Scheiden braun. ♂ Ähren 1–2(–3). Schläuche schwach nervig. 0,60–1,20. ♃ 5–6. Nährstoffreiche, nasse Großseggenrieder; alle Bdl v, aber MDt-Trockengeb Alpen Schwarzw Bayr-W Eifel Sauerland z (m/mo-b·(k)EUR–SIB – G, A – V Magnocar., V Calth. – Verlandungs- u. früher StreuPfl). [C. grácilis CURTIS] **Schlank-S.** – C. acúta L.

9* Stg mit ebenen Seitenflächen, beim Biegen brechend, unter dem BStand glatt. Spreiten unterseits grün, glänzend, oberseits graugrün, matt, einfach gefaltet, lange aufrecht, beim Trocknen die Ränder einwärtsrollend. Untere Scheiden rot od. dunkelbraun. ♂ Ähren (2–)3–4. Schläuche nervenlos. Fr fast stets taub. 0,60–1,40. ♃ 6–7. Altwässer, Moorbäche; z NW-Ns bis östl. Bremen, † NW-We (temp-arct·(subk)CIRCPOL – G – V Magnocar.). **Wasser-S.** – C. aquátilis WAHLENB.

10 **(1)** Endähre oben ♀, am Grund ♂ (Abb. **554**/1), seltener an einzelnen Stg auch ganz ♀ od. ganz ♂ 11

10* Endähre rein ♂ (selten an einzelnen Stg am Grund mit einigen ♀ B), zuweilen (Finger-S., Vogelfuß-S., Alpen-Vogelfuß-S., s. **23**, Abb. **554**/2) von der obersten ♀ Seitenähre überragt 15

11 ♀ Ähren 2–3(–4), sehr lg (bis 5 cm) gestielt, nickend bis überhängend, dunkelrotbraun, nur bis 2,5 cm lg. Schläuche allmählich in einen lg, 2zähnigen, in der oberen Hälfte

wimprig gesägten Schnabel verschmälert. Pfl dichthorstig. Bl 2–4 mm br. 0,10–0,30. ♃ 6–8. Steinige, kalkarme, durchrieselte alp. Rasen; s SO-Ba: Berchtesgadener Alpen, ↘ (sm/alp-temp/alp·(suboz)EUR – H – V Car. bic.-atrof.).

Ruß-S. – C. fuliginósa SCHKUHR

11* ♀ Ähren 1–6, sitzend od. bis 2 cm lg gestielt. Schläuche plötzlich in einen sehr kurzen, 2zähnigen Schnabel verschmälert **12**

12 Pfl mit lg Ausläufern. Untere Scheiden netzfasrig, schwarzpurpurn. Seitenähren 2–4, die unteren kurz gestielt. Sp rot- bis schwarzbraun, in eine kurze, grannige Spitze ausgezogen. Schläuche 3kantig, graugrün. In den Alpen fehlend **13**

12* Pfl dichtrasig, oft mit kurzen Ausläufern. Untere Scheiden höchstens schwach netzfasrig. Seitenähren oft gedrängt. Sp schwarz, selten heller, oft mit hellem Mittelstreif, nicht in eine grannige Spitze ausgezogen. Schläuche etwas zusammengedrückt, braun od. schwarz. AlpenPfl **14**

13 Endähre keulig, mit ∞ ♂ B, 5–10 mm br. Seitenähren 2–3(–4), ± gleich groß, kuglig-ellipsoidisch, alle voneinander u. von der Endähre entfernt (Abb. **554**/1). Schläuche 3–4,5 mm lg, 2–2,5 mm br, weißlichgrün, mit gerader Außenkante, kaum nervig, die SpSpreite deutlich überragend, mit spreizenden Zähnen, von der Nuß halb ausgefüllt u. dadurch oberwärts stark abgeplattet. Unterstes TragBl den Ährenstand überragend. Bl graugrün. 0,30–0,70. ♃ 5–6. Mesotrophe Moorwiesen, verlandende Teiche, nasse Pfeifengraswiesen; z SW-Ba, s NW-Ba: Schweinfurt Bw: bes. Alpenvorland SO-Rh S-He? Th: Alperstedt Br: Trebbin, Fehrbellin O-Me, † Ns Sh, ↘ (m/mob·(suboz)EUR–WSIB+AM – G – O Mol., V Magnocar.). **Buxbaum-S.** – C. buxbáumii WAHLENB.

13* Endähre zylindrisch, rein ♀ od. mit wenigen ♂ B, 4–5 mm br. Seitenähren (2–)3–5, die oberen oval, viel kürzer als die zylindrischen unteren, 1–3 der Endähre dicht genähert. Schläuche 2–3 mm lg, 1,5–2 mm br, braungrün, mit deutlich gewölbter Außenkante, stark nervig, die SpSpreite kaum überragend, mit geraden Zähnen, von der Nuß ganz ausgefüllt. Unterstes TragBl etwa so lg wie der Ährenstand. Bl rein grün. 0,30–0,70. ♃ 5–6. Nasse Moorwiesen, Verlandungsges., an Bächen; z Ba, s W- u. NO-Bw O-Rh S-He S-Th S- u. O-Sa S-An W-Ns Br, † We Me Sh, ↘ (sm/mo-temp·subkEUR–WAS+(OAM) – G – O Mol.). **Hartman-S.** – C. hartmánii CAJANDER

14 **(12)** Ähren 2–4, dicht gedrängt, kuglig bis eifg, (fast) sitzend. Bl 2–4 mm br. Schläuche 3–3,5 mm lg, wie die Sp schwarz. 0,05–0,20. ♃ 7–8. Steinige Matten, Geröll; z S-Ba: Alpen (sm/alp-b/alp·(oz)EUR – V Arab. caer.). [C. nígra ALL. non (L.) REICHARD]

Kleinblütige S. – C. parviflóra HOST

14* Ähren 3–6, die unteren etwas entfernt, gestielt u. oft nickend. Bl 3–9 mm br. Sp schwarz. Schläuche 3,5–4 mm lg, gelbbraun, selten schwarz. 0,15–0,60. ♃ 6–8. Hochalp. Rasen an windexponierten Graten, Hochgrasfluren, Schneeböden; v S-Ba: Alpen (m/alp-b·(oz)CIRCPOL – H – V Elyn.). ** **Geschwärzte S., Trauer-S.** – C. atráta L.

15 **(10)** ♀ Ähren sitzend (bei Schatten-S., **21**, u. Frühlings-S., **21***, meist die unterste sehr kurz gestielt), stets aufrecht. Nur 1 ♂ Ähre. Stg nur unter dem Ährenstand rauh. Bl u. Scheiden kahl od. OSeite kurzhaarig **16**

15* Wenigstens die unteren Seitenähren deutlich gestielt (bei Zwerg-S., **22**, Stiel in das scheidige TragBl eingeschlossen) **22**

16 Schläuche kahl, glänzend. ♀ Ähren 1–3, 1–5blütig, dicht gedrängt am Grund der ♂ Ähre, ihre TragBl am Grund trockenhäutig, nicht scheidig. Pfl mit Ausläufern. Bl 1–1,5 mm br, zuletzt am Rand eingerollt. Untere Scheiden netzfasrig. 0,05–0,20. ♃ 4–5. Kont. Felsfluren u. Silikattrockenrasen, kalkmeidend; z Trockengebiete von O-Rh An M- u. O-Br, s NW-Ba: Bad Windsheim NW-Bw: Mannheim S-He N-Th, † O-Ns, ↘ (m/mo-temp·(k)EUR–WAS – G – V Fest. val.). **Niedrige S., Steppen-S.** – C. supína WAHLENB.

16* Schläuche kurzhaarig **17**

17 Unterstes TragBl laubblattartig (meist auch die übrigen), auch am Grund nicht mit trockenhäutigen Rändern **18**

17* Alle TragBl trockenhäutig, höchstens mit laubiger Spitze **19**

18 Pfl ohne Ausläufer, dichtrasig, am Grund mit Faserschopf. Stg zur FrZeit überhängend bis liegend. ♀ Ähren gedrängt, (2–)3, kurz, rundlich, dicht unter der ♂ Ähre. Unterste Scheiden gelbbraun, zuweilen purpurn überlaufen. Wurzeln beim Reiben mit Baldriangeruch. 0,10–0,40. ♃ 5–6. Bodensaure Wälder, Gebüsche, WSchläge u. WSäume, Magerrasen u. Heiden, kalkmeidend; alle Bdl v, aber Kalk- u. Trockengebiete z, Alpen s (sm/mo-b·ozEUR – H – Av – V Luz.-Fag., V Querc. rob.-petr., K Nard.-Call., V Epil. ang.). **Pillen-S.** – C. pilulífera L.

18* Pfl mit Ausläufern, ohne Faserschopf. Stg starr aufrecht. ♀ Ähren 1–2, etwas entfernt. Unterste BlScheiden schwarzpurpurn. Schläuche dicht filzig. 0,15–0,60. ♃ 5–6. Wechselfeuchte Flachmoorwiesen, AuenW, Halbtrockenrasen; z (s Bergland) Ba Bw Rh Th S-An, s We He NW-Sa N-An Br SO-Ns Me, ↘ (sm-temp·(subk)EUR–WAS – G – O Mol., V Alno-Ulm.). **Filz-S.** – C. tomentósa L.

19 **(17)** Sp stumpf, br verkehrteifg, weiß hautrandig, vorn oft fransig gewimpert. Schläuche fast kuglig, mit gestutztem, kurzem Schnabel. BlScheiden gelbbraun. Pfl mit Ausläufern. 0,10–0,30. ♃ 4–5. Subkont. Heiden, trockne KiefernW; z Ba SO-Bw: bes. Jura, Bodensee NO-Sa O-An Br Me, s N-Bw Rh NO-We S-He W-An S- u. O-Ns Sh, † Th, ↘ (sm/mo-b·(k)EUR–WSIB – G – Av – V Viol. can., V Genisto-Call., V Cytis.-Pin., V Eric.-Pin.). **Heide-S.** – C. ericetórum POLLICH

19* Sp ± spitz, höchstens sehr kurz gewimpert, wenn stumpf, dann vorn nie weißrandig . **20**

20 Unterstes TragBl höchstens mit sehr kurzer Scheide, die zugehörige Ähre sitzend. Abgestorbne BlScheiden blutrot, wenig zerfasernd. BlSpreiten 1–1,5(–2) mm br, weich, oberseits abstehend kurzhaarig. ♂ Ähren dunkelbraun. Schläuche dicht zottig, 3,5–4,5 mm lg, 1–2 mm br, allmählich in den Schnabel verschmälert. 0,10–0,30. ♃ 3–5. Wärmeliebende LaubW, Gebüsche u. Halbtrockenrasen, kalkhold; v (s Silikatgebiete) Ba Bw Rh He Th S-An SO-Ns, z S- u. O-We Br, s M-Sa N-An Me NO-Ns Sh, ↘ (sm/mo-temp·subozEUR+OAS – H – Av – V Asper.-Fag., V Carp., V Querc. pub., V Meso-brom.). **Berg-S.** – C. montána L.

20* Unterstes TragBl mit deutlicher kurzer Scheide, seine Ähre meist kurz gestielt. BlScheiden braun. Bl 2–3 mm br, steif, oberseits kahl **21**

21 Pfl horstig, am Grund mit dichtem Faserschopf. Grüne VorjahrsBl den BStg überragend, sehr ∞. ♀ Ähren 1–3. Sp rostbraun, grün gestreift. Unterstes TragBl zuweilen laubig. 0,15–0,50. ♃ 5–6. Sommerwarme LaubmischW, Gebirgsmagerrasen, mäßig anspruchsvoll; v W-Ba N- u. O-Bw He, z O-Ba SW-Bw Th S-An Rh, s S- u. O-We W- u. M-Sa SO-Ns, ↘ (sm/mo-stemp·subozEUR – H – Av – V Carp., V Luz.-Fag., O Nard.). [C. polyrrhíza WALLR.] **Schatten-S.** – C. umbrósa HOST

21* Pfl mit kurzen Ausläufern. Bl kürzer als der BStand, meist zurückgekrümmt. ♀ Ähren 2–3. Sp rost- bis gelblichbraun, grün gestreift. 0,05–0,30. ♃ 4–5. Halbtrocken- u. Trockenrasen, Magerrasen, Heiden; v Ba Bw Rh S- u. O-We Th S-An S-Ns, z NW-We Sa N-An Br N-Ns Me Sh (sm/mo-temp·(oz)EUR–WSIB – G – Av – O Brom., V Cirs.-Brach., V Viol. can., V Eric.-Pin.). [C. vérna CHAIX, C.prǽcox JACQ.] **Frühlings-S.** – C. caryophýllea LATOURR.

22 **(15)** ♀ Ähren wenigstens zur BZeit fast ganz in ihre großen, häutigen TragBl eingeschlossen, nur 2–4blütig, zu 2–3 längs des ganzen, nur 3–15 cm hohen Stg verteilt. Stg zur BZeit die Bl überragend, später zwischen den sich stark verlängernden Bl ganz versteckt. Pfl oft ringfg Horste bildend, ausläuferlos. 0,03–0,15. ♃ 4–5. Felsfluren, Trocken- u. Halbtrockenrasen, Trockengebüsche, trockne Wälder; z Ba: Alpen, Hochebene, Donau, Franken Bw: bes. Neckar, Jura, Wutach Rh S-He Th S-An O-Br SO-Ns, s SW-We N-He Sa: Elbe N-An W-Br (sm-stemp·(suboz)EURAS – H – K Fest.-Brom., O Querc. pub., V Eric.-Pin.). **Zwerg-S., Erd-S.** – C. húmilis LEYSER

22* ♀ Ähren aus ihrem TragBl hervortretend, mehrblütig, meist nicht auf den ganzen Stg verteilt **23**

23 ♂ Endähre von der obersten ♀ Seitenähre überragt, daher scheinbar seitlich stehend (Abb. **554**/2). ♀ Ähren dünn, linealisch. Schläuche behaart **24**

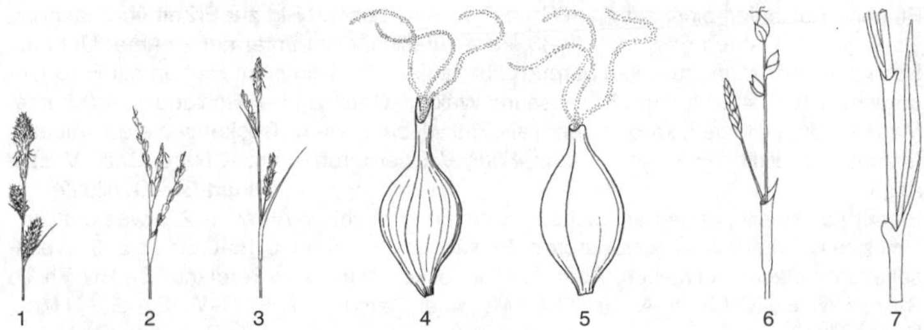

23* ♂ Endähre über die ♀ Ähren hinausragend (Abb. **554**/3), wenn (bei Weißer S., **31**) zuletzt übergipfelt (Abb. **554**/6), dann Schläuche kahl **26**

24 ♀ Ähren (besonders die untere) etwas voneinander entfernt, 5–10blütig, 1,4–3 cm lg (Abb. **554**/2). Sp gezähnelt, so lg wie die Schläuche, rotbraun. Untere BlScheiden dunkelpurpurn. 0,10–0,30. ♃ 4–5. LaubmischW, mäßig anspruchsvoll; v Ba Bw Rh He Th S-Ns, z S- u. O-We S-Sa Br S-An Me O-Sh, s NW-Sa N-An NO-Ns (sm/mo-b·suboz EUR+(OAS) – H – Av – K Querc.-Fag., V Querc. rob.-petr.). **Finger-S.** – C. digitáta L.

24* Alle Ähren fast von 1 Punkt entspringend, zuletzt krallenfg gekrümmt; Ährenstand daher vogelfußähnlich. ♀ Ähren 2–6blütig, 0,5–1 cm lg. Sp nicht gezähnelt, deutlich kürzer als die Schläuche. Pfl niedriger **25**

25 Spreiten rauh. Stg aufrecht, später etwas gekrümmt. ♀ Ähren 2–4, sehr lockerblütig, 6–10 mm lg. Sp gelbbraun, selten dunkelbraun. Schläuche 2,5–3 mm lg, behaart. 0,08–0,15. ♃ 5. Wärmeliebende Wälder, Gebüsche u. Halbtrockenrasen, kalkhold; v Ba: Alpen, Hochebene, Jura Bw Th, z W- u. O-Rh S- u. O-He, s N-Ba SW-We S-An SO-Ns (sm/alp-temp/demo+b·subozEUR – H – Av – V Eric.-Pin., V Querc. pub., V Berb., O Brom., O Sesl.). ** **Vogelfuß-S.** – C. ornithópoda WILLD.

25* Spreiten völlig glatt. ♀ Ähren 2(–3), dichtblütig, bis 5 mm lg. Sp schwarzpurpurn. Schläuche 2 mm lg, (fast) kahl. Stg bogig überhängend. 0,05–0,10. ♃ 7–8. Feuchte, kalkreiche alp. Steinrasen, Schneeböden; s SW- u. SO-Ba: Allgäu, Berchtesgadener Alpen (sm/alp-temp/alpALP – V Arab. caer., V Sesl.).
Alpen-Vogelfuß-S. – C. ornithopodoídes HAUSMANN

26 **(23)** Schläuche auf der ganzen Fläche ± behaart (bei Grannen-S., **28***, zuweilen fast kahl) **27**

26* Schläuche kahl, höchstens (Blaugrüne S., **39**) rauh punktiert od. (bei einigen AlpenPfl) nur an den Kanten rauh bis borstig gewimpert **29**

27 Spreiten sehr schmal (1–1,5 mm) u. lg, rinnig, graugrün, wie die Scheiden völlig kahl. Stg oberwärts unbeblättert (Pfl aber nur selten mit Stg). Sp stachelspitzig od. kurz begrannt. Schnabelzähne kurz. 0,30–1,00. ♃ 6–7. Kalkarme, meso- u. oligotrophe, nasse Flach- u. Zwischenmoore, am Rand von Hochmoorseen, Gräben, Schlenken; v S-Ba: Alpen u. Vorland, z O-Ba S-Bw Br N-Ns Me Sh, s N-Bw Rh We He Th N-Sa An SO-Ns, ↘ (temp-bCIRCPOL – H, A – Hv – V Car. lasioc., V Magnocar.). [C. filifórmis aut.]
Faden-S. – C. lasiocárpa EHRH.

27* Spreiten 2–7 mm br, flach, meist wie die Scheiden behaart, seltener ganze Pfl (außer Schläuchen) kahl. Stg bis oben beblättert. Sp in eine lg, oft die Länge der SpSpreite erreichende, gesägte Spitze verschmälert **28**

28 Grundscheiden schwach netzfasrig, bräunlich bis purpurrot. TragBl lg scheidig. Schläuche gleichmäßig (meist dicht) behaart, gelbgrün. 0,10–0,80. ♃ 5–6. Mäßig trockne bis wechselfeuchte lückige Wiesen u. Weiden, Ruderalstellen (Wegränder, Böschungen); alle Bdl g, aber Alpen Schwarzw Erzg Th-W z (m-temp(oz)EUR – G – Ev, Hv – V Agrop.-Rum.). **Behaarte S.** – C. hírta L.

28* Grundscheiden stark netzfasrig, braun bis schwarzbraun. TragBl nicht od. kaum scheidig. Schläuche nur oberwärts u. auf den Nerven behaart, zuweilen fast kahl, braungrün. 0,60–1,20. ♃ 5–6. Flachmoore; s Rh? W-Br: Nauen NO-Ns: Tespe? S-Sh: Hamburg, ↘ (sm-b·kCIRCPOL – G, A – Hv – V Magnocar.). [C. siegertiána UECHTR., C. aristáta R. BR.] **Grannen-S.** – C. atheródes SPRENG.

29 **(26)** Spreiten am Rand lg gewimpert, etwa 1 cm br. BStg nur mit NiederBl, diese viel kürzer als die Bl der blütenlosen Triebe. Grundscheiden nicht netzfasrig. BStg nur selten vorhanden. Schnabel der Schläuche kurz, plötzlich aufgesetzt, meist kurz 2zähnig (Abb. **554**/4). 0,30–0,60. ♃ 5–6. LaubmischW, mäßig anspruchsvoll; z Ba: Hochebene, Donau, Inn, Jura S-Bw He N-Th, s SO-Sa S-An SO-Ns, (N) s NW-Bw S-Rh (sm/mo-temp·(suboz)EURAS – H – V Carp., V Luz.-Fag.). **Wimper-S.** – C. pilósa SCOP.

29* Spreiten kahl (nur bei Bleich-S., **34**, meist kurzhaarig, dann aber nur 2–3 mm br) .. **30**

30 Schläuche ungeschnäbelt od. mit sehr kurzem, plötzlich aufgesetztem, gestutztem od. nur seicht ausgerandetem (nicht 2zähnigem) Schnabel (Abb. **554**/5) **31**

30* Schläuche mit ± lg, deutlich 2zähnigem Schnabel (Abb. **557**/1–7). Wenigstens die unteren TragBl stets laubblattartig **41**

31 Alle TragBl spreitenlos, mit deutlich ausgebildeter, etwa 1 cm lg Scheide (Abb. **554**/6), weißhäutig. Sp weißhäutig mit grünem Mitelstreif. ♀ Ähren 3–6blütig. Schläuche dunkelbraun. Pfl mit Ausläufern. 0,10–0,30. ♃ 5–6. Wärmeliebende Wälder, kalkhold; v S-Ba: Alpen u. Flüsse bis zur Donau, z S-Bw: Rhein, Jura bis Wutach, Alpenvorland, s N-Ba: Jura SO-Rh N-He: Edersee (sm/mo-b·(k)EUR+SIB – G – V Eric.-Pin., V Cephal.-Fag., V Alno-Ulm.). **Weiße S.** – C. álba SCOP.

31* Wenigstens die unteren TragBl laubblattartig **32**

32 Stg gleichmäßig bis oben beblättert, die LaubBl in die TragBl übergehend. Bl mit 3–5 cm lg Scheiden. Pfl 40–150 cm hoch **33**

32* Stg nur unterwärts beblättert. Pfl 8–60 cm hoch **34**

33 Sp grünlichweiß. ♀ Ähren 2–6 cm lg, schmächtig, lockerblütig, meist aufrecht. Spreiten 5–10 mm br. 0,40–1,00. ♃ 6–7. Erlen-EschenW, schattige Quellfluren, Bach- u. WSäume; v W-Bw S-Ns O-Sh, z O-Bw S-He We W- u. N-Me, s S-Ba: Alpenvorland O-Rh N-He NW-Ns, (N) † W-An (sm/mo-temp·euozEUR – H – V Alno-Ulm., V Card.-Mont. – sehr ähnlich: Wald-S., **53**, mit lg geschnäbelten Schläuchen). **Dünnährige S.** – C. strigósa HUDS.

33* Sp rotbraun mit grünem Mittelstreif. ♀ Ähren 7–15 cm lg, dichtblütig, stark bogig überhängend. Spreiten 8–20 mm br. 0,50–1,50. ♃ 6. Feuchte EdellaubmischW, schattige Quellfluren, sehr anspruchsvoll; v S-Ba Bw, z N-Ba Rh We S- u. O-He O-Th SO-Ns, s S-Sa S- u. W-An N-Me O-Sh, † Br, im W ↗. ZierPfl (m/mo-temp·ozEUR – H – V Alno-Ulm., V Card.-Mont.). [C. máxima SCOP.] **Hänge-S., Riesen-S.** – C. péndula HUDS.

34 **(32)** Bl zerstreut behaart, 2–3 mm br, schlaff. Sp weißlich, mit grünem Mittelstreif. Schläuche stumpf, völlig schnabellos, gelbgrün. Pfl dichtrasig. 0,20–0,45. ♃ 5–7. Frische bis wechselfeuchte Silikatmagerrasen, Wegränder, Waldsäume, Schläge, kalkmeidend; alle Bdl v, aber NW-We N-Ns W-Br SW-Me W-Sh MDt-Trockengeb z (sm/mo-b·(oz)EUR–WSIB+(OAM) – H – O Nard., O Atrop., K Mol.-Arrh.). **Bleich-S.** – C. palléscens L.

34* Bl völlig kahl **35**

35 Pfl mit 1 grundständigen, 10–15 cm lg gestielten ♀ Ähre, mit 2–3 ♀ Ähren in der oberen StgHälfte u. 1 ♂ Endähre. ♀ Ähren 2–5blütig. Pfl ohne Ausläufer. 0,10–0,30. ♃ 4–5. Submed. Felsfluren u. Trockenrasen, TrockenW u. -gebüsche, kalkhold; s SW-Bw: Istein O-Rh: Münster-Sarmsheim, Idar-Oberstein (strop-mWAM+m-stemp·ozEUR – H – V Berb., V Ger. sang., V Xerobrom., V Querc. pub.). [C. alpéstris ALL., C. gynóbasis VILL.] **Grundstielige S.** – C. halleriána ASSO

35* Pfl ohne grundständige Ähre. ♀ Ähren mehr als 5blütig **36**

36 ♀ u. ♂ Ähren sehr locker 6–8blütig. ♀ auf 1,5–4 cm lg, haardünnen Stielen überhängend. Bl 1–2 mm br. Pfl sehr dichtrasig. 0,08–0,30. ♃ 5–7. Sickernasse, alp. Flach- u.

Quellmoore; v S-Ba: Alpen (m/alp-arctCIRCPOL – H – V Car. bic.-atrof., V Car. davall., V Sesl.). **Haarstiel-S.** – C. capilláris L.

36* Ähren ∞blütig. Pfl mit Ausläufern **37**

37 BStg am Grund mit spreitenlosen NiederBl, darüber einige LaubBl, die viel kürzer als die der blütenlosen BlTriebe sind. ♀ Ähren oval, auf sehr lg, dünnen Stielen überhängend, dichtblütig. Nur 1 ♂ Ähre **38**

37* BStg am Grund mit LaubBlBüschel. ♀ Ähren schmal zylindrisch, aufrecht od. zuletzt nickend (Abb. **554**/3). ♂ Ähren 1–3. Pfl graugrün **39**

38 Bl rinnig bis gefaltet, etwa 1 mm br, graugrün. 1–2 ♀ Ähren, 1,5–2 cm lg. Unterstes TragBl kürzer als der Ährenstand. Schläuche stark nervig. 0,20–0,45. ♃ 6–7. Hochmoorschlenken, Schwingrasen, Zwischenmoore; v S-Ba: Alpen u. Vorland, z N-Ba S-Bw: Alpenvorland, Schwarzw Br Me, s N-Bw Rh NW-We O-He SW-Th SW-Sa: Kranichsee Ns O-Sh, † An, ↘ (sm/mo-bCIRCPOL – H – V Rhynch. alb.). **Schlamm-S.** – C. limósa L.

38* Bl flach, etwa 4 mm br, grasgrün. 2–3 ♀ Ähren, bis 1 cm lg. Unterstes TragBl wenigstens so lg wie der Ährenstand. Schläuche höchstens schwach nervig. 0,10–0,30. ♃ 6–8. Nasse, mesotrophe, kalkarme Flach- u. Quellmoore; s S- u. O-Ba: Ammergebirge, Berchesgadener Alpen, Bayr-W (antarct+austr/moAM+sm/salp-arctCIRCPOL – H – V Car. fusc., V Rhynch. alb.). [C. irrígua (WAHLENB.) SM. ex HOPPE, C. magellánica aut.]
Riesel-S., Alpen-Schlamm-S. – C. paupércula MICHX.

39 **(37)** ♀ Ähren dichtblütig, die unteren zuletzt nickend. TragBl nicht od. sehr kurz scheidig, das unterste mindestens so lg wie der Ährenstand. ♂ Ähren (1–)2(–3). Schläuche braun, rauh punktiert. 0,20–0,60. ♃ 5–7. Wechseltrockne Kalkhalbtrockenrasen, Wegböschungen, Flachmoore, lichte Wälder, kalkhold; v Ba Bw Rh S- u. O-We He Th S-An Me O-Sh, z NW-We Sa N-An Br N-Ns W-Sh u. Silikatgebirge (m-temp·(oz)EUR – G – V Mesobrom., V Mol., V Sesl., V Car. davall., V Cephal.-Fag.). [C. glaūca SCOP.]
Blaugrüne S. – C. flácca SCHREBER

39* ♀ Ähren lockerblütig, aufrecht. Unterstes TragBl lg scheidig, kürzer als der Ährenstand (Abb. **554**/3). Nur 1 ♂ Ähre. Schläuche glatt **40**

40 Pfl graugrün. ♂ Ähre aufrecht. ♀ Ähren 2–3 cm lg, walzlich (Abb. **554**/3). Scheide des TragBl nicht aufgeblasen. Schläuche außer den Kielen nervenlos, mit kurzem, dickem Schnabel (Abb. **554**/5). 0,10–0,50. ♃ 5–6. Feuchte Flachmoorwiesen; g S-Ba, sonst alle Bdl v, aber MDt-Trockengeb, Bw: Jura u. NW-Ba z (m/mo-b·(oz)EUR–(WAS)+(OAM) – G – O Car. fusc., O Tofield., O Mol.). **Hirse-S.** – C. panícea L.

40* Pfl grasgrün. ♂ Ähre zur BZeit fast rechtwinklig abgebogen. ♀ Ähre 1–2 cm lg, länglich, am Grund sehr lockerblütig. TragBlScheide etwas aufgeblasen. Schläuche längsnervig, mit längerem, rauhem Schnabel. 0,25–0,30. ♃ 6–7. Moorwiesen; s W-An: Brocken (temp/mo-b·(k)CIRCPOL – G – V Car. bic.-atrof.). [C. sparsiflóra (WAHLENB.) STEUD.]
Scheiden-S. – C. vagináta TAUSCH

41 **(30)** Mehrere ♂ Ähren an der Spitze des Stg, selten einzelne Stg mit nur 1 ♂ Ähre . **42**

41* Nur 1 ♂ Ähre, selten einzelne Stg mit 2 ♂ Ähren **49**

42 TragBl der ♀ Ähren mit lg Scheide, den Ährenstand weit überragend. Untere ♂ Ähre sehr klein u. der oberen am Grund angedrückt. ♀ Ähren auch in der unteren StgHälfte vorhanden, 2–4mal so lg wie br. Schläuche 6–10 mm lg. Schnabelzähne parallel, gerade vorgestreckt (Abb. **557**/1). Untere BlScheiden unregelmäßig zerreißend. Salzliebende Arten **43**

42* TragBl der ♀ Ähren nicht od. kurz scheidig. ♀ Ähren nur in der oberen StgHälfte, 4–10mal so lg wie br. Schläuche 4–6(–7) mm lg. Schnabelzähne spreizend (Abb. **557**/2–4) . . . **44**

43 Stg dick, viel kürzer als die 3–5 mm br Bl. TragBl der untersten ♀ Ähre lg laubblattartig, den Ährenstand weit überragend. ♀ Ähren eifg bis länglich, 8–10 mm dick. Schläuche 4–5zeilig angeordnet, 7–10 mm lg. 0,10–0,30. ♃ 6. Wechselfeuchte bis nasse Wiesen auf schwer durchlässigen Böden, salzertragend; s He: Wetterau N-Th, † Rh: Rheinhessen S-An, ↘ (m-stemp·subkEUR – H – Hv: SchwimmFr – V Agrop.-Rum.).
Gersten-S. – C. hordeístichos VILL.

43* Stg schlank, wenig kürzer als die 2–3 mm br Bl. TragBl der untersten ♀ Ähre den Ährenstand nicht od. kaum überragend. ♀ Ähren länglich, 6–7 mm dick. Schläuche nicht in Zeilen, 6–7 mm lg (Abb. **557**/1). 0,10–0,30. ♃ 6. Durch Tritt gestörte, feuchte Salzwiesen; s S- u. W-An: Mansfelder Seen, Gröningen, Domerslebener See, (N) s S-We: Brühl, † Th: Erfurt (sm-stemp·kEUR–WAS – H – Hv: SchwimmFr – V Agrop.-Rum.?). **Roggen-S.** – C. secalína WAHLENB.

44 **(42)** Reife Schläuche viel länger als die stumpflichen Sp, ± aufgeblasen, hell gelbgrün **45**

44* Reife Schläuche kaum länger als die meist zugespitzten Sp, allmählich in den Schnabel verschmälert, (oliv)grün bis bräunlich **46**

45 Stg stumpf 3kantig, glatt. Bl 2–4 mm br, graugrün, ihre Scheiden nicht deutlich netzfasrig.Schläuche fast waagerecht abstehend, kuglig-eifg, plötzlich in den Schnabel verschmälert (Abb. **557**/2). 0,30–0,70. ♃ 6. Nasse Großseggenrieder auf meso- u. oligotrophen Schlammböden an Seen, Gräben, Ufern, Moorschlenken u. -gräben; alle Bdl v (besonders N u. Bergland), aber NW-Ba N-We NW-Sa W-Br N-An SO-Ns z, MDt-Trockengeb s (sm/mo-bCIRCPOL – H, A – Hv: SchwimmFr – V Magnocar., K Scheuchz.-Car. – Verlandungs- u. früher StreuPfl). [C. infláta aut.]
Schnabel-S. – C. rostráta STOKES

45* Stg scharf 3kantig, an den Kanten meist rauh. Bl 4–8 mm br, grasgrün. Untere BlScheiden deutlich netzfasrig. Schläuche schief aufrecht, eifg bis kegelfg, allmählich in den Schnabel verschmälert (Abb. **557**/3). 0,30–0,80. ♃ 6. Großseggenrieder auf mesotrophen Schlammböden, Moorgräben, Weidensümpfe, BruchW; alle Bdl v, aber Alpen Schwarzw Schwäbische Alb N-We Trockengebiete z (sm/mo-bCIRCPOL – H, A – Hv: SchwimmFr – V Magnocar. – Verlandungs- u. früher StreuPfl).
Blasen-S. – C. vesicária L.

46 **(44)** Sp der ♂ Ähren an der Spitze spatelfg verbreitert, mit aufgesetzter Grannenspitze. Sp der ♀ Ähren mit langer Grannenspitze, diese mindestens so lg wie die SpSpreite. Grundscheiden stark netzfasrig, braun bis schwarzbraun. Kahle Form der
Grannen-S., 28*

46* Sp der ♂ Ähren (schmal) lanzettlich, stumpf bis spitz, ohne Grannenspitze. Sp der ♀ Ähren kurz zugespitzt od. mit kurzer Grannenspitze, diese viel kürzer als die SpSpreite. Grundscheiden netzfasrig, unten rötlich überlaufen od. unregelmäßig zerfallend u. unten bräunlich **47**

47 Stg stumpf 3kantig. Bl 2–3 mm br, am Rand zurückgerollt. ♂ Ähren schmal walzlich. Schläuche ei-kegelfg, fein längsfurchig, nicht erhaben nervig. Sp lanzettlich, dunkelpurpurn. 0,30–0,50. ♃ 5–6. Feuchte Wiesen; z An: Elbe von Barby bis Burg, Halle, ↘ (m-stemp·kEUR–WAS – H, G – V Magnocar.). [C. nútans HOST]
Schwarzährige S. – C. melanostáchya WILLD.

47* Stg scharf 3kantig. Bl 4–15 mm br. ♂ Ähren dick walzlich. Schläuche mehrnervig . . **48**

48 Untere BlScheiden stark netzfasrig. Bl ohne Quernerven. ♀ Ähren 6–7 mm dick, meist alle aufrecht. Sp der ♀ B 3–5 mm lg, zugespitzt, mit kurzer Stachelspitze; Sp der ♂ B

1 2 3 4 5 6 7

zugespitzt, 5–6 mm lg. Schläuche dunkelgrün, 3kantig od. etwas zusammengedrückt. 0,30–1,20. ♃ 6–7. Großseggenrieder auf oft staunassen Flachmoorböden, nasse Wiesen, Erlenbrüche, AuenW; alle Bdl v, aber Alpen, Schwarzw, Bayr-W, Bw: Jura, Th-W, Sa u. MDt-Trockengeb z, Sauerland u. Erzg s (m/mo-temp·(oz)EUR–WAS – A, G – Vw – Hv – V Magnocar., V Calth., V Mol., V Aln. – Verlandungs- u. früher StreuPfl). [C. paludósa GOOD.] **Sumpf-S.** – C. acutifórmis EHRH.

48* Untere BlScheiden häutig zerreißend. BlSpreiten u. Scheiden mit ∞ Quernerven (gegittert). ♀ Ähren 8–10 mm dick, untere oft lg gestielt u. nickend. Sp der ♀ B 7 mm lg, mit lg, gezähnter Grannenspitze; Sp der ♂ B stumpf, 8 mm lg. Schläuche graubraun, aufgeblasen (Abb. **557**/4). 0,60–1,50. ♃ 6–7. Großseggenrieder, in Gräben, nasse Wiesen, an Ufern, Erlenbrüche; v Me Sh, übrige Bdl z, S-Th S-Sa NW-We u. Bergland s (m-temp·(oz)EUR–WAS+OAS+OAM – H, A – Hv – V Magnocar., V Phragm., V Aln. – Verlandungs- u. früher StreuPfl). **Ufer-S.** – C. ripária CURTIS

49 **(41)** ♀ Ähren auch in der unteren StgHälfte vorhanden, ihre TragBl (viel) länger als der Stg. ♂ Ähren nur scheinbar 1, da die 2. untere sehr klein u. der oberen am Grund angedrückt ist **43**

49* ♀ Ähren nur in der oberen StgHälfte od. TragBl kürzer als der Stg **50**

50 Obere ♀ Ähren an der Spitze des Stg doldig genähert, zu 3–6 an lg, dünnen Stielen überhängend, sehr dichtblütig, zylindrisch, 7–10mal so lg wie br. Schläuche waagerecht bis schräg rückwärts abstehend (Abb. **557**/5). Schnabelzähne spreizend. Sp vorn gesägt. Pfl auffallend gelbgrün. 0,40–1,00. ♃ 6–7. Großseggenrieder, Röhrichte an Ufern mesotropher Gewässer, Gräben, Erlenbrüche; g Me Sh, v N-We N-Sa Br O- u. S-Ns, z Ba Bw Rh S-We He Th S-Sa An NW-Ns (sm/mo-temp·(oz)CIRCPOL – H, A – Hv – V Magnocar., V Phragm., V Aln.). **Scheinzyper-S.** – C. pseudocypérus L.

50* ♀ Ähren voneinander entfernt od. sitzend bis sehr kurz gestielt u. aufrecht abstehend. Schnabelzähne (außer Entferntährige S., **63**) parallel (Abb. **557**/6, 7) **51**

51 ♀ Ähren dünn gestielt, wenigstens die unterste auf dünnem, lg, nickendem Stiel od. überhängend **52**

51* ♀ Ähren auf ± lg, dicken, derben, starr aufrechten Stielen **58**

52 Stg in ganzer Länge beblättert, Spreiten 4–11 mm br. Pfl der Ebene **53**

52* Stg nur am Grund od. höchstens im unteren Drittel beblättert. Spreiten 1–4 mm br. GebirgsPfl **54**

53 Pfl dichtrasig. Bl 4–8 mm br. ♀ Ähren sehr schlank, lockerblütig, 3–5 cm lg, alle wie die meisten Bl überhängend. Schnabel etwa so lg (2 mm) wie der Schlauch, deutlich abgesetzt, mit kurzen (bis 0,5 mm lg) Zähnen (Abb. **557**/6). Sp der ♂ Ähren kurz stachelspitzig. 0,30–0,70. ♃ 5–7. WWege, frische, krautreiche Wälder, WSchläge u. WSäume, anspruchsvoll; g S-Ba Bw He SO-Ns, v N-Ba Rh We Th Sa S- u. W-An Me O-Sh, z N-An Br N-Ns W-Sh (m/mo-temp·(oz)EUR – H – O Fag. – sehr ähnlich: Dünnährige S., **33**, mit kurz geschnäbelten Schläuchen!). **Wald-S.** – C. sylvática HUDS.

53* Pfl mit Ausläufern. Bl 7–11 mm br. ♀ Ähren dicker, dichtblütig, 1–3 cm lg, die unterste nickend, die übrigen wie die Bl aufrecht. Schnabel etwa halb so lg (1 mm) wie der Schlauch, allmählich in diesen übergehend, mit gleichlangen, borstenfg Zähnen. Sp der ♂ Ähre stumpf, ausgerandet. 0,60–1,00. ♃ 4–5. ErlenW u. Weidensümpfe; z SW-We: Aachen, Venn, Hilden, Holpe, s W-Rh: Hunsrück, Schnee-Eifel, † SO-Sh? (sm-temp·euozEUR – H – V Aln., V Alno-Ulm.). [C. helódes aut.] **Glatte S.** – C. laevigáta SM.

54 **(52)** Pfl mit Ausläufern **55**

54* Pfl dichtrasig, ohne Ausläufer **56**

55 ♀ Ähren dick, dichtblütig (Ährenachse auch zur FrZeit nicht sichtbar), die oberen fast sitzend. Schläuche an den Kielen borstig gewimpert. ♂ Ähre ziemlich dick. Bl 2–4 mm br, untere Scheiden hellbraun. Stg kantig, oben rauh. 0,10–0,40. ♃ 6–8. Subalp. u. alp. sickerfeuchte Rieselfluren, an Bächen, kalkmeidend; z SW-Ba: Allgäu, s SW-Bw: Feldberg (sm/salp-stemp/salp·ozEUR – G – V Car. davall., V Poion alp.).

Eis-S. – C. frígida ALL.

55* ♀ Ähren schlank, meist lockerblütig, alle lg gestielt, ihre Achse meist schon zur BZeit sichbar. Schläuche öfters etwas kurzhaarig, am Rand rauh gesägt. ♂ Ähre lineal-lanzettlich, lg gestielt. Bl 1,5–2 mm br, untere Scheiden dunkelpurpurn. Stg stielrund, glatt. 0,30–0,60. ♃ 6–9. Subalp., frische Matten, Felshänge, kalkliebend; v S-Ba: Alpen, Isar bis Wolfratshausen (sm/alp-stemp/salp·subozEUR – G – V Car. ferr.). **Rost-S.** – C. ferrugínea SCOP.

56 **(54)** Bl bis 1 mm br, borstlich gefaltet, schlaff. ♀ Ähren sehr lockerblütig, 1,5–2 cm lg, verkehrteifg, sehr lg u. dünn gestielt. Schläuche glatt. 0,15–0,40. ♃ 6–8. Feuchte Kalkfelsspalten, überrieselte Felsen, in Schluchten u. auf Kalktuff; v S-Ba: Alpen, Beuerberg, s SW-Bw: Wehratal (sm/salp-temp/salp·ozEUR – H – V Cystopt., V Craton.). [C. ténuis HOST] **Kurzährige S.** – C. brachýstachys SCHRANK

56* Bl 2–4 mm br, flach. Schläuche an den Kielen rauh **57**

57 Bl 2–3 mm br, ± aufrecht, wenig kürzer als der stielrunde Stg, wenigstens den Ährenstand erreichend. ♀ Ähren 1–2 cm lg, am Grund lockerblütig. Sp br weißhäutig berandet, zugespitzt, bedeutend kürzer als die am Kiel fast borstig gewimperten, grünen Schläuche (Abb. **557**/7). 0,20–0,40. ♃ 6–8. Frische, kalkarme, subalp.-alp. Matten, Magerrasen, Blaugrashalden; v Ba: Alpen, Hochebene im Gebiet von Lech und Isar, s Bw: Baar-Alb, Jura: Gosheim, Laufen, Hosingen (sm/alp-stemp/dealp·ozEUR – H – K Elyn.-Sesl., V Mesobrom., V Nard., V Eric.-Pin.). **Horst-S.** – C. sempérvirens VILL.

57* Bl bis 4 mm br, ausgebreitet, viel kürzer als der stumpf 3kantige Stg, nicht bis zur Stg-Mitte reichend. ♀ Ähren 0,6–1 cm lg, dicht- u. wenigblütig. Sp nicht od. sehr schmal hell berandet, stumpf, wenig kürzer als die an den Kielen rauhen Schläuche. 0,05–0,20. ♃ 6–8. Alp., kalkreiche, flachgründige Steinrasen, Felsbänder; v S-Ba: Alpen (sm/alp-temp/alp·subozEUR – H – V Sesl.). **Polster-S.** – C. fírma HOST

58 **(51)** Schläuche 8–10 mm lg. ♀ Ähren 4–6blütig, 1–1,5 cm lg, entfernt. ♂ Ähre schmal zylindrisch, nur 2–3 mm dick, lockerblütig. TragBl länger als der Ährenstand. Stg meist nicht länger als die LaubBl. 0,30–0,60. ♃ 4–5. Wärmeliebende LaubW, anspruchsvoll; † Rh: Echternacherbrück (sm/mo-stemp·ozEUR – H – O Querc. pub., V Carp.). **Verarmte S.** – C. depauperáta GOOD. ex WITH.

58* Schläuche bis 7,5 mm lg. ♀ Ähren 6–20- od. mehrblütig. ♂ Ähre meist dicker **59**

59 ♀ Ähren voneinander entfernt od. nur 1 vorhanden. TragBl aufrecht, meist kürzer als der Ährenstand **60**

59* ♀ Ähren einander u. der ♂ Ähre genähert, nur die unterste zuweilen entfernt. TragBl ± waagerecht abstehend, länger als der Ährenstand **64**

60 Nur 1 ♀ Ähre, sehr selten 2 u. dann weit voneinander entfernt. TragBl die Ähre nicht od. wenig überragend. Scheidenmündung der BlSpreite gegenüber fast gerade abgeschnitten od. ausgerandet. Pfl mit Ausläufern, am Grund wie die Ausläufer von den zerfallenden BlScheiden dichtfasrig. Stg meist oben etwas rauh, nur im unteren Drittel beblättert. Bl 2–4 mm br, steif. ♀ Sp zugespitzt, blaßbraun, mit breiterem, grünem Mittelstreif u. weißhäutigem Rand. 0,20–0,35. ♃ 4–5. Buschige, staudenreiche Grashänge, wärmeliebend; s SO-Ba: Passau (sm/mo-stemp·subkEUR – V Ger. sang. – 1986 entdeckt). **Micheli-S.** – C. michélii HOST

60* ♀ Ähren 2–3. TragBl der unteren Ähre diese meist überragend. BlScheiden gegenüber der Spreite als stumpfes Häutchen über die Scheidenmündung hinaus ± stark verlängert (Abb. **554**/7). Pfl ohne od. mit kurzen Ausläufern od. Sp stumpf u. stachelspitzig **61**

61 Sp stumpf bis spitz od. zugespitzt, aber nicht stachelspitzig, rostfarben, in der oberen Hälfte ± br weißhautrandig, mit sehr schmalem, grünem Mittelstreif. Schläuche ± rasch in den lg Schnabel verschmälert. Schnabelzähne parallel, außen mit feinen Zähnchen, innen mit schmalem, ungezähntem Hautsaum. Pfl ± lockerrasig, zuweilen mit kurzen Ausläufern, grau- bis blaugrün, mit Faserschopf. Untere Scheiden grünlich- bis bräunlichweiß. 0,25–0,45. ♃ 6–7. Mesotrophe, nasse Flachmoorwiesen; v S-Ba u. SO-Bw: Alpen u. Vorland, z M-Ba: Hochebene, Jura SW- u. M-Bw, s NW-Ba N-Bw Rh We S-He

M-Th S- u. W-An, Br Ns Me Sh, † Sa, ↘ (sm/mo-b·ozEUR+(OAM) – H – V Car. davall., V Mol.). [C. hornschuchiána HOPPE] **Saum-S.** – C. hostiána DC.

61* Sp stumpf bis spitz, wenigstens die der ♂ od. ♀ B mit zuweilen sehr kurzer Stachelspitze **62**

62 Schnabelzähne am Rand glatt. Schläuche blaßgrün, glänzend, punktiert, etwas aufgeblasen. Bl grün od. gelbgrün, 2–5 mm br. 0,15–0,45. ♃ 5–7. Dünentäler; s NW-Ns: Spiekeroog, Langeoog, ↘ (m/mo-temp·euozEUR – H – V Armer. marit.). **Punktierte S.** – C. punctáta GAUDIN

62* Schnabelzähne am Rand rauh. Schläuche stumpf 3kantig. Bl graugrün **63**

63 Pfl dichtrasig. Bl 2–4 mm br. ♀ Ähren 1–1,5 cm lg. Schläuche grün, oft dunkler überlaufen, starknervig, Schnabelzähne spreizend, außen u. innen durch feine Zähnchen rauh. 0,20–0,60. ♃ 6–7. Salzwiesen, ärmere Feuchtwiesen, Kalkflachmoore; v Küsten von Ns Me Sh, z im Binnenland Ba Bw Rh S-He Th S-An Br Me, s We N-He NW- u. O-Sa N-An S- u. O-Ns, ↘ (m-temp·(oz)EUR – H – V Armer. marit., V Mol., V Car. davall.). **Entferntährige S.** – C. dístans L.

63* Pfl mit Ausläufern. Bl 3–6 mm br. ♀ Ähren 2–3 cm lg. Schläuche zuletzt schwarzbraun, außer den scharf hervortretenden Kielen kaum nervig. 0,30–1,00. ♃ 5–6. Feuchtheiden; s SW-We: Hohes Venn Rh: Schnee-Eifel, Hunsrück, Montabaur S-He: Odenwald? (temp·euozEUR – H – V Eric. tetr.). **Zweinervige S.** – C. binérvis SM.

64 **(59)** Pfl graugrün. Bl bis 2 mm br, oft eingerollt. ♀ Ähren länglich-eifg. Sp stachelspitzig. Schläuche deutlich 2–3kantig, graugrün. 0,10–0,30. ♃ 7–8. Salzwiesen auf feuchtem Kies- u. Sandstrand; z Küsten von Ns Me Sh (austr·litAFR+m-temp·(oz)litEUR – H – V Armer. marit.). **Strand-S.** – C. exténsa GOOD.

64* Pfl gelbgrün od. grasgrün. Bl 2–5 mm br, flach oder rinnig. ♀ Ähren kuglig bis kurz walzlich. Sp stumpf. Schläuche etwas aufgeblasen, reif zitronengelb bis gelbgrün. 0,05–0,60. ♃ 5–9. Flach- u. Zwischenmoore, Quellmoore, nasse Wiesen, zweitweise überflutete, sandig-schlammige Ufer mesotropher Seen u. im Brackwasserbereich; alle Bdl v, aber N-An W-Br NW-We W-Ns u. MDt-Trockengeb z (austr+m/mo-b·(oz)CIRCPOL – H – Hv – O Tofield., V Car. fusc., V Mol., O Cyp. fusci). *** Gelb-S.** – C. fláva agg.

Familie **Süßgräser** – Poáceae BARNHART od. Gramíneae JUSS.

Stg (Halm) meist stielrund, seltener flach, nie 3kantig, fast stets hohl, gegliedert. Bl stets 2zeilig, aus der röhrigen BlScheide u. der BlSpreite bestehend. BlScheiden an ihrem Grund knotig verdickt (sog. „Halmknoten"), offen od. (seltener) geschlossen, am Übergang zur Spreite oft mit häutigem od. haarigem Anhängsel (Ligula, BlHäutchen, Abb. **13**/2; **586**/1–3). B stets in ∞–1blütigen Ährchen; diese stets zu rispigen, traubigen od. ährigen GesamtBStänden vereinigt. Jedes Ährchen (Abb. **560**/1; **561**/1, 2) am Grund mit 2 (selten 0, 1, 3, 4) sterilen Hüllspelzen (Hsp). EinzelB fast stets ⚥, von je 2 HochBl (Spelzen, Sp) eingehüllt: der Deckspelze (Dsp; DeckBl der B, von der Ährchen-

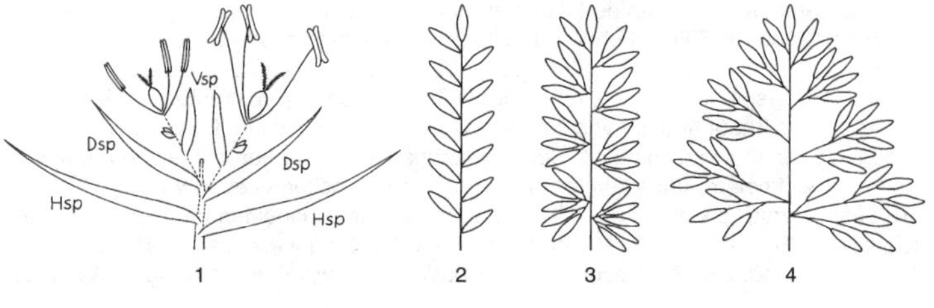

1 2 3 4

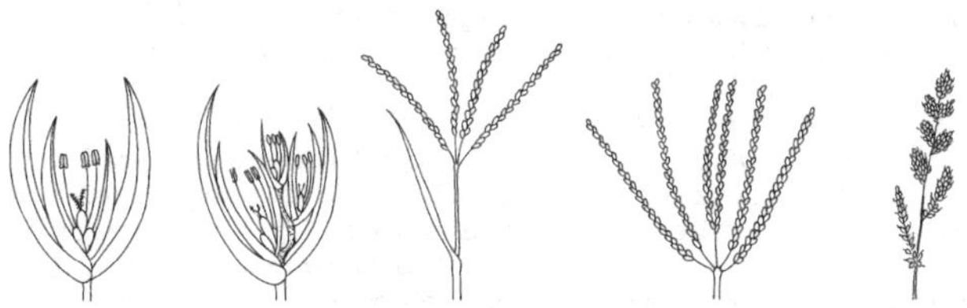

1 2 3 4 5

achse abgewandt) u. der (selten auch fehlenden) Vorspelze (Vsp; VorBl am BStiel, der Ährchenachse zugewandt). Oberhalb der Dsp meist 2 Schwellkörper (Lodiculae). Hsp u. bes. Dsp oft mit spitzen-, rücken- od. grundständiger, gerader od. geknieter Granne. BHülle fehlend. StaubBl meist 3. FrKn 1, mit meist 2 Narben. Fr eine Karyopse (meist in Dsp u. Vsp eingeschlossen bleibend), seltener Beeren (9000 Arten – Wb – meist Wv od. Ev: Pelz, Gefieder – viele Arten FutterPfl od. als Getreide gebaut).

1 Pfl 1häusig. ♂ B in endständiger Rispe. ♀ B an dicken, in große HüllBl („LieschBl") eingeschlossenen Kolben, die in den Achseln der mittleren StgBl stehen. Spreiten 4–12 cm br. **Mais** – Zéa S. 603

1* B ⚥; selten einige B ♂, diese dann aber nicht in besonderen Rispen. Spreiten höchstens bis 3 cm br (beim Schilf bis 5 cm br) **2**

2 Ährchen ungestielt od. an sehr kurzen, unverzweigten Stielen, zu Ähren bzw. ährenfg Trauben angeordnet; diese einzeln endständig (Echte Ährengräser, Abb. **560**/2; **561**/6–10) od. am Ende des Halmes zu mehreren finger- od. fiederartig angeordnet (Abb. **561**/3–5). **Ährengräser – Tabelle A** S. 561

2* Ährchen an lg, unverzweigten od. verzweigten Stielen od. an sehr kurzen, stets verzweigten Stielen **3**

3 Ährchen in dichter, ährenähnlicher Rispe (Ährenrispe). Rispenspindel u. die sehr kurzen, stets verzweigten Ästchen wenigstens zum großen Teil erst beim Umbiegen od. Zergliedern der Rispe sichtbar (Abb. **560**/3; **597**/5). (Bei einseitswendigen Ährenrispen Spindel u. Äste auf 1 Seite sichtbar). **Ährenrispengräser – Tabelle B** S. 563

3* Ährchen in langästiger Rispe od. Traube, diese ausgebreitet od. (wenn die Äste anliegen) ± zusammengezogen. Spindel u. Äste wenigstens zum großen Teil sichtbar (Abb. **560**/4). Ährchen höchstens am Ende längerer Rispenäste kurz gestielt u. dort ährenähnlich geknäuelt (Abb. **565**/6, 7). **Rispengräser – Tabelle C** S. 565

Tabelle A Ährengräser

1 Ährchen in mehreren, meist dünnen, fingerfg od. traubig angeordneten Ähren (Abb. **561**/3–5) **2**

1* Ährchen eine einzige Ähre od. eine Traube mit sehr kurzen Ährchenstielen bildend . **9**

6 7 8 9 10 11 12 13

2 Ähren an der verlängerten Hauptachse ährig, traubig od. rispig angeordnet........ **3**
2* Ähren am Ende der Hauptachse genähert u. zuweilen (fast) fingerfg zusammenstehend **5**
3 Ährchen unregelmäßig rings um die Ährenachse angeordnet. Ähren nach oben allmählich kleiner werdend (Abb. **561**/5). **Hühnerhirse** – Echinóchloa S. 601
3* Ährchen an der Ährenachse zweizeilig u. einseitswendig od. vierzeilig angeordnet .. **4**
4 Ährchen an der Ährenachse zweizeilig kammfg u. einseitswendig, elliptisch (länger als br). **Schlickgras** – Spártina S. 600
4* Ährchen vierzeilig, rundlich (so lg wie br). **Doppelährengras** – Beckmánnia S. 583
5 **(2)** Ährchen paarweise, ein kürzer u. ein länger gestieltes, von einem Punkt der Ährenachse entspringend **6**
5* Ährchen einzeln an der Ährenachse, zuweilen aber zweizeilig **7**
6 Ährchen am Grund u. ihre Stiele langhaarig. Das sitzende ⚥ Ährchen eines Paares mit lg Granne. BlHäutchen in eine Haarreihe aufgelöst. **Bartgras** – Botrióchloa S. 603
6* Ährchen kahl od. kurzhaarig, ohne Granne (Abb. **561**/4). BlHäutchen kurz, gestutzt, kragenfg. **Fingerhirse** – Digitária S. 602
7 **(5)** Obere Hsp so lg wie das Ährchen, zuweilen die B überragend. Ähren genähert, jedoch nicht fingerfg zusammenstehend. **Schlickgras** – Spártina S. 600
7* Beide Hsp kürzer als das Ährchen. Ähren dicht, (fast) fingerfg zusammenstehend (Abb. **561**/3) **8**
8 Ährchen 1blütig. Hsp fast gleich lg. Pfl kriechend, mit lg oberirdischen Ausläufern, ♃. **Hundszahn** – Cýnodon S. 600
8* Ährchen 2–9blütig. Hsp ungleich lg. Pfl rasig, ohne Ausläufer, ⊙. **Korakan** – Eleusíne S. 600
9 **(1)** Ährchen kurz gestielt, ihre Stiele mit lg, fuchsroten Borsten, die die Ährchen weit überragen (Abb. **561**/11). Hsp 3. **Fuchsrote Borstenhirse** – Setária púmila S. 602
9* Ährchen sitzend od. mit borstenlosem Stiel. Hsp (0–)2 .... **10**
10 Auf jedem Absatz der Ährenachse (2–)3(–6) Ährchen nebeneinander, da jedes Ährchen am Grund (1–)2(–5) Seitenährchen trägt (Abb. **586**/4–6); „Ährchendrillinge" abwechselnd gegenüberstehend, daher Ährchen meist 6zeilig angeordnet **11**
10* Auf jedem Absatz der Ährenachse nur ein sitzendes od. kurz gestieltes Ährchen. Ährchen in 2 (meist gegenüberliegenden) Zeilen **13**
11 Ährchen 3(–4)blütig. Dsp unbegrannt. Blaugrüne DünenPfl mit sehr lg Ausläufern u. sehr steifen, trocken eingerollten Spreiten. ♃. **Strandroggen** – Lēýmus S. 587
11* Ährchen 1(–2)blütig. Dsp wenigstens am Mittelährchen jedes Drillings fast stets lg begrannt, Granne länger als die Dsp. Spreiten flach, grasgrün, nicht stechend steif . **12**
12 Ährchen in den Hsp deutlich kurz gestielt. Gipfelährchen der Ähre vorhanden. Dichtrasige WaldPfl. ♃. **Waldgerste** – Hordélymus S. 587
12* Das Mittelährchen jedes Drillings stets sitzend, die Seitenährchen oft unter ihren Hsp kurz gestielt (Abb. **586**/4–6). Gipfelährchen der Ähre verkümmert. Pfl (außer Wiesen-G.) ⊙, ①. **Gerste** – Hórdeum S. 586
13 **(10)** Ährchen ± einseitig, d. h. auf 2 Seiten einer 3kantigen Ährenachse, 1blütig, sitzend, ohne Hsp, vor der BZeit anliegend, später kammartig abstehend (Abb. **561**/7). Bl borstlich, graugrün, starr. **Borstgras** – Nárdus S. 599
13* Ährchen 2zeilig auf 2 gegenüberliegenden Seiten der Ährenachse (Abb. **561**/8–10), zuweilen aber ± einseitswendig **14**
14 Ährchen deutlich sehr kurz gestielt **15**
14* Ährchen völlig ungestielt **18**
15 Ährchen 2–4 cm lg, 6–25blütig, nicht einseitswendig. ♃. **Zwenke** – Brachypódium S. 572
15* Ährchen bis 1 cm lg, 1–9blütig, oft einseitswendig. ⊙ **16**
16 Ährchen 1blütig, sehr klein. Pfl < 10 cm hoch, mit fadendünnen Stg. Ähre sehr schmal (Abb. **561**/6). **Zwerggras** – Míbora S. 599

16* Ährchen mehrblütig **17**
17 Traube lg linealisch. Pfl 10–40 cm hoch, aufrecht. BlScheiden nur am Grund geschlossen (wenn BlScheiden bis oben geschlossen u. jedes Ährchen am Grund mit 1 kammartig gefiederten sterilen Ährchen (Abb. **561**/12), s. Kammgras Tab. B, **3** u. S. 583). **Dünnschwingel** – Micropýrum S. 573
17* Traube dick, länglich-elliptisch. Pfl 5–20 cm hoch, mit ∞, rosettenähnlich liegenden Halmen. **Hartgras** – Scleróchloa S. 582
18 **(14)** Dsp mit geknieter Rückengranne. Hsp langhaarig. Ährchen 4–7(–10)blütig. **Ährenhafer** – Gaudínia S. 593
18* Dsp mit Spitzengranne od. unbegrannt **19**
19 Ährchen 1(–2)blütig, fast ganz in Aushöhlungen der Ährenachse eingesenkt (Abb. **561**/8); Ähre daher kaum dicker als der Halm. Dsp 2, quer zur Achse stehend, in Frontansicht deshalb ihre Ränder als Mittellinie über der Ährenachse sichtbar. BlSpreiten am Grund ohne Öhrchen. Niedrige StrandPfl, ☉. (Bei jüngeren Halmen vom Weidelgras, **20**, ist die Ähre ebenfalls noch nicht dicker als der Halm, aber Dsp nur 1, von der Achse abgekehrt u. BlSpreiten am Grund mit halmumfassenden Öhrchen). **Dünnschwanz** – Parápholis S. 584
19* Ährchen 2–∞blütig, nicht ganz in Achsenhöhlungen eingesenkt **20**
20 Ährchen ihre Schmalseite (den SpRücken) der Ährenachse zukehrend (Abb. **561**/9). Hsp 1, nur beim Endährchen 2. **Weidelgras, Lolch** – Lólium S. 573
20* Ährchen ihre Breitseite (dieSpRänder) der Ährenachse zukehrend (Abb. **561**/10). Alle Ährchen mit 2 Hsp **21**
21 Ährchen 2blütig, meist mit stielartigem Ansatz einer dritten B. Hsp pfriemlich, 1nervig. BlÖhrchen kahl. KulturPfl. ☉ ①. **Roggen** – Sécale S. 586
21* Ährchen 3–8blütig. Hsp eifg od. lanzettlich, 3- od. mehrnervig **22**
22 ☉ ① KulturPfl. Ährchen bei der Reife nicht zerfallend, entweder als Ganzes abfallend od. die unbespelzten Fr aus den Sp herausfallend. BlÖhrchen gewimpert. **Weizen** – Tríticum S. 585
22* ♃ WildPfl. Ährchen bei der Reife in die einzelnen B zerfallend. Fr von Dsp u. Vsp stets eingehüllt bleibend **23**
23 Granne etwa 2 cm lg, geschlängelt. Pfl dichtrasig. **Hundsquecke** – Roegnéria S. 584
23* Granne fehlend od. kurz, gerade (Abb. **561**/10). **Quecke** – Elytrígia S. 585

Tabelle B Ährenrispengräser

1 Ährchen an der Rispenachse 2- bis mehrzeilig übereinanderstehend **2**
1* Ährchen an der Rispenachse allseitig, unregelmäßig, spiralig od. dachzieglig angeordnet **5**
2 Ährchen auf jedem Absatz der Rispenachse zu dritt, die seitlichen zuweilen kleiner, an der Rispenachse mehrzeilig u. allseitig. Rispenachse nicht, bei lockeren Ährenrispen nur teilweise sichtbar. **Ährengräser – Tab. A 11–12**
2* Ährchen einzeln, 2zeilig u. einseitswendig, Rispenachse daher von einer Seite auf der ganzen Länge sichtbar **3**
3 Jedes fruchtbare Ährchen am Grund mit einem unfruchtbaren Ährchen, das wie ein kammartig gefiedertes HochBl aussieht (Abb. **561**/12). **Kammgras** – Cynosúrus S. 583
3* Kammfg unfruchtbare Ährchen fehlend **4**
4 Ährenrispen länglich, die flachen Bl nicht überragend. Sp stumpflich. Seltenes Gras an Ruderalstellen außerhalb der Alpen. ☉. **Hartgras** – Scleróchloa S. 582
4* Ährenrispe eifg, die haarfein gefalteten Bl weit überragend. Sp zugespitzt. Seltenes Alpengras. ♃. **Kopfgras** – Oreóchloa S. 584
5 **(1)** Ährchenstiele mit lg, weit aus der Ährenrispe herausragenden Borsten (Abb. **561**/11). Ährchen 1blütig. Hsp. 3. Dsp unbegrannt. **Borstenhirse** – Setária S. 602
5* Ährchenstiele ohne solche Borsten **6**

6 Obere Hsp groß, mit kräftigen, hakigen Stacheln (Abb. **561**/13), klettenartig. Untere Hsp sehr klein (zuweilen fehlend). Rispenäste mit Widerhaken, je 3–5 gebüschelte Ährchen tragend, bei der Reife als Ganzes abfallend. **Klettengras** – Trágus S. 601

6* Hsp nicht stachlig **7**

7 Dsp am Rand dicht u. lg seidig gewimpert (Abb. **583**/2). Ährenrispe nach der BZeit durch die dann abstehenden SpHaare auffallend silberhaarig. Ährchen mit 1 ⚥ B, darüber 1 gestielte, kahle Knospe von 1–2 weiteren, geschlossen bleibenden, unfruchtbaren B. **Perlgras** – Mélica S. 583

7* Dsp kahl od. kurz behaart. Ährchen nicht mit gestielter Endknospe aus unfruchtbaren B **8**

8 Ährchen 1blütig **9**

8* Ährchen mit mindestens 2 B **15**

9 Ährenrispe br eifg (Abb. **597**/5), 1,5 cm br u. 2 cm lg, grün u. weiß gestreift. Hsp br, am Rücken weiß geflügelt, die B weit überragend, kahl u. unbegrannt. Unter der B 2 kleine, leere Sp, diese < Dsp. **Kanariengras** – Phaláris canariénsis S. 598

9* Ährenrispe länglich bis zylindrisch. Hsp nicht geflügelt **10**

10 Ährenrispe locker (Ährchen die Rispenachse nicht völlig verdeckend!), länglich-lanzettlich, 2–7 cm lg. BlHäutchen bis 2 mm lg, stumpf. Spreitenöhrchen bewimpert. Zwischen Hsp u. B 2 kleine, braunhaarige, leere Sp mit Rückengranne, mit der B in die viel größeren, kahlen u. unbegrannten Hsp ganz eingeschlossen (Abb. **565**/1). StaubBl 2. **Ruchgras** – Anthoxánthum S. 598

10* Ährenrispe dicht, mit völlig verdeckter Achse (nur bei Bastardstrandhafer, S. 587, Achse der 13–25 cm lg Rispe oft streckenweise sichtbar!). Zwischen Hsp u. B keine leeren Sp. StaubBl 3 . . . . **11**

11 Ährchenachse zwischen der Dsp u. den Hsp ± lg behaart. Ährchen 9–16 mm lg, unbegrannt od. die bis 2 mm lg Granne der Dsp das Ährchen kaum überragend. Hohe Dünengräser. BlHäutchen 10–30 mm lg. Ährenrispen 7–25 cm lg u. 1,5–4 cm br . . **12**

11* Ährchenachse kahl. Ährchen höchstens 6 mm lg, oft deutlich sichtbar begrannt. BlHäutchen 1–7(–10) mm lg. Ährenrispen 1–15(–30) cm lg u. 0,3–1,2(–3) cm br **13**

12 Pfl weißlichgrün. Ährenrispe dicht, stets zusammengezogen, spindelfg, 7–15 cm lg, weißlich. Haare am Grund der Dsp bis 1/3 so lg wie die Dsp. **Strandhafer** – Ammóphila S. 587

12* Pfl grün bis bräunlichgrün. Ährenrispe locker, deutlich gelappt, 13–25 cm lg, ± bräunlich, oft violett. Haare am Grund der Dsp halb so lg wie die Dsp. **Bastardstrandhafer** – × Calammóphila S. 587

13 **(11)** Hsp an der Spitze ausgerandet, in der Ausrandung mit 4–7 mm lg Granne, nur im oberen Teil gekielt. Dsp an der Spitze gezähnelt, ohne od. mit höchstens bis 2 mm lg, spitzenständiger Granne. BlHäutchen 2,5–10 mm lg, zugespitzt, an der Spitze gezähnt. Ährenrispe 1–12 cm lg u. 0,5–3 cm br. **Bürstengras** – Polypógon S. 595

13* Hsp spitz u. unbegrannt od. plötzlich zugespitzt bis gestutzt u. grannenspitzig od. in eine kurze, bis 3 mm lg Granne auslaufend, bis unten gekielt. Dsp ohne od. mit fast grundständiger Rückengranne. BlHäutchen 1–7 mm lg, gestutzt od. abgerundet bis fast spitz. Ährenrispe 1–15(–30) cm lg u. 0,3–1,2 cm br **14**

14 Ährchen (von der Breitseite betrachtet) mit U-fg Spitze (Abb. **565**/2). Hsp frei, spitz od. kurz begrannt. Dsp stumpf, unbegrannt, die Vsp einhüllend. Narbe fedrig. **Lieschgras** – Phléum S. 596

14* Ährchen (von der Breitseite betrachtet) eifg bis elliptisch (Abb. **565**/3). Hsp am Grund od. bis zur Mitte verwachsen, unbegrannt. Dsp meist mit aus dem Ährchen herausragender Rückengranne. Vsp fehlend. Narbe fadenfg. **Fuchsschwanz** – Alopecúrus S. 597

15 **(8)** Dsp mit 3–4 mm lg Rückengranne, 2spitzig **16**

15* Dsp unbegrannt od. mit Spitzengranne **17**

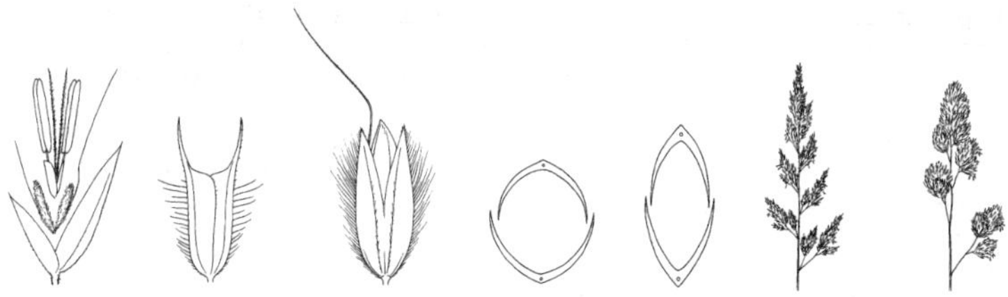

1 2 3 4 5 6 7

16 Granne im unteren Drittel des SpRückens entspringend. 2–15 cm hohe SandPfl der Ebene, am Grund ohne halmlose Triebe. ⊙.
Frühe Haferschmiele – Āira prǣcox S. 593

16* Granne im oberen Drittel des SpRückens entspringend. 5–20 cm hohe, seltene AlpenPfl, am Grund mit halmlosen BlTrieben. ♃.
Ähren-Grannenhafer – Trisétum spicátum S. 592

17 **(15)** Hsp deutlich kürzer als das Ährchen, die untere höchstens halb so lg wie die obere. Granne 7–15 mm lg. ⊙ ①. **Federschwingel** – Vúlpia S. 578

17* Hsp so lg od. fast so lg wie das Ährchen, die untere nur wenig kürzer als die obere. Granne fehlend od. höchstens 4 mm lg. ♃ **18**

18 Ährenrispe eilänglich bis zylindrisch, bis 15 cm lg, am Grund oft gelappt. Dsp spitz od. stumpf, grannenlos. Narben fedrig. **Schillergras** – Koeléria S. 594

18* Ährenrispe eifg od. kurz zylindrisch, bis 4 cm lg, dicht, oft ± schieferblau. Dsp vorn 3–5zähnig, mit kurzer Granne. Narben fadenfg **19**

19 BlSpreiten bis 1 mm br. Ährenrispe kuglig bis eifg, etwa 0,7 cm lg. Seltene AlpenPfl.
Zwergblaugras – Psiláthera S. 584

19* BlSpreiten 2– 5 mm br. Ährenrispe meist kurz zylindrisch, 1–4 cm lg.
Blaugras – Sesléria S. 584

Tabelle C Rispengräser

1 Ährchen 1blütig (Abb. **561**/1; **565**/1; **583**/3) **2**

1* Ährchen mit 2–∞ B (Abb. **561**/2; **571**/1, 2) **16**

2 Dsp mit 8–30 cm lg Granne. **Federgras, Pfriemengras** – Stípa S. 596

2* DspGranne bis 1,5 cm lg od. fehlend **3**

3 Granne 2–3mal so lg wie die Dsp **4**

3* Granne kürzer als die Dsp od. fehlend **5**

4 Dsp kahl od. nur am Grund kurzhaarig. BlSpreiten 2–3 mm br. ⊙, ①.
Windhalm – Apéra S. 591

4* Dsp oberwärts dicht weißzottig. BlSpreiten 6–7 mm br. Pfl dichtrasig, ♃.
Rauhgras – Achnátherum S. 596

5 **(3)** Zwerggras auf Teichschlamm mit ∞, liegenden, 2–8 cm lg Halmen. Obere BlScheiden sehr br, scheidig aufgeblasen. Ährchen nur bis 1 mm lg, gestielt, an den Rispen fast doldig. ⊙. **Scheidenblütgras** – Coleánthus S. 599

5* Halme aufrecht od. aufsteigend, meist > 10 cm hoch. Obere BlScheiden nicht aufgeblasen. Ährchen nicht doldig, zuweilen gebüschelt u. dann ungestielt **6**

6 BlHäutchen auf der der Spreite abgewandten Seite mit lanzettlichem Anhängsel (Abb. **583**/4). Über der ⚥ B eine lg gestielte Knospe einer unfruchtbaren, verkümmerten, zweiten B (Abb. **583**/3). Rispe sehr locker, wenigährig. Ährchen purpurn überlaufen.
Einblütiges Perlgras – Mélica uniflóra S. 584

6* BlHäutchen gegenüber der Spreite ohne Anhängsel. Ährchen 1blütig, ohne verkümmerte B **7**

7 Hsp fehlend. Rispe meist ganz od. größtenteils in die oberste BlScheide eingeschlossen bleibend. Spreiten auffallend hellgrün, überhängend, am Rand sehr stark widerhakig-rauh. Ährchen 4–5 mm lg. Vsp mit Mittelnerv, den unbegrannten Dsp ähnlich. **Queckenreis** – Leérsia S. 601

7* Hsp vorhanden **8**

8 Ährchen im Querschnitt rundlich od. vom Rücken her etwas zusammengedrückt. Hsp daher am Rücken flach gewölbt (Abb. **565**/4) **9**

8* Ährchen von der Seite her zusammengedrückt. Hsp daher mit V-fg Querschnitt (Abb. **565**/5) **10**

9 BlScheiden kahl. Rispe allseitig ausgebreitet, mit waagerechten bis schräg abwärts gerichteten Ästen. Hsp 2, etwa gleich lg. ♃ WaldPfl. **Flattergras** – Mílium S. 596

9* BlScheiden rauhhaarig od. kahl. Rispe einseitig überhängend, mit aufrecht abstehenden Ästen. Hsp 3, untere kleiner als obere. ⊙ RuderalPfl. **Rispenhirse** – Panícum S. 601

10 **(8)** Ährchenachse zwischen der Dsp u. den Hsp mit einem Haarkranz, Haare $^1/_4$ od. bis doppelt so lg wie die Dsp (Abb. **588**/1–4; **589**/1–3) **11**

10* Ährchenachse kahl od. mit sehr kurzem Haarbüschel, Haare < $^1/_4$ der Dsp (nicht zu verwechseln mit oft schuppenartigen, behaarten leeren Sp am Grund der Dsp) **13**

11 Ährchen 9–12 mm lg. Haare am Grund der Dsp etwa halb so lg wie die Dsp. Granne kurz unter der Spitze der Dsp entspringend, 1–2 mm lg. Dünengras der Küste. **Bastardstrandhafer** – × Calammóphila S. 587

11* Ährchen höchstens 7 mm lg, meist kleiner. Haare am Grund der Dsp länger od. wenig kürzer als die Dsp, wenn nur $^1/_2$ od. $^1/_4$ so lg, dann Dsp unbegrannt od. mit fast am Grund der Dsp entspringender, das Ährchen deutlich überragender Granne **12**

12 Haare am Grund der Dsp etwas kürzer od. bis doppelt so lg wie die Dsp u. die kurze, zarte Granne oft verdeckend od. nur $^1/_4$ so lg u. dann die am Grund der Dsp abgehende Granne deutlich sichtbar aus dem Ährchen herausragend. **Reitgras** – Calamagróstis S. 587

12* Haare am Grund der Dsp in 2 Büscheln, etwa halb so lg wie die unbegrannte Dsp. **Schilf-Straußgras** – Agróstis agrostiflóra S. 589

13 **(10)** Ährchen an den kurzen, aufrecht abstehenden Rispenästen (Ähren) dicht 4reihig angeordnet. **Doppelährengras** – Beckmánnia S. 583

13* Ährchen nicht 4reihig angeordnet **14**

14 Untere Rispenäste mit 2 od. mehr grundständigen Zweigen, daher scheinbar zu dritt od. mehr an der Rispenachse (nur bei kleineren Alpengräsern mit borstlichen GrundBl Äste einzeln od. zu 2). Zwischen Hsp u. Dsp keine leeren Sp. Bl bis 5(–11) mm br od. borstenfg. Pfl nicht schilfartig, meist < 1 m hoch. Ährchen einzeln, gestielt, zuweilen etwas gehäuft. **Straußgras** – Agróstis S. 589

14* Untere Rispenäste einzeln od. mit einem grundständigen Zweig u. daher scheinbar zu 2 an der Rispenachse. Zwischen Hsp u. Dsp 2 leere, braun- od. weißbehaarte, mitunter schuppenartige Sp. GrundBl nie borstlich **15**

15 Bl an der Scheidenmündung beiderseits mit Haarbüscheln, seltener beiderseits behaart, Spreiten 2–6 mm br. Untere Rispenäste einzeln an der Rispenachse, viel kürzer als die Ährchen. Rispen 2–7 cm lg. Leere Sp im Ährchen braunhaarig. **Ruchgras** – Anthoxánthum S. 598

15* Bl kahl, Spreiten 8–20 mm br. Untere Rispenäste scheinbar zu zweit an der Rispenachse (Abb. **565**/6), der untere ährchenfreie Abschnitt länger als die im oberen Teil der Äste knäuelig gehäuften Ährchen. Rispe 10–20 cm lg. Leere Sp im Ährchen schuppenartig, weißlich behaart. Rohrartiges Gras nasser Standorte. **Rohrglanzgras** – Phaláris arundinácea S. 598

16 **(1)** Ährchen am Ende der lg Rispenäste knäuelig gehäuft. Unterster Rispenast einzeln u. ohne grundständigen Zweig (Abb. **565**/7). BlScheiden 2schneidig zusammengedrückt. **Knaulgras** – Dáctylis S. 582

16* Rispe nicht aus mehreren Knäueln bestehend, höchstens etwas ährenähnlich, indem die Rispenäste vom Grund an Ährchen tragen **17**
17 BlHäutchen durch einen Haarkranz ersetzt **18**
17* BlHäutchen ± lg, häutig od. nur saumartig, zuweilen zerschlitzt, gewimpert od. fehlend **21**
18 Ährchen zwischen den Sp mit spelzenlangen, dichten u. weißen Haaren. Bl 2–5 cm br, an der Scheidenmündung öhrchenfg, behaart. **Schilf** – Phragmítes S. 599
18* Ährchen nicht mit lg Haaren zwischen den Sp. Bl höchstens 1 cm br, meist schmaler, an der Scheidenmündung beiderseits durch lg Haare bärtig, nicht öhrchenfg **19**
19 Hsp so lg wie das Ährchen od. länger. **Traubenhafer** – Danthónia S. 595
19* Hsp höchstens halb so lg wie das Ährchen **20**
20 Ährchen 1–4(–6)blütig. Dsp 3–6 mm lg. Stg nur am zwiebelfg Grund mit Knoten. Rispe schmal, oft schieferblau. Pfl ♃. **Pfeifengras** – Molínia S. 599
20* Ährchen (6–)8–40blütig. Dsp 1–2 mm lg. Ährchenachse nicht zerfallend, zur Reife mit den Vsp stehenbleibend (Abb. **567**/5). Stg mit Knoten. Pfl ⊙. **Liebesgras** – Eragróstis S. 599
21 **(17)** Ährchen ohne Grannen 18–25(–30) mm lg. Beide Hsp so lg wie das Ährchen, die Dsp überragend (Abb. **561**/2) od. etwas kürzer (u. dann jede Dsp außer 1 lg rückenständigen noch mit 2 kurzen spitzenständigen Grannen), 7–11nervig. Wenigstens 1 der meist geknieten rückenständigen Grannen das Ährchen um (fast) das Doppelte überragend. BlHäutchen bis 7 mm lg. **Hafer** – Avéna S. 592
21* Ährchen ohne Grannen höchstens 15 mm lg, wenn Ährchen länger, dann Hsp kürzer als das halbe Ährchen. Dsp unbegrannt od. Grannen das Ährchen höchstens um eine halbe Ährchenlänge überragend. Hsp meist 1–3(–5)- od. undeutlich nervig, selten (bei Schmielenhafer, S. 592, mit etwa 10 mm lg BlHäutchen) 7–9nervig **22**
22 Dsp grannenlos od. mit sehr kurzer Granne, die von den Hsp verdeckt wird od. das Ährchen nicht überragt, am Ährchen daher keine Grannen sichtbar **23**
22* Dsp begrannt, Grannen am Ährchen deutlich sichtbar, Hsp u. Dsp überragend **38**
23 Hsp länger als die Dsp, oft > doppelt so lg, die Ährchenlänge bestimmend, die Dsp u. ihre Granne (außer zur BZeit) einhüllend **24**
23* Hsp höchstens so lg wie die Dsp, wenigstens eine etwas, oft beide viel kürzer als das Ährchen. Dsp wenigstens mit der Spitze am Ährchen sichtbar **25**
24 Pfl kahl. Bl borstlich, steif aufrecht abstehend. BlScheiden rosa überlaufen. Grannen mit Haarkranz, darüber keulig (Abb. **567**/1). **Silbergras** – Corynéphorus S. 594
24* Pfl dicht kurzhaarig. Bl flach, weich. BlScheiden blaugrün. Dsp der oberen B mit hakig gekrümmter Granne (Abb. **567**/3). **Wolliges Honiggras** – Hólcus lanátus S. 595
25 **(23)** Ährchen auf dem Rücken gekielt, im Querschnitt 2schneidig (Abb. **565**/5) **26**
25* Ährchen auf dem Rücken abgerundet, im Querschnitt rundlich bis oval (Abb. **565**/4) **28**
26 Rispe schmal, dicht zusammengezogen, durch die kurzen Äste fast wie eine Ährenrispe. Pfl wenigstens teilweise behaart. BlSpreiten oberseits deutlich gerieft. **Schillergras** – Koeléria S. 594
26* Rispe locker, meist durch längere, abstehende Äste breiter, deutlich rispenfg. Pfl kahl, selten die Bl od. Sp behaart **27**

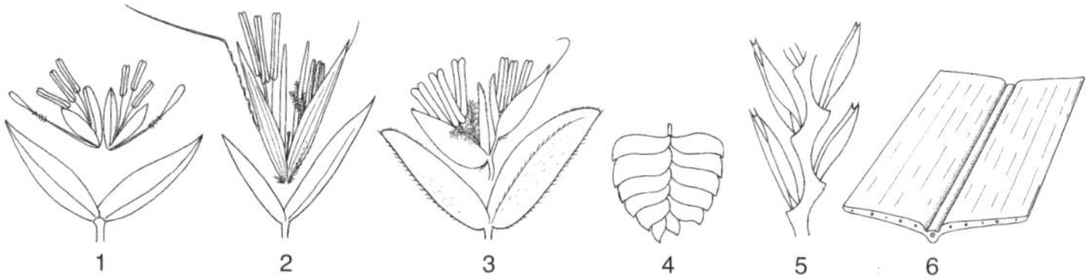

1 2 3 4 5 6

27 BlScheiden fast bis oben geschlossen. BlSpreiten in der Knospenlage gerollt, ohne Doppelrille. Dsp länger als 10 mm (wenn nur 5 mm lg, rotbraun u. BlScheiden nur bis zur Mitte geschlossen, s. Zierlicher Schwingel, S. 574).
Pampas-Trespe – Brómus cathárticus S. 570

27* BlScheiden bis unten offen. BlSpreiten in der Knospenlage gefaltet, oberseits in der Mitte mit einer zuweilen undeutlichen Doppelrille (Schienenblatt, Abb. **567**/6). Dsp kürzer als 10 mm. **Rispengras** – Póa S. 580

28 **(25)** Hsp länger als das halbe Ährchen, zuweilen eine Hsp so lg wie das Ährchen . . **29**

28* Hsp viel kürzer als das Ährchen, selten halb so lg od. wenig länger als das halbe Ährchen **32**

29 Halmknoten am Grund gehäuft, sonst fehlend. Ährchen bräunlich, glänzend. Rispenäste etwas geschlängelt. Granne der Dsp sehr kurz od. fehlend. Pfl nach Waldmeister (Kumarin) duftend. **Mariengras** – Hieróchloë S. 598

29* Halmknoten auch höher am Halm, einzeln. Ährchen grünlich, gelblich, rötlich od. rotbraun bis rot- od. dunkelviolett (überlaufen), meist nicht glänzend od. dann BStand traubig. Pfl nicht duftend **30**

30 Ährchen in armästigen Rispen od. in Trauben. Unterste Äste einzeln od. zu zweit. Waldgräser. **Perlgras** – Mélica S. 583

30* Ährchen in meist reich verzweigten Rispen. Unterste Äste scheinbar zu dritt od. mehr **31**

31 Dsp auf dem Rücken kurz begrannt, kahl. Granne die Dsp nicht überragend. Ährchen 3–6 mm lg. Pfl nicht rohrartig. Halme dünn, 1–2 mm dick.
Schmiele – Deschámpsia S. 593

31* Dsp ohne Granne, am Grund mit 1 Haarbüschel. Ährchen 9–11 mm lg. Pfl rohrartig, mit 6–8 mm dicken Halmen. **Schwingelschilf** – Scolóchloa S. 580

32 **(28)** Ährchen so lg wie br, kurz über dem Grund am breitesten. Sp fast waagerecht abstehend (Abb. **567**/4). **Zittergras** – Bríza S. 583

32* Ährchen länger als br, am Grund verschmälert. Sp nicht od. aufrecht abstehend . . . **33**

33 BlScheiden bis unten offen od. Bl borstenfg **34**

33* BlScheiden bis zur Mitte od. höher geschlossen. Bl flach, nicht borstenfg **35**

34 Dsp br hautrandig, an der Spitze abgerundet. Bl zuweilen dick binsenfg, eingerollt.
Salzschwaden – Puccinéllia S. 578

34* Dsp nicht hautrandig, ± zugespitzt. Bl zuweilen haarfg bis borstenfg.
Schwingel – Festúca S. 573

35 **(33)** Ährchen klein, bis 3 mm lg. BlScheiden bis zur Mitte geschlossen.
Quellgras – Catabrósa S. 579

35* Ährchen größer. BlScheiden (fast) bis oben geschlossen **36**

36 BlSpreite in der Mitte mit Doppelrille (Schienenblatt, Abb. **567**/6), sonst ungerieft od. ± schwächer gerieft. **Wasserschwaden** – Glycéria S. 578

36* BlSpreite oberseits ohne Doppelrille, schwach gerieft od. rauh **37**

37 Ährchenstiele lg, dünn u. biegsam. Hsp viel kürzer als das Ährchen. BlHäutchen bis 2 mm lg, gestutzt. Pfl 30–90 cm hoch, ♃. **Wehrlose Trespe** – Brómus inérmis S. 570

37* Ährchenstiele sehr kurz, dick u. starr. Hsp (fast) halb so lg wie das Ährchen. BlHäutchen bis 6 mm lg, zerschlitzt. Pfl 5–20 cm hoch, ⊙ ①. **Steifgras** – Catapódium S. 580

38 **(22)** Granne an der Spitze der Dsp od. aus dem Einschnitt der 2zähnigen Spitze abgehend. Hsp so lg wie das halbe Ährchen od. kürzer, seltener die obere Hsp bei sehr langer (10–20 mm lg) Granne der Dsp etwas länger als das halbe Ährchen **39**

38* Granne auf dem Rücken, etwas unter der Spitze od. am Grund der Dsp abgehend. Selten nur die Dsp der oberen B eines Ährchens mit rückenständiger Granne u. die der unteren B aus der Spitze begrannt. Hsp so lg wie das Ährchen od. etwas kürzer . . . **41**

39 BlScheiden fast bis oben geschlossen. Bl flach. Granne meist aus dem Einschnitt der 2zähnigen DspSpitze od. etwas darunter entspringend (Abb. **571**/3–7).
Trespe – Brómus S. 569

39* BlScheiden offen, nur bei Pfl mit BorstBl mitunter geschlossen. Granne spitzenständig **40**

40 Granne wenigstens 1½mal so lg wie die Dsp. Spreitengrund ohne Öhrchen. Pfl ⊙ od. ①. **Federschwingel** – Vúlpia S. 578

40* Granne meist kürzer od. wenig länger als die Dsp, wenn länger, dann Spreitengrund mit Öhrchen. Pfl ♃. **Schwingel** – Festúca S. 573

41 **(38)** Ährchen sehr klein, 1,5–3 mm lg, nichtblühend länger als br, mit 1–2 gleichlangen Grannen. Pfl ①, meist nur 5–20 cm hoch. **Haferschmiele** – Áira S. 593

41* Ährchen größer, mindestens 4 mm lg od. wenn kleiner, dann etwa so br wie lg **42**

42 Am Ährchen nur 1 od. 2 sehr verschieden lg Grannen sichtbar **43**

42* Am Ährchen 2 od. mehr etwa gleich lg Grannen sichtbar **46**

43 Ährchen auf dem Rücken gekielt, im Querschnitt 2schneidig (Abb. **565**/5). Hsp 2–3mal so lg wie die Dsp, am Kiel gewimpert. Halmknoten meist abstehend behaart. **Weiches Honiggras** – Hólcus móllis S. 595

43* Ährchen auf dem Rücken abgerundet, im Querschnitt rundlich bis oval (Abb. **565**/4). Hsp kahl, etwa so lg wie die Dsp od. nur wenig länger. Halme kahl **44**

44 Hsp etwas spreizend, an der Spitze oft etwas zurückgebogen. Ährchen dadurch etwa so lg wie br, etwa 4 mm lg. **Südliches Mariengras** – Hieróchloë austrális S. 598

44* Hsp (außer zur BZeit) aufrecht, an der Spitze nicht zurückgebogen. Ährchen dadurch länglich, 6–10 mm lg **45**

45 BlSpreiten 4–8 mm br, flach. BlHäutchen kurz, 1–3 mm lg, gestutzt. Untere Dsp fast am Grund lg begrannt, obere nicht od. sehr kurz, unter der kurz 2zähnigen Spitze, begrannt (Abb. **567**/2). Pfl ♃. **Glatthafer** – Arrhenátherum S. 592

45* BlSpreiten bis 3 mm br, rinnig od. flach. BlHäutchen bis 9 mm lg, spitz, am Scheidenrand herablaufend. Untere Dsp aus der Spitze kurz begrannt, obere kurz 2zähnig, mit 2 Grannenspitzen u. auf dem Rücken mit lg, gedrehter u. geknieter Granne. Pfl ⊙. **Schmielenhafer** – Ventenáta S. 592

46 **(42)** Ährchen groß, 15–20 mm lg, meist mit 3 lg Grannen, wenn nur 11–12 mm lg, dann 5blütig u. mit 5 lg Grannen. BlSpreite in der Mitte mit Doppelrille (Schienenblatt, Abb. **567**/6), sonst ungerieft, flach od. borstlich gefaltet. **Wiesenhafer** – Avénula S. 591

46* Ährchen < 10 mm lg. BlSpreite oberseits gerieft, flach od. borstenfg. Nur bei seltenem Alpengras (Staudenhafer, S. 591) Ährchen etwas größer, 11–12 mm lg, nur mit 2 lg Grannen u. BlSpreite mit Doppelrille, meist borstlich gefaltet **47**

47 Dsp an der Spitze 2zähnig. Zähne zuweilen grannenspitzig verlängert. Granne in der Mitte od. im oberen Drittel der Dsp abgehend. Ährchen mit 3, selten nur mit 2 Grannen **48**

47* Dsp an der Spitze gestutzt, selten mehrzähnig. Granne am Grund der Dsp abgehend. Ährchen mit 2 Grannen **49**

48 Ährchen 11–12 mm lg, mit 2 Grannen. BlHäutchen lg, zugespitzt, 2spaltig. Seltenes Alpengras. **Staudenhafer** – Helictótrichon S. 591

48* Ährchen 5–8 mm lg, mit 3 Grannen. BlHäutchen kurz, kragenfg. **Grannenhafer** – Trisétum S. 592

49 **(47)** BlHäutchen 3–8 mm lg, spitz. Seltene Arten. **Schmiele** – Deschámpsia S. 593

49* BlHäutchen 1–3 mm lg, stumpf, oft ausgerandet. Bl borstlich (wenn flach, s. Glatthafer S. 592). Häufige Art. **Drahtschmiele** – Avenélla S. 594

Trespe – Brómus L.

1 Ährchen seitlich zusammengedrückt. Sp auf dem Rücken gekielt (Abb. **565**/5) **2**

1* Ährchen nicht zusammengedrückt. Sp auf dem Rücken abgerundet (Abb. **565**/4) ... **3**

2 Grannen kurz, bis 1 mm lg od. fehlend, wenn länger, dann BlSpreiten nur 2–3 mm br. Vsp halb so lg wie die Dsp. Dsp auf den Nerven behaart od. rauh. 0,20–0,80(–1,50). ⊙ ♃ 6–9. Ruderalstellen; (N 1889) z We, (U) s M-Ba Bw Rh S-He Sa An Br Ns Me S-Sh (austr-stropAM – T, H – in der Heimat wichtiges Futtergras). [B. unioloídes (WILLD.) RASPAIL, B. willdenówii KUNTH, B. haenkeánus (C. PRESL) KUNTH, Festúca unioloídes WILLD., Ceratóchloa unioloídes (WILLD.) P. B.] **Pampas-T., Anden-T.** – B. cathárticus VAHL

2* Grannen (4–)7–10 mm lg. BlSpreiten 5–10 mm br. Vsp fast so lg wie die Dsp. Dsp kurzhaarig. 0,30–0,80. ⊙ ① ♃ 6–10(–11). Ruderalstellen (Weg- u. Straßenränder, Bauplätze, ruderales Grünland); (N 1932) z M-Br: Berlin, Paulinenaue, Potsdam, Bernau W-Me, s Ba: Memmingen, Dachau Bw We: Münster, Wahner Heide Sa: Leipzig Ns: Hannover, Vechta O-Me: Greifswald, Tramm O-Sh: Oldenburg, ↗ (m/mo-bWAM-(OAM) – T, H – Sb: Kleistogamie – selten als FutterPfl kultiviert). [Ceratóchloa carináta (HOOKER et ARNOTT) TUTIN] **Kalifornische T., Plattähren-T.** – B. carinátus HOOKER et ARNOTT

3 **(1)** Untere Hsp 1nervig, obere 3nervig, beide schmal lanzettlich **4**

3* Untere Hsp 3–5-, obere 7–9nervig, beide fast gleich lg, elliptisch **10**

4 Ährchen lanzettlich, zur Spitze hin verschmälert. Granne fehlend od. kürzer als die Dsp. ♃ **5**

4* Ährchen stets zur Spitze hin verbreitert. Granne so lg wie die Dsp od. länger. ⊙ od. ① **8**

5 Rispe sehr groß, locker, überhängend. BlScheiden, wenigstens die unteren, abstehend rauhhaarig. Grannen > 3 mm lg **6**

5* Rispe aufrecht. Untere BlScheiden kahl od. zerstreut behaart **7**

6 Obere BlScheiden dicht u. lg (3–4 mm) rauhhaarig, ohne kurze Flaumhaare. Rispe zuletzt weit ausgebreitet. Unterster Rispenast bis 20 cm lg, bei der Reife weit abstehend, mit nur 1, fast gleich lg, grundständigem Zweig, wie dieser mit 5–9 Ährchen. Dsp über der Mitte am breitesten, plötzlich zugespitzt. 0,80–1,50. ♃ 7–8. Anspruchsvolle LaubmischW, WSchläge u. WSäume; v SW-Ba M- u. N-Bw W-Rh SO-Ns, z O- u. N-Ba S-Bw außer Schwarzw O-Rh S- u. O-We He Th W-Sa S- u. M-An Me O-Sh, s SW-Br (m/mo-temp·ozEUR–(WAS) – H – V Atrop.). [B. serótinus BENEKEN, B. ásper MURRAY, Zérna ramósa (HUDS.) LINDMAN] **Späte Wald-T.** – B. ramósus HUDS.

6* Obere BlScheiden dicht u. kurz (0,1 mm) flaumig, höchstens am BlSpreitengrund mit einzelnen längeren Haaren. Rispe einseitig überhängend. Unterster Rispenast mit (1–)2–4 ungleich lg grundständigen Zweigen, der kürzeste mit nur 1 Ährchen. Dsp in od. unter der Mitte am breitesten, allmählich zugespitzt. 0,50–1,20. ♃ 6–7. Anspruchsvolle LaubmischW, Gebüsche, WSäume; v Ba (Hochebene u. Franken z) Bw NW-Rh Th, z S- u. O-Rh S- u. NO-We He W- u. S-Sa S- u. M-An S-Ns Me O-Sh, s Br W-Sh (m/mo-temp·subozEUR–WAS – H – V Carp., V Asper.-Fag., V Til.-Acer.). [B. ásper aut., Zérna benekénii (LANGE) LINDMAN] **Frühe Wald-T.** – B. benekénii (LANGE) TRIMEN

7 **(5)** Pfl dichtrasig. Untere BlScheiden mit zerstreuten, abstehenden Haaren. Bl entfernt gewimpert, untere schmal, borstlich gefaltet. BlHäutchen 1–2 mm lg. Dsp mit 4–10 mm lg Granne. 0,30–0,90. ♃ 5–10. Trocken- u. Halbtrockenrasen, wechseltrockne Wiesen, kalkhold; v (Silikatgebirge s) Ba Bw Rh He Th SW-An SO-Ns, z We Sa N- u. O-An, (N) z Br N-Ns Me S- u. O-Sh (m/mo-stemp·ozEUR – H – O Brom., V Arrh., V Mol. – Futtergras). [Zérna erécta (HUDS.) S. F. GRAY] ** **Aufrechte T.** – B. eréctus HUDS.

7* Pfl mit Ausläufern. Untere BlScheiden wie die flachen Bl kahl. BlHäutchen fast fehlend, selten bis 2 mm lg. Dsp unbegrannt od. mit kurzer Spitze. 0,30–0,90. ♃ 6–7. Ruderal beeinflußte, lückige Xerothermrasen, trockne bis mäßig frische Ruderalstellen (Weg- u. Straßenränder), gestörte Frischwiesen; g S-An Br Me, N-An u. übrige Bdl v, Gebirge u. N-Ns z, im NW oft (N) ↗ (sm/mo-b·(k)CIRCPOL – H – O Fest. val., O Agrop., V Arrh., V Sisymbr. – Futtergras). [Zérna inérmis (LEYSER) LINDMAN]
Wehrlose T., Unbegrannte T. – B. inérmis LEYSER

8 **(4)** Rispe dicht, aufrecht, selten schwach übergebogen. Rispenäste aufrecht abstehend, viel kürzer als die Ährchen, rauh. Ährchen mit Granne 3–6 cm lg, kahl od. behaart. Dsp 12–19 mm lg. Granne 12–18 mm lg, etwa so lg wie die Dsp. BlHäutchen gezähnt. 0,10–0,60. ⊙ 5–7. Ruderalstellen (Bahnhöfe, Häfen); (N U) s W-Bw Rh Me. Zierpfl (m-sm·(oz)EUR–WAS – T). **Mittelmeer-T.** – B. madriténsis L.

8* Rispe locker, überhängend. Untere Rispenäste so lg wie die Ährchen, oft länger, seltener nur 1 Ährchen tragende auch kürzer als die Ährchen 9

9 Halme meist kahl. Rispe 10–15 cm lg, mit lg, allseitig elastisch überhängenden, sehr rauhen Ästen. Ährchen mit Granne 4–6 cm lg. Dsp 13–23 mm lg. Granne 15–30 mm lg, 1,5–2mal so lg wie die starknervige Dsp. BlHäutchen fein gezähnt. 0,30–0,60. ⊙① 5–6. Mäßig trockne bis frische Ruderalstellen (Wegränder, Schutt, an Mauern, Böschungen), Dauerkulturen (Klee); (A) g S-An Br Me, v N-An u. übrige Bdl, s Gebirge, Alpenvorland, NW-Ns, ↗ (m/mo-temp·(suboz)EUR–WAS – T, H – V Sisymbr., V Fum.-Euph., O Secal.). [Anisántha stérilis (L.) NEVSKI] **Taube T.** – B. stérilis L.

9* Halme unter dem BStand kurzhaarig. Rispe 5–15 cm lg, dichter, einseitig überhängend, mit fein kurzhaarigen u. schwach rauhen Ästen. Ährchen mit Granne 2,5–3,5 cm lg. Dsp 9–13 mm lg, undeutlich nervig. Granne 10–18 mm lg, etwa so lg wie die Dsp. BlHäutchen grob zähnig. 0,10–0,45. ① 5–6. Trockne Ruderalstellen (Wegränder, Bahnanlagen, Schutt, Kiesgruben, an Mauern), ruderal beeinflußte Sandtrockenrasen; (A) g S-An Br, v M- u. N-Ba Rh We Sa Me, z S-Ba Bw He Th N-An O-Ns Sh, s W-Ns u. Bergland (m-temp·(k)EUR–WAS – H – O Sisymbr., O Fest.-Sedet.). [Anisántha tectórum (L.) NEVSKI] **Dach-T.** – B. tectórum L.

10 **(3)** Staubbeutel vor dem Öffnen 3,5–5 mm lg, bis 8mal so lg wie br, etwa halb so lg wie die Dsp. Ährchen meist rotviolett überlaufen. Vsp etwa so lg wie die Dsp 11

10* Staubbeutel viel kürzer, 1–3 mm lg, höchstens $^1/_3$ so lg wie die Dsp. Ährchen meist grün 12

11 Ährchen 15–22 mm lg. Dsp lanzettlich, 7–10 mm lg. Granne so lg wie die Dsp, gerade od. schwach auswärtsgebogen. Fr kürzer als die Dsp. Rispe groß, mit lg, dünnen Ästen, locker, ∞ährig, auch zur FrZeit ausgebreitet, zuletzt etwas nickend. 0,30–1,00. ⊙ ① 5–7(–10). Nährstoffreiche Äcker, mäßig trockne Ruderalstellen (Wegränder, Schutt); (A) z Ba Bw Rh We He S-An S-Ns Sh, (U) s Th Sa N-An Br N-Ns Me, ↘ (m-b·subozEUR–WAS – T, H – K Secal., K Chen.). **Acker-T.** – B. arvénsis L.

11* Ährchen 6–12 mm lg. Dsp fast rhombisch, etwa 4 mm lg. Granne halb so lg wie die Dsp. Fr länger als die Dsp. Rispe kurz u. dicht, mit steiferen Ästen. 0,20–0,30. ⊙ 6–7. Äcker, Ruderalstellen; † An: Harzvorland NO-Br: Prenzlau, Templin (früher endemisch im stemp·subkEUR). **Kurzährige T.** – B. brachýstachys HORNUNG

12 **(10)** Fr dick, eingerollt, auf der Innenseite mit tiefer Rinne. Dsp zur FrZeit mit stark eingerollten Rändern die Fr völlig einhüllend u. so eine fast stielrunde ScheinFr bildend. Dsp einander randlich nicht deckend (Abb. **571**/1). Ährchenspindel zäh, meist bis über den Winter unzergliedert bleibend. BlScheiden meist kahl. 0,40–1,00. ⊙ ① 6–7. Sandige bis lehmige Äcker, kalkmeidend; (A) z Ba Bw Rh Br, s We He Th Sa An W-Me W-Sh: Inseln, (U) s Ns Me Sh, ↘, gebietsweise aber ↗ (sm-b·(oz)EUR–WSIB – T, H – O Aper.). * **Roggen-T.** – B. secalínus agg.

12* Fr sehr dünn, flach, ohne Furche, von der kaum eingerollten Dsp zur Reife nicht völlig eingehüllt. Dsp einander zur FrZeit am Grund od. in ganzer Länge deckend (Abb. **571**/2). Ährchenspindel bald nach der BZeit in 1blütige Glieder zerbrechend. BlScheiden ± behaart 13

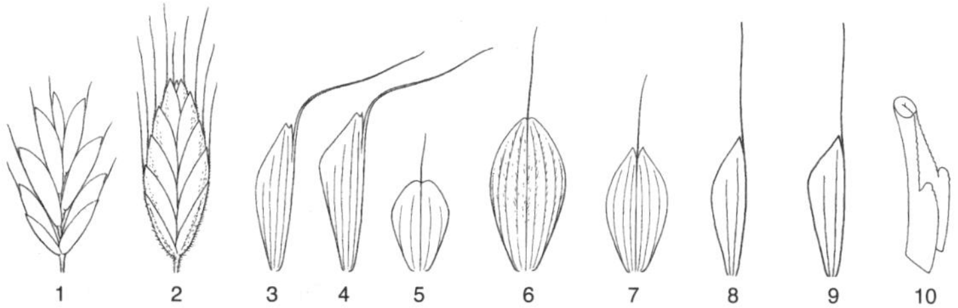

1 2 3 4 5 6 7 8 9 10

13 Granne mindestens 2 mm unter der DspSpitze entspringend, zuletzt meist fast rechtwinklig auswärtsgebogen, trocken meist stark spreizend, an den oberen B meist > 1 cm lg, an den unteren viel kürzer bis fehlend (Abb. **571**/3, 4). Vsp viel kürzer als die Dsp. Rispe groß, locker **14**

13* Granne 1(–1,5) mm unter der DspSpitze od. zwischen den Zähnen entspringend, gerade od. nur sehr schwach auswärtsgebogen (Abb. **571**/5–7) **15**

14 Granne auswärtsgebogen, selten auch bei der Reife gerade. Randlinie der Dsp gleichmäßig gebogen od. ganz stumpf winklig; ihr Hautrand etwa ½ mm br, in der Mitte kaum verbreitert (Abb. **571**/3). Die längsten Rispenäste mit (1–)3(–4) lineal-lanzettlichen Ährchen. 0,15–0,60. ☉ 5–6. Nährstoffreiche Äcker, mäßig trockne Ruderalstellen (Wegränder, Schutt), kalkhold; (N) z NW-Ba Bw O-Rh N-Th S-An, sonst (U) s, f NW-Ns N-Sh (m-stemp·kEUR–WAS – H – V Caucal., V Sisymbr.). [B. pátulus MERT. et KOCH]
Japanische T., Überhängende T. – B. japónicus THUNB.

14* Granne bei der Reife stets stark spreizend. Randlinie der Dsp in der Mitte stark winklig gebogen, ihr Hautrand dort auf 1 mm verbreitert (Abb. **571**/4), von da bis zur Spitze fast geradlinig. Alle BStandsäste mit meist nur 1 eilanzettlichen Ährchen. 0,30–0,60. ⊙ ⚇ 5–6. Trockne, sandige bis kiesige Ruderalstellen (Wegränder, Schutt, Bahnanlagen); s Bw Th, (U) s Br Me (m-stemp·(k)EUR–(WAS) – T, H – V Dauco-Mel.).
Sparrige T. – B. squarrósus L.

15 **(13)** Dsp dünnhäutig, längsfaltig, auf dem Rücken mit stark hervortretenden Nerven, meist weichhaarig (Abb. **571**/5–7). Rispe kurz, aufrecht; die meisten Ährchenstiele viel kürzer als ihre Ährchen. BlHäutchen behaart. 0,01–0,80. ⊙ ☉ ⚇ 5–8. Mäßig trockne Ruderalstellen (Wegränder, Böschungen), trockne, lückige Wiesen, Sandtrockenrasen der Küsten, Dünen; alle Bdl g, höhere Gebirge z (m-temp·(oz)EUR–WAS – T, H – V Sisymbr., V Arrh., V Koel. albesc., V Armer. elong.). [B. móllis L., incl. B. lépidus HOLMBERG, B. thomínei HARDOUIN] **Weiche T.** – B. hordeáceus L.

15* Dsp ziemlich dick, ± pergamentartig, eben, mit kaum hervortretenden Nerven, meist kahl, deutlich länger als die Vsp. Die meisten Ährchenstiele länger als ihre Ährchen **16**

16 Rispe 3–10 cm lg, schmal, traubenartig, stark zusammengezogen, aufrecht, auch nach der BZeit kaum nickend. Ährchenstiele 1–3 cm lg. Glieder der Ährchenachse etwa 1 mm lg. Dsp 7–8 mm lg, ihr Rand gleichmäßig gebogen (Abb. **571**/8), später infolge Einrollung scheinbar winklig. Granne an den untersten B kaum kürzer als an den übrigen. Vsp etwa so lg wie die Dsp. Staubbeutel 2–3 mm lg. 0,20–0,90. ☉ 6. Nährstoffreichere Feuchtwiesen; (N) z Ba außer Alpen, Vorland, Bayr-W Bw außer Bergland Rh We An Br Ns Sh, s Th: Tennstedt Sa Me, ↘ (m-temp·ozEUR – T, H – V Calth.).
Trauben-T. – B. racemósus L.

16* Rispe 7–20 cm lg, breiter, lockerer, nach der BZeit stark nickend. Ährchenstiele bis 7 cm lg. Glieder der Ährchenachse fast 2 mm lg. Dsp (7–)9–10 mm lg, ihr Rand über der Mitte stumpfwinklig (Abb. **571**/9). Granne an den untersten B deutlich kürzer als an den übrigen. Vsp deutlich kürzer als die Dsp. Staubbeutel 1–2 mm lg. 0,30–0,90. ⊙ ☉ 6. Nährstoffreiche Äcker (bes. Klee, Luzerne), frische Wiesen u. Weiden, Wegränder; (A?) z Ba Bw Rh Th S-An SO-Ns, s We He Br N-Ns, (N U) s Bw Sa Me O-Sh, ↘ (sm-temp·subozEUR – T, H – K Secal., O Arrh.). [B. praténsis EHRH.]
Verwechselte T., Wiesen-T. – B. commutátus SCHRADER

Zwenke – Brachypódium P. B.

1 Pfl mit kriechendem Rhizom. Halme u. Bl steif. BStand aufrecht. Granne kürzer als die Dsp, steif. 0,60–1,00. ♃ 6–7. Halbtrocken- (u. Trocken)rasen, Trockengebüsche, trockne Wälder u. ihre Säume, kalkhold; v (s Silikatgebirge) Ba Bw Rh He Th S-An SO-Ns, z We (f Münsterland) Sa Br: bes. O Me, s NO-Ns W-Me O-Sh (m/mo-temp·(suboz)EUR–WAS – H – V Cirs.-Brach., V Mesobrom., V Mol., V Ger. sang., V Cephal.-Fag., V Eric.-Pin., V Querc. pub.). *** Fieder-Z.** – B. pinnátum agg.

1* Pfl dicht- od. lockerhorstig. Halme u. Bl schlaff. BStand überhängend. Obere Grannen jedes Ährchens mindestens so lg wie die Dsp, dünn, nicht selten geschlängelt. 0,60–1,20. ♃ 7–8. Anspruchsvolle LaubmischW, Gebüsche, WSchläge u. WSäume; alle Bdl v, aber NO-Sa NW-Br N-Ns SW-Me W-Sh z (trop/moAS-m/mo-temp·(oz) EUR–(WAS) – H – K Querc.-Fag.). **Wald-Z.** – B. sylváticum (HUDS.) P. B.

Lolch, Weidelgras – Lólium L.

1 Pfl mit nichtblühenden BlBüscheln. Hsp $^1/_3$–$^3/_4$ so lg wie das Ährchen. Dsp dünn, krautig, 4–5mal so lg wie br. Fr lg, schmal **2**

1* Pfl nur mit Halmtrieben. Hsp > $^3/_4$ so lg wie das Ährchen. Dsp derb, ledrig, am Grund knorplig, 3–4mal so lg wie br. Fr dick, kurz. Ackerunkräuter. ⊙ **3**

2 Ausgebreitete Horste. Halme stets bis oben glatt. BlScheiden glatt. Bl 2–4(–6) mm br, dunkelgrün, in der Knospe gefaltet. Ährenachse an den nicht von Ährchen bedeckten Stellen glatt. Ährchen zur BZeit aufrecht abstehend bis anliegend, ihre Achse glatt. Dsp 6(–7) mm lg, stets unbegrannt. Hsp $^3/_4$ so lg wie das Ährchen u. 1,5mal so lg wie die unterste Dsp. 0,10–0,60. ♃ 5–10. Frische Intensivweiden, Parkrasen, mäßig frische bis frische Ruderalstellen (stark betretne Plätze, Weg- u. Straßenränder); alle Bdl g (m/mo-b·(oz)EUR – H – V Cynos., V Polyg. avic. – wichtigstes Weidegras).
Deutsches W., Englisches Raygras – L. perénne L.

2* Aufrechte Horste. Halme oberwärts fast stets rauh. BlScheiden meist etwas rauh. Bl bis 10 mm br, hellgrün, in der Knospe gerollt. Ährenachse auch an den nicht von Ährchen bedeckten Stellen rauh. Ährchen zur BZeit fast waagerecht abstehend, ihre Achse rauh. Dsp 7–8 mm lg, wenigstens die oberen meist begrannt. Hsp höchstens halb so lg wie das Ährchen, etwa so lg wie die unterste Dsp (Abb. **561**/9). 0,30–1,00. ① ⊙ ⊚ 6–8. KulturPfl (Ansaatgrünland), auch frische bis mäßig frische Ruderalstellen (Wegränder, Schutt), ruderal beeinflußte Frischwiesen; (N) alle Bdl v, aber Gebirge u. N-Sh z (m-sm·(oz)EUR – T, H – V Sisymbr., V Arrh., K Secal.). [L. itálicum A. BR.]
Welsches W., Italienisches Raygras – L. multiflórum LAMK.

3 **(1)** Ährchen 7–11 mm lg. Hsp 7–10 mm lg, die Spitze der obersten Dsp nicht erreichend, glatt. Dsp unbegrannt, selten kurzgrannig. BlScheiden meist glatt. BlSpreiten 2–3(–4) mm br. 0,30–0,60. ⊙ 6–8. Lein- u. Serradellaäcker, kalkmeidend; (A, in Leinkulturen entstanden) s Br, † übrige Bdl (sm-temp·subozEUR – T – V Lolio-Lin., V Sisymbr. – Fr giftig!). **Lein-L.** – L. remótum SCHRANK

3* Ährchen (10–)15–25 mm lg. Hsp 15–30 mm lg, die Spitze der obersten Dsp erreichend od. meist überragend, rauh. Dsp 6–8 mm lg, fast stets lg begrannt. BlScheiden meist rauh. BlSpreiten 3–12 mm br. 0,30–0,90. ⊙ 6–8. Äcker; (A) s Sa Br Sh, (U) s Ns, † Ba Bw Rh We He Th An Me (m-temp·(oz)EUR–WAS – T – K Secal. – Fr durch einen Schmarotzerpilz giftig!). **Taumel-L.** – L. temuléntum L.

Dünnschwingel – Micropýrum (GAUDIN) LINK [Nardúrus RCHB. ex GODR.]

Ährchen in ährenähnlicher Traube, 2zeilig an der 4kantigen Traubenachse. Halme steif, an den Knoten dunkelviolett. Bl kurz, borstlich gefaltet. 0,10–0,40. ⊙ 5–7. Sand- u. Kiesböden, Felsen, Brachen, Wegränder, kalkmeidend; † SW- u. NO-Bw: Rheinebene nördlich bis Hecklingen, Wertheim (m-stemp·ozEUR – T – V Thero-Air.). [Festúca lachenálii (C. C. GMELIN) SPENNER, F. festucoídes (BERTOL.) BECHERER, Nardúrus lachenálii (C. C. GMELIN) GODR., N. hálleri (VIV.) FIORI] **Kies-D.** – M. tenéllum (L.) LINK

Schwingel – Festúca L.

1 Bl alle flach **2**

1* Bl alle od. nur die GrundBl borstlich bis haarfg **7**

2 BlScheiden fast bis oben geschlossen, meist behaart, unterste zerfasernd. GrundBl frisch flach, gekielt, bei Trockenheit meist borstlich gefaltet. Rispe groß, 9–15 cm lg,

locker, ∞ährig. Ährchen mindestens 8blütig, 8–12 mm lg, Grannen höchstens halb so lg wie die Dsp. 0,50–1,00. ♃ 6–7. Feuchte Wiesen u. Hochstaudengesellschaften; z Ba We He Sa u. wohl alle übrigen Bdl, bes. Bergland, Verbreitung ungenügend bekannt (temp-b·ozEUR – H – V Rum. alp.). [F. diffúsa DUM., F. megástachys HEGETSCHW., F. rúbra ssp. multiflóra (HOFFM.) PIPER, F. rúbra var. planifólia HACKEL]

Vielblütiger Sch. – F. heteromálla POURR.

2* BlScheiden in der oberen Hälfte offen od. bis über die Mitte, jedoch nicht bis fast zur Scheidenmündung geschlossen u. dann Ährchen 3–5blütig u. 6–7 mm lg **3**

3 Bl an der Scheidenmündung ohne Öhrchen **4**

3* Bl an der Scheidenmündung mit halm- od. triebumfassenden Öhrchen (wie Abb. **586**/3) **5**

4 BlScheiden bis unten offen. BlHäutchen länglich, bis 3(–5) mm lg, abgerundet. BlSpreite 4–14 mm br, oberseits kahl. Halme unten mit glänzenden, schuppigen NiederBl. Rispe groß, zuletzt überhängend. Ährchen 7–8 mm lg. Dsp unbegrannt. 0,60–1,20. ♃ 6–7. Frische LaubmischW, TannenW, Nadelholzforste, WSäume, mäßig anspruchsvoll; v S-Ns O-Sh sowie im Hügel- u. Bergland von Ba Bw Rh We He Th O-Sa An, z W-Sa Me, s NW-We N-An Br N-Ns (sm/demo-temp/demo·(oz)EUR+(WSIB) – H – V Luz.-Fag., V Gal.-Abiet.). [F. sylvática (POLLICH) VILL.] **Wald-Sch.** – F. altíssima ALL.

4* BlScheiden bis zur Mitte od. darüber, jedoch nicht bis fast zur Mündung geschlossen. BlHäutchen sehr kurz, an den HalmBl 1–2 mm lg, kragenfg. BlSpreiten 2–3 mm br, selten gefaltet u. dann im Querschnitt flach, nicht borstenfg. Halme ohne NiederBl. Ährchen 3–4blütig, 6–7 mm lg, meist braunrot. Dsp auf dem Rücken gekielt. 0,20–0,50. ♃ 7–8. Hochgebirgsmatten, anspruchsvoll; v S-Ba: Alpen (sm/salp-temp/salp·subozEUR – H – V Car. ferr.). ** **Zierlicher Sch.** – F. pulchélla SCHRADER

5 **(3)** Dsp mit lg, geschlängelter Granne. Rispe groß, ausgebreitet, zuletzt überhängend. Ährchen 11–15 mm lg. Spreiten der unteren Bl mit spitzen, weißlichen Öhrchen den Halm umfassend. SpreitenUSeite stark glänzend. 0,60–1,50. ♃ 7–8. Anspruchsvolle LaubmischW, WSäume, WSchläge; g Bw, übrige Bdl v, aber Schwarzw, Bayr-W, Westerwald u. NW-Ns z (m/mo-temp·(oz)EUR–WAS – H – V Alno-Ulm., V Alliar.).

Riesen-Sch. – F. gigantéa (L.) VILL.

5* Dsp unbegrannt od. mit kurzer Granne **6**

6 GrundBlScheiden braun, bald zerfasernd. BlSpreite 3–5 mm br, 10–20 cm lg, am Grund mit stets kahlen Öhrchen, schlaff. Rispe 8–15(–20) cm lg, nach der BZeit zusammengezogen; unterster Rispenast meist 4–6ährig, sein grundständiger Zweig viel kürzer, mit 1(–3) Ährchen od. fehlend. Staubbeutel 3 mm lg. 0,40–1,00. ♃ 6–7. Nährstoffreiche Fettwiesen u. -weiden, Moorwiesen, Halbtrockenrasen; alle Bdl g (m/mo-b·(oz)EUR–WAS – H – K Mol.-Arrh., V Mesobrom. – Futtergras). [F. elátior L. p. p.]

** **Wiesen-Sch.** – F. praténsis HUDS.

6* GrundBlScheiden weißlich, zäh, nicht zerfasernd. BlSpreite bis 10 mm br u. bis 70 cm lg, steif, Öhrchen stets wimprig gesägt. Rispe (12–)20–40 cm lg, auch nach der BZeit ausgebreitet; unterster Rispenast 5–25ährig, mit nur wenig kürzerem, 5–8ährigem grundständigem Zweig. Staubbeutel 4 mm lg. 0,60–1,80. ♃ 6–7. Feuchte bis nasse Wiesen u. Weiden, ältere Küstenspülsäume; v (Bergland z) S- u. M-Ba Bw Rh We An Br Ns: SO u. Küsten Me Sh: Küstengebiet, z N-Ba He Th Sa Binnenland von N-Ns u. Sh (m-temp EUR–WAS – H – V Agrop.-Rum., O Mol.). ** **Rohr-Sch.** – F. arundinácea SCHREBER

7 **(1)** BlHäutchen, wenigstens an den HalmBl, länglich. Bl borstlich, dünn, weich. Pfl dichtrasig. Rispe ± locker. Ährchen 3–5blütig. Dsp deutlich bespitzt od. kurz begrannt. 0,10–0,25. ♃ 7–8. Hochalp. Matten; v S-Ba: Alpen (sm/alp-temp/alp·(oz)EUR – H – V Sesl., V Elyn.). [F. púmila VILL.] **Zwerg-Sch.** – F. quadriflóra HONCK.

7* BlHäutchen sehr kurz, oft nur ein unregelmäßiger Saum **8**

8 HalmBl flach od. hohlkehlig, nur GrundBl borstlich, mit geschlossner Scheide **9**

8* Alle Bl borstlich od. haarfg, gefaltet. BlHäutchen seitlich ± deutlich öhrchenfg vorgezogen (Abb. **571**/10) **14**

9 FrKn am Scheitel feinborstig. Pfl dichtrasig bis horstig. Granne so lg wie die halbe Dsp od. länger, wenn kürzer, dann Bl im Querschnitt oval, in der Mitte ± abgerundet . . . **10**

9* FrKn kahl. Pfl lockerrasig od. dichtrasig bis horstig u. dann Granne kürzer als die halbe Dsp u. Bl im Querschnitt ± eckig, zur Mitte spitzwinklig (fast kielartig) verschmälert . . **12**

10 Ährchen lineal-länglich, grün, selten hellviolett überlaufen. Granne mindestens halb so lg wie die Dsp. GrundBl oft einseitig überhängend, haarfg, gefaltet, im Querschnitt 3eckig. HalmBl flach, 2–3 mm br. 0,60–1,00. ♃ 6–8. Grasreiche EichenmischW, Schläge, mäßig anspruchsvoll; z M- u. N-Ba Bw: außer Schwarzw u. Alpenvorland Rh He Th Sa S-An Br, s We N-An S-Ns Me (sm/mo-temp·subozEUR – H – V Carp., V Luz.-Fag., V Querc. pub.). **Verschiedenblättriger Sch.** – F. heterophýlla LAMK.

10* Ährchen elliptisch, meist schwarzviolett. HalmBl flach od. rinnig, 1–2 mm br. AlpenPfl (Sammelart: F. violácea SCHLEICHER ex GAUDIN) **11**

11 Alte BlScheiden zerfasernd. Bl der nichtblühenden Triebe 0,4–0,6 mm br, ziemlich schlaff, eng gefaltet, mit 3 Rippen, 5 Nerven u. 7 nur auf der Spreitenunterseite liegenden Bastbündeln, im Querschnitt mehreckig, zur Mitte spitzwinklig, fast kielartig verschmälert. Grannen so lg wie die halbe Dsp od. länger. Ährchen glänzend, dunkelviolett gescheckt. 0,30–0,40. ♃ 7–8. Geröll, steinige Triften; v SW-Ba: Allgäu, s Wetterstein, Alpspitze (sm/alp-temp/alp·subozALP – H – V Poion alp., V Car. ferr.). [F. nígricans SCHLEICHER ex GAUDIN] **Schwarzvioletter Sch.** – F. puccinéllii PARL.

11* BlScheiden nicht zerfasernd. Bl der nichtblühenden Triebe 0,6–0,7 mm br, steifer, weitrinnig gefaltet, mit (3–)5 Rippen, (5–)7–9 Nerven u. starken Bastbündeln (die der beiden stärksten Seitennerven zur BlOberseite durchlaufend), im Querschnitt oval, in der Mitte ± abgerundet. Granne kürzer als die halbe Dsp. Ährchen hellviolett gescheckt. 0,40–0,50. ♃ 7–8. Kalkgeröll; s SO-Ba: Berchtesgadener Alpen (sm/alp-temp/alp·subozALP – H – V Sesl., V Car. ferr.). **Norischer Sch.** – F. nórica (HACKEL) RICHTER

12 **(9)** Pfl ± dichthorstig, ohne od. mit sehr kurzen Ausläufern. BlScheiden weichhaarig. GrundBl hohlkehlig bis borstlich, 0,6–1 mm ∅. Rispe wenigährig, vor u. nach der BZeit dicht zusammengezogen. 0,30–0,65(–0,90). ♃ 6–7. Frische, mäßig nährstoffreiche, mäßig saure Wiesen u. Weiden, trocknere Magerrasen, Sandböden, Brachland, Straßenränder, Bahndämme, kalkmeidend; v Ba Bw Rh We He Sa Br Ns, (N) s Me Sh, Verbreitung ungenügend bekannt. KulturPfl (sm/mo-tempEUR – H – O Nard., O Arrh.). [F. fállax aut. non THUILL., F. rúbra ssp. commutáta GAUDIN] **Horst-Sch.** – F. nigréscens LAMK.

12* Pfl lockerrasig od. ± dichthorstig, mit ± längeren Ausläufern **13**

13 Ährchen 4–6blütig. Bl frisch nicht entfaltbar. Entfaltungszellen (stark vergrößerte Oberhautzellen am Grund der Furchen der BlInnenseite) nicht od. nur schwach ausgebildet. Ährchen oft rötlich od. bräunlich, im Hochgebirge auch schwarzviolett. 0,30–0,80. ♃ 6–7. Wiesen, Weiden, Wegränder, Trocken- u. Halbtrockenrasen, ältere Weiß- u. Graudünen, Salzwiesen; alle Bdl g (m/mo-arct·(suboz)CIRCPOL – H – K Mol.-Arrh., V Cirs.-Brach., V Mesobrom., V Armer. marit., V Ammoph. – Futtergras).
** **Rot-Sch.** – F. rúbra L.

13* Ährchen mindestens 8blütig. Bei Trockenheit gefaltete Bl feucht wieder entfaltbar. Entfaltungszellen deutlich ausgebildet. **Vielblütiger Sch., 2**

14 **(8)** Pfl lockerrasig, mit ± langen Ausläufern, graugrün. Bl fadenfg bis borstenfg, 0,4–0,6 mm ∅. BlScheiden kahl, sehr stark zerfasernd. Rispe länglich-linealisch, bis 12 cm lg, mit sehr dünnen Ästen. Ährchen 7 mm lg. Dsp lineal-lanzettlich, 4,5 mm lg, kahl, stachelspitzig od. kurz (selten länger) begrannt. 0,30–0,70. ♃ 6.–7. Wechselfeuchte Wiesen; s S-Ba: Oberau, Murnauer Moos SO-Rh: Mainz (sm/mo-stemp·ozEUR – H – V Mol.). [F. rúbra ssp. trichophýlla GAUDIN, F. uliginósa (SCHUR) FRITSCH]
(**) Haarblättriger Sch. – F. trichophýlla (DUCROS ex GAUDIN) RICHTER

14* Pfl dichthorstig, ohne Ausläufer **15**

15 BlScheiden mindestens bis zur Hälfte geschlossen. Nur in Ba u. Bw **16**

15* BlScheiden fast bis zum Grund offen (nur bei Sudeten-Sch, **20**, mit 2–4 cm lg Rispe u. Bastring auf dem BlQuerschnitt bis $^{1}/_{3}$, selten bis zur Mitte geschlossen), ohne Längsfurche. Bl haardünn bis dick borstlich. Ährchen 4–7,5 mm lg (Artengruppe Schaf-Sch. – F. ovína agg.)[1]) **18**

16 BlScheiden im geschlossenen Teil mit tiefer, enger Längsfurche, oft (besonders unten) rötlichviolett, lange erhalten bleibend, nicht zerfasernd. Bl fast haarfg. Rispe lg, locker, 8–22 cm lg. 0,50–1,20. ♃ 6. Wärmeliebende KiefernW, Trockenrasen; z S-Ba: Mittlere Alpen, Alpenvorland bis zur Donau, Eichstätter Alb, s N-Ba: Pegnitz, Rednitz, Nürnberg S-Bw: Baar-Alb, Bodensee (sm/perialp-temp/perialp·subozEUR – H – V Eric.-Pin., V Car. ferr., V Mesobrom.). ** **Amethyst-Sch.** – F. amethýstina L.

16* BlScheiden ohne Längsfurche. Rispe 1,5–3 cm lg, lineal-länglich, ± traubenfg **17**

17 Staubbeutel 2–3 mm lg. Granne der grauvioletten Dsp kurz. Bl borstenfg, 0,5–0,7 mm ∅. 0,10–0,20. ♃ 6–7. Subalp. u. alp. Steinschuttfluren, Felsspalten; z S-Ba: Alpen (temp/alp·subozALP – H – V Thlasp. rot., O Sesl.).
Gemsen-Sch. – F. rupicapríná (HACKEL) KERNER

17* Staubbeutel 1 mm lg. Granne der meist blaßgrünen Dsp mindestens halb so lg wie diese. Bl haardünn, 0,3–0,4 mm ∅. 0,06–0,10. ♃ 6–7. Hochalp. Kalkfelsspalten; v S-Ba: Alpen (sm/alp-temp/alp·ozEUR – H – V Potent. caul.).
Alpen-Sch. – F. alpína SUTER

18 **(15)** Bl auch im vergilbten (abgestorbenen) Zustand mit konvexen Seitenflächen, im Querschnitt elliptisch (Abb. **577**/1–5). Bast unter der Oberhaut der BlAußenseite einen annähernd gleichdicken, zuweilen etwas unterbrochenen, dünnen Ring bildend (Querschnitt durch die Mitte des längsten Bl eines halmlosen Triebes) **19**

18* Seitenflächen der vergilbten Bl ein- (selten mehr-)furchig, Bl im Querschnitt meist V-fg bis geigenfg (Abb. **577**/6–9). Bast in 3 Bündeln (1 mittleres u. 2 randliche), dazu oft mit 2 kleineren Zwischenbündeln od. in allen Übergängen zu einem in der Mitte u. an den Rändern deutlich verdickten Ring zusammenfließend **23**

19 Bl 0,2–0,7 mm ∅, schlaff, rein grün, unbereift. Nerven 5–7, Rippen 1, Furchen 2 (Abb. **577**/1, 2). Ährchen 3,5–7(–7,5) mm lg. Kalkmeidende Arten **20**

19* Bl (0,5–)0,6–1,8 mm ∅, starr, ± blaugrün, im Sommer meist bereift. Nerven (5–)7–13; Rippen 1–5, Furchen 2–5, die äußeren, dem Rand genäherten Rippen u. Furchen zuweilen ± stark abgeflacht (Abb. **577**/3–5). Ährchen (5,5–)6,5–9,5(–11) mm lg. Basenholde od. indifferente Arten **21**

20 Seltene AlpenPfl. Scheiden im unteren Drittel, selten bis zur Mitte geschlossen. Spreiten glatt, höchstens an der Spitze rauh, (0,3–)0,5–0,7 mm ∅. Rispe nur 2–4 cm lg, dicht zusammengezogen. Dsp begrannt. 0,10–0,30. ♃ 6–7. Alp. Magerrasen, kalkmeidend; s S-Ba: Wettersteingebirge, Allgäu: Fellhorn (m/alp-temp/alp·subozEUR – H – V Nard.).
[F. ovína var. sudética KITTEL, F. supína SCHUR] **Sudeten-Sch.** – F. airoídes LAMK.

20* Verbreitete Pfl. Scheiden fast bis zum Grund offen. Spreiten meist tiefer herab, selten nur an der Spitze rauh. Bl 0,2–0,4(–0,6) mm ∅, im Querschnitt elliptisch, oft gekielt, mit 5–7 Nerven, 1(–2) Rippen u. 2(–3) Furchen (Abb. **577**/1, 2). Ährchen 4–6(–7,5) mm lg. Dsp mit 0,5–1,5 mm lg Granne. 0,20–0,70. ♃ 5–7. Trockne bis wechseltrockne Sand- u. Silikattrocken- u. Halbtrockenrasen, Heiden, Magerrasen, trockne Eichen- u. KiefernW, kalkmeidend; alle Bdl v (sm/mo-arct·(oz)EUR–SIB – H – O Fest.-Sedet., V Koel.-Phleion, V Viol. can., V Genisto-Call., V Saroth., V Querc. rob.-petr., V Cytis.-Pin.). [Verwandte Sippen: F. filifórmis POURR. (Abb. **577**/2), F. heterópachys (ST.-YVES) PATZKE ex AUQUIER, F. lemánii BAST.] ** **Schaf-Sch.** – F. ovína L.

21 **(19)** Pfl felsiger u. steiniger Böden (selten auch auf lockeren Sandböden) im S u. M. Bl 0,6–1,4 mm ∅, meist gekrümmt od. bogig überhängend, oft oberwärts etwas rauh, 7–9(–13)nervig (Abb. **577**/3), blaugrün, bereift. Rispen ± stark übergebogen. Dsp (4–)4,5–5(–6,0) mm lg. Granne (0,5–)1–2,5 mm lg. Scheiden der GrundBl nicht pergamentartig hart, die toten Spreiten spät abwerfend. 0,10–0,70. ♃ 5–6. Felsspalten in

[1]) Nicht alle im Gebiet vorkommenden Sippen sind hier verschlüsselt. Sie werden lediglich bei den ihnen nahestehenden Arten aufgezählt.

Durchbruchstälern des Berg- u. Hügellandes; z M- u. N-Ba S-Bw: Jura, Schwarzw, Isteiner Klotz, Bodensee Rh Th S- u. M-An, s W-He S- u. M-We S-Sa SO-Ns: Harz. Ziergras (sm-stemp·subozEUR – H – V Sesl.-Fest., V Fest. val.). [F. cinérea ssp. pállens (HOST) STOHR, F. gláuca aut., F. duriúscula aut.; verwandte Sippen: F. longifólia THUILL., F. laevigáta GAUDIN, F. glaúcina STOHR] **Bleicher Sch.** – F. pállens HOST

21* Pfl lockerer Sandböden im NO u. im mittleren u. unteren Elbtal. Bl 0,4–1,1 mm ∅, steif aufrecht. Dsp 3,5–5 mm lg. Scheiden der GrundBl pergamentartig, lange bleibend, die toten Spreiten bald abwerfend u. dann oben wie quer abgeschnitten **22**

22 Granne (0,5–)1–2 mm lg. Halme, wenigstens oberwärts, dicht kurzhaarig-rauh. Bl ± gerade u. aufrecht abstehend, blaugrün, bereift od. unbereift, mit sehr spitzer, etwas stechender Spitze, 7–11nervig (Abb. **577**/4); zuweilen nahe der Spitze od. am Rücken tiefer herab rauh. Untere BlScheiden meist strohfarben. 0,20–0,70. ♃ 6–7. Reichere Sandtrockenrasen, Küsten- u. Binnendünen; z NO- u. M-Br NO-Me: Küste, unteres Elbtal von Wittenberge bis Boitzenburg (An Br Ns Me), s An: Gerwisch, Derben, Stendal, Gladikau, Doberkau, Uchtspringe (temp·subkEUR – H – V Armer. elong., V Koel. glauc.). [F. caésia aut., F. ovína var. sabulósa N. J. ANDERSSON] **Dünen-Sch.** – F. polésica ZAPAŁ

22* Granne 0,1–0,8(–1) mm lg. Halm bis zur Rispe völlig kahl u. glatt. Bl ± gebogen, stark bereift, weißlichgrün, mit stumpflicher Spitze, 9–11(–15)nervig (Abb. **577**/5), am Rücken völlig glatt. Untere BlScheiden oft amethystfarbig. 0,20–0,70. ♃ 6–7. Kont., reichere Sandtrockenrasen (Binnendünen), sandige KiefernW; v An: Elbtal von Prettin bis Bertingen, Ferchland O-Br, s Sa: Elbtal: Seußlitz, Niederau? SW-Br (temp·(subk)EUR – H – V Koel. glauc., V Cytis.-Pin.). **Sand-Sch.** – F. psammóphila (HACKEL) FRITSCH

23 **(18)** Bl mit 7(–13) Nerven, grau- bis blaugrün, bereift bis unbereift, mit 3(–7) Rippen u. 4(–8) Furchen, im ∅ 0,6–1,0(–1,2) mm (Abb. **577**/6), ganz od. nur an der Spitze rauh. Ährchen 4,5–8,5(–10) mm lg. Dsp 3–6 mm lg. Grannen 1,5–3 mm lg. (0,07–)0,20–0,65 (–0,75). ♃ 5–7. Reichere Sandtrockenrasen, Silikattrocken- u. Halbtrockenrasen, trockne Ruderalstellen (Weg- u. Straßenränder, Böschungen, Umschlagplätze); v N-Ba Bw Rh Br Me, z Th Sa, in allen Bdl auch sehr oft (N) in Grasansaaten (m-temp·subk EUR – H – O Fest.-Sedet., K Fest.-Brom., V Agrop.-Rum. – selten für Saatgut kultiviert). [F. trachyphýlla (HACKEL) KRAJINA non HACKEL ex DRUCE; verw. Sippen: F. duvália (ST.-YVES) STOHR, F. pátzkei MARKGR.-DANN.] **Rauhblatt-Sch.** – F. brevípila TRACEY

23* Bl mit 5 Nerven, selten auch einige Bl derselben Pfl mit 7 Nerven, blaugrün, bereift od. grün bis graugrün u. unbereift, mit 3 Rippen u. 4 Furchen, selten auch einige Bl mit 1–2 Rippen u. 2–3 Furchen, im ∅ (0,3–)0,4–0,9 mm **24**

24 Ährchen 6–8 mm lg. Bl dunkelgrün, unbereift, rauh, im ∅ 0,55–0,9 mm, meist mit 3 dickeren Bastbündeln in der Mitte u. an den Rändern (Abb. **577**/7), dazwischen zuweilen noch 2 dünnere. Scheiden meist kahl. 0,15–0,80. ♃ 5–7. Trocken- u. Halbtrockenrasen, basenhold; v N- u. M-Ba Th M- u. S-An, s NO-Bw S- u. O-He NW-Sa (Elbtal z) SO-Ns, (N) s Rh SW-He (m-temp·(k)EUR–WAS – K Fest.-Brom., O Agrop.). [F. sulcáta (HACKEL) NYMAN, F. hirsúta HOST] **Furchen-Sch.** – F. rupícola HEUFFEL

24* Ährchen 4,5–6,5 mm lg. Bl blaugrün, bereift, im ∅ 0,3–0,65 mm, mit 3 dicken Bastbündeln in der Mitte u. an den Rändern (Abb. **577**/9), zuweilen seitlich noch 2 dünnere. (0,05–)0,15–0,60. ♃ 6–7. Kont. Trockenrasen; v N- u. M-Th S- u. M-An, z Rh: Pfalz,

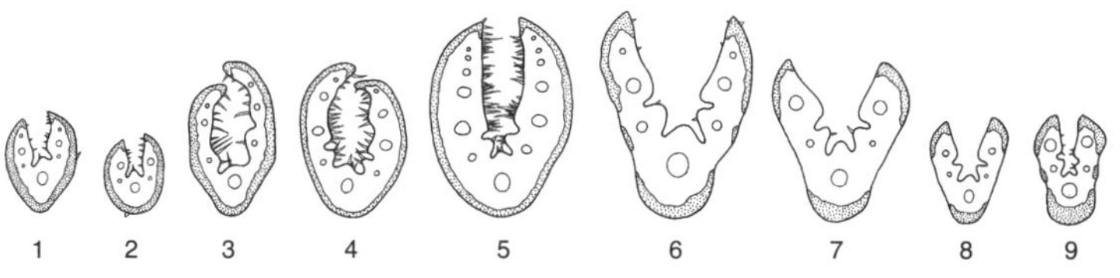

Rheinhessen, s NW-Ba: Bad Windsheim S-He: Trockengebiet? Sa: Wachtnitz, Bautzen SO-Ns: nördliches Harzvorland (m-temp·(k)EUR–WAS – H – V Fest. val., selten auch V Cirs.-Brach.). [Verw. Sippen: F. púlchra SCHUR = F. pseudovína HACKEL ex WIESB. (Abb. **577**/8), F. makutrénsis ZAPAŁ.] **Walliser Sch.** – F. valesíaca SCHLEICHER ex GAUDIN

Federschwingel – Vúlpia C. C. GMELIN

1 Dsp am Rand lg gewimpert, auf dem Rücken langhaarig. Nur die unteren 1–2 B eines Ährchens fertil. Obere Hsp wie die Dsp allmählich in eine lg Granne verschmälert. Unterster Rispenast in der obersten BlScheide eingeschlossen bleibend. 0,05–0,40. ① 4–6. Offne Ruderalstellen (Häfen, Bahnanlagen, Brachland, Schuttplätze); (N U) s S-Ba: Allgäu, München Bw: Karlsruhe, Ulm, Söflingen, Kißlegg N-Ns: Bremen NW-Me: Rostock (m-sm·(oz)EUR–WAS – H). **Behaarter F.** – V. ciliáta DUM.

1* Dsp kahl, im oberen Teil rauh. Alle B im Ährchen fertil od. nur die oberen 1–2 B steril . **2**

2 Rispe bis > 20 cm lg, mindestens $^1/_3$ der Halmlänge einnehmend, fast 3–25mal so lg wie ihr unterster Ast, zur BZeit oft noch mit dem unteren Teil in der obersten Scheide eingeschlossen. Größere Hsp 2,5–11mal so lg wie die kleinere, ihre Seitennerven bis zur SpMitte reichend. 0,25–0,45. ⊙ ① 6–10. Trockne, sandige bis kiesige Ruderalstellen (Wegränder, Bahnanlagen, Tagebaue), Brachen, kalkmeidend; v W-Bw Rh W-We S-Br, z M- u. NW-Ba O-We He Th N-Sa An Ns, s S-Ba O-Bw S-Sa N-Br Me S-Sh, ↘ (m-temp·(oz)EUR–WAS – T, H – V Thero-Air., V Sisymbr.). [Festúca myúros L.] **Mäuseschwanz-F.** – V. myúros (L.) C. C. GMELIN

2* Rispe 5–10 cm lg, < $^1/_3$ der Halmlänge einnehmend, höchstens wenig über 2,5mal so lg wie ihr unterster Ast, meist weit aus der obersten Scheide herausragend. Größere Hsp wenig länger bis fast 2,5mal so lg wie die kleinere, ihre Seitennerven bis in die obere SpHälfte reichend. 0,10–0,30. ⊙ ① 6–8. Ruderal beeinflußte Sandtrockenrasen, trockne, sandige bis lehmige Ruderalstellen (Böschungen), kalkmeidend; z W-Bw Rh W-We He, s W-Ba Th N- u. O-Sa S-An S- u. M-Br Ns Sh, (U) s Me, ↘ (strop/moAFR+m-temp·ozEUR – T, H – V Thero-Air., V Sisymbr.). [Festúca dertonénsis (ALL.) A. et GR.] **Trespen-F.** – V. bromoídes (L.) S. F. GRAY

Salzschwaden – Puccinéllia PARL. [Átropis (TRIN.) RUPR. ex GRISEB.]

1 Ausläufer fehlend. Rispenäste rauh, zur BZeit ± waagerecht, zur FrZeit herabgeschlagen, untere zu 2–5. Ährchen 2–9blütig, 3–9 mm lg. 0,15–0,50. ♃ 8–10. Wechselfrische bis nasse Salzwiesen u. Trittrasen, Küstenspülsäume, wechseltrockne, lehmige Ruderalstellen (Straßenränder, Bahnanlagen, Düngerlagerplätze); Küsten: v Ns, Me u. Sh, Binnenland: v O-Bw Th An, z (oft N) Ba W-Bw Rh We He Sa Br S-Ns Me, s N-Ns Sh, durch Tausalze ↗ (m-b·subk+litEUR–WAS – H – O Glauco-Pucc., V Atr. litt., V Agrop.-Rum., V Chen. rub., V Polyg. avic.). * **Gewöhnlicher S.** – P. dístans agg.

1* Nichtblühende Triebe im Herbst ausläuferartig verlängert, wurzelnd. Rispenäste ± glatt, aufrecht abstehend, später zusammengezogen, untere meist zu 2. Ährchen 5–9blütig, 5–10 mm lg. 0,20–0,60. ♃ 6–9. Andelrasen; v Ns u. Sh: Nordseeküste, z Sh u. Me: Ostseeküste (sm-arct·litEUR–OAM – H – V Pucc. mar.). [Átropis marítima (HUDS.) GRISEB.] **Strand-S., Strandschwingel, Andel** – P. marítima (HUDS.) PARL.

Schwaden – Glycéria R. BR.
(Hv, Ev: Wasservögel)

1 Ährchen bis 10 mm lg (wenn länger, dann Pfl > 1 m hoch u. Halme > 5 mm dick, aufrecht) **2**

1* Ährchen 10–25 mm lg. Pfl < 1 m hoch, Halme dünner als 5 mm, aufsteigend **3**

2 Ährchen 6–10 mm lg. Stg bis 1 cm dick, aufrecht. BlSpreiten 10–20 mm br. BlHäutchen 1–3 mm lg, abgerundet od. gestutzt. Rispe groß, 20–40 cm lg, weit ausgebreitet. 0,90–2,00. ♃ 7–8. Röhrichte an stehenden od. langsam fließenden Gewässern; alle

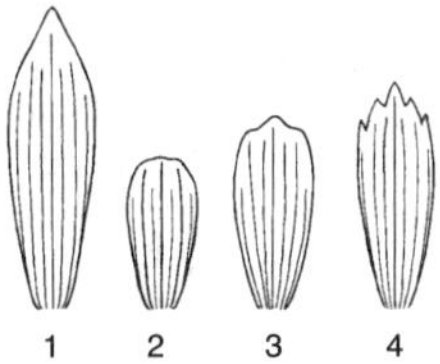

1 2 3 4

Bdl v, aber Bergland z (sm-bCIRCPOL – H, A – O Phragm. – Futtergras, früher auch zum Dachdecken). [G. aquática (L.) WAHLENB. non (L.) J. et C. PRESL]

Wasser-Sch. – G. máxima (HARTMAN) HOLMBERG

2* Ährchen 3–4 mm lg. Stg bis 5 mm dick. BlSpreiten 2–6 mm br. BlHäutchen 2 mm lg, spitz, zerschlitzt. Rispe locker, 10–20 cm lg, ausgebreitet. 0,30–1,00. ♃ 7–8. Feuchte od. nasse Standorte (Bach- u. Waldränder, Waldwege, Wiesen); (N 1971) s S- u. NW-Ba W-Bw: Mannheim, Degerfelden Rh We: Versmold Br: Potsdam NO-Ns: Wendland, sich einbürgernd, ↗ (m-bAM – H – V Nanocyp., V Alliar.).

Gestreifter Sch. – G. striáta (LAMK.) A. S. HITCHC.

3 **(1)** Dsp 6–7,5 mm lg, spitz bis stumpflich, vorn verschmälert, ganzrandig (Abb. **579**/1). Staubbeutel 2–3 mm lg. Rispe armblütig, ihr unterster Ast mit 1 viel kürzerem, meist 1jährigem grundständigem Zweig. Bl grasgrün, lg zugespitzt. Spreiten 3–10 mm br. Rispenäste zur FrZeit anliegend. 0,40–1,00. ♃ 5–8. Bäche, Gräben, Quellen; alle Bdl g, aber Bw: Jura u. MDt-Trockengeb z (m-b·(oz)EUR+(OAM) – H, A – V Glyc.-Sparg., V Phragm.). **Flutender Sch., Manna-Sch.** – G. flúitans (L.) R. BR.

3* Dsp 3,5–5,5 mm lg, vorn br gerundet, zuweilen 3lappig oder 3–5spitzig. Staubbeutel 0,5–1,5 mm lg **4**

4 Dsp mit 3 starken, bis in die Spitze verlaufenden, u. 4 schwächeren, kürzeren Nerven, sehr stumpf (Abb. **579**/2). BlHäutchen stark zerschlitzt. BlSpreiten 8–10 mm br. Ährchen meist 7blütig. 0,30–1,00. ♃ 6–7. Erlenbrüche, Quellmoore, anspruchsvoll; s Me: Blankenberg, Grevesmühlen SO-Sh, † Br (sm-temp·subkEUR – H – V Alno-Ulm.).

Hain-Sch. – G. nemorális (UECHTR.) UECHTR. et KÖRNICKE

4* Dsp mit 7 kräftigen Nerven, die 5 mittleren gleich lg **5**

5 Dsp 3,6–3,8 mm lg, vorn br abgerundet od. stumpf 3zähnig (Abb. **579**/3). Staubbeutel gelb, 1–1,5 mm lg. Bl rein grün, lg zugespitzt. Rispe ∞blütig, auch zur FrZeit mit abstehenden Ästen. Vsp ausgerandet, die Dsp nicht überragend. 0,30–0,80. ♃ 6–7. Bäche, Gräben, Quellen, feuchte Wegmulden; v S- u. M-Ba Bw (Bergland z) S-Ns Me O-Sh, sonst alle Bdl z (m-temp·(oz)EUR–WAS – H, A – V Glyc.-Sparg., V Bid.). [G. plicáta FRIES] **Falt-Sch.** – G. notáta CHEVALL.

5* Dsp (3,5–)4–5 mm lg, vorn mit 3–5 deutlichen, spitzen Zähnen (Abb. **579**/4). Staubbeutel meist dunkelviolett überlaufen. 0,5(–1) mm lg. Bl stark blaugrün, plötzlich in eine kurze Spitze zusammengezogen. Rispe armblütig, oft nur traubig, mit zur FrZeit (fast) anliegenden Ästen. Vsp tief in 2 sehr spitze Enden gespalten, diese die Dsp deutlich überragend. 0,10–0,60. ♃ 6–8. Nasse Waldwege, sickernasse Weg- u. Grabenränder, kalkmeidend; alle Bdl z, aber Jura, Alpen u. Vorland, N-Br u. NW-Ns s (m-temp·ozEUR+AM? – H, A – V Glyc.-Sparg., V Agrop.-Rum., V Polyg. avic., V Nanocyp.). **Blaugrüner Sch.** – G. declináta BRÉB.

Quellgras – Catabrósa P. B.

Halme schlaff, wie die BlSpreiten u. Scheiden kahl. BlHäutchen eifg, 2–4 mm lg. Rispe ausgebreitet. 0,20–0,50. ♃ 6–9. Quellen, Ufer, Gräben; z Ba, s Bw: bes. Bodensee Rh We He Th S-An O-Br Ns Me Sh, † Sa, ↘ (m/mo-b·(suboz)EUR–(WAS)+AM – H – V Glyc.-Sparg., V Bid.). [Glycéria aquática (L.) J. et C. PRESL non (L.) WAHLENB.]

Quellgras – C. aquática (L.) P. B.

Schwingelschilf – Scolóchloa LINK

BlScheiden offen. Rispe bis 30 cm lg. Dsp 3spitzig, am Grund mit Haarbüscheln. 0,90–1,80. ♃ 6–7. Röhrichte nährstoffreicher Gewässer; z Br, s NO-An: untere Havel, Me: von O bis Peene-Randow, † (N) Ba, ↘ (sm-temp·kCIRCPOL – H – Ev: Wasservögel – V Phragm.). [Graphéphorum arundináceum (LILJEBLAD) ASCHERS.]
Schwingelschilf – S. festucácea (WILLD.) LINK

Steifgras – Catapódium LINK

Pfl am Grund büschlig verzweigt. Ährchen meist 8–11blütig. 0,03–0,20. ① 5–9. Trockne, sandige bis kiesige Ruderalstellen; (N) s W-We O-Rh NO-Th, (U) SW-Ba Bw: Neckar Me, ↘ (m-temp·(oz)EUR – H – V Thero-Air.). [Sclerópoa rígida (L.) GRISEB., Desmazéria rígida (L.) TUTIN] **Steifgras** – C. rígidum (L.) C. E. HUBBARD ex DONY

Rispengras, Rispe – Póa L.

1 Unterster Rispenast ohne od. mit 1 grundständigen Zweig (bei Mont-Cenis-R., **7**, zuweilen 2; vgl. auch Platthalm-R., **10***). Dsp schwach nervig **2**

1* Unterster Rispenast mit 2–4 grundständigen Zweigen **8**

2 Untere Hsp 1-, obere 3nervig. Dsp fast kahl. Ährchen 3–7blütig. Rispe locker **3**

2* Beide Hsp 3nervig, fast gleich lg. Pfl stets ♃ **4**

3 Pfl meist ⊙, ohne Kriechtriebe. BlHäutchen der GrundBl von der Seite deutlich sichtbar, das des obersten HalmBl (1,8–)2–4 mm lg. Rispenachse meist bis 5 cm lg. Unterster Rispenast oft mit grundständigem Zweig, bis 5 cm lg, mit 3–10 Ährchen in seiner ganzen oberen Hälfte. Größere Hsp meist über der Mitte am breitesten. Dsp meist grün. Staubbeutel ungeöffnet 0,7–1,2 mm lg, geöffnet 0,4–0,9 mm lg. 0,02–0,50. ⊙ (selten ♃) 1–12. Frische, nährstoffreiche Äcker, Gärten, Ruderalstellen (bes. Trittstellen), Weiden; alle Bdl g (austr-trop/mo-arct·(suboz)CIRCPOL – T, H – V Polyg. avic., K Secal., K Chen., V Cyn.). **Einjähriges R., Jährige R.** – P. ánnua L.

3* Pfl ♃, mit ∞ blütenlosen Kriechtrieben. BlHäutchen der KriechtriebBl sehr kurz, von der Seite kaum sichtbar, das des obersten HalmBl 0,8–2 mm lg. Rispenachse meist bis 2 cm lg. Unterster Rispenast stets ohne grundständigen Zweig, bis 2 cm lg, mit 2–4 Ährchen. Ährchen am Ende der Rispenäste gebüschelt. Größere Hsp unter der Mitte am breitesten. Dsp oft violett. Staubbeutel ungeöffnet 1,8–2,4 mm lg, geöffnet 1,1–1,8 mm lg. 0,05–0,30. ♃ 4–6. Koll. bis subalp. frische Ruderalstellen (Trittstellen, Lägerfluren); z S- u. O-Ba: Alpen, Bayr-W, Rhön Bw: Alpenvorland, Schwarzw, Jura, Baar He: Bergland Th: Th-W, Rhön, Eichsfeld, Hainleite Sa: bes. Erzg, Vogtland An: Harz Ns: Harz, Solling, s SO-We: Rothaargebirge (m/alp-b·subozEUR? – H – V Polyg. avic., V Rum. alp., V Salic. herb., K Mont.-Card.). **Läger-R.** – P. supína SCHRADER

4 **(2)** Sproß am Grund deutlich zwiebelartig. Bl graugrün, schon im Mai absterbend. Hsp br, spitz. Ährchen meist in Laubsprosse auswachsend. 0,20–0,40. ♃ 5–6. Silikatfelsfluren, ruderal beeinflußte Silikat- u. Sandtrockenrasen, kalkmeidend; (A?) v SW-He u. O-Rh: Rhein, Pfalz S-An M-Sa: Elbe, (A N) z M- u. N-Ba Bw: Rhein, Neckar W-Rh N-Sa Br, s We Th N-An Ns Me, (U) s Sh (m-temp·(k)EUR–WAS – H – Sv: Brutknospen – K Fest.-Brom., O Fest.-Sedet., V Polyg. avic.). **(**) Zwiebel-R.** – P. bulbósa L.

4* Sproß nicht od. schwach zwiebelartig, oft mit ± zerfaserten Scheiden **5**

5 Ährchen am Ende der Rispenäste gedrängt, die beiden letzten Ährchen jedes Astes um weniger als eine halbe Ährchenlänge voneinander entfernt. Hsp schmal, in eine scharfe Spitze verschmälert od. mit deutlicher, aufgesetzter Stachelspitze **6**

5* Ährchen nicht knäuelig, die beiden letzten Ährchen mehr als eine halbe Ährchenlänge voneinander entfernt. Hsp spitz **7**

6 Bl bläulichgrün, mit br, weißem Knorpelrand. Rispe oft zusammengezogen, untere Äste aufrecht abstehend. 0,15–0,40. ♃ 5–7. Kont. Felsfluren, Trocken- u. reichere Sandtrockenrasen; z S-An, s N-Ba: Staffelberg, Bad Windsheim O-Rh: Pfalz SW-He

O- u. N-Th, † NW-Bw (sm-stemp·subozEUR – H – V Sesl.-Fest., V Fest. val., V Koel. glauc.). **Badener R.** – P. badénsis HAENKE ex WILLD.

6* Bl grün, nicht od. sehr undeutlich berandet. Rispe ausgebreitet, untere Äste während der BZeit weit abstehend. Ährchen oft zu Brutknospen umgebildet. 0,20–0,50. ♃ 6–8. Subalp. u. alp. Fettweiden u. -wiesen, Lägerfluren; v S-Ba: Alpen u. Vorland bis Schongau u. München, s O-Ba: Bayr-W: Rachel SO-Bw: Alpenvorland, (N) SW-Bw: Feldberg W-An: Brocken (m/alp-arct·(suboz)EUR–WAS–AM – H – Sv: Brutknospen – V Poion alp., V Rum. alp., V Triset. – Futtergras). **Alpen-R.** – P. alpína L.

7 **(5)** BlHäutchen stumpf, an den unteren Bl (fast) fehlend. Pfl mit kriechenden, > 10 cm lg Ausläufern. Rispe bis 10 cm lg, locker, ausgebreitet, ihre Äste lg, schlaff, der unterste zuweilen mit 2 grundständigen Zweigen. Ährchen 5–6 mm lg, grünlich, selten violett überlaufen. 0,20–0,40. ♃ 6–8. Kalkhaltiger Gesteinsschutt u. Bachgeröll; z S-Ba: Alpen, s SO-Bw: Adelegg, Rotenbach (sm/alp-temp/alp·ozEUR – H – O Thlasp. rot., V Epil. fleisch.). **Mont-Cenis-R.** – P. cenísia ALL.

7* BlHäutchen länglich, spitz. Pfl horstig, seltener mit bis 5 cm lg Ausläufern. Rispe etwa 4 cm lg. Äste sehr dünn, geschlängelt, aufrecht abstehend bis anliegend, der unterste ohne od. nur mit 1 grundständigen Zweig. Ährchen 4–5 mm lg, dunkelviolett überlaufen. 0,05–0,25. ♃ 7–8. Felsspalten u. kalkreiche Steinschuttböden; v S-Ba: Bayerische u. Berchtesgadener Alpen, s Allgäu, Isar von Icking bis München (sm/alp-temp/alp·ozEUR – H – O Thlasp. rot.). **Kleines R.** – P. mínor GAUDIN

8 **(1)** Halme u. BlScheiden flach zusammengedrückt, gekielt **9**

8* Halme u. BlScheiden rundlich od. etwas zusammengedrückt u. dann mit abgerundeten Kanten **12**

9 Wenigstens obere BlScheiden glatt **10**

9* Alle BlScheiden ± rauh **11**

10 Pfl horstig, ohne od. mit kurzen Ausläufern. BlSpreiten 4–6(–10) mm br, allmählich in eine feine, flache Spitze verschmälert. Rispe > 10 cm lg, locker. Dsp 4–5 mm lg, am Grund etwas zottig. 0,50–1,50. ♃ 6–7. Subalp. Hochstaudenfluren, LaubW, Bergwiesen, anspruchsvoll; v S-Ba: Alpen (sm/alp-temp/salp·subozEUR – H – V Adenost.). **Großes R.** – P. hýbrida GAUDIN

10* Pfl rasig, mit lg Ausläufern. BlSpreite 1–4 mm br, blau- bis graugrün, an der Spitze kapuzenfg. Rispe 1,5–10 cm lg, schmal u. dicht zusammengezogen. Dsp 2,5–3 mm lg, am Grund kurzhaarig od. etwas zottig. 0,10–0,40(–0,80). ♃ 6–7. Trockne bis mäßig trockne Ruderalstellen (Mauern, Dämme, Kiesdächer, Schutt, Wegränder), Brachen, ruderal beeinflußte Sandtrockenrasen, basenhold; alle Bdl v, aber N-An, N-Ns, NO-Me, W-Sh u. Gebirge z (m/mo-temp·subozEUR – H – O Agrop., V Alysso-Sed., V Armer. elong., V Sisymbr.). **Platthalm-R.** – P. compréssa L.

11 **(9)** Ganze Pfl gelbgrün. BlSpitze schwach kapuzenfg. Spreite des obersten HalmBl 10–20 cm lg, sein BlHäutchen 2,5–3 mm lg. Rispe sehr locker. Äste haardünn, nur im vorderen Drittel mit Ährchen. Ährchen (2–)3blütig, 6–7 mm lg. Hsp schmal, wenigstens auf den Nerven deutlich rauh. Dsp schmal, stets am Grund reichlich langzottig. 0,60–1,20. ♃ 6–7. ErlenW, Quellfluren; z Ba außer Alpen u. NO S- u. O-Bw He Th Sa: SW u. Dresden O-Ns: SO u. Wendland, s NO-Rh We: Borken, Sieg, Sauerland W- u. N-An M- u. N-Br Me SO-Sh (sm/mo-b·subkEUR–WAS – H – V Aln.-Ulm., V Til.-Acer.). [P. chāixii var. láxa (G. F. W. MEYER) A. et GR.] **Entferntähriges R.** – P. remóta FORSELLES

11* HalmBlScheiden blaugrün, bereift; GrundBl dunkelgrün. BlSpitze deutlich kapuzenfg. Spreite des obersten HalmBl 1–10 cm lg, sein BlHäutchen 0,5–1,5 mm lg. Rispe dichter, Äste schon unterhalb der Mitte verzweigt. Ährchen 2–5blütig, 8–9 mm lg. Hsp br, fast glatt. Dsp br, nie zottig. 0,60–1,20. ♃ 6–7. Submont. u. koll. Buchen- u. HainbuchenW, Gebirgswiesen u. -weiden, kalkmeidend; v (Trockengebiete s) Bw Rh Th: bes. Th-W An: Harz, z Ba We: bes. Bergland He Sa An S-Ns, (N) s Br N-Ns Me O-Sh (sm/mo-temp/demo·subozEUR – H – V Carp., V Luz.-Fag., V Triset.). [P. sudética HAENKE] **Berg-R., Wald-R.** – P. chāixii VILL.

12 **(8)** BlHäutchen kurz, gestutzt, oft nur saumartig od. fehlend. Halme u. BlScheiden glatt **13**

12* BlHäutchen 2–7 mm lg, spitz **14**

13 Bl fast parallelrandig, plötzlich in eine kapuzenfg Spitze zusammengezogen, 2–4(–6) mm br od. GrundBl borstlich gefaltet. BlHäutchen ± deutlich vorhanden. Unterster Rispenast mit 4 grundständigen Zweigen. Dsp mit 5 starken Nerven, mit den benachbarten Dsp durch lg Zottenhaare zusammenhängend. Pfl mit kürzeren od. längeren unterirdischen Ausläufern. 0,20–0,90. ♃ 5–6. Nährstoffreiche Wiesen, Weiden, an Wegen, ruderal beeinflußte Trocken- u. Halbtrockenrasen; alle Bdl g (m/mo-bCIRCPOL – H – K Mol.-Arrh., K Fest.-Brom., O Agrop. – Futtergras). * **Wiesen-R.** – P. praténsis agg.

13* Bl allmählich spitz zulaufend, 1–2(–3) mm br, am Halm oft auffallend rechtwinklig abstehend. BlHäutchen saumartig od. fehlend. Unterster Rispenast meist nur mit 2 grundständigen Zweigen. Dsp undeutlich nervig, am Grund ohne lg Zottenhaare. Pfl ohne Ausläufer. 0,30–0,80. ♃ 6–7. LaubmischW, Gebüsche, Schlag- u. Saumges., mäßig anspruchsvoll; alle Bdl g, aber N-Ns u. W-Sh z (m/mo-b·(suboz)CIRCPOL – H – K Querc.-Fag., V Atrop., V Trif. med.). **Hain-R.** – P. nemorális L.

14 **(12)** Pfl mit oberirdischen Kriechtrieben. Halme u. BlScheiden rauh. Bl unterseits glänzend. BlHäutchen bis 7 mm lg. Dsp mit 5 starken Nerven, am Grund mit längeren, bis zur halben Dsp reichenden Haaren, dadurch mit den benachbarten Dsp zusammenhängend. 0,50–0,90. ♃ 6–7. Nährstoffreiche, feuchte bis nasse Wiesen, frische bis feuchte, nährstoffreiche Äcker, Gräben, Flußufersäume, AuenW; alle Bdl g (m/mo-b·(oz)EUR–WAS – H – K Mol.-Arrh., K Secal., K Chen., V Agrop.-Rum. – Futtergras). (**) **Gewöhnliches R.** – P. triviális L.

14* Pfl horstfg. Halme u. BlScheiden glatt. Bl unterseits matt. BlHäutchen 2–3 mm lg. Dsp undeutlich nervig, am Grund mit kürzeren, höchstens bis zum unteren Drittel der Dsp reichenden Haaren, oberwärts deutlich gelb abgesetzt. 0,30–1,00. ♃ 6–7. Eutrophe Seggenrieder u. Röhrichte, Ruderalstellen; v Bw O-Sa Br O-Ns Me, z W-Sa W-Ns u. übrige Bdl, s Alpen (sm/mo-b·(subk)CIRCPOL – H – V Phragm., V Magnocar., V Calth. – Futtergras). [P. serótina EHRH., P. fértilis HOST] **Sumpf-R.** – P. palústris L.

Hartgras – Scleróchloa P. B.

Pfl graugrün, vom Grund an verzweigt. BlScheiden gekielt. 0,05–0,15. ⊙ 4–7. Trockne bis wechseltrockne Ruderalstellen (bes. Trittstellen), salzertragend; z M- u. N-Th S-An, s O-Rh: Pfalz NW-Ba, (N) s Bw, (U) We Br NW-Me SO-Ns, † He Sa: Elbe, ↘ (m-stemp·k EUR–WAS – T – V Polyg. avic.). [Póa dúra (L.) SCOP.] **Hartgras** – S. dúra (L.) P. B.

Knaulgras, Knäuelgras – Dáctylis L.

1 Pfl ± graugrün. Bl 4–10 mm br, oberstes aufrecht abstehend. Rispe zur BZeit mit 3eckigem Umriß, stark geknäult, mit weit abstehendem unterem Ast, später zusammengezogen, mit (fast) aufrechter Spitze. Ährchen 3–4(–5)blütig. Hsp derb, nicht durchscheinend, grün od. rötlich, die untere 1nervig. Kiel der oberen Hsp u. der Dsp mit lg u. kurzen, steifen Haaren (Abb. **583**/1). Dsp auf der Fläche ± langhaarig, in eine deutliche, an den unteren B 1–2 mm lg Granne plötzlich verschmälert. 0,50–1,20. ♃ 5–7. Fettwiesen, frische Ruderalstellen (Wegränder), ruderal beeinflußte Trocken- u. Halbtrockenrasen, Waldschläge u. -säume; alle Bdl g (m/mo-b·(oz)EUR–WAS – H – O Arrh., K Fest.-Brom., K Artem., O Atrop., V Alno-Ulm. – Futtergras). ** **Gewöhnliches K.** – D. glomeráta L.

1* Pfl hellgrün. Bl 3–6 mm br, oberstes übergebogen. Rispe (bes. vor u. nach der BZeit) schmal, wenig geknäult, ± überhängend. Ährchen (3–)5–6blütig. Hsp weißlich durchsichtig-häutig, die untere wenigstens am Grund 3nervig. Kiel der oberen Hsp kahl, rauh. Dsp auf dem Kiel dicht u. sehr kurz rauhhaarig, auf der Fläche kahl, rauh punktiert, die der unteren B in eine 0,5–1 mm lg Spitze allmählich verschmälert, die der oberen B stumpf. 0,50–1,20. ♃ 5–7. Anspruchsvolle, grasreiche LaubmischW u. Schläge; v (Bergland s) M- u. NW-Ba N-Bw Th S- u. M-An Me, z S- u. NO-Ba S-Bw Rh S- u. O-We

He Sa Br S-Ns, s N-An N-Ns (sm/mo-temp·subozEUR – H – V Carp., V Asper.-Fag., V Atrop.). [D. aschersoniána GRAEBNER] **Wald-K.** – D. polýgama HORVATOVSZKY

Kammgras – Cynosúrus L.

1 Pfl dichtrasig. Bl 2–3 mm br, meist gefaltet. BlHäutchen etwa 1 mm lg. Ährenrispe linealisch, einseitswendig. 0,20–0,60. ♃ 6–7. Frische, nährstoffreiche Fettwiesen u. -weiden; alle Bdl v, aber N-An, W-Br u. Trockengebiete z (sm/mo-temp·(oz)EUR – H – V Cynos., V Arrh., V Triset. – FutterPfl). **Weide-K.** – C. cristátus L.

1* Stg einzeln. Bl bis 7 mm br, flach. BlHäutchen 3–7 mm lg. Ährenrispe eifg. 0,20–0,60. ⊙ 5. Trockne Ruderalstellen (Wegränder, Umschlagplätze); (N U) s S-Ba Bw Rh We N-Th Sa S-An Ns Me Sh (m-temp·(oz)EUR – T – V Sisymbr.). **Igel-K.** – C. echinátus L.

Zittergras – Bríza L.

Ährchen herzfg, hängend (Abb. **567**/4). 0,20–0,50. ♃ 5–6. Mäßig trockne Silikatmagerrasen, Halbtrockenrasen, wechseltrockne Wiesen; alle Bdl g, aber W-We NO-Me v, N-An N-Ns SW-Me z, im N ↘ (sm/mo-temp·(oz)EUR – H – V Mesobrom., V Cirs.-Brach., O Arrh., O Mol., V Viol. can.). **Gewöhnliches Z.** – B. média L.

Doppelährengras – Beckmánnia HOST

Pfl schilfartig. Hsp gekielt, schwach aufgeblasen. Dsp unbegrannt, kahl. BlSpreiten schwach rauh, die größeren 3–8 mm br. Ähren bis 2 cm lg. Ährchen 1blütig, zuweilen noch mit 1 sterilen B. (0,30–)0,50–1,00(–1,20). ⊙ 6–9. Nasse Stellen; (N 1930, meist U) s NW-We: Münster O-Th: Gera Ns: Bremen, Osnabrück W-Me: Lewitz, Rostock S-Sh: Hamburg (sm-b·(k)AS–AM – T). **Doppelährengras** – B. syzigáchne (STEUD.) FERNALD

Perlgras – Mélica L.

1 Dsp der (einzigen) ⚥ B dicht u. lg seidig gewimpert (Abb. **583**/2), die der verkümmerten B kahl. BStand eine ± lockere Ährenrispe 2

1* Alle Dsp kahl. Rispe traubenähnlich, ausgebreitet oder zusammengezogen 3

2 Pfl stark graugrün. GrundBlScheiden kahl. BlSpreiten ungekielt, oberseits dicht kurzhaarig. Ährenrispe starr aufrecht, locker, mit überall sichtbarer Spindel, ± einseitswendig, am Grund mit 0–1 astlosen Knoten. Ährchen bleich. Untere Hsp 6–7 mm, obere 7–8 mm lg. Dsp 6,5–8 mm lg. 0,20–0,70. ♃ 6. Fels- u. Schotterfluren, Steinbrüche, Mauern, kalkstet; z M- u. N-Ba S- u. O-Bw Rh S- u. M-He Th S-An, s SW-We: Bonn, (N) We: Berleburg (m/mo-temp·subozEUR – H – V Sesl.-Fest.). [M. nebrodénsis PARL.] **Wimper-P.** – M. ciliáta L.

2* Pfl rein grün. GrundBlScheiden dicht u. lg zottig. Spreiten unterseits gekielt, oberseits locker zottig. Ährenrispe oft etwas übergebogen, dicht, mit von den Ährchen allseitig verdeckter Spindel, am Grund mit meist 2–3 astlosen Knoten. Ährchen oft bräunlich überlaufen. Untere Hsp 3–5 mm, obere 6–7 mm lg. Dsp 5–6,5 mm lg. 0,30–1,20. ♃ 6. Felsfluren, Trockenrasen, Trockengebüsche u. -säume; z M-Ba: Jura M- u. O-Bw M- u. O-Rh SW-He N- u. O-Th S-An, s SW-We N-He NO-Br? (m/mo-stemp·subozEUR – H – V Sesl.-Fest., V Fest. val., V Conv.-Agrop., V Ger. sang., V Alliar.). **Siebenbürgener P.** – M. transsilvánica SCHUR

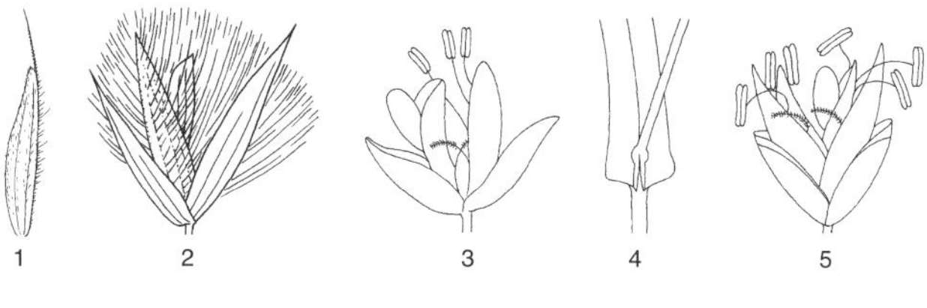

3 **(1)** Ährchen aufrecht, mit 1 ⚥ B u. 1 unfruchtbaren B (Abb. **583**/3). Hsp kurzspitzig, nicht durchscheinend. BlHäutchen kurz, gegenüber der Spreite mit lanzettlichem Anhängsel (Abb. **583**/4). 0,30–0,50. ♃ 5–6. Anspruchsvolle LaubmischW; v NW-Ba N-Bw Rh S- u. O- We He W- u. S-Th SW-An O-Ns W-Me O-Sh, z M- u. NO-Ba S-Bw NW-We NO-Th Sa O- u. N-An Br N-Ns O-Me W-Sh (m/mo-temp·ozEUR – G – K Querc.-Fag.). **Einblütiges P.** – M. uniflóra RETZ.

3* Ährchen nickend, mit 2 ⚥ B u. 1 unfruchtbaren B. Hsp stumpf, an der Spitze od. am Rand häutig durchscheinend. BlHäutchen ohne gegenständiges Anhängsel **4**

4 Pfl grasgrün, lockerrasig. Grundachse dünn, kriechend. BlHäutchen äußerst kurz, braun. Hsp braunrot, oberwärts häutig (Abb. **583**/5). 0,30–0,60. ♃ 5–6. Mäßig anspruchsvolle Wälder, Gebüsche, Schlag- u. Saumges.; v Ba O-Bw He Th S-Sa SW-An S-Ns, z W-Bw Rh S- u. O-We N-Sa O- u. N-An Br NO-Ns Me Sh (sm/mo-b·(oz)EURAS – G – K Querc.-Fag., V Eric.-Pin.). **Nickendes P.** – M. nútans L.

4* Pfl graugrün, dichtrasig. BlHäutchen ziemlich lg, weißhäutig. Hsp grün, mit trübvioletten Streifen, am Rand weißhäutig. 0,30–0,60. ♃ 5–6. Wärmeliebende EichenmischW, Gebüsche; z M- u. NW-Ba Th SW-An, s Bw: Donau von Beuron bis Mengen, Jura, oberer Neckar, Jagst- u. Lonetal Rh: Gau-Algesheim He: Gudensberg, † Sa: Meißen (sm-stemp·subkEUR – H – V Pot.-Querc., V Carp.). **Buntes P.** – M. pícta C. KOCH

Blaugras – Sesléria SCOP.

Pfl dichtrasig. Bl flach, seltener weitrinnig gefaltet, grün, nicht bereift, Mittel- u. Randnerven stark hervortretend. Ährenrispe kurz zylindrisch. Obere Hsp mit ziemlich plötzlich abgesetzter, sehr kurzer Grannenspitze. Mittelnerv der Dsp mit bis 0,6 mm lg Granne, die 4–6 Seitennerven in unbegrannte kurze Zähne auslaufend. 0,10–0,45. ♃ 3–5(–9). Koll. bis subalp. Fels- u. Schotterfluren, Trocken- u. Halbtrockenrasen, lichte Wälder, kalkstet, Moorböden; v Ba: Alpen, Vorland, Jura S- u. O- Bw: Alpenvorland, Jura, Neckar, Tauber-Jagst-Gebiet, z Ba: Hochebene, Maingebiet, Rhön Rh S- u. O-We W- u. N-He Th SW-An SO-Ns, † O-Br (sm/dealp-temp/dealp·ozEUR – H – O Sesl., O Brom., V Sesl.-Fest., V Cephal.-Fag., V Eric.-Pin., O Tofield.). [S. calcária OPIZ, S. vária aut., S. caerúlea aut.] **Kalk-B.** – S. álbicans KIT. ex SCHULT.

Kopfgras – Oreóchloa LINK

Bl haarfein, gefaltet. Scheiden geschlossen. 0,10–0,20. ♃ 7–8. Hochalp. kalkarme Magerrasen; s SW-Ba: Allgäu: Himmeleck, Kreuzeck (sm/alp-temp/alp·subozEUR – H – V Car. curv.). [Sesléria dísticha (WULFEN) PERS.] **Zweizeiliges K.** – O. dísticha (WULFEN) LINK

Zwergblaugras – Psiláthera LINK

Dsp 5grannig, die mittlere Granne etwa so lg wie die Dsp, die übrigen etwas kürzer. 0,05–0,10. ♃ 7–8. Hochalp. kalkarme Felsgrusfluren; s SO-Ba: Berchtesgadener Alpen (sm/alp-temp/alp·subozEUR – H – V Drab. hopp.). [Sesléria ováta (HOPPE) KERNER] **Zwergblaugras** – P. ováta (HOPPE) DEYL

Dünnschwanz – Parápholis C. E. HUBBARD

Bl kurz, gekrümmt, zuletzt meist eingerollt. Ähre (Abb. **561**/8) zur Reifezeit zerbrechend. 0,05–0,20. ⊙ 6–7. Offne, sandige, wechselhaline u. wechselfeuchte Stellen am Fuß niedriger Sandrücken u. Ameisenhügel in Salzwiesen; v N-Ns u. W-Sh: Küste, z O-Sh: Küste, s N-Me: Wismarbucht, Rügen, Hiddensee (m-temp·ozlitEUR – T – V Sagin. mar.). [Leptúrus incurvátus aut., Pholiúrus incúrvus aut.] **Gekrümmter D.** – P. strigósa (DUM.) C. E. HUBBARD

Hundsquecke – Roegnéria KOCH

Pfl dichtrasig. Bl rauh, oberseits matt, graugrün, unterseits dunkelgrün, glänzend. Ähre schlaff, oft etwas übergeneigt. Dsp mit etwa 2 cm lg, geschlängelter Granne. 0,50–1,20.

♃ 6–7. Anspruchsvolle LaubmischW, Gebüsche, Schläge, WSäume; v Ba Bw (Schwarzw s) Rh He Th S-Sa S-An S-Ns, z We N-Sa N-An Br NO-Ns Me Sh (m/mo-b·(oz)EUR–WAS – H – V Alno-Ulm., V Asper.-Fag., V Carp.). [Agropýron canínum (L.) P. B., Élymus canínus (L.) L.] **** Hundsquecke** – R. canína (L.) NEVSKI

Quecke – Elytrígia DESV.

1 Pfl horstig, ohne Ausläufer. Ähre am Grund unterbrochen, bis 20 cm lg. Ährchen 8–13blütig, 17–25 mm lg. Hsp gestutzt bis ausgerandet, 9–11nervig. Dsp meist 7nervig. Bl graugrün, dicknervig, mit einer Reihe von Borsten auf jedem Nerv. 0,35–0,75(–1,20). ♃ 8–9. Straßen- u. Uferböschungen, vielfach angesät; (N 1983) s NW-Ba: Schweinfurt W-Bw Rh: Vorderpfalz M- u. S-He (sm·subkEUR – H). [E. póntica (PODP.) HOLUB, E. elongáta (HOST) NEVSKI, Agropýron elongátum (HOST) P. B., Élymus elongátus (HOST) RUNEMARK, E. elongátus ssp. pónticus (PODP.) MELDERIS, E. obtusiflórus (DC.) CONERT] **Pontische Qu.** – E. obtusiflóra (DC.) TZVELEV

1* Pfl mit kürzeren od. längeren Ausläufern 2

2 Bl meist eingerollt, oberseits auf jedem Nerv mit vielen Reihen kurzer, samtiger Haare. Ährenspindel sehr brüchig. Ährchen etwas entfernt. Hsp 7–11nervig, stumpf. 0,30–0,80. ♃ 6–8. PionierPfl der Primär- u. jungen Weißdünen; g Küsten von N-Ns NW-Me u. W- u. O-Sh, z Küste von NO-Me (m-temp·(oz)litEUR – G – Sv: Ausläufer – V Honck.-Elym., V Agrop. junc.). [Agropýron júnceum (L.) P. B., Élymus fárctus (VIV.) RUNEMARK ex MELDERIS] **Dünen-Qu., Strandweizen** – E. junceifórmis A. et D. LÖVE

2* Bl auf den Nerven von je einer Reihe Höckerchen od. kurzen Haaren rauh. Hsp 5–7nervig 3

3 Bl meist grün, dünn, meist flach. BlScheiden am freien Rand unbewimpert. Hsp meist 5nervig, lanzettlich, spitz, länger als das halbe Ährchen. 0,30–1,50. ♃ 6–8. Frische bis trockne Ruderalstellen, Brachen, nährstoffreiche Äcker, Ufersäume (Auen), Küstendünen; alle Bdl g (m-b·(k)EURAS – H, G – Sv: Ausläufer – K Artem., V Agrop.-Rum., K Secal., K Chen.). [Tríticum répens L., Agropýron répens (L.) P. B., Élymus répens (L.) GOULD, incl. E. arenósa (SPENNER) H. SCHOLZ] **Gewöhnliche Qu.** – E. répens (L.) DESV. ex NEVSKI

3* Bl steif, oft eingerollt, durch die stark hervortretenden, weißlichen, das grüne Gewebe fast verdeckenden Rippen weißgrün. BlScheiden am freien Rand gewimpert. Hsp 5–7nervig 4

4 Grünes BlGewebe durch die stark hervortretenden BlRippen vollständig verdeckt. Hsp 9–11 mm lg, spitz od. kurz stachelspitzig, schmal hautrandig. Ähre bis 10 cm lg, sehr dicht. 0,30–0,60. ♃ 5–7. Ufer, frische Sandböden, Küstendünen; g N-Ns W-Sh: Küste (m-temp·litEUR – H, G – Sv: Ausläufer – V Agrop.-Rum., V Armer. marit.). [Agropýron littoràle DUM. p. p., A. pycnánthum (GODR.) GODR. et GREN., A. púngens aut., Élymus pycnánthus (GODR.) MELDERIS]
Strand-Qu., Dichtährige Qu. – E. athérica (LINK) KERGUÉLEN ex CARRERAS MARTINEZ

4* Grünes BlGewebe im vorderen Teil des Bl sichtbar. Hsp 6–8 mm lg, stumpf, gestutzt, br hautrandig. Ähre bis 20 cm lg, am Grund meist unterbrochen. 0,30–0,80. ♃ 6–7. Ruderal beeinflußte Trockenrasen, trockne Ruderalstellen (Wegränder), kalkhold; z S-An, s M- u. N-Th N-Sa: Elbe, (N U) s We N-Me Sh (m-temp·subkEUR–WAS – H, G – Sv: Ausläufer – O Agrop., V Fest. val.). [Agropýron intermédium (HOST) P. B. ex BAUMG., Élymus híspidus (OPIZ) MELDERIS]
Stumpfspelzige Qu. – E. intermédia (HOST) NEVSKI

Weizen – Tríticum L.

1 Ährenachse zäh. Fr aus den an der nicht zerbrechenden Ährenachse stehenbleibenden Sp ausfallend, neben der Furche gewölbt. BlHäutchen kurz, gestutzt. BlÖhrchen gewimpert (Abb. **586**/2). 0,70–1,60. ☉ (Sommerweizen), ① (Winterweizen) 6–7. KulturPfl (m-smWAS, in ZEUR seit der jüngeren Steinzeit – T, H – Sb). [T. satívum LAMK., T. vulgáre VILL.] **Saat-W.** – T. aestívum L. em. FIORI et PAOL.

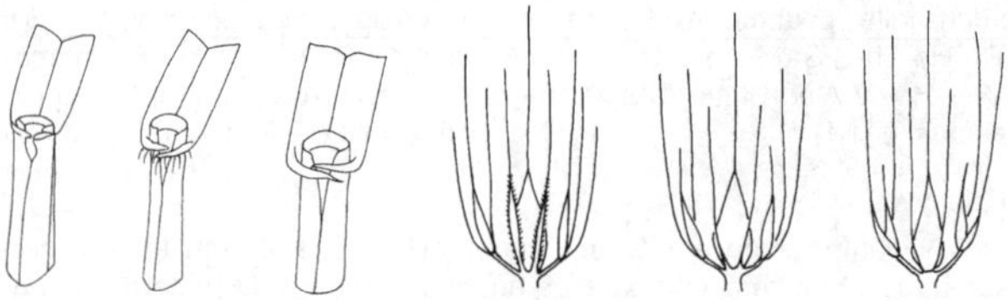

1 2 3 4 5 6

1* Ährenachse zerbrechlich. Ährchen mit dem über od. unter ihm stehenden Bruchstück der Ährenachse abfallend. Fr von den Sp fest umschlossen bleibend, neben der Furche flach u. scharfkantig. 0,60–1,50. ⊙ ① 6. KulturPfl, nur noch s im SW gebaut (m-temp EUR–VORDAS, in ZEUR seit der jüngeren Steinzeit – T, H).

Spelz, Dinkel – T. spélta L.

Roggen – Sécale L.

Bl blau bereift, an keimenden Pfl rötlichbraun. BlHäutchen bis 2 mm lg. BlÖhrchen kahl (Abb. **586**/1). 0,70–2,00. ⊙ (Sommerroggen), ① (Winterroggen) 5–6. KulturPfl (m·subk VORDAS–WAS, in ZEUR seit der Bronzezeit – T, H – Wb, selbststeril).

Saat-R. – S. cereále L.

Gerste – Hórdeum L.

1 Hsp alle linealisch-pfriemlich, höchstens so lg wie die br elliptische Dsp. Ährenspindel zäh, bei der Reife nicht zerbrechend, die Ähren sich einzeln ablösend. BlÖhrchen stengelumfassend (Abb. **586**/3). 0,60–1,20. ⊙ (Sommergerste) 6–7, ① (Wintergerste) 5–6. KulturPfl (in ZEUR seit der jüngeren Steinzeit – T, H – Braugerste, Futtergerste). [H. polýstichon HALLER fil.] **Saat-G.** – H. vulgáre L.

1* Hsp alle od. doch die äußeren der seitlichen Ährchen nur aus Grannen bestehend, länger als die lanzettlichen Dsp (ausschließlich Granne). Ährenspindel zerbrechlich. Ährchendrillinge bei der Reife mit dem unter ihnen befindlichen Stück der Spindel abfallend. WildPfl **2**

2 Granne der Hsp 5–7 cm lg. Ähre zierlich, überhängend bis nickend. Seitenährchen geschlechtslos. 0,20–0,60. ♃ (selten ⊙) 6–7. Trockne bis mäßig trockne Ruderalstellen, Brachen, Tagebaukippen, salzertragend; (N) z Ba Bw We S-An NW-Sa N-Ns Sh, s Rh He Th S- u. O- Sa N-An, (U) Br S-Ns Me. Ziergras (stropAM-m-bCIRCPOL – H, T – V Sisymbr., V Agrop.-Rum.). [Critésion jubátum (L.) NEVSKI] **(**) Mähnen-G.** – H. jubátum L.

2* Grannen der Hsp bis 2,5 cm lg. Seitenährchen ♂ **3**

3 Hsp des Mittelährchens jedes Drillings an beiden Seiten borstig gewimpert (Abb. **586**/4). Pfl grasgrün. Alle BlScheiden kahl. Ähre 5–12 cm lg. 0,15–0,40. ⊙ ① 6–10. Mäßig trockne bis mäßig frische Ruderalstellen (Wegränder, Schutt, an trocknen Mauern); (A) g (Bergland s) S-An S- u. M-Br W-We, v Rh S-He N-Th N-Sa N-An N-Br, z Ba Bw (Rhein v) O-We N-He S-Th S-Sa Ns Sh, im N ↗ (m-tempEUR–WAS – T, H – V Sisymbr.). **** Mäuse-G.** – H. murínum L.

3* Hsp aller Ährchen ungewimpert, entweder alle borstenfg od. die der Ährenachse zugewandten Hsp der Seitenährchen schmal lanzettlich. Salzliebende, graugrüne Arten . **4**

4 Hsp alle borstenfg (Abb. **586**/5). Pfl horstbildend. Stg einfach, dünn, schlank, sein oberstes Glied weit aus der eng anliegenden Scheide hervorragend. Unterste BlScheiden rauhhaarig, schwach zwiebelfg erweitert. Ähre 2–8 cm lg, 4–5 mm br. 0,20–0,70. ♃ 6–7. Höher gelegene Salzwiesen u. -weiden, Salinen; Küsten: v Ns W-Sh, z Me O-Sh, Binnenland: z We M- u. N-Th S- u. M-An, s W-Ba NO-Bw W-Rh He Br: Berlin O-Ns Me, † Sa, ↘ (sm-temp·ozEUR – H – V Armer. marit., V Cynos.). [H. nodósum aut.]

Wiesen-G. – H. secalínum SCHREBER

4* Die der Ährenachse zugewandten Hsp der Seitenährchen schmal lanzettlich u. etwas geflügelt (Abb. 586/6). Pfl am Grund büschlig verzweigt mit knickig aufsteigendem Halm. Halme fast bis zur Spitze beblättert. Obere BlScheiden aufgeblasen, untere weichhaarig od. alle kahl. Ähre 4–6 cm lg, etwa 8 mm br. 0,10–0,40. ☉ 5–7. Deiche, Salzwiesen; Küste: s Ns: Wilhelmshaven, Binnenland (N): s We: Heiligenhausen, (U) s Sa Me, † Bw W-Sh (m-temp·subk+litEUR–WAS – T – K Thero-Salicorn., V Armer. marit.). [H. marítimum aut.] **** Strand-G.** – H. marínum HUDS.

Waldgerste – Hordélymus (JESSEN) HARZ

Pfl grasgrün, ohne Ausläufer. Untere BlScheiden zottig. Bl flach, oberseits behaart. BlHäutchen fast fehlend. 0,60–1,20. ♃ 6–8. Anspruchsvolle LaubmischW, WSchläge u. WSäume, kalkhold; v Ba: Alpen, Vorland u. Jura Bw: Jura M- u. N-He Th SW-An S-Ns, z O- u. N-Ba Bw: Hügelland, Rhein Rh S- u. O-We S-He S-Sa O-An NO-Br N- u. NO-Ns O- u. NW-Me O-Sh, s S- u. W-Br (sm/mo-temp/demo·subozEUR – H – V Asper.-Fag., V Carp.). [Cuviéra euopǣa (L.) KOELER, Élymus euopǣus L.] **Waldgerste** – H. europǣus (L.) HARZ

Strandroggen – Lé̄ymus HOCHST.

Pfl stark blaugrün, mit sehr lg Ausläufern, kahl. Bl steif, stechend, eingerollt. 0,60–1,20. ♃ 6–8. PionierPfl der Weißdünen; g Küsten von Ns Me Sh, (N) s N-Sa An: Elbe Br Ns Me, (N U) M-Ba NW-Bw S- u. O-We S-He (sm-arct·litEUR – H, G – V Ammoph., V Honck.-Elym. – Dünenbefestiger, auch im Binnenland zur Sandbefestigung gepflanzt). [Élymus arenárius L.] **Strandroggen, Blauer Helm** – L. arenárius (L.) HOCHST.

Strandhafer, Helm – Ammóphila HOST

Ährenrispe dicht, spindelfg, weißlich. 0,60–1,00. ♃ 6–7. PionierPfl entkalkter Weißdünen; g Küsten von Ns Me Sh, (N) z Binnenland N-We N-Ns SW-Me Sh, s Sa O-An: Elbe NW- u. SO-Br (m-temp·(oz)litEUR – G – V Ammoph. – Dünenbefestiger, auch im Binnenland zur Sandbefestigung gepflanzt). **Gewöhnlicher S.** – A. arenária (L.) LINK

Bastardstrandhafer – × Calammóphila BRAND [× Ammocalamagróstis P. FOURN.]

Ährenrispe locker, gelappt, bräunlich bis violett. 0,60–1,30. ♃ 6–7. Entkalkte Weißdünen; g Küste von O-Sh Me, v Küste von Ns u. W-Sh, z NO-Ns: Elbe (temp·subozlit EUR – G – V Ammoph. – Dünenbefestiger). [Ammóphila arenária × Calamagróstis epigéjos] **Baltischer B.** – × C. báltica (FLÜGGÉ ex SCHRADER) BRAND

Reitgras – Calamagróstis ADANS.
(Wv, Ev: Vögel – Streugräser – Hybr.)

1 Haare am Grund der Dsp länger als die Dsp, fast so lg wie die Hsp (Abb. **588**/3) od. bei ungleichen Hsp fast so lg wie die kleinere (Abb. **588**/1) **2**

1* Haare am Grund der Dsp etwa so lg wie die Dsp (Abb. **588**/2, 4) od. nur wenig länger (Abb. **589**/3) od. kürzer als die Dsp (Abb. **589**/1, 2) **4**

2 Hsp eines Ährchens ungleich lg. Granne im Einschnitt der 2zähnigen Spitze der Dsp entspringend, fast so lg wie die Dsp u. fast bis zur Spitze der längeren Hsp reichend (Abb. **588**/1). Hsp lineal-pfriemlich. Rispe bis 40 cm lg. Bl blaugrün. BlHäutchen der HalmBl 6–10 mm lg, außen kurzhaarig. 0,60–1,20. ♃ 6–7. Feuchte Kies- u. Sandbänke von Flußufern; z S-Ba: Alpen u. Vorland bis zur Donau S- u. W-Bw: Alpenvorland, Rhein SO-Rh: Pfalz, s W-An: Bodetal, † He, ↘ (m/demo-temp/demo·kEURAS – H – V Epil. fleisch.). [C. littórea (SCHRADER) P. B.]
Ufer-R. – C. pseudophragmítes (HALLER fil.) KOELER

2* Hsp eines Ährchens etwa gleich lg. Granne kürzer als die Dsp od. auf dem Rücken der Dsp entspringend. BlHäutchen der HalmBl 4–10 mm lg, kahl **3**

3 Granne im Einschnitt der 2zähnigen DspSpitze od. etwas darunter eingefügt, die Zähnchen um etwa 1 mm überragend. Dsp 4–5-, selten 3nervig. Hsp lanzettlich. Halme nur

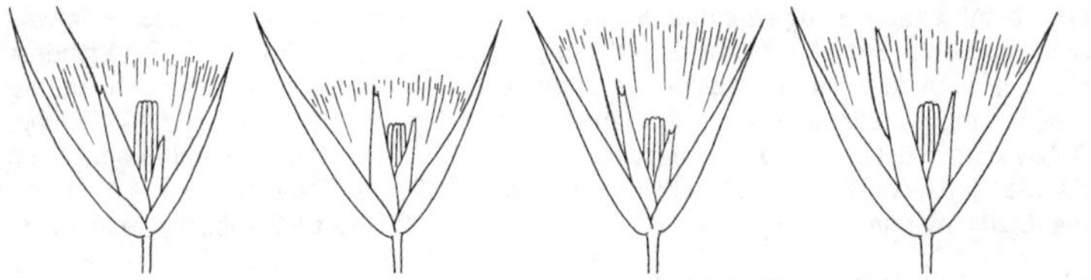

1 2 3 4

oben u. unter den Knoten rauh, sonst glatt, oft aus der Mitte, seltener auch von unten verzweigt. BlSpreiten 1–2 cm br, beiderseits sehr rauh, oberseits dicht kurzhaarig, am Rand schneidend scharf. Rispe locker, meist überhängend, nach der Blüte schmal zusammengezogen. Rispenäste sehr rauh u. lg, der längste des untersten Wirtels bis über den dritten darüberliegenden Wirtel reichend. 1,00–2,00. ♃ 6–7. Feuchte Staudenfluren (Flußufer); s W-Sa: untere Zschopau, Freiberger u. Zwickauer Mulde O-An: Mulde (stemp·subozZEUR – H – V Magnocar. – endemisch).
Sächsisches R. – C. pseudopurpúrea GERSTLAUER ex HEINE

3* Granne in od. über der Mitte der Dsp rückenständig, die Dsp um mindestens $^1/_3$ ihrer Länge überragend (Abb. **588**/3). Dsp 3nervig. Hsp lineal-pfriemlich. Halme besonders oben rauh. BlSpreiten 0,5–1 cm br, oberseits auf den Rippen rauh, am Rand scharf. Rispe steif aufrecht, auch zur BZeit dicht, knäuelig gelappt. Rispenäste bis 10 cm lg, aufrecht anliegend rauh. 0,60–1,50. ♃ 7–8. Arme, lichte Laub- u. NadelW, Schlagfluren, Trockengebüsche, Säume, Küstendünen, trockne bis feuchte Brachen, Tagebaukippen; g Ba Br O-Ns Me, v W-Ns u. übrige Bdl, z Münsterland u. Westerwald (m/mo-b·(k)EURAS – G – K Epil. ang., K Artem., O Agrop., V Salic. alb., V Ammoph.).
Land-R., Landrohr, Sandrohr – C. epigéjos (L.) ROTH

4 **(1)** Granne länger als die Dsp, die Haare am Grund der Dsp deutlich u. die Hsp (zuweilen nur wenig) überragend, im unteren Viertel der Dsp auf ihrem Rücken entspringend. Pfl dichthorstig **5**

4* Granne die Hsp nicht überragend, oft zwischen den Haaren versteckt. Pfl meist rasig od. lockerhorstig, mit längeren (unterirdischen) Ausläufern **6**

5 Bl unterseits dunkelgrün glänzend, oberseits kurzhaarig, am Spreitengrund beiderseits mit Haarbüschel. BlHäutchen der GrundBl 1–2 mm lg, gestutzt, oft zerschlitzt. Haare am Grund der Dsp spärlich, nur $^1/_4$ so lg wie die Dsp. Granne der Dsp die Hsp um etwa 3 mm überragend (Abb. **589**/2). 0,60–1,20. ♃ 6–7. Mesotrophe LaubmischW, WSchläge, Hochstaudenfluren; v Bergland von M- u. N-Ba N-Bw Rh We He Th Sa An SO-Ns, sonst z, f NW-Ns, Alpen u. Vorland (sm/mo-b·(suboz)EUR–SIB – H – V Carp., V Querc. rob.-petr., V Luz.-Fag.). **Wald-R.** – C. arundinácea (L.) ROTH

5* Bl unterseits hellgrün, matt, am Spreitengrund kurz gewimpert. BlHäutchen 3–4 mm lg, mit stumpflicher Spitze. Haare am Grund der Dsp ∞, $^1/_3$–$^1/_2$ so lg od. etwa so lg wie die Dsp. Granne die Hsp wenig überragend (Abb. **589**/3). 0,40–1,00. ♃ 7–8. Hochmont. Kieferngehölze, Staudenfluren, Halbtrockenrasen; v S-Ba: Alpen, Vorland, z M- u. N-Ba: Hochebene, Donau, Jura, Schweinfurt, Bw: Hopfau, Hegau, Bodensee, Iller, Jura Th, s N-He SW-An u. SO-Ns: Südharz, Walkenried (sm/salp-temp/dealp·subozEUR – H – V Car. ferr., V Eric.-Pin.). **Berg-R.** – C. vária (SCHRADER) HOST

6 **(4)** BlHäutchen des obersten HalmBl 5–13 mm lg, außen dicht kurzhaarig. BlSpreite glanzlos, meist graugrün. Halme verzweigt. Rispe meist > 20 cm lg. 0,80–1,50. ♃ 7–8. BruchW, Weidensümpfe; s W-Ba: Allgäu, Rhön Bw: Schwarzw We: Rothaargebirge, Sauerland He: Rhön, Vogelsberg, Meißner, SW- u. SO-Th † Sa: Mißlareuth (temp-b EUR–WAS – H – K Aln., K Salic. purp., V Adenost.). [C. purpúrea aut. non TRIN.]
Purpur-R. – C. phragmitoídes HARTMAN

6* BlHäutchen kürzer, kahl **7**

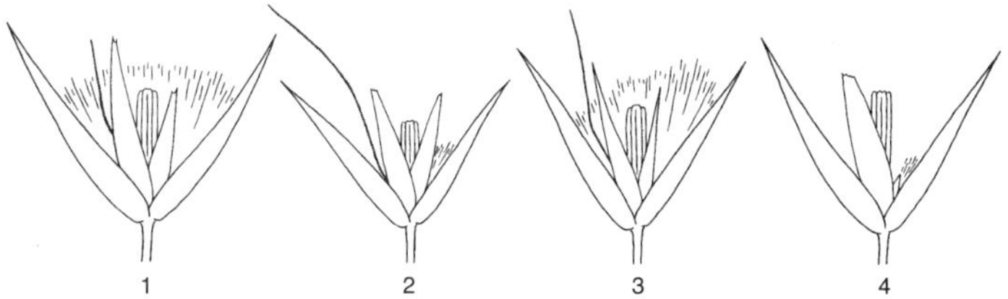

7 Dsp grünlich, derb, etwas länger als die an ihrem Grund in 2 Gruppen gebüschelten Haare (Abb. **589**/1). BlSpreiten 2–5 mm br, meist eingerollt, steif, am Rand rauh, unterseits glatt, am Grund kahl. Rispe schmal, steif aufrecht, ihre Äste sehr kurz, aufrecht, zur BZeit etwas abstehend. 0,40–1,00. ♃ 7–8. Nasse, arme Flachmoorwiesen u. Torfsümpfe; z Br Me, s S-Ba: Fürstenfeldbruck SO-Bw: Federsee NO-Rh NO-Sa NO-Ns: Gorleben S-Sh, † O-An (sm/mo-arct·CIRCPOL – H – O Car. fusc., V Magnocar.). [C. neglécta aut.] **Moor-R., Übersehenes R.** – C. stricta (TIMM) KOELER

7* Dsp häutig, durchscheinend, so lg wie die Haare an ihrem Grund od. etwas kürzer. Rispe ausgebreitet, schlaff, zuweilen etwas überhängend **8**

8 Halme oft knickig aufsteigend, unverzweigt, unter den Knoten oft mit Haarbüscheln, auch oben glatt. BlSpreiten weich, nicht steif, seltener eingerollt u. steif, glänzend, grün, am Grund unterseits mit 2 Haarbüscheln, seltener kahl od. rauhhaarig. Beide Hsp eines Ährchens etwa gleich lg (Abb. **588**/4). 0,60–1,20. ♃ 7–8. GebirgsFichtenW, Schlagges., bodensaure EichenW mit Fichte; g O-Ba: Bayr-W Th: Th-W, Holzland S-Sa W-An: Harz, z Ba: Alpen, Mittelfranken, Coburg M- u. N-Th N-Sa W-An: Harzvorland Br: S u. Seefeld, s N-He, ↗ (sm/mo-temp/mo·subozEUR – H – V Vacc.-Pic., K Epil. ang.). [C. halleriána (GAUDIN) DC.] **Wolliges R.** – C. villósa (CHAIX) J. F. GMELIN

8* Halme aufrecht, oft an den unteren Knoten verzweigt, unter den Knoten meist kahl. BlSpreiten schmal, steif, unterseits stark glänzend, gelblichgrün, am Grund kahl. Hsp eines Ährchens ungleich lg (Abb. **588**/2). 0,60–1,20. ♃ 7–8. BruchW, Weiden- u. Großseggensümpfe, Schlagfluren; v W- u. N-We O- u. NW-Sa Br N-Ns Me Sh, z Ba Bw Rh SO-We He Th SW-Sa An SO-Ns, in S u. M ↘ (temp-b·(suboz)EUR–WSIB – H – V Aln., V Magnocar.). [C. lanceoláta ROTH] ** **Sumpf-R.** – C. canéscens (WEBER ex WIGGERS) ROTH

Straußgras – Agróstis L.

1 Die 2 Haarbüschel am Grund der Dsp $^1/_3$–$^1/_2$ so lg wie die Dsp (Abb. **589**/4). Vsp etwa $^1/_4$ so lg wie die Dsp. Pfl mit lg, unterirdischen Ausläufern, halmarm. Rispe ± zusammengezogen. 0,40–0,60. ♃ 7–8. Subalp. frische Hangrasen, Grünerlengebüsch; z S-Ba: Alpen (sm/alp-temp/alp·(subk)ALP – H – V Car. ferr., V Adenost.). [Calamagróstis tenélla (SCHRADER) LINK, C. húmilis aut., A. schraderiána BECHERER] **Schilf-S.** – A. agrostiflóra (G. BECK) RAUSCHERT

1* Haarbüschel am Grund der Dsp fehlend od. sehr kurz **2**

2 Vsp fehlend od. höchstens $^1/_5$ so lg wie die fast stets begrannten Dsp. Bl mit gefalteter Knospenlage, wenigstens die GrundBl auch später borstlich gefaltet **3**

2* Vsp mindestens halb so lg wie die meist unbegrannten Dsp. Bl mit gerollter Knospenlage, später meist flach, seltener eingerollt, nie gefaltet **8**

3 Rispenäste u. Ährchenstiele ganz glatt u. kahl. Dsp unter der Mitte mit bis 3 mm lg, geknieter Granne. 0,05–0,10(–0,25). ♃ 7–8. Alp. frische Magerrasen; v S-Ba: Alpen, Arber (sm/alp-temp/alp·ozEUR – H – O Car. curv., V Nard.). **Felsen-S.** – A. rupéstris ALL.

3* Rispenäste u. Ährchenstiele rauh **4**

4 Unterster Rispenast mit 1–2 grundständigen Zweigen. HalmBl 1–2, höchstens 1 mm br. Granne grundständig. Dichthorstige AlpenPfl **5**

4* Unterster Rispenast mit 2–7 grundständigen Zweigen. HalmBl 3–6, etwa 2 mm br . . **6**
5 HalmBl meist flach, etwa 1 mm br. Rispe zur BZeit ausgebreitet. Ährchen lanzettlich, 3–4 mm lg. Hsp lanzettlich, spitz, meist schwarzviolett bis rotbraun. 0,10–0,20(–0,30). ♃ 7–9. Alp. nährstoffreiche Steinrasen; v S-Ba: Alpen (m/alp-temp/alp·ozEUR – H – O Sesl., V Poion alp., V Epil. fleisch.). **Alpen-S.** – A. alpína SCOP.
5* HalmBl meist borstlich gefaltet. Rispenäste zur BZeit dicht anliegend. Ährchen schlanker, etwa 5 mm lg. Hsp schmal lanzettlich, allmählich in eine Stachelspitze verschmälert, farblos (selten unterwärts hellviolett). 0,20–0,40. ♃ 7–9. Alp. nährstoffreiche Steinrasen; s S-Ba: Alpen, ↘ (sm/alp-temp/dealp·ozEUR – H – V Car. ferr.). **Schleicher-S.** – A. schleícheri JORDAN et VERLOT
6 **(4)** Rispe meist ausgebreitet, etwa so br wie lg u. so lg wie der Halm, bis 25 cm lg. Dsp sehr stark rückwärts rauh, unbegrannt od. sehr kurz grannenspitzig. Pfl ohne Ausläufer. 0,30–0,70. ⊙ ♃ 6–7. Wechselfeuchte Ruderalstellen; (N 1960) s Ba: Oberpfalz, (U) s NO-Sa Br: Berlin (m/mo-bAM–(OAS) – T, H – V Nanocyp., V Agrop.-Rum.). **Rauhes S.** – A. scábra WILLD.
6* Rispe länger als br, kürzer als der Halm. Rispenäste aufrecht abstehend. Dsp schwach rauh, mit längerer, rückenständiger, geknieter Granne. Pfl mit ober- od. unterirdischen Ausläufern **7**
7 Bl weich, graugrün. SumpfPfl mit lg, oberirdischen, dichtbüschlig feinblättrigen Kriechtrieben, ohne unterirdische Ausläufer. HalmBl flach. Rispe nach der BZeit etwas zusammengezogen. 0,20–0,60. ♃ 6–8. Nasse, nährstoffarme, saure Torf- u. Sandböden in der Verlandungszone armer Gewässer, Moorschlenken, Feuchtheiden; v N- u. W-We NO-Sa Br N-Ns Me Sh u. Bergland von O- u. N-Ba W-Bw Rh Th Sa An S-Ns, sonst alle Bdl z (m/mo-arct·(suboz)EURAS–(OAM) – H – V Car. fusc., O Scheuchz., V Eric. tetr.). **Hunds-S.** – A. canína L.
7* Bl starr, hellgrün. SandPfl mit kurzen, unterirdischen Ausläufern, ohne oberirdische Kriechtriebe. HalmBl zusammengerollt. Rispe nach der BZeit stark zusammengezogen. 0,20–0,40. ♃ 6–9. Ärmere Sandtrockenrasen u. Silikatfelsfluren, kalkmeidend; alle Bdl z, f aber S-Ba S- u. O-Bw N-Rh N-He S-Th S-Sa, Verbreitung ungenügend bekannt (m-b·(oz)CIRCPOL – H – K Sedo-Scler., K Nardo-Call.). [A. canína var. árida SCHLDL., A. canína ssp. montána (HARTMAN) HARTMAN, A. stricta J. F. GMELIN, A. coarctáta EHRH. ex HOFFM.] **Schmalrispiges S.** – A. vineális SCHREBER
8 **(2)** BlHäutchen der unteren u. mittleren HalmBl bis 1,3 mm lg, gestutzt. Vsp halb so lg wie die Dsp. Rispe auch nach der BZeit gespreizt. Ährchen nicht gebüschelt. 0,20–0,80. ♃ 6–7. Sand- u. Silikattrockenrasen, mäßig trockne bis frische Silikatmagerrasen, Heiden, verlichtete Eichen- u. KiefernW, Schläge, kalkmeidend; alle Bdl g, aber MDt-Trockengeb v (sm/mo-b·(oz)EUR–WSIB – H – K Sedo-Scler., O Arrh., K Nardo-Call., V Epil. ang.). [A. vulgáris WITH., A. ténuis SIBTH.] **Rot-S.** – A. capilláris L.
8* BlHäutchen der unteren u. mittleren HalmBl 2–5 mm lg, abgerundet. Vsp $(^{1}/_{2}–)^{2}/_{3}–^{3}/_{4}$ so lg wie die Dsp **9**
9 Dsp auf der Rückenfläche ± dicht behaart (starke Lupe!), 2 Seitennerven in deutliche Grannenspitzen auslaufend (Abb. **590**/1). Pfl graugrün, mit kurzen, unterirdischen Ausläufern. FrRispe zusammengezogen. Bl 2–3(–4) mm br, meist borstlich eingerollt. 0,15–0,40. ♃ 6–7. Trockne, sandige Ruderalstellen (Straßenränder, Schutt); (N 1960 U) s Bw We O-Th O-An Br: Berlin Ns Me: Rostock Sh, in Zierrasen oft angesät (sm-stemp·ozEUR – H). **Kastilisches S.** – A. castellána BOISS. et REUTER
9* Dsp auf der Fläche kahl, Seitennerven höchstens sehr undeutlich begrannt. Pfl meist grasgrün. Bl meist flach **10**
10 Pfl mit dicken, unterirdischen Ausläufern (diese nur mit SchuppenBl), aber ohne oberirdische Kriechtriebe. Rispe auch nach der BZeit spreizend, durch die horizontal gestellten Endzweige in Stockwerke geteilt. Halm nur am Grund mit BlTrieben, aufrecht. Bl 3–11 mm br. 0,40–1,20. ♃ 6–7. Uferröhrichte, Naßwiesen, Halbtrockenrasen; Verbreitung ungenügend bekannt, wohl über-

1

all z, stellenweise v (sm-temp·(oz)EUR – H, G – Sv: Ausläufer – V Convolv., K Mol.-Arrh., V Cirs.-Brach., V Mesobrom., O Phragm. – Futtergras). [A. álba aut. p. p.]
Riesen-S., Fioringras – A. gigantéa ROTH

10* Pfl ohne unterirdische Ausläufer, meist mit lg, oberirdischen Kriechtrieben (diese mit LaubBl). Rispe nach der BZeit zusammengezogen. Halm oft ästig, aufsteigend. Bl 2–6(–8) mm br. 0,10–0,70. ♃ 6–7. Frische bis feuchte, nährstoffreiche Rasen, Ufer, Gräben, Wegsenken, feuchte Äcker, salzertragend; alle Bdl g (m/mo-arct·(suboz) EUR–WAS – H – V Agrop.-Rum., V Polyg. avic., K Secal., K Chen., V Armer. marit. – Futtergras). [A. álba aut. p. p.] **Weißes S., Flecht-S.** – A. stolonífera L.

Windhalm – Apéra ADANS.

1 Bl flach, bis 3 mm br. BlHäutchen bis 6 mm lg. Rispe bis über 20 cm lg, br, lockerblütig, ihre Äste ziemlich lg, abstehend. Ährchen 2,5–3 mm lg. Granne 5–7 mm lg. 0,30–1,00. ⊙ ① 6–7. Sandige bis lehmige, frische bis wechselfeuchte Äcker, Ruderalstellen (Umschlagplätze), Brachen, kalkmeidend; alle Bdl v, aber Alpen, Vorland u. Schwarzw s (sm-b-subozEUR–WSIB – T, H – O Aper., O Polyg.-Chen.). [Agróstis spíca-vénti L.]
Gewöhnlicher W. – A. spíca-vénti (L.) P. B.

1* Bl flach od. eingerollt, etwa 1 mm br. BlHäutchen bis 2 mm lg. Rispe meist < 10 cm lg, schmal, ± dichtblütig, mit kurzen, aufrechten Ästen. Ährchen 2–2,5 mm lg. Granne 10–15 mm lg. 0,20–0,40. ⊙ 6–7. Sandige, trockne Ruderalstellen; (N U) s S-Rh: Bingen, Mainz, Remich, Saarland W-We SW-Ns: Osnabrück Me: Rostock (m-stemp·sub-ozEUR–WAS – T – V Sisymbr., O Fest.-Sedet.).
Unterbrochener W. – A. interrúpta (L.) P. B.

Wiesenhafer – Avénula (DUM.) DUM. [Avenóchloa HOLUB]

1 Untere Bl u. BlScheiden kurzzottig. Rispe ausgebreitet, die unteren Äste meist zu 5. Ährchen (2–)3(–4)blütig. Untere Hsp 1-, obere 3nervig. Granne in ihrem unteren, gedrehten Teil nicht abgeflacht. 0,30–1,00. ♃ 5–6. Mäßig frische bis wechselfeuchte Wiesen, mäßig trockne Magerrasen, Halbtrockenrasen; v Ba Bw Rh He Th An SO-Ns Me, z We Sa Br O-Ns Sh, s W-Ns, im N ↘ (sm/mo-b·(oz)EUR+WAS – H – O Arrh., V Mol., V Mesobrom.). [Avéna pubéscens HUDS., Helictótrichon pubéscens (HUDS.) PILGER, Avenóchloa pubéscens (HUDS.) HOLUB]
(**) Flaumiger W., Flaumhafer – A. pubéscens (HUDS.) DUM.

1* Bl u. BlScheiden kahl, aber meist rauh. Untere Rispenäste einzeln od. zu 2, selten 3. Granne im unteren, gedrehten Teil bandartig flach, daher gegen das Licht betrachtet abwechselnd dick u. dünn erscheinend **2**

2 Bl meist flach, mit deutlich durchscheinendem, weißem Rand, wie die BlScheiden glatt. Ährchen 5(–6)blütig. Hsp undeutlich nervig, violett mit grünem Mittelstreif u. goldgelbem Hautrand. 0,14–0,40. ♃ 7–8. Alp. Silikatmagerrasen u. -weiden; z SW-Ba: Allgäu, Wettersteingebirge (sm/alp-temp/alp·(oz)EUR – H – O Car. curv., V Nard.). [Helictótrichon versícolor (VILL.) PILGER, Avenóchloa versícolor (VILL.) HOLUB]
Bunter W., Bunthafer – A. versícolor (VILL.) LAINZ

2* Bl steif, meist borstlich, oberseits wie die Scheiden rauh, knorplig berandet. Ährchen 3–5(–8)blütig. Hsp deutlich 3nervig, silberweiß. 0,30–0,80. ♃ 5–6. Trocken- u. Halbtrockenrasen, Silikatmagerrasen; v Th S-An, z Ba Bw: bes. Jura, Neckarbecken Rh S- u. O-We He N-An Br S-Ns Me Sh, s M- u. W-Sa, im N ↘ (sm/mo-temp·subozEUR – H – K Fest.-Brom., O Fest.-Sedet., V Viol. can., V Eric.-Pin.). [Avéna praténsis L., Avenástrum praténse (L.) OPIZ, Helictótrichon praténse (L.) BESSER, Avenóchloa praténsis (L.) HOLUB] **Echter W., Trifthafer** – A. praténsis (L.) DUM.

Staudenhafer – Helictótrichon BESSER ex R. et SCH.

Pfl dichthorstig. Untere Bl u. Scheiden zerstreut behaart. Bl meist borstlich, die flachen oberseits rauh. 0,40–1,50. ♃ 7–8. Alp. sonnige, kalkhaltige Blaugrashalden; z S-Ba:

Aggenstein, Ammergau, Herzogstand, Wettersteingebirge (sm/salp-temp/salp·suboz-EUR – H – V Sesl., V Eric.-Pin.). [Avéna sempérvirens HOST non VILL.]
Parlatore-S. – H. parlatóreï (WOODS) PILGER

Glatthafer – Arrhenátherum P. B.

Bl flach, oberseits meist abstehend kurzhaarig. Scheiden meist kahl. BlHäutchen kurz, gestutzt. Untere Hsp 1-, obere 3nervig. Dsp der ♂ B, selten auch die der ⚥ B mit lg, geknieter Granne (Abb. **567**/2). 0,60–1,20. ♃ 6–7. Planare bis koll. Fettwiesen, frische bis mäßig trockne Ruderalstellen (Wegränder, Steinbrüche), Brachen; alle Bdl g (m/mo-temp·(oz)EUR – H – V Arrh., V Stip. calam. – Futtergras).
Glatthafer – A. elátius (L.) J. et C. PRESL

Hafer – Avéna L.

1 Ährchen meist 3blütig. Untere Hälfte der begrannten Dsp dicht u. lg behaart. Bespelzte Fr bei der Reife sofort abfallend. 0,60–1,20. ⊙ 6–8. Lehmige bis tonige, wechseltrockne bis -feuchte Äcker, mäßig trockne Ruderalstellen (Wegränder, Müll), basenhold; (A) v Ba Bw SO-Rh Th S-An W-Sh, z N-Rh We He Sa N-An Br Ns Me O-Sh (austr-strop/moAFR+m-temp·(suboz)CIRCPOL – T – K Secal., K Chen. – StammPfl von Saat-H.). **Flug-H.** – A. fátua L.

1* Ährchen meist 2blütig. Dsp (fast) kahl, nur die Ährchenachse langhaarig. Bespelzte Fr erst spät nach der Reife abfallend 2

2 Ährchenachse unter jeder B kurz behaart od. unter der unteren kahl. Dsp in 2 Grannenspitzen auslaufend, auf dem Rücken mit lg Granne. 0,45–0,90. ⊙ 6–8. Früher KulturPfl, auch frische, nährstoffreiche Äcker, kalkmeidend; (U) Ba Th Sa An Br Ns Me Sh (T – V Aphan. – Futtergetreide). ** **Sand-H., Rauh-H.** – A. núda L. em. MANSF.

2* Ährchenachse kahl od. unter der unteren B behaart. Dsp nicht mit 2 Spitzen. Rückengranne an allen od. den unteren B fehlend. 0,60–1,50. ⊙ 6–8. KulturPfl seit der Bronzezeit, auch (U) verwildert (T). **Saat-H.** – A. satíva L.

Grannenhafer – Trisétum PERS.

1 Rispe dicht ährenfg, kopfig od. walzig, bis 4 cm lg, mit sehr kurzen Ästen. Halme unter der Rispe behaart. Ährchen violett, grün u. gelb gescheckt. Hsp br, fast gleich lg. Haare am Grund der B sehr kurz. 0,10–0,20. ♃ 7–8. Alp. kalkarme Steinschuttrasen; s S-Ba: Allgäu, Garmisch, Berchtesgaden (antarct-austr/alpAM+AUST+strop/alpAM+OAS+m/alp-arctCIRCPOL – H – V Drab. hopp., V Elyn.). [T. subspicátum (L.) P. B.]
(**) **Ähren-G.** – T. spicátum (L.) RICHTER

1* Rispe ausgebreitet, locker. Halme unter der Rispe kahl 2

2 Pfl lockerrasig, ohne oberirdische Ausläufer. Halme an den Knoten od. dicht unter ihnen behaart. BlScheiden ± zottig, selten kahl. Rispe bis 20 cm lg. Ährchen goldgelb. Untere Hsp 1-, obere 3nervig. Haare am Grund der B sehr kurz bis fast fehlend. 0,30–0,70. ♃ 5–6. Fettwiesen, vor allem im Bergland; g Ba Bw Rh He, v We Th S-An S-Sa S-Ns, z N-Sa N-An Br Me Sh, s N-Ns (m/mo-temp·(suboz)EUR – H – O Arrh., V Triset., O Sesl. – Futtergras). [Avéna flavéscens L.]
** **Gold-G., Goldhafer** – T. flavéscens (L.) P. B.

2* Pfl mit oberirdisch kriechenden Ausläufern. Halme u. BlScheiden kahl. Bl auffallend 2zeilig. Rispe bis 6 cm lg. Ährchen violett, grün u. braun gescheckt. Beide Hsp deutlich 3nervig. Haare am Grund der B halb so lg wie die Hsp. 0,10–0,20. ♃ 7–8. Alp. Steinschuttfluren; z S-Ba: Alpen (sm/alp-temp/alp·subozEUR – G, H – V Petasit. parad.).
Zweizeiliger G. – T. distichophýllum (VILL.) P. B.

Schmielenhafer – Ventenáta KOELER

BlHäutchen 4–9 mm lg. Dsp der oberen B mit gedrehter, geknieter, lg Granne. 0,30–0,60. ⊙ ① 6. Trockne Ruderalstellen, ruderal beeinflußte Xerothermrasen; z M-He, s W-Ba

Rh, (N) s O-Sa: Zittau, † Bw We N-Th SW-An Br W-Me, ↘ (m/mo-stemp·(subk)EUR – T, H – O Coryneph.). [Avéna ténuis MOENCH] **Schmielenhafer** – V. dúbia (LEERS) COSS.

Ährenhafer – Gaudínia P. B.

Halme knickig aufsteigend. Bl behaart, BlHäutchen fast fehlend. Ähre locker 2zeilig. Ährenachse gliedweise mit den Ährchen abfallend. 0,20–0,60. ⊙ 6. Frische Ruderalstellen u. Wiesen; (N U) s Me, † Ba Bw We Sa An Br (m-stemp·(oz)EUR – T – O Arrh.). **Zerbrechlicher Ä.** – G. frágilis (L.) P. B.

Haferschmiele – Áira L.

1 Ährchen etwa 1,5 mm lg, meist viel kürzer als ihre allseitig abstehenden Stiele, meist nur mit 1 Granne (an der oberen B des Ährchens). Rispe fast so lg wie br, bis 8 cm lg. Rispenäste sehr dünn, geschlängelt. 0,07–0,15(–0,35). ⊙ 5–8. ZierPfl, auch (N 1852 U) s, z. B. Ba Bw Rh He Sa Br Ns Me Sh (m-sm·(oz)EUR – T). [A. capilláris HOST, A. élegans WILD. ex GAUDIN] **Haar-H.** – A. elegantíssima SCHUR

1* Ährchen 2–3 mm lg, so lg wie ihre Stiele od. länger, 2grannig (an beiden B des Ährchens eine Granne) **2**

2 Rispe stets sehr locker ausgebreitet. Dsp mit 2–3 mm lg Rückengranne. 0,05–0,20. ⊙ ① 6–7. Felsfluren, Sand- u. lückige Silikattrockenrasen, sandige Wegränder, Sandäcker, kalkmeidend; v W-Me Sh, z M- u. N-Ba N- u. W-Bw Rh We He Th N-Sa An Br Ns O-Me, s S-Sa, im S ↘ (austr-strop/salpAFR-m/mo-temp·ozEUR – T, H – V Thero-Air., V Arnos.). ** **Nelken-H., Gewöhnlicher Nelkenhafer** – A. caryophýllea L.

2* Rispe ährenfg zusammengezogen. Dsp mit 3–4 mm lg Rückengranne. 0,02–0,15. ⊙ ① 5–6. Felsfluren, Sand- u. lückige Silikattrockenrasen, sandige Wegränder, Brachen, kalkmeidend; v N-We S-Br N-Ns W-Me Sh, z Rh S-We He Th N-Sa An N-Br S-Ns O-Me, s N-Ba NW-Bw, in S u. M ↘ (sm-temp·ozEUR – T, H – V Thero-Air.). **Frühe H.** – A. prǽcox L.

Schmiele – Deschámpsia P. B.

1 Bl flach, oberseits ± rauh. Rispenäste nicht geschlängelt, jeder mit mindestens 2 grundständigen Zweigen. Granne gerade od. undeutlich gekniet, weißlich, die Dsp nicht od. wenig überragend **2**

1* Bl eingerollt od. gefaltet. Rispenäste geschlängelt, jeder mit 1(–2) grundständigen Zweig(en) **4**

2 Pfl meist lockerrasig, aber ohne Ausläufer. BlOberseite ziemlich schwach rauh, ihre Rippen (außer Rand- u. Mittelrippe) am Scheitel abgerundet od. gestutzt (Abb. **593**/1). Ährchen (4–)5–6 mm lg. 0,40–1,25. ♃ 5–6 (selten 8–9). Flußufer; s NO-Ns u. S-Sh: Elbe, Stör, † M-Sh: Eider (temp·euozEUR – H). [Áira paludósa WIB.] **Wibels Sch.** – D. wibeliána (SONDER) PARL.

2* Pfl dichtrasig. BlOberseite meist äußerst rauh, stark 7rippig, alle Rippen mit spitzem Scheitel (Abb. **593**/2) **3**

3 Bl oberseits auffallend rauh, lg, flach. BlHäutchen 6–8 mm lg. Rispenäste rauh. Ährchen 4–5 mm lg, nicht in Brutknospen umgebildet. Obere Hsp 3–4 mm lg. Granne die Dsp meist nicht überragend. 0,30–1,50. ♃ 6–7. Feuchte Flachmoorwiesen, feuchte Wälder; alle Bdl g (antarct-trop/mo-arctCIRCPOL – H – K Querc.-Fag., O Mol., O Mont.-Card.). [Áira cespitósa L.] ** **Rasen-Sch.** – D. cespitósa (L.) P. B.

1 2

3* Bl wenig rauh, steif, oft etwas eingerollt. BlHäutchen bis 4 mm lg. Rispenäste ganz glatt. Ährchen etwa 7 mm lg, bei uns stets zu Brutknospen umgebildet. Obere Hsp 5–6 mm lg. Granne die Dsp überragend. 0,60–0,80. ♃ 7–8. Zeitweise überflutete, kiesige Ufer; † SW-Ba u. SO-Bw: Bodensee, ↘ (sm-temp·subozEUR? – H– Sv: Brutknospen – V Desch. litt.). [D. rhenána GREMLI] **Ufer-Sch.** – D. littorális (GAUDIN) REUTER

4 **(1)** Granne schwach gedreht, undeutlich gekniet, die Sp nicht od. kaum überragend. Bl borstlich bis fädlich. BlHäutchen spitz, 8 mm lg. Pfl dichte, starre Rasen bildend. 0,30–0,60. ♃ 6–7. Zeitweise überstaute, wechselfeuchte Wiesenmulden; s NW-Bw u. O-Rh: Rhein, ↘ (sm-stemp·ozEUR – H – V Agrop.-Rum., V Mol.). **Binsen-Sch.** – D. média (GOUAN) R. et SCH.

4* Granne zur FrZeit deutlich gekniet, am Grund bläulich, die Sp weit überragend. Bl gefalzt. BlHäutchen spitz, 3–8 mm lg. Pfl dichtrasig, weiche Polster bildend. 0,30–0,50. ♃ 7–8. Nasse, nährstoffreiche Teichufer u. Heidemoore; z W- u. N-We, s O-Ba: Oberpfalz: Neubäu NO-Sa SO-Br Ns: Bentheim, Emsland, Hannover NW-Sh, † Me, ↘ (temp·euozEUR – H – O Litt.). [Aristavéna setácea (HUDS.) ALBERS et BUTZIN] **Borstblatt-Sch.** – D. setácea (HUDS.) HACKEL

Drahtschmiele – Avenélla PARL.

Pfl lockerrasig, weiche Polster bildend. Bl borstlich, stielrund. BlHäutchen stumpf, oft ausgerandet, 1–3 mm lg. Granne deutlich gekniet, die Sp weit überragend. 0,30–0,60. ♃ 6–8. Nährstoffarme Laub- u. NadelW, Gebüsche, Schläge, mäßig trockne bis frische, arme Magerrasen, Heiden, kalkmeidend; alle Bdl g, aber O-Bw: Jura Alpen, Vorland u. MDt-Trockengeb z (antarct-trop/salp-m/salp-arct·ozCIRCPOL – H – V Querc. rob.-petr., V Luz.-Fag., O Vacc.-Pic., K Nardo-Call., V Epil. ang.). [Deschámpsia flexuósa (L.) TRIN.] **Drahtschmiele, Schlängelschmiele** – A. flexuósa (L.) DREJER

Silbergras – Corynéphorus P. B. [Weingaertnéria BERNH.]

Bl borstlich, steif aufrecht, stark graugrün, Scheiden rosa. Granne gegliedert, in der Mitte mit Haarkranz, darüber keulenfg (Abb. **567**/1). 0,15–0,30. ♃ 6–7. Pionier auf Sandrohböden, arme Sandtrockenrasen, Dünen, Brachen, Tagebaue, KiefernW, kalkmeidend; g Br N- u. O-An, v We: außer Bergland Rh N-Sa Ns Me Sh, z M- u. N-Ba NW-Bw He Th S-Sa SW-An (m-temp·ozEUR – H – V Coryneph., V Cytis.-Pin.). [Weingaertnéria canéscens (L.) BERNH.] **Silbergras** – C. canéscens (L.) P. B.

Schillergras, Kammschmiele – Koeléria PERS.

1 Halme am Grund auffallend zwiebelfg verdickt, von den in verflochtene, geschlängelte, feine Fasern aufgelösten, abgestorbenen BlScheiden eingehüllt. Bl graugrün, starr, GrundBl borstlich zusammengerollt. 0,10–0,40. ♃ 5–6. Submed. Felsfluren u. Trockenrasen, kalkstet; s SO-Rh: Nackenheim (m/mo-sm·(subk)EUR – H – V Xerobrom.). **Walliser Sch.** – K. vallesiána (HONCK.) GAUDIN

1* Halme am Grund nicht od. nur wenig zwiebelfg verdickt. GrundBlScheiden nicht zerfasernd od. in gerade, grobe Fasern aufgelöst **2**

2 Dsp ganz stumpf, abgerundet, zuweilen mit kurzer aufgesetzter Stachelspitze. Pfl blaugrün, kahl. Halme am Grund etwas zwiebelfg verdickt. 0,30–0,60. ♃ 5–7. Kont. reichere Sandtrockenrasen, trockne KiefernW; z N-An Br S-Me, s NW-Bw SO-Rh S-He S-An NO-Ns N-Me SO-Sh, † Th Sa, ↘ (sm-temp·(k)EURAS – H – V Koel. glauc., V Cytis.-Pin.). **Blaugrünes Sch.** – K. gláuca (SPRENG.) DC.

2* Hsp u. Dsp zugespitzt **3**

3 Pfl lockerrasig, mit 5–10 cm lg unterirdischen Ausläufern. Halme am Grund etwas zwiebelfg verdickt. Untere BlScheiden bleich, meist dicht samtig behaart u. rückwärts rauh. Bl borstlich eingerollt, starr, graugrün, scharf zugespitzt. 0,10–0,25. ♃ 5–6. Reichere Sandtrockenrasen der Küstendünen; z NW-Ns: Ostfriesische Inseln, † W-Sh? (temp·euozlitEUR – H – V Koel. albesc.). [K. albéscens aut. p. p. non DC., K. albéscens

ssp. arenária (DUM.) RAUSCHERT, K. cristáta var. arenária (DUM.) LEJ., K. gläūca ssp. arenária (DUM.) DOMIN] **Weißliches Sch.** – K. arenária (DUM.) CONERT

3* Pfl horstig, ohne Ausläufer. Halme am Grund nicht zwiebelfg verdickt 4

4 Bl der nichtblühenden Triebe etwa 2 mm br, flach. HalmBl 2–3 mm br, flach, kahl od. spärlich bewimpert. Ährchen 3blütig, 5,5–6,5 mm lg. Halme kräftig, unter der Rispe kurzhaarig. BlScheiden kahl, zuweilen die untersten kurzhaarig. 0,30–1,00. ♃ 6–7. Trocken- u. Halbtrockenrasen, trockne Wegränder, lichte KiefernW, kalkhold; v (Silikatgebirge s) Ba Bw Rh He Th S-An NO-Br SO-Ns, z We, s Sa: W u. Elbe N-An S- u. W-Br N-Ns: Elbe, untere Weser S-Me (sm/mo-temp·subozEUR – H – V Mesobrom., V Cirs.-Brach., V Mol., K Sesl., V Eric.-Pin.). [K. cristáta PERS. p. p.]
(**) **Großes Sch.** – K. pyramidáta (LAMK.) P. B.

4* Bl der nichtblühenden Triebe meist eingerollt, ausgebreitet etwa 1 mm br. HalmBl meist eingerollt, 1–2,5 mm br, ± weichhaarig. Ährchen 2(–3)blütig, 4–5 mm lg. Halme schlank, meist bis zur Spitze kahl. Meist alle Scheiden weichhaarig. 0,20–0,50. ♃ 6–7. Felsfluren, Trocken- u. Halbtrockenrasen, reichere Sandtrockenrasen, lichte KiefernW; v M-Ba N-Th S-An NO-Br, z S- u. N-Ba Bw Rh W- u. O-We He W-Sa N-An S- u. W-Br S- u. NW-Me, s O-Sa Ns: Harzvorland, Elbe, untere Weser (austr-trop/salpAFR+strop/salpAM-m-temp·(k)CIRCPOL – H – K Fest.-Brom., V Armer. elong., V Sesl.-Fest., V Eric.-Pin.). [K. cristáta PERS. p. p., K. grácilis PERS.]
(**) **Zierliches Sch.** – K. macrántha (LEDEB.) SCHULT.

Honiggras – Hólcus L.

1 Halmknoten, BlScheiden u. Spreiten weichhaarig. Granne nicht od. kaum aus den Ährchen herausragend, zuletzt an der Spitze hakenfg (Abb. **567**/3). Pfl dichtrasig. 0,30–1,00. ♃ 6–8. Feuchte, kalkarme Wiesen auf Torf- u. Lehmböden, bes. Flachmoore; alle Bdl g, aber MDt-Trockengeb v (m/mo-temp·(oz)EUR – H – K Mol.-Arrh.).
Wolliges H. – H. lanátus L.

1* Halmknoten mit Haarkranz. Scheiden u. Spreiten spärlich behaart od. kahl. Granne die Hsp überragend, gekniet. Pfl mit unterirdischen Ausläufern. 0,30–0,80. ♃ 7–8. Mäßig frische, arme EichenW, Schläge, Gebüsche, mineralarme Äcker im Flachland u. Gebirge, kalkmeidend; alle Bdl v, aber Silikatgebiete g, Trockengebiete z, Alpen s (sm/mo-temp·ozEUR – G, H – V Querc. rob.-petr., V Rubo-Prun., K Nard.-Call., V Epil. ang., O Aper.). **Weiches H.** – H. móllis L.

Bürstengras – Polypógon DESF.

Pfl am Grund büschlig verzweigt. Halme glatt od. oben rauh, kahl. Bl rauh, BlHäutchen 2,5–13 mm lg. Ährenrispe 1–10(–12) cm lg u. 0,5–1 cm dick. Hsp aus dem Einschnitt der 2zähnigen Spitze 4–7 mm lg begrannt, kurzhaarig, weißlich, mit grünem Mittelnerv. 0,06–0,75. ⊙ 4–6(–10). Bahnhofs- und Hafengelände, Wollkämmereien; (N U) s, z. B. Bw: Mannheim, Stuttgart, Ulm He N-Me (boreostrop-mEURAS – T). [Alopecúrus monspeliénsis L.] **Gewöhnliches B.** – P. monspeliénsis (L.) DESF.

Traubenhafer, Dreizahn – Danthónia DC.

1 Traube mit etwa 5 Ährchen. Ährchen bis > 1,5 cm lg. Dsp tief eingeschnitten 2spitzig, im Einschnitt mit lg, gedrehter u. geknieter Granne. BlScheiden kahl. 0,30–0,60. ♃ 5–6. Halbtrockenrasen; s S-Ba: Garchinger Heide bei München (sm/mo·(subk)EUR – H – V Cirs.-Brach.). [D. provinciális DC., D. calícina (VILL.) RCHB.] **Kelch-T.** – D. alpína VEST

1* Traube mit 4–12 Ährchen, diese etwa 1 cm lg. Dsp unbegrannt, kurz 3zähnig. BlScheiden gewimpert. 0,15–0,45. ♃ 6–7. Silikatmager- u. -halbtrockenrasen, wechselfeuchte Wiesen, Heiden, kalkmeidend; alle Bdl v, aber MDt-Trockengeb, Mainfranken, Jura u. O-Me z (m/mo-temp·ozEUR – H – Av – V Mesobrom., V Cirs.-Brach., V Mol., K Nardo-Call.). [Sieglíngia decúmbens (L.) BERNH., Triódia decúmbens (L.) P. B.]
** **Dreizahn** – D. decúmbens (L.) DC.

Federgras, Pfriemengras – Stípa L.
(Ev: BohrFr, Wv – ∇)

1 Granne unbehaart, über dem Knie rauh. 0,30–1,00. ♃ 7–8. Kont. Trockenrasen, kalkstet; z O-Rh S-He M- u. N-Th SW-An M- u. NO-Br, s NW-Ba SW-Bw N-An SO-Ns SO-Me: Pasewalk (m-temp·kEURAS – H – V Fest. val. – ∇). **Pfriemengras** – S. capilláta L.
1* Oberer, nichtgedrehter Grannenteil lg fedrig behaart. 0,30–1,20. ♃ 5–6. Kont. u. submed. Felsfluren, Trocken- (u. Halbtrocken-)rasen; z M- u. NW-Ba Rh N- u. O-Th An M- u. NO-Br, s SO-Ba: Berchtesgadener Alpen S- u. N-Bw S-He SO-Me: Retzin, † Sa: Elbe, ↘ (m-temp·(k)EURAS – H – V Fest. val., V Xerobrom., V Koel. glauc., V Cirs.-Brach. – ∇) * **Federgras** – S. pennáta agg.

Rauhgras – Achnátherum P. B.

Horstbildend, mit reich verzweigtem Rhizom. Bl flach, BlHäutchen fast fehlend. Rispe reichährig, bis 25 cm lg. 0,60–1,20. ♃ 6–9. Warme, sonnige Steinschutt- u. Felsböden, Flußalluvionen; S-Ba: z Alpen, s Vorland, s S-Bw: Donaualb um Beuron (sm/mo-stemp/demo·subozEUR – H – V Stip. calam.). [Lasiagróstis calamagróstis (L.) LINK, Stípa calamagróstis (L.) WAHLENB.] **Rauhgras** – A. calamagróstis (L.) P. B.

Flattergras – Mílium L.

Pfl blaugrün, kahl, mit kriechendem Rhizom. BlHäutchen bis 7 mm lg, gestutzt. 0,60–1,00. ♃ 5–7. Frische, anspruchsvolle LaubmischW, Nadelholzforste, Schlaggebüsche, Hochstaudenfluren; alle Bdl v, aber SO- u. NO-Ba, N-Ns u. W-Sh z (m/mo-b·(oz) EURAS+OAM – H – O Fag.). **Wald-F.** – M. effúsum L.

Lieschgras – Phléum L.

1 Ährenrispe mit sehr kurzen Ästen, beim Umbiegen nicht lappig **2**
1* Ährenrispe mit z. T. verlängerten Ästen, beim Umbiegen lappig **4**
2 Ährenrispe (2–)5–30 cm lg, 6–7 mm br, meist grün, selten (im Gebirge) etwas violett überlaufen. Granne der Hsp $^1/_4$–$^1/_2$ so lg wie die Hsp, stets unbewimpert (Abb. **565**/2). BlScheiden nicht (od. nur die oberste ganz wenig) aufgeblasen. Sp der Fr eng anliegend. Bl beiderseits rauh. 0,20–1,00. ♃ 6–8. Mäßig frische bis frische Fettwiesen u. -weiden; alle Bdl g (m/mo-arct·(suboz)EURAS – H – V Cynos., V Arrh. – Futtergras).
* **Wiesen-L., Timothee** – Ph. pratènse agg.
2* Ährenrispe 1–4(–7) cm lg, durch die Grannen dicker (bis 10 mm br) erscheinend, meist trübviolett. Grannen der Hsp mindestens halb so lg wie die Hsp. Oberste BlScheiden stark aufgeblasen. Sp die Fr lose umschließend. Bl nur am Rand rauh **3**
3 Grannen der Hsp in der unteren Hälfte lg gewimpert, etwa halb so lg wie die Hsp (Abb. **597**/1). Ährenrispe 3–4(–7) cm lg, grün od. schwach violett. Rhizom kurz kriechend. 0,20–0,50. ♃ 7–8. Alp. u. subalp. Fettwiesen u. -weiden; v S-Ba: Alpen (austr/alp-strop/alpAM+m/alp-arct·(oz)EUR – H – V Poion alp., V Triset.). [Ph. alpínum aut.]
Graubündener L. – Ph. rhǽticum (HUMPHRIES) RAUSCHERT
3* Grannen der Hsp fast kahl od. etwas rauh, fast so lg wie die Hsp (Abb. **597**/2). Ährenrispe 1–3 cm lg, trübviolett. Rhizom nicht kriechend. 0,10–0,25. ♃ 7–8. Schneetälchen der alp. Stufe; s O-Ba: Bayr-W, SO-Ba: Teisenberg (m/alp-arct·(oz) CIRCPOL – H – V Car. fusc., K Salic. herb.). [Ph. commutátum GAUDIN] **Alpen-L.** – Ph. alpínum L. s.str.
4 **(1)** Ährenrispe eifg bis kurz walzig, 1–4 cm lg. Hsp lanzettlich, zugespitzt. 0,05–0,25. ⊙ 5–6. Basenreichere Küstendünen, Flugsandrasen, salzertragend; Küsten: z NW-Ns O-Sh, s W-Me: bis Rügen SW-Sh, Binnenland: s O-Rh SW-He, † S-We Br, (U) † Bw (m-temp·(oz) litEUR – T – V Koel. alb., V Koel. glauc., V Sileno-Cerast.). **Sand-L.** – Ph. arenárium L.
4* Ährenrispe schlank u. dünn **5**
5 Hsp lanzettlich, allmählich in die 1–2 mm lg Granne zugespitzt (Abb. **597**/3), am Kiel u. auf den Seitennerven bis 1 mm lg weiß gewimpert. BlHäutchen an den Bl der Halme spitz u. kahl, an den Bl der BlTriebe fein samthaarig. 0,30–0,60. ♃ 7–8. Sickerfeuchte,

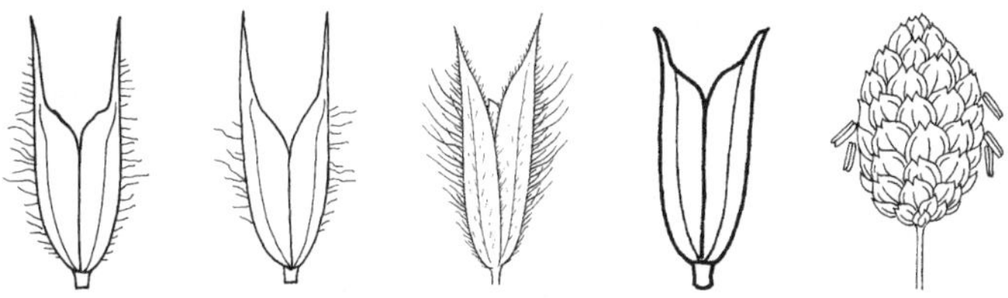

sonnige subalp. Hangwiesen; v S-Ba: Alpen (sm/salp-temp/salp·subozEUR – H – V Car. ferr.). [Ph. michélii ALL.] **Rauhhaariges L.** – Ph. hirsútum HONCK.

5* Hsp gestutzt, mit kurzer Stachelspitze. BlHäutchen gestutzt **6**

6 Bl 2–4 mm br. BlHäutchen 1–2 mm lg. Hsp lanzettlich, am Kiel kurz borstlich rauh, seltener mit einzelnen längeren Haaren (Abb. **597**/4). 0,30–0,60. ♃ 6–7. Trocken- u. Halbtrockenrasen, reichere Sandtrockenrasen; z Ba Bw Rh He Th An Br O-Me, s S- u. O-We N- u. O-Sa O-Ns W-Me, f Silikatgebirge u. Alpen, ↘ (m/mo-temp·(k)EUR–WAS – H – K Fest.-Brom., O Fest.-Sedet.). [Ph. bo͞ehmeri WIB.]
Steppen-L., Glanz-L. – Ph. phleoídes (L.) KARSTEN

6* Bl 4–10 mm br. BlHäutchen bis 4 mm lg. Hsp nach oben verbreitert, aufgeblasen, am Kiel stark warzig rauh. 0,15–0,30. ⊙ ① 5–7. Mäßig trockne Ruderalstellen (Wegränder), Weinberge, Äcker; s M-Ba M- u. N-Bw S- u. NO-He W-Th O-An: Elbe, (U) s Me, † Rh SO-Ns, ↘ (m-stemp·subkEUR–WAS – H, T – K Chen., K Secal.). [Ph. ásperum JACQ.]
Rispen-L. – Ph. paniculátum HUDS.

Fuchsschwanz – Alopecúrus L.

1 Rhizom knollenfg. Halme meist aufrecht. Bl etwa 1 mm br. Hsp nur am Grund verwachsen, spitz, dicht behaart. 0,30–0,50. ♃ 5–7. Salzwiesen; (N?) s Ns: Wesermündung, (U) Me (m-temp·ozlitEUR – H – V Armer. marit., V Agrop.-Rum.).
Zwiebel-F. – A. bulbósus GOUAN

1* Rhizom nicht verdickt. Bl breiter **2**

2 Halme meist aufrecht. Hsp mindestens auf 1/3 verwachsen, spitz (Abb. **565**/3) **3**

2* Halme am Grund liegend, knickig aufsteigend, glatt **5**

3 Ährenrispe schmal, beiderseits zugespitzt. Ährchen zu 1–2 an jedem Ästchen. Hsp bis zur Mitte verwachsen, am Kiel schwach geflügelt, kurz gewimpert. 0,20–0,45. ⊙ ① 5–10. Lehmige bis tonige Äcker, Wegränder, basenhold; (A) v W-Ba N-Bw S-Rh We S-Ns, z O-Ba S-Bw N-Rh He Th Sa S-An N-Ns Me Sh, s Br u. Bergland, ↗ (m-temp·(oz)EUR–WAS – T, H – V Aphan., V Caucal.). [A. agréstis L.] **Acker-F.** – A. myosuroídes HUDS.

3* Ährenrispe walzig, stumpf. Ährchen zu 4–6. Hsp auf 1/3 verwachsen, am nicht geflügelten Kiel lg gewimpert **4**

4 Rhizom schief, kurz kriechend. Pfl grasgrün. Ährenrispe vor u. nach der BZeit 0,5–1 cm dick. Granne meist dicht über dem Grund der Dsp eingefügt. 0,30–1,00. ♃ 5–6. Feuchte, nährstoffreiche Wiesen, Ruderalstellen (Dungplätze, Läger), Uferstaudenfluren; alle Bdl g (m/mo-b·(subk)EUR–WSIB – H – K Mol.-Arrh., V Filip., V Calth. – Futtergras). ** **Wiesen-F.** – A. praténsis L.

4* Ausläufer bis über 20 cm lg kriechend. Pfl blaugrün bereift. Ährenrispe 0,8–1,5 cm dick. Granne in od. über der Mitte der Dsp eingefügt. 0,60–1,30. ♃ 5–6. Salzwiesen; s NO-Me: Küste (m/mo-b·(k)+litEURAS – H – V Armer. marit.). [A. ventricósus PERS.]
(**) **Rohr-F.** – A. arundináceus POIRET

5 **(2)** Obere BlScheiden stark bauchig aufgeblasen. Ährenrispe kurz eifg. Hsp bis zur Mitte verwachsen, nach vorn verbreitert, plötzlich in eine flache Spitze zusammengezogen. Granne bis 1,5 cm lg. 0,10–0,50. ⊙ ⊙ 5–6. Feuchte Wiesen u. Weiden auf nährstoffreichen, auch salzhaltigen Lehm- u. Tonböden, Ruderalstellen (Wegränder, Schuttplätze); s SW-Rh, (U) S-Ba SW-Bw Me (m-stemp·subozEUR – T, H). [A. utriculátus (L.) SM.] **Aufgeblasener F.** – A. réndlei EIG

5* Alle BlScheiden nicht od. kaum aufgeblasen. Ährenrispe dünn walzlich. Hsp nur am Grund verwachsen, stumpf 6

6 Granne nahe dem DspGrund entspringend, etwa doppelt so lg wie das Ährchen, aus diesem weit herausragend. Staubbeutel anfangs hellgelb (od. schwach violett), später rost- bis kaffeebraun. Ährchen ohne Grannen 2,5–3,5 mm lg. 0,15–0,40. ⊙ ♃ 5–10. Nasse, zeitweise überflutete Wiesen- u. Wegmulden, Ufer; g N-Ns Me Sh, v Rh We He Sa An Br S-Ns, z Ba Bw Th (sm-b·(oz)EUR – T, H – V Agrop.-Rum.). **Knick-F.** – A. geniculátus L.

6* Granne in der Mitte der Dsp entspringend, etwa halb so lg wie das Ährchen, nicht od. wenig aus ihm herausragend. Staubbeutel erst gelblichweiß, dann ziegelrot, zuletzt wieder gelblichweiß. Ährchen 2–2,5 mm lg. 0,10–0,25. ① ♃ 5–10. Nasse, zeitweise überschwemmte, reiche Tonböden an Teichrändern, Gräben u. Ufern; v Ba O-Th Sa Br Me, z Bw Rh We He M- u. W-Th An O-Ns S-Sh, s W-Ns N-Sh Alpen Schwarzw Sauerland (m/mo-arct·(suboz)CIRCPOL – H – V Bid.). [A. fúlvus SM.] **Rotgelber F.** – A. aequális SOBOL.

Glanzgras – Phaláris L.

1 Ährchen in eifg Ährenrispe (Abb. **597**/5). Hsp weiß u. grün gestreift. 0,15–0,40. ⊙ 6–9. Frische Ruderalstellen (Schutt); (N U) alle Bdl s. KulturPfl (m-sm·euozEUR – T – K Chen., K Bid. – Vogelfutter). **Echtes G., Kanariengras, Glanz** – Ph. canariénsis L.

1* Ährchen in ausgebreiteter, etwas geknäuelter Rispe (Abb. **565**/6). Hohes, schilfartiges Gras. 0,80–2,50. ♃ 6–7. Uferröhrichte, Erlenbrüche, AuenW; alle Bdl g, aber N-An, Br u. MDt-Trockengeb v (austrAFR+m/mo-b·CIRCPOL – H, A – O Phragm., V Aln. – Futtergras; mit weißstreifigen Bl Ziergras: „Bandgras"). [Typhoídes arundinácea (L.) MOENCH, Baldíngera arundinácea (L.) DUM.] **Rohr-G.** – Ph. arundinácea L.

Ruchgras – Anthoxánthum L.

1 Halme oberwärts nicht od. kaum verzweigt. Ährenrispe länglich, ± dicht. Die 2 unteren Hsp spitz, ohne Stachelspitze (Abb. **565**/1). 0,15–0,45. ♃ 5–6. Ärmere Wiesen u. Weiden, Silikatmagerrasen, Heiden, lichte LaubW, kalkmeidend; alle Bdl g, aber MDt Trockengeb z (m/mo-b·(oz)EUR–(WAS) – H – K Mol.-Arrh., K Nardo-Call., V Querc. rob.-petr. – kumarinhaltig). * **Gewöhnliches R.** – A. odorátum agg.

1* Halme auch oberwärts verzweigt. Ährenrispe kürzer, am Grund unterbrochen. Die 2 unteren Hsp mit deutlicher Stachelspitze. 0,05–0,30. ⊙ ① 5–7. Mineralarme, stark saure, sandige Äcker u. Brachen; (N 1850) v N-An S-Br N-Ns SW-Me, z W- u. N-We N- u. O-Sa N-Br N- u. O-Me S-Sh, s SO-We Th N-Sh, (U) s Ba Bw He (m-temp·ozEUR – T, H – V Arnos.). [A. puélii LECOQ et LAMOTTE] **Grannen-R.** – A. aristátum BOISS.

Mariengras – Hieróchloë R. BR.
(Ap)

1 Pfl mit lg unterirdischen Ausläufern. Oberstes Bl mit kurzer Spreite. Rispe bis 15 cm lg. Ährchenstiele kahl. 0,30–0,50. ♃ 5–6. Feuchte bis nasse, ärmere Flachmoorwiesen; z S-Ba: Iller, Lech, Amper, Isar, Donau N-Ns Me Sh, s O-An Br, (N) s S-Rh, † SO-Bw We Sa, ↘ (m/mo-arct·(k)CIRCPOL – H, G – Vw – V Mol., V Car. fusc. – kumarinhaltig). * **Duft-M.** – H. odoráta agg.

1* Pfl lockerrasig, ohne Ausläufer. Obere Bl ohne Spreite. Rispe bis 6 cm lg. Ährchenstiele mit einem Haarbüschel. 0,15–0,45. ♃ 4–5. Wärmeliebende EichenW, Kiefern-EichenW; z M-Ba: Jura, s N-Ba: Nürnberg, Fränkische Schweiz, SO-Th: Heinrichstein, † Sa O-Br, ↘ (sm/perialp-temp·(subk)EUR – H – Vw – V Pot.-Querc., V Cytis.-Pin.). **Südliches M.** – H. austrális (SCHRADER) R. et SCH.

Pfeifengras – Molínia SCHRANK

Stg nur am zwiebelfg Grund mit Knoten. Rispe schmal, meist schieferblau. 0,30–0,90. ♃ 7–9. Moorwiesen, austrocknende Moore, wechselfeuchte, ärmere Wälder; g S- u- M-Ba O-Sa SO-Br N-Ns Me, v N-Ba Bw Rh We He S-Th N-An N- u. W-Br Sh, z N-Th S-An SO-Ns (sm/mo-b·(oz)EUR – H – O Mol., K Nardo-Call., K Scheuchz.-Car., V Querc. rob.-petr., V Bet. pub. – früher Streugras).
* **Pfeifengras** – M. caerúlea agg.

Schilf – Phragmítes ADANS.

Bl blaugrün. Rispe bis > 30 cm lg. 1,00–4,00. ♃ 7–9. Röhrichte, Moorwiesen, nasse Wälder; alle Bdl g, aber Alpen u. Mittelg z (austr-bCIRCPOL – G, A – Wv – K Phragm., V Aln., K Scheuchz.-Car. – HauptverlandungsPfl, Streugras, auch zu Matten u. zum Dachdecken). [Ph. commúnis TRIN.]
** **Gewöhnliches Sch.** – Ph. austrális (CAV.) STEUD.

Borstgras – Nárdus L.

Dichte, graugrüne Horste. Bl borstlich. 0,10–0,30. ♃ 5–6. Planare bis subalp. saure Magerrasen, Heiden, Moorränder, kalkmeidend; v bes. Bergland u. Sandgebiete Ba Rh We He S-Th S- u. O-Sa S-Br N-Ns W-Me Sh, z Bw: bes. Schwarzw N-Th NW-Sa An: bes. Harz S-Ns N-Br O-Me (m/mo-b·(oz)EUR – H – O Nard., V Mol., V Salic. herb.).
Borstgras – N. stricta L.

Zwerggras – Míbora ADANS. [Chamagróstis BORKH.]

Halme länger als die bis 2(–5) cm lg BlSpreiten, diese 0,5 mm br, flach od. Ränder eingerollt, BlScheiden fast bis oben geschlossen. Ähre 2zeilig (Abb. **561**/6). 0,03–0,10. ① 3–5. Ruderal beeinflußte Sandtrockenrasen, Sandäcker, kalkmeidend; s NW-Ba O-Rh S-He, † N-Bw, (U) † Sa An Sh, ↘ (m-stemp·ozEUR – T, H – V Coryneph., V Arnos., V Pan.-Set.). **Sand-Z.** – M. mínima (L.) DESV.

Scheidenblütgras – Coleánthus SEIDL

Halme liegend bis aufsteigend. BlScheiden bauchig aufgeblasen. 0,02–0,06. ⊙ 5–10. Schlammböden von Altwässern u. abgelassenen Teichen; s S-Sa: O-Erzg u. Vorland, Milkel, O-An: Pretzsch, Wittenberg, Roßlau, † NO-Rh: Westerwald (temp·(suboz) EUR + WAM – T – Ev: Wasservögel – V Nanocyp. – ▽).
Scheidenblütgras – C. subtílis (TRATT.) SEIDL

Liebesgras – Eragróstis N. M. WOLF

1 Untere Rispenäste zu 3–6. BlRand drüsenlos 2
1* Untere Rispenäste einzeln od. zu zweit 3
2 Untere Rispenäste meist zu 3–4, zuletzt waagerecht abstehend. Ährchen 6–15blütig, 4–8 mm lg, 1–1,5 mm br, wenig länger od. kürzer als ihre Stiele. Rispe 4–15 cm lg. Bl an der Scheidenmündung mit Haarbüschel. 0,10–0,30. ⊙ 7–10. Trockne, sandige Ruderalstellen (bes. Trittstellen); (N) s SW-Bw: um Freiburg, (U) s NW-Sa Br Ns N-Me, † An (austr-tropCIRCPOL-m-temp·(oz)EUR–WAS+OAM – T – V Eragrost., V Polyg. avic, V Sisymbr.). **Behaartes L.** – E. pilósa (L.) P. B.
2* Untere Rispenäste zu 5–6, oft in der obersten BlScheide bleibend. Ährchen 3–7blütig, 2,5 mm br, kürzer als ihre Stiele. Rispe oft überhängend, 10–30 cm lg. Bl an der Scheidenmündung lg abstehend behaart. 0,20–0,40(–0,70). ⊙ 8–10. Ruderalstellen (Straßenränder, Müllplätze); (N U) s Ba Bw Rh We He Sa An Br Me Sh, neuerdings KulturPfl u. zur Befestigung von Böschungen angesät, z. B. Ba Bw Rh He (in subtropOAFR aus Behaartem L. gezüchtet, heute in Tropen weit kultiviert – T – Vogelfutter). [E. abyssínica (JACQ.) LINK] **Äthiopisches L.** – E. tef (ZUCCAGNI) TROTTER

3 (1) BlScheiden an ihrer Mündung ohne Haarbüschel, Spreiten am Rand ohne Drüsen. Ährchen kurz gestielt, dadurch Rispe dicht zusammengezogen. 0,05–0,20. ⊙ 7–10. Trockne, sandige bis kiesige Ruderalstellen (Wegränder, Trittflächen, bes. in der Nähe Botanischer Gärten); (N 1825) s W-Bw, (U) s N-Ba O-Sa O-An: Wittenberg M-Br: Berlin S-Sh: Hamburg (boreostrop-temp·(oz)AS – T – V Polyg. avic.). [E. peregrína WIEG., E. damiensiána (BONNET) THELL., E. pilósa var. damiensiána BONNET]
Japanisches L. – E. multicaúlis STEUDEL

3* BlScheiden an ihrer Mündung mit Haarbüschel, Spreiten am Rand feindrüsig punktiert 4

4 BlScheiden zerstreut zottig. Beide Hsp 1nervig. Ährchen 10–20blütig. 0,10–0,40. ⊙ 7–9(–10). Trockne, meist sandige bis kiesige Ruderalstellen (Pflasterfugen, Trittrasen, Bahnanlagen), kalkmeidend; (N) z (Bergland s) Ba Bw: bes. Rhein Rh: bes. Pfalz We He Th Sa An Br O-Ns Me, s W-Ns S-Sh (strop-sm·(suboz)EUR–WAS – T – V Eragrost., V Polyg. avic., V Sisymbr.). [E. poaeoídes P. B.] **Kleines L.** – E. mínor HOST

4* BlScheiden kahl, am Rand gewimpert. Obere Hsp 3nervig. Ährchen 12–34blütig. 0,20–0,30(–0,50). ⊙ 5–9. Nährstoffreichere, sandige Äcker (Hackkulturen) u. Gärten, Ruderalstellen; (N 1813 U) s Ba Bw Rh We He Sa An S- u. M-Br Ns Me (austr-tempCIRCPOL – T – V Eragrost., V Polyg. avic.). [E. májor HOST, E. megastáchya (KOELER) LINK]
Großes L. – E. cilianénsis (ALL.) VIGNOLO ex JANCHEN

Korakan – Eleusíne GAERTN.

BlScheiden zusammengedrückt, kahl, an der Mündung gewimpert. BlHäutchen als Haarkranz ausgebildet. Halme mit 2–8(–12), 3,5–15 cm lg Ähren. Ährchen kahl, gekielt. Hsp u. Dsp am Kiel rauh. (0,05–)0,15–0,60(–0,85). ⊙ 7–9. Frische bis trockne Ruderalstellen (Trittstellen, Pflasterfugen); (N 1900 U) s N-Ba: Bayreuth Bw: Stuttgart, Salach, Altenstadt, Unterhausen We: Kettwig, Düsseldorf, Duisburg Ns: Hannover Br: Berlin Me S-Sh: Hamburg (trop-stropCIRCPOL – T – V Polyg. avic.).
Wilder K., Indischer Hundszahn – E. índica (L.) GAERTN.

Hundszahn – Cýnodon L. C. RICHARD

Pfl graugrün, mit Ausläufern. BlHäutchen in Haare aufgelöst. Ährchen unbegrannt. 0,20–0,40. ♃ 7–9. Trockne, lehmige bis sandige Ruderalstellen (Trittstellen, Wegränder, Schutt); (N) s M- u. NW-Ba Bw Rh We He Sa: W u. Elbe S-An S- u. M-Br, (U) s Th Ns Me (austr-stemp·(oz)CIRCPOL – H, G – V Polyg. avic., K Chen., V Agrop.-Rum., V Cynos.). **Hundszahn** – C. dáctylon (L.) PERS.

Schlickgras – Spártina SCHREBER

1 Obere Hsp begrannt. Ährchen dicht gedrängt, einseitswendig, kammfg. Ähren zu 10–20 an der Hauptachse. 1,00–2,00. ♃ 9–10. Flußufer; (N) s NW-Ba He S- u. M-Br, (U) s O-Th (sm-temp·(k)AM – H). **Prärie-Sch., Kamm-Sch.** – S. pectináta LINK

1* Alle Sp unbegrannt. Ährchen an 2 Seiten der Ährenachse lockerstehend 2

2 Obere Bl fast rechtwinklig abstehend. Haare anstelle des BlHäutchens 2–3 mm lg. Ährchen ± dicht behaart, 14–21 mm lg, meist 2,5–3 mm br. Staubbeutel 8–13 mm lg. 0,30–1,30. ♃ 7–11. PionierPfl auf stark salzhaltigem Schlick im Watt der Nordsee; (N 1927) g NW-Ns u. W-Sh: Küsten, ↗ (durch Chromosomenverdopplung aus Townsend-Sch., **2***, entstanden um 1890 in S-England – G – K Spart. – zur Landgewinnung gepflanzt). **Englisches Sch.** – S. ánglica C. E. HUBBARD

2* Obere Bl schräg aufwärts abstehend. Haare anstelle des BlHäutchens 1–2 mm lg. Ährchen spärlich kurzhaarig, 12–18 mm lg, 2–2,5 mm br. Staubbeutel 5–8 mm lg, sich nicht öffnend, mit sterilem Pollen. Keine Fr ausbildend. 0,30–1,30. ♃ 7–10. Marschen u. Salzwiesen der Nordseeküste; (N) z an den Küsten von Ns u. W-Sh, seltener als **2** (pollensteriler Bastard aus S. alterniflóra LOISEL. (m-bOAM) u. S. marítima (CURTIS) FERNALD (m-temp·ozlitEUR), entstanden vor 1870 in S-England – G – zur Landgewinnung gepflanzt). **Townsend-Sch., Hohes Sch.** – S. × townséndii H. et J. GROVES

Klettengras – Trágus HALLER

Pfl niederliegend od. aufsteigend. Bl schmal, borstig bewimpert. Ährenrispe 2–6 cm lg, am Grund oft unterbrochen. 0,10–0,30. ⊙ 6–7. Trockne, sandige Ruderalstellen; (N 1888) s NW-Bw Rh He, (U) s Ba Sa An Ns Me (austr-stemp·(suboz)EURAS–AFR – T – Ev – V Polyg. avic., V Eragrost.). **Traubiges K.** – T. racemósus (L.) ALL.

Queckenreis, Reisquecke – Leérsia SW.

Pfl gelbgrün, mit Ausläufern. Halme knickig aufsteigend, glatt, an den Knoten behaart. 0,50–1,50. ♃ 8–10. Nährstoffreiche, schlickige Bachufer, Dorfbäche, zeitweise trockenfallende Abwässergräben; z Ba Bw: bes. Rhein Rh, s We He Sa O-Th O-An Br O-Ns, † Me Sh, ↘ (tropAM-m-temp·(oz)CIRCPOL – H, A – V Glyc.-Sparg., V Bid. – vom Vieh verschmäht). [Orýza clandestína (WEBER ex WIGGERS) A. BR.]
Queckenreis, Wilder Reis – L. oryzoídes (L.) SW.

Hirse – Panícum L.

1 BlScheiden kahl. Untere Hsp nur bis 1/3 so lg wie das 2,5–3 mm lg Ährchen, stumpflich. 0,40–1,30. ⊙ 7–9. Maisäcker; (N 1889 U) s Ba Bw We Sa An: Rodleben Ns Me (m-temp· (oz)OAM – T – V Pan.-Set. – Futtermittelbegleiter).
Gabelästige H., Kahle H., Spätblühende H. – P. dichotomiflórum MICHX.

1* BlScheiden behaart. Untere Hsp halb so lg wie das Ährchen, spitz 2

2 Rispenäste steif abstehend. Der untere Teil der Rispe bis zur FrReife in der obersten BlScheide eingeschlossen. Ährchen 2–3 mm lg. Haare der Halmknoten 2–4 mm lg. 0,20–0,80. ⊙ 7–9. ZierPfl, auch Hackäcker, Ruderalstellen (Bahnanlagen, Schuttplätze), Gärten, Parkanlagen; (N 1890) s Ba Bw, (U) s We He Sa An Br Ns Me (m-temp AM – T – K Chen.). **Haarästige H.** – P. capilláre L.

2* Rispenäste schlaff, meist (einseitig) überhängend, nicht in die oberste BlScheide eingeschlossen. Ährchen 4–5 mm lg. Haare der Halmknoten 1–2 mm lg. 0,30–1,00. ⊙ 6–9. Alte KulturPfl, auch Ruderalstellen (Schutt, Wegränder), Hackäcker (Mais); (A U) s Ba Bw Rh We He Th Sa An Br Ns Me (stropAS – T – V Sisymbr. – KulturPfl seit der jüngeren Steinzeit, jetzt in ZEUR nur noch selten als VogelfutterPfl kultiviert).
Echte H., Rispen-H. – P. miliáceum L.

Hühnerhirse – Echinóchloa P. B.

1 Dsp der oberen fruchtbaren B mit weicher, abgesetzter u. wenigstens unten behaarter Spitze, Dsp der unteren unfruchtbaren B mit einer 1–30 mm lg Granne. Hsp mit vorwärtsgerichteten, geraden Borstenhaaren. 0,30–0,90. ⊙ 7–10. Sandige bis lehmige, stickstoffreichere Äcker (bes. Hackkulturen), Gärten, Weinberge, Ruderalstellen (Schutt, Müll), Grabenränder; (A) g An Br Me, v Ba N-Bw N- u. W-We Rh S-He N-Sa N-Ns, z S-Bw N-He Th S-Sa Sh, s SO-We SO-Ns u. Bergland, ↗ (austr-temp·(suboz)CIRCPOL – T – Ev – K Chen., K Secal., K Bid.).
Gewöhnliche H. – E. crus-gálli (L.) P. B.

1* Dsp der oberen fruchtbaren B in eine harte, kahle Spitze auslaufend, Dsp der unteren unfruchtbaren B mit einer 1–10 mm lg Granne. Hsp mit starr abstehenden, teils geraden, teils gekrümmten, glasartigen Borstenhaaren. 0,30–0,90. ⊙ 7–10. Sandige, stickstoffreichere Äcker (Mais), Flußufer, Ruderalstellen (Häfen, Bahngelände, Straßenränder, aufgelassene Schweinemastanlagen, Müll); (N 1915, oft U) z Me: bes. Elbe, s Bw: Salach, Sauggart Rh We Br: Berlin, Verbreitung ungenügend bekannt (m-tempAM – T – Futtermittelbegleiter). [Setária muricáta P. B., Panícum muricátum (P. B.) MICHX.] **Stachel-H.** – E. muricáta (P. B.) FERNALD

Fingerhirse – Digitária HALLER

1 Bl u. BlScheiden dicht behaart. Ähren 3–8. Ährchen länglich-lanzettlich, spitz, etwa 3 mm lg. 0,15–0,60. ⊙ 7–10. Sandige, ortsnahe Äcker (Hackkulturen), Gärten, Weinberge, trockne bis mäßig trockne Ruderalstellen (Wegränder, Pflasterfugen), kalkmeidend; (A) v W-Bw S-Rh N- u. W-We S-He N-Sa An S- u. M-Br, z Ba O-Bw N-Rh N-He Th S-Sa N-Br Ns, (N) z Me Sh, ↗ (austr-temp·(oz)CIRCPOL – T – O Polyg.-Chen., V Polyg. avic., V Sisymbr.). [Panícum sanguinále L.]
** **Blutrote F., Bluthirse** – D. sanguinális (L.) SCOP.

1* Bl u. BlScheiden kahl, nur am Grund der Spreite einige längere Haare. Ähren 2–4. Ährchen elliptisch, stumpf, etwa 2 mm lg. 0,10–0,45. ⊙ 7–10. Mineralarme, stark saure, sandige Äcker, Gärten; (A) v O- u. N-An Br Me Sh, z (Bergland s) Ba Bw Rh We He Th Sa SW-An Ns, ↗ (m-temp·subozCIRCPOL – T – V Arnos., V Pan.-Set.). [Panícum lineáre KROCKER] **Kahle F., Fadenhirse** – D. ischǣmum SCHREBER ex MUHL.[1])

Borstenhirse, Fennich – Setária P. B.

1 Dsp stark querrunzlig. Borsten der Ährchenstiele gelb, später fuchsrot. Ährchen kurz gestielt, in ähriger Traube. 0,10–0,60. ⊙ 7–10. Sandige bis lehmige Äcker, Weinberge, Wegränder, kalkmeidend; (A) v W-Bw: Rheinebene, S-Rh: Pfalz, S-He N-Sa O-An S-Br, sonst alle Bdl z, aber Bergland, N-Sh u. W-Ns s (strop-temp·subozEURAS – T – Ev – O Aper., O Polyg.-Chen., V Polyg. avic.). [S. lutéscens (STUNTZ) F. T. HUBBARD, S. glaūca aut.] **Fuchsrote B.** – S. púmila (POIRET) R. et SCH.

1* Dsp fein punktiert. Borsten meist grün. Ährchen wenigstens z. T. auf verzweigten Stielen, in Ährenrispen 2

2 Borsten mit rückwärtsgerichteten Zähnchen, Ährenrispe daher beim Aufwärtsstreichen sehr rauh, stark klettenartig anhäkelnd. 0,30–0,60. ⊙ 6–9. Sandige bis lehmige, meist stickstoffreichere Äcker, Gärten, Wegränder, Weinberge, Brachen; (A) z Bw Rh S-He NW-Sa S-An O-Br, s Ba N-He N-Th S- u. O-Sa N-An W-Br, (U) s We Ns: bes. Elbe Me S-Sh (strop-temp·subozEUR–WAS–OAM – T – Ev – O Polyg.-Chen., V Sisymbr.). [Panícum verticillátum L.] **Kletten-B., Klebgras** – S. verticilláta (L.) P. B.

2* Borsten mit vorwärtsgerichteten Zähnchen, Ährenrispe daher beim Aufwärtsstreichen glatt 3

3 Ährenrispe am Grund unterbrochen, mit kurzborstiger Achse. (Von Kletten-B, **2**, nur durch die Richtung der Zähnchen verschieden.) 0,30–0,60. ⊙ 6–9. Sandige bis lehmige Äcker, Weinberge, Gärten, Ruderalstellen (Wegränder, Schutt); (A) s Ba Bw Rh We He Th, (U) s Sa Br? Ns Me, † An (smEUR? – T – O Polyg.-Chen., V Sisymbr.). [S. ambígua (GUSS.) GUSS. non MÉRAT, S. decípiens C. SCHIMPER ex F. W. SCHULTZ]
Täuschende B. – S. verticillifórmis DUM.

3* Ährenrispe auch am Grund nicht unterbrochen, mit zottiger Achse 4

4 Halme bis 1 cm dick, steif aufrecht. Ährenrispe 1,5–3 cm dick. Borsten gelblich, selten schwarz. Fr reif nicht ausfallend. 0,40–1,00. ⊙ 6–10. KulturPfl, auch Ruderalstellen (Wegränder, Schutt); (A U) s in allen Bdl (T – Ev – in Europa seit der Bronzezeit GetreidePfl, heute in Deutschland selten VogelfutterPfl). [Panícum itálicum L.]
Kolbenhirse – S. itálica (L.) P. B.

4* Halme dünn, meist knickig aufsteigend. Ährenrispe 7–10 mm dick. Borsten grün, zuletzt ± gelbrot 5

5 Ährchen etwa 2 mm lg. Borsten unterhalb des Ährchens zu 1–3. Rispe höchstens zuletzt an der Spitze schwach überhängend. Fr rauh bis feinwarzig. Bl 5–10 mm br. 0,05–0,60. ⊙ 6–10. Sandige bis lehmige Äcker, Gärten, Weinberge, mäßig trockne Ruderalstellen (Wegränder, Schutt); (A) g Br Me, v M- u. N-Ba N-Bw O-Rh W- u. N-We S-He N-Sa An NO-Ns S-Sh, z S-Ba S-Bw W-Rh N-He Th S-Sa SO- u. NW-Ns N-Sh, s

[1]) Sprich: is-chämum

SO-We u. Bergland (m-tempCIRCPOL – T – Ev – O Polyg.-Chen., K Secal.). [Panícum víride L.] **Grüne B.** – S. víridis (L.) P. B.

5* Ährchen 2,5–3 mm lg. Borsten unterhalb des Ährchens zu 3–6. Rispe schon von Anfang an überhängend. Fr querrunzlig. Bl 10–20 mm br. 0,50–1,50. ⊙ 7–9. Mit Vogelfutter eingeschleppt, (N 1960 U) s NW-Ba: Unterfranken SW-Bw Rh? O-We NW-Sa M-Br: Berlin NW-Me: Rostock, Wismar (sm-temp·subozOAS – T). **Faber-B.** – S. fáberi J. HERRMANN

Bartgras – Bothrióchloa O. KUNTZE

Bl graugrün, BlHäutchen in Haare aufgelöst. Ähren zu 3–8, hellviolett. 0,15–0,60. ♃ 7–9. Trocken- u. lückige Halbtrockenrasen, basenhold; z M- u. NW-Ba W-Bw O-Rh N- u. O-Th S-An, s S-He Sa: Elbe, Lausitz, † SW-We, ↘ (m-stemp·subkEURAS – H – K Fest.-Brom.). [Andropógon ischǣmum L., Dichánthium ischǣmum (L.) ROBERTY]
Gewöhnliches B. – B. ischǣmum (L.) KENG[1])

Mais – Zéa L.

BlSpreiten 4–12 cm br, am Rand gewellt. Halme 2–6 cm dick, markig. 1,00–3,00. ⊙ 7–10. KulturPfl (stropAM – T – Vm – in Am seit 4000 v. Chr. kultiviert, 1493 von Mittelamerika nach Spanien gebracht – Getreide u. FutterPfl). **Mais** – Z. máys L.

Familie **Aronstabgewächse** – Aráceae JUSS.

Kahle Kräuter, Lianen, Epiphyten, seltener Gehölze, selten WasserPfl, mit knolligem od. kriechendem Rhizom. Bl wechselständig, zuweilen 2zeilig, oft netznervig, meist ungeteilt, ganzrandig, am Grund scheidig, NebenBl fehlen. B klein, 1geschlechtig u. 1häusig, selten 2häusig od. ⚥, ∞ an einem Kolben. BStand am Grund mit einer oft kronartig gefärbten, 1blättrigen BScheide (Spatha). BHülle fehlend od. gleichartig. PerigonBl 6, 4 od. 9, frei od. verwachsen. StaubBl (8–)6–1. FrKn oberständig, meist 3blättrig u. 3fächrig. Beeren (2950 Arten – meist Ib, Vw – Vv).

1 Bl schwertfg, am Rand meist gewellt, stark aromatisch. Spatha grün, stengelähnlich, den Stg über dem BKolben fortsetzend, dieser daher scheinbar seitlich (Abb. **603**/1). Perigon kelchartig. **Kalmus** – Ácorus S. 604
1* Bl herzfg, eifg, pfeilfg od. 3zählig. BHülle fehlend. Spatha br, innen meist weiß od. grünlich- bis rötlichweiß **2**
2 Bl 3zählig. Spatha grün. **Pinellie** – Pinéllia S. 604
2* Bl einfach **3**

1 2 3 4 5

[1]) Sprich: is-chämum

3 Bl rundlich-herzfg. Spatha flach, eifg, innen weiß, außen grünlich. B ⚥. Kolben ohne sterilen Endabschnitt (Abb. **603**/2). SumpfPfl. **Schlangenwurz** – Cálla S. 604

3* Bl spießfg bis pfeilfg. Spatha tütenfg zusammengezogen, innen grünlich- od. rötlichweiß, außen grünlich, oft braunviolett überlaufen. B 1geschlechtig. Kolben mit lg, sterilem Endabschnitt (Abb. **603**/3). WaldPfl. **Aronstab** – Árum S. 604

Kalmus – Ácorus L.

Rhizom kriechend, aromatisch. Kolben bis 8 cm lg, walzig, schwach gebogen. 0,60–1,20. ♃ 6–7. Röhrichte an nährstoffreichen, stehenden u. langsam fließenden Gewässern; (N 16. Jh.) v Sa O-An Br Me, z W-An u. übrige Bdl, s Alpen, Schwarzw, Jura u. Sauerland, ↗? (tropOAS-m/mo-b·(subk)EURAS–OAM – A – V Phragm. – ArzneiPfl).
Kalmus – A. cálamus L.

Calla, Schlangenwurz – Cálla L.

Rhizom kriechend. Beeren rot. 0,15–0,30. ♃ 5–9. Großseggenrieder, Weiden- u. Kleinseggensümpfe, Bruch- u. MoorW; v O-Br N-Ns S-Me S-Sh, z M- u. N-Ba W- u. N-Sa O- u. N-An W-Br N-Me, s S-Ba: Alpenvorland S- u. M-Bw Rh N- u. W-We He O-Th, ↘ (temp-b·subkCIRCPOL – G – Ib u. Schneckenbestäubung – Hv, Ev: Wasservögel – V Magnocar., V Phragm., K Scheuchz.-Car. – giftig! – ∇).
Sumpf-C., Schweinsohr – C. palústris agg.

Aronstab – Árum L.

Rhizom länglich-knollig. Kolben unten ♀, darüber ♂, oben mit geschlechtslosen, zu Sperrhaaren umgewandelten B, darüber in eine meist violette Keule verlängert. Beeren rot. 0,15–0,40. ♃ 4–6. Anspruchsvolle LaubmischW u. Gebüsche; v W-Ba Bw Rh We He Th W-Sa S-An S-Ns NW-Me SO-Sh, z O-Ba SO-Sa NW-An NO-Ns NO-Sh, s SW-Me Alpen Schwarzw Bayr-W Erzg, † SW-Br (sm/mo-temp·ozEUR – G – Ib: Fliegen, Mücken; Kesselfallenblume, Vw – O Fag. – giftig!). [incl. A. cylindráceum GASP.]
Gefleckter A. – A. maculátum L.

Pinellie – Pinéllia TEN.

Bl lg gestielt, 3zählig. Blchen eifg, spitz, zuweilen dunkel gefleckt. BlStiel im unteren Teil od. an der Spreitenbasis mit kleinen Brutzwiebeln. Spatha grün, länger als die Bl. Kolben im unteren Drittel mit der Spatha verwachsen, nur auf der freien Seite ♀ B tragend, in einen langen, pfriemlichen Fortsatz verschmälert. 0,15–0,30. ♃ 4–6. Sandige Äcker, Hackkulturen, mehrfach aus Botanischen Gärten verwildert; (N 1870 U) NW-Ba SO-Rh (m-stemp·ozOAS). **Dreizählige P.** – P. ternáta (THUNB.) BREITENB.

Familie **Wasserlinsengewächse** – Lemnáceae S. F. GRAY

Ausdauernde, frei schwimmende od. untergetauchte WasserPfl mit linsenfg od. gestielt-lanzettlichem Vegetationskörper (Bl od. Bl-Sproßachsen-Verschmelzungsprodukte?), oft auseinandersprossend u. gliedweise verkettet. B sehr selten, ohne BHülle, zu 2–3 in einer Spalte am Rand des Vegetationskörpers, mit od. ohne BScheide (Spatha), 1geschlechtig, aus 1 StaubBl od. 1 Stempel bestehend (30 Arten – Ib: Wasserläufer, Spinnen, Vm – Hv, Ev: Wasservögel).

1 Pfl wurzellos, ein etwa 1 mm großes Körnchen. BStand mit 1 ♀ u. 1 ♂ B, ohne Spatha.
Zwergwasserlinse – Wólffia S. 605

1* Pfl mit Wurzeln, größer, meist blattartig flach. BStand mit 1 ♀ u. 2 ♂ B, mit Spatha . . **2**

2 Jedes Glied mit Wurzelbüschel. **Teichlinse** – Spirodéla S. 605

2* Jedes Glied mit nur 1 Wurzel. **Wasserlinse** – Lémna S. 605

Wasserlinse, Entengrütze – Lémna L.

1 Glieder zumeist untergetaucht, lanzettlich, 7–10 mm lg, 1nervig, gestielt, kreuzweise zusammenhängend, schwimmende 3nervig (Abb. **603**/5). ♃ 6–7. Meso- bis eutrophe, ruhige Teiche, Seen, Gräben; g Me, v Br N-Ns Sh, sonst alle Bdl z, Bergland s, im S ↘ (austrAUST+stropAM+OAS+m-b·(oz)CIRCPOL – A – V Lemn. tris.). **Untergetauchte W.** – L. trisúlca L.

1* Glieder schwimmend, rundlich, ungestielt **2**

2 Glieder mit (4–)5(–7) Nerven, oberseits flach, grün, unterseits meist stark gewölbt, weißlich, seltener beiderseits völlig flach, 3–6 mm lg u. 2–4,8 mm br. ♃ 4–6. Sehr nährstoffreiche, verschmutzte Tümpel, Gräben, Dorfteiche; alle Bdl z, nur Me u. Sh v, Bergland s, ↗ (austr-strop/mo-temp·(oz)AFR+AM+EUR–WAS – A – V Lemn. min.). **Bucklige W.** – L. gíbba L.

2* Glieder mit 1–3 Nerven, beiderseits flach **3**

3 Glieder oberseits in der Mittellinie mit mehreren gleichgroßen Höckern, unterseits fast stets rot, im Herbst kleine eifg bis kuglige, dunkelgrüne bis braune Turionen (Ruheknospen) bildend, die auf dem Gewässergrund überwintern. ♃. Stehende u. langsam fließende Gewässer, Gräben; (N?) z Bw SO-Br: bes. Spreewald Me, s M- u. N-Ba Rh N-We He NO-Th: Weimar Sa SO-An M- u. NW-Br N-Ns: Bremen S-Sh: Hamburg, ↗? (m/mo-b·(k)AM–AS–(EUR) – A – V Lemn. min.). **Turionen-W.** – L. turionífera LANDOLT

3* Glieder oberseits mit 1–2 größeren Höckern über dem Knoten (Wurzelansatz) u. an der Spitze, dazwischen keine od. sehr kleine, kaum sichtbare Höcker, unterseits nie rot . **4**

4 Glieder an der Spitze br abgerundet, diese in Seitenansicht herabgebogen (OSeite stärker gewölbt, USeite flach od. konkav), oft stark asymmetrisch, mit 3 Nerven, oberseits über dem Knoten u. an der Spitze mit je 1 größeren Höcker (starke Lupe!) dazwischen in der Mittellinie kleinere, bei kräftigen Exemplaren auch über den Seitennerven eine Linie kleiner Höcker, unterseits Felderung (Lufthöhlen) bis zur Spitze reichend. 2–6 mm lg. ♃ 5–6. Stehende od. langsam fließende, windgeschützte Gräben, Teiche, Seen; alle Bdl g, aber höheres Bergland z (austrAUST+strop-b·(oz)CIRCPOL – A – V Lemn. min.). **Kleine W.** – L. mínor L.

4* Glieder an der Spitze oft spitzbogig, diese in Seitenansicht wenig herabgebogen, meist flach od. etwas aufwärtsgebogen (OSeite flach, USeite etwas gewölbt), ± symmetrisch, mit 1 Nerv, oberseits über dem Knoten mit 1 größeren Höcker, nur in der Mittellinie bis zur Spitze eine Reihe winziger Höcker, unterseits Felderung nicht bis zur Spitze reichend, 1–3(–4) mm lg. ♃ 6–7. St stehende od. langsam fließende Gewässer; (N 1973) v W-Bw, O-Rh u. SW-He: Rhein von Lörrach bis Worms, z SW-Rh NW-We SW-Ns, s NW-Ba: Volkach SO-Bw: Bodensee, Donau, ↗ (austr-trop/mo-tempAM – A – V Lemn. min.). [L. minúscula HERTER] **Winzige W.** – L. minúta KUNTH

π

Teichlinse – Spirodéla SCHLEIDEN

Glieder schwimmend, rundlich bis verkehrteifg, beiderseits flach, unterseits meist rot, 5–10 mm lg. ♃ 5–6. Eu- bis mesotrophe, windgeschützte Teiche, Seen; g Me Sh, v Ba Bw Rh We He Sa Br Ns, z Th An Bergland, ↗ (austrAUST-trop-temp·(suboz)CIRCPOL – A – B u. Fr in D noch nicht beobachtet – V Lemn. min.). [Lémna polyrhíza L.] **Vielwurzlige T.** – S. polyrhíza (L.) SCHLEIDEN

Zwergwasserlinse – Wólffia HORKEL ex SCHLEIDEN

Glieder schwimmend, rundlich, unterseits stark, oberseits schwach gewölbt, 0,5–1 mm groß. ♃. In Europa fast nie blühend. Nährstoffreiche, windgeschützte Tümpel, Teiche, Altwasserbuchten; z Br, s W-We O-Sa N-Ns O-Sh, † M-Ba SO-Bw He Me (austr-strop-AS+AFR+AUST+m-stemp·(oz)EUR – A – B u. Fr in D noch nicht beobachtet – V Lemn. min.). **Zwergwasserlinse** – W. arrhíza (L.) HORKEL ex WIMMER

Familie **Igelkolbengewächse** – Sparganiáceae RUDOLPHI

Sumpf- od. WasserPfl, ♃. Bl 2zeilig, aufrecht od. schwimmend. Pfl 1häusig. B in 1geschlechtigen, kugligen Köpfen, obere Köpfe ♂, untere größer, ♀. PerigonBl u. StaubBl je 3–6. FrKn 2blättrig, scheinbar 1- od. 2–3fächrig. Griffel 1, kurz, mit 1–2 lg Narbenästen. SteinFr (12 Arten – Wb, Vm, auch Sb – Hv – VerlandungsPfl).

Igelkolben – Spargánium L.

1 BKöpfe rispig angeordnet, an den Ästen jeweils unten ♀, oben ♂ BKöpfe (Abb. **603**/4). Bl 5–15 mm br, derb, gekielt, unten 3kantig. 0,30–0,50. ♃ 6–8. Uferröhrichte, stehende od. langsam fließende, nährstoffreiche Gewässer auf Schlammböden; g Me Sh, übrige Bdl v, aber MDt-Trockengeb u. Bergland z (m-b·(suboz)EUR–SIB – A – V Phragm., V Glyc.-Sparg.). [S. ramósum HUDS.] ** **Ästiger I.** – S. eréctum L. em. RCHB.

1* BKöpfe in Ähren od. Trauben 2

2 ♂ BKöpfe einzeln, ♀ 2–3. Narben eifg bis kuglig, höchstens 3mal so lg wie br, fast sitzend. Bl 4–5 mm br, beiderseits flach, ohne Kiel. 0,10–0,30. ♃ 7–8. Gräben, Schlenken, Torfstiche von Flach- u. Zwischenmooren auf mäßig nährstoffreichen Torfschlammböden; z S-Ba N-Sa S- u. O-Br NO-Ns Me Sh, s M- u. N-Ba Bw Rh W- u. N-We N- u. O-Th S-Sa An NW-Br S- u. W-Ns, † He, ↘ (sm/mo-b·(suboz)CIRCPOL – A – V Sphagno-Utric.). [S. mínimum WALLR.] **Zwerg-I.** – S. nátans L.

2* ♂ Köpfe (1–)2–8, ♀ 1–5. Narben lg, fadenfg, wenigstens 5–6mal so lg wie br 3

3 Bl deutlich gekielt, am Grund 3kantig, die flutenden im oberen Teil wenigstens auf dem Rücken mit vorspringendem Mittelnerv. ♀ Köpfe 2–5, ♂ bis 8. 0,20–0,60. ♃ 6–7. Kleinröhrichte an langsam fließenden od. stehenden Gewässern, flutend in klaren Flüssen, Kanälen u. Gräben; v Sa S-Br Ns Me Sh, z Ba Bw Rh We He Th An N-Br, f Schwarzw (trop-smOAS-sm-b·(oz)CIRCPOL – A – V Phragm., untergetaucht flutend im V Ranunc. fluit.). [S. símplex HUDS.] **Einfacher I.** – S. emérsum REHMANN

3* Bl auf dem Rücken gewölbt od. flach, ohne Kiel, die flutenden im oberen Teil meist ohne vorspringenden Mittelnerv. ♀ Köpfe 1–3, ♂ 1–6. 0,10–1,00. ♃ 6–8. Verlandungsges. an nährstoffarmen, sauren Gebirgsseen, in Moorgräben u. -tümpeln; s SW-u. O-Ba: Allgäu Bayr-W SW-Bw: S-Schwarzw W- u. N-We SW-Sa N-An? W-Br N-Ns NW-Sh, ↘ (sm/mo-arct·(oz)EUR–AM–(OAS) – A – K Litt., V Sphagno-Utric.). [S. affíne SCHNIZLEIN] **Schmalblättriger I.** – S. angustifólium MICHX.

Familie **Rohrkolbengewächse** – Typháceae JUSS.

Sumpfstauden mit Rhizom. Bl 2zeilig. Pfl 1häusig. B 1geschlechtig, ohne Hülle, in sehr dichtblütigem, endständigem Kolben, unterer Kolbenteil ♀, oberer ♂. BStiel mit ∞ Haaren (= Perigon?). StaubBl meist 3. FrKn 1blättrig. Griffel 1, lg, mit lg Narbe. Nüsse (10–12 Arten – Wb, Vm – Wv – VerlandungsPfl).

Rohrkolben – Týpha L.

1 Kolben kurz, fast eifg. Bl 1–2 mm br. Stg unbeblättert. 0,30–0,75. ♃ 5–6. Verlandungsges. ruhiger Flußufer, an reinen Gewässern, kalkhaltige Schwemmsandböden; s S-Ba: Lech, Inn, ob noch? W-Bw: Rhein, ob noch? † Rh, ↘ (m/alp-temp/perialp·(k)EUR–WAS – V Car. bic.-atrof.). **Zwerg-R.** – T. mínima HOPPE

1* Kolben lg walzlich. Bl > 2 mm br. Pfl > 0,90 m hoch 2

2 Bl 10–20 mm br, beiderseits flach, blaugrün. ♂ u. ♀ Kolbenteil sich meist berührend, der ♀ schwarzbraun. 1,00–2,00. ♃ 7–8. Teich- u. Uferröhrichte eutropher Gewässer; alle Bdl g, aber Mdt-Trockengeb u. Bergland z, ↗ (austrAFR-strop-b·(suboz)CIRCPOL – A – K Phragm.). **Breitblättriger R.** – T. latifólia L.

2* Bl 3–10 mm br, unterseits meist ± gewölbt 3

3 ♂ u. ♀ Kolbenteil sich meist berührend, der ♂ um die Hälfte kürzer als der zuletzt grauhaarige, durch die Narben schwarzpunktierte ♀. 1,00–1,50. ♃ 6–8. Ufer langsam fließender, kühler Gewässer auf tonig-kiesigen Schlammböden; s S- u. O-Ba: Alpenvorland, Bayr-W S-Bw: Alpenvorland, S-Schwarzw (sm/mo-temp/perialp·subozEUR – A – O Tofield., V Car. bic.-atrof.). **Shuttleworths R.** – T. shuttlewórthii KOCH et SONDER

3* ♂ u. ♀ Kolbenteil meist 3–5 cm voneinander entfernt, der ♂ nicht od. wenig kürzer als der rötlich-zimtbraune ♀. 1,00–2,00. ♃ 7–8. Teichröhrichte, Gräben eu- u. mesotropher Gewässer, brackwasserertragend; v N- u. W-We Sa O-An Br Me Sh, z Ba Bw Rh He Th W-An Ns, s SO-We, f Alpen u. Schwarzw (m-temp·(suboz)OAM–EUR–WAS – A – O Phragm.). **Schmalblättriger R.** – T. angustifólia L.

Verzeichnis der Autorennamen

A. et GR. = Ascherson u. Graebner
A., ABR. et GR. = Ascherson, Abromeit u. Graebner
ABROMEIT = J. Abromeit (1857–1946)
ADANS. = M. Adanson (1727–1806)
AELLEN = P. Aellen (1896–1973)
AGARDH, C. = C. A. Agardh (1785–1859)
AIT. = W. Aiton (1731–1793)
AIT. fil. = W. T. Aiton (1766–1849)
ALBERS = F. Albers (* 1940)
ALBERT = A. Albert (1836–1909)
ALL. = C. Allioni (1728–1804)
ALMQ. = S. O. I. Almquist (1844–1923)
ALSTON, A. H. G. = A. H. G. Alston (1902–1958)
ANDERSON, G. = G. W. Anderson (ca. 1794–1817)
ANDERSSON, N. J. = N. J. Andersson (1821–1880)
ANDREWS = H. C. Andrews (1794–1830)
ANDRZ. = A. L. Andrzejowski (1785–1868)
ANTOINE = F. Antoine (1815–1886)
ARCANG. = G. Arcangeli (1840–1921)
ARD. = P. Arduino (1728–1805)
ARESCHOUG = F. W. C. Areschoug (1830–1908)
ARNOLD = J. F. X. Arnold (um 1785)
ARNOTT = G. A. W. Arnott (1799–1868)
ARRHENIUS = J. I. A. Arrhenius (1858–1950)
ASCHERS. = P. Ascherson (1834–1913)
AUQUIER = P. Auquier (1939–1980)
ASSO = I. J. de Asso y del Rio (1742–1814)
aut. = autorum = der Autoren

BAB. = Ch. C. Babington (1808–1895)
BÄSSLER = M. Bäßler (* 1935)
BAKER = J. G. Baker (1834–1920)
BALBIS = G. B. Balbis (1765–1831)
BALL, P. W. = P. W. Ball (* 1932)
BARKLEY, F. A. = F. A. Barkley (1908–1989)
BARNHART = J. H. Barnhart (1871–1949)
BARTL. = F. G. Bartling (1798–1875)
BARTON = W. P. C. Barton (1786–1856)
BARTRAM = W. Bartram (1739–1823)
BASSI = F. Bassi (1710–1774)
BAST. = T. Bastard (1784–1846)
BATSCH = A. J. G. K. Batsch (1761–1802)
BAUMG. = J. Ch. G. Baumgarten (1765–1843)
BEAUVERD = G. Beauverd (1867–1942)
BECHERER = A. Becherer (1897–1977)
BECHST. = J. M. Bechstein (1757–1822)
BECK, G. = G. Beck v. Mannagetta (1856–1931)
BECKER, J. = J. Becker (1769–1833)
BELLARDI = C. A. L. Bellardi (1741–1826)
BENEKEN = F. Beneken (1800–1859)
BENTHAM = G. Bentham (1800–1884)
BERCHT. = F. v. Berchtold (1781–1876)
BERGERET = J. P. Bergeret (1751–1813)
BERGIUS = P. J. Bergius (1730–1790)
BERNH. = J. J. Bernhardi (1774–1850)
BERTH. = S. Berthelot (1794–1880)
BERTOL. = A. Bertoloni (1775–1869)
BESSER = W. S. J. G. v. Besser (1784–1842)
BETCKE = E. F. Betcke (1815–1865)
BIGELOW = J. Bigelow (1787–1879)
BILLOT = P. C. Billot (1796–1863)
BIRIA = J. A. J. Biria (1789–?)
BITTER = F. A. G. Bitter (1873–1927)
BIV. = A. de Bivona-Bernardi (1774–1837)
BLAKE = S. F. Blake (1892–1959)
BLOXAM = A. Bloxam (1801–1878)
BLUFF = M. J. Bluff (1805–1837)
BLUME = K. L. v. Blume (1796–1862)
BOEHMER = G. R. Boehmer (1723–1803)
BOENN. = C. M. F. v. Boenninghausen (1785 bis 1864)
BÖRNER = C. J. B. Börner (1880–1953)
BOISS. = P. E. Boissier (1810–1885)
BOLLA = J. Bolla (1806–1881)
BOLTON = J. Bolton (1758–1799)
BONG. = H. G. v. Bongard (1786–1839)
BONNET = E. Bonnet (1848–1922)
BONNIER = G. E. M. Bonnier (1853–1922)
BONPL. = A. J. A. Bonpland (1773–1858)
BOR. = A. Boreau (1803–1875)
BORBÁS = V. v. Borbás (1844–1905)
BORKH. = M. B. Borkhausen (1760–1806)
BORRER = W. Borrer (1781–1862)
BORY = J. B. G. M. Bory de Saint-Vincent (1778 bis 1846)
BOSCH = R. B. van den Bosch (1810–1862)
BOUCHER = J. A. G. Boucher de Crèvecoeur (1757–1844)
BOURGEAU = E. Bourgeau (1813–1877)
BOUVET = G. Bouvet (1874–1929)
BR., A. = A. C. H. Braun (1805–1877)
BR., R. = R. Brown (1773–1858)
BRÄUTIGAM, S. = S. Bräutigam (* 1944)
BRAND = A. Brand (1863–1930)
BRAUN, G. = G. Braun (1821–1882)
BRAY, W. L. = W. L. Bray (1867–1953)
BR.-BL. = J. Braun-Blanquet (1884–1980)
BRÉB. = L. A. de Brébisson (1798–1872)
BREISTR. = M. Breistroffer (1910–1986)
BREITENB. = W. Breitenbach (1856–?)
BRITTON = N. L. Britton (1859–1934)
BROMF. = W. A. Bromfield (1801–1851)
BROT. = F. Avellar Brotero (1744–1828)
BROWNE, P. = P. Browne (1720–1790)
BRÜGGER = C. G. Brügger (1833–1899)
BRUMMITT = R. K. Brummitt (* 1937)
BUCHENAU = F. Buchenau (1831–1906)

BUCHOZ = P. J. Buchoz (1731–1807)
BUNGE = A. A. v. Bunge (1803–1890)
BURDET = H. M. Burdet (* 1939)
BURGSD. = F. A. L. v. Burgsdorff (1747–1802)
BURM. fil. = N. L. Burman (1734–1793)
BURNETT = G. Th. Burnett (1800–1835)
BUTZIN = F. Butzin (* 1936)

CAJANDER = A. K. Cajander (1879–1943)
CAMBESSEDES = J. Cambessèdes (1799–1863)
CAMPD. = F. Campderá (1793–1862)
CARRERAS MARTINEZ = A. Carreras Martínez (um 1986)
CARRIÈRE = E. A. Carrière (1818–1896)
CASPARY = R. Caspary (1818–1887)
CASS. = A. H. G. v. Cassini (1781–1832)
CAV. = A. J. Cavanilles (1745–1804)
CAVARA = F. Cavara (1857–1929)
ČELAK. = L. J. Čelakovský (1834–1902)
CHAIX = D. Chaix (1730–1799)
CHAM. = A. v. Chamisso (1781–1838)
CHATELAIN = J. J. Châtelain (1736–1822)
CHAUB. = L. A. Chaubard (1785–1854)
CHENG = W. C. Cheng (1904–1983)
CHEVALL. = F. F. Chevallier (1796–1840)
CHING = R.-Ch. Ching (1898–1986)
CHIOV. = E. Chiovenda (1871–1940)
CHOISY = J. D. Choisy (1799–1859)
CHOUARD = P. Chouard (1903–1970)
CHR., C. = C. F. A. Christensen (1872–1942)
CHRTEK = J. Chrtek (* 1930)
CLAIRV. = J. Ph. de Clairville (1742–1830)
CLAVAUD = A. Clavaud (1828–1890)
COCKAYNE = L. Cockayne (1855–1934)
COLEMAN = W. H. Coleman (1816?–1863)
CONERT = H. J. Conert (* 1929)
COPEL. = E. B. Copeland (1873–1964)
CORB. = L. Corbière (1850–1941)
COSS. = E. S.-Ch. Cosson (1819–1889)
COULTER = J. M. Coulter (1851–1928)
COURT. = R. J. Courtois (1806–1835)
COVAS = G. Covas (* 1915)
COVILLE = F. V. Coville (1867–1937)
CRANTZ = H. J. N. v. Crantz (1722–1799)
CRÉPIN = F. Crépin (1830–1903)
CRONQUIST = A. J. Cronquist (1919–1992)
CUFOD. = G. Cufodontis (1896–1974)
CURTIS = W. Curtis (1746–1799)
CUSSON = P. Cusson (1727–1783)
CUSTER = J. L. Custer (1755–1828)
CZERN. = V. M. Czernjajew (1796–1871)
CZERNOV = E. G. Czernov (* 1908)

DAHLST. = H. G. A. Dahlstedt (1856–1934)
DALLA TORRE = K. W. v. Dalla Torre (1850–1928)
DANDY = J. E. Dandy (1903–1976)
DANSER = B. H. Danser (1891–1943)
DAVIES, H. = H. Davies (1739–1821)
DC. = A. P. de Candolle (1778–1841)
DC., A. = A. L. P. P. de Candolle (1806–1893)
DECNE. = J. Decaisne (1807–1882)
DEGL. = J. V. Y. Degland (1773–1841)
DELARBRE = A. Delarbre (1724–1813)
DELILE = A. R. Delile (1778–1850)
DÉSÉGLISE = P. A. Déséglise (1823–1883)
DESF. = R. L. Desfontaines (1750–1833)
DESPORTES = N. H. F. Desportes (1776–1856)
DESR. = L. J. A. Desrousseaux (1753–1838)
DESV. = A. N. Desvaux (1784–1856)
DE VRIESE = W. H. de Vriese (1807–1862)
DEYL = M. Deyl (1906–1985)
DIELS = F. L. E. Diels (1874–1945)
DIETRICH, A. = A. Dietrich (1795–1856)
DÖRFLER = I. Dörfler (1866–1950)
DON, D. = D. Don (1799–1841)
DON, G. = G. Don (1764–1814)
DON fil., G. = G. Don (1798–1856)
DONN = J. Donn (1758–1813)
DOSTÁL = J. Dostál (1903–1999)
DOUGL. = D. Douglas (1798–1834)
DREJER = S. Th. N. Drejer (1813–1842)
DRUCE = G. C. Druce (1850–1932)
DUBOIS, F. = F. N. A. Dubois (1752–1824)
DUBY = J. E. Duby (1798–1885)
DUCHESNE = A. N. Duchesne (1747–1827)
DUCOMM. = J. C. Ducommun (1829–1892)
DUCROS = Ducros (um 1828?)
DUH. = H. L. Duhamel de Monceau (1700–1781)
DULAC = J. Dulac (1827–1897)
DUM. = B. C. J. Dumortier (1797–1878)
DUM.-COURSET = G. L. M. Dumont de Courset (1746–1824)
DUNAL = M. F. Dunal (1789–1856)
DURANDE = J. F. Durande (1732–1794)
DUR.-DUQ. = J. V. Durand-Duquesney (1785 bis 1862)
DURIEU = M. Ch. Durieu de Maisonneuve (1796 bis 1878)
DUROI = J. Ph. Duroi (1741–1785)

EDMONDSTON = Th. Edmondston (1825–1846)
EDWARDS = S. T. Edwards (1769–1819)
EGOROVA = T. V. Egorova (* 1930)
EHRENDF. = F. Ehrendorfer (* 1927)
EHRH. = J. F. Ehrhart (1742–1795)
EIG = A. Eig (1894–1938)
ELLIOTT = S. Elliott (1771–1830)
ENDL. = S. L. Endlicher (1804–1849)
ENGELM. = G. Engelmann (1809–1884)
ENGLER = H. G. A. Engler (1844–1930)

FABR. = P. C. Fabricius (1714–1774)
FARW. = O. A. Farwell (1867–1944)
FAVRAT = L. Favrat (1827–1893)
FÉE = A. L. A. Fée (1789–1874)
FENZL = E. Fenzl (1808–1879)
FERNALD = M. L. Fernald (1873–1950)
FIEBER = F. X. Fieber (1807–1872)
FINGERH. = K. A. Fingerhuth (1802–1876)
FIORI = A. Fiori (1865–1950)
FISCH. = F. E. L. v. Fischer (1782–1854)
FISCHER = G. Fischer (?–1941)
FLEISCHM. = A. Fleischmann (1805–1867)
FLOD. = B. G. O. Floderus (1867–1941)
FLÜGGÉ = J. Flüggé (1775–1816)
FOCKE = W. O. Focke (1834–1922)
FOERSTER = A. Foerster (1810–1884)
FORSELLES = J. H. af Forselles (1785–1855)

FORSKÅL = P. Forskål (Forsskål) (1732–1763)
FOURN., E. = E. P. N. Fournier (1834–1884)
FOURN., P. = P.-V. Fournier (1877–1964)
FOURR. = J. P. Fourreau (1844–1871)
FRANCHET = A. R. Franchet (1834–1900)
FRANCO = J. do Amaral Franco (* 1921)
FRANK = A. B. Frank (1839–1900)
FRASER-JENKINS = C. R. Fraser-Jenkins (* 1948)
FRIDERICHSEN = P. K. N. Friderichsen (1853 bis 1932)
FRIES = E. M. Fries (1794–1878)
FRITSCH = K. Fritsch (1864–1934)
FROEL. = J. A. V. Froelich (1766–1841)
FUCHS, H. P. = H. P. Fuchs-Eckert (1928–1999)

GAERTN. = J. Gaertner (1732–1791)
GAGNEBIN = A. Gagnebin (1707–1800)
GAMS = H. Gams (1893–1976)
GARCKE = F. A. Garcke (1819–1904)
GAUD.-BEAUP. = Ch. Gaudichaud-Beaupré (1789 bis 1854)
GAUDIN = J. F. A. Ph. Gaudin (1766–1833)
GAY = J. E. Gay (1786–1864)
GELERT = O. C. L. Gelert (1862–1899)
GENTY = P. A. Genty (1861–1955)
GÉRARDIN = S. Gérardin (1751–1816)
GERM. = J. N. E. Germain de Saint-Pierre (1815 bis 1882)
GERSTLAUER = L. Gerstlauer (1863–1949)
GIBBS, P. = P. E. Gibbs (* 1938)
GIBSON = G. S. Gibson (1818–1883)
GILIB. = J. E. Gilibert (1741–1814)
GILL = J. Gill (* 1936)
GILMOUR = J. S. L. Gilmour (1906–1980)
GISEKE = P. D. Giseke (1741–1791)
GLED. = J. G. Gleditsch (1714–1786)
GMELIN, C. C. = C. C. Gmelin (1762–1837)
GMELIN, J. F. = J. F. Gmelin (1748–1804)
GMELIN, S. G. = S. G. Gmelin (1744–1774)
G. M. SCH. = P. Gaertner, B. Meyer u. J. Scherbius
GODET = C. H. Godet (1797–1879)
GODR. = D. A. Godron (1807–1880)
GOOD. = S. Goodenough (1743–1827)
GORD. = G. Gordon (1806–1879)
GORSKI = S. B. Gorski (1802–1864)
GOUAN = A. Gouan (1733–1821)
GOULD = F. W. Gould (1913–1981)
GR. et GODR. = Grenier u. Godron
GRABOWSKI = H. E. Grabowski (1792–1842)
GRAEBNER = P. Graebner (1871–1933)
GRANDE = L. Grande (1878–1965)
GRAY, A. = A. Gray (1810–1888)
GRAY, S. F. = S. F. Gray (1766–1828)
GREENE, E. L. = E. L. Greene (1843–1915)
GREMLI = A. Gremli (1833–1899)
GREN. = J. Ch. M. Grenier (1808–1875)
GREUTER = W. R. Greuter (* 1938)
GRIESSELICH = L. Griesselich (1804–1848)
GRIMM = J. F. K. Grimm (1737–1821)
GRISEB. = A. H. R. Grisebach (1814–1879)
GRON. = J. F. Gronovius (1690–1762)
GROVES, H. = H. Groves (1835–1891)
GROVES, J. = J. Groves (1858–1933)

GÜNTHER = C. C. Günther (1769–1833)
GÜNTH. et SCHUMM. = C. C. Günther u. Th. E. Schummel
GUÉPIN = J. P. Guépin (1779–1858)
GUERSENT = L. B. Guersent (1776–1848)
GUETT. = J. E. Guettard (1715–1786)
GUNNERUS = J. E. Gunnerus (1718–1773)
GUSS. = G. Gussone (1787–1866)

HACKEL = E. Hackel (1850–1926)
HACQ. = B. A. Hacquet (1739–1815)
HADAČ = E. F. L. Hadač (1914–1987)
HAENKE = Th. Haenke (1761–1817)
HAGERUP = O. Hagerup (1889–1961)
HALL, W. = W. Hall (1743–1800)
HALLER = A. v. Haller (1708–1777)
HALLER fil. = A. v. Haller (1758–1823)
HAMPE = G. E. Hampe (1795–1890)
HAND.-MAZZ. = H. v. Handel-Mazzetti (1882 bis 1940)
HARA = H. Hara (1911–1986)
HARDOUIN = L. Hardouin (1800–1858)
HARTL = D. Hartl (* 1926)
HARTMAN = C. J. Hartman (1790–1849)
HARTMAN, R. = R. W. Hartman (1827–1891)
HARTMANN, F. X. = F. X. v. Hartmann (1737 bis 1791)
HARZ = C. O. Harz (1842–1906)
HARVEY = W. H. Harvey (1811–1866)
HAUSMANN = F. v. Hausmann (1810–1878)
HAUSSKN. = C. Haussknecht (1838–1903)
HAW. = A. H. Haworth (1768–1833)
HAYEK = A. v. Hayek (1871–1928)
HAYNE = F. G. Hayne (1763–1832)
HAZSLINSZKY = F. A. Hazslinszky v. Hazslin (1818 bis 1896)
H. B. K. = F. H. A. v. Humboldt, A. J. A. Bonpland u. C. S. Kunth
HEER = O. Heer (1809–1883)
HEGETSCHW. = J. J. Hegetschweiler (1789–1839)
HEINE = R. Heine (* 1920)
HEIST. = L. Heister (1683–1758)
HELDR. = T. v. Heldreich (1822–1902)
HELLER, F. X. = F. X. Heller (1775–1840)
HEMSLEY = W. B. Hemsley (1843–1924)
HENRY, LOUIS = L. Henry (1853–1913)
HERBERT = W. Herbert (1778–1847)
HERBORG, J. = J. Herborg (?)
HÉRINCQ = F. Hérincq (1820–1891)
HERMANN = F. Hermann (1873–1967)
HERRMANN, J. = J. Herrmann (1738–1800)
HERTER = W. G. F. Herter (1884–1958)
HERTZSCH = H. Hertzsch (1819–1856)
HEUFFEL = J. Heuffel (1800–1857)
HEYNH. = G. Heynhold (1800–1860)
HEYWOOD = V. H. Heywood (* 1927)
HFFG. = J. C. v. Hoffmannsegg (1766–1849)
HIERN = W. Ph. Hiern (1839–1925)
HIITONEN = H. I. A. Hiitonen (1898–1986)
HILDEBRAND = F. Hildebrand (1835–1915)
HILL = J. Hill (1716–1775)
HILL, A. W. = A. W. Hill (1875–1941)
HITCHC., E. = E. Hitchcock (1793–1864)
HOCHST. = C. F. Hochstetter (1787–1860)

HÖSS = F. Höss (1756–1840)
HOFFM. = G. F. Hoffmann (1761–1826)
HOLANDRE = J. J. J. Holandre (1773–1857)
HOLMBERG = O. R. Holmberg (1874–1930)
HOLUB = J. Holub (1930–1999)
HOLZFUSS = E. Holzfuss (1869–?)
HONCK. = G. A. Honckeny (1724–1805)
HOOKER = W. J. Hooker (1785–1865)
HOOKER fil. = J. D. Hooker (1817–1911)
HOPPE = D. H. Hoppe (1760–1846)
HORKEL = J. Horkel (1769–1846)
HORNEM. = J. W. Hornemann (1770–1841)
HORNSCH. = C. F. Hornschuch (1793–1850)
HORNUNG = E. G. Hornung (1795–1862)
HORVATOVSZKY = S. Horvátovszky (um 1770)
HOSÉ = J. A. C. Hosé (1769–1800)
HOST = N. Th. Host (1761–1834)
HOUSE = H. D. House (1878–1949)
HOUTT. = M. Houttuyn (1720–1798)
HOWARD = H. W. Howard (* 1913)
HOWELL = T. J. Howel (1842–1912)
HRABĚT.-UHR. = A. Hrabětová-Uhrová (1900 bis 1981)
HU = H. H. Hu (1894–1968)
HUBBARD, C. E. = C. E. Hubbard (1900–1980)
HUBBARD, F. T. = F. T. Hubbard (1875–1962)
HUDS. = W. Hudson (1730–1793)
HÜLPHERS = K. A. Hülphers (1882–1948)
HUET = A. Huet du Pavillon (1829–1907)
HULL = J. Hull (1761–1843)
HUMBOLDT = F. H. A. von Humboldt (1769–1859)
HUMPHRIES = C. J. Humphries (* 1947)
HUNT = P. F. Hunt (* 1936)
HUTCHINS. = J. H. Hutchinson (1884–1972)
HYL. = N. Hylander (1904–1970)

ILJIN = M. M. Iljin (1889–1967)
ITZIGS. = H. Itzigsohn (1814–1878)

JACQ. = N. J. v. Jacquin (1727–1817)
JACQ. fil. = J. F. v. Jacquin (1766–1839)
JAHANDIEZ = É. Jahandiez (1876–1938)
JANCHEN = E. Janchen (1882–1970)
JANISCH. = D. E. Janischewsky (1875–1944)
JANKA = V. v. Janka (1837–1900)
JAUME ST.-HIL. = J. H. Jaume Saint-Hilaire (1772 bis 1845)
JESSEN = K. F. W. Jessen (1821–1889)
JOHNSTON, I. M. = I. M. Johnston (1898–1960)
JORDAN = A. Jordan (1814–1897)
JUNDZ. = B. S. Jundzill (1761–1830)
JURATZKA = J. Juratzka (1821–1878)
JUSS. = A. L. de Jussieu (1748–1836)

KALTENB. = J. H. Kaltenbach (1807–1876)
KANITZ = Á. Kanitz (1843–1896)
KARSTEN = G. K. W. H. Karsten (1817–1908)
KELLER = R. Keller (1854–1939)
KENG = Y. L. Keng (1897–1975)
KER-GAWLER = J. B. Ker (J. Gawler) (1754 bis 1842)
KERGUÉLEN = M. F.-J. Kerguélen (* 1928)
KERNER = A. J. Kerner v. Marilaun (1831–1898)
KERNER, J. = J. Kerner (1829–1906)
KIRK = T. Kirk (1828–1898)
KIRSCHLEGER = F. R. Kirschleger (1804–1869)
KIRSCHNER, J. = J. Kirschner (1955)
KIT. = P. Kitaibel (1757–1817)
KITTEL = M. B. Kittel (1798–1885)
KLINGE = J. Ch. Klinge (1851–1902)
KLUK = K. Kluk (1739–1796)
KNAF = J. Knaf (1801–1865)
KOCH = W. D. J. Koch (1771–1849)
KOCH, C. = C. H. E. Koch (1809–1879)
KOCH, W. = W. Koch (1896–1956)
KOEHLER = J. Ch. G. Koehler (1759–1833)
KOELER = G. L. Koeler (1765–1807)
KÖRNICKE = F. A. Körnicke (1828–1908)
KOERTE = F. Koerte (1782–1845)
KOIDZUMI = G. Koidzumi (1883–1953)
KOSTEL. = V. F. Kosteletzky (1801–1887)
KRAJ. = V. Krajina (* 1905)
KRAŠAN = F. Krašan (1840–1907)
KRAUSE, E. H. L. = E. H. L. Krause (1859–1942)
KREUTZ. = H. J. Kreutzer (1809–1866)
KROCKER = A. J. Krocker (1744–1823)
KROK = T. O. B. N. Krok (1834–1921)
KUHN = M. F. A. Kuhn (1842–1894)
KÜHLEW. = P. E. Kühlewein (1798–1870)
KUNTH = C. S. Kunth (1788–1850)
KUNTZE, O. = K. E. O. Kuntze (1843–1907)

L. = C. Linnaeus (C. v. Linné) (1707–1778)
L. fil. = C. v. Linné (1741–1783)
LACHENAL = W. de Lachenal (1736–1800)
LAG. = M. de Lagasca y Segura (1776–1839)
LAGERH. = N. G. v. Lagerheim (1860–1926)
LAGREZE-FOSSAT = A. R. A. Lagrèze-Fossat (1818–1874)
LA HARPE = J. J. Ch. de la Harpe (1802–1877)
LAICHARDING = J. N. v. Laicharding (1754–1797)
LAINZ = M. Laínz (* 1923)
LAMB. = A. B. Lambert (1761–1842)
LAMK. = J. B. A. P. Monnet de la Marck (1744 bis 1829)
LAMOTTE = M. Lamotte (1820–1883)
LANDOLT = E. Landolt (* 1926)
LANG, A. F. = A. F. Láng (1795–1863)
LANGE = J. M. Ch. Lange (1818–1898)
LAPEYR. = Ph. de Lapeyrouse (1744–1818)
LAPIERRE = J. M. Lapierre (1754–1834)
LASCH = W. G. Lasch (1787–1863)
LATERRADE = J. F. Laterrade (1784–1858)
LATOURR. = M. A. L. Claret de Latourrette (1729 bis 1793)
LAYENS = G. de Layens (1834–1897)
LEADLAY, E. A. = E. A. Leadlay (* 1947)
LECOQ = H. Lecoq (1802–1871)
LEDEB. = C. F. v. Ledebour (1785–1851)
LEERS = J. D. Leers (1727–1774)
LEES = E. Lees (1800–1887)
LEFEVRE = L. V. Lefèvre (1810–?)
LEGRAND = A. Legrand (1839–1905)
LEHM. = J. G. Ch. Lehmann (1792–1860)
LEICHTLIN = M. L. Leichtlin (1831–1910)
LEJ. = A. L. S. Lejeune (1779–1858)
LEMAIRE = Ch. A. Lemaire (1801–1871)

LÉMAN = D. S. Léman (1781–1829)
LEP. = I. Lepechin (1737–1802)
LESP. = J. M. G. Lespinasse (1807–1876)
LESS. = Ch. F. Lessing (1810–1862)
LESTER-GARLAND = L. V. Lester-Garland (1860 bis 1944)
LESTIB. = T. G. Lestiboudois (1797–1816)
LEYBOLD = F. Leybold (1827–1879)
LEYSER = F. W. v. Leyser (1731–1815)
L'HÉR. = Ch. L. l'Héritier de Brutelle (1746–1800)
LIBERT = M. A. Libert (1782–1865)
LIDÉN = M. Lidén (* 1951)
LIEBL. = F. K. Lieblein (1744–1810)
LIGHTF. = J. Ligthfoot (1735–1788)
LILJEBLAD = S. Liljeblad (1761–1815)
LINDB. fil. = H. Lindberg (1871–1963)
LINDEB. = C. J. Lindeberg (1815–1900)
LINDL. = J. Lindley (1799–1865)
LINDMAN = C. A. M. Lindman (1856–1928)
LINK = J. H. F. Link (1767–1851)
LIPPERT = W. Lippert (* 1937)
LLOYD = J. Lloyd (1810–1896)
LOEFL. = P. Loefling (1729–1756)
LÖVE, A. = Á. Löve (* 1916–1994)
LÖVE, D. = D. Löve (* 1918)
LOISEL. = J. L. A. Loiseleur-Deslongchamps (1774–1849)
LORET = H. Loret (1810–1888)
LOTSY = J. P. Lotsy (1867–1931)
LOUD. = J. C. Loudon (1783–1843)
LOWE = R. T. Lowe (1802–1874)
LUDWIG = Ch. G. Ludwig (1709–1773)
LUMNITZER = S. Lumnitzer (1750–1806)
LYONS = J. Ch. Lyons (1792–1874)

MACKENZIE = K. K. Mackenzie (1877–1934)
MALY = J. K. Maly (1797–1866)
MANSF. = R. Mansfeld (1901–1960)
MANTON = I. Manton (1904–1988)
MARSHALL = H. Marshall (1722–1801)
MARSSON = T. F. Marsson (1816–1892)
MARTIUS, C. F. P. = C. F. Ph. v. Martius (1794 bis 1868)
MARTYN = T. Martyn (1736–1825)
MASTERS = M. T. Masters (1833–1907)
MATTUSCHKA = H. G. v. Mattuschka (1734–1779)
MAURI = E. Mauri (1791–1836)
MAXIM. = K. J. Maximowicz (1827–1891)
MAXON = W. R. Maxon (1877–1948)
M. BIEB. = F. A. Marschall v. Bieberstein (1768 bis 1826)
MED. = F. K. Medikus (1736–1808)
MEIKLE = R. D. Meikle (* 1923)
MEISSNER = C. F. Meißner (1800–1874)
MELDERIS = A. Melderis (1909–1986)
MÉRAT = F. V. Mérat (1780–1851)
MERT. = F. K. Mertens (1764–1831)
METT. = G. H. Mettenius (1823–1866)
MEYER et BUNGE = C. A. v. Meyer u. A. A. v. Bunge
MEYER, C. A. = C. A. v. Meyer (1795–1855)
MEYER, E. H. F. = E. H. F. Meyer (1791–1858)
MEYER, F. K. = F. K. Meyer (* 1930)
MEYER, G. F. W. = G. F. W. Meyer (1782–1856)
MICHALET = E. Michalet (1829–1862)
MICHX. = A. Michaux (1746–1802)
MIKI = S. Miki (1901–1974)
MILDE = C. A. Milde (1824–1871)
MILL. = Ph. Miller (1691–1771)
MIRBEL = Ch. F. B. Mirbel (1776–1854)
MOENCH = C. Moench (1744–1805)
MOHR = D. M. H. Mohr (1779–1808)
MOLL = E. Moll (1760–1838)
MOORE = Th. Moore (1821–1887)
MOQ. = C. H. B. A. Moquin-Tandon (1804–1863)
MOSS = C. E. Moss (1872–1930)
MÜHLENB. = H. L. Mühlenberg (1756–1817)
MÜLLER, O. F. = O. F. Müller (1730–1784)
MÜLLER, PH. J. = Ph. J. Müller (1832–1889)
MUENCHH. = O. v. Muenchhausen (1716–1774)
MUHL. = G. H. E. Muhlenberg (1753–1815)
MURB. = S. S. Murbeck (1859–1946)
MURR, J. = J. Murr (1864–1932)
MURRAY = J. A. Murray (1740–1791)
MURRAY, A. = A. Murray (1798–1838)
MYGIND = F. v. Mygind (1710–1789)

NAKAI = T. Nakai (1882–1952)
NECKER = N. J. de Necker (1730–1793)
NEES = Ch. G. D. Nees v. Esenbeck (1776 bis 1858)
NEILR. = A. Neilreich (1803–1871)
NENDTVICH = K. M. Nendtvich (1811–1892)
NESTLER = Ch. G. Nestler (1778–1832)
NEUMAN = L. M. Neuman (1852–1922)
NEVSKI = S. A. Nevski (1908–1938)
NEWMAN = E. Newman (1801–1876)
NIEDENZU = F. J. Niedenzu (1857–1937)
NORDENSTAM, B. = R. B. Nordenstam (* 1936)
NORDH. = R. Nordhagen (1894–1979)
NORRLIN = J. P. Norrlin (1842–1917)
NUTT. = Th. Nuttall (1786–1859)
NYMAN = C. F. Nyman (1820–1893)

OBERPRIELER = Ch. Oberprieler (* 1964)
OBORNY = A. Oborny (1840–1924)
OCKENDON = D. J. Ockendon (* 1940)
OEDER = G. Ch. Oeder (1728–1791)
OPIZ = Ph. M. Opiz (1787–1858)
ORTEGA = C. Gómez de Ortega (1740–1818)
OSTENF. = C. E. H. Ostenfeld (1873–1931)

PALLA = E. Palla (1864–1922)
PALLAS = P. S. Pallas (1741–1811)
PANČIĆ = J. Pančić (1814–1888)
PANZER = G. F. W. Panzer (1755–1829)
PAOL. = G. Paoletti (1865–1941)
PARL. = F. Parlatore (1816–1877)
PARN., J. = J. Parnell (* 1954)
PARODI = L. R. Parodi (1895–1966)
PATZKE = E. Patzke (* 1929)
PAVON = J. Pavón (1750–1844)
P. B. = A. M. F. J. Palisot de Beauvois (1752 bis 1820)
PENNELL = F. W. Pennell (1886–1952)
PERR. = J. O. E. Perrier (1843–1916)
PERS. = Ch. H. Persoon (1761–1836)

PERSONNAT = V. Personnat (?–1870)
PETAGNA = V. Petagna (1734–1810)
PETERM. = W. L. Petermann (1806–1855)
PICHI SERMOLLI = R. E. G. Pichi Sermolli (* 1912)
PILGER = R. K. F. Pilger (1876–1953)
PINKWART = M. Pinkwart (um 1898)
PIPER = Ch. V. Piper (1867–1926)
PIRÉ = L. A. H. J. Piré (1827–1887)
PLANCHON = J. E. Planchon (1823–1888)
PODP. = J. Podpěra (1878–1954)
POGGENB. = J. F. Poggenburg (1840–1893)
POHL = J. B. E. Pohl (1782–1834)
POIRET = J. L. M. Poiret (1755–1834)
POJARK. = A. I. Pojarkova (1897–1980)
POLATSCHEK = A. Polatschek (* 1932)
POLLICH = J. A. Pollich (1740–1780)
PORTER = T. C. Porter (1822–1901)
POURR. = P. A. Pourret de Figeac (1754–1818)
POUZAR = Z. Pouzar (* 1932)
PRANTL = K. A. E. Prantl (1849–1893)
PRESL, C. = C. B. Presl (1794–1852)
PRESL, J. = J. S. Presl (1791–1849)
PURKYNĚ = E. V. Purkyně (1832–1882)
PURSH = F. T. Pursh (1774–1820)

R. et SCH. = J. J. Roemer u. J. A. Schultes
RÄUSCHEL = E. A. Räuschel (?–1797)
RAFIN. = C. S. Rafinesque-Schmaltz (1783 bis 1840)
RAFN = C. G. Rafn (1769–1808)
RAIMANN = R. Raimann (1863–1896)
RAMOND = L. F. E. Ramond de Carbonières (1753–1827)
RAU = A. Rau (1784–1830)
RAUSCHERT = S. Rauschert (1931–1986)
RCHB. = H. G. L. Reichenbach (1793–1879)
RCHB. fil. = H. G. Reichenbach (1824–1889)
RECH. fil. = K. H. Rechinger (1906–1998)
RECH. pat. = K. Rechinger (1867–1952)
REGEL = E. A. v. Regel (1815–1892)
REHMANN = A. Rehmann (1840–1917)
REICHARD = J. J. Reichard (1743–1782)
RETZ. = A. J. Retzius (1742–1821)
REUTER = G. F. Reuter (1805–1872)
REVEL = J. Revel (1811–1887)
REYNIER = A. Reynier (1845–1932)
RICHARD, A. = A. Richard (1794–1852)
RICHARD, L. C. = L. C. M. Richard (1754–1821)
RICHARDSON = J. Richardson (1787–1865)
RICHENS = R. H. Richens (1919–1984)
RICHTER = K. Richter (1855–1891)
RIDLEY = H. N. Ridley (1855–1956)
RIKLI = M. A. Rikli (1868–1951)
RITTENER = T. Rittener (um 1890)
ROBERTY = G. E. Roberty (1907–1971)
ROBSON = S. Robson (1741–1779)
ROCHEL = A. Rochel (1770–1847)
RÖHL. = J. Ch. Röhling (1757–1813)
ROEMER = J. J. Roemer (1763–1819)
ROEMER, M. J. = M. J. Roemer (1791–1849)
ROGOW. = A. S. Rogowicz (1812–1878)
ROSTK. = F. W. G. Rostkovius (1770–1848)
ROTH = A. W. Roth (1757–1834)
ROTHM. = W. Rothmaler (1908–1962)
ROTTB. = Ch. F. Rottbøll (1727–1797)
ROULEAU = E. Rouleau (1916–1991)
ROUY = G. C. C. Rouy (1851–1924)
ROYLE = J. F. Royle (1779–1858)
RUBNER = K. Rubner (1886–1974)
RUDOLPH = J. H. Rudolph (1744–1809)
RUDOLPHI = F. K. L. Rudolphi (1801–1849)
RUIZ = H. Ruiz López (1754–1815)
RUNEMARK = H. Runemark (* 1927)
RUPR. = F. J. Ruprecht (1814–1870)
RYDB. = F. A. Rydberg (1860–1931)
RYLANDS = T. G. Rylands (1818–1900)

SABINE = J. Sabine (1770–1837)
SADLER = J. Sadler (1791–1849)
SALISB. = R. A. Salisbury (1761–1829)
SAMP. = G. A. da Silva Ferreira Sampaio (1865 bis 1937)
SAMUELSS. = G. Samuelsson (1885–1944)
SANDOR = I. Sándor (1853–?)
SARNTH. = L. v. Sarntheim (1861–1914)
SAUER = F. L. F. Sauer (1852–?)
SAUTER = A. E. Sauter (1800–1881)
SAVI = G. Savi (1769–1844)
SCH. et THELL. = H. Schinz u. A. Thellung
SCHAEFFER = J. Ch. Schaeffer (1718–1790)
SCHAUER = J. K. Schauer (1813–1848)
SCHEELE = G. H. A. Scheele (1808–1864)
SCHERBIUS = J. Scherbius (1769–1813)
SCHIMPER, C. = C. F. Schimper (1803–1867)
SCHINZ = H. Schinz (1858–1941)
SCHISCHKIN = B. K. Schischkin (1886–1963)
SCHKUHR = Ch. Schkuhr (1741–1811)
SCHLDL. = D. F. L. v. Schlechtendal (1794–1866)
SCHLDL. sen. = D. F. K. v. Schlechtendal (1767 bis 1842)
SCHLEICHER = J. Ch. Schleicher (1768–1834)
SCHLEIDEN = M. J. Schleiden (1804–1881)
SCHMIDEL = C. Ch. Schmidel (1718–1792)
SCHMIDT, FRANZ = Franz Schmidt (1751–1834)
SCHMIDT, FRIEDR. = Friedrich Schmidt (1832 bis 1908)
SCHMIDT, F. W. = Franz Willibald Schmidt (1764 bis 1796)
SCHMIDT, W. L. E. = W. L. E. Schmidt (1804 bis 1843)
SCHNIZLEIN = A. C. F. Schnizlein (1814–1868)
SCHÖNHEIT = F. Ch. H. Schönheit (1789–1870)
SCHÖNLAND = S. Schönland (1860–1940)
SCHOLLER = F. A. Scholler (1718–1785)
SCHOLZ, H. = H. Scholz (* 1928)
SCHOTT = H. W. Schott (1794–1865)
SCHRADER = H. A. Schrader (1767–1836)
SCHRANK = F. v. Paula v. Schrank (1747–1835)
SCHREBER = J. Ch. D. v. Schreber (1739–1810)
SCHROEDER = F.-G. Schroeder (* 1930)
SCHRÖDINGER = R. Schrödinger (1857–1919)
SCHULT. = J. A. Schultes (1773–1831)
SCHULT. fil. = J. H. Schultes (1804–1840)
SCHULTZ, C. F. = C. F. Schultz (1765–1837)
SCHULTZ, F. W. = F. W. Schultz (1804–1876)
SCHULTZ-BIP. = C. H. Schultz(-Bipontinus) (1805 bis 1867)
SCHULZ, O. E. = O. E. Schulz (1874–1936)

SCHULZE, M. = M. Schulze (1841–1915)
SCHUM. = H. Ch. F. Schumacher (1757–1830)
SCHUMMEL = Th. E. Schummel (1785–1848)
SCHUR = Ph. J. F. Schur (1799–1878)
SCHWARZ, O. = O. Schwarz (1900–1983)
SCHWEIGGER = A. F. Schweigger (1783–1821)
SCHWEINITZ = L. D. v. Schweinitz (1780–1834)
SCOP. = G. A. Scopoli (1723–1788)
SEB. et MAURI = A. Sebastiani u. E. Mauri
SEBASTIANI = A. Sebastiani (1782–1821)
SÉGUIER = J. F. Séguier (1703–1784)
SEIDL = W. B. Seidl (1773–1842)
SELL = P. D. Sell (* 1929)
SER. = N. Ch. Seringe (1776–1858)
SHINNERS = L. H. Shinners (1918–1971)
SIBTH. = J. Sibthorp (1758–1796)
SIEB. = Ph. F. v. Siebold (1796–1866)
SILVA, P. = A. R. Pinto da Silva (1912–1992)
SIMK. = L. Simkovics, später L. v. Simonkai (1851–1910)
SIMS = J. Sims (1749–1831)
SKAL. = V. Skalický (1930–?)
SLOSSON = M. Slosson (1872–?)
SM. = J. E. Smith (1759–1828)
SMALL = J. K. Small (1869–1938)
SMITH, G. E. = G. E. Smith (1805–1881)
SOBOL. = G. F. Sobolewski (1741–1807)
SOJÁK = J. Soják (* 1936)
SOLANDER = D. C. Solander (1733–1782)
SOMMERAUER = I. Sommerauer (?–1854)
SOMMIER = C. B. S. Sommier (1848–1922)
SONDER = O. W. Sonder (1812–1881)
SONG. = A. Songeon (1826–1905)
SOÓ = K. R. Soó v. Bere (1903–1980)
SOSN., D. = D. J. Sosnowsky (1885–1952)
SOY.-WILL. = H. F. Soyer-Willemet (1791–1867)
SPACH = E. Spach (1801–1879)
SPENNER = F. K. L. Spenner (1798–1841)
SPRENG. = K. P. J. Sprengel (1766–1833)
SPRIBILLE = F. J. Spribille (1841–1921)
SPRING = F. A. Spring (1814–1872)
STEPH. = Ch. F. Stephan (1757–1814)
STERNB. = C. M. v. Sternberg (1761–1838)
STERNS = E. E. Sterns (1846–1926)
STEUD. = E. G. Steudel (1783–1856)
STEVEN = Ch. Steven (1781–1863)
ST. JOHN = H. St. John (1892–1991)
STOHR = G. Stohr (* 1928)
STOKES = J. Stokes (1755–1831)
STUNTZ = S. C. Stuntz (1875–1918)
ST-YVES = A. Saint-Yves (1855–1933)
SUARD = V. Suard (um 1839)
SUDW. = G. B. Sudworth (1864–1927)
SUKSD. = W. N. Suksdorf (1850–1932)
SUMMERHAYES = V. S. Summerhayes (1897–1974)
SUTER = J. R. Suter (1766–1827)
SUTTON = Ch. Sutton (1756–1846)
SW. = O. P. Swartz (1760–1818)
SWEET = R. Sweet (1783–1835)
SWINGLE = W. T. Swingle (1871–1952)
SYMONS = J. Symons (1778–1851)

TAUSCH = I. F. Tausch (1793–1848)
TEN. = M. Tenore (1780–1861)
TERRACC., N. = N. Terracciano (1837–1921)
THELL. = A. Thellung (1881–1928)
THÉV. = A. Théveneau (1815–1876)
THUILL. = J. L. Thuillier (1757–1822)
THUNB. = C. P. Thunberg (1743–1828)
TIMM = J. Ch. Timm (1734–1805)
TOD. = A. Todaro (1818–1892)
TORR. = J. Torrey (1796–1873)
TORR. et GRAY = Torrey u. A. Gray
TRACEY = R. Tracey (* 1951)
TRATT. = L. Trattinick (1764–1849)
TRAUTV. = R. E. v. Trautvetter (1809–1889)
TREV. = V. B. A. Trevisan di San Leon (1818 bis 1897)
TRIMEN = H. Trimen (1843–1896)
TRIN. = K. B. v. Trinius (1778–1844)
TROTTER = A. Trotter (1874–1964)
TURCZ. = N. S. Turczaninow (1796–1864)
TURNER = D. Turner (1775–1858)
TURPIN = P. J. F. Turpin (1775–1840)
TURRA = A. Turra (1730–1796)
TUTIN = T. G. Tutin (1908–1987)

UECHTR. = R. F. C. v. Uechtritz (1838–1886)
ULINE = E. B. Uline (1867–1933)
USTERI = P. Usteri (1768–1838)
UTSCH = J. Utch (1824–1901)

VAHL = M. H. Vahl (1749–1804)
VALCK.-SURINGAR = J. Valckenier-Suringar (1865 bis 1932)
VANDELLI = D. Vandelli (1735–1816)
VAN DEN BOSCH = R. B. van den Bosch (1810 bis 1862)
VAN HOUTTE = L. B. van Houtte (1810–1876)
VASSILCZ. = I. T. Vassilczenko (* 1903)
VAUCHER = J. P. E. Vaucher (1763–1841)
VELEN. = J. Velenovský (1858–1949)
VENT. = É. P. Ventenat (1757–1808)
VERLOT = J. B. Verlot (1825–1891)
VERM. = P. Vermeulen (1899–1981)
VEST = L. Ch. v. Vest (1776–1840)
VESTERGREN = T. Vestergren (1875–1930)
VIGNOLO-LUTATI = F. Vignolo-Lutati (1878–1965)
VILL. = D. Villar(s) (1745–1814)
VIV. = D. Viviani (1772–1840)
VOGLER = J. Ph. Vogler (1746–1816)
VOIGT, J. O. = J. O. Voigt (1798–1843)
VOLKART = A. Volkart (1873–1951)

W. et GR. = Ch. F. H. Wimmer u. H. E. Grabowski
W. et K. = F. A. v. Waldstein-Wartemberg u. P. Kitaibel
WAGER = V. A. Wager (* 1904)
WAHLENB. = G. Wahlenberg (1780–1851)
WAISBECKER = A. Waisbecker (1835–1916)
WALDSTEIN = F. A. v. Waldstein-Wartemberg (1759–1823)
WALLMAN = J. H. Wallman (1792–1853)
WALLR. = K. F. W. Wallroth (1792–1857)
WALPERS = W. G. Walpers (1816–1853)
WALTHER, F. L. = F. L. Walther (1759–1824)
WARMING = J. E. B. Warming (1841–1924)
WARTMANN = F. B. Wartmann (1830–1902)

WATSON, S. = S. Watson (1826–1892)
WATSON, W. C. R. = W. C. R. Watson (1885 bis 1954)
WATT = D. A. P. Watt (1830–1917)
WEBB = Ph. Webb (1793–1854)
WEBB, D. A. = D. A. Webb (1912–1994)
WEBER = G. H. Weber (1752–1828)
WEBER, F. = F. Weber (1781–1823)
WEBER, H. E. = H. E. Weber (* 1932)
WEIDE = H. Weide (* 1933)
WEIGEL = Ch. E. v. Weigel (1748–1831)
WEIHE = K. E. A. Weihe (1779–1834)
WENDEROTH = G. W. F. Wenderoth (1774–1861)
WESTON = R. Weston (1733–1806)
WETTST. = R. v. Wettstein (1863–1931)
WIB. = A. W. E. Ch. Wibel (1775–1814)
WIDD. = F. Widder (1892–1974)
WIEG. = K. M. Wiegand (1873–1942)
WIESB. = J. Wiesbaur (1836–1906)
WIGGERS = F. H. Wiggers (1749–1828)
WIGHT, W. F. = W. F. Wight (1874–1954)
WIKSTRÖM = J. E. Wikström (1789–1856)
WILHELM = K. A. Wilhelm (1848–1933)
WILLD. = C. L. Willdenow (1765–1812)
WILLK. = H. M. Willkomm (1821–1895)
WILMOTT = A. J. Wilmott (1888–1950)
WIMMER = Ch. F. H. Wimmer (1803–1868)
WIRTGEN = P. W. Wirtgen (1806–1870)
WITH. = W. Withering (1741–1799)
WOLF, N. M. = N. M. v. Wolf (1724–1784)
WOLFF = J. F. Wolff (1778–1806)
WOLFF, D. = J. P. Wolff (1743–1825) Vorname pseudonym
WOLFGANG = J. F. Wolfgang (1776–1859)
WOLLASTON = G. B. Wollaston (1814–1899)
WOODS = J. Woods (1776–1864)
WOYNAR = H. K. Woynar (1865–1917)
WULFEN = F. X. v. Wulfen (1728–1805)

YUNCKER = T. G. Yuncker (1891–1964)

ZAPAŁ = H. Zapałowicz (1852–1917)
ZAUSCHNER = J. B. J. Zauschner (1737–1799)
ZIMMETER = A. Zimmeter (1848–1897)
ZINN = J. G. Zinn (1727–1759)
ZIZ = J. B. Ziz (1779–1829)
ZUCC. = J. G. Zuccarini (1797–1848)
ZUCCAGNI = A. Zuccagni (1754–1807)

Register der deutschen und wissenschaftlichen Pflanzennamen

Familien und Gattungen; bei Gattungen mit mehr als 25 Arten sind die Arten gesondert aufgeführt. Seitenzahlen in [ ] verweisen auf Synonyme.

Bisherige Auflagen

Rothmaler, Exkursionsflora. Ein Pflanzenbestimmungsbuch für Schulen und Hochschulen. Herausgegeben von W. Rothmaler. Verlag Volk und Wissen Berlin.
1. Aufl. 1952 bis 7. Aufl. 1957

Rothmaler, Exkursionsflora von Deutschland, Bd. 2, Gefäßpflanzen. Herausgegeben von W. Rothmaler. Verlag Volk und Wissen Berlin.

1. Aufl. 1958	4. Aufl. 1966
2. Aufl. 1961	5. Aufl. 1966
3. Aufl. 1962	6. Aufl. 1967

Rothmaler, Exkursionsflora für die Gebiete der DDR und der BRD, Bd. 2, Gefäßpflanzen. Herausgegeben von W. Rothmaler †. Weitergeführt von H. Meusel und R. Schubert. Verlag Volk und Wissen Berlin.

7. (1.) Aufl. 1972	10. Aufl. 1981
8. Aufl. 1976	11. Aufl. 1982
9. Aufl. 1978	

Rothmaler, Exkursionsflora für die Gebiete der DDR und der BRD, Bd. 2, Gefäßpflanzen. Begründet von W. Rothmaler †. Herausgegeben von R. Schubert, K. Werner und H. Meusel. Verlag Volk und Wissen Berlin.

12. Aufl. 1984	14. Aufl. 1988
13. Aufl. 1987	

Rothmaler, Exkursionsflora von Deutschland, Bd. 2, Gefäßpflanzen. Begründet von W. Rothmaler †. Herausgegeben von R. Schubert, K. Werner und H. Meusel. Verlag Volk und Wissen Berlin.
15. Aufl. 1990

Rothmaler, Exkursionsflora von Deutschland, Bd. 2, Gefäßpflanzen: Grundband. Begründet von W. Rothmaler †. Herausgegeben von R. Schubert, K. Werner und H. Meusel. Gustav Fischer Verlag Jena.
15. Aufl. 1994

Rothmaler, Exkursionsflora von Deutschland, Bd. 2, Gefäßpflanzen: Grundband. Begründet von W. Rothmaler †. Herausgegeben von M. Bäßler E. J. Jäger und K. Werner. Gustav Fischer Verlag Jena.
16. Aufl. 1996

Rothmaler, Exkursionsflora von Deutschland, Bd. 2, Gefäßpflanzen: Grundband. Begründet von W. Rothmaler †. Herausgegeben von M. Bäßler, E. J. Jäger und K. Werner. Spektrum Akademischer Verlag Heidelberg · Berlin.
17. Aufl. 1999

Anne Kostelal
Birkenweg 19 B
49090 Osnabrück

Anordnung der Angaben bei den Arten (vgl. S. 71)

Rücklaufzahl — Bestimmungsmerkmale — Verweis auf Fig. 2 S. 177

4 (2) Bl schmal lanzettlich, 5–12 mm br, rauhhaarig. KrBl rundlich (Abb. **177**/2)

Wuchshöhe in m — Lebensdauer — Blühmonate — Standorte

0,30–0,70 (–1,00). ☉ ⊙ 7–9. Kolline Trocken- u. Halbtrockenrasen, kalkhold;

Status (Neophyt) — Häufigkeit u. Verbreitung in den Bundesländern — Rückgangstendenz

(N 1850) v N-Ba Bw Rh S-We He, z Th N-Sa, s O-Br Me: Waren, Ludwigslust, ↘

Areal (Gesamtverbreitg.) — Lebensform — Bestäubung — Ausbreitung

(m-temp·subozWAM – H, T – Ib: Bienen, Sb – Wv, Ev –

Vergesellschaftung — Verwendung — Naturschutz — Synonym

K Fest.-Brom. – ArzneiPfl – ▽). [Plántula hirsúta (L.) DIELS]

deutscher Name — wiss. Name

Rauhe Pflanze, Rauhkraut – Plánta hirsúta L.

Abkürzungen der Länder- und Gebietsgrenzen (zur nebenstehenden Karte)

Ba	Bayern
Bw	Baden-Württemberg
Rh	Rheinland-Pfalz mit Saarland
We	Nordrhein-Westfalen
He	Hessen
Th	Thüringen
Sa	Sachsen
An	Sachsen-Anhalt
Br	Brandenburg mit Berlin
Ns	Niedersachsen mit Bremen
Me	Mecklenburg-Vorpommern
Sh	Schleswig-Holstein mit Hamburg